国外高校经典教材译丛

机械设计

（原书第6版）

[美] 罗伯特·L. 诺顿（Robert L. Norton） 编著

翟敬梅 李静蓉 徐 晓 陈扬枝 等译

机 械 工 业 出 版 社

本书是美国大学本科机械零件设计课程的一本优秀教材。全书分两篇。第1篇为基础篇，共8章，分别是：设计介绍，材料和工艺，运动与受力分析，应力、应变与挠度，静态失效理论，疲劳失效理论，表面失效和有限元分析。第2篇为机械设计篇，共9章，分别是：设计案例研究，轴、键与联轴器，轴承与润滑，直齿圆柱齿轮，斜齿轮、锥齿轮和蜗轮蜗杆，弹簧设计，螺纹与紧固件，焊接，离合器与制动器。

本书特别强调综合设计方面的内容，以培养学生将来在实际工作中解决工程问题的能力。除了传统的解析与图解分析计算方法外，本书还加入了有限元方法，并在本书网站中提供了多个计算机辅助分析的程序，从而突出现代设计方法与计算机辅助设计在机械基础课程教学中的应用。本书提供了原作者的课程讲座演讲视频、应力分析视频、常用机械零件例子视频和工作机械的视频等。通过观看视频，可以帮助学生和自学人员更加直观地理解书本上的内容。读者可通过二维码观看，也可通过链接地址下载视频。

本书可作为国内机械类和近机械类专业的相关课程的教材或教学参考书，也可作为从事机械基础教学或设计的其他专业师生和工程技术人员的参考书。本书结合原版教材也可以作为双语教材使用。

北京市版权局著作权合同登记　图字：01-2020-3790 号

图书在版编目（CIP）数据

机械设计：原书第 6 版/（美）罗伯特·L. 诺顿（Robert L. Norton）编著；翟敬梅等译 .—北京：机械工业出版社，2023.8
（国外高校经典教材译丛）
书名原文：Machine Design：An Integrated Approach, 6th Edition
ISBN 978-7-111-72487-2

Ⅰ. ①机…　Ⅱ. ①罗…　②翟…　Ⅲ. ①机械设计-高等学校-教材　Ⅳ. ①TH122

中国国家版本馆 CIP 数据核字（2023）第 047400 号

机械工业出版社（北京市百万庄大街 22 号　邮政编码 100037）
策划编辑：李馨馨　　　　　　责任编辑：李馨馨
责任校对：樊钟英　贾立萍　　责任印制：邓　博
盛通（廊坊）出版物印刷有限公司印刷

2023 年 8 月第 1 版第 1 次印刷
184mm×260mm · 58 印张 · 2 插页 · 1517 千字
标准书号：ISBN 978-7-111-72487-2
定价：259.00 元

电话服务　　　　　　　　　　网络服务
客服电话：010-88361066　　机　工　官　网：www.cmpbook.com
　　　　　010-88379833　　机　工　官　博：weibo.com/cmp1952
　　　　　010-68326294　　金　书　网：www.golden-book.com
封底无防伪标均为盗版　　　　机工教育服务网：www.cmpedu.com

基本形状质量性质

V = 体积　　　　　　　　　m = 质量　　　　　　　　　C_g = 质心

I_x = 关于 x 轴的二次质量矩　　I_y = 关于 y 轴的二次质量矩　　I_z = 关于 z 轴的二次质量矩

k_x = 关于 x 轴的回转半径　　k_y = 关于 y 轴的回转半径　　k_z = 关于 z 轴的回转半径

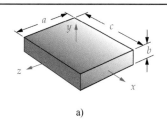

a)

$$V = abc \qquad m = V \cdot 质量密度$$

x_{Cg} 在 $\dfrac{c}{2}$ 处　　　y_{Cg} 在 $\dfrac{b}{2}$ 处　　　z_{Cg} 在 $\dfrac{a}{2}$ 处

$$I_x = \frac{m(a^2 + b^2)}{12} \qquad I_y = \frac{m(a^2 + c^2)}{12} \qquad I_z = \frac{m(b^2 + c^2)}{12}$$

$$k_x = \sqrt{\frac{I_x}{m}} \qquad k_y = \sqrt{\frac{I_y}{m}} \qquad k_z = \sqrt{\frac{I_z}{m}}$$

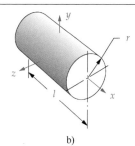

b)

$$V = \pi r^2 l \qquad m = V \cdot 质量密度$$

x_{Cg} 在 $\dfrac{l}{2}$ 处　　　y_{Cg} 在轴上　　　z_{Cg} 在轴上

$$I_x = \frac{mr^2}{2} \qquad I_y = I_z = \frac{m(3r^2 + l^2)}{12}$$

$$k_x = \sqrt{\frac{I_x}{m}} \qquad k_y = k_z = \sqrt{\frac{I_y}{m}}$$

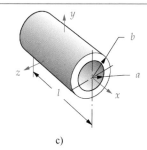

c)

$$V = \pi(b^2 - a^2)l \qquad m = V \cdot 质量密度$$

x_{Cg} 在 $\dfrac{l}{2}$ 处　　　y_{Cg} 在轴上　　　z_{Cg} 在轴上

$$I_x = \frac{m(a^2 + b^2)}{2} \qquad I_y = I_z = \frac{m(3a^2 + 3b^2 + l^2)}{12}$$

$$k_x = \sqrt{\frac{I_x}{m}} \qquad k_y = k_z = \sqrt{\frac{I_y}{m}}$$

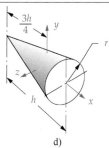

d)

$$V = \pi \frac{r^2 h}{3} \qquad m = V \cdot 质量密度$$

x_{Cg} 在 $\dfrac{3h}{4}$ 处　　　y_{Cg} 在轴上　　　z_{Cg} 在轴上

$$I_x = \frac{3}{10} mr^2 \qquad I_y = I_z = \frac{m(12r^2 + 3h^2)}{80}$$

$$k_x = \sqrt{\frac{I_x}{m}} \qquad k_y = k_z = \sqrt{\frac{I_y}{m}}$$

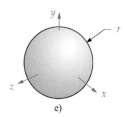

e)

$$V = \frac{4}{3}\pi r^3 \qquad m = V \cdot 质量密度$$

x_{Cg} 在球心　　　y_{Cg} 在球心　　　z_{Cg} 在球心

$$I_x = I_y = I_z = \frac{2}{5} mr^2$$

$$k_x = k_y = k_z = \sqrt{\frac{I_y}{m}}$$

中 文 版 序

由美国马萨诸塞州伍斯特理工学院罗伯特·L. 诺顿教授编著的 *Machine Design：An Integrated Approach* 一书是美国大学本科机械零件设计课程的一本优秀教材。自 1988 年第 1 版出版以来，已经出版了 6 次，其第 6 版于 2020 年由 Prentice Hall 出版公司出版。

全书分两篇。第 1 篇为基础篇，共 8 章，分别是设计介绍，材料和工艺，运动与受力分析，应力、应变与挠度，静态失效理论，疲劳失效理论，表面失效和有限元分析；第 2 篇为机械设计篇，共 9 章，分别是设计案例研究，轴、键与联轴器，轴承与润滑，直齿圆柱齿轮，斜齿轮、锥齿轮和蜗轮蜗杆，弹簧设计，螺纹与紧固件，焊接，离合器与制动器。

本书与国内同类教材相比有以下特点。

1）本书的内容与国内的教学体系不完全相同，它涵盖了国内"材料力学""机械原理"与"机械设计"三个课程的教学内容，而且这些内容具有一定的深度，因此本书适合国内大专院校机械类和近机械类专业等有这三门课程教学需求的专业师生使用，从而以一门课程的教学实现了三门课程内容的整合，这也是目前专业教学改革的一个方向。

2）本书特别强调综合设计方面的内容，以培养学生将来在实际工作中解决工程问题的能力。除了传统的解析与图解分析计算方法外，本书还加入了有限元方法，并在本书网站中提供了多个计算机辅助分析的程序，从而突出现代设计方法与计算机的发展及其在机械基础课程教学中的应用。

3）在零件失效分析方面，本书通过静态失效、疲劳失效和表面失效 3 种失效理论来分析失效零件的破坏形式。这与学科研究方向紧密联系，将科研与教学内容进行了有机结合。

4）为本书开设的网站提供了原作者的课程讲座演讲视频、应力分析视频、常用机械零件例子视频和工作机械的视频等。扫描正文中的二维码可观看视频，从而帮助学生和自学人员更加直观地理解书本内容。

机械工业出版社于 2015 年将罗伯特·L. 诺顿教授编著的 *Machine Design：An Integrated Approach*（第 5 版）作为优秀教材引进。华南理工大学机械基础国家教学团队的教师在第 5 版的基础上完成了第 6 版的翻译。翟敬梅担任主译，李静蓉、徐晓、陈扬枝担任副主译，具体分工为：前言和目录（李静蓉，黄平）、视频内容清单（翟敬梅）、第 1 章（翟敬梅，黄平）、第 2 章（孙建芳）、第 3 章（李静蓉）、第 4 章（邱志成）、第 5 章（徐晓，谢龙汉）、第 6 章（李旻、谢龙汉）、第 7 章（苏峰华）、第 8 章（孙建芳，黄平）、第 9 章（徐晓，黄平）、第 10 章（李旻）、第 11 章（胡广华）、第 12 和 13 章（翟敬梅）、第 14 章（邹焱飚）、第 15 章（陈扬枝）、第 16 章（徐晓）、第 17 章和附录 A~附录 D（张东）、附录 E（李旻）。本书可作为国内机械类和近机械类专业相关课程的教材或教学参考书，也可作为从事机械基础教学或设计的其他专业师生和工程技术人员的参考书，还可以结合原版教材作为双语教材使用。

译　者
2023 年 1 月

前　言

简介

本书是用于机械零件设计课程的教材，通常在大多数机械工程专业大三使用。学习本课程的先修课程包括静力学和动力学，以及与材料强度相关的基础课程。本书的目的是为专业问题提供一种以设计为重点的新的讲解方法，在难度上适用于低-高年级的机械工程专业的学生。撰写本书的一个主要目的是使其易于阅读，让学生有兴趣学习这些相对枯燥的专业内容。

本书在现有教材的基础上做了改进，并且在所提供的方法和技术上充分利用了计算机辅助分析的优势。本书强调设计、综合以及分析，给出了详细且独立完整的例题、案例研究和求解技术。所有的插图采用双色绘制。在每章里提供了简短的习题，在适当的位置则给出了较长的非结构化的设计项目任务作为作业。

本书不依赖于任何特定的计算机程序，与例题和案例研究对应的所有计算机文件均用几种不同的语言（Mathcad，MATLAB，Excel 和 TK Solver）编写，它们可在本书网站 http://www.pearsonhighered.com/norton 上查到。网站上还提供了作者编写的一些其他程序的执行文件，其中包括矩阵求解器（MATRIX.exe），在网站上给出了网站内容索引。

本书尝试对工程力学中的失效理论和分析的内容进行全面深入的介绍，还在很大程度上比本门学科的其他大多数教材更强调专业综合与设计方面的内容。书中指出了各种零件设计所需分析方法的通用性，并强调计算机辅助工程在这类问题的设计和分析中的应用方法。作者对本门课程应用的方法是基于其 50 年的机械工程设计实践经验，无论是在工业界工作还是作为工业顾问，其间作者也在大学教授了 40 年的机械工程设计。

第 6 版有哪些新内容?

- 网站上提供了有关大多数章节主题的 21 个授课视频，这些视频是作者在伍斯特理工学院现场上课时录制的。学生可以观看这些视频，以增强对本书主题的理解。

- 网站上提供了 8 个简短的视频，作者在其中演示了应力分析的各种原理，并展示了常见机械零件（例如弹簧、齿轮和轴承）的示例。

- 网站上还提供了 6 个视频，展示了实际运行中的机器。

- 添加了 80 多个习题，其中许多使用国际单位制（SI）。

- 提供了指向所有视频的二维码和可下载内容的链接。总计有 37 个视频，所有这些都在书中进行了标记，并提供了其网址，用户可以下载它们。

- 随书附带的由作者编写的程序已经过完全重写，以改善其界面和可用性，并且与最新的操作系统和计算机兼容。程序链接和 Dynacam 已被完全重写，得到很大改进，程序列表已更新。这些计算机程序会经常修订以添加功能和增强功能。安装后，可以从"开始"菜单更新程序。用户应及时检查更新。

- 任何使用印刷版本书的教师或学生都可以以学生或教师的身份，在作者的网站 http://www.designofmachinery.com 上注册，作者将向他们发送密码以访问一个受保护的站点，他们可以在该站点下载最新版本的计算机程序、链接、Dynacam 和 Matrix，所有视频以及"下载索引"中列出的所有文件。请注意，作者本人会亲自审核每一个访问请求，并仅批准那些根据说明进行了完全、正确填写的请求。作者要求完整的信息，并且只接受大学的电子邮件地址。在线教程和评估程序使您可以集成动态作业，对习题的计算部分和个人反馈进行自动评分。Mastering™ Engineering 可以让您轻松地基于逐项作业或单个学生的详细工作跟踪整个班级的学习表现。有关更多信息，请访问 http://www.masteringengineering.com。

理念

这通常是第一门向机械工程专业学生提出挑战性设计问题而不是简单求解问题的课程，不过，这门课程涉及的设计类型是详细设计，还仅仅是整个设计过程中的一部分。在详细设计时，待设计装置的一般构造、应用，甚至整体形状在一开始通常是知道的，我们不是要发明一个新的装置，只是确定一个待定机器零件的形状、大小和材料，使它在预期的载荷和环境条件下工作时不会失效。

传统讲授零件课程的方法强调单个机器部件或零件的设计，如齿轮、弹簧、轴等。对此方法的一种批评是：有时针对零件的课程（或教材）很容易成为一本"菜谱"，只是收集零散的主题，却无法帮助学生解决在现有"菜谱"中找不到的其他问题，这种风险确实存在。在这种情况下，教师（或作者）比较容易让课程（或教材）退化成这种模式："嗯，今天是星期二，让我们设计弹簧；星期五我们将设计齿轮。"如果发生这种情况，学生可能会受到误导，因为这样就不一定需要学生了解如何实际应用基础理论来解决设计问题。

但是，本课程涉及的许多典型机器零件为基础理论提供了极好的范例。从这个角度看，它们能够成为帮助学生理解复杂和重要工程理论的一个很好的工具。例如，在讨论预紧螺栓时，可以把金属薄垫片抗疲劳载荷作为一个完美的工具引出预应力的概念。学生可能没机会在实践中被要求设计预紧螺栓，但他或她可能从这段学习经历获得对预应力的理解。设计承受随时间变化载荷的斜齿轮给学生提供了一个理解组合应力、赫兹应力和疲劳失效的极好的工具。因此，只要教材所采取的方法足够普适，针对零件的设计方法也是一种有效且可靠的方法。也就是说，课程内容不应该退化成看似不相关练习的集合，而应提供一种集成的方法。

作者发现现有教材（和机械零件课程）的另一个缺陷是在系统动力学和系统应力分析的内容之间缺乏联系。通常，这些教材中给出的机械零件都（魔法般地）预先给出了施加在它们上面的载荷。然后教学生如何通过这些载荷确定所引起的应力和变形。而在实际机械设计中，力并非总是预先定义的，并且在很大程度上可能由运动部件质量的加速度所致。但是，零件的质量只有当几何尺寸确定且通过应力分析得到待设计零件的强度后，才能准确确定。因此，这里存在的僵局只有通过迭代打破，即假定零件的几何形状并定义其几何和质量属性，计算由零件的材料和几何形状而引起的动态载荷，然后计算这些力产生的应力和挠度，如果失效，则重新设计，并重复上述步骤。

一种集成方法

本书分为两篇。第 1 篇介绍了应力、应变、变形、材料属性、失效理论、疲劳现象、断裂力学和有限元分析等基础内容。这些理论内容的呈现方式与其他现有教材类似。第 2 篇不但介绍了如何处理具体、常见的设计零件作为理论应用实例，而且尝试以一种集成的方法，用案例研究将各种主题联系在一起进行介绍，避免呈现一连串不同的主题。

与一学期课程所涵盖的内容相比，大多数零件设计教材包含更多的主题和内容。在写这本书的第 1 版之前，我们向 200 位讲授零件课程的美国大学教师发送调查问卷，征求他们对相对重要的零件主题和期望的内容设置的意见。从第 2 版到第 5 版的每一次修订，都进行了用户调查，以确定应该改变或增加什么，对这些反馈进行的分析影响了本书所有版本的结构和内容。受访者最初的强烈愿望之一是提出一些现实的设计问题的案例研究。

为实现这一目标，我们尝试围绕10个系列性的案例研究来组织本书的内容。这些案例研究在后续章节中介绍了同一设计问题的不同方面，例如，在第3章中确定装置的静态载荷或动态载荷，在第4章中计算静态载荷产生的应力，然后在第5章中应用适当的失效理论确定安全系数。随后的章节中提出更复杂、更多设计内容的案例研究。第6章关于疲劳设计的案例研究就是来自于作者在工业咨询实践中遇到的一个真实问题。第8章介绍了几个有限元分析的案例研究，并把结果与前面章节得出的经典解进行了比较。

这些案例研究提供了一系列贯穿本书的机械设计项目，包含了这类教材通常处理的各类零件的组合。机械装配包含一些零件的集合，如受轴向和弯曲载荷联合作用的连杆、压杆，弯曲与扭转组合的轴，在交变载荷作用下的齿轮副、回位弹簧，疲劳加载的紧固件和轴承等。这种集成的方法有几个优点，它向学生提出了一个上下文关联的通用设计问题，而不是一组分散、不相关的实体，这样学生可以明白影响单个零件设计决策的相互关系和理由。这些更全面的案例研究在本书的第2篇。第一部分中的案例研究的范围更加有限，仅针对本章的工程力学主题。除了案例研究外，每一章还选择了一些实际例子来对特定主题进行强化。

本书的第9章，设计案例研究，用在后面章节用到的3个设计案例研究来强化轴、弹簧、齿轮、紧固件等零件的设计和分析概念。这些设计案例研究并未完全解决整个实际问题，因为还需要为学生项目作业留下素材。作者已经成功地使用这些案例研究，作为多周或整学期的学生小组或个人项目的作业主题。布置开放式的项目作业比固定的家庭作业更有助于加强对课程中设计和分析内容的学习。

习题集

为满足第1版用户要求习题解耦的要求，967个习题中的大多数（767个，79%）都是独立的随章习题。习题集中其他的21%与后续章节相关。这些相关习题编号的破折号后面的数字在每章中都是相同的，并用加粗字体表明它们在章节中的通用性。例如，习题3-4要求对拖车挂接装置做静态受力分析；习题4-4要求进行基于习题3-4相同计算载荷的同一挂接装置的应力分析；习题5-4要求用习题4-4计算的应力计算该挂接装置的静态安全系数；习题6-4要求对同一挂接装置进行疲劳失效分析，而习题7-4要对它进行表面应力分析。同样的拖车挂接装置也在第8章中，作为有限元分析的案例研究。这样，基本设计问题的复杂性就随着新主题的引入而逐渐展开。如果教师也希望使用这种方法，可以在后续章节中布置破折号后数字相同的习题。如果不想用前面的习题作为后面习题的基础，则可以将前面问题的解决方案数据手册提供给学生。对不喜欢关联习题的教师，则完全可以在767个习题中，选择布置编号没有加粗的章节独立习题，以避免内容关联。

内容安排

第1章介绍了设计流程、问题表述、安全系数和单位。第2章回顾了材料的属性，因为即使学生一般已经修过一门与材料科学或冶金有关的课程，机械设计也仍需要广泛和初步理解典型工程材料的性能。第3章探讨了运动学连杆机构和凸轮的基本原理，还复习了静态和动态载荷分析，包括梁、振动和冲击载荷，并建立了一系列案例研究，这些实例研究将在后面的章节中继续说明应力和挠度分析主题。

从根本上讲，机械零件设计课程实际是一门中级应用水平的应力分析课程。因此，在第4章回顾了应力和变形分析基础，因为学生通常还没有完全消化前面应力分析课程中给出的概念，第5章详细介绍了静态失效理论，还介绍了静态载荷下的断裂力学分析。

由于大多数应力分析的入门课程只处理静态加载问题，在零件设计课程里学生通常是第一次接触到疲劳应力分析。因此，在第 6 章用了较长篇幅介绍了疲劳破坏理论，重点在常用于旋转机械设计中的高周疲劳的应力-寿命设计，该章进一步讨论关于循环载荷作用下的裂纹扩展的断裂力学理论。但是这里没给出基于应变方法的低周疲劳分析，只是向读者介绍了它们的应用和目的，并提供了进一步学习需要用到的参考文献。第 6 章也对残余应力做了讲解。第 7 章全面讨论了磨损机理、表面接触应力和表面疲劳现象。

第 8 章介绍了有限元分析（Finite Element Analysis，FEA）。许多教师利用机械零件课程向学生介绍有限元分析，和其他机械设计技术一起指导学生使用。但第 8 章提供的材料不是为了替代有限元理论教学，关于有限元分析理论的内容在有限元分析课程的教材上都有，而且那些课程会要求学生通过自学或课程设计来全面熟悉有限元分析理论。相反，第 8 章介绍了将有限元分析应用到实际机械设计问题中的相关技术，给出了关于元素的选择、网格细化的问题和适当的边界条件的给定等开发的细节。而这些问题通常不会在有限元理论书籍中涉及。现在许多工程师培训中，在进行专业实践时会使用 CAD 实体建模软件和商用有限元分析代码。因此，了解这些工具的局限性，并恰当地使用这些工具是十分重要的。如果需要的话，特别是如果学生要用有限元解决所分配给他的任务，本章可以安排在课程前段讲授。本书网站为各章节的许多作业习题提供了它们的 Solidworks 几何模型。

前面这 8 章构成了本书的第一篇，为机械零件设计奠定所需的分析基础。除第 8 章的有限元分析外，其他章节前后衔接，按序讲授。

本书第 2 篇介绍了机械零件设计，其中每种零件都是一个完整机器的一部分。第 2 篇的各章本质上是彼此独立的，除了第 12 章直齿圆柱齿轮应在第 13 章斜齿轮、锥齿轮和蜗轮蜗杆之前讲授外，教师可以根据需要，按想要的（或跳过）顺序进行讲授。本书所有的主题可能无法在一个学期的课程中全部讲完，未讲授的章节仍可作为工程师们专业实践时的参考。

第 9 章提出了一组设计案例研究，可作为作业和案例研究供后续的章节使用。除了这些具体案例，还提供推荐了一系列设计项目作业。第 10 章采用第 6 章提出的疲劳分析技术研究了轴的设计。第 11 章用第 7 章提出的理论讨论了流体膜、滚动轴承理论和应用。第 12 章采用 AGMA 推荐的最新步骤全面介绍了直齿圆柱齿轮的运动学、设计和应力分析。第 13 章将齿轮设计拓展到斜齿轮、锥齿轮和蜗杆传动。第 14 章的弹簧设计内容包括螺旋压缩弹簧、拉伸弹簧和扭转弹簧，并全面讨论了碟形弹簧。第 15 章研究了动力螺纹和预紧紧固件。第 16 章给出了静态和动态载荷下焊接件设计的最新处理方法。第 17 章介绍了盘式、鼓式离合器和制动器的设计和规格。附录中包含了材料强度数据、梁的参数表格、应力集中系数以及部分习题解答。

补充

提供给教师的习题解手册可从本书出版商处得到，书中所有图表的 PowerPoint 幻灯片都可以在出版商 Pearson 的网站获得（有密码保护）：

http://www.pearsonhighered.com/

要下载这些资源，请选择"教师支持"选项卡以注册为教师，并按照网站上的说明获取所提供的资源。习题解手册提供了所有问题解决方案的 MathCAD 文件。这种通过计算机解决问题的方法，对于教师而言具有显著的优势，他们可以轻松更改任何习题的已知数据然后立即求解。因此，基本上可以无限地提供习题集，远远超出教材中给定的习题。指导教师还可以通过更改补充文件中的数据轻松地准备考试题目并求解。

本书的勘误表可以在作者的个人网站查到，具体网址是：

http://www.designofmachinery.com/MD/errata.html

采用本书的教师们均可在作者的个人网站注册，以获取与主题相关的其他信息（课程大纲、大师讲座、项目任务等）和文本，以及下载 Web 内容和更新的软件（受密码保护）。请访问：

http://designofmachinery.com/books/machine-design/professors-using-our-books-md/

购买本书的任何人都可以在作者的个人网站上注册以请求下载和更新当前版本的软件（受密码保护）。请访问：

http://designofmachinery.com/books/machine-design/machine-design-6th-ed-for-students-login/

致谢

作者向审阅了本书第 1 版不同发展阶段的所有人士表示诚挚感谢，他们包括：密歇根理工学院的 J. E. Beard 教授、加州大学戴维斯分校的 J. M. Henderson 教授、密苏里大学罗拉分校的 L. R. Koval 教授、托莱多大学的 Rolla 教授和 S. N. Kramer 教授、弗吉尼亚理工大学的 L. D. Mitchell 教授、普渡大学的 G. R. Pennock 教授、田纳西理工学院的 D. A. Wilson 教授、John Lothrop 先生，以及西密歇根大学的 J. Ari Gur 教授，J. Ari Gur 教授也采用本书的班级测试版教学。Robert Herrmann（伍斯特理工学院-机械工程 94 级）提供了一些习题，Charles Gillis（伍斯特理工学院-机械工程 96 级）求解了第 1 版的大部分习题。

瓦尔帕莱索大学的 John R. Steffen 教授、蒙大拿州的 R. Jay Conant 教授、弗吉尼亚理工大学的 Norman E. Dowling 教授和达特茅斯的 Francis E. Knnedy 教授为本书的改进提出了许多有用的建议，并指出了很多错误。要特别感谢伍斯特理工学院的 Hartley T. Grandin 教授，他在本书酝酿阶段给予了很多的鼓励，并提供了许多好的建议和想法，同时还采用本书多次进行班级测试版教学。

特别要提及的是两位前任和现任 Prentice Hall 出版公司的编辑为开发这本书所做出的努力：Doug Humphrey 坚持说服我写这本书，不让我放弃；Bill Stenquist 总是答应我的要求，并娴熟地完成这本书第 1 版的编辑，Norrin Dias 的支持帮助使得本书第 6 版顺利印刷。

自本书于 1995 年第 1 次印刷以来，一些用户善意地指出了错误并提出了改进建议。我要感谢加拿大孟顿大学的 R. Boudreau 教授、波莫纳加州理工大学的 V. Glozman 教授、科罗拉多矿业学院的 John Steele 教授、圣何塞州立大学的 Burford J. Furman 教授和加州大学奇科分校的 Michael Ward 教授。

还有一些教师善意地指出了本书的错误，并提出了建设性的批评意见和建议，以期在后续的版本中进行改进。其中值得一提的有：伍斯特理工学院的 Cosme Furlong 教授、阿肯色大学的 Joseph Rencis 教授、孟顿大学的 Annie Ross 教授、康奈尔大学的 Andrew Ruina 教授、约克大学的 Doug-las Walcerz 教授和加州山城的 Thomas Dresner 教授。

林肯电气公司的 Duane Miller 博士对第 16 章焊接部分提供了非常宝贵的帮助，并审阅几份草稿。德州州立圣克劳大学的 Stephen Covey 教授、吉列公司的 Gregory Aviza 和 Charles Gillis 工程师，也对焊接一章提供了有价值的反馈意见。西雅图大学的 Robert Cornwell 教授审阅第 15 章中关于他的计算螺栓连接刚度的新方法的讨论和第 14 章中他的计算矩形钢丝弹簧应力集中的方法的讨论。

哥伦比亚马尼萨莱斯的卡尔达斯大学的 Fabio Marcelo Peña Bustos 教授和巴拉圭亚松森的圣母玛利亚天主教大学的 Juan L. Balsevich-Prieto 教授指出了西班牙语翻译的错误。

特别要感谢吉列公司的 William Jolley，他为本书的算例建立了有限元分析模型，并审阅了第 8 章；吉列公司工程部前副总裁 Edwin Ryan 也提供了非常宝贵的支持。联合技术公司 UTC 燃料电池部的 Donald A. Jacques 审阅了有关有限元分析的部分（第8章），并提出了许多有益的建议。伍斯特理工学院的 Eben C. Cobb 教授和他的学生 Thomas Waston 开发了许多习题和案例研究的 SolidWorks 模型，并用有限元分析做了求解，这些案例研究均放在了网站上。

感谢下列回应第5版调查，并提出了许多很好建议的各位人士：德州州立圣克劳大学的 Steven J. Covey、德克萨斯大学圣安东尼奥分校的 Yesh P. Singh、哥伦比亚马尼萨莱斯自治大学卡尔达斯分校的 César Augusto Álvarez Vargas、南加州大学的 Ardeshir Kianercy、圣克劳德州立大学的 Kenneth W. Miller、新罕布什尔大学柯克利斯的 Yannis Korkolis、德克萨斯州 A & M 的 J. AlexThomasson、锡达维尔大学的 Timothy Dewhurst、丹麦 VIA 大学 Horsens 分校的 Jon Svenninggaard、田纳西大学的 John D. Landes、加州州立理工大学的 Peter Schuster、宾夕法尼亚州立大学的 AmanuelHaque、阿拉巴马大学的 J. Brian Jordon、亚利桑那州国家大学的 Yabin Liao、圣何塞州立大学的 Raymond K. Yee、安柏瑞德航空大学的 Jean-Michel Dhainaut、爱荷华州立大学的 Pal Molian 和北卡罗来纳州立大学的 John Strenkowski。

作者非常感谢 Mercer 大学名誉教授 Thomas A. Cook，他为本书编写了习题集解，更新了 MathCAD 的示例，并为本版提供了大多数新问题集；还要感谢伍斯特理工学院的 Adriana Hera 博士，他更新了所有示例和案例研究的 MATLAB 和 Excel 模型，并彻底审查了它们的正确性。

最后，南茜·诺顿（Nancy Norton）是我在过去59年中无限耐心的妻子，在许多"因书守寡"的夏天，她始终如一的支持和鼓励，值得再次赞誉。没有她我不可能完成本书。

我们为消除本书中的错误做了所有的努力。如果仍然存在错误将由作者负责，诚恳希望读者指出存在的任何错误，以便在未来版本中给予修正。请发邮件至 norton@ wpi. edu。

罗伯特·L. 诺顿

马塔波瓦塞特，马萨诸塞州

视频内容清单

第 6 版视频收录了作者在伍斯特理工学院任教 31 年期间制作的授课视频和辅导视频。授课视频是在 2011/2012 年上课现场时录制的。辅导视频是在录音室录制的，旨在作为课堂讲授的补充。书中共有 37 个教学视频，1 个授课系列视频的简短介绍、20 个 "50 分钟" 左右的授课视频、8 个辅导视频和 8 个机械演示视频。表中记录了所有视频的运行时间。

书中注明了所有视频的观看和下载网址，包括授课视频，第 5 版和更早版本的所有数字版内容都可以下载，以及作者编写的程序 Linkages、Dynacam 和 Matrix。所有非视频可下载文件的索引都在下载索引中。每个视频的 URL 也提供给读者下载。

任何使用本书的教师或学生都可以在作者的网站上注册，网址为：http://www.designofmachinery.com。无论是学生还是教师，作者都会给他们发送一个密码，让他们访问一个受保护的网站，在那里他们可以下载新版本的计算机程序、Linkages、Dynacam 和 Matrix。他们还可以下载 33 个视频和索引中列出的所有文件。作者会亲自审查这些访问请求，批准那些按照提供的说明完整而正确填写的请求。作者需要完整的信息，只接受大学的电子邮件地址。

授课视频				（将此 URL 与文件名连接可以运行该文件视频）	
章节	编号	主　题	http://www.designofmachinery.com/MD/		时间
1	1	介绍	01_Introduction. mp4		03:30
4	2	应力回顾	02_Stress_Review. mp4		53:40
4	3	应力分布	03_Stress_Distribution. mp4		50:52
4	4	组合应力、应力集中、杆	04_Combined_stress_stress_concentration_columns. mp4		54:11
5	5	韧性屈服理论	05_Ductile_Failure_Theory. mp4		46:02
5	6	脆性失效理论	06_Brittle_Failure_Theory. mp4		51:02
6	7	疲劳失效理论	07_Fatigue_Failure_Theory. mp4		55:49
6	8	对称循环变载荷	08_Fully_Reversed_Loads. mp4		52:59
6	9	波动变载荷	09_Fluctuating_Loads. mp4		54:14
10	10	轴设计 I	10_Shaft_Design_ I . mp4		44:44
10	11	轴设计 II	11_Shaft_Design_ II . mp4		47:20
7	12	磨损和表面失效	12_Wear_and_Surface_Fatigue. mp4		52:25
12	13	直齿圆柱齿轮设计 I	13_Spur_Gear_Design_ I . mp4		51:31
12	14	直齿圆柱齿轮设计 II	14_Spur_Gear_Design_ II . mp4		50:37
14	15	弹簧设计 I	15_Spring_Design_ I . mp4		52:20
14	16	弹簧设计 II	16_Spring_Design_ II . mp4		47:46
11	17	轴承和润滑	17_Bearings_and_Lubrication. mp4		50:07
11	18	滚动轴承	18_Rolling_Element_Bearings. mp4		46:54
15	19	传动螺杆和紧固件	19_Power_Screws_and_Fasteners. mp4		44:42
15	20	预紧螺栓	20_Preloaded_Fasteners. mp4		48:22
8	21	有限元分析	21_Finite_Element_Analysis. mp4		52:28

辅导视频	（将此 URL 与文件名连接可以运行该文件视频）	
主　题	http://www.designofmachinery.com/MD/	时间
轴承	Bearings. mp4	09:11
弯曲应力	Bending_Stress. mp4	05:57
杆件	Columns. mp4	01:52
失效形式	Failure_Modes. mp4	09:41
齿轮	Gears. mp4	22:07
弹簧	Springs. mp4	20:06
应力立方体	Stress_Cube. mp4	05:04
扭转	Torsion. mp4	03:13

演示视频	（将此 URL 与文件名连接可以运行该文件视频）	
主题	http://www.designofmachinery.com/MD/	时间
靴子测试机器	Boot_Tester. mp4	19:02
瓶子印刷机器	Bottle_Printing_Machine. mp4	09:49
凸轮机构	Cam_Machine. mp4	21:28
四杆机构	Fourbar_Machine. mp4	35:38
拾取和放置机构	Pick_and_Place_Mechanism. mp4	36:35
弹簧制造机械	Spring_Manufacturing. mp4	12:23
弹簧颤振和弹簧失效	Fatigue_Failure. mp4	03:46
振动测试	Vibration_Testing. mp4	05:51

请注意，您可以下载包含上表中列出的所有视频内容超链接 PDF 文件。这使得读者可以轻松地访问视频，而无须键入表中所示的每个 URL。下载文件：

http://www.designofmachinery.com/MD/Video_Links_for_Machine_Design_6ed.pdf

目　　录

中文版序
前言
视频内容清单

第1篇　基　础　篇

第1章　设计介绍 ·········· 3

1.1　设计 ·········· 3
　　机械设计 ·········· 3
　　迭代 ·········· 4
1.2　典型设计过程 ·········· 5
1.3　问题的提出与计算 ·········· 6
　　定义阶段 ·········· 6
　　初步设计阶段 ·········· 7
　　详细设计阶段 ·········· 7
　　归档阶段 ·········· 7
1.4　工程模型 ·········· 7
　　估计与一阶分析 ·········· 7
　　工程草图 ·········· 8
1.5　计算机辅助设计与工程 ·········· 8
　　计算机辅助设计（CAD） ·········· 8
　　计算机辅助工程（CAE） ·········· 11
　　计算精度 ·········· 12
1.6　工程报告 ·········· 12
1.7　安全系数和设计规范 ·········· 12
　　安全系数 ·········· 12
　　选择安全系数 ·········· 13
　　设计与安全规范 ·········· 14
1.8　统计考虑 ·········· 15
1.9　单位 ·········· 15
1.10　小结 ·········· 19
　　本章使用的重要公式 ·········· 20
1.11　参考文献 ·········· 20
1.12　网上资料 ·········· 20
1.13　参考书目 ·········· 21
1.14　习题 ·········· 21

第2章　材料和工艺 ·········· 23

2.0　引言 ·········· 23
2.1　材料性能定义 ·········· 24
　　拉伸试验 ·········· 25
　　延伸性和脆性 ·········· 27
　　压缩试验 ·········· 27
　　弯曲试验 ·········· 28
　　扭转试验 ·········· 28
　　疲劳强度和疲劳极限 ·········· 29
　　抗冲击性 ·········· 30
　　断裂韧度 ·········· 31
　　蠕变和温度的影响 ·········· 32
2.2　材料性能的统计性质 ·········· 32
2.3　均匀性和各向同性 ·········· 33
2.4　硬度 ·········· 33
　　热处理 ·········· 35
　　表面（壳）硬化 ·········· 35
　　有色金属材料热处理 ·········· 36
　　机械成形和硬化 ·········· 36
2.5　涂层和表面处理 ·········· 38
　　原电池作用 ·········· 38
　　电镀 ·········· 39
　　化学镀 ·········· 39
　　阳极氧化 ·········· 40
　　等离子喷涂涂层 ·········· 40
　　化学涂层 ·········· 40
2.6　常用金属材料的特性 ·········· 40
　　铸铁 ·········· 40
　　铸钢 ·········· 41
　　锻钢 ·········· 41
　　钢的编号系统 ·········· 42

铝 ···················· 44

钛 ···················· 46

镁 ···················· 46

铜合金 ················· 46

2.7　常用非金属材料的特性 ········· 47

高分子聚合物 ············ 47

陶瓷 ·················· 48

复合材料 ··············· 48

2.8　材料的选择 ·············· 49

2.9　小结 ·················· 51

本章使用的重要公式 ········ 52

2.10　参考文献 ··············· 53

2.11　网上资料 ··············· 53

2.12　参考书目 ··············· 54

2.13　习题 ·················· 55

第3章　运动与受力分析 ·········· 59

3.0　简介 ··················· 59

3.1　自由度 ················· 59

3.2　机构 ··················· 60

3.3　自由度（运动能力）的计算 ····· 61

3.4　常见单自由度机构 ·········· 62

平面四杆机构和 Grashof 准则 ·· 62

六杆机构 ··············· 63

曲柄滑块及滑块曲柄四杆机构 · 64

凸轮机构 ··············· 65

3.5　连杆机构运动分析 ·········· 65

运动分类 ··············· 65

矢量复数 ··············· 66

矢量闭环方程 ············ 66

3.6　平面四杆机构分析 ·········· 67

求解四杆机构的位置 ······· 67

求解平面四杆机构的速度 ···· 69

角速度比和机械效益 ······· 70

求解四杆机构的加速度 ····· 71

3.7　曲柄滑块机构分析 ·········· 73

求解四杆曲柄滑块机构的位置 · 73

求解四杆曲柄滑块机构的速度 · 74

求解四杆曲柄滑块机构的加速度 · 74

其他连杆机构 ············ 75

3.8　凸轮机构设计和分析 ·········· 75

时序图 ················· 76

svaj 图 ················ 77

双休止凸轮机构多项式函数 ··· 77

单休止凸轮机构多项式函数 ··· 79

压力角 ················· 81

曲率半径 ··············· 82

3.9　力分析的载荷分类 ··········· 83

3.10　自由体图 ··············· 84

3.11　载荷分析 ··············· 84

三维分析 ··············· 85

二维分析 ··············· 86

静态载荷分析 ············ 86

3.12　二维静态载荷案例研究 ······· 86

3.13　三维静态载荷案例研究 ······· 100

3.14　动载案例研究 ············ 104

3.15　振动加载 ··············· 108

固有频率 ··············· 108

动载荷 ················· 109

3.16　冲击载荷 ··············· 111

能量计算方法 ············ 112

3.17　梁载荷分析 ············· 115

剪切和力矩 ············· 116

奇异函数 ··············· 116

叠加 ·················· 125

3.18　小结 ·················· 125

本章使用的重要公式 ········ 126

3.19　参考文献 ··············· 127

3.20　网上资料 ··············· 128

3.21　参考书目 ··············· 128

3.22　习题 ·················· 129

第4章　应力、应变与挠度 ········· 144

4.0　引言 ··················· 144

4.1　应力 ··················· 145

4.2　应变 ··················· 147

4.3　主应力 ················· 147

4.4　平面应力和平面应变 ········· 150

平面应力 ··············· 150

平面应变 ··············· 150

4.5　莫尔圆 …………………………… 150

4.6　作用应力与主应力对比 ………… 154

4.7　轴向拉伸 ………………………… 154

4.8　直接剪应力、直接挤压应力
　　　与撕裂 …………………………… 155
　　直接剪切 ………………………… 155
　　直接挤压 ………………………… 156
　　撕裂失效 ………………………… 157

4.9　梁与弯曲应力 …………………… 157
　　梁纯弯曲 ………………………… 157
　　横向载荷引起的剪切 …………… 160

4.10　梁挠度 ………………………… 163
　　用奇异函数求挠度 ……………… 165
　　静不定梁 ………………………… 171

4.11　卡氏法 ………………………… 174
　　卡氏法求挠度 …………………… 175
　　利用卡氏法求解冗余约束力 …… 175

4.12　扭转 …………………………… 176

4.13　组合应力 ……………………… 182

4.14　弹簧系数 ……………………… 184

4.15　应力集中 ……………………… 185
　　静态载荷作用下的应力集中 …… 186
　　动态载荷作用下的应力集中 …… 187
　　确定几何应力——应力集中系数 … 187
　　避免应力集中的设计 …………… 189

4.16　轴向压缩——压杆 …………… 191
　　长细比 …………………………… 191
　　短压杆 …………………………… 191
　　长压杆 …………………………… 191
　　端部条件 ………………………… 193
　　中等压杆 ………………………… 194
　　偏心压杆 ………………………… 197

4.17　圆筒的应力 …………………… 199
　　厚壁圆筒 ………………………… 199
　　薄壁圆筒 ………………………… 200

4.18　静态应力和变形分析的
　　　案例研究 ……………………… 201

4.19　小结 …………………………… 214
　　本章使用的重要公式 …………… 216

4.20　参考文献 ……………………… 219

4.21　参考书目 ……………………… 219

4.22　习题 …………………………… 220

第5章　静态失效理论 …………… 236

5.0　引言 …………………………… 236

5.1　静态载荷下韧性材料的失效 …… 238
　　von Mises-Hencky 理论
　　　（畸变能理论） ………………… 238
　　最大剪应力理论 ………………… 243
　　最大正应力理论 ………………… 245
　　试验数据与失效理论比较 ……… 245

5.2　脆性材料在静载下的失效 ……… 248
　　双向和单向材料 ………………… 248
　　Coulomb-Mohr 理论 …………… 249
　　Mohr 修正理论 ………………… 250

5.3　断裂力学 ………………………… 254
　　断裂力学理论 …………………… 256
　　断裂韧度因子 K_c ……………… 258

5.4　使用静态载荷失效的理论 ……… 261

5.5　静态失效案例研究分析 ………… 262

5.6　小结 …………………………… 270
　　本章使用的重要公式 …………… 271

5.7　参考文献 ……………………… 273

5.8　参考书目 ……………………… 273

5.9　习题 …………………………… 274

第6章　疲劳失效理论 …………… 287

6.0　引言 …………………………… 287
　　疲劳失效历史 …………………… 288

6.1　疲劳失效机理 …………………… 290
　　裂纹萌生阶段 …………………… 290
　　裂纹扩展阶段 …………………… 291
　　腐蚀 ……………………………… 292
　　断裂 ……………………………… 292

6.2　疲劳失效模型 …………………… 293
　　疲劳区域 ………………………… 293
　　应力-寿命法 …………………… 294
　　应变-寿命法 …………………… 294
　　线弹性断裂力学法 ……………… 294

6.3　机械设计的考虑 ………………… 294

6.4　疲劳载荷 ·············· 295
　旋转机械受载 ············· 295
　服务设备受载 ············· 296
6.5　衡量疲劳失效准则 ······· 297
　对称循环应力 ············· 297
　复合应力均值和幅值 ······· 303
　断裂力学准则 ············· 304
　实际组件测试 ············· 306
6.6　估算疲劳失效准则 ······· 308
　估计理论疲劳极限 S_f 或持久极限 S_e ····· 308
　理论疲劳极限和持久极限修正系数 ···· 308
　计算修正疲劳强度 S_f 或
　　修正持久极限 S_e ······· 314
　创建近似的 $S-N$ 图 ········ 314
6.7　缺口与应力集中 ········ 319
　缺口敏感度 ··············· 319
6.8　残余应力 ·············· 322
6.9　高周疲劳设计 ·········· 326
6.10　单向对称应力设计 ······ 327
　单向对称应力设计步骤 ······ 327
6.11　单向波动应力设计 ······ 333
　创建修正 Goodman 图 ······ 334
　波动应力的应力集中影响 ···· 336
　确定波动应力的安全系数 ···· 337
　波动应力设计步骤 ·········· 339
6.12　多向应力疲劳的设计 ····· 345
　频率和相位的关系 ·········· 345
　简单多向对称应力 ·········· 346
　简单多向波动应力 ·········· 346
　复杂多向应力 ············· 347
6.13　高周疲劳设计的一般方法 ··· 348
6.14　疲劳设计案例研究 ······· 353
6.15　小结 ················· 362
　本章使用的重要公式 ········ 363
6.16　参考文献 ············· 366
6.17　参考书目 ············· 368
6.18　习题 ················· 369
第 7 章　表面失效 ··········· 382
7.0　引言 ················· 382

7.1　表面结构 ·············· 384
7.2　表面配副 ·············· 386
7.3　摩擦 ················· 386
　表面粗糙度对摩擦的影响 ···· 387
　速度对摩擦的影响 ·········· 387
　滚动摩擦 ················· 387
　润滑剂对摩擦的影响 ········ 388
7.4　黏着磨损 ·············· 388
　黏着磨损系数 ············· 390
7.5　磨粒磨损 ·············· 391
　磨粒磨损材料 ············· 393
　抗磨损材料 ··············· 393
7.6　腐蚀磨损 ·············· 394
　腐蚀疲劳 ················· 394
　微动腐蚀 ················· 394
7.7　表面疲劳 ·············· 395
7.8　球面接触 ·············· 397
　球面接触压力和接触区 ······ 398
　球面接触的静态应力分布 ···· 398
7.9　圆柱面接触 ············ 401
　平行柱面接触的接触压力和接触区域 ··· 401
　平行柱面接触上的静态应力分布 ···· 402
7.10　一般接触 ············· 404
　一般接触中的接触压力和接触区域 ··· 404
　一般接触下的应力分布 ······ 405
7.11　动态接触应力 ·········· 408
　滑移对接触应力的影响 ······ 408
7.12　表面疲劳失效模型——
　　动态接触 ··············· 414
7.13　表面疲劳强度 ·········· 416
7.14　小结 ················· 422
　避免表面失效的设计 ········ 422
　本章使用的重要公式 ········ 423
7.15　参考文献 ············· 425
7.16　习题 ················· 426
第 8 章　有限元分析 ·········· 433
8.0　引言 ················· 433
　应力和应变计算 ··········· 434
8.1　有限元方法 ············ 435

8.2　单元类型 ·············· 436
　单元维数与自由度（DOF）········· 436
　单元的阶 ················ 437
　h 元与 p 元 ·············· 438
　单元纵横比 ·············· 438
8.3　网格划分 ·············· 438
　网格密度 ················ 439
　网格细化 ················ 439
　收敛性 ················· 440
8.4　边界条件 ·············· 443

8.5　施加载荷 ·············· 450
8.6　测试模型（验证）········· 451
8.7　模态分析 ·············· 454
8.8　案例研究 ·············· 455
8.9　小结 ················· 464
8.10　参考文献 ············· 464
8.11　参考书目 ············· 465
8.12　网上资料 ············· 465
8.13　习题 ················ 465

第 2 篇　机械设计篇

第 9 章　设计案例研究 ········· 469
9.0　引言 ················· 469
9.1　案例 8　便携式空气压缩机 ····· 470
9.2　案例 9　干草捆卷扬机 ······ 473
9.3　案例 10　凸轮试验机 ······ 476
9.4　小结 ················· 481
9.5　参考文献 ·············· 481
9.6　设计项目 ·············· 481
第 10 章　轴、键与联轴器 ········ 490
10.0　引言 ················ 490
10.1　轴上载荷 ············· 491
10.2　轴上零件与应力集中 ······· 492
10.3　轴的材料 ············· 493
10.4　轴的功率 ············· 494
10.5　轴的载荷 ············· 494
10.6　轴的应力 ············· 495
10.7　组合载荷作用下轴的失效 ····· 495
10.8　轴的设计 ············· 496
　总体考虑 ················ 496
　受对称循环弯曲和恒定转矩
　　作用的轴设计 ············ 497
　受波动循环弯曲应力和波动
　　循环转矩的轴设计 ·········· 498
10.9　轴的变形 ············· 506
　梁 ··················· 506
　扭杆 ·················· 506

10.10　键和键槽 ············ 509
　平键 ·················· 509
　楔键 ·················· 510
　半圆键 ················· 510
　键应力 ················· 511
　键材料 ················· 511
　键设计 ················· 511
　键的应力集中 ············· 512
10.11　花键 ··············· 515
10.12　过盈配合 ············ 516
　过盈配合的应力 ············ 517
　微动腐蚀 ················ 519
10.13　飞轮设计 ············ 520
　转动系统中的能量变化 ········ 521
　确定飞轮惯量 ············· 523
　飞轮中的应力 ············· 524
　失效准则 ················ 525
10.14　轴的临界转速 ·········· 527
　轴和梁的横向振动的 Rayleigh 分析法 ····· 529
　轴的谐振 ················ 530
　扭转振动 ················ 531
　两个圆盘安装在同一根轴上的情况 ···· 532
　多个圆盘安装在同一根轴上的情况 ···· 533
　扭转振动的控制 ··········· 533
10.15　联轴器 ············· 535
　刚性联轴器 ·············· 535
　挠性联轴器 ·············· 536

10.16 案例研究 ……………… 539
　便携式空气压缩机传动轴的设计 …… 539
10.17 小结 ………………… 542
　本章使用的重要公式 ………… 543
10.18 参考文献 …………… 544
10.19 习题 ………………… 545
第11章 轴承与润滑 ………… 553
11.0 引言 …………………… 553
　附加说明 ………………… 554
11.1 润滑剂 ………………… 555
11.2 黏度 …………………… 556
11.3 润滑的类型 …………… 557
　全膜润滑 ………………… 558
　边界润滑 ………………… 559
11.4 滑动轴承材料组合 …… 560
11.5 流体动压润滑理论 …… 561
　无载荷 Petroff 转矩方程 …… 561
　偏心径向滑动轴承的 Reynolds 方程 …… 562
　径向滑动轴承中的转矩和功率损失 …… 566
11.6 流体动压轴承的设计 … 567
　载荷系数设计——Ocvirk 数 …… 567
　设计流程 ………………… 569
11.7 高副接触 ……………… 572
11.8 滚动轴承 ……………… 577
　滚动轴承与滑动轴承的对比 …… 577
　滚动轴承分类 …………… 578
11.9 滚动轴承的失效 ……… 582
11.10 滚动轴承选型 ……… 583
　基本额定动载荷 C ……… 583
　轴承额定寿命修订 ……… 583
　基本额定静载荷 C_0 …… 585
　径向与轴向载荷组合作用 …… 585
　计算流程 ………………… 586
11.11 轴承安装细节 ……… 587
11.12 特殊轴承 …………… 589
11.13 案例研究 …………… 590
11.14 小结 ………………… 591
　本章使用的重要公式 …… 592
11.15 参考文献 …………… 594

11.16 习题 ………………… 596
第12章 直齿圆柱齿轮 ……… 602
12.0 引言 …………………… 602
12.1 齿轮啮合理论 ………… 604
　啮合基本定律 …………… 604
　渐开线齿形 ……………… 605
　压力角 …………………… 606
　齿轮啮合的几何形状 …… 606
　齿轮与齿条 ……………… 607
　改变中心距 ……………… 607
　齿侧间隙 ………………… 608
　相对啮合运动 …………… 609
12.2 轮齿的参数命名 ……… 609
12.3 干涉与根切 …………… 612
　变位齿轮 ………………… 612
12.4 重合度 ………………… 613
12.5 轮系 …………………… 615
　简单轮系 ………………… 615
　复杂轮系 ………………… 615
　同轴式复杂轮系 ………… 616
　周转轮系或行星轮系 …… 617
12.6 齿轮制造 ……………… 619
　成形法加工齿轮 ………… 619
　切削加工 ………………… 620
　粗加工过程 ……………… 620
　精加工过程 ……………… 621
　齿轮质量 ………………… 621
12.7 直齿圆柱齿轮的载荷 … 622
12.8 直齿圆柱齿轮的应力 … 624
　弯曲应力 ………………… 625
　接触应力 ………………… 632
12.9 齿轮材料 ……………… 635
　材料强度 ………………… 636
　AGMA 齿轮材料的弯曲疲劳强度 …… 636
　AGMA 齿轮材料的接触疲劳强度 …… 638
12.10 齿轮传动润滑 ……… 643
12.11 直齿圆柱齿轮设计 … 643
12.12 案例研究 …………… 644
12.13 小结 ………………… 649

本章使用的重要公式 ·········· 649

12.14 参考文献 ·········· 650

12.15 习题 ·········· 651

第 13 章 斜齿轮、锥齿轮和
蜗轮蜗杆 ·········· 656

13.0 引言 ·········· 656

13.1 斜齿轮 ·········· 658

斜齿轮几何尺寸 ·········· 658

斜齿轮受力分析 ·········· 659

当量齿数 ·········· 659

重合度 ·········· 660

斜齿轮上的应力 ·········· 660

13.2 锥齿轮 ·········· 666

锥齿轮的几何尺寸和名称 ·········· 667

锥齿轮安装 ·········· 667

锥齿轮受力分析 ·········· 668

锥齿轮应力 ·········· 669

13.3 蜗杆机构 ·········· 674

蜗轮蜗杆材料 ·········· 675

蜗杆机构润滑 ·········· 675

蜗杆机构受力分析 ·········· 675

蜗杆机构的几何尺寸 ·········· 675

标定方法 ·········· 676

蜗杆机构设计 ·········· 677

13.4 案例研究 ·········· 678

13.5 小结 ·········· 680

本章使用的重要公式 ·········· 681

13.6 参考文献 ·········· 683

13.7 习题 ·········· 684

第 14 章 弹簧设计 ·········· 688

14.0 引言 ·········· 688

14.1 弹簧刚度 ·········· 690

14.2 弹簧类型 ·········· 691

14.3 弹簧材料 ·········· 693

弹簧钢丝 ·········· 693

板簧材料 ·········· 697

14.4 螺旋压缩弹簧 ·········· 698

弹簧长度 ·········· 699

端部结构 ·········· 699

有效圈数 ·········· 700

弹簧指数 ·········· 700

弹簧变形 ·········· 700

弹簧刚度 ·········· 700

螺旋压缩弹簧线圈应力 ·········· 701

非圆簧丝螺旋弹簧 ·········· 702

残余应力 ·········· 703

压缩弹簧屈曲 ·········· 704

压缩弹簧颤振 ·········· 704

压缩弹簧许用强度 ·········· 705

弹簧钢丝扭转剪切 $S-N$ 图 ·········· 707

修正后的簧丝 Goodman 图 ·········· 708

14.5 静载荷作用下螺旋压缩
弹簧的设计 ·········· 709

14.6 疲劳载荷作用下螺旋压缩
弹簧的设计 ·········· 713

14.7 螺旋拉伸弹簧 ·········· 719

拉伸弹簧有效圈数 ·········· 719

拉伸弹簧弹簧刚度 ·········· 720

拉伸弹簧弹簧指数 ·········· 720

拉伸弹簧预载荷 ·········· 720

拉伸弹簧变形 ·········· 721

拉伸弹簧线圈应力 ·········· 721

拉伸弹簧端部应力 ·········· 721

拉伸弹簧颤振 ·········· 722

拉伸弹簧的材料强度 ·········· 722

螺旋拉伸弹簧设计 ·········· 722

14.8 圆柱螺旋扭转弹簧 ·········· 728

扭转弹簧参数 ·········· 729

扭转弹簧圈数 ·········· 729

扭转弹簧变形 ·········· 729

扭转弹簧弹簧刚度 ·········· 730

簧圈闭合 ·········· 730

扭转弹簧簧圈应力 ·········· 730

扭转弹簧材料参数 ·········· 731

扭转弹簧安全系数 ·········· 731

螺旋扭转弹簧设计 ·········· 732

14.9 碟形弹簧垫圈 ·········· 734

碟形弹簧垫圈负载挠度函数 ·········· 736

碟形弹簧垫圈应力 ·········· 736

碟形弹簧垫圈静载荷 ·············· 737

动载荷 ···················· 738

叠簧 ······················· 738

碟形弹簧设计 ················· 738

14.10 案例分析 ··········· 740

设计一个用于凸轮试验机的回位弹簧 ······ 740

14.11 小结 ··············· 744

本章使用的重要公式 ············· 745

14.12 参考文献 ··········· 747

14.13 习题 ··············· 748

第15章 螺纹与紧固件 ········· 753

15.0 引言 ················ 753

15.1 标准螺纹形式 ········· 756

拉应力区 ···················· 757

标准螺纹尺寸 ················· 757

15.2 传动螺旋 ············ 759

矩形、梯形和锯齿形螺纹 ········· 759

螺旋传动应用 ················· 760

传动螺旋的力和转矩分析 ········· 761

摩擦系数 ···················· 763

传动螺旋的自锁和反向驱动 ······· 763

螺旋效率 ···················· 763

滚动螺旋 ···················· 764

15.3 螺纹上的应力 ········· 766

轴向应力 ···················· 767

剪应力 ······················ 767

最小螺母长度 ················· 767

最小螺纹孔配合 ··············· 768

扭转应力 ···················· 768

15.4 螺纹紧固件的类型 ····· 768

根据用途分类 ················· 768

根据螺纹类型分类 ············· 769

根据头部样式分类 ············· 769

螺母和垫圈 ··················· 770

15.5 螺纹紧固件的制造 ····· 772

螺纹切削 ···················· 772

螺纹滚压 ···················· 772

头部成形 ···················· 772

15.6 标准螺栓和机用螺钉强度 ···· 773

15.7 拉伸下紧固件的预紧力 ······· 774

静载下的预紧螺栓 ·············· 776

动载下的预紧螺栓 ·············· 780

15.8 连接刚度系数确定 ····· 785

两同材质板材连接 ············· 786

两不同材质板材连接 ··········· 787

垫圈连接 ···················· 788

15.9 预紧力控制 ··········· 792

旋转螺母法 ··················· 793

定力矩紧固件 ················· 793

载荷指示垫片 ················· 793

螺栓转矩引起的扭转应力 ········· 794

15.10 紧固件的剪切 ········ 795

定位销 ······················ 796

紧固件组质心 ················· 797

紧固件剪切载荷的确定 ········· 797

15.11 设计案例 设计空气压缩机的头螺栓 ············· 799

15.12 小结 ··············· 803

本章使用的重要公式 ············· 803

15.13 参考文献 ··········· 805

15.14 参考书目 ··········· 806

15.15 习题 ··············· 807

第16章 焊接 ·············· 812

16.0 引言 ················ 812

16.1 焊接过程 ············ 814

常用焊接类型 ················· 815

为什么设计师应该关注焊接过程? ······ 816

16.2 焊接接头和焊缝类型 ······· 816

接头坡口准备 ················· 817

焊接规范 ···················· 818

16.3 焊接接头设计原则 ····· 819

16.4 焊缝的静载荷 ········· 821

16.5 焊缝的静强度 ········· 821

焊缝的残余应力 ··············· 821

加载方向 ···················· 822

角焊缝和PJP焊缝在静载荷作用下的许用剪切应力 ············· 822

16.6 焊缝的动载荷 ········· 824

平均应力对焊件疲劳强度的影响 ······ 825

焊件疲劳强度需要修正系数吗？ ………… 826

疲劳强度对焊接结构的影响 …………… 826

焊件是否存在持久极限？ ……………… 829

受压时会疲劳失效吗？ ………………… 829

16.7 焊缝线处理 …………………… 831

16.8 偏心受载的焊接模式 ………… 836

16.9 机器中焊件设计注意事项 …… 837

16.10 小结 ………………………… 838

本章使用的重要公式 …………… 838

16.11 参考文献 …………………… 839

16.12 习题 ………………………… 839

第17章 离合器与制动器 ……………… 842

17.0 引言 …………………………… 842

17.1 制动器和离合器分类 ………… 843

17.2 离合器/制动器的选择

和规格 ………………………… 848

17.3 离合器与制动器的材料 ……… 849

17.4 圆盘摩擦离合器 ……………… 849

均匀压力 ………………………… 850

均匀磨损 ………………………… 850

17.5 盘式制动器 …………………… 852

17.6 鼓式制动器 …………………… 853

短瓦外鼓式制动器 ……………… 853

长瓦外鼓式制动器 ……………… 855

长瓦内鼓式制动器 ……………… 858

17.7 小结 …………………………… 858

本章使用的重要公式 …………… 859

17.8 参考文献 ……………………… 860

17.9 参考书目 ……………………… 860

17.10 习题 ………………………… 861

附录A 材料性能 …………………… 865

附录B 梁的表格 …………………… 873

附录C 应力集中系数 ……………… 877

附录D 部分习题参考答案 ………… 885

附录E 资料下载索引 ……………… 894

第 1 篇
基础篇

1

设计介绍

学而不思则罔，思而不学则殆。

孔子，公元前六世纪

1.1 设计

什么是设计？墙纸是一种设计；你可能正在穿着"设计者"设计的衣服；汽车的外观是被"设计"出来的。很明显，设计一词涵盖的意义十分广泛。在上面的例子中，设计主要是指设计一个物件的外观。以汽车为例，它的很多方面都涉及设计，比如它的内部机械构件（发动机、制动器、悬架结构等）都需要设计。在设计机械时，工程师或许比艺术家更能表现出某种程度上的艺术性。

设计一词源于拉丁词 **"designare"**，它的意思是"指定或标记"。设计的含义广泛。它可以指艺术作品的设计或产品的外观设计。这里，我们更关注的是**工程设计**，而不是艺术设计。工程设计可以被定义为："为实现一个设备、过程或系统所应用的各种技术和科学原则，并尽可能给出详尽细节的过程。"

机械设计

本书是有关工程设计的其中一个方面——**机械设计**。机械设计是研究如何创造机械，以使其安全、可靠地工作等的内容。**机械**的定义是：一个组装的零件系统，可以以预定和受控的方式传递运动和能量。或更简单地解释为：一个控制力和运动的系统。

一台机器的基本功能是做**有用功**，机器或多或少都涉及能量的传递。在这里，我们最关注的是力和运动，当能量从一种形式转换为另一种形式时，机器就产生了**运动和力**。工程师的任务是分析和计算这些运动、力和能量的

视频：引言
（03:30）⊖

⊖ 本章首页图片由位于美国华盛顿州西雅图的波音商业飞机公司提供。

⊜ http://www.designofmachinery.com/MD/01_Introduction.mp4

1

变化，以确定机器中的各个相关零部件的尺寸、形状和所需要的材料，这是**机械设计**的本质。

当一个设计者需要设计机器的一个零件时，首先必须明白：任何一个零件的功能和性能都依赖于机器中的其他许多相关零件。因此，这里我们是要设计整机，而不是简单地设计单独每一个零件。为此，我们必须利用前面课程中学过的知识，例如，静力学、动力学、材料力学（应力分析）和材料特性等。这本书的前几章会简要地复习这些内容和例题。

机械设计的最终目标是确定部件（机器零件）的尺寸和形状，并选择适合的材料与制造工艺，从而使得设计出来的机器可以完成预定的功能而不发生失效。这就要求设计人员能够计算和预测每个零件的失效形式和条件，然后通过设计预防它失效，并对每一零件进行**应力和变形分析**。由于应力是外载荷和惯性力的函数，也是零件几何形状的函数，所以计算应力和变形前，必须先进行力分析、力矩分析、扭矩分析以及系统的动力学分析。

如果一部待设计的机械中没有运动零件，那么它的设计任务将变得简单很多，因为这时只需要进行静力分析即可。但是，如果一部机器没有运动零件，它就不是机械（因为不符合上面机械的定义），它实际上是一个**结构**。当然，结构也需要设计以防止失效。事实上，大型外部结构（如桥梁、建筑等）也承受着风、地震、交通等引起的动载荷，所以它们的设计也必须考虑这些工况条件。结构动力学是一门有趣的学科，但本书将不详述。这里只关注与机械运动相关的问题。如果机械运动得非常缓慢，且加速度可以忽略不计，那么只要对它进行静力学分析就可以了。但是，如果机械有明显的加速度，就必须进行动力学分析，这时加速的零件将是"自己质量的受害者"。

在静态结构中，如建筑物的地板是设计用来支承重量的，可以通过添加适当的分散材料结构件来增加结构的安全系数。虽然这将使添加物较重（增加了"死"的重量），但是如果设计得当，地板可能承载比以前更多的"活"的重量（有效载荷）而不会失效。但对一个动态机械来说，增加运动零件的重量（质量）可能会产生相反的效果，即降低机械的安全系数、允许速度或有效承载能力。这是因为产生应力的载荷来自于零件的惯性力，我们可以用**牛顿第二定律**（$F = ma$）来估算它的大小。由于机械运动零件的加速度取决于它的运动学设计和运行速度，增加运动零件的质量会增加这些零件所受的惯性力，否则就要降低它们的运行速度来避免增加惯性力。即便人们可以通过增加质量来增加零件的强度，这种增加也仍可能会因惯性力的增加而大打折扣，甚至被抵消。

迭代

综上所述，我们在机械设计的初始阶段会面临两难选择。通常，在确定零件尺寸大小之前，机械的运动过程已经确定。外界作用在机械上的载荷被称为外载。请注意在某些情况下，机械上的外载有可能将很难预测，例如，运动的汽车上的外载。当设计者不能准确预测机械所受的外载（如坑洞、硬转弯等）时，从为设计目的而做的实际测试中收集到的对经验数据的统计分析可以提供一些信息。

另外，运动加速度已知，但运动零件质量未知，则产生的惯性力也有待确定。这时需要通过**迭代**获取，即不断重复，或返回到以前的状态。为此，我们需要设计一些试验，利用试验装置的质量特性（如质量、重心位置和转动惯量）进行动态受力分析，以确定作用在零件上的力、力矩和转矩，然后利用试验装置的横截面的几何形状计算出应力。通常，准确确定机械上所有载荷是设计过程中最困难的事。如果载荷已知，便可以通过计算得到应力。

最可能的是，在第一次试验中，我们会发现，设计材料不能承受当前的应力水平，那么为了实现一个可行的设计，我们必须改变形状、尺寸、材料、制造工艺或其他因素，重新设计零件（这就是迭代）。通常，没有经过几次迭代设计过程是很难取得成功的。需要注意，一个零件的质量改变还会影响到作用在与它相连的其他零件上的力，从而导致其他零件也需要重新设计。

这就是**相关零件**的设计。

1.2 典型设计过程⊖

设计过程实质上是一个应用创新性的实践过程。各种"设计过程"已被定义为帮助组织解决"不确定的问题"。"不确定的问题"是指一个定义模糊的问题存在多个可能的解决方案。在这些设计过程中,有些内容的确定过程可能只含很少的几步,而有些可能长达 25 步之多。表 1-1 给出了一个设计过程的例子,其中列出了 10 个步骤[2]。首先是**确定需求**,这通常是对一个不明确和模糊的问题的描述。然后是开展**背景研究**的过程(步骤 2),这对充分理解和定义问题是必要的。接着是**目标重述**(步骤 3),用一个更合理和现实的方式陈述原问题。

第 4 步是需要一套详细的**任务说明**以约束设计问题,并限定它的范围。第 5 步是**综合**,在这一步中,要寻找多种不同的可能设计方法,通常(在现阶段)不考虑它们的价值或质量。这一步也被称为想象和发明步骤,在这一阶段应尽可能多地提出有创造性的解决方案。

在步骤 6 中,将对前面可能的解决方案进行**分析**,然后决定是接受、拒绝还是修改。步骤 7 **选择**最有希望的解决方案。当确定了一个设计方案后,就可以进行**详细设计**(步骤 8),在这一步中,所有的松散内容建立起了联系,完成工程图,确定供应商,给出制造规范等。第 9 步是开始**制作原型机**,以**测试**可行性。然后,在第 10 步实施**量产**。这个设计过

表 1-1	典型的设计过程
1	确定需求
2	背景研究
3	目标重述
4	任务说明
5	综合
6	分析
7	选择
8	详细设计
9	制作原型机与测试
10	量产

程的更完整讨论可见参考文献 [2],许多有关创新性和设计的实例可参考本章末给出的参考文献。

上面的描述可能会给人错误的印象,就是一个设计过程是一个串联的方式。其实不然,在**整个过程中都需要迭代**,可能会从任何一步回到上面的任何步骤,并会有所有可能的组合,而且可能是多次反复。在后面的分析可知:在步骤 5 中得到的最好想法不可避免地会被发现有缺陷。因此为了产生更多的解决方案,将有必要返回确定需求那一步。也许返回背景研究阶段收集更多的信息。如果设计结果不符合实际情况,则任务说明需要重新修订。换句话说,在设计过程中每一步都是公平的,包括目标重述。我们不能以线性方式进行设计。它是进三退二(或者更多)的过程,直到终于得到了一个可行的解决方案。

理论上来说,我们可以对一个给定的设计问题不断迭代,这样可以不断取得改善。但是,随着时间的增加,这样做将不可避免地不断增加成本而减少收益,直至为零。从某种意义上来说,我们必须表明该设计"足够好",以便推行它。常常会有人(最有可能的是老板)因为设计不够"完美"而否决它,尽管设计者可能不同意这一点。大多数机械都经过了相当长历史,并经过很多设计者不断改进才能达到"完美"的程度,使得它们很难进一步改进。例如自行车,虽然设计者一直尝试去完善它,但是经过一个多世纪的发展,它已经基本定型了。

在机械设计中,前期的设计步骤通常包括:可以提供必要的、合适的、运动的运动学配置类型综合。类型综合包括选择最适于问题的机构类型。对学生来说,这是一个困难的任务,因为这需要设计者在性能和制造方面对现有的不同类型机构都要有一定的经验和知识。例如,设计一个检测装置,检测在传送带上做恒速、直线运动的一个构件与经过它的第二构件连接。装置必须有良好的准确性和重复性,且必须可靠和廉价。也许你没有意识到,这一工作可以由下列设备完成。

⊖ 摘自 Norton. Design of Machinery, 5ed. New York:McGraw-Hill, 2012, 经出版商的许可使用。

1

- 直线连杆机构。
- 凸轮和从动件。
- 气缸。
- 液压缸。
- 机器人。
- 螺线管。

这些方案每个都是可行的，但不一定是最优或实用的。每个方案都有自己的优缺点。例如，连杆机构尺寸较大，而且有加速度；凸轮和从动件价格昂贵，但准确、重复性好；气缸虽然便宜，但噪声大，也不可靠；液压缸和机器人价格昂贵；螺线管廉价，但存在大冲击载荷和冲击速度。因此，机构类型的选择会对设计质量有很大的影响。在综合阶段，一个不好的选择会给将来带来严重问题。如果这样，后面将必须付出巨大的代价去改变设计。设计本质上是一个权衡利弊的练习。通常对实际工程设计问题没有一个确定的解答。

一旦所需的机构类型确定后，就需要进行详细的运动学分析与综合。需要计算所有零件的运动及其时间导数，从而利用加速度确定系统的动力（这方面的机械设计更多信息参见文献 [2]）。

本书强调机械设计，我们并不会进行表 1-1 描述的整个设计过程。我们将提出例子、问题和案例研究，这部分内容在步骤 1~4 已经进行了描述。这类综合与运动分析已经完成，或至少已经开始，且设计已经进入结构设计阶段。剩下的任务主要涉及步骤 5~8，并会集中在综合（步骤 5）和分析（步骤 6）上。

综合和分析是机械设计的一枚硬币的两面。**综合**意味着组合在一起，**分析**则是拆散、分解它的各个组成件。因此，它们是对立的，但它们也有联系。"没有综合就不能拆分"，因此我们必须先综合然后再进行分析。当分析无法进行时，我们可能需要进一步的综合，并通过烦琐的进一步分析，然后迭代得出一个更好的解决方案。完成这一步在很大程度上取决于设计者对静力学、动力学和材料力学的理解。

1.3   问题的提出与计算

培养良好和仔细的计算习惯对每一位工程师来说非常重要。解决复杂的问题需要一个周密的方法。设计中还需要有良好的记录和归档的习惯，通过记录各种假设和设计决策的方式，当需要重新设计时，设计师就很容易将其思维过程加以重建。

对设计者建议的步骤由表 1-2 给出，其中列出了一组适合大多数机械设计问题的子任务。每个问题的每一步都应该完整地记录下来，最好是按照时间顺序装订成册。○

定义阶段

在设计过程中，首先要用明确简洁的语句**定义问题**。对特定的任务应明确列出定义，随

表 1-2   问题表述与计算

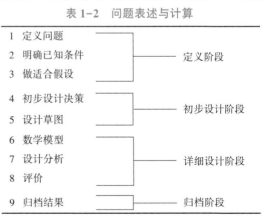

1	定义问题	
2	明确已知条件	定义阶段
3	做适合假设	
4	初步设计决策	初步设计阶段
5	设计草图	
6	数学模型	
7	设计分析	详细设计阶段
8	评价	
9	归档结果	归档阶段

○ 如果有可能从设计产生专利发明，可利用固定页的笔记本（不是活页）做好详细记录，记录中页面编号连续、有日期和便于理解的技术内容细节。

后应对问题设计者的假设进行记录。扩大"**已知**"信息的假设会进一步限制问题。例如，在某种情况下，当摩擦力（或重力）与外载（或动载）相比很小时，可以假设摩擦力（或重力）忽略不计。

初步设计阶段

一旦确定了一般约束，就必须做出某些**初步设计决定**，以便继续设计。这些理由和决定应该记录和存档。例如，我们可能会决定尝试用某种矩形横截面的固体铝材作为连接杆的初选材料。然而，如果该连接杆将经受数百万次的加速度变化的反复周期作用，较好的设计方案是使用空心或工字梁截面形状以减少它的质量，同时选择钢来提高其疲劳寿命。因此，这些设计决策会显著影响设计结果，且往往会改变或更换设计的迭代过程。需要注意，一个设计 90% 的性质可能在项目总过程的前 10% 的时间内已经确定，即在初步设计阶段已经确定。如果初始决定是错误的，且不重新开始的话，一般难以通过后来的修改来改变糟糕设计。还有，初步设计方案需要记录和存档，在这一阶段需要清楚地绘制与标注**设计草图**，以使其他设计者能够通过一段时间的审阅，理解这一设计方案。

详细设计阶段

对一个初步的设计，方向一旦确立，便可以开始创建一个或多个零件或系统的**工程**（数学）**模型**。这些模型通常包括由各独立零件受力模型组成的图，显示作用在零件或系统上的所有的力、力矩以及对应的计算公式。在一些可能出现失效的位置，要给出应力和变形状态的模型，并给出对应的应力和变形计算公式。

利用这些模型进行**设计分析**，并确定设计是否安全。结合所选的**工程材料**的性质，对得到的设计结果进行**评价**，做出判断：是在本阶段进行设计循环以寻找更好的解决方案，还是返回上一阶段修改前面的设计。

归档阶段

一旦通过这一阶段的足够多次的迭代得到了令人满意的结果，就可以开始绘制该零件或系统设计的详细的工程图样、撰写材料和制造规范等**文件**。很多时候，这些文件可以基于前面对整个设计过程的各个阶段的假设、计算以及决策等内容所做的准确、整齐的记录，再进行整理和汇总来完成。

1.4 工程模型

任何成功的设计高度依赖于用于进行预测和分析的工程模型的有效性和适宜性，分析设计方案的性能要先于硬件制造。建立一个有用的工程设计模型可能是整个设计过程中最难的一步。模型是否成功很大程度上依赖于设计者的经验和能力。最重要的还是通过建立模型更深入了解工程中的主要原理和基础。我们这里所说的工程模型是一种无形的东西，它包括几何配置的草图和描述其行为的公式。这是一个描述系统的物理行为的数学模型，这个工程模型总是需要使用计算机来执行。利用计算机工具分析工程模型的内容将在下一节讨论。物理模型或原型通常是在后一阶段给出，并需要通过试验验证工程模型的有效性。

估计与一阶分析

即使对非常简单的工程模型，怎么强调初步设计的价值都不过分。通常，在设计开始时，问题相当松散和不明确，很难建立全面和深入描述系统的模型。工程专业的学生习惯于求解完全结构化的问题，例如"已知 A、B 和 C，求 D"。如果能找到应用问题的合适方程（模型），当然就会很容易确定答案（就像在书后面给了答案似的）。

1

但是，现实生活中的工程设计问题并不是这种类型的。它们是**非结构化**的，必须通过对它们的结构化来解决。另外，没有"书后答案"这样的事[⊖]。这些状况会使许多学生和新工程师很紧张。因为他们面临"空白纸综合征"，即不知道从哪里开始。对此，有用的策略是要认识到：

1）你必须从某个地方开始。

2）你的开始点可能不是"最佳"出发点。

3）迭代将让你的设计返回、提高，并最终成功。

如果记住了这一策略，你就可以随时在开始阶段对设计配置进行评估。假设你认为所提出的约束条件是合适的，就可以进行"一阶分析"，即对系统性能做初步估计。所得到的结果可以让你进一步找出改进设计的方法。记住，最好是得到一个合理的近似方案后，通过这一结果能够提示你的设计还有不足之处，而不是花更多的时间获得更多小数位数的相同结果。通过每一次成功的迭代，你对问题的理解程度、假设的准确性、模型的复杂性和设计方案的质量都会得到提升。最终，你将能够修改模型，将所有相关的因素（或识别无关）包含进去，并实施高阶和最终分析，这将大大增加你的自信心。

工程草图

方案草图往往是设计的起点。它可以是手绘草图，但必须大小合理，并能够表明实际几何尺寸。草图的主要目的是便于与其他工程师甚至是自己进行沟通。它把设计者心想的、模糊的方案变成了纸上的具体东西。草图最起码应该包含三个投影视图，并按绘图规定绘制，草图也可能包括等距图或轴测图。图1-1给出了一个拖拉机拖车挂接装置的简单的手绘设计草图。虽然通常不需要制造细节很完全，但是工程图应包含足够的信息以便对工程模型进行设计、分析和改进。草图还应该包含一些关键的（即使是近似的）三维信息、材料假设以及为进一步分析所需要的与其他功能相关的数据。从工程草图中，可以得到已知条件和假设，它表明设计过程已经开始。

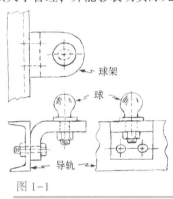

图1-1
拖拉机拖车挂接件手绘草图

1.5 计算机辅助设计与工程

计算机开创了工程设计和分析的一场真正的革命。以往的许多问题被称为百年问题，即由于其计算工作量过大，以前用一代人的时间都无法解决的问题，现在微型计算机可以在短短几分钟内解决。过去发明的烦琐图解法避免了只有计算尺的时代没有计算能力的问题。现在，某些图解方法依然有使用的价值，它们可以直观地显示结果。但是，现在任何一个设计者不可能不使用"工程"中最新和最有力的工具——计算机。

计算机辅助设计（CAD）

随着设计的发展，早期的手绘草图图样与常规制图设备已被越来越普及的计算机辅助设计和计算机辅助绘图软件所取代（这两者的缩写都是CAD）。如果要明确区别这两个术语，就是更先进的CAD软件的出现使手绘的CAD开始衰落（我们不在这里辩论这一主题）。上代人的原始CAD系统基本上只能算是一个草稿工具，就像让计算机生成几个世纪前的手绘图板的多视图。这些早期的

⊖ 一个学生曾经评论说，"生活是奇数问题"。这实际上就是作者对"在书的后面没有答案"的问题的注释。

CAD 系统所存储的数据仅仅表示了真实三维几何物体的二维投影部分。数据库中仅仅定义了零件的边界。这就是所谓的**线框模型**。一些三维 CAD 软件包仍然使用线框表示零件。

目前大多数新版 CAD 软件包允许（有时需要）零件的几何形状被编码在一个三维**实体模型**的数据库中。在实体模型和边界之间的部分被定义成面。如果需要的话，从三维信息中可以很容易地自动生成传统的二维视图。创建一个三维实体模型的几何数据的主要优点是对任何一个设计，它的质量属性信息都可以快速计算（这一点在二维或三维线框模型中是不可能的）。例如，在一台机器的零件设计时，我们需要确定其重心的位置（CG）、它的质量、它的质量惯性矩，并需要确定不同的位置上的横截面几何形状。要确定这些信息，必须在二维模型 CAD 软件包之外再提供信息。这是相当烦琐的事，当几何形状很复杂时，一般只能提供近似值。但是，如果该零件是通过 CAD 系统的实体建模，如 ProEngineer[7]、NX[4] 或其他软件包设计的，则可以很容易计算出任何复杂零件几何形状的质量属性。

实体建模系统通常提供一个接口与一个或多个有限元分析（FEA）程序连接，它允许模型的几何形状直接转移到有限元分析软件包中对应力、振动和传热进行分析。一些 CAD 系统包含网格生成功能，可将其所自动生成的有限元网格数据发送到有限元分析软件包中。这种综合工具提供了强大的分析能力，使其具有更加卓越的设计手段，因为几何形状复杂时，这样做可以比传统分析技术得到更准确的应力分析结果。

虽然学生阅读这本教科书后，在他们的专业实践时就很有可能会使用 CAD 工具，包括有限元、边界元分析（BEA），但是仍然有必要更深入了解应用应力分析的基础知识。这是本文的目的。虽然在第 4 章和第 8 章将讨论有限元分析技术，但是这不是本书的重点。我们仍将精力集中在经典的应力分析技术方面，从而为深入了解机械设计的基本原理及其应用奠定基础。

有限元分析和边界元分析方法正迅速成为复杂应力分析问题的提出解决方案时的选择方法。然而，在使用这些技术时，如果不了解背后的理论是十分危险的。这些方法总是会给出一些结果。不幸的是，如果问题提出和采用了不适当的边界条件，这些结果是不会正确的。能够从一个计算机辅助的解决方案中发现结果的错误，对成功的设计是极为重要的。第 8 章简要介绍了有限元分析。所以，学生们需要选修有限元分析和边界元分析的课程，以熟悉这些工具。

图 1-2 显示了图 1-1 的球架用 CAD 软件包创建的实体模型。在右上角有阴影的等距视图就是

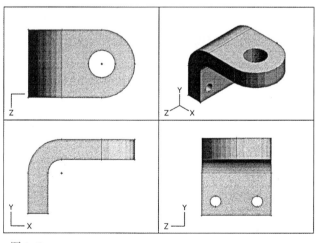

图 1-2

拖车挂接组件球架的 CAD 实体模型

1

要显示的零件实体。其他三个视图分别是零件的三个主投影。图 1-3 给出了利用软件计算出的质量特性数据。图 1-4 给出了从固体的几何数据的基础上绘制的该零件的线框。线框图主要用来在建立工作模型时加快屏幕的绘图时间。线框图显示所需的信息要比图 1-2 实体模型少得多。

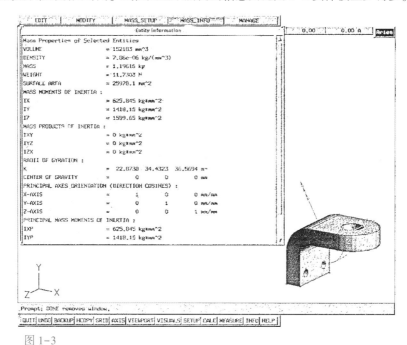

图 1-3
CAD 系统计算的球架实体模型的质量特性

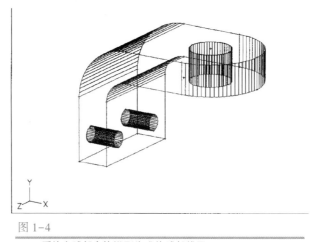

图 1-4
CAD 系统由球架实体模型生成的球架线图

　　图 1-5 显示了通过 CAD 软件包生成的全尺寸、正交投影球的支架的多视图。创建一个零件实体模型的另一个主要优点是：可以在 CAD 系统生成时，将尺寸和制造工具所需的路径信息通过网络发送到在生产车间的计算机控制的机器中。这一功能允许无纸化生产如图 1-5 所示的零件。图 1-6 给出了 CAD 软件所划分的该零件的有限元网格，之后可以将它发送给有限元分析软件进行应力分析。

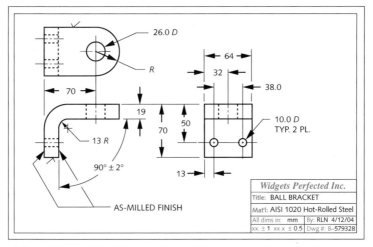

图 1-5

由二维 CAD 绘图包绘制的标注了尺寸的球架三视图

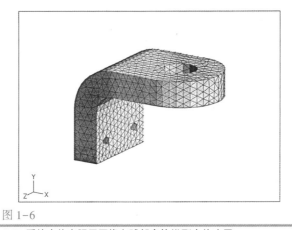

图 1-6

CAD 系统中的有限元网格在球架实体模型中的应用

计算机辅助工程（CAE）

上述技术通常被称为 CAD，它是更一般的计算机辅助工程（CAE）的一个子项，CAE 的内容不仅限于对零件的几何处理。然而，对 CAD 和 CAE 的模糊认识常常分不清更复杂的可用软件包。事实上，前文中描述的使用 CAD 系统进行实体建模和利用 FEA 包分析就是 CAE 的一个例子。当包括了受力分析、应力分析、变形分析或设计中其他物理量分析的内容，含有或不含立体几何方面的处理过程就称为 CAE。许多商业软件包就是能处理单方面或多方面的 CAE 软件包。之前提到的有限元分析和边界元软件包就是这类软件。更多的有限元分析内容可参见第 8 章。机构的动载荷可以用 ADAMS[5] 和 Working Model[6] 进行模拟。一些软件包，如 ProEngineer[7]、SolidWorks[12]、NX[4] 等，与 CAD 软件包相结合可以对一般系统进行较全面的性能分析。这些基于约束的程序允许将约束施加到设计中，可限制零件几何设计参数的变化。

其他 CAE 工具包括方程求解器，如 MATLAB[11]、MathCAD[9]、TK Solver[8] 和 Excel 电子表格等[10]。这些通用的工具是以方便的编码形式任意组合方程，然后尝试用不同的数据求解方程组（即工程模型），并以表格和图形的方式方便地显示输出。对机械设计中的问题，方程求解器是非常重要的求解力、应力和变形方程的工具，因为它们可以快速地对问题进行求解计算。零件尺寸或材料影响引起的应力和变形变化可以立即看到。在缺少实体造型系统时，方程求解器也可以用于零件的质量特性、初选零件设计的几何形状和材料性质同时进行近似的迭代过程中。经过快速迭代的提升，我们可以得到一个可接受的解决方案。

本书的网站（参见前言中有关如何访问的信息）包含了大量的模型，可以用各种方程求解器求解本书中的例题和研究案例。介绍利用 TK Solver 和 MathCAD 来求解本书中的例题的使用方法以 PDF 文件的形式挂在本书的网站上。此外，本书的网站上提供的一些自己编写的计算机程序，如 MOHR、CONTACT、LINKAGES、DYNACAM 和 MATRIX，可以用来帮助求解动态载荷和应力计算等布置的设计作业。

然而，学习者必须知道：这些计算机软件都仅仅是工具，不是人类大脑的替代品。没有透彻了解零件工程基础的用户，只用计算机并不能得到好的结果。输入的是垃圾，计算机只能输出垃圾。

计算精度

计算机和计算器获得的数值解会有很多位数。在记录所有这些数字前，建议你回想一下最初假设的精度和已知数据。例如，如果施加的已知载荷仅是一个两位数的数值，那么计算应力位数不应多于输入数据的位数。然而，在你的计算工具中，中间的计算数据应尽量保留最大精度，这将减少计算的舍入误差。但是，当计算完成后，你应当把数据圆整成与已知条件或假定的数据相一致。

1.6   工程报告

思想和结果交流是工程中非常重要的一个方面。许多工程专业的学生认为：专业实践就像他们作学生时那样，应该把大部分时间花在进行设计计算上。幸运的是这样的情况很少，不然会很无聊。实际上，工程师会把大量的时间花在与他人语言或书面的交流中。工程师要写建议和技术报告、发表演讲，并与辅助人员互动。通常，当你完成计划后，必须要把设计结果介绍给客户、同事或雇主。这种介绍的一般形式是提交一份正式的工程报告。另外，还要对这个设计进行文字描述，这些报告通常包含如前所述的工程图或草图，以及表格和工程模型的计算数据图。

工科学生的沟通技巧是非常重要的。你可能是世界上最聪明的人，但是，如果你不能清楚和简明地表达你的观点，没有人会知道你。事实上，如果你不能说明你做了什么，你可能不了解自己。在第 9 章中，设计项目作业的目的是写正式的工程报告，让你体验一下技术交流这一重要技能的内容。编写工程报告的信息可以在后面所列出的参考文献中找到。

1.7   安全系数和设计规范

一个设计的质量可以通过许多准则来衡量。为预测失效，一般有必要计算一个或多个安全系数。设计规范有可能是以立法的形式或普遍接受的方式体现，因此设计者必须遵循。

安全系数

安全系数或安全因素可以用许多方式表达。这是典型的、具有相同的单位的两个量的比值，比如，强度/应力、临界载荷/应用载荷、使零件失效的载荷/期望服务过载、最大循环次数/实际

⊖ 摘自 Norton, Design of Machinery, 5ed McGraw-Hill, New York, 2012, 已得到出版社的许可。

⊖ 在英文中 factor of safety 或 safety factor 都称为安全系数。

循环次数以及最大安全速度/实际运行速度。安全系数是无单位的数。

通常，安全系数的表达形式可以根据作用在零件的载荷特征来选择。例如，考虑在圆柱水塔侧壁上的载荷不超过已知温度下装满已知密度的液体总重量。由于这一载荷和时间是完全可预测的，它产生的应力与罐壁材料强度的比值就是一个可选的安全系数。注意：在本例中，必须要考虑到因锈蚀导致壁厚度随时间降低的可能性（参见第 4.17 节中讨论的圆筒应力和在第 7.6 节中讨论的腐蚀）。

如果这个圆柱水塔是由加载柱支承的，那么安全系数可以选择为水塔柱的临界屈曲载荷与施加在水塔支柱上的载荷之比（参见第 4.16 节讨论的压杆屈曲）。

如果一个零件承受的载荷随着时间具有周期性变化，它可能会发生疲劳失效。材料抵抗某些类型疲劳载荷的能力可以用在某个已知应力水平下的最大循环次数来表示。在这种情况下，安全系数可以选为预期材料失效时的最大循环次数与零件工作预期寿命的循环次数的比值（参见第 6 章的讨论疲劳失效现象和几种计算安全系数的方法）。

又如，旋转轮（滑轮）或飞轮的安全系数往往选为预期的最高安全转速与最大预期工作转速之比。在一般情况下，如果零件上应力是施加的工作荷载的线性函数，且载荷是可预测的，那么将安全系数表示为强度/应力或破坏载荷/工作载荷会得到相同的结果。但不是所有情况都符合这些规律。某些情况下，载荷与应力之间的关系是非线性的。压杆就是一个非线性例子，因为它的应力是载荷的非线性函数（见 4.16 节）。因此，对压杆必须通过专门计算得到它的临界（失效）载荷，然后与所施加的荷载比较。

另一个复杂的问题是一般我们不能准确预测预期施加载荷的大小，的确，在实际的应用场合中，使用的零件或装置（因此加载）都是由人控制。例如，没有什么办法一定能阻止某人用一个设计起吊 2 t 重小轿车的千斤顶抬升一辆 10 t 重的货车。当千斤顶失效后，该人可能会责怪制造商和设计者，尽管这一失效更多的是因为千斤顶上的螺母强度不够。在这种情况下，用户可能会使设备处于过载条件下，我们可以假定过载的大小，用导致破坏的载荷与过载载荷之比来计算安全系数。对可能出现使用不当的这些情况，则需要贴上标签加以警告。

由于任何机器零件可能潜在超过一种失效的模式，所以它可能有多个安全系数 N。最小的那个安全系数 N 对零件是最重要的，因为它预测了最可能出现的失效模式。当安全系数 N 降低到 1 时，零件的应力就达到了材料的强度（或载荷等于失效载荷，并会出现故障等）。因此，我们期望的安全系数 N 应始终大于 1。

选择安全系数

对新设计师来说，选择安全系数一开始经常是一个难以确定的事情。安全系数可以被认为是设计师对分析模型、失效理论和所使用的材料属性数据不确定性的一个度量，因此要做出相应的选择。安全系数 N 要大于 1 多少取决于很多因素，包括计算时基于模型的置信水平、我们对工作时加载条件和范围的了解、对使用材料强度信息的信心等。如果我们已经对所设计的物理样机进行了广泛的测试，证明工程设计模型是有效的，且获得了特定材料的强度试验数据，那就可以使用一个较小的安全系数。如果我们的模型不成熟或者材料性能的信息不太可靠，那就要选择较大的安全系数。在没有任何设计规范的特殊情况下，要专门规定安全系数，它的选择与工程判断有关。合理的方法是确定在运行时的最大预期载荷（包括可能的过载）、最低的预期材料强度，以及基于这些数据的安全系数。这时，安全系数就成为对不确定性采取的一个合理措施。

如果你乘飞机飞行，若商业飞机的安全系数的范围是 1.2~1.5，可能你会很不安。而军用飞机安全系数可以是 $N<1.1$，因为他们都有降落伞（所以试飞员应该得到高薪）。导弹的安全系数

$N=1$，是因为上面没有人员且它也不会返回。小的安全系数用于飞机可以使得它重量较轻、复杂的分析模型合理（通常是有限元分析），可以使用实际材料测试、容易对原型设计进行全面的测试，以及对在役设备进行严格的早期故障检查。本章首页的照片给出的是由波音飞机公司精心制作的用于全尺寸原型机的机械测试试验台，它也可以用于测量动载荷对飞机生产的影响。

一般很难预测一个装置在工作过程中所受的各种载荷，尤其是当这些载荷是由用户施加或一些自然的力量。例如，一个自行车车轮和车架将承受什么载荷？这很大程度上取决于骑车人的年龄、体重和骑车人的喜好，如平路还是越野等。同样的问题也存在于如船舶、飞机、汽车等所有载荷不确定的运输设备中。这些设备的制造商都要执行广泛的测试程序来测量典型的工作载荷（参见图 3-41 和图 6-7 的工作载荷数据实例）。

机械设计中安全系数可以根据一定的指引进行选择，同时要考虑材料属性数据的质量和适用性、预期环境条件与获得试验数据的环境条件、加载精度以及应力分析模型等。表 1-3 显示了一组韧性材料的安全系数，这要根据表中所列的三个因素，以及设计者对信息质量的知识或判断来综合确定。然后，根据三个因素中影响最大的那个因素选择整体安全系数。考虑到不确定性，安全系数的精度一般不超过 1 位小数。

$$N_{ductile} \cong \max\left(F1, F2, F3\right) \tag{1.1a}$$

确定安全系数时还需要考虑材料的塑性或脆性。在极限强度设计中，脆性材料的失效是指断裂失效。韧性材料在静载荷作用下用屈服强度设计，因此在断裂失效前有些可见的警示，除非裂纹是以断裂力学的破坏形式出现（见第 5.3 和 6.5 节）。由于这些原因，在相同情况下，脆性材料的安全系数往往是韧性材料的 2 倍：

$$N_{brittle} \cong 2 \times \max\left(F1, F2, F3\right) \tag{1.1b}$$

用这一方法确定安全系数仅仅是确定开始的一个指引，在选择各类安全系数时还会明显受到设计者主观判断的影响。因此，设计者要承担确保设计安全的最终责任。比表 1-3 所示的更大的安全系数可能会更适合某些情况。

表 1-3　用来确定可锻材料安全系数的因素

信息	信息质量	因素
		*F*1
	测试的实际使用的材料	1.3
可测试的材料性能数据	典型材料可用试验数据	2
	具有代表性的材料可用试验数据	3
	不具代表性的材料可用试验数据	5+
		*F*2
	相同的材料试验条件	1.3
试验的环境条件	通常周围环境是室内	2
	中度特殊环境	3
	严苛特殊环境	5+
		*F*3
	模型已经过试验测试	1.3
载荷和应力的分析模型	模型准确描述系统	2
	模型近似描述系统	3
	模型粗略描述系统	5+

设计与安全规范

许多工程协会和政府机构已为具体领域的工程设计提供了规范，其中也有一些具有法律效

1

力。美国机械工程学会（ASME）推荐了用于蒸汽锅炉和压力容器的安全系数指引供特定条件下使用的规范。大多数美国州和城市都有适用于建筑规范的法规，通常对于公共使用的结构或其组件，如电梯和自动扶梯，安全系数有时在这些规范里有规定，而且可能很高（例如，在某个州的自动扶梯规范中，它的安全系数为 14）。显然，当涉及人身安全时，高安全系数 N 是合理的。然而，这将付出重量和成本的代价，因为零件必须做得较重才能实现较大的安全系数 N。设计工程师在设计时，必须时时记住这些规范和标准。以下列出了部分与机械工程师有关的工程学会和政府、工业和国际组织所公布的标准和规范。它们的出版物的地址和数据可以从科技图书馆或互联网上获得。

美国齿轮制造商协会(American Gear Manufacturers Association, AGMA)　http://www. agma. org/

美国钢结构协会(American Institute of Steel Construction, AISC)　http://www. aisc. org/

美国钢铁协会(American Iron and Steel Institute, AISI)　http://www. steel. org/

美国国家标准协会(American National Standards Institute, ANSI)　http://www. ansi. org/

美国金属学会(American Society for Metals, ASM)　http://www. asm-intl. org/

美国机械工程师协会(American Society of Mechanical Engineers, ASME)　http://www. asme. org/

美国材料与试验协会(American Society of Testing and Materials, ASTM)　http://www. astm. org/

美国焊接学会(American Welding Society, AWS)　http://www. aws. org/

美国轴承制造商协会(American Bearing Manufacturers Association, ABMA)　www. abma-dc. org/

国际标准化组织(International Standards Organization, ISO)　http://www. iso. ch/iso/en

国家标准与技术研究所(National Institute for Standards and Technology, NIST)[⊖]　http://www. nist. gov/

汽车工程师协会(Society of Automotive Engineers, SAE)　http://www. sae. org/

塑料工程师协会(Society of Plastics Engineers, SPE)　http://www. 4spe. org/

美国保险商实验室(Underwriters Laboratories, UL)http://www. ul. com/

1.8　统计考虑

在工程中没有绝对的事情。材料一样的不同样品，强度会有所不同。尺寸"相同"的样品，由于制造公差的原因会导致实际的大小有所不同。因此，我们需要在计算中利用统计来考虑这些性能变化的分布。如手册上的材料强度数据表示的是多组试件试验结果的最小值或平均值。如果它是一个平均值，那么随机选择一个样本，有 50% 的可能其材料将弱于或强于这一平均值。因此为了防止失效，我们可以降低计算时的材料强度值，从而使更多的样品在安全的范围之内。这样做需要对统计现象及其计算加以了解。所有的工程技术人员都应该有这样的理解，包括在他们所修的统计课程中。我们将在第 2 章中简要讨论统计学的一些基本内容。

1.9　单位[⊖]

在工程中常应用几个不同的单位制。**在美国，最常用的是美制的英尺磅秒单位制（fps）、美**

⊖　前美国国家标准局（NBS）。

⊖　摘自 Norton, Design of Machinery, 3ed, 2004, McGraw-Hill, New York, 已获出版商许可。

1

制的英寸磅秒单位制（ips）和国际单位制（SI）。公制的**厘米、克、秒（cgs）**单位制在美国的使用也越来越频繁了，尤其是在一些国际公司，如汽车行业。所有单位制的三个关键量都在牛顿第二定律的表达式中出现：

$$F = \frac{mL}{t^2} \tag{1.2a}$$

式中，F 是力；m 是质量；L 是长度；t 是时间。其他变量的单位都可以由式（1.2b）中的三个量的单位导出。所选出的这三个单位称为基本单位，另一个是导出单位。

在进行美制和 SI 制单位转换时经常会发生混乱，这是由于 SI 制和美制的基本单位不同而造成的。两种美制单位选择的基本单位是力、长度和时间。在美制单位中，质量是一个导出单位，它依赖于地球引力系统，而重力加速度与所在地球的不同位置有关。SI 单位制选择质量、长度和时间为基本单位，力是导出单位。SI 又称绝对单位制，因为质量是基本元素，不依赖于当地的引力常数。

美制的英尺磅秒（fps）要求长度采用英尺（ft），力的单位采用磅（lb），时间的单位采用秒（s）。而质量是来自牛顿定律：

$$m = \frac{Ft^2}{L} \tag{1.2b}$$

质量的单位是磅二次方秒每**英尺**（$\mathrm{lbs}^2/\mathrm{ft}$）= **slugs**。

美制的英寸磅秒（ips）要求长度采用英寸（in），力采用磅（lb），时间采用秒（s）。质量仍然是来自牛顿定律方程式（1.2b），而现在质量的单位为：

磅二次方秒每**英寸**（$\mathrm{lbs}^2/\mathrm{in}$）= **blobs**⊖

这里质量的单位不再是 slugs! 两者的换算为：1 blobs = 12 slugs。

重量被定义为施加在物体上的地球引力。也许学生最容易犯的错误就是混淆两个单位制（fps 和 ips）之间重量（这里它的单位是磅力）转换质量的单位。注意：重力加速度为常数（g 或 g_c），在地球海平面约为 $32.17\,\mathrm{ft/s^2}$，这相当于 $386\,\mathrm{in/s^2}$。质量和重量之间的关系为：

质量 = 重量/重力加速度

$$m = \frac{W}{g_c} \tag{1.3}$$

很明显，如果你衡量长度的单位是英寸（in），若采用 $g = g_c = 32.17\,\mathbf{ft/s^2}$ 来计算质量，则结果差了个系数 12，造成错误。这个严重错误足以使你设计的飞机坠毁。更糟的是，如果学生不重视重量和质量转换的正确性，则结果将有 32 或 386 的误差，这足以导致惨剧的发生!⊖

质量是根据牛顿第二定律由力和加速度来确定的：

$$F = ma \tag{1.4a}$$

在这个方程中，质量的单位可以是 g、kg、slugs 或 blobs，这取决于采用的单位制。因此，在

⊖ 不幸的是，在 ips 系统中，质量的单位没有正式命名，就像在 fps 系统中的质量 slug 那样。作者建议把 ips 系统的质量单位称作 blob（bl），用它更清楚地区分 slug（sl），以帮助学生避免再犯下面列出的一些常见的错误：

12 slugs = blob

实际上 blob 不比 slugs 难记，因为它的缩写为（bl），是磅缩写（lb）的颠倒，因此更容易记忆。此外，还可以用："庭院中的蛞蝓（slug）看起来就像个小斑点（blob）"的俗语来记忆这两个单位。

⊖ 花了 1.25 亿美元的太空探测器丢失就是因为美国宇航局未能转换承包商提供的 ips 系统的数据，而 Lockheed 航空在美国宇航局的计算机程序采用的是公制单位控制飞船。因为单位的误差，本来假设进入火星轨道的探测器，结果却是在火星大气中烧毁了或撞上行星。来源：The Boston Globe, October 1, 1999, p. 1。

英制单位中，重量 W（lb_f）必须除以式（1.3）中给出的重力加速度 g_c，才可以得到式（1.4a）所对应的适当的质量。

另外一个容易混淆的是普遍使用的磅质量这个单位（lb_m）。这个单位通常用在流体动力学和热力学中，通过变形的牛顿方程得到：

$$F = \frac{ma}{g_C} \tag{1.4b}$$

式中，m 为以 lb_m 为单位的质量；a 为加速度；g_c 为重力加速度。在地球上，在物体的质量测量中，**质量值**（lb_m）在数值上等于其**重量**的磅力（lb_f）。然而，学生必须记住：使用这种形式的牛顿方程时，必须将以 lb_m 为单位的 m 值除以 g_c。因此，在计算动载荷时，以 lb_m 为单位的数值要分别除以 32.17 或 386。在 slugs 或 blobs 的 $F=ma$ 形式的方程中，所得到的质量结果相同。记住，在地球海平面处，圆整的数字是：

$$1\ lb_m = 1\ lb_f \qquad\qquad 1\ slug = 32.17\ lb_f \qquad\qquad 1\ blob = 386\ lb_f$$

在 **SI 国际单位制**中，长度是米（m）、质量是千克（kg）、时间是秒（s）。这有时也被称为 mks 制。力则来自牛顿定律，其单位为牛顿：

$$kg \cdot m/s^2 = N$$

在 SI 国际单位制中，质量和力有不同的名称，这有助于减少混乱⊖。在 SI 和美制之间转换时，要注意的是，质量将是千克（kg）转换成 slugs（sl）或 blobs（bl），以及将力从牛顿（N）转换成磅（lb）。这时的重力加速度（g_c）在 SI 系统约为 9.81 m/s²。

在 cgs 制中，长度的单位是厘米（cm）、质量是克（g）、时间是秒（s）。力的单位是达因 dyn。一般首选 SI 制，其次才是 cgs 制。

本教材使用的单位是美制 ips 系统和 SI 制。许多在美国设计的机械仍然使用的是 ips 系统，虽然 SI 制正变得越来越普遍⊖。表 1-4 给出了本书中使用的变量及其单位。表 1-5 给出了一些常用单位之间的换算系数。无论在学校还是在职业实践中，随时要提醒学生检查求解问题方程的单位。如果正确地使用，一个方程应该可以消去等号两边的所有单位。如果不能，那么该方程肯定是**错的**。不幸的是，即使方程的单位平衡，并不能保证它是正确的，因为还有许多其他可能的错误。记得总是仔细检查你的结果。你可能拯救一个生命。

表 1-4　变量与单位①

变量	符号	ips（英寸磅秒）	fps（英尺磅秒）	SI（国际单位）
力	F	磅（**lb**）	磅（**lb**）	牛顿（**N**）
长度	l	英寸（**in**）	英尺（**ft**）	米（**m**）
时间	t	秒（**s**）	秒（**s**）	秒（**s**）
质量	m	lb·s²/in（bl）	lb·s²/ft（sl）	千克（**kg**）
重量	W	磅（lb）	磅（lb）	牛顿（N）
压力	p	psi（lb/in²）	psf（lb/ft²）	N/m²=Pa
速度	v	in/s	ft/s	m/s
加速度	a	in/s²	ft/s²	m/s²
应力	σ, τ	psi（lb/in²）	psf（lb/ft²）	N/m²=Pa

⊖　正确使用 SI 单位的有价值信息资源可在美国政府 NIST 网站 http://physics.nist.gov/cuu/units/units.html 查到。

⊖　另一个在机械设计中正确使用公制单位的资源是由 the fastener company Bossard International Inc., 235 Heritage Avenue, Portsmouth, NH 03801 出版和发行的名为"公制简单"的小册子，见网站 http://www.bossard.com/ http://www.bossard.com/。

（续）

变量	符号	ips（英寸磅秒）	fps（英尺磅秒）	SI（国际单位）
角度	θ	°	°	°
角速度	ω	1/s	1/s	1/s
角加速度	α	$1/s^2$	$1/s^2$	$1/s^2$
转矩	T	lb·in	lb·ft	N·m
转动惯量	I	lb·in·s^2	lb·ft·s^2	kg·m^2
面积惯性矩	I	in^4	ft^4	m^4
能量	E	in·lb	ft·lb	J=N·m
功率	P	in·lb/s	ft·lb/s	N·m/s=W
体积	V	in^3	ft^3	m^3
比重	ν	lb/in^3	lb/ft^3	N/m^3
质量密度	ρ	bl/in^3	sl/ft^3	kg/m^3

① 黑体是基本单位；（ ）中的是缩写。

表 1-5　选择单位转换系数[①]

原单位	乘	因数	转换	新单位	原单位	乘	因数	转换	新单位
加速度					惯性质量矩				
in/s^2	×	0.0254	=	m/s^2	lb·in·s	×	0.1138	=	N·m·s^2
ft/s^2	×	12	=	in/s^2	力矩与能量				
角度					in·lb	×	0.1138	=	N·m
rad	×	57.2958	=	°	ft·lb	×	12	=	in·lb
面积					N·m	×	8.7873	=	in·lb
in^2	×	645.16	=	mm^2	N·m	×	0.7323	=	ft·lb
ft^2	×	144	=	in^2	功率				
惯性面积矩					HP	×	550	=	ft·lb/s
in^4	×	416231	=	mm^4	HP	×	33000	=	ft·lb/min
in^4	×	$4.162×10^{-7}$	=	m^4	HP	×	6600	=	in·lb/s
m^4	×	$1.0×10^{12}$	=	mm^4	HP	×	745.7	=	W
m^4	×	$1.0×10^8$	=	cm^4	N·m/s	×	8.7873	=	in·lb/s
ft^4	×	20736	=	in^4	压力与应力				
密度					lb/in^2	×	6894.8	=	Pa
lb/in^3	×	27.6805	=	g/cc	lb/in^2	×	$6.895×10^{-3}$	=	MPa
g/cm^3	×	0.001	=	g/mm^3	lb/in^2	×	144	=	lb/ft^2
lb/ft^3	×	1728	=	lb/in^3	klb/in^2	×	1000	=	lb/in^2
kg/m^3	×	$1.0×10^5$	=	g/mm^3	N/m^2	×	1	=	Pa
力	×		=		N/mm^2	×	1	=	MPa
lb	×	4.448	=	N	刚度				
N	×	$1.0×10^5$	=	dyn	lb/in	×	175.126	=	N/m
Ton（short）	×	2000	=	lb	lb/ft	×	0.08333	=	lb/in
长度					应力密度				
in	×	25.4	=	mm	MPa·$m^{0.5}$	×	0.909	=	ksi·$in^{0.5}$
ft	×	12	=	in	速度				
质量					in/s	×	0.0254	=	m/s
blob	×	386	=	lb	ft/s	×	12	=	in/s
slug	×	32.17	=	lb	rad/s	×	9.5493	=	r/min
blob	×	12	=	slug	体积				
kg	×	2.205	=	lb	in^3	×	16387.2	=	mm^3
kg	×	9.8093	=	N	ft^3	×	1728	=	in^3
kg	×	1000	=	g	cm^3	×	0.061023	=	in^3
					m^3	×	$1.0×10^9$	=	mm^3

① 注意：这些转换系数（和其他的系数）是通过 TK 求解器文件 UNITMAST 和 STUDENT 生成的。

例 1-1　单位转换

问题：已知汽车的重量磅单位是 lb_f，试将它转换为 SI、cgs、fps 和 ips 制的单位。同时将 lb_f 转换为质量磅（lb_m）。

已知：重量 = 4500 磅（lb_f）。

假设：汽车海拔是地球的海平面。

解：

1. 用式（1.4a）所列出的四个制的转换有：

对 fps 制，有：

$$m = \frac{W}{g} = \frac{4500 \ lb_f}{32.17 \ ft/s^2} = 139.9 \ \frac{lb_f \cdot s^2}{ft} = 139.9 \ slugs \tag{a}$$

对 ips 制，有：

$$m = \frac{W}{g} = \frac{4500 \ lb_f}{386 \ in/s^2} = 11.66 \ \frac{lb_f \cdot s^2}{in} = 11.66 \ blobs \tag{b}$$

对 SI 制，有：

$$W = 4500 \ lb \ \frac{4.448 \ N}{lb} = 20\,016 \ N$$

$$m = \frac{W}{g} = \frac{20\,016 \ N}{9.81 \ m/s^2} = 2040 \ \frac{N \cdot s^2}{m} = 2040 \ kg \tag{c}$$

对 cgs 制，有：

$$W = 4500 \ lb \ \frac{4.448 \times 10^5 \ dyn}{lb} = 2.002 \times 10^9 \ dyn$$

$$m = \frac{W}{g} = \frac{2.002 \times 10^9 \ dyn}{981 \ cm/s^2} = 2.04 \times 10^6 \ \frac{dyn \cdot s^2}{cm} = 2.04 \times 10^6 \ g \tag{d}$$

2. 对质量 lb_m 的表达式，须用式（1.4b）：

$$m = W \frac{g_c}{g} = 4500 \ lb_f \ \frac{386 \ in/s^2}{386 \ in/s^2} = 4500 \ lb_m \tag{e}$$

注意：由于 lb_m 在数值上等于 lb_f，所以 lb_m 一般不用作质量单位，除非利用牛顿定律式（1.4b）重新定义它的单位。

1.10　小结

设计可以令人同时感到有趣和沮丧。一般的设计问题方法并不固定，其中很多内容需要具有创造性，这自然会导致有多个解决方案。学生如果仅仅寻求与书后的答案相匹配并不一定就是好的。对一个设计问题而言，没有所谓的"正确答案"，可以说相比其他答案要好或要差。像这样的例子有很多，就如大家可以看到有很多不同品牌和型号的新汽车可供选择。显然它们差别很大，但你肯定会有哪些车好、哪些车差的看法。此外，不同设计，最终的目标也不尽相同。一个四轮驱动车的设计与一个两座跑车设计的目标会有所不同（尽管其他的车的例子也许包括这两者的特点）。

对初学设计者来说重要的是要开阔视野。不要试图以寻找"正确答案"为目的来进行设计，如前所述许多问题并没有所谓的"正确答案"。相反，要大胆尝试一些颠覆性的设计。然后，对该设计进行分析测试。如果发现这一设计不适合，也不要失望，因为通过它，你已经了解了你以前不了解的问题。失败是成功之母！我们可以从错误的设计中学到很多东西，可以使下一个设计方案更好。这就是为什么说迭代对成功设计十分重要的原因。

  计算机是现代工程问题求解的必备工具。通过使用计算机辅助工程（CAE）软件，可以更快、更准确合理地解决设计问题。然而，结果是建立在工程模型和使用的数据都具有良好质量的基础上的。因此，如果设计者对模型和 CAE 工具没有深入了解，没有这方面的开发和实践经验，他不能依赖计算机给出的解答。

本章使用的重要公式

  请参考给出的章节了解如何正确使用这些公式。

  质量表达式如下（见 1.9 节）：

$$m = \frac{W}{g_C} \tag{1.3}$$

  应用标准质量单位（kg、slugs、blobs）表示的动载荷的表达式如下（见 1.9 节）：

$$F = ma \tag{1.4a}$$

  应用 $lb_m = lb_f$ 表示的动载荷的表达式如下（见 1.9 节）：

$$F = \frac{ma}{g_C} \tag{1.4b}$$

1.11　参考文献

1. Random House Dictionary of the English Language. 2ed. unabridged，S. B. Flexner，ed.，Random House：New York，1987，p. 1151.

2. R. L. Norton，Design of Machinery：An Introduction to the Synthesis and Analysis of Mechanisms and Machines，5ed. McGraw-Hill：New York，2012，pp. 7-14.

3. Autocad，Autodesk Inc.，http://usa. autodesk. com

4. NX，Siemens Inc，http://www. plm. automation. siemens. com/en_us/products/nx/

5. ADAMS，MSC，http://www. mscsoftware. com/Products/CAE-Tools/Adams. aspx

6. Working Model，DST，http://www. design-simulation. com/wm2d/index. php.

7. Pro/Engineer，PTC，http://www. ptc. com/community/landing/wf3. htm

8. TK Solver，Universal Technical Systems，http://www. uts. com

9. MathCAD，PTC，www. ptc. com/Mathcad

10. Excel，Microsoft Corp.，http://office. microsoft. com/en-us/excel/

11. MATLAB，Mathworks Inc，http://www. mathworks. com/products/matlab/

12. SolidWorks，Dassault Systemes，http://www. solidworks. com

1.12　网上资料

http://www. onlineconversion. com

一个超过 5000 个单位和 50000 个转换方法的网站。

http://www. katmarsoftware. com/uconeer. htm

一个可下载工程师用的单位转换程序的网站。

http://global. ihs. com

一个搜集了各种技术标准的网站，有超过 500000 个可下载的电子文档。

http://www.thomasnet.com

一个在线产品制造资源网站，可查找北美地区的公司和产品。

1.13 参考书目

在创新和设计的过程中，可参考以下内容：

J. L. Adams, The Care and Feeding of Ideas. 3rd ed. Addison Wesley：Reading, Mass., 1986.

J. L. Adams, Conceptual Blockbusting. 3rd ed. Addison Wesley：Reading, Mass., 1986.

J. R. M. Alger and C. V. Hays, Creative Synthesis in Design. Prentice-Hall：Englewood Cliffs, N. J., 1964.

M. S. Allen, Morphological Creativity. Prentice-Hall：Englewood Cliffs, N. J., 1962.

H. R. Buhl, Creative Engineering Design. Iowa State University Press：Ames, Iowa, 1960.

W. J. J. Gordon, Synectics. Harper and Row：New York, 1962.

J. W. Haefele, Creativity and Innovation. Reinhold：New York, 1962.

L. Harrisberger, Engineersmanship. 2nd ed. Brooks/Cole：Monterey, Calif., 1982.

D. A. Norman, The Psychology of Everyday Things. Basic Books：New York, 1986.

A. F. Osborne, Applied Imagination. Scribners：New York, 1963.

C. W. Taylor, Widening Horizons in Creativity. John Wiley：New York, 1964.

E. K. Von Fange, Professional Creativity. Prentice-Hall：Englewood Cliffs, N. J., 1959.

有关编写工程报告的信息，可参考以下内容：

R. Barrass, Scientists Must Write. Chapman and Hall：New York, 1978.

W. G. Crouch and R. L. Zetler, A Guide to Technical Writing. 3rd ed. The Ronald Press Co.：New York, 1964.

D. S. Davis, Elements of Engineering Reports. Chemical Publishing Co.：New York, 1963.

D. E. Gray, So You Have to Write a Technical Report. Information Resources Press：Washington, D. C., 1970.

H. B. Michaelson, How to Write and Publish Engineering Papers and Reports. ISI：Philadelphia, Pa., 1982.

J. R. Nelson, Writing the Technical Report. 3rd ed. McGraw-Hill：New York, 1952.

表 P1-0　习题清单

1.4 工程模型	1-1、1-2、1-3、1-11、1-13
1.9 单元	1-4、1-5、1-6、1-7、1-8、1-12、1-14、1-15

1.14 习题

1-1　人们常说："制造一个好的捕鼠器，世界将纷至沓来"。考虑这样一个问题，写出设计目标和一组至少适用解决这一问题的 12 种方案的说明，然后提炼出 3 种可能的方案以实现目标。给予解释，并徒手绘制这些方案草图。

1-2　设计一个保龄球机，使四肢瘫痪、只能移动操纵杆的青年人在常规保龄球馆就可以做保龄球运动。考虑可能的因素，写出设计目标，并提交一组至少含 12 个方案的说明，然后提出 3 种可能实现这一目标的方案。给予解释，并徒手绘制这些方案草图。

1-3　一个四肢瘫痪的女青年需要自动翻页机以帮助她读书。考虑可能的因素，写出设计目标，并提交一组至少含 12 个方案的说明，然后提出 3 种可能实现这一目标的方案。给予解释，并徒手绘制这些方案草图。

*1-4[⊖]　试将 1000 lb$_m$ 的单位转换为：（a）lb$_f$；（b）slugs；（c）blobs；（d）kg。

*1-5　一个 250 lb$_m$（质量）的物体若以 40 in/s^2 的加速度运动，所需的力是多少？

*1-6　将 100 kg 质量物体表示为 slugs、blobs 和 lb$_m$。这时物体的重量（lb$_f$ 和 N）是多少？

1-7　编写一个交互式计算机程序（例如，使用 Excel，Mathcad，MATLAB 或 TK Solver），可以计算如文前关于横截面性质中所示的 5 个截面属性。程序可以处理英制和国际两个单位系统间量的转换。

1-8　编写一个交互式计算机程序（例如，使用 Excel，Mathcad，MATLAB 或 TK Solver）可以计算文前关于基本形状质量性质中所示的 5 个固体的质量属性。程序可以处理英制和国际两个单位系统间量的转换。

1-9　将习题 1-7 的程序转换成可以由程序调用的函数或子程序的形式，来求解文前关于横截面性质中给出的 5 个形状的截面特性。

1-10　将习题 1-8 的程序转换成可以由程序调用的函数或子程序的形式，来求解文前关于基本形状质量性质中给出的 5 个固体的质量性能。

1-11　一个运行的非营利的组织回收乡镇消费者的废纸、纸板、塑料和金属。在通过 1 级和 2 级分类塑料将被运送到 150 mile 以外的中心城市的塑料回收站。为了将尽可能重的塑料放进拖车内，该组织希望设计一种便于运输的紧凑的容器。试就这一问题，写出设计目标，并列出一组至少 10 个任务说明以解决问题，然后提出 3 种可能的方案以实现目标。做出注释，并手绘方案草图。

1-12　每 1 ft^2 的排气孔足以为面积 150 ft^2 且有电线或水管道的房子通风。试编写一个交互式计算程序（利用 Excel、Mathcad、MATLAB 或 TK Solver）：设排气孔的尺寸为 40 cm×20 cm，试确定当只有 75% 的排气名义面积有效时，还能满足通风要求的排气孔数目。调试程序使用的房子面积是 13.5 m× 8.25 m。

1-13　一家新成立的公司（丈夫和妻子）生产了 50 多种不同的保健和美容用品，他们在手工艺展上出售，同时也在互联网上出售。他们以小批量生产产品，并将其装在小罐子里，以防批量购买时没有贴标签。他们在可剥离的黏性纸上设计并打印自己的标签。难点之一是如何将标签准确、整齐地贴在容器正确的位置上。试就这一问题，写出设计目标，并列出一组至少 10 个任务说明以解决问题。

1-14　一个 360 g 的物体以 250 cm/s^2 的速度加速，求该加速度下所需要的力（N）。

1-15　分别用单位 slugs、kg 和 lb$_m$ 表示一个物体质量为 18 blob 的重量？

⊖　带 * 号的习题答案见附录 D。

2

材料和工艺

没有主题老到它的新东西不能提及它。

Dostoevsky

2.0 引言

不管设计什么产品，设计者都必须选用适合加工制造的材料。对材料特性、热处理方法以及制造工艺的充分认识是完成一项机械设计工作所必不可少的。假设读者已具备材料学知识，本章将简单地回顾一些冶金学的概念，并简要概括工程材料的特性以备学习后序知识。其目的并非替代材料学课程，而是希望读者能够通过阅读一些参考文献（比如本章所列出的参考书目）来获得更多、更详细的相关知识。后面章节将会更详细地探讨材料失效形式。

表 2-0 列出了本章所用到的变量、出现这些变量的公式、图表和章节。在本章的第 2.9 节，对所有公式进行了汇总。

表 2-0　本章所用到的变量

变量符号	变量名	英制单位	国际单位	详见
A	面积	in^2	m^2	2.1 节
A_o	试样初始横截面积	in^2	m^2	式 (2.1a)
E	弹性模量	psi	Pa	式 (2.2)
el	弹性极限	psi	Pa	图 2-2
f	断裂点	–	–	图 2-2
G	剪切模量或刚性模量	psi	Pa	式 (2.4)
HBW	布氏硬度	–	–	式 (2.10)
HRB	洛氏硬度 B 级	–	–	2.4 节
HRC	洛氏硬度 C 级	–	–	2.4 节
HV	维氏硬度	–	–	2.4 节
J	截面积惯性矩	–	–	式 (2.5)

（续）

变量符号	变量名	英制单位	国际单位	详见
K	应力强度	$kpsi \cdot in^{0.5}$	$MPa \cdot m^{0.5}$	2.1 节
K_C	断裂韧度	$kpsi \cdot in^{0.5}$	$MPa \cdot m^{0.5}$	2.1 节
L_0	试件标距长度	in	m	式（2.3）
N	循环次数	–	–	图 2-10
P	力或载荷	lb	N	2.1 节
pl	弹性比例极限	psi	Pa	图 2-2
r	半径	in	m	式（2.5a）
S_d	标准偏差	同原变量	同原变量	式（2.9）
S_e	疲劳极限	psi	Pa	图 2-10
S_{el}	弹性强度极限	psi	Pa	式（2.7）
S_f	疲劳强度	psi	Pa	图 2-10
S_{us}	抗剪强度极限	psi	Pa	式（2.5）
S_{ut}	抗拉强度极限	psi	Pa	图 2-2
S_y	拉伸屈服强度	psi	Pa	图 2-2
S_{ys}	剪切屈服强度	Psi	Pa	式（2.5c）
T	转矩	$lb \cdot in$	$N \cdot m$	2.1 节
U_R	回弹模量	psi	Pa	式（2.7）
U_T	韧性模量	psi	Pa	式（2.8）
y	屈服点	–	–	图 2-2
ε	应变	–	–	式（2.1b）
σ	拉应力	psi	Pa	2.1 节
τ	剪应力	psi	Pa	式（2.3）
θ	扭转角	rad	rad	式（2.3）
μ	算术平均值	同原变量	同原变量	式（2.9b）
ν	泊松比	–	–	式（2.4）

2.1 材料性能定义

通常，材料的力学性能是通过对试样在控制加载条件下进行破坏性试验而确定的。除了在某一特定情况下，试验载荷并非机械零部件在工作情况中所承载的实际工作载荷。同时，无法保证制造零件所用材料与试验中试样材料具有相同的强度性能。因此，任何试样材料的实际强度与试验平均值相比较都存在统计误差，所以很多材料强度值取其最小值。设计者为了确保设计的安全性，必须查阅所有已经公布的材料性能数据。

视频：失效
模式（09:41）⊖

最合理的材料性能数据是选用实际加工制造中的材料，对其按实际工作条件加载，进行破坏或非破坏试验而得到。这主要是针对经济性和安全风险高的产品。对航空器、汽车、摩托车、雪地机动车、农用设备等，制造商还将在组装整机后，在真实或仿真的工作条件下对设备进行测试和检测。

如果缺乏特定试验材料的数据，工程师必须对在标准测试条件下得到的材料性能数据加以修正，才可以应用到特定条件中去。美国材料试验协会（ASTM）为大量的材料特性试验所用的试样以及试验规范制定了标准⊖。最常见的材料特性试验是拉伸试验。

⊖ http://www.designofmachinery.com/MD/F/Failure_modes.mp4

⊖ ASTM, 1994 Annual Book of ASTM Standards, Vol. 03.01, Am. Soc. for Testing and Materials, Philadelphia, PA.

拉伸试验

图 2-1 是典型拉伸试验的试样。试样用所测试材料经加工而成，且其初始直径为 d_o，初始直径对应的标距长度为 l_o。标距长度介于中间初始直径 d_o 部分的两点间，并用两个冲点标记，以便于在试验过程中测量其长度的变化。在试样两端的较大直径处加工有螺纹，以便于试样装夹在试验机上。试验机可以对试样施加不同大小的载荷或者控制其变形量大小，并且对试样的标距长度部分进行了镜面抛光，以便于消除由表面缺陷引起的应力集中。缓慢拉伸试样直至断裂。同时，连续测量试样标距长度部分所承受的拉力和长度的变化，绘制出材料的应力-应变图，如图 2-2a 所示为低碳钢的应力-应变曲线。

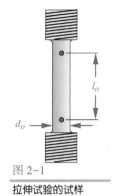

图 2-1
拉伸试验的试样

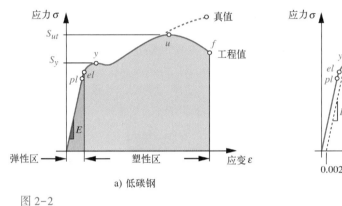

a) 低碳钢

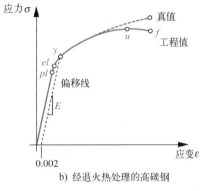

b) 经退火热处理的高碳钢

图 2-2
拉伸应力-应变曲线

应力和应变　注意被测量的参数是载荷和变形量，而绘制的是应力-应变（σ-ε）曲线。应力 σ 的定义为单位面积承受的载荷，对于拉伸试样计算公式如下：

$$\sigma = \frac{P}{A_o} \tag{2.1a}$$

式中，P 表示任一时刻施加在试样上的载荷；A_o 表示试样的初始横截面积。假定在试样的横截面上应力均匀分布，单位为 Pa。

应变 ε 定义为每单位长度的改变量，其计算公式为：

$$\varepsilon = \frac{l - l_o}{l_o} \tag{2.1b}$$

式中，l_o 表示试样的初始标距长度；l 表示任一载荷 P 对应的标距长度。l_o 和 l 的单位为 m，应变无量纲。

拉伸试验的应力-应变曲线可以表征材料性能参数。图 2-2a 中的 pl 点表示弹性比例极限，在该点以下应力和应变成比例关系，材料服从一维胡克定律，具体表达式为：

$$E = \frac{\sigma}{\varepsilon} \tag{2.2}$$

弹性模量　在弹性阶段，E 表示应力-应变曲线的斜率，称之为材料的弹性模量（或杨氏模量）。E 表征材料在弹性范围内的刚度，单位为 Pa。大部分金属材料的弹性模量不会随热处理或含有合金元素而有较大改变。例如，高强度钢和低强度钢具有相同的弹性模量，约为 30 Mpsi

（207 GPa）。大部分韧性材料受压缩和受拉伸时的弹性模量基本相同。但是，铸铁以及其他脆性材料或镁合金的拉伸和压缩弹性模量有所不同。

弹性极限　图 2-2a 中的 el 点即为弹性极限，超过此点以后材料将发生不可恢复的塑性变形。弹性极限作为材料发生弹性变形或塑性变形的分界点。由于 el 点和 pl 点很接近，通常认为两点是重合的。

屈服强度　在稍高于弹性极限点的 y 点处，材料随应力的增加开始屈服。其变形率增加（注意到较低的斜率）。y 点称为屈服点，该点对应的应力称为材料的屈服强度极限（或屈服强度），记为 S_y。

如图 2-2a 所示，有些韧性材料如低碳钢在稍微超越屈服点后应力会有一个明显的下降。而铝和中高碳钢等塑性材料并没有明显的屈服点，如图 2-2b 所示。对于这些塑性材料，通常会用到应变为 0.2% 的偏移线。屈服强度定义为应变为 0.2% 的偏移线与应力-应变的交点，如图 2-2b 所示。

抗拉强度　如图 2-2a 所示，应力继续非线性增大后达到的最高点 u 点处，对应的应力称为抗拉强度（或抗拉强度极限），用 S_{ut} 表示。但是对于低碳钢，当超过强度极限后，在断裂点之前（见图 2-2a 中 u 点到 f 点），试件局部显著变细，出现"缩颈"现象，导致试件截面显著缩小。如图 2-3 所示，试样横截面积的减小在沿长度方向是不均匀的。

图 2-3　　版权所有© 2018 Robert L. Norton：保留所有权利
在拉伸试验中断裂前后的低碳钢试件

在式（2.1a）中，应力是用试样的初始横截面积 A_o 来计算的，这将使得 u 点之后的计算应力比实际值偏小。由于在实际测试中，很难精确测量试样横截面积的动态变化，因此这种误差是允许的。不同材料的强度值以此为基础而得到。这种未修正初始横截面积 A_o 得到的曲线称为工程应力-应变曲线，如图 2-2 所示。

材料断裂时的实际应力值会比图 2-2 所示的值大。由图 2-2 可知，如果考虑横截面积的变化，可以做出实际应力-应变曲线。图 2-2 中的应力-应变通常应用于实际工程中，最常用的是屈服强度 S_y 和抗拉强度 S_{ut}，材料的刚度定义为弹性模量 E。

为了对不同材料的性能进行比较，通常会将材料的性能参数与材料的密度相联系。基于轻量化设计的目的，设计者会考虑使用满足强度和刚度的最轻材料。材料比强度的定义为材料强度和密度的比值。如果没有特殊说明，在材料比强度计算中，强度通常取材料的极限抗拉强度。强度重量比是表示材料比强度的另一种方法。材料的比刚度定义为材料的弹性模量与其密度的比值。

延伸性和脆性

工程中用试件拉断后的变形来表示材料的塑性性能。材料在发生断裂之前没有明显的变形称为材料具有脆性。

延伸性 图 2-2a 中是塑性材料低碳钢的应力-应变曲线。取一个低碳钢钢丝做成的回形针，将其拉直，再弯曲成其他形状，不会发生断裂，材料的应力-应变变化服从图 2-2a 中 y 点和 f 点之间的变化规律，曲线上的塑性变形区说明了材料具有塑性。

图 2-3 是低碳钢试样断裂图，断裂处可以看到明显的"缩颈"。断裂处的表面凹凸不平，是一种韧性破坏。材料的延伸性通常用伸长率或断裂处横截面积的断面收缩率来衡量，其中伸长率大于 5% 的材料称为塑性材料。

脆性 图 2-4 是脆性材料的应力-应变曲线，从图中可知：试件断裂之前曲线没有明显的屈服点和塑性变形区。当用木制的牙签或者火柴杆进行如前所述的回形针弯曲试验时，任何弯曲都会发生断裂，这说明木材是脆性材料。

脆性材料没有明显的屈服点，确定屈服强度的方法如下：沿横坐标量出应变等于 0.2% 的点，过该点画平行于弹性线的直线，与应力-应变曲线交于 y 点，S_y 即为材料的名义屈服强度。图 2-5 是铸铁试样在拉伸试验中断裂前后图。断裂处没有"缩颈"现象且断口平齐，这是典型脆性材料的断裂特征。

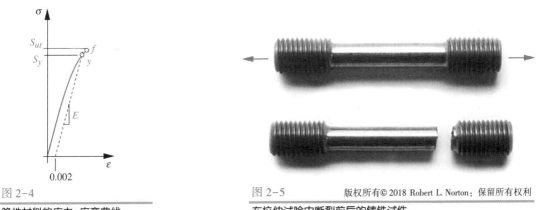

图 2-4
脆性材料的应力-应变曲线

图 2-5
在拉伸试验中断裂前后的铸铁试件

同一种金属加工方法由于热处理方式不同，可能会成为塑性或脆性材料，例如锻造金属（冷锻或热锻时通过拉伸或挤压而固体成形）的塑性比铸造金属（通过将熔融金属倒入模具中成形）的塑性好。但也有一些例外，如金属进行冷加工（后面将讨论）会降低金属材料的塑性，而增加其脆性，热处理也会对钢材的塑性产生显著影响。因此，很难对材料的塑性或脆性一概而论。

压缩试验

压缩试验与拉伸试验过程相反，施加压缩载荷的试件常做成定直径的短圆柱形状，如图 2-6 所示。由于塑性材料会产生变形，从而不断增大其横截面积，因此试验中获得准确的应力-应变曲线是十分困难的，当试验压成如图 2-6a 所示的情况后，试验最终会因为无法继续加载而终止。韧性试样一般不会在压缩过程中折断。如果试验机能施加的载荷足够，则可以将试样压成饼状。大多数的韧性材料的抗压强度与抗拉强度类似，因而拉伸应力-应变曲线也可以很好地用来表示它们的抗压性。如果一种材料的抗压强度和抗拉强度基本相等，则称它为各向同性材料。

2

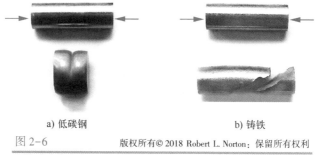

a) 低碳钢　　　　　　　　　　　　b) 铸铁

图 2-6

压缩试验的试件

与塑性材料不同，脆性材料受载足够大时会发生断裂，因此脆性材料通常存在抗压强度极限，且其抗压能力明显高于抗拉能力。如图 2-6b 所示，铸铁试件在压缩试验断裂后，试件断口与轴线呈一定角度，具体原因将在第 4 章中进一步讨论。由于材料断裂而不是压碎，试件断口粗糙，且截面积没有明显变化，所以脆性材料受压时的应力-应变曲线可以通过试验获得。如果材料的抗压强度和抗拉强度不同，称其为各向异性材料。

弯曲试验

如图 2-7 所示，一根细棒在其两端受到支承，在其中间受到集中载荷作用，可以认为是一个简支梁。对于塑性材料，如图 2-7a 所示，通过屈服而失效。对于脆性材料，如图 2-7b 所示，简支梁发生断裂。由于应力在横截面上的分布并不均匀，所以无法通过弯曲试验获得材料的应力-应变曲线。梁弯曲时，在凸出的一侧产生拉应力，而在凹陷的一侧产生压应力，所以可以用拉伸试验的 σ-ε 曲线来预测梁的弯曲失效。

a) 低碳钢　　　　　　　　　　　　b) 铸铁

图 2-7

弯曲试验的试件

扭转试验

材料的剪切性能比拉伸性能更难测定。扭转试验的试件与拉伸试验相类似，但其端部制成非圆截面，在试件的两端施加扭矩，如图 2-8 所示是低碳钢和铸铁扭转试验的试件。注意：在试件表面画有标线，未受扭矩之前这些线是直线。低碳钢试件在发生扭转变形时，其画线变成了螺旋形，这说明试件标距间的两个截面产生了扭转角。铸铁试件施加扭矩后在断裂之前并没有产生明显的扭转角，其画线仍然是直线。

刚性模量　对于纯扭转，应力和应变的关系表达式为：

$$\tau = \frac{Gr\theta}{l_o} \tag{2.3}$$

式中，τ 为剪应力；r 为试件半径；l_o 为初始标距长度；θ 为弧度表示的扭转角；G 为剪切弹性模

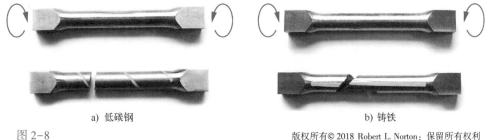

a) 低碳钢　　　　　　　　　　　　　　　　　　　　b) 铸铁

图 2-8

扭转试验的试件

量或者刚性模量。剪切弹性模量 G 与弹性模量 E 和泊松比 v 的关系可以表达为：

$$G = \frac{E}{2(1+v)} \tag{2.4}$$

泊松比是横向应变和纵向应变的比值，大多数材料的泊松比在 0.3 左右，如表 2-1 所示。

扭转试件断裂时对应的强度为极限抗剪强度（也称抗剪强度）S_{us}，可以表示为：

$$S_{us} = \frac{Tr}{J} \tag{2.5a}$$

式中，T 为使试件断裂时的临界扭矩；r 为试件的半径；J 为试件的截面积惯性矩。扭矩产生的剪应力在截面积上的分布是不均匀的，在试件截面中心处剪应力为 0，而截面最外缘剪应力最大，有时外缘处已经产生剪切屈服而内部应力依然在屈服点以

表 2-1　各种材料的泊松比数值

材料	泊松比
铝	0.34
铜	0.35
铁	0.28
钢	0.28
镁	0.33
钛	0.34

下。因此，这种应力分布不均匀的扭转（不像应力分布均匀的拉伸试验）无法准确测量出实心圆柱试件的抗剪强度。为此，用薄壁圆筒代替实心圆柱试件进行扭转试验，以便能更好地测量抗剪强度。

通过拉伸实验数据，材料的抗剪强度可以按近似式（2.5b）计算：[⊖]

钢：

$$S_{us} \cong 0.80 S_{ut} \tag{2.5b}$$

其他韧性金属：

$$S_{us} \cong 0.75 S_{ut}$$

剪切屈服强度和拉伸屈服强度的关系表达式为：

$$S_{ys} \cong 0.577 S_y \tag{2.5c}$$

剪切屈服强度和拉伸屈服强度的关系将在第 5 章中进一步阐述，并对静载荷下材料的失效做详细讨论。

疲劳强度和疲劳极限

在拉伸试验和扭转试验中，施加在试件上的载荷是缓慢的且一次性的，它们属于静态测试，测量的是静应力。虽然一些机器零件在其使用寿命内只可能承受静载荷，但是大多数机器零件承受的是随时间变化的载荷和应力。材料在疲劳载荷作用下的性能与在静载荷作用下的性能明

⊖　在第 14 章螺旋弹簧设计中，基于钢丝扭转大量的测试可以得到小直径钢丝抗剪强度的经验关系式：式（14.4）和 $S_{us} = 0.67 S_{ut}$。这与一般钢的近似式（2.5b）明显不同。材料性能的最佳数据总是从与实际工况下相同的材料、几何形状和载荷等试验中得到的。如果缺少这些直接数据，我们必须依靠像式（2.5b）这类的近似方程，并基于这些近似的不确定性选用适合的安全系数得到所需的结果。

显不同。大多数机器设计必须考虑随时间变化载荷，所以应考虑变载荷作用下材料的疲劳强度。

测试疲劳强度的试验之一是莫尔旋转梁试验，该试验中的试件与图 2-1 所示的试件相类似，但较之更小而轻，加载方式是由电动机驱动梁旋转。根据前面的知识，梁弯曲时在凸出一侧产生拉应力，而在凹陷一侧产生压应力（见 4.9 节和 4.10 节弯曲梁的相关知识回顾）。因此旋转梁表面的任何一个点在变载荷作用下产生由压应力变为拉应力，又由拉应力变为压应力的对称循环应力，如图 2-9 所示。

试验持续在一个特定的应力水平上，直至试件部分断裂，这时对应的应力循环次数计为 N。绘制出用相同材料制成的多个相同试件在不同应力水平下对应的应力循环次数曲线，就得到了沃勒疲劳强度寿命线图或 S-N 线图，如图 2-10 所示。该图描述了材料在交变应力作用下的断裂强度。

图 2-9

时变应力

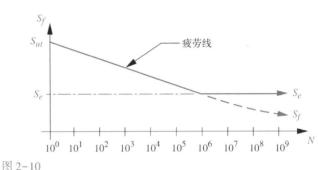

图 2-10

沃勒疲劳强度寿命线图或 S-N 线图，疲劳强度与对称应力循环次数

由图 2-10 可知，疲劳强度 S_f 在一个周期内与静强度 S_{ut} 是相同的，且其随着应力循环次数 N 的增加而逐渐减少，直到应力循环次数为 10^6，此时对应的疲劳强度只存在于某些金属（特别是钢和某些钛合金），该疲劳强度称为疲劳极限 S_e。其他材料的疲劳强度随着应力循环次数的增加继续减少。但值得注意的是，有些材料在应力循环次数 $N = 10^6$ 时其初始（或未修正）的疲劳强度的值仅仅是其静抗拉强度 S_{ut} 的 40%～50%。第 6 章将进一步分析影响材料疲劳强度的因素，如表面加工精度和载荷性质等。

拉伸试验和静强度不能预知材料的失效，静强度失效往往是可以发现，并可以预知的，但是疲劳强度失效是逐步形成的，很难预知。因此，进行机械设计必须引入疲劳强度和疲劳极限，有关疲劳失效方面的内容将在第 6 章做进一步阐述。

旋转梁试验是在轴向拉伸试验的基础上通过改变试验机上施加的时变载荷而获得轴向试验试样的力学性质的。由于拉伸试件的应力分布均匀，该测试方法具有较好的灵活性，并可获得较准确的数据。对于同种材料测试结果与以往的旋转梁试验数据基本一致（或略低于这些数据）。

抗冲击性

应力-应变试验是在应变速率可控且其值非常小的情况下进行的，且允许材料可承受不断变化的载荷。如果突然加载，材料吸收能量的能力显得非常重要。在差分单元内的能量是应变能密度（单位体积的应变能 U_0），或应力-应变曲线中一定应变范围内包围的面积。应变能密度的表达式为：

$$U_0 = \int_0^\varepsilon \sigma \mathrm{d}\varepsilon \tag{2.6a}$$

应变能 U 等于应变能量密度在体积 V 内的积分，其表达式为：

$$U = \int_V U_0 \,\mathrm{d}V \tag{2.6b}$$

材料的弹性和塑性分别对应弹性极限或断裂点的应变能。

回弹　材料单位体积吸收能量而不产生永久变形的能力叫作回弹 U_R（也称为回弹模量），也等于应力-应变曲线在弹性极限区域内包围的面积，如图 2-2a 彩色阴影部分所示。回弹定义为：

$$U_R = \int_0^{\varepsilon_{el}} \sigma \mathrm{d}\varepsilon = \frac{1}{2} S_{el}\varepsilon_{el}$$
$$= \frac{1}{2} S_{el}\frac{S_{el}}{E} = \frac{1}{2}\frac{S_{el}^2}{E} \tag{2.7}$$
$$U_R \cong \frac{1}{2}\frac{S_y^2}{E}$$

式中，S_{el} 和 ε_{el} 分别是弹性极限对应的应力和应变，式（2.2）表示了应力、应变和弹性模量的关系。由于 S_{el} 很少使用，所以可以用屈服强度 S_y 近似地表示回弹。

式（2.7）表明：具有相同弹性强度的较硬材料比较软材料的回弹要小。例如，橡胶球比玻璃球能吸收更多的能量，且不产生永久变形。

韧性　材料没断裂前，单位体积吸收能量的能力 U_T 称为韧性（也称为韧性模量），它也等于应力-应变曲线在弹性极限点和断裂点之间包围的面积，如图 2-2a 中灰色阴影部分所示。因此，韧性的计算如下：

$$U_T = \int_0^{\varepsilon_f} \sigma \mathrm{d}\varepsilon$$
$$\cong \left(\frac{S_y + S_{ut}}{2}\right)\varepsilon_f \tag{2.8}$$

式中，S_{ut} 和 ε_f 分别表示材料在断裂前所能承受的极限抗拉强度和对应的应变。韧性 U_T 很少用积分求得，一般是用屈服强度 S_y 和极限抗拉强度 S_{ut} 的平均值与断裂处对应处的应变 ε_f 的乘积近似得到，见式（2.8）。回弹和韧性的单位相当于 psi 或 Pa。

延展性材料比脆性材料的韧性大，例如汽车车身覆盖件在碰撞时通过塑性变形吸收较大的能量，而较脆的玻璃纤维车身在碰撞时无法吸收较大能量[⊖]。

冲击试验　目前已经有各种用来测量材料承受冲击载荷的能力的试验。如 Izod 和 Charpy 冲击试验，二者是在特定温度下用摆锤击打有缺口的试样，并记录消耗的动能。虽然所获得的数据不能直接用应力-应变曲线包围的面积表示，但它们提供了一种用来比较各种材料的能量吸收能力的方法。材料手册，如本章所给出的参考书目，给出了各种材料耐冲击的数据。

断裂韧度

断裂韧度 K_c（不同于前面定义的韧性模量）是材料抵抗脆性破坏的韧性参数，它指材料阻止应力使裂纹尖端扩展能力的度量。材料的断裂韧度的测量是通过对标准化、预裂纹试样施加循环拉伸载荷直至它破坏。裂纹处会产生非常大的局部应力集中而引起局部屈服（见 4.15 节）。局部应力集中通过应力强度因子 K 表征，应力强度因子 K 在 5.3 节中给出具体定义。当应力强度因子 K 的值达到断裂韧度 K_c 时，试样将发生突然断裂，研究这种失效现象的学科称为断裂力学，详见第 5 章和第 6 章。

⊖　有趣的是：众所周知的蜘蛛网是一种最韧最强材料！这些小小的蛛形纲动物纺出极限拉伸应力为 200~300 kpsi（1380~2070 MPa）和直到拉断为止延伸率为 35% 的单丝。另外，该单丝无破裂时比所知的任何纤维能吸收更多的能量，其能吸收能量是一种用于防弹背心的人造纤维凯夫拉（Kelar）的 3 倍。据 Boston Global（2002 年 1 月 18 日）报道，美国和加拿大研究者合成了一种类似蜘蛛丝线缠绕成 10 ft 长的材料，该材料的强度是自然丝纤维的 1/4~1/3，"比类似重量的钢丝更强劲"，且比有机丝纤维有更大的弹性。

蠕变和温度的影响

拉伸试验是在缓慢加载，但加载时间并不长的情况下进行的，而实际工作中的机器零部件承受的是长时间的恒定载荷。材料在这种情况下（特别是在高温下），即使在拉伸试验十分安全的较低应力（低于屈服点）水平作用下，也会发生缓慢的蠕变（变形）。黑色金属在室温或室温以下的蠕变现象可以忽略不计，蠕变率随着温度的升高而增加，通常当温度达到其熔点的30%~60%时，其蠕变比较明显。

低熔融温度金属如铅和许多聚合物，在室温下蠕变比较明显，并且蠕变率随温度升高而增加。由于获取试验数据所需的费用比较大和时间比较长，因此工程材料的蠕变数据相对比较少。如果材料的温升比较明显或用到聚合物材料，设计人员必须考虑材料的蠕变。蠕变现象比较复杂，有关蠕变现象更详细的资料请查阅相关参考文献。

需要注意的是，材料性能是随温度变化的，目前的材料试验数据通常是在常温下得到的。温度的升高通常会使材料的强度降低。许多在室温下具有可延展性的材料在低温下会变为脆性材料。因此，如果实际工程中的材料在高温或低温下工作时，就必须使用与实际工作情况相吻合的材料特性参数数据，大多数的材料供应商是获得这些数据的最佳来源。大多数聚合物供应商会提供不同温度下材料的蠕变数据。

2.2　材料性能的统计性质

大部分材料性能参数是多个测试样本的平均值（也有些数据取最小值）。试验中大多数材料性能参数服从一定的统计学分布规律，如图 2-11 所示是高斯分布或正态分布规律，该曲线表征了随机变量 x 服从按均值 μ、标准偏差 S_d 的分布规律，它的表达式为：

$$f(x)=\frac{1}{\sqrt{2\pi}S_d}\exp\left[-\frac{(x-\mu)^2}{2S_d^2}\right], \qquad -\infty \leqslant x \leqslant \infty \qquad (2.9a)$$

式中，x 是随机变量，代表材料性能参数；$f(x)$ 是概率密度函数；μ 和 S_d 表达为：

$$\mu=\frac{1}{n}\sum_{i=1}^{n}x_i \qquad (2.9b)$$

$$S_d=\sqrt{\frac{1}{n-1}\sum_{i=1}^{n}(x_i-\mu)^2} \qquad (2.9c)$$

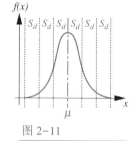

图 2-11
高斯分布曲线

服从正态分布的随机变量的概率规律：μ 邻近的取值的概率最大，离 μ 越远的取值的概率越小；S_d 越小，分布越集中在 μ 附近，S_d 越大，分布越分散。在 $\mu \pm S_d$ 范围内的概率是 68%，在 $\mu \pm 2S_d$ 范围内的概率是 95%，在 $\mu \pm 3S_d$ 范围内的概率是 99%。

同种材料在相同试验条件下的测试结果有所不同，对于任何材料试验测量强度值小于已知平均值的概率为50%，因此设计中不能仅仅参考强度平均值。如果标准偏差与已知平均值相一致，可以引入因子以降低标准偏差的值。当取概率为99%时，应在 $\mu \pm 3S_d$ 范围内取其设计允许值。如果给定了材料性能参数的最小值，则不必考虑其统计分布规律。

通常标准偏差无法通过试验测得，但可以通过引入可靠度系数，适当降低试验得到的强度值，从而得到标准偏差。一种方法是根据经验假设 S_d 是 μ 的百分之几。Haugen 和 Wirsching 指出钢材强度的标准偏差很少超过其平均值的8%[1]。表 2-2 给出了 $S_d=0.08\mu$ 时不同可靠度对应的可靠度系数。注意：表中可靠度 50% 对应的可靠度系数为 1，且随着可靠度的增加可靠度系数应减小。可靠度系数要乘以相关材料的均值。例如，如果希望样本的强度达到或超过 99.99% 的可靠度，它的标准偏差应为平均强度值乘以 0.702。

总之，如果在你的设计中采用的是特殊材料或加载工况，最安全的方法是获得这些材料自身的性能数据。然而，获得材料性能参数将花费大量的时间和财力，所以工程师经常需要依赖已知的材料性能数据进行设计。有些已知的材料强度值选用的是试验得到的最小值，而有些则是平均值。因此，当试验材料强度小于平均值时，其设计强度也应相应地减小。

表 2-2　$S_d = 0.08\mu$ 时对应的可靠度系数

可靠度（%）	可靠度系数
50	1.0
90	0.897
95	0.868
99	0.814
99.9	0.753
99.99	0.702
99.999	0.659
99.9999	0.620

2.3　均匀性和各向同性

到目前为止，以上所讨论的材料性能都是假设材料具有均匀性和各向同性。均匀性意味着材料性能是均匀连续的，即材料性能不是位置的函数。实际的材料很少能达到这种理想状态，其中许多是非连续的，因为在制造过程中材料内部含有夹杂物、析出物、孔洞或少量杂质。然而，从工程上看来，大多数金属和一些非金属材料都可以考虑成在宏观上是均匀的，尽管在微观上可能偏离理想状态。

各向同性是指材料在各个方向上的力学性能和物理性能指标都相同的特性，如材料在宽度方向和厚度方向的强度值与沿长度方向上相同。在宏观上，大多数金属和某些非金属可以视为各向同性。某些材料为**各向异性**的，即它们的性能指标不存在对称面。**正交各向异性**材料是指材料在互相垂直的三个方向上性能指标是对称的，但沿着每个轴向可能具有不同的性能。木板、胶合板、玻璃纤维和一些冷轧薄板金属等属于正交各向异性材料。

复合材料是各向异性和非均质性材料。除了自然界中的木材外，大多数复合材料是人造的，但是有些是自然生长的，如木材。木材是由长纤维和木质素树脂基体组成的。由经验可知，沿着树纹的纤维方向很容易将木材分开，但是沿垂直纤维方向很难分开。木材的强度与取向和位置有关。树脂基体比纤维要弱，所以分开时总是沿着纤维方向。

2.4　硬度

材料硬度是抵抗磨损的一项指标（不是一定指耐磨性）。有些材料如钢的强度与其硬度密切相关。对钢材和其他金属进行各种处理可以增加其硬度和强度。这些内容将在下面加以讨论。

常用的硬度测定方法有布氏硬度、洛氏硬度和维氏硬度等测试方法，这些硬度测试试验均是用一个小压头去挤压待测材料表面。**布氏硬度**是根据材料表面的硬度，以 500~3000 kg 的载荷把直径为 10 mm 的表面硬化钢或碳化钨⊖球压向材料表面。通过显微镜的观察测量出压痕的直径，并计算得到布氏硬度值。布氏硬度的单位为 kg_f/mm^2。**维氏硬度**的压头是金刚石方形锥，用显微镜测量压痕宽度。**洛氏硬度**测量的压头是直径为 1/16 in 的淬火钢球或顶角为 120° 的金刚石圆锥体头，并测量压痕的深度。

⊖　众所周知，碳化钨是最硬的物质之一。

硬度由数字后跟字母 H 表示，并用字母表示测试硬度的方法。例如 375HBW 、396 HV。洛氏硬度中不同的字母代表不同的材料硬度等级，有 A、B、C、D、F、G、N、T。在表示洛氏硬度时必须详细地列出字母及其数字，例如 60HRC。洛氏硬度的 N 级中，测试时使用一个窄圆锥角金刚石压头，并加以 15 kg、30 kg 或 40 kg 的载荷。表示这一硬度时必须添上载荷数字，如 84.6HR15N。洛氏硬度 N 经常用来测量薄件或表面强化材料的 "特殊" 表面硬度。载荷越小且 N 型压头窄角越小，得到的压痕越浅，可以用于测量表面硬度，而不受零件软芯的影响。

以上测试都应是在非破坏意义上进行的，即试样应完好无损。然而，对一些薄壁件，如果其表面光洁度很重要，那么压痕就会带来表面破坏，所以实际上就成了破坏性试验。维氏试验具有一次设定就适用所有材料测试的优点。然而，测定布氏硬度和洛氏硬度都要根据材料来选择压头的尺寸或载荷大小（或两者）。洛氏硬度试验因为不需要显微镜读取，且压痕往往是较小的，特别是如果使用 N 型压头，所以误差较小。但是，布氏硬度值提供了如下非常方便、快速估计抗拉强度（S_{ut}）与材料硬度之间关系的方法：

$$S_{ut} \cong 500\,\mathrm{HBW} \pm 30\,\mathrm{HBW}\,(\mathrm{psi})$$

$$S_{ut} \cong 3.45\,\mathrm{HBW} \pm 0.2\,\mathrm{HBW}\,(\mathrm{MPa})$$

$$(2.10)$$

式中，HBW 代表布氏硬度值。式（2.10）可以方便地估算低、中等强度碳钢或合金钢试件的强度，甚至可以用于估算一个正在使用，而不许进行破坏性测试的工件强度。

显微硬度试验采用了轻载和小金刚石压头，它可以提供切片样品剖面的显微硬度，因为硬度实际上是深度函数。绝对显微硬度值等于读数值除以所施加载荷与压入面积，它的**绝对硬度**单位是 $\mathrm{kg_f/mm^2}$。布氏和维氏硬度有同样的单位，虽然不同测定方法可能得到不同的硬度值。例如，布氏硬度是 500HBW 时，对应的洛氏 C 硬度为 52HRC，而显微硬度为 600 $\mathrm{kg_f/mm^2}$。需要指出，由于不同的硬度表达式之间不是线性关系，所以很难得到不同的硬度之间的转换关系。表 2-3 列出了钢对应的不同布氏硬度、维氏硬度和洛氏硬度 B、C 以及等效的极限抗拉强度。

表 2-3　钢的不同硬度值和等效极限抗拉强度

布氏硬度	维氏硬度	洛氏硬度		极限抗拉强度 σ_u	
HBW	HV	HRB	HRC	MPa	kpsi
627	667	–	58.7	2393	347
578	615	–	56.0	2158	313
534	569	–	53.5	1986	288
495	528	–	51.0	1813	263
461	491	–	48.5	1669	242
429	455	–	45.7	1517	220
401	425	–	43.1	1393	202
375	396	–	40.4	1267	184
341	360	–	36.6	1131	164
311	328	–	33.1	1027	149
277	292	–	28.8	924	134
241	253	100	22.8	800	116
217	228	96.4	–	724	105
197	207	92.8	–	655	95
179	188	89.0	–	600	87
159	167	83.9	–	538	78
143	150	78.6	–	490	71
131	137	74.2	–	448	65
116	122	67.6	–	400	58

注：布氏硬度施加的力为 3000 kg。

数据来源：Table 5-10, p.185, in N. E. Dowling, Mechanical Behavior of Materials, Prentice Hall, Englewood Cliffs, N. J., 1993, 并获得了引用允许。

热处理

　　钢的热处理工艺十分复杂，详细内容可参考本章后面列出的参考书籍和资料，读者可以通过参阅这些资料获得更完整的内容。这里只提供一些关键步骤的简要内容。

　　热处理能改变钢和一些有色金属的硬度及其他特性。钢是一种铁碳合金，含碳量是影响合金承受热处理能力的一个重要因素。低碳钢的碳质量分数为 0.03%～0.3%，中碳钢为 0.35%～0.55%，高碳钢为 0.60%～1.50%（铸铁的碳质量分数超过 2%）。含碳量越高，则钢的淬硬性越好。低碳钢由于只含极少量的碳，所以容易淬透，故必须进行其他表面硬化措施（见下文）。中碳钢和高碳钢可以通过适当的热处理后进行淬透。合金元素的种类及含量不同，硬化层深度也不同。

　　淬火　为了对中、高碳钢硬化，将工件加热到临界温度［约 1400℉（760℃）］以上，并保持一段时间，迅速将工件浸入室温的水或油浴中快速冷却。迅速冷却过程在钢件中产生一种碳的过饱和固溶体叫马氏体，它极硬且比原材料强度大得多，但是这将使材料变脆且快速冷却会引起部件产生应变。图 2-12（没给出标尺）给出了变形后的中碳钢淬火应力-应变曲线。淬火虽然增强了中碳钢的强度，但材料很脆，所以通常淬火后的工件不经过回火不能直接被使用。

　　回火　是将经过淬火的工件重新加热到较低的温度下［400～1300℉（200～700℃）］，保温一段时间后，缓慢冷却。回火后将一些马氏体转变为铁素体和渗碳体，减少了内应力而且增加了材料延展性。控制不同的回火时间和温度，可以得到材料不同的综合机械性能。知识渊博的材料工程师或冶金学家可以实现适合于任何应用的材料性能的多样性。图 2-12 给出了淬火后回火的应力-应变曲线。

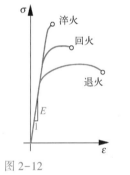

图 2-12
淬火、回火、退火钢的应力-应变曲线

　　退火　淬火和回火过程可以通过退火进行可逆操作。退火是将金属加热到一定温度（如同淬火那样），但是让它慢慢冷却至室温。通过这一过程，恢复未硬化合金固溶条件和力学性能。退火常用于硬化之前，以消除在成形过程中因载荷作用产生的残余应力和应变。退火有效地将工件返回到"松弛"和柔软状态，恢复了原有的应力-应变曲线，如图 2-12 所示。

　　常化　许多商业钢材数据和表格都是经滚压或成形后的钢材再经常化处理后的结果。常化过程类似于退火，但在高温下的保温时间较短，并且冷却速度较快。得到的工件的性能比完全回火要强和硬，因此更接近退火条件下的效果。

表面（壳）硬化

　　当一个部件很大或者很厚时，很难通过硬化在其内部得到一致的硬度，通常采用表面硬化。表面硬化是指通过适当的方法使零件的表层硬化而零件的芯部仍然具有强韧性的处理。表面硬化避免了淬火时加热整个工件变形。如果钢有足够含碳量，可对其表面加热、淬火、回火而实现硬化。对低（中）碳钢，还需要应用其他技术实现硬化。例如，在富碳或氮或二者兼有的特殊气氛中，加热工件，然后进行淬火、渗碳或渗氮处理，也可以进行碳氮共渗处理。在这些情况下，可以得到表面（壳）坚硬的工件，但是软芯，也称为**壳硬化**。

　　渗碳就是将含碳量较低的钢制工件在含碳介质中加热或者保温，使碳原子渗入工件表面。**渗氮**是指把低碳钢在氮环境下加热，使钢的表面形成一层硬度很高的氮化铁。**碳氮共渗**是指将放置在氰化物盐浴中的工件加热到 1500℉（800℃），使低碳钢盐浴中同时渗入碳原子与氮原子。

　　对于中碳钢和高碳钢不需要特殊的人工气氛，因为其本身有足够的含碳量使其硬化。常用的两种表面硬化方法是火焰硬化法和感应淬火。**火焰淬火**是一种用乙炔-氧火焰将工件表面加热，随后喷水冷却使其表面硬化的一种表面淬火方法。火焰淬火可获得比从人工环境的方法更深的高硬度表层。**感应淬火**通过电感应线圈快速加热工件表面，然后在工件芯部加热之前，对工件进行淬火。

表面硬化   在实际应用中可以选用合适的**表面硬化**方法，以保证材料芯部的延展性（即韧度好）且使其有更好的能量吸收能力，同时获得高硬度的表面以减少磨损并提高表面强度。大型机械零件，如凸轮和齿轮，通过表面硬化比整体硬化的效果更好，因为表面硬化的热变形最小，而坚固和韧性的芯部能更好地吸收冲击能量。

有色金属材料热处理

有些有色金属是可以硬化的，而有些则不能。一些铝合金可以**沉淀硬化**，也被称为**时效硬化**。例如，铜质量分数为4.5%的铜铝合金可以进行时效硬化，即在特定的温度下铜铝合金可进行热加工（如热轧、锻压等），然后加热并保持在较高的温度促使铜随机分散到固体材料中；然后淬火到正常温度下获取过饱和固溶体；工件随后再次被加热到低于淬火温度，持续保温一段时间，此时一些过饱和固溶体发生沉淀，从而提高了材料的硬度。

其他铝合金、镁、钛和一些铜合金也可以进行类似的热处理。硬化后的铝合金的强度接近中碳钢。因为铝的密度大约是钢的1/3，强度高的铝合金相比于低碳钢具有较好的比强度。

机械成形和硬化

冷加工   在室温下，通过机械加工改变金属的形状或大小也会增加它们的硬度和强度，但是同时会牺牲其可锻性。轧制过程即为一种冷加工，它将金属棒材在轧辊间挤压，使其厚度逐渐减小。冷加工也可以是其他使可锻金属超过屈服点从而产生永久变形的加工形式。图2-13给出了在冷加工过程中塑性材料的应力-应变曲线。当载荷从原点 O 逐渐增加至超过屈服强度 y 到点 B 时，会留下一段永久的应变 OA。

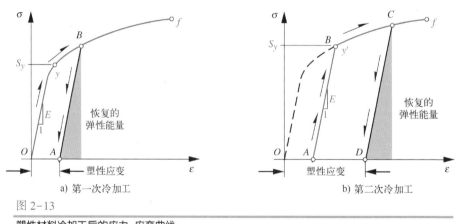

a) 第一次冷加工   b) 第二次冷加工

图 2-13

塑性材料冷加工后的应力-应变曲线

如果从 B 点载荷卸载，弹性能量将会被释放，材料应力沿着与原弹性阶段斜率为 E 斜线平行的斜线 BA 回到 A 点。如果继续施加载荷至 C 点处，再次使材料屈服，这时应力-应变曲线变为 $ABCf$。注意到这时出现一个新的屈服点 y'（比原屈服点 y 高）。此时，材料产生了**应变硬化**，它提高了材料的屈服强度，但降低了材料塑性。这个过程可以不断重复直至材料变脆而断裂。

　　如果金属加工成形中需要产生塑性变形，例如加工深而长的金属罐或者圆筒状容器，就有必要使其进行分阶段的冷成形，并在成形阶段之间进行退火处理防止其断裂。退火使材料恢复到更接近初始塑性应力-应变曲线，并使材料能够不发生断裂，而进一步承受屈服。

　　热加工　所有的金属都有一个再结晶温度，在此温度以下的机械加工就是前面提到的冷加工。在高于再结晶温度下使金属材料同时产生塑性变形和再结晶的加工方法则为热加工。在热加工后的冷却过程中，材料会有部分退火倾向。因此，热加工能减少应变硬化问题，但也会因加工时的高温引起其表面迅速氧化的问题。热轧金属合金往往比相同的冷加工金属合金具有更高的延展性、较低的强度和较高的表面粗糙度。热加工不会明显增加材料的硬度，虽然它可以通过改善晶粒结构增加强度，并通过重整"晶粒"得到金属零件的最终轮廓。这一点在锻件中得以真实体现。

　　锻造　在古代，锻造是一门铁匠工艺。铁匠通过熔炉加热部件，然后再用锤子打击实现成形。当它冷却过多而无法成形时，就会被再次加热进行打击，并重复该过程。现代的锻造是利用一系列锤形模逐渐使热金属成形成最终的所需形状。每个阶段的模具的形状可以实现一定的形状改变，使原来的铸锭最终形成所需的形状。工件通过安装在锻压锤和锻模间输入的热量再加热。中等和大型加热金属工件需要大型锻压机使其产生塑性变形。有孔洞、装配表面和模具分界线处的"飞边"都需要进行后续的机加工。因为被加热金属的氧化和脱碳，锻造的金属表面与热轧处理一样，都比较粗糙。

　　几乎所有的韧性金属材料都可以锻造。钢铁、铝、钛等是最常用的锻造材料。锻件的强度高于铸件和机械加工零件。锻造零件的韧性优于铸造和切削的零件。另外，铸造合金的抗拉能力比锻造合金弱。在将锻造材料通过热成形形成最终的形状过程中，引起内部的金属流线或晶粒接近零件表面的轮廓，从而导致锻造的零件比通过切断流线而形成轮廓的机械加工零件具有更高的强度。因此锻造常用于高强度零件的制造，例如飞机的机翼和机身、发动机的曲柄轴和连杆，以及车辆的悬架等。图 2-14 给出了内燃机锻造曲轴。从下面的横截面图可以看到曲轴的内部结构纹理状的线条结构。锻造需要很多模具，因此通过锻造的方法来制作零件需要的成本很高，一般只有大批量生产的零件才使用锻造方法。

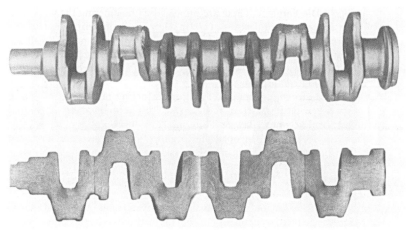

图 2-14　
货车内燃机锻造曲轴

2

挤压成形　挤压成形主要用于有色金属（特别是铝），且通常使用钢模。通常模具为厚实、硬作的工具钢钢盘，中间有一个锥形渐缩、横截面为成形零件形状的"洞"或孔。将钢坯中的坯料加热到柔软状态后，以高速将其通过装夹在机器上的模具挤出。坯料流出或挤压形成模具的形状。挤压成形过程类似通心粉制作的过程。钢制模具成本比较低，因此挤压成形属于一种比较经济的加工方法。挤压成形易于控制产品尺寸和表面粗糙度，因此常被用于一些铝材（如下水管道、工字梁）成形和框架产品（如防盗门、窗的框架、滑动门的框架）。通过挤压成形生产的材料需要根据它们最终成形的产品进行剪切和机加工。图2-15给出了一些挤压成形产品。

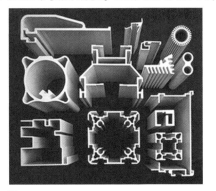

图2-15

挤压成形产品（由铝挤压材协会提供）

2.5　涂层和表面处理

许多涂层和表面处理方法可用于金属，其目的是防腐、提高表面硬度和耐磨性等。涂层也可以用来改变（微小）尺寸和改变物理性能，如反射率、颜色和电阻率等。例如，活塞环镀铬可以提高耐磨性，紧固件表面涂层可以防止腐蚀，车内装饰物镀铬可以使其美观并防止腐蚀。图2-16给出了机器（金属基体）应用涂层的主要方法，一般分为两大类：金属涂层和非金属涂层，而非指基体。不同涂层方法还可以分成许多子类，这里我们只讨论其中的一些涂层方法。希望读者通过参考文献和资料查寻更多的相关信息。

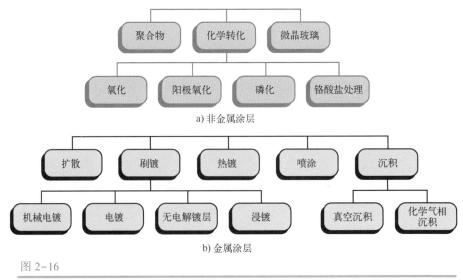

图2-16

用于金属基体的涂层方法

原电池作用

当一种金属涂层接触到另一个不同的金属时，就构成了原电池。所有的金属都有一定的活跃性，活跃性相差较大时，能够在电解质溶液中构建原电池，比如在海水中，甚至在自来水中。表2-4列出了一些常见的金属的活跃性，顺序由上至下从最活跃（电解活性最大）到最不活跃

（电解活性最小）。活跃性相近的金属（如铸铁和钢）不会产生电化学腐蚀；而活跃性相差比较大的金属（如铝和铜）在电解液中，甚至在潮湿环境中都会严重腐蚀。

在电解质中，两种金属分别成为阳极和阴极时，活跃性强的金属作为阳极。由于自身产生电流流动的原因，材料损失的物质从阳极沉积到阴极上。较活跃的金属逐渐消失。这一现象能够发生在两种相隔很远的联接有电解质的金属间。因此，不仅涂层，还有紧固件和配件等都必须使用不会发生电化学腐蚀的金属的组合，以避免腐蚀的出现。

表 2-4	金属在海水中的活跃性顺序
最活跃	
	镁
	锌
	铝
	镉
	钢
	铸铁
	不锈钢
	铅
	锡
	镍
	黄铜
	铜
	青铜
	铜-镍合金
	银
	钛
	石墨
	金
	铂
最不活跃	

电镀

电镀是一个精心制造的原电池，其中被镀工件是阴极，电镀材料是阳极。两种金属同时放在电解槽，使直流电通过阳极流到阴极。电镀材料的离子经过电解质聚集到基板上，在工件表面覆盖一层薄的电镀材料层。通过电镀过程可以控制镀层厚度。除尖角、小孔和缝隙以外，应保证镀层厚度均匀。尖角、小孔和缝隙处的镀层存在于外角落而不会进入小孔或者狭缝里面，因此工件电镀后必须进行打磨。另外，也可以通过电镀修复磨损和加工失误的工件，然后再打磨，得到所需的尺寸。

钢、镍基和铜基合金以及其他金属均可用于电镀。通常有两种电镀方法。第一种做法是：将惰性（不活跃）金属镀在基材上，只要镀层仍然完好可以保护基板免于环境氧化的趋势。锡、镍和铬常被电镀于钢铁工件上以增强其耐腐蚀性。另外，镀铬可使表面硬度达到70HRC，该表面硬度值硬度超过了很多硬化合金钢的硬度[注]。但是，如果有导电介质（如雨水），镀层上任何的坏点或者凹点作为节点引起电蚀作用，此时基体比镀层更加活跃，其变成阳极，从而被迅速地腐蚀。如果制品经常浸入水或者其他电解液中，且基体比镀层更加活跃，则很少采用电镀。

另外一种做法是：将活性金属镀在基体上用作牺牲层代替基体腐蚀。最常见的是镀锌层（镉可以代替锌，且其在盐水或盐气环境中持续更长的时间）。镀锌层或镀镉层将会被慢慢地腐蚀，从而起到保护较惰性钢铁基体的作用，直到镀锌层或镀镉层被完全腐蚀后，钢铁基体才会生锈。锌层可以通过"热浸法"而不是电镀形成，这可以产生更厚且更具保护性的涂层，这种涂层可以通过其"珍珠母"的外观加以识别。镀锌常被用于汽车车身表面起到抑制腐蚀的作用。镀锌的阳极牺牲层也被用于铝制航船发动机和铝制船体上，以阻止浸在海水中的铝被腐蚀。

电镀时需要注意基体的氢脆发生，它会导致强度显著降低。另外，电镀尽量不要应用在受疲劳载荷的零件上。经验表明：电镀会大大地降低金属的疲劳强度，且可能导致过早失效。

化学镀

化学镀不需要电流将镍层镀到基板上。作为"阴极"的基板（没有阳极）在催化剂的作用下发生化学反应，使得镍离子在电解质溶液中不断减少，并沉积到基板上。形成的镍层可以作为

㊀　有意思的是：纯铬比淬火钢要软，但当其电镀到钢上，它变得比钢基体更硬了。镍和铁作为金属基体通过电镀也会增加它们的硬度。但是，这些机制还不很清楚，但一般相信在电镀过程中通过内部微应变形成了硬化涂层。镀层的硬度可以通过改变工艺条件来控制。

2

催化剂，使反应得以继续直至将工件从浴液中取出。因此，可以得到较厚的涂层。涂层厚度通常在 0.001~0.002 in。与电镀不同的是，化学镀镍层十分均匀，且镍离子可以镀入孔和裂缝，所以镀后基板致密，且硬度在 43 HRC 左右。其他金属也可以用化学镀层材料，但是镍是最常用的材料。

阳极氧化

虽然铝可以被电镀（通常较困难），但更常用的是采用阳极氧化的处理方法。这种方法在铝的表面产生了一层很薄的氧化铝。氧化铝涂层相对比较稳定且可以阻止大气中的氧气深入侵蚀工作时的铝基体。阳极氧化涂层没有颜色，但是可以通过添加染料使其表面着色，从而得到有着各种各样的令人满意的外观。阳极氧化是一种具有很好的耐腐蚀和变形能力且成本较低的表面处理技术，钛、镁和锌通常采用阳极氧化方法。

类似于传统的阳极氧化方法，常对铝采用另一种称为硬质阳极氧化方法进行处理。氧化铝是一种陶瓷材料，具有高的硬度和耐磨性。**硬质阳极氧化**得到的涂层比传统阳极氧化的涂层更厚（但并没那么硬），常被用来保护相对较软的铝合金零配件，防止其在接触情况下产生磨粒磨损。这种处理方法得到的表面硬度超过了最硬的钢，因此硬质氧化铝零件可以在淬火钢上产生相对运动，而不会被擦伤。

等离子喷涂涂层

各种各样的很硬的陶瓷涂层可以通过等离子喷涂技术涂覆到钢或者其他金属零件上。由于等离子喷涂的工作温度非常高，使得基体的选择受到了限制。等离子喷涂涂层的表面像"橘子皮"一样粗糙，故在喷涂后还需要对涂层表面进行打磨或者抛光等精加工。等离子喷涂的主要优点是表面可以获得相当高的硬度和耐化学性。但是，陶瓷涂层很脆，且在机械或者热冲击下很容易脱落。

化学涂层

对金属最常见的化学处理包括：对钢的磷酸洗（或者对铝的色酸洗），用以获得有限和短期的抗氧化性能，以及各种各样持久的耐腐蚀涂层。涂层可以根据不同环境和基体种类而得到。单一的涂层提供的保护比双组分的树脂配方的要弱，但是所有化学涂层应该被视为仅仅提供暂时的耐腐蚀保护，特别是用于容易腐蚀的材料，比如钢铁。钢表面进行烧搪瓷和瓷釉精整，虽然较脆，但具有更长的耐腐蚀寿命。新配方的涂层和防护涂层的工艺技术水平在不断提高。读者可以从这些产品的销售商处得到最新和最好的资讯。

2.6 常用金属材料的特性

工程使用的材料种类繁多，新的工程师有时会感觉无从下手。限于篇幅的原因，这里不可能详细介绍这方面的内容。如果需要，读者可以阅读本章提供的文献和参考资料。本书也在附录 A 中提供了部分材料的力学性能的数据表格。图 2-17 给出了几种工程金属材料的弹性模量。

以下内容希望通过可提供一些基本信息和指引，为工程师确定在给定设计条件下如何选用材料带来一定的帮助。据预计，执业工程师将在很大程度上依赖于专业知识，并在材料制造商的帮助下选择出最适合自己设计的材料。许多文献也给出了大多数工程材料性能的详细数据表格。本章后面的参考书目中列出了一些参考资料。

铸铁

铸铁构成一个完整材料系列。铸铁的主要优点是成本较低，易于制造。它的缺点是与钢相比，它的抗拉强度弱，但是它是最常用的铸造材料，具有较高的抗压强度。铸铁的密度比钢稍微低，大约 $0.25 \, lb/in^3 \, (6920 \, kg/m^3)$。低于弹性极限时，大多数铸铁的应力-应变关系不是线性，所以应力-应变关系不遵循胡克定律。铸铁的弹性模量 E 可以通过从原点画一条经过曲线上等于极限抗拉强度的 1/4 的点的直线来估算，其值介于 $14 \sim 25 \, Mpsi \, (97 \sim 172 \, MPa)$。铸铁与钢的主要不同之处是其化学成分的含碳量较高，$w_C = 2\% \sim 4.5\%$。大量的碳以铸铁石墨出现，使得铸铁合金容易作为铸造液进行浇注，也容易进行固体加工。铸铁常用的制造方法是砂型铸造，然后再进行机械加工。但是铸铁不适用于焊接。

白口铸铁 是一种非常硬、脆的材料，难以加工，且用途有限，如用在水泥搅拌机中，那里需要较高的硬度。

灰铸铁 是使用最多的一种铸铁。它内部的石墨片使得它呈灰色，因而得名。美国材料学会（ASTM）将灰铸铁的牌号依据单位为 kpsi 的最小抗拉强度分为七类。等级 20 的最小抗拉强度为 20 kpsi（138 MPa）。等级数 20、25、30、35、40、50和 60 代表着单位为 kpsi 的抗拉强度。价格越贵，抗拉强度越高。灰铸铁容易浇注、容易加工，并具有较好的减振特性。这使得它常用于制作机架、发动机缸体、制动盘和制动鼓等。内部的石墨薄片使灰铸铁具有良好的润滑性和耐磨性。由于它的抗拉强度相对较低，因此不建议在弯曲或疲劳载荷较大的情况

图 2-17

工程金属材料的弹性模量
E/Mpsi 或 GPa

下使用，但它有时会用在一些低成本的发动机曲轴上。如果存在润滑，灰铸铁与钢配对可以良好运行。

可锻铸铁 比灰铸铁的抗拉强度高，但是耐磨性较差。根据配方不同，可锻铸铁抗拉强度在 $50 \sim 120 \, kpsi$（$345 \sim 827 \, MPa$）之间。可锻铸铁常用于承受弯曲应力的零件。

球墨铸铁 是抗拉强度最高的铸铁，抗拉强度在 $70 \sim 135 \, kpsi$（$480 \sim 930 \, MPa$）。它因其内部的石墨呈球状而得名。球墨铸铁比灰铸铁具有较高弹性模量［大约 $25 \, Mpsi$（$172 \, GPa$）］，且具有线性应力-应变曲线。与灰铸铁相比，球墨铸铁韧性好、强度高、可锻性好，以及孔隙少。它可以作为曲轴、活塞和凸轮等在疲劳载荷下工作的零部件的铸铁材料。

铸钢

铸钢的化学成分类似于锻钢，其含碳量比铸铁的低。铸钢的力学性能优于铸铁但是低于可锻钢。其主要优点是易于砂型铸造或熔模（脱蜡）铸造。铸钢按照其含碳量分为低碳钢（$w_C <$ 0.2%），中碳钢（$w_C = 0.2\% \sim 0.5\%$）和高碳钢（$w_C > 0.5\%$）。合金铸钢中含有其他合金元素，以获得更高的强度和耐热性。合金铸钢的抗拉强度范围是 $60 \sim 200 \, kpsi$（$450 \sim 1380 \, MPa$）。

锻钢

这里的"锻"是指不经过熔化而改变材料形状的制造过程。热轧和冷轧是最常见的两种锻造方法，此外还有多种延伸出的锻造形式，如拉丝、拉深、挤压和冷镦。它们的共同点是：在室温或高温下，通过不同加工方式使材料发生屈服来改变材料的形状。

热轧钢 就是将热坯钢强制通过轧辊或模具，使坯钢变形，做成工字钢、角钢、扁钢、方钢、圆钢、管材、板材等。由于高温下的氧化作用，热轧钢的表面比较粗糙。除非采用特殊热处

理工艺，否则当材料加工结束后，因退火或常化处理的原因，热轧钢力学性能相对较低。这种材料常用于建筑和机架等低碳结构钢件中。热轧钢材料也广泛用于机械零件制造中（如齿轮和凸轮等），一般在合适的热处理前，初轧零件毛坯的形状不规则、材质不均匀、不具有冷加工材料性能。大部分合金和含碳量的钢都可以采用热轧成形。

冷轧钢的原料是坯钢或热轧钢卷。冷轧钢的最终形状和尺寸是在室温下由硬化钢辊轧制或模具拉拔得到。辊或模具可以精细化表面和材料冷作可以提高部件的强度，并降低其延展性，这些内容在前面的机械成形和硬化过程章节都有介绍。因此与热轧材料相比，冷轧钢的表面粗糙度低且尺寸精度高。它的强度和硬度有所增加，但是代价是存在明显的内部应变，这些应变可以在后续的机械加工、焊接、热处理来释放，但是会引起变形。常用的冷轧钢有薄板、条材、板材、圆钢、方钢、管材等。像工字梁这类形状的结构钢通常只通过热轧生产。

钢的编号系统

目前有几种钢的编号系统在广泛使用。ASTM、AISI 和 SAE[⊖]采用代码来定义钢的合金元素和含碳量。表 2-5 列出了 AISI/SAE 定义的常用合金钢代码。代码前两位数字表示主要合金元素。最后两位数字表示含碳量，用百分比来表示。ASTM 和 SAE 对所有金属合金规定了一种新的统一编号系统，使用前缀 UNS，后面有一个字母和 5 个数字。字母定义了合金的种类，F 代表铸铁，G 代表碳钢和低合金钢，K 代表特殊用途的钢材，S 代表不锈钢，T 代表工具钢。对于 G 系列，5 个数字的前 4 位与表 2-5 所给出的 AISI/SAE 代码相同，只是在结尾添加了 0。比如，SAE 4340 就会变成 UNS G43400。想了解更多关于金属编号系统的信息请参阅参考文献 [2]。本书采用 AISI/SAE 的代码来表示钢。

表 2-5　部分合金钢的 AISI/SAE 代码（其他合金请咨询制造商）

类　　型	AISI/SAE 系列	主要合金元素（质量分数）
碳钢		
碳素钢	10××	碳
易切削钢	11××	碳加硫（硫化）
合金钢		
锰钢	13××	1.75%锰
	15××	1.00%~1.65%锰
镍钢	23××	3.50%镍
	25××	5.00%镍
镍铬合金钢	31××	1.25%镍和 0.65%或 0.80% 铬
	33××	3.50%镍和 1.55% 铬
钼钢	40××	0.25%钼
	44××	0.40%或 0.52% 钼
铬钼钢	41××	0.95%铬和 0.20% 钼
镍铬钼钢	43××	1.82%镍，0.50%或 0.80% 铬和 0.25% 钼
	47××	1.45%镍，0.45% 铬和 0.20%或 0.35% 钼
镍钼钢	46××	0.82%或 1.82% 镍和 0.25% 钼
	48××	3.50%镍和 0.25% 钼
铬钢	50××	0.27%~0.65%铬
	51××	0.80%~1.05%铬
	52××	1.45%铬
铬钒钢	61××	0.60%~0.95%铬和至少 0.10%~0.15% 钒

⊖　ASTM 是美国材料试验协会，AISI 是美国钢铁协会，SAE 是美国汽车工程师学会。AISI 和 SAE 都使用相同的钢的代码。

普通碳素钢的第一个数字为 1，第二个数字为 0，其不存在除碳以外的合金元素。低碳钢指的是那些 AISI 编号为 1005~1030 的钢，中碳钢的编号是 1035~1055，高碳钢的编号是 1060~1095。在 AISI 的 11XX 系列中增加了硫，主要是用来改善加工性能。它们被称为自由切削钢，这里不含合金钢，因为硫不但不能改善合金钢的力学性能，还会使其变脆。通过不同的热处理，普通碳素钢的极限抗拉强度介于 60~150 kpsi（414~1034 MPa）之间。

合金钢里加入了少量的其他合金元素，以提高材料的强度、淬透性、耐热性以及其他性能。各种含量的碳都能与这些合金元素结合。铬能提高钢的强度、延展性、韧性、耐磨性与淬透性。镍能提高钢的强度而不降低钢的延展性，镍还可以提高钢的淬透性。钼常与镍或铬一起使用，以提高钢的硬度，降低钢的脆性，并增加钢的韧性。表 2-5 给出了满足不同需求的不同元素组合的合金钢。工程师如果希望找到最好的应用材料，他可以从特殊钢生产商那里得到最好的信息来源和帮助。根据合金元素与热处理工艺不同，合金钢的抗拉强度介于 80~300 kpsi（500~2070 MPa）之间。附录 A 中包含了用于选择碳钢和合金钢的力学性能数据。图 2-18 给出了一些常见的碳钢与合金钢的近似抗拉强度，图 2-19 给出了三种钢铁拉伸试验的工程应力-应变曲线。

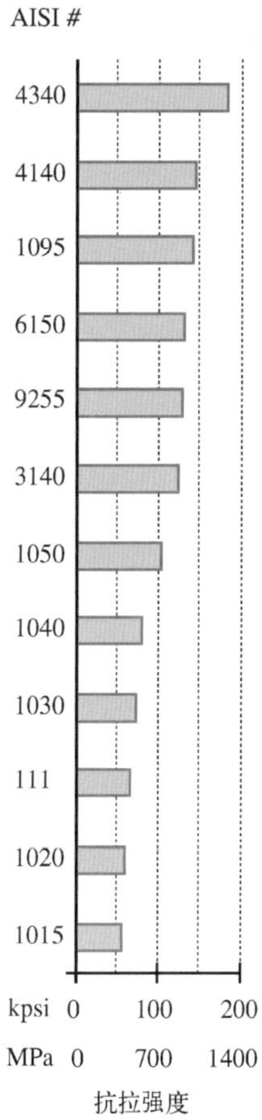

图 2-18
常见的碳钢与合金钢的近似抗拉强度

工具钢是采用了特别配方的中高碳合金钢，用作工具、模具等，它具有的很高的硬度、耐磨性和足够的韧性，以承受加工过程中的冲击载荷。工具钢的种类很多。读者可通过参考书目和制造商说明书得到更多信息。

不锈钢是合金钢含有至少 10%（质量分数）的铬。虽然不能把不锈太绝对化，但是它确实比碳钢和普通合金钢的耐腐蚀性有很大提高。在海水等恶劣环境下，不锈钢将（慢慢地）褪色和腐蚀。一些不锈钢合金具有优良的耐高温性。有四种类型的不锈钢，分别为**马氏体、铁素体、奥氏体和沉淀硬化**不锈钢。

马氏体不锈钢包含了 $w_{Cr}=11.5\%\sim15\%$的铬和 $w_C=0.15\%\sim1.2\%$的碳，具有磁性，可以通过热处理提高硬度，通常被用来做餐具。

铁素体不锈钢包含了 $w_{Cr}>16\%$的铬并且具有较低的含碳量，有磁性，质地较软且具有延展性，但是不能进行热处理，可以通过冷作增加其强度。铁素体不锈钢多用于深拉件，如厨具，比马氏体不锈钢具有更好的耐腐蚀性。铁素体不锈钢与马氏体不锈钢两者都称为 400 系列不锈钢。

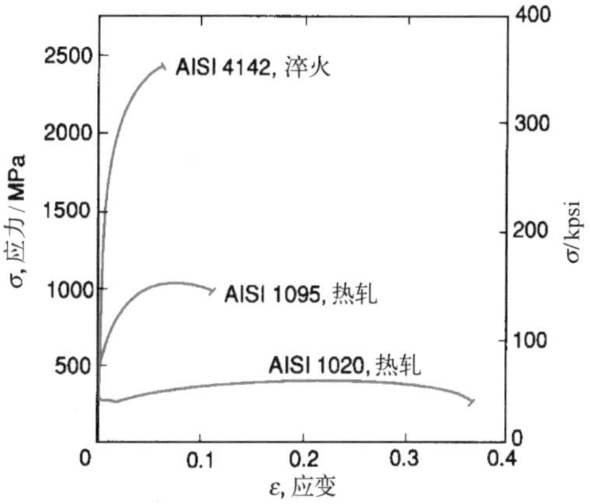

图 2-19
三种钢铁拉伸试验的工程应力-应变曲线
摘自 Fig. 5.16, p. 160, in N. E. Dowling, *Mechanical Behavior of Materials*, Prentice-Hall, Englewood Cliffs, N. J., 1993, 获得允许

2

奥氏体不锈钢包含 w_{Cr} = 17% ~ 25% 的铬和 w_{Ni} = 10% ~ 20% 的镍。由于镍的存在，它具有更好的耐腐蚀性，它不具有磁性，并且有较好的延展性与韧性。除了冷作之外，不能用其他方法强化。奥氏体不锈钢被称为 300 系列的不锈钢。

沉淀硬化不锈钢的合金成分被 PH 之前的数字所指定，如 17-4PH 中包含 w_{Cr} = 17% 的铬及 w_{Ni} = 4% 的镍。这些合金具有很高的强度与很高的耐热性、耐腐蚀性。

300 系列不锈钢具有良好的焊接性，但 400 系列没有。各种牌号的不锈钢比普通钢的导热差，且多数不锈钢合金加工性也较差。所有不锈钢都比普通钢昂贵。它们的力学性能数据见附录 A。

铝

铝是最常用的一种有色金属，其应用仅次于钢铁。铝被生产成纯铝和铝合金的形式。纯铝的纯度最高可达 99.8%。最常见的铝合金元素是铜、硅、镁、锰和锌，合金质量分数小于 5%。铝的优点是密度小、强度质量比（SWR）高，具有较好的延展性、可加工性、可铸造性、焊接性、耐腐蚀性和导电性，且其价格合理。铝密度约是铁密度的 1/3（铝的密度为 0.10 lb/in³，钢铁的密度为 0.28 lb/in³）；铝刚度是铁的 1/3 [铝的弹性模量 E = 10.3 Mpsi（71GPa），钢、铁的弹性模量 E = 30 Mpsi（207 GPa）]，铝的强度通常低于钢的。低碳钢的硬度是纯铝的三倍。但是，由于纯铝质地太软，强度太低，在机械中很少应用。纯铝最显著的优点是可以具有较小的表面粗糙度和耐腐蚀性。因此，它常被用作装饰品。

铝合金比纯铝强度高，在工程中得到广泛运用，尤其是在航空和汽车业。高强度的铝合金抗拉强度为 70~90 kpsi（480~620 MPa），它的屈服强度是低碳钢的两倍。但是铝合金的比强度却高于中碳钢。除了需要很高的强度仍然要使用钢外，在一些应用场合，铝的使用超过了钢。图 2-20 给出了一些铝合金的抗拉强度。图 2-21 给出了 3 种铝合金的拉伸测试工程应力-应变

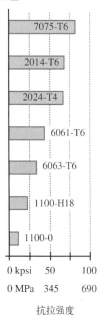

图 2-20

铝合金的抗拉强度

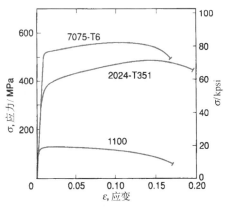

图 2-21

铝合金拉伸测试工程应力-应变曲线

摘自 Fig. 5. 17, p. 160, in N. E. Dowling, *Mechanical Behavior of Materials*, Prentice-Hall, Englewood Cliffs, N. J., 1993, 以获得许可

曲线。在高温或低温下，铝的强度将会降低。有些铝合金可以进行热处理强化，而有些铝合金可以进行加工硬化或者时效硬化处理。高强度的铝合金的硬度是低碳钢的 1.5 倍，如硬质阳极氧化等表面处理可使铝合金的表面硬度超过最硬的钢的硬度。

尽管铝合金易于产生加工硬化，但铝合金仍然是最容易加工的机械材料之一。可用于加工铝合金的方法有铸造、机械加工、焊接[⊖]和冷热成形[⊖]等。铝可以用挤压成形。铝合金也可以采用砂型铸造、压铸、锻造成形和挤压成形等成形方法。

锻造铝合金是铸锭经热变形加工而成的型材和板材等，如工字梁、角钢、槽钢、棒、带、薄板、圆条、管材料等。锻造铝合金可以通过挤压成形，是一种便宜、常用的成形方法。表 2-6 给出了（美）铝协会对铝合金的代码。第一个数字表示主要合金元素和定义系列。铝合金硬度是由后缀的 1 个字母加上最多不超过 3 个数字符号共同组成。在机械设计中最常用的铝合金是 2000 和 6000 系列。

表 2-6　（美）铝协会给出的部分铝合金代码（其他铝合金请咨询制造商）

系　　列	主要合金元素	二 次 合 金
1×××	工业纯铝（99%）	无
2×××	铜（Cu）	Mg, Mn, Si
3×××	锰（Mn）	Mg, Cu
4×××	硅（Si）	无
5×××	镁（Mg）	Mn, Cr
6×××	镁和硅	Cu, Mn
7×××	锌（Zn）	Mg, Cu, Cr
硬度编码		
××××-F	初加工	
××××-O	退火	
××××-Hyyy	加工硬化	
××××--Tyyy	时效硬化	

最早用的铝合金牌号是 2024，它含有 w_{Cu} = 4.5% 的铜、w_{Mg} = 1.5% 的镁和 w_{Mn} = 0.8% 的锰。它是最适合机械加工的一种铝合金，并可以进行热处理。2024 铝合金在高温回火中，如-T3 和-T4，其抗拉强度可达 70 kpsi（483 MPa），它也是最强的铝合金之一，且具有很高的疲劳强度。但是，与其他铝合金相比，其焊接性和成形性较差。

6061 铝合金含有 w_{Si} = 0.6% 的硅、w_{Cu} = 0.27% 的铜、w_{Mn} = 1.0% 的锰和 w_{Cr} = 0.2% 的铬。6061 铝合金具有良好的焊接性，故广泛应用于框架结构中。高温回火后，6061 铝合金含的强度在 40~45 kpsi（483~310 MPa），其疲劳强度比 2024 铝合金低。它容易加工，是一种常用的挤出合金，挤出是一种热成形工艺。

7000 系列的铝合金被称为航空铝材，广泛应用于飞机机身。7000 系列铝合金具有最高的强度，其抗拉强度约为 98 kpsi（676 MPa），并有最高的疲劳强度，约为 22 kpsi（152 MPa）。

⊖　焊接热会导致局部退火，从而将消除任何金属因冷作或热处理所期望增加强度的效果。

⊖　铝合金会发生冷作，若试图将形成的角度弯回（不先退火），则会导致折断。一些自行车手之所以宁可增加重量也喜欢用钢架，而不是铝的原因在于：一旦铝架产生弯曲，就很难在不开裂的情况下让它恢复变直；损坏的钢管架则可以拉直重用。

一些铝合金可以做成包铝形式，即其工件的一面或者两面包上一层很薄的纯铝，以提高它的耐腐蚀性。

铸造铝合金与锻造铝合金成形方法不同。部分铸造铝合金可以硬化处理，但其强度和延展性比锻造铝合金差。铸造铝合金可以通过砂型铸造、压铸或熔模铸造成形。锻造铝合金和铸造铝合金的力学性能详见附录 A。

钛

虽然钛元素在 1791 年就已经被发现，但是直到 20 世纪 40 年代它才得到广泛应用，因此钛是一种新的金属材料。在某些情况下，钛可以解决工程师很大难处。钛的最高工作温度为 $1200 \sim 1400 ^\circ F$（$650 \sim 750 ^\circ C$），质量约为钢的一半 [$0.16 \, lb/in^3$（$4429 \, kg/m^3$）]。它的强度相当于中等强度钢 [$35 \, kpsi$（$930 \, MPa$）]。钛的弹性模量为 $16 \sim 18 \, Mpsi$（$110 \sim 124 \, GPa$），约为钢的 60%。钛的比强度接近于最高强度合金钢，约是中等强度钢的 2 倍。钛的刚度比也大于钢，因此它具有较好的耐弯性能。钛也无磁性。

钛有良好的耐腐蚀性，且无毒性，从而使它可以在酸性或碱性的食品和化工品中使用，例如，它可以做成人工心脏瓣膜和髋关节。然而，钛的价格比铝和钢的价格都要高。钛更多地被应用于航空航天工业，尤其是在有高强、质轻、耐高温、耐腐蚀等要求的场合，如军用飞机结构和喷气式发动机上。

纯钛以及钛与铝、钒、硅、铁、铬或锰组成的合金都有广泛应用。钛合金可以进行硬化和阳极氧化处理。市面上销售的钛合金构件有限。虽然钛难以进行铸造、机械加工和冷成形，但可以对其进行锻压和锻造。如图 2-10 所示，与钢相类似，但不像其他大多数金属那样，一些钛合金具有真实的持久极限或稳定的疲劳强度，疲劳强度对应的加载循环次数超过 10^6。钛的力学性能参数请参阅附录 A。

镁

镁合金是最轻的商业金属，但相对强度低。其抗拉强度介于 $10 \sim 50 \, kpsi$（$69 \sim 345 \, MPa$）之间。最常用的镁合金元素有铝、锰、锌。镁的密度低 [$0.065 \, lb/in^3$（$1800 \, kg/m^3$）]，其比强度接近铝。镁的弹性模量为 $6.5 \, Mpsi$（$45 \, GPa$），比刚度超过铝和钢。它很容易铸造和机加工，但它比铝更脆，因此很难冷成形。

金属镁无磁性，且比钢具有更好的耐腐蚀性，但比铝要差。部分镁合金可以进行硬化处理，所有的镁合金都可以进行阳极氧化硬化处理。在导电方面，镁是最活跃的金属，在潮湿环境中不能与其他大多数金属结合。镁易燃，特别是镁呈粉末或碎屑形状时，它的火焰不能用水来浇灭。镁在加工时需要用冷却油浸没以防止发生火灾。每磅镁的价格大约是铝的 2 倍。镁合金具有重量轻这一非常重要的特点，常用于如链锯壳体铸件和其他手持设备中。镁的力学性能参数请参阅附录 A。

铜合金

纯铜软而脆，具有良好的延展性，主要用于制造管道、防水器件、通电导体（导线）以及发动机。纯铜可以进行冷作，成形后可能会变得很脆，因此铜在连续拉伸之间需要进行退火处理。

许多合金都可能含有铜。最常见的是黄铜和青铜合金，它们本身构成了一族合金家族。在一般情况下，**黄铜**在不同比例的铜锌合金有许多应用，从炮弹和子弹的弹壳到灯具、珠宝。

青铜原是指铜和锡合金，但现在也有不含锡的合金，如硅青铜，铝青铜，所以青铜一词已经扩展了。硅青铜用于海洋领域，如船舶螺旋桨。

　　铍铜既不是黄铜也不是青铜，它是最强的合金，强度接近合金钢 ［200 kpsi（1380 MPa）］，经常应用于弹簧，这些弹簧要求必须是无磁性的，也用于发电或存在腐蚀性环境。磷青铜也用于弹簧，但与铍铜不同，它不能沿晶粒弯曲或热处理。

　　铜及铜合金具有优良的耐蚀性和非磁性。所有的铜合金都可以进行铸造、冷热成形和机加工，但纯铜难以进行机加工。部分铜合金可以进行热处理，所有的铜合金都可以进行表面硬化处理。大部分铜合金的弹性模量约为 17 Mpsi（117 GPa），其密度稍微高于铁，约为 0.31 lb/in^3（8580 kg/m^3）。相对于其他金属材料，铜合金的价格较高。铜的力学性能参数请参阅附录 A。

2.7　常用非金属材料的特性

　　非金属材料的应用在近 50 年内急剧增加。一般的非金属材料的优点在于质轻、耐腐蚀、耐高温、绝缘和易于制造。相对于金属材料，依据其特性非金属材料的价格由低到高变化。一般工程上将非金属材料分为高分子聚合物（塑料）、陶瓷和复合材料三大类。

　　高分子聚合物具有质轻，相对较低的强度和刚度、良好的耐腐蚀性和绝缘性、价格低的特点。**陶瓷**具有非常高的抗压强度（但抗拉强度低）、高刚度、耐高温性、高绝缘性（阻止电流通过）、高硬度、价格低的特点。**复合材料**是由金属材料、陶瓷材料或高分子材料等两种或两种以上的材料经过复合工艺而制备的多相材料，各种材料在性能上互相取长补短，产生协同效应，使复合材料的综合性能优于原组成材料而满足各种不同的要求。聚合物的力学性能参数请参阅附录 A。

高分子聚合物

　　Polymers 一词来自 poly（许多）和 mers（聚合物分子）。高分子聚合物是有机材料或碳基化合物的长链分子（高分子聚合物中还有一族硅基高分子化合物）。大多数高分子聚合物的来源是石油和煤炭，因为石油和煤炭包含了高分子聚合物必需的碳或碳氢化合物。虽然有许多天然高分子化合物（例如蜡、橡胶、蛋白质），但是在工程应用中使用的大多数高分子聚合物是人造的。当其他化合物或合金与两种或两种以上的聚合物一起共聚时，材料的性能变化很大。高分子聚合物与无机材料如滑石粉或玻璃纤维的混合物也很常见。

　　高分子聚合物具有多样性，因此很难概括高分子聚合物的力学性能，但相对于金属材料而言，高分子聚合物都具有低密度、低强度、低刚度、非线性的弹性应力-应变曲线（见图 2-22，有些例外）、低硬度、良好的绝缘性和耐腐蚀性，以及易于加工等特点。高分子聚合物的弹性模量相差很大，从最小值约为 10 kpsi（69 MPa）到最大值约为 400 kpsi（2.8 GPa），比金属的刚度低得多。高分子聚合物的极限抗拉

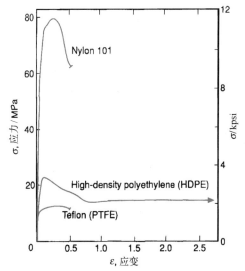

图 2-22

三种热塑高分子聚合物的应力-应变曲线

摘自 Fig. 5.18, p.161 in N. E. Dowling, *Mechanical Behavior of Materials*, Prentice-Hall, 1993, 获得允许

2

强度变化也很大，从最弱的无填充聚合物的极限抗拉强度约为 4 kpsi（28 MPa）到最强的玻璃填充聚合物的极限抗拉强度约为 22 kpsi（152 MPa）。大多数高分子聚合物的相对密度在 0.95~1.8 之间，而镁相对密度为 2，铝相对密度为 3，铁相对密度为 8，铅相对密度为 13。因此，虽然高分子聚合物的绝对强度低，但因其低密度，所以它的比强度并不低。

聚合物基本可分为两大类：**热塑性**和**热固性**。**热塑性**材料可以反复熔化和固化，虽然它们的性质因为高熔温度而降低。热塑性塑料容易成型，它们的余料可以再用，并重塑。**热固性聚合物**形成的交联在第一次加热时会燃烧，这样再加热将不会再熔化。这些长链分子通过在聚合物之间卷曲和扭转建立了长链分子的交叉连接（如梯子的横档）。这些交叉连接增加了聚合物的强度和刚度。

另一部分高分子聚合物由填充与无填充化合物制成。填充物通常是无机材料，如炭黑、石墨、滑石粉、短切玻璃纤维和金属粉末。填充物会加入热塑性塑料和热固性树脂，通常更多的是在热固性树脂中添加填充物。这些经填充后的化合物比原聚合物具有良好的强度、刚度和耐热性，但其成型和加工困难。

商用聚合物的系列复杂，且难记。由于不同厂家生产的类似化合物的品牌众多更增加了这种混乱。高分子聚合物的通用化学名称非常复杂且难以记忆。在一些情况下，一些高分子聚合物得到广泛使用后通常采用其化学族，如尼龙、有机玻璃和玻璃纤维等。表 2-7 给出了一些重要的高分子聚合物化学族。那些具有重大的工程应用的高分子聚合物的力学性能在附录 A 中给出。

表 2-7　高分子聚合物族

热塑性材料	热固性材料
纤维素塑料	氨基
聚乙烯	人造橡胶
聚酰胺（尼龙）	环氧树脂
聚缩醛（树脂）	酚醛树脂
聚碳酸酯	聚酯纤维
聚苯醚	硅树脂
聚砜	聚氨酯橡胶

陶瓷

陶瓷材料尤其新型陶瓷复合材料在工程中越来越得到广泛应用。陶瓷是已知最古老的工程材料之一；黏土砖是陶瓷材料。黏土虽然被广泛用于建筑，现在不认为它是一种工程陶瓷。典型工程陶瓷是金属和非金属元素的化合物。它们可能是单一金属氧化物，多种金属氧化物的混合物、碳化物、硼化物、氮化物或者其他化合物，如 Al_2O_3、MgO、SiC 和 Si_3N_4。陶瓷材料的主要特性是硬度高、脆性大，耐高温、耐化学品腐蚀，压缩强度高、介电强度高，而且具有潜在的低成本和低重量。

陶瓷材料很硬，难以用常规方法加工，通常是通过粉末压制成型，然后通过烧结将颗粒间连接起来，以增加其强度。利用压模或水压将陶瓷粉末压实。有时，会将玻璃粉与陶瓷混合，将混合物烧熔使玻璃与陶瓷融合在一起。目前人们正在努力用陶瓷取代传统的金属铸造发动机缸体、活塞和其他发动机零件。陶瓷的抗拉强度低、孔隙度大，且大多数陶瓷断裂韧度较低，是陶瓷应用存在的最大问题。等离子喷涂陶瓷复合物通常被用作金属底部的硬化涂层，以提供耐磨损、耐腐蚀的表面。

复合材料

大多数复合材料是人造的，但也有一些天然的，如木材。木材是由长纤维和树脂复合而成的，而人造复合材料通常是一些坚硬、纤维质的材料的混合物，例如玻璃和碳纤维或者硼纤维被黏合进树脂基质中，如环氧树脂或聚酯纤维。用于船和其他车辆的玻璃纤维材料是玻璃纤维增强聚酯（GFRP）复合材料的一个常见的例子。复合材料的性能具有方向性，所以可以根据强度要求设计纤维的排列方式，纤维排列方式包括平行、随机交织和特殊角度。常用的复合材料应用越来越广泛，如因其具有比常用材料更高的比强度而应用于飞机框架。一些复合材料也可以设计成具有耐高温、耐腐蚀的特性。这些复合材料通常既不是各向同性，也不是各向异性，具体内容在 2.3 节中做了讨论。

如果根据元素原子间的相互作用关系计算任何"理想"基本晶体材料的理论强度，该预测值数量级要比试验测试"实际"材料数据大得多，如表 2-8 所示。晶体缺陷引起金属中的原子间的连接间断是造成实际强度和理论强度之间存在巨大差异的主要原因。

假设可以制造一条直径只有一个原子大小的由纯铁做成的线，它将显现理论上的"超级强度"。"晶须"已经成功地由几种基本材料制成，并呈现出了接近理论数值的抗拉强度（见表 2-8），即在实际的原子尺度上不可能制造的任何"理想物"。由此可以推论：如果我们可以做一个直径只有一个原子的纯铁"线"，它会具有与理论一样的"超级强度"。水晶"晶须"已成功地制作成一些基本材料，它具有很高的抗拉强度，这一强度接近理论值（见表 2-8）。

上述理论的经验证明来自于这样的事实：任何一种材料做成的微小直径纤维的抗拉强度都比在同样材料的大尺寸样本的应力-应变测试中得到的高。由此推论，横截面越小，越接近"纯粹"的物质状态。例如玻璃的抗拉强度极低，但小直径的

表 2-8　钢和铁的强度

名　称	S_{ut}/kpsi（MPa）
理论值	2900（20×10^3）
晶须值	1800（12×10^3）
钢丝	1400（10×10^3）
低碳钢	60（414）
铸铁	40（276）

玻璃纤维表现出比玻璃更大的抗拉强度，它作为一种实用（且经济）的纤维材料已应用于轮船船体中，其可以承受较大的拉伸应力。小直径的碳硼纤维具有比玻璃纤维更高的抗拉强度，它作为复合材料应用在航天器和军用飞机等不考虑成本费用的场合中。

2.8　材料的选择

工程技术人员必须在设计中选取正确的材料。材料的设计极限和新材料的不断更新开拓了新设计的可能。如果能有一个系统的方法来选择应用材料将有助于设计的成功。M. F. Ashby 提出依据各种不同材料的性能绘制"材质选择图"的方法[3]。材料大致可分为六类：金属、陶瓷、聚合物（固体或泡沫）、弹性体、玻璃和复合材料（包括木材）。这些类别和子类倾向于聚集图中的某些区域上。

图 2-23 给出了材料的弹性模量和密度的关系，二者的比值称为比刚度。在图上画一条斜率为常数的斜线，上面的点具有相似的性质。图 2-23 中，画出的 E/ρ 为 C（常数）所表示的比刚度是一条红色的线，表明某些木材具有与铁和其他金属相当的比刚度。红线还穿过了一部分复合工程材料的范围，从图 2-23 中可知，玻璃纤维（GFRP）与木材和铁的比刚度相近，而非增强热固性材料，如尼龙、涤纶等的比刚度较低。如果要寻找最大比刚度或最轻的材料，只需将红线移到图表左边。此时，直线的斜率为 $E^n/\rho=C$，而 n 是一个介于 1/2~1/3 的分数。这表明在加载情况，如梁弯曲时，相关材料参数与比刚度的关系是非线性的。由于图 2-23 是双对数坐标图，因此指数函数可以绘制成直线，以便进行简单比较。

图 2-24 给出许多材料强度与密度的比（称为比强度）。由图可知，材料的特性决定了其材料的强度不同。如韧性金属和高分子聚合物取决于屈服强度，脆性陶瓷取决于抗压强度，而弹性体取决于撕裂强度等。材料"泡"的纵向长度表明了材料强度值的变化可以由热处理或表面加工硬化、加入合金元素等来实现。图 2-24 中红色斜线代表比强度 $\sigma/\rho=C$（常数），它表明木材

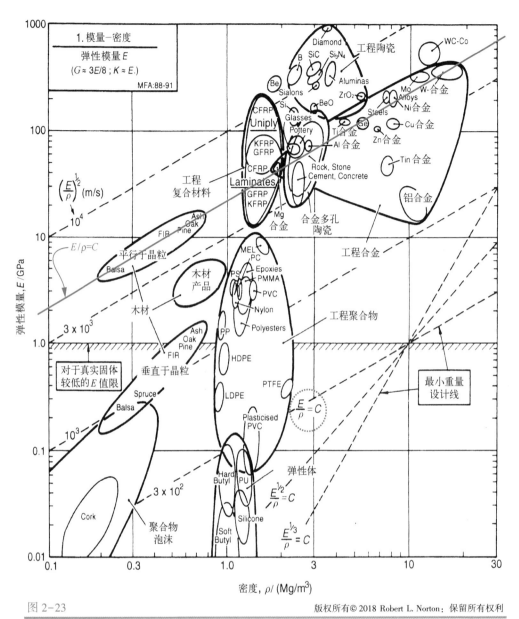

图 2-23

材料的弹性模量和密度的关系

摘自 Fig. 4-3，p. 37 in M. F. Ashby, *Materials Selection in Mechanical Design*, 2ed, Butterworth-Heinemann 1999，已获得允许

的强度与重量比与高强度铁的强度与重量比相同，但高于大部分的金属材料。这也是木材常用作建筑材料的原因了。需要注意的是：工程陶瓷材料比强度高。但是，因为其抗拉强度只有抗压强度的 10%，故很少用在受拉伸应力的结构中。

　　Ashby 的著作[3]在工程应用中具有非常有用的参考价值，其中绘制的数十幅各种线图通过不同材料性能的对比，使人更容易了解这些材料之间的关系，以便选择合适的材料。

2

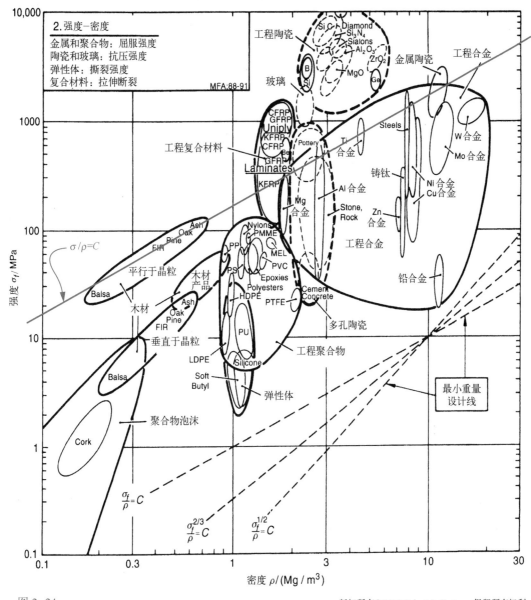

图 2-24

材料的比强度

摘自 Fig. 4-4, p. 37 in M. F. Ashby, *Materials Selection in Mechanical Design*, 2ed, Butterworth-Heinemann 1999, 已获得允许

2.9 小结

材料的强度有多种。设计者必须了解哪些强度对指定的载荷工况下才是重要的。最常测试和提到的强度是**抗拉强度** S_{ut} 和屈服强度 S_y。抗拉强度 S_{ut} 表示材料断裂前可承受的最大应力，而屈服强度 S_y 表示不产生残余应变的最大应力。很多材料都有**抗压强度**，若它的值约等于其抗拉

强度，称之为（拉压）**等强度材料**。铸造金属通常是**不等强度材料**，因为它们的抗压强度远大于抗拉强度。等强度材料的抗剪强度接近抗拉强度的一半，而不等强度材料的抗剪强度通常介于抗拉强度与抗压强度之间。

在受静荷载时，一般关注的是强度参数中的一种或数种。如果是塑性材料，考虑失效时通常选用屈服强度 S_y 作为失效准则，这是因为塑性材料在断裂前有明显的形变。若采用脆性材料，如大多数的铸造零件，更关注的是抗拉强度 S_{ut}，这是因为脆性材料会在不发生明显形变情况下断裂。当然，脆性材料的屈服强度参数也有一定参考价值，但一般只用于计算任意位置的小变形而不是用来测量样件的屈服的。在第 5 章中有关于塑性材料和脆性材料的机械失效方面更详细的介绍。

拉伸试验是最常用的测量材料静强度参数的方法。将测试数据做出的**应力-应变曲线**（σ-ε）如图 2-2 所示。而工程上使用的**工程 σ-ε 曲线**图和**实际 σ-ε 曲线**有所不同，主要差别在于韧性工件在失效过程中的面积会减少。但是工程 σ-ε 曲线可以作为材料比较的标准，而实际 σ-ε 曲线很难得到。

在 σ-ε 曲线中，弹性阶段的斜率称为**弹性模量 E**，它是重要的材料参数，它定义了材料的刚度或者说是抵抗因载荷而引起的弹性形变的能力。如果在设计中需要控制变形以及应力，E 的值可能是关键的参数，而不是材料的强度。合金成分含量的改变会对材料的强度有显著的改变，但是弹性模量 E 却相同。如果主要关心的是变形，则受同样大小的力，同样基材的低强度合金与高强度合金的变形量相等。

随时间而变化的载荷称为**动荷载**或**疲劳荷载**。这时材料的静态强度不能很好地反映疲劳现象。然而，材料的疲劳强度更具指导意义。疲劳强度参数是通过对工件施加动荷载直至它发生疲劳失效来测定的。疲劳强度准则应包括应力大小和应力循环次数两项。对于给定工件的疲劳强度总比其静强度要低，而且通常低于其极限抗拉强度 S_{ut} 的一半。在本书第 6 章将对工件疲劳失效现象再做更详细的讨论。

机械设计人员在设计中还应考虑的材料参数有**弹性**、**韧性**。弹性是指材料吸收能量而不产生塑性变形的能力；韧性是指材料吸收能量而不失效（但产生塑性变形）的能力。**均匀性**表示材料内的物质均匀分布。尽管材料的微观层面通常结构相异，但是在宏观上很多的工程材料尤其是金属可假定为均匀的。**各向同性**意味着无论沿着哪个方向上材料都具有相同的性能。许多工程材料在宏观上是各向同性的是合理的假设。但是，有些常用的工程材料如木材或者一些复合材料既不是均匀的，也不是各向同性，因此对这类材料的强度必须分别测定它们不同方向上的强度。**硬度**是衡量工件的耐磨性的重要指标，它也与强度有关。通过热处理、表面硬化或者冷作，可以提高材料的硬度和强度。

本章使用的重要公式

为正确使用这些公式请参考对应的章节给出的说明。

轴向拉伸应力（2.1 节）：

$$\sigma = \frac{P}{A_o} \tag{2.1a}$$

轴向拉伸应变（2.1 节）：

$$\varepsilon = \frac{l - l_o}{l_o} \tag{2.1b}$$

弹性模量（2.1 节）：

$$E = \frac{\sigma}{\varepsilon} \tag{2.2}$$

剪切模量（2.1 节）：

$$G = \frac{E}{2(1+v)} \tag{2.4}$$

抗剪强度（2.1 节）：

钢 $\qquad\qquad S_{us} \cong 0.80 S_{ut} \tag{2.5b}$

其他韧性金属 $\qquad S_{us} \cong 0.75 S_{ut}$

抗剪屈服强度（2.1 节）：

$$U_0 = \int_0^\varepsilon \sigma d\varepsilon \tag{2.6}$$

回弹模量（2.1 节）：

$$U_R \cong \frac{1}{2} \frac{S_y^2}{E} \tag{2.7}$$

韧性模量（2.1 节）：

$$U_T \cong \left(\frac{S_y + S_{ut}}{2} \right) \varepsilon_f \tag{2.8}$$

算术平均值（2.2 节）：

$$\mu = \frac{1}{n} \sum_{i=1}^n x_i \tag{2.9b}$$

标准偏差（2.2 节）：

$$S_d = \sqrt{\frac{1}{n-1} \sum_{i=1}^n (x_i - \mu)^2} \tag{2.9c}$$

布氏硬度与材料的抗拉强度的关系表达式（2.4 节）：

$$S_{ut} \cong 500\,\text{HBW} \pm 30\,\text{HBW}\,(\text{psi})$$
$$S_{ut} \cong 3.45\,\text{HBW} \pm 0.2\,\text{HBW}\,(\text{MPa}) \tag{2.10}$$

2.10　参考文献

1. E. B. Haugen and P. H. Wirsching, "Probabilistic Design." *Machine Design*, v. 47, nos. 10~14, Penton Publishing, Cleveland, Ohio, 1975.

2. H. E. Boyer and T. L. Gall, eds. *Metals Handbook*. Vol. 1. American Society for Metals: Metals Park, Ohio, 1985.

3. M. F. Ashby, *Materials Selection in Mechanical Design*, 2ed., Butterworth and Heinemann, 1999.

2.11　网上资料

网络是了解最新材料性能信息的一个有用资源，利用搜索引擎可以查到这些网站和其他的网站。

http://www.matweb.com

提供了 41000 种金属、塑料、陶瓷和复合材料性能参数。

http://metals.about.com

提供了材料性能参数。

2.12　参考书目

材料一般信息，参阅以下书目：

Metals & Alloys in the Unified Numbering System. 6th ed. ASTM/SAE：Philadelphia，Pa.，1994.

H. E. Boyer，ed. *Atlas of Stress−Strain Curves*. Amer. Soc. for Metals：Metals Park，Ohio，1987.

Brady，ed. *Materials Handbook*. 13th ed. McGraw−Hill：New York，1992.

K. Budinski，*Engineering Materials：Properties and Selection*. 4th ed. Reston − Prentice − Hall：Reston，Va.，1992.

M. M. Farag，*Selection of Materials and Manufacturing Processes for Engineering Design*. Prentice−Hall International：Hertfordshire，U. K.，1989.

I. Granet，*Modern Materials Science*. Reston−Prentice−Hall：Reston，Va.，1980.

H. W. Pollack，*Materials Science and Metallurgy*. 2nd ed. Reston−Prentice−Hall：Reston，Va.，1977.

M. M. Schwartz，ed. *Handbook of Structural Ceramics*. McGraw−Hill：New York，1984.

S. P. Timoshenko，*History of Strength of Materials*. McGraw−Hill：New York，1983.

L. H. V. Vlack，*Elements of Material Science and Engineering*. 6th ed. Addison − Wesley：Reading，Mass.，1989.

材料专用信息，参阅以下书目：

H. E. Boyer and T. L. Gall，ed. *Metals Handbook*. Vol. 1. American Society for Metals：Metals Park，Ohio，1985.

R. Juran，ed. *Modern Plastics Encyclopedia*. McGraw−Hill：New York，1988.

J. D. Lubahn and R. P. Felgar，*Plasticity and Creep of Metals*. Wiley：New York，1961.

U. S. Department of Defense. *Metallic Materials and Elements for Aerospace Vehicles and Structures* MIL−HDBK−5H，1998.

材料失效内容，参阅以下书目：

J. A. Collins，*Failure of Materials in Mechanical Design*. Wiley：New York，1981.

N. E. Dowling，*Mechanical Behavior of Materials*. Prentice−Hall：Englewood Cliffs，N. J.，1992.

R. C. Juvinall，*Stress，Strain and Strength*. McGraw−Hill：New York，1967.

塑料和复合材料内容，参阅以下书目：

ASM，*Engineered Materials Handbook：Composites*. Vol. 1. American Society for Metals：Metals Park，Ohio，1987.

ASM，*Engineered Materials Handbook：Engineering Plastics*. Vol. 2. American Society for Metals：Metals Park，Ohio，1988.

Harper，ed. *Handbook of Plastics，Elastomers and Composites*. 2nd ed. McGraw−Hill：New York，1990.

J. E. Hauck，" Long − Term Performance of Plastics. " *Materials in Design Engineering*，pp. 113 − 128，November，1965.

M. M. Schwartz，*Composite Materials Handbook*. McGraw−Hill：New York，1984.

制造工艺内容，参阅以下书目：

R. W. Bolz，*Production Processes：The Productivity Handbook*. Industrial Press：New York，1974.

J. A. Schey，*Introduction to Manufacturing Processes*. McGraw−Hill：New York，1977.

2.13 习题

表 P2-0 习题清单

2.1 材料性质

2-1, 2-2, 2-3, 2-4, 2-5, 2-6, 2-7, 2-8, 2-9, 2-10, 2-11, 2-12, 2-18, 2-19, 2-20, 2-21, 2-22, 2-23

2.4 硬度

2-13, 2-14

2.6 通用性质

2-15, 2-16, 2-17, 2-24, 2-25, 2-26

2.8 材料选择

2-37, 2-38, 2-39, 2-40

2-1 如图 P2-1 所示为对三个试件进行的应力-应变拉伸试验曲线（图中的标度均相同），请回答：

(a) 哪些是脆性材料，哪些是韧性材料？

(b) 哪种材料刚度最大？

(c) 哪种材料的极限抗拉强度最大？

(d) 哪种材料的回弹模量最大？

(e) 哪种材料的韧性模量最大？

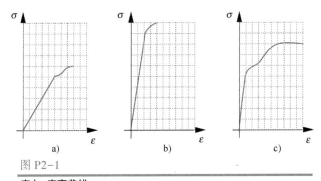

图 P2-1

应力-应变曲线

2-2 试确定图 P2-1 中各种材料的屈服强度与抗拉强度的大致比值。

2-3 试从图 2-19 中选出符合下列条件的合金钢

(a) 强度最大

(b) 回弹模量最大

(c) 韧度模量最大

(d) 刚度最大

2-4 试从图 2-24 中选出符合条件的铝合金：

(a) 强度最大

(b) 回弹模量最大

(c) 韧度模量最大

(d) 刚度最大

2-5 试从图 2-22 中选出符合条件的热塑性聚合物：

2

（a）强度最大

（b）弹性模量最大

（c）韧性模量最大

（d）刚度最大

*2-6○ 某金属弹性范围内强度是 414 MPa，对应的应变是 0.002。假设试件直径是 12.8 mm，对应的标距长度是 50 mm。请问其弹性模量是多少？对应点的应变能是多少？能从以上数据确定金属种类吗？

2-7 某金属弹性范围内强度是 41.2 kpsi（284 MPa），对应的应变是 0.004。假设试件直径是 0.505 in，对应的标距长度是 2 in。对应点的应变能是多少？能从以上数据确定金属种类吗？

*2-8 某金属弹性范围内强度是 134 MPa，对应的应变是 0.003。假设试件直径是 12.8 mm，对应的标距长度是 50 mm。请问其弹性模量是多少？对应点的应变能是多少？能从以上数据确定金属种类吗？

*2-9 某金属弹性范围内强度是 100 kpsi（689 MPa），对应的应变是 0.006。假设试件直径是 0.505 in，对应的标距长度 2 in。请问其弹性模量是多少？对应点的应变能是多少？能从以上数据确定金属种类吗？

2-10 某种材料的屈服强度是 689 MPa，对应的应变是 0.6%。请问该材料的弹性模量是多少？

2-11 某种材料的屈服强度是 60 kpsi（414 MPa），对应点的应变是 0.2%。请问该材料的回弹模量是多少？

*2-12 某种钢材的屈服强度是 414 MPa，抗拉强度是 689 MPa，伸长率是 15%。请问其韧性模量和弹性模量大概是多少？

2-13 某试件的布氏硬度是 250 HBW，请问材料的抗拉强度约为多少？其维氏硬度和洛氏硬度是多少？

*2-14 某试件的布氏硬度是 340 HBW，请问材料的抗拉强度约为多少？其维氏硬度和洛氏硬度是多少？

2-15 ASIS 4340 钢的主要合金成分是什么？含碳量是多少？是否可以进行淬火？如果可以，应用哪种淬火方式？

*2-16 ASIS 1095 钢的主要合金成分是什么？含碳量是多少？是否可以进行淬火？如果可以，应用哪种淬火方式？

2-17 ASIS 6180 钢的主要合金成分是什么？含碳量是多少？是否可以进行淬火？如果可以，应用哪种淬火方式？

2-18 在习题 2-15、2-16、2-17 所提及钢材中哪个刚度最大？

2-19 试计算下列材料指定的强度和刚度，并选出其中一种做飞机翼梁：

（a） 钢 S_{ut} = 80 kpsi（552 MPa）

（b） 铝 S_{ut} = 60 kpsi（414 MPa）

（c） 钛 S_{ut} = 90 kpsi（621 MPa）

2-20 如果需要获得最大的抗冲击强度，在设计时应注意材料的哪种特性参数？

2-21 参考附录 A 中数据，并由极限屈服强度确定下列合金材料的比强度。热处理 2024 铝，SAE1040 冷轧钢，未填充聚甲醛塑料，Ti75A 钛，302 型冷轧不锈钢。

2-22 参考附录 A 中数据，并由抗拉强度确定下列合金材料的比强度。热处理 2024 铝，SAE1040 冷轧钢，未填充聚甲醛塑料，Ti75A 钛，302 型冷轧不锈钢。

2-23 参考附录 A 中数据，并计算以下材料的刚度，把它们以升序排列并讨论这些数据的工程意义？材料：铝、钛、灰铸铁、韧性钢材、青铜、碳钢、不锈钢。

2-24 查阅钢材和铝材中低碳钢（SAE 1020）、SAE 4340、2024-T4 铝和 6061-T6 铝制成的圆杆或圆管的

○ 带 * 号的习题答案见附录 D。

每磅价格（可通过互联网方式查阅）。计算出每种合金的强度/价格比值以及刚度/价格比值。对于圆棒受轴向拉伸载荷，基于经济性，考虑下列两种情况，哪种材料制成的圆棒是最佳选择？

（a）如果需要材料的强度最大；

（b）如果需要材料的刚度最大。

2-25 查阅复合玻璃材料、缩醛、尼龙 6/6 和 PVC 制成的圆杆或圆管的每磅价格（可通过互联网方式查阅）。计算出每种合金的强度/价格比值以及刚度/价格比值。对于圆棒受轴向拉伸载荷，基于经济性，考虑下列两种情况，哪种材料制成的圆棒是最佳选择？（材料参数见附录 A）

（a）如果需要材料的强度最大。

（b）如果需要材料的刚度最大。

2-26 已经设计好某零件且其尺寸无法改变，不考虑应力水平，如果在各方向上施加相同荷载以使其变形最小，应选择铝、钛、钢和不锈钢中的哪种材料？为什么？

*2-27 假设在附录表 A-9 中某些碳素钢的力学特性数据代表其平均值。求 1050 调质钢在 400℉下的极限抗拉强度可靠度为 99.9% 的值。

2-28 假设在附录表 A-9 中某些碳素钢的力学特性数据代表其平均值。求 4340 调质钢在 800℉下的极限抗拉强度可靠度为 99.99% 的值。

2-29 假设在附录表 A-9 中某些碳素钢的力学特性数据代表其平均值。试求 4130 调质钢在 400℉下的极限抗拉强度可靠度为 90% 的值。

2-30 假设在附录表 A-9 中某些碳素钢的力学特性数据代表其平均值。试求 4140 调质钢在 800℉下的抗拉强度可靠度为 99.999% 的值。

2-31 某钢制部件需要在表面镀上一层防腐层，如果选择镉或镍作为防腐材料，若仅考虑电流作用引起的腐蚀，选择哪种金属合适？为什么？

2-32 某钢制部件有孔和尖角需要镀镍，电镀法和非电镀法中哪种方法合适？为什么？

2-33 通常哪些处理方法可以防止铝材氧化？还有哪些金属可以用同样的方法防腐？

*2-34 钢制零件通常会镀上少量贵金属，用镀层保护零件不被腐蚀。那么通常哪些金属用作镀层（成品不会暴露于盐水中）？涂层工艺名称是什么？要得到成品需要经过哪些工艺过程？

2-35 某种低碳钢通过局部热处理来提高其强度。如果需要抗拉强度约为 550 MPa，则需要其热处理后的布氏硬度为多少？与之等价的维氏硬度是多少？

2-36 用布氏硬度测试出某种低碳钢的硬度为 220 HBW。其抗拉强度的上限和下限大约为多少 MPa？

2-37 如图 2-24 所示，失效准则的最小重量设计的标线 $\sigma_f^{2/3}/\rho$，其中 σ_f 和 ρ 分别是材料的屈服强度和密度。对于给定的横截面形状和荷载，当标线参数最大时对应梁的重量最小。以下三种材料中，哪种材料可以使梁的重量最小？

（a）5052 铝，冷轧；

（b）CA-170 铜铍合金，时效硬化；

（c）4130 钢，Q&T@ 1200F。

2-38 如图 2-24 所示，失效准则的最小重量设计的标线 σ_f/ρ，其中 σ_f 和 ρ 分别是材料的屈服强度和密度。对于给定的横截面形状和荷载，当标线参数最大时对应梁的重量最小。在题 2-37 的三种材料中，哪种材料可以使梁的重量最小？

2-39 如图 2-23 所示，刚度准则的最小重量设计的标线 $E^{1/2}/\rho$，其中 E 和 ρ 分别是材料的弹性模量和密度。对于给定的横截面形状和刚度，当标线参数最大时对应梁的重量最小。以下三种材料中，哪种材料可以使梁的重量最小？

（a）5052 铝，冷轧。

（b）CA-170 铜铍合金，时效硬化。

（c）4130 钢，Q&T@ 1200F。

2-40　如图 2-23 所示，刚度准则的最小重量设计的标线 E/ρ，其中 E 和 ρ 分别是材料的弹性模量和密度。对于给定的横截面形状和刚度，当标线参数最大时对应梁的重量最小。在习题 2-39 的三种材料中，哪种材料可以使梁的重量最小？

2-41　寻找在给定布氏硬度 HBW 时维氏硬度 HV 和布氏硬度 HBW 的函数关系式，要求准确度达到 99%。计算布氏硬度取值 159 HBW，375 HBW 和 495 HBW 时对应的维氏硬度 HV，并与表 2-3 中给出的对应的维氏硬度 HV 进行比较，计算相应的百分比变化。

2-42　寻找在给定布氏硬度 HBW 且取值范围在 277～578 HBW 时洛氏硬度 HRC 和布氏硬度 HBW 的函数关系式，要求准确度达到 99%。计算布氏硬度取值 311 HBW、375 HBW 和 495 HBW 时对应的洛氏硬度 HRC，并与表 2-3 中给出的对应的洛氏硬度 HRC 进行比较，计算相应的百分比变化。

2-43　一个工作中的零件失效后发现其洛氏硬度为 34.2 HRC，其极限抗拉强度约为多少？

2-44　一个零件经测试后发现其维氏硬度为 437 HV，其极限抗拉强度约为多少？

3

运动与受力
分析

越长久地注视发动机，越觉得
赏心悦目。
Macknight Black

3.0 简介

本章首先简要介绍了运动学的基本原理，运动学是指在不考虑物体受力的情况下对其运动的研究。这种方法最初是由 Ampere 提出的，其目的是通过暂时假定所有物体都是刚性的并且不受力和载荷，从而使运动分析更容易理解。本章还回顾了静力学和动力学的力分析，冲击载荷以及梁的受力等基础知识，同时还介绍了用于梁分析计算的奇异函数，简述了牛顿力分析的求解方法，并提供了一些实例来帮助读者加深理解。这些实例在后面的章节中为分析这些相同系统的应力、挠度和失效形式奠定了基础。在本章的最后将重要的公式进行分组整理，并附有相应的章节索引，以便在后续章节进行讨论时参考查询。

3.1 自由度

系统的自由度（DOF）等同于在空间中定义物体位置所需要的坐标数。在三维空间中，一个刚性物体有六个自由度，三个平移自由度（x，y，z）和三个旋转自由度（θ，ϕ，γ）。当多个物体由运动副相连而成时，则可能会有更多或更少的自由度。系统的自由度同时还决定了其运动所需要的输入件的个数（电动机或其他驱动装置）。如果自由度等于 1，那么此系统是**单自由度系统**；如果大于 1，则是**多自由度系统**；等于 0，则该机构不可运动；小于 1，称为**超静定结构**。

⊖ 本章首页上的图片是一个二战时期径向飞机发动机气门机构的剖视图，是作者在英国 Bristol 博物馆拍摄的。

3.2 机构

机构的种类很多，但大部分由连杆机构的演变得到。连杆机构由一组连杆和运动副组成，其中一个连杆固定于地面，连杆之间存在的连接方式是：对一个或多个输入，给出一个可控制的输出。为了进行运动学分析，设连杆是一个可有任意形状的刚体，它有一定数量的附加点，称为节点（通常是孔），这些节点允许多个连杆通过运动副相连。图3-1a是一些连杆的例子。具有两个节点的连杆称为二元杆；三个节点称为三元杆；四个的称为四元杆。依次类推，但是大多数的机构都是由图中所示的三种杆件组合而成的。注意：连杆可以是任意形状，但节点的个数决定了连杆的特点。

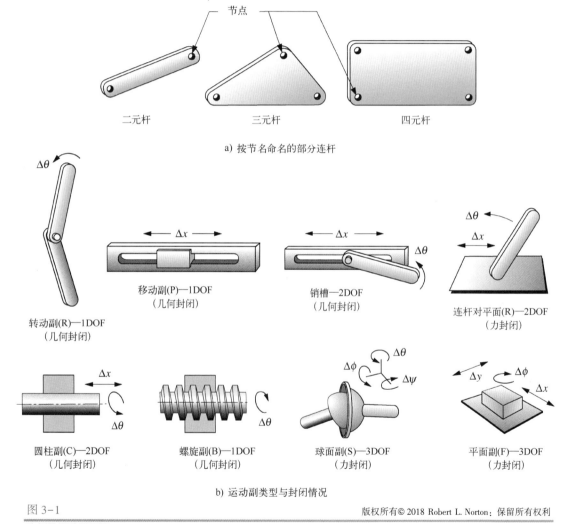

节点

二元杆   三元杆   四元杆

a) 按节名命名的部分连杆

转动副(R)—1DOF
（几何封闭）

移动副(P)—1DOF
（几何封闭）

销槽—2DOF
（几何封闭）

连杆对平面(R)—2DOF
（力封闭）

圆柱副(C)—2DOF
（几何封闭）

螺旋副(B)—1DOF
（几何封闭）

球面副(S)—3DOF
（力封闭）

平面副(F)—3DOF
（力封闭）

b) 运动副类型与封闭情况

图 3-1

连杆及运动副示例

───

⊖ 参考文献［1］中对3.1~3.8节所涉及内容有完整介绍。

运动副的特点由它们的几何结构、连杆连接后允许的自由度个数和是否几何上封闭（几何封闭）或借助外力封闭（力封闭）所决定。图 3-1b 是不同运动副类型的示例。从图 3-1b 的第一行左起，按顺时针方向，由销轴连接的两个杆只有一个自由度（$\Delta\theta$），这个销轴连接在几何上是封闭的，因为销轴在几何上被孔限制住了，该副称为转动副。一个被限制在槽中的方形滑块具有一个自由度（Δx），且为几何封闭。但是如果限制在槽中的是销轴，则它是一个几何封闭的半运动副，拥有两个自由度（Δx 和 $\Delta\theta$）。类似地，杆和平板接触构成的运动副具有两个自由度，但是属于力封闭副。平面副和球面副（类似于游戏杆）都有三个自由度且为力封闭副。螺旋副（螺柱和螺母）有一个自由度，因为当螺钉被转动时，它沿 x 轴向前移动。而圆柱副有两个自由度（Δx 和 $\Delta\theta$）。

3.3 自由度（运动能力）的计算

由连杆和运动副装配而成的机构的自由度可以由一个简单的公式算出来，即使在某些情况下应用该公式可能会产成误导性的结果。本书给出二维的自由度计算公式，适用于任意平面连杆机构，即所有杆件都在平行的平面里运动。这一 Kutzbach 公式仅需连杆数和运动副数就可以计算：

$$M = 3(L-1) - 2J_1 - J_2 \tag{3.1}$$

式中，M 是自由度或运动能力数；L 是杆件数；J_1 是全或单自由度运动副数，即低副或两自由度[⊖]；J_2 是半运动副数，即高副[⊖]。

这一公式并没考虑杆的长度，所以当杆长处于某些特殊值时有可能会得出错误的自由度结果。图 3-2 给出了两个机构，每个都有 5 根杆件，6 个低副（J_1），没有高副（J_2）。根据式（3.1），它们的自由度均为 0，也就是说，它们是固定结构，无法运动。对于图 3-2a 来说，这种说法是正确的，但是图 3-2b 中的机构明显可以运动，因为三个二元杆都有相同的长度并且平行，因为每两个三元杆（其中有一个为机架，它的三个销轴连接都固定在地面上）的对应节点间的距离相等。这种特殊的几何结构造成该机构有一个自由度，而这在 Kutzbach 公式中无法体现出来，这是与公式的预期相悖的。因此，这是一个 Kutzbach 公式悖论。因为独特的几何结构，还有很多该公式的悖论机构存在。

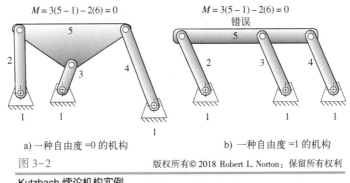

$M = 3(5-1) - 2(6) = 0$ $M = 3(5-1) - 2(6) = 0$

a）一种自由度 =0 的机构   b）一种自由度 =1 的机构

图 3-2

Kutzbach 悖论机构实例

⊖ 中文名称。译者注。

⊖ 中文名称。译者注。

3.4　常见单自由度机构

平面四杆机构和 Grashof 准则

　　最简单的单自由度机构就是平面四杆机构：它由四根二元杆通过四个销轴连接构成的。四杆机构具有非常多的演化机构，能够解决许多复杂的运动控制问题。四根杆件相对长度的不同决定了机构的不同运动。四杆机构的运动可以通过下面的 Grashof 准则预测：

$$S+L \leqslant P+Q \tag{3.2}$$

式中，S 为最短杆的长度；L 为最长杆长度；P、Q 为其他两杆的长度，不用考虑杆的相互连接顺序。如果一个四杆机构不满足 Grashof 不等式，那么它没有杆能做整周旋转，称为非 Grashof 连杆机构。如果该不等式成立，则至少有一根杆可做整周旋转。但是如果一个四杆机构对 Grashof 准则为等式成立，那么该机构是一个特殊的 Grashof 连杆机构，这种机构存在"变异点"位置，在该处，连杆机构的运动是不确定的。这种机构在运动时要么通过约束去掉变异点，要么增加额外杆件使机构顺利通过这些位置。图 3-3 给出了四种 Grashof 连杆机构的变形（非特殊情况）。对同一个四杆机构，通过变换接地的杆件（成为机架），就可以得到连杆机构的多种不同演变形式。

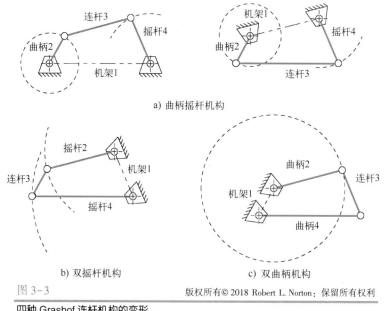

a) 曲柄摇杆机构

b) 双摇杆机构　　　　　　　c) 双曲柄机构

图 3-3　

四种 Grashof 连杆机构的变形

　　注意：图 3-3 中各杆件的编号规则，机架（连接地面的杆件）为 1，有输入的连架杆为 2，与机架相对的杆为连杆 3，而有输出的连架杆为 4。做整周旋转的杆件称为曲柄，不能做整周旋转的杆件称为摇杆。在同样有四根杆构成下，每一种变形可能传递不同的运动方式。图 3-3a 给出了两种 Grashof 曲柄摇杆机构，机构中的曲柄做整周旋转运动，摇杆做一定弧度的摆动，连接曲柄和摇杆的杆件称为连杆，运动较为复杂。如果与最短杆邻接的其中一个杆件为机架，则该机构为曲柄连杆机构。曲柄连杆机构是一种非常实用的机构，可以应用在将连续转动转变为摆动的机构中，例如交通工具中风窗玻璃刮水器，做摆动运动的刮水器就类似于摇杆。

　　图 3-3b 给出的是双摇杆机构，它是将四杆机构中最短杆对面的杆设为机架时得到的，不管其他杆是如何组合的，在 Grashof 机构中能做整周旋转运动的总是最短杆。电动机无法直接连接到双摇杆机构连架的两根杆件上，因为它们不能做整周旋转，所以难以驱动。

　　图 3-3c 给出的是双曲柄机构，它的最短杆是接地面的连架杆，而其他三杆绕着它旋转。这种机构能够被电动机驱动，并且当驱动杆做匀速转动时，输出杆将做非匀速转动。它也被称作拖曳机构，常用于自动转向装置。

　　图 3-4a 给出了一种特殊形式的 Grashof 机构：平行四边形机构。这是一类相当有用的机构，只要杆件不共线，即在变异点上。杆件在共线位置后如何运动在数学上是不确定的。但是，在其有效运动行程内，连杆始终与机架平行。图 3-4b 给出了通过多增加一级平行四边形机构，使它与第一级的相位不一致，虽然两级平行四边形机构另一级顺利通过变异点位置。注意：这个五杆机构也像图 3-2b 所示的那些机构一样，为 Kutzbach 悖论机构。

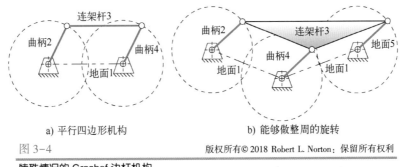

a) 平行四边形机构　　　　　　　　　b) 能够做整周的旋转

图 3-4　　　　　版权所有 © 2018 Robert L. Norton：保留所有权利

特殊情况的 Grashof 边杆机构

　　在所有四个演化得到的非 Grashof 四连杆机构中，有三根是摇杆，有相似的运动。这三根运动杆件都只是做非整周的摆动运动，直到它们到达极限位置，又称为切换位置。然而，这对不需要每个杆件做整周运动的装置也是有用的。如图 3-5 所示的汽车的悬架连杆机构，它用于控制车轮颠簸起落的上下运动。这里，车轮的运动只是要求机构能够在相对较小的角度范围内运动，而不需要做整周转动。因此，所有的平面四杆机构都非常有用，可以在各种机械装置中找到它们的应用。可以说，平面四杆机构是所有机构的基础。

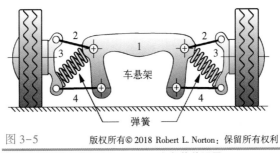

图 3-5　　　　　版权所有 © 2018 Robert L. Norton：保留所有权利

汽车悬架系统上非 Grashof 平面四杆机构的运用

六杆机构

　　六杆机构也是最简单的杆件组合，又分为 Watt 和 Stephenson 两种形式。图 3-6 给出了两种 Watt 六杆机构和三种 Stephenson 六杆机构。这些机构全都包含四个二元杆，增加连接一对三元杆。这些机构都是单自由度。

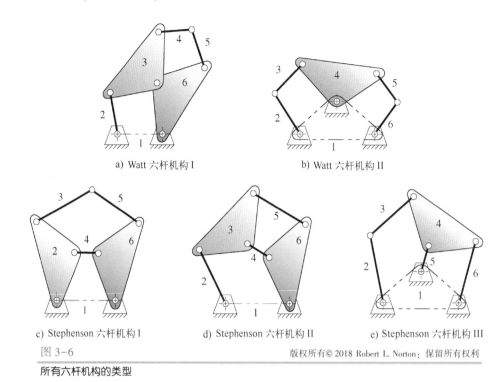

a) Watt 六杆机构 I　　　　　b) Watt 六杆机构 II

c) Stephenson 六杆机构 I　　d) Stephenson 六杆机构 II　　e) Stephenson 六杆机构 III

图 3-6　　　　　　　　　　　　　版权所有© 2018 Robert L. Norton：保留所有权利

所有六杆机构的类型

　　图 3-6b 展示的 Watt 六杆机构 II 可能是最为常见的机构了，可以把它看作两个四杆机构串联而成的。

曲柄滑块及滑块曲柄四杆机构

　　如果把一个曲柄摇杆四杆机构的摇杆的长度延伸到无穷远，实际上这个机构就转化为一个曲柄滑块机构，如图 3-7a 所示。摇杆变成了一个滑块，而且它不再沿圆弧摆动，而演变为往复直线运动（直线可以被看成是半径无限长的圆弧）。这是一种工业上非常常见的机构，而且是内燃机（IC）的核心机构。在内燃机中，驱动形式是反过来的，由活塞（滑块）带动曲柄运动，如图 3-7b 所示。在这种形式下，机构有两个变异点：上中心死点和下中心死点。在这两处，必须转动曲柄，它才可以连续地运动，这也是为什么当你起动剪草机时，必须拉一下起动绳，以及在发动机曲柄上要安装起动电动机的原因。一旦机构开始运转起来，旋转的动量可带动曲柄通过变异点持续转动。图 3-7a 所示的曲柄滑块机构广泛地应用于把连续旋转运动转化为直线运动

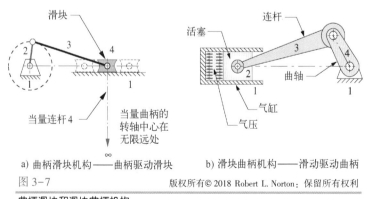

a) 曲柄滑块机构——曲柄驱动滑块　　b) 滑块曲柄机构——滑动驱动曲柄

图 3-7　　　　　　　　　　　　　版权所有© 2018 Robert L. Norton：保留所有权利

曲柄滑块和滑块曲柄机构

的装置中，例如用于压出井水或压缩空气的活塞泵，所有带有曲柄滑块的演变机构都是 Grashof 机构，其中的曲柄可以做整周旋转。

凸轮机构

凸轮机构是另一种平面四杆机构的演变，它的曲柄具有一定的轮廓，称之为凸轮，凸轮直接驱动摇杆或滑块运动，没有连杆。图 3-8a 和图 3-8b 给出的凸轮机构分别驱动做直线运动的挺杆和做摆动运动的摇杆。虚线是与其等效的曲柄滑块或曲柄摇臂机构，它们产生的运动与在该瞬间凸轮机构的运动一样。与平面四杆机构相比，凸轮机构一个最主要的好处就是它的从动杆能输出各种不同运动曲线的规律。你可以把凸轮机构看成是一种特殊的平面四杆机构或滑块机构；像是随着凸轮转动，该四杆机构或滑块机构的曲柄和连杆的长度可以改变似的。如图 3-8 所示在凸轮机构上叠加了等效连杆机构。等效连杆（杆3）的长度等于从凸轮轮廓的瞬心（对于每个位置都是不同的）到挺杆滚子的曲率中心间的距离。等效曲柄的长度等于从凸轮的旋转中心至凸轮瞬心运动间的距离。所以，等效曲柄和连杆的长度是根据凸轮的旋转位置的变化而变化的，凸轮轮廓应由适当的数学函数确定，这部分的内容将在下节详细论述。

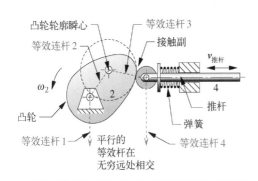

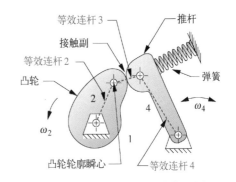

a) 带滑动推杆的凸轮机构-曲柄滑块机构的一种变形   b) 带摆动推杆的凸轮机构-曲柄滑块机构的一种变形

图 3-8

凸轮推杆机构是四杆机构的变形

3.5 连杆机构运动分析

在我们为了应力分析需要确定连杆机构所受的力和转矩之前，为使用牛顿第二定律 $F = ma$，我们先要知道机构的加速度。因为加速度是速度的导数，而速度又是位移的导数，所以首先必须知道杆件的位置和速度。在这里，我们介绍一种解决这类运动学问题的分析方法，并将其运用到平面四杆机构和曲柄滑块机构的运动分析中去。本章中的讨论虽只限于二维或平面机构，但幸运的是，它们构成了大部分的实用机械。

运动分类

广义上的平面运动称为**复合运动**。平面上的一个杆件有三个自由度，称为 x、y 和 θ。杆件的复合运动包括杆件上某点的平移 x、y，以及杆件转动 θ。因此，复合运动可以由**平移**和**旋转**两种形式组成。任一运动形式可以独立存在，当复合运动仅有一种运动形式时，就是复合运动的特例。例如：曲柄绕着固定的轴点旋转就是**纯旋转**运动，滑块沿固定导轨移动则是**纯平移**运动。在曲柄滑块机构中，曲柄纯旋转，滑块纯平移，而连杆则做复合运动，即同时旋转和平移。

3

矢量复数

位置、速度和加速度都是矢量，因此我们需要对矢量描述。可以有几种可用方法，但是对于二维的矢量表示，复数表示矢量有一定的优势。图 3-9a 表示复合平面上的一个矢量。实轴或虚轴线都已标出。不要被图中的术语所困扰，先抛开它们的命名，虚轴简单地描述了矢量在直角坐标系下 y 轴的分量，而实轴则对应其 x 轴的分量。所谓虚部是因为我们利用符号 j 来代表负 1 的开方，它是数量上无法计算出来的。但是可以把 j 看作一个代号而非一个值。当 j 作为术语在这里出现时，就仅仅表示该分量是 y 轴方向。

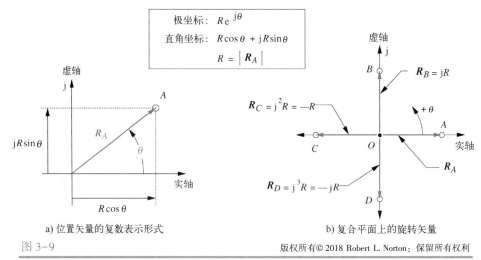

a) 位置矢量的复数表示形式　　　　　b) 复合平面上的旋转矢量

图 3-9

二维矢量的复数表示形式

通过这样定义，产生了一个矢量简洁而方便的表示形式，具体表示为 $re^{j\theta}$，这里的 r 表示矢量的大小，e 表示 Naperian 常数 2.718…，而 θ 是矢量的角度。这是极坐标矢量的定义，也就是用大小和角度来表示。我们很容易利用欧拉恒等式把矢量的极坐标表达式转化为直角坐标系的表达式，即：

$$e^{\pm j\theta} = \cos\theta \pm j\sin\theta \tag{3.3}$$

当我们需要对表达式进行求导⊖时，这种复合形式就显示出其真正的优势了，特别是当我们运用极坐标的表示形式的时候，e^x 的对 x 求导还是 e^x。当指数中有一个常量时，如 e^{jx}，它的导数是 je^{jx}。在 r 是常量的情况下，矢量 $re^{j\theta}$ 对 θ 的导数是 $rje^{j\theta}$。

在图 3-9b 中，矢量 $\boldsymbol{R}_A$ 与运算符 j 相乘一次就会造成该矢量逆时针旋转 90°。所以，矢量 $\boldsymbol{R}_B = j\boldsymbol{R}_A$ 是沿虚轴正方向的矢量，即 j 轴方向的矢量。而矢量 $\boldsymbol{R}_C = j^2\boldsymbol{R}_A$ 为沿实轴的反方向的矢量，因为 $j^2 = -1$，所以 $\boldsymbol{R}_C = -\boldsymbol{R}_A$。同样的道理，$\boldsymbol{R}_D = j^3\boldsymbol{R}_A = -j\boldsymbol{R}_A$，它是沿 j 轴反方向的矢量。因此，如果运算符 j 在微分中作为一个乘数出现时，则表示该矢量被旋转了 90°。二阶微分会增加乘数 $j^2 = -1$，从而二阶微分相当于将初始矢量做了 180°旋转。通过这种方法，微分后的矢量方向可以自动地表示出来。对复数微分完成后，其表达式可以通过式（3.3）转换为直角坐标表示。

矢量闭环方程

如此，本章讨论的那些闭合连杆机构可以用一个矢量闭环方便地描述，在闭环中，每个杆件

⊖ 这段关于求导的说法是根据国内的教学习惯改写的。

都以矢量表示。这一闭环中的矢量和为零。这一矢量加法得到的连杆方程可以用来计算任意位置的坐标、速度和加速度信息。矢量指向任意方向，它们的起始和结束位置可以根据需要而设置为杆件的头尾。

因为矢量的角度必须在其起始点测量，因此先选定方向，才可以确定每个杆件的角度。如图 3-10 所示的连杆机构，矢量 $\boldsymbol{R}_2$ 起点为杆件 2 的固定支点，$\boldsymbol{R}_3$ 起点为杆 2 与杆 3 的连接点，而 $\boldsymbol{R}_4$ 则是起点在杆 4 的固定支点。为了方便起见，X 轴与 $\boldsymbol{R}_1$ 共线，原点设在 O_2，也即是驱动杆的支点。只要矢量符号遵守上面的矢量加法规则，也可以用在其他形式的机构中，并得到正确的结果。

3.6　平面四杆机构分析

求解四杆机构的位置

第一步就是考虑矢量的方向，对闭环矢量求和：

$$\boldsymbol{R}_2 + \boldsymbol{R}_3 - \boldsymbol{R}_4 - \boldsymbol{R}_1 = 0 \tag{3.4a}$$

然后代入每一个矢量的极坐标复数表示形式，利用图 3-10 中所给出的符号表示杆件的长度。

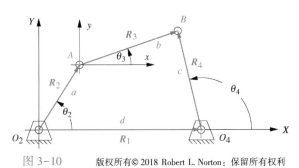

图 3-10　版权所有© 2018 Robert L. Norton：保留所有权利

四杆机构的矢量封闭环

$$a\mathrm{e}^{\mathrm{j}\theta_2} + b\mathrm{e}^{\mathrm{j}\theta_3} - c\mathrm{e}^{\mathrm{j}\theta_4} - d\mathrm{e}^{\mathrm{j}\theta_1} = 0 \tag{3.4b}$$

将上式代入式（3.3）转换为直角坐标系形式：

$$a(\cos\theta_2 + \mathrm{j}\sin\theta_2) + b(\cos\theta_3 + \mathrm{j}\sin\theta_3) - c(\cos\theta_4 + \mathrm{j}\sin\theta_4) - d(\cos\theta_1 + \mathrm{j}\sin\theta_1) = 0 \tag{3.4c}$$

展开并分别独立写出实和虚（x 和 y）两部分的方程。没有运算符 j 的为 x 轴上的分量，而带 j 的是 y 轴上的分量：

$$a\cos\theta_2 + b\cos\theta_3 - c\cos\theta_4 - d\cos\theta_1 = 0$$

因为 $\theta_1 = 0$，所以有：

$$a\cos\theta_2 + b\cos\theta_3 - c\cos\theta_4 - d = 0 \tag{3.4d}$$

$$\mathrm{j}a\sin\theta_2 + \mathrm{j}b\sin\theta_3 - \mathrm{j}c\sin\theta_4 - \mathrm{j}d\sin\theta_1 = 0$$

因为 $\theta_1 = 0$，并消去 j，所以有：

$$a\sin\theta_2 + b\sin\theta_3 - c\sin\theta_4 = 0 \tag{3.4e}$$

因为杆件的长度 a、b、c、d 以及此时驱动杆的角度 θ_2 都是已知的，联立求解式（3.4d）和式（3.4e）可以得到角度 θ_3 和 θ_4。本书网站提供了完整的求解过程可供参考，具体的文件是

Fourbar Position Derivation. pdf。它包括从式（3.4f）到式（3.4o）的过程，为节省篇幅，这里不再赘述。最后结果是：

$$\theta_{4_{1,2}} = 2\arctan\left(\frac{-B \pm \sqrt{B^2 - 4AC}}{2A}\right) \tag{3.4p}$$

式中，

$$A = \cos\theta_2 - K_1 - K_2\cos\theta_2 + K_3$$
$$B = -2\sin\theta_2$$
$$C = K_1 - (K_2 + 1)\cos\theta_2 + K_3$$

且有：

$$K_1 = \frac{d}{a}, \qquad K_2 = \frac{d}{c}, \qquad K_3 = \frac{a^2 - b^2 + c^2 + d^2}{2ac}$$

注意：在有+/-根的条件下，同时存在有两个解。和其他二次方程一样，这两个解可能有三种情况，即相等实数、不相等实数或共轭复数。如果平方根的底数为负，那么解就是共轭复数，这就表明了选择的杆件长度无法完全满足选定的输出角度 θ_2 的要求。这种情况可能是：杆件的长度无法满足所有位置的连接；或在非 Grashof 连杆机构中，输入角度超出极限位置。也就是说：当输入角等于 θ_2 时，没有实数解。除了这种情况外，方程通常有两个不相等的实数解，也就是说对于任意给定的 θ_2，有与之相应的两个值 θ_4。这称为机构的**交叉**和**开式**配置，也就是连杆机构构成了两种**回路**形式。在平面四杆机构中，负 θ_4 表示开式配置，而正的 θ_4 解表示杆件交叉式配置。

图 3-11 给出了 Grashof 曲柄滑块机构的交叉式和开式配置的两组解，交叉和开式两种配置的定义是基于假设驱动杆 2 的 θ_2 处于第一象限（即 $0 < \theta_2 < \pi/2$）。如果一个 Grashof 机构中连接最短杆的两根杆处于互相交叉的位置则称为交叉式，如果在该位置它们没有交叉，则称为开式。注意：这里连杆机构的配置形式（交叉或开式），仅仅取决于杆件间的组装形式。无法仅通过杆的长度预测哪个配置是所需的解。换句话说，在图 3-11 中，只要驱动杆 2 保持同样的 θ_2 值，通过拆开连接杆 3 和杆 4 间的销轴，将这两根杆移至另一个解的位置，然后装回销

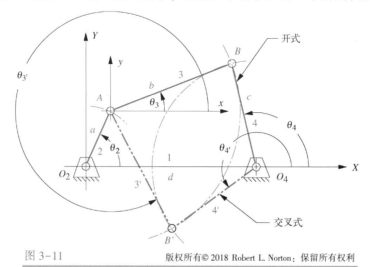

图 3-11　　　　　　　版权所有© 2018 Robert L. Norton：保留所有权利

根据四杆机构位置方程求得的两个 θ_4 的解

轴就可以将连杆机构从一个解的位置或一种回路形式转变成另一个解的位置或另一种回路形式。

同样，从公式中消去 θ_4 可以求得 θ_3 的解如下：

$$\theta_{3_{1,2}} = 2\arctan\left(\frac{-E \pm \sqrt{E^2 - 4DF}}{2D}\right) \tag{3.5}$$

式中，

$$D = \cos\theta_2 - K_1 + K_4\cos\theta_2 + K_5$$
$$E = -2\sin\theta_2$$
$$F = K_1 + (K_4 - 1)\cos\theta_2 + K_5$$

且有：

$$K_1 = \frac{d}{a} \qquad K_4 = \frac{d}{b} \qquad K_5 = \frac{c^2 - d^2 - a^2 - b^2}{2ab}$$

求解平面四杆机构的速度

我们从矢量闭环式（3.4a）及其复数形式（式 3.4b）开始。

$$\boldsymbol{R}_2 + \boldsymbol{R}_3 - \boldsymbol{R}_4 - \boldsymbol{R}_1 = 0 \tag{3.4a}$$

$$ae^{j\theta_2} + be^{j\theta_3} - ce^{j\theta_4} - de^{j\theta_1} = 0 \tag{3.4b}$$

将式（3.4b）对时间求导得到速度：

$$jae^{j\theta_2}\frac{d\theta_2}{dt} + jbe^{j\theta_3}\frac{d\theta_3}{dt} - jce^{j\theta_4}\frac{d\theta_4}{dt} = 0 \tag{3.6a}$$

因为

$$\frac{d\theta_2}{dt} = \omega_2; \qquad \frac{d\theta_3}{dt} = \omega_3; \qquad \frac{d\theta_4}{dt} = \omega_4 \tag{3.6b}$$

所以有：

$$ja\omega_2 e^{j\theta_2} + jb\omega_3 e^{j\theta_3} - jc\omega_4 e^{j\theta_4} = 0 \tag{3.6c}$$

θ_1 是常量，因此其导数为 0，所以已消去该项。求导得到的速度公式（3.6c）也可以写成：

$$V_A + V_{BA} - V_B = 0 \tag{3.6d}$$

式中，

$$V_A = ja\omega_2 e^{j\theta_2}$$
$$V_{BA} = jb\omega_3 e^{j\theta_3} \tag{3.6e}$$
$$V_B = jc\omega_4 e^{j\theta_4}$$

V_A 是图 3-11 中点 A 的线速度，V_B 是点 B 的线速度，而 V_{BA} 则是点 B 相对于点 A 的速度差，称为 "B 对于 A 的相对速度 ω"。

从式（3.6c）可得到角速度 ω_3 和 ω_4 的表达式如下：

$$\omega_3 = \frac{a\omega_2}{b}\frac{\sin(\theta_4 - \theta_2)}{\sin(\theta_3 - \theta_4)} \tag{3.6l}$$

$$\omega_4 = \frac{a\omega_2}{c}\frac{\sin(\theta_2 - \theta_3)}{\sin(\theta_4 - \theta_3)} \tag{3.6m}$$

以上方法的完整求解过程可参见本书网站中提供的文件 Fourbar Velocity Derivation. pdf，其中包括了式（3.6f）~ 式（3.6k）的内容，为节省篇幅，这里略去。

　　注意：在计算速度之前必须先完成位置分析，因为速度取决于位置数据，如杆长和已知的驱动角速度 ω_2。一旦计算得到 ω_3 和 ω_4，就可以通过以下公式算出线速度：

$$V_A = a\omega_2\left(-\sin\theta_2 + j\cos\theta_2\right)$$
$$V_{BA} = b\omega_3\left(-\sin\theta_3 + j\cos\theta_3\right) \qquad (3.6n)$$
$$V_B = c\omega_4\left(-\sin\theta_4 + j\cos\theta_4\right)$$

　　实部和虚部分别表示速度在 x 和 y 轴上的分量。同样，对应开式和交叉式配置两种情况存在两个速度解。利用不同的 θ_3 和 θ_4 可求出相应解。

　　图 3-12 给出了四杆机构的速度矢量，以及求解式（3.6d）的图解法。杆 3 和杆 4 间的角度 μ 称为传动角。

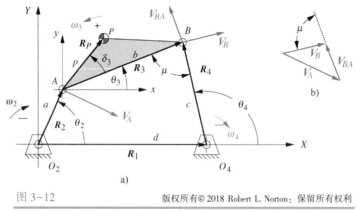

图 3-12

四杆机构中的分矢量和矢量封闭环

角速度比和机械效益

　　角速度比 m_V 定义为输出角速度与输入角速度的比值。对于四杆机构来说，可以表达为：

$$m_V = \frac{\omega_4}{\omega_2} \qquad (3.6o)$$

　　对于一个回转机构，功率 P 是转矩 T 和角速度 ω 的乘积，对二维问题，它们有相同的方向（垂直于二维平面的 z 向）：

$$P = T\omega \qquad (3.6p)$$

　　如果连杆机构的所有连接支点都有很高的加工精度，并采用低摩擦轴承，它的效率可以很高。机械能量的损失一般在 10% 以下。为简单起见，在接下来的讨论中我们忽略机械损失（即考虑能量守恒系统）。用 T_{in} 和 ω_{in} 代表输入转矩和角速度，用 T_{out} 和 ω_{out} 代表输出转矩和角速度，有：

$$P_{in} = T_{in}\omega_{in}$$
$$P_{out} = T_{out}\omega_{out} \qquad (3.6q)$$
$$P_{out} = P_{in}$$
$$T_{out}\omega_{out} = T_{in}\omega_{in}$$
$$\frac{T_{out}}{T_{in}} = \frac{\omega_{in}}{\omega_{out}} = m_T \qquad (3.6r)$$

注意：转矩比（ $m_T = T_{out}/T_{in}$ ）是角速度比的倒数。

机械效益（ m_A ）的定义是：

$$m_A = \frac{F_{out}}{F_{in}} \tag{3.6s}$$

假设输入载荷和输出载荷作用的半径分别为 r_{in} 和 r_{out} ，且垂直于其对应的载荷矢量，则：

$$F_{out} = \frac{T_{out}}{r_{out}}$$

$$F_{in} = \frac{T_{in}}{r_{in}} \tag{3.6t}$$

将式（3.6t）代入式（3.6s），得出由转矩表达的 m_A 如下：

$$m_A = \left(\frac{T_{out}}{T_{in}}\right)\left(\frac{r_{in}}{r_{out}}\right) \tag{3.6u}$$

再将式（3.6r）代入式（3.6u），可得：

$$m_A = \left(\frac{\omega_{in}}{\omega_{out}}\right)\left(\frac{r_{in}}{r_{out}}\right) \tag{3.6v}$$

角速度比和**机械效益**是两个有用的无量纲**评价指标**，可以用来对不同的连杆机构设计方案的相对质量进行评价，或可以得到推荐的解决方案。

求解四杆机构的加速度

我们从速度矢量闭环式（3.6c）开始：

$$ja\omega_2 e^{j\theta_2} + jb\omega_3 e^{j\theta_3} - jc\omega_4 e^{j\theta_4} = 0 \tag{3.6c}$$

通过求导获得加速度的表达式：

$$\left(j^2 a\omega_2^2 e^{j\theta_2} + ja\alpha_2 e^{j\theta_2}\right) + \left(j^2 b\omega_3^2 e^{j\theta_3} + jb\alpha_3 e^{j\theta_3}\right) - \left(j^2 c\omega_4^2 e^{j\theta_4} + jc\alpha_4 e^{j\theta_4}\right) = 0 \tag{3.7a}$$

化简并合并后得：

$$\left(a\alpha_2 je^{j\theta_2} - a\omega_2^2 e^{j\theta_2}\right) + \left(b\alpha_3 je^{j\theta_3} - b\omega_3^2 e^{j\theta_3}\right) - \left(c\alpha_4 je^{j\theta_4} - c\omega_4^2 e^{j\theta_4}\right) = 0 \tag{3.7b}$$

式（3.7b）是加速度的微分方程，也可以写成：

$$A_A + A_{BA} - A_B = 0 \tag{3.7c}$$

式中，

$$A_A = \left(A_A^t + A_A^n\right) = \left(a\alpha_2 je^{j\theta_2} - a\omega_2^2 e^{j\theta_2}\right)$$

$$A_{BA} = \left(A_{BA}^t + A_{BA}^n\right) = \left(b\alpha_3 je^{j\theta_3} - b\omega_3^2 e^{j\theta_3}\right) \tag{3.7d}$$

$$A_B = \left(A_B^t + A_B^n\right) = \left(c\alpha_4 je^{j\theta_4} - c\omega_4^2 e^{j\theta_4}\right)$$

A_A 和 A_B 分别是点 A 和 B 的线加速度，A_{BA} 是 B 对于 A 的相对加速度。注意：每一个矢量都可分解成切向和法向两个分量，分别以上标 t 和 n 表示。法向（或向心方向）分量指向旋转中心；而切向则如其命名所示，指向矢量在该点的切线方向。相对加速度 A_{BA} 也有它的参考旋转中心——点 A。图 3-13 是以上分量在连杆机构上的矢量表示图。

同时求解式（3.7i），得：

$$\alpha_3 = \frac{CD - AF}{AE - BD} \tag{3.7k}$$

3

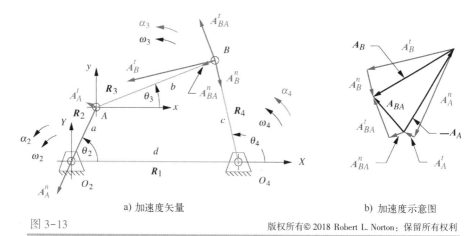

a) 加速度矢量   b) 加速度示意图

图 3-13

四杆机构矢量封闭环中的加速度矢量及其加速度示意图

$$\alpha_4 = \frac{CE - BF}{AE - BD} \tag{3.7l}$$

式中，

$$
\begin{aligned}
A &= c\sin\theta_4 \\
B &= b\sin\theta_3 \\
C &= a\alpha_2\sin\theta_2 + a\omega_2^2\cos\theta_2 + b\omega_3^2\cos\theta_3 - c\omega_4^2\cos\theta_4 \\
D &= c\cos\theta_4 \\
E &= b\cos\theta_3 \\
F &= a\alpha_2\cos\theta_2 - a\omega_2^2\sin\theta_2 - b\omega_3^2\sin\theta_3 + c\omega_4^2\sin\theta_4
\end{aligned} \tag{3.7m}
$$

以上公式的完整求解过程可参见本书网站中提供的文件 Fourbar Acceleration Derivation. pdf，其中包括了式（3.7e）~式（3.7j）的内容，这里不再赘述。

注意：角加速度 α_3 和 α_4 是杆长、杆件角度、角速度以及输入角加速度 α_2 的函数。因此，在做加速度分析之前，必须先完成位置和速度的分析。一旦算出 α_3 和 α_4，就可以将欧拉恒等式（3.3）代入式（3.7d），得到线加速度。

$$
\begin{aligned}
A_A &= a\alpha_2\left(-\sin\theta_2 + j\cos\theta_2\right) - a\omega_2^2\left(\cos\theta_2 + j\sin\theta_2\right) \\
A_{A_x} &= -a\alpha_2\sin\theta_2 - a\omega_2^2\cos\theta_2 \qquad A_{A_y} = a\alpha_2\cos\theta_2 - a\omega_2^2\sin\theta_2
\end{aligned} \tag{3.7n}
$$

$$
\begin{aligned}
A_{BA} &= b\alpha_3\left(-\sin\theta_3 + j\cos\theta_3\right) - b\omega_3^2\left(\cos\theta_3 + j\sin\theta_3\right) \\
A_{BA_x} &= -b\alpha_3\sin\theta_3 - b\omega_3^2\cos\theta_3 \qquad A_{BA_y} = b\alpha_3\cos\theta_3 - b\omega_3^2\sin\theta_3
\end{aligned} \tag{3.7o}
$$

$$
\begin{aligned}
A_B &= c\alpha_4\left(-\sin\theta_4 + j\cos\theta_4\right) - c\omega_4^2\left(\cos\theta_4 + j\sin\theta_4\right) \\
A_{B_x} &= -c\alpha_4\sin\theta_4 - c\omega_4^2\cos\theta_4 \qquad A_{B_y} = c\alpha_4\cos\theta_4 - c\omega_4^2\sin\theta_4
\end{aligned} \tag{3.7p}
$$

式中，实部和虚部分别代表它们在 x 和 y 轴上的分量。

我们经常会遇到需要求解杆件上某个点 ［例如杆的重心（CG）］ 的线加速度的问题。图 3-12 给出了杆 3 的 CG 所在的位置——点 P，并用在角 δ_3 处的位置矢量 R_p 来对其定位。这个点的加速度可以通过另外的两个加速度矢量，比如 A_A 和 A_{PA}，相加求得。在我们对杆件加速度的分析中已经得到了矢量 A_A；A_{PA} 是点 P 相对于点 A 的相对加速度。之所以选择点 A 作为参考点，是因为角度 θ_3 是由在以 A 为原点的局部坐标系中定义的。位置矢量 R_{PA} 是根据杆件的长度 p、相对连杆的

内偏角 δ_3，以及杆 3 的角度 θ_3 来确定的。对这个位置矢量进行两次求导可以获得相对加速度：

$$\boldsymbol{R}_{PA} = p\mathrm{e}^{\mathrm{j}(\theta_3+\delta_3)}$$

$$\boldsymbol{V}_{PA} = \mathrm{j}p\mathrm{e}^{(\theta_3+\delta_3)}\omega_3$$

$$\boldsymbol{A}_{PA} = p\alpha_3\,\mathrm{j}\mathrm{e}^{\mathrm{j}(\theta_3+\delta_3)} - p\omega_3^2\,\mathrm{e}^{\mathrm{j}(\theta_3+\delta_3)} \qquad (3.7\mathrm{q})$$

$$= p\alpha_3\big[-\sin(\theta_3+\delta_3) + \mathrm{j}\cos(\theta_3+\delta_3)\big] - $$

$$p\omega_3^2\big[\cos(\theta_3+\delta_3) + \mathrm{j}\sin(\theta_3+\delta_3)\big]$$

利用相对加速度公式求得 $\boldsymbol{A}_P$：

$$\boldsymbol{A}_P = \boldsymbol{A}_A + \boldsymbol{A}_{PA} \qquad (3.7\mathrm{r})$$

3.7 曲柄滑块机构分析

图 3-14 给出了一种偏置曲柄滑块机构。这是一种常见的机构，其滑块的移动轴线不通过曲柄旋转中心。该机构的矢量封闭环有四个矢量，若置 $\boldsymbol{R}_1$ 平行于滑块轴线，并穿过曲柄旋转中心，则矢量 $\boldsymbol{R}_4$ 垂直于滑块移动轴线，并代表偏距，其大小为常量 c；$\boldsymbol{R}_1$ 的大小 d 可变，它由滑块的位置所决定；$\boldsymbol{R}_3$ 以滑块为起始点，其大小为常量 b；$\boldsymbol{R}_2$ 则是以曲柄旋转中心为起点，其大小为常量 a。

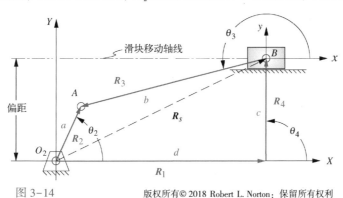

图 3-14

偏置曲柄滑块机构的矢量封闭环

求解四杆曲柄滑块机构的位置

根据图 3-14 写出曲柄滑块机构的矢量封闭环公式：

$$\boldsymbol{R}_2 - \boldsymbol{R}_3 - \boldsymbol{R}_4 - \boldsymbol{R}_1 = 0 \qquad (3.8\mathrm{a})$$

以复数极坐标形式表示：

$$a\mathrm{e}^{\mathrm{j}\theta_2} - b\mathrm{e}^{\mathrm{j}\theta_3} - c\mathrm{e}^{\mathrm{j}\theta_4} - d\mathrm{e}^{\mathrm{j}\theta_1} = 0 \qquad (3.8\mathrm{b})$$

代入式（3.3），则其复数直角坐标形式为：

$$a\big(\cos\theta_2 + \mathrm{j}\sin\theta_2\big) - b\big(\cos\theta_3 + \mathrm{j}\sin\theta_3\big) - $$

$$c\big(\cos\theta_4 + \mathrm{j}\sin\theta_4\big) - d\big(\cos\theta_1 + \mathrm{j}\sin\theta_1\big) = 0 \qquad (3.8\mathrm{c})$$

将虚部和实部写成独立的两个标量方程，有：

$$a\cos\theta_2 - b\cos\theta_3 - c\cos\theta_4 - d = 0 \qquad (3.8\mathrm{d})$$

$$a\sin\theta_2 - b\sin\theta_3 - c\sin\theta_4 = 0 \qquad (3.8\mathrm{e})$$

联立求解式（3.8d）和式（3.8e）可得到滑块位置 d 和 θ_3。注意：θ_4 是一个已知常量，有：

3

$$\theta_{3_1} = \arcsin\left(\frac{a\sin\theta_2 - c}{b}\right) \qquad (3.8f)$$

$$d = a\cos\theta_2 - b\cos\theta_3 \qquad (3.8g)$$

这个解只是机构的一种回路情况。第二个回路为：

$$\theta_{3_2} = \arcsin\left(-\frac{a\sin\theta_2 - c}{b}\right) + \pi \qquad (3.8h)$$

第二个回路的 d 值可将由式（3.8h）求得的 θ_3 代入式（3.8g）求出。

求解四杆曲柄滑块机构的速度

我们先从这个机构的矢量封闭环式（3.8b）开始：

$$a\mathrm{e}^{j\theta_2} - b\mathrm{e}^{j\theta_3} - c\mathrm{e}^{j\theta_4} - d\mathrm{e}^{j\theta_1} = 0 \qquad (3.8b)$$

通过将上式对时间求导，可得到速度表达式：

$$ja\omega_2\mathrm{e}^{j\theta_2} - jb\omega_3\mathrm{e}^{j\theta_3} - \dot{d} = 0 \qquad (3.9a)$$

将欧拉恒等式（3.3）代入式（3.9a），将实部和虚部独立成式，并联立求解后得到：

$$\omega_3 = \frac{a}{b}\frac{\cos\theta_2}{\cos\theta_3}\omega_2 \qquad (3.9g)$$

$$\dot{d} = -a\omega_2\sin\theta_2 + b\omega_3\sin\theta_3 \qquad (3.9h)$$

注意：在求解速度前必须先完成位置分析，然后可求得线速度为：

$$v_A = a\omega_2\left(-\sin\theta_2 + j\cos\theta_2\right) \qquad (3.9i)$$

$$v_{AB} = b\omega_3\left(-\sin\theta_3 + j\cos\theta_3\right) \qquad (3.9j)$$

$$v_B = \dot{d} \qquad (3.9k)$$

图 3-15 给出了该机构的矢量图。以上公式的完整求解过程，包括从式（3.9b）~（3.9f），可参见本书网站提供的文件 Slider Velocity Derivation. pdf。

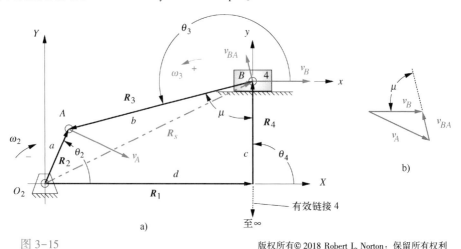

图 3-15　　　　　　　　　　　　　　　　　　　　　　版权所有© 2018 Robert L. Norton：保留所有权利

曲柄滑块机构的速度矢量和矢量封闭环

求解四杆曲柄滑块机构的加速度

首先从这个机构的速度式（3.9a）开始：

$$ja\omega_2\mathrm{e}^{j\theta_2} - jb\omega_3\mathrm{e}^{j\theta_3} - \dot{d} = 0 \qquad (3.9a)$$

通过将上式对时间的求导获得加速度为：

$$\left(\mathrm{j}a\alpha_2\mathrm{e}^{\mathrm{j}\theta_2}+\mathrm{j}^2a\omega_2^2\mathrm{e}^{\mathrm{j}\theta_2}\right)-\left(\mathrm{j}b\alpha_3\mathrm{e}^{\mathrm{j}\theta_3}+\mathrm{j}^2b\omega_3^2\mathrm{e}^{\mathrm{j}\theta_3}\right)-\ddot{d}=0 \tag{3.10a}$$

将欧拉恒等式（3.3）代入式（3.10a），把实部和虚部独立成式，并联立求解得：

$$\alpha_3=\frac{a\alpha_2\cos\theta_2-a\omega_2^2\sin\theta_2+b\omega_3^2\sin\theta_3}{b\cos\theta_3} \tag{3.10i}$$

$$\ddot{d}=-a\alpha_2\sin\theta_2-a\omega_2^2\cos\theta_2+b\alpha_3\sin\theta_3+b\omega_3^2\cos\theta_3 \tag{3.10j}$$

注意：在求解加速度前必须先完成位置和速度分析。然后可求得线加速度为：

$$\boldsymbol{A}_A=\left(\boldsymbol{A}_A^t+\boldsymbol{A}_A^n\right)=\left(a\alpha_2\,\mathrm{j}\mathrm{e}^{\mathrm{j}\theta_2}-a\omega_2^2\mathrm{e}^{\mathrm{j}\theta_2}\right)$$

$$\boldsymbol{A}_{BA}=\left(\boldsymbol{A}_{BA}^t+\boldsymbol{A}_{BA}^n\right)=\left(b\alpha_3\,\mathrm{j}\mathrm{e}^{\mathrm{j}\theta_3}-b\omega_3^2\mathrm{e}^{\mathrm{j}\theta_3}\right) \tag{3.10k}$$

$$\boldsymbol{A}_B=\boldsymbol{A}_B^t=\ddot{d}$$

将欧拉恒等式（3.3）代入式（3.10k）中可求出加速度的法向和切向分量。图 3-16 给出了机构的加速度矢量。以上公式的完整求解过程，包括式（3.10b）~式（3.10h），可参见本书网站提供的文件 Slider Acceleration Derivation. pdf。

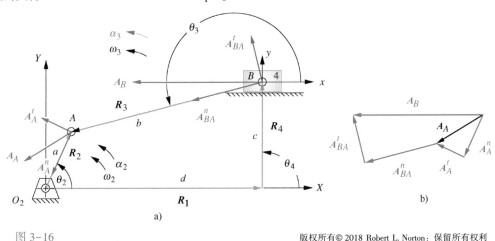

图 3-16　版权所有© 2018 Robert L. Norton：保留所有权利

曲柄滑块机构的加速度矢量及矢量封闭环

其他连杆机构

利用矢量封闭环求解方法可以分析很多其他结构类型的连杆机构。对于其他连杆机构（如逆曲柄滑块机构、滑块曲柄机构、齿轮五杆机构、六杆机构等）这些不做详述。这些机构的分析可参见参考文献［9］。同时，本书的配套资源提供了作者撰写的供学生使用的连杆程序，可以用来解决许多连杆机构的配置问题，其中包括四杆机构、四杆滑块机构、六杆机构和齿轮五杆机构。

3.8　凸轮机构设计和分析⊖

凸轮机构是四杆机构的一种演变形式，如图 3-8 所示。适当的凸轮设计需要用到位置的更高阶导数来确定控制摇杆运动的函数。位置函数给出的是凸轮轮廓

视频：凸轮示例（21:28）

⊖　http://www.designofmachinery. com/MD/Cam Machine. mp4

曲线，而不是从动件的动力学特性。因此，速度、加速度以及其导数，称为跃度，都需要进行正确的设计，从而控制从动件的动力学特性，避免从动件在运动中受到不必要的载荷和振动的影响。

在从动件运动中，一定的休止对凸轮机构特别有用。这里，**休止**定义为：在循环中，其中循环的一部分时间里，输入运动（凸轮转动）持续，而从动件不动。利用凸轮机构实现休止非常容易，因为在某些特定的转角范围内，保持凸轮半径为常数就能使从动件休止。任意的运动和休止组合都是可以实现的，但是下面两种设计最常见：

具有**单休止**或上升–下降–休止（**RFD**）的凸轮机构可用于内燃机（ICE）气阀的调节。在工作循环中，挺杆的上升–下降运动控制气阀在适当位置开启和关闭，使空气和燃料的混合物能够进入或排出气缸，挺杆的休止确保了在循环中当气体压缩和工作冲程时阀门保持关闭。

具有**双休止**或上升–休止–下降–休止（**RDFD**）的凸轮机构常见于自动化装配机械应用中。在它在第一个休止期间，从动件会从进料处拾取一个零件，上升时将零件移动到指定位置，在第二个休止期间，将零件装配好，然后返回（下降）拾取下一个零件。

单休止或双休止运动虽然需要不同的数学函数，但是都必须遵守**凸轮设计基本定律**，即必须保证包括休止在内的运动函数的二次导数（加速度）在整个凸轮位上分段连续。换句话说，就是在凸轮360°的全部范围内，位移、速度或加速度函数必须连续。

在20世纪，研究人员提出了很多函数，并将其应用到双休止凸轮的运动中，其中一些符合基本定律，而有些不符合。这些函数在参考文献［9］和［10］中有详细的描述，因篇幅所限，这里不赘述。这里介绍如何将多项式函数应用到凸轮运动的设计中；多项式函数优于传统的双休止函数，同时也适用于单休止情况。多项式运动规律的凸轮机构的其中一个优点是：它适用于不同的约束。对任何一种情况，我们都可以定制一个多项式函数，用一组边界条件（边条）来描述问题，然后用这些边界条件计算出该多项式的系数。对于应用多项式函数不理想的情况，可以用**B样条（B-Spline）**函数来更好地解决问题。这些内容的详细讨论可参见参考文献［10］。

时序图

传统的凸轮设计都是从时序图开始的。时序图表示了在凸轮做一整周旋转中挺杆运动，如上升、休止和下降等事件的先后顺序。盘形凸轮可以通过时间（或角度）线轴表示，线轴与凸轮一个圆（如基圆）的周长对应。运动将从这个基圆一点开始，然后延伸下去，最终这条线轴环绕覆盖整个产生凸轮的基圆。时序图并没有给出运动函数，函数的选择由设计者决定。图3-17给出了一种双休止凸轮的时序图。各种事件（上升、下降、休止）的周期、相位和最大偏移量（升程）已定义，但是没有给出上升和下降的具体运动规律。

图3-17   版权所有© 2018 Robert L. Norton：保留所有权利
凸轮时序图

svaj 图

凸轮函数利用 *svaj* 图给出和展示，这里 *s* 是位移、*v* 是速度、*a* 是加速度、*j* 是跃度，排列在后面的三个量都是前一个量对于时间的导数。*svaj* 图将位移、速度、加速度、跃度从上到下顺序排列出来，显示了它们相互的相位关系和导数特性。凸轮的设计必须分段完成，也就是说每一部分的运动（上升，下降，升降，休止）都必须用一个独立的函数解决。然后它们连接起来，在整个周期上形成一个分段连续的、符合凸轮设计基本定律的函数。图 3-18 给出了一个上升运动的 *svaj* 图例，运用了一个 3-4-5 多项式位移函数。

双休止凸轮机构多项式函数

多项式位移函数的常见形式是：

$$s = C_0 + C_1 x + C_2 x^2 + C_3 x^3 + C_4 x^4 + C_5 x^5 + C_6 x^6 + \cdots + C_n x^n$$

(3.11)

某 3-4-5 多项式位移函数的 *svaj* 图

式中，*s* 是摇杆的位移（按长度单位）；*x* 是自变量；而 C_n 是待定系数，由所选择的边界条件决定。多项式的**项数**等于多项式中单项式的个数，而它的**阶数**就是出现的最高指数，因为第一项单项式的指数为零，所以往往多项式的阶数比项数少 1。对于某一设计所需要的项数等于所选择的边界条件（简称边条）的个数。凸轮工作时，自变量往往设为 $x = \theta/\beta$，这里，*θ* 是凸轮所转过的角度，*β* 就是运动周期的转角。这样在整个运动中，*x* 是一个从 0 变到 1 的归一化变量。要想将结果恢复到实际的单位，可将速度乘以 ω/β，加速度乘以 ω_2/β_2，这里 *β* 的单位为弧度（rad），*ω* 的单位为弧度/秒（rad/s），这样就可将它们转化为以时间为单位的形式。

图 3-19 给出了在满足凸轮设计基本定律条件下，双休止凸轮最少所需的边条数。因为休止时速度和加速度为零，上升和下降的函数必须在开始（0°）和结束（β_1 或 β_2）时都为零边界条件，以避免加速时有任何的不连续。位移也必须与每个上升或下降结束时的休止相对应。因此，

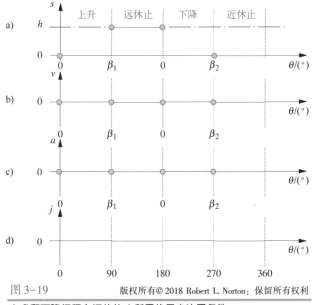

图 3-19

上升和下降行程之间的休止所需的最少边界条件

为满足凸轮设计基本定律，在休止之间的上升或下降行程的最小边界条件数是 6。这意味着：此情况下多项式的最少项数为 6 项或者 5 阶。

例 3-1   双休止凸轮的 3-4-5 多项式函数

问题：求解一个凸轮在近休止和远休止之间 90°内使挺杆上升 h（mm）的 6 项 5 阶多项式的系数。

已知：θ 是凸轮所旋转的角度，β 是持续的升程角，而 θ/β 则是整个周期内 0~1 的独立归一化变量。

假设：必须遵守凸轮设计基本定律。

解：如图 3-18 和图 3-19 所示。

1. 图 3-19 给出了加速时上升需要保持该段连续的边界条件。它们是：

当 $\theta=0°$ 时， $s=0$，$v=0$，$a=0$

当 $\theta=\beta_1$ 时， $s=h$，$v=0$，$a=0$ (a)

与之相应的下降段的边条是：

当 $\theta=0°$ 时， $s=h$，$v=0$，$a=0$

当 $\theta=\beta_2$ 时， $s=h$，$v=0$，$a=0$ (b)

2. 写出关于归一化变量的多项式（3.11）中的 6 项单项式，因为我们的边界条件包括速度和加速度，所以对式（3.11）求导两次。有：

$$s = C_0 + C_1\left(\frac{\theta}{\beta}\right) + C_2\left(\frac{\theta}{\beta}\right)^2 + C_3\left(\frac{\theta}{\beta}\right)^3 + C_4\left(\frac{\theta}{\beta}\right)^4 + C_5\left(\frac{\theta}{\beta}\right)^5 \tag{c}$$

$$v = \frac{1}{\beta}\left[C_1 + 2C_2\left(\frac{\theta}{\beta}\right) + 3C_3\left(\frac{\theta}{\beta}\right)^2 + 4C_4\left(\frac{\theta}{\beta}\right)^3 + 5C_5\left(\frac{\theta}{\beta}\right)^4\right] \tag{d}$$

$$a = \frac{1}{\beta^2}\left[2C_2 + 6C_3\left(\frac{\theta}{\beta}\right) + 12C_4\left(\frac{\theta}{\beta}\right)^2 + 20C_5\left(\frac{\theta}{\beta}\right)^3\right] \tag{e}$$

3. 将边界条件 $\theta=0°$，$s=0$ 代入式（c），有：

$$0 = C_0 + 0 + 0 + \cdots$$
$$C_0 = 0 \tag{f}$$

4. 将 $\theta=0°$，$v=0$ 代入式（d），有：

$$0 = \frac{1}{\beta}\left(C_1 + 0 + 0 + \cdots\right)$$
$$C_1 = 0 \tag{g}$$

5. 将 $\theta=0°$，$a=0$ 代入式（e），有：

$$0 = \frac{1}{\beta^2}\left(C_2 + 0 + 0 + \cdots\right)$$
$$C_2 = 0 \tag{h}$$

6. 将 $\theta=\beta$，$s=h$ 代入式（c），有：

$$h = C_3 + C_4 + C_5 \tag{i}$$

7. 将 $\theta=\beta$，$v=0$ 代入式（d），有：

$$0 = \frac{1}{\beta}\left(3C_3 + 4C_4 + 5C_5\right) \tag{j}$$

8. 将 $\theta=\beta$，$a=0$ 代入式（e），有：

$$0 = \frac{1}{\beta^2}\left(6C_3 + 12C_4 + 20C_5\right) \tag{k}$$

9. 6 个系数中有 3 个为 0。联立式（i）、式（j）、式（k）可求解出其他 3 个值，为：

$$C_3 = 10h \qquad C_4 = -15h \qquad C_5 = 6h \qquad (1)$$

10. 得到的位移方程为：

$$s = h\left[10\left(\frac{\theta}{\beta}\right)^3 - 15\left(\frac{\theta}{\beta}\right)^4 + 6\left(\frac{\theta}{\beta}\right)^5\right] \qquad (m)$$

11. 把式（f）~式（h）代入式（d）和式（e）中，可求出速度和加速度的表达式。求解后的函数称为 3-4-5 多项式。图 3-18（这里重复展示）给出了这个函数以及对它求导得到的跃度。位移多项式是 5 阶，速度是 4 阶，加速度是 3 阶（三次方），跃度是 2 阶（抛物线）。

我们并没有在前面的例子中对跃度进行约束，但需要的话可以的。在设计中，多项式函数表示法提供了很大的灵活性，设计人员通过改变边界条件就可以简单地修改函数。如果将在休止前的跃度设为零，可以减少受跃度函数影响很大的机构振动。但是，这会带来加速度峰值升高的不利影响。这就需要设计者在权衡之下做出决定。

如果我们在前面的例子中加入两个边界条件，即设 $\theta = 0°$ 和 $\theta = \beta$ 时，$j = 0$，就会得到 8 个边条，多项式变为 7 阶 8 项。用这些约束来求解新的系数可得位移的表达式为：

$$s = h\left[35\left(\frac{\theta}{\beta}\right)^4 - 84\left(\frac{\theta}{\beta}\right)^5 + 70\left(\frac{\theta}{\beta}\right)^6 - 20\left(\frac{\theta}{\beta}\right)^7\right] \qquad (3.12)$$

这称为 4-5-6-7 多项式，而且是一种可以使机构在双休止时获得最小振动的函数（见图 3-20）。如果使用这个函数后，最大的加速度峰值并不会对凸轮或摇杆造成太大的应力，那就是一个很好的设计选择，尤其是对于高速机械。不论怎样，对比其他许多常用的双休止函数，3-4-5 多项式设计的凸轮有较合理的低振动，是一个比较好的选择。

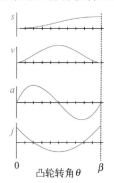

图 3-18 版权所有 © 2018 Robert L. Norton；保留所有权利

（重复）某 3-4-5 多项式位移函数的 *svaj* 图

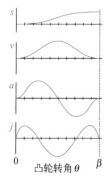

图 3-20 版权所有 © 2018 Robert L. Norton；保留所有权利

4-5-6-7 多项式

单休止凸轮机构多项式函数

好用的双休止凸轮函数并不适用于单休止凸轮。如果设计要求凸轮做对称的升降运动，例如，升程与降程时对应凸轮的转角相等，如果不需要限制跃度的话，6 阶多项式是一个最好的选择。加入跃度约束则会将多项式阶数提高到 8 次，也是最好的解决方案之一。多项式法的灵活性使升-降运动可以用一个表达式来表示。

考虑下面对于单休止凸轮的边界条件：

当 $\theta = 0°$ 时，$\qquad\qquad\qquad s = 0$，$v = 0$，$a = 0$

当 $\theta = \beta/2$ 时，$\qquad\qquad\quad s = h$

当 $\theta = \beta$ 时，$\qquad\qquad\qquad s = 0$，$v = 0$，$a = 0$

在 $\theta=0°$ 和 $\theta=\beta$ 时，各个值为 0 是必须的，因为对应这些位置是休止的，而在行程的中点（$\theta=\beta/2$）的程高值出现了升降转变。由于对称性，在 $\beta/2$ 点，因为它的默认值即为 0，所以没必要再令斜率（速度）为 0。这个函数的表达式是：

$$s = h\left[64\left(\frac{\theta}{\beta}\right)^3 - 192\left(\frac{\theta}{\beta}\right)^4 + 192\left(\frac{\theta}{\beta}\right)^5 - 64\left(\frac{\theta}{\beta}\right)^6\right] \quad (3.13)$$

图 3-21 给出了该函数及其各阶导数，它的 7 个边界条件约束已用圆圈标出。

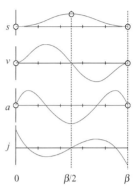

注意：以上的解决方案并未将上升和下降设计成单独的函数，而是利用一个多项式表示了上升和下降。但是，如果上升和下降时间段不同，形成非对称的凸轮运动函数，那么就必须分别建立上升和下降对应的函数。此外，为了能正常工作，不论升程还是降程，必须从较长行程的部分先开始。同时，不能先定第一段（β 较大的一段）的加速度，而是要通过结果函数来确定它的大小。然后这个加速度值将在第二段计算的时候作为对应点的边界条件代入计算，以保证不同行程之间连接处的加速度具有数学连续性。

图 3-21　一个单休止对称凸轮的 3-4-5-6 多项式运动

例 3-2　一种升降不对称的单休止凸轮

问题：设计一个单休止凸轮函数，在 45° 内上升 h，到 135° 时下降 h 并保持休止。令 $h=1$ 且凸轮转速 $\omega=15\,\text{rad/s}$（弧度/秒）。

已知：θ 是凸轮所旋转的角度，β 是持续的升程角，而 θ/β 则是整个周期为 0~1 的归一化值。

假设：必须遵守凸轮设计基本定律。

解：如图 3-22 所示。

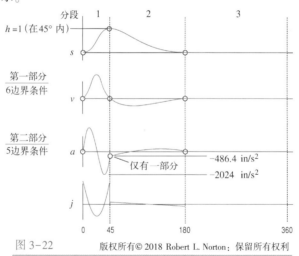

图 3-22

例 3-2 中不对称单休止凸轮多项式的解

1. 上升和下降过程的函数必须用独立的多项式来解决，先分析较长段的运动（这里是下降过程）。令下降过程的边界条件为：

当 $\theta=0°$ 时，　　　　　　　　　$s=h$，$v=0$

当 $\theta=\beta_2$ 时，　　　　　　　　$s=0$，$v=0$，$a=0$ 　　　　　　（a）

注意：在起点的加速度是未指定的。这段运动有 5 个边条，所以需要一个 4 阶多项式。

2. 将边界条件代入多项式公式及其导数，求解出它们的系数。结果是：

$$s = h\left[9.333\left(\frac{\theta}{\beta}\right)^3 - 13.667\left(\frac{\theta}{\beta}\right)^4 + 5.333\left(\frac{\theta}{\beta}\right)^5\right]\qquad(\text{b})$$

3. 对上式求导两次以获得加速度表达式，并用 $\theta = 0°$ 时的已知数据求解。将加速度表达式乘以 ω_2/β_2 得到以时间为单位的表达式；这里 β 的单位是弧度（rad），ω 的单位是弧度/秒（rad/s）。可得下降开始时的加速度是$-486.4\ \text{in/s}^2{}^{\ominus}$。为了保持连续性，这个值必须用来作为升程加速度的边界条件。因此，升程段的边界条件为：

当 $\theta = 0°$ 时，　　　　　　　　$s = h$，$v = 0$，$a = 0$
当 $\theta = \beta_1$ 时，　　　　　　　　$s = 0$，$v = 0$，$a = -486.4$　　　　　　　　（c）

4. 将以上边界条件代入多项式并求导，求解出上升的系数，得：

$$s = h\left[9.333\left(\frac{\theta}{\beta}\right)^3 - 13.667\left(\frac{\theta}{\beta}\right)^4 + 5.333\left(\frac{\theta}{\beta}\right)^5\right]\qquad(\text{d})$$

5. 在图 3-22 中给出了所得结果。

压力角

图 3-23 给出了一个凸轮和挺杆。用于运动学分析的凸轮轮廓线是与滚子的中心啮合的曲线。凸轮的实际表面刚好在垂直方向上与这条曲线偏移了滚子半径的距离。凸轮的基圆半径定义为凸轮的最小半径，基圆周长对应 s 图的坐标轴。**压力角**的定义是：挺杆的速度与凸轮和挺杆

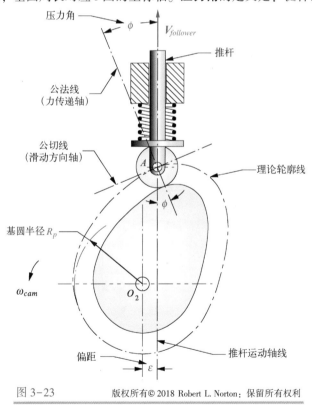

图 3-23　　

凸轮压力角

　　⊖　原文是 in/s，疑似少标二次方。译者注。

接触点处的法线所成的夹角。因为凸轮与挺杆之间力的作用线沿法线方向，所以压力角决定了挺杆所受的力中多少是驱动运动的动力，还有多少成为使挺杆偏离其运动方向的挤压力。根据经验，凸轮对移动挺杆的最大压力角应保持在30°以下。挺杆的偏心距定义为挺杆轴线与凸轮中心的偏移距离，如图 3-23 中的 ε。压力角 ϕ 的大小沿凸轮轮廓是变化的，可用下式计算：

$$\phi = \arctan \frac{v - \varepsilon}{s + \sqrt{R_P^2 - \varepsilon^2}}$$

（3.14）

式中，v 是挺杆的速度，单位为**长度/弧度**；ε 是偏心距，s 是位移，单位为长度单位；R_p 为基圆半径。一旦给出了 $svaj$ 函数，在这个公式中，设计者唯一可以改变的量就是 R_p 和 ε。增加 R_p 将会减小压力角，同时直接增加了 s 图的长度。调整偏心距可以使压力角值在 0° 附近变化，但是它对压力角的峰值及其范围没有影响。

曲率半径

所有的数学函数都具有一个称为曲率半径的特性，曲率半径用 ρ 表示，它可以是正（凸）的或负（凹）的。在函数的任意点上，极限情况下函数都可以被看作是对应特定半径的一段无限短的圆弧。这一瞬时曲率半径和滚子从动件半径的关系十分重要。如果凸轮的曲率半径小于从动件的，那么从动件将无法与凸轮保持适当的接触。

这里有两种可能的情况。如果凸轮轮廓是凹（负）的，且它的 ρ 比滚子半径 R_f 小，则会出现图 3-24 所示的情况。如果凸轮轮廓是凸（正）的，且它的 ρ 等于或小于滚子半径 R_f，就是图 3-25 所示情况。这些情况称为根切，会造成凸轮表面出现尖端，后果是在运动中，挺杆会跳离凸轮。如图 3-23 所示滚子中心轨迹组成的凸轮理论轮廓线的曲率半径，可由下式求出：

$$\rho_{pitch} = \frac{\left[(R_P + s)^2 + v^2 \right]^{3/2}}{(R_P + s)^2 + 2v^2 - a(R_P + s)}$$

（3.15）

式中，s 是以长度为单位的位移；v 是以**长度/弧度**为单位的挺杆速度（位移对坐标的一次导数）[⊖]；a 是以**长度/弧度²**为单位的挺杆加速度（位移对坐标的二次导数）[⊖]；而 R_p 则是基圆半径。同理，一旦 $svaj$ 已经确定，设计者只能通过改变 R_p 来改变凸轮的曲率半径。实践经验表明：最小 ρ 的绝对值应大于滚子半径 R_f：

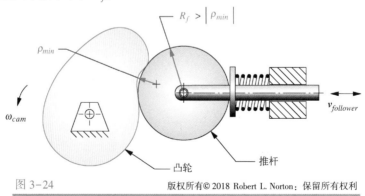

图 3-24　

滚子半径比凸轮轮廓线最小负曲率半径大的情况

⊖　译者注。

⊖　译者注。

$$|\rho_{min}| \gg R_f \qquad\qquad (3.16)$$

通常比值是 2 是较为合适的，小于 1.5 就会出现一些麻烦。

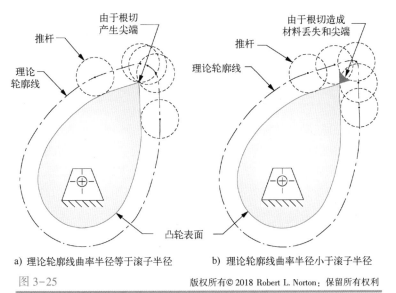

a) 理论轮廓线曲率半径等于滚子半径   b) 理论轮廓线曲率半径小于滚子半径

图 3-25   版权所有© 2018 Robert L. Norton：保留所有权利

由于理论轮廓线曲率半径小于或等于滚子半径造成的根切

关于凸轮和凸轮设计更多的介绍可参见参考文献［10］。本书网站也提供了由本书作者编写的学生版的程序 Dynacam，这个程序可以计算任意边界条件下的多项式系数，同时也提供了很多其他的凸轮函数。程序也能计算出压力角和曲率半径，并可绘制凸轮。

3.9 力分析的载荷分类

系统载荷可以根据外加载荷的特性，以及是否存在系统运动分为几种类型。一旦机械系统的机构总体配置完成并进行了运动学方面的运动计算，下一步就是确定各个不同的组成零件所受的力及力矩的大小及方向。这些载荷可能随时间变化或不变，系统的零件可能是静止或是运动的。最常见一般类型是：运动的机构受随时间变化的载荷作用。其他载荷类型都是一般类型的子集。

表 3-1 给出了四个可能的类型。类型 1 是静止系统受恒载。机械工厂中杠杆式压力机的机架就是类型 1 的一个例子。对机架的要求是必须支承压力机固定的重量，而机床的重量基本上不随时间变化，此外，机架也不运动。压力机上、下压的零件（用其他机床零件压向它们）的重量会暂时增加机架的载荷，但相对于压力机的固定重量来说通常占很小的比例。因此，类型 1 系统的受力分析是一个静态载荷分析。

表 3-1 载荷分类

	载荷固定	载荷随时间变化
系统零件固定	类型 1	类型 2
系统零件运动	类型 3	类型 4

类型 2 是系统静止，但所受载荷随时间变化。桥梁就是这样的例子，虽然它是固定不动的，但是因为车辆在其上驶过，结构上还受到气流的冲击，所以它受的载荷是变化的。类型 3 是一种受固定载荷的运动系统。虽然所受外载荷是不变的，但是运动零件任何明显的加速度都会造成系统受随时间变化的反作用力。旋转动力割草机就是一个例子。除了割草时偶然的摇动，刀片从

3

割草的运动中受到一个近乎不变的外载荷。但是，旋转刀片的加速度会对其紧固件产生很高的载荷。因此，对类型 2 和类型 3 系统来说需要进行动载分析。

注意：虽然上面已经讨论过，但如果类型 3 系统的运动较缓慢，以致形成的加速度对其零件来说微不足道，它可以等同于类型 1，并称其为准静态。汽车的剪形千斤顶（见图 3-5）就可以当成类型 1 的系统，因为外载荷（当使用时）本质上是不变的，而杆件的运动很缓慢，因此加速度可以忽略。在这个例子中，零件运动所带来的唯一复杂之处是：需要决定在哪一位置上，千斤顶各零件所受内部载荷最大；因为尽管外载荷不变，但内载荷是随着千斤顶的升高而变化的。

类型 4 是系统做快速运动，同时受随时间变化的载荷。注意：即使是外载荷持续不变，且为已知时，由于零件的加速度造成的动载荷也会随着时间变化。大部分的机械，特别是由电动机或发动机驱动的机械，都是属于类型 4。汽车的发动机就是这样的一个例子。内部的零件（曲轴、杆件、活塞等）受到了来自油料燃烧所产生的变化载荷的作用，以及其自身加速度变化所产生的内载荷的作用。对类型 4 系统来说，需要进行动载分析。

3.10　自由体图

为了准确地确定系统所有作用载荷和力矩，有必要为系统的每个零件绘制精确的自由体图（FBD）。FBD 要画出零件的大致外形，并表示出它所受的所有载荷和力矩。系统的零件可能受到外力和外力矩的作用，也将受到机构内或系统中与其连接或接触的其他零件施加的相互作用力或力矩。

除了 FBD 中所示的已知或未知的力和力矩，也要在局部坐标系上标出系统中零件的尺寸和角度；通常局部坐标系的原点是该零件的重心（CG）$^{\ominus}$。对于动载分析，每个零件重心处的角加速度和线加速度都必须提前得到或计算出。

3.11　载荷分析

本节将对已在三维和二维中应用牛顿定律和欧拉公式进行动态和静态载荷分析做简要的回顾。这里运用的解决方法可能会与先前在静力学和动力学课程里学习过的内容有些差别，这里所采取的方法是：建立力和力矩的分析方程，以便于计算机编程求解。

这种方法假设：系统中所有未知的力和运动的符号都是正的，不管直观判断或自由体图显示它们可能的方向是什么。只是所有的已知力都以适合的符号表示它们的方向。当求解完成后，由联立一系列方程所求出的结果将会赋予所有的未知量正确的符号。在静力学和动力学课程中经常要求学生先假设所有力和运动的方向（事先假设好方向的练习确实可以帮助学生形成良好的主观意识），相比之下，现在的方法从根本上来说是一个更简单的方法。就算我们用传统的方法，如果事先假设的方向不正确，也会造成变量的结果发生变号。更重要的是，事先假设所有的

$\ominus$　尽管并不是每个部件局部坐标系都必须以其重心为原点，但这样做可以保证分析的一致性并简化动力学计算。更重要的是，大部分实体建模 CAD/CAE 系统都会依据模型重心（CG）自动计算出其质量属性。在此提出这个方法是为了建立一个统一的方法，可以同时用于静态和动态载荷分析问题，而且可以应用计算机解法进行修正。

力和运动都是正号,可以使得计算机求解程序变得更为简单。用这种方法联立的方程在概念上非常简单,尽管需要通过计算机辅助来完成求解。本书配套的联立方程求解的软件,具体见本书网站上的 MATRIX 程序。

　　真正的动力学系统是三维的,因此需要进行三维分析。但是,许多三维系统可以简化为二维方法来分析。为此,本书将对这两种解决途径都进行探讨。

三维分析

　　既然四种载荷类型中有三种都需要进行动载分析,而且静力分析实际上也只是动载荷分析的变形,所以我们从动载荷类型开始进行分析。动载分析可以有几种方法,但其中能给出最多内力信息的就是基于牛顿定律的牛顿力学方法。

　　牛顿第一定律　原来静止的物体将继续保持静止状态,原来运动的物体则将继续以原来的速度做匀速直线运动,直到外力迫使它改变运动状态为止。

　　牛顿第二定律　物体加速度的大小与作用力成正比,它的方向与作用力的方向相同。

　　对于一个刚体,牛顿第二定律可以写成以下两种形式(前一种是应用于承受力的情况,而后一种是承受力矩或转矩的情况):

$$\sum F = ma \qquad\qquad \sum M_G = \dot{H}_G \qquad\qquad (3.17a)$$

式中,F 代表力;m 代表质量;a 是加速度;M_G 是重心所受力矩;而 $\dot{H}_G$ 是动量矩或重心处角动量依时间的变化率。等式的左边分别是刚体所受的力和力矩的总和,包括已知外力或来自系统相邻零件的内部作用力。

　　对于一个三维刚体系统,上述的力矢量方程可以分解成三个标量方程,分别对应以物体重心为原点的局部坐标轴 x、y、z 上互相正交的三个分量:

$$\sum F_x = ma_x \qquad \sum F_y = ma_y \qquad \sum F_z = ma_z \qquad (3.17b)$$

　　如果 x、y、z 轴的选择与物体的惯性主轴共线[⊖],那么刚体的角动量可表示为:

$$H_G = I_x \omega_x \hat{i} + I_y \omega_y \hat{j} + I_z \omega_z \hat{k} \qquad\qquad (3.17c)$$

式中,I_x、I_y 和 I_z 是对经过重心的各个主轴上的转动惯量(质量二阶矩)。将这一矢量方程代入式(3.17a),则得到三个标量方程,即**欧拉公式**:

$$\sum M_x = I_x \alpha_x - \left(I_y - I_z\right)\omega_y \omega_z$$
$$\sum M_y = I_y \alpha_y - \left(I_z - I_x\right)\omega_z \omega_x \qquad\qquad (3.17d)$$
$$\sum M_z = I_z \alpha_z - \left(I_x - I_y\right)\omega_x \omega_y$$

式中,M_x、M_y 和 M_z 是对各主轴的相应力矩;α_x、α_y 和 α_z 是零件绕相应各轴转动的角加速度。这里假设惯量项不随时间改变,即轴上的质量分布保持不变。

　　牛顿第三定律　相互作用的两个物体之间的作用力和反作用力总是大小相等、方向相反,且作用在同一条直线上。

　　对于机器中零件之间相互作用的力,我们需要运用作用力与反作用力的关系和牛顿第二定律进行求解。对在三维坐标系中的每一个刚体,都可以写出式(3.17b)和式(3.17d)中的 6 个方程。另外,作用和反作用力方程(第三定律)必须全部写出,最终联立这一系列等式求解出力和力矩。在三维系统中,根据第二定律所列的方程的数目将是零件数目的 6 倍(包括反作

⊖　这是一个对于对称刚体更为简便的方法,但也许对于其他形状的就不太简便。具体见 F. P. Beer and E. R. Johnson,*Vector Mechanics for Engineers*,3rd ed.,1977,McGraw-Hill,New York,18 章,"三维空间中刚体的运动学"。

用力方程），这意味着即使是一个简单的系统也都会形成大量的联立方程。因此需要计算机来帮助求解方程，有时也可以用高速微型计算器来求解。作用力与反作用力方程（第三定律）常常被代入牛顿第二定律的方程中，从而减少待求解联立方程的数量。

二维分析

所有的机械都存在于三维空间中，但是如果三维系统只在一个平面或者平行的平面中运动时，就可以按照二维形式分析。如**欧拉公式**（3.17d）所示，如果旋转运动（ω，α），以及力矩或力偶只作用在一根轴上（比如 z 轴），那么三个方程可以简化为一个：

$$\sum M_z = I_z \alpha_z \tag{3.18a}$$

因为 ω 和 α 项在 x 和 y 轴上分量为 0，式（3.17b）可简化为

$$\sum F_x = ma_x \qquad \sum F_y = ma_y \tag{3.18b}$$

在二维系统中，所有相连接的物体都可以写出式（3.18）的形式，联立求解可得出对应的载荷和力矩。相应地，第二定律公式的数量是当前系统中零件数的三倍，再加上在接触点处的必须的作用力和反作用力方程，又进一步增加了方程，甚至对一个简单的系统，它的方程都会很多。注意：即使所有的运动都在垂直于一个 z 轴的二维系统中，也仍然会因为外力和力矩在 z 方向形成分量。

静态载荷分析

静态载荷分析与动载分析的不同之处在于是否存在加速度。如果式（3.17）和式（3.18）中加速度为 0，那么对于三维系统，这些方程简化为：

$$\sum F_x = 0 \qquad \sum F_y = 0 \qquad \sum F_z = 0$$
$$\sum M_x = 0 \qquad \sum M_y = 0 \qquad \sum M_z = 0 \tag{3.19a}$$

而对于二维空间的情况，有：

$$\sum F_x = 0 \qquad \sum F_y = 0 \qquad \sum M_z = 0 \tag{3.19b}$$

因此，静态载荷分析只是动载分析中加速度为 0 的特例。如果准确地代入加速度的值，没有加速度的项置 0，则一个基于动载分析得到的结果同样适用于静力学分析。

3.12   二维静态载荷案例研究

本节提供了三个更复杂的案例研究，它们都限制在二维静态载荷的情况中。三个实例分别是自行车手刹杆、压线钳和剪式千斤顶，这些案例研究提供了形式最简单的受力分析，没有加速度，且只有二维空间的载荷。

案例研究 1A   自行车制动杆载荷分析

问题：如图 3-26 所示，求解自行车制动杆在制动时零件所受的载荷。

已知：各零件的几何结构尺寸已知。制动时，一般人手能够在制动杆处产生一个平均 267 N（60 lb）的夹持力。

假设：加速度可以忽略不计。所有的力都是二维共面的。此实例与类型 1 的载荷模型相符，只需要进行静力学分析。

解：见图 3-26 和图 3-27 及表 3-2 的第一、二部分。

3

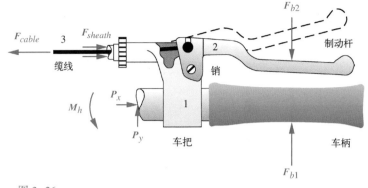

图 3-26

自行车制动装置结构图

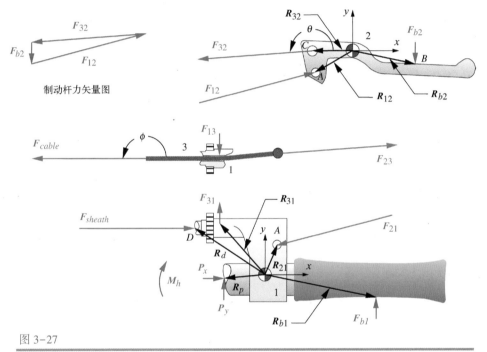

图 3-27

自行车制动杆自由体受力图

表 3-2　案例研究 1A 数据

第一部分　已知数据								
变量	数值	单位	变量	数值	单位	变量	数值	单位
F_{13x}	0.0	N	R_{32x}	-50.91	mm	R_{b1y}	-14.0	mm
F_{b2x}	0.0	N	R_{32y}	4.66	mm	R_{31x}	-27.0	mm
F_{b2y}	-267.0	N	R_{12x}	-47.91	mm	R_{31y}	30.0	mm
θ	184.0	°	R_{12y}	-7.34	mm	R_{px}	-27.0	mm
ϕ	180.0	°	R_{21x}	7.0	mm	R_{py}	0.0	mm
R_{b2x}	39.39	mm	R_{21y}	19.0	mm	R_{dx}	-41.0	mm
R_{b2y}	2.07	mm	R_{b1x}	47.5	mm	R_{dy}	27.0	mm

（续）

第二部分　计算数据								
变量	数值	单位	变量	数值	单位	变量	数值	单位
F_{32x}	−1909	N	F_{cable_x}	−1909	N	F_{21y}	−400	N
F_{32y}	−133	N	F_{cable_y}	0	N	P_x	0	N
F_{12x}	1909	N	F_{b1x}	0	N	P_y	0	N
F_{12y}	400	N	F_{b1y}	267	N	M_h	9	N · m
F_{23x}	1909	N	F_{31x}	0	N	F_{sheath_x}	1909	N
F_{23y}	133	N	F_{31y}	133	N			
F_{13y}	−133	N	F_{21x}	−1909	N			

1. 图 3-26 所示的制动杆由三个零件组成：车把（1）、制动杆（2）和缆线（3）。制动杆以车把为旋转中心，缆线与制动杆相连接。缆线以塑料的外壳包裹（低摩擦），向下连接到车轮钢圈处的制动钳。外壳提供了外压力以平衡缆线的拉伸力（$F_{sheath} = -F_{cable}$）。骑车者的手在制动杆和车把相应位置给出大小相等、方向相反的力。这些力通过杠杆比转化为一个更大的力作用于缆线上。

图 3-26 是一个自行车制动杆的自由体图，它标出了除重力以外所有可能作用在其上的力和力矩，重力相对较小，因此在分析中忽略不计。如果需要平衡的话，车把上面"以外"的部分能够提供 x 和 y 分力及力矩。这些反作用力和力矩事先假定，并视为正号。它们实际上的符号将会随着计算"水落石出"。对已知的力，在图中是以实际的方向和意义来表示。

2. 图 3-27 是三个独立出来的装配零件的自由体图，包括每一个零件所受的力和力矩，同样忽略重力。制动杆（零件 2）受三个力：F_{b2}、F_{32} 和 F_{12}。这里两个下标的意思应该读作零件 1 对于 2 的力（F_{12}）或零件 2 上 B 点的力（F_{b2}）等。这里给出了力的来源（第一个下标）和力所作用的零件（第二个下标）。

这种标注方法在本书中统一用于表达力或者位置矢量，例如图 3-27 中的 R_{b2}、R_{32} 和 R_{12}，就是表示零件在以重心为原点所建立的局部非旋转坐标系中所受的三个力[一]。

在这个手刹杆上，F_{b2} 作用力的大小和方向都是已知的。F_{32} 是缆线里的力，它的方向已知但大小未知。力 F_{12} 由零件 1 作用在零件 2 的销轴上，它的大小和方向都是未知的。我们可以写出式（3.3b），对该零件在 x 和 y 方向上的力和相对重心的力矩求和。注意：所有的未知力和力矩在方程中的符号都设为正。它们真正的符号将从计算中得出[二]。然而，所有已知或给定的力都必须用其正确的符号代入。

$$\sum F_x = F_{12x} + F_{b2x} + F_{32x} = 0$$
$$\sum F_y = F_{12y} + F_{b2y} + F_{32y} = 0 \qquad\qquad (a)$$
$$\sum M_z = (R_{12} \times F_{12}) + (R_{b2} \times F_{b2}) + (R_{32} \times F_{32}) = 0$$

在力矩方程中的矢量积代表"转向力"或力矩，这些力矩是由于作用力的作用点远离零件

⊖　实际上对于像本例这样简单的静力学分析实例，任何点（不管在或不在部件上面）都可以作为局部坐标系的原点。但是，如果是动力学分析，将局部坐标参考系定在重心 CG 上，就可以进一步简化分析。因此，为了一致性，也为后续更为复杂的动力学分析做准备，我们在这里也用 CG 作为原点。

⊜　你可能在静力学分析课程中没有这么做过，但是这样做使得问题更适于用计算机求解。注意，不管 FBD 所受的未知力的方向如何在图中显示，在公式中都假设它们是正的。而对已知（或给定）力的角度（或分量的符号）必须用正确的符号代入公式。

重心 CG 而产生的。把这些矢量积展开，得：

$$\sum M_z = \left(R_{12x}F_{12y} - R_{12y}F_{12x}\right) + \left(R_{b2x}F_{b2y} - R_{b2y}F_{b2x}\right) + \\ \left(R_{32x}F_{32y} - R_{32y}F_{32x}\right) = 0 \tag{b}$$

在这个作用位置已经有了三个方程，但未知量有四个（F_{12x}、F_{12y}、F_{32x}、F_{32y}），所以还需要一个方程。因为 $\boldsymbol{F}_{32}$ 的方向已知（缆线的拉力只能沿着其轴线方向），可以得到这个方程。可以从已知的缆线角度 θ 和 $\boldsymbol{F}_{32}$ 的其他分量获得 $\boldsymbol{F}_{32}$ 的一个分力的表达式如下：

$$F_{32y} = F_{32x}\tan\theta \tag{c}$$

现在可以求解这个零件的四个未知量了，但是还是与其他两个零件的相应方程建立后一起求解。

3. 在图 3-27 中，零件 3 是穿过零件 1 上的孔的缆线。这个孔利用一种低摩擦材料相连接，所以假设在零件 1 和零件 3 的连接处没有摩擦。可以进一步假设三个力 $\boldsymbol{F}_{13}$、$\boldsymbol{F}_{23}$ 和 $\boldsymbol{F}_{cable}$ 形成了一个同时经过重心 CG 的汇交力系，所以它们不产生力矩。在此假设下，对零件 3 只需写出合力方程即可：

$$\sum F_x = F_{cable_x} + F_{13x} + F_{23x} = 0 \\ \sum F_y = F_{cable_y} + F_{13y} + F_{23y} = 0 \tag{d}$$

4. 在图 3-27 中，零件 1 同时受到力和力矩的作用（也就是说，它不是一个汇交力系），因此需要用到式（3.3b）的三个方程：

$$\sum F_x = F_{21x} + F_{b1x} + F_{31x} + P_x + F_{sheath_x} = 0 \\ \sum F_y = F_{21y} + F_{b1y} + F_{31y} + P_y = 0 \\ \sum \boldsymbol{M}_z = \boldsymbol{M}_h + \left(\boldsymbol{R}_{21} \times \boldsymbol{F}_{21}\right) + \left(\boldsymbol{R}_{b1} \times \boldsymbol{F}_{b1}\right) + \left(\boldsymbol{R}_{31} \times \boldsymbol{F}_{31}\right) + \left(\boldsymbol{R}_p \times \boldsymbol{P}\right) + \left(\boldsymbol{R}_d \times \boldsymbol{F}_{sheath}\right) = 0 \tag{e}$$

在力矩公式中，展开矢量积。各力矩的大小可表示为：

$$\sum M_z = M_h + \left(R_{21x}F_{21y} - R_{21y}F_{21x}\right) + \left(R_{b1x}F_{b1y} - R_{b1y}F_{b1x}\right) + \left(R_{31x}F_{31y} - R_{31y}F_{31x}\right) \\ + \left(R_{px}P_y - R_{py}P_x\right) + \left(R_{dx}F_{sheath_y} - R_{dy}F_{sheath_x}\right) = 0 \tag{f}$$

5. 在这个位置上所有未知的量（包括在上述步骤 2 中所列出的）共有 21 个：F_{b1x}、F_{b1y}、F_{12x}、F_{12y}、F_{21x}、F_{21y}、F_{32x}、F_{32y}、F_{23x}、F_{23y}、F_{13x}、F_{13y}、F_{31x}、F_{31y}、F_{cable_x}、F_{cable_y}、F_{sheath_x}、F_{sheath_y}、P_x、P_y 和 M_h。目前我们只有 9 个方程，式（a）中 3 个、式（c）中 1 个、式（d）中 2 个、式（e）中 3 个。所以，为了求解这个系统，还需要另外 12 个方程，我们可以用牛顿第三定律，通过零件接触获得其中的 7 个，如下所示：

$$\begin{array}{ll} F_{23x} = -F_{32x} & F_{23y} = -F_{32y} \\ F_{21x} = -F_{12x} & F_{21y} = -F_{12y} \\ F_{31x} = -F_{13x} & F_{31y} = -F_{13y} \end{array} \tag{g}$$

$$F_{sheath_x} = -F_{cable_x}$$

从骑车者的手对车把和制动杆用的力大小相同且方向相反[⊖]的假设中（见图 3-26），可以再获得两个方程：

$$F_{b1x} = -F_{b2x} \\ F_{b1y} = -F_{b2y} \tag{h}$$

⊖　并不需要一定共线。

剩余的三个方程可以从已知的几何条件和关于系统的假设得到。在缆线的末端处，已知力 $\boldsymbol{F}_{cable}$ 和 $\boldsymbol{F}_{sheath}$ 的方向相同。它们都是水平的，因此有：

$$F_{cable_y} = 0 \qquad F_{sheath_y} = 0 \tag{i}$$

由于我们做了无摩擦的假设，力 $\boldsymbol{F}_{31}$ 可以视为垂直于缆线和零件 1 的孔之间的接触面。这个面在例子中也是水平的，因此 $\boldsymbol{F}_{31}$ 垂直水平面，所以有：

$$F_{31x} = 0 \tag{j}$$

6. 这是一个 21 个方程的方程组，即式（a）、式（c）、式（d）、式（e）、式（g）、式（h）、式（i）和式（j）可以同时联立求解 21 个未知量，也就是说，所有的 21 个方程可以转化为矩阵形式，并用矩阵缩减的计算机程序求解。这个例子也可以简化：手工将式（c）、式（g）、式（h）、式（i）和式（j）代入其他方程，消去部分变量后，最终成为 8 个方程和 8 个未知量。已知数据在表 3-2 的第一部分列出。

7. 第一步，对于杆 2，将式（b）和式（c）代入式（a）中可得

$$F_{12x} + F_{b2x} + F_{32x} = 0$$
$$F_{12y} + F_{b2y} + F_{32x} \tan\theta = 0 \tag{k}$$
$$\left(R_{12x}F_{12y} - R_{12y}F_{12x}\right) + \left(R_{b2x}F_{b2y} - R_{b2y}F_{b2x}\right) + \left(R_{32x}F_{32x}\tan\theta - R_{32y}F_{32x}\right) = 0$$

8. 接着，对杆 3 写出式（d），并代入式（c），同时在式（g）中用大小相同的变量 $-F_{32x}$ 代入 F_{23x}，$-F_{32y}$ 代入 F_{23y}，进一步消去这些变量。

$$F_{cable_x} + F_{13x} - F_{32x} = 0$$
$$F_{cable_y} + F_{13y} - F_{32x}\tan\theta = 0 \tag{l}$$

9. 对于零件 1，将式（f）代入式（e），并从式（g）中用 $-F_{12x}$ 代替 F_{21x}、$-F_{12y}$ 代替 F_{21y}、$-F_{13x}$ 代替 F_{31x}、$-F_{13y}$ 代替 F_{31y}、$-F_{cable_x}$ 代替 F_{sheath_x}，得到

$$-F_{12x} + F_{b1x} - F_{13x} + P_x - F_{cable_x} = 0$$
$$-F_{12y} + F_{b1y} - F_{32x}\tan\theta + P_y = 0$$
$$M_h + \left(-R_{21x}F_{12y} + R_{21y}F_{12x}\right) + \left(R_{b1x}F_{b1y} - R_{b1y}F_{b1x}\right) + \tag{m}$$
$$\left(-R_{31x}F_{13y} + R_{31y}F_{13x}\right) + \left(R_{Px}P_y - R_{Py}P_x\right) + R_{dy}F_{cable_x} = 0$$

10. 最后，将式（h）、式（i）、式（j）代入式（k）、式（l）、式（m）中，获得下面 8 个联立方程及 8 个未知量：F_{12x}、F_{12y}、F_{32x}、F_{13y}、F_{cable_x}、P_x、P_y 和 M_h。将方程写成标准形式，即所有的未知量移到等式左边，而等式右边为已知量，则有：

$$F_{12x} + F_{32x} = -F_{b2x}$$
$$F_{12y} + F_{32x}\tan\theta = -F_{b2y}$$
$$F_{cable_x} - F_{32x} = 0$$
$$F_{13y} - F_{32x}\tan\theta = 0$$
$$-F_{12x} + P_x - F_{cable_x} = F_{b2x} \tag{n}$$
$$-F_{12y} - F_{13y} + P_y = F_{b2y}$$
$$R_{12x}F_{12y} - R_{12y}F_{12x} + \left(R_{32x}\tan\theta - R_{32y}\right)F_{32x} = -R_{b2x}F_{b2y} + R_{b2y}F_{b2x}$$
$$M_h - R_{21x}F_{12y} + R_{21y}F_{12x} - R_{31x}F_{13y} + R_{px}P_y - R_{py}P_x + R_{dy}F_{cable_x} = R_{b1x}F_{b2y} - R_{b1y}F_{b2x}$$

11. 把方程组（n）写成矩阵形式。

3

$$
\begin{bmatrix}
1 & 0 & 1 & 0 & 0 & 0 & 0 & 0 \\
0 & 1 & \tan\theta & 0 & 0 & 0 & 0 & 0 \\
0 & 0 & -1 & 0 & 1 & 0 & 0 & 0 \\
0 & 0 & -\tan\theta & 1 & 0 & 0 & 0 & 0 \\
-1 & 0 & 0 & 0 & -1 & 1 & 0 & 0 \\
0 & -1 & 0 & -1 & 0 & 0 & 1 & 0 \\
-R_{12y} & R_{12x} & R_{32x}\tan\theta - R_{32y} & 0 & 0 & 0 & 0 & 0 \\
R_{21y} & -R_{21x} & 0 & -R_{31x} & R_{dy} & -R_{py} & R_{px} & 1
\end{bmatrix}
\times
\begin{bmatrix}
F_{12x} \\
F_{12y} \\
F_{32x} \\
F_{13y} \\
F_{cable_x} \\
P_x \\
P_y \\
M_h
\end{bmatrix}
=
$$

$$
\begin{bmatrix}
-F_{b2x} \\
-F_{b2y} \\
0 \\
0 \\
F_{b2x} \\
F_{b2y} \\
-R_{b2x}F_{b2y} + R_{b2y}F_{b2x} \\
R_{b1x}F_{b2y} - R_{b1y}F_{b2x}
\end{bmatrix}
\tag{o}
$$

12. 代入表 3-2 第一部分列出的已知数据（反向重复）。

$$
\begin{bmatrix}
1 & 0 & 1 & 0 & 0 & 0 & 0 & 0 \\
0 & 1 & 0.070 & 0 & 0 & 0 & 0 & 0 \\
0 & 0 & -1 & 0 & 1 & 0 & 0 & 0 \\
0 & 0 & -0.070 & 1 & 0 & 0 & 0 & 0 \\
-1 & 0 & 0 & 0 & -1 & 1 & 0 & 0 \\
0 & -1 & 0 & -1 & 0 & 0 & 1 & 0 \\
7.34 & -47.91 & -8.22 & 0 & 0 & 0 & 0 & 0 \\
19 & -7 & 0 & 27 & 27 & 0 & -27 & 1
\end{bmatrix}
\times
\begin{bmatrix}
F_{12x} \\
F_{12y} \\
F_{32x} \\
F_{13y} \\
F_{cable} \\
P_x \\
P_y \\
M_h
\end{bmatrix}
=
\begin{bmatrix}
0 \\
267 \\
0 \\
0 \\
0 \\
-267 \\
10\,517.13 \\
-12\,682.50
\end{bmatrix}
\tag{p}
$$

13. 所求的解如表 3-2 第二部分所示。这个矩阵方程可以用任何一个商用矩阵计算软件，例如 MathCAD、MATLAB、Maple 和 Mathematica，或者许多工程用微型计算器来求解。本书网站上提供了一个个性化定制的 MATRIX 程序，可用来解决最多 16 个方程的线性方程组。式（p）利用程序 MATRIX 可以求解出在步骤 10 列出的 8 个未知量。这些求算结果接着可以代入其他方程以求解出先前被消去的变量。

14. 表 3-2 第二部分列出了图 3-27 和表 3-2 第一部分数据的解。假定了骑车者的手以 267 N（60 lb）的力垂直作用在制动杆上。缆线上（F_{cable}）产生的力是 1909 N（429 lb），而车把的反作用力（F_{21}）是 1951 N（439 lb），方向为 -168°。

案例研究 2A　手动压线钳载荷分析

问题：求解如图 3-28 所示压线钳在压卷过程中零件所受的力。

已知：几何结构尺寸已知，且压线钳在图 3-28 所示的闭合位置产生 2000 lb（8896 N）的压力。

假设：加速度可以忽略不计。所有的力都是二维共面的。此实例与类型 1 载荷模型相符，需要进行静力学分析。

解：见图3-28和图3-29，以及表3-3的第一、二部分。

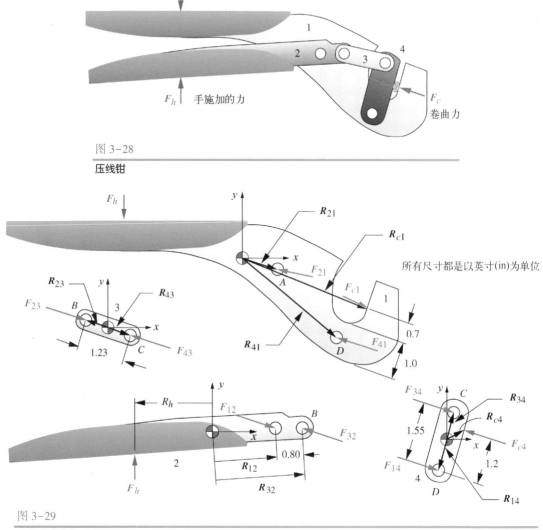

图 3-28

压线钳

图 3-29

压线钳自由体受力图

表 3-3 案例研究 2A 数据

第一部分 已知数据								
变量	数值	单位	变量	数值	单位	变量	数值	单位
F_{c4x}	-1956.30	lb	R_{32x}	2.20	in	R_{43y}	-0.13	in
F_{c4y}	415.82	lb	R_{32y}	0.08	in	R_{14x}	-0.16	in
R_{c4x}	0.45	in	R_h	-4.40	in	R_{14y}	-0.76	in
R_{c4y}	0.34	in	R_{23x}	-0.60	in	R_{34x}	0.16	in
R_{12x}	1.40	in	R_{23y}	0.13	in	R_{34y}	0.76	in
R_{12y}	0.05	in	R_{43x}	0.60	in			

(续)

第二部分 计算数据

变量	数值	单位	变量	数值	单位	变量	数值	单位
F_h	53.1	lb	F_{43y}	327.9	lb	F_{14y}	−87.9	lb
F_{12x}	1513.6	lb	F_{23x}	1513.6	lb	F_{21x}	−1513.6	lb
F_{12y}	−381.0	lb	F_{23y}	−327.9	lb	F_{31y}	381.0	lb
F_{32x}	−1513.6	lb	F_{34x}	1513.6	lb	F_{41x}	−442.7	lb
F_{32y}	327.9	lb	F_{34y}	−327.9	lb	F_{41y}	87.9	lb
F_{43x}	−1513.6	lb	F_{14x}	442.7	lb			

1. 图 3-28 给出了在闭合位置处，工具正处于把金属接头卷压到金属线上的过程中。使用者的手在杆件 1 和杆件 2 之间提供一个输入力，图中表示为一对作用与反作用力 F_h。使用者可以在手柄长度范围内的任意一个地方握紧手柄，但是在图 3-29 中，我们假设使用者的握力的名义力臂为 R_h，装置具有较高的机械效益，可以将这个握力转化为在钳口处很大的钳力。

图 3-28 是整个装置的自由体图，工具自身的重力相对卷曲力很小，可以忽略。装配体共有四个杆件，都是以销轴连接。杆件 1 可以视为"机架杆"，在钳头闭合时，其他构件相对于它做运动。图中还给出了要求的卷曲力 F_c 的大小和方向（卷压处接触面的法向方向）。第三定律给出了作用在杆件 1 和杆件 4 的作用力和反作用力如下：

$$F_{c1x} = -F_{c4x}$$
$$F_{c1y} = -F_{c4y} \tag{a}$$

2. 图 3-29 分别显示了压线钳每个零件的自由体图，并画出了每一个零件所受的力；同样，工具自身的重力相对卷曲力很小，可忽略。零件的重心定为局部非旋转坐标系的原点，零件受力的作用点就定义在这些局部坐标系里[⊖]。

3. 我们把杆 1 作为接地的机架来分析其余杆件的运动。注意：所有未知的力和力矩都先假设为正的。杆 2 受 3 个力：F_h 是手作用的未知力，F_{12} 和 F_{32} 是分别来自杆 1 和杆 3 的反作用力。F_{12} 是杆 1 通过它们的连接中心销轴作用在杆 2 上的力，F_{32} 是杆 3 通过它们的连接中心销轴作用在杆 2 上的力。这两个力的大小和方向都是未知的。根据作用在这个零件重心 CG 上的 x 和 y 方向上的合力以及绕 CG 的合力矩，可以列出式（3.3b）（展开矢量积），有：

$$\sum F_x = F_{12x} + F_{32x} = 0$$
$$\sum F_y = F_{12y} + F_{32y} + F_h = 0$$
$$\sum M_z = F_h R_h + \left(R_{12x}F_{12y} - R_{12y}F_{12x}\right) + \left(R_{32x}F_{32y} - R_{32y}F_{32x}\right) = 0 \tag{b}$$

4. 杆 3 受到两个力的作用：F_{23} 和 F_{43}。对杆 3 写出式（3.3b），有：

$$\sum F_x = F_{23x} + F_{43x} = 0$$
$$\sum F_y = F_{23y} + F_{43y} = 0$$
$$\sum M_z = \left(R_{23x}F_{23y} - R_{23y}F_{23x}\right) + \left(R_{43x}F_{43y} - R_{43y}F_{43x}\right) = 0 \tag{c}$$

5. 杆 4 受到 3 力：F_{c4} 是钳上（所需的）的力，其方向已知。F_{14} 和 F_{34} 分别是来自杆 1 和杆 3 的反作用力。在销轴上的这两个力的大小和方向都是未知的。对该杆写出式（3.19b），有：

⊖ 再次指出：静态分析不一定要 CG 作为坐标系的原点（任意点都可以使用），但我们这样做是符合动态分析的方法，这样做是很有用的。

$$\sum F_x = F_{14x} + F_{34x} + F_{c4x} = 0$$
$$\sum F_y = F_{14y} + F_{34y} + F_{c4y} = 0$$
$$\sum M_z = \left(R_{14x}F_{14y} - R_{14y}F_{14x}\right) + \left(R_{34x}F_{34y} - R_{34y}F_{34x}\right)$$
$$+ \left(R_{c4x}F_{c4y} - R_{c4y}F_{c4x}\right) = 0 \tag{d}$$

6. 式（b）~式（d）共有 9 个方程和 13 个未知量：F_{12x}、F_{12y}、F_{32x}、F_{32y}、F_{23x}、F_{23y}、F_{43x}、F_{43y}、F_{14x}、F_{14y}、F_{34x}、F_{34y} 和 F_h。可以用牛顿第三定律对每一个接触点处的作用与反作用力写出另外 4 个所需的方程：

$$F_{32x} = -F_{23x} \qquad F_{34x} = -F_{43x} \qquad F_{32y} = -F_{23y} \qquad F_{34y} = -F_{43y} \tag{e}$$

7. 这样，式（b）~式（e）的 13 个方程可以联立用矩阵缩减算法求解；或者用求根算法进行迭代求解。对矩阵求解，一般将未知量置于等式左边，而已知量置于右边，即：

$$F_{12x} + F_{32x} = 0$$
$$F_{12y} + F_{32y} + F_h = 0$$
$$R_h F_h + R_{12x}F_{12y} - R_{12y}F_{12x} + R_{32x}F_{32y} - R_{32y}F_{32x} = 0$$
$$F_{23x} + F_{43x} = 0$$
$$F_{23y} + F_{43y} = 0$$
$$R_{23x}F_{23y} - R_{23y}F_{23x} + R_{43x}F_{43y} - R_{43y}F_{43x} = 0$$
$$F_{14x} + F_{34x} = -F_{c4x} \tag{f}$$
$$F_{14y} + F_{34y} = -F_{c4y}$$
$$R_{14x}F_{14y} - R_{14y}F_{14x} + R_{34x}F_{34y} - R_{34y}F_{34x} = -R_{c4x}F_{c4y} + R_{c4y}F_{c4x}$$
$$F_{32x} + F_{23x} = 0$$
$$F_{34x} + F_{43x} = 0$$
$$F_{32y} + F_{23y} = 0$$
$$F_{34y} + F_{43y} = 0$$

8. 代入表 3-3 第一部分的已知数据，有：

$$F_{12x} + F_{32x} = 0$$
$$F_{12y} + F_{32y} + F_h = 0$$
$$-4.4F_h + 1.4F_{12y} - 0.05F_{12x} + 2.2F_{32y} - 0.08F_{32x} = 0$$
$$F_{23x} + F_{43x} = 0$$
$$F_{23y} + F_{43y} = 0$$
$$-0.6F_{23y} - 0.13F_{23x} + 0.6F_{43y} + 0.13F_{43x} = 0$$
$$F_{14x} + F_{34x} = 1\,956.3 \tag{g}$$
$$F_{14y} + F_{34y} = -415.82$$
$$-0.16F_{14y} + 0.76F_{14x} + 0.16F_{34y} - 0.76F_{34x} = -0.45(415.82) - 0.34(1\,956.3) = -852.26$$
$$F_{32x} + F_{23x} = 0$$
$$F_{34x} + F_{43x} = 0$$
$$F_{32y} + F_{23y} = 0$$
$$F_{34y} + F_{43y} = 0$$

9. 建立求解矩阵如下：

$$\begin{bmatrix} 1 & 0 & 1 & 0 & 0 & 0 & 0 & 0 & 0 & 0 & 0 & 0 & 0 \\ 0 & 1 & 0 & 1 & 1 & 0 & 0 & 0 & 0 & 0 & 0 & 0 & 0 \\ -0.05 & 1.4 & -0.08 & 2.2 & -4.4 & 0 & 0 & 0 & 0 & 0 & 0 & 0 & 0 \\ 0 & 0 & 0 & 0 & 0 & 1 & 0 & 1 & 0 & 0 & 0 & 0 & 0 \\ 0 & 0 & 0 & 0 & 0 & 0 & 1 & 0 & 1 & 0 & 0 & 0 & 0 \\ 0 & 0 & 0 & 0 & 0 & -0.13 & -0.6 & 0.13 & 0.6 & 0 & 0 & 0 & 0 \\ 0 & 0 & 0 & 0 & 0 & 0 & 0 & 0 & 0 & 1 & 0 & 1 & 0 \\ 0 & 0 & 0 & 0 & 0 & 0 & 0 & 0 & 0 & 0 & 1 & 0 & 1 \\ 0 & 0 & 0 & 0 & 0 & 0 & 0 & 0 & 0 & 0.76 & -0.16 & -0.76 & 0.16 \\ 0 & 0 & 1 & 0 & 1 & 0 & 0 & 0 & 0 & 0 & 0 & 0 & 0 \\ 0 & 0 & 0 & 1 & 0 & 0 & 1 & 0 & 0 & 0 & 1 & 0 & 0 \\ 0 & 0 & 0 & 1 & 0 & 0 & 1 & 0 & 0 & 0 & 0 & 0 & 0 \\ 0 & 0 & 0 & 0 & 0 & 0 & 0 & 1 & 0 & 0 & 0 & 0 & 1 \end{bmatrix} \begin{bmatrix} F_{12x} \\ F_{12y} \\ F_{32x} \\ F_{32y} \\ F_h \\ F_{23x} \\ F_{23y} \\ F_{43x} \\ F_{43y} \\ F_{14x} \\ F_{14y} \\ F_{34x} \\ F_{34y} \end{bmatrix} = \begin{bmatrix} 0 \\ 0 \\ 0 \\ 0 \\ 0 \\ 0 \\ 1956.30 \\ -415.82 \\ -852.26 \\ 0 \\ 0 \\ 0 \\ 0 \end{bmatrix} \quad (h)$$

10. 表 3-3 第二部分列出了在表 3-3 第一部分已知数据情况下的解，其中假设作用在钳上的力为 2000 lb（8896 N），方向垂直于钳表面。

求解过程使用了在本书网站上的程序 MATRIX。杆 3 上的力是 1547 lb（6888 N）；杆 2 对杆 1 的反作用力（F_{21}）是 1561 lb（6943 N），其方向为 166°；杆 4 对杆 1 的反作用力（F_{41}）是 451 lb（2008 N），方向为 169°；而为了获得给定的卷压压力，必须给手柄施加一个 -233.5 lb·in（-26.6 N·m）的力矩。这个力矩可以通过在手柄中点处施加一个大小为 53.1 lb（236 N）的力获得，而这样大小的力是在正常人平均生理握力范围之内，可由人手直接提供。

案例研究 3A　汽车剪式千斤顶载荷分析

问题：如图 3-30 所示，计算剪式千斤顶在所在位置处各零件受力。

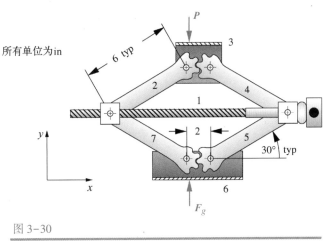

图 3-30

汽车剪式千斤顶

已知：几何结构尺寸，且在如图 3-30 所示位置，千斤顶的支承力 $P = 1000$ lb（4448 N）。

假设：加速度可忽略不计。千斤顶放置在水平地面上。所支持的汽车底盘的方位不会对千斤顶产生一个翻转力矩。所有的力都是二维共面的。此实例与类型1载荷模型相符，因此仅需进行静力学分析。

解：见图3-30~图3-33及表3-4的第一、二部分。

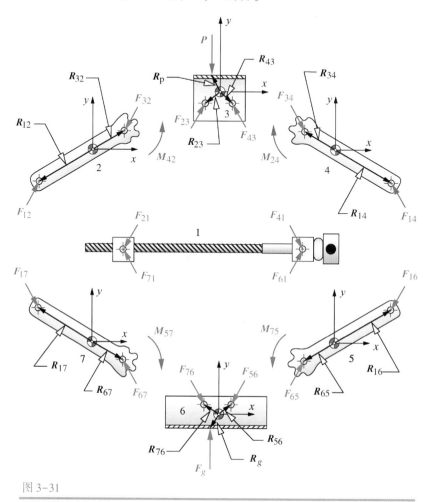

图3-31

千斤顶的自由体受力图

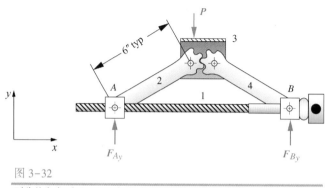

图3-32

对称的汽车千斤顶上半部分的自由体受力图

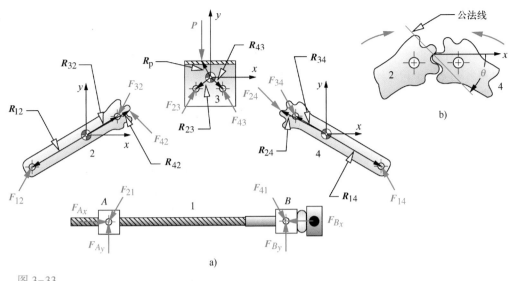

图 3-33

千斤顶上半部分零件自由体受力图

表 3-4 案例研究 3A 数据

第一部分 已知数据								
变量	数值	单位	变量	数值	单位	变量	数值	单位
P_x	0.00	lb	R_{32x}	2.08	in	R_{43y}	-0.78	in
P_y	-1000.00	lb	R_{32y}	1.20	in	R_{14x}	3.12	in
R_{px}	-0.50	in	R_{42x}	2.71	in	R_{14y}	-1.80	in
R_{py}	0.87	in	R_{42y}	1.00	in	R_{24x}	-2.58	in
θ	-45.00	°	R_{23x}	-0.78	in	R_{24y}	1.04	in
R_{12x}	-3.12	in	R_{23y}	-0.78	in	R_{34x}	-2.08	in
R_{12y}	-1.80	in	R_{43x}	0.78	in	R_{34y}	1.20	in
第二部分 计算数据								
变量	数值	单位	变量	数值	单位	变量	数值	单位
F_{12x}	877.8	lb	F_{23x}	587.7	lb	F_{24x}	290.1	lb
F_{12y}	530.4	lb	F_{23y}	820.5	lb	F_{24y}	-290.1	lb
F_{32x}	-587.7	lb	F_{43x}	-587.7	lb	F_{34x}	587.7	lb
F_{32y}	-820.5	lb	F_{43y}	179.5	lb	F_{34y}	-179.5	lb
F_{42x}	-290.1	lb	F_{14x}	-877.8	lb			
F_{42y}	290.1	lb	F_{14y}	496.6	lb			

1. 图 3-30 给出了剪式千斤顶顶起汽车的简单原理图。千斤顶由 6 个杆件构成，用销轴铰接和/或齿轮啮合在一起，加上第 7 个杆件丝杠，通过转动丝杠升起千斤顶。很显然，虽然这是一个三维机构，但是如果假设所受载荷（来自于汽车）以及千斤顶都是处于铅垂面内（在 z 方向），就可以作为二维问题来分析。因此，所有的力都将在 xy 平面内。如果汽车是从一个平面上被顶起，则这一假设是可行的，否则，就会有一些作用在 yz 和 xz 平面上的力。千斤顶的设计者

虽然需要考虑更普遍的情况，但是这里作为分析所用的简单实例，我们先假设它只受二维载荷。如图 3-30 所示，对整个机构而言，对已知载荷 P，我们可以得到反作用力 F_g，有：$F_g = -P$。

2. 图 3-31 给出了千斤顶零件的自由体图。每一个零件或构件都被独立分离，并画出它们所受的力和力矩（由于相对外力而言数值较小，零件的重力忽略不计）。这些力和力矩可以是来自相邻零件的"内"力或是来自"外部"的载荷。每个零件的重心定为其局部非旋转坐标系的原点，同时也是零件受力的作用点。在这个设计中，通过杆 2 和杆 4，及杆 5 和杆 7 之间的两对简易齿轮（非渐开线）的啮合来达到机构的稳定。这种相互作用以沿两啮合齿轮的公法线的作用力来表示。该公法线垂直于接触点的公切线。

每个零件有 3 个第二定律的公式，因此对 7 个零件允许的未知量为 21 个。另外，加上第三定律还有 10 个公式，所以一共有 31 个公式。对于这个简单的系统来说，这是一组麻烦的方程，但可利用装置结构的对称性对问题简化。

3. 图 3-32 所示为千斤顶整体的上半部分。因为上、下两部分具有镜面对称性，所以可以移除千斤顶的下半部分来简化分析。对这半部分计算得出的力可以复制到另一半上。如果愿意，我们可以用式（3.3b），从这半部分的千斤顶装置的自由体图上求解 A 和 B 处的反作用力。

4. 图 3-33a 给出了与图 3-31 基本相同的千斤顶上半部分的装配件的自由体图。我们现在有 4 个零件，但是可以视标号为 1 的零件为机架，对其他 3 个零件应用式（3.3）。注意：在公式中，所有未知的力和力矩先假设为正向。

5. 杆 2 共受 3 个力：F_{42} 是与杆 4 之间的轮齿接触的未知力；F_{12} 和 F_{32} 是分别来自杆 1 和杆 3 的未知反作用力。F_{12} 是在中心销轴处杆 1 对杆 2 的作用力；F_{32} 是在销轴处杆 3 对杆 2 的作用力。这些销轴处的力的大小和方向以及 F_{42} 的大小都是未知的。如图 3-33b 所示，F_{42} 的方向沿着公法线。根据式（3.19b），对该杆件在 x 和 y 方向上的受力写出合力方程，对其绕重心 CG 写出合力矩方程（展开矢量积）有[○]：

$$\sum F_x = F_{12x} + F_{32x} + F_{42x} = 0$$
$$\sum F_y = F_{12y} + F_{32y} + F_{42y} = 0 \qquad\qquad (a)$$
$$\sum M_z = R_{12x}F_{12y} - R_{12y}F_{12x} + R_{32x}F_{32y} - R_{32y}F_{32x} + R_{42x}F_{42y} - R_{42y}F_{42x} = 0$$

6. 杆 3 共受 3 个力：外载荷力 P、F_{23} 和 F_{43}。只有 P 是已知的。对该零件写出式（3.19b）得：

$$\sum F_x = F_{23x} + F_{43x} + P_x = 0$$
$$\sum F_y = F_{23y} + F_{43y} + P_y = 0 \qquad\qquad (b)$$
$$\sum M_z = R_{23x}F_{23y} - R_{23y}F_{23x} + R_{43x}F_{43y} - R_{43y}F_{43x} + R_{Px}P_y - R_{Py}P_x = 0$$

7. 杆 4 共受 3 个力：F_{24} 是来自杆 2 的未知力；F_{14} 和 F_{34} 是分别来杆 1 和杆 3 的未知反作用力。它们的平衡关系如下：

$$\sum F_x = F_{14x} + F_{24x} + F_{34x} = 0$$
$$\sum F_y = F_{14y} + F_{24y} + F_{34y} = 0 \qquad\qquad (c)$$
$$\sum M_z = R_{14x}F_{14y} - R_{14y}F_{14x} + R_{24x}F_{24y} - R_{24y}F_{24x} + R_{34x}F_{34y} - R_{34y}F_{34x} = 0$$

8. 在式（a）~式（c）的 9 个方程中，共有 16 个未知量：F_{12x}、F_{12y}、F_{32x}、F_{32y}、F_{23x}、F_{23y}、F_{43x}、F_{43y}、F_{14x}、F_{14y}、F_{34x}、F_{34y}、F_{24x}、F_{24y}、F_{42x} 和 F_{42y}。根据每个连接处的作用力与反作用力

[○]　注意与案例研究 2A 中式（b）的相似性。只有反作用力矩的下标是不同的，因为是由不同的部件所提供的。这种力分析方法的概念一致性可以应用于任意系统的方程联立。

关系，我们可以按照第三定律再写出额外所需的 7 个公式中的 6 个，为：

$$F_{32x} = -F_{23x} \qquad\qquad F_{32y} = -F_{23y}$$
$$F_{34x} = -F_{43x} \qquad\qquad F_{34y} = -F_{43y} \qquad\qquad (d)$$
$$F_{42x} = -F_{24x} \qquad\qquad F_{42y} = -F_{24y}$$

9. 再根据轮齿接触点处的力 F_{42}（F_{24}）的 x 和 y 分量之间的关系，可以得到所需的最后一个方程。这个（或半个）接触连接只能在**公法线**方向上传递力（略去摩擦力），如图 3-33b 所示，该公法线与接触点处的公切线垂直。这时的公法线也称为**啮合线**。该公法线角度的正切与该点作用力的两个分量的关系如下：

$$F_{24y} = F_{24x} \tan\theta \qquad\qquad (e)$$

10. 式（a）~式（e）包含了 16 个联立方程，可以用矩阵缩减法或迭代求根法求解。将它们改写成矩阵求解的标准形式，有：

$$F_{12x} + F_{32x} + F_{42x} = 0$$
$$F_{12y} + F_{32y} + F_{42y} = 0$$
$$R_{12x}F_{12y} - R_{12y}F_{12x} + R_{32x}F_{32y} - R_{32y}F_{32x} + R_{42x}F_{42y} - R_{42y}F_{42x} = 0$$
$$F_{23x} + F_{43x} = -P_x$$
$$F_{23y} + F_{43y} = -P_y$$
$$R_{23x}F_{23y} - R_{23y}F_{23x} + R_{43x}F_{43y} - R_{43y}F_{43x} = -R_{Px}P_y + R_{Py}P_x$$
$$F_{14x} + F_{24x} + F_{34x} = 0$$
$$F_{14y} + F_{24y} + F_{34y} = 0$$
$$R_{14x}F_{14y} - R_{14y}F_{14x} + R_{24x}F_{24y} - R_{24y}F_{24x} + R_{34x}F_{34y} - R_{34y}F_{34x} = 0 \qquad (f)$$
$$F_{32x} + F_{23x} = 0$$
$$F_{32y} + F_{23y} = 0$$
$$F_{34x} + F_{43x} = 0$$
$$F_{34y} + F_{43y} = 0$$
$$F_{42x} + F_{24x} = 0$$
$$F_{42y} + F_{24y} = 0$$
$$F_{24y} - F_{24x} \tan\theta = 0$$

11. 代入表 3-4 第一部分给出的已知数据，得：

$$F_{12x} + F_{32x} + F_{42x} = 0$$
$$F_{12y} + F_{32y} + F_{42y} = 0$$
$$-3.12F_{12y} + 1.80F_{12x} + 2.08F_{32y} - 1.20F_{32x} + 2.71F_{42y} - 0.99F_{42x} = 0$$
$$F_{23x} + F_{43x} = 0.0$$
$$F_{23y} + F_{43y} = 1\,000$$
$$-0.78F_{23y} + 0.78F_{23x} + 0.78F_{43y} + 0.78F_{43x} = -500$$
$$F_{14x} + F_{24x} + F_{34x} = 0$$
$$F_{14y} + F_{24y} + F_{34y} = 0$$
$$3.12F_{14y} + 1.80F_{14x} - 2.58F_{24y} - 1.04F_{24x} - 2.08F_{34y} - 1.20F_{34x} = 0 \qquad (g)$$
$$F_{32x} + F_{23x} = 0$$
$$F_{32y} + F_{23y} = 0$$
$$F_{34x} + F_{43x} = 0$$
$$F_{34y} + F_{43y} = 0$$
$$F_{42x} + F_{24x} = 0$$
$$F_{42y} + F_{24y} = 0$$
$$F_{24y} + 1.0F_{24x} = 0$$

12. 将方程改写成矩阵形式，为：

$$
\begin{bmatrix}
1 & 0 & 1 & 0 & 1 & 0 & 0 & 0 & 0 & 0 & 0 & 0 & 0 & 0 & 0 & 0 \\
0 & 1 & 0 & 1 & 0 & 1 & 0 & 0 & 0 & 0 & 0 & 0 & 0 & 0 & 0 & 0 \\
1.80 & -3.12 & -1.20 & 2.08 & -1.00 & 2.71 & 0 & 0 & 0 & 0 & 0 & 0 & 0 & 0 & 0 & 0 \\
0 & 0 & 0 & 0 & 0 & 0 & 1 & 0 & 1 & 0 & 0 & 0 & 0 & 0 & 0 & 0 \\
0 & 0 & 0 & 0 & 0 & 0 & 0 & 1 & 0 & 1 & 0 & 0 & 0 & 0 & 0 & 0 \\
0 & 0 & 0 & 0 & 0 & 0 & 0.78 & -0.78 & 0.78 & 0.78 & 0 & 0 & 0 & 0 & 0 & 0 \\
0 & 0 & 0 & 0 & 0 & 0 & 0 & 0 & 0 & 0 & 1 & 0 & 1 & 0 & 1 & 0 \\
0 & 0 & 0 & 0 & 0 & 0 & 0 & 0 & 0 & 0 & 0 & 1 & 0 & 1 & 0 & 1 \\
0 & 0 & 0 & 0 & 0 & 0 & 0 & 0 & 0 & 0 & 1.80 & 3.12 & -1.04 & -2.58 & -1.20 & -2.08 \\
0 & 0 & 1 & 0 & 0 & 0 & 1 & 0 & 0 & 0 & 0 & 0 & 0 & 0 & 0 & 0 \\
0 & 0 & 0 & 1 & 0 & 0 & 0 & 1 & 0 & 0 & 0 & 0 & 0 & 0 & 0 & 0 \\
0 & 0 & 0 & 0 & 0 & 0 & 0 & 0 & 1 & 0 & 0 & 0 & 1 & 0 & 0 & 0 \\
0 & 0 & 0 & 0 & 0 & 0 & 0 & 0 & 0 & 1 & 0 & 0 & 0 & 1 & 0 & 0 \\
0 & 0 & 0 & 0 & 1 & 0 & 0 & 0 & 0 & 0 & 0 & 0 & 0 & 0 & 1 & 0 \\
0 & 0 & 0 & 0 & 0 & 1 & 0 & 0 & 0 & 0 & 0 & 0 & 0 & 0 & 0 & 1 \\
\end{bmatrix}
\times
\begin{bmatrix}
F_{12x} \\ F_{12y} \\ F_{32x} \\ F_{32y} \\ F_{42x} \\ F_{42y} \\ F_{23x} \\ F_{23y} \\ F_{43x} \\ F_{43y} \\ F_{14x} \\ F_{14y} \\ F_{24x} \\ F_{24y} \\ F_{34x} \\ F_{34y}
\end{bmatrix}
=
\begin{bmatrix}
0 \\ 0 \\ 0 \\ 0 \\ 1000 \\ -500 \\ 0 \\ 0 \\ 0 \\ 0 \\ 0 \\ 0 \\ 0 \\ 0 \\ \\
\end{bmatrix}
\quad (h)
$$

13. 表 3-4 第二部分给出了按照表 3-4 第一部分给出的已知量，用 MATRIX 程序求得的结果，其中假设外力 **P** 是 1000 lb（4448 N）的垂直载荷。

14. 作用在杆 1 的力同样可以由牛顿第三定律求出：

$$
\begin{aligned}
F_{Ax} &= -F_{21x} = F_{12x} \\
F_{Ay} &= -F_{21y} = F_{12y} \\
F_{Bx} &= -F_{41x} = F_{14x} \\
F_{By} &= -F_{41y} = F_{14y}
\end{aligned}
\quad (i)
$$

3.13 三维静态载荷案例研究

这一节以自行车制动钳为例进行三维静态载荷分析。前面讨论的二维载荷分析方法同样适用于三维情况，但三维分析会有更多的方程，对动载和静载问题，须对 z 轴方向上的合力产生在 x 轴和 y 轴的合力矩的进行分析，这些分析要用到式（3.17）和式（3.19）。作为一个例题，现在我们开始分析自行车制动臂，它是由案例研究 1A 中的手刹杆所驱动的。

案例研究 4A 自行车制动臂载荷分析

问题：试确定图 3-34 所示的处于驱动位置的自行车制动臂的三维作用力。这个制动臂已经失效，可能需要重新设计。

已知：制动臂的几何结构尺寸已知，且在如图所示位置中，制动臂受到缆线的力为 1046 N（见案例研究 1A）。

假设：加速度可以忽略不计。此实例与类型 1 载荷模型相符，只需要进行静载分析。在室温下，测得制动片与车轮钢圈的摩擦系数为 0.45，在 150℉时为 0.40。

解：见图 3-34、图 3-35 和表 3-5。

3

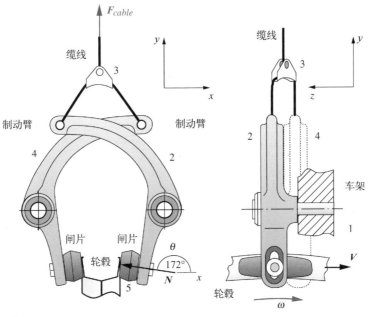

图 3-34

中心牵引自行车制动臂组件

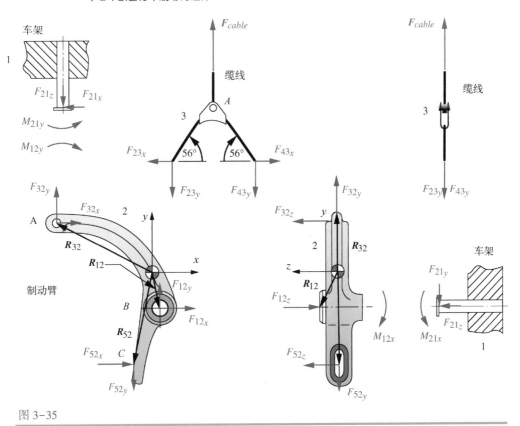

图 3-35

制动臂自由体受力图

表 3-5　案例研究 4A 的数据

第一部分　已知数据								
变量	数值	单位	变量	数值	单位	变量	数值	单位
μ	0.4	none	R_{32x}	−75.4	mm	R_{52z}	0.0	mm
θ	172.0	°	R_{32y}	38.7	mm	F_{32x}	353.0	N
R_{12x}	5.2	mm	R_{32z}	0.0	mm	F_{32y}	523.0	N
R_{12y}	−27.2	mm	R_{52x}	−13.0	mm	F_{32z}	0.0	N
R_{12z}	23.1	mm	R_{52y}	−69.7	mm	M_{12z}	0.0	N·m
第二部分　计算所得数据								
变量	数值	单位	变量	数值	单位	变量	数值	单位
F_{12x}	−1805	N	F_{52y}	−204	N	N	1467	N
F_{12y}	−319	N	F_{52z}	−587	N	F_f	587	N
F_{12z}	587	N	M_{12x}	32 304	N·mm			
F_{52x}	1452.0	N	M_{12y}	52 370	N·mm			

1. 图 3-34 给出了一个自行车上常用的中置式制动臂的整体。它包括 6 个零件：框架及其销轴（1）、两个制动臂（2 和 4）、缆线悬架（3）、制动片（5）以及车轮钢圈（6）。这显然是一个三维机构，因此必须用三维分析。

2. 这里的缆线就是图 3-26 中手刹杆上装配的缆线。由案例研究 1A 的计算结果可知，大小为 267 N（60 lb）的手力乘以手柄获得的机械增益载荷通过缆线传输到制动臂上。我们假设在缆线导管中没有力的损失，因此在其末端可以获得全部的 1046 N（235 lb）的缆线力。

3. 如图 3-34 所示，制动片和车轮圈之间的正交力的方向与 x 轴正向的夹角为 $\theta=172°$，而且摩擦力的方向沿着 x 轴方向（xyz 轴系方向见图 3-34 和图 3-35）。

4. 图 3-35 给出了制动臂、框架和缆线悬架的自由体图。我们主要是研究制动臂的受力情况。但是，我们首先要分析缆线悬架的几何结构对制动臂在 A 处受力的影响。如果我们忽略两臂之间在 z 轴上的很小偏心距，那么就可以简化为一个二维问题进行分析。如果考虑缆线悬架对双臂的力包括了 z 轴方向上的分力，那么则需要一个更为精确的分析。注意：缆线零件（3）所受的是一个交汇力系，对这个零件写出式（3.19b）的二维方程，且由于关于点 A 对称，我们可以从 FBD 图中分析得出：

$$\sum F_x = F_{23x} + F_{43x} = 0$$
$$\sum F_y = F_{23y} + F_{43y} + F_{cable} = 0$$

（a）

简单求解方程组可得：

$$F_{23y} = F_{43y} = -\frac{F_{cable}}{2} = -\frac{1046\,\text{N}}{2} = -523\,\text{N}$$

$$F_{23x} = \frac{F_{23y}}{\tan(56°)} = \frac{-523\,\text{N}}{1.483} = -353\,\text{N}$$

（b）

$$F_{43x} = -F_{23x} = 353\,\text{N}$$

根据牛顿第三定律，分别得到作用在制动臂上点 A 处的力及反作用力为：

$$F_{32x} = -F_{23x} = 353\,\text{N}$$
$$F_{32y} = -F_{23y} = 523\,\text{N}$$
$$F_{32z} = 0$$

（c）

5. 现在我们可以对力臂（零件 2）写出式（3.19a）。

对于载荷，有：

$$\sum F_x = F_{12x} + F_{32x} + F_{52x} = 0; \qquad F_{12x} + F_{52x} = -353$$

$$\sum F_y = F_{12y} + F_{32y} + F_{52y} = 0; \qquad F_{12y} + F_{52y} = -523 \qquad (d)$$

$$\sum F_z = F_{12z} + F_{32z} + F_{52z} = 0; \qquad F_{12z} + F_{52z} = 0$$

对于力矩，有：

$$\sum M_x = M_{12x} + \left(R_{12y}F_{12z} - R_{12z}F_{12y}\right) + \left(R_{32y}F_{32z} - R_{32z}F_{32y}\right)$$
$$+ \left(R_{52y}F_{52z} - R_{52z}F_{52y}\right) = 0$$

$$\sum M_y = M_{12y} + \left(R_{12z}F_{12x} - R_{12x}F_{12z}\right) + \left(R_{32z}F_{32x} - R_{32x}F_{32z}\right) \qquad (e)$$
$$+ \left(R_{52z}F_{52x} - R_{52x}F_{52z}\right) = 0$$

$$\sum M_z = \left(R_{12x}F_{12y} - R_{12y}F_{12x}\right) + \left(R_{32x}F_{32y} - R_{32y}F_{32x}\right)$$
$$+ \left(R_{52x}F_{52y} - R_{52y}F_{52x}\right) = 0$$

注意：无论在自由体图中的方向如何，方程中所有未知载荷和力矩都先设为正向。力矩 M_{12x} 和 M_{12y} 由臂（2）和销轴（1）之间相对于 x 和 y 轴的力偶引起。如果忽略对 z 轴上的摩擦，则 M_{12z} 为 0。

6. 制动片（5）和车轮钢圈（6）之间的连接存在一个垂直于接触面的作用力。在接触面上的摩擦力的大小 F_f 可按照 Coulomb 摩擦公式计算，它与法向力的关系如下：

$$F_f = \mu N \qquad (f)$$

式中，μ 是摩擦系数；N 是法向力。钢圈在制动片中心下面的速度是沿 z 轴方向的。分力 F_{52x} 和 F_{52y} 完全是由制动片与制动臂之间的法向力产生，因此，根据牛顿第三定律可得：

$$F_{52x} = -N_x = -N\cos\theta = -N\cos 172° = 0.990N$$
$$\qquad (g)$$
$$F_{52y} = -N_y = -N\sin\theta = -N\sin 172° = -0.139N$$

摩擦力 F_f 的方向总是与运动方向相反，因此它对车辆钢圈的作用力沿 z 轴负方向。它的反作用力 F_{52} 作用于制动臂上，方向与它相反：

$$F_{52z} = -F_f \qquad (h)$$

7. 我们现有的 10 个方程即式（d）~ 式（h），其中有 10 个未知量：F_{12x}、F_{12y}、F_{12z}、F_{52x}、F_{52y}、F_{52z}、M_{12x}、M_{12y}、N 和 F_f；另外，载荷 F_{32x}、F_{32y} 和 F_{32z} 可以从式（c）中获得。前 10 个方程可以通过矩阵消去法或求根迭代法联立求解。首先将所有未知量放在方程左边，所有已知或假设量放在右边，有：

$$F_{12x} + F_{52x} = -353$$
$$F_{12y} + F_{52y} = -523$$
$$F_{12z} + F_{52z} = 0$$
$$M_{12x} + R_{12y}F_{12z} - R_{12z}F_{12y} + R_{52y}F_{52z} - R_{52z}F_{52y} = R_{32z}F_{32y} - R_{32y}F_{32z}$$
$$M_{12y} + R_{12z}F_{12x} - R_{12x}F_{12z} + R_{52z}F_{52x} - R_{52x}F_{52z} = R_{32x}F_{32z} - R_{32z}F_{32x} \qquad (i)$$
$$R_{12x}F_{12y} - R_{12y}F_{12x} + R_{52x}F_{52y} - R_{52y}F_{52x} = R_{32y}F_{32x} - R_{32x}F_{32y}$$
$$F_f - \mu N = 0$$
$$F_{52x} + N\cos\theta = 0$$
$$F_{52y} + N\sin\theta = 0$$
$$F_{52z} + F_f = 0$$

8. 代入表 3-5 第一部分已知和假设的量，可得：

$$F_{12x} + F_{52x} = -353$$

$$F_{12y} + F_{52y} = -523$$

$$F_{12z} + F_{52z} = 0$$

$$M_{12x} - 27.2F_{12z} - 23.1F_{12y} - 69.7F_{52z} - 0F_{52y} = 0(523) - 38.7(0) = 0$$

$$M_{12y} + 23.1F_{12x} - 5.2F_{12z} + 0F_{52x} + 13F_{52z} = -75.4(0) - 0(353) = 0$$

$$5.2F_{12y} + 27.2F_{12x} - 13F_{52y} + 69.7F_{52x} = 38.7(353) + 75.4(523) = 53\,095 \qquad (j)$$

$$F_f - 0.4N = 0$$

$$F_{52x} - 0.990N = 0$$

$$F_{52y} + 0.139N = 0$$

$$F_{52z} + F_f = 0$$

9. 写出求解矩阵形式，为：

$$
\begin{bmatrix}
1 & 0 & 0 & 1 & 0 & 0 & 0 & 0 & 0 \\
0 & 1 & 0 & 0 & 1 & 0 & 0 & 0 & 0 \\
0 & 0 & 1 & 0 & 0 & 1 & 0 & 0 & 0 \\
0 & -23.1 & -27.2 & 0 & 0 & -69.7 & 1 & 0 & 0 \\
23.1 & 0 & -5.2 & 0 & 0 & 13 & 0 & 1 & 0 \\
27.2 & 5.2 & 0 & 69.7 & -13 & 0 & 0 & 0 & 0 \\
0 & 0 & 0 & 0 & 0 & 0 & 0 & 1 & -0.4 \\
0 & 0 & 0 & 1 & 0 & 0 & 0 & 0 & -0.990 \\
0 & 0 & 0 & 0 & 1 & 0 & 0 & 0 & 0.139 \\
0 & 0 & 0 & 0 & 0 & 1 & 0 & 0 & 1
\end{bmatrix}
\times
\begin{bmatrix}
F_{12x} \\ F_{12y} \\ F_{12z} \\ F_{52x} \\ F_{52y} \\ F_{52z} \\ M_{12x} \\ M_{12y} \\ F_f \\ N
\end{bmatrix}
=
\begin{bmatrix}
-353 \\ -523 \\ 0 \\ 0 \\ 0 \\ 53\,095 \\ 0 \\ 0 \\ 0 \\ 0
\end{bmatrix}
\qquad (k)
$$

10. 在表 3-5 第一部分的给定数据条件下，表 3-5 第二部分给出了用程序 MATRIX 求出的这一问题的解。这个矩阵方程可以用任意一个商业通用的矩阵求解软件如 Mathcad，MATLAB，Maple 和 Mathematica，或者用本书提供的 MATRIX 程序求解。

3.14 动载案例研究

本节以四杆机构为例说明二维动载分析。该机构照片如图 3-11 所示，在本书网站上也可以看到其视频[θ]（Fourbar Linkage）。因为所有零件都在相互平行的平面上运动，因此可以用二维方法来分析这个机构。由于运动零件存在明显的加速度，因此需要用式（3.1）进行动态分析。除了公式中所包括的 mA 和 $I\alpha$ 项外，动载分析方法与先前所述的静态载荷分析其他内容相同。

视频：四杆机构（35:38）

案例研究 5A   四杆机构载荷分析

问题：按二维、刚体问题处理，确定如图 3-36 所示四杆机构所受的理论载荷。

已知：机构的几何结构尺寸、质量和转动惯量均为已知，且机构由一个速控电动机驱动（最高速度为 120 r/min）。

假设：加速度明显存在。此例与类型 4 载荷相符，需要进行动载学分析。系统没有其他的外载荷；所有载荷均来自零件的加速度。相对于惯性力，重力忽略不计。假设零件都是理想刚体。运动副的摩擦和连接间隙的影响忽略不计。

θ http://www.designofmachinery.com/MD/Fourbar_Machine.

解：见图 3-36~图 3-38 和表 3-6。

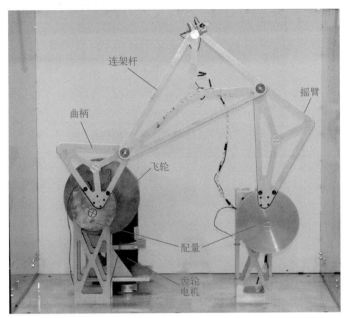

图 3-36

动态四杆机构模型

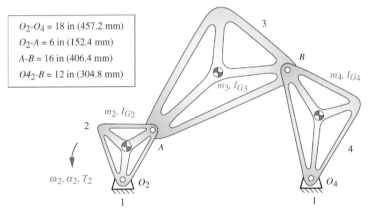

$O_2\text{-}O_4 = 18$ in (457.2 mm)
$O_2\text{-}A = 6$ in (152.4 mm)
$A\text{-}B = 16$ in (406.4 mm)
$O4_2\text{-}B = 12$ in (304.8 mm)

图 3-37

四杆机构的原理及基本尺寸图（更多细节见表 3-6）

表 3-6 案例研究 5A 数据

第一部分		已知数据和假设数据						
变量	数值	单位	变量	数值	单位	变量	数值	单位
θ_2	30.00	°	I_{cg4}	0.455	kg·m²	R_{43x}	185.5	mm
ω_2	120.00	r/min	R_{12x}	−46.9	mm	R_{43y}	50.8	mm
$mass_2$	0.525	kg	R_{12y}	−71.3	mm	R_{14x}	−21.5	mm
$mass_3$	1.050	kg	R_{32x}	85.1	mm	R_{14y}	−100.6	mm
$mass_4$	1.050	kg	R_{32y}	4.9	mm	R_{34x}	−10.6	mm
I_{cg2}	0.047	kg·m²	R_{23x}	−150.7	mm	R_{34y}	204.0	mm
I_{cg3}	0.011	kg·m²	R_{23y}	−177.6	mm			

（续）

第二部分　已知数据和假设数据								
变量	数值	单位	变量	数值	单位	变量	数值	单位
F_{12x}	−255.8	N	F_{14y}	167.0	N	α_4	138.9	rad/s²
F_{12y}	−178.1	N	F_{43x}	215.6	N	A_{cg2x}	−7.4	rad/s²
F_{32x}	252.0	N	F_{43y}	163.9	N	A_{cg2y}	−11.3	rad/s²
F_{32y}	172.2	N	F_{23x}	−252.0	N	A_{cg3x}	−34.6	rad/s²
F_{34x}	−215.6	N	F_{23y}	−172.2	N	A_{cg3y}	−7.9	rad/s²
F_{34y}	−163.9	N	T_{12}	−3.55	N·m	A_{cg4x}	−13.9	rad/s²
F_{14x}	201.0	N	α_3	56.7	rad/s²	A_{cg4y}	2.9	rad/s²

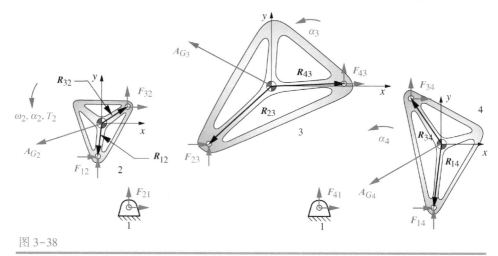

图 3−38

四杆机构各部件的自由体受力图

1. 图 3−36 和图 3−37 给出了本例中的四杆机构演示模型。它包括三个移动零件（零件 2、零件 3 和零件 4）及框架或机架（1）。电动机通过齿轮箱驱动零件 2。两个固定旋转中心都安装上了压电传感器，可用来测量地平面上 x 和 y 方向上的动载。连杆（零件 3）上安装有用于测量其加速度的一对传感器。

2. 图 3−37 给出了机构的原理图。零件的上面设计了多个轻量化的孔，以减少它们的质量和转动惯量。零件 2 的输入可以是一个角加速度，一个定量角速度或者一个外力矩。零件 2 绕其旋转中心 O_2 做整周旋转。尽管零件 2 角加速度 α_2 可能是 0，但是如果它以固定角速度 ω_2 运动，那么将会使零件 3 和零件 4 在往复摆动的过程中存在随时间变化的角加速度。在任何情况下，零件的重心都会随着零件的运动而承受随时间变化的线加速度。根据牛顿第二定律的定义，这些角加速度和线加速度都会造成惯性力和力惯性矩。因此，即使没有外力和外力矩作用在零件上，惯性力都会造成对销轴的反作用力，这些力正是我们需要求解的。

3. 图 3−38 画出了每个零件的自由体图。每个零件的局部、无旋转的直角坐标系都是建立在它们各自的重心。每个零件重心处的线加速度和在工作循环中每个关键位置处零件的角加速度必须通过运动学方程来求解（见式 3.7）。加速度 A_{Gn} 和 α_n 已经标注在每个零件上。每个连接销轴处的受力也已经按照前面的编码方法用 xy 配对的形式给出，并预设为正。

4. 对系统的每个运动零件写出对应的式（3.1）。方程中需要用到的每个零件的质量和相对于重心的质量惯量矩需要先算出来。在本案例中，使用了实体建模 CAD 系统来设计机构的几何结构并计算得出零件的质量特性。

5. 对于零件 2 有：

$$\sum F_x = F_{12x} + F_{32x} = m_2 a_{G2_x}$$

$$\sum F_y = F_{12y} + F_{32y} = m_2 a_{G2_y} \qquad (\text{a})$$

$$\sum M_z = T_2 + \left(R_{12x}F_{12y} - R_{12y}F_{12x} \right) + \left(R_{32x}F_{32y} - R_{32y}F_{32x} \right) = I_{G2}\alpha_2$$

6. 对于零件 3 有：

$$\sum F_x = F_{23x} + F_{43x} = m_3 a_{G3_x}$$

$$\sum F_y = F_{23y} + F_{43y} = m_3 a_{G3_y} \qquad (\text{b})$$

$$\sum M_z = \left(R_{23x}F_{23y} - R_{23y}F_{23x} \right) + \left(R_{43x}F_{43y} - R_{43y}F_{43x} \right) = I_{G3}\alpha_3$$

7. 对于零件 4：

$$\sum F_x = F_{14x} + F_{34x} = m_4 a_{G4_x}$$

$$\sum F_y = F_{14y} + F_{34y} = m_4 a_{G4_y} \qquad (\text{c})$$

$$\sum M_z = \left(R_{14x}F_{14y} - R_{14y}F_{14x} \right) + \left(R_{34x}F_{34y} - R_{34y}F_{34x} \right) = I_{G4}\alpha_4$$

8. 在这 9 个方程中，有 13 个未知量：F_{12x}、F_{12y}、F_{32x}、F_{32y}、F_{23x}、F_{23y}、F_{43x}、F_{43y}、F_{14x}、F_{14y}、F_{34x}、F_{34y} 和 T_2。另外，还可以写出 4 个第三定律方程，使回转副处的作用-反作用力相等，即：

$$F_{32x} = -F_{23x}$$

$$F_{32y} = -F_{23y}$$

$$F_{34x} = -F_{43x} \qquad (\text{d})$$

$$F_{34y} = -F_{43y}$$

9. 从式（a）~ 式（d）的 13 个方程可以通过矩阵缩减法或迭代求根法联立求解，从而得到载荷和力矩。这个实例分别应用这两种方法进行了分析求解，相关文件都放在了本书网站上。注意零件的质量和质量惯性矩不随时间和位置变化，但是加速度随时间变化。因此，完整的分析需要对每一个关键位置或时间步长对式（a）~ 式（d）进行求解。求解模型利用"列表"或"数组"来储存式（a）~ 式（d）的求解结果，这里驱动零件的输入角度 θ_2 分别取 13 个值（范围从 $0° \sim 360°$，增量为 $30°$）。同时，还要计算求解力时所需的零件的加速度和它们的重心。在工作循环中，每个零件所受的最大和最小力都应计算出来，这些结果在后面的应力和变形分析中会用到。表 3-6 第一和第二部分给出了这一连杆机构的曲柄在某个位置（$\theta_2 = 30°$）处的已知数据和受力分析结果。图 3-39 所示为曲柄做整周运动时，它的固定旋转中心的受力图。

旋转中心12上 x 和 y 的力

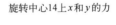
旋转中心14上 x 和 y 的力

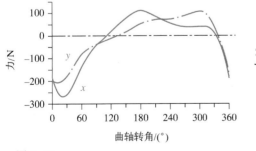

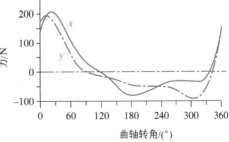

图 3-39

案例研究 5A 中的四杆机构计算所得的刚体动态力

3.15　振动加载

在有动载的系统中，通常都会有振动载荷叠加在由动态方程预算得出的理论载荷上。这些振动载荷的产生可能有多种原因。如果系统中的零件有无限的刚度，那么就没有振动。但是所有真实的零件，不论由何种材料构成，都会有弹性，因此受力后就会像弹簧一样变形。产生的变形使零件振动，这引起的惯性力对系统产生了附加载荷，或者如果接触配件之间有间隙，这些振动会形成冲击（振动）载荷（见下文）。

关于振动现象的完整讨论已经超过本书的范围，在此不做详述。本章末的参考书目中有相关文献可供进一步学习。在此提出这个问题主要是提醒机构设计者，需要将振动作为一个载荷来源列入考虑范围。通常，精确测量系统受振动影响的唯一方法是对工作状态下的原型或产品系统进行测试。在 1.7 节中关于安全系数的讨论中，提到许多工业领域（汽车、飞机等）设立了大量的测试项目以建立这些装备的真实加载模型。这一问题也将在 6.4 节引入疲劳载荷后再做更深入的讨论。现代有限元分析（FEA）和边界元分析（BEA）技术都可以对受振动影响的系统或结构做建模和计算。但是，获得一个与真实的、可感知的原型一模一样的复杂系统振动的计算机模型仍然十分困难。当载荷反向时，运动副中移动件由于存在公差（间隙）导致冲击时，这个问题就更是如此。冲击引起的非线性对数学建模会带来非常大的困难。

固有频率

当设计机械时，为了在机构运转时能够预测和避开共振，确定整机或零件的固有频率是非常有用的。任何真实的系统都会有无数个自然振动的固有频率。设计机构时计算所需的固有频率的数量会随情况不同而有所不同。完成这一任务最完整的做法就是利用有限元分析（FEA）将整机分解成大量的离散单元。更多的 FEA 知识见第 8 章。应力、变形以及固有频率的数量都可以利用这一技术求解，但这一方法受限于时间和计算机资源。

假如不用有限元技术，我们还是想要至少求出系统最低的基础固有频率，因为这个最低的固有频率常常会造成最大的振动。这一无阻尼的固有频率 ω_n 可以通过以下表达式求出，它单位为 r/s：

$$\omega_n = \sqrt{\frac{k}{m}}$$
$$f_n = \frac{1}{2\pi}\omega_n$$

(3.20)

式中，ω_n 是基础固有频率；m 是系统的运动质量，具有质量单位（如 kg、g、blob 或 slug，而不是 lbm）；k 是系统的弹簧刚度（固有频率的周期的单位是 s，周期等于频率的倒数，即 $T_n = 1/f_n$）。

式（3.20）是系统的单自由度集总模型。图 3-40 给出了这样一个由一个凸轮、一个滑动挺杆以及一个复位弹簧组成的简单的凸轮挺杆模型。它是最简单的集总模型，包括了通过单弹簧与地面连接的质量和一个单阻尼器。系统中的所有运动质量（挺杆、弹簧）都包含在了 m 中，所有的"弹簧"包括真正的弹簧和其他有弹性的零件，最终都集总为弹簧刚度 k。

弹簧刚度　弹簧刚度 k 表达了零件受力 F 与其引起的变形 δ 之间的线性关系（见图 3-42）：

$$k = \frac{F}{\delta}$$

(3.21a)

如果可以找出或导出零件变形的表达式，它将会给出这个弹簧常量的关系。这个问题将在下章再次提到。在图 3-40 的例子中，弹簧变形 δ 等于质量的位移 y，即：

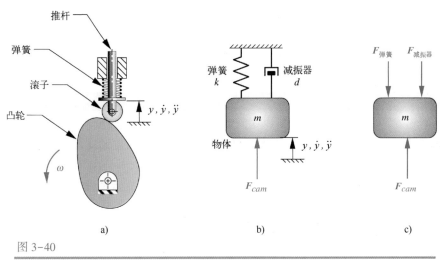

3

图 3-40

凸轮的动态集总模型

$$k = \frac{F}{y} \tag{3.21b}$$

阻尼　所有的阻尼、摩擦和损耗都被集总表示为阻尼系数 d。在这个简化模型中，阻尼假设与质量的速度 $\dot{y}$ 成反比，即：

$$d = \frac{F}{\dot{y}} \tag{3.22}$$

在式（3.20）中，假设阻尼 d 为 0，是对模型做了进一步简化。如果需要考虑阻尼，那么单位为 r/s 的阻尼基础固有频率 ω_d 或者单位为 Hz 的阻尼基础固有频率 f_d 的表达式变为：

$$\omega_d = \sqrt{\frac{k}{m} - \left(\frac{d}{2m}\right)^2}$$

$$f_d = \frac{1}{2\pi}\omega_d \tag{3.23}$$

这个阻尼频率 ω_d 将比无阻尼频率 ω_n 略小。

当量值　求一个集总模型的当量质量非常直接，只需将所有相关的移动质量用适当的质量单位求和即可。而当量弹簧刚度和当量阻尼系数的求解较为复杂，在此不做叙述。具体可参见参考文献［2］中的说明。

共振　如果作用在系统上的激振或工作频率与系统的任一固有频率相同，就称为共振。即如果一个旋转系统的输入角速度和 ω_n 相近或相同，则振动响应会非常剧烈。这能产生很大的载荷，从而导致失效。因此，必须尽量避免系统在固有频率或接近固有频率的情况下工作。

动载荷

如果对图 3-40 中的单自由度动态系统写出式（3.17），并代入式（3.21）和式（3.22），可得：

$$\sum F_y = ma = m\ddot{y}$$

$$F_{cam} - F_{spring} - F_{damper} = m\ddot{y} \tag{3.24}$$

$$F_{cam} = m\ddot{y} + d\dot{y} + ky$$

如果系统运动学参数（位移、速度和加速度）都是已知的，那么用这个方程可以求解得到凸轮受随时间变化的载荷函数。如果凸轮受力已知，要求相应的运动学参数，那么就要用到熟知的求解线性常微分方程的方法，具体见参考文献［3］。虽然在动力学分析中可以随意选取坐标系，但是需要注意：式（3.24）中的运动学参数（位移、速度和加速度）和系统载荷必须定义在同一个坐标系下。

作为振动对于系统动载荷影响的例子，我们重新探讨案例研究 5A 中的四杆机构，看看其在工作状态下真实动载的测量结果。

案例研究 5B   四杆机构的动载测量

问题：确定在曲柄整周旋转下四杆机构固定轴心处的实际载荷。

已知：机构由调速电动机驱动，转速为 60 r/min，而且在固定铰支与地面之间安置了力传感器。

假设：系统不受外载荷；所有载荷来源于杆的加速度。与有效惯性力相比，杆件重力非常小，可以忽略不计。力传感器只测动载荷。

解：见图 3-36、图 3-37 和图 3-41。

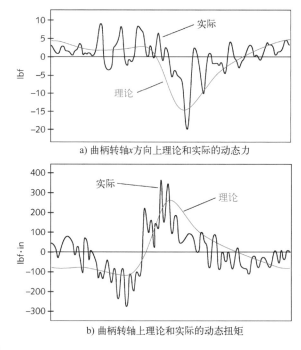

a) 曲柄转轴 x 方向上理论和实际的动态力

b) 曲柄转轴上理论和实际的动态扭矩

图 3-41

四杆机构理论与实际测得的力和扭矩

1. 图 3-36 给出了一个四杆机构○。它包括了三个运动零件（杆 2、杆 3 和杆 4）及框架或机架（1）。减振电动机通过齿轮箱和联轴器驱动杆 2。两个固定销轴都安装上了压电式力传感器，用来测量地平面上 x 和 y 方向上的动载荷。

2. 图 3-41 给出了机构在 60 r/min 工作时所测到的真正的载荷和转矩，并与案例研究 5A 中由式（a）~式（d）测算出来的理论载荷和转矩进行了比较[5]。在此，仅用杆 2 和机架之间的转轴的 x 分力和杆 2 的转矩作为例子进行说明，其他的转轴所受的力和力的分量与它们的理论预测值的偏差类似。一部分的偏差是来自驱动电动机角速度的瞬时不稳定；其他的则是来自齿轮箱存在的侧隙。理论分析假设的是恒定的输入轴速度。其他偏差的主因则是振动和冲击。

○ 在本书网站上的 Demos 文件夹下有一个该连杆机构的视频，名为 *Fourbar Linkage*。

举这个非常简单的动力系统下理论载荷与实际偏差的例子是想指出：即使我们对系统进行了最完备的载荷计算（以及基于此的应力）计算，也有可能因为在简化受力分析中没有考虑的一些因素而导致误差。利用理论预测动态系统载荷来估计现实情况是非常普遍的做法，当然，它是一个非保守结果。不管多么可行，真实原型系统的测试都将给出最为准确和实际的结果。

振动对系统的影响可能导致显著的载荷，如果没有像图 3-41 那样的测试数据，这样的载荷难以预测。在图 3-41 中，实际载荷是预测值的两倍，自然也会使应力翻倍。基于对同种或类似的设备的经验，传统的稍显粗糙的办法是给理论载荷提供一个超载系数。例如，在直圆柱齿轮设计一章中的表 12-17。该表列出了工业推荐的在不同种类的振动载荷下的齿轮的超载系数。当我们无法建立图 3-41 那样的精确测试数据的情况下，就可以应用这些系数。

3.16　冲击载荷

到目前为止，我们所讨论的载荷或者是静态的，或者即使随时间变化，也假设它们的作用是缓慢和平滑的，这样所有配合零件保持接触状态不变。许多机械中的零件都存在有可能受到突然的载荷或冲击的情况，一个典型的例子就是汽车发动机的核心零件——曲轴连杆机构。曲轴每旋转两周，活塞头部就承受一次气缸点火时爆炸性升压；且在每个循环往复载荷下，活塞与气缸壁之间的圆周间隙使这些表面受到冲击作用。另一个极端的例子是手提冲钻，它的目的是冲击路面并将其打碎。冲击载荷远远大于零件逐渐接触产生的载荷。想象一下在钉钉子时，若缓慢地用锤头压钉子而不是敲打，会怎样？

区别冲击载荷还是静态载荷就是看载荷作用的持续时间。如果载荷作用缓慢，那么就可以认为是静态的；如果作用急促，那么就是冲击载荷。一个分辨两者的方法就是对比施加载荷的时间 t_l（给出使载荷从 0 升到峰值所用的时间）和系统的固有频率周期 T_n。如果 t_l 比 T_n 的一半小，便可以认为这个载荷是冲击载荷。如果 t_l 大于 T_n 的三倍，便认为这是静态载荷。在这两个范围之间是灰色地带，两者之一均可能存在。

通常冲击载荷有两种类型，尽管我们将看到其中一种不过是另一种的特例。Burr[6] 将这两个类型称为显著冲击和力冲击。**显著冲击**指的是两个物体间发生了实际碰撞，比如捶打或充填装配件之间的间隙。**力冲击**则是指一个没有碰撞速度的载荷，比如突然撤走了一个重物的支架。力冲击的情况在摩擦型离合器和制动器（见第 17 章）上很常见。以上两种情况可以单独出现也可以以组合形式出现。

两个运动物体之间剧烈的碰撞将会造成碰撞物体永久的变形，比如车祸事故中的车体碰撞变形。在这种情况下，永久变形是希望看到的，我们希望通过变形达到吸收碰撞产生的巨大能量以保护乘客免受更多伤害的目的。在本章中，我们考虑的是不会造成永久变形的冲击，也就是说，应力将保持在弹性区域。这对允许零件在经历冲击后继续工作是非常必要的。

如果撞击物体的质量 m 大于被撞物体的质量 m_b，且撞击物体可被视为刚体，那么撞击的物体的动能就等于被撞物体最大变形量所储存的弹性能。这个能量等式给出了冲击载荷的近似值。这个方法不是精确的，因为我们把整个冲击过程各部分的应力假设成同一时间达到高峰值。然而，实际上碰撞时，在被撞物体中形成了应力波，以声速传递，并从边界反射回来。计算在弹性介质中这些纵波对应力的影响会得到准确结果，并且当撞击物体和被撞物体的质量比很小时，也必须这么计算。这里将不讨论波动方法。读者可以从参考文献［6］中找到更多的信息。

3

能量计算方法

　　假设在撞击过程中没有能量损失变为热能，撞击物体的动能将转化为储存在被撞物体内的势能。如果我们假设所有组成物体的颗粒在同一瞬间停止运动，那么在反弹前瞬间，力、应力和被撞物体的变形将是最大的。因此，储存在被撞物体中的弹性能将等于由弹簧刚度决定的力-变形曲线下的面积。图 3-42 所示为一个线性弹簧元件的常见的力-变形曲线。它储存的弹性能为 0 和任意合力与变形之间曲线下的面积。因为它们之间为线性关系，所以该面积为三角形，$A = 1/2bh$。因此，在冲击变形峰值点 δ_i 处储存的能量为：

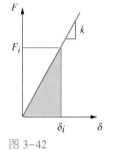

图 3-42

弹簧中所储存的能量

$$E = \frac{1}{2}F_i\delta_i \qquad (3.25a)$$

　　代入式（3.21）得：

$$E = \frac{F_i^2}{2k} \qquad (3.25b)$$

　　水平冲击　图 3-43a 给出了一个即将被质量冲击的水平杆件的末端的情况。这个机构有时被称为滑锤，它的一个用途是用来消除汽车钣金件上的压痕。在冲击点处，运动质量的部分动能，即传递到被冲击质量上的能量为：

$$E = \eta\left(\frac{1}{2}mv_i^2\right) \qquad (3.26)$$

式中，m 是质量；v_i 是冲击时的速度。我们需要通过一个修正系数 η 来修正动能项，这个修正系数主要是考虑与被撞弹性件特定类型相关的能量耗散。如果没有耗散，取 $\eta = 1$。

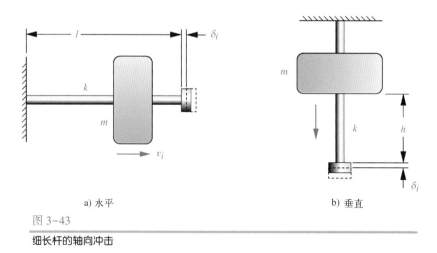

a) 水平

b) 垂直

图 3-43

细长杆的轴向冲击

　　假设所有运动质量的动能都转化为被撞物体的弹性能，我们可以令式（3.25）和式（3.26）相等：

$$\frac{F_i^2}{2k} = \eta\frac{mv_i^2}{2}$$
$$F_i = v_i\sqrt{\eta mk} \qquad (3.27)$$

　　如果质量以静态加载方式作用在被撞物体上，那么导致的静态变形是 $\delta_{st} = W/k$，这里的 $W = mg$。将其代入式（3.27），就得到一个动载和静载的比值或者动态变形和静态变形的比值：

$$\frac{F_i}{W} = \frac{\delta_i}{\delta_{st}} = v_i \sqrt{\frac{\eta}{g\delta_{st}}} \qquad (3.28)$$

这一等式的右边就称为冲击系数，它给出了一个冲击与静载或静变形的比值。因此，如果可以通过一个等于物体的重力的外力计算出静态变形，那么就可以用它来估算动载或动态变形。注意式 (3.27) 和式 (3.28) 对任意情况下的水平冲击都是有效的，无论物体是如图所示的轴向受载，还是承受弯矩、转矩。计算各种不同情况下的变形量的方法将在下章详述。任意物体的弹簧刚度 k 可以根据式 (3.21) 整理变形方程而获得。

垂直冲击　如图 3-43b 所示为一个质量从高度 h 处掉落到杆件上的情况，在式 (3.27) 中同样应用冲击速度 $v_i^2 = 2gh$。掉落 h 这一过程的势能是：

$$E = \eta \frac{mv_i^2}{2} = \eta mgh = W\eta h \qquad (3.29a)$$

如果冲击造成变形量与掉落高度相比很小，那么上面的公式成立。但是，如果相对于 h，变形量不可忽略，那么冲击的能量必须包括掉落到在 h 以外的变形部分对应的能量。那么冲击质量全部的势能就是：

$$E = W\eta h + W\delta_i = W(\eta h + \delta_i) \qquad (3.29b)$$

将这个势能与储存在被撞物体的弹性能相等，并将式 (3-25b) 和表达式 $W = k\delta_{st}$ 代入可得：

$$\frac{F_i^2}{2k} = W(\eta h + \delta_i)$$

$$F_i^2 = 2kW(\eta h + \delta_i) = 2\frac{W}{\delta_{st}}W(\eta h + \delta_i)$$

$$\left(\frac{F_i}{W}\right)^2 = \frac{2\eta h}{\delta_{st}} + \frac{\delta_i}{\delta_{st}} = \frac{2\eta h}{\delta_{st}} + 2\left(\frac{F_i}{W}\right) \qquad (3.30a)$$

$$\left(\frac{F_i}{W}\right)^2 - 2\left(\frac{F_i}{W}\right) - \frac{2\eta h}{\delta_{st}} = 0$$

对上面的 F_i/W 的二次方程，它的取正号的解为：

$$\frac{F_i}{W} = \frac{\delta_i}{\delta_{st}} = 1 + \sqrt{1 + \frac{2\eta h}{\delta_{st}}} \qquad (3.30b)$$

右边的表达式就是重物掉落情况下的冲击比。式 (3.30b) 可以用于任何有关重物掉落的冲击情况。例如，重物是掉落到一个梁上，那么就可以把梁在冲击点处的静态变形代入。

如果设上面讨论的质量被举高的高度 h 为 0，那么式 (3.30b) 就等于 2。这就说明，如果这一质量与被撞物体开始**相接触**（支承质量的重量另计），然后突然将其重量作用到被撞物体上，那么这个动载是重量的两倍。这就是前文所述的"力冲击"的情况，在这种情况下，物体间并没有发生撞击。一个更为精确的分析，是利用波分析方法，它预测出在这种无冲击瞬间加载情况下产生的动载比重量的两倍还要大[6]。许多设计者用 3 或 4 作为这种突发载荷下的动态系数的值，这是一个更为保守的估算，但是这只是一个粗略的估算。如果可能的话，对任何设计，都要进行试验测量或采用波分析方法，以获得更加合适的动态系数。

在参考文献 [6] 中，Burr 导出了对于几种冲击情况下的修正系数 η。在参考文献 [7] 中，Roark 和 Young 提供了另外一些情况下的系数。对图 3-44 所示的质量轴向撞击杆的情况，修正系数是[6]：

$$\eta = \frac{1}{1 + \dfrac{m_b}{3m}} \tag{3.31}$$

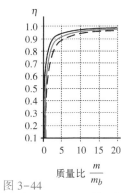

式中，m 是撞击物体的质量；m_b 是被撞物体的质量。随着撞击和被撞物体质量之比的数值增加，修正系数 η 将逐渐趋于 1。图 3-44 给出了三个 η 与质量比的函数曲线：用彩色描绘的拉杆（式 3.31）、中点受冲击的简支梁（黑色实线），以及自由端受冲击的悬臂梁（黑色虚线）[6]。因为修正系数 η 总是比 1 小（当质量比 >5 时，η > 0.9），因此将它假设为 1 是比较保守的。但是，要了解的是：能量法通常给出的是一个近似和非保守的结果，在设计计算中，需要用比正常值更大的安全系数。

图 3-44

修正系数 η 是质量比的函数

例 3-3　受轴向冲击载荷杆件

问题：如图 3-43a 所示，一个杆件受到了一个速度为 1 m/s 质量的冲击。

（a）在 1 kg 的运动质量冲击下，求解冲击力相对于杆的长度/直径的比值（长径比）的敏感度。

（b）当杆的长径比为 10 时，求解冲击力相对于运动质量的比值的敏感度。

已知：圆杆长 100 mm。杆和运动质量的材料均为钢，且 $E = 207$ GPa，质量密度是 7.86 g/cm³。

假设：近似能量计算方法适用，使用能量耗散的修正系数。

解：见图 3-43a、图 3-45 和图 3-46。

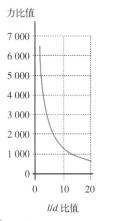 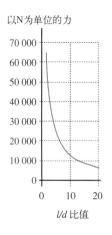

图 3-45

系统的动态力和力比值是 l/d 比值的函数（例 3-3）

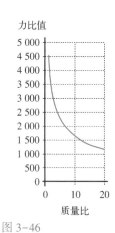 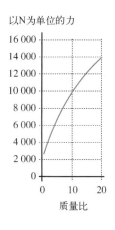

图 3-46

系统的动态力和力比值是质量比的函数（例 3-3）

1. 图 3-43a 给出了所述系统。运动质量以 1 m/s 的速度冲击杆的尾部的法兰上。

2. 对于问题中的（a）问，我们将运动质量固定为 1 kg，杆的长度固定为 100 mm，通过改变杆的直径实现将 l/d 比值在 1~20 内变化。在下述的方程中，我们只是以 l/d 比值为 10 作为计算实例，列表中 l/d 其他所有的比值情况也可以进行同样的计算。由质量的重力造成的静态变形按照受拉杆的变形表达式算出（见下章式 4.8 的推导），为：

$$\delta_{st} = \frac{Wl}{AE} = \frac{9.81\,\text{N}\,(100\,\text{mm})}{78.54\,\text{mm}^2\left(2.07 \times 10^5\,\text{N/mm}^2\right)} = 0.06\,\mu\text{m} \tag{a}$$

假设质量比为 16.2，算出修正系数为：

$$\eta = \frac{1}{1+\dfrac{m_b}{3m}} = \frac{1}{1+\dfrac{0.0617}{3(1)}} = 0.98 \tag{b}$$

将这些值（根据杆的不同直径 d 计算而来）代入到式（3.12）便可以得到力比值 $F_i W$ 及动载 F_i。对于 $d = 10\text{ mm}$，有：

$$\frac{F_i}{W} = v_i \sqrt{\frac{\eta}{g\delta_{st}}} = 1\frac{\text{m}}{\text{s}} \sqrt{\frac{0.98}{9.81\dfrac{\text{m}}{\text{s}^2}(0.00006\text{ m})}} = 1\,285.9 \tag{c}$$

$$F_i = 1\,285.9(9.81\text{N}) = 12\,612\text{ N}$$

在图 3-45 中，给出了在运动物体质量以及冲击速度恒定（例如，输入能量恒定）的情况下，力比值随 l/d 比值变化的趋势。随着 l/d 比值减小，杆的刚性增加，因此在相同的冲击能量下，产生了更大的冲击载荷。这明确说明：可以通过增加冲击系统的柔度来减少冲击力。

3. 对于问题中的（b）问，我们保持 l/d 比值恒定为 10，将运动物体与梁的质量比值在 1~20 范围内变动。本书网站上的文件 EX03-01B 给出了这一质量比范围内所有的结果。质量比为 16.2 时计算的结果和上述（a）问中的结果一致。图 3-46 给出了动载比值 F_i/W 随质量比成反比变化的情况。但是，因为静载 W 也随着质量比而增加，使得冲击载荷随质量比增加，如图 3-46b 所示。

3.17 梁载荷分析

梁是指任意一根承受垂直于其长轴方向的载荷的零件，它也可以承受轴向载荷。如果梁两端都有销轴支承或窄支承就称为**简支梁**，如图 3-47a 所示。如果梁一端固定而另一端没有支承则称为**悬臂梁**（见图 3-47b）。如果一个简支梁的任意一个支承点处有外伸部分悬垂则称为**外悬臂梁**（见图 3-47c）。如果梁除了稳定所需的必要支承点外，还有其他支承（即在运动学上自由度为 0），那么梁的状态

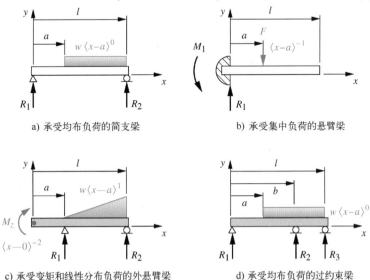

a) 承受均布负荷的简支梁

b) 承受集中负荷的悬臂梁

c) 承受变矩和线性分布负荷的外悬臂梁

d) 承受均布负荷的过约束梁

图 3-47

梁及梁的载荷的类型

就称为过约束梁或者静不定梁，如图 3-47d 所示。对**静不定梁**的载荷问题，只用式（3.19）是无法求解的。必须要用到其他求解方法。这个问题在下章详述。

梁是典型的一类静态分析结构，虽然振动和加速度会引起动载。一个梁能够在三维方向上承受载荷，这时需要使用式（3.19a）。而对于二维情况，式（3.19b）就足够了。为了简单起见，这里选用的例题仅限于二维情况。

剪切和力矩

如图 3-47 所示，梁可能会承受一些分布和/或集中的力或力矩作用。外力将会在梁中产生剪力和弯矩，所以需要对梁进行载荷分析以得出这些剪力和弯矩的大小和它们的空间分布。梁上的剪力 V 和弯矩 M 与载荷函数 $q(x)$ 有关，如下式所示：

$$q(x) = \frac{\mathrm{d}V}{\mathrm{d}x} = \frac{\mathrm{d}^2 M}{\mathrm{d}x^2} \tag{3.32a}$$

载荷函数 $q(x)$ 通常是已知的，则剪力 V 和弯矩 M 可以通过对式（3.32a）[⊖]的积分得到：

$$\int_{V_A}^{V_B} \mathrm{d}V = \int_{x_A}^{x_B} q \mathrm{d}x = V_B - V_A \tag{3.32b}$$

式（3.32b）[⊖]给出了梁上任意两点 A 和 B 的剪力差别，具体数值等于载荷函数（式 3.32a）图曲线以下的面积。

对剪力和弯矩之间的关系积分可得：

$$\int_{M_A}^{M_B} \mathrm{d}M = \int_{x_A}^{x_B} V \mathrm{d}x = M_B - M_A \tag{3.32c}$$

表明：任意两点 A 和 B 的弯矩差，等于剪力函数（式 3.32b）图曲线以下的面积。

符号规则 常用（任意）在梁上的符号规则规定：如果一个弯矩造成梁向下凹陷为正（可盛水）。这时，梁的上表面受压，下表面受拉。规定：如果剪力引起所作用的梁段顺时针旋转则为正。这些规则如图 3-48 所示，负的载荷造成正的弯矩。在图 3-47 中，所有外载荷都是负的，例如在图 3-47a 中，从 a 到 l 的分布载荷为 $q = -w$。

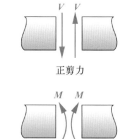

正剪力

正扭矩

图 3-48

梁的符号规则

求解方法 用式（3.19）和式（3.32）求解任意梁问题可以有几种方法。顺序法和图解法在很多静力学和材料力学教科书中都有描述。一种传统的方法就是用式（3.19）先找出梁的反作用力，然后用图解法作出剪力和弯矩图，再通过函数算出关键值。从教学角度来看，这种方法很容易理解和上手，但是具体实现非常烦琐。最适用于计算机求解的方法是利用一系列的称为**奇异函数**的数学函数来表示梁上的载荷。我们介绍传统方法作为教学参考，同时介绍使用奇异函数的方法，因为它提供了能够应用计算机求解的便利之处。与在其他课程中经常学到的方法比较，可能奇异函数这个方法对一些学生来说会比较陌生，但它在应用计算机求解方面很有优势。

奇异函数

因为梁上的载荷往往包括各种离散载荷的集合，比如点载荷，或者分段分布载荷，它们可能会间断地分布在整个梁的长度方向上，因此，很难找到一个在整个梁长度上都连续的方

⊖ 原书为式（3.16a），应为笔误。译者注

⊖ 原书为式（3.16b），应为笔误。译者注

程来表示这些离散函数。数学上发明了一类特别的函数，叫作**奇异函数**，来处理这类问题。奇异函数常常以尖括号内的二项式形式出现，见式 (3.33)。尖括号中第一个量是自变量，在本例中用 x 表示，即在梁长度方向上的距离。第二个量 a 是用户自定义参数，表示 x 在该函数出现奇异。比如，对于一个点载荷，a 就代表载荷作用处的 x 值（见图 3-47b）。这种奇异函数的定义形式也称为**单位脉冲函数**或**狄拉克函数**，见式 (3.33d)。注意：所有奇异函数都是有条件限制的。对脉冲函数而言，如果 $x=a$，脉冲函数值为 ∞，如果 x 为其他值，函数值就为 0。**单位阶跃函数**，又称**赫维赛德阶跃函数**（见式 3.33c），对于所有 x 小于 a，函数值都为 0，而对于其他 x 值，则函数值为 1。

因为这些奇异函数规定了取值为 1，所以将它与一个常数相乘就可以得到想得到的大小。它们的应用将在下述三个例子中说明，在例 3-4B 中有最详细的介绍。如果希望一个函数让某个载荷只作用在 x 变化范围中的某一段上，就需要两个奇异函数来描述。第一个函数定义在 a_1 处，它是作用的起点，并根据它的作用方向乘以正或负的系数。第二个函数定义在 a_2 处，它是作用的终点，它的系数与第一个函数的系数大小相等、方向相反。这两个函数将在 a_2 之后全部失效，即载荷为 0。在下章的例 4-6 中将对这种情况进行讨论。

二次分布载荷可用一个**单位抛物线函数**来表示：

$$\langle x-a \rangle^2 \tag{3.33a}$$

定义为：当 $x \leq a$ 时，函数值为 0；$x > a$ 时，函数值等于 $(x-a)^2$。

线性分布载荷可用**单位线增函数**来表示：

$$\langle x-a \rangle^1 \tag{3.33b}$$

定义为：当 $x \leq a$ 时，函数值为 0；而 $x>a$ 时，函数值等于 $(x-a)$。

对在梁上某段均匀分布的载荷，在数学上用**单位阶跃函数**表示：

$$\langle x-a \rangle^0 \tag{3.33c}$$

定义为：当 $x<a$ 时，函数值为 0；当 $x>a$ 时，函数值为 1；而 $x=a$ 时则无定义。

一个集中力可用**单位脉冲函数**来表示：

$$\langle x-a \rangle^{-1} \tag{3.33d}$$

定义为：当 $x<a$ 时，函数值为 0；当 $x=a$ 时，函数值为 ∞，而 $x>a$ 时函数值为 0。它在 a 处积分为 1。

一个集中的弯矩可用**二阶单位脉冲函数**表示：

$$\langle x-a \rangle^{-2} \tag{3.33e}$$

定义为：当定义 $x<a$ 时，函数值为 0；当 $x=a$ 时，函数值不确定；而 $x>a$ 时函数值为 0。它在 a 处产生一个单位力偶。

这个方法可以扩展到用任意阶的 $<x-a>^n$ 多项式表示的多项式奇异函数，从而可以适用于任意类型的分布载荷。这里描述的 5 种奇异函数中的 4 种在图 3-47 给出，可适用于不同梁的类型。为求解这些函数，我们需要编写一个计算机程序。表 3-7 给出了关于 5 个奇异函数"类似 Basic 语言"的虚拟程序代码。在 For 循环语句中，x 值从 0 变化到梁长 l。用 If 判断语句确定 x 值是否到达 a 这个奇异函数作用始点。根据这个判定，奇异函数 $y(x)$ 的值可设为 0 或者特定的大小。这类代码可以用容易地改成任一计算机语言（例如，C++、Fortran、BASIC）实现，或是用方程求解类型软件（例如，MathCAD、MATLAB、TK Solver、EES）来实现。

这些奇异函数的积分有一些特殊定义，即在一些情况下，虽然违背常识，但是却能提供所需要的数学结果。例如，单位脉冲函数式（3.17d）为 0 宽度，并且可无穷大，而它的面积（积分）定义为等于 1，见式（3.18d）。（可通过参考文献［8］以获得对于奇异函数更为完整的讨论。）奇异函数式（3.17）的积分定义为

$$\int_{-\infty}^{x} \langle \lambda - a \rangle^2 \mathrm{d}\lambda = \frac{\langle x - a \rangle^3}{3} \tag{3.34a}$$

$$\int_{-\infty}^{x} \langle \lambda - a \rangle^1 \mathrm{d}\lambda = \frac{\langle x - a \rangle^2}{2} \tag{3.34b}$$

表 3-7　奇异函数计算虚拟代码

脉冲奇异函数
```
For x = 0 to l
    If ABS (x-a) < 0.0001 Then y(x) = magnitude, Else y(x) = 0 ⊖
Next x
```
阶跃奇异函数
```
For x = 0 to l
    If x < a Then y(x) = 0, Else y(x) = magnitude
Next x
```
线增奇异函数
```
For x = 0 to l
    If x <= a Then y(x) = 0, Else y(x) = magnitude * (x-a)
Next x
```
抛物线奇异函数
```
For x = 0 to l
    If x <= a Then y(x) = 0, Else y(x) = magnitude * (x-a)^2
Next x
```
立方奇异函数
```
For x = 0 to l
    If x <= a Then y(x) = 0, Else y(x) = magnitude * (x-a)^3
Next x
```

$$\int_{-\infty}^{x} \langle \lambda - a \rangle^0 \mathrm{d}\lambda = \langle x - a \rangle^1 \tag{3.34c}$$

$$\int_{-\infty}^{x} \langle \lambda - a \rangle^{-1} \mathrm{d}\lambda = \langle x - a \rangle^0 \tag{3.34d}$$

$$\int_{-\infty}^{x} \langle \lambda - a \rangle^{-2} \mathrm{d}\lambda = \langle x - a \rangle^{-1} \tag{3.34e}$$

式中，λ 仅是一个从 $-\infty$ 到 x 的积分变量。这些表达式可以用来计算在奇异函数组合表达的载荷函数下的剪力和弯矩函数。

例 3-4A　利用图解法求一个简支梁的剪力和弯矩图

问题：求解和绘制图 3-47a 所示的一个受均布载荷的简支梁的剪力和弯矩方程。

已知：梁的长度 $l = 10$ in，载荷位置 $a = 4$ in。均布载荷的大小是 $w = 10$ lb/in。

假设：相对于外载荷而言，梁的重力非常小，可以忽略不计。

解：见图 3-47a 和图 3-49。

⊖ 注意：这个程序并不形成狄拉克函数的无穷大值。相反，它在位置 a 处产生一个点载荷的大小，可以用于绘制梁的载荷函数。

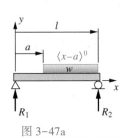

图 3-47a

（重复）承受均布载
载荷的简支架

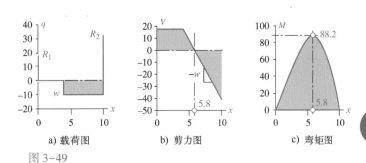

a) 载荷图　　b) 剪力图　　c) 弯矩图

图 3-49

例 3-4 绘图

1. 利用式（3.19）求解支反力。求右端弯矩总和以及 y 方向的力总和得：

$$\sum M_z = 0 = R_1 l - \frac{w(l-a)^2}{2} \tag{a}$$

$$R_1 = \frac{w(l-a)^2}{2l} = \frac{10(10-4)^2}{2(10)} = 18$$

$$\sum F_y = 0 = R_1 - w(l-a) + R_2 \tag{b}$$

$$R_2 = w(l-a) - R_1 = 10(10-4) - 18 = 42$$

2. 剪力图的形状可以通过对载荷图积分（见图 3-49a）画出来。在此有一个将图解过程形象化的小技巧，想象你在缓慢地倒退着走过梁的载荷图，从左端开始并采用很小的步长 dx，然后在剪力图（见图 3-49b）上，将记录每一步你能看见的载荷曲线（$force \cdot dx$）下的面积。当你从 $x=0$ 往回走的第一步，剪力图立即上升到值 R_1。当你从 $x=0$ 走到 $x=a$ 时，没有发生变化，因为你没有看到其他额外的力。当你走过 $x=a$，你开始看到的条形等于 $-w \cdot dx$ 的面积，它在剪力图上逐渐地从 R_1 值里减掉。当你到达 $x=l$ 时，所有的面积 $w \cdot (l-a)$ 将会使剪力图的值到 $-R_2$。当你倒走完离开整个梁的载荷图（见图 3-49a）并大幅下落，你就可以看到反作用力 R_2，它使得剪力图降到 0，并封闭。所以，在这个例子中最大的剪力值就是在 $x=l$ 处的 R_2。

3. 如果你的反应足够快，那么当你往下掉时应该会尝试着去抓住剪力图（见图 3-49b），爬上它并重复这个倒走的小技巧可以形成弯矩图，因为它是剪力图的积分。注意：在图 3-49c 中，从 $x=0$ 到 $x=a$ 的弯矩函数是一条斜率为 R_1 的直线。过了这个点 a，剪力图是一个三角形，因此积分就是一个抛物线。弯矩峰值将在剪力穿过 0（即在弯矩图 0 斜率）时达到。在 $V=0$ 时的 x 值可以通过一个简单的三角几何求得，注意三角形的斜率是 $-w$，可得：

$$x_{@V=0} = a + \frac{R_1}{w} = 4 + \frac{18}{10} = 5.8 \tag{c}$$

正剪力区，弯矩增加；负剪力区，弯矩减少。所以，可以通过将剪力图从 $x=0$ 到 $x=5.8$ 时的矩形和三角形区域的面积相加，得到弯矩峰值为：

$$M_{@x=5.8} = R_1(a) + R_1 \frac{1.8}{2} = 18(4) + 18\frac{1.8}{2} = 88.2 \tag{d}$$

上述给出了一个快速有用的求梁上最大剪力和弯矩的数值及其位置的方法。然而，所有这些步行或者掉落的过程可能会很枯燥，如果有一种可以利用计算机求解任意载荷下梁的精确全面的剪力和弯矩图的方法，那将会非常实用。这个方法需要一点额外的方法且在确定变形曲线时也同样好使。在下一章中我们将看到，之前给出的简单确定挠度曲线的方法并不是那么有用。我们现在还是用这个例子，但是利用奇异函数的方法来求载荷、剪力和弯矩图。

例 3-4B   利用奇异函数法求一个简支梁的剪力和弯矩图

问题：求解和绘制图 3-47a 所示一个受均布载荷的简支梁的剪力和弯矩方程。

已知：梁的长度 $l = 10$ in，载荷位置 $a = 4$ in。均布载荷的大小为 $w = 10$ lb/in。

假设：相对于外载荷来说，梁的重力非常小，可以忽略不计。

解：见图 3-47a 和图 3-49。

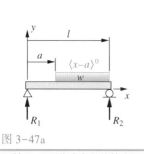

图 3-47a

（重复）承受均布负荷的简支梁

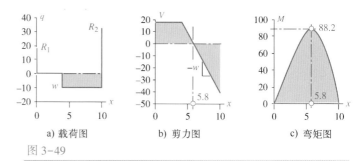

a) 载荷图   b) 剪力图   c) 弯矩图

图 3-49

（重复）例 3-4 绘图

1. 根据式（3.33）写出载荷函数，并对式（3.34）积分获得剪力函数，然后再积分获得弯矩函数。对于图 3-47a 中的梁，有：

$$q = R_1 \langle x-0 \rangle^{-1} - w\langle x-a \rangle^0 + R_2 \langle x-l \rangle^{-1} \tag{a}$$

$$V = \int q \mathrm{d}x = R_1 \langle x-0 \rangle^0 - w\langle x-a \rangle^1 + R_2 \langle x-l \rangle^0 + C_1 \tag{b}$$

$$M = \int V \mathrm{d}x = R_1 \langle x-0 \rangle^1 - \frac{w}{2}\langle x-a \rangle^2 + R_2 \langle x-l \rangle^1 + C_1 x + C_2 \tag{c}$$

这里有两个反作用力和两个积分常数。我们在一个假设为无穷长的梁上从 $-\infty$ 到 x 进行积分。变量 x 可以在梁的尾端之前和之后取值。如果假设有一个左边无穷接近 $x=0$ 的点（表示为 $x= 0^-$），那么剪力和弯矩都将在此为 0。右边无穷接近 $x=l$ 的点（定义为 $x=l^+$）也有同样的情况。这些情况提供了四个边界条件，即当 $x=0^-$ 时，$V=0$，$M=0$；当 $x=l^+$ 时，$V=0$，$M=0$，从而可以求解四个常数 C_1，C_2，R_1，R_2。

2. 将边界条件 $x=0^-$，$V=0$ 和 $x=0^-$，$M=0$ 分别代入式（b）和（c）中，可以获得常数 C_1 和 C_2：

$$V\left(0^-\right) = 0 = R_1 \langle 0^- - 0 \rangle^0 - w\langle 0^- - a \rangle^1 + R_2 \langle 0^- - l \rangle^0 + C_1$$
$$C_1 = 0$$
$$M\left(0^-\right) = 0 = R_1 \langle 0^- - 0 \rangle^1 - \frac{w}{2}\langle 0^- - a \rangle^2 + R_2 \langle 0^- - l \rangle^1 + C_1\left(0^-\right) + C_2 \tag{d}$$
$$C_2 = 0$$

注意：在通常情况下，如果载荷函数包含作用在梁上的反作用力和弯矩，那么 C_1 和 C_2 总是为 0，因为剪力和弯矩图必须在梁的两边为 0 以实现封闭。

3. 将边界条件 $x=l^+$，$V=0$，$M=0$ 分别代入式（c）和（b）中，可以获得反作用力 R_1 和 R_2。注意：因为差别非常小，所以我们可以用 1 代替 1^+ 进行计算。

$$M\left(l^+\right) = R_1\left\langle l^+ - 0\right\rangle^1 - w\frac{\left\langle l^+ - a\right\rangle^2}{2} + R_2\left\langle l^+ - l\right\rangle^1 = 0$$

$$0 = R_1 l^+ - \frac{w\left(l^+ - a\right)^2}{2} \tag{e}$$

$$R_1 = \frac{w\left(l^+ - a\right)^2}{2l^+} = \frac{w\left(l - a\right)^2}{2l} = \frac{10\left(10 - 4\right)^2}{2\left(10\right)} = 18$$

$$V\left(l^+\right) = R_1\left\langle l^+ - 0\right\rangle^0 - w\left\langle l^+ - a\right\rangle^1 + R_2\left\langle l^+ - l\right\rangle^0 = 0$$

$$0 = R_1 - w\left(l - a\right) + R_2 \tag{f}$$

$$R_2 = w\left(l - a\right) - R_1 = 10\left(10 - 4\right) - 18 = 42$$

因为 w、l 和 a 已知，求解式（e）可以获得 R_1，且这个结果可以代入式（f）获得 R_2。注意：式（f）就是 $\Sigma F = 0$，而式（e）是点 l 处的弯矩的和，且其值为 0。

4. 为了求出在梁的整个长度上的剪力和弯矩函数，在代入上述值 C_1，C_2，R_1 和 R_1 之后，式（b）和（c）的 x 必须是在 $0 \sim l$ 范围内进行计算。独立变量 x 将以 0.1 的步长增量从 0 到 $l = 10$ 变化。反作用力、载荷函数、剪力函数和弯矩函数都可以从上面的式（a）~（f）计算出来，并在图 3-49 中画出。读者可在本书网站上得到绘制这些图的文件 EX03-04。

5. 为了进行梁的应力计算，我们需要了解剪力和弯矩函数取值的最大绝对值。从剪力图和弯矩图可以看出，最大剪力是在 $x = l$ 处，而弯矩在靠近中点处达到最大值 M_{max}。M_{max} 相应的 x 值可以通过令 V 为 0，然后代入式（b）中求解得到（剪力函数是弯矩函数的导函数，因此在弯矩最大或最小处，剪力必为 0）。由此可得 M_{max} 处 $x = 5.8$。在这些最大最小点处的函数值可通过分别代入相应的 x 值到式 b 和 c，求解奇异函数得到。对于在 $x = l$ 处的剪力最大绝对值，有：

$$\begin{aligned}
V_{max} = V_{@\,x=l^-} &= R_1\left\langle l^- - 0\right\rangle^0 - w\left\langle l^- - a\right\rangle^1 + R_2\left\langle l^- - l\right\rangle^0 \\
&= R_1 - w\left(l^- - a\right) + 0 \\
&= 18 - 10\left(10 - 4\right) + 0 = -42
\end{aligned} \tag{g}$$

注意：第一个奇异函数项为 1，因为 $l^- > 0$（见式 3.33c），第二个奇异函数项为 $\left(l - a\right)$，因为这里 $l^- > a$（见式 3.33b），而第三个奇异函数项为 0，如式（3.33c）定义。最大弯矩可用类似方法获得：

$$\begin{aligned}
M_{max} = M_{@\,x=5.8} &= R_1\left\langle 5.8 - 0\right\rangle^1 - w\frac{\left\langle 5.8 - a\right\rangle^2}{2} + R_2\left\langle 5.8 - l\right\rangle^1 \\
&= R_1\left\langle 5.8\right\rangle^1 - w\frac{\left\langle 5.8 - 4\right\rangle^2}{2} + R_2\left\langle 5.8 - 10\right\rangle^1 \\
&= 18\left(5.8\right) - 10\frac{\left(5.8 - 4\right)^2}{2} + 0 = 88.2
\end{aligned} \tag{h}$$

第三个奇异函数项为 0，因为 $5.8 < l$（见式 3.33b）。

6. 所得结果是：

$$R_1 = 18 \qquad R_2 = 42 \qquad V_{max} = -42 \qquad M_{max} = 88.2 \tag{i}$$

例 3-5A　利用图解法求悬臂梁的剪力和弯矩图

问题：求解和绘制图 3-47b 所示的承受集中载荷的悬臂梁的剪力和弯矩方程。

已知：梁长 $l = 10$ in，载荷位置 $a = 4$ in。外力的大小是 $F = 40$ lb。

假设：相对于外载荷来说，梁的重力非常小，可以忽略不计。.

解：见图 3-47b 和图 3-49。

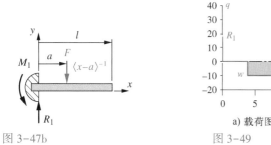

图 3-47b

（重复）承受集中载荷的悬臂梁

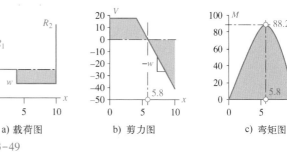

a) 载荷图 b) 剪力图 c) 弯矩图

图 3-49

（重复）例 3-5A 所绘的图

1. 利用式（3.19）求解反作用力。求左端合弯矩，以及 y 方向上的合力得：

$$\sum M_z = 0 = Fa - M_1 \tag{a}$$

$$M_1 = Fa = 40(4) = 160$$

$$\sum F_y = 0 = R_1 - F \tag{b}$$

$$R_1 = F = 40$$

2. 根据方向符号法则，在本例中剪力是正的而弯矩是负的。利用想象在梁的固定端开始"慢慢地倒走"向梁的自由端（见图 3-49 从左往右）的方法，我们可以生动地构建剪力和弯矩图。

在本例中，倒走过程中首先观察到的是向上的反作用力 R_1。这个剪力保持不变直到到达 $x = a$ 处向下的力 F，这个力使剪力图封闭到 0 处。

3. 弯矩图是剪力图的积分，在本例中它就是一条斜率为 40 的直线。

4. 悬臂梁的剪力和弯矩最大值都在墙处。最大值如上述式（a）和式（b）所示。

下面，将用奇异函数法再次求解这个例题。

例 3-5B 利用奇异函数法求悬臂梁的剪力和弯矩图

问题：求解和绘制图 3-47b 所示承受集中载荷的悬臂梁的剪力和弯矩方程。

已知：梁长 $l = 10$ in，载荷位置 $a = 4$ in。外力的大小是 $F = 40$ lb。

假设：相对于外载荷来说梁的重力非常小，可以忽略不计。.

解：见图 3-47b 和图 3-50。

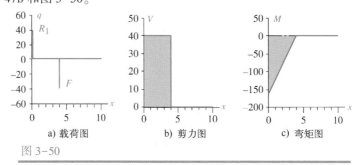

a) 载荷图 b) 剪力图 c) 弯矩图

图 3-50

例 3-5B 中的绘图

1. 根据式（3.33）写出载荷方程，根据式（3.34），对获得方程积分得到剪力方程和再积分得到弯矩方程。注意：梁在墙处的弯矩用二阶单位脉冲函数来表示。对于图 3-47b 所示的梁，有：

$$q = -M_1\langle x-0\rangle^{-2} + R_1\langle x-0\rangle^{-1} - F\langle x-a\rangle^{-1} \tag{a}$$

$$V = \int q\mathrm{d}x = -M_1\langle x-0\rangle^{-1} + R_1\langle x-0\rangle^{0} - F\langle x-a\rangle^{0} + C_1 \tag{b}$$

$$M = \int V\mathrm{d}x = -M_1\langle x-0\rangle^{0} + R_1\langle x-0\rangle^{1} - F\langle x-a\rangle^{1} + C_1 x + C_2 \tag{c}$$

在式（b）中墙处的反作用弯矩 M_1 在 z 方向，而力 R_1 和 F 在 y 方向。式（c）中所有的弯矩在 z 方向。

2. 因为载荷函数中包括了反作用，所以剪力和弯矩图都分别在梁的两端封闭到 0，使 $C_1 = C_2 = 0$。

3. 将边界条件 $x=l^+$，$V=0$，$M=0$ 代入式（b）和式（c），可求得反作用力 R_1 和反作用弯矩 M_1。注意：我们可以用 l 代替 l^+，因为它们的差别极小。M_1 在式（d）中没有体现，因为它的奇异函数在 $l=l^+$ 处没有定义。

$$\begin{aligned} V &= M\langle l\rangle^{-1} + R_1\langle l-0\rangle^{0} - F\langle l-a\rangle^{0} = 0 \\ 0 &= M(0) + R_1 - F \\ R_1 &= F = 40\ \mathrm{lb} \end{aligned} \tag{d}$$

$$\begin{aligned} M &= -M_1\langle l-0\rangle^{0} + R_1\langle l-0\rangle^{1} - F\langle l-a\rangle^{1} = 0 \\ 0 &= -M_1 + R_1(l) - F(l-a) \\ M_1 &= R_1(l) - F(l-a) = 40(10) - 40(10-4) = 160\ \mathrm{lb\cdot in}\ \ \mathrm{cw} \end{aligned} \tag{e}$$

因为 F、l 和 a 已知，R_1 可以用式（d）求解得到，将获得 R_1 的解代入式（e）可求得 M_1。注意：式（d）其实就是 $\Sigma F_y = 0$，而式（e）则是 $\Sigma M_z = 0$。

4. 为了在整个梁长上建立剪力和弯矩函数，在代入了上述 C_1、C_2、R_1 和 M_1 的值后，式（b）和（c）自变量 x 值的范围必须取 $0\sim l$。自变量 x 将以 0.1 的步长增量从 0 到 $l=10$ 变化。用式（a）到（e）计算得出反作用力、载荷函数、剪力函数和弯矩函数，并在图 3-50 中画出。读者可在本书网站上获得绘制这些图的文件 EX03-04。

5. 为了进行梁的应力计算，我们需要了解剪力和弯矩函数取值的最大绝对值。从剪力图和弯矩图可以看出，最大剪力和弯矩都在 $x=0$ 处。通过将 $x=0$ 的值分别代入式（b）和式（c）计算和求解奇异函数可以获得该点处的函数值为：

$$R_1 = 40 \qquad V_{max} = 40 \qquad |M_{max}| = 160 \tag{f}$$

例 3-6　利用奇异函数求外悬臂梁的剪力和弯矩图

问题：求图 3-47c 所示承受外力矩和线性变化载荷的外悬臂梁的剪力和弯矩图。

已知：梁长 $l=10$ in，载荷的位置 $a=4$ in，弯矩的大小 $M=20$ lb·in，力分布线性函数的斜率是 $w=10$ lb/in。[⊖]

假设：相对于外载荷来说，梁的重力非常小，可以忽略不计。

⊖　原书为 lb/in/in，应为笔误。译者注解：见图 3-47c 和图 3-51。

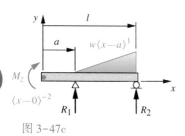

图 3-47c

（重复）承受变矩和线性分布负荷
的外悬臂梁

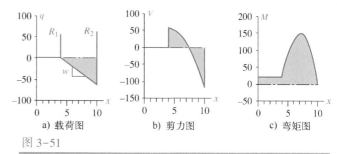

a) 载荷图　　　b) 剪力图　　　c) 弯矩图

图 3-51

例 3-6 中的绘图

1. 根据式（3.33）写出载荷函数方程，然后根据式（3.34）对获得的方程积分获得剪力方程和再积分获得弯矩方程。对于图 3-47c 所示的梁，有：

$$q = M\langle x-0\rangle^{-2} + R_1\langle x-a\rangle^{-1} - w\langle x-a\rangle^{1} + R_2\langle x-l\rangle^{-1} \tag{a}$$

$$V = \int q\mathrm{d}x = M\langle x-0\rangle^{-1} + R_1\langle x-a\rangle^{0} - \frac{w}{2}\langle x-a\rangle^{2} + R_2\langle x-l\rangle^{0} + C_1 \tag{b}$$

$$M = \int V\mathrm{d}x = M\langle x-0\rangle^{0} + R_1\langle x-a\rangle^{1} - \frac{w}{6}\langle x-a\rangle^{3} + R_2\langle x-l\rangle^{1} + C_1 x + C_2 \tag{c}$$

2. 正如先前两个例题所示，如果剪力和弯矩函数中包括了反作用力，那么载荷积分系数 C_1 和 C_2 将为 0，因此我们可以置它们等于 0。

3. 分别将边界条件 $x=l^+$，$V=0$，$M=0$ 代入式（c）和式（b）中，可以求得反作用力 R_1 和 R_2。注意：可以用 l 代替 l^+，因为它们的差别是极小的。从而有：

$$M = M_1\langle l\rangle^{0} + R_1\langle l-a\rangle^{1} - \frac{w}{6}\langle l-a\rangle^{3} + R_2\langle l-l\rangle^{1} = 0$$

$$0 = M_1 + R_1(l-a) - \frac{w}{6}(l-a)^{3}$$

$$R_1 = \frac{w}{6}(l-a)^{2} - \frac{M_1}{(l-a)} \tag{d}$$

$$= \frac{10}{6}(10-4)^{2} - \frac{20}{(10-4)} = 56.67 \text{ lb}$$

$$V = M\langle l\rangle^{-1} + R_1\langle l-a\rangle^{0} - \frac{w}{2}\langle l-a\rangle^{2} + R_2\langle l-l\rangle^{0} = 0$$

$$0 = M(0) + R_1 - \frac{w}{2}(l-a)^{2} + R_2 \tag{e}$$

$$R_2 = \frac{w}{2}(l-a)^{2} - R_1 = \frac{10}{2}(10-4)^{2} - 56.67 = 123.33 \text{ lb}$$

注意：式（d）其实就是 $\Sigma M_z = 0$，而式（e）则是 $\Sigma F_y = 0$。

4. 为了在整个梁长上建立剪力和弯矩函数，在代入了上述值 $C_1 = 0$，$C_2 = 0$，R_1 和 R_2 后，需要对独立变量 x 从 0 到 l 来计算式（b）和式（c）。独立变量 x 将以 0.1 的步长增量从 0 到 $l=10$ 变化。由式（a）~式（e）可计算得出反作用力、载荷函数、剪力函数和弯矩函数，并在图 3-51 中画出[⊖]。

⊖　可在网站上获得绘制这些图的文件 "EX03-04"。

5. 为了进行梁的应力计算,我们需要了解剪力和弯矩函数取值的最大绝对值。由剪力图和弯矩图可知,最大剪力是在 $x=l$ 处,而弯矩最大值 M_{max} 发生在靠近梁中点处。M_{max} 相应的 x 值可以通过设 V 为 0 代入式(b)中求解得到。因为剪力函数是弯矩函数的导函数,因此在弯矩最大或最小处,剪力必为 0。由此可得 M_{max} 处 $x=7.4$。通过这一 x 值分别代入式(b)和式(c)进行计算,并求解奇异函数,可以获得在该点处的最大的函数值为:

$$R_1 = 56.7 \qquad R_2 = 123.3 \qquad V_{max} = -120 \qquad M_{max} = 147.2 \qquad \text{(f)}$$

3

叠加

上述梁的载荷计算例题中的载荷情况仅仅是其中的一小部分,在实际情况下,梁的各种载荷和约束的组合情况很复杂。相比对梁的每个新情况都要重新开始计算,并对载荷函数积分,我们更愿意利用叠加的方法对给定问题进行求解,这个方法就是将每个独立的结果简单地叠加。对于小变形,在求解时可以假设问题是线性的,而如果是线性的就可以使用叠加法。比如,由梁重力(在前面的例题中被忽略了)造成的载荷可以通过在其他外载荷基础上叠加一个沿整个梁长均匀分布的载荷来考虑。

同一个梁上多个载荷对剪力和弯矩图的影响同样可以通过将各种独立的载荷影响的图叠加来获得最终的结果。比如说,如果例 3-5 中的梁同时在两个点处有载荷,各自有不同的作用位置 a,那么可以应用例中的方程两遍,分别求出不同载荷及其位置的解,然后将两个解加起来(叠加),来获得它们的合成效果。附录 B 给出了一些常见的梁-载荷情况,以及它们所对应的剪力和弯矩函数方程和曲线图。这些结果可以通过叠加进行组合,用来求解更为复杂的情况。它们可以直接叠加在你的模型中,以获得和画出求解问题的完整剪力和弯矩图,以及它们的最大最小值。

3.18　小结

尽管学生在刚开始学习应力分析的时候可能不会这么想,但是载荷分析往往要比应力分析更为困难和复杂。说到底,对系统应力的分析准确与否取决于对承受载荷的了解程度,因为应力是和载荷成比例的,这些我们将在第 4 章进行深入讨论。本章主要是用牛顿力学对静载、动载及力矩的分析方法进行了回顾。这里的内容当然不可能包括载荷分析这一复杂问题的全部处理方法,本章末尾列出的参考书目中提供了一些参考书,有更多这里没有涉及的细节和实例供读者参考。

求解系统所受载荷时,必须记住下面的要点:

1. 通过系统所受载荷的特点首先判定其属于在 3.9 节中定义的哪一类载荷类型,以便决定需要进行静态,还是动态分析。

2. 为了确定零件上作用的载荷,有必要完整地画出系统以及其所有零件的自由体图(FBD)。包括所有的力、力矩和转矩。细心画出 FBD 图的重要性不可忽视。力分析中出现的许多错误往往都是因为这一步中 FBD 图出错的缘故。

3. 利用牛顿定律写出作用在系统上的未知的力和力矩相应的方程。求解实际问题的这些方程往往需要用到某种计算机工具,比如方程求解程序或电子试算表,以保证在合理的时间内获得满意的计算效果。这对动态系统来说特别有用,它需要对大量的位置进行相应求解,以确定最大载荷。

4. 冲击力的存在会大大增加系统的载荷，但是，冲击力的精确计算相对比较困难。本章提出的能量法求冲击力是比较粗糙的，可以作为一种近似的估算方法。想要得到精确结果，需要更多的冲击造成的物体变形的细节，而这如果没有实际系统的测量结果，是没法得到的。本书仅是一本设计入门教科书，对冲击载荷更精确的分析计算技术超出了本书的范围，读者可以参考本章末尾的参考书目以获得更多信息。

5. 振动载荷同样也会严重增加实际载荷，从而超过理论计算得到的载荷。如案例研究 5B 和图 3-41 所示。在实际载荷状态下进行试验测量是这种情况下获得更多信息的最好办法。

本章的案例研究同时也是为下章要介绍的实际应力问题和失效分析做准备。虽然它们的复杂性可能会令学生在初次接触时感到一点气馁，但是多花些时间学习它们会有更多收获。这些努力将会在随后几章的应力分析和失效理论的理解上获得回报。

本章使用的重要公式

这些公式的正确使用信息请参考相应的章节。

自由度（3.3 节）

$$M = 3(L-1) - 2J_1 - J_2 \tag{3.1}$$

Grashof 条件（3.4 节）

$$S + L \leqslant P + Q \tag{3.2}$$

欧拉恒等式（3.5 节）

$$e^{\pm j\theta} = \cos\theta \pm j\sin\theta \tag{3.3}$$

角速度比（3.6 节）

$$m_V = \frac{\omega_4}{\omega_2} \tag{3.6o}$$

转矩比（3.6 节）

$$\frac{T_{out}}{T_{in}} = \frac{\omega_{in}}{\omega_{out}} = m_T \tag{3.6r}$$

机械增益（3.6 节）

$$m_A = \left(\frac{\omega_{in}}{\omega_{out}}\right)\left(\frac{r_{in}}{r_{out}}\right) \tag{3.6v}$$

凸轮压力角（3.8 节）

$$\phi = \arctan\frac{v-\varepsilon}{s+\sqrt{R_P^2-\varepsilon^2}} \tag{3.14}$$

凸轮曲率半径（3.8 节）

$$\rho_{pitch} = \frac{\left[(R_P+s)^2+v^2\right]^{3/2}}{(R_P+s)^2+2v^2-a(R_P+s)} \tag{3.15}$$

牛顿第二定律（3.11 节）：

$$\sum F_x = ma_x \qquad \sum F_y = ma_y \qquad \sum F_z = ma_z \tag{3.17b}$$

欧拉公式（3.11 节）：

$$\sum M_x = I_x\alpha_x - (I_y - I_z)\omega_y\omega_z$$
$$\sum M_y = I_y\alpha_y - (I_z - I_x)\omega_z\omega_x \tag{3.17d}$$
$$\sum M_z = I_z\alpha_z - (I_x - I_y)\omega_x\omega_y$$

动态载荷方程（3.11 节）：

$$\sum F_x = 0 \qquad \sum F_y = 0 \qquad \sum F_z = 0$$
$$\sum M_x = 0 \qquad \sum M_y = 0 \qquad \sum M_z = 0 \tag{3.19a}$$

无阻尼固有频率（3.15 节）：

$$\omega_n = \sqrt{\frac{k}{m}}$$
$$f_n = \frac{1}{2\pi}\omega_n \tag{3.20}$$

阻尼固有频率（3.15 节）：

$$\omega_d = \sqrt{\frac{k}{m} - \left(\frac{d}{2m}\right)^2}$$
$$f_d = \frac{1}{2\pi}\omega_d \tag{3.23}$$

弹簧刚度（3.15 节）：

$$k = \frac{F}{\delta} \tag{3.21a}$$

阻尼系数（3.15 节）：

$$d = \frac{F}{\dot{y}} \tag{3.22}$$

冲击比（3.16 节）：

$$\frac{F_i}{W} = \frac{\delta_i}{\delta_{st}} = 1 + \sqrt{1 + \frac{2\eta h}{\delta_{st}}} \tag{3.30b}$$

梁的载荷、剪力和弯矩函数（3.17 节）：

$$q(x) = \frac{dV}{dx} = \frac{d^2 M}{dx^2} \tag{3.32a}$$

奇异函数的积分（3.17 节）：

$$\int_{-\infty}^{x} \langle \lambda - a \rangle^2 d\lambda = \frac{\langle x - a \rangle^3}{3}$$

$$\int_{-\infty}^{x} \langle \lambda - a \rangle^1 d\lambda = \frac{\langle x - a \rangle^2}{2} \tag{3.34b}$$

$$\int_{-\infty}^{x} \langle \lambda - a \rangle^0 d\lambda = \langle x - a \rangle^1 \tag{3.34c}$$

3.19　参考文献

1. R. L. Norton, *Design of Machinery：An Introduction to the Synthesis and Analysis of Mechanisms and Machines*, 5ed. McGraw-Hill：New York, pp. 30−470, 2012.

2. *Ibid.*, pp. 559−568.

3. *Ibid*. ,pp. 752-762.

4. *Ibid*. ,pp. 486-487.

5. R. L. Norton,et al. ,"Bearing Forces as a Function of Mechanical Stiffness and Vibration in a Fourbar Linkage," in *Effects of Mechanical Stiffness and Vibration on Wear*,R. G. Bayer,ed. American Society for Testing and Materials:Phila. ,Pa. ,1995.

6. A. H. Burr and J. B. Cheatham, *Mechanical Analysis and Design*. 2nd ed. PrenticeHall:Englewood Cliffs, N. J. , pp. 835-863,1995.

7. R. J. Roark and W. C. Young,*Formulas for Stress and Strain*. 6th ed. McGraw-Hill:New York,1989.

8. C. R. Wylie and L. C. Barrett,*Advanced Engineering Mathematics*. 5th ed. McGraw-Hill:New York,1982.

9. R. L. Norton,*Design of Machinery:An Introduction to the Synthesis and Analysis of Mechanisms and Machines*, 5ed. McGraw-Hill:New York,Chapter 8,2012.

10. R. L. Norton,Cam *Design and Manufacturing Handbook*,2ed. Industrial Press:New York,2009.

3. 20   网上资料

自由体图

http://www. wisc-online. com/Objects/ViewObject. aspx? ID=tp1502

http://www. physicsclassroom. com/class/newtlaws/u2l2c. cfm

http://physics. about. com/od/toolsofthetrade/qt/freebodydiagram. htm

奇异函数

http://www. assakkaf. com/Courses/ENES220/Lectures/Lecture17. pdf

http://ruina. tam. cornell. edu/Courses/Tam202-Fall10/hwsoln/Singularityfns. pdf

3. 21   参考书目

更多关于静、动力学分析的介绍请见：

R. C. Hibbeler, *Engineering Mechanics:Statics*. 7th ed. Prentice-Hall:Englewood Cliffs, N. J. , 1995.

R. C. Hibbeler, *Engineering Mechanics:Dynamics*. 7th ed. Prentice-Hall:Englewood Cliffs, N. J. , 1995.

I. H. Shames, *Engineering Mechanics:Statics and Dynamics*. 3rd ed. Prentice-Hall：

Englewood Cliffs, N. J. , 1980.

更多关于冲击的信息请见：

A. H. Burr and J. B. Cheatham, *Mechanical Analysis and Design*. 2nd ed. , PrenticeHall, Englewood Cliffs, N. J. , Chapter 14, 1995.

W. Goldsmith, *Impact*. Edward Arnold Ltd. ：London, 1960.

H. Kolsky, *Stress Waves in Solids*. Dover Publications：New York, 1963.

更多关于振动的信息请见：

L. Meirovitch, *Elements of Vibration Analysis*. McGraw-Hill：New York, 1975.

更多关于梁载荷的公式和表格请见：

R. J. Roark and W. C. Young, *Formulas for Stress and Strain*. 6th ed. McGraw-Hill：New York, 1989.

3.22 习题⊖

表 P3-0⊖ 习题清单

3.3 自由度
3-62、3-63、3-68、3-70
3.4 Grashof 准则
3-67、3-68
3.6 四杆机构
3-58、3-59、3-60、3-61、3-63、3-67
3.7 曲柄滑块机构
3-64、3-66
3.8 凸轮挺杆
3-71、3-72
3.9 载荷类型
3-1
3.10 自由体图
3-2、3-43、3-45、3-50、3-52、3-54、3-55、3-57
3.11 载荷分析
3-3、**3-4**、**3-5**、**3-7**、**3-9**、**3-15**、**3-16**、**3-17**、3-18、3-19、**3-21**、3-29、3-30、3-31、3-44、3-46、3-51、3-53、3-56
3.15 振动载荷
3-8、3-47、3-48、3-49
3.16 冲击载荷
3-6、**3-14**、3-20、**3-22**、3-42
3.17 梁-静态
3-10、**3-12**、**3-23**、**3-24**、**3-26**、**3-27**、**3-28**、3-32、3-33、3-34、3-35、3-36、3-37、3-38、3-39、3-40、3-41
3.17 梁-动态
3-11、**3-13**

3-1 以下这些系统更适合用表 3-1 的的哪些载荷类型来描述?
(a) 自行车架 (b) 旗杆 (c) 船桨 (d) 跳水板 (e) 管扳手 (f) 高尔夫球杆

3-2 画出习题 3-1 各系统的自由体图。

*3-3 画出图 P3-1 所示尺寸且踏板臂处于水平位置的自行车脚踏板整体的自由体图(可将两个踏板臂、踏板和枢纽视为一个整体)。假设骑行者作用在踏板上一个 1500 N 的力,求作用在链轮上的最大转矩以及踏板臂上的最大力矩和转矩。

⊖ 带 * 号的习题答案见附录 D,题号加粗的习题是后面各章中习题横线后编号相同习题的基础。例如,习题 4-4 是基于习题 3-4 的条件下的。

⊖ 习题序号加粗,表示在后续的章节中会在此基础上有类似的习题(横线后的数字一样)。例如,习题 4-4 是基于习题 3-4 的,依此类推。

3-4 图 1-1 中拖车挂接装置承受外载荷的情况如图 P3-2 所示。向下的转矩大小是 980 N，水平方向的拉力是 4905 N。根据图 1-5 的球爪支架的尺寸，画出支架的自由体图并找出图 1-1 中支架与槽连接处的两个螺栓所受的拉力和剪力。

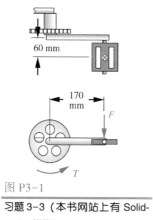

图 P3-1

习题 3-3（本书网站上有 Solid-works 模型）

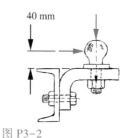

图 P3-2

习题 3-4，3-5（本书网站上有 Solidworks 模型）

3-5 对于习题 3-4 中的拖车挂接装置，求如果 20 s 内将 2000 kg 拖车加速到 60 m/s 时对球爪所造成的水平力。假设加速度恒定。

*3-6 对习题 3-4 中的拖车挂接装置，如果挂钩在受到冲击时动态偏斜了 2.8 mm，冲击发生在拖车（2000 kg）与球爪之间的舌板处。求此时球爪上的水平力。

*3-7 内燃机的活塞通过一个"活塞销轴"与其杆件连接。如果 0.5 kg 的活塞有一个 2500 g 的加速度，求作用在活塞销轴上的力。

*3-8 与图 3-40 所示类似的一个凸轮机构的质量为 $m = 1$ kg，弹簧刚度 $k = 1000$ N/m，而阻尼系数 $d = 19.4$ N·s/m。分别求系统的阻尼和无阻尼固有频率。

3-9 图 P3-3 所示为按比例画出的一个 ViseGrip® 钳-扳手。根据比例可得到其真实尺寸。假设在图位置有一个 $P = 4000$ N 的夹紧力，求作用在每个销轴以及装配零件上的力。保持如图所示夹紧位置所需的力是多少？

注意：学校的机械工厂可能就会有类似的工具供你观察。

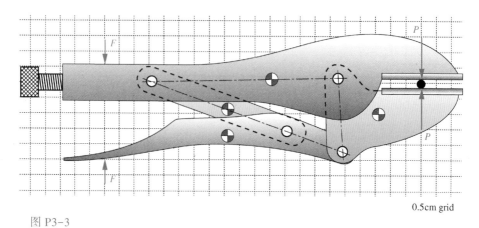

0.5cm grid

图 P3-3

习题 3-9（本书网站上有 Solidworks 模型）

*3–10　图 P3-4a 所示为一种外悬臂梁式的跳水板。在这个板自由端有一个重 980 N 的人静止站立，找出其反作用力并建立剪力和弯矩图。求出最大剪力和弯矩的大小及位置。

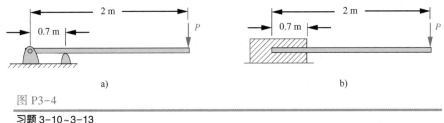

图 P3-4

习题 3-10~3-13

*3–11　求解习题 3-10 中的由于人起跳到 250 mm 高处并回落到板上所造成的冲击和动态变形。假设板的重量是 284 N 且当人静止站在上面时有 131 mm 的变形。求动载荷下的反作用力并建立剪力和弯矩图。求出最大剪力和弯矩的大小及在板长上的位置。

3–12　使用图 P3-4b 所示的简支梁式的跳水板重求习题 3-10 中对应的解。

3–13　使用图 P3-4b 所示跳水板，重解习题 3-11。假设板的重量是 186 N 且当人站在上面时有 85 mm 变形。

3–14　图 P3-5 给出了一种称为弹簧高跷的儿童玩具。儿童站在踏板上面，每一边承受她一半的重力。她带着支承脚的踏板跳离地面，利用玩具上的弹簧缓和冲击并储存能量，帮助再次跳起，持续向前颠跳。假设儿童是60 lb 重且弹簧刚度是 100 lb/in。高跷重 5 lb。求系统的固有频率、儿童静止站在上面的弹簧变形，以及当儿童跳高 2 in 后着地的变形和动载。

*3–15　一种笔式绘图机中的笔保持一个 2.5 m/s² 的加速度，并在纸张上做直线运动。运动的笔装配件重 4.9 N。绘图机重 49 N。如果笔加速时想要保持绘图机不动，求绘图机底部与桌面之间所需的摩擦系数。

3–16　图 P3-6 所示为两个圆杆构成的保龄球导轨，两圆杆之间并不相互平行而是有一个小角度。球在导轨上滚动直到从两杆间掉落下去才掉入另一个导轨。杆之间的角度可以变化，使球在不同位置掉落下去。每根杆无支承部分的长度为 30 in 且它们之间的角度是 3.2°。球的直径是4.5 in，重 2.5 lb。图中两个直径 1 in 的杆之间的中心距在最窄端是 4.2 in。找出从两杆最窄端开始到球掉落时的距离，并求球在导轨最窄端至掉落距离的 98% 之间距离滚动时杆受的最大剪力和弯矩。假设杆每端都有支承且在外负荷下没有变形（注意：假设 0 变形其实是不现实的，这一假设在下一章对变形进行讨论后将不再存在）。

3–17　图 P3-7 给出了一副冰块夹。夹之间的冰块重 50 lb，宽度为 10 in。手柄之间的距离是 4 in，而且夹片的中点半径 r 是 6 in。画出两个夹片自由体图并找出作用在它们上面的所有力。求点 A 处的弯矩。

*3–18　一台牵引式拖车在去往纽约的高速路上的上匝道处翻车了。这段路在那点有一弯道，半径是 50 ft，并向外斜 3°。45 ft 长、8 ft 宽、8.5 ft 高的拖车箱（距离地面 13 ft）载着如图 P3-8 所示两排两层放置的 44 415 lb 的卷纸。卷纸直径 40 in、宽 38 in，每个重 900 lb。它们嵌入槽中以防止向后滚动但是并没有限制向侧边滑动。空的拖车重 14 000 lb。司机声称他的车速小于 15 m/h 而且卷纸在拖车载荷发生移动，撞击拖车侧边并使拖车侧翻。负责拖车上货物的纸业公司则声称卷纸载荷是正确安放

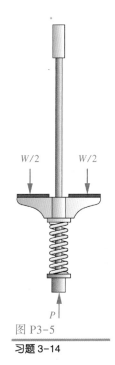

图 P3-5

习题 3-14

的，且在那个速度下是不会发生滑动的。独立的测试显示类似的卷纸与车厢地板的摩擦系数是0.43±0.08。承载拖车合成重力的中心位置估算离地面 7.5 ft 高。求解造成拖车刚好发生倾斜的速度和卷纸刚开始侧滑的速度。你觉得是什么原因造成这场车祸呢？

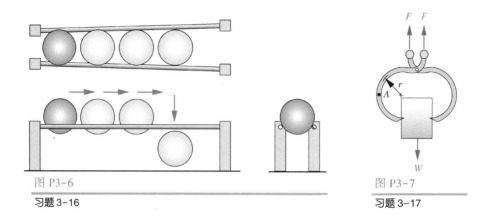

图 P3-6
习题 3-16

图 P3-7
习题 3-17

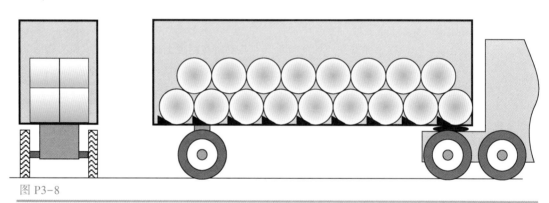

图 P3-8
习题 3-18

3-19   假设习题 3-18 中卡车上卷纸的重心 CG 离拖车地板有 2.5 ft 高。求在同样的路线上，卷纸相对于拖车翻倒（没有滑动）时的拖车速度。

3-20   假设习题 3-18 中的拖车速度为 20 m/h 时，卷纸将侧滑。估算货物对拖车侧壁的冲击力。拖车壁的力-变形特性经测量大约为 400 lb/in。

3-21   图 P3-9 给出了一个汽车车轮与两种常见的扳手的类型，用来上紧车轮的螺母，一种是图 P3-9a 中的单臂卡锁扳手，另一种是图 P3-9b 中的双臂卡锁扳手。如图所示，每种都需要分别用两只手在点 A 和 B 处用力。两种情况下点 A 和 B 之间的距离都是 1 ft。而螺母需要一个 70 ft·lb 大的力矩来上紧。分别画出两种扳手的自由体图，求所有力和力矩的大小。使用这两种扳手有哪些不同？是不是在设计上有一种好于另一种？如果是，请解释为什么。

*3-22   图 P3-10 所示为一种旱地轮滑鞋。塑料轮的半径是 72 mm。鞋-靴-足总共的重量是 2 kg。滑行者系统的等效“弹簧刚度”是 6000 N/m。求当一个 100 kg 的人的脚在做 0.5 m 的跳跃后着地时对轮轴的力。(a) 假设四个轮同时着地。(b) 假设一个轮吸收了所有的着地力。

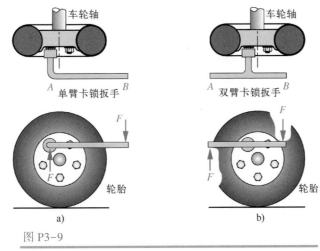

图 P3-9

习题 3-21

图 P3-10

习题 3-22

* **3-23** 如图 P3-11a 所示一个受支承的梁及其载荷。找出在表 P3-1 所给出数据下的反作用力、最大剪力、最大力矩。

* **3-24** 图 P3-11b 所示一个受支承的梁及其载荷，找出在表 P3-1 所给出数据下的反作用力、最大剪力、最大力矩。

* **3-25** 图 P3-11c 所示为一个受支承的梁及其载荷，找出在表 P3-1 所给出数据下的反作用、最大剪力、最大力矩。

3-26 图 P3-11d 所示为一个受支承的梁及其载荷，找出在表 P3-1 所给出数据下的反作用、最大剪力、最大力矩。

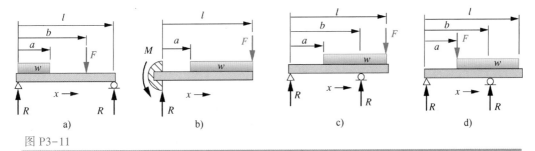

图 P3-11

习题 3-23~3-26 中梁及其荷-给出的数据见表 P3-1

表 P3-1 习题 3-23~3-26 的数据

数据只在相关的问题中使用，长度单位 m，力单位 N，I 单位 m^4。

行	l	a	b	w^*	F	I	c	E
a	1.00	0.40	0.60	200	500	2.85×10^{-8}	2.00×10^{-2}	steel
b	0.70	0.20	0.40	80	850	1.70×10^{-8}	1.00×10^{-2}	steel
c	0.30	0.10	0.20	500	450	4.70×10^{-9}	1.25×10^{-2}	steel
d	0.80	0.50	0.60	65	250	4.90×10^{-9}	1.10×10^{-2}	steel
e	0.85	0.35	0.50	96	750	1.80×10^{-8}	9.00×10^{-3}	steel

（续）

行	l	a	b	w^*	F	I	c	E
f	0.50	0.18	0.40	450	950	1.17×10^{-8}	1.00×10^{-2}	steel
g	0.60	0.28	0.50	250	250	3.20×10^{-9}	7.50×10^{-3}	steel
h	0.20	0.10	0.13	400	500	4.00×10^{-9}	5.00×10^{-3}	alum
i	0.40	0.15	0.30	50	200	2.75×10^{-9}	5.00×10^{-3}	alum
j	0.20	0.10	0.15	150	80	6.50×10^{-10}	5.50×10^{-3}	alum
k	0.40	0.16	0.30	70	880	4.30×10^{-8}	1.45×10^{-2}	alum
l	0.90	0.25	0.80	90	600	4.20×10^{-8}	7.50×10^{-3}	alum
m	0.70	0.10	0.60	80	500	2.10×10^{-8}	6.50×10^{-3}	alum
n	0.85	0.15	0.70	60	120	7.90×10^{-9}	1.00×10^{-2}	alum

*3-27 一个放置习题 3-18 中类似卷纸的存放架如图 P3-12 所示，求出轴芯（伸入卷纸内 50% 长度）所受的反作用力并画出其剪力和弯矩图。

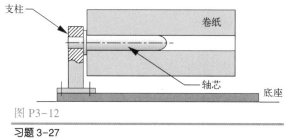

图 P3-12

习题 3-27

3-28 图 P3-13 给出了一台叉车正在通过 15° 的斜坡驶上高 4 ft 的装载平台。叉车重 5000 lb 并有 42 in 的车轮轴距。求叉车驶上斜坡时承载最大时的反作用力并画出其剪力和弯矩图。

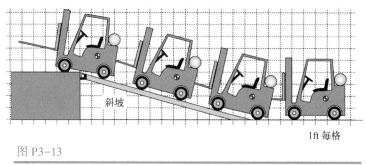

图 P3-13

习题 3-28

3-29 运行案例研究 1A 中的计算模型（网站中有几种语言的版本）并通过改变 R_{b2} 的值来改变手力在杆上的作用位置，重新计算并观察力和力矩的变化。

3-30 运行案例研究 2A 中的计算模型 CASE2A（网站上有几种语言的版本），改变卷积力在钳口上的作用位置，重新计算并观察力和力矩的变化。

3-31 运行案例研究 3A 中的计算模型 CASE3A（网站中有几种语言的版本）并改变 P 在 x 方向上的作用位置，重新计算并观察机构上力和力矩的变化。如果垂直力 P 集中于杆件 3，将会发生什么情况？同样，改变力 P 的作用角度以形成一个 x 分力，观察其对零件上受力和力矩的影响。

3-32　图 P3-14 给出了一种凸轮摇杆力臂。如果载荷 $P=200$ lb，需要多大的右端弹簧力来维持凸轮与摇杆之间的最小载荷 25 lb？找出摇杆臂的最大剪力和弯矩。画出剪力和弯矩图。

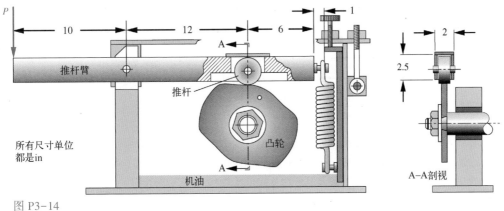

图 P3-14

习题 3-32、3-55

3-33　编写一个程序或公式求解模型来计算式（3.17）中所列出的奇异函数。将它们写成可以被其他程序或模型调用的函数形式。

3-34　图 P3-15 所示一个受支承的梁及其载荷。找出在表 P3-2 所给出数据下的反作用，最大剪力，最大力矩。

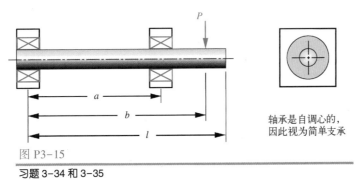

图 P3-15

习题 3-34 和 3-35

表 P3-2　习题 3-34~3-41 的数据

行	l/in	a/in	b/in	P/lb 或 p/（lb/in）
a	20	16	18	1 000
b	12	2	7	500
c	14	4	12	750
d	8	4	8	1 000
e	17	6	12	1 500
f	24	16	22	750

*3-35　图 P3-15 所示一个受支承的梁及其载荷。编写一个程序或公式求解模型来求反作用力，计算并画出载荷、剪力、弯矩函数图。利用表 P3-2 列出的已知数据来测试这个程序。

3-36　图 P3-16 所示一个受支承的梁及其载荷。找出在表 P3-2 所给出数据下的反作用力、最大剪力、最大力矩。

3

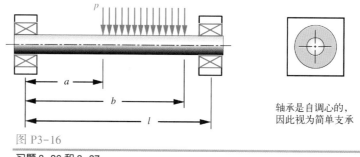

图 P3-16

习题 3-36 和 3-37

3-37 图 P3-16 所示一个受支承的梁及其载荷。编写一个程序或公式求解模型来求反作用力，计算并画出载荷、剪力、弯矩函数图。利用表 P3-2 列出的已知数据来测试这个程序。

3-38 图 P3-17 所示一个受支承的梁及其载荷。找出在表 P3-2 所给出数据下的反作用力、最大剪力、最大力矩。

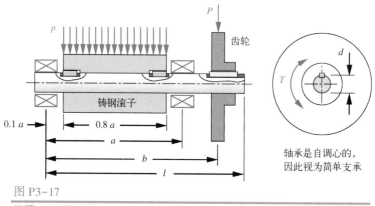

图 P3-17

习题 3-38 和 3-39

3-39 图 P3-17 所示一个受支承的梁及其载荷。编写一个程序或公式求解模型来求反作用力、载荷、剪力、弯矩函数图。利用表 P3-2 列出的已知数据来测试这个程序。

3-40 图 P3-18 所示一个受支承的梁及其载荷。找出在表 P3-2 所给出数据下的反作用、最大剪力、最大力矩。

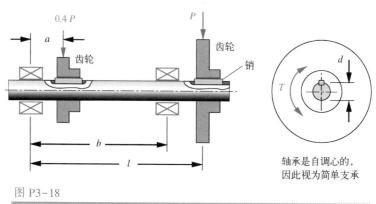

图 P3-18

习题 3-40 和 3-41

3-41 图 P3-18 所示一个受支承的梁及其载荷。编写一个程序或公式求解模型来求反作用力，计算并画出载荷、剪力、弯矩函数。利用表 P3-2 列出的已知数据来测试这个程序。

3-42 一艘 1000 kg 重的快艇达到 16 km/h 的速度时拖动了用一条 100 m 长的牵引绳相连的载着一个 100 kg 重的乘客的冲浪板。如果绳子的 $k = 5$ N/m，那么作用在冲浪板的动载为多少？

3-43 图 P3-19 给出了一款油田用的泵机。在如图所示的位置，请使用案例研究 1A 和 2A 中类似的变量名，画出曲柄（2）、连杆（3）和步进梁（4）的自由体图。假设曲柄转动非常缓慢，加速度可以忽略不计。需要考虑作用在步进梁和曲柄重心 CG 上的重力，但杆件的重力不需考虑。

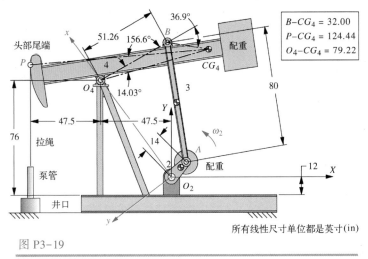

图 P3-19

习题 3-43, 3-44, 3-58, 3-59

3-44 对于习题 3-43 和表 P3-3 数据中的泵机，求步进梁、连杆、曲柄转动销轴上的受力以及曲柄上的反作用转矩。

3-45 图 P3-20 是一款飞机舱顶行李箱机构的端面视图。在图中所示的位置，请使用案例研究 1A 和 2A 中类似的变量名，画出杆 2、杆 4、门 3 的自由体受力图。杆 2（以及在杆 2 后面的其他门尾端上同样的杆）处设置了其做顺时针旋转越位的止位，导致了水平外力作用在门的点 A 处。假设机构是对称的，因此每一对杆 2 和杆 4 承受门重力的一半。杆 2 和杆 4 的重力可以忽略不计。

表 P3-3	习题 3-44
R_{12}	13. 20 in@ 135°
R_{14}	7. 22 in@ 196°
R_{32}	0. 80 in@ 45°
R_{34}	32. 00 in@ 169°
R_P	124. 44 in@ 185°
F_{cable}	2970 lb
W_2	598 lb
W_4	2706 lb
θ_3	98. 5°

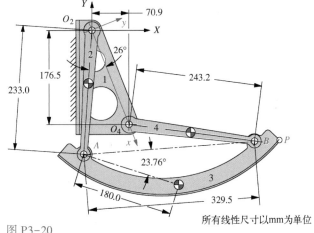

图 P3-20

习题 3-45, 3-46, 3-60, 3-61

3-46 对于习题 3-45 和表 P3-4 数据中的舱顶行李箱机构，求门（3）、杆 2 和 4 转动销轴上的力以及两个止位点的反作用力。

3-47   某种汽车车轮悬架由两个 A-臂，车轮（和轮胎），一个螺旋弹簧和一个振动吸收装置（减振器）
        组成。悬架的有效刚度系数（称为悬架有效刚度）是弹簧和车胎刚度的函数。当轮胎在路面上磕
        磕碰碰时，A-臂被设计成给车轮一个近乎垂直的位移。它的整体可用图 3-15b 所示的弹簧-减振器
        模型来描述。如果簧载质量（悬架系统支承的质量）重 675 lb，求当无阻尼固有频率为 1.4 Hz 时的
        悬架有效刚度。对于这一计算得出的有效刚度，悬架的静态变形是多少？

表 P3-4   习题 3-46

R_{23}	180 mm@ 160. 345°
R_{43}	180 mm@ 27. 862°
W_3	45 N
θ_2	85. 879°
θ_4	172. 352°

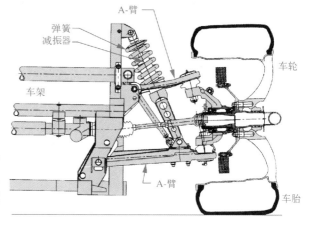

*3-48   习题 3-17 中的独立悬架系统还有一个
        簧下质量（轴、轮、A-臂等）为 106 lb。
        如果轮胎和螺旋弹簧的等效弹簧刚度
        （有效刚度）为 1100 lb/in，计算出簧
        下质量的固有频率（跳动共振）。

图 P3-21

3-49   习题 3-47 中的独立悬架系统的簧载   习题 3-47~3-49   Viper 悬架（Chrysler 公司设计）
        质量为 675 lb，悬架有效刚度为
        135 lb/in。如果减振器的阻尼系数恒定为 12 lb·s/in，计算出簧载质量的阻尼固有频率。

3-50   图 P3-22 给出了一种粉末压制机构。在如图所示的位置，请用案例研究 1A 和 2A 类似的变量命名，
        画出输入臂（2）、连杆（3）、传力臂（4）的自由体图。假设输入臂转动非常缓慢，加速度可以忽
        略不计。忽略臂、杆件、传力臂的重力。忽略摩擦。所有的杆都是对称的，且重心 CG 在几何中心。

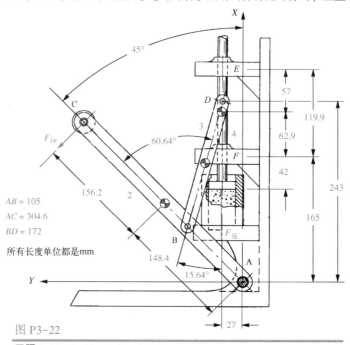

图 P3-22

习题 3-50，3-51，3-63，3-64

3-51 对于习题 3-50 和表 P3-5 数据中的压制机构，求压缩臂、传力臂、输入臂转动销轴上的受力。表中位置矢量（R_{xx}）可以定位相对于力作用点，即杆的重心的外力作用位置。所有的杆是对称的，重心 CG 在几何中心上。

3-52 图 P3-23 给出了一种拉杆曲柄滑块机构。在如图所示的位置，请用案例研究 1A 和 2A 类似的变量名，画出杆 2~6 的自由体图。假设曲柄转动非常缓慢，加速度可以忽略不计。忽略杆的重力及所有摩擦。所有的杆都是对称的，重心 CG 在几何中心。

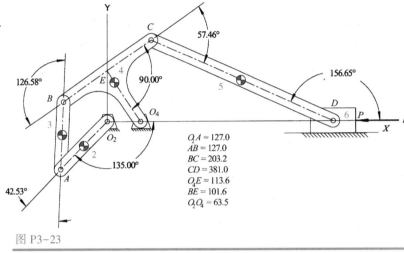

图 P3-23

习题 3-52，3-53，3-54，3-62

表 P3-5	习题 3-51
R_{12}	148.4 mm@ 315°
R_{14E}	57.0 mm@ 90°
R_{14F}	62.9 mm@ 270°
R_{32}	42.9 mm@ 74.36°
R_{23}	87.6 mm@ 254.36°
R_{34}	15.0 mm@ 90°
R_{43}	87.6 mm@ 74.36°
R_{in}	152.6 mm@ 225°
R_P	105.0 mm@ 270°
F_{comp}	100 N
θ_3	254.36°

$O_2A = 127.0$
$AB = 127.0$
$BC = 203.2$
$CD = 381.0$
$O_4E = 113.6$
$BE = 101.6$
$O_2O_4 = 63.5$

3-53 对于习题 3-52 和表 P3-6 数据中的拉杆曲柄滑块机构，求滑块、连杆、曲柄转动销轴处的受力以及作用在曲柄上的反作用转矩。表中位置矢量（R_{xx}）可以定位相对于力作用点，即杆重心 CG 的外力作用的位置。所有的杆是对称的，重心 CG 在几何中心上。

3-54 图 P3-23 所示为一个 ViseGrip 钳-扳手。根据作图比例得到尺寸数据，画出每个杆的自由体图，指出力作用的角度。

3-55 图 P3-14 给出了一种凸轮和凸轮摇杆臂。画出摇杆臂的自由体图，指出力作用点以及作用轨迹。

3-56 图 P3-24 给出了一种轻型试验飞机的起落架。点 A 在连接轮子和飞机机架的支柱的横截面上。如果 $P = 2$ kN 且 $a = 74$ mm，画出总体的自由体图，求出剪力载荷、轴向载荷以及弯矩。

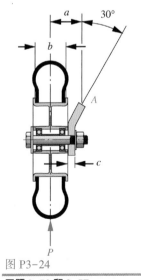

图 P3-24

习题 3-56 和 3-57

表 P3-6	习题 3-53
R_{12}	63.5 mm@ 45.38°
R_{14}	93.6 mm@ -55.89°
R_{23}	63.5 mm@ 267.80°
R_{32}	63.5 mm@ 225.38°
R_{34}	103.5 mm@ 202.68°
R_{43}	63.5 mm@ 87.80°
R_{45}	190.5 mm@ 156.65°
R_{54}	103.5 mm@ 45.34°
R_{65}	190.5 mm@ -23.35°
F_P	85 N
θ_3	87.80°
θ_5	156.65°

3-57 习题 3-56 中支承轮的轮轴是一个带肩螺栓，肩宽为 b。将它装入孔中并用一个有防松保险金属丝的螺母固定。每个允许轮做自由旋转的轮轴承的宽度为 $b/5$。忽略任何摩擦力，画出以下情况的自由体图：

(a) 轮轴和支柱孔为松配合   (b) 轮轴和支柱孔为紧配合。

3-58 如图 P3-19 所示连杆机构的位置，求 xy 坐标系下杆 3 和 4 的角加速度和在点 A、B 和 P 处的线加速度。假设 xy 坐标系中 $\theta_2 = 45°$，$\omega_2 = 10$ rad/s，均为常量。xy 坐标系下杆 4 上的点 P 坐标为 (114.68, 33.19)。

3-59 利用习题 3-58 中的数据，编写一个计算机程序或公式求解软件如 MathCAD、MATLAB 或 TK Solver，计算和画出图 P3-19 中以 θ_2 为变量的 P 点的绝对加速度的大小和方向。

3-60 在图 P3-20 所示的连杆机构的位置，求杆 3 和 4 的角加速度，点 P 在 xy 坐标系下的线加速度。假设在 xy 坐标系中 $\theta_2 = -94.121°$ in，$\omega_2 = 1$ rad/s，$\alpha_2 = 10$ rad/s^2。杆 3 上耦合点 P 相对于点 A 的位置是：$p = 15.00$，$d_3 = 0°$。

3-61 图 P3-20 所示连杆机构，编写一个计算机程序或用公式求解软件如 MathCAD、MATLAB 或 TK Solver 来计算和画出杆 2 和 4 的角速度和角加速度，以及从图示位置开始并在其运动范围内，以 θ_2 为变量的 P 点处的速度，加速度的大小和方向。杆 3 上耦合点 P 相对于点 A 的位置是：$p = 15.00$，$d_3 = 0°$。假设 xy 坐标系中@ $t = 0$，$\theta_2 = -94.121°$，$\omega_2 = 0$，且 $\alpha_2 = 10$ rad/s^2 为常量。

3-62 求图 P3-23 所示机构的自由度（运动能力）。

3-63 求图 P3-22 所示机构的自由度（运动能力）。

3-64 对于图 P3-22 中的机构：

(a) 计算图示位置处的机构机械效益。

(b) 计算并画出以杆 AC 的角度为变量（在 15°~60° 范围内旋转）的机械效益。

3-65 表 P3-7 给出了某四杆机构的杆长、耦合点位置，以及 θ_2、ω_2 和 α_2 的值。普通连杆机构的结构以及各术语如图 P3-25 所示。根据给出的每一行数据，分别找出点 A 和 B 处的加速度，然后计算 α_3、α_4 以及点 P 的加速度。

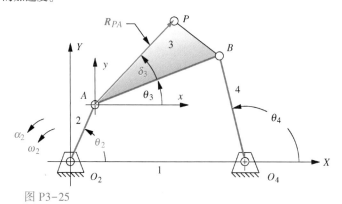

图 P3-25

习题 3-65 中的结构和各术语

表 P3-7   习题 3-65 和 3-67 中的数据

行	杆1	杆2	杆3	杆4	θ_2	ω_2	α_2	R_{PA}	δ_3
a	6	2	7	9	30	10	0	6	30
b	7	9	3	8	85	-12	5	9	25
c	3	10	6	8	45	-15	-10	10	80
d	8	5	7	6	25	24	-4	5	45
e	8	5	8	6	75	-50	10	9	300

3-66　偏置四杆曲柄滑块机构的杆长、偏距、θ_2、ω_2 和 α_2 的值见表 P3-8。连杆机构的结构以及术语定义如图 P3-26 所示。根据每行给出的数据，分别找出点 A 和 B 处销轴的加速度以及滑动副滑块的加速度。

表 P3-8　习题 3-66 中的数据

行	杆 2	杆 3	偏距	θ_2	ω_2	α_2
a	1.4	4	1	45	10	0
b	2	6	-3	60	-12	5
c	3	8	2	-30	-15	-10
d	3.5	10	1	120	24	-4

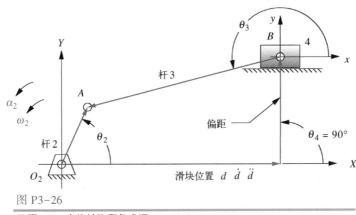

图 P3-26

习题 3-66 中的结构和各术语

3-67　求表 P3-7 中四杆机构的 Grashof 准则。如果杆 2 固定在地面，它们将转化为什么机构？

3-68　求图 P3-27 中四杆机构的 Grashof 准则以及自由度（运动能力），它是什么机构？

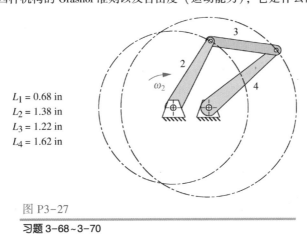

$L_1 = 0.68$ in
$L_2 = 1.38$ in
$L_3 = 1.22$ in
$L_4 = 1.62$ in

图 P3-27

习题 3-68~3-70

3-69　图 P3-27 给出了一个尺寸已知的四杆机构。写出所需公式，利用公式求解软件如 MathCAD、MATLAB 或 TK Solver 求解输入 $\omega_2 = 1$ rad/s 时杆 4 的角速度。

3-70　图 P3-27 给出了一个尺寸已知的四杆机构。写出所需公式，利用公式求解软件如 MathCAD、MATLAB 或 TK Solver 求解输入 $\omega_2 = 1$ rad/s 时杆 4 的角加速度。

3-71　求图 P3-28 所示机构的自由度（运动能力）。

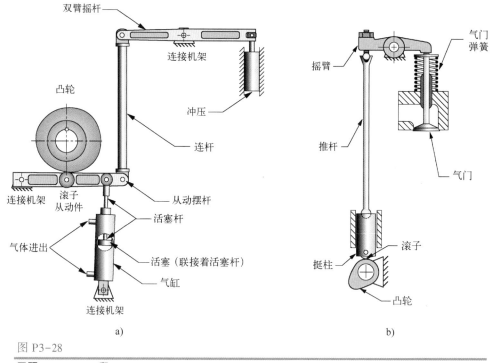

双臂摇杆

连接机架

凸轮

冲压

连杆

连接机架　滚子
从动件

从动摆杆

活塞杆

气体进出

活塞（联接着活塞杆）

气缸

连接机架

a)

摇臂

推杆

挺柱

气门
弹簧

气门

滚子

凸轮

b)

图 P3-28

习题 3-71，3-72 和 3-81

3-72　设图 P3-28 所示的凸轮的极限上升距离为 10 mm，对 160°行程（于 200°休止）应用 3-4-5-6 多项式升-降方程，编写一个计算机程序或利用方程求解软件如 MathCAD、MATLAB 或 TK Solver 计算并画出凸轮一个转动循环内推杆（挺柱）的位移、速度、加速度、跃度方程。

3-73　编写一个计算机程序或利用方程求解软件如 MathCAD、MATLAB 或 TK Solver 计算习题 3-69 中凸轮的压力角以及理论轮廓线的曲率半径，假设基圆半径是 30 mm。所需滚子的最大推荐直径是多少？

3-74　确定图 3-10 中 Fourbar 链接的 Grashof 条件和机构类型，设 $a = 2.6$，$b = 3.2$，$c = 2.0$，$d = 3.1$。

3-75　表 P3-8 给出了一些同相的，偏移的曲柄滑块机构的杆长和 θ_2 的值。组成的连杆机构和描述名称如图 P3-26 所示。对于指定的变量，找到连杆 3 在开式或交叉式状态下与滑块轴线所成的角度。按比例绘制连杆机构。

3-76　设计一个凸轮，使其在 60°内上升 20 mm，在 60°内下降 20 mm，并在其余的周期内保持静止。绘制 svaj 曲线。如果凸轮以 40 r/min 的转速旋转，那么从动件的最大加速度是多少？

3-77　确定图 3-10 中 Fourbar 链接的 Grashof 条件和机构类型，设 $a = 3.1$，$b = 2.6$，$c = 3.2$，$d = 2.0$。

3-78　表 P3-8 给出了一些同相的，偏移的曲柄滑块连杆的连杆长度和 θ_2 和 ω_2 的值。组成的连杆机构和描述名称如图 P3-26 所示。对于指定的变量，找到开式或交叉式状态下点 A 和点 B 的速度。

3-79　如果基圆半径为 4 in 且偏心率为零，则在例 3-2 中计算并绘制凸轮上升沿上的压力角。

3-80　在图 P3-29 中找到该机构的自由度（运动能力）。

3-81　图 P3-28b 所示的凸轮从动系统等效重量为 3.4 lb，弹簧常数 $k = 38$ lb/in。尽管没有单独的阻尼器，但是系统中的机油提供的阻尼系数 $d = 0.10$ lb·s/in。求出该系统的未阻尼和带阻尼情况下的固有频率。

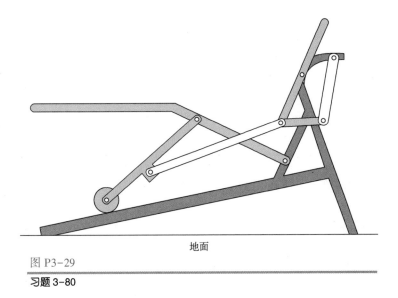

图 P3-29

习题 3-80

3-82　一个传送带系统需要设计将 65 lb 重的包裹放到弹簧支承平台上高 3 in。计算和绘制支承弹簧系数与冲击比的函数。

4

应力、应变
与挠度

我知道的不多，但有用的内容
将使人具有智慧。

Thomas Fuller，医学博士

4.0 引言

读者可能已经学习过一门有关应力分析的课程（可能叫材料强度或材料力学），因此了解了应力分析的基本原理。应力分析的学习为后面的疲劳分析打下基础。本章将回顾一些基本内容。第 2 章从材料性质方面对力和应变进行了讨论，但没有进行完整的定义。在本章中，我们将对力、应变、挠度概念给出更完整的定义。在本书网站上有三位硕士关于本章主题所做的讲座视频。讲座 2 涵盖了 4.1~4.6 节，讲座 3 涵盖了 4.7~4.10 节，讲座 4 涵盖了 4.12~4.19 节。

表 4-0 给出了本章和参考文献中公式、表格和各节所使用的变量。在本章末尾的总结部分列出了本章所有重要的公式以方便读者参考，并在对应章节中查找有关它们的讨论。

表 4-0 本章所用的变量

变量符号	变量名	英制单位	国际单位	详见
A	面积	in^2	m^2	4.7~4.9 节和 4.11 节
b	梁横截面宽度	in	m	4.9 节
c	直梁外层距离	in	m	式 (4.11b)
c_i	曲梁内层距离	in	m	式 (4.12)
c_o	曲梁外层距离	in	m	式 (4.12)
d	横截面积的直径	in	m	4.10 节和 4.11 节
E	弹性模量	psi	Pa	4.7~4.12 节
e	圆杆偏心	in	m	4.14 节
e	梁中性轴位移曲线	in	m	4.9 节和式 (4.12)

___

○ 本章首页上的图片为作者拍摄的照片。

（续）

变量符号	变量名	英制单位	国际单位	详见
F	力或载荷	lb	N	4.11 节
G	剪切模量，刚性模量	psi	Pa	4.11 节
h	梁横截面高度	in	m	4.9 节
I	截面惯性矩	in^4	m^4	式（4.11a）
K	扭转几何参数	in^4	m^4	式（4.26b）和表 4-7
k	旋转半径	in	m	4.16 节
K_t	几何正应力集中因子	无	无	4.15 节
K_{ts}	几何剪应力集中因子	无	无	4.15 节
l	长度	in	m	4.7~4.12 节
M	弯矩，弯矩函数	lb·in	N·m	4.9 节
P	力或载荷	lb	N	4.7 节
P_{cr}	临界载荷	lb	N	4.16 节
q	梁载荷分布函数	lb	N	4.10 节
Q	梁截面面积矩积分	in^3	m^3	式（4.13）
Q	扭转几何参数	in^3	m^3	式（4.26a）和表 4-3
r	半径——一般来说	in	m	4.9 节和式（4.12）
r_i	曲梁内半径	in	m	式（4.12）
r_o	曲梁外半径	in	m	式（4.12）
S_r	杆长细比	无	无	4.16 节
S_y	屈服强度	psi	Pa	4.16 节
T	扭矩	lb·in	N·m	4.12 节
V	梁剪切函数	lb	N	4.9 节和 4.10 节
x	广义的长度变量	in	m	4.10 节
y	梁中性轴的距离	in	m	式（4.11a）
y	挠度	in	m	4.10 节和 4.14 节
Z	截面模量	in^3	m^3	式（4.11d）
x, y, z	广义坐标	任何单位	任何单位	4.1 节和 4.2 节
ε	应变	无	无	4.2 节
θ	梁偏转角	rad	rad	4.10 节
θ	扭转角	rad	rad	4.12 节
σ	正应力	psi	Pa	4.1 节
σ_1	第一主应力	psi	Pa	4.3 节
σ_2	第二主应力	psi	Pa	4.3 节
σ_3	第三主应力	psi	Pa	4.3 节
τ	剪应力	psi	Pa	4.1 节
τ_{13}	最大主剪应力	psi	Pa	4.3 节
τ_{21}	主剪应力	psi	Pa	4.3 节
τ_{32}	主剪应力	psi	Pa	4.3 节

4.1　应力

在第 2 章中，应力被定义为单位面积上的作用力，其单位是 psi 或 MPa。物体某一部分受到力的作用时，应力通常是连续变函数分布在材料连续体的内部。可以认为这时每个无限小的单元体经受不同应力。因此，我们可以认为应力是作用

视频：讲座 2
应力回顾◎
（53：40）

⊖　http://www.designofmachinery.com/MD/02_Stress_Review.mp4.

于物体内微小单元体上。通常，这些微小单元体模型取为立方体，如图4-1所示。应力分量以
两种不同的方式作用在立方体面上。正应力垂直作用于立方体表面上，趋于
往外拉（拉应力）或往里压（压应力）。剪应力平行于立方体面上，并成对
（成双）地作用在相对面上，趋于将立方体扭曲为斜方体。类似于让两片夹了
花生奶油的三明治面包向不同方向滑移。结果是花生奶油被剪切。见本书网
站上的"应力立方体"视频的示范[一]。作用在微元上的正交应力和剪应力分
量构成了**张量**[二]。

视频：应力立方
体（05：04）[一]

应力是一个二阶张量[三]，在三维空间需要9个值或分量来描述它。三维二阶应力张量可以用
矩阵形式表达：

$$\begin{bmatrix} \sigma_{xx} & \tau_{xy} & \tau_{xz} \\ \tau_{yx} & \sigma_{yy} & \tau_{yz} \\ \tau_{zx} & \tau_{zy} & \sigma_{zz} \end{bmatrix} \tag{4.1a}$$

式中，每个应力分量表达式包含3个元素：应力类型（σ 或 τ），正交面（第1下标），作用方向
（第2下标）。我们用 σ 来表示正应力，τ 表示剪应力。

许多机械零件承受三维应力状态，因此需要式（4.1a）的应力张量。但是在一些特殊的情
形下，可以看作二维应力状态。

二维应力张量矩阵表达式为：

$$\begin{bmatrix} \sigma_{xx} & \tau_{xy} \\ \tau_{yx} & \sigma_{yy} \end{bmatrix} \tag{4.1b}$$

图4-1所示为一个承受三维应力的零件的材料连续体中微立方体。为方便起见，置这个微
立方体各面平行于各 xyz 轴。如图4-1a所示，每个面的方位由面的法向量[四]决定。如，x 面的表
面法线平行于 x 轴。因此有两个 x 面，两个 y 面和两个 z 面，每两个面都有一个正面，一个负面，
正负由面的法向量决定。

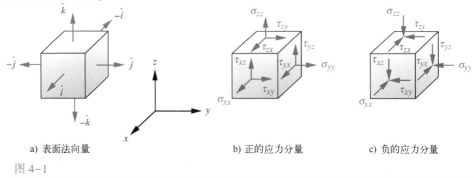

a) 表面法向量   b) 正的应力分量   c) 负的应力分量

图 4-1

应力立方体、表面正交力和它的应力分量

[一] http://www.designofmachinery.com/MD/Stress_Cube. mp4.

[二] 关于张量的讨论，见 C. R. Wylie and L. C. Barrett, Advanced Engineering Mathematics, 5th ed., McGraw-Hill, New
York, 1982。

[三] 式（4.1a）准确表述了在笛卡尔直角坐标系下的二阶张量。本书未涉及更一般的曲线坐标系下的张量表示。

[四] 表面法向量的定义是："垂直于表面，并指向固体表面外方向的矢量"。它的符号依据它与局部坐标系中表面的
法向量指向同异而确定。

微元表面上受到 9 个应力分量的作用如图 4-1b 和图 4-1c 所示。σ_{xx}、σ_{yy} 和 σ_{zz} 是正应力，因为它们分别作用在正交于立方体 x、y 和 z 表面的方向。例如 τ_{xy} 和 τ_{xz} 是作用在 x 面的剪应力，它们作用力的方向分别平行于 y 轴和 z 轴。这些分量中，如果它的表面法向和它的应力方向是相同的则定义为正向，如果不同则为负向。因而，如图 4-1b 所示都是正的是因为这些应力分量都作用在立方体的正表面并且它们的方向也是正的。如图 4-1c 所示都是负的是因为都作用在立方体的正表面并且它们的方向是负的。这种符号规定使拉应力为正向应力，压应力为负向应力[⊖]。

对于二维的情形，仅能画出应力立方体的一个侧面。如果保留 x 和 y 方向，去除 z 方向，我们在 4-1 的立方体的 xy 面的正视图看到的应力如图 4-2 所示，它们均作用在看不见的立方体的面上。读者可以通过上述的符号规定加以确定，图 4-2 中所有应力都是正向应力。

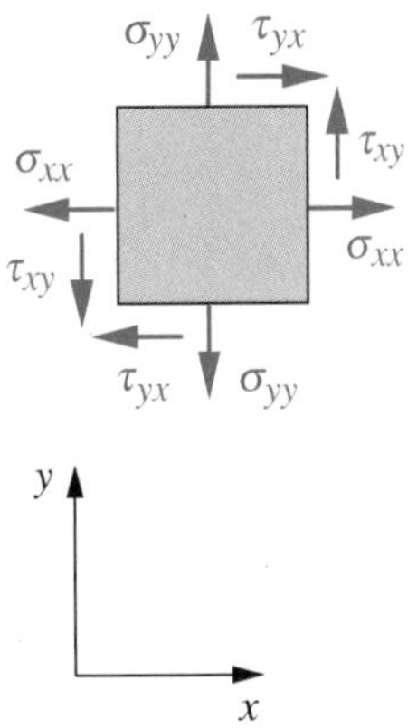

注意：将上述双下标符号定义应用到正应力时，结果是一致的。例如，应力 σ_{xx} 作用在 x 面上并且也在 x 方向上为正。因为正应力的下标是简单的重复，我们经常去除它们中的一个，简单表示正应力分量为 σ_x、σ_y 和 σ_z。但因为需要两个下标来定义剪应力分量，因此将其被保留。另外上述定义后的结果表明应力张量是对称的，这意味着：

$$\tau_{xy} = \tau_{yx}$$
$$\tau_{yz} = \tau_{zy} \qquad (4.2)$$
$$\tau_{zx} = \tau_{xz}$$

这减少了要计算应力分量的数量。

图 4-2
二维应力单元

4.2 应变

在第 2 章曾讨论过大多数工程材料工作在弹性区域，应力和应变呈线性相关，服从胡克定律。应变也是一个二阶张量，三维情形下应变表示为：

$$\begin{bmatrix} \varepsilon_{xx} & \varepsilon_{xy} & \varepsilon_{xz} \\ \varepsilon_{yx} & \varepsilon_{yy} & \varepsilon_{yz} \\ \varepsilon_{zx} & \varepsilon_{zy} & \varepsilon_{zz} \end{bmatrix} \qquad (4.3a)$$

对于二维情形下，它表示为：

$$\begin{bmatrix} \varepsilon_{xx} & \varepsilon_{xy} \\ \varepsilon_{yx} & \varepsilon_{yy} \end{bmatrix} \qquad (4.3b)$$

式中，ε 代表一个正应变或剪应变，两种应变通过它们的下标来区分。为了方便起见，我们也将简化重复的正应变下标简写为 ε_x、ε_y 和 ε_z，保留了剪应变双下标。式 (4.2) 所示的剪应力分量对称关系也适用于应变分量。

4.3 主应力

图 4-1 和图 4-2 的坐标系是任意的，通常是为了便于计算作用应力而选取的。对于任何特

⊖ 译者注：正应力 s 指向面外为正，指向面内为负；若剪应力作用面方向的符号与剪应力作用方向的符号相同时，剪应力为正值；若剪应力作用面方向的符号和剪应力作用方向的符号相异时，剪应力为负值。

殊组合的作用应力，总有一个在分析点的周围连续分布的应力场。在该点的正应力和剪应力将随着坐标系转动而变化。我们总可以找到这样一些平面，其上的剪应力分量为 0。在这些面上的正应力称作**主应力**。这些只有主应力没有剪应力的平面称为**主平面**。这些主平面的表面法线方向称为**主轴**。作用在主轴方向的正应力称为**主正应力**。另外，通过旋转坐标系还可以找到另一组相互正交轴，其面上的剪应力最大，为主剪应力。**主剪应力**作用在与主正应力成 45° 角的面上。在二维情况下，图 4-2 的主平面和主应力如图 4-3 所示。

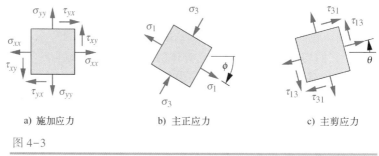

a) 施加应力　　　　　　b) 主正应力　　　　　　c) 主剪应力

图 4-3

二维应力单元上的主应力

从工程的角度来看，因为我们最关心是设计机械零件以便它们不会失效，所以如果在任何点的应力超出某个安全值，就会发生失效，我们需要找出机械零件的材料连续体中的最大应力（正应力和剪应力）。只要材料可以被认为在宏观上是各向同性，那么它在所有方向上强度特性是一样的，所以我们一般并不关心这些应力方向，而只关心它们的大小。除木材和复合材料外，多数金属和许多其他工程材料都满足各向同性的条件。

作用应力与主应力之间的关系的表达式为：

$$\begin{bmatrix} \sigma_x - \sigma & \tau_{xy} & \tau_{xz} \\ \tau_{yx} & \sigma_y - \sigma & \tau_{yz} \\ \tau_{zx} & \tau_{zy} & \sigma_z - \sigma \end{bmatrix} \begin{bmatrix} n_x \\ n_y \\ n_z \end{bmatrix} = \begin{bmatrix} 0 \\ 0 \\ 0 \end{bmatrix} \tag{4.4a}$$

式中，σ 是主应力；n_x、n_y 和 n_z 是单位向量 $\boldsymbol{n}$ 的方向余弦，$\boldsymbol{n}$ 正交于主平面：

$$\hat{\boldsymbol{n}} \cdot \hat{\boldsymbol{n}} = 1$$
$$\hat{\boldsymbol{n}} = n_x \hat{\boldsymbol{i}} + n_y \hat{\boldsymbol{j}} + n_z \hat{\boldsymbol{k}} \tag{4.4b}$$

若式（4.4a）存在解，则系数矩阵的行列式的特征根必须是 0。写出该行列式的特征方程，并令其为 0，我们有：

$$\sigma^3 - C_2 \sigma^2 - C_1 \sigma - C_0 = 0 \tag{4.4c}$$

式中，

$$C_2 = \sigma_x + \sigma_y + \sigma_z$$
$$C_1 = \tau_{xy}^2 + \tau_{yz}^2 + \tau_{zx}^2 - \sigma_x \sigma_y - \sigma_y \sigma_z - \sigma_z \sigma_x$$
$$C_0 = \sigma_x \sigma_y \sigma_z + 2\tau_{xy}\tau_{yz}\tau_{zx} - \sigma_x \tau_{yz}^2 - \sigma_y \tau_{zx}^2 - \sigma_z \tau_{xy}^2$$

式（4.4c）是 σ 的三次多项式。系数 C_0、C_1 和 C_2 称为张量不变量，因为它们具有确定的值，而与作用应力测量或计算时的 xyz 坐标系的选择无关。C_2 的单位是 psi（MPa），C_1 的单位是 psi^2（MPa^2），C_0 的单位是 psi^3（MPa^3）。三个主（正）应力 σ_1、σ_2 和 σ_3 是这个三次多项式的三个特征根。这个多项式的根一定是实数，顺序通常是 $\sigma_1 > \sigma_2 > \sigma_3$。如果需要知道主应力的方向，可以通过把式（4.4c）的每个特征根代入到式（4.4a）中解出对应三个主应力向量的方向数 n_x、n_y 和 n_z。三个主应力的方向是相互正交的。

主剪应力可以通过如下公式求得：

$$\tau_{13} = \frac{|\sigma_1 - \sigma_3|}{2}$$

$$\tau_{21} = \frac{|\sigma_2 - \sigma_1|}{2} \qquad (4.5)$$

$$\tau_{32} = \frac{|\sigma_3 - \sigma_2|}{2}$$

如果主正应力按上述排序，那么 $\tau_{max} = \tau_{13}$。主剪应力面的方向是将主正应力面方向旋转 45° 角处，三个主剪应力面的方向向量也是相互正交的。

式（4.4c）的三个特征根可以通过韦达三角形方法或使用一个求特征根的迭代算法求出。本书提供求解式（4.4c）的程序 STRESS3D，该程序利用韦达方法找出三个主应力，并按上述规则排序。STRESS3D 也可以按用户指定的 σ 值顺序求解应力函数（式 4.4c），并绘制这个函数曲线。与坐标轴交点的特征根值可以在所绘制的图上看到。图 4-4 所示绘制出包括对应所有 3 个特征根 σ 的一个函数。表 4-1 给出了计算的结果。

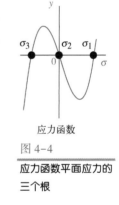

图 4-4

应力函数平面应力的三个根

表 4-1　利用程序 STRESS3D 求得的平面内三次应力方程函数的解

输入	变量	输出	单位	注解
1000	σ_{xx}		psi	x 面 x 向正应力
−750	σ_{xy}		psi	y 面 y 向正应力
0	σ_{xz}		psi	z 面 z 向正应力
500	τ_{xx}		psi	x 面 y 方向剪应力
0	τ_{xx}		psi	y 面 z 向剪应力
0	τ_{zx}		psi	z 面 x 方向剪应力
	C_2	250	psi	σ^2 项系数
	C_1	1.0×10^6	psi^2	σ^1 项系数
	C_0	0	psi^3	σ^0 项系数
	σ_1	1133	psi	第 1 主应力
	σ_2	0	psi	第 2 主应力
	σ_3	−883	psi	第 3 主应力

对应二维应力状态的特殊情形，关于主应力的式（4.4c）简化为[注]

$$\sigma_a, \sigma_b = \frac{\sigma_x + \sigma_y}{2} \pm \sqrt{\left(\frac{\sigma_x - \sigma_y}{2}\right)^2 + \tau_{xy}^2}$$

$$\sigma_c = 0 \qquad (4.6a)$$

在二维情形下，若从式（4.6a）计算出的两个非 0 特征根记为 σ_a 和 σ_b，则第三个特征根 σ_c 总为 0。根据这一结果，依据规则标记这三个特征根：数值最大为 σ_1，数值最小为 σ_3，中间是 σ_2。使用式（4.6a）来求解图 4-4 所示的例子将得到 $\sigma_1 = \sigma_a$、$\sigma_3 = \sigma_b$ 和 $\sigma_2 = \sigma_c = 0$，如

[注]　式（4.6）也可以用于选择主应力不为 0 的那个 xyz 坐标系轴下的计算。为此，将图 4-1 的应力立方体绕一主轴转动以确定的另外两个主平面的角度。

图中所标记的那样[一]。当然，对三维情形的式（4.4c），它也能用于解决任何二维的问题。所求出的三个主应力之一为 0。图 4-4 的例子是用式（4.4c）求解的二维情形的问题。注意其中有一个 $\sigma = 0$ 的特征根。

一旦找到三个主应力并按上述排序，最大剪应力就可以从式（4.5）得到：

$$\tau_{max} = \tau_{13} = \frac{|\sigma_1 - \sigma_3|}{2} \tag{4.6b}$$

4.4　平面应力和平面应变

一般的应力和应变状态是三维的，但如果存在特殊几何构型时，为方便求解，我们需要做特殊处理。

平面应力

二维或二轴的应力状态也称作平面应力。**平面应力**说明有一个主应力为 0。这种情形在一些应用中是常见的。例如，一个薄板或薄壳在远离它的边界或结合点处就可能是平面应力状态。这些情况能用式（4.6）简单处理。

平面应变

主应变与主应力是相关的。如果一个主应变（例如 ε_3）是 0，且如果其他两个应变沿主轴 $\boldsymbol{n}_3$ 的数值是常数，则称作平面应变状态。这种条件发生在一些特殊的几何结构中。例如，如果一个长实心等截面杆仅在横向方向承载，在杆内远离末端约束的区域上，沿着杆轴线方向的应变基本上为 0，这就可以视作平面应变状态（但是，在 0 应变的方向上的应力不是 0）。一个长水坝在不考虑两末端的区域和固定在基座上的结构时，就可以视为平面应变状态。

4.5　莫尔圆

长期以来，图解法莫尔圆[二]被用来求解式（4.6）寻找平面应力状态主应力的方法。机械设计方面的许多课本提出用莫尔圆方法作为确定主应力的首要解决方法。在可编程计算器和计算机出现前，莫尔圆图解法是一个合乎实际的求解式（4.6）的方法。然而，现在用数值方法找到主应力更加实际。无论如何，由于几个原因，我们这里仍然介绍图解法。它既可作为数值解的快速检查，也可成为在没有电的情况下代替计算机或计算器的一种可行方法。它也可以达到用可视形式表述某点应力状态的目的。

三维应力情形中也存在莫尔圆，但是不能从应力数据直接绘制图形，但除非其中一个主应力与 xyz 坐标系的某个轴一致，即以某平面是主应力平面。然而，一旦主应力用一种合适的求特征根技术从式（4.4c）求出，就可以绘制三维莫尔圆来计算主应力。因此，本书网站提供这一

○　如果严格遵循三维编号规定，在二维情况下，如果两个非 0 主应力的符号相反时，则会得到 σ_1 和 σ_3（如例 4-1）。如果它们都是正的，则是 σ_1 和 σ_2，这时最小主应力（σ_3）为 0（如例 4-2）。第 3 种可能是：非 0 主应力均为负值（压缩），那么最大主应力（σ_1）为 0。所以用式（4.6a）可以用于计算任意用两个主应力 σ_a 和 σ_b 非 0，剩下的那个主应力（σ_c）为 0 的情况。这样，按标准规定，从 σ_a 和 σ_b 可以得到任何非 0 应力组合，即 σ_1 和 σ_2，σ_1 和 σ_3 或 σ_2 和 σ_3，结果取决于它们的相对值。具体见例 4-1 和例 4-2。

○　由德国工程师设计，奥托·莫尔（1835—1918）提出。他将圆圈也用于应变的坐标变换、截面矩和惯性积中。

计算机程序 MOHR。在一个主应力沿坐标轴的特殊的三维应力情形，则可以绘制出莫尔圆图形。

绘制莫尔圆的平面称为莫尔平面，它的轴相互正交，但是在实际空间里，它们间的夹角是180°。真正空间的角度是莫尔平面上角度的两倍。在莫尔平面上，横坐标是正应力轴。作用的正应力 σ_x、σ_y 和 σ_z 都沿此轴绘制，主应力 σ_1、σ_2 和 σ_3 也在此轴上。纵坐标是剪应力轴。用来绘制施加的剪应力 τ_{xy}、τ_{yz} 和 τ_{xz}，以及确定最大剪应力[⊖]。莫尔描述剪应力对的符号方法与现行标准——右手定则不一致，他规定顺时针的剪应力对为正。无论如何，这个左手法则仍在莫尔圆中使用。最好的介绍莫尔圆使用的方式是用例子来说明。

例 4-1 利用莫尔圆确定主应力

问题：一个二轴应力单元如图 4-2 所示，$\sigma_x = 40\ 000\,\text{psi}$，$\sigma_y = -20\ 000\,\text{psi}$ 和 $\tau_{xy} = 30\ 000\,\text{psi}$ 逆时针方向。使用莫尔圆确定主应力。用数值方法检查结果。

解：见图 4-2 和图 4-5。

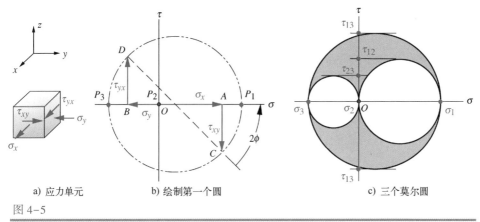

a) 应力单元   b) 绘制第一个圆   c) 三个莫尔圆

图 4-5

例 4-1 中的莫尔圆和应力单元

1. 构建如图 4-5b 所示的莫尔平面轴系，标上 σ 和 τ。

2. 按适当比例沿正应力（水平的）轴绘制作用应力 σ_x（如线 OA）。注意此例中 σ_x 是拉应力（正方向）。

3. 按相同比例沿正应力轴绘制作用应力 σ_y（如线 OB）。注意此例中 σ_y 是压应力（负方向）。

4. 图 4-2 给出了剪应力 τ_{xy} 在单元上产生一个逆时针力偶。这个力偶由剪应力 τ_{yx} 提供的顺时针力偶平衡。根据式（4.2），τ_{xy} 和 τ_{yx} 在数值上相等，根据应力符号规定，它们为正。但是在图上绘制它们时，不是用应力符号规定来判断，而是它们在单元中的旋向来判断，所以要使用莫尔左手符号规定："顺时针为+，逆时针为-"，把它们绘制在莫尔圆上。

5. 从 σ_x 顶端绘制一条向下（逆时针为-）的竖直线（AC）来表示 τ_{xy}，其长度对应 τ_{xy} 的大小。从 σ_y 顶端绘制一条向上（顺时针为+）的竖直线（BD）来表示 τ_{yx}，其长度对应 τ_{yx} 的大小。

6. 莫尔圆的直径等于从 C 到 D 的距离。直线 AB 平分 CD。用它们的交点为圆心作圆。

7. 该莫尔圆与正应力轴在 P_1 和 P_2 相交，三个主正应力中的两个能根据这两个交点确定：

[⊖] 事实上，莫尔使用相同的轴绘制多个变量。当学生第一次学习这一方法时，很容易造成混乱。只有记住，所有 σ 是在横轴上，无论是正应力（σ_x，σ_y，σ_z）还是主应力（σ_1，σ_2，σ_3），而所有剪切应力都绘制在垂直轴上，无论是正应力（τ_{xy} 等）还是主应力（τ_{12} 等）。记住：莫尔平面不是传统的直角坐标系。

$\sigma_1 = 52\ 426$ psi 在 P_1 处，$\sigma_3 = -32\ 426$ psi 在 P_3 处。

8. 因为在本例中没有在 z 方向的应力，所以它是一个二维应力状态，第三个主应力 σ_2 为 0，因此，它位于 O 点处，也标记为 P_2。

9. 其他两个莫尔圆要画。这三个莫尔圆的直径分别是 $(\sigma_1 - \sigma_3)$，$(\sigma_1 - \sigma_2)$ 和 $(\sigma_2 - \sigma_3)$，即线段 P_1P_3，P_2P_1 和 P_2P_3。这三个圆如图 4-5c 所示。

10. 从每个莫尔圆的顶部或底部作水平切线延伸到剪切（竖直）轴上。这就是与主正应力相对应的主剪应力值，即：$\tau_{13} = 42426$，$\tau_{12} = 26213$ 和 $\tau_{23} = 16213$ psi。尽管注意到仅有两个非 0 主正应力，但三个主剪应力均非 0。其中最大的是 $\tau_{max} = \tau_{13} = 42426$ psi，它是设计中主要关心的一个量。

11. 我们也能从莫尔圆确定主正应力和主剪应力的夹角（相对于初始的 xyz 轴）。如果材料是均匀的和各向同性的，这些角度仅有学术意义。如果材料不是各向同性，而依赖于方向，则主应力的方向就很重要。在图 4-5a 可以得到：主正应力相对于原始系统中的 x 轴的夹角为 $2\phi = -45°$。注意到莫尔平面上的 DC 线是在实际空间的 x 轴，角度的正负由莫尔左手规定确定（顺时针正）。因为在莫尔平面的角度是实际值的两倍，主应力 σ_1 与 x 轴的实际夹角为 $\phi = -22.5°$。在实际空间中，应力 σ_3 相对 σ_1 的夹角为 $90°$，最大剪应力 τ_{13} 相对 σ_1 的夹角为 $45°$。

在书中的网站里，提供了名为 MOHR 的计算机程序。MOHR 程序允许输入任何形式的应力，它利用式（4.4）和式（4.5）来计算相应的主正应力和主剪应力。程序可以绘制莫尔圆，也可以给出有 3 个主应力特征根的应力函数。程序可以读取数据文件。计算完成后，可以打开文件 EX04-01.moh 中 MOHR 程序求得的解析解。EX04-01 文件还可以（通过改变文件的后缀）输入到不同的商业程序中，我们就是用它对例 4-1 计算主应力和绘制立方体的应力函数的。具体内容见本书的网站。

现在稍微地改变前面的例子给出绘制所有三个莫尔圆的过程，包括平面应力状态。主要的改变是设应力 σ_x 和 σ_y 均为正，而用负号表示方向相反的应力。

例 4-2　利用莫尔圆确定平面应力

问题：一个二轴应力单元如图 4-2 所示，$\sigma_x = 40\ 000$ psi，$\sigma_y = 20\ 000$ psi 和 $\tau_{xy} = 30\ 000$ psi 逆时针方向。使用莫尔圆确定主应力。用数值方法检查结果。

解：见图 4-2 和图 4-6。

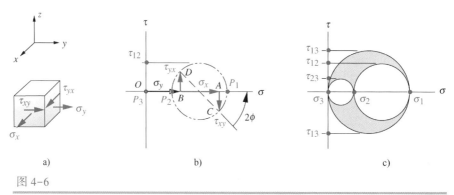

图 4-6

例 4-2 中的应力单元和莫尔圆

1. 构建如图 4-6 所示的莫尔平面轴系，标记 σ 和 τ。

2. 按适当比例沿正应力（水平的）轴绘制应力 σ_x（如线 OA）。注意此例中 σ_x 是拉应力

（正向）。

3. 按同样比例沿正应力轴绘制作用应力 σ_y（如线 OB）。注意此例中 σ_y 也是拉应力（正向），因此与 σ_x 同向。

4. 图 4-2 绘制出剪应力 τ_{xy} 在单元产生的逆时针力偶。这个力偶由剪应力 τ_{yx} 产生的顺时针力偶平衡。根据式（4.2），τ_{xy} 和 τ_{yx} 在数值上相等，根据应力符号规定，它们是正的。但是，这里不是采用应力符号规定，而是根据它们指向单元的旋转，即使用莫尔左手符号规定："顺+、逆-"，把它们绘制在莫尔圆上。

5. 从 σ_x 顶端向下画一条竖直线（AC）来表示 τ_{xy}，用长度表示 τ_{xy} 的大小。从 σ_y 顶端向上画一条竖直线（BD）来表示 τ_{yx}，用长度表示 τ_{yx} 的大小。

6. 莫尔圆的直径是从 C 到 D 的距离。直线 AB 平分 CD。用它们的交点为圆心作画圆。

7. 该莫尔圆与正应力轴在 P_1 和 P_2 相交，三个主正应力中的两个能根据这两个交点确定：$\sigma_1 = 44\,142$ psi 在 P_1 处，$\sigma_2 = 15\,858$ psi 在 P_2 处。注意如果在这一步停止，并从 P_1 和 P_2 构成的圆的顶部作水平切线投影到 τ 轴上，可以得到对应的最大剪应力 $\tau_{12} = 14142$ psi，如图 4-6b 所示。

8. 因为在此例中没有在 z 方向的作用应力，它是一个二维应力状态，第三个主应力 σ_3 为 0，因此它位于 O 点，记为 P_3。

9. 绘制其他两个莫尔圆。3 个莫尔圆直径分别是（$\sigma_1 - \sigma_3$），（$\sigma_1 - \sigma_2$）和（$\sigma_2 - \sigma_3$），它们是如图 4-6 所示的 $P_1 P_3$，$P_1 P_2$ 和 $P_2 P_3$。

10. 从每个莫尔圆的顶部或底部绘制水平延伸切线相交于剪切（竖直）轴。可确定与主正应力对相关的主剪应力值：即 $\tau_{13} = 22071$，$\tau_{12} = 14142$ 和 $\tau_{23} = 7929$ psi。其中最大的是 $\tau_{max} = 22071$ psi，而不是在第 7 步得到的 14142 psi。

11. 注意：一定要用最大和最小主应力来确定最大剪应力。在例 4-1 中，因为有一个主应力是负的，所以为 0 的主应力不是三者中最小。在本例中，为 0 的主应力是最小的。因此，没有画全所有三个莫尔圆将导致计算 τ_{max} 值出现严重错误。

12. 得到的文件 EX04-02 可以用 MOHR 程序或其他程序中打开。见本书网站。

这两个例子表明了应用莫尔圆方法求解平面应力状态问题时的用法和限制条件。实际上，只要有一定的计算条件（即便是简易可编程计算器），解析求解式（4.4c）是确定主应力的首选方法。解析求解方法是通用的（适用于平面应力、平面应变或任何一般的应力状态），它可以方便求得三个主应力。

例 4-3 利用解析方法确定三维应力

问题：三维的应力单元如图 4-1 所示，已知：$\sigma_x = 40\,000$ psi，$\sigma_y = -20\,000$ psi，$\sigma_z = -10\,000$ psi，$\tau_{xy} = 5000$，$\tau_{yz} = -1500$ 和 $\tau_{zx} = 2500$ psi。利用数值方法求主应力，并绘制最终的莫尔圆。

解：见图 4-2 和图 4-7。

1. 计算式（4.4c）中的张量不变量 C_0、C_1 和 C_2。

$$C_2 = \sigma_x + \sigma_y + \sigma_z = 40\,000 - 20\,000 - 10\,000 = 10\,000 \quad (a)$$

$$\begin{aligned}
C_1 &= \tau_{xy}^2 + \tau_{yz}^2 + \tau_{zx}^2 - \sigma_x \sigma_y - \sigma_y \sigma_z - \sigma_z \sigma_x \\
&= (5000)^2 + (-1500)^2 + (2500)^2 - (40\,000)(-20\,000) \\
&\quad - (-20\,000)(-10\,000) - (-10\,000)(40\,000) = 10.335 \times 10^8
\end{aligned} \quad (b)$$

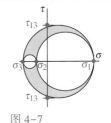

图 4-7

例 4-3 中的莫尔圆

$$C_0 = \sigma_x \sigma_y \sigma_z + 2\tau_{xy}\tau_{yz}\tau_{zx} - \sigma_x \tau_{yz}^2 - \sigma_y \tau_{zx}^2 - \sigma_z \tau_{xy}^2$$

$$= 40\,000(-20\,000)(-10\,000) + 2(5000)(-1500)(2500)$$

$$-40\,000(-1500)^2 - (-20\,000)(2500)^2 \qquad\qquad\text{（c）}$$

$$-(-10\,000)(5000)^2 = 8.248 \times 10^{12}$$

2. 将不变量代入式（4.4c）中，利用韦达或数值方法求解特征方程的三个特征根：

$$\sigma^3 - C_2\sigma^2 - C_1\sigma - C_0 = 0$$

$$\sigma^3 - 10\,000\,\sigma^2 - 10.335 \times 10^8\,\sigma - 8.248 \times 10^{12} = 0 \qquad\text{（d）}$$

$$\sigma_1 = 40\,525 \qquad\quad \sigma_2 = -9838 \qquad\quad \sigma_3 = -20\,687$$

3. 由式（4.5）求主剪应力：

$$\tau_{13} = \frac{|\sigma_1 - \sigma_3|}{2} = \frac{|40\,525 - (-20\,687)|}{2} = 30\,606$$

$$\tau_{21} = \frac{|\sigma_2 - \sigma_1|}{2} = \frac{|-9838 - 40\,525|}{2} = 25\,182 \qquad\text{（e）}$$

$$\tau_{32} = \frac{|\sigma_3 - \sigma_2|}{2} = \frac{|-20\,687 - (-9838)|}{2} = 5425$$

4. 结果文件 EX04-03 可以通过 MOHR 程序或其他程序打开（见本书网站）。

4.6　作用应力与主应力对比

我们现在想总结作用到单元的应力和由于作用应力而产生在主平面上的主应力之间的差异。作用应力是应力张量（式 4.4a）的 9 个分量，它们取决于作用在物体上的载荷、物体的几何形状，以及为了方便而选定的坐标系。**主应力**则是在 4.3 节定义的 3 个主正应力和 3 个主剪应力。当然，在某些给定情形下，有的作用应力为 0。例如，第 2 章讨论的拉力测试样品中，在式（4.4a）中仅有的非 0 作用应力是 σ_x，它是单一方向的正应力。在纯拉伸载荷下，在表面上，没有正交于力轴的作用剪应力。然而，主应力则**既有正交主应力又有剪切主应力**。

图 4-8 展示了一个拉伸试验样品的莫尔圆。在这种情形下，作用应力是纯拉力，最大的主正应力与它的大小和方向一致。但是，主剪应力等于作用拉应力的一半，并作用在与主正应力面成 45°角的平面上。因此，主剪应力一般不为 0，即使不存在任何作用剪应力。这一点对理解零件为什么会失效非常重要，这将在第 5 章详细地讨论。前面的部分例子也强调了这点。在这个背景下，对机器设计师最困难的任务是正确决定作用在零件上的所有作用应力的位置、类型和大小。已知作用应力，可以利用式（4.4）~式（4.6）计算主应力。

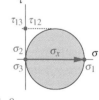

图 4-8

单向拉伸应力的莫尔圆（因为 $\sigma_2 = \sigma_3 = 0$，所以两个圆重合，且缩成点）

4.7　轴向拉伸[○]

轴向拉伸载荷是作用在单元上的载荷中最简单形式之一（见图 4-9）。假设载荷通过零件中

○　http://www.designofmachinery.com/MD/03_Stress_Distribution.mp4.

心，且两个力相反，且与 x 轴共线。在远离力作用末端杆段上，应力沿着横截面的分布基本上是均匀的，如图 4-10 所示。这是该加载方法是用来测试材料性质原因之一，如第 2 章所述。在纯轴向拉伸的正应力作用下可通过下式计算：

$$\sigma_x = \frac{P}{A} \tag{4.7}$$

式中，P 是作用应力；A 是计算处的横截面面积；σ_x 是正应力。主正应力和最大剪应力可以用式 4.6 求得。这种情形的莫尔圆如图 4-8 所示。对任何拉伸构件，所允许的载荷可以通过主应力和合适的材料强度的比较来决定。例如，如果是塑性材料，那么就用抗拉屈服强度 S_y 和主正应力比较，安全系数计算为：$N = S_y / \sigma_1$。失效准则将在第 5 章详细讨论。

"第 3 讲　应力分布"视频（50:52）

4

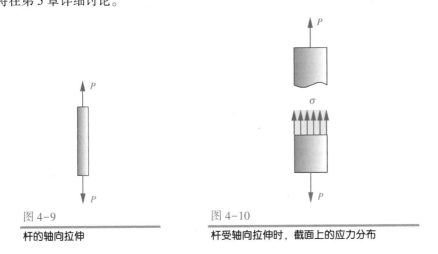

图 4-9

杆的轴向拉伸

图 4-10

杆受轴向拉伸时，截面上的应力分布

在纯轴向拉伸中，等横截面长度增量 Δs 由下式确定：

$$\Delta s = \frac{Pl}{AE} \tag{4.8}$$

式中，P 是作用力；A 是横截面面积；l 是加载长度；E 是材料的弹性模量。

拉伸载荷很常见，如在电缆、撑杆、螺栓和许多轴向受载零件上。设计者需要仔细检查作用在其内部的其他载荷，如果出现其他载荷与拉伸载荷共存现象，会产生与轴向拉伸不同的应力状态。

4.8　直接剪应力、直接挤压应力与撕裂

直接剪应力、压应力、撕裂的载荷形式主要发生在销、螺栓、铆钉等连接处。可能的失效模式有连接件（销、铆钉或螺栓）的直接剪切失效、连接件或周围材料的挤压失效或连接件周围材料的撕裂。这些应力的计算见本章后面的案例研究。

直接剪切

直接剪切发生在没有弯曲出现的情形中。剪刀就是通过直接剪切设计用来剪切材料的。由于劣质或磨损的剪刀的两个刀片间存在正交于刀片运动方向的间隙，因此它（即使刀口锋利）也无法很好地切割材料。图 4-11 说明了直接剪切和发生弯曲的两种情形。如果两剪切刀片或表面间隔能接近 0，那么就是我们所说的直接剪切状态，在剪切面的产生的平均剪应力为：

$$\tau_{xy} = \frac{P}{A_{shear}} \tag{4.9}$$

式中，P 是作用载荷；A_{shear} 是被剪切区域面积，即被剪切横截面积。这里假设剪应力在横截面上的分布是均匀的。这是个近似，因为在刀刃接触处局部应力会高很多。

在图 4-11a 中，剪切刀片紧靠着夹住工件的夹具。因此，可以假设两力 P 在同一平面，不会产生一个力偶。这就是没有弯曲的直接剪切情形。在图 4-11b 中有同样的工件，但是在剪切刀片与夹具间存在一个小间隙（x）。这将产生一个力臂，让这对力 P 形成了力偶，因此这种情况是弯曲，而不是直接剪切。当然，在这种情形除了弯曲应力外，仍存在一个明显的剪应力。一般而言，做到仅受纯剪切很困难。甚至轻微间隙也会起到在剪应力上叠加弯曲应力的效果。在下一节我们将讨论由于弯曲产生的应力。

在图 4-11a 和图 4-12a 描述的情形都称作单面剪切，因为零件仅有一个横截面区域会受到破坏。图 4-12b 展示了双面剪切的销轴。若将它剪断，则会有两个区域发生失效。这就是销轴连接，其中的 U 形件是销托。这时，式（4.9）中的受力面积为 $2A$。对销轴设计，双面剪切优先于单面剪切。单面剪切仅用在没有支承销两端的情况下，如连杆的曲柄，它的另一边必须与机架连接。当用螺栓或铆钉将两块平板连接在一起时，它们的受力状态也是单面剪切。

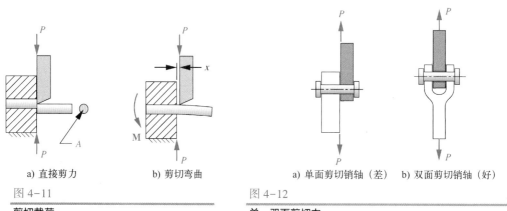

a) 直接剪力   b) 剪切弯曲

图 4-11

剪切载荷

a) 单面剪切销轴（差）   b) 双面剪切销轴（好）

图 4-12

单、双面剪切力

直接挤压

如图 4-12 所示，在孔里的销轴中除直接剪切外，还可能会以其他形式失效。销和孔表面受到了直接的压应力，这就是常见的压缩。当两表面压到一起时，它们之间就存在挤压应力。挤压应力倾向于压碎孔或销，而不是剪断它们。挤压应力是沿法向压缩，它可以通过式（4.7）计算。如果销孔配合紧密可以不考虑间隙的存在，这时受压区域一般用销和孔接触的投影面积，而不用圆周面积。即：

$$A_{bearing} = ld \qquad (4.10a)$$

式中，l 是挤压接触长度；d 是孔或销直径。如果销孔之间有间隙，那么接触区域会减小。格拉丁[7]指出：对于这种情形，受压区域近似为：

$$A_{bearing} = \frac{\pi}{4} ld \qquad (4.10b)$$

图 4-13a 展示了图 4-12 中 U 形夹销轴副的受压区域。两个连接件都要对挤压失效进行校核，因为二者的失效是无关的。通过调整长度 l（即连杆厚度）或是销轴的直径 d 可以得到足够大的受压面积，从而避免失效。

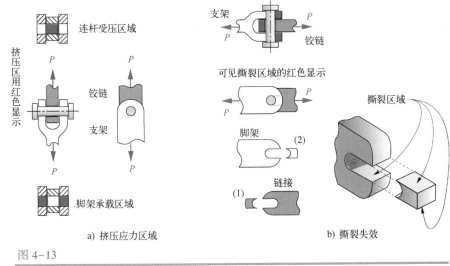

a) 挤压应力区域　　　　　　　　b) 撕裂失效

图 4-13

挤压和撕裂失效

撕裂失效

对销轴副来说，另一种可能的失效形式是孔周围材料的撕裂。如果设置的销孔太靠近边缘将会发生撕裂。这是一个双面剪切失效，它将把销孔的两边都从基材上分离开。如果能够正确得到剪切区域的面积，也可以用式（4.9）分析这种情形。图 4-13b 给出了在图 4-12 中的 U 形销座撕裂的情况。从图中可以看出，撕裂区域面积可以用连杆的厚度与孔中心到零件外边缘距离的乘积计算。考虑到孔的两边同时被撕裂，应再乘以 2。然而，这种假设暗示：如果孔的楔形很薄，可以显著增加材料的剪切强度。常用的保守假设是：撕裂区域的面积等于两倍的连杆厚度与**孔边缘到零件外边界**尺寸的乘积。在孔周围设计足够的厚度可以很容易避免撕裂失效。对设计者设计计算来说，至少应当给定销轴和孔边到外边界的距离的合理最小值。

4.9 梁与弯曲应力

在各种结构和机器中，梁是很常见的零件。任何承受横向载荷的非连续支承的构件都可以视为梁。地板的结构格栅、屋顶的椽条、机器的轴、弹簧和框架等零件在载荷作用下都是梁的例子。梁的横截面上通常受正应力和剪应力的共同作用。对设计师来说最重要的是如何确定最大应力的位置，以及弄清楚梁内应力是如何分布的。记住梁应力方程虽然有用，但如果没有理解在什么地方、如何正确应用它们，那还不足以正确解决问题。

弯曲应力视频（05:57）⊖

梁纯弯曲

尽管在实际中很少有严格意义上的梁受纯弯曲载荷作用的情况，但无论如何通过研究这一最简单的受载情形来提出梁受弯曲载荷的应力理论是有十分有用的。实际上，大多数的梁在弯曲力矩的作用下也承受剪切载荷，这种情形将在下一节阐述。

直梁 作为纯弯曲的例子，考虑如图 4-14 所示的简支直梁。两个同样的集中载荷 P 作用在 A 和 B 点，分别距离两个末端到各作用点的距离是相同的。图中给出了在种载荷作用下的剪力图和弯矩图，其中梁的中心部分的 AB 段上剪切力为 0 且弯曲力矩为常数 M，这段没有剪力的梁就是纯弯曲状态。

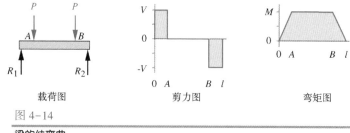

载荷图　　　　　剪力图　　　　　弯矩图

图 4-14

梁的纯弯曲

图 4-15 显示了移出后放大了的梁的 AB 间的部分。分析假设如下：

1. 研究的是远离梁上的作用载荷或外部约束的一个微小梁段。
2. 梁存在一个对称平面，载荷是对称施加在上面的。
3. 弯曲过程中，梁的横截面保持平面，且横截面始终垂直于中性轴。
4. 梁的材料是均匀的，并服从胡克定律。
5. 应力在弹性极限下，挠度很小。
6. 这段承受纯弯曲，没有轴向载荷与剪力。
7. 梁变形前是直的。

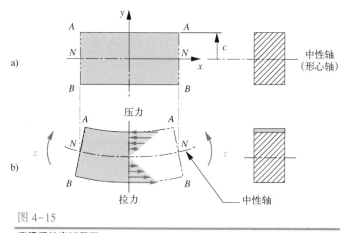

图 4-15

直梁受纯弯矩段面

图 4-15a 所示的是加载前的梁，图 4-15b 是在弯曲力矩作用下，这段梁发生了弯曲（放大显示）。若中性轴 NN 的长度不发生改变，为了保持所有横截面垂直于中性轴，沿 x 方向所有其他横线一定会缩短或拉长。梁的外纤维在 A-A 处会缩短，这说明它们在受压，在 B-B 处会拉长，即它们受拉。这导致弯曲应力分布如图 4-15b 所示。在中性轴处，弯曲应力为 0，并这一应力与距中性轴的距离 y 呈正比的线性关系。这个关系可以利用下面熟知的弯曲应力方程来表示：

$$\sigma_x = -\frac{My}{I} \tag{4.11a}$$

式中，M 是作用在讨论区域的弯矩；I 是梁横截面关于中性面（它通过直梁横截面的质心）的面积二阶矩（积惯性矩）；y 是从中性面到应力计算点的距离。

最大弯曲应力发生在外纤维处，其表达式为：

$$\sigma_{max} = \frac{Mc}{I} \tag{4.11b}$$

式中，c 是从中性面到梁顶部或底部外纤维的距离。注意到这两个距离仅对关于中性面对称时是相同的。对顶上和底部面，通常取 c 为正值，然后再根据梁受载决定哪个表面受压 $(-)$ 和受拉 $(+)$，选择合适的符号来表示应力的拉与压。

式 (4.11b) 通常使用的另一种形式为：

$$\sigma_{max} = \frac{M}{Z} \tag{4.11c}$$

式中，Z 是梁的截面抗弯模量：

$$Z = \frac{I}{c} \tag{4.11d}$$

这些方程虽然是从纯弯曲情况导出的，但是如果剪应变可忽略，这些公式也适用于除力矩外还有其他载荷作用下的梁。这时，一定要合理考虑载荷的联合作用。这将在后面的章节中讨论。典型梁横截面的几何特性 (A, I, Z) 的计算公式可在本书文前页中找到。

曲梁　如起重机吊钩、C 形夹、冲压架等的多种机械零件不是直的承载梁，这是因为它们有曲率半径。但是前面对直梁给出的 6 个假设仍然适用。如果梁存在明显的曲率，那么中性轴与质心轴不再共轴，这样式 (4.11) 不能直接应用。如图 4-16 所示，中性轴向曲率中心移动一段距离 e：

$$e = r_c - \frac{A}{\displaystyle\int \frac{dA}{r}} \tag{4.12a}$$

式中，r_c 是曲梁的质心轴的曲率半径；A 是横截面面积；r 是梁的弯曲中心到微分面 dA 的半径。对复杂情形，能用积分的数值计算来解决。

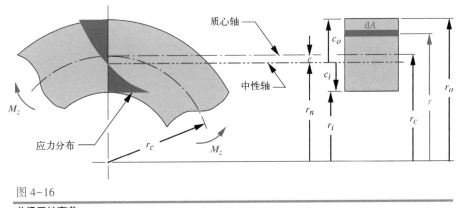

图 4-16

曲梁受纯弯曲

截面应力的分布不再是线性的，而是双曲线的。如图 4-16 所示，应力最大发生在方形横截面的内表面处。通常，对弯梁来说定义使梁变直的力矩为正。在弯梁情况下，一个正力矩将使梁内表面受拉，使外层纤维受压，反之亦然。对纯弯曲载荷，曲梁的内外层纤维最大应力为：

$$\sigma_i = +\frac{M}{eA}\left(\frac{c_i}{r_i}\right) \tag{4.12b}$$

$$\sigma_o = -\frac{M}{eA}\left(\frac{c_o}{r_o}\right) \tag{4.12c}$$

式中，下标 i 表示内；下标 o 表示外；M 表示所讨论的梁段所受的力矩；A 表示横截面积；r_i 和 r_o 分别为内表面、外表面的曲率半径。这些表达式包含了比值 c/r。如果曲率半径 r 相对于 c 较大，那么梁近似为直的，而不是弯曲的。当 c/r 小于 1:10 时，它的应力比同直径、同载荷的直梁的大约 10%（注意这里并不存在线性关系，因为 e 也是 c 和 r 的函数）。

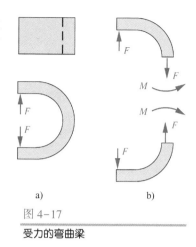

图 4-17

受力的弯曲梁

较常见的曲梁受载方式如图 4-17a 所示，例如钳子或钩子。在图 4-17b 中显示了受力的隔离体，在隔断的边界处施加了轴向力和力矩。梁的内、外侧应力变为：

$$\sigma_i = +\frac{M}{eA}\left(\frac{c_i}{r_i}\right) + \frac{F}{A} \qquad (4.12\text{d})$$

$$\sigma_o = -\frac{M}{eA}\left(\frac{c_o}{r_o}\right) + \frac{F}{A} \qquad (4.12\text{e})$$

在式（4.12d）和式（4.12e）中的第二项代表梁中部所承受的轴向拉伸应力。本书网站提供的程序 CURVBEAM 给出了式（4.12）的解算，计算的弯梁有 5 种常见的曲梁截面形状，分别为圆形、椭圆形、梯形、矩形和球形。这个程序还可以通过数值积分来计算式（4.12a），求出横截面的面积和质心。

横向载荷引起的剪切

在加载梁中，更加普遍和常见的情况是梁的某一段上同时受到剪力和弯矩的共同作用。图 4-18 显示了一个受集中载荷的简支梁，及其剪力图和弯矩图。下面我们来考虑剪力对梁横截面应力状态的影响。

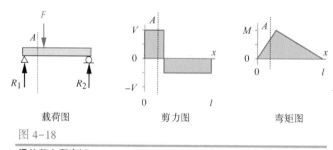

载荷图　　　　剪力图　　　　弯矩图

图 4-18

梁的剪力和弯矩

图 4-19a 所示来自图 4-18a 中 A 点附近的一节梁段。用 P 标记显示了在梁 A 点附近处选取的一个单元。这一部分从外层纤维一直截取至 c 点，它的宽度为 dx，它离中性轴的距离为 y_1。注意，P 左侧（面 b_1-c_1）的力矩 $M(x_1)$ 小于 P 右侧（面 b_2-c_2）的力矩 $M(x_2)$，它们的差记为力矩微分 dM。图 4-18 显示，由于在 A 点处存在非 0 剪切力 V，从而导致为梁长度 x 函数的力矩 $M(x)$ 增加。从式（4.11a）可以求得垂直 P 面的正应力。因为弯曲产生的正应力与 $M(x)$ 成比例，且如图 4-19b 所示，P 左侧的应力 σ 小于 P 右侧的应力 σ。为了达到平衡状态，此处的不平衡应力必须由一些其他应力分量抵消，这里就是由剪应力 τ 来抵消的，如图 4-19b 所示。

作用在 P 左侧面且离中性轴距离为 y 处的应力可以通过面积微分 dA 和相应的应力相乘的方法由下式求得：

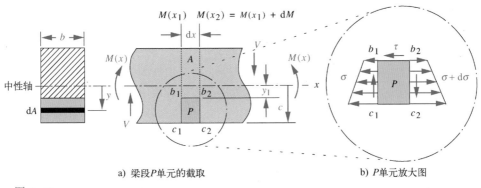

a) 梁段 P 单元的截取　　　　　　b) P 单元放大图

图 4-19

同时受弯曲和横向剪切力的梁的断面：图 4-18 中显示的 A 点

$$\sigma \mathrm{d}A = \frac{My}{I}\mathrm{d}A \tag{4.13a}$$

左侧面上的合力可以通过积分来得到：

$$F_{1x} = \int_{y_1}^{c} \frac{My}{I}\mathrm{d}A \tag{4.13b}$$

类似地，右侧面的合力为：

$$F_{2x} = \int_{y_1}^{c} \frac{(M+\mathrm{d}M)y}{I}\mathrm{d}A \tag{4.13c}$$

在中性轴上方距离为 y_1 处的截面上的剪力为：

$$F_{xy} = \tau b \mathrm{d}x \tag{4.13d}$$

式中，$b\mathrm{d}x$ 是单元 P 的顶面的面积。

为了实现力的平衡，作用在 P 上的合力必须为 0。即：

$$F_{xy} = F_{2x} - F_{1x}$$

$$\tau b \mathrm{d}x = \int_{y_1}^{c} \frac{(M+\mathrm{d}M)y}{I}\mathrm{d}A - \int_{y_1}^{c} \frac{My}{I}\mathrm{d}A \tag{4.13e}$$

$$\tau = \frac{\mathrm{d}M}{\mathrm{d}x}\frac{1}{Ib}\int_{y_1}^{c} y\mathrm{d}A$$

式（4.13）给出了剪应力 τ 的表达式，它是与距离 x 有关的弯矩 M、离中性轴的距离 y、横截面的面积的 I 和距离为 y 处横截面积宽度 b 的函数。

式（3.32a）表示，任何点处的 $DM/\mathrm{d}x$ 的斜率等于该点处剪切函数 V 的量值，因此：

$$\tau_{xy} = \frac{V}{bI}\int_{y_1}^{c} y\mathrm{d}A \tag{4.13f}$$

式（4.13f）中的积分表示 y_1 值之外的横截面对于中性轴的一阶矩，这里 y_1 是待求剪应力位置的纵坐标。常规的方法是将上式中的积分用变量 Q 来表示：

$$Q = \int_{y_1}^{c} y\mathrm{d}A$$
$$\tag{4.13g}$$
$$\tau_{xy} = \frac{VQ}{bI}$$

积分 Q 不仅随着梁横截面的形状会发生明显变化，也会随着离中性轴的距离 y_1 的变化而发生变化。因此，对于任何给定横截面，可以知道梁在横截面上的剪应力不是常数。当 y_1 等于 c 时，因为积分区为 0，所以最外层的变量 Q 也为 0，从而剪应力也等于 0。这是正确的，因为在最外层不存在对材料纤维的剪切作用。由于横向载荷的作用，剪应力将会在中性轴处达到最大值。由于弯曲引起的正应力在外侧纤维处达到最大值，而在中性轴处却是 0，这些结果是非常偶然的。因而，横截面上任何存在正、剪应力位置处的应力组合作用都不会比最外层纤维存在单一正应力状态的情况更恶劣。

　　如果梁长相比于梁宽大很多的话，那么在横向载荷的作用下，剪应力相比于弯曲应力 Mc/I 要小很多。这一结果可以从式（3.16）得到。在图 4-18 的剪力图和弯矩图例子中，很容易找出导致这一结果的原因。因为弯矩的大小等于剪力图中的面积值，在图 4-18 中，对于任何给定的 V，剪力图的面积和最大的弯矩都会随着梁的长度增加而增加。因此，当最大的剪应力大小一定时，弯曲应力却会随着梁长的增加而增加，最终导致弯曲应力远大于剪应力。一个常用的经验准则是：如果梁长度和梁宽度之比等于或大于 10，那么在横向载荷的作用下的剪应力足够小，可以忽略不计。对于小于这个比率的短梁，则除了要考虑弯曲应力之外，还应该考虑横向剪应力。

　　矩形梁　由于横向载荷的作用，剪应力的计算主要变成了计算梁的横截面的积分 Q。一旦求出 Q，就很容易得到剪应力 τ 的最大值。对于宽度为 b、高度为 h 的矩形横截面，$dA = bdy$，$c = h/2$。因此有：

$$Q = \int_{y_1}^{c} y \mathrm{d}A = b \int_{y_1}^{c} y \mathrm{d}y = \frac{b}{2}\left(\frac{h^2}{4} - y_1^2\right)$$

（4.14a）

$$\tau = \frac{V}{2I}\left(\frac{h^2}{4} - y_1^2\right)$$

　　如图 4-20a 所示，在矩形横截面上，剪应力的变化为抛物线。当 $y_1 = h/2$ 时，如前面预期的那样 $\tau = 0$。当 $y_1 = 0$ 时，τ 最大为 $h^2/8I$，对矩形截面而言，$I = bh^3/12$。所以 τ 最大值表达式为：

$$\tau_{max} = \frac{3}{2}\frac{V}{A}$$

（4.14b）

这一公式仅仅适用于矩形横截面的梁，如图 4-20a 所示。

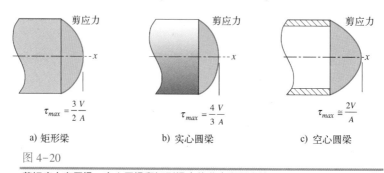

a) 矩形梁　　$\tau_{max} = \frac{3}{2}\frac{V}{A}$

b) 实心圆梁　　$\tau_{max} = \frac{4}{3}\frac{V}{A}$

c) 空心圆梁　　$\tau_{max} \cong \frac{2V}{A}$

图 4-20

剪切应力在圆梁、空心圆梁和矩形梁中的分布和最大值

　　圆梁　式（4.13g）适用于任何形状的横截面，对于圆形截面而言，积分 Q 为：

$$Q = \int_{y_1}^{c} y \mathrm{d}A = 2\int_{y_1}^{c} y\sqrt{r^2 - y^2}\,\mathrm{d}y = \frac{2}{3}\left(r^2 - y_1^2\right)^{\frac{3}{2}}$$

（4.15a）

所以剪应力分布为：

$$\tau = \frac{VQ}{bI} = \frac{V\left[\frac{2}{3}\left(r^2 - y_1^2\right)^{\frac{3}{2}}\right]}{2\sqrt{r^2 - y^2}\left(\frac{\pi r^4}{4}\right)} = \frac{4}{3}\frac{V}{\pi r^2}\left(1 - \frac{y_1^2}{r^2}\right) \tag{4.15b}$$

圆梁的剪应力也是按抛物线分布的，但相比于矩形截面而言，其峰值要小，如图 4-20b 所示。在实心圆形横截面梁上，最大剪应力在中性轴上，其表达式为：

$$\tau_{max} = \frac{4}{3}\frac{V}{A} \tag{4.15c}$$

如果圆梁是空心薄壁（壁厚小于外圆半径的 1/10）的话，最大的剪应力仍在中性轴上，它近似等于：

$$Q = \int_{y_1}^{c} y\mathrm{d}A = 2\int_{y_1}^{c} y\sqrt{r^2 - y^2}\,\mathrm{d}y = \frac{2}{3}\left(r^2 - y_1^2\right)^{\frac{3}{2}} \tag{4.15d}$$

它的分布如图 4-20c 所示。

工字梁 图 4-21 所示的工字梁结构，从强度重量比来说，工字梁在数学上是最优的横截面形状。这就是为什么在大型结构中，工字梁被普遍作为地基和屋顶的横梁使用。其形状使得大多数材料在外层，而外部的弯曲应力是最大的。这就提供了大面惯性矩来抵抗弯矩。由于剪应力在中性轴处达到最大值，连接凸缘的梁腹板（称作剪切腹板）用来抵抗梁里的剪应力。在长梁中，由于弯曲产生的剪应力与弯曲应力相比非常小，这样就可以采用薄腹板以减轻梁的重量。在忽略了上下凸缘的情况下，腹板截面的工字梁最大剪应力的近似表达式为：

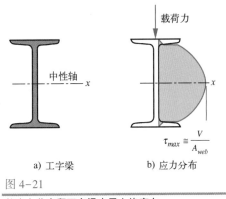

a) 工字梁   b) 应力分布

图 4-21

剪应力分布和工字梁中最大的应力

$$\tau_{max} \cong \frac{V}{A_{web}} \tag{4.16}$$

图 4-21b 给出了剪应力随着工字梁高度的分布图。注意剪应力在腹板处和凸缘交接处不连续，这是由于面积快速增加导致在凸缘处剪应力很小。剪应力在进入腹板后跳升到一个很大值，并按抛物线形式上升，在中性轴处达到最大。

4.10 梁挠度

设计师除了关注梁的应力外，还必须关注梁的挠度。由于梁是由弹性材料制成的，所以对它施加载荷会引起弯曲。如果挠度引起的应变没有超过材料的屈服应变，那么当载荷移除时，梁会恢复到没有变形的状态。如果应变超过材料的屈服应变，梁将会屈服；这时若梁的材料是塑性的，它将会被拉长；如果梁的材料是脆性的，它将会断裂。如果梁的尺寸大到足以使材料避免超过它的屈服应力（或者其他强度准则），那么梁就不会发生永久形变或者断裂。然而，即便是应力下的弹性形变远小于材料失效形变也可能会导致机器出现严重问题。

挠度可能会导致零件的移动或错位的发生，从而会降低设备的实际精度。一般来说，为减小挠度会增加的梁的横截面积，而抵抗应力失效并不一定要增加横截面积。甚至在像建筑物这样的静态结构中，挠度也可能会成为地板或屋顶的梁的尺寸选择的极限准则。读者也许走过有明显弹性的住宅地板。这种地板无疑是安全的，没有因为过大的应力而垮塌，但它的刚性可能设计得不够，因为正常荷载下地板不应该存在明显变形。

梁的弯曲挠度可以通过对下面梁的方程两次积分来求得：

$$\frac{M}{EI} = \frac{\mathrm{d}^2 y}{\mathrm{d}x^2} \tag{4.17}$$

梁挠度 y 的二阶导数与弯矩 M、材料的弹性模量 E 和梁横截面的惯性模量 I 有关。自变量 x 是梁长度方向的坐标。式（4.17）仅仅适用于小挠度的梁，在大多数的机械或结构梁的设计中，都满足这一限制的要求。有时梁会被视作弹簧，这时它的挠度可能会超过式（4.17）的限制范围。有关弹簧的设计将在后面的章节介绍。式（4.17）不包括因横向剪切载荷所引起的挠度。在长梁中，横向剪切所产生的挠度与弯曲挠度相比很小，因此可以忽略不计，除非梁的长宽比小于 10。

式（4.17）可以通过两次求导和两次积分得到式（4.18）中的 5 个不同方程（其中式 4.18c 就是式 4.17），它们定义了梁的力学特性。在 3.17 节中，我们给出了载荷分布函数 $q(x)$、剪力函数 $V(x)$ 和力矩函数 $M(x)$。将式（4.17）中的 $M(x)$ 对 x 做一次求导可以得到 V，$M(x)$ 的二次求导则得到 q。将式（4.17）中的 $\frac{\mathrm{d}^2 y}{\mathrm{d}x^2}$ 对 x 积分一次可以得到梁的偏转角 $\theta = \frac{\mathrm{d}y}{\mathrm{d}x}$，$\frac{\mathrm{d}^2 y}{\mathrm{d}x^2}$ 的二次积分可以得到梁的挠度 y。这些关系由如下方程所示：

$$\frac{q}{EI} = \frac{\mathrm{d}^4 y}{\mathrm{d}x^4} \tag{4.18a}$$

$$\frac{V}{EI} = \frac{\mathrm{d}^3 y}{\mathrm{d}x^3} \tag{4.18b}$$

$$\frac{M}{EI} = \frac{\mathrm{d}^2 y}{\mathrm{d}x^2} \tag{4.18c}$$

$$\theta = \frac{\mathrm{d}y}{\mathrm{d}x} \tag{4.18d}$$

$$y = f(x) \tag{4.18e}$$

在这些方程式中，唯一和材料有关的是参数是弹性模量 E，它定义了材料的刚度。式（4.18）显示了如果设计者想要通过采用更强、更贵的合金来减小梁的挠度是无效的，因为基体金属相同的大多数合金具有相同的弹性模量。高强度合金是提高了屈服强度和极限强度，而挠度设计准则通常是降低作用应力。这就是工字梁和其他结构形状的钢铁主要是由低强度、低碳钢制造的原因。

通过积分可以得到梁的挠度函数。载荷分布函数 $q(x)$ 一般是已知的，可以利用解析法、图形法或数值法对它进行积分。积分常数可以通过已知梁的边界条件来确定。在通过积分得到梁偏转角之前，先要通过弯矩图、梁横截面积模量和弹性模量求的 M/EI 函数。如果梁横截面的惯性矩 I 和材料的弹性模量系数 E 沿梁的长度方向上是不变的，那么弯矩 M 所除的是常量 EI。如果梁的横截面积随梁长度而变化，则积分也要考虑惯性矩 I。梁方程积分形式如下：

$$V = \int q\,\mathrm{d}x + C_1 \qquad\qquad 0 < x < l \tag{4.19a}$$

$$M = \int V \mathrm{d}x + C_1 x + C_2 \qquad\qquad 0 < x < l \qquad\qquad (4.19\text{b})$$

$$\theta = \int \frac{M}{EI} \mathrm{d}x + C_1 x^2 + C_2 x + C_3 \qquad 0 < x < l \qquad\qquad (4.19\text{c})$$

$$y = \int \theta \mathrm{d}x + C_1 x^3 + C_2 x^2 + C_3 x + C_4 \qquad 0 < x < l \qquad\qquad (4.19\text{d})$$

待定系数 C_1 和 C_2 可以通过剪力和弯矩函数的边界条件得到。举例来说，弯矩在简支梁末端等于 0，在一个不受支承的自由梁末端也等于 0（或者等于施加的已知弯矩）。剪切力在不加载梁的自由端等于 0。还要指出：如果反作用力已经包括在载荷分布函数 $q(x)$ 中，那么 C_1 和 C_2 都等于 0。

待定系数 C_3 和 C_4 可以通过梁偏转角函数和挠度函数的边界条件得到。举例来说，在任何刚性支承处挠度等于 0，在弯矩转折点处梁的偏转角等于 0。将求得的系数 C_1 和 C_2，以及对应的 x 和 y 或 x 和 θ 代入式（4.19c）和式（4.19d）中，可以解出 C_3 和 C_4。求解这些方程有多种方法，如：图解积分法、面积矩法、能量法和奇异函数法。我们将探讨其中的最后两种方法。

用奇异函数求挠度

在 3.17 节给出了用奇异函数表示梁的受载情况。这些函数使解析积分变得很容易，并且易于用计算机编程求解。3.17 节也使用了这些方法从载荷分布函数得到剪力函数和弯矩函数。现在我们将它进一步扩展到计算梁的偏转角函数和挠度函数。实例是展示这种方法的最好途径。相应地，我们将计算图 4-22 所示梁的剪力函数、弯矩函数、偏转角函数和挠度函数。

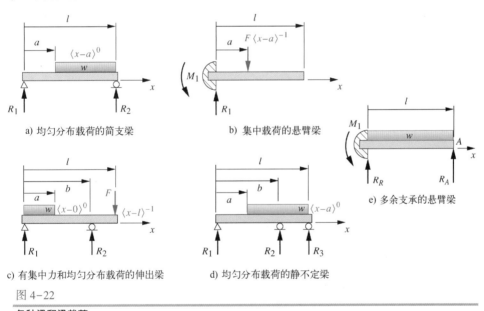

a) 均匀分布载荷的简支梁

b) 集中载荷的悬臂梁

c) 有集中力和均匀分布载荷的伸出梁

d) 均匀分布载荷的静不定梁

e) 多余支承的悬臂梁

图 4-22

各种梁和梁载荷

例 4-4　通过奇异函数求解简支梁的偏转角和挠度

问题：确定如图 4-22a 所示简支梁的偏转角和挠度。

条件：梁的部分长度上受到均匀的分布载荷。取梁长 $l = 10$ in，载荷位置 $a = 4$ in，梁横截面的惯性矩 $I = 0.163$，弹性模量系数 $E = 30$ Mpsi，分布载荷 $w = 100$ lb/in。

假设：梁的重量相对于载荷可以忽略不计，即略去梁的重量。

解：见图 4-22a 和图 4-23。

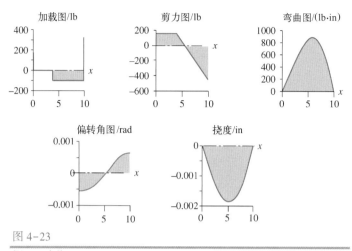

图 4-23

例 4-4 中的平面图

1. 通过式（3.19）来求解约束反力。右边支承端处的合弯矩和 y 方向的合力公式为：

$$\sum M_z = 0 = R_1 l - \frac{w(l-a)^2}{2} \tag{a}$$

$$R_1 = \frac{w(l-a)^2}{2l} = \frac{100(10-4)^2}{2(10)}\ \text{lb} = 180\ \text{lb}$$

$$\sum F_y = 0 = R_1 - w(l-a) + R_2 \tag{b}$$

$$R_2 = w(l-a) - R_1 = \big[100(10-4) - 180\big]\ \text{lb} = 420\ \text{lb}$$

2. 通过式（3.33）来写出载荷分布函数。并通过式（3.18）来对载荷分布函数进行 4 次积分得到剪力函数、弯矩函数、偏转角函数和挠度函数。对于梁的部分长度受均匀分布载荷的简支梁：

$$q = R_1 \langle x-0 \rangle^{-1} - w \langle x-a \rangle^0 + R_2 \langle x-l \rangle^{-1} \tag{c}$$

$$V = \int q \, dx = R_1 \langle x-0 \rangle^0 - w \langle x-a \rangle^1 + R_2 \langle x-l \rangle^0 + C_1 \tag{d}$$

$$M = \int V \, dx = R_1 \langle x-0 \rangle^1 - \frac{w}{2} \langle x-a \rangle^2 + R_2 \langle x-l \rangle^1 + C_1 x + C_2 \tag{e}$$

$$\theta = \int \frac{M}{EI} \, dx = \frac{1}{EI}\left(\begin{array}{c} \dfrac{R_1}{2} \langle x-0 \rangle^2 - \dfrac{w}{6} \langle x-a \rangle^3 + \dfrac{R_2}{2} \langle x-l \rangle^2 \\[2mm] + \dfrac{C_1 x^2}{2} + C_2 x + C_3 \end{array} \right) \tag{f}$$

$$y = \int \theta \, dx = \frac{1}{EI}\left(\begin{array}{c} \dfrac{R_1}{6} \langle x-0 \rangle^3 - \dfrac{w}{24} \langle x-a \rangle^4 + \dfrac{R_2}{6} \langle x-l \rangle^3 \\[2mm] + \dfrac{C_1 x^3}{6} + \dfrac{C_2 x^2}{2} + C_3 x + C_4 \end{array} \right) \tag{g}$$

3. 在积分表达式中有 4 个常量需要求出。常量 C_1 和 C_2 都为 0，因为作用在梁上的约束反力和弯矩被包含在载荷分布函数中。挠度在支承点处为 0。将边界条件 $x=0$，$y=0$ 和 $x=1$，$y=0$ 代入式（g）中就可以求出常量 C_3 和 C_4。

$$y(0) = 0 = \frac{1}{EI}\left(\frac{R_1}{6}\langle 0-0\rangle^3 - \frac{w}{24}\langle 0-a\rangle^4 + \frac{R_2}{6}\langle 0-l\rangle^3 + C_3(0) + C_4 \right)$$

$$C_4 = -\frac{R_1}{6}\langle 0-0\rangle^3 + \frac{w}{24}\langle 0-4\rangle^4 - \frac{R_2}{6}\langle 0-10\rangle^3 - C_3(0) \tag{h}$$

$$C_4 = -\frac{R_1}{6}(0) + \frac{w}{24}(0) - \frac{R_2}{6}(0) - C_3(0) = 0$$

$$y(l) = 0 = \frac{1}{EI}\left(\frac{R_1}{6}\langle l-0\rangle^3 - \frac{w}{24}\langle l-a\rangle^4 + \frac{R_2}{6}\langle l-l\rangle^3 + C_3 l + C_4 \right)$$

$$C_3 = \frac{w}{24l}\left[(l-a)^4 - 2l^2(l-a)^2 \right] \tag{i}$$

$$C_3 = \frac{100}{24(10)}\left[(10-4)^4 - 2(10)^2(10-4)^2 \right] \text{lb·in} = -2460 \text{ lb·in}^2$$

4. 将 C_3、C_4、R_1 和 R_2 的值或者式（a）、（b）、（h）、（i）代入式（g）中，将会得到图 4-22a 中梁的挠度：

$$y = \frac{w}{24lEI}\left\{ \left[2(l-a)^2 \right]x^3 + \left[(l-a)^4 - 2l^2(l-a)^2 \right]x - l\langle x-a\rangle^4 \right\} \tag{j}$$

5. 挠度的最大值将会出现在挠度曲线的偏转角为 0 的 x 位置。令梁的偏转角函数式（f）为 0，求出此 x 的值：

$$\theta = \frac{1}{EI}\left(\frac{R_1}{2}x^2 - \frac{w}{6}(x-a)^3 + C_3 \right) = 0$$

$$0 = \frac{1}{3\times 10^7(0.163)}\left(90x^2 - 16.67(x-4)^3 - 2460 \right) \tag{k}$$

$$x = 5.264 \text{ in}$$

为了求出这个三次方程的特征根，需要利用韦达定理或数值求特征根算法。

6. 将求出的 x 的值代入式（g）中可以求出挠度的最大值，无论是正的还是负的：

$$y_{max} = \frac{100}{24(10)(4.883\times 10^6)}\left\{ \begin{array}{l} \left[2(10-4)^2 \right](5.264)^3 + \left[(10-4)^4 - 2(10)^2(10-4)^2 \right](5.264) \\ -10(5.264-4)^4 \end{array} \right\} \tag{l}$$

$$y_{max} = -0.001\,76 \text{ in}$$

7. 图 4-23 绘制出了图 4-22a 中梁的载荷分布函数图、剪力函数图、弯矩函数图、偏转角函数图和挠度函数图。

读者可以利用本书提供的文件 ex04-04 程序来检验上述模型和绘制图 4-23 中放大比例后的函数图形。

例 4-5　利用奇异函数求解悬臂梁的偏转角和挠度

问题：确定并绘制图 4-22b（下图同）中梁的偏转角和挠度函数。

条件：梁受到图中所示的集中力作用。取梁长 $l=10$ in，载荷位置 $a=4$ in，梁横截面的惯性矩 $I=0.5$ in^4，弹性模量系数 $E=30$ Mpsi，作用力的大小 $F=400$ lb。

假设：梁的重量与载荷相比可以忽略不计。

解：见图 4-22b 和图 4-24。

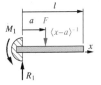

集中载荷的悬臂梁

图 4-22b

（重复）

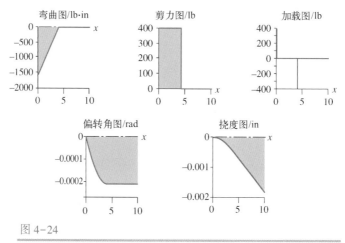

图 4-24

例 4-5 中的平面图

1. 通过式（3.33）写出载荷分布函数，并利用式（3.34）对载荷分布函数进行两次积分得到剪力函数和弯矩函数。注意利用二阶导数求得固定端的弯矩。对于图 4-22b 中的梁有：

$$q = -M_1\langle x-0\rangle^{-2} + R_1\langle x-0\rangle^{-1} - F\langle x-a\rangle^{-1} \tag{a}$$

$$V = \int q\,\mathrm{d}x = -M_1\langle x-0\rangle^{-1} + R_1\langle x-0\rangle^0 - F\langle x-a\rangle^0 + C_1 \tag{b}$$

$$M = \int V\,\mathrm{d}x = -M_1\langle x-0\rangle^0 + R_1\langle x-0\rangle^1 - F\langle x-a\rangle^1 + C_1x + C_2 \tag{c}$$

$$\theta = \int \frac{M}{EI}\,\mathrm{d}x = \frac{1}{EI}\left(\begin{array}{c} -M_1\langle x-0\rangle^1 + \dfrac{R_1}{2}\langle x-0\rangle^2 - \dfrac{F}{2}\langle x-a\rangle^2 \\[2mm] + \dfrac{C_1x^2}{2} + C_2x + C_3 \end{array} \right) \tag{d}$$

$$y = \int \theta\,\mathrm{d}x = \frac{1}{EI}\left(\begin{array}{c} -\dfrac{M_1}{2}\langle x-0\rangle^2 + \dfrac{R_1}{6}\langle x-0\rangle^3 - \dfrac{F}{6}\langle x-a\rangle^3 \\[2mm] + \dfrac{C_1x^3}{6} + \dfrac{C_2x^2}{2} + C_3x + C_4 \end{array} \right) \tag{e}$$

在式（b）中，约束反力矩 M_1 沿 z 轴方向，载荷 R_1 和 F 沿 y 轴方向。式（c）中的所有的弯矩都是沿 z 轴方向。

2. 因为约束反力已经含在载荷分布函数中，所以剪力函数和弯矩函数在梁的每一端趋于 0，从而得到 C_1 和 C_2 均为 0。

3. 将边界条件 $x = l^+$ 处的条件：$V = 0$ 和 $M = 0$ 分别代入式（b）和（c），可以计算出约束反力 R_1 和约束反力矩 M_1。注意：可以用 l 代替 l^+，因为它们之间的差别可以忽略不计。从而有：

$$V(l^+) = 0 = R_1\langle l-0\rangle^0 - F\langle l-a\rangle^0$$
$$0 = R_1 - F \tag{f}$$
$$R_1 = F = 400\ \mathrm{lb}$$

$$M(l^+) = 0 = -M_1\langle l-0\rangle^0 + R_1\langle l-0\rangle^1 - F\langle l-a\rangle^1$$
$$0 = -M_1 + lR_1(l) - F(l-a) \tag{g}$$

因为 w、l 和 a 均为给定的已知数据，由式 (f) 可以求出 R_1，并且将 R_1 代入式 (g) 中可以求出 M_1。请注意：式 (f) 表示在 y 轴方向的合力为 0，而式 (g) 表示在 z 轴方向的合弯矩为 0。因为 M_1 不是 y 方向的矢量，所以它不会出现在式 (f) 中。

4. 将 $x=0$ 处的条件：$\theta=0$ 和 $y=0$ 代入式 (d) 和 (e) 中，就可以求出 C_3 和 C_4：

$$\theta(0)=0=\frac{1}{EI}\left(-M_1\langle 0-0\rangle^1+\frac{R_1}{2}\langle 0-0\rangle^2-\frac{F}{2}\langle 0-a\rangle^2+C_3\right)$$

$$C_3=M_1\langle 0-0\rangle^1-\frac{R_1}{2}\langle 0-0\rangle^2+\frac{F}{2}\langle 0-4\rangle^2=0$$

(h)

$$y(0)=0=\frac{1}{EI}\left(-\frac{M_1}{2}\langle 0-0\rangle^2+\frac{R_1}{6}\langle 0-0\rangle^3-\frac{F}{6}\langle 0-a\rangle^3+C_3(0)+C_4\right)$$

$$C_4=\frac{M_1}{2}\langle 0-0\rangle^2-\frac{R_1}{6}\langle 0-0\rangle^3+\frac{F}{6}\langle 0-4\rangle^3=0$$

(i)

5. 再将表达 C_3、C_4、R_1 和 M_1 的式 (f)~式 (i) 代入式 (e) 中，将得到图 4-22b 中悬臂梁的挠度方程，为：

$$y=\frac{F}{6EI}\left[x^3-3ax^2-\langle x-a\rangle^3\right]$$

(j)

6. 悬臂梁的挠度最大值在梁的自由端。将 $x=l$ 代入式 (j) 中，可求得挠度 y 的最大值为：

$$y_{max}=\frac{F}{6EI}\left[l^3-3al^2-(l-a)^3\right]=\frac{Fa^2}{6EI}(a-3l)$$

$$y_{max}=\frac{400(4)^2}{6(3\times10^7)(0.5)}\left[4-3(10)\right]\text{in}=-0.001\,85\text{ in}$$

(k)

7. 图 4-24 绘制出了梁的载荷、剪力、弯矩、偏转角函数图和挠度函数图。值得注意的是，梁在支点和载荷之间的偏转角很明显为负，而在载荷的右侧，梁的偏转角变平。然而当图形的比例尺很小时，这一现象并不明显，这时梁的挠度曲线在载荷的右侧接近一条直线。

读者可以利用本书提供的文件 ex04-05 程序来检验模型，并查看图 4-24 的放大图形。

例 4-6　通过奇异函数来求出的伸出横梁偏转角和挠度

问题：确定部分梁长受到均匀分布载荷并且梁末端受到集中力作用的伸出梁的偏转角和挠度，如图 4-22c 中梁所示。

条件：取梁长 $l=10$ in，载荷位置 $a=4$ in，$b=7$ in，梁横截面的惯性矩 $I=0.2$ in^4，弹性模量系数 $E=30$ Mpsi，集中载荷 $F=200$ lb，分布载荷 $w=100$ lb/in。

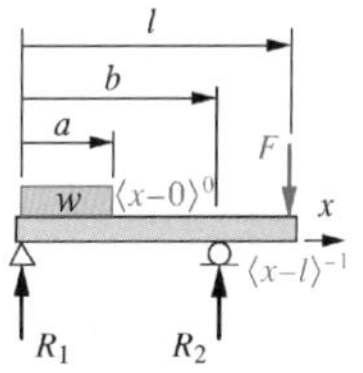

假设：梁的重量相比于加载可以忽略不计，因此忽略梁的重量。

解：参见图 4-22c（重复）、图 4-25 和图 4-26。

1. 分布载荷不覆盖整个梁。所有的奇异函数都是从它们的初始点延伸到梁的末端。所以，为了使均匀分布载荷阶跃函数能够应用于整根梁，需要施加大小相等而符号相反的另一载荷阶跃函数，以抵消如图 4-25 所示梁中除长度 a 上以外所有点的受力。对于长度为 $l-a$ 的部分，两个符号相反的阶跃函数之和为 0。图 4-25 由从整根梁上不同点开始的符号相反的函数结合而形成的分解的奇异函数为：

$$q=R_1\langle x-0\rangle^{-1}-w\langle x-0\rangle^0+w\langle x-a\rangle^0+R_2\langle x-b\rangle^{-1}-F\langle x-l\rangle^{-1}$$

(a)

图 4-22c

（重复）有集中力和均匀分布载荷的伸出梁

$$V = \int q \, dx = R_1 \langle x-0 \rangle^0 - w\langle x-0 \rangle^1 + w\langle x-a \rangle^1 + R_2 \langle x-b \rangle^0 - F\langle x-l \rangle^0 + C_1 \tag{b}$$

$$M = \int V \, dx = \begin{pmatrix} R_1 \langle x-0 \rangle^1 - \dfrac{w}{2}\langle x-0 \rangle^2 + \dfrac{w}{2}\langle x-a \rangle^2 + R_2 \langle x-b \rangle^1 \\[2mm] - F\langle x-l \rangle^1 + C_1 x + C_2 \end{pmatrix} \tag{c}$$

$$\theta = \int \dfrac{M}{EI} dx = \dfrac{1}{EI}\begin{pmatrix} \dfrac{R_1}{2}\langle x-0 \rangle^2 - \dfrac{w}{6}\langle x-0 \rangle^3 + \dfrac{w}{6}\langle x-a \rangle^3 + \dfrac{R_2}{2}\langle x-b \rangle^2 \\[2mm] - \dfrac{F}{2}\langle x-l \rangle^2 + \dfrac{C_1}{2}x^2 + C_2 x + C_3 \end{pmatrix} \tag{d}$$

$$y = \int \theta \, dx = \dfrac{1}{EI}\begin{pmatrix} \dfrac{R_1}{6}\langle x-0 \rangle^3 - \dfrac{w}{24}\langle x-0 \rangle^4 + \dfrac{w}{24}\langle x-a \rangle^4 + \dfrac{R_2}{6}\langle x-b \rangle^3 \\[2mm] - \dfrac{F}{6}\langle x-l \rangle^3 + \dfrac{C_1}{6}x^3 + \dfrac{C_2}{2}x^2 + C_3 x + C_4 \end{pmatrix} \tag{e}$$

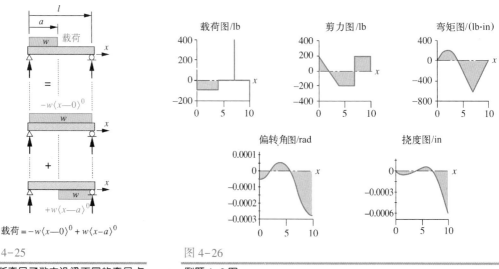

图 4-25

间断奇异函数由沿梁不同的奇异点
的两个奇异函数构成

图 4-26

例题 4-6 图

2. 因为该约束反力已经包含在载荷分布函数中，所以，在梁的每一端，剪力和弯矩图都为 0，所以有 $C_1 = C_2 = 0$。

3. 因为在 $x = l^+$ 处，剪力和弯矩都为 0，所以当 $x = l$ 时，约束反力 R_1 和 R_2 可以根据式（b）和（c）同时求出：

$$
\begin{aligned}
V(l) &= 0 = R_1 \langle l-0 \rangle^0 - w\langle l-0 \rangle^1 + w\langle l-a \rangle^1 + R_2 \langle l-b \rangle^0 - F\langle l-l \rangle^0 \\
0 &= R_1 - wl + w(l-a) + R_2 - F \\
R_2 &= -R_1 + wl - w(l-a) + F = 400 \text{ lb}
\end{aligned} \tag{f}
$$

$$
\begin{aligned}
M(l) &= 0 = \left(R_1 \langle l \rangle^1 - \dfrac{w}{2}\langle l \rangle^2 + \dfrac{w}{2}\langle l-a \rangle^2 + R_2 \langle l-b \rangle^1 - F\langle l-l \rangle^1 \right) \\
0 &= R_1 l - \dfrac{wl^2}{2} + \dfrac{w(l-a)^2}{2} + R_2(l-b) \\
R_1 &= \dfrac{1}{l}\left[\dfrac{wl^2}{2} - \dfrac{w(l-a)^2}{2} - R_2(l-b) \right] = 200 \text{ lb}
\end{aligned} \tag{g}
$$

注意，式（f）表示各力之和为 0，长度为 l 梁的弯矩之和为 0。

4. 将 $x=0$，$y=0$ 和 $x=b$，$y=0$ 的条件代入式（e），可求出 C_3 和 C_4：

$$y(0)=0=\frac{1}{EI}\left(\begin{array}{l}\dfrac{R_1}{6}\langle 0-0\rangle^3-\dfrac{w}{24}\langle 0-0\rangle^4+\dfrac{w}{24}\langle 0-a\rangle^4+\dfrac{R_2}{6}\langle 0-b\rangle^3\\[2mm]-\dfrac{F}{6}\langle 0-l\rangle^3+\dfrac{C_1}{6}(0)^3+\dfrac{C_2}{2}(0)^2+C_3(0)+C_4\end{array}\right) \tag{h}$$

$$C_4=0$$

$$y(b)=0=\frac{1}{EI}\left(\begin{array}{l}\dfrac{R_1}{6}\langle b-0\rangle^3-\dfrac{w}{24}\langle b-0\rangle^4+\dfrac{w}{24}\langle b-a\rangle^4+\dfrac{R_2}{6}\langle b-b\rangle^3\\[2mm]-\dfrac{F}{6}\langle b-l\rangle^3+\dfrac{C_1}{6}(b)^3+\dfrac{C_2}{2}(b)^2+C_3(b)+C_4\end{array}\right) \tag{i}$$

$$C_3=\frac{1}{b}\left[-\frac{R_1}{6}b^3+\frac{w}{24}b^4-\frac{w}{24}\langle b-a\rangle^4\right]$$

$$=\frac{1}{7}\left[-\frac{200}{6}(7)^3+\frac{100}{24}(7)^4-\frac{100}{24}(7-4)^4\right]=-252.4\ \text{lb·in}^2$$

5. 将从式（f）~（i）中解得的 C_1、C_2、C_3、C_4、R_1 和 R_2 代入式（e）中，可得到如下挠度方程：

$$y=\frac{1}{EI}\left(\begin{array}{l}\dfrac{R_1}{6}x^3-\dfrac{w}{24}x^4+\dfrac{w}{24}\langle x-a\rangle^4+\dfrac{R_2}{6}\langle x-b\rangle^3-\dfrac{F}{6}\langle x-l\rangle^3\\[2mm]+\dfrac{1}{b}\left[-\dfrac{R_1}{6}(b)^3+\dfrac{w}{24}(b)^4-\dfrac{w}{24}\langle b-a\rangle^4\right]x\end{array}\right) \tag{j}$$

6. 因为伸出梁是悬臂梁的一种形式，最大挠度最有可能出现在其自由端。将 $x=l$ 代入式（f）求出 y_{max}，即

$$y_{max}=\frac{1}{EI}\left(\begin{array}{l}\dfrac{R_1}{6}l^3-\dfrac{w}{24}l^4+\dfrac{w}{24}\langle l-a\rangle^4+\dfrac{R_2}{6}\langle l-b\rangle^3-\dfrac{F}{6}\langle l-l\rangle^3\\[2mm]+\dfrac{1}{b}\left[-\dfrac{R_1}{6}(b)^3+\dfrac{w}{24}(b)^4-\dfrac{w}{24}\langle b-a\rangle^4\right]l\end{array}\right) \tag{k}$$

$$=\frac{1}{3\times10^7(0.2)}\left(\begin{array}{l}\dfrac{200}{6}10^3-\dfrac{100}{24}10^4+\dfrac{100}{24}\langle 10-4\rangle^4+\dfrac{400}{6}(10-7)^3\\[2mm]-\dfrac{200}{6}0^3+\dfrac{1}{7}\left[-\dfrac{200}{6}(7)^3+\dfrac{100}{24}(7)^4-\dfrac{100}{24}(7-4)^4\right]10\end{array}\right)=-0.0006\ \text{in}$$

7. 图 4-26 给出了图 4-22c 所示梁的载荷图、剪力图、弯矩图、偏转角图和挠度图，读者可以利用本书网站中提供的文件 EX04-06 程序来检验模型，并查看图 4-26 的大比例尺度的函数图形。

静不定梁

如图 4-22d（重复）所示，当一根梁受到"冗余"支点约束时，我们称这种情况为静不定或超静定。本例中的静不定梁也被称为连续跨度梁，这在实际中相当常见。建筑物的支承梁往往是在很长梁的跨度上分布有多个支承。两个以上支承时，梁的约束反力或约束力矩的值就不能通过两个静平衡方程：$\Sigma F=0$ 和 $\Sigma M=0$ 求出。为了求出两个以上的约束力，需要附加方程，而挠度函数就可用于此目的。在每个简支点上，挠度可以假定为 0（作为一次近似），而梁的偏转角或者已知，或者能够通过弯矩近似估计得到。这样，每增加一个约束反力，就增加了一个边界

条件，从而最终得到所要的解。

通过奇异函数求解静不定梁 前面的例子证明了奇异函数法是求解载荷、剪力、弯矩和挠度函数的方便方法，下面的例子说明这种方法还可以解决静不定梁问题。

例 4-7 用奇异函数求静不定梁的约束反力和挠度

问题：确定并绘制如图 4-22d 所示梁的载荷、剪力、弯矩、偏转角和挠度图，并求出最大挠度。

已知：如图所示，载荷均匀地分布于梁一部分上，梁的长度 $l = 10$ in，$a = 4$ in，$b = 7$ in。梁的自转动惯量 $I = 0.08$ in^4，弹性模量 $E = 30$ Mpsi。分布力大小 $w = 500$ lb/in。

假设：相比于施加的载荷，梁的重量忽略不计。

解：见图 4-22d（重复）和图 4-27。

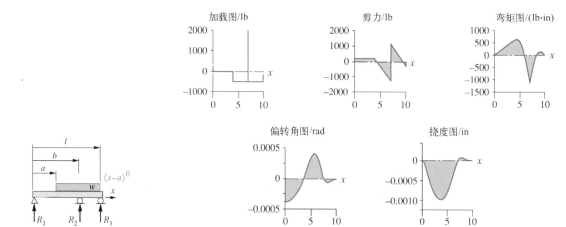

图 4-22d

（重复）受均匀分布载荷作用的静不定梁

图 4-27

例 4-7 图

1. 根据式（3.33）写出载荷分布函数，利用式（3.34）将所得载荷分布函数积分 1~4 次后分别获得剪力、弯矩、偏转角和挠度函数。

$$q = R_1 \langle x-0 \rangle^{-1} - w \langle x-a \rangle^0 + R_2 \langle x-b \rangle^{-1} + R_3 \langle x-l \rangle^{-1} \tag{a}$$

$$V = \int q \mathrm{d}x = R_1 \langle x-0 \rangle^0 - w \langle x-a \rangle^1 + R_2 \langle x-b \rangle^0 + R_3 \langle x-l \rangle^0 + C_1 \tag{b}$$

$$M = \int V \mathrm{d}x = R_1 \langle x-0 \rangle^1 - \frac{w}{2} \langle x-a \rangle^2 + R_2 \langle x-b \rangle^1 + R_3 \langle x-l \rangle^1 + C_1 x + C_2 \tag{c}$$

$$\theta = \int \frac{M}{EI} \mathrm{d}x = \frac{1}{EI} \left(\begin{array}{c} \dfrac{R_1}{2} \langle x-0 \rangle^2 - \dfrac{w}{6} \langle x-a \rangle^3 + \dfrac{R_2}{2} \langle x-b \rangle^2 + \dfrac{R_3}{2} \langle x-l \rangle^2 \\ + \dfrac{C_1 x^2}{2} + C_2 x + C_3 \end{array} \right) \tag{d}$$

$$y = \int \theta \mathrm{d}x = \frac{1}{EI} \left(\begin{array}{c} \dfrac{R_1}{6} \langle x-0 \rangle^3 - \dfrac{w}{24} \langle x-a \rangle^4 + \dfrac{R_2}{6} \langle x-b \rangle^3 + \dfrac{R_3}{6} \langle x-l \rangle^3 \\ + \dfrac{C_1 x^3}{6} + \dfrac{C_2 x^2}{2} + C_3 x + C_4 \end{array} \right) \tag{e}$$

2. 这里，需要求出 3 个约束反力和 4 个积分常数。因为载荷分布函数中含有约束反力和力矩，所以常数 C_1 和 C_2 为 0，这样就剩下 5 个未知数待求。

3. 考虑到在点 $x = 0$ 左侧与点 $x = 0$ 距离为无限小的点（记为 $x = 0^-$）的条件，该点剪力和弯矩都为 0。这样的条件对在点 $x = l$ 右侧距离 $x = l$ 无限小（记为 $x = l^+$）的点同样适用。又因为在 3 个支点上的挠度 y 均为 0。这些一共为求出 3 个约束反力和剩下的 2 个积分常数提供了 5 个边界条件，即：当 $x = 0^-$ 时，$V = 0$，$M = 0$；当 $x = 0$ 时，$y = 0$；当 $x = b$ 时，$y = 0$；当 $x = l$ 时，$y = 0$ 和 $x = l^+$ 时，$V = 0$，$M = 0$。

4. 将边界条件 $x = 0$ 处 $y = 0$、$x = b$ 处 $y = 0$ 及 $x = l$ 处 $y = 0$ 的条件代入式（e），有如下结果：

对 $x = 0$

$$y(0) = 0 = \frac{1}{EI}\left(\frac{R_1}{6}\langle 0-0 \rangle^3 - \frac{w}{24}\langle 0-a \rangle^4 + \frac{R_2}{6}\langle 0-b \rangle^3 + \frac{R_3}{6}\langle 0-l \rangle^3 + C_3(0) + C_4 \right) \tag{f}$$
$$C_4 = 0$$

对 $x = b$

$$y(b) = 0 = \frac{1}{EI}\left(\frac{R_1}{6}\langle b-0 \rangle^3 - \frac{w}{24}\langle b-a \rangle^4 + \frac{R_2}{6}\langle b-b \rangle^3 + \frac{R_3}{6}\langle b-l \rangle^3 + C_3 b + C_4 \right)$$
$$C_3 = \frac{1}{b}\left(-\frac{R_1}{6}b^3 + \frac{w}{24}\langle b-a \rangle^4 \right) = \frac{1}{7}\left(-\frac{R_1}{6}7^3 + \frac{500}{24}(7-4)^4 \right) = 241.1 - 8.17R_1 \tag{g}$$

对 $x = l$

$$y(l) = 0 = \frac{1}{EI}\left(\frac{R_1}{6}\langle l-0 \rangle^3 - \frac{w}{24}\langle l-a \rangle^4 + \frac{R_2}{6}\langle l-b \rangle^3 + \frac{R_3}{6}\langle l-l \rangle^3 + C_3 l + C_4 \right)$$
$$C_3 = \frac{1}{l}\left(-\frac{R_1}{6}l^3 + \frac{w}{24}\langle l-a \rangle^4 - \frac{R_2}{6}\langle l-b \rangle^3 \right)$$
$$C_3 = \frac{1}{10}\left(-\frac{R_1}{6}10^3 + \frac{500}{24}\langle 10-4 \rangle^4 - \frac{R_2}{6}\langle 10-7 \rangle^3 \right) = 2700 - 16.67R_1 - 0.45R_2 \tag{h}$$

5. 根据式（c）和（b）还能列出 2 个等式，同时，在与梁右端距离无限小的点 $x = l^+$ 处，V 和 M 都为 0。鉴于点 $x = l$ 与点 $x = l^+$ 距离非常小，我们可近似地用 $x = l$ 代替 $x = l^+$。

$$M(l) = 0 = R_1\langle l-0 \rangle^1 - \frac{w}{2}\langle l-a \rangle^2 + R_2\langle l-b \rangle^1 + R_3\langle l-l \rangle^1$$
$$0 = R_1 l - \frac{w}{2}(l-a)^2 + R_2(l-b)$$
$$R_1 = \frac{1}{l}\left[\frac{w}{2}(l-a)^2 - R_2(l-b) \right] \tag{i}$$
$$R_1 = \frac{1}{10}\left[\frac{500}{2}(10-4)^2 - R_2(10-7) \right] = 900 - 0.3R_2$$

$$V(l) = 0 = R_1\langle l \rangle^0 - w\langle l-a \rangle^1 + R_2\langle l-b \rangle^0 + R_3\langle l-l \rangle^0 = 0$$
$$0 = R_1 - w(l-a) + R_2 + R_3 \tag{j}$$
$$R_2 = w(l-a) - R_1 - R_3 = 600 - R_1 - R_3$$

6. 式（f）~（j）共含有 5 个未知数，可同时求出 R_1、R_2、R_3、C_3、C_4。所以，挠度函数就可以用几何条件和载荷、约束力解出。但是，在这种情况下需要联立求解。最终有：

$$y = \frac{1}{EI}\left(\begin{array}{l} \dfrac{R_1}{6}x^3 + \dfrac{1}{b}\left(\dfrac{w}{24}\langle b-a\rangle^4 - \dfrac{R_1}{6}b^3\right)x - \dfrac{w}{24}\langle x-a\rangle^4 \\[2mm] + \dfrac{R_2}{6}\langle x-b\rangle^3 + \dfrac{R_3}{6}\langle x-l\rangle^3 \end{array}\right) \qquad (k)$$

7. 绘制载荷、剪力、弯矩、偏转角和挠度图，如图 4-27 所示。它们的极值见表 4-2。读者可以利用本书提供的文件 EX04-07 程序来检验模型，并查看图 4-27 的大比例尺度的函数图形。

这个例子表明，对于求解静不定梁的各约束力和挠度问题，奇异函数提供了一种同时求解约束反力和挠度很好的方法，对于每个应用于整根梁的函数，奇异函数都能写出单一的表达式。这些函数通过联立方程后容易实现计算机求解。奇异函数法是一种通用的方法，它可以解决与此相似的其他问题。

另外，还有其他方法可以用来求梁的挠度和冗余约束反力问题。如可以用有限元分析（FEA）求解这类问题（见第 8 章）。弯矩面积法是将弯矩函数像载荷分布函数一样积分两次得到挠度函数。读者可以参考本章给出的参考书目以获得这些求解梁问题的其他相关信息。另外，还有卡氏法，它利用应变能方程来确定任意点的挠度将在下节介绍。

表 4-2   例 4-7 计算数据结果

变量	值	单位
R_1	158.4	lb
R_2	2471.9	lb
R_3	369.6	lb
C_1	0.0	lb
C_2	0.0	lb · in
C_3	−1052.7	lb · in^2
C_4	0.0	lb · in^3
V_{min}	−1291.6	lb
V_{max}	1130.4	lb
M_{min}	−1141.1	lb · in
M_{max}	658.7	lb · in
θ_{min}	−0.025	°
θ_{max}	0.027	°
y_{min}	−0.0011	in
y_{max}	0.0001	in

4.11   卡氏法

能量方法往往为各类问题提供了简单而快速的解决方法。卡氏法便是其中的一种，它对于求解梁的挠度问题很有用，还可以用它来求解静不定梁问题。当载荷、转矩或弯矩使一个弹性件变形时，弹性件就储存了应变能。一般情况下，几何上的小变形与所施载荷、弯矩或转矩可以认为呈线性关系，如图 3-42（重复）所示。这种线性关系通常可以用系统弹性率 k 表示。载荷-变形曲线与坐标轴 δ 围成的面积为存储在元件中的应变能 U。当为线性关系时，应变能是一个三角形的面积。

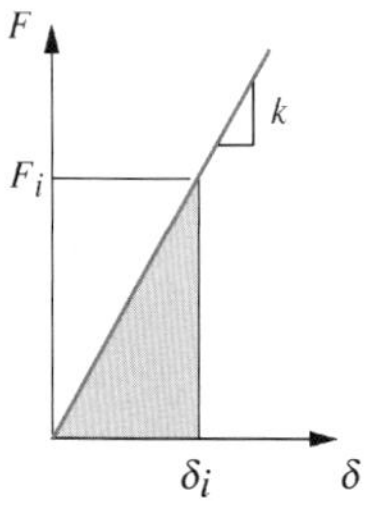

图 3-42

（重复）弹簧变形后所储存的应变能

$$U = \frac{F\delta}{2} \qquad (4.20)$$

式中，F 为所施加的力；δ 为变形量。

卡斯蒂利亚诺（Castigliano）通过观察发现：当一主体被任何载荷作用而产生弹性变形时，在加载方向上产生的变形等于应变能对载荷的偏导数。用 Q 表示广义力，Δ 表示广义变形，有：

$$\Delta = \frac{\partial U}{\partial Q} \qquad (4.21)$$

这一关系对任何形式的加载情况都适用，无论是拉伸、弯曲、剪切，还是扭转。如果一零件受到多个不同类型的载荷作用，那么它的总变形是每个载荷单独作用时产生的变形的叠加。

轴向载荷应变能   将轴向变形表达式（4.8）代入式（4.20）便得到轴向力产生的应变能：

$$U = \frac{1}{2}\frac{F^2 l}{EA} \tag{4.22a}$$

上式只有在当 E 和 A 在长度 l 方向上保持不变的情况下才成立，如果 E 和 A 随着 x 变化，则必须通过积分得到应变能：

$$U = \frac{1}{2}\int_0^l \frac{F^2}{EA}\mathrm{d}x \tag{4.22b}$$

扭转载荷应变能　对于扭转载荷（见下节），它产生的应变能为：

$$U = \frac{1}{2}\int_0^l \frac{T^2}{GK}\mathrm{d}x \tag{4.22c}$$

式中，T 是施加的转矩；G 为剪切模量；K 是一个横截面的几何属性，其定义见表 4-2。

弯曲载荷应变能　对于弯曲，它产生应变能为：

$$U = \frac{1}{2}\int_0^l \frac{M^2}{EI}\mathrm{d}x \tag{4.22d}$$

式中，M 为弯矩，它可以是 x 的函数。

横向剪力应变能　对于作用于梁上的横向剪力载荷，应变能是梁的横截面形状、所受载荷和长度的函数。对于横截面为矩形的梁，横向剪力产生的应变能式为：

$$U = \frac{3}{5}\int_0^l \frac{V^2}{GA}\mathrm{d}x \tag{4.22e}$$

式中，V 为所受剪力载荷，它可以是 x 的函数。对于横截面不是矩形而为其他形状的梁，上式中的 3/5 将会不同。

当梁的长-深比大于 10 时，由横向剪力产生的变形通常只有弯曲力矩产生的变形的 6% 以下，因此，横向剪力只对短梁有显著影响。对于横截面形状为非矩形的梁，考虑横向剪力的作用时可以将式（4.22e）中的 3/5 改为 1/2，便可以快速获得近似的应变能。采用近似还是精确的计算方法，主要取决于横向剪力产生变形的大小。

卡氏法求挠度

要求解一个梁上指定点的挠度，卡氏法是很有用的。式（4.21）通过应变能将力和变形联系起来。如果该系统受到超过一种类型载荷作用而产生了变形，它们各自产生的变形可以通过式（4.21）和式（4.22）求出，然后将这些变形叠加得到总的变形。当弯曲和扭转载荷同时存在时，它们所产生的变形比轴向载荷产生的变形大很多，由于这一原因，可以忽略轴向力产生的变形。

具体做法是，先在实际上没有受力的点上施加"虚拟载荷"，然后求解式（4.21）得到这些点的挠度，再令"虚拟载荷"为 0 得到所需结果。如果先求解偏微分方程（式 4.21），再对式（4.22）积分，则计算将更容易。

为了求出最大挠度，必须对梁上产生最大挠度的位置有一定了解，另一方面，奇异函数法提供了全梁的挠度函数，从中可以很容易求得挠度的最大值和最小值。

利用卡氏法求解冗余约束力

卡氏法为求解静不定问题提供了一种方便的方法，可以通过令冗余支点上的变形量为 0 求解式（4.22d），从而求得梁上冗余约束点上的约束力。

例 4-8　用卡氏法求解静不定梁上的约束反力

问题：求解图 4-22e 中静不定梁上的约束反力。

已知：如图所示，载荷均匀地分布在梁上，长度为 l，分布力的大小为 w。

假设：相比于施加的载荷，梁的重量忽略不计。

解：见图 4-22e（重复）。

1. 考虑到 A 点的约束反力是冗余的，暂时不考虑该处的约束力，此时，梁为静定的，那么在 A 点会产生挠度。考虑到约束反力 R_A 是使 A 点挠度为 0 的未知的力（如果 A 为支点，则它的挠度必为 0），如果我们列出点 A 处含有 R_A 的挠度方程，然后令挠度为 0，便可求出 R_A。

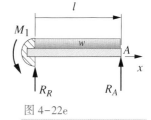

图 4-22e

（重复）具有冗余约束点的悬臂梁

2. 根据 A 点的应变能，由式（4.21）可写出受未知约束反力 R_A 作用而产生的挠度 y_A 为：

$$y_A = \frac{\partial U}{\partial R_A} \tag{a}$$

3. 将式（4.22d）代入上式并求偏导，得：

$$y_A = \frac{\partial \left(\dfrac{1}{2} \displaystyle\int_0^l \dfrac{M^2}{EI} \mathrm{d}x \right)}{\partial R_A} = \int_0^l \frac{M}{EI} \frac{\partial M}{\partial R_A} \mathrm{d}x \tag{b}$$

4. 写出与 A 点距离为 x 的点受弯矩表达式：

$$M = R_A x - \frac{1}{2} w x^2 \tag{c}$$

5. 上式对 R_A 求偏导，得：

$$\frac{\partial M}{\partial R_A} = x \tag{d}$$

6. 将式（c）和（d）代入式（b）得：

$$y_A = \frac{1}{EI} \int_0^l \left(R_A x^2 - \frac{1}{2} w x^3 \right) \mathrm{d}x = \frac{1}{EI} \left(\frac{R_A l^3}{3} - \frac{w l^4}{8} \right) \tag{e}$$

7. 令 $y_A = 0$，解得 R_A 为：

$$R_A = \frac{3}{8} w l \tag{f}$$

8. 由合力和合力矩平衡可得：

$$R_R = \frac{5}{8} w l \qquad\qquad M_1 = \frac{1}{8} w l^2 \tag{g}$$

4.12　扭转[⊖]

当元件受到一个绕纵轴的力矩作用时，我们称它的受力状态为扭转，所受力矩称为转矩。这种情况在一些传递功率的轴、螺钉紧固件上常常见到，这时它们

视频：第 4 讲
（54:10）

⊖　http://www.designofmachinery.com/MD/04_Combined_stress_stress_concentration_columns.

所受的作用力矩平行于轴线，而如果作用的力矩垂直于轴线上，则会使元件产生弯曲。许多机器零件受到弯曲和扭转组合的载荷作用，这种情况将在以后的章节讨论，这里我们只讨论受纯转矩作用的情况。

如图 4-28a 所示，一根具有同一直径的圆形横截面的直杆只受转矩作用，不受弯矩或外力作用。例如，用两个手柄扳手对直杆两端扭转就是类似情况，此时直杆受到两个力偶作用，而不受任何横向载荷作用。若将直杆的一端固定在刚性墙上，使杆绕其轴线扭转，其自由端将产生偏角 θ。分析该问题前，我们先做如下假设：

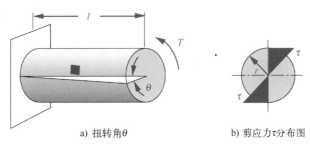

a) 扭转角 θ b) 剪应力 τ 分布图

图 4-28

圆杆的纯扭转

1. 分析单元体距离受转矩或外部约束力作用点足够远。
2. 杆只受与轴线垂直的面上的纯转矩作用，不受轴向力、弯矩和直接剪力作用。
3. 杆的横截面保持平面并垂直于轴线。
4. 杆的材料是均匀、各向同性，并且服从胡克定律。
5. 所受应力低于弹性极限。
6. 杆最初是直的。

圆形截面 在直杆的外层取一微单元，它在转矩的作用下产生剪应力。所受应力为纯剪应力 τ，且它在横截面中心为 0，并随着与中心的距离增加而增大，在外半径上达到最大，如图 4-28b 所示。

$$\tau = \frac{T\rho}{J} \tag{4.23a}$$

式中，T 为施加的转矩；ρ 为任意点到横截面中心的半径；J 为圆截面对其圆心的极惯性矩。在外表面，即 $\rho = r$ 时，剪应力最大。

$$\tau_{max} = \frac{Tr}{J} \tag{4.23b}$$

因转矩而产生的扭转角为：

$$\theta = \frac{Tl}{JG} \tag{4.24}$$

式中，l 是杆的长度；G 是材料的剪切模量（刚度模量），它在式（2.5）中定义过。

注意，**式（4.24）** 只适用于圆形横截面。若横截面为其他形状，则上式完全不同。对于直径为 d 的实心圆形横截面，其极惯性矩为：

$$J = \frac{\pi d^4}{32} \tag{4.25a}$$

对于外径为 d_o、内径为 d_i 的空心圆截面，其极惯性矩为：

$$J = \frac{\pi \left(d_o^4 - d_i^4 \right)}{32} \tag{4.25b}$$

对于受转矩作用的杆件来说，其最理想的截面形状为圆形，所以，在受转矩的场合，应尽可能使用圆形截面的杆件。

非圆截面　在某些情况下，由于设计的原因，需要用到其他截面形状。当为非圆截面时，上面一些假设将不成立，横截面将不保持平面，并会出现翘曲。径向线将不是直线，且剪应力也不一定是沿横截面线性分布。对于非圆横截面，**由扭转产生最大剪应力**一般表达式为：

$$\tau_{max} = \frac{T}{Q} \tag{4.26a}$$

式中，Q 与横截面形状有关。产生的偏转角为：

$$\theta = \frac{Tl}{KG} \tag{4.26b}$$

式中，K 与横截面形状有关。注意上述方程与式（4.24）的相似之处。当横截面为封闭的圆形时，几何因子 K 为极惯性矩 J；当相同的截面尺寸，但横截面非圆时，K 小于 J，这一事实将在下面的例子中得到验证。

不同截面形状的 K 和 Q 的表达式已在参考文献［3］中列出，或者在其他资料中也能查到。表 4-3 列出了一些常见横截面形状的 K 和 Q 的表达式，同时给出了最大剪应力的位置。

例 4-9　扭力杆设计

问题：对于一根由已知尺寸的钢板制成的空心杆，确定它的最佳截面形状，使它承受纯转矩作用时产生的扭转角最小，同时求出最大剪应力。

已知：施加的转矩为 10 N·m，钢板长 $l = 1$ m，宽 $w = 100$ m，厚度 $t = 1$ mm，剪切模量 $G = 80.8$ GPa。

假设：尝试用四种不同的横截面形状：未成形的平板、开口圆截面、封闭圆截面、封闭方形截面。开口圆截面是指将钢板卷起但不焊接密封，封闭圆截面是指焊接密封后形成的连续截面。假设平均直径或平均周长和钢板宽度一致。

解：见图 4-29 和表 4-3。

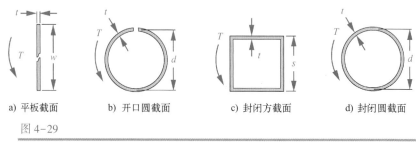

a) 平板截面　　　b) 开口圆截面　　　c) 封闭方截面　　　d) 封闭圆截面

图 4-29

例 4-9 中的各种横截面形状

表 4-3　扭转时一些横截面形状的 K 和 Q 的表达式

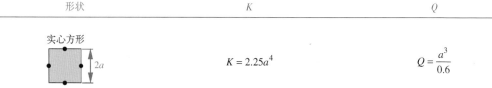

形状	K	Q
实心方形　2a	$K = 2.25a^4$	$Q = \dfrac{a^3}{0.6}$

（续）

形状	K	Q
空心方形	$K = \dfrac{2t^2(a-t)^4}{2at-2t^2}$	$Q = 2t(a-t)^2$
		如果圆角半径小的话，内角可能有更高的压力
实心矩形	$K = ab^3\left[\dfrac{16}{3} - 3.36\dfrac{b}{a}\left(1-\dfrac{b^4}{12a^4}\right)\right]$	$Q = \dfrac{8a^2b^2}{3a+1.8b}$
空心矩形	$K = \dfrac{2t^2(a-t)^2(b-t)^2}{at+bt-2t^2}$	$Q = 2t(a-t)(b-t)$
		如果圆角半径小的话，内角可能有更高的压力
实心椭圆	$K = \dfrac{\pi a^3 b^3}{a^2+b^2}$	$Q = \dfrac{\pi a b^2}{2}$
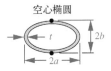 空心椭圆	$K = \dfrac{\pi a^3 b^3}{a^2+b^2}\left[1-\left(1-\dfrac{t}{a}\right)^4\right]$	$Q = \dfrac{\pi a b^2}{2}\left[1-\left(1-\dfrac{t}{a}\right)^4\right]$
开口圆管	$K = \dfrac{2}{3}\pi r t^3 \qquad t \ll r$	$Q = \dfrac{4\pi^2 r^2 t^2}{6\pi r + 1.8t} \qquad t \ll r$
开口任意形状	$K = \dfrac{1}{3}Ut^3 \qquad t \ll U$	$Q = \dfrac{U^2 t^2}{3U+1.8t} \qquad t \ll U$
$U =$ 中线长度		t 必须比最小曲率半径小得多

注：黑点表示最大剪应力点（资料来源：参考文献 [4]）。

1. 式（4.26）适用于所有的截面。如果截面为封闭圆截面，就用 J 代替方程中的 K，用 J/r 代替方程中的 Q。

2. 如图 4-29a 和表 4-3 所示，未成型的平板呈实心矩形截面，其尺寸为 $a = w/2 = 0.05\,\mathrm{m}$，$b = t/2 = 0.0005\,\mathrm{m}$。

$$K = ab^3\left[\dfrac{16}{3} - 3.36\dfrac{b}{a}\left(1-\dfrac{b^4}{12a^4}\right)\right]$$

4

$$= (0.05)(0.0005)^3 \left[5.333 - 3.36 \frac{0.0005}{0.05} \left(1 - \frac{(0.0005)^4}{12(0.05)^4} \right) \right]$$

$$K = 3.312 \times 10^{-11} \, \text{m}^4 = 33.123 \, \text{mm}^4 \tag{a}$$

$$\theta = \frac{Tl}{GK} = \frac{(10)(1)}{(8.08 \times 10^{10})(3.312 \times 10^{-11})} = 3.736 \, \text{rad} = 214.1^\circ$$

这显然是一个相当大的扭转角度，这表明该平板被该转矩绕成了螺旋状。

$$Q = \frac{8a^2 b^2}{3a + 1.8b}$$

$$= \frac{8(0.05)^2(0.0005)^3}{3(0.05) + 1.8(0.0005)} \tag{b}$$

$$Q = 3.313 \times 10^{-8} \, \text{m}^3 = 33.13 \, \text{mm}^3$$

$$\tau = \frac{T}{Q} = \frac{10}{3.313 \times 10^{-8}} = 301.8 \, \text{MPa} = 43\,772 \, \text{psi}$$

最大剪应力为 300 MPa，为了使它不屈服，需要使用拉伸屈服强度大于 520 MPa（75000 psi）的材料。这需要高强度钢才能满足要求。（请参考 5.1 节关于抗拉和抗剪强度之间这种关系的讨论，式 (5.9b) 有其定义。）

3. 开口圆截面现在形成了直径 3.18 cm 的管子，但它的纵向没有焊接至密封，像图 4-29b 那样处于开放状态，根据表 4-3，其 K 和 Q 的表达式为：

$$K = \frac{2}{3} \pi r t^3$$

$$= \frac{2}{3} \pi \frac{\left(\dfrac{w}{\pi} - t \right)}{2} t^3 = \frac{1}{3}(w - \pi t) t^3 = \frac{1}{3}(0.1 - 0.001\pi) 0.001^3 \tag{c}$$

$$K = 3.2286 \times 10^{-11} \, \text{m}^4 = 32.286 \, \text{mm}^4$$

$$\theta = \frac{Tl}{GK} = \frac{(10)(1)}{(8.08 \times 10^{10})(3.2286 \times 10^{-11})} = 3.833 \, \text{rad} = 219.6^\circ$$

这一扭转角度同样很大，与平板的相近：

$$Q = \frac{4\pi^2 r^2 t^2}{6\pi r + 1.8t}$$

$$= \frac{4\pi^2 (0.015\,42)^2 (0.001)^3}{6\pi(0.015\,42) + 1.8(0.001)} \tag{d}$$

$$Q = 3.209 \times 10^{-8} \, \text{m}^3 = 32.09 \, \text{mm}^3$$

$$\tau = \frac{T}{Q} = \frac{10}{3.209 \times 10^{-8}} = 311.6 \, \text{MPa} = 45\,201 \, \text{psi}$$

这样大的应力和挠度是不可接受的，所以开口圆截面与平板的设计一样差。

4. 封闭方形管是将钢板折叠而成的，具有方形截面，外边长尺寸为 $s = a = w/4$。接口被焊接后闭合，如图 4-29c 所示。由表 4-3 可得 K、Q、应力和挠度分别为：

$$K = \frac{2t^2(a-t)^4}{2at - 2t^2} = \frac{2t^2\left(\dfrac{w}{4}-t\right)^4}{2\dfrac{w}{4}t - 2t^2} = \frac{2(0.001)^2\left(\dfrac{0.1}{4}-0.001\right)^4}{2\left(\dfrac{0.1}{4}\right)(0.001) - 2(0.001)^2}$$

(e)

$$K = 1.382\times 10^{-8}\,\mathrm{m}^4 = 13\,824\ \mathrm{mm}^4$$

$$\theta = \frac{Tl}{GK} = \frac{(10)(1)}{(8.08\times 10^{10})(1.382\times 10^{-8})} = 0.008\,95\ \mathrm{rad} = 0.51^\circ$$

$$Q = 2t(a-t)^2 = 2t\left(\frac{w}{4}-t\right)^2 = 2(0.001)\left(\frac{0.1}{4}-0.001\right)^2$$

$$Q = 1.152\times 10^{-6}\,\mathrm{m}^3$$

(f)

$$\tau = \frac{T}{Q} = \frac{10}{1.152\times 10^{-6}} = 8.7\ \mathrm{MPa} = 1259\ \mathrm{psi}$$

封闭方形截面的扭转角度要比任何开口截面的小，而且最大剪应力的大小也可以接受。

5. 如图 4-29d 所示，外径为 3.18 cm 的圆管的接口被焊接至密封，它具有封闭圆环截面。既能用式（4.24）和式（4.25），又可以用含有 K 和 Q 的一般公式（4.26）求解该截面形状的 J。具体计算如下：

$$K = J = \frac{\pi\left(d_o^4 - d_i^4\right)}{32}; \qquad d_o = \frac{w}{\pi}, \qquad d_i = d_o - 2t$$

$$= \frac{\pi\left[\left(\dfrac{w}{\pi}\right)^4 - \left(\dfrac{w}{\pi}-2t\right)^4\right]}{32} = \frac{\pi\left[\left(\dfrac{0.1}{\pi}\right)^4 - \left(\dfrac{0.1}{\pi}-2\{0.001\}\right)^4\right]}{32}$$

(g)

$$K = J = 2.304\times 10^{-8}\,\mathrm{m}^4 = 23\,041\ \mathrm{mm}^4$$

$$\theta = \frac{Tl}{GK} = \frac{(10)(1)}{(8.08\times 10^{10})(2.304\times 10^{-8})} = 0.0054\ \mathrm{rad} = 0.31^\circ$$

最大剪应力位于外层纤维，为：

$$Q = \frac{J}{r} = \frac{\pi\left(d_o^4 - d_i^4\right)}{32r_o} = \frac{\pi\left[\left(\dfrac{w}{\pi}\right)^4 - \left(\dfrac{w}{\pi}-2t\right)^4\right]}{32\left(\dfrac{w}{2\pi}\right)} = \frac{\pi\left[\left(\dfrac{0.1}{\pi}\right)^4 - \left(\dfrac{0.1}{\pi}-2\{0.001\}\right)^4\right]}{32\left(\dfrac{0.1}{2\pi}\right)}$$

(h)

$$Q = 1.448\times 10^{-6}\,\mathrm{m}^3$$

$$\tau = \frac{T}{Q} = \frac{10}{1.448\times 10^{-6}} = 6.91\ \mathrm{MPa} = 1002\ \mathrm{psi}$$

6. 封闭圆环截面设计具有最小的应力和挠度，很显然是 4 种设计中最好的选择。如果需要的话，可以增加壁厚以进一步减小应力和偏转角度，此外还需检验这一设计的扭转屈服强度。如果需要的话，本书网站中的文件 EX04-09 程序可供读者使用。

前一例子指出了当受转矩作用时采用圆形截面的优势。需要注意：在以上 4 种设计例子中，条件是材料有相同的用量，即它们具有相同的重量。在这一条件下，封闭方形截面管的偏转角度是封闭圆形管的 1.6 倍，平板的挠度是封闭圆截面管的 691 倍。还应注意，在受扭时，开口圆截面管并不比平板好，开口圆截面管的偏转角度是封闭圆截面管的 708 倍。这种结果对任何开口截面受扭件都成立，无论它们是工字钢、槽钢、角钢、方形、圆形，还是其他形状。在截面尺寸相同的情况下，**任何开口截面受扭件一般来说都不会比平板好**。很显然，在受扭转载荷的场合，应该尽量避免采用开口截面，鉴于封闭圆截面在受扭时承受转矩的效果最好，所以即使是封闭截面，也应尽量避免非圆截面。**在受扭转载荷的场合，推荐只使用封闭圆形截面，可以是实心，也可以是空心。**

4.13　组合应力

在机器中，一个零件同时受正应力和剪应力的情况很常见。有些位置是在零件的内部，需要综合考虑实际应力才能求出主应力和最大剪应力。下面的例子可以证明这一点。

例 4-10　弯扭组合应力

问题：找出如图 4-30 所示支架中受应力最大的位置，并求这些位置的外加应力和主应力。

已知：杆长 $l=6\,\text{in}$，臂长 $a=8\,\text{in}$，杆的外径 $d=1.5\,\text{in}$，载荷力 $F=1000\,\text{lb}$。

假设：所受力为静载荷，处于室温下，考虑其他应力和横向载荷产生的剪切。

解：见图 4-30~图 4-33。

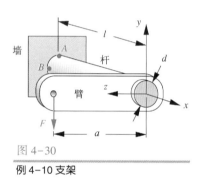

图 4-30

例 4-10 支架

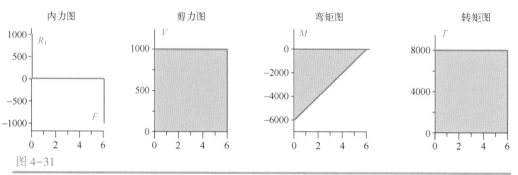

图 4-31

例 4-10 中的各受力图

1. 这里，我们只分析既受弯（看成悬臂梁）又受扭的杆（为了设计完整，悬臂也需要分析）。首先，需要通过绘制杆的剪力图、弯矩图和转矩图确定杆上的载荷分布。

2. 剪力图和弯矩图看起来与例 4-5 中所示悬臂梁的类似，不同的是：本例中载荷是作用在梁的端部，而不是作用在某个中间点处。图 4-31 表明剪切力沿梁均匀分布，其大小等于作用的外力 $V_{max}=F=1000\,\text{lb}$，最大弯矩位于固定端根部，其最大值为 $M_{max}=Fl=(1000)(6)=6000\,\text{lb}\cdot\text{in}$（见例 4-5 的推导）。

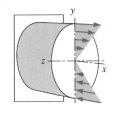

a) 截面上的弯曲正应力分布

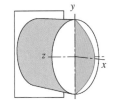

b) 截面上的横向剪应力分布

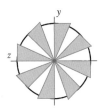

c) 截面上的扭转剪应力分布图

图 4-32

例 4-10 中杆横截面上的应力分布

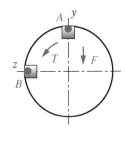

a) 需要计算应力的两个点

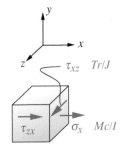

b) 点A处应力单元体

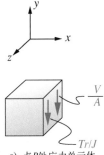

c) 点B处应力单元体

图 4-33

例 4-10 中杆截面上 A、B 两点应力单元体

杆受到转矩作用是因为长度为 8 in 的转臂上有一力 F 作用，它产生的最大转矩 $T_{max} = Fa = (1000)(8)$ lb·in。注意，这一转矩是均匀分布在整个杆上的，只能通过固定端对杆的作用平衡它。图 4-31 给出了这三种载荷的函数。从这些图中可以很清楚地看出：受力最大的截面位于与墙连接的根部，此处三种载荷都达到最大值。

3. 现在，我们在杆与墙连接处取出一块截面，考察该截面上由外力而产生的应力分布。图 4-32a 给出了截面上的弯曲正应力分布，在外圆周表面上它具有最大值（+/-），在中性轴上为 0。横向载荷引起的剪应力在中性面（xz 平面）上的所有点具有最大值，在外圆周表面上为 0（见图 4-32b）。

4. 如图 4-32c 所示，由扭转产生的剪应力与半径成正比，所以它在中心为 0，在外圆周表面上最大。注意弯曲正应力分布和扭转剪应力分布的区别：弯曲正应力值的大小与到中性面的距离 y 成正比，所以只在截面的最高点和最低点具有最大值；而扭转剪应力在整个外圆周表面都具有最大值。

5. 我们选择图 4-30（或图 4-33a）中 A、B 两点来分析，因为这两点处组合应力最大。最大拉伸弯曲应力将位于外层纤维最高点 A 处，并且 A 处还具有最大剪应力。图 4-33b 显示的是在 A 处取出的微元。注意，正应力（σ_x）作用在 x 面 x 向，而扭转剪应力（τ_{xz}）作用在 x 面+z 方向。

点 B 处的扭转剪应力 τ_{xy} 与点 A 处的大小一样大，但其方向与点 A 处的扭转剪应力相差 90°。由横向载荷引起的剪应力（τ_{xy}）在 B 处具有最大值。注意，如图 4-33c 所示，作用在点 B 处 x 面上的这两个剪应力都是沿 -y 方向。点 B 处这些剪应力是由横向剪应力和扭转剪应力叠加而成的。

6. 用式（4.11b）和式（4.19b）分别求 A 点处的弯曲正应力和扭转剪应力：

$$\sigma_x = \frac{Mc}{I} = \frac{(Fl)c}{I} = \frac{1000(6)(0.75)}{0.249} \ \text{psi} = 18108 \ \text{psi} \tag{a}$$

$$\tau_{xz} = \frac{Tr}{J} = \frac{(Fa)r}{J} = \frac{1000(8)(0.75)}{0.497} \ \text{psi} = 12072 \ \text{psi} \tag{b}$$

7. 用式（4.6）求由组合应力产生的最大剪应力和主应力：

$$\tau_{max} = \sqrt{\left(\frac{\sigma_x - \sigma_z}{2}\right)^2 + \tau_{xz}^2} = \sqrt{\left(\frac{18108 - 0}{2}\right)^2 + 12072^2} \ \text{psi} = 15090 \ \text{psi}$$

$$\sigma_1 = \frac{\sigma_x + \sigma_z}{2} + \tau_{max} = \left(\frac{18108}{2} + 15090\right) \ \text{psi} = 24144 \ \text{psi} \tag{c}$$

$$\sigma_2 = 0$$

$$\sigma_3 = \frac{\sigma_x + \sigma_z}{2} - \tau_{max} = \left(\frac{18108}{2} - 15090\right) \ \text{psi} = -6036 \ \text{psi}$$

8. 求位于中性轴上点 B 处由横向载荷产生的剪应力。用式（4.15c）可求解圆杆中性轴上最大横向剪应力：

$$\tau_{transverse} = \frac{4V}{3A} = \frac{4(1000)}{3(1.767)} \ \text{psi} = 755 \ \text{psi} \tag{d}$$

点 B 处为纯剪切，此处的总剪应力为横向剪应力和扭转剪应力的代数和，它们作用于微元相同表面处：

$$\tau_{max} = \tau_{torsion} + \tau_{transverse} = (12072 + 755) \ \text{psi} = 12827 \ \text{psi} \tag{e}$$

由式（4.6）或莫尔圆所得的结果与点 B 处的最大主应力相等。

9. 在此例中，点 A 处具有更大的主应力，但是要注意的是：哪一点的主应力更大是由所施加的转矩和弯矩决定的，所以两点处的应力都要计算。请查看本书网站上的文件 EX04-10。

4.14 弹簧系数

每一个由具有一定弹性范围的材料组成的零件都能够像弹簧一样工作。一些零件被设计用作弹簧，对施加的载荷产生可控和可预测的变形，反之亦然。弹簧系数 k 定义了一个零件的"弹性"，它表示单位变形所需施加的载荷。对于拉伸弹簧，有：

$$k = \frac{F}{y} \tag{4.27a}$$

式中，F 为施加的载荷；y 为产生的变形；弹簧系数的单位为 lb/in 或者 N/m。对于扭转弹簧，弹簧系数的一般表达式为：

$$k = \frac{T}{\theta} \tag{4.27b}$$

式中，T 为施加的转矩；θ 为产生的角度变形；弹簧系数的单位是 in·lb/rad 或者 N·m/rad，也可以被表示为 in·lb/rev 或者 N·m/rev。

从相应的变形方程可容易得到一个零件的弹簧系数方程，它提供了载荷（或者转矩）与变形之间的关系。例如，轴向受力的均匀杆产生的变形可通过式（4.8）求出，移项整理得到它的弹簧系数为：

$$k = \frac{F}{y}: \qquad 由\; y = \frac{Fl}{AE} \qquad 所以\;\; k = \frac{AE}{l} \qquad (4.28)$$

这个弹簧系数为常数，只取决于杆的几何尺寸和材料属性。

纯扭均匀截面圆杆的变形公式由式（4.24）给出，它的扭转弹簧系数为：

$$k = \frac{T}{\theta}: \qquad 由\; \theta = \frac{Tl}{GJ} \qquad 所以\;\; k = \frac{GJ}{l} \qquad (4.29)$$

这个弹簧系数也为常数，只取决于杆的几何结构和材料属性。

如图 4-22b 所示，对于受集中载荷作用的悬臂梁，变形公式在例 4-5 中的式（j）给出，这里定义它的末端（$a=l$）受力作用梁的弹簧系数。因为：

$$y = \frac{F}{6EI}\left[x^3 - 3ax^2 - \langle x-a \rangle^3 \right]$$

当 $a=l$ 时，有：

$$y = \frac{F}{6EI}\left(x^3 - 3lx^2 - 0 \right) = \frac{Fx^2}{6EI}(x-3l)$$

对于 $x=l$ 处的 F，对应处的挠度等于：

$$y = \frac{Fl^2}{6EI}(l-3l) = -\frac{Fl^3}{3EI}$$

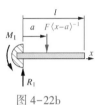

图 4-22b

（重复）集中载荷的悬臂梁

所以有：

$$k = \frac{F}{y} = \frac{3EI}{l^3} \qquad (4.30)$$

注意，因为 k 取决于特定的变形公式和受力点，所以若梁的约束方式和载荷分布不同，它的弹簧系数也不同。我们将在后面的章节更详细地讨论有关弹簧系数的问题。

4.15 应力集中

到现在为止，所有关于受力体应力分布的讨论都假设受力体具有均匀贯穿的横截面。但是，大多数实际的机械零件具有各种不同的横截面。例如，通常轴具有不同直径的横截面，以安装轴承、齿轮、带轮等。轴上可能设有槽以安装卡环或 O 形环，或者键槽和孔等以连接其他零件。螺栓有螺纹，且较螺栓头部较大。任何横截面几何形状的变化都将会导致局部应力集中。

图 4-34 给出了受弯矩作用的扁杆，由于上面的缺口和圆角而导致产生应力集中。图 4-34b 所示利用光弹技术测量的应力分布情况，光弹应力分析包括：用特定类型的透明塑料制成零件的物理模型；将它装在一个固定装置中并在偏振光下拍摄；这时应力会以"条纹"的形式显示出来；这些"条纹"描绘了零件中的应力分布。如图 4-34c 所示，零件有限元模型（FEM），它的形状、约束和加载方式都与光弹片相同。其上的线条为应力等值线。需要注意的是，在图 4-34b 中，在零件上具有均匀横截面的右端，条纹是直的，宽度均匀，且等距。图 4-34c 中 FEM 的等值线具有类似的情况[⊖]。这表明：远离缺口的零件上具有线性分布的应力。但是，在几何形状变化的区域上，应力分布显示出明显的非线性特征，且变化剧烈。在圆角处，零件的宽度由 D 减至 d，条纹和 FEM 等值线均表明：在这一几何形状突然变化的区

⊖ 实际有限元模型比图中杆长，有载荷施加在远离显示部分的端部。这样做是为了避免载荷作用点的应力集中的影响，可以与光弹应力分析结果有可比性，实际上光弹试样也应该较长。

域出现了应力中断和应力集中。接近两个槽口周围的右端区域也具有类似现象。图 4-34b 和图 4-34c 为由任何几何形状变化引起的应力集中的存在提供了试验依据和数值计算依据，这一几何形状变化通常被称为"应力集中源"，在设计过程中应该尽量避免或者尽可能使它的影响最小。通常，完全消除"应力集中源"并不可能，因为为了连接配合零件和提供功能性零件形状需要这样的几何形状。

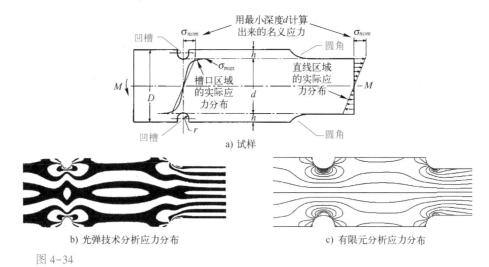

b) 光弹技术分析应力分布   c) 有限元分析应力分布

图 4-34

光弹技术与有限元分析法在具有槽口和圆角的平板应力集中测量中的应用

图 a）和图 b）摘自参考文献 [5] 中的图 2，得到 John Wiley & Sons 公司转载许可

对于给定的几何形状，用几何形状应力集中系数 K_t 表示正应力集中，用 K_{ts} 表示剪应力集中。在局部"应力集中源"处，最大应力定义为：

$$\sigma_{max} = K_t\, \sigma_{nom}$$
$$\tau_{max} = K_{ts}\, \tau_{nom}$$

(4.31)

式中，σ_{nom} 和 τ_{nom} 是名义正、剪应力，它们可以通过特定的施加载荷和净截面计算得到，该计算方法假设截面上的应力分布使几何形状均匀变形。例如，在图 4-34 中的梁上，外层纤维的名义应力分布是线性的，$\sigma_{nom} = Mc/I$，则缺口处的应力为 $\sigma_{max} = K_t Mc/I$。在轴向受力的情况下，名义应力分布将与图 4-10 中定义的一样，而在受扭时，名义应力分布将与图 4-28 中定义的一样。注意，名义应力是用**净截面**计算出来的，净截面是指假设几何形状均匀，即在图 4-34 中的缺口处，用 d 替代 D 作为宽度。

系数 K_t 和 K_{ts} 只考虑局部几何形状的影响，没考虑材料在应力集中的特性。材料是塑性还是脆性，载荷是静态还是动态等都将对应力集中产生影响。

静态载荷作用下的应力集中

在静态载荷作用下，材料的塑性或脆性对应力集中有着显著的影响，我们将分别讨论这些情况。

塑性材料 在"应力集中源"处会发生局部屈服，而在远离几何不连续处，受低应力作用的材料一般不会屈服。当材料局部屈服时，它的应力-应变曲线变成非线性，且斜率降低（见图 2-2），这防止了该处的应力进一步显著增加。随着载荷的增大，更多的材料将屈服，截面上将有更多地方的应力达到屈服值。只有当整个横截面的应力都达到屈服点后，材料的

σ-ε 曲线开始继续上升，并将到达强度极限。因此，当受静态载荷作用下，一般可以忽略几何形状导致的应力集中对塑性材料的影响。当计算净截面上的应力时，可以假设没有应力集中。但是，因材料去除导致横截面积或惯性矩减小应该考虑，它的应力比同样外形尺寸没有缺口零件的更大。

脆性材料　不会产生局部屈服，因为它们没有一定的塑性区。因此，即使在静载作用下，应力集中也将对它们的性能产生显著影响。一旦"应力集中源"处应力超过断裂强度极限，那里将开始形成裂纹。裂纹降低了材料的承载能力，也进一步增大了该处的应力集中，会导致零件很快失效。因此，对于静载荷作用下的脆性材料，要根据式（4.31）计算最大应力，即考虑应力集中系数。

对脆性材料而言，铸造材料是个例外，因为在合金中存在石墨薄片或气泡、杂质、沙粒等，它们的存在使材料本身含有许多断裂和非连续处，这些缺陷是材料在模具里处于熔融状态下形成的。材料中的这种不连续本身就是"应力集中源"，它们的影响已经存在于用于测定材料的基本强度的试样中。因此，在这些强度数据中，已包含了应力集中的影响。

有人认为，在零件设计时，几何形状"应力集中源"对有内部"应力集中源"的材料影响不再明显。因此，对于铸造用的脆性材料或者已有内部缺陷的材料，往往忽略几何形状应力集中系数。但是，对于不存在内部"应力集中源"的脆性材料，它应该被考虑到。

动态载荷作用下的应力集中

在动态载荷作用下，塑性材料的表现为脆性材料的失效形式。因此，这时无须区分材料是塑性，还是脆性，当动态载荷（疲劳或冲击）作用时，需要使用应力集中系数。然而，还是有些与材料相关的参数需要说明。在动态载荷下，当材料受应力集中影响时，有些材料比其他材料更敏感。一个称为切口灵敏度的参数 q 用来反应不同材料对应力集中的敏感程度，用它对原来的几何应力集中系数 K_t 和 K_{ts} 进行修正。具体步骤将在第 6 章中详细讨论。

确定几何应力——应力集中系数

可以用弹性理论来推导一些简单几何形状截面的应力集中函数。如图 4-35 所示，一块受轴向拉伸的半无限大平板，其上有一个椭圆孔。与板相比，

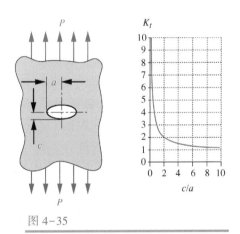

图 4-35
平面椭圆形孔边缘的应力集中

孔的尺寸很小，且距板边界很远。根据施加的力和截面积，可以计算名义应力 $\sigma_{nom} = P/A$。Inglis[⊖] 于 1913 年就得到了孔边缘处的应力集中系数理论解，为：

$$K_t = 1 + 2\left(\frac{a}{c}\right) \tag{4.32a}$$

式中，a 为椭圆的长半轴长；c 为短半轴长。显然，随着椭圆孔的短轴长度趋近于 0，将产生一个尖锐的裂纹，应力集中将趋近无限大。当孔为圆形时，即 $a=c$，有 $K_t=3$。图 4-35 绘制了 K_t 与 c/a（式 4-32a 中比值的倒数）的函数关系图，在 c/a 值较大时渐近于 $K_t=1$。

集中应力的测量　如前所述，弹性理论能够提供一些情况下的集中应力值，其他一些应力

⊖　参见 C. E. Inglis, 1913, Stresses in a Plate Due to the Presence of Cracks and Sharp Corners, *Engineering* (London), v. 95, p. 415.

集中系数可以从对零件进行控制载荷的试验中获得。集中应力的试验测量可以通过应变计、光弹技术、激光全息摄影或者其他方式完成。有限元分析（FEA）和边界元分析（BEA）技术被越来越多地用于应力集中系数分析中。用这些技术进行应力分析时，"应力集中源"周围区域的应力集中现象十分明显（见图 4-51）。

长宽比的影响 注意到：Inglis 在 1913 年针对这种应力集中案例进行的经典分析中，首先假设对象是一"半无限板"，即载荷施加的位置在远离该孔。最近针对圆洞板案例的有限元分析表明：应力集中因子在短板上表现得更明显，板的长短是用沿着施加载荷方向的长度和它的横向宽度之比 L/W 定义的。Troyani 等[8]研究表明：在均匀拉伸载荷作用在沿宽度方向上，若当长宽比小于 2，则 K_t 值的范围可以从 3 变化到高达 11，具体取值取决于孔半径与板宽的比值 r/W 以及长宽比值 L/W。如果读者要设计非常短的承受拉伸载荷的带孔板，参考 Troyan 的研究有望获得更准确的 K_t 值。该研究还表明：如果施加在板上的拉伸载荷是通过沿板宽度方向均匀位移而获得的，而不是由均匀分布载荷实现的，K_t 值会减小。这是因为：均匀位移量使移动端的横截面保持原有形状会使孔周围较刚性的外缘也承受载荷，这使得端截面的变形趋于均匀。这一结果说明了边界条件对应力的影响。

Troyani 等的其他研究表明：针对此长宽比也有类似 K_t 的敏感性系数。参考文献［9］分析了受拉伸载荷下的阶梯平杆，参考文献［10］分析了受拉伸载荷下的阶梯圆杆。研究表明：在阶梯圆杆情况下，在阶梯杆的大直径端均匀加载，而固定阶梯杆的小直径端时，随着长宽比 L/W 的减小，K_t 值增大。然而，当在阶梯杆的小直径端均匀加载，而固定阶梯杆的大直径端时，随着长宽比 L/W 的减小，K_t 值减小。这些结果很有趣，如果长宽比 L/W 大于 2，K_t 值不会变化；除非长宽比 L/W 非常小（<2），以至于阶梯轴或阶梯杆呈现像堆煎饼（烤饼）的形状。这种几何结构在实际的机械设计中几乎不可能遇到。

应力集中数据 最有名、被引用得最多的应力集中系数及其组合是 Peterson 的书中的数据[3,6]。这本书汇集了众多研究者的理论和试验成果，并将这些数据转化为有用的图形。从这些图中，可以根据几何参数和加载类型查找所需的 K_t 和 K_{ts} 值。Roark 和 Young 的书[4]中也提供了各种情况下的应力集中系数表格。

图 4-36 和附录 C 包含了应力集中函数和线图，这些线图主要来源于在机械设计中经常遇到的一系列实例的技术资料和数据。对某些情况，我们也导出一些尽可能适合各种经验曲线的数学函数以供使用。另外，我们还创建了函数列表（查找表格），为在应力计算的过程中，对 K_t 值进行插值和自动检索。虽然这些应力集中函数（SCF）是文献中数据的近似，但是它们的用途更加广泛，因为它们可以嵌入机械设计问题的数学模型中。这些应力集中函数通过提供的文本文件可以作为 TK Solver 文件，与其他模型合并或作为独立的工具来计算不同几何结构的 K_t 和 K_{ts} 值。这比每次计算都要从表格上查找数据更加方便。

例如，图 4-36 所示为扁状阶梯杆受弯曲时的应力集中函数（这些情况含在附录 C 中）。在阶梯处，宽度从 D 减少到 d 就成为应力集中源，同时过渡圆角半径 r 的大小也是影响应力集中的一个因素。这两个几何参数化成两个量纲一化比值 r/d 和 D/d。其中 r/d 是作为方程中的独立变量，D/d 用于确定曲线族中具体曲线。

应力集中函数是一个三维曲面，它的三个轴分别是 r/d，D/d 和 K_t。图 4-36 中的曲线族是将不同 D/d 值的三维曲面投影到 r/d-K_t 平面上，以供查找。图中右侧还给出了零件的几何结构和应力方程的函数，以及给出了多条应力集中曲线。在图 4-36 中，K_t 的线型为指数函数，可表示为：

$$K_t = Ax^b \tag{4.32b}$$

式中，x 表示独立变量，即 r/d；系数 A 对应 D/d；指数 b 用非线性回归的方法确定，其中非线性回归是基于试验数据中的几个点拟合得到的。对于应第二个独立变量 D/d 的不同数值，对应的 A 和 b 值列于图中的表格内。表格中未给出的 D/d 的数值对应的 A 和 b 值，可以通过插值获得。在该图中，以及包含全部 14 个算例的附录 C 中都用到了 APP_C-10 文件，此文件用来评估这些函数以及实施插值。

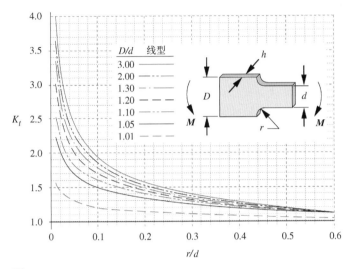

$$\sigma_{nom} = \frac{Mc}{I} = 6\frac{M}{hd^2}$$

$$\sigma_{max} = K_t \sigma_{nom}$$

以及

$$K_t = A\left(\frac{r}{d}\right)^b$$

其中

D/d	A	b
3.00	0.907 20	−0.333 33
2.00	0.932 32	−0.303 04
1.30	0.958 80	−0.272 69
1.20	0.995 90	−0.238 29
1.10	1.016 50	−0.215 48
1.05	1.022 60	−0.191 56
1.01	0.966 89	−0.154 17

图 4-36

承受弯曲的阶梯平面杆的几何应力集中影响因素及函数—也可见文件 APP_C-10

摘自：Fig. 73，p. 98，R. E. Peterson Peterson，*Stress Concentration Factors*，John Wiley & Sons，1975. 已获得出版商的许可

在附录 C 中提供的应力集中系数线图和函数在机械零件设计中很有用，这可以通过本书以及读者的工程实践来证明。对于附录 C 中不包含的载荷和几何结构，可见参考文献 [3] 和[4]。
避免应力集中的设计

为满足机械零件完成适当功能，它的几何形状通常会比较复杂。例如，曲轴就是通过特定轮廓实现其功能的。所以设计师总会遇上截面形状突变带来的应力集中问题。我们所能做的就是尽量减少复杂几何形状的影响。在附录 C 中，通过研究得到的关于各种几何形状对应力集中曲线表明：在一般情况下，在轮廓变化的地方，过渡圆角越尖锐、形状变化越大，应力集中就越严重。在图 4-36 中，阶梯块的 D/d 比值越大、r/d 比值越小，应力集中就越严重。通过这些观察，我们可以得到减少应力集中设计的一些一般性原则。

1. 尽可能避免横截面突变和/或者尺寸过大的变化。

2. 坚决避免尖角；在不同轮廓接触面处，选用尽可能大的过渡半径。

这些原则很容易说到和看到，但是由于实际设计的限制，常常妨碍严格遵守。在图 4-37 中给出了一些关于应力集中的好的和坏的设计例子，通过图 4-39 我们可以看到经验丰富的设计师常用的一些改善应力集中的技巧。

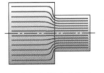

a) 尖角上的应力集中　　b) 圆角周转的力流

图 4-37

波状外形零件的力流模拟

力-流模拟　图4-37a所示一个带有突变阶梯和尖角的轴，而图4-37b所示在同样的阶梯轴上设计了一个较大半径的过渡圆角。为了显示具有这些外形轮廓零件的应力状态，我们采用力-流模拟，认为这些力即应力在轮廓上流动，就像一种理想、不可压缩流体在管中或者变化的导流槽中流动一样。（也可参见图4-34）在突然缩小的管道或导管颈缩处，为维持流量恒定，流体速度要增加。速度变化集中到一个较小的区域。在用于管道和导流槽时（也应用于在流体介质中通过的物体，如飞机和船只），流畅的流线形状可以减少湍流和流动阻力。流畅零件轮廓流线（至少在内部）有类似的效果，可以减少应力集中。图4-37a有突变过渡阶梯的轴的应力集中比图4-37b中设计的结果要大。

图4-38的例子是一个安装滚动球轴承的阶梯轴。阶梯是用来为轴承轴向和径向定位的。商用的滚动轴承的倒角半径很小，这要求设计者在阶梯轴上设计一个非常尖锐的圆角。为了减少在图4-38a阶梯上的应力集中，需要设计一个超过轴承配合允许的较大的圆角半径。如图所示，为了在阶梯上得到更好的力-流条件，这里给出了三种可行的修改方案。第一种，在图4-38b中去除圆角处部分材料，以增加半径，然后利用返回的轮廓来为轴承轴向提供所需的定位。第二种，在图4-38c中去除了圆角后面的材料，以改善力-流线。第三种，在图4-38d中设计了一个较大半径的圆角，并增加了一个特殊的垫圈作为轴承座，以实现半径过渡。这三种设计都使应力集中与原来的锐角设计相比有所减小。

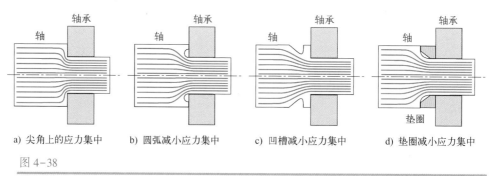

a) 尖角上的应力集中　　b) 圆弧减小应力集中　　c) 凹槽减小应力集中　　d) 垫圈减小应力集中

图4-38

减小尖角应力集中的修改设计方案

图4-39a是一个类似的通过去除材料来改善力-流的方法，它展示了在轴卡环槽两侧分别设有附加卸荷槽，以平滑的横截面尺寸，实现有效过渡。对力流线作用的影响类似于图4-38c所示。另一个常见的应力集中源是键，它用来连接轴与齿轮、皮带轮和飞轮等。在键槽的尖角处会出现最大弯曲应力和剪应力。键有不同的类型可供选择，最常见的是图4-39b、c所示的方形键和半圆键。了解更多键和键槽的信息请参见10.10节。

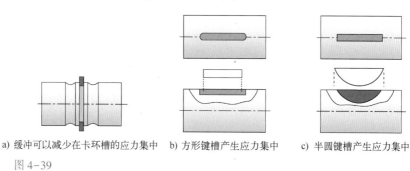

a) 缓冲可以减少在卡环槽的应力集中　　b) 方形键槽产生应力集中　　c) 半圆键槽产生应力集中

图4-39

轴的应力集中

另一个通过去除材料减少应力集中的例子（未示出）是减小螺栓杆的光杆部分到小于螺纹根部的直径。由于螺纹的轮廓会产生较大的应力集中，应对方法是保持在螺栓光杆内部力-流线流畅。

这些例子表明了力-流模拟的有效性，它提供了一种定量改善机械零件设计，以减少应力集中的方法。设计师应该通过选择合适的零件形状尽量减少内部力-流线形状的突变。

4.16　轴向压缩——压杆

在 4.7 节中，我们讨论了轴向拉伸产生的应力和挠度，推导出了它们的计算公式，为了方便起见在这里复述一遍：

$$\sigma_x = \frac{P}{A} \tag{4.7}$$

$$\Delta s = \frac{Pl}{AE} \tag{4.8}$$

当沿轴向反向施加载荷使构件受压时，仅有式（4.7）可能不足以保证构件的安全。我们现在讨论的是杆可能出现失稳，而不是压缩失效。即使对于塑性材料来说，失稳也是毫无征兆而突然发生的，因此这也是最危险的失效模式之一。读者能自己演示失稳现象：把一块普通的橡皮放在双手中，然后逐渐施加轴向压力。它开始会抵抗载荷，但是，在某一点突然弯曲折断而崩溃。（如果读者感觉橡皮很坚硬，也可以用铝饮料罐这么做）。

长细比

短压杆会产生压缩失效（见图 2-6），从式（4.7）可计算出其压应力。当轴向载荷超过临界值时，中压杆或长压杆将发生失稳失效。发生失稳失效时，压应力可能远低于材料的屈服强度。决定压杆长、短的参数是长细比 S_r：

$$S_r = \frac{l}{k} \tag{4.33}$$

式中，l 为杆长；k 为回转半径。回转半径定义为：

$$k = \sqrt{\frac{I}{A}} \tag{4.34}$$

式中，I 为杆横截面关于所有中性轴中的最小截面惯性矩；A 为对应 I 处的截面面积。

短压杆

定义长细比小于 10 的压杆为短压杆。由式（4.7）计算的应力来限制材料压缩的屈服强度条件。

长压杆

需要计算长压杆的临界载荷。图 4-40 所示一个圆端的细长压杆在两端受共轴力压缩，且初始施加载荷通过杆的截面质心（图中一段区域已截开并移去用来显示杆内的反力和力矩）。当杆略微向 y 的负方向偏移时，杆的面积形心与两端所施加的力不再共线。形心的偏移使施加力产生了力臂，使构件同时承受弯曲及压缩。弯矩将会增加横向偏移，从而进一步增加力臂！一旦载荷超过了临界值 P_{cr}，这一正反馈机制将会产生突然的灾难性的失稳，而没有任何明显的警示迹象。

视频：压杆
（01:52）⊖

⊖　http://www.designofmachinery.com/MD/Columns.mp4.

弯矩由以下方程计算：

$$M = Py \tag{4.35}$$

针对梁的小变形（重复使用式 4.17），有：

$$\frac{M}{EI} = \frac{\mathrm{d}^2 y}{\mathrm{d}x^2} \tag{4.17}$$

联立式（4.35）和式（4.17）可得到了下面熟悉的方程：

$$\frac{\mathrm{d}^2 y}{\mathrm{d}x^2} + \frac{P}{EI} y = 0 \tag{4.36}$$

其解为熟知的：

$$y = C_1 \sin\sqrt{\frac{P}{EI}}x + C_2 \cos\sqrt{\frac{P}{EI}}x \tag{4.37a}$$

式中，C_1 和 C_2 是依赖于边界条件的积分常数。边界条件如图 4-40 中所示，$x=0$，$y=0$；$x=l$，$y=0$。

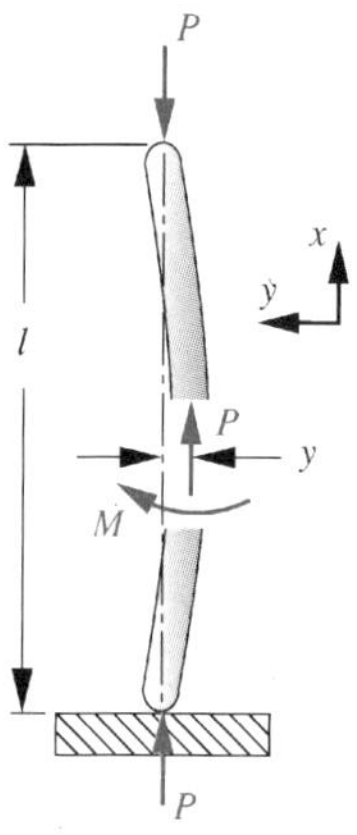

把以上条件代入式（4.37），得 $C_2 = 0$，以及：

$$C_1 \sin\sqrt{\frac{P}{EI}}l = 0 \tag{4.37b}$$

如果 $C_1 = 0$，那么方程就只有 0 解，这不是我们所要的。所以 C_1 应为非 0 值，所以有：

$$\sin\sqrt{\frac{P}{EI}}l = 0 \tag{4.37c}$$

可以得到：

$$\sqrt{\frac{P}{EI}}l = n\pi \qquad n = 1, 2, 3, \ldots \tag{4.37d}$$

当 $n = 1$ 时，就得到了第一临界载荷如下：

$$P_{cr} = \frac{\pi^2 EI}{l^2} \tag{4.38a}$$

图 4-40

欧拉杆的失稳

这就是适用于圆端或者铰接端压杆的著名的欧拉公式。注意到临界荷载仅是关于杆的横截面几何形状 I、杆长度 l 和弹性模量 E 的函数。与材料强度无关。即使用强度更高的钢（更高屈服强度）也不会影响临界载荷，因为所有的合金钢基本具有相同的弹性模量。因此，无论屈服强度相同与否，只要达到临界载荷就会失效。

将式（4.33）和式（4.34）中的 $I = Ak^2$ 代入式（4.38a）中，得：

$$P_{cr} = \frac{\pi^2 EAk^2}{l^2} = \frac{\pi^2 EA}{\left(\dfrac{l}{k}\right)^2} = \frac{\pi^2 EA}{S_r^2} \tag{4.38b}$$

将式（4.38b）两边除以杆横截面积，得到单位面积临界载荷：

$$\frac{P_{cr}}{A} = \frac{\pi^2 E}{S_r^2} \tag{4.38c}$$

单位面积临界载荷与应力或者强度有同样的单位。正是因为圆端或者铰接端的单位面积的载荷才会引起失稳的发生。因此，它代表了特定杆的强度，而不是材料通常意义下的强度。

将式（4.38a）代入式（4.37a）中可得到杆的挠度曲线如下：

$$y = C_1 \sin\frac{\pi x}{l} \qquad\qquad (4.39)$$

所以，挠度曲线是一个半周期的正弦波。注意代入不同的边界或端点条件将会得到不同的挠度曲线和不同的临界载荷。

端部条件

在图 4-41 中给出了几种可能的压杆端点条件。图 4-41a 的圆端-圆端和图 4-41b 的简支-简支两种情况本质上是相同的。它们允许力而不是力矩作用在其端部。如前所述它们的边界条件是相同的。在式（4.38c）中给出了它们的临界单位载荷，在式（4.39）中给出了它们的挠度。

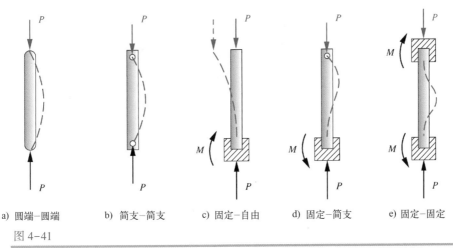

a) 圆端-圆端　　　b) 简支-简支　　　c) 固定-自由　　　d) 固定-简支　　　e) 固定-固定

图 4-41

不同端点条件的压杆以及其变形挠度曲线（图中用红色表示施加载荷，黑色表示约束反力）

图 4-41c 为固定-自由压杆，在其端部作用有力和力矩，使其端部的挠度 y 和斜率 y' 为给定值，但是不限定自由端的 x 和 y 方向的运动。它的边界条件是：$x=0$，$y=0$；$x=0$，$y'=0$。把这些条件带进式（4.37a）得到：

$$\frac{P_{cr}}{A} = \frac{\pi^2 E}{4S_r^{\,2}} \qquad\qquad (4.40a)$$

$$y = C_1 \sin\frac{\pi x}{2l} \qquad\qquad (4.40b)$$

固定-自由压杆的欧拉挠度曲线是四分之一正弦波，使其在相同横截面积下的有效长度是简支-简支的两倍。这种压杆的临界载荷只有简支-简支压杆的四分之一。我们可以用固定-自由压杆的有效长度 l_{eff} 来计算临界载荷的减少量，而不需要像简支-简支压杆一样导出临界载荷方程。

图 4-41d 中的固定-简支压杆的有效长度为 $l_{eff}=0.707l$，而图 4-41e 中的固定-固定压杆的有效长度为 $l_{eff}=0.5l$。刚性约束越强，压杆的有效长度越短，也能承受更大的载荷。把合适的有效长度代入到式（4.33）中，可以获得用来计算临界载荷的相应的长细比：

$$S_r = \frac{l_{eff}}{k} \qquad\qquad (4.41)$$

式中，l_{eff} 的取值见包含各种端点条件情况的表 4-4。注意到固定-简支和固定-固定压杆的理论有效长度分别是 $0.5l$ 和 $0.707l$，但是这些数值是几乎不用的，这是因为要使得压杆固定端部没有任何斜率是很困难的。焊接接头通常也允许一定的角偏转，偏转大小依赖于压杆焊接处结构的刚度。

同时，理论分析中假设载荷是完全集中作用在轴向上。这种情况在实际中也很难实现。任何载荷的偏心将产生力矩，导致产生比模型预测更大的变形。由于这些原因，AISC[⊖]建议实际采用的有效长度 l_{eff} 值比理论值更大，一些设计师甚至使用表4-4中第三列中的保守值。偏心压杆问题将在后面的章节中讨论。

表4-4　压杆端状态的有效长度系数

端点条件	理论值	AISC[⊖]推荐值	保守值
圆端-圆端	$l_{eff}=l$	$l_{eff}=l$	$l_{eff}=l$
简支-简支	$l_{eff}=l$	$l_{eff}=l$	$l_{eff}=l$
固定-自由	$l_{eff}=2l$	$l_{eff}=2.1l$	$l_{eff}=2.4l$
固定-简支	$l_{eff}=0.707l$	$l_{eff}=0.80l$	$l_{eff}=0.80l$
固定-固定	$l_{eff}=0.5l$	$l_{eff}=0.65l$	$l_{eff}=l$

中等压杆

图4-42中绘出了以长细比为变量的式（4.7）和式（4.38c）函数。材料的压缩屈服强度 S_{yc} 作为式（4.7）中 σ_x 的值，且将式（4.38c）中的临界单位载荷作为与材料强度相同的坐标轴进行绘制。虽然理论上，由这两条线和坐标所规定的 $OABCO$ 包络线给出了压杆单位载荷的安全区域。然而，试验已经表明，在承受安全区域内载荷时，压杆有时也会失效。当单位载荷值在 $ABDA$ 区域，且靠近这两条曲线的交点 B 时，失效现象就会出现。J. B. Johnson 提出：可以通过拟合点 A 和欧拉曲线（见图4.38c）上切点 D 之间的抛物线的方法排除以上的失效区域。D 点通常位于欧拉曲线和值为 $S_{yc}/2$ 水平线的交点处。在式（4.38c）中能够找到对应于这一个点的 $(S_r)_D$ 值：

$$\frac{S_{yc}}{2}=\frac{\pi^2 E}{S_r^{\ 2}}$$

$$(S_r)_D=\pi\sqrt{\frac{2E}{S_{yc}}} \tag{4.42}$$

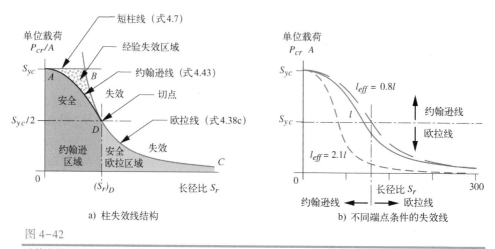

a) 柱失效线结构　　　　b) 不同端点条件的失效线

图4-42

欧拉和约翰逊短压杆失效线

⊖　美国钢结构学会，在其钢结构手册中的推荐值。

点 A 和 D 之间的拟合抛物线方程如下：

$$\frac{P_{cr}}{A} = S_{yc} - \frac{1}{E}\left(\frac{S_{yc}S_r}{2\pi}\right)^2 \qquad (4.43)$$

把式（4.38c）和式（4.43）的区域放在一起就能提供适于所有承受轴向载荷压杆的合理失效模式。如果长细比小于 $(S_r)_D$，则可使用式（4.43）或者式（4.38c）。请注意式（4.43）对短压杆既适用，也保守。可以用式（4.38c）和式（4.43）计算临界单位载荷，并预测失效时，必须选择一个合适的安全系数来相应减少允许载荷。

本书提供了 COLMPLOT 文件用来计算临界载荷，并绘制如图 4-42 所示的针对任何 S_{yc}、S_r、E 和不同端点条件的压杆失效曲线。它也可以用来进行同心载荷压杆的设计或研究尝试设计。读者可以改变上述参数值，用该文件来绘制曲线，观察这些参数的影响。

例 4-11　承受同心载荷压杆的设计

问题：海滩的房子要高于阶梯，将它放置在一组套钢杆上抬高 10 ft。每个杆所要支承的重量约为 200000 lb。现考虑两种设计方案，一种使用方钢管，另一种使用圆钢管。

已知：压杆设计中使用安全系数为 4。确定两种形状压杆的外部尺寸，假设每一种情况的壁厚都是 0.5 in。合金钢具的压缩屈服应力 S_{yc} 为 60 kPa。

假设：载荷是同心的，并且压杆是垂直放置的。它们的底部放置在混凝土中，顶部是自由的，由此构成了固定-自由的端点约束条件。使用 AISC 推荐的端点条件参数。

解：见表 4-5 中的第一和第二部分。

表 4-5　例 4-11 中压杆的设计

输入	变量	输出	单位	备注
第一部分　圆压杆设计				
				输入数据
'circle	shape			圆形或方形压杆形状
120	L		in	杆长
0.5	Wall		in	杆壁厚
2.1	end			AISC 端点条件系数
30E6	E		psi	弹性模量
60000	S_y		psi	压缩屈服压力
4	F_S			安全系数
200000	Allow		lb	期望许用载荷
				输出数据
G[①]	Dout	11.35	in	压杆的外部直径
	Leff	252	in	压杆的有效长度
	S_r	65.60		长细比
	S_{rd}	99.35		在 Sr 处切点
	Load	46 921	lb	临界单位载荷
	Johson	46 921	lb	约翰逊单位载荷
	Euler	68 811	lb	欧拉单位载荷
	D_{in}	10.35	in	压杆的内部直径
	k	3.84	in	旋转半径
	I	251.63	in⁴	面积的二次矩
	A	17.05	in²	横截面积

（续）

第二部分　方形压杆设计				
输入	变量	输出	单位	备注
				输入数据
'square	shape			圆形或方形压杆形状
120	L		in	杆长
0.5	Wall		in	杆壁厚
2.1	end			AISC 端点条件系数
30E6	E		psi	弹性模量
60000	S_y		psi	压缩屈服应力
4	F_S			安全系数
200000	Allow		lb	期望许用载荷
				输出数据
G[①]	D_{out}	9.34	in	压杆的外部尺寸
	L_{eff}	252	in	压杆的有效长度
	S_r	69.69		长细比
	S_{rd}	99.35		在 Sr 切点
	Load	45 235	lb	临界单位载荷
	Johson	45 235	lb	约翰逊单位载荷
	Euler	60 956	lb	欧拉单位载荷
	D_{in}	8.34	in	压杆的内部尺寸
	k	3.62	in	旋转半径
	I	231.21	in⁴	面积的二次矩
	A	17.69	in²	横截面积

① 表明需要初始值来进行迭代运算。

1. 如前所述，因为有许用载荷要确定和压杆横截面尺寸要求解，所以这个问题需要迭代求解。如果需要进行逆解，式（4.38c）、式（4.42）和式（4.43）可以直接用来求解任何选定几何结构的许用载荷。

2. 为了解决这一问题，需要先试选横截面尺寸，如外部直径、计算其截面 A 特性、面积二次矩回转半径 I、回转半径 k，以及长细比 l_{eff}/k。然后，选择安全系数后，把这些值代入式（4.38c）、式（4.42）和式（4.43）中来确定许用载荷。一开始，无法判断压杆到底适用于约翰逊理论还是欧拉理论，所以在切点处的长细比 $(S_r)_D$ 须从式（4.42）中得到，并且要与压杆的实际值做比较，以确定选用约翰逊方程还是欧拉方程。

3. 假设先选择外部直径为 8 in 的圆管进行初始值，因其壁厚为 0.5 in，它的横截面积 A、惯性矩 I 和回转半径 k 计算如下：

$$A = \frac{\pi\left(d_o^2 - d_i^2\right)}{4} = \frac{\pi(64 - 49)}{4}\,in^2 = 11.781\,in^2$$

$$I = \frac{\pi\left(d_o^4 - d_i^4\right)}{64} = \frac{\pi(4096 - 2401)}{64}\,in^4 = 83.203\,in^4 \qquad (a)$$

$$k = \sqrt{\frac{I}{A}} = \sqrt{\frac{83.203}{11.781}}\,in = 2.658\,in$$

4. 计算压杆的长细比 S_r，并将通过欧拉和约翰逊曲线的切点的 $(S_r)_D$ 值作比较。先使用 AISC 推荐的数值（见表 4-4）来确定固定-自由压杆的有效长度 l_{eff} 取值为 2.1l。则有：

$$S_r = \frac{l_{eff}}{k} = \frac{120(2.1)}{2.658} = 94.825$$

$$(S_r)_D = \pi \sqrt{\frac{2E}{S_y}} = \pi \sqrt{\frac{2(30 \times 10^6)}{60\,000}} = 99.346 \tag{b}$$

5. 压杆的长细比位于切点的左边，该点在图 4-42 中约翰逊区域内，因此利用式（4.43）来寻找临界载荷 P_{cr}，以及使用安全系数来确定许用载荷 P_{allow}。

$$P_{cr} = A\left[S_y - \frac{1}{E}\left(\frac{S_y S_r}{2\pi}\right)^2\right] = 11.8\left\{6 \times 10^4 - \frac{1}{3 \times 10^7}\left[\frac{6 \times 10^4 (94.83)}{2\pi}\right]^2\right\} \text{lb} = 384\,866 \text{ lb} \tag{c}$$

$$P_{allow} = \frac{P_{cr}}{SF} = \frac{384\,866}{4} \text{ lb} = 96\,217 \text{ lb}$$

6. 此许用载荷远低于需要的 200 000 lb 载荷，所以必须使用较大的外部直径（或壁厚）来重复步骤 3~5 的计算，直到我们得到一个合适的许用载荷。这个问题也要求选用方形截面压杆设计，只需在步骤 2 中改变式（a）。

7. 仅仅使用计算器对上述问题求解会很烦琐和枯燥，因此需要有更好的方法。方程求解器或电子表格软件包可以提供这样的工具。针对当前这个设计问题，需要迭代求解法，它对许用载荷进行迭代到收敛，从而最终确定能够承受指定载荷、外径为（D_{out}）、壁厚给定的压杆。另外，为了开始迭代，开始时需要先假定一个或多个未知参数值。具体做法请参阅本书的网站中的文件 EX04-10。

8. 在这些程序中，考虑了正方形或圆形横截面的设计，并且在步骤 4 中通过计算长细比的相对值来确定使用欧拉方程还是约翰逊方程。整个解题过程只需几秒钟时间。表 4-51 的第一部分给出了圆形压杆的解决方案；表 4-5 第二部分给出了方形压杆的解决方案。

9. 经计算表明：直径 11.3 in、壁厚 0.5 in 的圆压杆足以承受给定的载荷。它是有效长细比为 65.6，重量为 579 lb 的约翰逊压杆。欧拉公式计算的临界载荷大约是约翰逊公式的 1.5 倍，因此如果使用欧拉公式，这个压杆所受载荷就会处于图 4-42 中的 ABDA 危险区域内。如果选择壁厚 0.5 in 的方形压杆，为了获得相同的长细比和许用载荷，它的外部尺寸只需要 9.3 in，但是它的重量会增加 600 lb。在相同的外部尺寸和壁厚的条件下，方形压杆的强度高于圆压杆，这是因为虽然圆杆材料的半径更大，但是方形压杆的截面面积 A、惯性矩 I 和回转半径 k 都更大。由于同样强度下，材料重量增加，所以方压杆比圆压杆更贵。

偏心压杆

前面关于压杆失效的讨论假设所施加的载荷是共轴，且通过压杆的质心。但是这是理想的情况，在实际中很难实现，因为通常制造误差会造成载荷相对于压杆的形心轴有所偏心。有时还会在设计中特意引入一个偏心距 e，如图 4-43 所示。不管是什么原因，偏心距通过产生弯曲力矩 Pe 明显地改变了载荷状态。弯曲力矩将产生侧面变形 y，它反过来又增加了力臂长度至 $e+y$。对 A 点的力矩求和，有：

$$\sum M_A = -M + Pe + Py = -M + P(e+y) = 0 \tag{4.44a}$$

上式代入式（4.17）得到以下微分方程：

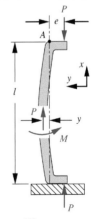

图 4-43

承受偏心载荷的压杆

$$\frac{\mathrm{d}^2 y}{\mathrm{d}x^2} + \frac{P}{EI}y = -\frac{Pe}{EI} \tag{4.44b}$$

代入图中的边界条件：$x=0$，$y=0$；$x=l/2$，$\mathrm{d}y/\mathrm{d}x=0$，可以得到跨距中点的变形量为：

$$y = e\left[\sec\left(\frac{l}{2}\sqrt{\frac{P}{EI}}\right) - 1\right] \tag{4.45a}$$

所以可以得到最大的弯曲力矩为：

$$M_{max} = -P(e+y) = -Pe\sec\left(\frac{l}{2}\sqrt{\frac{P}{EI}}\right) \tag{4.45b}$$

压应力为：

$$\sigma_c = \frac{P}{A} - \frac{Mc}{I} = \frac{P}{A} - \frac{Mc}{Ak^2} \tag{4.46a}$$

从式（4.45b）中取出最大力矩表达式得：

$$\sigma_c = \frac{P}{A}\left[1 + \left(\frac{ec}{k^2}\right)\sec\left(\frac{l}{k}\sqrt{\frac{P}{4EA}}\right)\right] \tag{4.46b}$$

当最大压应力超过塑性材料的屈服强度或者脆性材料的极限强度时，就会发生失效。令 σ_c 等于塑性材料的压缩屈服强度，得到了偏心压杆的临界单位载荷表达式为：

$$\frac{P}{A} = \frac{S_{yc}}{1 + \left(\dfrac{ec}{k^2}\right)\sec\left(\dfrac{l_{eff}}{k}\sqrt{\dfrac{P}{4EA}}\right)} \tag{4.46c}$$

这就是所谓的压杆正割公式。利用表 4-4 的合适的端点条件参数，可以得到对应的有效长度 l_{eff}，它取决于压杆的边界条件。式（4.46c）的回转半径 k 的取值从弯曲力矩的轴线位置起。如果压杆截面不对称，且弯矩也不作用在最弱轴线上，那么必须同时校核：压杆是否会因轴线的最小 k 值而导致同心压杆失效，以及因在弯曲平面加载而导致的偏心失效。

式（4.46c）中的 ec/k^2 称为压杆偏心率 E_r。1933 年的一项研究[注]得出结论：若假设偏心率 E_r 的值为 0.025 时，就需要考虑偏心对同心加载的欧拉压杆引起明显的变化。然而，如果压杆在约翰逊区域范围内，约翰逊公式适用的 E_r 的范围为约小于 0.1（参见图 4-44 及其后面的讨论）。

对式（4.46c）的求解是很困难的。因为不仅需要迭代求解，而且正割函数可能趋于 $\pm\infty$ 而导致计算溢出。当正割函数取负数时，也将产生错误结果。本书网站的 SECANT 文件对式（4.46c）进行计算和绘图（也包括欧拉和约翰逊公式），包括圆压杆截面不同的偏心率和长细比。通过说明横截面积 A 和惯性矩 I 作为输入数值，而不是使用压杆长度，也能通过这个程序计算非圆压杆的临界单位载荷。使用该程序时，应注意绘出函数结果和适用的区域，以防结果是由于正割函数而导致错误。这一点在绘图上是显而易见的。

图 4-44 给出了式（4.46c）的绘图，它是利用 SECANT（包含所有有效区域[注]）将图 4-42 的在欧拉和约翰逊短压杆的结果相叠加得到的。这些曲线都用材料压缩屈服强度进行了归一化。任何材料弹性模量 E 曲线形状都是相同的，只是水平尺度不同。图中给出了不同材料的 S_r 比和

　○　Report of a Special committee on Steel Column Research, *Trans. Amer. Soc. Civil Engrs.*, Amer. Soc. Civil Engrs., 98（1933）

　○　注意在图 4-44 中，偏心率为 0.01、0.05 和 0.1 的正割曲线在欧拉线处突然中断。这是在正割函数处发生第一个不连续，在这些点之上的数据直到割线再次变为正时才有效。进一步的内容请见 SECANT 文件中的图形。

E 比的表达式。

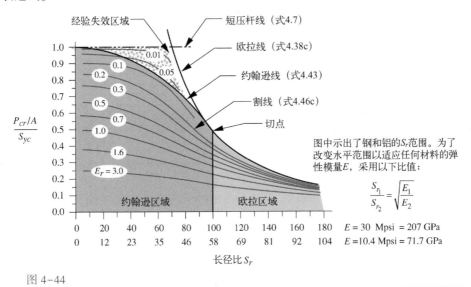

图 4-44

欧拉和约翰逊的短压杆失效线与正割方程

这些正割曲线在 S_r 值很大时趋向于欧拉曲线。当偏心率为 0 时，正割曲线与欧拉曲线或短压杆直线几乎重合。当偏心率小于 0.1 时，正割函数进入图 4-42 同心压杆经验失效区域 *ABDA*，即它们移至约翰逊区域的上方。这表明：对于小偏心率中等压杆，约翰逊同心轴公式才是失效准则，所以应该用它来计算（不是用正割公式）。

4.17 圆筒的应力

如图 4-45 所示，圆筒是经常用作压力容器或管道，可以承受内部或外部压力。一些常见的应用是气缸、液压缸、储液罐、管道和枪管。在这些装备中，有些端部是开放的，有些是封闭的。如果端部是开放的，缸壁所处的为二维应力状态，包含径向和周向（箍）应力分量。如果端部是封闭的，第三维应力即纵向或轴向应力也将存在。这三个方向的应力是相互正交，且即为主应力，因为当压力均匀分布时不产生剪切。

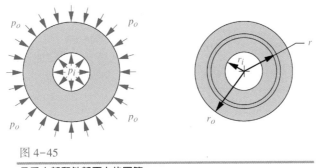

图 4-45

承受内部和外部压力的圆筒

厚壁圆筒

图 4-45 给出了一个在半径 *r* 上的环形微分单元。通过 Lame 方程计算出开放式圆筒单元的径

向和周向应力：

$$\sigma_t = \frac{p_i r_i^2 - p_o r_o^2}{r_o^2 - r_i^2} + \frac{r_i^2 r_o^2 (p_i - p_o)}{r^2 (r_o^2 - r_i^2)} \tag{4.47a}$$

$$\sigma_r = \frac{p_i r_i^2 - p_o r_o^2}{r_o^2 - r_i^2} - \frac{r_i^2 r_o^2 (p_i - p_o)}{r^2 (r_o^2 - r_i^2)} \tag{4.47b}$$

式中，r_i 和 r_o 分别为圆筒的内径和外径；p_i 和 p_o 分别为圆筒的内部和外部压力；r 是指定点的半径。注意：穿越壁厚时这些应力是非线性变化的。

如果圆筒末端是封闭式的，在壁中的轴向应力如下：

$$\sigma_a = \frac{p_i r_i^2 - p_o r_o^2}{r_o^2 - r_i^2} \tag{4.47c}$$

注意：此轴向应力方程不包含 r，即在所有壁厚上轴向应力相同。

如果外部压力 $p_o = 0$，以上方程可简化为：

$$\sigma_t = \frac{r_i^2 p_i}{r_o^2 - r_i^2} \left(1 + \frac{r_o^2}{r^2} \right) \tag{4.48a}$$

$$\sigma_r = \frac{r_i^2 p_i}{r_o^2 - r_i^2} \left(1 - \frac{r_o^2}{r^2} \right) \tag{4.48b}$$

对封闭式圆筒，其轴向应力为：

$$\sigma_a = \frac{p_i r_i^2}{r_o^2 - r_i^2} \tag{4.48c}$$

$p_o = 0$ 时，沿着壁厚的应力分布如图 4-46 所示。在内部压力下，周向应力和径向应力都在内表面取得最大值。周向应力是拉伸的，径向应力压缩的。当两个零件套装在一起时，静配合或过盈配合会存在干涉，由此两个零件产生的应力由式（4.47）给出。它们的弹性变形对外零件产生的是内部压力，对内零件产生的是外部压力。过盈配合将在 10.12 节中进一步讨论。

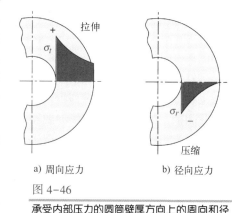

a) 周向应力   b) 径向应力

图 4-46

承受内部压力的圆筒壁厚方向上的周向和径向应力分布

薄壁圆筒

当圆筒的壁厚与半径之比小于 1/10 时，就被认为是薄壁圆。沿着薄壁的应力分布近似一致，应力表达式简化为：

$$\sigma_t = \frac{pr}{t} \tag{4.49a}$$

$$\sigma_r = 0 \tag{4.49b}$$

如果是封闭式圆筒，其轴向应力为：

$$\sigma_a = \frac{pr}{2t} \tag{4.49c}$$

所有这些方程只适用于远离局部应力集中或横截面变化的区域。准确的压力容器设计，请参照 ASME 锅炉规范中的更完整的信息和安全设计指南。如果压力容器存储量大，且加压后介质可压缩，即使压力相对较低，也非常危险。大量的能量可以在失效瞬间突然释放，会造成严重伤害。

4.18 静态应力和变形分析的案例研究

我们马上会提出一些案例研究，这会延续第 3 章中完成了设备设计的力分析。对于给定的设计，同样的案例研究数字将被保留，并且后面的延续设计将由一系列后缀字母指定。例如，第 3 章提出了 6 个案例研究，分别标记为 1A，2A，3A，4A，5A 和 5B。本章将继续这些案例研究并且从 1 至 4 标记为 1B，2B，3B 和 4B。其中一些案例将在后面的章节中继续研究，并且给定后继的字母代号。这样，读者就可以通过参考其公共的案例数字来回顾前面的案例研究。参考案例研究列表中的内容可以确定每个案例的位置。

由于零件上的应力是连续变化的，我们必须做出一些工程判断，比如最大应力的位置，并计算出它的数值。我们无须计算零件所有的应力。因为零件的几何形状一般很复杂，如果不做完整的有限元应力分析，我们必须做出合理的模型以简化它们的计算。为了在花费更多时间全面分析之前，我们目标是快速生成关于设计应力状态的信息确定模型的可行性。

案例研究 1B　自行车制动杆应力和变形分析

问题：通过图 3-26（重复）和图 4-47 确定制动杆上在关键部位的应力和挠度。

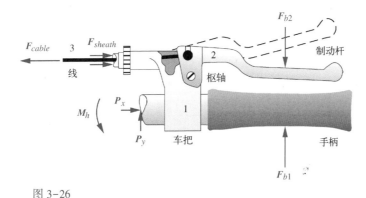

图 3-26

（重复）自行车制动杆总成

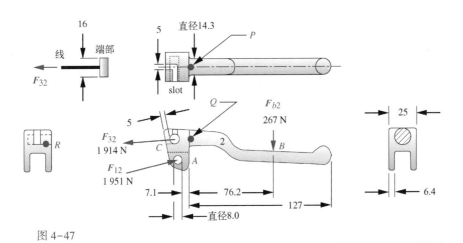

图 4-47

自行车制动杆的各零件图（力单位是 N，尺寸单位是 mm）

已知：几何结构和载荷可从案例研究 1 A 获得。销轴直径为 8 mm。普通人手在图示的控制杆位置处可以产生约 267 N（60 lb）的握力。

假设：最可能的失效点在销轴插入的两个孔处和悬臂梁控制杆手柄的根部。控制杆手柄的横截面是圆形的。

解：见图 4-47 和图 4-48。

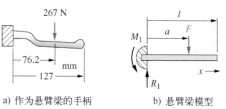

a) 作为悬臂梁的手柄　　b) 悬臂梁模型

图 4-48

手柄的悬臂梁模型

1. 如果假设手柄左边末端的较大块部分为机架，则可将手柄视为受中间集中载荷直径为 14.3 mm 的悬臂梁模型，如图 4-48 所示。可能的失效位置是剪力和弯矩都为最大的圆柄部分的根部。在悬臂根部的外层纤维处拉伸弯曲应力最大（如图 4-47 所示的 P 点），并可由式（4.11b）解出：

$$\sigma_x = \frac{Mc}{I} = \frac{(F \cdot a)c}{I} = \frac{(267\ \text{N} \cdot 0.0762\ \text{m})\left(\dfrac{0.0143}{2}\right)\text{m}}{\dfrac{\pi(0.0143)^4}{64}\ \text{m}^4} = 70.9\ \text{MPa} \tag{a}$$

这相对于此材料强度而言是相对较低的应力。由于梁根部的半径较小，可能会有些集中应力在该处产生，但由于其材料是能够轻微延展的球墨铸铁（最大 5% 伸长率），因此局部屈服能缓解应力集中，所以我们可以忽略它。

2. 梁的有效长细比很小，为 76.2/14.3 = 5.3。由于长细比小于 10，我们需要计算由于横向载荷而产生的剪应力。对实心圆，剪应力可由式（4.15c）得到：

$$\tau_{xy} = \frac{4V}{3A} = \frac{4(267)\ \text{N}}{\dfrac{3\pi(14.3)^2}{4}\ \text{mm}^2} = 2.22\ \text{MPa} \tag{b}$$

剪应力在中性轴（Q 点）取最大值，弯曲正应力在外层纤维处（P 点）取最大值。在顶部外层纤维上，最大主应力（式 4.6）是 $\sigma_1 = \sigma_x = 70.9$ MPa，$\sigma_2 = \sigma_3 = 0$，$\tau_{max} = 35.45$ MPa。此应力单元的莫尔圆与图 4-8 很像（为方便起见在此重绘）。

3. 由于手柄的曲线几何结构和从根部到端部有轻微锥度，手柄的挠度计算将很复杂。首次计算变形的近似值可以将横截面简化为不变的直梁模型，如图 4-48b 所示。由于横向剪应力产生的挠度也将被忽略。这会使变形方向带来轻微的偏差，但不会对挠度造成明显的误差。如果此结果表明这是大挠度问题，就必须改进当前的模型。例 4-5 中式（i）提供了简单模型的挠度方程。在这种情况下，当 $l = 127$ mm，$a = 76.2$ mm，$x = l$，梁末端的最大挠度处如下：

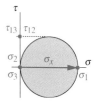

图 4-8

（重复）单向拉伸应力的莫尔圆（因为 $\sigma_2 = \sigma_3 = 0$，所以两个圆重合，且缩成一点）

$$
\begin{aligned}
y &= \frac{F}{6EI}\left[x^3 - 3ax^2 - \langle x-a \rangle^3\right]\\
&= \frac{267}{6(71.7 \times 10^3)(2.04 \times 10^3)}\left[127^3 - 3(76.2)127^2 - (127-76.2)^3\right]\\
&= -0.54\ \text{mm}
\end{aligned}
\tag{c}
$$

即，手柄末端有 0.02 in 的变形，这么小的变形在实际中无须考虑。具体梁挠度曲线的大体形状绘图如图 4-24 所示，注意：图中数值不一定与结果完全一致。

4. 所以其他可能失效的位置也必须核查。由于有挤压应力、直接剪应力或者撕断应力，两孔周围的材料可能产生几种失效模式中的任何一种。在图 4-47 中，A 点孔包含一承受 1951N 力的销轴。我们将检验上述的三种模式。

5. 挤压应力是压应力，且认为作用在孔的投影区域上，在此情况下，面积为孔直径 8 mm 乘以承载区域总长度（两个 6.4 mm 厚的凸缘）。

$$A_{bearing} = \text{dia} \cdot \text{thickness} = 8\,\text{mm}(2)(6.4\,\text{mm}) = 102.4\,\text{mm}^2$$

$$\sigma_{bearing} = \frac{F_{12}}{A_{bearing}} = \frac{1951\,\text{N}}{102.4\,\text{mm}^2} = 19.1\,\text{MPa} \tag{d}$$

6. 在此情况中，撕断应力可能会在孔和边缘之间 5 mm 长材料内的 6.4 mm 厚的区域引起剪切失效（具体撕断区域定义见图 4-13）。

$$A_{tearout} = \text{length} \cdot \text{thickness} = 7.1\,\text{mm}(4)(6.4\,\text{mm}) = 181.8\,\text{mm}^2$$

$$\tau_{tearout} = \frac{F_{12}}{A_{tearout}} = \frac{1951\,\text{N}}{181.8\,\text{mm}^2} = 10.7\,\text{MPa} \tag{e}$$

7. 这两个应力相对于指定的材料的强度都是非常低的，但记住所施加的力是基于典型的人手握力，并没有考虑因撞击或其他方式而产生的额外载荷。

8. 如图 4-47 所示，在闸线端插入一盲孔，其是一个半开的槽，允许闸线通过。这个槽削弱了零件，是零件在 C 处连接最可能失效的位置。我们假定在开槽处的孔周围的材料一旦失效，足以损坏零件，闸线会滑落出去。保留闸线钉的小部分，可以近似建模为一个横截面宽度为 $(25-5)/2 = 10$ mm，深度为 5 mm 的悬臂梁。这是一个保守的假设，因为它忽略了由于孔的半径增加了深度的情况。假定力臂等于销钉的半径或者等于 4 mm。作用在开槽半宽上的载荷为作用在闸线上载荷 1914 N 的一半。在 C 点处外层纤维的弯曲应力为：

$$\sigma_x = \frac{Mc}{I} = \frac{\dfrac{1914}{2}\left(\dfrac{5}{2}\right)(4)}{\dfrac{10(5)^3}{12}}\,\text{MPa} = 91.9\,\text{MPa} \tag{f}$$

由于横向载荷在中性轴处产生的剪应力为（式 4.14b）：

$$\tau_{xy} = \frac{3V}{2A} = \frac{3(957)}{2(10)(5)}\,\text{MPa} = 28.7\,\text{MPa} \tag{g}$$

9. 如图 4-8（重复）所示这里正应力是主应力，所以最大剪应力是主应力的一半。这些就是需要检验的三个区域中的最大应力。这部分的失效分析将在下一章的案例研究中继续进行。

10. 初步分析表明：一些区域可能需要进一步的研究才能完成设计。应力分析更完整的案例研究在第 8 章中通过应用有限元分析（FEA）方法得到。读者可以通过运行程序中的案例 CASE1B 文件来检查模型分析结果。

案例研究 2B 压线钳应力和变形分析

问题：确定图 3-28（重复）和图 4-49 中的压线钳在关键部位的应力和变形。

已知：从案例研究 2A 已得到几何结构和载荷。连杆 1 的厚度为 0.313 in，连杆 2 和 3 厚度均为 0.125 in，连杆 4 厚度为 0.187 in。所有材料均为弹性模量 E = 30 Mpsi 的 1095 钢。

4

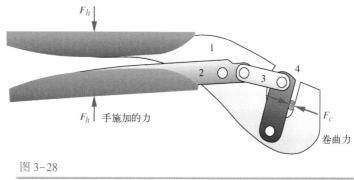

图 3-28

（重复）压线钳

假设：最可能发生失效的点为杆状的连杆 3、销钉插入的孔、承受剪切的连接销钉和承受弯曲的连杆 4。在工具的使用寿命期间内预计使用次数不多，所以可以采用静态分析。由于采用塑性材料和静载荷的假设，应力集中可以忽略。

解：见图 3-28，图 4-49~图 4-51。

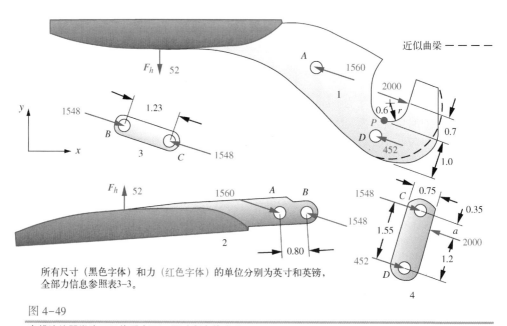

所有尺寸（黑色字体）和力（红色字体）的单位分别为英寸和英镑，全部力信息参照表3-3。

图 4-49

电线连接器卷边工具的受力图、尺寸和力的大小

1. 如图 4-49 所示，连杆 3 两端铰支，施加的载荷由案例 2A 计算得到，为 $F_{43} = 1548$ lb。从表 4-4 可知，$l_{eff} = l$，需要先确定长细比（式 4.41）。这就需要知道最薄弱屈曲方向的回转半径（式 4.34）。（在本例中为 z 向）。[⊖]

$$k = \sqrt{\frac{I}{A}} = \sqrt{\frac{bh^3/12}{bh}} = \sqrt{\frac{h^2}{12}} = \sqrt{\frac{0.125^2}{12}} \text{ in} = 0.036 \text{ in} \tag{a}$$

⊖ 即使孔的间隙非常小，也会妨碍连接销成为沿轴方向的联动关节，因此需要建立一个有效的二维方向的两端铰链连接，除非间隙被挠度代替，而且连接销堵塞了孔。

沿 z 向，屈曲的长细比为：

$$S_r = \frac{l_{eff}}{k} = \frac{1.228}{0.036} = 34 \tag{b}$$

这个值大于 10，所以这不是一根短压杆。计算图 4-42 中约翰逊线和欧拉线的切点的长细比为：

$$(S_r)_D = \pi\sqrt{\frac{2E}{S_y}} = \pi\sqrt{\frac{2(30\times10^6)}{83\times10^3}} = 84.5 \tag{c}$$

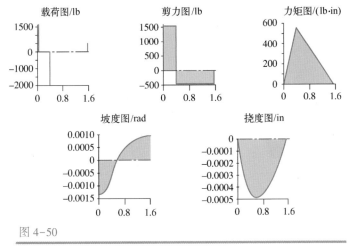

图 4-50

案例研究 2B 的连杆 4 分析图

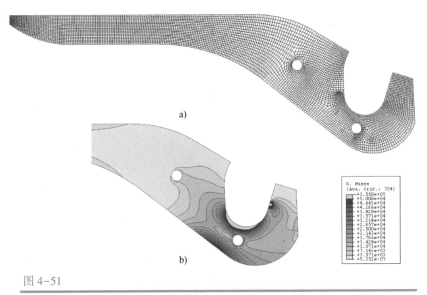

图 4-51

案例研究 2B 中压线钳的有限元应力分析

连杆的长细比比图 4-42 中所示的约翰逊线和欧拉线之间的切点的长细比小。因此，这是中长压杆，应该用约翰逊杆方程（见式 4.43）来计算临界载荷：

$$P_{cr} = A\left[S_y - \frac{1}{E}\left(\frac{S_y S_r}{2\pi}\right)^2\right] \tag{d}$$

$$= 0.125(0.5)\left[83\,000 - \frac{1}{30\times10^6}\left(\frac{83\,000(34)}{2\pi}\right)^2\right]\text{lb} = 4765\,\text{lb}$$

连杆 3 的临界载荷比施加的压力大 3.1 倍，所以是安全的，不会屈服。连杆 2 比连杆 3 更短、更宽，且施加的轴向力更小，基于连杆 3 的计算结果，可以知道：连杆 2 安全，也不会屈服。

2. 连杆 3 不会屈服失效，它的轴向压缩变形为（见式 4.7）：

$$x = \frac{Pl}{AE} = \frac{1548(1.23)}{0.0625(30\times10^6)}\text{in} = 0.001\,\text{in} \tag{e}$$

3. 所有连杆都可能在直径为 0.25 in 的销轴孔处发生挤压失效。所有销轴中最大的受力为 1560 lb。情况最坏的挤压应力为（见式 4.7 和式 4.10）：

$$\sigma_b = \frac{P}{A_{bearing}} = \frac{P}{length(dia)} = \frac{1560}{0.125(0.25)}\text{psi} = 49\,920\,\text{psi} \tag{f}$$

由于加载方向朝着零件的中心，所以连杆 2 或者 3 没有撕裂失效的危险。连杆 1 在孔的周围有足够的材料防止撕裂。

4. 直径为 0.25 in 的销轴受到单向剪切作用。由式（4.9）可知，最坏情况的直接剪应力为：

$$\tau = \frac{P}{A_{shear}} = \frac{1560}{\dfrac{\pi(0.25)^2}{4}}\text{psi} = 31\,780\,\text{psi} \tag{g}$$

5. 连杆 4 是长度为 1.55 in 的梁，简支在销轴上，并在距 C 点 0.35 in 处施加有 2 000 lb 的卷曲力。使用奇异函数写出载荷、剪切、力矩、斜度和挠度方程，其中积分常数 C_1 和 C_2 都为 0：

$$\begin{aligned}
q &= R_1\langle x-0\rangle^{-1} - F\langle x-a\rangle^{-1} + R_2\langle x-l\rangle^{-1}\\
V &= R_1\langle x-0\rangle^{0} - F\langle x-a\rangle^{0} + R_2\langle x-l\rangle^{0}\\
M &= R_1\langle x-0\rangle^{1} - F\langle x-a\rangle^{1} + R_2\langle x-l\rangle^{1}
\end{aligned} \tag{h}$$

$$\begin{aligned}
\theta &= \frac{1}{EI}\left(\frac{R_1}{2}\langle x-0\rangle^2 - \frac{F}{2}\langle x-a\rangle^2 + \frac{R_2}{2}\langle x-l\rangle^2 + C_3\right)\\
y &= \frac{1}{EI}\left(\frac{R_1}{6}\langle x-0\rangle^3 - \frac{F}{6}\langle x-a\rangle^3 + \frac{R_2}{6}\langle x-l\rangle^3 + C_3 x + C_4\right)
\end{aligned} \tag{i}$$

6. 从 $\Sigma M = 0$ 和 $\Sigma F = 0$ 可以计算得到约束反力（见附录 B）。

$$R_1 = \frac{F(l-a)}{l} = \frac{2000(1.55-0.35)}{1.55}\text{lb} = 1548\,\text{lb} \tag{j}$$

$$R_2 = \frac{Fa}{l} = \frac{2000(0.35)}{1.55}\text{lb} = 452\,\text{lb} \tag{k}$$

在施加的载荷下，最大的力矩为 1548(0.35) = 541.8 lb·in。连杆 4 的剪切和力矩图如图 4-50 所示。

7. 最大力矩处的梁宽为 0.75 in，厚度为 0.187 in。所以，弯曲应力为：

$$\sigma = \frac{Mc}{I} = \frac{541.8\left(\dfrac{0.75}{2}\right)}{\dfrac{0.187(0.75)^3}{12}} \text{ psi} = 30\,905 \text{ psi} \tag{1}$$

8. 梁的偏转角和挠度函数需要求出积分常数 C_3 和 C_4，将边界条件 $x=0$，$y=0$ 和 $x=l$，$y=0$ 代入挠度方程即可求得。

$$0 = \frac{1}{EI}\left(\frac{R_1}{6}\langle 0-0\rangle^3 - \frac{F}{6}\langle 0-a\rangle^3 + \frac{R_2}{6}\langle 0-l\rangle^3 + C_3(0) + C_4\right) \tag{m}$$
$$C_4 = 0$$

$$0 = \frac{1}{EI}\left(\frac{R_1}{6}\langle l-0\rangle^3 - \frac{F}{6}\langle l-a\rangle^3 + \frac{R_2}{6}\langle l-l\rangle^3 + C_3(l)\right) \tag{n}$$

$$C_3 = \frac{1}{6l}\left[F(l-a)^3 - R_1 l^3\right] = \frac{1}{6(1.55)}\left[2000(1.55-0.35)^3 - 1548(1.55)^3\right] = -248.4$$

9. 由式（i）~（k）和式（m）、（n）可得到挠度方程为：

$$y = \frac{F}{6lEI}\left\{(l-a)\left(x^3 + \left[(l-a)^2 - l^2\right]x\right) - l\langle x-a\rangle^3 + a\langle x-l\rangle^3\right\} \tag{o}$$

最大挠度在 $x=0.68$ in 处，为：

$$y_{max} = \frac{Fa(l-a)}{6lEI}\left(a^2 + (l-a)^2 - l^2\right) \tag{p}$$

$$= \frac{2000(0.35)(1.55-0.35)}{6(1.55)(30\times 10^6)(0.0066)}\left[0.35^2 + (1.55-0.35)^2 - 1.55^2\right] \text{in} = 0.0005 \text{ in}$$

为了保证合适的卷曲行程，只允许非常小的挠度变形，这个数值是可以接受的。偏转角和挠度图见图 4-50，也可见本书网站文件 CASE2B-1。

10. 相对于其他杆，连杆 1 是相对坚固的，唯一需要关注的地方是在下颌处，那里施加了 2000 lb 的卷曲力，且在其根部横截面处有一个孔。尽管这部分的形状在严格意义上不是同心、同半径的曲梁。但是，我们若取外圆半径等于这一部分中最小曲率半径，在这一相当保守的条件下，同心、同半径曲梁的假设是可以接受的，如图 4-49 所示。这样就使得内圆半径为 0.6 in，外圆近似半径为 1.6 in。曲梁中性轴相对于形心轴 r_c 的偏心距 e 可以通过式（4.12a）求得如下，同时在积分中考虑到孔部分：

$$e = r_c - \frac{A}{\displaystyle\int_0^{r_o}\frac{\mathrm{d}A}{r}} = 1.1 - \frac{0.313(1-0.25)}{0.313\left(\displaystyle\int_{0.600}^{0.975}\frac{\mathrm{d}r}{r} + \int_{1.225}^{1.600}\frac{\mathrm{d}r}{r}\right)} = 0.103 \tag{q}$$

中性轴的半径 (r_n)，以及内圆和外圆半径 (r_i, r_o) 相对于中性轴的距离 (c_i, c_o)（见图 4-16），为：

$$r_n = r_c - e = 1.10 - 0.103 = 0.997$$
$$c_i = r_n - r_i = 0.997 - 0.600 = 0.397 \tag{r}$$
$$c_o = r_o - r_n = 1.600 - 0.997 = 0.603$$

11. 在曲梁上作用的弯矩可以看作为施加的载荷与梁形心轴的距离的乘积。

$$M = Fl = 2000(0.7 - 0.6 + 1.1) = 2400 \text{ lb·in} \tag{s}$$

12. 由式（4.12b）和式（4.12c）得出作用在内、外层纤维的应力。梁的横截面积需要减去孔的面积

$$\sigma_i = +\frac{M}{eA}\left(\frac{c_i}{r_i}\right) = \frac{2400}{0.103\left[\left(1.0 - 0.25\right)\left(0.313\right)\right]}\left(\frac{0.397}{0.60}\right)\text{psi} = 65\text{ kpsi}$$

$$\sigma_o = -\frac{M}{eA}\left(\frac{c_o}{r_o}\right) = -\frac{2400}{0.103\left[\left(1.0 - 0.25\right)\left(0.313\right)\right]}\left(\frac{0.603}{1.60}\right)\text{psi} = -37\text{ kpsi}$$

(t)

13. 同时还有轴向拉应力，可以把它直接与在 P 点处内表面纤维的弯曲应力相加得到最大应力：

$$\sigma_a = \frac{F}{A} = \frac{2000}{\left(1.0 - 0.25\right)\left(0.313\right)}\text{ psi} = 8.5\text{ kpsi}$$

$$\sigma_{max} = \sigma_a + \sigma_i = \left(65 + 8.5\right)\text{ kpsi} = 74\text{ kpsi}$$

(u)

由于在这个边界点上没有施加剪应力和其他法向应力，σ_{max} 就是 P 点处的主应力。在 P 点处的最大剪应力是主应力的一半，即 37 kpsi。外层纤维的弯曲应力是压应力，所弯曲应力减去轴向拉应力即可以得到：-37 kpsi$+8.5$ kpsi$=-28.5$ kpsi。

14. 在孔处有明显的应力集中现象。由式（4.32a）和式（4.35）中给出：在一个无限大平板中存在一个圆孔时，理论应力集中系数为 $K_t = 3$。对于在有限大板中的圆孔，K_t 是与孔径与板宽比有关的函数。彼得森[5]给出在拉伸情况下平板上圆孔应力集中系数值的表格。从该表中可以知道：当半径/宽度比等于 1/4 时，应力集中系数为 $K_t = 2.42$。因此，孔处的局部拉应力等于 $2.42(8.5) = 20.5$ kpsi，这比内表面的拉应力还要小。

15. 虽然以上的分析还远远未对应力和挠度进行全面分析，但是，以上所做的计算指出了最可能失效区域，以及可能存在问题的变形。我们还使用 ABAQUS 有限元分析程序计算了连杆 1 的应力和挠度。有限元程序计算得到的在 P 点处最大主应力为 81 kpsi，上面估算值为 74 kpsi，两者接近。由有限元模型计算得到的有限元网格和应力分布如图 4-51 所示。在第 8 章的案例研究 2D 列举了完整的有限元分析过程。

为了考虑一个已知的封闭形式模型（曲梁）的使用，我们的分析简化了零件的几何形状，而有限元模型涵盖了实际零件的所有材料，只是对零件的几何形状进行了离散化。这两个分析结果都应该被看作仅仅是对零件应力状态的估计，而不是真实解。

16. 基于失效分析结果，我们可能需要对零件重新设计，以减小它们的应力和变形。在提出各种失效理论后，这个案例研究在以后的章节中还会被用到。如果读者选择此案例编写程序，你可以浏览本书网站中的文件 CASE2B-1、CASE2B-2 和 CASE2B-3，以查验这个案例研究的模型。在第 8 章中，将使用有限元分析对这个案例进行应力分析。

案例研究 3B　汽车剪形千斤顶的应力和挠度分析

问题：确定如图 3-30（重复）和图 4-52 中所示的剪式千斤顶装配体上关键部位的应力和挠度。

已知：从案例研究 3A 中可以知道该装置的几何尺寸和载荷，设计的总载荷为 2000 lb，每边各 1000 lb，连杆的宽度和厚度分别为 1.032 in 和 0.15 in。采用的螺栓型号为 1/2-13UNC，其根部直径为 0.406 in。所有零件的材料都是弹性模量 $E = 30 \times 10^6$ psi、屈服极限 $S_y = 60\ 000$ psi 的锻钢。

假设：最可能失效的点有作为压杆的连杆、承受挤压的销轴孔、受剪切作用的连接销轴、受弯曲作用的轮齿，以及受拉伸作用的螺栓。有两组连杆，每边各一组，假设载荷两边平均分配。千斤顶在它的生命周期内很少循环使用，所以可以只对它进行静态分析。

解：见图 4-52~图 4-53，以及文件 CASE3B-1 和 CASE3B-2。

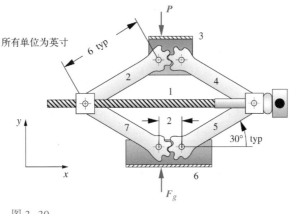

图 3-30

（重复）汽车剪式千斤顶

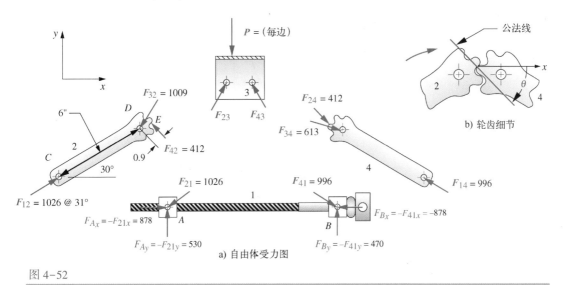

a) 自由体受力图

图 4-52

自由体受力图、尺寸大小以及剪式千斤顶的力学要素

1. 在千斤顶装配组件图中所示位置的受力情况在第 3 章本案例研究（3A）中已经计算过。详见该章节内容，以及表 3-4 附加的载荷数据。

2. 由于千斤顶螺杆上的载荷仅作用在千斤顶上半部分的平面上，该力是 A 点处分力 $F_{21x}=878$ lb 的 4 倍。下半部分在螺杆上施加有相等的载荷，施加在背面的力是这些力总和的两倍。这些力导致螺杆沿着轴向拉伸。拉力由式（4.7）计算得到，用螺杆的根直径 0.406 in 可计算出横截面积。这是一种保守的假设，同样在第 15 章中的螺纹紧固件的分析时也会见到。

$$\sigma_x = \frac{P}{A} = \frac{4(878)}{\frac{\pi(0.406)^2}{4}} = \frac{3512}{0.129}\,\text{psi} = 27\,128\,\text{psi} \qquad (a)$$

螺杆的轴向变形可以由式（4.8）得到。

$$x = \frac{Pl}{AE} = \frac{4(878)(12.55)}{0.129(30\times10^6)}\,\text{in} = 0.011\,\text{in} \qquad (b)$$

3. 由于施加的压力 P 略微偏离到中心的左边，连杆 2 也是所有连杆中受力最大的，因此我们将计算它的应力和挠度。连杆 2 作为一个梁杆受 C 点和 D 点间的轴向压力 P 和作用于 D 点和 E 点间的弯曲力矩作用。注意，载荷 F_{12} 几乎与连杆轴线共线。轴向载荷就等于 $F_{12}\cos(1°)=1026$ lb，而由 F_{42} 产生的关于 D 点的弯矩 $M=412(0.9)=371$ in·lb。这个力矩的偏心等于轴向载荷相对于 D 点的偏移距离 $e=M/P=371/1026$ in=0.36 in。

利用压杆正割公式（见式 4.46c）和有效的偏心距 e 一起可以计算弯曲平面上的应用力矩；c 是连杆宽度尺寸 1.032 的一半。由于连杆的两端铰支，从表 4-4 可知 $l_{eff}=l$。回转半径 k 在弯曲平面 xy 内，可利用式（4.34）计算得到：

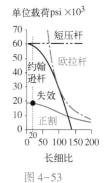

单位载荷 psi ×10³

图 4-53
案例研究 3B 的
偏心压杆解

$$k=\sqrt{\frac{I}{A}}=\sqrt{\frac{bh^3}{12bh}}=\sqrt{\frac{0.15(1.032)^3}{12(0.15)(1.032)}}=0.298 \tag{c}$$

长细比等于 $l_{eff}/k=20.13$。可以通过迭代计算正割方程得到 P 的值（见图 4-53）：

$$\frac{P}{A}=\frac{S_{yc}}{1+\left(\dfrac{ec}{k^2}\right)\sec\left(\dfrac{l_{eff}}{k}\sqrt{\dfrac{P}{4EA}}\right)}=18\,975 \text{ psi} \tag{d}$$

$$P_{crit}=0.155(18\,975)\text{ lb}=2937 \text{ lb}$$

同时，还必须检查同心压杆的屈曲，它在较脆弱方向（z）上的宽度 $c=0.15/2$。在 z 方向上的回转半径可由下式算得：

$$k=\sqrt{\frac{I}{A}}=\sqrt{\frac{bh^3}{12bh}}=\sqrt{\frac{1.032(0.15)^3}{12(1.032)(0.15)}}=0.043 \tag{e}$$

z 方向上的长细比为：

$$S_r=\frac{l_{eff}}{k}=\frac{6}{0.043}=138.6 \tag{f}$$

这个值要与欧拉和约翰逊线在切线处的长细比 $(S_r)_D$ 进行对比，从而决定对这个连杆使用哪个屈曲公式：

$$(S_r)_D=\pi\sqrt{\frac{2E}{S_y}}=\pi\sqrt{\frac{2(30\times10^6)}{60\,000}}=99.3 \tag{g}$$

由于压杆的 S_r 大于 $(S_r)_D$，所以该连杆是欧拉杆（见图 4-53）。然后临界欧拉载荷可以由式（4.38a）计算得到：

$$P_{cr}=\frac{\pi^2 EI}{l^2}=\frac{\pi^2(30\times10^6)(1.032)(0.15)^3}{12(6)^2}\text{ lb}=2387 \text{ lb} \tag{h}$$

因此，在较弱的 z 方向上比施加力矩的平面内更有可能屈曲，避免屈曲的安全系数为 2.3。

4. 销轴的直径均为 0.437 in。在载荷最大的 C 点处，孔受到的挤压应力是：

$$\sigma_{bearing}=\frac{P}{A_{bearing}}=\frac{1026}{0.15(0.437)}\text{ psi}=15\,652 \text{ psi} \tag{i}$$

销轴受单侧剪切作用，最坏情况下的剪应力为：

$$\tau = \frac{P}{A_{shear}} = \frac{1026}{\dfrac{\pi(0.437)^2}{4}} \text{ psi} = 6841 \text{ psi} \qquad (j)$$

5. 连杆 2 上的轮齿受到一个大小为 412 lb 的载荷，它施加在距悬臂齿的根部为 0.22 in 的点上。轮齿在根部处深 0.44 in，厚为 0.15 in。弯曲力矩为 412(0.22)＝91 in·lb，因此在根部的弯曲应力为：

$$\sigma = \frac{Mc}{I} = \frac{91(0.22)}{\dfrac{0.15(0.44)^3}{12}} \text{ psi} = 18\,727 \text{ psi} \qquad (k)$$

6. 可以继续进行分析，检查装配零件的其他部位，更重要的在于千斤顶在不同位置处的应力。在这个案例研究中，我们使用了一个任意位置，但是当千斤顶移向更低的位置时，连杆和销轴受力会因为较恶劣的传动角而增加。完整的应力分析应该对多个位置进行。

为了进行失效分析，这个案例研究还会在下一章中提及。读者若选择编程，可以通过浏览本书网站给出的项目文件 CASE3B-1 和 CASE3B-2 来检查这个案例的分析模型。

案例研究 4B　自行车制动臂的应力分析

问题：确定如图 3-34（重复）和图 4-54 中所示的自行车制动臂上关键部位的应力。

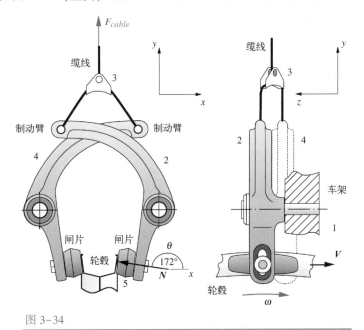

图 3-34

（重复）中心牵引自行车制动臂组件

已知：几何尺寸和受力情况由案例研究 4A 可知，并如表 3-5 所示。制动臂是由铸铝做成的 T 形曲梁，尺寸如图 4-54 所示。销轴是由锻钢制成的，受三维载荷。

假设：最可能失效的点包括：双悬臂梁的制动臂（其中一个末端受弯曲作用）、受挤压作用的孔和受弯曲作用的悬臂连接销。由于使用的是可锻铸造材料（5% 的断裂伸长率），由于局部屈服可以缓解应力集中，我们可以忽略应力集中的作用。

解：见图 4-54~图 4-56。

4

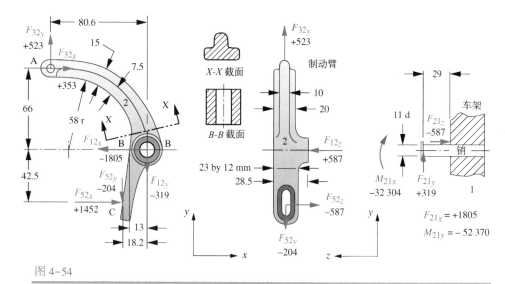

图 4-54

制动臂的自由体受力图（力的单位为 N，力矩的单位为 N·mm，尺寸单位为 mm）

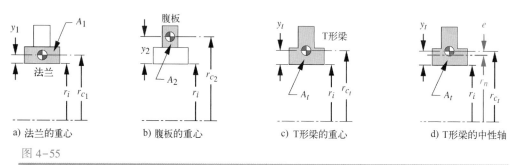

图 4-55

找出 T 形曲梁的中性轴—案例研究 4B

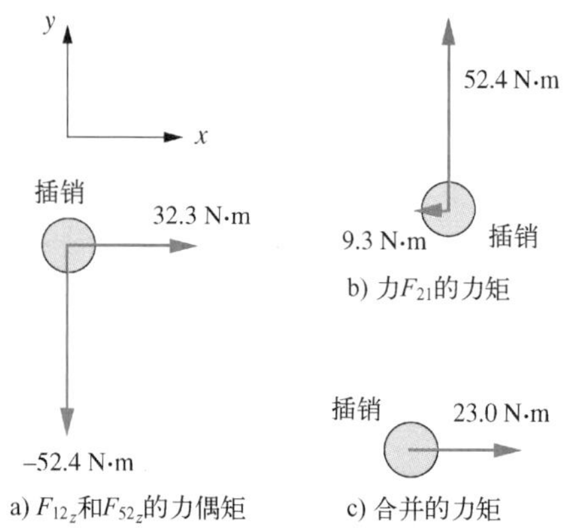

1. 制动臂是一个双悬臂梁，每个末端均可以独立处理。曲梁部分的 T 形截面如图 4-54 中局部视图 X-X 所示。如 4-9 节和式（4.12a）所描述的，曲梁的中性轴到曲率中心的改变距离为 e。为了求 e，要知道悬臂梁截面的积分和它的质心半径。图 4-55 表示 T 形部分被分成两个矩形——法兰和腹板。T 形板的质心半径可以通过求每部分对曲率中心的面积矩求和得到：

$$\sum M = A_1 r_{c_1} + A_2 r_{c_2} = A_t r_{c_t}$$

$$r_{c_t} = \frac{A_1 r_{c_1} + A_2 r_{c_2}}{A_t} = \frac{A_1 \left(r_i + y_1 \right) + A_2 \left(r_i + y_2 \right)}{A_1 + A_2}$$

$$r_{c_t} = \frac{(20)(7.5)(58+3.75)+(10)(7.5)(58+11.25)}{(20)(7.5)+(10)(7.5)} \ \text{mm} = 64.25 \ \text{mm}$$

（a）

尺寸和变量名见图 4-53 和图 4-54。式（4.12a）中的微分 dA/r 可以通过对腹板和法兰的微分求和得到。

图 4-56

销轴的弯曲力矩—案例研究 4B

$$\int_0^{r_o} \frac{dA}{r} = \frac{A_1}{r_{c_1}} + \frac{A_2}{r_{c_2}} = \frac{(20)(7.5)}{58 + 3.75} + \frac{(10)(7.5)}{58 + 11.25} \text{ mm} = 3.51 \text{ mm} \tag{b}$$

中性轴的半径和距离 e 分别为：

$$r_n = \frac{A_t}{\int_0^{r_o} \frac{dA}{r}} = \frac{225}{3.51} \text{ mm} = 64.06 \text{ mm} \tag{c}$$

$$e = r_c - r_n = 64.25 \text{ mm} - 64.06 \text{ mm} = 0.187 \text{ mm}$$

作用在曲梁截面 $X-X$ 的弯曲力矩可以由载荷 F_{32} 及其距离向量 R_{AB} 的乘积差估算得到。其中，载荷的距离向量是它到铰支点 B 的距离，如图 4-54 所示。

$$|M_{AB}| = \left| R_{ABx} F_{32_y} - R_{ABy} F_{32_x} \right| = |-80.6(523) - 66(353)| \text{ N} \cdot \text{mm} = 65\,452 \text{ N} \cdot \text{mm} \tag{d}$$

现在，可以使用式（4.12b）和式（4.12c）求内、外表层纤维的应力（这里为了保持单位一致，长度的单位为 mm、力矩的单位为 N·mm）：

$$\sigma_i = +\frac{M}{eA}\left(\frac{c_i}{r_i}\right) = \frac{65\,452(6.063)}{(0.1873)(225)(58)} \text{ Pa} = 162 \text{ MPa} \tag{e}$$

$$\sigma_o = -\frac{M}{eA}\left(\frac{c_o}{r_o}\right) = \frac{65\,452(8.937)}{(0.1873)(225)(73)} \text{ Pa} = -190 \text{ MPa}$$

2. 如图 4-54 所示，轮毂中心横截面 $B-B$ 是可能失效的位置，因为这里受弯曲应力和轴向拉应力的组合作用，此外销轴孔去除了较多的材料。弯曲应力是由于作用在曲梁根部的最大力矩引起的，而拉应力是由于在 A 点处 y 方向的力分量引起的。此外，还有由于横向载荷产生的剪应力，但剪应力在外层纤维处的值为 0，而该处的弯曲应力和轴向应力的和是最大的。轮毂中心横截面的面积和惯性矩按下式求得：

$$A_{hub} = length(d_{out} - d_{in}) = 28.5(25 - 11) \text{ mm}^2 = 399 \text{ mm}^2$$

$$I_{hub} = \frac{length(d_{out}^3 - d_{in}^3)}{12} = \frac{28.5(25^3 - 11^3)}{12} \text{ mm}^4 = 33\,948 \text{ mm}^4 \tag{f}$$

轮毂截面 $B-B$ 的左半部分的应力等于弯曲应力和轴向应力的和：

$$\sigma_{hub} = \frac{Mc}{I_{hub}} + \frac{F_{32_y}}{A_{hub}} = \frac{65\,452(12.5)}{33\,948} \text{ MPa} + \frac{523}{399} \text{ MPa} = 25.4 \text{ MPa} \tag{g}$$

轮毂截面 $B-B$ 的右半部分的应力更小，因为弯曲导致的压缩被轴向拉伸部分抵消。

3. 制动臂直的部分是一个两端施加载荷的悬臂梁，分别位于 xy 平面和 yz 平面内，在这些弯曲方向上的截面模量和力矩不同。在 xy 平面内的 z 向弯矩与曲面上的弯矩大小相等、方向相反。悬臂梁根部的横截面是一个 $23 \text{ mm} \times 12 \text{ mm}$ 的矩形，如图 4-54 所示。由弯矩引起，在宽为 23 mm 那一侧的外层纤维处的弯曲应力为：

$$\sigma_{y_1} = \frac{Mc}{I} = \frac{65\,452\left(\dfrac{12}{2}\right)}{\dfrac{23(12)^3}{12}} \text{ MPa} = 118.6 \text{ MPa} \tag{h}$$

x 方向的弯矩是由于力 F_{52_z} 作用在力臂为半径的 42.5 mm 处引起，使连杆在 z 方向上弯曲。在 12 mm 那一侧的表面弯曲应力为：

$$\sigma_{y_2} = \frac{Mc}{I} = \frac{589 \cdot 42.5 \left(\dfrac{23}{2}\right)}{\dfrac{12(23)^3}{12}} \text{MPa} = 23.7 \text{ MPa} \tag{i}$$

将两个面的角部的两个 y 方向的正应力相加得到：

$$\sigma_y = \sigma_{y_1} + \sigma_{y_2} = (118.6 + 23.7) \text{MPa} = 142.2 \text{ MPa} \tag{j}$$

4. 另一个可能的失效点是悬臂的槽口处。虽然那儿的弯矩为 0，但存在剪力的作用，可能会导致 z 方向的撕裂。撕裂区域面积等于槽和边缘之间的剪切面积。

$$A_{tearout} = thickness(width) = 8(4) \text{ mm}^2 = 32 \text{ mm}^2$$

$$\tau = \frac{F_{52_z}}{A_{tearout}} = \frac{589}{32} \text{ MPa} = 18.4 \text{ MPa} \tag{k}$$

5. 销轴受到载荷 F_{21} 和力偶 M_{21} 的作用；载荷 F_{21} 有 x 和 y 方向的分量；力偶 M_{21} 是由载荷 F_{12_z} 和 F_{52_z} 产生的。载荷 F_{21} 产生的弯矩分别在 yz 平面和 xz 平面上有分量 $F_{21_x} l$ 和 $F_{21_y} l$，其中 $l = 29$ mm 是销轴的长度。

$$
\begin{aligned}
M_{pin} &= \sqrt{\left(M_{21_x} - F_{12_y} \cdot l\right)^2 + \left(-M_{21_y} + F_{12_x} \cdot l\right)^2} \\
&= \sqrt{\left(-32\,304 + 319 \cdot 29\right)^2 + \left(52\,370 - 1805 \cdot 29\right)^2} \text{ N·mm} \\
&= \sqrt{\left(-32\,304 + 9\,251\right)^2 + \left(52\,370 - 52\,345\right)^2} \text{ N·mm} \\
&= \sqrt{\left(-23\,053\right)^2 + \left(25\right)^2} \text{ N·mm} = 23\,053 \text{ N·mm}
\end{aligned} \tag{l}
$$

$$\theta_{M_{pin}} = \arctan\left(\frac{25}{-23\,053}\right) \cong 0° \tag{m}$$

图 4-56a 给出了力偶 M_{21} 产生的弯矩，图 4-56b 给出了载荷 F_{21} 产生的弯矩。两者的联合作用弯矩如图 4-56c 所示。

正是这个合并的弯矩沿着销轴周边的 0° 和 180° 的位置出产生最大的弯曲应力。销轴上最大的弯曲应力为（为了单位一致，长度的单位为 mm，力矩的单位为 N·mm）

$$\sigma_{pin} = \frac{M_{pin} c_{pin}}{I_{pin}} = \frac{23\,053 \left(\dfrac{11}{2}\right)}{\dfrac{\pi(11)^4}{64}} \text{MPa} = \frac{23\,053(5.5)}{718.7} \text{MPa} = 176 \text{ MPa} \tag{n}$$

6. 在这部分中，为了确定更多位置的应力和变形，可以使用有限元方法进行更完整的分析。读者可以通过浏览本书网站提供的文件 CASE4B 来检验这个案例研究的模型。同样，在第 8 章中也使用了有限元分析方法对这个案例进行了应力分析。

4.19 小结

用于应力分析的公式相对比较少，且很容易记住（见本节后面的公式汇总）。由于不同学生对于零件内部几何形状理解的不同，学生主要的困惑在于什么时候使用哪个公式，以及计算应力时如何确定零件的连续性。

通常我们最关心的是两类应力，**正应力** σ 和**剪应力** τ。它们的每一种都可能存在于同一应力单元上，且它们的联合作用将产生不同的正应力和最大剪应力，如在莫尔圆平面中证明的那样。最终，我们需要找出这些主应力以判断设计的安全性。因此，无论作用在零件上的载荷来源和应力类型是什么，读者最重要的是要确定由它们的组合产生的主应力和最大剪应力（见4.3节和4.5节）。

　　在机械零件中，只有几种类型的载荷普遍出现，但在同一零件中，它们会以组合的形式出现。**产生正应力的载荷类型包括：弯曲载荷、轴向载荷和挤压载荷**。弯曲载荷总是在零件内部的不同位置产生拉伸和压缩正应力，弯曲载荷的最普遍例子就是梁（见4.9节）。轴向载荷产生拉伸或者压缩的正应力（但是不会同时出现），是拉伸还是压缩要取决于轴向载荷方向（见4.7节）。紧固件如螺栓就经常有轴向拉伸载荷。如果轴向载荷是压缩的，则有**压杆失稳**的危险，4.16节中的一些公式也必须用上。挤压载荷在轴和衬套（轴承）间产生压缩主应力。

　　产生剪应力的载荷类型包括：**扭转载荷、直接剪切载荷和弯曲载荷**。扭转载荷包括零件在受转矩之后围绕长轴线的扭曲。传动轴是一个受扭转载荷的典型例子（第10章涉及传动轴的设计）。

　　直接剪切可以由趋向于横向切割零件的载荷引起，紧固件如铆钉或销有时就会受到直接剪切载荷的作用。销试图以撕裂的方式脱离孔也导致对撕裂区域形成直接剪切作用（见4.8节）。弯曲载荷也会在梁的截面上引起横向剪应力（见4.9节）。

　　应力随着零件尺寸内部的连续性而连续变化，因此应力是在这个连续体上对一个无限小的点进行计算的。要对零件上所有的无穷多个位置进行应力的完整分析需要无限多的时间，显然这是做不到的。因此，我们必须理智地选择某些情况最坏位置的点进行应力计算。

　　学生需要理解连续应力是如何分布在受载荷零件的连续体上的。为了确定已知零件上的应力计算位置，要注意两方面的内容。第一，要注意载荷相对于零件尺寸的分布情况；第二，要注意应力在零件横截面上的分布情况。例如，考虑如图4-57所示的沿长度方向的某个位置有一个载荷作用的直悬臂梁。第一，要求知道作用在梁上的载荷分布方式。这来自于对图4-58所示的梁的剪力图和力矩图的分析，它们表明：在这种情况下，受力最大的位置在墙壁处。然后我们的注意力将放在从墙上提取于梁上的一片极为稀薄的"博洛尼切片"。注意，其他应力较低的位置处也可能存在应力集中，所以也需要对其进行相应分析。

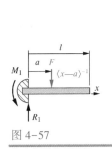
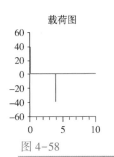
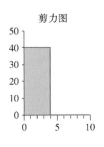
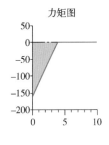

图 4-57　　　　　　　　　图 4-58

集中加载的悬臂梁　　　　　载荷分布

　　第二，就是要确定在横截面的"博洛尼切片"上，哪里的应力最大。本章中与此有关章节中的图片显示了不同载荷类型下，截面应力分布情况。这些应力分布如图4-59所示，图中还写出了对应的应力计算式。在上面的悬臂梁例子中，由于作用载荷产生弯曲应力，我们必须理解的是，弯曲正应力在一端表层纤维上出现最大压缩值，而同时在另一端出现最大拉伸值，如

图4-15和图4-59c 所示。因此，我们通过式（4.11b）计算梁切片的外层纤维上的应力单元恶劣情况下的弯曲正应力。

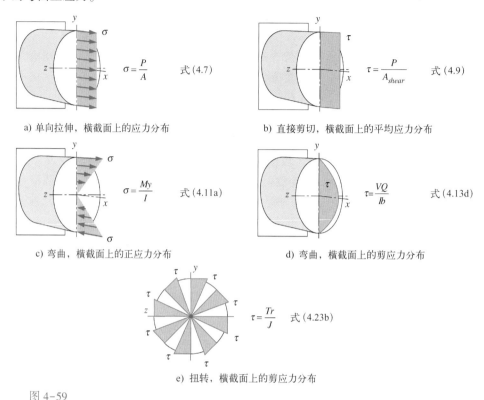

图4-59

在横截面上多种类型载荷下的应力分布情况

弯曲载荷也会产生剪应力，但它的分布情况是在中性面上最大，而在外层纤维上为0，如图4-19 和图4-59d 所示。因此，为了计算由于横向载荷产生的剪应力，在横截面切片上的中性面上采用不同的应力单元，适合矩形横截面的计算公式如式（4.14b）。正应力和剪应力将对应有自己的一组主应力和最大剪应力，对于二维问题，它们可以由式（4.6a）计算得到。

作用在更复杂的几何体上的更复杂的载荷可能产生多种应力作用在同一无限小的应力单元上。在机械零件中，同一零部件上的载荷同时产生弯曲和扭转的情况是很常见的。例4-9 就是这种情况，希望同学们认真仔细学习。

应力只是在设计中要考虑的一部分，为了实现所需的功能，零件的变形也必须控制。通常，小变形要求将主导整个设计，相对于仅仅需要保证应力裕量来说，减少变形需要更厚的结构。所设计零件的变形和应力需要同时核查。各种载荷下的变形方程在相关章节已经给出，同时，在附录 B 中也收集了不同类型梁和载荷的变形公式。

图4-60 所示的流程图描述了可供参照的分析静载荷作用下的应力和变形的步骤。

本章使用的重要公式

关于这些公式正确使用的信息请看相关章节。

应力的三次多项式——其根为三维主应力（4.3 节）：

$$\sigma^3 - C_2\sigma^2 - C_1\sigma - C_0 = 0 \qquad (4.4c)$$

式中，

$$C_2 = \sigma_x + \sigma_y + \sigma_z$$

$$C_1 = \tau_{xy}^2 + \tau_{yz}^2 + \tau_{zx}^2 - \sigma_x\sigma_y - \sigma_y\sigma_z - \sigma_z\sigma_x$$

$$C_0 = \sigma_x\sigma_y\sigma_z + 2\tau_{xy}\tau_{yz}\tau_{zx} - \sigma_x\tau_{yz}^2 - \sigma_y\tau_{zx}^2 - \sigma_z\tau_{xy}^2$$

最大剪应力（4.3 节）：

$$\tau_{13} = \frac{|\sigma_1 - \sigma_3|}{2}; \qquad \tau_{21} = \frac{|\sigma_2 - \sigma_1|}{2}; \qquad \tau_{32} = \frac{|\sigma_3 - \sigma_2|}{2} \qquad (4.5)$$

二维主应力（4.3 节）：

$$\sigma_a, \sigma_b = \frac{\sigma_x + \sigma_y}{2} \pm \sqrt{\left(\frac{\sigma_x - \sigma_y}{2}\right)^2 + \tau_{xy}^2} \qquad (4.6a)$$

$$\sigma_c = 0$$

$$\tau_{max} = \tau_{13} = \frac{|\sigma_1 - \sigma_3|}{2} \qquad (4.6b)$$

轴向拉应力（4.7 节）：

$$\sigma_x = \frac{P}{A} \qquad (4.7)$$

轴向变形（4.7 节）：

$$\Delta s = \frac{Pl}{AE} \qquad (4.8)$$

直接剪应力（4.8 节）：

$$\tau_{xy} = \frac{P}{A_{shear}} \qquad (4.9)$$

直接挤压面积（4.8 节）：

$$A_{bearing} = \frac{\pi}{4} l d \qquad (4.10b)$$

最大弯曲应力——直梁（4.9 节）：

$$\sigma_{max} = \frac{Mc}{I} \qquad (4.11b)$$

最大弯曲应力——曲梁（4.9 节）：

$$\sigma_i = +\frac{M}{eA}\left(\frac{c_i}{r_i}\right) \qquad (4.12b)$$

梁的横向剪应力——通式（4.9 节）：

$$\tau_{xy} = \frac{V}{bI}\int_{y_1}^{c} y\,dA \qquad (4.13f)$$

最大横向剪应力——矩形梁（4.9 节）：

$$\tau_{max} = \frac{3}{2}\frac{V}{A} \qquad (4.14b)$$

最大横向剪应力——圆梁（4.9 节）：

$$\tau_{max} = \frac{4}{3}\frac{V}{A} \qquad (4.15c)$$

最大横向剪应力——工字梁（4.9 节）：

$$\tau_{max} \cong \frac{V}{A_{web}} \qquad (4.16)$$

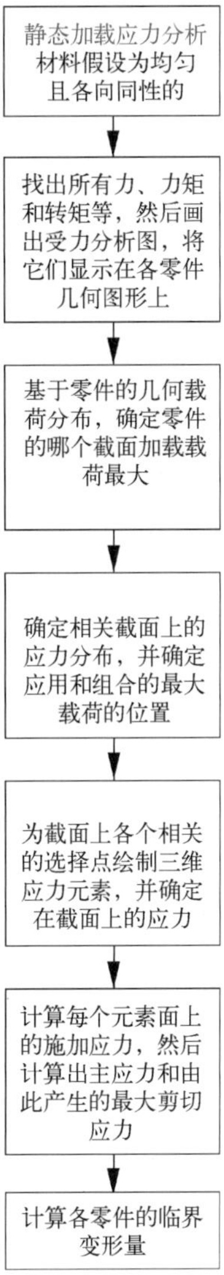

图 4-60

静态应力分析的流程图

静态加载应力分析 材料假设为均匀且各向同性的 → 找出所有力、力矩和转矩等，然后画出受力分析图，将它们显示在各零件几何图形上 → 基于零件的几何载荷分布，确定零件的哪个截面加载载荷最大 → 确定相关截面上的应力分布，并确定应用和组合的最大载荷的位置 → 为截面上各个相关的选择点绘制三维应力元素，并确定在截面上的应力 → 计算每个元素面上的施加应力，然后计算出主应力和由此产生的最大剪切应力 → 计算各零件的临界变形量一般梁方程（4.9 节）：

$$\frac{q}{EI} = \frac{\mathrm{d}^4 y}{\mathrm{d}x^4} \qquad (4.18\mathrm{a})$$

$$\frac{V}{EI} = \frac{\mathrm{d}^3 y}{\mathrm{d}x^3} \qquad (4.18\mathrm{b})$$

$$\frac{M}{EI} = \frac{\mathrm{d}^2 y}{\mathrm{d}x^2} \qquad (4.18\mathrm{c})$$

$$\theta = \frac{\mathrm{d}y}{\mathrm{d}x} \qquad (4.18\mathrm{d})$$

$$y = f(x) \qquad (4.18\mathrm{e})$$

最大扭转剪应力——圆截面（4.12 节）：

$$\tau_{max} = \frac{Tr}{J} \qquad (4.23\mathrm{b})$$

最大扭转变形——圆截面（4.12 节）：

$$\theta = \frac{Tl}{JG} \qquad (4.24)$$

最大扭转剪应力——非圆截面（4.12 节）：

$$\tau_{max} = \frac{T}{Q} \qquad (4.26\mathrm{a})$$

最大扭转变形——非圆截面（4.12 节）：

$$\theta = \frac{Tl}{KG} \qquad (4.26\mathrm{b})$$

弹簧刚度或者弹簧系数——线性（a）、角度（b）（4.14 节）：

$$k = \frac{F}{y} \qquad (4.27\mathrm{a})$$

$$k = \frac{T}{\theta} \qquad (4.27\mathrm{b})$$

集中应力（4.15 节）：

$$\sigma_{max} = K_t \sigma_{nom}$$
$$\tau_{max} = K_{ts} \tau_{nom} \qquad (4.31)$$

压杆的回转半径（4.16 节）：

$$k = \sqrt{\frac{I}{A}} \qquad (4.34)$$

压杆的长细比（4.16 节）：

$$S_r = \frac{l}{k} \qquad (4.33)$$

压杆单位临界载荷——欧拉方程（4.16 节）：

$$\frac{P_{cr}}{A} = \frac{\pi^2 E}{S_r{}^2} \qquad (4.38\mathrm{c})$$

压杆单位临界载荷——约翰逊方程（4.16 节）：

$$\frac{P_{cr}}{A} = S_{yc} - \frac{1}{E}\left(\frac{S_{yc} S_r}{2\pi}\right)^2 \qquad (4.43)$$

压杆单位临界载荷——正割方程（4.16 节）：

$$\frac{P}{A} = \frac{S_{yc}}{1 + \left(\dfrac{ec}{k^2}\right) \sec\left(\dfrac{l_{eff}}{k}\sqrt{\dfrac{P}{4EA}}\right)} \tag{4.46c}$$

压力套筒（4.17 节）：

$$\sigma_t = \frac{p_i r_i^2 - p_o r_o^2}{r_o^2 - r_i^2} + \frac{r_i^2 r_o^2 (p_i - p_o)}{r^2 (r_o^2 - r_i^2)} \tag{4.47a}$$

$$\sigma_r = \frac{p_i r_i^2 - p_o r_o^2}{r_o^2 - r_i^2} - \frac{r_i^2 r_o^2 (p_i - p_o)}{r^2 (r_o^2 - r_i^2)} \tag{4.47b}$$

$$\sigma_a = \frac{p_i r_i^2 - p_o r_o^2}{r_o^2 - r_i^2} \tag{4.47c}$$

4.20　参考文献

1. I. H. Shames and C. L. Dym, *Energy and Finite Element Methods in Structural Mechanics*. Hemisphere Publishing：New York, Sect. 1. 6, 1985.
2. I. H. Shames and F. A. Cossarelli, *Elastic and Inelastic Stress Analysis*. Prentice－Hall：Englewood Cliffs, N. J. , pp. 46－50, 1991.
3. R. E. Peterson, *Stress Concentration Factors*. John Wiley & Sons：New York, 1974.
4. R. J. Roark and W. C. Young, *Formulas for Stress and Strain*. 6th ed. McGraw－Hill：New York, 1989.
5. R. E. Peterson, *Stress Concentration Factors*. John Wiley & Sons：New York, pp. 150, 19740
6. W. D. Pilkey, *Peterson's Stress Concentration Factors*, John Wiley & Sons：New York, 1997.
7. H. T. Grandin and J. J. Rencis, *Mechanics of Materials*, John Wiley & Sons：New York, pp. 176－177, 2006.
8. N. Troyani, C. Gomes, and G. Sterlacci, "Theoretical Stress Concentration Factors for Short Rectangular Plates With Centered Circular Holes." *ASME J. Mech. Design*, V. 124, pp. 126－128, 2002.
9. N. Troyani, et al. , "Theoretical Stress Concentration Factors for Short Shouldered Plates Subjected to Uniform Tensions." *IMechE J. Strain Analysis*, V. 38, pp. 103－113, 2003.
10. N. Troyani, G. Sterlacci, and C. Gomes, "Simultaneous Considerations of Length and Boundary Conditions on Theoretical Stress Concentration Factors." *Int. J. Fatigue*, V. 25, pp. 353－355, 2003.

4.21　参考书目

以下是关于应力和变形一般性分析：

F. P. Beer and E. R. Johnston, *Mechanics of Materials*. 2nd ed. McGraw－Hill：New York, 1992.

J. P. D. Hartog, *Strength of Materials*. Dover：New York, 1961.

R. J. Roark and W. C. Young, *Formulas for Stress and Strain*. 6th ed. McGraw－Hill：New York, 1989.

I. H. Shames, *Introduction to Solid Mechanics*. Prentice－Hall：Englewood Cliffs, N. J. , 1989.

I. H. Shames and F. A. Cossarelli, *Elastic and Inelastic Stress Analysis*. Prentice － Hall：Englewood Cliffs, N. J. , 1991.

S. Timoshenko and D. H. Young, *Elements of Strength of Materials*. 5th ed. Van Nostrand：New York, 1968.

4.22 习题

表 P4-0[⊖]　习题清单

4.1，4.2 节，应力，应变

4-55，4-56，4-57，4-58，4-94

4.5 节，莫尔圆

4-1，4-79，4-93，4-100

4.7 节，轴向拉伸

4-2，4-18，4-61，4-74a，4-95

4.8 节，直接剪应力，压应力，撕裂

4-4，**4-5**，**4-6**，*4-7*，*4-9*，4-15，4-19，4-20，**4-22**，4-47，4-59，4-60，4-74f，4-87

4.9 节，直梁

4-10，**4-11**，**4-12**，**4-13**，*4-14*，*4-27*，4-40，4-43a，4-64，*4-65*，*4-66*，*4-67*，*4-68*，4-74b，4-74c，4-74g，
4-91

4.9 节，曲梁

4-17，4-37，4-62，4-63，**4-69~4-72**，*4-73*，4-74e

4.10 节，挠度

4-8，**4-16**，**4-23**，**4-24**，**4-25**，**4-26**，*4-28*，4-43b，*4-44*，*4-48*，4-98

4.11 节，卡氏法

4-84，4-85，4-86，4-96，4-97

4.12 节，扭转

4-21，4-34，4-46，4-74d，4-74h，4-81，4-82，4-89，4-90

4.13 节，组合应力

4-3，4-34，4-46，4-88，4-92

4.14 节，弹簧系数

4-29，4-30，4-31，4-32，4-35，*4-38*，*4-39*

4.15 节，应力集中

4-36，4-75 ~ 4-78

4.16 节，压杆

4-45，4-49，4-50，4-51，4-52，*4-53*，4-54

4.17 节，圆筒

4-41，4-42，4-80，4-83，4-99

表 P4-1　问题 4-1 的数据（以 psi 为单位）
$a \sim g$ 和 $k \sim m$ 行是二维，其他是三维问题

行	σ_x	σ_y	σ_z	τ_{xy}	τ_{yz}	τ_{zx}
a	1000	0	0	500	0	0
b	-1000	0	0	750	0	0
c	500	-500	0	1000	0	0
d	0	-1500	0	750	0	0
e	750	250	0	500	0	0

　⊖　题号加粗的习题为前面的章节有相同编号的类似零件习题的扩展。用斜体数字的习题为设计题。

（续）

行	σ_x	σ_y	σ_z	τ_{xy}	τ_{yz}	τ_{zx}
f	−500	1000	0	750	0	0
g	1000	0	−750	0	0	250
h	750	500	250	500	0	0
i	1000	−250	−750	250	500	750
j	−500	750	250	100	250	1000
k	1000	0	0	0	0	0
l	1000	0	0	0	500	0
m	1000	0	0	0	0	500
n	1000	1000	1000	500	0	0
o	1000	1000	1000	500	500	0
p	1000	1000	1000	500	500	500

*4-1⊖ 一个微分应力单元存在一系列的施加应力，这些应力已列于表 P4-1 的各行。对于指定的行，画出标识有应力的单元，找出并分析主应力和最大剪应力，通过绘制莫尔圆来验证你的结论。

4-2 一个重 400 lb 的树形吊灯悬挂在两个长 10 ft 的实心钢缆上受拉伸，试选择合适的钢缆直径，使其可以承受最大 5000 psi 的压力。分析钢缆的变形？描述所有可能的情况。

4-3 如图 P4-1 所示的自行车踏板圆臂，在踏板处施加有 1500 N 的力，确定踏板臂的横截面直径为 15 mm 时的最大主应力。踏板通过一个螺纹直径为 12 mm 的螺钉固定于踏板臂上。请计算踏板臂上的螺钉的应力多大？

*4-4 图 P4-2 和图 1-1 所示的拖车连接装置受到了题 3-4 给出的载荷作用。手柄受到了大小为 100 kgf（980 N）的向下载荷与大小为 4905 N 的水平载荷的共同作用。根据图 1-5 所示的球架尺寸计算：
（a）连接球架的手柄杆根部的主应力。
（b）球架孔处的挤压应力。
（c）球架处的撕裂应力。
（d）当连接螺栓的直径为 19 mm 时，两个螺栓各自的主应力和剪应力。
（e）球架视作悬臂梁时的主应力。

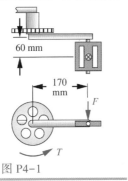

图 P4-1
习题 4-3（见随书网站对应的 Solidworks 模型）

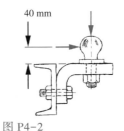

图 P4-2
习题 4-4，4-5，4-6（见随书网站对应的 Solidworks 模型）

⊖ 带 * 号的习题答案见附录 D。
题号为斜体的习题是设计类题目。
题号加粗的习题是前面各章中习题横线后编号相同习题的扩展。

4-5   在习题 3-5 的载荷条件下重新考虑习题 4-4。

* **4-6**   在习题 3-6 的载荷条件下重新考虑习题 4-4。

* **4-7**   设计题 3-7 的活塞销，该销为空心的，如它的材料许用主应力为 20 kpsi，计算当它受到双面剪切时的最小内、外径。

* **4-8**   一个造纸厂处理密度为 984 kg/m³ 的卷纸。卷纸的外径 1.5 m，内径为 220 mm，长度为 3.23 m，同时卷纸由一个简支空心钢轴支承。假设轴支承与卷纸的长度一致，试确定轴的最大内径，使得轴在外径为 220 mm 时，轴中间处的最大变形不大于 3 mm。

4-9   对于图 P4-3 所示的是一个按比例绘制的 ViseGrip. 折叠钳子–扳手，在题 3-9 中已经分析了受力情况。若在图中所示位置上的夹紧力 $P = 4000$ N 时，试计算所有销轴的应力的大小。所有的销轴的直径均为 8 mm，且受双面剪切的。

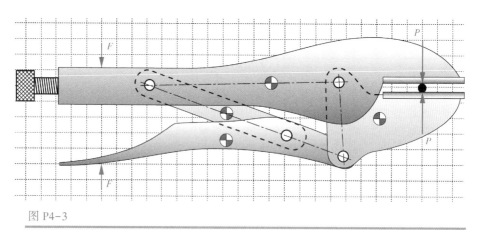

图 P4-3

习题 4-9（见随书网站对应的 Solidworks 模型）

* **4-10**   习题 3-10 中的外悬跳水板如图 P4-4a 所示。假设其横截面尺寸为 305 mm×32 mm。其材料特性 $E = 10.3$ GPa。当一个重 980 N 的人站在板的自由端部，且位于板横向宽度的中间时，试求板的最大主应力及其位置，以及板的最大挠度。

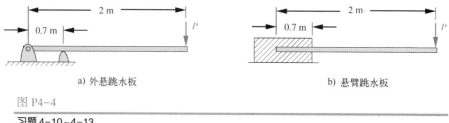

a) 外悬跳水板   b) 悬臂跳水板

图 P4-4

习题 4-10~4-13

* **4-11**   使用习题 3-11 的载荷状态再次考虑习题 4-10。假设板的重量为 284.4 N，当人站立在板上时，静态变形为 131 mm。当习题 4-10 中重 980 N 的人跳至 250 mm 高度处并着陆时，确定板的最大主应力位置，计算最大挠度。

4-12   用图 P4-4b 所设计的悬臂式跳水板重新分析习题 4-10。

4-13   用图 P4-4b 所设计的悬臂式跳水板重新分析习题 4-10。假定板重 186.3 N，人站在其上的静态变形为 85 mm。

#*4-14* 图 P4-5 所示一种儿童玩具 "弹簧单高跷"。孩子双脚踩在跷的两侧，使得每一侧承受孩子身体一半的重量。孩子通过脚的反作用力使踏板升高，从而跳离地面。弹跳的过程伴随着弹簧的缓冲冲击的作用，以及通过弹簧储存能量来支持每一次起跳。假设孩子重 60 lb（266.9 N），弹簧的弹簧常数为 100 lb/in（17.5 N/mm）。弹簧单高跷重 5 lb（22.2 N）。设计孩子所站立的铝制悬臂梁部分，材料的许用应力为 20 kpsi（138 MPa），使其可以满足距离地面 2 in（50.8 mm）的弹跳高度时，确定梁的尺寸和形状。

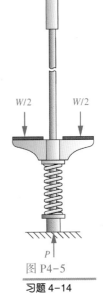

图 P4-5

习题 4-14

4-15 设计一个用于船外发动机的螺旋桨轴上安全销，销所穿过的轴的直径为 25 mm，螺旋桨的直径为 200 mm，要求安全销须在螺旋桨顶端施加的力大于 400 N 时失效。假设销所用材料的极限剪应力为 100 MPa。

4-16 导引保龄球的轨道设计成如图 P4-6 所示的两根圆杠。两根圆杠相互不平行，它们之间有一小角度。球在圆杠间滚动，直到它们落下进入另一轨道。圆杠之间的角度变化使得球的下落点不同。每根圆杠的长度是 30 in，它们之间的夹角是 3.2°。在窄端，两根圆杠的直径为 1 in，且中心距为 4.5 in。试计算两根圆杠所受最大应力和最大挠度。

(a) 假设圆杆两端是简支的。

(b) 假设圆杆是两端固支的。

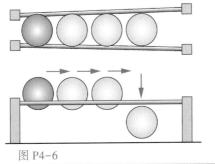

图 P4-6

习题 4-16

4-17 一冰钳如图 P4-7 所示，冰重 50 lb，钳子夹持宽度为 10 in。钳子两手柄的距离为 4 in，钳爪圆弧的平均半径是 6 in。钳体为矩形横截面，尺寸为（深）0.75 in×（宽）0.312 in，试计算钳子的应力大小。

4-18 一组钢制加强筋，在铸造成梁前要进行轴向拉伸硬做，以产生 30 kpsi 的预紧拉应力。试确定产生该应力需要多大的拉力和多大的变形。其中，钢筋的数量为 10 根，直径为 0.75 in，长度为 30 ft。

4-19 习题 4-18 中用于拉伸钢筋的夹持装置中有一如图 P4-8 所示的液压油缸的 U 形栓。试确定 U 形栓上销轴的尺寸使其能承受施加其上的作用力。假设许用剪应力为 20 kpsi，许用主应力为 40 kpsi。若 U 形栓厚度为 0.8 in，试确定 U 形栓一端的外径尺寸以确保其应力不超过许用撕扯应力和许用挤压应力。

4-20 将习题 4-19 中的钢筋改为 12 根，直径改为 10 mm，长度改为 10 m。期望钢筋应力为 200 MPa。U 形栓和销轴的许应力为 280 MPa，它们的许用剪应力为 140 MPa。每一个 U 形栓宽度为 20 mm。并再次考虑习题 4-19 中的问题。

4

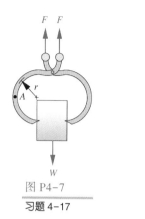

图 P4-7

习题 4-17

图 P4-8

习题 4-19，4-20

4-21 图 P4-9 所示为分别用两种扳手锁紧同种车轮的螺母。图 a 为单端扳手，图 b 为两端扳手。在 A 和 B 两种锁紧情况下都要用双手来施力。两种情况下，A 点和 B 点的距离均为 1 ft，手柄的长度为 0.625 in。轮胎的螺母需要 70 ft·lb 的转矩上紧。试分别计算这两种情况下扳手的最大主应力和最大挠度。

*4-22 图 P4-10 所示的是一只同轴的旱冰鞋。聚氨酯轮的直径为 72 mm，两轮之间的中心距为 104 mm。轮滑鞋体、脚和轮子的总重量为 2 kg。人-轮滑整个系统的有效弹簧刚度为 600 N/m。轮子的轴为直径为 10 mm 的钢销，双面承受剪力作用。当重 100 kg 的一个人在起跳 0.5 m 的高度后着陆，试计算此时下面两种情况下销的应力。（a）假设四个轮子同时落地。（b）假设一个轮子吸收了所有的着陆力。

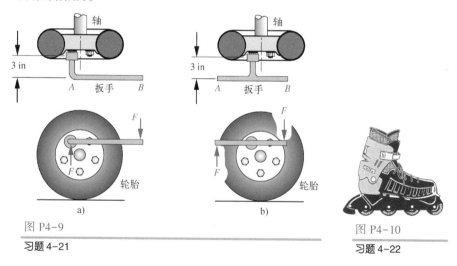

图 P4-9

习题 4-21

图 P4-10

习题 4-22

*4-23 图 P4-11a 展示了一个梁的支承方式和载荷状态。参考表格 P4-2 给出的数据来计算：支反力、最大剪力、最大弯矩、最大偏转角、最大弯曲应力和最大挠度。

表 P4-2　针对习题 4-23，4-26，4-29，4-32 的数据

只使用针对具体问题的数据。长度单位是 m，力单位是 N，I 单位是 m^4

行	l	a	b	w^*	F	I	c	E
a	1.00	0.40	0.60	200	500	2.85×10^{-8}	2.00×10^{-2}	钢
b	0.70	0.20	0.40	80	850	1.70×10^{-8}	1.00×10^{-2}	钢

（续）

行	l	a	b	w^*	F	I	c	E
c	0.30	0.10	0.20	500	450	4.70×10^{-9}	1.25×10^{-2}	钢
d	0.80	0.50	0.60	65	250	4.90×10^{-9}	1.10×10^{-2}	钢
e	0.85	0.35	0.50	96	750	1.80×10^{-8}	9.00×10^{-3}	钢
f	0.50	0.18	0.40	450	950	1.17×10^{-8}	1.00×10^{-2}	钢
g	0.60	0.28	0.50	250	250	3.20×10^{-9}	7.50×10^{-3}	钢
h	0.20	0.10	0.13	400	500	4.00×10^{-9}	5.00×10^{-3}	铝
i	0.40	0.15	0.30	50	200	2.75×10^{-9}	5.00×10^{-3}	铝
j	0.20	0.10	0.15	150	80	6.50×10^{-10}	5.50×10^{-3}	铝
k	0.40	0.16	0.30	70	880	4.30×10^{-8}	1.45×10^{-2}	铝
l	0.90	0.25	0.80	90	600	4.20×10^{-8}	7.50×10^{-3}	铝
m	0.70	0.10	0.60	80	500	2.10×10^{-8}	6.50×10^{-3}	铝
n	0.85	0.15	0.70	60	120	7.90×10^{-9}	1.00×10^{-2}	铝

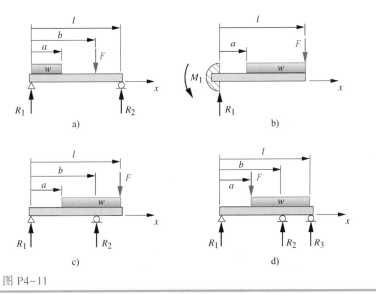

图 P4-11

习题 4-23~4-26，习题 4-29~4-32 的梁及梁所受载荷，数据见表 P4-2

*4-24　图 P4-11b 展示了一个梁的支承方式和载荷状态。参考表 P4-2 给出的数据来计算：支反力、最大剪力、最大弯矩、最大偏转角、最大弯曲应力和最大挠度。

*4-25　图 P4-11c 展示了一个梁的支承方式和载荷状态。参考表 P4-2 给出的数据来计算：支反力、最大剪力、最大弯矩、最大偏转角、最大弯曲应力和最大挠度。

*4-26　图 P4-11d 展示了一个梁的支承方式和载荷状态。参考表 P4-2 给出的数据来计算：支反力、最大剪力、最大弯矩、最大偏转角、最大弯曲应力和最大挠度。

#4-27　托举习题 4-8 的卷纸的带卷垛存台架如图 P4-12 所示。通过考虑弯曲应力、剪应力和挤压应力的大小，给出图中 a 和 b 的合理尺寸。假设支柱和芯轴的许用拉/压应力均为 100 MPa，许用剪应力为 50 MPa。支杆和芯轴材质为钢。芯轴是实心的，一半伸入纸筒中。综合考虑设计方案以充分利用材料强度。计算纸筒末端挠度。

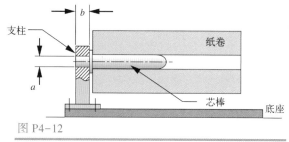

图 P4-12

习题 4-27

#4-28   图 P4-13 所示的是叉车经过一个 15° 的斜坡行驶到一个 4 ft 高的装货台的情况。叉车重 5000 lb，轮轴距为 42 in。设计两侧的 1 ft 宽的钢制斜坡，使得卡车开至斜坡的最大变形不超过 1 in。设计合理的几何横截面使得斜坡的重量最小。

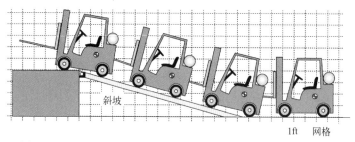

图 P4-13

习题 4-28

*4-29   根据表 P4-2 对应的作用集中载荷，计算题 4-23 中的梁的弹簧系数。
*4-30   根据表 P4-2 对应的作用集中载荷，计算题 4-24 中的梁的弹簧系数。
*4-31   根据表 P4-2 对应的作用集中载荷，计算题 4-25 中的梁的弹簧系数。
*4-32   根据表 P4-2 对应的作用集中载荷，计算题 4-26 中的梁的弹簧系数。
*4-33   对于图 P4-14 所示的支架和表 P4-3 对应行的数据，确定 A 点的弯曲应力和 B 点由横向载荷产生的剪应力。同时计算两点的扭转剪应力。然后确定 A 点和 B 点的主应力大小。

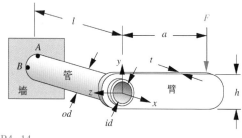

图 P4-14

习题 4-33 ~ 4-36（见随书网站对应的 Solidworks 模型）

表 P4-3   习题 4-33 ~ 4-36，4-49 ~ 4-52，4-89 ~ 4-92 的数据
只使用针对具体问题的数据长度单位是 m，力单位是 N

行	l	a	t	h	F	OD	ID	E
a	100	400	10	20	50	20	14	钢
b	70	200	6	80	85	20	6	钢

(续)

行	l	a	t	h	F	OD	ID	E
c	300	100	4	50	95	25	17	钢
d	800	500	6	65	160	46	22	铝
e	85	350	5	96	900	55	24	铝
f	50	180	4	45	950	50	30	铝
g	160	280	5	25	850	45	19	钢
h	200	100	2	10	800	40	24	钢
i	400	150	3	50	950	65	37	钢
j	200	100	3	10	600	45	32	铝
k	120	180	3	70	880	60	47	铝
l	150	250	8	90	750	52	28	铝
m	70	100	6	80	500	36	30	钢
n	85	150	7	60	820	40	15	钢

*4-34 对于图 P4-14 所示的支架和表 P4-3 对应行的数据，确定载荷 F 处的挠度大小。

*4-35 对于图 P4-14 所示的支架和表 P4-3 相应行的数据，确定管的弯曲弹簧刚度、臂的弯曲弹簧刚度和管的扭转弹簧刚度。根据力 F 的作用，综合计算管的整体弹簧刚度系数，并计算力 F 处的线性挠度。

4-36 对于图 P4-14 所示的支架和表 P4-3 相应行的数据，假设弯曲和扭转的应力集中系数均为 2.5，重做习题 4-33，求 A 点和 B 点的集中应力大小。

*4-37 图 P4-15 所示的是一半圆形曲梁，该梁的尺寸为：$OD = 150\,\text{mm}$、$ID = 100\,\text{mm}$、$t = 25\,\text{mm}$。在径向施加一对载荷 $F = 14\,\text{kN}$，计算相对于中性轴的偏心距和内、外层纤维的应力。

4-38 设计一根实心钢制扭力直杠，使其每单位弧长及单位英尺长度具有 $1000\,\text{lb/in}$ 的弹簧刚度。比较采用实心圆截面和实心方形截面两种情况。探讨：截面形状的改进是否比改变材料更有效？

4-39 设计一根 $1\,\text{ft}$ 长、端部受力、用作弹簧的悬臂梁，使其相对于端部载荷的弹簧刚度系数为 $10000\,\text{lb/in}$。比较分别采用实心圆截面和实心方形截面的情况。探讨：截面形状的改进是否比改变材料更有效？

4-40 重新设计习题 4-8 的纸筒支架（如图 P4-16 所示）。短芯杆的长度为纸筒长度的 10%，伸入纸筒的两侧。类似习题 4-27，设计合适的 a 和 b 尺寸，使得材料的强度得到最大程度的利用。附加的数据请见习题 4-8。

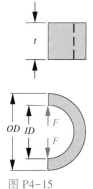

图 P4-15

习题 4-37（见随书网站对应的 Solid-works 模型）

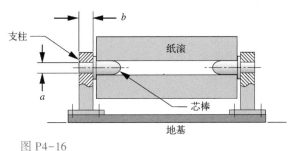

图 P4-16

习题 4-40（见随书网站对应的 Solidworks 模型）

*4-41 一个内径为 10 mm 钢管传输压强为 7 MPa 液体。计算以下两种情况下的管壁处的主应力大小：
       管厚度为（a）1 mm，（b）5 mm。

4-42 用一个带有半圆形封头的圆筒形储罐盛装室温下压强为 150 psi 的压缩空气。当壁的厚度为
      1 mm，储罐的直径为 0.5 m，长度为 1 m 时，计算它的主应力大小。

4-43 图 P4-17 所示的是卷纸筒机器后的卸料站。卷好的纸筒的外径×内径×长度为 0.9 m×0.22 m×
      3.23 m，密度为 984 kg/m³。纸筒以较快的速度通过机械运输机至叉车，纸筒先用 V 形连杆从卸
      料站运送至叉车上，V 形连杆由气缸驱动使其可以实现 90°的旋转。纸筒滚动至叉车的叉处。叉
      的高×宽×长为 38 mm×100 mm×1.2 m，叉齿与水平线的夹角为 3°。计算以下两种情况下，当纸筒
      滚至叉车上时，两个叉的应力大小（请对所有假设条件进行说明）。
      （a）两个叉的自由端没有支承。
      （b）两个叉的自由端支承在桌子 A 点上。

*4-44 确定图 P4-17 中卸料站 V 形连杆的合适厚度使得 V 形连杆的在任何转动位置的顶端挠度不超过
      10 mm。假设有两个 V 形连杆共同支承纸筒，分别在纸筒 1/4 和 3/4 的位置，每一个 V 形连杆臂
      的宽×长为 10 cm×1 m。V 形连杆臂焊接在一个钢管上，并由气缸驱动旋转。详见习题 4-43。

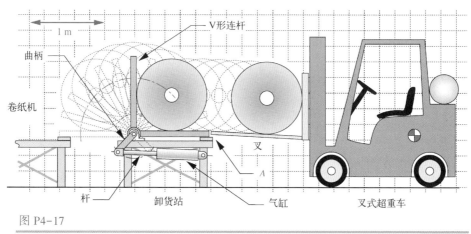

图 P4-17

习题 4-43~4-47

4-45 当旋转的曲柄长为 0.3 m，最大伸展长度为 0.5 m 时，确定图 P4-17 气缸杠的临界载荷大小。其
      中，杠为钢制的，直径为 25 mm，屈服强度为 400 MPa。阐述各种可能情况。

4-46 图 P4-17 所示的 V 形连杆直径为 60 mm，长度为 3.23 m，通过与轴相连的曲柄驱动旋转。试计
      算 V 形连杆运动过程中施加到轴上的最大转矩，计算此时轴的最大应力和最大挠度。其他数据
      见习题 4-43。

4-47 计算图 P4-17 中作用在气缸两端的销上的最大载荷，并计算这些销直径为 30 mm、受单面剪切
      作用时的应力大小。

*4-48 一个重 100 kg 的轮椅式马拉松赛车要在室内进行一次不同气象条件下的模拟试验。图 P4-18 展
      示了该轮椅的设计。两个安装在轴承上能够自由旋转的滚子支承后轮，试验平台支承轮椅的前
      轮。用铝制空心管做成 1 m 长的两个滚子，在最小化试验高度的同时，使得滚子在最坏情况
      下的变形限制在 1 mm 以内。轮椅的驱动轮直径为 65 cm，驱动轮的轮距为 70 cm。滚子上的法兰
      限制了运动过程中轮椅轮子的横向移动，轮子可以在法兰中间的任意位置。确定支承轴承上的
      管子的钢轴合适的尺寸。计算所有的应力。

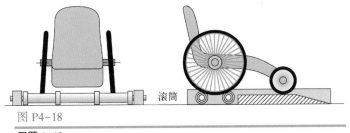

图 P4-18

习题 4-48

*4-49 一个空心、正方形的压杆的长度为 l，弹性模量为 E。具体数值见表 P4-3。它的横截面尺寸为：外边长 4 mm，内边长 3 mm。假设铝的 $S_y = 150\,\text{MPa}$，钢的 $S_y = 300\,\text{MPa}$。试确定该压杆是约翰逊杆还是欧拉杆，并计算其临界载荷：

(a) 当边界条件为两端简支时。

(b) 当边界条件为一端固支一端简支时。

(c) 当边界条件为两端固支时。

(d) 当边界条件为一端固支一端自由时。

*4-50 一个空心、圆形压杆的长度为 l，弹性模量为 E，截面尺寸外径和内径的具体数值见表 P4-3。假设铝的 $S_y = 150\,\text{MPa}$，钢的 $S_y = 300\,\text{MPa}$。试确定该压杆是约翰逊杆还是欧拉杆，并计算其临界载荷：

(a) 当边界条件为两端简支时。

(b) 当边界条件为一端固支一端简支时。

(c) 当边界条件为两端固支时。

(d) 当边界条件为一端固支一端自由时。

*4-51 一个实心、方形杆压体的长度为 l，弹性模量为 E，截面尺寸 h 和 t 的具体数值见表 P4-3。假设铝的 $S_y = 150\,\text{MPa}$，钢的 $S_y = 300\,\text{MPa}$。试确定该压杆是约翰逊杆还是欧拉杆，并计算其临界载荷：

(a) 当边界条件为两端简支时。

(b) 当边界条件为一端固支一端简支时。

(c) 当边界条件为两端固支时。

(d) 当边界条件为一端固支一端自由时。

*4-52 一个实心、圆形压杆的长度为 l，杨氏模量为 E，外径 OD 和离心率 t 的具体数值见表 P4-3。假设铝的 $S_y = 150\,\text{MPa}$，钢的 $S_y = 300\,\text{MPa}$。试确定该压杆是约翰逊杆，还是欧拉杆，并计算其临界载荷：

(a) 当边界条件为两端简支时。

(b) 当边界条件为一端固支一端简支时。

(c) 当边界条件为两端固支时。

(d) 当边界条件为一端固支一端自由时。

4-53 设计一个铝制的空心圆压杆，已知参数为：长 3 m，壁宽 5 m，受到 900 N 的集中载荷作用，材料屈服强度为 150 MPa，安全系数为 3。

(a) 当边界条件为两端简支时。

(b) 当边界条件为一端固支一端自由时。

4-54 三根直径为 1.25 in 的圆形杆由 SAE 1030 热轧钢制成。三根杆具有不同的长度，分别为：5 in，30 in，60 in。它们受到了轴向的压应力作用。比较三根杆的承载能力，当：

(a) 两端简支时。

(b) 一端固支一端简支时。

（c）两端固支时。

（d）一端固支一端自由时。

4-55 图 P4-19 所示的是一个直径为 1.5 in，长度为 30 in 的钢制拉杆，其受到拉伸载荷为 $P = 10000$ lb，载荷施加在钢杆的两端，力的方向沿着纵向的 Y 轴穿过圆形截面的几何中心。点 A 在距离钢条上端 12 in 的位置，点 B 位于距离 A 点下方 8 in 的位置。在这种载荷情况下，计算：

（a）对应于 A 点和 B 点之间一点的应力张量矩阵（式 4.1a）的所有元素。

（b）B 点相对于 A 点的位移。

（c）A 点和 B 点间的弹性应变。

（d）A 点和 B 点间的总应变。

4-56 图 P4-19 所示的钢管，受到习题 4-55 的载荷作用。在载荷施加后，管的温度从 80℉ 降至 20℉。钢的热膨胀系数为 6 μin/in/℉。试计算：

（a）对应于 A 点和 B 点之间一点的应力张量矩阵（式 4.1a）的所有元素。

（b）B 点相对于 A 点的位移。

（c）A 点和 B 点间的弹性应变。

（d）A 点和 B 点间的总应变。

图 P4-19

习题 4-55，4-56

4-57 图 P4-20 显示了一个固定在刚性地平面的钢条，钢拉杆由两个直径为 0.25 in 硬化定位钢销固定。对于载荷 $P = 1500$ lb，试计算：

（a）每根销的剪应力。

（b）每一个销和孔的直接挤压应力。

（c）要使钢条能够承受 32.5 kpsi 的剪应力作用时，宽度 h 的最小尺寸。

4-58 在 $P = 2200$ lb 的条件下，重复做习题 4-57。

4-59 图 P4-21 所示的矩形截面铝条受到了图示的 $P = 4000$ N 的偏心力作用：

（a）当载荷施加的时候，计算铝拉杆远离施力处的中间部分的最大主应力。

（b）画出铝拉杆中间部分沿截面方向的主应力分布。

（c）简要画出铝拉杆顶端部分靠近载荷处、沿截面方向的"合理"的主应力分布。

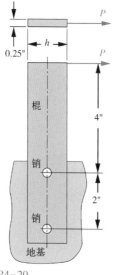

图 P4-20

习题 4-57 和 4-58（见随书网站对应的 Solidworks 模型）

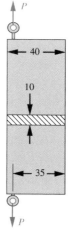

图 P4-21

习题 4-59（见随书网站对应的 Solidworks 模型）

4

4-60　图 P4-22 所示的是一个由 0.5 in 厚的钢制平板加工而成的支架。它刚性连接于一个支承面并在
　　　点 D 受到 P = 5000 lb 的载荷。试计算：
　　　(a) 截面 A-A 的最大主应力的大小、位置和截面方向。
　　　(b) 截面 A-A 的最大剪应力的大小、位置和截面方向。
　　　(c) 截面 B-B 的最大主应力的大小、位置和截面方向。
　　　(d) 截面 B-B 的最大剪应力的大小、位置和截面方向。

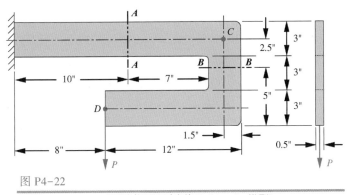

图 P4-22

习题 4-60，4-61（见随书网站对应的 Solidworks 模型）

4-61　对于习题 4-61 中的支架，计算 C 点的挠度和偏转角。

4-62　图 P4-23 所示的是一个直径为 1 in 的钢杆固支在地面，上方受到横向载荷 P = 500 lb 的作用。计
　　　算施加载荷处的变形以及支承滚轴处的偏转角。

4-63　图 P4-24 所示的是一个直径为 1.25 in 的实心钢轴，轴受到了图示的 4 对转矩作用。若于 T_A =
　　　10 000 lb · in，T_B = 20 000 lb · in，T_C = 30 000 lb · in，试计算：
　　　(a) 轴的最大扭转剪应力的大小和位置。
　　　(b) 根据 (a) 中剪应力的位置，计算对应的主应力大小。
　　　(c) 轴的最大剪切应变的大小和位置。

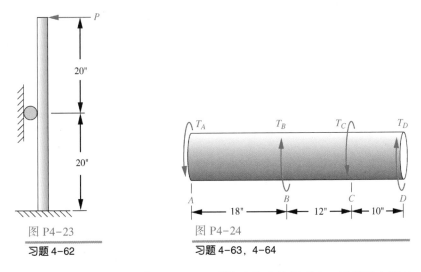

图 P4-23

习题 4-62

图 P4-24

习题 4-63，4-64

4-64　如果习题 4-63 中的轴的两端（A 和 D）刚性连接在地平面上，只受到力矩 T_B，T_C 的作用，
　　　计算：

（a）轴两端的反作用力对 T_A 和 T_D。

（b）截面 B 相对于截面 C 的转角。

（c）最大切应变的大小和位置。

4-65 图 P4-25 所示的是一个销轴，销与 A 部分过盈配合，与 B 部分间隙配合。如果 $F = 100\,lb$，$l = 1.5\,in$，试确定销的直径以使得销能承受的最大应力为 50 kpsi。

4-66 图 P4-25 所示的是一个销轴，销与 A 部分过盈配合，与 B 部分间隙配合。如果 $F = 100\,N$，$l = 64\,mm$，试确定销的直径以使得销承受的最大应力为 250 MPa。

4-67 图 P4-25 所示的是一个销轴，销与 A 部分过盈配合，与 B 部分间隙配合。试确定比值 l/d，使得销所受到的剪切应力与弯曲应力的安全系数相等，假设销的材料的剪切强度是弯曲强度的一半。

4-68 用任一语言写一个计算机程序，或者用一个方程求解器或电子表格来计算和绘制出欧拉和约翰森空心圆压杆的横截面、截面惯性矩、回转半径、长细比和临界载荷和与横截面内径之间的关系。假设每个圆杆的外径为 1 in。欧拉压杆的有效长度是 50 in。约翰森压杆的有效长度是 10 in。它们都由 $S_y = 36000\,psi$ 的钢材制成。采用参数研究法，让内径变化范围是由 10% 外径到 90% 外径。叙述在具有相同外径、长度和材料的前提下，不同类型空心压杆（欧拉压杆和约翰森压杆）相对实心压杆的优点。

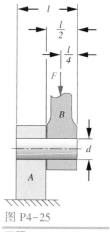

图 P4-25

习题 4-65~4-67

4-69 图 P4-26a 所示的是一个呈椭圆形的 C 形夹，其尺寸在图中标出。如图 P4-26b 所示，C 形夹的截面为 T 形，拐角处的厚度都为 3.2 mm。试计算：当夹紧力为 2.7 kN 时，拐角处内层和外层纤维的弯曲应力。

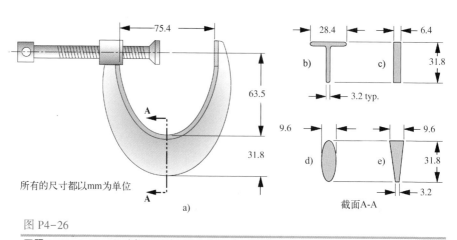

图 P4-26

习题 4-69~4-73（见随书网站对应的 Solidworks 模型）

4-70 图 P4-26a 所示的是矩形截面的 C 形夹，其尺寸已在图 P4-26c 中标出。计算当夹紧力为 1.6 kN 时拐角处内层和外层纤维的弯曲应力。

4-71 图 P4-26a 所示的是一个呈椭圆形的 C 形夹，其尺寸已在图 P4-26d 中标出。如图 P4-26b 所示，C 形夹椭圆截面的主轴尺寸和次轴尺寸已经给出。计算：当夹紧力为 1.6 kN 时，拐角处内层和外层纤维的弯曲应力。

4-72　图 P4-26a 所示的是一个梯形的 C 形夹，其尺寸已在图 P4-26e 中标出。计算：当夹紧力为 1.6 kN 时，拐角处内层和外层纤维的弯曲应力。

4-73　现欲设计一个类似于图 P4-26a 和图 P4-26b 的截面为 T 形的 C 形夹。如图所示，截面的深度为 31.8 mm，但是法兰宽度需要设计（图中所示为 28.4 mm）。假设厚度统一为 3.2 mm，静态屈服强度的安全系数为 2，当 C 形夹由 60-40-18 号可锻铸铁制成，最大设计载荷为 1.6 kN 时。

4-74　一个圆形的钢杆长 10 in，直径为 1 in。

(a) 计算当杆受到 1000 · lb 拉力作用时杆的应力大小。

(b) 当杆的一端固定（作为一个悬臂梁），且另一端受到的横向载荷为 1000 · lb 时，计算杆的弯曲应力。

(c) 计算（b）中杆的横向剪应力的大小。

(d) 当杆长足够短时，杆视作一根悬臂梁。如果材料的失效剪应力是失效弯曲应力的一半，试确定长度与直径比值，使它的最大弯曲应力和最大剪应力对梁的失效具有相同的影响。

(e) 计算扭转剪应力，若扭矩的大小等于 10 000 in · lb，它作用在悬臂梁自由端通过中心线（轴线）。

(f) 当作用在（b）中的悬臂梁的力是偏心的，将引起扭转剪应力和弯曲剪应力。偏心在直径处的什么位置出会产生相等的扭转剪应力和横向剪切应力？

(g) 如果（b）中的杆用在如图 P4-8 所示的销-U 形夹连接机构中。当连接机构在受到 1000 lb 的拉应力作用时，计算直接剪应力的大小。

(h) 如果（a）中的杆在如图 P4-8 所示的销-U 形夹连接机构中。当连接机构在受到 1000 lb 的拉应力作用且机构的中间部分（环和杆）的宽为 1 in 时，试计算直接挤压应力。

(i) 如果将杆制成一个质心半径为 $10/\pi$ in 的半圆，其两端受到 1000 lb 的相反作用力作用，且相反作用力在图 P4-15 所示的两端所在的平面内。假设横截面在弯曲过程中没有发生扭曲。计算杆的最大弯曲应力。

*4-75　对于类似如图 C-9（附录 C）所示的受到拉伸载荷作用的片式条钢和表 P4-4 对应行所给出的数据，试确定条钢的名义应力和最大轴向应力的大小。

表 P4-4　习题 4-75 和 4-78 的数据

只使用针对具体问题的数据，长度单位是 m，力单位是 N，力矩单位是 N · m

行	D	d	r	h	M	P
a	40	20	4	10	80	8000
b	26	20	1	12	100	9500
c	36	30	1.5	8	60	6500
d	33	30	1	8	75	7200
e	21	20	1	10	50	5500
f	51	50	1.5	7	80	8000
g	101	100	5	8	400	15000

4-76　对于类似如图 C-10（附录 C）所示的受到拉伸载荷作用的片式条钢和表 P4-4 对应行所给出的数据，试确定条钢的名义应力和最大弯曲应力的大小。

4-77　对于类似如图 C-1（附录 C）所示的受到拉伸载荷作用的带有肩角的轴和表 P4-4 对应行所给出的数据，试确定轴的名义应力和最大轴向应力的大小。

4-78　对于类似如图 C-2（附录 C）所示的受到拉伸载荷作用的带有肩角的轴和表 P4-4 对应行所给出的数据，试确定轴的名义应力和最大弯曲应力的大小。

4-79　如图 4-1 所示，一个微分应力元受到了一组应力的作用。对于 $\sigma_x = 850$，$\sigma_y = -200$，$\sigma_z = 300$，

$\tau_{xy}=450$，$\tau_{yz}=-300$，$\tau_{zx}=0$；计算主应力和最大剪应力的大小，并绘制莫尔圆表示它的三维应力状态。

4-80　在厚壁圆筒和薄壁圆筒的内侧壁处，写出归一化的周向应力（应力/压力）作为归一化的壁厚（壁厚/外半径）的函数表达式。假设只受到内部压力作用。绘制出厚壁圆筒和薄壁圆筒的两个函数的百分比差值曲线，确定壁厚与外半径比值的范围，以使这时的薄壁表达式预测的应力至少比厚壁表达式预测的大至少 5%。

4-81　一个空心方形扭力杆如表 4-3 所示，其尺寸为 $a=25\,mm$，$t=3\,mm$ 和 $l=300\,mm$。如果它是钢制的，其刚性模量为 $G=80.8\,GPa$，试计算：杆在扭转载荷为 $500\,N\cdot m$ 的情况下的最大剪应力和角变形。

4-82　设计类似表 4-3 所示的一个空心方形截面扭力杆。已知尺寸：$a=45\,mm$，$b=20\,mm$，$l=500\,mm$，它由屈服强度为 90 MPa 的钢制成，并且受到 $135\,N\cdot m$ 的扭转载荷作用。抗屈服安全系数取 2。

4-83　一个两端封闭的压力容器的尺寸为：外径 $OD=450\,mm$，壁厚 $t=6\,mm$。如果内压力为 690 kPa，试计算远离两端的内表面的主应力大小。分析该点的最大剪应力为多少。

4-84　一个简支钢制梁的长为 l，受到集中载荷 F 的作用。力作用一个跨距中心，梁的截面为宽为 b，高为 h 的矩形。如果由横向切向载荷产生的应变能为 U_s，弯曲载荷为 U_b。写出 U_s/U_b 的表达式，表达式含有 h/l，其范围为 0.0~0.10。

4-85　图 P4-27a 所示的是一根梁的支承和载荷情况。依据表 P4-2 中第 a 行的数据，试计算反作用力的大小。

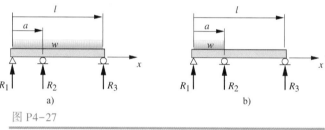

图 P4-27

习题 4-85、4-86 中的梁及梁所受载荷，数据见表 P4-2

4-86　图 P4-27b 所示的是一根梁的支承和载荷情况。依据表 P4-2 中第 a 行的数据计算反作用力的大小。

4-87　图 P4-28 所示的是一个轻型试验飞机的起落架的一部分。起落架附着在机身 A 点处。当 $P=3.5\,kN$ 时，试确定脚架截面处 A 点的最大剪应力。

4-88　图 P4-28 所示的是一个轻型试验飞机的起落架的一部分。起落架附着在机身 A 点处。当 $P=5\,kN$ 时，试确定脚架截面处 A 点内和外缘的主应力大小。

4-89　参考图 P4-29 所示的脚踏板和顶杆铰链和表 P4-3 对应行的数据，试确定管截面 B 和截面 C 间的角应变。

4-90　参考图 P4-29 所示的脚踏板和顶杆铰链和表 P4-3 对应行的数据，试确定管的最大扭转剪应力。

4-91　参考图 P4-29 所示的脚踏板和顶杆铰链和表 P4-3 对应行的数据，试确定管的最大弯曲应力。

4-92　参考图 P4-29 所示的脚踏板和顶杆铰链和表 P4-3 对应行的数据，试确定管的最大应力和最大主应力。

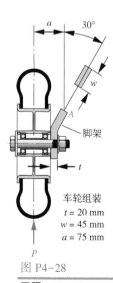

车轮组装
$t=20\,mm$
$w=45\,mm$
$a=75\,mm$

图 P4-28

习题 4-87，4-88

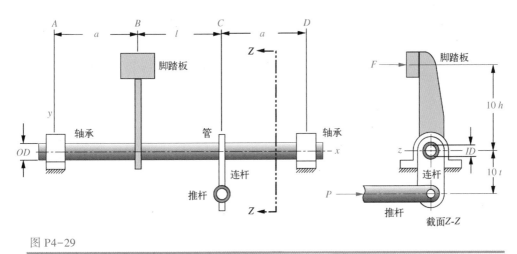

图 P4-29

习题 4-89~4-92 中的梁及梁所受载荷，数据见表 P4-3

4-93 如图 4-1 所示，一个微分应力元受到一组应力作用，其中 $\sigma_x = -2100$，$\sigma_y = 1575$，$\sigma_z = 0$，$\tau_{xy} = -1100$，$\tau_{yz} = 650$，$\tau_{zx} = 800$。计算主应力和最大剪应力的大小，并绘制莫尔圆表示它的三维应力状态。

4-94 图 P4-19 所示的直径 12 mm，长度 250 mm 的钢制拉杆，在其两端施加拉力，力的方向沿其纵向 Y 轴并通过其圆形截面的质心。在施加拉伸载荷之前，点 A 和 B 相距 100 mm。施加载荷后，它们之间的距离为 100.03 mm。对于该承受载荷的拉杆，请计算：

(a) A 和 B 之间的中间点的应变张量矩阵（式 4.3a）的所有分量。

(b) A 和 B 之间的中间点的应力张量矩阵（式 4.1a）的所有分量。

(c) 拉伸载荷的大小。

4-95 一根 15 m 长的垂直杆支承顶部的 500 N 的天线。四根钢拉线固定在杆高 12 m 的位置，拉线和杆之间的角度为 30° 且连接点成对相对。杆上的总负载不超过 20 kN，则每根拉线允许的最大拉力是多少？如果它们的直径为 12 mm，那么远离两端的横截面的应力是多少？每根拉线必须拉伸多长才能达到所需载荷？

4-96 梁受到如图 P4-11a 所示的支承和载荷作用。使用 Castigliano 的方法，参考表 P4-2 中指定行给出的数据，计算在载荷 F 作用下的挠度。

4-97 梁受到如图 P4-11b 所示的支承和载荷作用。使用 Castigliano 的方法，参考表 P4-2 中指定行给出的数据，计算在载荷 F 作用下的挠度。

4-98 梁受到如图 P4-11b 所示的支承和载荷作用。使用附录 B 中的梁表格，参考表 P4-2 中指定行给出的数据，计算反作用力、最大剪切力、最大弯矩和最大挠度。

4-99 两端封闭的压力容器的尺寸如下：外径 $OD = 4$ in，壁厚 $t = 0.5$ in。如果内部压力为 10 000 psi，计算远离两端的内表面上的主应力以及分析点的最大剪切应力。

4-100 如图 4-1 所示，一个微分应力元受到一组应力作用，其中 $\sigma_x = 1880$，$\sigma_y = -1255$，$\sigma_z = 240$，$\tau_{xy} = 0$，$\tau_{yz} = 1230$，$\tau_{zx} = 940$。计算主应力和最大剪应力的大小，并绘制莫尔圆表示它的三维应力状态。

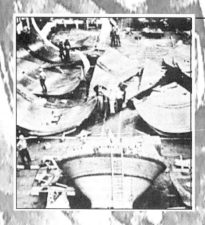

5

静态失效理论

科学的全部不过是日常思考的提炼。

Albert Einstein

5.0 引言

为什么零件会失效？这个问题已经让科学家和工程师们探究了几个世纪。现在，对于各种机械装置零件失效的理解比几十年前更为深刻，其中很大部分的原因是提升了测试和测量技术。如果要求你去回答上述问题，那基于你到目前为止所学的知识来看，你可能会这样回答："零件的失效是因为零件的应力超过了零件的强度极限"，你这样回答可能回答到了一点。接下来一个关键的问题是什么应力导致失效？拉应力？压应力？剪应力？答案是："具体情况具体分析"。这个问题的答案取决于材料的种类和材料在压应力、拉应力、剪应力上的相对强度，也取决于载荷的特性（动态或者是静态）和材料是否存在裂纹。

表 5-0 给出了在这章所要用到的变量和使用这些变量的公式或章节。在本章最后有一个总结，并列出本章的重要公式，以方便读者参考，并且注明讨论它们内容的章节。可以链接第 5 讲和第 6 讲两个涵盖本章内容的教学视频。第 5 讲涵盖 5.1 节，第 6 讲涵盖 5.2~5.5 节。失效的视频给出了本章的失效理论对试验试件的影响。

表 5-0 本章所用的变量

变量符号	变量名	英制单位	国际单位	所在位置
b	裂纹平面半宽	in	m	5.3 节
a	裂纹半宽	in	m	5.3 节

⊖ 本章首页图片由 NASA-Lewis Research Center 提供。

（续）

变量符号	变量名	英制单位	国际单位	所在位置
E	弹性模量	psi	Pa	5.1 节
N	安全系数	无	无	5.1 节
N_{FM}	断裂力学失效安全系数	无	无	5.3 节
S_{uc}	抗压强度	psi	Pa	5.2 节
S_{ut}	抗拉强度	psi	Pa	5.2 节
S_y	拉伸屈服强度	psi	Pa	式 (5.8a)，(5.9b)
S_{ys}	剪切屈服强度	psi	Pa	式 (5.9b)，(5.10)
K	应力强度	kpsi/m	MPa/m	5.3 节
K_c	断裂韧度	kpsi/m	MPa/m	5.3 节
U	总应变能	in·lb	J	式 (5.1)
U_d	畸变能	in·lb	J	式 (5.2)
U_h	静水应变能	In·lb	J	式 (5.2)
β	应力强度几何系数	无	无	式 (5.14c)
ε	应变	无	无	5.1 节
ν	泊松比	无	无	5.1 节
σ_1	主应力	psi	Pa	5.1 节
σ_2	主应力	psi	Pa	5.1 节
σ_3	主应力	psi	Pa	5.1 节
σ	修正 Mohr 有效应力	psi	Pa	式 (5.12)
σ'	von Mises 有效应力	psi	Pa	式 (5.7)

5

图 5-1a 给出了用于表明拉伸试验试件应力状态的莫尔圆。拉伸试验（参见 2.1 节）是将纯拉伸载荷缓慢施加在试件上，并形成拉应力。然而，莫尔圆上表明一个剪应力也会存在，这个剪应力的大小为正向应力的一半。到底是哪个应力让试件失效呢？是正应力还是剪应力？

如图 5-1b 所示，莫尔圆给出了扭转试验试件的应力状态。扭转试验（参见 2.1 节）是将一个纯扭力缓慢施加于试件上，从而形成了一个剪应

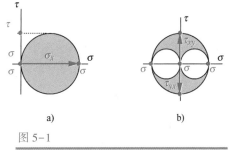

图 5-1

单向拉伸应力和剪应力的莫尔圆

力的试验。然而，可以看到在莫尔圆上仍然存在正应力，这个正应力刚好等于剪应力。那么，哪个应力导致了试件的失效的，是正应力还是剪应力？

一般来说，韧性、各向同性材料在静态拉力试验中都受到材料抗剪强度的限制，而脆性材料则受其抗拉强度的限制（虽然这条规律有很多例外，例如韧性材料可以表现得如脆性材料一样）。这要求我们对韧性材料和脆性材料有不同的失效理论。回顾第 2 章，我们有几种方法来定义韧性，最常用的是如果材料拉伸长度百分率大于 5% 后才发生断裂，则可以认为它是韧性材料。大部分的韧性金属材料折断前的伸长率大于 10%。

最重要的是，我们必须谨慎地定义失效。零件可能会因为屈服和过度扭曲而不能正常工作导致失效；也可能会因为断裂和分离而失效。这些现象虽然都是失效，但是导致它们失效的机理却大不一样。韧性材料在断裂之前会有明显的屈服，脆性材料在断裂时没有明显的外形变化。如图 2-2 和图 2-4 所示，不同的材料的应力-应变曲线反映了这个差异。如果裂纹出现在韧性材料中，甚至在静态载荷作用下，材料可能在一个远低于屈服极限的名义应力下突然断裂。

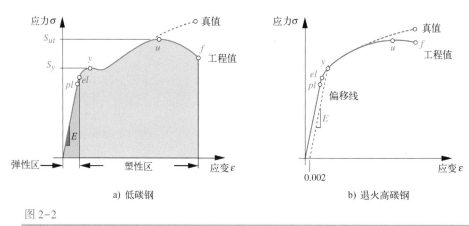

图 2-2

（重复）韧性材料的应力-应变曲线

另一个重要的失效因素就是载荷的性质，静态载荷或动态载荷。静态载荷是指载荷不随时间变化而变化或变化极为缓慢。动态载荷是指突然作用（冲击载荷）或者载荷随着时间变化而变化，或两者皆有。这两种载荷下的失效机理完全不同。表 3-1 定义了四种载荷方式，这是基于受载零件的运动和载荷随时间的变化情况划分的。在定义中，只有第一种载荷是静态的，其他三种都是动态的。当载荷是动态时，韧性材料和脆性材料之间的失效区别会变得模糊，韧性材料会以"脆性"的方式失效。由于在静态和动态载荷下，失效机理明显不同，所以我们就分开讨论。在这一章，我们讨论静态载荷引起的失效，在下一章讨论动态载荷引起的失效。对于静态载荷情况（第 1 类），我们将分别考虑不同种类型材料（脆性和韧性）的失效理论。

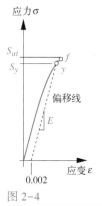

图 2-4

（重复）脆性材料的应力-应变曲线

5.1 静态载荷下韧性材料的失效[⊖]

当静应力超过韧性材料的抗拉强度时，韧性材料将会发生断裂。零件的失效通常被认为是在静态载荷作用下出现了屈服。韧性材料的屈服强度明显低于极限强度。

历史上用于解释失效的理论有：最大正应力理论、最大正应变理论、总应变能理论、畸变能理论（von Mises-Hencky）和最大剪应力理论。在这些理论当中，只有后面两个更符合试验数据，其中畸变能理论最准确。我们只详细地讨论最后两种理论并从其中最准确（和常用）的理论开始。

von Mises-Hencky 理论（畸变能理论）

微观屈服机理是材料的原子晶格结构发生相对滑动。晶格的滑移由剪应力引起，并伴随零件形状的畸变，畸变产生的能量储存在零件中，是剪应力大小的标志。

视频：第 5 讲
（46:02）[⊖]

视频：失效
演示视频
（09:41）[⊖]

⊖ http://www.designofmachinery.com/MD/05_Ductile_Failure_Theory.mp4

⊖ http://www.designofmachinery.com/MD/Failure_Modes.mp4

总应变能　研究者曾认为储存在材料里的总应变能是造成材料屈服的原因，但是试验没有证实这点。如图 5-2 中的单向应力状态图所示，单位体积的应变能 U（应变能密度）与应力有关，是应力-应变曲线下从 0 到外加应力的点所包含的面积。假设应力-应变曲线到达屈服点是线性的，则可以将在该范围内任一点的单位体积总应变能表示为：

$$U = \frac{1}{2}\sigma\varepsilon \qquad (5.1a)$$

将以上方程推广到三维应力状态，有：

$$U = \frac{1}{2}\left(\sigma_1\varepsilon_1 + \sigma_2\varepsilon_2 + \sigma_3\varepsilon_3\right) \qquad (5.1b)$$

一般应力状态下的正应力与线应变的关系可以表述如下：

$$\varepsilon_1 = \frac{1}{E}\left(\sigma_1 - v\sigma_2 - v\sigma_3\right)$$

$$\varepsilon_2 = \frac{1}{E}\left(\sigma_2 - v\sigma_1 - v\sigma_3\right) \qquad (5.1c)$$

$$\varepsilon_3 = \frac{1}{E}\left(\sigma_3 - v\sigma_1 - v\sigma_2\right)$$

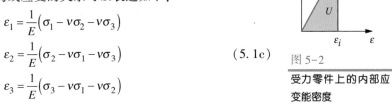

图 5-2

受力零件上的内部应变能密度

式中，v 是泊松比。

由以上的公式可以推出：

$$U = \frac{1}{2E}\left[\sigma_1^2 + \sigma_2^2 + \sigma_3^2 - 2v\left(\sigma_1\sigma_2 + \sigma_2\sigma_3 + \sigma_1\sigma_3\right)\right] \qquad (5.1d)$$

静水载荷　如果材料受到静水载荷，会产生各向均匀的应力，即使大量的应变能储存在材料中也不会失效，可通过将试件放在压力室中压缩很容易做到。大量试验表明，材料在承受远超过其自身极限强度的流体静压应力的情况下不发生失效，这只是减少了试件的体积，而不改变其形状。Bridgman 让冰块受 1 Mpsi 静水压应力没有失效。给出的解释是：作用在试件上的来自所有方向的均匀应力，虽然产生了体积变化和高能量的应变能，但是没有引起试件的畸变，因而没有剪应力。从莫尔圆看到，当试件受到 $\sigma_x = \sigma_y = \sigma_z = 1$ 的压应力的时候，莫尔圆是在 σ 轴上 -1 Mpsi 处的一个点，并且有 $\sigma_x = \sigma_y = \sigma_z$。因为剪应力为零，所以没有剪切形变和失效。这一点在相同的主应力作用的韧性材料和脆性材料时也成立。

Den Hartog[1] 描述了在地壳下的岩石的环境：岩石受到了 5500 psi/mile 的均匀的静水压应力，这个力远远超过石头本身的 3000 psi 的极限挤压强度。虽然很难去实现静水拉力，但是 Den Hartog 描述了俄罗斯科学家 Joffe 的一个试验：他将一个放在液态空气中的玻璃球缓慢地冷却，使玻璃球在低温中达到无应力状态，接着把玻璃球转移到一个温室中。当玻璃球从外部向里开始升温，温差对玻璃球的冷芯产生了一个均匀的拉应力，而且力的大小远远超过玻璃球材料的拉伸强度，但是玻璃球没有破碎。所以，这证明畸变变形才是失效的罪魁祸首。

应变能分量　受载零件的总应变能可以分为两分量——静水载荷改变零件的体积；畸变改变零件的形状。如果我们分开这两分量，**畸变能**部分是对剪应力的度量。令 U_h 代表静水应变能或容积分量；U_d 代表**畸变能**，则有：

$$U = U_h + U_d \qquad (5.2)$$

还可以用静水压力（或者容积）分量 σ_h 和畸变分量 σ_{id}（其中 i 表示各个主应力的方向：1，2 或者 3）表示每个主应力大小：

$$\sigma_1 = \sigma_h + \sigma_{1_d}$$

$$\sigma_2 = \sigma_h + \sigma_{2_d} \qquad (5.3a)$$

$$\sigma_3 = \sigma_h + \sigma_{3_d}$$

把式（5.3a）的三个主应力加起来可以得到：

$$\sigma_1 + \sigma_2 + \sigma_3 = \sigma_h + \sigma_{1_d} + \sigma_h + \sigma_{2_d} + \sigma_h + \sigma_{3_d}$$

$$\sigma_1 + \sigma_2 + \sigma_3 = 3\sigma_h + \left(\sigma_{1_d} + \sigma_{2_d} + \sigma_{3_d}\right)$$

$$3\sigma_h = \sigma_1 + \sigma_2 + \sigma_3 - \left(\sigma_{1_d} + \sigma_{2_d} + \sigma_{3_d}\right)$$

(5.3b)

当只有体积变化而没有畸变时，式（5.3b）等号中的部分应力为零，容积部分或者静水压力部分的应力 σ_h 为：

$$\sigma_h = \frac{\sigma_1 + \sigma_2 + \sigma_3}{3} \tag{5.3c}$$

从式（5.3c）中可看出，σ_h 只是三个主应力的平均值。

此时，与静水容积变化联系的应变能 U_h 可以通过用 σ_h 替代式（5.1d）中的主应力来表示：

$$U_h = \frac{1}{2E}\left[\sigma_h^2 + \sigma_h^2 + \sigma_h^2 - 2v\left(\sigma_h\sigma_h + \sigma_h\sigma_h + \sigma_h\sigma_h\right)\right]$$

$$= \frac{1}{2E}\left[3\sigma_h^2 - 2v\left(3\sigma_h^2\right)\right]$$

$$U_h = \frac{3}{2}\frac{(1-2v)}{E}\sigma_h^2$$

(5.4a)

将式（5.3c）代入得：

$$U_h = \frac{3}{2}\frac{(1-2v)}{E}\left(\frac{\sigma_1 + \sigma_2 + \sigma_3}{3}\right)^2$$

$$= \frac{1-2v}{6E}\left[\sigma_1^2 + \sigma_2^2 + \sigma_3^2 + 2\left(\sigma_1\sigma_2 + \sigma_2\sigma_3 + \sigma_1\sigma_3\right)\right]$$

(5.4b)

畸变能　畸变能 U_d 等于式（5.1d）减去式（5.4b）：

$$U_d = U - U_h$$

$$= \left\{\frac{1}{2E}\left[\sigma_1^2 + \sigma_2^2 + \sigma_3^2 - 2v\left(\sigma_1\sigma_2 + \sigma_2\sigma_3 + \sigma_1\sigma_3\right)\right]\right\}$$

$$- \left\{\frac{1-2v}{6E}\left[\sigma_1^2 + \sigma_2^2 + \sigma_3^2 + 2\left(\sigma_1\sigma_2 + \sigma_2\sigma_3 + \sigma_1\sigma_3\right)\right]\right\}$$

$$U_d = \frac{1+v}{3E}\left[\sigma_1^2 + \sigma_2^2 + \sigma_3^2 - \sigma_1\sigma_2 - \sigma_2\sigma_3 - \sigma_1\sigma_3\right]$$

(5.5)

为了得到一个失效准则，把单位体积畸变能的式（5.5）和拉伸试验试件失效的单位体积畸变能做对比，因为拉伸试验是材料强度数据的主要来源。这里，重要的是判定失效的屈服强度 S_y。拉伸试验是单向应力状态，即 $\sigma_1 = S_y$，$\sigma_2 = \sigma_3 = 0$。把这些应力代入式（5.5），可以得到与屈服有关的拉伸试验的畸变能：

$$U_d = \frac{1+v}{3E}S_y^2 \tag{5.6a}$$

失效准则可以令适用一般失效的式（5.5）和适用拉伸失效问题的式（5.6a）相等而得到：

$$\frac{1+v}{3E}S_y^2 = U_d = \frac{1+v}{3E}\left[\sigma_1^2 + \sigma_2^2 + \sigma_3^2 - \sigma_1\sigma_2 - \sigma_2\sigma_3 - \sigma_1\sigma_3\right]$$

$$S_y^2 = \sigma_1^2 + \sigma_2^2 + \sigma_3^2 - \sigma_1\sigma_2 - \sigma_2\sigma_3 - \sigma_1\sigma_3$$

$$S_y = \sqrt{\sigma_1^2 + \sigma_2^2 + \sigma_3^2 - \sigma_1\sigma_2 - \sigma_2\sigma_3 - \sigma_1\sigma_3}$$

(5.6b)

上式适用于三维应力状态。

对二维应力状态，因为 $\sigma_2 = 0^\ominus$，所以式（5.6b）修改为：

$$S_y = \sqrt{\sigma_1^2 - \sigma_1\sigma_3 + \sigma_3^2} \tag{5.6c}$$

式（5.6c）在 σ_1、σ_3 坐标系下的图形恰恰是一个椭圆形，如图 5-3 所示。该椭圆的内部就是在静态载荷时，复合二维应力不发生屈服的安全区域。

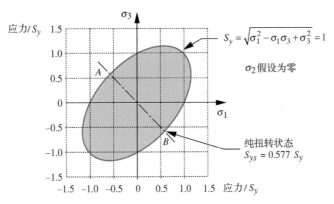

图 5-3

用材料屈服强度标准化的二维畸变能椭圆

式（5.6b）在坐标系上的图形是一个圆柱体，并且相对于 σ_1、σ_2、σ_3 轴都倾斜了 45°，如图 5-4 所示。圆柱体的内部定义了在综合应力 σ_1、σ_2、σ_3 作用下不发生屈服的安全区域。圆柱的轴线是所有静水压力的轨迹，并且向正、负无穷大延伸，这进一步表明单单是静水压力不会导致韧性材料失效。圆柱与三个主平面相交的截面形状为椭圆形，如图 5-3 和图 5-4b 所示。

von Mises 有效应力 当剪应力和拉伸应力共同作用在一点上的时候，用其代表有效应力进行分析通常非常方便。畸变能方法为韧性材料提供了一个很好的途径。**von Mises 有效应力** σ' 定义为一个单向拉伸应力，其产生的畸变能与实际组合应力产生的畸变大小一致。这一方法把复合的多轴拉伸和剪应力处理成好像一个纯拉伸加载问题。

从式（5.6b）可以得出在三维应力状态下 von Mises 有效应力 σ' 为：

$$\sigma' = \sqrt{\sigma_1^2 + \sigma_2^2 + \sigma_3^2 - \sigma_1\sigma_2 - \sigma_2\sigma_3 - \sigma_1\sigma_3} \tag{5.7a}$$

上式也可以用实际应力来表示：

$$\sigma' = \sqrt{\frac{\left(\sigma_x - \sigma_y\right)^2 + \left(\sigma_y - \sigma_z\right)^2 + \left(\sigma_z - \sigma_x\right)^2 + 6\left(\tau_{xy}^2 + \tau_{yz}^2 + \tau_{zx}^2\right)}{2}} \tag{5.7b}$$

用于二维应力状态时的式（5.6c）（令 $\sigma_2 = 0$），有：

$$\sigma' = \sqrt{\sigma_1^2 - \sigma_1\sigma_3 + \sigma_3^2} \tag{5.7c}$$

当用实际应力来表示时：

$$\sigma' = \sqrt{\sigma_x^2 + \sigma_y^2 - \sigma_x\sigma_y + 3\tau_{xy}^2} \tag{5.7d}$$

$\ominus$ 注意，这个假设将在三维主应力的常规顺序一致（$\sigma_1 > \sigma_2 > \sigma_3$）只有 $\sigma_3 < 0$。如果非零主应力为正，那么 $\sigma_2 = 0$ 就违反次序的约定。然而，我们将用 σ_1 和 σ_3 代表在二维情况下的两个非零主应力无论它们的符号如何，以简化图形和方程。

在任何复合应力的情况下，可以使用这些有效应力代替（见例 5-1）。von Mises 有效应力会在后面遇到复杂应力问题时再次提及。

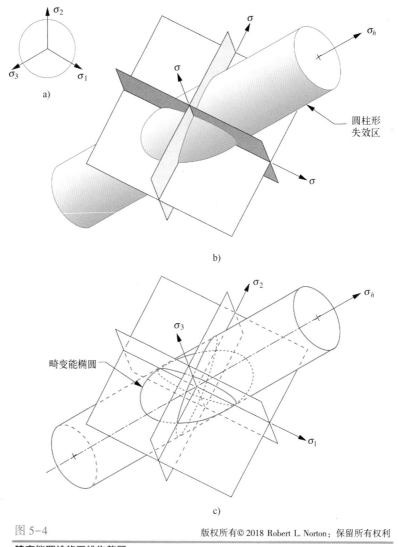

图 5-4

畸变能理论的三维失效区

安全系数   式（5.6b）和式（5.6c）定义了失效条件。出于设计目的，为了计算方便常选择一个安全系数 N 使应力状态安全地落在图 5-3 的失效应力椭圆区域内：

$$N = \frac{S_y}{\sigma'} \tag{5.8a}$$

在三维应力的情况下，上式变为：

$$\frac{S_y}{N} = \sqrt{\sigma_1^2 + \sigma_2^2 + \sigma_3^2 - \sigma_1\sigma_2 - \sigma_2\sigma_3 - \sigma_1\sigma_3} \tag{5.8b}$$

在二维应力的情况下，则变为：

$$\frac{S_y}{N} = \sqrt{\sigma_1^2 - \sigma_1\sigma_3 + \sigma_3^2} \tag{5.8c}$$

纯剪切 当纯剪切时，即材料只受纯扭转载荷，主应力变为 $\sigma_1 = \tau = -\sigma_3$，且 $\sigma_2 = 0$，如图 5-1 所示。图 5-3 也给出了在 σ_1、σ_3 坐标系下纯扭转状态的情况。纯剪应力的轨迹是一条经过原点且和水平方向成 -45° 的直线。直线和失效椭圆有两个交点，分别为 A 和 B。在二维情况下，我们可以从式（5.6c）中求得 σ_1 和 σ_3 的绝对值：

$$S_y^2 = \sigma_1^2 + \sigma_1\sigma_1 + \sigma_1^2 = 3\sigma_1^2 = 3\tau_{max}^2$$

$$\sigma_1 = \frac{S_y}{\sqrt{3}} = 0.577 S_y = \tau_{max} \tag{5.9a}$$

这一关系式定义了任何韧性材料的剪切屈服强度 S_{ys} 为拉伸试验中拉伸屈服强度 S_y 的一部分：

$$S_{ys} = 0.577 S_y \tag{5.9b}$$

韧性屈服理论 我们现在可以回答在本章第一段的问题了，即在拉伸试验中，是剪应力还是拉应力导致的韧性材料试验失效？基于试验和畸变能量理论，*在静态加载下，韧性材料的失效是由剪应力而导致的。*

历史回顾 用畸变能的方法去分析失效已经有过很多先例了。实际上，式（5.7）可以导出 5 种不同的方法[2]。畸变能法最先被 James Clerk Maxwell 提出[3]，但是直到 1904 年才被 Hueber 发展，在 1913 年和 1925 年分别被 von Mises 和 Hencky 完善。现在 von Mises 和 Hencky 更被广泛接受，或有时仅使用 von Mises 的理论。在式（5.7）定义的有效应力通常被看作是 von Mises 或 Mises（发音为 meeses）应力。Eichinger（在 1926 年）和 Nadai（在 1937 年）分别用不同的方法完善了式（5.7），包括八面体应力法，而且其他人也从不同的途径得到了相同的结果。在这一理论的许多独立进展中，使用了不同的方法结合密切相关的试验数据对它预测，使它成为预测*具有相同抗拉和抗压强度的韧性材料失效的最佳选择*。

最大剪应力理论

剪应力在静态失效中发挥的作用在 von Mises 方法的发展前已经被研究清楚。最大剪应力理论首先由 Coulomb（1736-1806）提出，后来 Tresca 在 1864 年的期刊中对其做了进一步的描述。大约在 19 世纪与 20 世纪之交，J. Guest 在英格兰用试验来证明了这个理论。所以这个理论有的时候也被称为 Tresca-Guest 理论。

最大剪应力理论（或最大剪切理论）认为*零件中所受到的最大剪应力超过了拉伸试件屈服时的剪应力（相当于拉伸屈服强度的一半）时，将会发生失效*。用其预测韧性材料的剪切屈服强度为：

$$S_{ys} = 0.50 S_y \tag{5.10}$$

注意上式比式（5.9b）的畸变能理论有更为保守的限制。

图 5-5 给出了二维最大剪切理论的六边形失效包络线叠加到畸变能椭圆的情况。包络线在椭圆内，并且和椭圆有六个交点。位于六边形内的主应力 σ_1 和 σ_3 的组合是安全值。失效发生在组合应力状态达到六边形边界上。这明显是一个相对于畸变能更为保守的失效理论，因为它被包在前者里面。图中给出了位于点 C 和点 D 上的扭转（纯）剪应力条件。

当在三维应力状态时，从图 5-6a 可以看出，最大剪应力理论的六棱柱在畸变能圆柱体内。代表剪应力的六边形和三个主应力平面的截面如图 5-6c 所示，六边形内接于畸变能椭圆内。

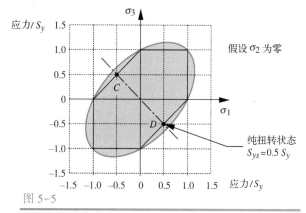

图 5-5

嵌入畸变能椭圆内的二维剪应力理论六边形

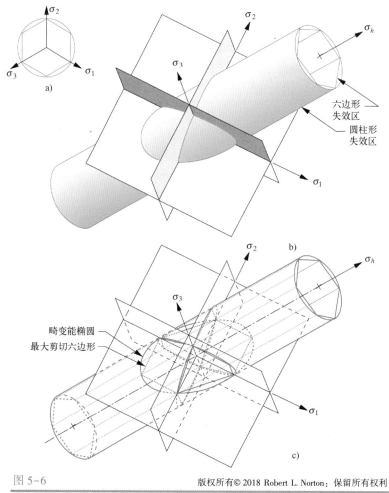

图 5-6

三维失效位点的畸变能和最大剪应力理论

这个理论可以用于二维或三维的双向、各向同性韧性材料的静应力分析中，先计算三个主应力 σ_1、σ_2、σ_3（当为二维情况时，其中一个为0）和**最大剪应力** τ_{13}，如式（4.5）所定义。然后把最大剪应力带入式（5.10）的失效准则中比较。**最大剪应力理论**的**安全系数**可以从下式得到：

$$N = \frac{S_{ys}}{\tau_{max}} = \frac{0.50\,S_y}{\tau_{max}} = \frac{S_y/2}{(\sigma_1 - \sigma_3)/2} = \frac{S_y}{(\sigma_1 - \sigma_3)} \qquad (5.11)$$

式中，τ_{max} 是从式（4.5）中得到的最大值。注意：在二维应力状态下，可以有三个主剪应力，最大的那个就是 τ_{max}。

最大正应力理论

提及这一理论是为了历史意义和完整性，但是必须注意：最大正应力理论不是韧性材料的安全理论。稍后讨论的这个理论的修正结果是有效的，并可用于脆性材料，因为脆性材料的极限拉伸强度低于其剪切和抗压强度。**最大正应力理论**认为：当试件中的正应力达到某个正强度，如拉伸屈服强度或极限拉伸强度时，就会发生失效。而对于韧性材料而言，一般用屈服强度作为失效准则。

图 5-7 为最大正应力理论的二维失效包络线。正应力理论是一个正方形，将这个正方形的包络线与图 5-5 的对比可以发现，在第一和第三象限里，最大正应力理论包络线和最大剪应力理论是重合的。但是在第二和第四象限里，最大正应力理论包络线却在畸变能理论椭圆及其内接的最大剪切理论六边形区域之外。试验表明：在静载下，韧性材料的失效是当它们的应力状态处在椭圆之外，所以正应力理论在的第二和第四象限是一个不安全的失效准则。**有经验的设计者使用韧性材料时会避免使用正应力理论。**

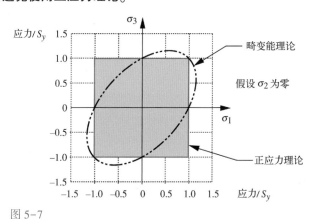

图 5-7

最大正应力理论——在第二和第四象限不能用于韧性材料

试验数据与失效理论比较

人们进行了很多材料的拉伸试验。数据表明：虽然比较离散，但是总体的趋势还是与畸变能椭圆有较好的吻合。图 5-8 为将两种韧性钢、两种韧性铝合金和一种脆性铸铁的试验数据叠加在前面讨论过的三种失效理论的失效包络线上。

注意韧性屈服数据聚集在畸变能椭圆上或附近（标记为 oct 剪切），有少量的数据点落在最大剪应力理论的六边形和椭圆形，两者都进行了归一化处理。脆性强度铸铁的断裂（不是屈服）的数据更靠近（矩形）最大正应力包络线，图上这个包络线已经用极限拉伸强度归一化了，不是用屈服强度。

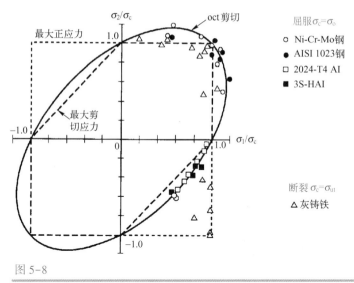

图 5-8

三种失效理论拉伸试验的试验数据叠加图

摘自 Fig. 7. 11, p. 252, in *Mechanical Behavior of Materials* by N. E. Dowling, Prentice-Hall, Englewood Cliffs, NJ, 1993

　　这些数据是典型的，从这些数据我们可以看出：畸变能理论更加接近韧性屈服数据，而且最大剪应力理论提供了一个更加保守的准则，它几乎对韧性材料产生所有数据点安全。因为总是要用到安全系数，所以实际应力状态在边缘上将会落在失效曲线内部，留有一定的余量。

　　在以前的设计中，人们更加普遍推荐最大剪切理论，而不是更加准确的畸变能理论，原因是最大剪切理论更易于计算。这一个论点可能（但不一定）在计算尺时代是对的，但是在计算器和计算机编程时代则未必。畸变能方法很容易使用，甚至只需要简易计算器就能提供一个理论上更准确的结果。不过，因为以下试验数据落入椭圆之内、剪切六边形之外，所以一些设计者偏向更保守的最大剪应力理论。但最终选择权在具体设计的工程师的手上。

　　畸变能理论和最大剪切理论都是可以用于在静载作用下，抗压强度和拉伸强度相同、双向、各向同性的韧性材料的失效准则。大部分锻造工程金属和一些聚合物都是属于这类所谓的双向材料。单向材料如脆性铸造金属和复合材料不具有双向性，所以需要更复杂的失效理论，其中一些将会在下一节介绍，也有一些已经在文献 4 提及。见下一节的双向与单向材料的讨论。

例 5-1　韧性材料在静态载荷下的失效

　　问题：分别利用畸变理论和最大剪应力理论来计算图 5-9 所示支架杆的安全系数，并且比较两者。

　　已知：支架杆的材料是 2024-T4 铝，其屈服强度为 47 000 psi。杆长 $l = 6$ in。臂长 $a = 8$ in。杆外径 $d = 1.5$ in。载荷 $F = 1000$ lb。

　　假设：载荷是静态的，并且组合体是在室温下。考虑由于横向载荷和其他应力导致的剪应力。

　　解：见图 5-9 和图 4-33（重复）。也可以见例 4-9，例 4-9 提供了一个更加详细的解答方案。

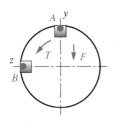
a) 需要计算应力的两个点

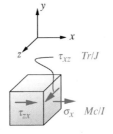
b) 点A处的应力单元体

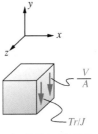
c) 点B处的应力单元体

图 4-33

（重复）例 4-10 杆横截面内点 A 和点 B 处的应力单元

1. 杆同时受到弯曲（作为悬臂梁）载荷和扭转载荷。最大拉弯应力在外圆的 A 点处。最大的剪应力分布在杆的外圆周上。（详见例 4-9）先在点 A 处设置一个微分单元，A 点处的应力组合如图 4-3b 所示。利用式（4.11b）和式（4.23b）分别计算正弯曲应力和扭转剪应力：

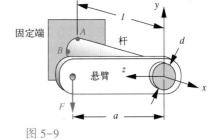

图 5-9

例 5-1 和例 5-2 的支架图

$$\sigma_x = \frac{Mc}{I} = \frac{1000(6)(0.75)}{0.249} \text{ psi} = 18\,108 \text{ psi} \qquad (a)$$

$$\tau_{xz} = \frac{Tr}{J} = \frac{1000(8)(0.75)}{0.497} \text{ psi} = 12\,072 \text{ psi} \qquad (b)$$

2. 用式（4.6）可计算得到该应力组合下的最大剪应力和主应力是：

$$\tau_{max} = \sqrt{\left(\frac{\sigma_x - \sigma_z}{2}\right)^2 + \tau_{xz}^2} = \sqrt{\left(\frac{12\,572 - 0}{2}\right)^2 + 8382^2} \text{ psi} = 10\,477 \text{ psi}$$

$$\sigma_1 = \frac{\sigma_x + \sigma_z}{2} + \tau_{max} = \frac{12\,572 + 0}{2} \text{ psi} + 10\,477 \text{ psi} = 16\,763 \text{ psi} \qquad (c)$$

$$\sigma_3 = \frac{\sigma_x + \sigma_z}{2} - \tau_{max} = \frac{12\,572 + 0}{2} \text{ psi} - 10\,477 \text{ psi} = -4191 \text{ psi}$$

3. 利用式（5.7a）和上面的主应力，计算得到 von Mises 有效应力如下：

$$\sigma' = \sqrt{\sigma_1^2 - \sigma_1 \sigma_3 + \sigma_3^2}$$

$$\sigma' = \sqrt{24\,144^2 - 24\,144(-6036) + (-6036)^2} \text{ psi} = 27\,661 \text{ psi} \qquad (d)$$

其中 $\sigma_2 = 0$。这也表明式（5.7c）在二维的情况下也适用。

4. 利用畸变能理论，并通过式（5.8a）计算得到的安全系数为：

$$N = \frac{S_y}{\sigma'} = \frac{47\,000}{27\,661} = 1.7 \qquad (e)$$

5. 利用最大剪应力理论，通过式（5.10）计算得到的安全系数为：

$$N = \frac{0.50\,S_y}{\tau_{max}} = \frac{0.50(47\,000)}{15\,090} = 1.6 \qquad (f)$$

6. 比较这两个安全系数，可以看出最大剪应力理论更为保守，计算出来的安全系数值稍小。

7. 因为该杆是一个短梁，我们需要校核在中性轴点 B 处因横向载荷产生的剪应力。在该圆杆中性轴上的最大横向剪应力由式（4.15c）计算得到，为：

$$\tau_{bending} = \frac{4V}{3A} = \frac{4(1000)}{3(1.767)} \text{ psi} = 755 \text{ psi} \tag{g}$$

点 B 处是纯剪切。总的剪切应力在 B 点的横向剪切应力和扭转剪应力的代数和，在目前这种情况下，它们同时作用于微分单元的相同平面、同一方向上，如图 4-33c 所示。所以有：

$$\tau_{max} = \tau_{torsion} + \tau_{bending} = 12\,072 \text{ psi} + 755 \text{ psi} = 12\,827 \text{ psi} \tag{h}$$

8. 利用纯剪切状态的畸变能理论（式 5.9b）计算点 B 处纯剪下的安全系数，为：

$$N = \frac{S_{ys}}{\tau_{max}} = \frac{0.577 S_y}{\tau_{max}} = \frac{0.577(47\,000)}{12\,827} = 2.1 \tag{i}$$

而例用式（5.10）计算最大剪切理论的安全系数为：

$$N = \frac{S_{ys}}{\tau_{max}} = \frac{0.50 S_y}{\tau_{max}} = \frac{0.50(47\,000)}{12\,827} = 1.8 \tag{j}$$

我们可以再次看到，最大剪切理论更保守。

9. 文件 EX05-01 可在本书网站上找到。

视频：第 6 讲　　视频：失效
（51:02）[⊖]　　　演示
　　　　　　　　（09:41）[⊖]

5.2　脆性材料在静载下的失效[⊖]

脆性材料更多的是断裂，而不是屈服。拉力作用下的**脆性断裂**是因为拉伸正应力独立造成的，最大正应力理论适用于这种情况。**压缩下的脆性断裂**是因为正压应力和剪应力的联合作用造成的，需要用不同的失效理论。为了考虑所有的加载条件，可以使用组合理论。

双向和单向材料

一些锻造材料，例如完全淬硬的工具钢，非常脆，这些材料的抗压强度近似等于抗拉强度，所以称为*双向材料*。很多铸造材料，例如灰铸铁，材料很脆，但其抗压强度远远高于抗拉强度。这类材料称为*单向材料*。单向材料的抗拉强度低的原因是在铸件中存在微小的缺陷，这些缺陷在铸件受到拉伸载荷时，是裂纹产生的源头。但是当铸件受到压缩应力时，这些缺陷就被挤压在一起，增加了抵抗剪应力产生的滑移的能力。灰铸铁就是一个典型的例子，其抗压强度是抗拉强度的 3~4 倍，而陶瓷具有更高的比值。

一些铸造、脆性材料有另外一个特点，*抗剪强度远远大于其抗拉强度，介于压缩和拉伸值之间*。这一点和韧性材料有较大区别，韧性材料的抗剪强度大约是抗拉强度的一半。铸造材料更高的抗剪强度的影响会在其拉伸试验和扭转试验的失效特性中表现出来。图 2-3 中锻钢拉伸试件的失效平面与拉伸应力成 45° 夹角，这说明出现了一个剪切失效，我们也可以从畸变能理论出发来得到这个结论。图 2-5 是脆性铸铁的拉伸试件，其失效平面在拉伸应力的法线方向，说明出现了拉伸失效。图 5-1a 的莫尔圆就给出了这个应力状

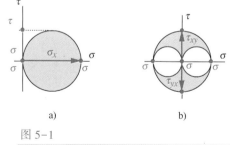

a)　　　　　　　b)

图 5-1

（重复）单向拉伸应力和纯扭力的莫尔圆

[⊖] http://www.designofmachinery.com/MD/06_Brittle_Failure_Theory.mp4

[⊖] http://www.designofmachinery.com/MD/Failure_Modes.mp4

态，这里重复给出此图。这两种材料的不同的失效形式是由抗拉强度和抗剪强度的不同关系引起的。

图 2-8 为两种扭转试验的试件。图 5-1b 是这两个试件的莫尔圆，这里重复给出。锻钢试件在垂直于转矩轴的平面上失效。这个平面上的应力为纯剪应力，这个剪应力也是最大剪应力，因为韧性材料的剪切最弱，所以失效是沿着最大剪切平面的。脆性的铸造材料在与试件轴线成 45° 夹角的平面上成螺旋状失效。在这个平面上的失效是因为它受到了最大（主）正应力的作用，因为脆性材料的抗拉强度最小。

图 5-10 为双向和单向材料的压缩和拉伸试验的莫尔圆。正切于圆周的直线为两个莫尔圆间所有组合应力的失效直线。两条失效直线和两个莫尔圆间缩包围的区域为安全区。对于双向材料，失效直线是独立于材料的正应力，是由最大剪切强度所决定。这与韧性材料（它们接近双向材料）的最大剪应力理论是一致的。对于单向材料，失效直线是正应力 σ 和剪应力 τ 的函数。

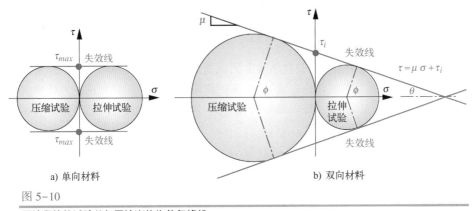

a) 单向材料　　　　　　　　　　　b) 双向材料

图 5-10

压缩和拉伸试验莫尔圆给出的失效包络线

对压缩区，当正压缩应力分量负增长（即更多压缩）时，材料的抗剪应力性就会增加。这和文中提到的压缩使它更难沿材料内部缺陷的断层线发生剪切滑移的想法是一致的。失效线方程可以从图 5-10 的试验数据中得出。斜率 μ 和截距 τ_i 可以从莫尔圆中得出。

图 5-10b 中显示的剪应力和正应力的相互依赖关系可以从压应力为主的试验中得到验证，特别是绝对值最大的正应力是压应力。然而，试验也表明：在拉应力为主力的情况下，单向、脆性材料的失效是因为拉伸应力的独立作用。如果绝对值最大的主应力为拉应力，剪应力的存在并不是单向材料的失效因素。

Coulomb-Mohr 理论

这些观察结果导出了脆性失效的 Coulomb-Mohr 理论，该理论是最大正应力理论的一个修正。图 5-11 给出了以 σ_1 和 σ_3 为轴的二维情况，且用抗拉强度 S_{ut} 做了归一化处理。双向材料的最大正应力理论是以 $\pm S_{ut}$ 为半高的虚线框。如果其抗压强度和抗拉强度相等（双向材料），那么这个虚线正方形也许能作为在静载下的脆性材料失效准则。

图中给出了单向材料的最大正应力理论包络线（灰色阴影），它是以 S_{ut} 和 $-S_{uc}$ 为半宽的不对称正方形。这个失效包络线只在第一和第三象限有效，因为它没考虑正应力和剪应力相互依存的关系（见图 5-10），这个关系影响了第二和第四象限。Coulomb-Mohr 包络线（亮色阴影区）试图通过用对角线把这两个象限连接起来，考虑它们之间的相互依存关系。注意 Coulomb-Mohr

六边形形状与图 5-5 所示的韧性材料的最大剪应力理论六边形具有相似性。唯一的差别是由于单向材料性质导致的 Coulomb-Mohr 不对称现象，以及它用极限（断裂）强度代替了屈服强度。

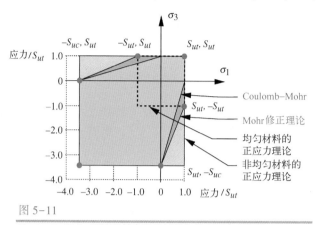

图 5-11

Coulomb-Mohr 理论和单向脆性材料的最大正应力理论

　　图 5-12 为一些灰铸铁在理论失效包络线上的试验数据。注意：在第一象限的失效与最大正应力理论直线相匹配（这与其他理论一致）。在第四象限的失效落在最大正应力线内（表明不可用），但也落在 Coulomb-Mohr 线之外（表示较保守）。这些观察结果导致了修正的 Coulomb-Mohr 理论，使其能更好地与观察数据吻合。

Mohr 修正理论

　　图 5-12 的实际失效数据遵循双向材料的最大正应力理论包络线为：从点 $(S_{ut}, -S_{ut})$，在 σ_1 之下，然后沿直线到点 $(0, -S_{uc})$。这一组线，在图 5-11 中结合亮和暗色的阴影部分，就是 Mohr 修正失效理论包络线。它适用于静载下单向脆性材料的失效理论。

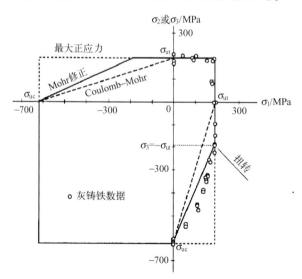

图 5-12

灰铸铁的双轴断裂数据与各种失效准则的对比

摘自 Fig 7. 13，p. 255，in *Mechanical Behavior of Materials* by N. E. Dowling，Prentice-Hall，Englewood Cliffs，NJ，1993.

如果二维主应力遵循 $\sigma_1 > \sigma_3$，$\sigma_2 = 0$ 的排序，那么只有图 5-12 的第一和第四象限需要被画出来，如图 5-13 所示，在那里绘出了用 N/S_{ut} 归一化的应力，这里 N 是安全系数。图 5-13 也绘出三个平面应力状态，记为 A、B 和 C。点 A 表示在所有应力状态中，两个不为零的正应力 σ_1 和 σ_3 都是正的。失效将会在当载荷直线 OA 经 A' 点穿过失效包络线时发生。在这种情况下的安全系数为：

$$N = \frac{S_{ut}}{\sigma_1} \qquad (5.12a)$$

如果两个不为零的主应力的符号相反，那么就会有两个很大的失效可能性存在，就如图 5-13 中点 B 和点 C 所示。这两个点的唯一区别就是两个应力分量 σ_1 和 σ_3 的相对值。载荷直线 OB 在 B' 点超出点 $(S_{ut}, -S_{ut})$ 之上的失效包络线，这时的安全系数可以根据式（5.12a）计算出来。

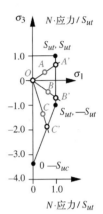

图 5-13

脆性材料的 Mohr 修正失效理论

如果应力状态如点 C 所示，那么载荷直线 OC 和失效包络线的交接点会出现在点 C' 处。安全系数可以通过计算载荷直线 OC 和失效直线的交点得出。写出这些线的等式，同时得到 Mohr 修正公式。

$$N = \frac{S_{ut}|S_{uc}|}{|S_{uc}|\sigma_1 - S_{ut}(\sigma_1 + \sigma_3)} \qquad (5.12b)$$

如果应力状态在第四象限，那么式（5.12a）和式（5.12b）都可以计算，并取较小值作为安全系数。

与式（5.12a）相比，此处给出未修正的 Coulomb-Mohr 理论的结果是（不推荐使用）：

$$N = \frac{S_{ut}|S_{uc}|}{|S_{uc}|\sigma_1 - S_{ut}\sigma_3}$$

如果使用 Mohr 修正公式，那将会更方便地得到有效应力的表达式，它考虑所有应力，并允许直接与材料的强度性质比较，如同 von Mises 应力对韧性材料那样做。Dowling[5] 给出了一系列有效应力等式，其中包含三个主要应力[⊖]：

$$C_1 = \frac{1}{2}\left[|\sigma_1 - \sigma_2| + \frac{2S_{ut} - |S_{uc}|}{-|S_{uc}|}(\sigma_1 + \sigma_2)\right]$$

$$C_2 = \frac{1}{2}\left[|\sigma_2 - \sigma_3| + \frac{2S_{ut} - |S_{uc}|}{-|S_{uc}|}(\sigma_2 + \sigma_3)\right] \qquad (5.12c)$$

$$C_3 = \frac{1}{2}\left[|\sigma_3 - \sigma_1| + \frac{2S_{ut} - |S_{uc}|}{-|S_{uc}|}(\sigma_3 + \sigma_1)\right]$$

在 6 个参数（C_1，C_2，C_3，加上三个主应力）中，最大的那个参数即为 Dowling 所推荐的有效应力的期望：

$$\tilde{\sigma} = \mathrm{MAX}\left(C_1, C_2, C_3, \sigma_1, \sigma_2, \sigma_3\right) \qquad (5.12d)$$

如果 $\mathrm{MAX} < 0$，则 $\tilde{\sigma} = 0$

式中，MAX 表示 6 个参数中代数值最大的参数。如果所有的参数都为负数，那么有效应力为零。

现在把 Mohr 修正有效应力和极限拉伸应力做比较可以得到安全系数：

⊖　关于二维和三维 Coulomb-Mohr 和 Mohr 修正理论与有效应力的完整推导见参考文献［5］。

$$N = \frac{S_{ut}}{\tilde{\sigma}} \tag{5.12e}$$

这个方法简化了计算过程。

例 5-2　脆性材料在静态载荷下的失效

问题：使用 Mohr 修正理论计算图 5-9 中支架杆的安全系数。

已知：材料是灰铸铁，$S_{ut} = 52\,500\text{psi}$，$S_{uc} = -164\,000\text{psi}$。杆长 $l = 6$ in，臂长 $a = 8$ in。杆的外圆周直径 $d = 1.5$ in。载荷 $F = 1000$ lb。

假设：载荷是静态的，并且装置在室温下。考虑由于横向载荷和其他应力导致的剪应力。

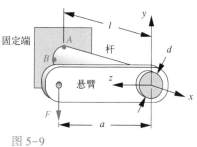

图 5-9

（重复）例 5-1 和例 5-2 的支架图

解：见图 5-9、图 4-33、例 4-9 和例 5-1。

1. 图 5-9 中的杆受到的载荷为弯曲（看作悬臂梁）和扭转。最大弯曲拉伸应力在外圆周的点 A 处。最大扭转剪应力分布在杆的外圆周上。首先在点 A 处设定微分单元。利用式 (4.11b) 和式 (4.23b) 分别计算点 A 处的弯曲正应力和扭转剪应力：

$$\sigma_x = \frac{Mc}{I} = \frac{1000(6)(0.75)}{0.249} \text{ psi} = 18\,108 \text{ psi} \tag{a}$$

$$\tau_{xy} = \frac{Tr}{J} = \frac{1000(8)(0.75)}{0.497} \text{ psi} = 12\,072 \text{ psi} \tag{b}$$

2. 利用上面的应力组合结果和式 (4.6) 计算最大剪应力和主应力：

$$\tau_{max} = \sqrt{\left(\frac{\sigma_x - \sigma_z}{2}\right)^2 + \tau_{xz}^2} = \sqrt{\left(\frac{18\,108 - 0}{2}\right)^2 + 12\,072^2} \text{ psi} = 15\,090 \text{ psi}$$

$$\sigma_1 = \frac{\sigma_x + \sigma_z}{2} + \tau_{max} = \frac{18\,108}{2} \text{ psi} + 15\,090 \text{ psi} = 24\,144 \text{ psi} \tag{c}$$

$$\sigma_2 = 0$$

$$\sigma_3 = \frac{\sigma_x + \sigma_z}{2} - \tau_{max} = \frac{18\,108}{2} \text{ psi} - 15\,090 \text{ psi} = -6036 \text{ psi}$$

注意这些应力和例 5-1 完全一样。

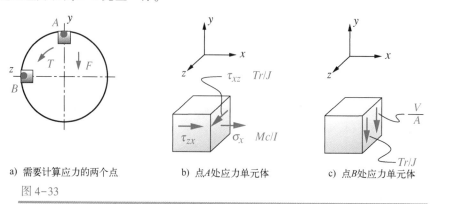

a) 需要计算应力的两个点　　　b) 点A处应力单元体　　　c) 点B处应力单元体

图 4-33

（重复）例 4-10 中杆截面上 A、B 两点应力单元体

3. 可以将点 A 主应力绘制在修正的莫尔图上，如图 5-14a 所示，载荷直线在点 $(S_{ut}, -S_{ut})$ 上穿过失效包络线，这使得式 (5.12a) 适用于安全系数的计算。

$$N = \frac{S_{ut}}{\sigma_1} = \frac{52\,400}{24\,144} = 2.2 \tag{d}$$

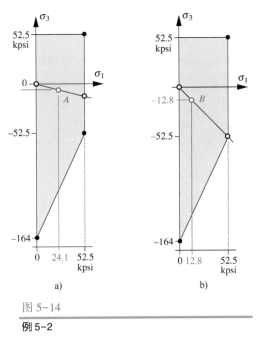

图 5-14

例 5-2

4. 另外一种替代的方法可不需要绘制修正 Mohr 图，而是用式 (5.12c) 计算 Dowling 系数 C_1，C_2，C_3。

$$
\begin{aligned}
C_1 &= \frac{1}{2}\left[|\sigma_1 - \sigma_2| + \frac{2S_{ut} - |S_{uc}|}{-|S_{uc}|}(\sigma_1 + \sigma_2) \right] \\
&= \frac{1}{2}\left[|24\,144 - 0| + \frac{2(52\,500) - 164\,000}{-164\,000}(24\,144 + 0) \right]\text{psi} = 16\,415\ \text{psi}
\end{aligned} \tag{e}
$$

$$
\begin{aligned}
C_2 &= \frac{1}{2}\left[|\sigma_2 - \sigma_3| + \frac{2S_{ut} - |S_{uc}|}{-|S_{uc}|}(\sigma_2 + \sigma_3) \right] \\
&= \frac{1}{2}\left[|0 - (-6036)| + \frac{2(52\,500) - 164\,000}{-164\,000}(0 - 6036) \right]\text{psi} = 1932\ \text{psi}
\end{aligned} \tag{f}
$$

$$
\begin{aligned}
C_3 &= \frac{1}{2}\left[|\sigma_3 - \sigma_1| + \frac{2S_{ut} - |S_{uc}|}{-|S_{uc}|}(\sigma_3 + \sigma_1) \right] \\
&= \frac{1}{2}\left[|24\,144 - (-6036)| + \frac{2(52\,500) - 164\,000}{-164\,000}(24\,144 - 6036) \right]\text{psi} = 18\,348\ \text{psi}
\end{aligned} \tag{g}
$$

5. 然后计算六个参数 C_1，C_2，C_3，σ_1，σ_2，σ_3 中的最大值：

$$
\begin{aligned}
\tilde{\sigma} &= MAX(C_1, C_2, C_3, \sigma_1, \sigma_2, \sigma_3) \\
\tilde{\sigma} &= MAX(16\,415,\ 1932,\ 18\,348,\ 24\,144,\ 0,\ -6036) = 24\,144
\end{aligned} \tag{h}
$$

6. 点 A 的安全系数可以通过式（5.12e）计算求得为：

$$N = \frac{S_{ut}}{\tilde{\sigma}} = \frac{52\,500}{24\,144} = 2.2 \qquad (i)$$

这与第 3 步的结果相同。

7. 因为杆可以看作一根短梁，所以我们需要校核作用在中性轴点 B 处横向载荷导致的剪应力。在中性轴的最大横向剪应力可用式（4.15c）计算

$$\tau_{bending} = \frac{4V}{3A} = \frac{4(1000)}{1.767}\,\text{psi} = 755\,\text{psi} \qquad (j)$$

点 B 处为纯剪切。该处的总剪应力为横向剪应力和扭转剪应力的代数和，它们两者作用在微分单元的同一平面上，且方向一致，如图 4-33b 所示。

$$\tau_{max} = \tau_{torsion} + \tau_{bending} = 12\,072\,\text{psi} + 755\,\text{psi} = 12\,827\,\text{psi} \qquad (k)$$

8. 对这一纯剪载荷，计算主应力：

$$\sigma_1 = \tau_{max} = 12\,827\,\text{psi}$$
$$\sigma_2 = 0$$
$$\sigma_3 = -\tau_{max} = -12\,827\,\text{psi} \qquad (l)$$

9. 可以把点 B 的主应力标绘在修正的莫尔图上，如图 5-14b 所示。因为这是一个纯剪切加载，所以载荷直线在点 $(S_{ut}, -S_{ut})$ 处穿过失效包络线，可以用式（5.12a）计算安全系数：

$$N = \frac{S_{ut}}{\sigma_1} = \frac{52\,400}{12\,827} = 4.1 \qquad (m)$$

10. 为了避免描绘修正莫尔图，我们可以计算 Dowling 系数 C_1、C_2 和 C_3：

$$C_1 = 8721\,\text{psi}; \qquad C_2 = 4106\,\text{psi}; \qquad C_3 = 12\,827\,\text{psi}; \qquad (n)$$

11. 找到六个应力 C_1、C_2、C_3、σ_1、σ_2 和 σ_3 中的最大值：

$$\tilde{\sigma} = 12\,827\,\text{psi} \qquad (o)$$

此应力为修正 Mohr 有效应力。

12. 点 B 处的安全系数为：

$$N = \frac{S_{ut}}{\tilde{\sigma}} = \frac{52\,500}{12\,827} = 4.1 \qquad (p)$$

该结果和第 9 步的一样。

13. 本题文件 EX05-02 可在本书网站中找到。

5.3   断裂力学

到目前为止，静态失效理论讨论的材料都是完全均匀和各向同性的，所以没有如裂纹、孔洞或夹杂物等导致应力集中的缺陷。实际上，这些理想材料基本是不存在的，所有材料都会含有肉眼不可分辨的微观缺陷。Dolan 说到"……每个结构都含有微小的缺陷，而这些缺陷的大小和分布取决于材料的种类和材料的加工过程。而这些缺陷多种多样，如非金属夹杂物和微焊接缺陷、磨削裂纹、淬火裂纹、表面鳞比等。"表面上的划痕或者凹痕很可能是由于处理不当造成的，而成为早期裂纹。设计成零件的功能性几何轮廓可能以可预见的方式引起局部应力增加，而这个现象已经在第 4 章的考虑应力计算时做了讨论（并且会在下一章中更加细致地讨论）。在工作中，因损坏或是材料的缺陷所产生自发形成的裂缝更难预测和考虑。

　　理论上，尖锐的裂纹会在应力场中形成近似无穷大的应力集中。见图 4-35 和式 (4.32a)，为了方便这里重新给出公式：

$$K_t = 1 + 2\left(\frac{a}{c}\right) \qquad (4.32a)$$

　　当参数 c 接近零的时候，应力将会接近无穷大。因为没有材料可以承受如此高的应力，所以在裂纹尖端将出现局部屈服（对韧性材料）、局部细微断裂（对脆性材料）或是局部裂纹（对聚合物）[7]。如果较大的裂缝尖端的应力足够高，就会发生突然失效，就算是韧性材料受到的是静态载荷时也会这样。**断裂力学**就是解释和预测这种突然失效的。

　　裂缝普遍发生在焊接结构、桥梁、船只、飞机、汽车、压力容器等中。在第二次世界大战中，建造的很多油轮和自由舰发生了灾难性的失效事故[⊖][8,9]。在这些船航行下水后的很短时间里就发生了 12 起事

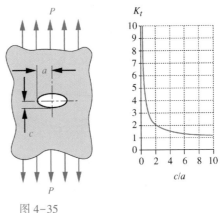

图 4-35

（重复）平面椭圆形孔边缘的应力集中

故，而且这些船还没开始航行，只是抛锚在码头的岸边就断成了两段。其中一艘如图 5-15 所示，船身材料是用焊接方式连接的，并且这艘船并没有经历任何显著的动态载荷。名义应力明显低于材料的屈服强度。另外一些在应力低于材料屈服强度但却发生失效的例子发生在 20 世纪，如 1919 年 1 月，Boston Molasses 号油轮发生破裂，淹死了 21 人和多匹马。一个更近的例子就是一个直径为 22 in 的火箭发动机在进行加载试验中发生失效。图 5-16 就是发生失效后的火箭碎片照片。"……设计它可承受 960 psi 的压力（但）在 542 psi 时它就发生了失效……"[11]。韧性材料的这些和其他突然"脆性般的"失效是在静态载荷下发生的，这促使研究人员去寻找更好的失效理论，因为当时的失效理论无法充分解释所观察到的这些现象。

图 5-15

第二次世界大战时期，一艘停泊在美国俄勒冈州波特兰市尚未服役的油轮于 1943 年 1 月 16 日断裂为两截（公有领域—美国政府船舶结构委员会提供）

⊖　"近 80 艘船断成两截，几乎 1000 只发现甲板有长脆性裂纹。" D. A. Canonico," Adjusting the Boiler Code," Mechanical Engineering, Feb. 2000, p. 56.

图 5-16

失效的火箭发动机外壳（Courtesy of NASA-Lewis Research Center）

　　对于容易出现事故的（如桥梁、飞机等）对人们的生命存在风险的结构，法律和政府规定：对裂纹要进行定期的结构安全检查。这些检察可以是 X 光检查、超声波检查，或者只是肉眼观察。当发现裂缝时，必须做出工程方面的判断，是否需要维修或更换缺陷零件，或是淘汰整个装配件，还是继续进行观察（很多商业飞机都带着一些结构裂纹飞行）。这些决定现在可以通过断裂力学理论很明智地抉择。

断裂力学理论

　　断裂力学是用来推测裂缝的存在的。裂纹区的应力状态可能是平面应变或者是平面应力（见 4.4 节）。如果裂纹周边的屈服区域尺寸对比于零件的尺寸很小，那么可使用**线性弹性断裂力学理论（LEFM）**。LEFM 假设体材料服从胡克定律。然而，如果一较大的部分体材料的应力-应变表现为塑性的话，则需要比这里讨论的更复杂的方法了。在下面的讨论中，我们假定 LEFM 是可行的。

　　裂纹位移模型　根据裂纹和载荷取向，载荷可能会如图 5-17 所示，趋向于张开裂缝（模型Ⅰ）、平面剪切滑开裂缝（模型Ⅱ）或剪切撕开裂缝（撕裂）（模型Ⅲ）。我们将只讨论这三种情况。

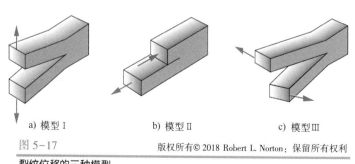

　a) 模型Ⅰ　　　　　　b) 模型Ⅱ　　　　　　c) 模型Ⅲ

图 5-17　　　　　　　　　　　　版权所有© 2018 Robert L. Norton：保留所有权利

裂纹位移的三种模型

应力强度因子 K　图 5-18 为已给宽为 $2b$ 的板块（无标注），该板块受到拉应力，板块中间有一个宽度为 $2a$ 的裂纹。假设该裂缝在其末端是尖锐的，并且 b 远远大于 a。裂纹横截面是平面 xy。在 xy 平面上建立极坐标 r-θ，它的原点在裂纹尖端，如图 5-18 所示。从*线性弹性理论*可知，因为 $b \gg a$，略去高阶小量，在裂纹尖端周围的应力用极坐标可表达如下。

$$\sigma_x = \frac{K}{\sqrt{2\pi r}} \cos\frac{\theta}{2}\left[1 - \sin\frac{\theta}{2}\sin\frac{3\theta}{2}\right] + \cdots \quad (5.13a)$$

$$\sigma_y = \frac{K}{\sqrt{2\pi r}} \cos\frac{\theta}{2}\left[1 + \sin\frac{\theta}{2}\sin\frac{3\theta}{2}\right] + \cdots \quad (5.13b)$$

$$\tau_{xy} = \frac{K}{\sqrt{2\pi r}} \sin\frac{\theta}{2}\cos\frac{\theta}{2}\cos\frac{3\theta}{2} + \cdots \quad (5.13c)$$

或

$$\sigma_z = 0$$
$$\sigma_z = v(\sigma_x + \sigma_y) \quad (5.13d)$$
$$\tau_{yz} = \tau_{zx} = 0 \quad (5.13e)$$

图 5-18

板块正在拉伸应力下的裂纹
平面应力
平面应变

当半径 r 为零时，xy 应力为无穷大，这与式（4.32b）和图 4-36 一致。当 r 增大时，应力迅速下降。角 θ 给出了在裂纹尖端半径周围内的应力分布。**系数 K 为应力强度因子**（可添加下标 KI、KII 和 $KIII$ 分别对应加载模式 I、II 和 III。因为这里我们只处理加载模式 I，我们去掉了下标，即 $K = KI$）。

如果以平面应力为例，要从 x，y 中计算 von Mises 应力 σ' 和剪切分量（见式 5.13a~c），我们可以按图 5-19a 绘出在半径 r 下 σ' 相对 θ 的分布情况，如图 5-19a 中的 $r = 1 \times 10^{-5}$ 和 $K = 1$。可以看出，最大值出现在 71°。如果设定角度 θ 为变量，计算的 σ' 分布如图 5-19b 所示。图中为对数坐标，r 从 1×10^{-5} 增加到 1。

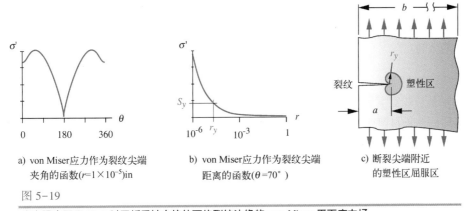

a) von Miser 应力作为裂纹尖端夹角的函数($r = 1 \times 10^{-5}$)in

b) von Miser 应力作为裂纹尖端距离的函数($\theta = 70°$)

c) 断裂尖端附近的塑性区屈服区

图 5-19

应力强度因子 $K = 1$ 时平板受轴向拉伸下的裂纹边缘的 von Mises 平面应力场

如图 5-19c 所示（无标注），在裂纹尖端的应力导致局部屈服，并且产生了一个半径为 r_y 的塑性区。无论半径 r 和角度 θ 取何值，在裂纹尖端塑性区的应力总是与应力强度因子 K 成正比例。如果 $b \gg a$，那么 K 可以定义为：

$$K = \sigma_{nom}\sqrt{\pi a} \qquad\qquad a \ll b \tag{5.14a}$$

式中，σ_{nom} 为无裂纹时的名义应力[○]；a 为裂纹半宽；b 为板块半宽。如果 $a/b \leqslant 0.4$，那么上面的公式的误差在 10% 以内。注意：应力强度因子 K 与名义应力成正比，也和裂纹宽度的平方根成正比。K 的单位为 $MPa \cdot m^{0.5}$，或者为 $kpsi \cdot in^{0.5}$。

如果裂纹宽度 a 相对于板块宽度不够小，且/或如果零件的几何形状比图 5-18 的简单裂纹板块复杂得多，那么 K 就需要乘上一个系数 β：

$$K = \beta\sigma_{nom}\sqrt{\pi a} \tag{5.14b}$$

式中，系数 β 是一个无量纲的值，β 的值取决于零件的几何形状、载荷种类和比值 a/b。它还会受到计算 σ_{nom} 的方法的影响。通常来说，都会用总应力值计算 σ_{nom} 值。但使用净应力会更加准确，且可以解释当确定系数 β 时的变化，但将会使计算变得复杂。对不同几何形状和加载的 β 值可以从手册中查询，部分手册在本章后面的参考书籍中给出。例如，图 5-18a 有中心裂纹的板块的 β 值为：

$$\beta = \sqrt{\sec\left(\frac{\pi a}{2b}\right)} \tag{5.14c}$$

在 a/b 值很小时，β 值趋近于 1；当 $a/b = 1$ 时，β 值趋向无穷大。

例如，如图 5-19c 所示，如果裂纹的位置在边缘处而不是在板块的中心，那么系数 $\beta = 1.12$：

$$K = 1.12\sigma_{nom}\sqrt{\pi a} \qquad\qquad a \ll b \tag{5.14d}$$

如果 $a/b \leqslant 0.13$，那么上式的误差将会在 10% 以内。在板块的两个边界出现裂纹时如果 $a/b \leqslant 0.6$，或在弯曲状态下板块边缘出现裂缝时如果 $a/b \leqslant 0.4$，则该等式的误差均在 10% 以内。

断裂韧度因子 K_c

当应力强度因子 K 低于临界值（称为 **断裂韧度因子 K_c**，它取决于材料的性质）时，如果载荷是静态的，且环境没有腐蚀性，那么裂纹可以认为在稳定状态中；如果载荷是随着时间变化的，且环境没有腐蚀性，那么裂纹是处于缓慢生长模式中；如果载荷是随着时间变化的，且环境有腐蚀性，那么裂纹可以认为是处于迅速生长模式中。**当 K 达到 K_c 时，*裂纹将会导致突然失效*。**这一不稳定裂纹的扩展速度十分惊人，可以达到 1 mile/s[14]！该结构有效"拉开"。断裂力学失效的安全系数为：

$$N_{FM} = \frac{K_c}{K} \tag{5.15}$$

因为 K 是裂纹宽度的函数，因此如果裂纹以某个模式增长，那么安全系数可以看作是一个变化的目标。如果目前或典型的零件裂纹宽度是已知，且材料的断裂韧度因子 K_c 也已知，那么最大许用名义应力就可以由所选的安全系数确定，反之亦然。利用式（5.14c）计算的许用应力将会比式（5.8）或式（5.11）的基于屈服强度的计算值明显要低。时变（动态）应力对应力强度因子 K 和失效的影响将会在下一章讨论。

○ 对断裂力学分析，名义应力是基于横截面积总值计算的，不减少任何裂纹区的面积。注意，这不同于使用应力集中系数在常规应力分析中所用的名义应力计算的过程。用的是净截面计算名义应力。

为了确定断裂韧度因子 K_c，要用含已知尺寸裂纹的 ASTM 规范化试件⊖进行失效测试。对拉伸测试，试件被安装在液压伺服测试设备上，从而它可以受到裂纹横向的拉伸（弯曲测试中会把裂纹放在梁上受拉的一面）。对试件施加动态载荷，并逐渐增大位移。同时监测试件的载荷-位移特性（有效弹簧率）。在裂纹开始迅速扩张时，载荷-位移关系在该点变为非线性。而断裂韧度因子 K_c 就是在这个点测定的。

工程金属的断裂韧度因子 K 的范围为 $20 \sim 200 \, \mathrm{MPa \cdot m^{0.5}}$，工程聚合物和陶瓷的 K_c 的范围为 $1 \sim 5 \, \mathrm{MPa \cdot m^{0.5}}$[15]。*断裂强度与材料的韧性一致，且在高温下断裂强度会增大*。高强度钢材趋向于有更低的韧性，因此比低强度钢材的 K_c 更低。在某些工程应用中，利用高强度钢去替换低强度钢会因为更换材料导致断裂韧度降低而产生失效。

材料的断裂韧度会因为晶格方向的不同而变化。图 5-20 为按照 ASTM E-399 标准给出的试件和裂纹方向，以及它们的标志。第一个字符表示晶格方向垂直于裂纹平面，第二个字符表示晶格方向平行于裂纹平面。断裂韧度的测试数据通常会用表 5-1 所示的方法表明试件取向，表 5-1 中还给出了一些钢和用在飞机结构上的铝合金的断裂韧度值。

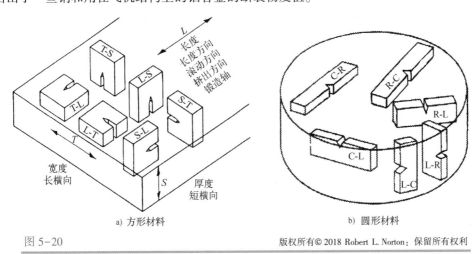

a) 方形材料   b) 圆形材料

图 5-20

典型的主要断裂路径方向

摘自：MIL-HDBK-5J，p. 1-21，January 31，2003

表 5-1   各类材料的断裂韧度因子[16]

室温下的平面应变值

材料	合金	热处理	材料形状	取向	屈服强度 /kpsi	最大值	平均值	最小值
钢	AerMet 100	退火，HT 至 280 kpsi	棒状	L-R	236～281	146	121	100
钢	AerMet 100	退火，HT 至 280 kpsi	棒状	C-R	223～273	137	112	90
钢	AerMet 100	退火，HT 至 280 kpsi	棒状	L-R	251～265	110	99	88
钢	AerMet 100	退火，HT 至 280 kpsi	棒状	C-R	250～268	101	88	73
钢	Custom 465	H1000	棒状	L-R	212～227	131	120	108
钢	Custom 465	H1000	棒状	R-L	212～225	118	109	100
钢	9Ni-4Co-0.20C	淬火、回火	锻压	L-T	185～192	147	129	107
钢	D6AC	淬火、回火	板状	L-T	217	88	62	40
铝	2024-T351		板状	L-T		43	31	27

⊖ 参见 ASTM e-399-83 "金属材料平面应变断裂韧性标准试验方法。"

（续）

材料	合金	热处理	材料形状	取向	屈服强度/kpsi	最大值	平均值	最小值
铝	2024-T852		锻压	T-L		25	19	15
铝	7075-T651		板状	T-L		27	22	18
铝	7075-T6510	挤压成型		L-T	32	27	23	
铝	7075-T6510	锻压棒状		L-T	35	29	24	
铝	7475-T651		板状	T-L	60	47	34	

另外一个关于断裂力学失效的例子如图 5-21a 所示，这是一张低碳钢悬挂球支架的照片，如图 1-2~图 1-6 所示。该零件在炽热状态下弯曲成形时突然失效。可以看到这个断裂表面相对光滑，裂纹边界非常尖锐。因为高温，韧性和断裂韧度都增加，在这种情况下发生突然脆性失效并不寻常。仔细观察失效的表面（如图 5-21b 所示，图中的破坏面放大了 12.5 倍）：在热轧钢棒中存在一个小的裂纹，这是明显的缺陷。在高温下，在裂纹尖端的应力强度超过了材料的断裂韧度，从而造成突然的脆性破坏[⊖]。

 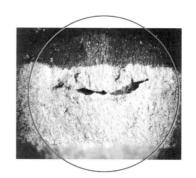

a) 炽热状态弯曲时的突然失效　　　　　　　　b) 材料内放大12.5倍的裂纹

图 5-21

在炽热状态下发生突然失效的锻钢拖车悬挂装置。注意原有存在的裂纹和失效的边缘清晰度

图片摘自：the author of a part donated to the author by Steven Taylor, Port Townsend, Wash.

以上关于断裂力学的简要讨论仅仅涉及这一复杂主题的*一些表面*。建议读者阅读这一主题更多的资料。关于断裂力学、材料的应力强度因子和断裂韧度性质的资源可在本章参考书目中找到。

例 5-3　在静态载荷下有裂纹材料的失效

问题：一个设计承受 6000 N 轴向静载荷的钢制支承条在生产中产生了裂纹。基于屈服条件，计算支承条在没有裂纹时的安全系数；基于断裂力学，计算有裂纹时的安全系数。在其失效之前，这个裂纹能发展到多大？对这个零件进行热处理能否补偿零件因为产生裂纹而损失的强度？

已知：材料的 $S_y = 540\ MPa$，$K_c = 66\ MPa\sqrt{m}$。长度 $l = 6\ m$，宽度 $b = 80\ mm$，且厚度为 $t = 3\ mm$。裂纹宽度为 $a = 10\ mm$。裂纹完全穿过了材料的厚度，如图 5-19c 所示。

假设：载荷是静态的，并且整个装配体都在室温条件下。$a/b < 0.13$，可以使用式 (5.14d)。

⊖　注意，线弹性断裂力学不能用来分析这种故障是因为它以不在线性弹性范围。整个截面失效是塑性变形。因此在这里需要用非线性断裂力学分析。

解：

1. 首先基于用整个横截面计算零件无裂纹的名义应力：

$$\sigma_{nom} = \frac{P}{A} = \frac{60\,000}{3(80)} \text{ MPa} = 250 \text{ MPa} \tag{a}$$

2. 因为这是一个单向应力，所以它也是主应力和 von Mises 应力。利用畸变能理论计算屈服安全系数（式 5.8a），有：

$$N_{vm} = \frac{S_y}{\sigma'} = \frac{540}{250} = 2.16 \tag{b}$$

3. 因为 $a/b<0.13$，所以裂纹尖端的应力强度 K 可以用式（5.14d）来计算：

$$\frac{a}{b} = \frac{10}{80} = 0.125$$

且有
$$K = 1.12\sigma_{nom}\sqrt{\pi a} = 1.12(250 \text{ MPa})\sqrt{10 \text{ mm}\pi} = 49.63 \text{ MPa}\sqrt{m} \tag{c}$$

4. 抵抗裂纹突然增长的安全系数可以通过式（5.15）计算得到：

$$N_{FM} = \frac{K_c}{K} = \frac{66}{49.63} = 1.33 \tag{d}$$

注意：当超载 33% 时，失效会突然发生，在该点上，零件的名义应力仍然低于材料的屈服强度。这里的安全系数太小，以致无法抵抗突然发生的失效。

5. 可以通过用 K 代替 K_c 来计算发生失效时裂纹宽度 a。计算结果是裂纹宽度等于 18 mm。然而，这时的 a/b 比值将会超过误差在 10% 时的推荐值。如果需要的话，可以从参考资料中选取一个更准确的等式进行计算。

6. 假设钢有足够的碳可进行热处理，通过硬作，材料的屈服强度会提高，但是其韧性和断裂韧度因子 K_c 会降低，使零件在抵抗断裂力学失效时变得更不安全。

7. 文件 EX05-03 存放在本书网站上。

5.4 使用静态载荷失效的理论

要测试所有的工程材料既不实际也不可能。这里给出的静态载荷失效理论提供了一个途径把零件的组合应力状态和单向拉伸试验的应力状态联系起来。用有效应力代替组合应力的方法是非常有用的。然而，设计者必须意识到这个方法的局限性，才能正确地运用有效应力的概念。

本章的基本假设是在这一章所研究的材料均为宏观均匀和各向同性的。很多工程金属和工程聚合物都属于这个范畴。假设的微观裂纹不妨碍传统失效理论的使用，只要可检测到的微观裂纹不要显而易见即可。反之，则需要使用断裂力学理论。

因为复合材料有着更高的强度-重量比，所以现在越来越多地用于实际中。这些材料是典型的非均匀，且各向异性的，所以在计算这些材料的时候，需要用到不同的更为复杂的失效理论。如果读者想获取更多关于复合材料的信息，可以从参阅本章的参考文献。

另外一个基本假设是静态失效理论中的载荷是缓慢施加的，且载荷不随着时间变化，即为静载荷。**当载荷（也就是应力）随着时间变化或者加载非常突然，那么在这章的失效理论就可能不可用。** 在下一章我们会讨论适合动态载荷的失效理论，并扩展到考虑动载断裂力学的情况。当断裂力学用于动态载荷的情况时，动载断裂韧度参数 K_d（K_{Id}，K_{IId} 或者是 K_{IIId}）会代替静态断裂韧度 K_c 使用。

应力集中 当几何形状不连续或者是有尖锐外形时，在考虑采用哪种合适的失效理论之前，还需要考虑一些静载荷事宜。应力集中的概念已经在 4.15 节中做了介绍和讨论：**在静载荷作用下，如果是韧性材料，应力集中可以忽略不计**，因为在不连续处的应力很高，会导致局部屈服，从而削弱了应力集中的影响。然而有必要强调：当脆性材料受到静态载荷时，应力集中造成的影响需要在计算应力中考虑，然后将它们转化为有效应力进行比较。其中一个例外就是一些铸造材料（如灰铸铁）的内部应力源非常多，以至于外部作用的几何应力源的影响微乎其微。

温度和湿度 温度和湿度也是影响失效的因素。大部分材料的试验数据都是在室温和低湿度的条件下测得的。实际上，所有材料的性质都是温度的函数。在高温下，金属强度降低，但韧性上升。韧性材料在低温下会变脆。聚合物也表现出类似的性质，只是温度区间比金属的要小得多。沸水已经足以让某些聚合物变软，而冷水又足以使它们变得十分脆。如果应用涉及高温或低温，或在水/腐蚀性环境下，那么在应用任何失效理论前应该从材料制造商那里获得材料在这些环境中的强度数据。

裂纹 如果存在宏观裂纹或者预测到工作中会出现裂纹，那么应该运用断裂力学（FM）理论。一旦发现实际裂纹，应该用断裂力学预测失效和确定零件的安全性。如果以前用类似的设备进行的试验在工作中出现过断裂问题，那么应该用断裂力学来设计以后的装置，并且应该进行定期现场检测裂纹的发生。

5.5 静态失效案例研究分析

我们现在继续一些案例研究，这些案例研究的受力已经在第 3 章中做了分析，它们的应力已经在第 4 章中做了分析。例如，第 4 章讲述了 4 个案例研究，分别为 1B、2B、3B 和 4B。这一章会继续分析这些案例，并命名为 1C、2C、3C 和 4C。读者可以复习案例前面的内容。查看案例表就可以找到每一部分。因为应力是连续变化的，我们在第 4 章做了一个工程判断，判断和计算在哪个位置应力达到最大值。我们希望现在利用合适的失效理论计算它们的安全系数。

案例研究 1C　自行车刹车杆的失效分析

问题：确定如图 3-26 和图 5-22 所示的制动杆在临界点的安全系数。

已知：应力已经在案例研究 1B 中计算出来。制动杆的材料为压铸铝合金 ASTM G8A，其 $S_{ut}=310\,\text{MPa}$，$S_y=186\,\text{MPa}$。制动杆的断裂延伸率为 8%，可以算是韧性材料。

假设：最有可能失效的地方就是安装销的两个孔，还有悬臂梁的根部。

解：见图 3-26、图 5-22 和文件 CASE1C。

1. 利用案例研究 1B 中的式（4.11b）计算图 5-22 所示悬臂梁根部点 P 处的弯曲应力：

$$\sigma_x = \frac{Mc}{I} = \frac{\left(267\,\text{N}\cdot0.0762\,\text{m}\right)\left(\frac{0.0143}{2}\right)\text{m}}{\frac{\pi\left(0.0143\right)^4}{64}\text{m}^4} = 70.9\,\text{MPa} \tag{a}$$

2. 这是在该点处唯一的应力，所以该应力也为主应力。在本案例中，von Misses 有效应力 $\sigma'=\sigma_1$（见式 5.7c）。在点 P 处抵抗屈服的安全系数为：

$$N_{yield} = \frac{S_y}{\sigma'} = \frac{186}{70.9} = 2.6 \tag{b}$$

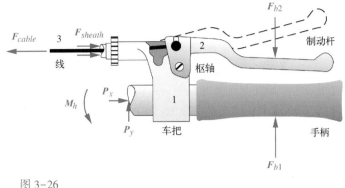

图 3-26

（重复）自行车制动装置结构图

在平均载荷下，该零件是安全的，但是其没有足够的余量去承受过载的情况。注意，在简单应力状态下，畸变能理论给出来的结果和最大剪切理论的计算结果完全一样，这是因为如图 5-5 所示，椭圆和六边形在点 $(x=\sigma_1, y=0)$ 处重合。

3. 因为这个是一个有一定韧性的铸造材料，它还需要利用式（5.12a）计算修正 Mohr 安全系数。对当制动杆在发生轻微屈服的时候还可以继续使用可能有争议，这时的安全系数为：

$$N_{fracture} = \frac{S_{ut}}{\sigma_1} = \frac{310}{70.9} = 4.4 \tag{c}$$

注意，我们还没考虑悬臂梁根部的应力集中，应力集中会减小断裂安全系数。在第 9 章的案例研究 1D 中会利用有限元分析计算点 P 处的应力集中系数。

4. 利用式（4.15c）计算如图 5-22 所示的点 Q 处的横向剪应力：

$$\tau_{xy} = \frac{4V}{3A} = \frac{4(267)\,\text{N}}{\dfrac{3\pi(14.3)^2}{4}\,\text{mm}^2} = 2.22\,\text{MPa} \tag{d}$$

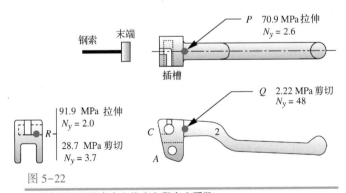

图 5-22

自行车制动杆特定点上的应力和安全系数

这个剪应力也是最大的，因为没有其他应力作用在该点处。利用畸变能理论计算点 Q 处的安全系数：

$$N_{transverse} = \frac{S_{ys}}{\tau_{max}} = \frac{0.577 S_y}{\tau_{max}} = \frac{0.577(186)}{2.22} = 48 \tag{e}$$

显然，没有点 Q 没有横向剪切失效的危险。

5. 图 5-22 上点 A 的孔处的挤压应力为：

$$A_{bearing} = dia \cdot thickness = 8(2)(6.4)\text{mm}^2 = 102\,\text{mm}^2$$

$$\sigma_{bearing} = \frac{F_{12}}{A_{bearing}} = \frac{1951}{102}\,\text{MPa} = 19.2\,\text{MPa} \tag{f}$$

这个应力为单独作用的，所以也是主应力和 von Mises 应力。假设材料的抗压强度等于它的拉伸强度（双向材料），那么这个孔的安全系数为：

$$N_{bearing} = \frac{S_{yc}}{\sigma'} = \frac{186}{19.2} = 9.7 \tag{g}$$

6. 在这个情况下，如考虑剪切导致的撕扯失效，需计算在 A 处 6.4mm 厚的孔截面和边界之间面积和剪应力：

$$A_{tearout} = length \cdot thickness = 7.1(4)(6.4)\,\text{mm}^2 = 181.8\,\text{mm}^2$$

$$\tau_{tearout} = \frac{F_{12}}{A_{tearout}} = \frac{1951}{181.8}\,\text{MPa} = 10.7\,\text{MPa} \tag{h}$$

这是一个纯剪切情况，安全系数可以如下计算：

$$N_{tearout} = \frac{S_{ys}}{\tau_{max}} = \frac{0.577 S_y}{\tau_{max}} = \frac{0.577(186)}{10.7} = 10.0 \tag{i}$$

7. 如图 5-22 所示，闸线的末端嵌入一个半开槽的盲孔中。该槽削弱了零件强度，而且使在 R 处的截面成为最容易失效的位置。在外缘纤维处的弯曲应力为：

$$\sigma_x = \frac{Mc}{I} = \frac{\dfrac{1914}{2}\left(\dfrac{5}{2}\right)(4)}{\dfrac{10(5)^3}{12}}\,\text{MPa} = 91.9\,\text{MPa} \tag{j}$$

因为该应力是这个截面上唯一的应力，所以它也是主应力和 von Mises 应力。点 R 处的弯曲安全系数为：

$$N = \frac{S_{yc}}{\sigma'} = \frac{186}{91.9} = 2.0 \tag{k}$$

8. 因为有横向载荷作用在中性轴上，所以在 R 位置处的截面存在剪应力：

$$\tau_{xy} = \frac{3V}{2A} = \frac{3(957)}{2(10)(5)}\,\text{MPa} = 28.7\,\text{MPa} \tag{l}$$

这个是中性轴上最大的剪应力，且在点 R 处的横向剪切安全系数为：

$$N = \frac{S_{ys}}{\tau_{max}} = \frac{0.577 S_y}{\tau_{max}} = \frac{0.577(186)}{28.7} = 3.7 \tag{m}$$

从这里我们可以注意到，横向剪切安全系数只是弯曲安全系数的两倍，这是因为这个梁长很短。用这个结果与在点 P（式 b 和 e）处的结果进行对比，那是长梁，所以弯曲和横向剪切安全系数差的系数等于 18，如图 5-22 所示。

9. 压铸铝合金是可用的强度最高的铝合金之一。如果想要得到一个抵抗过载（如自行车翻到引起）的额外保护，可以改变几何形状去增加横截面面积，从而减少应力集中；或者可以改变零件的材料和加工手段。锻造铝合金零件会拥有更高的强度，但是相应的价格会上升。更厚的横截面会稍微增加重量，并非无法承受。把点 P 处把手的直径增加 26% 到 18mm（也许有一个更大的过渡半径），这将会让该处的安全系数加倍，因为截面系数为函数 d^3。

虽然有一些其他的安全系数是过大的，但是因为铸造薄界面的限制，减少横截面积并不实际。其他要考虑因素有零件的外观，因为零件是用于自行车上。如果自行车的外形消费者不喜欢，那么就会给消费者以廉价的印象。有时提供一个有质量的外观，例如厚度比一个合适安全系数要求的更厚，经济效益更好。

案例研究 2C 压接工具失效分析

问题：确定如图 3-28（重复）和图 5-23 所示压接工具在临界点处的安全系数。

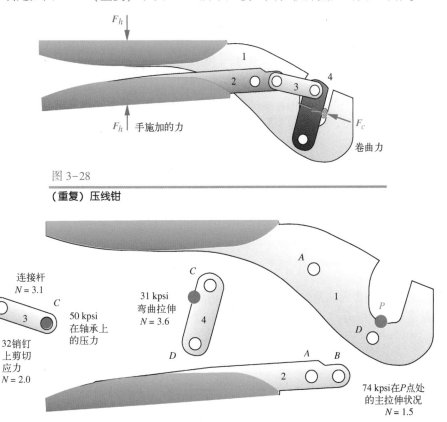

图 3-28

（重复）压线钳

图 5-23

夹具关键点上的重要应力和安全系数（N）

已知：从案例研究 2B 中已经计算出应力值。所有的材料均为 AISI 1095 钢，淬火与回火 800℉（见附录 A 的表 A-9），其 $S_y = 112\,\text{kpsi}$。其材料为双向材料。

假设：最容易失效处为连杆 3 的销孔。连接销处于剪切状态中，连杆 4 受弯。

解：

1. 前面的案例研究可以发现，压杆 3 处的临界应力是施加的应力的 3.1 倍。这个抗屈曲安全系数是用载荷来表示的，而不是用应力来表示。

2. 所有的连杆在直径为 0.25 mm 的孔处受压时都可能会发生失效。所受挤压应力为（式 4.7 和式 4.10）：

$$\sigma_b = \frac{P}{A_{bearing}} = \frac{1560}{0.125(0.25)}\,\text{kpsi} = 50\,\text{kpsi} \tag{a}$$

3. 因为上面的应力是施加在该零件的唯一的应力，所以它既是主应力，也是 von Mises 应力。而销孔或者销的承载应力的安全系数为：

$$N = \frac{S_y}{\sigma'} = \frac{112}{50} = 2.2 \tag{b}$$

4. 直径为 0.25 in 的销只受到剪切作用。其最大直接剪应力为：

$$\tau = \frac{P}{A_{shear}} = \frac{1560}{\dfrac{\pi(0.25)^2}{4}} \text{ kpsi} = 32 \text{ kpsi} \tag{c}$$

因为在该截面上只有该剪应力，所以它为最大剪应力。从式（5.9a）可以计算出销的安全系数：

$$N = \frac{0.577S_y}{\tau_{max}} = \frac{(0.577)112}{32} = 2.0 \tag{d}$$

5. 连杆 4 是一根长 1.55 in 的梁，只是利用销简单地支承，并受到来自点 C 的 2000 lb 的载荷。在 0.75 in 处产生最大弯矩，且该点厚度为 0.187 in。通过计算，我们可以算出该点的弯曲应力为：

$$\sigma = \frac{Mc}{I} = \frac{541.8\left(\dfrac{0.75}{2}\right)}{\dfrac{0.187(0.75)^3}{12}} \text{ kpsi} = 31 \text{ kpsi} \tag{e}$$

因为这是连杆 4 上所受到的唯一的应力，所以该应力力既是主应力，也是 von Mises 应力。连杆 4 的弯曲安全系数为：

$$N = \frac{S_y}{\sigma'} = \frac{112}{31} = 3.6 \tag{f}$$

6. 由于弯曲，在作为曲梁的连杆 1 的点 P 内圆外层纤维处叠加了弯曲和拉伸应力。这两个应力之和就是最大主应力：

$$\sigma_i = +\frac{M}{eA}\left(\frac{c_i}{r_i}\right) = \frac{2400}{0.103\big[(1.0-0.25)(0.313)\big]}\left(\frac{0.397}{0.600}\right) \text{ kpsi} = 65 \text{ kpsi}$$

$$\sigma_a = \frac{F}{A} = \frac{2000}{(1.0-0.25)(0.313)} \text{ kpsi} = 8.5 \text{ kpsi} \tag{g}$$

$$\sigma_1 = \sigma_a + \sigma_i = 65 \text{ kpsi} + 8.5 \text{ kpsi} = 74 \text{ kpsi}$$

点 P 处没有受到剪应力，所以上面的计算出来的应力既是主应力，也是 von Mises 应力。点 P 处曲梁内圆的弯曲安全系数可以使用式（5.8a）计算：

$$N = \frac{S_y}{\sigma'} = \frac{112}{74} = 1.5 \tag{h}$$

7. 由于应力集中系数，连杆 1 处的孔处的轴向拉伸应力 σ_a 所有增加。使用式（5.8a）计算安全系数：

$$N = \frac{S_y}{\sigma} = \frac{112}{2.42(8.5)} = 5.4 \tag{i}$$

注意，在孔处还存在横向剪应力，该剪应力和轴向拉伸应力组合将使孔处的安全系数减小到约为 3.7。

8. 上面有些安全系数，如连杆 1 点 P 处的弯曲安全系数 N=1.5 过低，不足以应对过载的情况。销的剪切安全系数也应该增大。或者选择强度更高的钢材，如 SAE 4140 或者稍微增大零件的横截面。只要对一个杆件厚度进行很小的改动就能达到合适的安全系数。注意，该例子的模型中几何形状是经过对实际装置简化而来的。所以计算得到的应力和安全系数也与实际情况不一定完全相同，实际根据是经过很好的测试和安全设计的。

案例研究 3C 汽车剪式千斤顶的失效分析

问题：确定汽车剪式千斤顶临界点处的安全系数。

已知：在案例研究 3B 中已经知道了应力。总设计载荷为 2000 lb，即每边 1000 lb。杆的宽度为 1.032 in，且厚度为 0.15 in。螺杆型号为 1/2-13 UNC，且螺纹根部直径为 0.406 in。所有零件的材料均为锻钢，弹性模量 $E = 30$ Mpsi，且 $S_y = 60$ kpsi。

假设：最容易发生失效的地方是作为支承架的杆、安装销的孔、在剪切状态下的销、在弯曲状态下齿轮轮齿和在拉伸状态下的螺杆。机构里面有两组连杆，每边都有一组。假设两边的杆都受到等量的载荷。千斤顶在其寿命之内使用的频率不高，所以使用静态分析就可以了。

解：见图 3-30 和图 5-24，或者见文件 CASE3C。

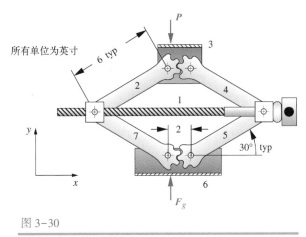

图 3-30

（重复）汽车剪式千斤顶

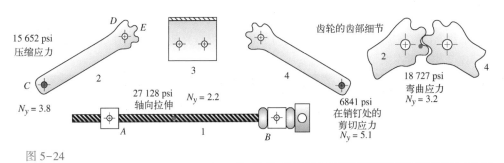

图 5-24

千斤顶上各零件的应力和安全系数

1. 千斤顶所受不同位置的应力已经在前面的第 4 章中计算出来。
2. 千斤顶螺柱处在轴向拉伸状态。可用式（4.7）计算该应力：

$$\sigma_x = \frac{P}{A} = \frac{4(878)}{0.129} \text{ psi} = 27\,128 \text{ psi} \tag{a}$$

这是一个单向拉伸应力，所以它既是主应力，也是 von Mises 应力。其对应的安全系数为：

$$N = \frac{S_y}{\sigma'} = \frac{60\,000}{27\,128} = 2.2 \tag{b}$$

3. 连杆 2 可以看作是一根受载荷的梁和压杆。抵抗屈曲的安全系数已经在该案例研究的上一部分中计算出来，其值为 $N = 2.3$。

4. 点 C 处的孔承受最大挤压应力，其值为：

$$\sigma_{bearing} = \frac{P}{A_{bearing}} = \frac{1026}{0.15(0.437)} \ \text{psi} = 15\,652 \ \text{psi} \tag{c}$$

这个是一个单向压应力，所以它既是主应力，也是 von Mises 应力。其安全系数为：

$$N_{bearing} = \frac{S_y}{\sigma'} = \frac{60\,000}{15\,652} = 3.8 \tag{d}$$

销的剪应力为：

$$\tau = \frac{P}{A_{shear}} = \frac{1026}{\dfrac{\pi(0.437)^2}{4}} \ \text{psi} = 6841 \ \text{psi} \tag{e}$$

这是一个纯剪应力，所以它也是最大剪应力。其安全系数为：

$$N = \frac{0.577 S_y}{\tau_{max}} = \frac{0.577(60\,000)}{6841} = 5.1 \tag{f}$$

5. 连杆 2 的轮齿根部的弯曲应力为：

$$\sigma = \frac{Mc}{I} = \frac{91(0.22)}{\dfrac{0.15(0.44)^3}{12}} \ \text{psi} = 18\,727 \ \text{psi} \tag{g}$$

这个为单向弯曲应力，所以其既是主应力也是 von Mises 应力。其对应的安全系数为：

$$N = \frac{S_y}{\sigma'} = \frac{60\,000}{18\,727} = 3.2 \tag{h}$$

6. 这个例子还需要进一步分析，需要检查装置中的另外一些点，尤其重要的是当千斤顶在不同位置处，其上各点的应力和安全系数。在本例中，我们任选了一个位置来分析。但是，当千斤顶运动到较低位置时，连杆处和销所受载荷都会增加，这是因为传递角更小了。一个完整的应力和安全系数分析应该包括若干个位置的受力分析。如果有兴趣，读者可以在公开文件 CASE3C-1 和 CASE3C-2 中查看本案例研究程序。

案例研究 4C　自行车刹车臂的安全系数

问题：如图 3-34（重复）和图 5-25 所示，选择合适的铝材去得到一个在自行车制动臂临界点上数值至少为 2 的安全系数。

已知：应力值已经在案例研究 4B 中计算出。扶手材料为铸造铝合金，销钉材料为钢。

假设：因为制动臂的材料为铸造材料，所以会使用修正 Mohr 理论去计算安全系数。销是韧性材料，所以使用最大畸变能理论。

解：见图 3-34 和图 5-25，或见文件 CASE4C。

1. 零件内圆外层纤维（如图 5-25 中的点 A）的弯曲应力 σ_i 和零件外圆外层纤维（如图 5-25 中的点 B）的弯曲应力 σ_o 为：

$$\sigma_i = +\frac{M}{eA}\left(\frac{c_i}{r_i}\right) = \frac{65\,452(6.063)}{(0.1873)(225)(58)} \ \text{MPa} = 162 \ \text{MPa}$$
$$\sigma_o = -\frac{M}{eA}\left(\frac{c_o}{r_o}\right) = \frac{65\,452(8.937)}{(0.1873)(225)(73)} \ \text{MPa} = -190 \ \text{MPa} \tag{a}$$

因为该点处的安全系数为 2，所以我们需要一个抗拉强度至少为 325 MPa、抗压强度至少为 380 MPa 的材料。

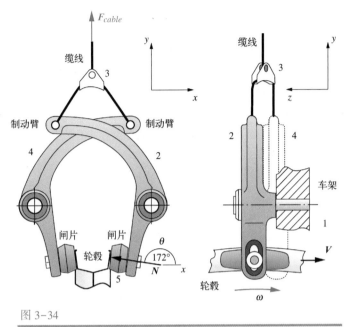

图 3-34

（重复）中心牵引自行车制动臂组件

2. 如图 5-25 所示，点 C 处的截面 B-B 左半部分的应力是弯曲应力和轴向拉伸应力的和为：

$$\sigma_{hub} = \frac{Mc}{I_{hub}} + \frac{F_{32_y}}{A_{hub}} = \frac{65\,452(12.5)}{33\,948}\,\text{MPa} + \frac{523}{399}\,\text{MPa} = 25.4\,\text{MPa} \qquad (\text{b})$$

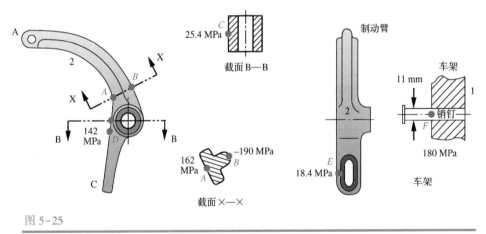

图 5-25

制动臂特定点上的应力

如果需要安全系数达到 2，那么需要材料的抗拉强度为 52 MPa。

3. 制动臂径直部分 23 mm 处（即图 5-25 中点 D 处）的外圆外层纤维的弯曲应力为：

$$\sigma_y = \sigma_{y_1} + \sigma_{y_2} = 118.6\,\text{MPa} + 23.7\,\text{MPa} = 142\,\text{MPa} \qquad (\text{c})$$

如果需要该点处的安全系数为 2，那么我们需要一个 S_{ut} 的值至少为 284 MPa 的材料。

4. 另外一个可能的失效点为制动臂的槽处（图 5-25 的点 E）。其撕裂剪应力为：

$$\tau = \frac{F_{52_z}}{A_{tearout}} = \frac{589}{32} \text{ MPa} = 18.4 \text{ MPa} \tag{d}$$

因为为一个单轴的剪应力，所以所有的应力均在图 2-11 中的第一象限中，这时修正 Mohr 理论完全和最大正应力理论相同。有效拉伸应力是最大剪应力的两倍，如果安全系数要达到 2，那么这要求材料的抗拉强度要大于 75 MPa。

5. 制动臂上最危险处为点 A 处的 $\sigma_y = 162$ MPa。这个是一个单向应力，所以它也是主应力。我们可以在附录 A 的表 A-3 中查到 A132 金属型铸造铝合金在 340°F 热处理后的 $S_{ut} = 324$ MPa。这种材料能满足本例断裂安全系数大于 2 的要求。

$$N_f = \frac{S_{ut}}{\sigma_{b_A}} = \frac{324 \text{ MPa}}{162 \text{ MPa}} = 2.0 \tag{e}$$

6. 这种铸造材料的偏离拉伸屈服强度 0.2% 的应力大小为 296 MPa。因为点 A 处为一个单向应力，所以 von Mises 应力 $\sigma' = \sigma_y$。点 A 处抵抗拉伸屈服的安全系数为：

$$N_y = \frac{S_y}{\sigma'_A} = \frac{296 \text{ MPa}}{162 \text{ MPa}} = 1.8 \tag{f}$$

7. 在点 F 的直径为 11 mm 的销轴承受着最大弯曲应力：

$$\sigma_{pin} = \frac{M_{pin} c_{pin}}{I_{pin}} = \frac{23\,053\left(\dfrac{11}{2}\right)}{\dfrac{\pi(11)^4}{64}} \text{ MPa} = 176 \text{ MPa} \tag{g}$$

如果韧性屈服安全系数为 2，那么要求钢材的屈服强度至少有 352 MPa。AISI1040 钢在正火条件下的 $S_y = 372$ MPa。使安全系数刚好过了 2。

8. 图 5-25 为零件上各个临界点的应力。读者可以在文件 CASE4C 中查看本案例研究的模型。

注意，大部分的这些案例研究，在达到（只有达到）预先设定的几何形状和载荷安全系数的"底线"后才做重新设计。有些安全系数可能会低于"底线"，这是设计中的典型问题，并能反映出它们需要迭代本质。因为我们开始并无法知道假设是否正确，直到花费了大量的时间和精力去分析才会发现问题，所以，我们不必因为发现开始的设计是错误的而灰心丧气。通过计算工具，如电子表格软件或方程求解器来建立分析模型是很有必要的。因为如果最初用的是计算机建模，若对以上的这些案例的几何模型重新设计，这些分析可以在几分钟内完成，如果不是，我们就需要花大量的时间去分析我们重新修正的设计。

5.6　小结

本章介绍了几个静态载荷下材料失效理论，其中有两个能很好地与试验失效数据匹配。这两个理论都假设材料在宏观上是均匀和各向同性的。此外，还提出了基于断裂力学理论的裂纹扩展机理。

畸变能理论，也称为 von Mises 理论，适用于韧性材料和双向材料，因为两者的抗剪强度比自身的抗拉强度小。这些材料都被认为因剪应力作用而失效，所以畸变能理论能有效预测这些材料的失效。

单向、脆性材料，如铸铁的抗拉强度比其抗压强度小很多，并且其抗剪强度在这两者之间。这些材料在拉伸状态下是最脆弱的，所以修正 Mohr 理论最适合于描述它们的失效。

注意，当加载不是静态载荷，而是随着时间而变化的动态载荷，*那么所有的这些理论都不能用于描述材料的失效*。描述动态载荷的不同准则将会在下一章中进行讨论。如果知道裂纹已经存在，那么必须用断裂力学理论判断是否有因为裂纹扩展而产生的突然失效的可能。在特定的环境下，裂纹会在应力水平远小于材料屈服强度的条件下突然开裂。

有效应力　在组合应力情况（例如拉伸和剪应力同时作用在同一点）下，哪个应力应被用于与材料强度做比较，以得到应力系数？是剪应力与剪切强度比较，还是正应力与抗拉强度比较？答案都不是。有效应力是作用在同一点的所有应力的总效果，需要把它计算出来，并与作用在拉伸试验试件上的"纯"正应力做比较。有效应力是一种有用的手段，用建立在"苹果就是苹果"的原则上的应力-载荷准则将有效应力与已发表的材料强度数据比较，甚至当应力条件和试验试件载荷不一样的时候也可以使用。当只有一个应力作用在一点的时候，有效应力也可以使用。有效应力的计算会因材料不同（韧性或脆性）而不同。

对韧性、双向材料而言，可以从施加的应力（式 5.7b、式 5.7d）和组合应力的主应力（式 5.7a、式 5.7c）直接计算出 **von Mises 有效应力**。值得注意的是，这个计算出来的有效应力把在某一点上的**任何二维和三维组合应力**都转换为一个**单独的应力** σ'，得到的这个应力 σ' 可以用来计算安全系数。对于在静态载荷下的韧性材料，**屈服强度**（5.1 节）是合适的强度准则。

对脆性、单向材料而言，可以用主应力来计算**修正 Mohr 有效应力**，而主应力则通过在给定点上的特定组合应力计算（式 5.12a、式 5.12d）。由此产生的有效应力与材料的抗拉强度（不屈服强度）比较而得到安全系数（见 5.2 节）。

断裂力学　零件除了可能因屈服和破坏失效外，还可以在低得多的应力裂纹扩展时因存在的裂纹足够大而失效。断裂力学理论提供了一个预测突然失效的方法，其原理是通过使用应力强度因子和材料的断裂韧度准则做比较（见 5.3 节）。

静态载荷的失效分析过程可以总结为如图 5-26 所示的流程图。注意，前 5 步的步骤和图 4-60 是一样的。

本章使用的重要公式

读者可以在前面章节复习这些公式的用法。

三维 von Mises 有效应力（5.1 节）：

$$\sigma' = \sqrt{\sigma_1^2 + \sigma_2^2 + \sigma_3^2 - \sigma_1\sigma_2 - \sigma_2\sigma_3 - \sigma_1\sigma_3} \tag{5.7a}$$

$$\sigma' = \sqrt{\frac{\left(\sigma_x - \sigma_y\right)^2 + \left(\sigma_y - \sigma_z\right)^2 + \left(\sigma_z - \sigma_x\right)^2 + 6\left(\tau_{xy}^2 + \tau_{yz}^2 + \tau_{zx}^2\right)}{2}} \tag{5.7b}$$

二维 von Mises 有效应力（5.1 节）：

$$\sigma' = \sqrt{\sigma_1^2 - \sigma_1\sigma_3 + \sigma_3^2} \tag{5.7c}$$

$$\sigma' = \sqrt{\sigma_x^2 + \sigma_y^2 - \sigma_x\sigma_y + 3\tau_{xy}^2} \tag{5.7d}$$

韧性材料在静态载荷下的安全系数（5.1 节）：

$$N = \frac{S_y}{\sigma'} \tag{5.8a}$$

剪切屈服强度为拉伸屈服强度的函数（5.1节）：

$$S_{ys} = 0.577 S_y \qquad (5.9b)$$

三维的修正 Mohr 影响应力（5.2节）：

$$C_1 = \frac{1}{2}\left[|\sigma_1 - \sigma_2| + \frac{2S_{ut} - |S_{uc}|}{-|S_{uc}|}(\sigma_1 + \sigma_2)\right]$$

$$C_2 = \frac{1}{2}\left[|\sigma_2 - \sigma_3| + \frac{2S_{ut} - |S_{uc}|}{-|S_{uc}|}(\sigma_2 + \sigma_3)\right] \qquad (5.12c)$$

$$C_3 = \frac{1}{2}\left[|\sigma_3 - \sigma_1| + \frac{2S_{ut} - |S_{uc}|}{-|S_{uc}|}(\sigma_3 + \sigma_1)\right]$$

$$\tilde{\sigma} = \mathrm{MAX}\left(C_1, C_2, C_3, \sigma_1, \sigma_2, \sigma_3\right) \qquad (5.12d)$$

$$\text{如果 MAX} < 0, \text{则 } \tilde{\sigma} = 0$$

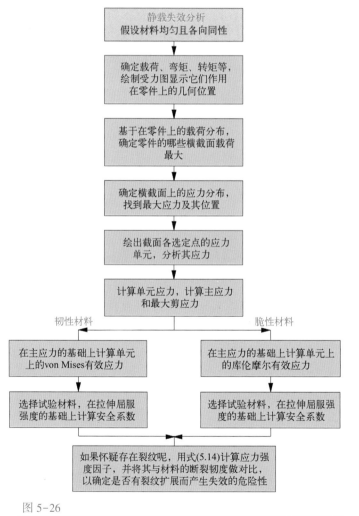

图 5-26

静态失效分析的流程图

脆性材料在静态载荷下的安全系数（5.2 节）：

$$N = \frac{S_{ut}}{\tilde{\sigma}} \tag{5.12e}$$

应力强度因子（5.3 节）：

$$K = \beta \sigma_{nom} \sqrt{\pi a} \tag{5.14b}$$

裂纹扩展安全系数（5.3 节）：

$$N_{FM} = \frac{K_c}{K} \tag{5.15}$$

5.7　参考文献

1. J. P. D. Hartog, *Strength of Materials*. Dover Press：New York, p. 222, 1961.
2. J. Marin, *Mechanical Behavior of Engineering Materials*. Prentice – Hall：Englewood Cliffs, N. J., pp. 117 – 122, 1962.
3. S. P. Timoshenko, *History of Strength of Materials*. McGraw–Hill：New York, 1953.
4. N. E. Dowling, *Mechanical Behavior of Materials*. Prentice–Hall：Englewood Cliffs, N. J., p. 284, 1993.
5. *Ibid.*, pp. 294–264.
6. T. J. Dolan, *Preclude Failure：A Philosophy for Material Selection and Simulated Service Testing*. SESA J. Exp. Mech., Jan. 1970.
7. N. E. Dowling, *Mechanical Behavior of Materials*. Prentice–Hall：Englewood Cliffs N. J., p. 280, 1993.
8. *Interim Report of a Board of Investigation to Inquire into the Design and Methods of Construction of Welded Steel Merchant Vessels*, USCG Ship Structures Committee, Wash., D. C. 20593–0001, June 3, 1944.
9. C. F. Tipper, *The Brittle Fracture Story*. Cambridge University Press：New York, 1962.
10. R. C. Juvinall, *Engineering Considerations of Stress, Strain, and Strength*. McGraw– Hill：New York, p. 71, 1967.
11. J. M. Barsom and S. T. Rolfe, *Fracture and Fatigue Control in Structures*. 2nd ed. Prentice–Hall：Englewood Cliffs, N. J., p. 203, 1987.
12. J. A. Bannantine, J. J. Comer, and J. L. Handrock, *Fundamentals of Metal Fatigue Analysis*. Prentice–Hall：Englewood Cliffs, N. J., p. 94, 1990.
13. D. Broek, *The Practical Use of Fracture Mechanics*. Kluwer Academic Publishers：Dordrecht, The Netherlands, pp. 8–10, 1988.
14. Ibid, p. 11.
15. N. E. Dowling, *Mechanical Behavior of Materials*. Prentice–Hall：Englewood Cliffs, N. J., pp. 306–307, 1993.
16. *Metallic Materials and Elements for Aerospace Vehicle Structures*, Department of Defense Handbook MIL–HDBK–5J, January 31, 2003.

5.8　参考书目

有关断裂力学的更多资料可以参照：

J. M. Barsom and S. T. Rolfe, *Fracture and Fatigue Control in Structures*. 2nd ed. Prentice–Hall：Englewood Cliffs, N. J., 1987.

D. Broek, *The Practical Use of Fracture Mechanics*. Kluwer：Dordrecht, The Netherlands, 1988.

R. C. Rice, ed. *Fatigue Design Handbook*. 2nd ed. SAE：Warrendale, PA. 1988.

有关应力强度因子的更多资料可以参照：

Y. Murakami, ed. *Stress Intensity Factors Handbook*. Pergamon Press：Oxford, U. K. 1987.

D. P. Rooke and D. J. Cartwright, *Compendium of Stress Intensity Factors*. Her Majesty's Stationery Office：London, 1976.

H. Tada, P. C. Paris, and G. R. Irwin, *The Stress Analysis of Cracks Handbook*. 2nd ed. Paris Productions Inc.：226 Woodbourne Dr., St. Louis, Mo., 1985.

有关材料断裂韧度的更多资料可以参照：

Battelle, *Aerospace Structural Metals Handbook*. Metals and Ceramics Information Center, Battelle Columbus Labs：Columbus Ohio, 1991.

J. P. Gallagher, ed. *Damage Tolerant Design Handbook*. Metals and Ceramics Information Center, Battelle Columbus Labs：Columbus, Ohio, 1983.

C. M. Hudson and S. K. Seward, *A Compendium of Sources of Fracture Toughness and Fatigue Crack Growth Data for Metallic Alloys*. Int. J. of Fracture, 14（4）：R151-R184, 1978.

B. Marandet and G. Sanz, *Evaluation of the Toughness of Thick Medium Strength Steels*, in *Flaw Growth and Fracture*. Am. Soc. for Testing and Materials：Philadelphia, Pa. pp. 72-95, 1977.

有关复合材料的更多资料可以参照：

R. Juran, ed., *Modern Plastics Encyclopedia*. McGraw-Hill：New York. 1992.

A. Kelly, ed., *Concise Encyclopedia of Composite Materials*. Pergamon Press：Oxford, U. K. 1989.

M. M. Schwartz, *Composite Materials Handbook*. McGraw-Hill：New York, 1984.

5.9　习题⊖

表 P5-0　习题清单⊖

5.1 韧性材料	**5-1**、5-2、**5-3**、**5-4**、5-6、*5-7*、5-8、**5-9**、*5-14*、5-15、**5-16**、**5-17**、*5-19*、*5-20*、5-21、**5-22**、*5-27a*、*5-28*、5-29、*5-31*、**5-33**、**5-34**、**5-36**、**5-41**、**5-42**、**5-43**、*5-44*、**5-45**、**5-46**、**5-47**、**5-48**、**5-49**、**5-56**、**5-57**、**5-58**、**5-60**、5-67、*5-68*、*5-73*、**5-74**、**5-78**、**5-79**、**5-80**、**5-81**、**5-86**、**5-87**、**5-88**、**5-89**、**5-90**、5-92
5.2 脆性材料	**5-10**、**5-11**、**5-12**、**5-13**、**5-18**、**5-23**、**5-24**、**5-25**、**5-26**、*5-27b*、5-30、5-32、**5-35**、**5-37**、5-59、*5-40*、5-61、5-62、5-63、5-64、5-65、5-66、**5-69**、**5-70**、**5-71**、**5-72**、*5-75*、**5-82**、*5-83*、*5-84*、*5-85*、5-91
5.3 断裂力学	5-38、5-39、5-50、5-51、5-52、5-53、5-54、5-55、5-76、5-77

*5-1⊖　每一个应力单元都有一组相对应的应力，如表 P5-1 所示。其数据如表 5-1 每一行所指定一样，绘制表示施加应力的应力单元，并计算主应力和 von Mises 应力。

表 P5-1　习题 5-1 的数据
行 **a～g** 为二维情况；其余为三维情况

行	σ_x	σ_y	σ_z	τ_{xy}	τ_{yz}	τ_{zx}
a	1000	0	0	500	0	0
b	−1000	0	0	750	0	0

⊖　带 * 号的习题答案见附录 D，题号是斜体的习题是设计类题目，题号加粗的习题是前面各章中习题横线后编号相同习题的扩展。

（续）

行	σ_x	σ_y	σ_z	τ_{xy}	τ_{yz}	τ_{zx}
c	500	−500	0	1000	0	0
d	0	−1500	0	750	0	0
e	750	250	0	500	0	0
f	−500	1000	0	750	0	0
g	1000	0	−750	0	0	250
h	750	500	250	500	0	0
i	1000	−250	−750	250	500	750
j	−500	750	250	100	250	1000

5-2　一个 400 lb 的枝形吊灯被挂在一个 10 ft 长的实心低碳锚链上。要求安全系数等于 4，求锚索的尺寸。描述自己所有的设想。

5-3　自行车的踏板臂如图 P5-1 所示，其受到骑车者给予踏板的 1500 N 的力，计算直径 15 mm 的踏板臂的 von Mises 应力。踏板通过 M12 的螺纹和臂相连。计算螺栓受到的 von Mises 应力。若材料的 $S_y = 350$ MPa，计算抵抗静态失效的安全系数。

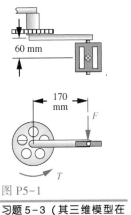

图 P5-1

习题 5-3（其三维模型在书本的网站中）

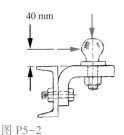

图 P5-2

习题 5-4、5-5、5-6（其三维模型在书本的网站中）

*5-4　组合体的受力如图 P5-2 和图 1-1 所示。舌状零件的重量为 100 kg，其竖直方向和水平方向的力都为 4905 N。其尺寸如图 1-5 球形支架所示，且其 $S_y = 300$ MPa，材料为韧性钢，试计算以下情况的静态安全系数：

（a）球形零件的长柄和托架是一体的。

（b）球形支架孔发生失效。

（c）球形支架发生失效。

（d）若连接螺栓的直径为 19 mm，其发生拉伸失效。

（e）支架发生悬臂梁式弯曲失效。

5-5　用习题 3-5 的载荷条件代替习题 5-4 的条件后，再次进行求解。

*5-6　用习题 3-6 的载荷条件代替习题 5-4 的条件后，再次进行求解。

*5-7　在 $S_y = 300$ MPa 的条件下，设计习题 3-7 中的转动销，要求安全系数等于 3.0。

*5-8　纸厂处理密度为 984 kg/m³ 的卷为一卷的纸张。纸筒的外圆（OD）直径为 1.5 m，内圆（ID）直径为 0.22 m，长度为 3.23 m，并且由一根中空的且 $S_y = 300$ MPa 钢轴支承着。如果 OD = 22 cm，并且需要得到安全系数的值等于 5，计算轴的 ID。

5-9　图 P5-3 为 ViseGrip 扳钳，其受力分析已经在习题 3-9 中有所提及，其应力分析已经在习题提及。

若在图中位置的压紧力 P = 400 N，计算每处销的安全系数。销钉直径为 8 mm，S_y = 400 MPa，并且都在双剪切状态。

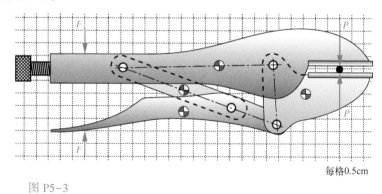

每格0.5cm

图 P5-3

习题 5-9（其三维模型在书本的网站中）

5-10 一个悬臂式跳水板如图 P5-4a 所示，假设板横截面积为 305 mm×32 mm。当一个 100 kg 的人站在板上自由端的时候，计算板上的最大主应力。如果板子材料为脆性玻璃纤维，且轴向的 S_{ut} = 130 MPa，试计算其静态安全系数。

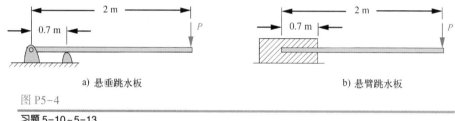

a) 悬垂跳水板

b) 悬臂跳水板

图 P5-4

习题 5-10~5-13

5-11 在习题 5-10 的基础上，假设重 100 kg 的人跳起来 25 cm 后落回板上。假设板子重 29 kg，而且当人站在上面的时候，板往下偏离 13.1 cm，如果板材料为玻璃纤维，且轴向 S_{ut} = 130 MPa，试计算静态安全系数。

5-12 在习题 5-10 的条件上，采用如图 P5-4b 所示的悬壁式跳板结构，就算自由端的最大正应力和安全系数。

5-13 在习题 5-10 的基础上，使用如图 P5-4b 所示的跳水板设计。假设板的重量为 19 kg，当人站在板上时，板偏离的距离为 8.5 cm。

5-14 图 P5-5 为一个小孩子的玩具。当小孩站在踏板上的时候，每个踏板承受小孩子的一半体重的重量。当小孩子跳起来的时候，双脚是不离开踏板的。假设孩子重量为 60 lb，弹簧刚度系数为 100 lb/in，整个玩具的重量为 5 lb。如果悬臂梁式的踏板的材料为 1100 系列铝合金，且安全系数要求为 2。试设计梁的形状和尺寸。

5-15 计算习题 4-15 剪切销钉的安全系数。

5-16 如图 P5-6 所示为保龄球的圆柱形导向滚道。两个轨道之间有一个小的倾斜角度。保龄球在滚道上滚动，直到它掉落到其他的滚道上。每根保留球滚道杆的悬空长度为 30 in，相互间的角度为 3.2°。保龄球的直径为 4.5 in，且重量为 2.5 lb。在窄端，杆的中心距为 4.2 in，试计算直径为 1 in 的正火钢制导杆的安全系数。

(a) 假设圆棒是双简支梁。

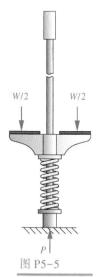

图 P5-5

习题 5-14

（b）假设圆棒两端被固定。

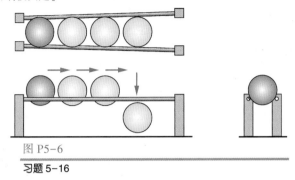

图 P5-6

习题 5-16

***5-17**　如图 P5-7 所示的冰夹。冰的重量为 50 lb，宽度为 10 in。夹子把手间的距离为 4 in，夹子的平均半径 r 为 6 in，其横截面形状为矩形，横截面积为 0.750 in×0.312 in。若夹子的 $S_y = 30$ kpsi，计算其安全系数。

5-18　重做习题 5-17，把钳子的材料换为 20 灰铸铁。

***5-19**　计算图 P5-8 中叉形接头的销尺寸，该叉形接头承受应力值为 130000 lb。并且在叉形接头法兰各位 2.5 in 厚的条件下不发生失效，计算叉形接头末端外圆的直径。所有形式失效的安全系数都为 3。假设销的 $S_y = 89.3$ kpsi，叉形接头的 $S_y = 35.5$ kpsi。

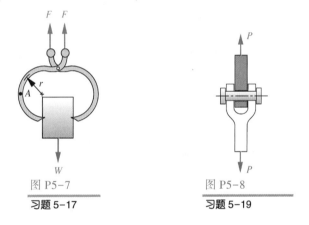

图 P5-7

习题 5-17

图 P5-8

习题 5-19

5-20　一根长 1 m 的实心圆轴上受到一个 100 N·m 的力矩。若要求轴的弯曲角度不超过 2°，并且轴的材料为合金钢，其屈服安全系数等于 2，试设计这根杆。

5-21　图 P5-9 为汽车轮子的两种形式的凸缘扳手，其中，图 a）为单把手结构，而图 b）为双把手结构。两种结构中点 A 到点 B 的距离均为 1 ft，并且把手的直径为 0.625 in。若材料 $S_y = 45$ kpsi，求出把手在屈服前的能承受的最大应力。

***5-22**　"一字"溜冰鞋如图 P5-10 所示，其轮子直径为 72 mm，轮子间的中心距为 104 mm。溜冰鞋整体重量为 2 kg。溜冰鞋的有效"弹跳率"为 6000 M/m。轮子的轴为直径 10 mm 的销，销在双剪切状态，且 $S_y = 400$ MPa。若一个重量 100 kg 的人穿着这双溜冰鞋进行一个单脚的高度为 0.5 m 的跳跃。
（a）假设 4 个轮子同时落地。
（b）假设落地时只有 1 个轮子支承。

***5-23**　梁的受力和支承方式如图 P5-11a 所示，其数据见表 P5-2，计算以下情况的安全系数：
（a）假设梁的材料为韧性材料，其 $S_y = 300$ MPa。
（b）假设梁为铸造脆性材料，其 $S_{ut} = 150$ MPa，$S_{uc} = 570$ MPa。

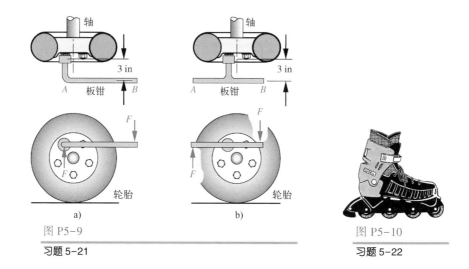

图 P5-9

习题 5-21

图 P5-10

习题 5-22

* **5-24**   梁的受力和支承方式如图 P5-11b 所示，其数据见表 P5-2。计算以下情况的安全系数：
(a) 假设梁的材料为韧性材料，其 $S_y = 300\,\text{MPa}$。
(b) 假设梁为铸造脆性材料，其 $S_{ut} = 150\,\text{MPa}$，$S_{uc} = 570\,\text{MPa}$。

* **5-25**   梁的受力和支承方式如图 P5-11c 所示，其数据见表 P5-2。计算以下情况的安全系数：
(a) 假设梁的材料为韧性材料，其 $S_y = 300\,\text{MPa}$。
(b) 假设梁为铸造脆性材料，其 $S_{ut} = 150\,\text{MPa}$，$S_{uc} = 570\,\text{MPa}$。

* **5-26**   梁的受力和支承方式如图 P5-11d 所示，其数据见表 P5-2。计算以下情况的安全系数：
(a) 假设梁的材料为韧性材料，其 $S_y = 300\,\text{MPa}$。
(b) 假设梁为铸造脆性材料，其 $S_{ut} = 150\,\text{MPa}$，$S_{uc} = 570\,\text{MPa}$。

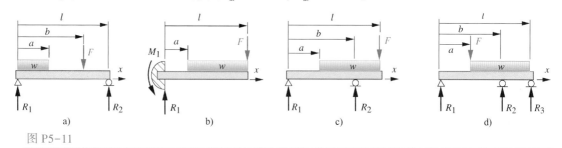

图 P5-11

习题 5-23~5-26 的梁和梁上的载荷，其数据见表 P5-2

* *5-27*   一个用于放置习题 5-8 中描述的卷纸筒的备货架如图 P5-12 所示。计算图中尺寸 a 和尺寸 b 的合适数值。结构的安全系数至少为 1.5。图中的芯轴为实心的，并且插入卷纸筒的长度为纸筒长度的一半。
(a) 假设梁的材料为韧性材料，其 $S_y = 300\,\text{MPa}$。
(b) 假设梁为铸造脆性材料，其 $S_{ut} = 150\,\text{MPa}$，$S_{uc} = 570\,\text{MPa}$。

5-28   图 P5-13 为一辆叉式升降装卸车正在开上一个角度为 15°，竖直高度为 4 ft 的装卸平台。叉车重量为 5000 lb，并且轮距为 42 in。设计两个 1 ft 宽的坡道（一边一个）供叉车行走，要求在最重的载荷条件下，坡道的安全系数至少等于 3。尽量设计合理的横截面几何形状来减少坡道的重量。材料选择合适的钢或铝合金。

5-29   一个微分单元受到如下应力：$\sigma_1 = 10$，$\sigma_2 = 0$，$\sigma_3 = -20$。一种韧性材料的强度如下：$S_{ut} = 50$，$S_y =$

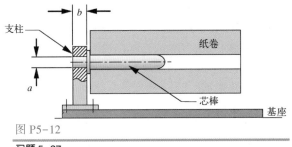

图 P5-12

习题 5-27

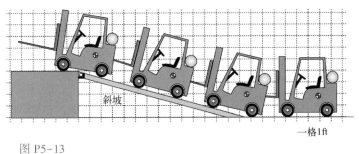

图 P5-13

一格1ft

习题 5-28

40，$S_{uc}=50$，单位为 kpsi。计算其安全系数，并且绘出以下理论对应的 σ_1-σ_3 图表：

（a）最大剪应力理论。

（b）畸变能理论。

5-30 一个微分单元受到如下应力：$\sigma_1=10$，$\sigma_2=0$，$\sigma_3=-20$。一种韧性材料的强度如下：$S_{ut}=50$，$S_{uc}=90$，单位为 kpsi。计算其安全系数，并且绘出以下理论对应的 σ_1-σ_3 图表：

（a）Coulaub-Mohr 理论。

（b）修正 Mohr 理论。

5-31 设计一个安全系数为 3 的三脚架结构的千斤顶，该千斤顶需要承受 2 t 的载荷。材料选用 SAE 1020 钢，并且尽量减少整体机构的重量。

*5-32 零件的组合应力状态和强度条件如下：$\sigma_x=10$，$\sigma_y=5$，$\tau_{xy}=4.5$，$S_{ut}=20$，$S_{uc}=20$，$S_y=18$。根据以上条件，选择合适的失效理论，并且计算其有效应力和安全系数。

*5-33 托架的结构尺寸如图 P5-14 所示，其数据如表格 P5-3 所示。计算其在点 A 和点 B 处的 von Mises 应力。

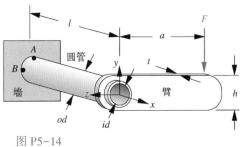

图 P5-14

习题 5-33~5-36（其三维模型在书本的网站中）

*5-34 使用畸变能理论、最大剪应力理论和最大正应力理论计算习题5-33托架的安全系数。比较哪种理论更为适合。假设其材料为韧性材料，而且 $S_y = 400\,\text{MPa}$（60 kpsi）。

*5-35 使用 Coulomb-Mohr 理论和修正 Mohr 有效应力理论计算力图5-33中托架的安全系数。并且比较哪种理论更为合适。假设材料为脆性金属，其强度为 $S_{ut} = 350\,\text{MPa}$（50 kpsi）、$S_{uc} = 1000\,\text{MPa}$（150 kpsi）。

5-36 托架如图P5-14所示，其数据如表P5-3指定的行所示。考虑点 A 和点 B 的应力集中，重做习题5-33。假设弯曲和扭转的应力集中系数为2.5。

*5-37 一个半圆形零件图如图P5-15所示，其 $OD = 150\,\text{mm}$，$ID = 100\,\text{mm}$，$t = 25\,\text{mm}$。一对应力沿着直径作用在零件上，$F = 14\,\text{kN}$。计算内圆和外圆的安全系数：
（a）若该零件为韧性材料，且 $S_y = 700\,\text{MPa}$。
（b）若该零件为脆性材料，且 $S_{ut} = 420\,\text{MPa}$，$S_{uc} = 1200\,\text{MPa}$。

*5-38 若习题5-37中的零件在内表面上有一个裂纹，其宽度为 $a = 4\,\text{mm}$，零件的断裂韧度为 $50\,\text{MPa} \cdot \text{m}^{0.5}$。计算该零件抵抗突然断裂的安全系数。

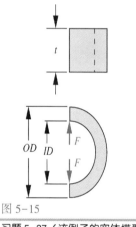

图 5-15

习题5-37（该例子的实体模型在书本的网站中）

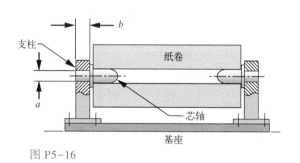

图 P5-16

习题5-40（其三维模型在书本的网站中）

*5-39 图5-16的装置中，纸卷直径为260 in，且壁厚为0.73 in。钢的 $S_y = 240\,\text{kpsi}$，且断裂韧度为 $K_c = 79.6\,\text{kpsi/in}$。其设计的内部压力为960 psi，但其却在542 psi时失效。失效的原因是有一个小裂纹造成了一个突然的脆性断裂力学失效。计算壁上的名义应力和失效条件下的安全系数，并且估算导致其分解的裂纹尺寸。假设 $\beta = 1.0$。

5-40 按照图P5-16的样式，重新设计习题5-8中的纸筒支承架。芯轴插入纸卷的长度为纸筒长度的10%。要求安全系数等于2，试设计尺寸 a 和尺寸 b。
（a）如果梁为韧性材料，且 $S_y = 300\,\text{MPa}$。
（b）如果量为脆性材料，且 $S_{ut} = 150\,\text{MPa}$，$S_{uc} = 1200\,\text{MPa}$。

*5-41 一根 $ID = 10\,\text{mm}$ 的钢管内流通的液体压力为7 MPa。钢管的 $S_y = 400\,\text{MPa}$，试计算以下壁厚的安全系数：
（a）1 mm。
（b）5 mm。

5-42 一个圆柱形的罐形容器，其末端为半球状，该容器需要在室温下容纳150 psi的增压空气。容器材料为钢，其 $S_y = 400\,\text{MPa}$。若该容器的直径为1 m，壁厚为1 mm，长度为1 m，试计算该容器的安全系数。

表 P5-2　习题 5-23 到 5-26 的数据

请只对某一习题使用相对应的数据，长度单位为 m，力单位为 N，I 的单位为 m^4。

行	l	a	b	F	I	c	E
a	1.00	0.40	0.60	500	2.85×10^{-8}	2.00×10^{-2}	钢
b	0.70	0.20	0.40	850	1.70×10^{-8}	1.00×10^{-2}	钢
c	0.30	0.10	0.20	450	4.70×10^{-9}	1.25×10^{-2}	钢
d	0.80	0.50	0.60	250	4.90×10^{-9}	1.10×10^{-2}	钢
e	0.85	0.35	0.50	750	1.80×10^{-8}	9.00×10^{-3}	钢
f	0.50	0.18	0.40	950	1.17×10^{-8}	1.00×10^{-2}	钢
g	0.60	0.28	0.50	250	3.20×10^{-9}	7.50×10^{-3}	钢
h	0.20	0.10	0.13	500	4.00×10^{-9}	5.00×10^{-3}	铝
i	0.40	0.15	0.30	200	2.75×10^{-9}	$5.00 E\times10^{-3}$	铝
j	0.20	0.10	0.15	80	6.50×10^{-10}	5.50×10^{-3}	铝
k	0.40	0.16	0.30	880	4.30×10^{-8}	1.45×10^{-2}	铝
l	0.90	0.25	0.80	600	4.20×10^{-8}	7.50×10^{-3}	铝
m	0.70	0.10	0.60	500	2.10×10^{-8}	6.50×10^{-3}	铝
n	0.85	0.15	0.70	120	7.90×10^{-9}	1.00×10^{-2}	铝

5-43　如图 P5-17 所示的纸筒，其尺寸如下：0.9 m OD×0.22 ID ×3.23 m，其密度为 984 kg/m³。由气动装置驱动的装卸台把纸筒从运输机械（图中没有画出）转移到叉车上。叉车的前叉厚度为 38 mm，宽度为 100 mm，长度为 1.2 m，并且和水平方向成 3°夹角，其 S_y = 600 MPa。当纸筒滚进前叉时，试求如下两种情况下叉车两前叉的安全系数：

（a）前叉末端为自由端。

（b）前叉末端和桌子的点 A 相接触。

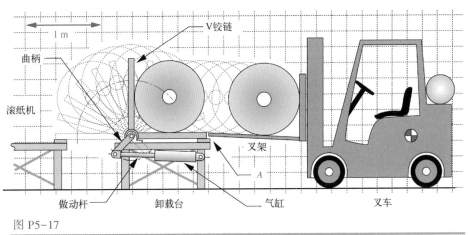

V铰链

曲柄

滚纸机

叉架

做动杆　　　卸载台　　　气缸　　　A　　　叉车

图 P5-17

习题 5-43~5-47

5-44　为图 P5-17 的装卸台上的 V 杆设计合适的厚度，要求其在滚筒滚动时，在任何位置上的偏离距离不超过 10 mm。两个 V 杆支承纸筒，分别位于纸筒长度的 1/4 处和 3/4 处，并且每个 V 杆的宽度为 10 cm，长度为 1 m。试计算以上条件下 V 杆的安全系数，S_y = 400 MPa。更多条件请见习题 5-43。

5-45　计算图 P5-17 中气动装置的气动杆的临界载荷下的安全系数。其曲柄长 0.3 m，并且气动杆的最大伸出长度为 0.5 m。杆的直径为 25 mm，实心，且其屈服强度为 400 MPa。

5-46　图 P5-17 中的 V 杆是由曲柄通过一根直径 60 mm，长度为 3.23 m 的轴。计算 V 杆运动时作用在轴上的最大力矩，且计算轴在不发生屈服下的静态安全系数，其中，轴的 $S_y = 400$ MPa。更多条件，请见习题 5-43。

5-47　计算如图 P5-17 所示的气动装置两端的销的最大应力。若销的直径为 30 mm，并且处在单向剪切状态下，试求它们的安全系数。其中，$S_y = 400$ MPa。

5-48　图 P5-18 为 100 kg 轮椅运动员的体育器械。轮椅的轮子直径为 65 cm，两轮相距 70 cm。前端有两个自由转动的前轮。轮椅的横向移动由其法兰盘限制着。设计一个长 1 m 的铝制空心管滚轴，目的为减小平台的高度，并且限制滚轴在承受最大载荷时的偏离为 1 mm 以内。具体设计支承空心管的合适尺寸的钢轴。计算所有重要位置的安全系数。

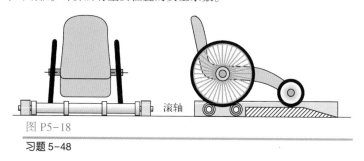

图 P5-18

习题 5-48

5-49　一个钢制零件受到如下的三维应力：$\sigma_1 = -80$ kpsi，$\sigma_2 = -80$ kpsi，$\sigma_2 = -80$ kpsi。该零件的 $S_y = 40$ kpsi。求最大剪应力。请问这个零件会失效吗？

5-50　一个由 7075-T651 铝制作的板状构件，其材料铝的断裂韧性 $K_c = 24.2$ MPa $\cdot$ m$^{0.5}$，且拉伸屈服强度为 495 MPa。若名义应力没有超过屈服强度的一半，计算板上能存在的最大边缘裂纹。

表 P5-3　习题 5-33~5-36 和习题 5-89~5-92 所用到的数据

请只对某一习题使用相对应的数据，长度单位为 m，力单位为 N

行	l	a	f	h	F	od	id	E
a	100	400	10	20	50	20	14	钢
b	70	200	6	80	85	20	6	钢
c	300	100	4	50	95	25	17	钢
d	800	500	6	65	160	46	22	铝
e	85	350	5	96	900	55	24	铝
f	50	180	4	45	950	50	30	铝
g	160	280	5	25	850	45	19	钢
h	200	100	2	10	800	40	24	钢
i	400	150	3	50	950	65	37	钢
j	200	100	3	10	600	45	32	铝
k	120	180	3	70	880	60	47	铝
l	150	250	8	90	750	52	28	铝
m	70	100	6	80	500	36	30	钢
n	85	150	7	60	820	40	15	钢

5-51　由 4340 钢制作的板状构件，其断裂韧度为 $K_c = 98.9$ MPa $\cdot$ m$^{0.5}$，并且其拉伸屈服强度为 860 MPa。在制造之后，该构件会做裂纹检查，但是该检查设备不能检查小于 3 mm 的缺陷。而且，该构件重量太重，于是，一个工程师建议应该减少构件的厚度，并且进行热处理，从而增加其抗拉强度到 1515 MPa，但是会减少其断裂韧度至 60.4 MPa $\cdot$ m$^{0.5}$。假设应力等级没有超过材料屈服强度的一般，请问该工程师的建议可行吗？如果不可行，为什么呢？

5-52　一块板块受到一个 350 MPa 的公称拉伸应力。该板块存在一个长 15.9 mm 的中心裂纹。计算裂纹尖端的应力强度因子。

5-53 在一个电影场景中，男性特技演员需要悬挂身体来通过在一根离地 3 m 的吊索。该吊索被挂在一块 3000 mm 长，100 mm 宽，1.27 mm 厚的玻璃板材上。特技演员知道在玻璃板材上面有一道平行于底面的长度为 16.2 mm 的中心裂纹。玻璃的断裂韧度为 0.83 MPa·m$^{0.5}$。请问这个演员能完成他的表演吗？如果可以，把你的计算过程写出来。

5-54 有一块材料的断裂韧度为 50 MPa/m，且其屈服强度为 1000 MPa，该材料将会被制作成为一块面板，如果面板受力的大小为屈服强度的一半，请问该面板有多大尺寸的中心裂纹才会发生失效？

5-55 一种断裂韧度为 33 MPa/m 的材料被做成一块很大的面板，面板尺寸为长 2000 mm，宽 250 mm，厚度为 4 mm。如果允许最小总裂纹长度为 4 mm，那么在不发生失效且安全系数为 2.5 的条件下，该面板在长度方向上能承受多大的拉伸载荷？

5-56 图 P5-19 为一根 SAE 1020 冷轧钢条被两根直径为 0.25 in 的材料为 A8 销钉固定在平面上，销的硬度为 52HRC。其中，$P = 1500$ lb，$t = 0.25$ in，求：
(a) 每个销钉的安全系数。
(b) 每个销钉孔直接承受应力的安全系数。
(c) 如果 $h = 1$ in，求剪切失效的安全系数。

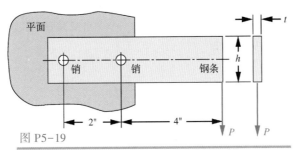

图 P5-19

习题 5-56~5-57（其三维模型在书本的网站中）

5-57 重复习题 5-56，将零件材料换为 50 铸铁。

5-58 图 P5-20 为一个材料为厚度 0.5 in 的 SAE 1045 冷轧钢做成的托架。内圆角半径为 0.25 in。托架左端为固定端，其受力如图所示，其中点 D 中的 $P = 5000$ lb。求：

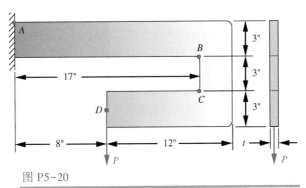

图 P5-20

习题 5-58~5-59（其三维模型在书本的网站中）

(a) 点 A 处抵抗静态失效的安全系数。
(b) 点 B 处抵抗静态失效的安全系数。

5-59 重做习题 5-58，将零件材料换为 1 in 厚的 60 铸铁。

5-60 图 P5-21 为一根直径 1 in、材料为 SAE 1040 热轧正火钢棒，其左侧为固定端，中部为铰接端，其受到的载荷 $P = 500$ lb。计算抵抗静态失效的安全系数。

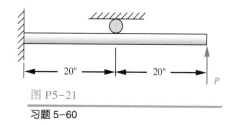

图 P5-21

习题 5-60

5-61 重做习题 5-60，但是零件的材料变为直径 1.5 in 的 60 铸铁。

5-62　如图 P5-22 所示，销和零件 A 的配合为过盈配合，和零件 B 的配合为滑动配合。若 $F = 100\,lb$，$l = 2\,in$ 和 $d = 0.5\,in$，求当销的材料为 SAE1020 冷轧钢时，销抵抗屈服的安全系数。

5-63　如图 P5-22 所示，销和零件 A 的配合为过盈配合，和零件 B 的配合为滑动配合。若 $F = 100\,N$，$l = 50\,mm$ 和 $d = 16\,mm$。若销的材料为 50 铸铁，求其抵抗断裂的安全系数。

5-64　一微分单元受到如下应力（单位：kpsi）：$\sigma_x = 10$，$\sigma_y = -20$，$\tau_{xy} = -20$。若材料是单向的，且其强度为：$S_{ut} = 50$，$S_y = 40$，$S_{uc} = 90$。计算其安全系数，绘制以下各理论的应力状态和载荷直线、σ_a-σ_b 图表：

（a）Coulomb-Mohr 理论。

（b）修正 Mohr 理论。

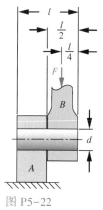

图 P5-22

习题 5-62 ~ 5-63

*5-65　一微分单元受到如下应力（单位：kpsi）。$\sigma_x = 10$，$\sigma_y = -5$，$\tau_{xy} = 15$。若材料是单向的，且其强度为：$S_{ut} = 50$，$S_y = 40$，$S_{uc} = 90$。计算其安全系数，绘制以下各理论的应力状态和载荷直线、σ_a-σ_b 图表：

（a）Coulomb-Mohr 理论

（b）修正 Mohr 理论

5-66　一微分单元受到如下应力（单位：kpsi）。$\sigma_x = -20$，$\sigma_y = -15$，$\tau_{xy} = 15$。若材料是单向的，且其强度为：$S_{ut} = 50$，$S_y = 40$，$S_{uc} = 90$。计算其安全系数，绘制以下各理论的应力状态和载荷直线、σ_a-σ_b 图表：

（a）Coulomb-Mohr 理论

（b）修正 Mohr 理论

5-67　推导出二维情况下的式（5.7d）的 von Mises 有效应力。

*5-68　图 P5-23 为一个油田机械。O_2 点处的曲柄驱动轴受到扭矩和弯曲载荷，其各自的最大值为 6500 in·lb 和 9800 in·lb。轴上最大应力处的点在远离曲柄和轴连接的地方。若抵抗静态失效的安全系数等于 2，且轴的材料为 SAE 1040 冷轧钢，求其合适的直径。

5-69 图 P5-24a 为一个 C 形椭圆夹具。夹具的横截面为 T 字形，并且其厚度均匀，均为 3.2 mm，如图 P5-24b 所示。若夹具夹紧力为 2.7 kN，并且其材料为 40 灰铸铁，求其静态安全系数。

5-70 图 P5-24a 的 C 形夹具的横截面积为矩形，如图 P5-24c 所示。若夹紧力为 1.6 kN，并且其材料为 50 灰铸铁，求其静态安全系数。

5-71 图 P5-24a 的 C 形夹具的横截面积为椭圆形，横截面尺寸和已经给出。如图 P5-24d 所示。若夹紧力为 1.6 kN，并且其材料为 60 灰铸铁，求其静态安全系数。

5-72 图 P5-24a 的 C 形夹具的横截面积为梯形，如图 P5-24c 所示。若夹紧力为 1.6 kN，并且其材料为 40 灰铸铁，求其静态安全系数。

5-73　实际上，图 P5-23 中的连接杆 3 有两根，分别连接着梁 4 的两边。如果其材料为厚度为 1/2 in 的 SAE 1020 冷轧钢条，每根杆受到的最大拉伸应力为 3500 lb，且其抵抗静态失效的安全系数为 4，试计算其合适的宽度。

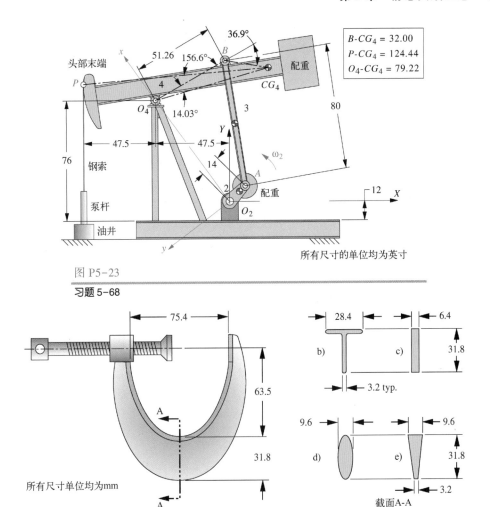

图 P5-23

习题 5-68

图 P5-24

习题 5-69~5-72（其三维模型在书本的网页上）

5-74　一个被吊杆末端吊起的工作平台可以改变其自身的长度及与地面的角度。该平台的宽度比吊杆直径大，以致当力加载到吊杆上，所以吊杆基座受到了弯曲、扭转和压缩应力。吊杆基座为一空心管，其外直径为 8 in，其壁厚为 0.75 in。其材料为 SAE 1030 CR 钢。吊杆基座上面的点的载荷为 $M = 600000$ lb·in、$T = 75000$ lb·in、轴向压力为 4800 lb，计算在不发生静态失效下的安全系数。

5-75　习题 5-74 中的吊杆的材料为 20 灰铸铁。吊杆为空心管，且其外径为 10 in，壁厚为 1 in。带着以上条件，重做习题 5-74。

5-76　假设习题 5-70 中的弯曲梁在其内表面上有一个裂纹，且裂纹的宽度为 $a = 3$ mm。其断裂韧度为 35 MPa·m$^{0.5}$。求不发生突然断裂条件下的安全系数。

5-77　大型飞行器面板材料为 7075-T651 铝材。从试验数据可以看出，在面板上的名义应力为 200 MPa。求其在失效前的平均最大中心裂纹尺寸。

5-78　设计习题 3-50 中的连接杆 3，其安全系数为 4，且其材料为 SAE 1010 热轧钢板。两端铰接孔直径为 6 mm，其受到的最大拉伸载荷为 2000 N。该载荷由两根杆承受。

5-79　设计习题 3-50 中的夯锤，要求其安全系数为 4，且其材料为 SAE 1010 热轧钢。与杆 3 相连的铰接孔的直径为 6 mm。其受到的载荷为 $F_{com} = 2000$ N。活塞直径为 35 mm。

5-80 一个微分单元受到如下应力（单位：MPa）：$\sigma_1 = 70$，$\sigma_2 = 0$，$\sigma_3 = -140$。一个韧性材料的强度为（单位：MPa）：$S_{ut} = 350$，$S_y = 280$，$S_{uc} = 350$。计算其安全系数并画出以下各理论的 σ_a-σ_b 图：
(a) 最大剪应力理论。
(b) 畸变能理论。

5-81 一个零件受到组合应力状态，并且其强度如下所示（单位：MPa）：$\sigma_x = 70$，$\sigma_y = 35$，$\tau_{xy} = 31.5$，$S_{ut} = 140$，$S_{uc} = 140$，$S_y = 126$。使用畸变能失效理论，计算不发生静态失效情况下的 von Mises 有效应力和安全系数。

5-82 在习题 5-78 中，将连接杆的材料换为 20 铸铁，重新计算习题 5-78。

5-83 在习题 5-79 中，将零件材料换为 20 铸铁，重新计算习题 5-78。

5-84 一个微分单元受到如下应力（单位：MPa）：$\sigma_1 = 70$，$\sigma_2 = 0$，$\sigma_3 = -140$。一个脆性材料的强度为（单位：MPa）：$S_{ut} = 350$，$S_{uc} = 630$。计算其安全系数并画出以下各理论的 σ_a-σ_b 图：
(a) Coulomb-Mohr 理论。
(b) 修正 Mohr 理论。

5-85 一个零件受到组合应力状态，并且其强度如下所示：$\sigma_x = 70$，$\sigma_y = 35$，$\tau_{xy} = 31.5$，$S_{ut} = 140$，$S_{uc} = 560$，$S_y = 126$。使用修正 Mohr 失效理论，计算不发生静态失效情况下的有效应力和安全系数。

5-86 图 P5-25 为轻型飞机上着陆器的一部分。支承架是由 7075 热处理铝合金条组成，并且在 A 点处和飞机机身相连。若 $P = 4$ kN，计算支承架 A 点处横截面内边界和外边界在不发生静态失效下的安全系数。

5-87 在习题 5-86 中，支承架的材料换为 Ti-8 Al-2 Sn-4 Zr-2 Mo 铝合金，且 $w = 50$，在上述条件下，重新计算习题 5-86。

5-88 在习题 5-86 中，要求安全系数的值为 1.2。计算横截面 A 处不发生静态失效的条件下尺寸 w 值的最小值。

5-89 如图 P5-26 所示为踏踏板和推动杆，其数据如图 P5-3 所示。计算距离右轴承 $x = a + l/2$ 处圆管横截面 G-G 上点 T 和点 S 处的 von Mises 应力。

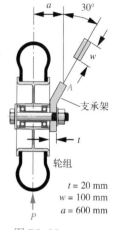

$t = 20$ mm
$w = 100$ mm
$a = 600$ mm

图 P5-25

习题 5-86~5-88

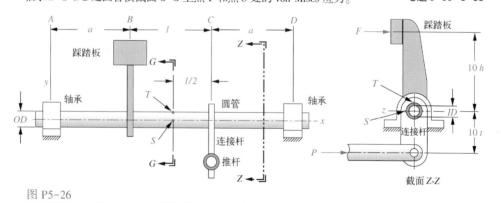

图 P5-26

习题 5-89~5-92，其数据见表 P5-3

5-90 使用畸变能理论、最大剪应力理论和最大正应力理论计算习题 5-89 中管道横截面 G-G 处的安全系数，并且比较各理论的可行性。假设韧性材料的强度为 $S_y = 200$ MPa。

5-91 使用 Coulomb-Mohr 理论和修正 Mohr 有效应力理论计算习题 5-89 管道横截面的安全系数。并且比较各理论的可行性。假设脆性材料的强度为 $S_{ut} = 150$ MPa 和 $S_{uc} = 600$ MPa。

5-92 图 P5-26 所示为足部踏板和推动杆装置，其数据如表 P5-3 所示。考虑点 T 和点 S 处的应力集中问题，重做习题 5-89。假设弯曲应力集中系数为 2.3，扭转应力集中系数为 2.8。

6

疲劳失效理论

如果一个人已掌握了基本知识，那么科学是助他更上一层楼的最好工具。

Oliver Wendell Holmes

6.0 引言

大多数的机械失效是由时变载荷引起的，而不是静载荷。这些失效通常出现在应力水平明显低于材料屈服极限的情况下。因此，当受到变载荷作用时，只使用上一章中所介绍的静强度失效理论进行设计会导致设计不安全。

表 6-0 列出了本章用到的变量，并注明了这些变量出现的公式、表格或小节。在本章末尾有一个总结性的小节，它给出了本章的重要公式并标示出这些公式所在的小节，从而方便读者查找。文中提供了有关本章内容的三个主要讲座视频的链接。讲座 7 涵盖了 6.1~6.8 节的内容，讲座 8 涵盖了 6.9 和 6.10 节的内容，讲座 9 涵盖了 6.11~6.15 节的内容。

表 6-0 本章所用的变量

变量符号	变量名	英制单位	国际单位	所在位置
A	振幅比	无	无	式 (6.1d)
a	裂纹半宽	in	m	式 (6.3)
A	95%应力区域	in^2	m^2	式 (6.7c)
C_{load}	加载系数	无	无	式 (6.7a)
C_{reliab}	可靠度系数	无	无	表 6-4
C_{size}	尺寸系数	无	无	式 (6.7b)
C_{surf}	表面系数	无	无	式 (6.7e)
C_{temp}	温度系数	无	无	式 (6.7f)

⊖ 本照片是断裂的美国海军 Schenectady 自由舰，由 the Ship Structures Committee，U.S. Government. 提供。（公有领域）

（续）

变量符号	变量名	英制单位	国际单位	所在位置
d_{equiv}	试样等效直径	in	m	式（6.7d）
K	应力强度	kpsi·in$^{0.5}$	MPa·m$^{0.5}$	6.1 节
K_c	断裂韧度	kpsi·in$^{0.5}$	MPa·m$^{0.5}$	6.1 节
ΔK	应力强度系数增量	kpsi·in$^{0.5}$	MPa·m$^{0.5}$	式（6.3）
ΔK_{th}	临界应力强度系数	kpsi·in$^{0.5}$	MPa·m$^{0.5}$	6.5 节
K_f	疲劳应力集中系数	无	无	式（6.11）
K_{fm}	应力均值集中系数	无	无	式（6.17）
N	循环次数	无	无	图 6-2，6.2 节
N_f	疲劳安全系数	无	无	式（6.14），式（6.18）
q	材料缺口敏感度	无	无	式（6.13），图 6-36
R	应力特征系数比	无	无	式（6.1d）
S_e	修正持久极限	psi	Pa	式（6.6）
S_e'	非修正持久极限	psi	Pa	式（6.5）
S_f	修正疲劳极限	psi	Pa	式（6.6）
S_f'	非修正疲劳极限	psi	Pa	式（6.5）
S_m	10^3 循环次数的平均极限	psi	Pa	式（6.9）
$S(N)$	某一循环次数下的疲劳极限	psi	Pa	式 6.10
S_{yc}	压缩屈服极限	psi	Pa	图 6-44，式（6.16a）
β	应力强度的几何系数	无	无	式（6.3）
σ	正应力	psi	Pa	
$\sigma_{1,2,3}$	主应力	psi	Pa	6.10 节
σ_α	正应力幅值	psi	MPa	6.4 节
σ_m	正应力均值	psi	MPa	6.4 节
σ'	von Mises 等效应力	psi	Pa	6.10 节
σ_α'	von Mises 应力幅值	psi	Pa	6.11 节
σ_m'	von Mises 应力均值	psi	Pa	6.11 节
σ_{max}	最大正应力	psi	MPa	6.4 节
σ_{min}	最小正应力	psi	MPa	6.4 节

疲劳失效历史

疲劳失效的现象在 19 世纪首次被发现，当时一根火车车厢轴仅工作了很短的一段时间就出现失效。这些轴是用锻钢制造，但是出现了突然的、类似脆性的失效。Rankine 在 1843 发表的《火车车轴轴颈意外破损的原因》的论文中提出材料受到波动应力时会结晶化，并且变脆。这些轴是根据当时的工程知识设计的，主要是基于静载结构的设计经验。而动载荷还只是因蒸汽机的使用带来的一种新现象。轴与车轮固定在一起，并和车轮一起转动。因此，轴表面各点的弯曲应力由正到负周期变化，如图 6-1a 所示。这种变应力称为对称循环变应力。德国工程师 August Wohler 是最早通过在实验室测试轴在对称循环变应力作用下的失效而对所谓疲劳失效的现象进行科学研究的人（历时超过 12 年）。1870 年，他发布了自己的研究成果，确定变应力的循环次数是导致轴失效的罪魁祸首，并发现了钢材的持久极限，即可以承受数百万次对称循环的应力水平。图 6-2 所示的 S-N 图（或称 Whole 图）是表征材料在对称循环变应力作用下的特性的标准方法，现仍在使用，尽管目前已有其他表征材料在变应力作用下的强度的方法。

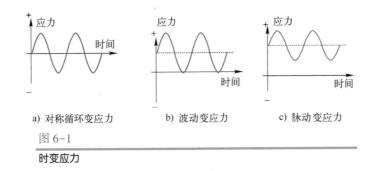

a) 对称循环变应力　　b) 波动变应力　　c) 脉动变应力

图 6-1

时变应力

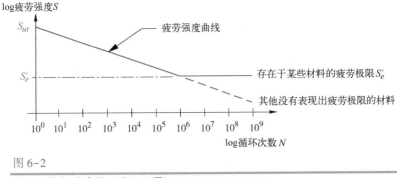

图 6-2

Wholer 强度-寿命图（或 S-N 图）

1839 年 Poncelet 首先将"疲劳"这一术语应用于这种情况。当时，疲劳失效的机理尚不清楚，韧性材料出现的脆性外观引起了推测：在受到变应力反复作用时，材料变得"疲劳"和脆化。Wholer 后来发现断裂的半轴在拉伸试验中依然具有和原材料一样的强度和韧性。但是疲劳失效一词已被使用，并且至今仍被用于描述变应力导致的失效现象。

疲劳失效给经济带来了很大的损失。基于 Reed 等人[1] 在一份美国政府报告中给出的数据，Dowling 认为：

在 1982 年，材料失效给美国带来约 1000 亿美元的经济损失，约占当时美国国民生产总值（GNP）的 3%。这些损失源于地面车辆、铁路车辆、各种飞行器、桥梁、起重机、电力设备、离岸油井结构，以及包括家居产品、玩具和体育器材在内的多种机械设备的失效或者用于预防这些设备失效而带来的开销[2]。

材料失效的损失还可能包括人的生命。第一个商用喷气式客机——英国的"彗星"号，就因为客舱的反复增-减压而导致了机身的疲劳失效，在 1954 年发生了两起致命的事故⊖。1988 年，夏威夷航空的一架波音 737 在 25 000 ft 的高空丢失了三分之一的客舱顶部，它最终以最少的生命代价安全降落。还有许多因疲劳失效导致的灾难性事故。过去的 150 年里，人们花了很多的精力来确定疲劳失效的机理。自第二次世界大战以来，材料在飞机和航天器上的应用需求激发了对疲劳失效研究的投入，并取得了较好的效果，但是科研人员还在继续探索关于疲劳失效机理问题的答案。表 6-1 是疲劳失效研究历史上的重要事件和成果年表。

⊖ 人们普遍认为"彗星"号使英国的商业航空行业蒙受损失。尽管当时英国航空工业领先，但是因此带来的极大损失和对飞机的重新设计给了美国航空工业领先的机会，这种势头持续至今。而英国最近由于和欧洲空中客车合作才开始获得显著的市场份额。

表 6-1 疲劳失效研究历史上的重要事件和成果年表

年份	研究者	事件或成果
1829	Albert	首次以文献记载了失效是由交变应力引起的
1837	Rankine	提出了疲劳的晶体化理论
1839	Poncelet	首次使用"疲劳"这个名词
1849	Stephenson	提出与火车轴的疲劳失效关联的产品可靠性
1850	Braithwaite	首次在英文出版物中使用"疲劳"这个词并讨论了晶体化理论
1864	Fairbairn	报道了第一个交变应力试验
1871	Wohler	总结了多年来关于轴失效的研究，发展了旋转弯曲试验和 S-N 图，并定义了持久极限
1871	Bauschinger	发展了 10^{-6} 精度下的微小拉伸现象并研究了非塑性的应力–应变关系
1886	Bauschinger	提出一种在未发生疲劳时的循环自然弹性限度理论
1903	Ewing/Humfrey	发现了滑移线、失效裂缝和从裂缝扩展为失效，反驳了晶体化理论
1910	Bairstow	验证了 Bauschinger 的自然弹性限度理论和 Wohler 的疲劳极限理论
1910	Basquin	发展了耐力测试的指数定律
1915	Smith/Wedgewood	把塑性应变循环从总塑性应变中区分开
1921	Griffith	发展了断裂的标准以及把疲劳和裂缝扩展联系起来
1927	Moore/Kommers	测试了很多种材料的量化高循环次数疲劳数据
1930	Goodman/Soderberg	独立确定了应力均值对疲劳的影响
1937	Neuber	发表了用于描述缺口处应变集中的 Neuber 方程
1953	Peterson	发表了"应力集中设计因素"，提供了一种解释缺口的方法
1955	Coffin/Manson	独立发表了基于应变的低周疲劳定理
1961	Paris	发表了疲劳裂缝扩展的断裂力学 Paris 定律

6.1 疲劳失效机理

视频：第 7 讲
疲劳失效理论
（55:49）⊖

　　疲劳失效总是于裂纹处产生的。裂纹可能是在制造阶段就已经产生了，也有可能是随着时间增加，由应力集中源周围的循环应变所导致的。Fischer 和 Yen 发现[3]：几乎所有的结构部件在制造或者加工阶段就带有从微观（<0.010 in）到宏观尺寸的裂纹。疲劳裂纹通常产生于缺口或其他应力集中处（我们用"缺口"这个词来表示所有引起局部应力增大的几何轮廓）。二战中一些坦克的脆性疲劳源于粗心的焊接工在焊接部位引弧留下的裂纹（见图 5-15）。彗星号喷气式飞机的失效源于近似于方形的窗口角落处的一条短于 0.07 in 的裂纹，裂纹导致高度应力集中。**因此，设计受到变应力作用的零件时，应该采用 4.15 节介绍的方法来减少应力集中。**

　　疲劳失效分三个阶段：裂纹萌生阶段、裂纹扩展阶段和由于不稳定的裂纹增长突然断裂阶段。第一阶段历时很短，第二阶段占了零件寿命的绝大部分时间，第三阶段只是一瞬间。

裂纹萌生阶段

　　假设材料是韧性金属，且在制造过程中没有裂纹，但是有一些杂质、夹杂物等，这对工程材

⊖　http://www.designofmachinery.com/MD/07_Fatigue_Failure_Theory.mp4

料来说是常见的。在微观尺度上，金属并不是均匀和各向同性的[⊖]。进一步假设材料中存在几个应力集中的部位（缺口），这些部位受到显著的变应力包括拉伸（正）应力分量的作用，如图 6-1 所示。即使截面的名义应力值远低于材料的屈服极限，但是由于在缺口处应力的变化，应力集中仍可能导致局部屈服。局部塑性屈服会引起沿材料晶界畸变和产生滑移带（由于剪切运动而引起的严重变形）。随着应力循环次数的增加，材料中产生了更多的滑移带并形成微观裂纹。即使材料中没有缺口（例如表面光滑的试件），只要超过材料屈服极限的地方，这个过程就会发生。先前存在的孔隙或夹杂物会作为应力集中源引起裂纹。

　　韧性较低的材料不能像韧性好的材料那样可以屈服，所以裂纹扩展更迅速。它们具有更高的缺口敏感度。脆性材料（尤其是铸造材料）甚至可能直接跳过裂纹萌生阶段，在缩孔或夹杂物等微裂纹处直接进入裂纹扩展阶段。

裂纹扩展阶段

　　一旦出现了微小裂纹（或者一开始就有裂纹），5.3 节所述的断裂力学机理就可适用了。尖锐的裂纹会产生比原来缺口更大的应力集中，同时拉应力每次撑开裂纹都会使尖端形成的塑性区扩大，使得尖端钝化并降低了有效应力集中，裂纹增量减少。图 6-1a~c 分别表示：当应力循环至压应力区域，或为零或为很小拉应力时，裂纹会闭合，材料屈服暂时停止，裂纹又变得尖锐，而且尺寸增加。只要尖端局部应力在抗拉极限上下波动，这个过程就会持续发生。因此，**裂纹扩展是源于拉伸应力**，并且裂纹沿垂直于最大拉应力的法向扩展。正是这一原因，尽管剪应力导致了裂纹的萌生，但拉应力却导致了疲劳失效。循环压应力不会造成裂纹扩展，反而会使裂纹闭合。

　　裂纹扩展速率很小，每个循环以 $10^{-8} \sim 10^{-4}$ in 的量级扩展[5]，经过大量应力循环后逐渐累积。如果多倍放大观察失效部位，就可以看到如图 6-3 所示的由于应力循环产生的疲劳纹，这些疲劳纹是失效铝试件的断裂表面放大 12 000 倍的情况，该图也提供了使其失效的应力循环模式。偶尔出现的高幅值应力循环比常见的低幅值产生更大的条纹，这表明应力幅值越高每次循环引起的裂纹扩展越大。

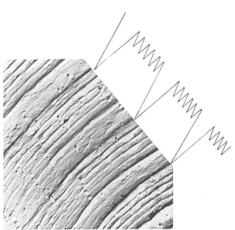

图 6-3

铝合金裂缝表面的疲劳纹条纹的间距对应着周期性载荷的模式

摘自：Fig. 1.5, p. 10, in D. Broek, The Practical Use of Fracture Mechanics, Springer Verlag Publishing, 1988

⊖　当尺度足够小时，所有的材料都是各向异性和非均匀的。例如，工程金属材料是由小晶粒组成的。每个晶粒的各向异性是因为晶界的交叉导致晶面的改变。非均匀不仅因为晶粒结构，而且因为材料中存在的微小孔洞或者杂质，例如钢中的硬硅酸盐或者氧化铝。

腐蚀

　　引起裂纹扩展的另一个原因是腐蚀。**如果有裂纹的零件放在腐蚀环境中，在静态应力下，裂纹也会扩展**。应力和腐蚀环境的共同作用会导致材料的腐蚀速度远快于不受应力作用的情况，这种共同作用的情况被称为**应力腐蚀裂纹或环境辅助裂纹**。

　　如果零件在腐蚀的环境里面受到循环应力作用，裂纹扩展的速度会远远比只有一种因素时快，这也被称为**腐蚀疲劳**。在非腐蚀的环境中，应力周期的频率（而不是循环次数）不会显著影响裂纹的扩展；但是，在腐蚀的环境中，应力循环的频率却会。如果循环频率较低，裂纹的末端被拉应力拉开时，腐蚀的环境就有更多的时间侵蚀裂纹的末端，从而加快每次循环裂纹扩展的速度。

断裂

　　只要周期性拉应力和（或）腐蚀这些十分严重的影响因素存在，裂纹就会不断扩展。在某个点，裂纹的尺寸变大到足以使裂纹末端的应力强度系数 K（见式 5.14）超过断裂韧度 K_c，在下一个拉应力周期就会突然断裂（如在 5.3 节中断裂力学所描述的那样）。无论是由于裂纹扩展到一定的尺寸而导致 $K = K_c$（增加式 5.14 中的 a）或是名义应力大幅度提高（增加式 5.14 中的 σ_{nom}），失效机理都相同。前者常用于动载荷作用的情况，而后者更常用于静载荷作用的情况。结果都是一样：毫无预兆地突然发生灾难性的失效。

　　图 6-4 所示为肉眼可观察到的疲劳载荷导致零件失效的典型模式。其中有一个区域源于原始的微小裂纹，看起来很光滑；而另外一个区域暗哑、粗糙，看起来像是脆性断裂。光滑的区域是裂纹所在的位置，它有很多像退潮后海滩上留下的波纹。这些波纹（请不要与图 6-3 中的疲劳纹混淆，图 6-3 中的条纹很小，不能用肉眼直接观察得到）是因为裂纹扩展的进行和暂停产生的，它们分布在原始的裂纹周边。有时，如果裂纹表面受到大量摩擦，这些波纹会变得模糊。脆性失效区域是当裂纹到达其尺寸极限而突然失效的部分。图 6-5 给出了不同几何形状的试件受不同加载方式和不同应力水平下断裂后的表面。在裂纹的区域同样可以看到波纹，而在脆性断裂区域可见一小部分的残余原始截面。

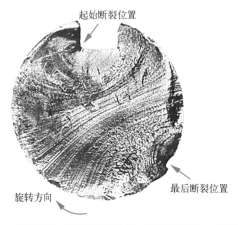 

a) 1040钢键轴在旋转弯曲时失效，裂缝从键槽的位置开始　　　b) 柴油发动机的曲轴在同时受到弯矩和扭矩的
　　　　　　　　　　　　　　　　　　　　　　　　　　　　　作用下失效，裂缝从箭头所示的位置开始

图 6-4

两种疲劳失效的零件

摘自：D. J. Wulpi, Understanding How Components Fail, 3ed, B. Miller, Ed., ASM International, Materials Park, OH, 2013

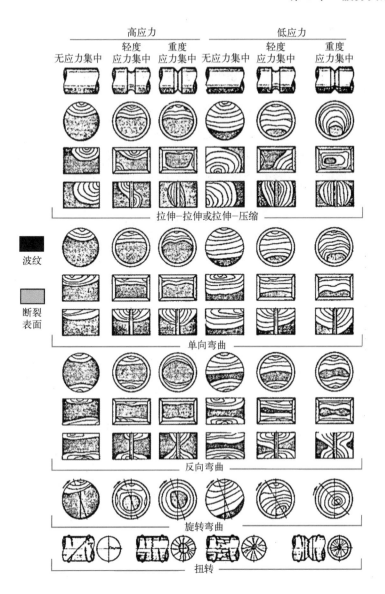

图 6-5

不同载荷和应力水平下疲劳断裂表面的横截面示意图

摘自：Metals Handbook，Vol. 11，9th ed.，p. 102，1985，ASM International，Materials Park，Ohio

6.2　疲劳失效模型

现有 3 种适用于不同场合和用途的疲劳失效模型，它们分别是应力-寿命法（S-N）、应变-寿命法（ε-N）和线弹性断裂力学（LEFM）法。我们首先讨论这 3 种方法的应用和优缺点，对它们进行一般的对比，再进行详细分析。

疲劳区域

基于零件寿命内的期望应力或应变循环次数，人们把疲劳分为**低周疲劳（LCF）**区和**高周疲劳（HCF）**区。这两种区域并没有严格的分界线，不同的研究者对它们的区分方法也大同小异。Dowling[6]把高周疲劳定义为循环次数在 $10^2 \sim 10^4$ 的应力/应变循环次数，具体数值因材料而异。Juvinall 和 Shigley[8]建议这两者的分界点在 10^3 次循环。而 Madayag[9]认为分界点在 $10^3 \sim 10^4$ 次循环。在本书中，我们假设低周疲劳和高周疲劳比较合理的分界点为 $N = 10^3$。

应力-寿命法

应力-寿命法是 3 个方法里面最古老的，最常用于零部件预期应力循环超过 10^3 次的高周疲劳（HCF）设计。它最适用于载荷幅值可知并且在零件寿命期限内保持不变的情况。它是基于应力的模型，寻求确定材料的疲劳极限和（或）持久极限，以保持循环应力低于那一水平，从而避免预期循环次数内的失效。零件的设计基于疲劳极限（或持久极限）和安全系数。实际上，这种方法是通过将缺口处局部应力保持在较低水平不让裂纹萌生。假设（即设计目标）各处应力和应变都保持在弹性范围内，不出现局部屈服产生裂纹。

应力-寿命法很容易实现，长期的实践积累了大量相关数据。然而，该方法在确定零件局部应力/应变状态时主要依赖经验，因此是 3 种方法中最不精确的，尤其对低周疲劳（LCF）的情况，预期循环次数比 10^3 的要少，且应力会高到足以引起局部屈服。另一方面，对一些特定材料，按照应力-寿命法设计的零件会具有**无限寿命**。

应变-寿命法

因为裂纹的萌生需要发生屈服，基于应力的方法并不能充分模拟这一过程。**基于应变的模型能够合理地描述裂纹萌生阶段**。它还能够解释周期载荷对零件寿命带来的累积损伤，例如过载可能给失效区域带来的有利或不利的残余应力。应变-寿命法可以很好地处理疲劳载荷和高温组合作用的情况，因为它可以考虑蠕变的影响。这种方法常用于在循环应力高到足以引起局部屈服时的**低周疲劳、有限寿命**等问题。它是 3 种方法中最为复杂的，需要借助计算机求解。如今，人们仍在积累不同工程材料的周期-应变行为的测试数据。

线弹性断裂力学法

断裂力学理论为裂纹扩展阶段提供了最好的模型。这种方法可用于低周疲劳、有限寿命等循环应力大到足够引起裂纹形成的问题，而且在预测具有裂纹的在役零件的剩余寿命时非常有用。它经常与无损检测（NDT）组合用于定期在役检查项目，特别是在航空/航天行业。线弹性断裂力学（LEFM）法的应用相当简单，但是它依赖于应力强度系数 β 的几何表达式的准确性（见式 5.14b），以及对初始裂纹尺寸 a 的估计。如果没有可检测的裂纹，一种方法是假设存在一条小于现有最小可检测到的裂纹，以便开始计算。如果有可检测、可测量的裂纹存在，此方法得到的结果就会更精确。

6.3 机械设计的考虑

机械设计的疲劳失效模型取决于机械的类型及其用途。众多的旋转机械（固定或者移动的）选择应力-寿命模型（*S-N*）即可，因为要求的寿命通常在 HCF 的范围内。譬如汽车发动机曲轴在使用寿命内所承受的载荷循环次数（转数）。假设要求汽车在 100 000 mi 内曲轴不发生失效，而小汽车轮胎的平均半径大约为 1 ft，则其周长为 6.28 ft。那么车轴需要旋转 5280/6.28 = 841 r/mi，即 84×10^6 r/100 000 mi。典型乘用车传动比为 3:1，说明传动输出轴转速为车轴转速的 3 倍。我们假设汽车在寿命期大部分时间内都在高速档工作（1:1），则发动机转速也平均为车轴转速的 3 倍。这意味着曲轴和大多数发动机的其他旋转和摆动零件将在 100 000 mi 内工作循环 2.5×10^8 次（气门阀是一半多）。这显然是工作在 HCF 区域，而且还未考虑怠速的时间。同时，循环载荷是合理、可预测且连续的，所以应力-寿命的方法在这里是适用的。

另一个例子是美国工业界使用的典型的自动化生产设备。这种设备可能用来生产电池、纸尿布或者灌注软饮料。假设它的驱动轴的转速是 100 r/min（保守估计），假设单班制工作（同样保守，很多这种机器都是两班倒或者三班倒），那么一年内驱动轴、所有的齿轮和凸轮等传动件要受到少次载荷循环呢？如果一天工作 8 h，则一天内驱动轴要旋转 100 r/min×60×8 h = 480 000 r/shift。如果一年工作 260 天，则一年要旋转 125×10⁶ r/shift。这也是位于 HCF 区域，而且载荷也是可预测和连续的。

一类常见的低周疲劳（LCF）的机械是运输（服务）机械。例如飞机的机身、轮船的船体以及地面车辆的底盘，由于暴风雨、阵风/大浪、硬着陆/停靠码头（对于飞机/轮船）、过载和坑洼（对于地面车辆）等，所受的载荷变化很大。变化莫测的工况使得这些机械设备在寿命内能够承受的载荷循环次数不易预测。尽管在其潜在寿命期限内，低幅值应力循环次数很可能很多（在 HCF 区域），但是高于设计值的载荷仍可能导致局部屈服。即使循环次数少于 10^3 的高幅值应力仍会导致局部屈服，从而使得裂纹明显扩展。

这类机械设备的制造商在实际车辆正常工作或可控的条件下，通过仪器测试获得大量的载荷-时间和应变-时间的数据（见图 6-7）。制造商还开发了计算机仿真方法，并和试验数据进行了对比。结合应变-寿命法或 LEFM 法（或两者都使用），用仿真和试验的加载历程可以更加精确地预测失效和改进设计。$\varepsilon\text{-}N$ 和 LEFM 模型应用的另一案例是燃气轮机转子叶片的设计和分析，燃气轮机转子叶片在高温高压下工作，而且在起动和关闭时要经历 LCF 热循环。

本书主要讨论**应力-寿命模型**，也会讨论 **LEFM** 模型在循环加载的机械设计问题中的应用。应变-寿命模型最适合于描述裂纹萌生的条件并提供最完整的理论模型，但并不太适用于设计 HCF 零件。完整介绍**应变-寿命模型**需要更多篇幅，但本书限于介绍设计方法。读者可以查阅本章的参考文献，当中有应变-寿命法的深入讨论（也包括其他两种方法）。断裂力学能预测有裂纹的在役零件的剩余寿命。应力-寿命模型是绝大多数旋转机械设计问题的最佳选择，因为大多数情况下都需要高周（或无限）循环寿命。

6.4 疲劳载荷

任何随时间变化的载荷都能引起疲劳失效。这些载荷的特性可能会因为应用场合的不同而大不相同。在旋转机械中，载荷幅值往往恒定，并以某一频率循环。在服务设备（如各种车辆）中，载荷的幅值和频率随着时间的变化很大，甚至可能本质上就是随机的。在没有腐蚀的情况下，载荷-时间函数的波形似乎不会对疲劳失效有显著影响，所以我们通常用正弦波或者锯齿波来描述载荷-时间的波形。而且，只要环境是无腐蚀性的，载荷历程中是否有静载荷对疲劳失效影响不大（即使没有载荷波动，腐蚀仍然会使裂纹不断扩展）。应力-时间或应变-时间与载荷-时间具有大致相同的波形和频率。而应力-时间（应变-时间）波形的幅值、均值，以及零件所承受的应力/应变循环次数则是影响显著的因素。

旋转机械受载

旋转机械所承受的典型应力-时间函数可用图 6-6 所示的正弦波形表示。图 6-6a 所示为均值为 0 的**对称循环**应力；图 6-6b 所示为**脉动循环**应力，其最小值为 0，均值等于幅值；图 6-6c 是更为常见的一种应力（**波动循环应力**），各处应力都不为 0（注意：波动循环应力并非只是拉

应力，也可能为压应力）。这些波形特征可用均值、幅值、最大值、最小值或者这些值的比值等
参数中的两个来表示。

应力增量$\Delta\sigma$ 为：

$$\Delta\sigma = \sigma_{max} - \sigma_{min} \tag{6.1a}$$

应力幅值的 σ_a 为：

$$\sigma_a = \frac{\sigma_{max} - \sigma_{min}}{2} \tag{6.1b}$$

应力均值 σ_m 为：

$$\sigma_m = \frac{\sigma_{max} + \sigma_{min}}{2} \tag{6.1c}$$

还有两个比值定义如下：

$$R = \frac{\sigma_{min}}{\sigma_{max}} \qquad\qquad A = \frac{\sigma_a}{\sigma_m} \tag{6.1d}$$

以上各式中，R 是**应力特征系数比**；A 是**幅值比**。

当应力为对称循环应力时（见图 6-6a），$R=-1$、$A=\infty$；当应力为脉动循环应力时（见图 6-6b），
$R=0$、$A=1$；当应力是波动循环应力，且最大和最小值同号时（见图 6-6c），R 和 A 都是正值，
且 $0 \le R \le 1$。这些应力模式源自于弯矩、轴力、转矩或它们之间的组合。我们将看到，应力均值
对疲劳寿命有着显著的影响。

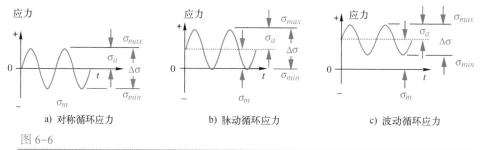

图 6-6

对称循环应力、脉动循环应力和波动循环应力的应力幅值、均值以及变化范围

服务设备受载

服务设备的载荷-时间函数特征不像旋转机械那么容易确定。最佳数据来自实际工作时或模
拟工况下的现场测量。汽车厂让样车在模拟多种路面和弯道的测试车道上行驶。试验车辆上遍
布加速度传感器、力传感器、应变计和其他仪器，从而给车载计算机提供大量数据，或者将数据
发送给车外静止的计算机，数字化处理并存储起来供将来分析。航空公司也是使用仪器测量试
验飞机飞行时的受力、加速度和应变数据。船舶和海上石油平台等也是采用类似的方法确定受
载情况。

一些服务设备工作时的应力-时间的波形如图 6-7 所示，其中图 6-7a 模拟常见的工况，
图 6-7b 是船舶或海洋平台的典型受载模式，图 6-7c 是商用飞机的典型受载模式。这些载荷模
式都是半随机的，因为它不以任何特定周期重复出现。这类数据会用于计算机的仿真程序，基于
应变模型，或断裂力学模型，或同时应用两种模型计算出疲劳累积损伤。应力-寿命模型则不能
有效处理这类受载问题。

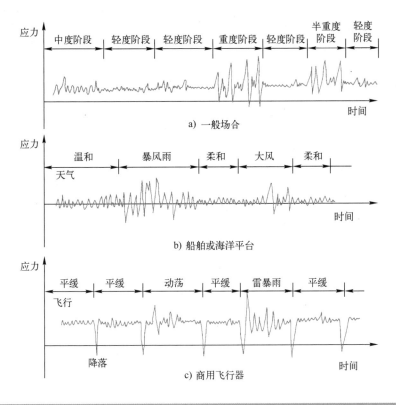

图 6-7

不同工况下的半随机载荷

摘自：Fig. 6. 10，p. 186，in D. Broek，The Practical Use of Fracture Mechanics，Kluwer Publishers，Dordrecht，1988

6.5 衡量疲劳失效准则

目前有几种技术可以测量材料对时变应力和应变的响应。最早的方法是 Wohler 提出的，他给旋转的悬臂梁施加弯矩来获得应力随着时间变化的情况。后来 R. R. Moore 将该方法应用于受对称纯弯矩的旋转简支梁。在过去的 40 年里，伺服液压驱动的轴向试验机的问世，使得试件的应力或者应变测量方式更加灵活。基于应变的、基于断裂力学的以及基于应力的数据都可以通过这种方法获得。大多数现有的疲劳强度的数据都是有关受对称弯矩的旋转梁，有关轴向受载的较少，有关受转矩的就更少，尽管现在轴向疲劳方面的数据也多起来了。有些情况下，根本就没有某种材料的疲劳强度信息，那就需要有能够根据现有静强度数据来估算疲劳强度的方法。这将在下一节讨论。

对称循环应力

对称循环应力可以通过旋转弯曲、轴向疲劳、悬臂梁弯曲或者扭转疲劳等试验，施加期望的载荷类型来获得。旋转弯曲试验是对称循环、基于应力的 HCF 试验，目的是获得这些条件下材料的疲劳强度。轴向疲劳试验可对给定材料产生与旋转梁试验类似的对称循环数据，也可以用于可控应变试验。轴向试验的主要优点是能够将各种应力均值和幅值组合起来。悬臂梁弯曲试验是让不旋转的梁摆动产生弯曲应力。它不仅可以产生对称循环应力，也能产生均值非零的交变应力。扭转疲劳试验是对杆交替施加反向转矩，从而作用纯剪切应力。

旋转梁试验　大部分可用的对称循环应力疲劳强度数据都来自 R. R. Moore 的旋转梁试验，它是将经过高抛光的、直径约 0.3 in 的试件固定在夹具上，试件以 1725 r/min 的转速旋转的同时作用恒值、纯弯曲力矩。这使得试件表面每一点都受到图 6-6a 所示的对称循环弯曲应力。试件在某一特定应力水平下旋转，直至失效，同时记录失效时应力循环的次数和应力水平。达到 10^6 次循环大约需要半天时间，达到 10^8 次循环则大约需要 40 天。用多个同样材料制成的试件在不同应力水平下进行测试。将试验收集到的数据绘制成规范化的疲劳强度曲线，即 S_f/S_{ut} 与循环次数 N 的关系曲线（通常双对数坐标），即 S-N 图。

图 6-8 所示为抗拉强度约 200 kpsi 的锻钢旋转梁试验的结果。数据表明：试件所受的对称循环应力越大，则失效前经历循环次数就越少。在较低的应力水平下，有些试件（图中标注为未断裂）在循环次数为 10^7 时仍未失效。注意图中数据点很离散。这是典型的疲劳强度试验情况。试件的差异需要获得完整的疲劳曲线来解释。有些试件可能存在或多或大的缺陷，从而产生局部应力集中（这些试件没有缺口，而且已经被抛光，把表面缺陷的影响降到了最低）。图中用实线来包容离散的数据点。

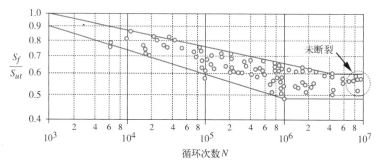

图 6-8

锻钢在 S_{ut}<200 kpsi 时的复合 S-N 对数坐标图

摘自：C. Lipson and R. C. Juvinall, Handbook for Stress and Strength, The Macmillan Co., New York

持久极限　疲劳极限应力 S 随着循环次数 N 的增加而稳步线性下降（对数坐标下），直至约次数为 10^6~10^7 的拐点处。这个拐点定义为材料的**持久极限**S'_e，即允许零件承受无限次应力循环而不失效的最高应力。在分散点区域的下界、拐点的另一侧，持久极限可以近似地表示为：

对于钢：$\qquad\qquad S'_e \cong 0.5 S_{ut} \qquad\qquad S_{ut} < 200 \text{ kpsi} \qquad\qquad$ (6.2a)

并非所有材料都有图 6-8 所示的拐点。"许多低强度的碳钢和合金钢，一些不锈钢、铁、钼合金、钛合金和一些聚合物"[10]有拐点。其他材料，譬如"铝、镁、铜、镍合金，一些不锈钢和高强度碳钢及合金钢"[10]的 S-N 曲线随着循环次数 N 的增加而继续下降，虽然在超过 10^7 后斜率会变小。对于要求循环次数小于 10^6 的应用场合，疲劳极限 S'_f（有时也称为持久极限）可以用 S-N 图中任意 N 所对应的应力值定义。持久极限是指某些材料具有无限寿命时所对应的应力值。

图 6-8 中的数据适用于 S_{ut}<200 kpsi 的钢。抗拉强度更高的钢不满足式（6.2a）所表示的关系。图 6-9 表示持久极限 S'_e 和抗拉强度极限 S_{ut} 的函数关系。图中分散带很大，其平均值是一条斜率为 0.5、最大值达 200 kpsi 的直线。超出此范围的更高强度钢的持久极限是下降的。通常的方法是假设钢持久极限不超过 200 kpsi 的 50%，即：

对于钢：$\qquad\qquad S'_e \cong 100 \text{ kpsi} \qquad\qquad S_{ut} \geqslant 200 \text{ kpsi} \qquad\qquad$ (6.2b)

图 6-9 也提供了有严重缺口的试件和在腐蚀环境中的试件的持久极限分散带。缺口和腐蚀

这两个因素对任何材料的疲劳极限都有极大的影响。材料只有在非腐蚀环境中才存在持久极限。在腐蚀环境中的材料的 S-N 曲线会随着 N 的增大而持续下降。我们马上会讨论如何考虑这些因素来修正材料的疲劳极限。

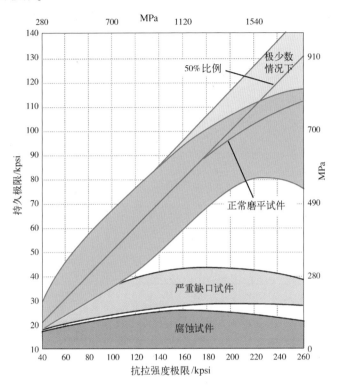

图 6-9

钢试件的持久极限和抗拉强度极限的关系

摘自：D. K. Bullens, Steel and its Heat Treatment, John Wiley and Sons, 1948

图 6-10 给出了包括锻造铝合金（S_{ut} < 48 kpsi）、压铸和砂铸铝合金试件在内的多种铝合金试件通过旋转梁试验获得的分散带数据。这些试件都是无缺口并经抛光处理的。尽管在 10^7 次循环处斜率变小，但曲线没有明显的拐点。铝没有持久极限，因此它的疲劳极限应力 S_f' 通常取在 $N = 5 \times 10^8$ 处的平均失效应力，或者 N 值所对应的应力（必须作为数据的一部分明确）。

图 6-11 所示为一些静强度不同的铝合金的疲劳强度变化趋势（在 $N = 5 \times 10^8$ 处）。铝合金的疲劳极限随静强度极限变化成正比，关系为：

$$对于铝：\qquad S_{f'\,@5\times10^8} \cong 0.4 S_{ut} \qquad\qquad S_{ut} < 48\ \text{kpsi} \tag{6.2c}$$

在 $S_f' = 19$ kpsi 处形成一个平台，这说明 $S_{ut} > 48$ kpsi 的铝合金的疲劳极限的顶多为 19 kpsi（图中的 S_n' 和 S_f' 相同），即：

$$对于铝：\qquad S_{f'\,@5\times10^8} \cong 19\ \text{kpsi} \qquad\qquad S_{ut} \geq 48\ \text{kpsi} \tag{6.2d}$$

轴向疲劳试验　通过液压伺服试验机对结构类似于图 2-1 所示的试件周期性加载，就可以获得材料的轴向疲劳试验的 S-N 图。这些试验机是可编程的，可以给试件作用任意均值和幅值的应力，包括对称循环应力（$\sigma_m = 0$）。与旋转梁试验的最大区别是：轴向疲劳试验试件整个横截面上的应力是均匀分布的，而旋转梁弯曲试验中试件横截面上的应力是沿直径线性变化的，外层纤维的应力最大，中心处应力为零。这导致的一个结果是轴向疲劳试验获得的疲劳极限应力通常比旋转弯曲试验低。这是因为轴向疲劳试验的最高应力区域比旋转弯曲试验的最高应力区域大很多，存在微裂纹的可能性也高很多。事实上，很难获得没有任何偏心的、精确的轴向载荷，偏心载荷会在轴向载荷上附加一个弯矩，这也是造成轴向疲劳试验的疲劳极限低的一个原因。

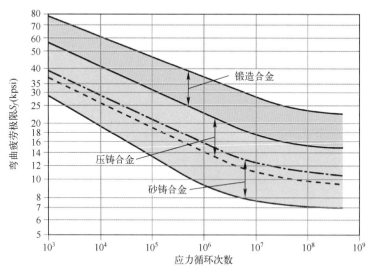

图 6-10

常见铝合金的 S-N 图，不含 $S_{ut} > 38$ kspi 的锻造铝合金

摘自：R. C. Juvinall, Stress, Strain, and Strength, McGraw-Hill, New York, 1967, p. 216

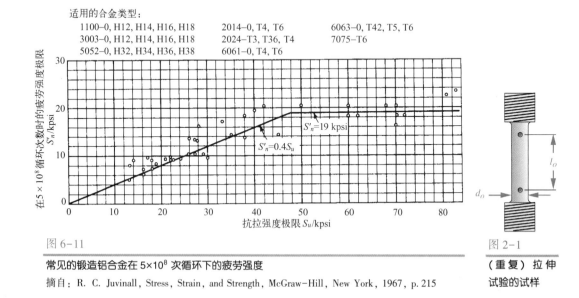

图 6-11

常见的锻造铝合金在 5×10^8 次循环下的疲劳强度

摘自：R. C. Juvinall, Stress, Strain, and Strength, McGraw-Hill, New York, 1967, p. 215

图 2-1

（重复）拉伸试验的试样

图 6-12 所示为同一材料（C10 钢）在对称循环应力作用下的轴向疲劳试验（标示为拉-压）和旋转弯曲试验获得的两条 S-N 曲线。轴向疲劳试验的数据比旋转弯曲试验的低。多个作者指

出：同样材料的对称循环轴向疲劳试验的疲劳强度值比旋转弯曲试验的低 10%[11]~30%[12]。如果在轴向加载的同时还施加了弯矩，则疲劳强度的下降会达到 40%[11]。

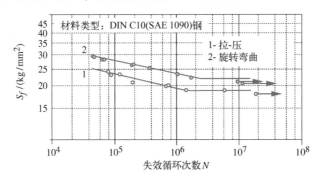

图 6-12

对称循环轴向和旋转梁的 *S-N* 曲线对比

摘自：A. Esin, A Method of Correlating Different Types of Fatigue Curves, International Journal of Fatigue, vol. 2, no. 4, pp. 153-158, 1980

图 6-13 所示为 AISI4130 钢的对称循环轴向加载试验的对数坐标曲线。注意曲线在 10^3 次循环处斜率发生变化，该点大致处于 LCF 到 HCF 区域的过渡位置；在大概 10^6 次循环处斜率几乎为零，对应无限寿命持久极限。循环次数为 10^3 处的疲劳强度极限大概是静强度极限的 80%，超过 10^6 处大概是 40%，它们都比图 6-8 所示的旋转梁试验数据小了 10%。

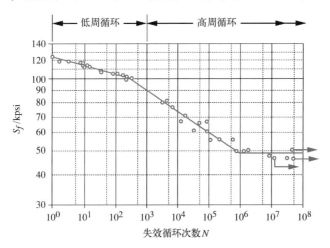

图 6-13

AISI4130 钢对称循环轴向 *S-N* 曲线，在 LCF/HCF 过渡区有中断，具有持久极限

摘自：W. Illg, NACA Technical Note #3866, Fatigue Tests on Notched and Unnotched Sheet Specimens of 2024-T3 and 7075-T6 Aluminum Alloys and of SAE 4130 Steel, Dec. 1966

悬臂梁弯曲试验　如果悬臂梁的末端受到连杆机构的驱动而摆动，则可获得图 6-6 所示的应力均值和应力幅值的任意组合。该试验没有旋转弯曲试验或轴向疲劳试验那么常用，但可以作为一种低成本的替代试验。不同聚合物的悬臂梁试验数据如图 6-14 所示。这是个半对数图，但仍显示了一些非金属材料存在持久疲劳极限。

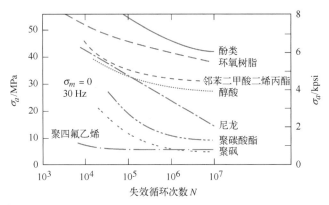

图 6-14

矿物玻璃填充热固性塑料（上面 4 条曲线）和非填充热塑性塑料（下面 4 条曲线）在悬臂梁弯曲条件下的应力-寿命曲线

摘自：Fig. 9-22, p. 362, in N. E. Dowling, Mechanical Behavior of Materials, Prentice-Hall, Englewood Cliffs, N. J., 1996, and based on data from M. N. Riddell, A Guide to Better Testing of Plastics, Plastics Engineering, vol. 30, no. 4, pp. 71-78

扭转疲劳试验　扭转疲劳试验是给圆柱体试件施加对称循环转矩。将对称循环弯曲和扭转双向应力试验中的失效点绘制在图 6-15 所示的 σ_1-σ_3 二维坐标系中。注意与图 5-3 和图 5-8 所示的静强度失效的畸变能椭圆的相似之处。因此，在循环载荷作用下的扭转强度和弯曲强度之间的关系与静载荷情况相同。韧性材料的扭转疲劳强度极限（或者扭转持久极限）大概是弯曲疲劳强度极限（或弯曲持久极限）的 0.577 倍（58%）。

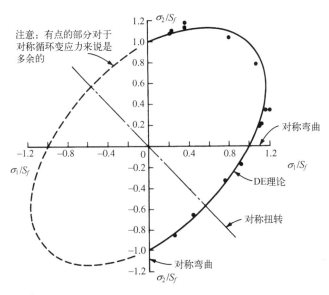

图 6-15

受到对称循环的转矩和弯矩共同作用下的双向应力失效图

摘自：G. Sines, NACA Technical Note 3495, Failure of Materials Under Combined Repeated Stresses with Superimposed Static Stresses, 1955, with data from W. Sawert, Germany, 1943, for annealed mild steel

复合应力均值和幅值

应力均值对失效影响显著。如图 6-6b、c 所示，当将拉伸应力均值叠加到应力幅上时，材料会在比对称循环加载的应力幅值更低的情况下失效。图 6-16a、b 所示分别为钢在 $10^7 \sim 10^8$ 次应力循环和铝合金在 5×10^8 次应力循环时，受到不同应力幅值和均值组合作用的结果。该图经过规范化处理，纵坐标为应力幅值 σ_a 与材料受对称循环应力作用下的疲劳强度极限 S_f（相同循环次数）的比值，横坐标用应力均值 σ_m 与材料的抗拉强度极限 S_{ut} 的比值。

图 6-16 的数据点非常分散，与横、纵坐标轴都交于 1 的抛物线称为格伯（Gerber）线，它和这些数据点具有合理的拟合精度。把疲劳强度极限（y 轴的 1）和抗拉强度极限（x 轴的 1）连接起来的直线称为古德曼（Goodman）线，它以合理的精度拟合数据点的下包络线。格伯线表示这些参数（韧性材料）的平均值，而 Goodman 线表示这些参数的最小值。古德曼线经常用于设计准则，因为它比 Gerber 线更安全。

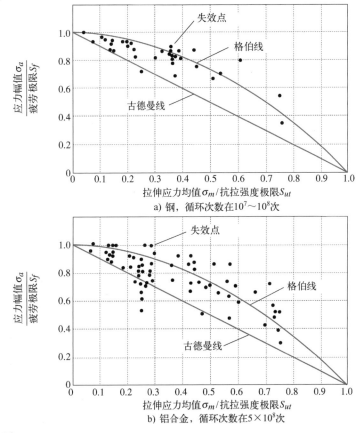

图 6-16

在长时间应力循环下应力均值对疲劳强度的影响

摘自：P. G. Forrest, Fatigue of Metals, Pergamon Press, London, 1962

图 6-17 所示为应力均值（从压应力到拉应力）和拉伸应力幅值对铝材和钢材失效的影响。从这些数据可以明显看出，压应力均值对材料产生有利的影响，而拉应力均值产生不利的影响。这提供了一种可能，即特意通过引入压应力均值来减轻交变拉应力对材料的影响。一种方法是在材料预期会受到大应力幅值的区域产生**残余**压应力。我们将在后面研究实现它的方法。

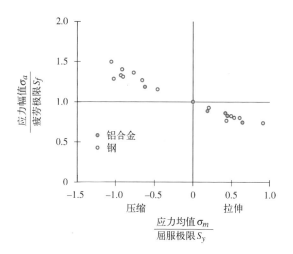

图 6-17

压缩和拉伸应力的影响

摘自：G. Sines, "Failure of Materials Under Combined Repeated Stresses with Superimposed Static Stresses," NACA Technical Note #3495, 1955

图 6-18 分别假设材料受压应力均值、无应力均值和受拉应力均值，通过绘制 S-N 曲线（在半对数坐标），从另一个角度来说明压应力对材料疲劳强度有利这种现象。不管是施加压应力还是残留压应力，引入压应力均值都会使材料的疲劳强度或持久极限有效增加。

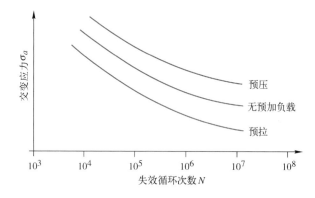

图 6-18

应力均值对疲劳寿命的影响

摘自：Fig. 5.10, p.73, Fuchs and Stephens, Metal Fatigue in Engineering, New York, 1980

断裂力学准则

5.3 节介绍过静态断裂韧性试验。为了用断裂力学理论获得疲劳强度数据，要测试一些同种材料制成的试件在不同水平的应力范围 $\Delta\sigma$ 下的失效数据。这个试验是在轴向疲劳试验机上完成的，载荷模式是图 6-6b、c 所示的脉动循环或波动循环拉应力。由于压应力不会促进裂纹扩展，因此这种试验很少使用对称循环应力。试验过程中持续测量裂纹的增长。施加应力的范围从 σ_{min} 到 σ_{max}，在波动循环应力的条件下，应力强度因子范围 ΔK 可按下式计算：

$$\Delta K = K_{max} - K_{min}; \qquad 如果 K_{min} < 0 \qquad 则 \Delta K = K_{max} \qquad (6.3a)$$

代入到适当形式的式（5.14），可得：

$$\Delta K = \beta \sigma_{max} \sqrt{\pi a} - \beta \sigma_{min} \sqrt{\pi a}$$
$$= \beta \sqrt{\pi a} \left(\sigma_{max} - \sigma_{min} \right) \tag{6.3b}$$

裂纹的扩展速度 da/dN 的对数和应力强度系数增量 ΔK 的函数关系如图 6-19 所示。

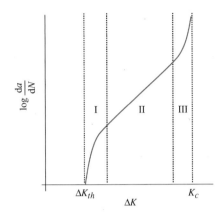

图 6-19

裂缝扩展率曲线的 3 个区域

摘自：Fig. 3-12, p. 102, in Bannantine et al., Fundamentals of Metal Fatigue Analysis, Prentice-Hall, Englewood Cliffs, N. J., 1990, with permission

裂纹的扩展速度 da/dN 的对数和应力强度因子范围 ΔK 的函数关系如图 6-19 所示。

图 6-19 所示的 S 形曲线分为 I、II 和 III 3 个区域。区域 I 对应着裂纹萌生阶段，区域 II 对应裂纹生长（裂纹扩展）阶段，而区域 III 是不稳定断裂阶段。区域 II 可以用于预测零件的疲劳寿命，这部分曲线在对数坐标中是一条直线。Paris[13] 把区域 II 中 da/dN 和 ΔK 的关系表示如下：

$$\frac{da}{dN} = A \left(\Delta K \right)^{n} \tag{6.4a}$$

Barsom[14] 测试了许多钢材，获得了式（6.4a）的系数 A 和指数 n 的经验值。这些值如表 6-2 所示。在已知应力循环范围 $\Delta \sigma$ 和几何系数 β 的情况下，裂纹从初始尺寸 a_i 扩展到给定尺寸 a_f 所需的循环次数 N 可以用 Paris 方程的估算出来⊖：

$$N = \frac{a_f^{\left(1-n/2\right)} - a_i^{\left(1-n/2\right)}}{A \beta^{n} \pi^{n/2} \Delta \sigma^{n} \left(1 - n/2\right)} \tag{6.4b}$$

表 6-2 各类钢材的 Paris 方程参数（摘自文献 [14]）

钢类型	国际单位制			英制		
	A	n	单位	A	n	单位
铁素体-珠光体	6.90×10^{-12}	3.00	$\dfrac{\text{mm/cycles}}{\text{MPa}^{n} \left(\sqrt{\text{m}}\right)^{n}}$	3.60×10^{-10}	3.00	$\dfrac{\text{in/cycles}}{\text{kpsi}^{n} \left(\sqrt{\text{in}}\right)^{n}}$
马氏体	1.35×10^{-10}	2.25		6.60×10^{-9}	2.25	
奥氏体不锈钢	5.60×10^{-12}	3.25		3.00×10^{-10}	3.25	

疲劳裂纹扩展寿命可根据工况中的特定载荷、几何形状和材料参数，利用已知或假设的初始裂纹长度和最大可接受的裂纹长度通过对式（6.4）积分获得。

⊖ 请见 5.3 节对几何系数 β 的定义。

图6-19中的区域Ⅰ也有意义，因为它揭示了裂纹不扩展的最小阈值 ΔK_{th} 的存在。"由于应力强度系数范围 ΔK 小于 ΔK_{th} 时裂纹不会扩展，因此应力强度系数阈值 ΔK_{th} 通常被认为类似于无缺口持久极限 S'_e"[15]。

轴向疲劳试验中存在的应力均值分量，其大小对裂纹的扩展速率有影响。图6-20所示为由应力特征系数 R 给出的不同的应力均值水平所对应的 da/dN 曲线组。当 $R=0$ 时，应力类型为如图6-6b所示的脉动循环应力。当 R 接近1时，最小应力接近最大应力（见式6.1d）。图6-20显示 R 不同时，区域Ⅱ（裂纹扩展）曲线差别很小，而区域Ⅰ和区域Ⅲ曲线差别明显。应力均值就这样影响裂纹的萌生。当 R 从0增大到0.8时，ΔK_{th} 就减少了 $1.5 \sim 2.5$[18]。这与之前讨论过的应力-寿命模型中应力均值对 S-N 数据的影响是一致的（见图6-16）。图6-21摘自参考文献[19]，它提供的测试数据显示了几种钢材的 R 对临界应力强度系数增量 ΔK_{th} 的影响。

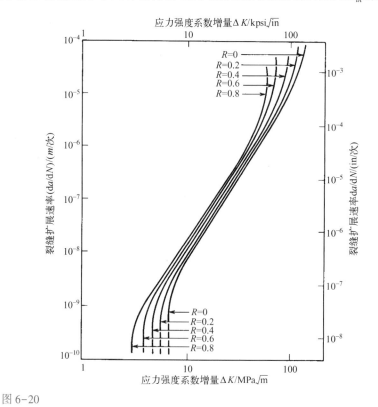

图6-20

应力均值对裂缝扩展速率的影响

摘自：Fuchs and Stephens, Metal Fatigue in Engineering, New York, 1980, p. 90

实际组件测试

虽然通过试件试验获得了许多强度数据，工程师可利用这些数据估算某一特殊零件的强度，但最佳数据还是在实际载荷、温度和环境下测试实际零件获得的。这种方法的成本很高，通常只有设计成本高、数量大或对人类安全构成威胁时才采用。图6-22所示为精心制作的测试夹具，用于生产过程中波音757飞机机翼和机身组件的疲劳试验。整个飞机被固定在夹具中，在对不同部分施加变载荷的同时测量应变和变形等参数。很明显，对实际的形状、尺寸和材料，而不是对实验室样件进行试验是一个高成本的过程，但它能提供最真实的数据。

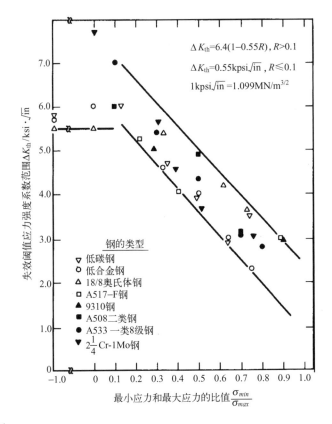

图 6-21

应力均值对应力强度系数增量阈值的影响

摘自：Fig 9.6，p.285，in Barsom and Rolfe，Fracture and Fatigue Control in Structures，Prentice-Hall，Englewood Cliffs，N. J.，1987

图 6-22

波音 757 的机翼和机身组件失效试验

感谢 Boeing Commercial Airplane Co.，Seattle，Washington

6.6　估算疲劳失效准则

如上所述，材料最好的有限寿命疲劳极限或无限寿命持久极限数据是来自对实际样机试验。如果实际样机试验不实际或不可能，次好的数据来自制造（即铸造、锻造、机械加工等）零件所用材料制成的试件的疲劳试验。如果这也做不到的话，可使用文献上或材料厂家公布的疲劳强度数据，但这些数据是用小的抛光试件在可控环境下试验得到的。如果连这些数据也没有，则需要用已有的可用数据估计材料持久极限或疲劳极限。这个方法仅限于使用材料的抗拉极限 S_{ut} 和屈服极限 S_y 信息。

估计理论疲劳极限 $S_{f'}$ 或持久极限 $S_{e'}$

如果公布的数据中有材料的疲劳极限 $S_{f'}$ 或持久极限 $S_{e'}$，则可以加入下一节将讨论的修正系数后使用它们。公开的数据一般是利用抛光的小试件在对称弯矩或轴向循环载荷条件下获得的。如果没有疲劳强度数据，则可以用公布的材料抗拉强度极限粗略地估计 $S_{f'}$ 和 $S_{e'}$。图 6-23 给出了钢、锻造和铸造铁、铝合金以及铜合金的 S_{ut} 和 $S_{f'}$ 的关系曲线。图中的数据点相当分散，可以用直线大致拟合数据点的上下界。在高抗拉强度处，疲劳强度趋向于达到最大值。根据这些数据，我们可以得到 S_{ut} 和 $S_{f'}$ 或 $S_{e'}$ 的近似关系。钢和铝合金的这种关系在前一节已经用式（6.2）中给出，为了方便，这里再次列出。

$$\text{钢：}\begin{cases} S_{e'} \cong 0.5 S_{ut} & S_{ut} < 200 \text{ kpsi } (1\,400 \text{ MPa}) \\ S_{e'} \cong 100 \text{ kpsi } (700 \text{ MPa}) & S_{ut} \geq 200 \text{ kpsi } (1\,400 \text{ MPa}) \end{cases} \quad (6.5\text{a})$$

$$\text{铁：}\begin{cases} S_{e'} \cong 0.4 S_{ut} & S_{ut} < 60 \text{ kpsi } (400 \text{ MPa}) \\ S_{e'} \cong 24 \text{ kpsi } (160 \text{ MPa}) & S_{ut} \geq 60 \text{ kpsi } (400 \text{ MPa}) \end{cases} \quad (6.5\text{b})$$

$$\text{铝合金：}\begin{cases} S_{f'_{@5\times10^8}} \cong 0.4 S_{ut} & S_{ut} < 48 \text{ kpsi } (330 \text{ MPa}) \\ S_{f'_{@5\times10^8}} \cong 19 \text{ kpsi } (130 \text{ MPa}) & S_{ut} \geq 48 \text{ kpsi } (330 \text{ MPa}) \end{cases} \quad (6.5\text{c})$$

$$\text{铜合金：}\begin{cases} S_{f'_{@5\times10^8}} \cong 0.4 S_{ut} & S_{ut} < 40 \text{ kpsi } (280 \text{ MPa}) \\ S_{f'_{@5\times10^8}} \cong 14 \text{ kpsi } (100 \text{ MPa}) & S_{ut} \geq 40 \text{ kpsi } (280 \text{ MPa}) \end{cases} \quad (6.5\text{d})$$

理论疲劳极限和持久极限修正系数

为了表示测试样件和所设计的真实零件之间的差异，通过标准疲劳试验样件获得的疲劳极限或持久极限，或者基于静态试验而获得估计值，都必须进行修正。试验条件和真实工作条件的环境和温度差异必须考虑在内。加载方式的不同也要考虑。这些种种因素都表示为一系列的强度缩减系数，和理论值相乘，以获得特定应用条件下的修正疲劳极限或持久极限：

$$\begin{aligned} S_e &= C_{load} \, C_{size} \, C_{surf} \, C_{temp} \, C_{reliab} \, S_{e'} \\ S_f &= C_{load} \, C_{size} \, C_{surf} \, C_{temp} \, C_{reliab} \, S_{f'} \end{aligned} \quad (6.6)$$

式中，S_e 是材料的修正持久极限，该材料的 S-N 曲线有一处拐点；S_f 是对应某一循环次数 N 的修正疲劳极限，该材料的 S-N 曲线不存在拐点。式（6.6）中的强度缩减系数定义如下。

载荷的影响　由于前述比率和大部分公布的疲劳强度数据都是用于旋转弯曲试验，所以必须给轴向加载定义一个强度缩减系数。上节已经介绍了轴向疲劳试验和旋转弯曲试验的区别。

基于这两类试验的介绍，可以定义**载荷系数** C_{load} 为：

弯曲载荷：
$$C_{load} = 1$$

轴向载荷：
$$C_{load} = 0.70 \tag{6.7a}$$

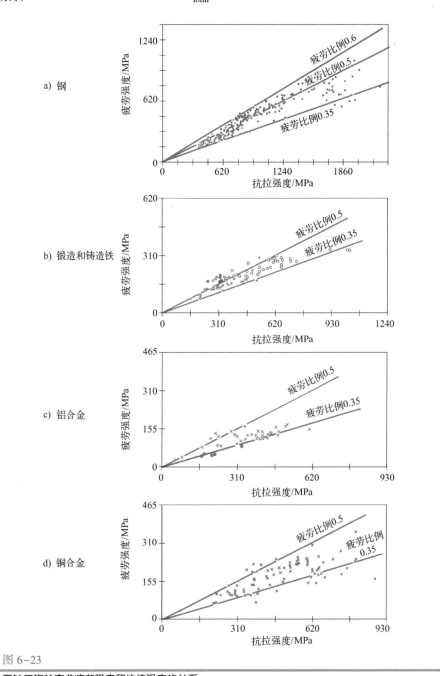

图 6-23

无缺口旋转弯曲疲劳强度和抗拉强度的关系

摘自：pp. 58, 70, 73, and 79, P. G. Forrest, Fatigue of Metals, Pergamon Press, London, 1962

注意扭转疲劳试验的疲劳强度是旋转弯曲试验的 0.577 倍，如图 6-15 所示。在纯扭转疲劳的情况下，我们可以把作用的扭转剪应力幅值与扭转疲劳强度做对比。然而，我们通常会根据施加的应力计算 von Mises 等效应力来处理纯扭转工况（以及所有其他工况）。一个例外情况是第 14 章螺旋弹簧的分析和设计，其中大部分可用的强度数据是扭转剪切强度值。它无须把应力转换为等效 von Mises 应力，这对直接把扭转应力和扭转强度进行比较来说更加有意义⊖。将得到的有效拉应力幅值与弯曲疲劳强度直接比较。因此，在纯扭转工况下，$C_{load} = 1$。

尺寸的影响　用于旋转弯曲试验和静态试验的试件尺寸很小（直径约为 0.3 in）。如果零件的尺寸大于这个值，那么就应该引入强度缩减尺寸**系数**来考虑尺寸的影响，因为大尺寸零件存在缺陷的可能性较高，会在较低应力下失效。不同作者建议的尺寸系数值各不相同⊖。Shigley 和 Mitchell[21] 给出了一个简单且相对保守的表达式：

$$\begin{aligned}
d \leqslant 0.3 \text{ in } (8 \text{ mm}), \qquad & C_{size} = 1 \\
0.3 \text{ in} < d \leqslant 10 \text{ in}, \qquad & C_{size} = 0.869 d^{-0.097} \\
8 \text{ mm} < d \leqslant 250 \text{ mm}, \qquad & C_{size} = 1.189 d^{-0.097}
\end{aligned} \qquad (6.7\text{b})$$

如果尺寸更大，则 $C_{load} = 0.6$（这些试验数据是基于钢材零件的，式（6.7b）用于有色金属是否准确尚存争议）。

式（6.7b）适用于圆柱形零件。对于其他形状的零件，Kuguel[22] 提出把所受应力超过最大应力95%的非圆横截面的面积等效为承受相同应力的圆形截面面积，从而可获得式（6.7b）中的等效直径。由于在旋转弯曲试验中应力是沿着直径方向线性分布的，因此受最大应力95%的面积 A_{95} 正好分布在 $0.95d \sim 1.0d$ 之间的部分，如图 6-24 所示，有：

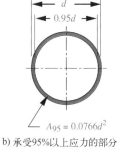

a) 应力分布　　b) 承受95%以上应力的部分

$A_{95} = 0.0766d^2$

图 6-24

回转体梁中承受了超过 95% 的最大应力部分

$$A_{95} = \pi \left[\frac{d^2 - (0.95d)^2}{4} \right] = 0.0766 d^2 \qquad (6.7\text{c})$$

任意横截面零件等效直径为：

$$d_{equiv} = \sqrt{\frac{A_{95}}{0.0766}} \qquad (6.7\text{d})$$

式中，A_{95} 是非圆截面零件受到 95%～100% 的最大应力区域面积。在载荷已知的情况下，很容易计算出任何截面的 A_{95} 值。Shigley 和 Mitchell[21] 给出了几种常见的截面的 A_{95} 值，如图 6-25 所示。

表面质量的影响　旋转弯曲试验的试件表面被抛光至镜面，防止表面缺陷作为应力集中源。实际零件采用这么高的表面质量并不现实。更粗糙的表面会带来应力集中和/或改变表面层的物理性质，从而减低了疲劳强度。锻造零件表面不仅粗糙，而且表面脱碳，含碳量降低会使表面强度降低，但表面应力往往又是最高[23]。应当引入强度缩减**表面系数** C_{surf} 考虑到这些影响。Juvinall[24] 给出了钢在不同表面质量下的强度缩减表面系数的数据（见图 6-26）。注意：抗拉强度对表面系数也有影响，这是因为，强度越高的材料对应力集中越敏感。从图 6-26 可以看到腐蚀环境大幅度降低了强度。这些数据是基于钢材的，如果一些重要场合需要应用铝合金或者其他的韧性金属，要注意应当在实际工况下对这些实际零件进行测试。铸铁的表面系数可以是 $C_{surf} = 1$，

⊖　Roger J. Hawks 教授（Tri-State University，Angola，IN）已经分析大量铜合金的疲劳强度数据（包括图 6-23d 中的数据），并得到了一个最合适的数据：当 $S_{ut} < 75$ kpsi 时 $S_f = 0.37 S_{ut}$；当 $S_{ut} > 75$ kpsi 时 $S_f = 28$ kpsi（个人沟通，2004 年 12 月 1 日）。

⊖　轴向加载总是 $C_{size} = 1$，因为轴向加载试样的失效被证明对截面尺寸不敏感。

因为它内部的不连续缺陷的影响远大于粗糙表面的影响。

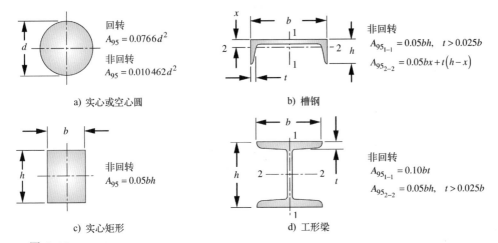

a) 实心或空心圆　　　　　　　　　b) 槽钢

c) 实心矩形　　　　　　　　　　　d) 工形梁

图 6-25

不同截面的梁受弯承受 95% 应力的面积公式

摘自：Fig. 7-15，p. 294，Shigley and Mitchell，Mechanical Engineering Design，4th ed.，McGraw-Hill，New York，1983

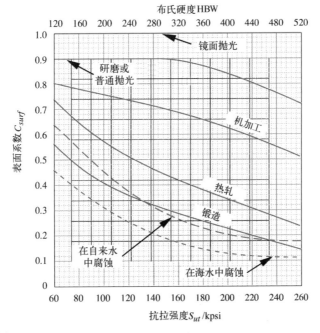

图 6-26

钢在不同加工工艺下的表面系数

摘自：R. C. Juvinall，Stress，Strain，and Strength，McGraw-Hill，New York，1967，p. 234

如图 6-27 所示，R. C. Johnson[25] 基于测量获得的、以微英寸为单位的平均表面粗糙度 Ra，把 C_{surf} 和抗拉强度联系起来，给出了**加工和研磨**的表面更多信息⊖。如果已知加工或研磨的零件表面粗糙度 Ra，根据图 6-27 可以得到所对应的表面系数 C_{surf}。图 6-26 中用于热轧、锻造和腐蚀的表面质量系数曲线仍应使用，因为它们不仅考虑了表面脱碳和点蚀的影响，而且考虑了表面粗糙度的影响。

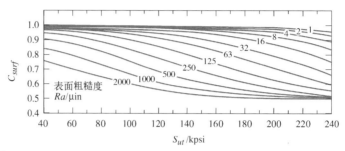

图 6-27

表面系数作为表面粗糙度和拉伸强度极限的函数

摘自：R. C. Johnson, Machine Design, vol. 45, no. 11, 1967, p. 108, Penton Publishing, Cleveland, Ohio

Shigley 和 Mischke[39] 用下面的指数方程来近似地表达表面系数和 S_{ut} 之间的关系（单位分别为 kpsi 和 MPa）：

$$C_{surf} \cong A\left(S_{ut}\right)^{b} \qquad 若 C_{surf} > 1.0, 则 C_{surf} = 1.0 \qquad (6.7e)$$

不同表面质量的系数 A 和指数 b 值根据图 6-26 类似的数据得出，如表 6-3 所示。式（6.7e）的优点是可用计算机编程计算出表面系数的值，无须查阅图 6-26 和图 6-27。注意：通过式（6.7e）得到的 C_{surf} 值和图 6-26 得到的有一定差异，由于获得式（6.7e）采用的数据以及表 6-3 中的系数与图 6-26 的不同。

表 6-3   式（6.7e）表面系数公式的系数

表面粗糙状况	S_{ut} 的单位为 MPa 时		S_{ut} 的单位为 psi 时	
	A	b	A	b
研磨	1.58	−0.085	2.411	−0.085
机加工或冷轧	4.51	−0.265	16.841	−0.265
热轧	57.7	−0.718	2052.9	−0.718
锻造	272	−0.995	38545.0	−0.995

摘自：Shigley, Mischke and Budynas, Mechanical Engineering Design, 7th ed., McGraw-Hill, New York, 2004, p. 329

如图 6-28 所示的镀铬影响，表面处理如电镀某些金属会严重降低疲劳强度。镀软金属，如镉、铜、锌、铅、锡，似乎不会对疲劳强度造成严重影响。一般情况下对受到疲劳应力的零件不推荐镀铬和镍，除非增加喷丸处理（见下文）。唯一的例外可能是零件处于腐蚀环境时，电镀带来的耐腐蚀性的益处远远超过疲劳强度的降低。因电镀降低的大部分强度可以通过镀前的喷丸

⊖ 用于表征表面粗糙度的参数很多，通常是在控制力和速度下用尖锐的锥形金刚石触针测量。记录笔将测得的微观轮廓编码，并存储在计算机中。然后对形貌进行统计分析，如找出最大峰谷距值（Rt），最高的 5 个峰的平均峰高（Rpm）等，最常用的参数是 Ra（或 Aa），它是轮廓峰高谷深度绝对值的算术平均值。图 6-27 用的正是该参数。更多信息见 7.1 节关于表面粗糙度。

而引入的压应力来弥补，如图6-29所示。喷丸和其他引入残余应力的方法将会在6.8节介绍。

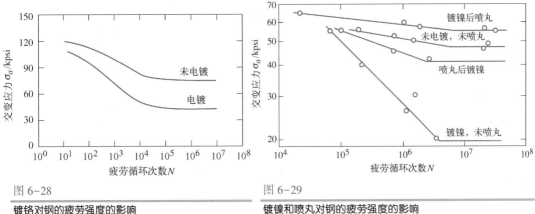

图 6-28

镀铬对钢的疲劳强度的影响

摘自：C. C. Osgood, Fatigue Design, Pergamon Press, London, 1982

图 6-29

镀镍和喷丸对钢的疲劳强度的影响

摘自：Almen and Black, Residual Stress and Fatigue in Metals, McGraw-Hill, 1963, p. 148

温度的影响 大部分疲劳试验通常是在室温条件下完成的。低温时断裂韧性会下降，而在合适的高温条件下（高至约350℃）断裂韧性会增强。但是在高温条件下，S-N图中持久极限的拐点会消失，使得疲劳强度随着循环次数N增加而继续下降。而且当温度高于室温时，屈服强度会不断下降，并且在某些情况下，尚未发生疲劳失效前就已经屈服了。当温度高于金属绝对熔点的50%时，蠕变成了主要影响因素，此时应力-寿命法已经不再适用。应变-寿命方法仍然可以适用于高温蠕变和疲劳共同作用的情况。

目前有一些考虑中度高温下持久极限缩减的近似方程。此时要引入**温度系数**C_{temp}，Shigley和Mitchell[26]的建议取值如下：

$$
\begin{aligned}
&当 T \leqslant 450℃\left(840°F\right)时, & C_{temp} &= 1 \\
&当 450℃ < T \leqslant 550℃时, & C_{temp} &= 1 - 0.0058(T - 450) \\
&当 840°F < T \leqslant 1\,020°F时, & C_{temp} &= 1 - 0.0032(T - 840)
\end{aligned}
\tag{6.7f}
$$

注意以上公式适用于钢材，不可用于铝、镁、铜合金等其他材料。

可靠度的影响 很多公布的强度数据都是平均值。在相同的试验条件下对相同材料进行多次测试的结果都是有所分散的。Haugen和Wirsching[27]报道说钢的持久强度的标准差很少超过其均值的8%。表6-4所示为假设标准差为8%时的可靠度系数。注意可靠度为50%的系数等于1，并且可靠度越高，可靠度系数值越小。例如，如果希望试样有99.99%的概率等于或超过假设的强度值，则必须将强度均值乘以0.702。表6-4提供了所选择的可靠度对应的强度缩减系数C_{temp}。

环境的影响 环境对疲劳强度有显著的影响，这可以从图6-26中腐蚀表面的曲线得到印证。图6-30所示为不同环境对疲劳强度的相对影响。与真空环境相比，屋内空气环境会都会降低疲劳强度。空气中的湿度和温度越高，则强度降低越多。图中的预浸线是先把零件放置在腐蚀环境（淡水或海水）中浸泡，然后再放置于空气中进行测试。被腐蚀表面粗糙度的增加被认为是疲劳强度降低的原因。腐蚀疲劳线表示腐蚀环境导致疲劳强度剧烈下降，持久极限拐点也消失了。

表 6-4　$S_d = 0.08\mu$ 时的可靠度系数

可靠度（%）	C_{reliab}
50	1.000
90	0.897
95	0.868
99	0.814
99.9	0.753
99.99	0.702
99.999	0.659
99.9999	0.620

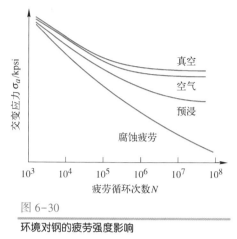

图 6-30

环境对钢的疲劳强度影响

摘自：Fuchs and Stephens, Metal Fatigue in Engineering, New York, 1980, p. 220

尽管**腐蚀疲劳**现象尚未被人们理解透彻，但是图 6-30 和图 6-31 中的经验数据揭示了它的严重性。图 6-31 所示为碳钢和低合金钢在淡水中的 S-N 图。S_e 几乎不随 S_{ut} 变化，大概恒定为 15 kpsi。因此，在这种环境下，低强度碳钢与高强度碳钢疲劳性能一样。在水中唯一能够保持一定强度的是铬钢（包括不锈钢），因为合金元素可以防止腐蚀。图 6-32 所示为盐水对铝合金疲劳强度的影响。在恶劣环境下，材料强度的数据有限，因此，很难定义任何通用的环境影响的强度缩减系数。最好的方法就是在实际环境下对所有的设计和材料进行广泛测试（这在要测试低频载荷对材料长期影响的情况下很难做到，因为需要花费大量的时间）。根据图 6-31，淡水环境下的碳钢和低合金钢在式（6.5a）中 S_{ut} 和 S_e 的关系修正为：

$$\text{当碳钢在淡水时：} \qquad S_{e'} \cong 15 \text{ kpsi } (100 \text{ MPa}) \tag{6.8}$$

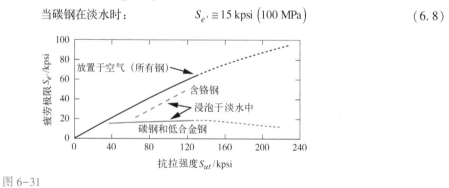

图 6-31

水对钢的疲劳强度影响

摘自：P. G. Forrest, Fatigue of Metals, Pergamon Press, Oxford, 1962, p. 212

可以推测，盐水环境下碳钢的疲劳强度会下降得更加厉害。

计算修正疲劳强度 S_f 或修正持久极限 S_e

强度缩减系数可通过式（6.6）用于未修正的持久极限 $S_{e'}$ 和未修正的疲劳强度 $S_{f'}$，从而获得设计所需的修正值。

创建近似的 S-N 图

式（6.6）提供了在 S-N 图高周循环区域材料强度的信息。利用低周循环区域的类似信息，就可以构建如图 6-33 所示的特定材料和应用的 S-N 图。我们感兴趣的部分是循环次数为 $10^3 \sim$ 10^6 的 HCF 区，以及超过这个循环次数的区域。将 10^3 循环次数处的材料强度称为 S_m。试验数据表明以下 S_m 的估算公式是合理的[28]：

弯曲： $\qquad\qquad\qquad\qquad S_m = 0.9 S_{ut}$

$\qquad\qquad\qquad\qquad\qquad\qquad\qquad\qquad\qquad\qquad\qquad$ (6.9)

轴向加载： $\qquad\qquad\qquad\quad S_m = 0.75 S_{ut}$

近似的 S-N 图可以绘制在如图 6-33 所示的对数坐标上。横坐标轴 x 的范围是从 $N = 10^3$ 到 $N = 10^9$ 或者更大。从式 (6.9) 中得到的 S_m 的近似值绘制在 $N = 10^3$ 处。注意：式 (6.6) 中的修正系数未用于修正 S_m 值。

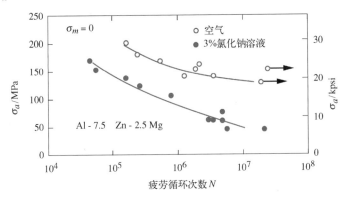

图 6-32

盐水对铝合金的疲劳强度的影响

摘自：Stubbington and Forsyth，"Some Corrosion-Fatigue Observations on a High-Purity Aluminum-Zinc-Magnesium Alloy and Commercial D. T. D. 683 Alloy," J. of the Inst. of Metals, London, U. K., vol. 90, 1961-1962, pp. 347-354

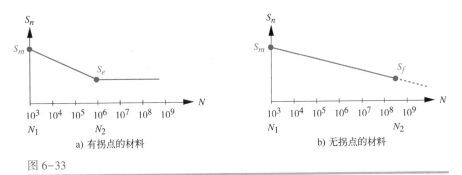

图 6-33

两种近似的 S-N 图

如果材料存在拐点，就把从式 (6.6) 中得到的 S_e 修正值绘制在 $N = 10^6$ 处，同时在 S_m 和 S_e 之间画一条直线。曲线过 S_e 点后保持水平。如果材料不存在拐点，把从式 (6.6) 中得到的 S_f 修正值绘制在相应的循环次数（图示 $N_f = 5 \times 10^8$）处，同时在 S_m 和 S_e 之间画一条直线。这条线可能会超出 S_f 点，尽管这个值可能保守，但是其精度值得怀疑（见图 6-10）。

连接 S_m 和 S_e 或 S_f 的直线方程可以写为：

$$S(N) = aN^b \qquad\qquad\qquad (6.10a)$$

或 $\qquad\qquad\qquad\qquad \log S(N) = \log a + b \log N \qquad\qquad\qquad (6.10b)$

式中，$S(N)$是在任意 N 处的疲劳强度；a 和 b 是由边界条件决定的常数。对所有情况，y 轴截距是 $S(N)=S_m$ 在 $N=N_1=10^3$ 处的值。对有持久极限（见图 6-33），$N=N_2=10^6$ 时，$S(N)=S_e$。对于没有持久极限的材料，疲劳强度在某个循环次数取值：$N=N_2$ 处（见图 3-33b），$S(N)=S_f$。把边界条件代入式（6.10b），可以求得 a 和 b 的值：

$$b=\frac{1}{z}\log\left(\frac{S_m}{S_e}\right)，\quad \text{其中}\ \ z=\log N_1-\log N_2$$

$$\log(a)=\log(S_m)-b\log(N_1)=\log(S_m)-3b \tag{6.10c}$$

注意：N_1 总是 10^3，因此 $\log N_1=3$。对于在 $N_2=10^6$ 处存在拐点的材料，$z=(3-6)=-3$，如表 6-5 所示。这个方程仅适用于有拐点的材料，之后 $S(N)=S_e$，如图 6-33a 所示。

如果材料没有拐点，而且在 $N=N_2$ 处有 $S(N)=S_f$（见图 6-33b），则可以很容易地由不同 N_2 算出 z。例如，在图 6-33b 中 S_f 所在的点 $N_2=5\times10^8$，则 z 为：

$$z_{@5\times10^8}=\log(1000)-\log(5\times10^8)=3-8.699=-5.699$$

$$b_{@5\times10^8}=-\frac{1}{5.699}\log\left(\frac{S_m}{S_f}\right)\quad \text{其中}\ S_f\,@\,N_2=5\times10^8\text{次} \tag{6.10d}$$

其他边界条件常数也可以用同样的方法来确定。当 $N_1=10^3$ 时，对应不同 N_2 的 z 值如表 6-5 所示。这些 S-N 曲线的方程可以用于估计在受到对称循环应力的某一疲劳强度 $S(N)$ 所对应的循环次数 N，或者估计某一循环次数 N 所对应的疲劳强度 $S(N)$。

表 6-5 式（6-10c）的系数 z

N	z
1.0×10^6	-3.000
5.0×10^6	-3.699
1.0×10^7	-4.000
5.0×10^7	-4.699
1.0×10^8	-5.000
5.0×10^8	-5.699
1.0×10^9	-6.000
5.0×10^9	-6.699

例 6-1 确定黑色金属材料的近似 S-N 图

问题：创建一个钢棒的近似 S-N 曲线并确定其方程。如果应力幅值为 $100\,MPa$，那么它的寿命循环次数是多少？

已知：经过测试，$S_{ut}=600\,MPa$，钢棒是边长 $150\,mm$ 的正方形，经过热轧处理，工作环境温度最高 $500\,℃$，载荷为对称循环弯曲。

假设：由于韧性钢有持久极限，因此要求并可以获得无限寿命，取 99.9% 可靠度对应的系数。

解：

1. 由于没有提供持久极限或疲劳强度的信息，因此可用式（6.5a）来通过极限强度估计 $S_{e'}$：

$$S_{e'}\cong 0.5S_{ut}=0.5(600)\,MPa=300\,MPa \tag{a}$$

2. 载荷为弯曲，因此根据式（6.7a），载荷系数为：

$$C_{load}=1.0 \tag{b}$$

3. 零件的尺寸大于试件尺寸，且截面不是圆形，因此必须基于 95% 应力面积确定它的等效直径，从而确定尺寸系数。根据图 6-25c 和式（6.7d）求得它的等效直径为：

$$A_{95}=0.05bh=0.05(150)(150)\,mm^2=1125\,mm^2$$

$$d_{equiv}=\sqrt{\frac{A_{95}}{0.0766}}=\sqrt{\frac{1125\,mm^2}{0.0766}}=121.2\,mm \tag{c}$$

根据式（6.7b），可得上面等效直径的尺寸系数为：

$$C_{size}=1.189(121.2)^{-0.097}=0.747 \tag{d}$$

4. 由式（6.7e）和表6-3 的数据可得热轧零件的表面系数为：

$$C_{surf} = A S_{ut}^b = 57.7 (600)^{-0.718} = 0.584 \qquad \text{(e)}$$

5. 由式（6.7f）可得温度系数：

$$C_{temp} = 1 - 0.0058(T - 450) = 1 - 0.0058(500 - 450) = 0.71 \qquad \text{(f)}$$

6. 由表6-4 可得可靠度为 99.9% 时对应的可靠度系数：

$$C_{reliab} = 0.753 \qquad \text{(g)}$$

7. 根据式（6.6），可以得到修正持久极限 S_e 为：

$$\begin{aligned}
S_e &= C_{load} C_{size} C_{surf} C_{temp} C_{reliab} S_{e'} \\
&= 1.0(0.747)(0.584)(0.71)(0.753)(300) \\
S_e &= 70 \text{ MPa}
\end{aligned} \qquad \text{(h)}$$

8. 为了创建 $S\text{-}N$ 图，我们还需要用式（6.9）来估计弯曲载荷下的 S_m 值：

$$S_m = 0.90 S_{ut} = 0.90(600) \text{ MPa} = 540 \text{ MPa} \qquad \text{(i)}$$

9. 根据上面 S_m 和 S_e 的值，可以绘制出图 6-34 所示的近似 $S\text{-}N$ 图。假设 S_e 位于 10^6 循环次数处，那么可以根据式（6.10a）~式（6.10c）得到两条直线的表达式：

$$b = -\frac{1}{3}\log\left(\frac{S_m}{S_e}\right) = -\frac{1}{3}\log\left(\frac{540}{70}\right) = -0.295\,765 \qquad \text{(j)}$$

$$\log(a) = \log(S_m) - 3b = \log 540 - 3(-0.295\,765): \qquad a = 4165.707$$

$$S(N) = a N^b = 4165.707\, N^{-0.295\,765} \text{ MPa} \qquad 10^3 \leqslant N \leqslant 10^6$$

$$S(N) = S_e = 70 \text{ MPa} \qquad N > 10^6 \qquad \text{(k)}$$

10. 不同应力幅值对应的寿命循环次数都可用式（k）来求得。题目中的应力值为 100 MPa，那么：

$$\begin{aligned}
100 &= 4165.707\, N^{-0.295\,765} \qquad 10^3 \leqslant N \leqslant 10^6 \\
\log 100 &= \log 4165.707 - 0.295\,765 \log N \\
2 &= 3.619\,689 - 0.295\,765 \log N \\
\log N &= \frac{2 - 3.619\,689}{-0.295\,765} = 5.476\,270 \\
N &= 10^{5.476\,270} = 3.0 \times 10^5 \text{次}
\end{aligned} \qquad \text{(l)}$$

图 6-34 显示应力幅值线和失效曲线在 3×10^5 的位置相交。

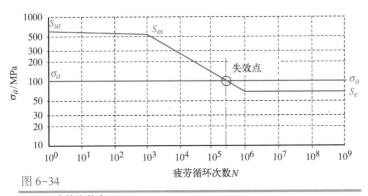

图 6-34

例 6-1 中的失效点

11. 本例相关文件 EX06-01 可在本书网站上查到。

例 6-2　确定有色金属材料的近似 *S-N* 图

问题：创建一个铝棒的近似 *S-N* 曲线并确定其方程，试求在 2×10^7 次循环时它的修正疲劳强度。

已知：经过测试，6061-T6 铝的 $S_{ut}=45000\,\mathrm{psi}$，铝棒是直径为 1.5 in 的锻造圆棒，工作环境温度最高 300℉，加载为对称循环扭转。

假设：要求可靠度为 99.0%，未修正的疲劳强度取自于 5×10^8 次循环。

解：

1. 由于没有提供疲劳强度信息，因此我们需要用式（6.5c）根据极限强度估计 $S_{f'}$：

$$S_{f'}\cong0.4S_{ut}\qquad\text{其中}\,S_{ut}<48\,\mathrm{kpsi}$$
$$S_{f'}\cong0.4\left(45\,000\right)\mathrm{psi}=18\,000\,\mathrm{psi} \tag{a}$$

这个疲劳强度的值是在 $N=5\times10^8$ 时的值，铝的 *S-N* 曲线中不存在拐点。

2. 载荷是纯扭转，因此根据式（6.7a），载荷系数为：

$$C_{load}=1.0 \tag{b}$$

这是因为扭转应力将会被转换成用于和 *S-N* 曲线强度进行比较的等效 von Mises 正应力。

3. 零件的尺寸大于试件尺寸，而截面是圆形，根据式（6.7b）估计它的尺寸系数，需要注意：这个尺寸系数的值是基于钢材的数据而得来的：

$$C_{size}=0.869\left(d_{equiv}\right)^{-0.097}=0.869\left(1.5\right)^{-0.097}=0.835 \tag{c}$$

4. 从式（6.7e）和表 6-3 的数据可以得到关于锻造零件的表面系数，这里同样需要注意，这些表面系数的数据也是基于钢材的，应用到铝材时可能不够准确：

$$C_{surf}=AS_{ut}^{b}=39.9\left(45\right)^{-0.995}=0.904 \tag{d}$$

5. 式（6.7f）也是仅适用于钢材，这里我们假设：

$$C_{temp}=1 \tag{e}$$

6. 从表 6-4 可得可靠度为 99.0% 时的系数为：

$$C_{reliab}=0.814 \tag{f}$$

7. 根据式（6.6），可得在 $N=5\times10^8$ 处的修正疲劳强度 S_f：

$$S_f=C_{load}\,C_{size}\,C_{surf}\,C_{temp}\,C_{reliab}\,S_{f'}$$
$$=1.0\left(0.835\right)\left(0.904\right)\left(1.0\right)\left(0.814\right)\left(18\,000\right)\mathrm{psi}=11\,063\,\mathrm{psi} \tag{g}$$

8. 为了创建 *S-N* 图，还需要用式（6.9）来估计在 10^3 处的 S_m 值，这里需要注意的是弯矩值用于转矩：

$$S_m=0.90S_{ut}=0.90\left(45\,000\right)\mathrm{psi}=40\,500\,\mathrm{psi} \tag{h}$$

9. 根据式（6.10a）~式（6.10c），可以得到修正 *S-N* 曲线及其方程的系数和指数。S_f 位于 5×10^8 循环次数处时，可以从表 6-5 得到 z 的值，从而有：

$$b=-\frac{1}{5.699}\log\left(\frac{S_m}{S_f}\right)=-\frac{1}{5.699}\log\left(\frac{40\,500}{11\,063}\right)=-0.0989 \tag{i}$$

$$\log\left(a\right)=\log\left(S_m\right)-3b=\log40\,500-3\left(-0.0989\right):\quad a=80\,193$$

10. 期望寿命为 $N=2\times10^7$ 时的疲劳强度值可以从修正 *S-N* 曲线的方程中得到：

$$S\left(N\right)=aN^b=80\,193N^{-0.0989}=80\,193\left(2\times10^7\right)^{-0.0989}\,\mathrm{psi}=15\,209\,\mathrm{psi} \tag{j}$$

$S(N)$ 比 S_f 大，因为寿命比公布的疲劳强度对应的寿命短。

11. 注意这类题目的求解顺序。首先要找到在某一"标准"循环次数（$N=5\times10^8$）处未修正疲劳强度 $S_{f'}$，然后由式（6.7）和强度缩减系数来对其进行修正。只有这样，才能构建 S-N 曲线对应的式（6.10a），从而 S-N 曲线会在 $N=5\times10^8$ 处经过修正的 S_f。如果使用未修正的疲劳强度 $S_{f'}$ 构建式（6.10a），用它求期望的循环寿命（$N=2\times10^7$），然后再用修正系数的话，求得的是不同的，也是不正确的结果。因为叠加对指数方程不成立。

12. 本书网站上有本例相关文件 EX06-02。

6.7　缺口与应力集中

缺口是本书的通用术语，如 4.15 节所述，它是指任何破坏零件"力流"的几何轮廓。**缺口可以是孔、槽、圆角、截面的突然变化或者任何对零件平滑轮廓的破坏。** 我们关心的缺口是因为工程需求而特意设计的缺口，如 O 形环槽、轴肩圆角或紧固件孔等。通常认为工程师会按照正确的设计方法，使缺口的圆角半径尽可能大，从而减少 4.15 节所述的应力集中。半径很小的缺口圆角是非常拙劣的设计，如果存在的话，应被视为裂纹，必须利用断裂力学原理来预测失效（见 5.3 节和 6.5 节）。缺口会产生应力集中，从而引起局部应力上升，甚至会导致局部屈服。在第 4 章和第 5 章中讨论应力集中时只考虑静载荷，只有脆性材料考虑应力集中的影响。假定韧性材料会在局部应力集中处屈服，从而把应力降低到可承受范围。对动载荷，情况却不一样，因为韧性材料表现出脆性疲劳失效。

4.15 节讨论过正应力的几何（理论）应力集中系数 K_t 和剪应力的应力集中系数 K_{ts}（这里都用 K_t 来表示）。这些系数表示具有特定几何轮廓缺口的应力集中程度，并且作为乘子和缺口横截面处的名义应力相乘（见式 4.31）。很多不同载荷和零件的几何形状的几何或理论应力集中系数已经确定，可参考已发表的各种文献[30,31]。对于动态载荷，我们必须基于缺口的敏感度对理论应力集中系数修正获得**疲劳应力集中系数** K_f，然后与名义动态应力相乘。

缺口敏感度

不同材料对应力集中的敏感程度不同，这被称为材料的**缺口敏感度**。总体来说，材料韧性越好，缺口敏感度就越低。脆性材料的缺口敏感度更高。因为金属的韧性和脆性与强度和硬度相关，低强度、软材料比高强度、硬材料的缺口敏感度低。缺口敏感度还与缺口半径有关（它是缺口锐度的衡量）。当缺口半径几乎为 0 时，缺口的敏感度也下降至几乎为 0。或许读者会觉得奇怪，因为 4.15 节介绍理论应力集中系数 K_t 随着缺口半径减小到 0 而趋向于无穷大。如果不是因为材料在缺口半径缩小至接近 0 时（即裂缝）缺口敏感度减小，工程师将无法设计能承受任何名义应力水平的、存在缺口的零件。

Neuber[32] 在 1937 年首次对缺口效应进行了全面研究，并给出了疲劳应力集中系数的公式。Kuhn[33] 后来修正了 Neuber 的公式，并通过实验中获得公式所需的 Neuber 常数（材料特性）。后来 Peterson[30] 改进了这一方法，并定义缺口敏感度 q 为：

$$q=\frac{K_f-1}{K_t-1} \tag{6.11a}$$

式中，K_t 是特定几何形状的理论（静态）应力集中系数；K_f 是（动态）疲劳应力集中系数。缺口敏感度 q 的范围是 0~1。这个公式还可以改写成以下形式用来求解 K_f：

$$K_f=1+q(K_t-1) \tag{6.11b}$$

第一步是要确定特定几何结构和载荷的理论应力集中系数 K_t，然后得到材料合理的缺口敏感度值，并将其代入式（6.11b）来求得动态应力集中系数 K_f。和在静态情况一样，任何情况下的名义动态应力都应当再乘以拉伸应力系数 K_f（剪应力时为 K_{fs}）：

$$\sigma = K_f \, \sigma_{nom}$$
$$\tau = K_{fs} \, \tau_{nom}$$

（6.12）

注意：在式（6.11）中，当 $q=0$ 时，$K_f=1$，这不会增加式（6.12）中的名义应力。当 $q=1$ 时，$K_f=K_t$，这就可以在式（6.12）中感受到几何应力集中系数的效果了。

缺口敏感度 q 也可以由 Kuhn–Hardrath[33] 公式根据 Neuber 常数 a 和缺口半径 r 得出，下式变量单位为英寸（in）

$$q = \frac{1}{1 + \dfrac{\sqrt{a}}{\sqrt{r}}}$$

（6.13）

注意这里使用的 Neuber 常数是 $\sqrt{a}$，而不是 a，所以将 $\sqrt{a}$ 直接代入式（6.13）中，对 r 也是代入方根值。三种不同材料的 Neuber 常数 $\sqrt{a}$ 如图 6-35 所示。表 6-6 ~ 表 6-8 是从图 6-35 中得到的具体数据。注意在图 6-35 中，对受扭转的钢材，$\sqrt{a}$ 的值应按 S_{ut} 比材料的抗拉强度高 20 kpsi 来查取。

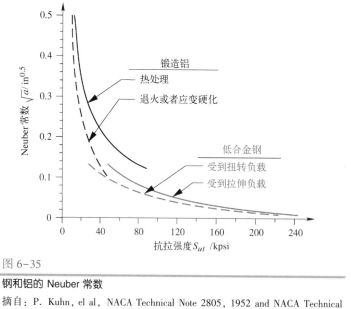

图 6-35

钢和铝的 Neuber 常数

摘自：P. Kuhn, el al, NACA Technical Note 2805, 1952 and NACA Technical Note D-1259, 1962

表 6-6   钢的 Neuber 常数

S_{ut}/kpsi	$\sqrt{a}$/in$^{0.5}$
50	0.130
55	0.118
60	0.108
70	0.093
80	0.080
90	0.070
100	0.062
110	0.055
120	0.049
130	0.044
140	0.039
160	0.031
180	0.024
200	0.018
220	0.013
240	0.009

图 6-36 中第一和第二张图分别为钢和铝由式（6.13）和图 6-5 中的数据得到的缺口敏感度曲线。这些曲线只适用于缺口深度小于 4 倍的根部半径的情况，深度更大时须谨慎使用。

疲劳应力集中系数 K_f 的所有值只能用于 HCF 区末端（$N = 10^6 \sim 10^9$）。一些学者[10,30,34]建议在 $N = 10^3$ 的时候用 K_f 的缩减部分 $K_{f'}$ 来代替 K_f。高强度或者脆性材料的 $K_{f'}$ 约等于 K_f，但是低强度的韧性材料的 $K_{f'}$ 接近 1，也有人[35]推荐在 10^3 次循环处也使用全部 K_f 值。第二种方法比较保守，因为 N 较小时应力集中的影响并不明显。我们将采用保守的方法，在整个 HCF 区统一使用 K_f，因为在估算疲劳强度和它的修正系数时存在一些不确定因素，这要求保守一些。

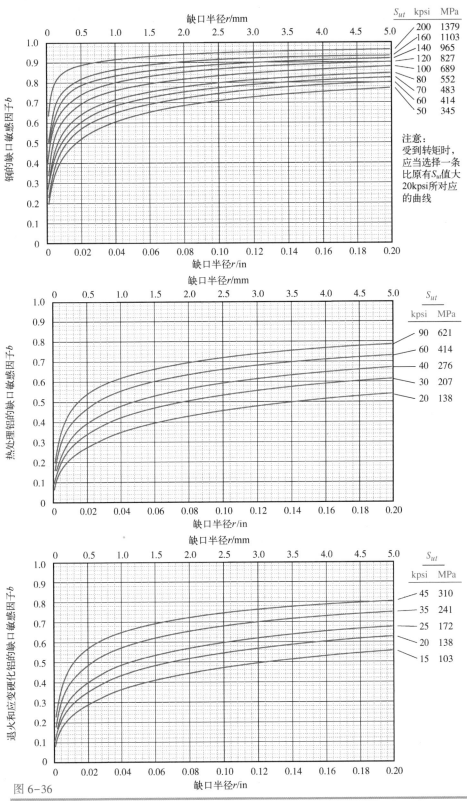

图 6-36

缺口敏感度曲线

<table>
<tr><th colspan="2">表 6-7　退火铝的 Neuber 常数</th><th colspan="2">表 6-8　硬化铝的 Neuber 常数</th></tr>
<tr><th>S_{ut}/kpsi</th><th>$\sqrt{a}$/in$^{0.5}$</th><th>S_{ut}/kpsi</th><th>$\sqrt{a}$/in$^{0.5}$</th></tr>
<tr><td>10</td><td>0.500</td><td>15</td><td>0.475</td></tr>
<tr><td>15</td><td>0.341</td><td>20</td><td>0.380</td></tr>
<tr><td>20</td><td>0.264</td><td>30</td><td>0.287</td></tr>
<tr><td>25</td><td>0.217</td><td>40</td><td>0.219</td></tr>
<tr><td>30</td><td>0.180</td><td>50</td><td>0.186</td></tr>
<tr><td>35</td><td>0.152</td><td>60</td><td>0.162</td></tr>
<tr><td>40</td><td>0.126</td><td>70</td><td>0.144</td></tr>
<tr><td>45</td><td>0.111</td><td>80</td><td>0.131</td></tr>
<tr><td></td><td></td><td>90</td><td>0.122</td></tr>
</table>

6

例 6-3　确定疲劳应力集中系数

问题：一个类似于图 4-36 所示的矩形阶梯杆受到弯曲作用，根据给定的尺寸确定其疲劳应力集中系数。

已知：使用图 4-36 中的符号，$D = 2$、$d = 1.8$、$r = 0.25$。材料拉伸极限应力 $S_{ut} = 100\,$kpsi。

解：

1. 从图 4-36 中得到几何应力集中系数 K_t 的表达式为：

$$K_t = A\left(\frac{r}{d}\right)^b \tag{a}$$

式中，A 和 b 都是 D/d 的函数。$D/d = 2/1.8 = 1.111$，从图 4-36 中可得：$A = 1.0147$，$b = -0.2179$，所以：

$$K_t = 1.0147\left(\frac{0.25}{1.8}\right)^{-0.2179} = 1.56 \tag{b}$$

2. 缺口敏感度 q 可以通过 Neuber 常数 $\sqrt{a}$，结合图 6-35、表 6-6~表 6-8 以及式（6.13）获得，也可以从图 6-36 直接查得。我们按前一种方式，从表 6-6 中可以得到 $S_{ut} = 100\,$kpsi 对应的 Neuber 常数为 0.062，注意，这个值是 a 的平方根：

$$q = \frac{1}{1+\dfrac{\sqrt{a}}{\sqrt{r}}} = \frac{1}{1+\dfrac{0.062}{\sqrt{0.25}}} = 0.89 \tag{c}$$

3. 使用式（6.11b）来计算疲劳应力集中系数：

$$K_f = 1 + q(K_t - 1) = 1 + 0.89(1.56 - 1) = 1.50 \tag{d}$$

4. 本书的网站上有本例文件 EX06-03。

6.8　残余应力

残余应力指的是留在未受载零件中的应力。大多数零件在制造的过程中都会有一些残余应力。任何加工过程，例如会产生高于屈服点的局部应变成形或热处理加工，在应变被移除后都会在零件中残留应力。好的设计要求工程师尽可能地把残余应力降到最小，避免给强度带来负面影响，最好带来正面影响。

疲劳失效是拉应力导致的。图 6-17 和图 6-18 显示了压应力均值对疲劳失效的有利影响。当设计者在零件的加载模式中很难或无法控制零件承受的压应力时，可采用技术使得零件在投入使用前引入**残余压应力**。处理适当的话，残余压应力可以显著提高疲劳寿命。引入残余压应力的方法有**热处理、表面处理和机械预应力处理**等方法。它们大多数可以在表面形成双向压应力、在表面下形成三向压应力，并在中心部分形成三向拉应力。

由于零件是处于平衡状态的，因此表面附近的压应力必须由中心的拉应力所平衡。如果处理过度，中心处拉应力升高，会引起零件失效，所以必须保持平衡。当施加的应力分布不均匀时，这些处理方法的应力存在最大值，譬如对称弯曲时最大拉伸应力位于表面。单向弯曲时，拉应力峰值只出现在一侧，就只需对这一侧进行处理。轴向拉伸载荷在横截面的应力分布是均匀的，不能从非均匀分布残余应力方式中受益，除非零件表面有缺口，在表面引起拉应力的局部增加。这时表面的压缩残余应力是很有帮助的。实际上，不管如何加载，增加残余压应力会使在缺口处的净拉应力减小。由于一般缺口都设计在表面上，因此可以对它们进行处理。

特意引入残余压应力对高屈服强度材料制成的零件最有效。如果材料的屈服强度低，由于工作时的高应力会使材料屈服，残余压应力不能长时间存留在零件中。Fairs[36]发现 $S_y < 80\,kpsi$ 的钢的疲劳强度在初期会提高，但是后来几乎没有改善。但 Heywood[37]发现高强度冷轧钢制螺纹的疲劳强度提高了 50%。

热处理 在热成形或热处理加工中，零件被加热、冷却后就会产生热应力。第 2 章介绍过钢的几种热处理方法。它们大致分为两大类：**淬透**（淬火时整个零件被加热到相变温度后淬火）和**表面硬化**（只有零件的表面被加热到高于相变温度后淬火，或者零件在特殊气体中被加热到相对低的温度，使得表面加入硬化元素）。

淬透会使零件表面产生残余拉应力。如果像转矩或弯矩那样在零件表面产生拉应力，或者当轴向载荷在表面缺口处产生很高的局部拉应力时，淬透带来的额外的残余拉应力会使情况恶化。所以这些情况下不要采用淬透硬化的热处理方法。

表面硬化 包括渗碳、渗氮、火焰淬火和感应淬火等方法，它会在零件表面产生残余压应力，因为材料相变（或添加元素）带来的体积增加局限在表面附近，心部材料体积未发生变化，这使得表面受到压缩。这种表面的压应力对疲劳寿命有着显著的有利影响。材料的颗粒不知道也不关心应力是由外力产生的，还是内部残余的。它感受到的是正的拉应力（幅值）和负的压应力（均值）的代数和，即下降的净应力。如果要对受到疲劳载荷的零件进行热处理，表面硬化比淬透有明显的优势。图 6-37 给出了渗碳和渗氮对表面附近的残余应力状态的影响，也提供了压缩和拉伸残余应力沿渗碳零件厚度的分布情况。

表面处理 最常用于引入表面压应力的表面处理工艺是**喷丸**和**冷成形**。两者都会使零件表面产生一定深度的拉伸屈服。选择性地使材料的一部分发生屈服，会引起这部分材料产生符号相反的残余应力，这是因为不受应力的大部分基体材料会迫使屈服的材料恢复原来尺寸。规律就是：为防止某一方向的应力过大，就尽可能在同方向对材料先施加超限应力（使它屈服）。因为我们试图保护零件以避免因为拉应力过大而产生疲劳，所以要使材料先拉伸屈服，从而产生残余压应力。这种表面冷加工技术早在古代铁匠中就已知晓，他们在最后一道工序锻打冷却的剑或马车弹簧表面来提高强度。

喷丸⊖是相对容易的表面处理工艺，它适用于几乎任何形状的零件。喷丸时零件的表面会受

⊖ 喷丸处理方面肯定性和优秀的讨论可以查看 Leghorn, G., " The Story of Shot Peening", A. S. N. E. Journal, Nov. 1957, pp. 653-666, 也可以浏览 http://www.shotpeener.com/learning/story_peening.pdf.。对喷丸有兴趣的读者应该读一读这篇文章。小册子" Shot PeeningApplications," 8ed, by Metal Improvement Company Inc. （www. Metalim. provement. com）也是在喷丸方面宝贵的资源和参考。另一个资源是在线演示，可浏览 http://www.straaltechniek. net/files/straaltechniek_shot_peening_presentation. pdf。

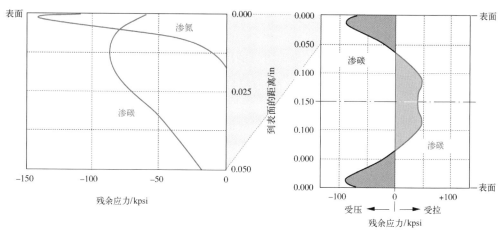

图 6-37

表面硬化处理后的残余应力分布

摘自：Figs. 5-5, p. 51, and 5-11, p. 58, in Almen and Black, Residual Stress and Fatigue in Metals, McGraw-Hill, 1963

到由钢、冷硬铸铁、玻璃、陶瓷、核桃壳或者其他材料制成的弹丸流的撞击（如铅弹）。较硬的弹丸用于钢制零件，较软的用于有色金属零件。弹丸从旋转轮或空气喷嘴喷出，以很高的速度喷射零件。弹丸的撞击使零件表面凹陷，材料屈服，呈现多坑外观。喷丸后材料的表面更大，而底层材料试图将其拉回，从而使表面处于残余压应力状态。另外，也可以在零件表面进行冷加工，从而提高其硬度和屈服强度。

喷丸可以使残余压应力显著升高，可达材料抗拉强度的 55%[⊖]。压应力穿入深度有 1 mm。除非破坏零件，否则很难精确测量喷丸的残余应力的大小。如果对喷丸层下切片，切口会弹合，这个弹合量就可以用来衡量残余应力的大小。图 6-38 所示为两种不同屈服强度的钢在喷丸处理后的残余应力分布情况。压应力的峰值出现在浅表的位置，并随深度增加迅速衰减。

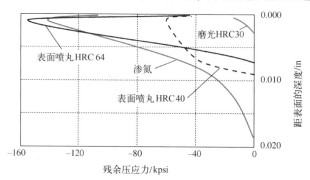

图 6-38

某些钢喷丸后的残余应力分布

摘自：Fig. 5-11, p. 58, Almen and Black, Residual Stress and Fatigue in Metals, McGraw-Hill, 1963

喷丸强化程度可以在喷丸处理中用标准 Almen 试片来测量。把一个薄薄的试片固定在夹具中，保证它只有一面受到喷射。当试片从夹具取出后，由于一面有压应力，它会发生卷曲。然后

⊖　美国齿轮制造商协会标准 AGMA 938-a05。

将试片曲线的高度转换 Almen 数，表示零件（和它）受到的喷丸喷射程度。如果没有可用于表示喷丸后残余应力的具体数据，一个考虑它带来的有利影响的保守方法是在用式（6.8）来计算修正疲劳强度时，取 $C_{surf}=1$。

喷丸处理广泛用于锯片、曲轴、连杆、齿轮和弹簧等零件[38]。对于较大的零件，有时会使用**锻打喷丸**，即用手持空气锤与硬化球锻打零件表面上的高应力的部分（例如齿轮的齿根部）。部分高强度钢制成的零件在经过喷丸后可以产生高达 S_{ut} 的 55% 的残余压应力。这对锻造和热轧后的表面特别有益，因为锻造和热轧后的表面既粗糙又脱碳变弱。镀镍和镀铬零件可以通过在电镀前喷丸来恢复其未镀前的疲劳强度。如果电镀前喷丸，不仅可以消除电镀带来的不利影响，还可以使零件的疲劳强度比未电镀时高，如图 6-29 所示。适当的喷丸还可以使弹簧的疲劳强度提升到大于屈服强度，使得屈服失效早于疲劳失效[38]。因此，喷丸是一种可以提高零件疲劳强度而又不会过度增加生产成本的有效技术。

激光冲击强化是一种新兴技术，它用激光脉冲来对金属进行强化，其速度可达 $1\ m^2/h$。每次激光冲击波都可以在材料表面深 $1\sim2\ mm$、面积 $25\ mm^2$ 区域产生残余压应力，这比一些喷丸技术的残余应力深度更深，据称激光冲击强化处理后的零件疲劳寿命比传统喷丸技术的长 $3\sim5$ 倍。激光冲击强化相对传统喷丸来说速度更慢，成本更高，因此一般应用在重要的场合，例如在对整个零件进行传统喷丸后，再对涡轮叶片的前沿、齿轮的齿根等关键区域进行激光冲击强化⊖。与传统喷丸不同，激光冲击强化不会影响表面粗糙度。

冷成形可应用于像轴那样的旋转表面、能通过两个轧辊之间的平面和孔的内表面。例如，可用硬化滚轮辊压车床上转动的轴。在滚轮巨大的力作用下，轴产生局部屈服，导致表面出现残余压应力，这可以保护零件，减小或避免工作时因旋转弯矩或对称转矩产生的拉应力的影响。冷成形对圆角、槽或者其他应力集中的部位特别有效。

孔的**冷成形**是用比孔直径稍大的心轴塞入孔中，使孔发生屈服，内径膨胀，并产生残余压应力。这经常应用于枪（炮）管，并称之为**自增强**。自增强也可将一根钢芯塞入炮管，保留很小环状间隙（像面包圈），密封末端，然后往圆环中注入无铅汽油⊖，加压至 200 000 psi。汽油的静压使枪管内表面受拉屈服从而产生残余压应力，这可抵消开炮时炮筒所受的循环拉应力，防止发生疲劳失效。

任何零件孔的一端都可以用锥形工具来挤压它，使其边缘屈服，从而使其表面应力集中的区域产生压应力。冷轧减少板材尺寸使零件表面产生残余压应力，同时在其内部产生拉应力。过度轧制会使零件心部的拉应力超过其静态抗拉强度，产生拉伸裂纹。在两次轧制之间安排一次退火工序就可以避免这种情况。

机械预应力 对于工作时只受单方向动载荷的零件，例如车辆的支承弹簧，预应力是一种产生残余应力的有效方法。预应力是指在零件工作之前故意让零件承受与工作载荷同向的过载。施加预应力时零件会发生屈服，从而产生有利的残余应力。

图 6-39 所示为对货车弹簧施加预应力的一个实例。首先弹簧被制成 A 轮廓，比装配时所占空间要大。然后将它放在夹具中加载到正好是工作载荷，但是此时加载已经超过（拉伸）屈服强度，

⊖ 通过 http://www.llnl.gov/str/March01/Hackel301.html 和 http://www.geartechnology.com/mag/archive/rev1101.pdf 可获得更多信息。

⊖ 一些液体传递压力的速度受制于高压下黏度的增大。无铅汽油和其他液体在承受 200000 psi 的高压时其压力传递能力仍未降低。而一些流体在 100000 psi 时就已经变成固体了。水在 155000 psi 的时候会形成冰并堵塞住管道或者环形物。来源：D. H. 纽荷尔，哈伍德工程公司，沃波尔，大众，个人通信，1994。

使其变形为 P。当撤去载荷后，它回弹到形状 R，这个形状正好是装配的要求。但是，屈服的弹性恢复材料已经处于残余应力状态，残余应力与施加的载荷方向相反（压缩）。弹性变形虽然使材料屈服到具有残余应力的状态，但是应力的方向（压应力）和刚刚施加的载荷方向相反。因此，残余应力会在零件受到工作载荷时对抗零件承受的拉伸载荷，如图中 L 位置。图中也给出了残余应力分布，以及预装后在对上表面喷丸处理后的效果。这两种对上表面的处理为零件在波动拉应力载荷下工作提供更好的保护。注意如果零件受到对称载荷，使上表面产生压缩屈服时，这样处理会减少压应力的益处，使零件寿命变短。所以，这种方法对只受同向载荷的零件最有用。

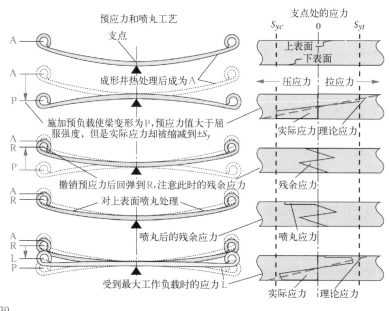

图 6-39

双悬板簧经过预应力和喷丸处理后的残余应力

摘自：Fig. 6-2, p. 61, Almen and Black, Residual Stress and Fatigue in Metals, McGraw-Hill, 1963

　　小结　残余压应力是"疲劳设计者最好的朋友"。处理得当的话，有益的残余应力会使原本不可行的设计变得安全。设计者应该熟练掌握所有可以产生残余应力的方法。本节简短的介绍只起到抛砖引玉的作用，如果读者感兴趣的话，请阅读有关残余应力的文献，本章的书目里面也给出一部分参考文献。

　　如果某个特殊零件的定量测量残余应力的数据可用（通常是通过破坏性试验得到），那么就可以用来确定安全作用的应力范围。如果没有的话，设计者在使用这些处理方法时可以采用附加的安全系数，尽管这些系数很难量化，但方向是正确的。

6.9　高周疲劳设计○

　　我们现在考虑如何将前面所介绍的疲劳失效的知识用于避免受动载荷作用零件失效的设计中去。这里分成四种类别来处理，尽管其中三种只是另外一种的特

视频：第 8 讲
对称循环应力
（52:59）

○ http://www.designofmachinery.com/MD/08_Fully_Reversde_Loads.mp4

殊情形。我们将看到，寻找一个处理这四种情况的通用方法是可行的，也是必要的。但是，如果我们在给出通用解法之前先将它们分开处理的话，将有助于我们对它们的理解。

图 6-40 用矩阵的形式表示这四种类别的关系。矩阵的列表示应力均值是否为零。对称应力的应力均值为零，而波动应力的应力均值不为零。两者的应力幅值都不为零。矩阵的行表示只有一个方向应力分量，还是存在多个方向分量。单向载荷表示简单载荷情况，例如纯轴向载荷或纯弯矩。多向载荷情形是普遍的，可以在单元体的各轴方向作用正应力的同时在各表面作用剪应力。工程实际中，单向加载的情况很少见。更常见的是机械零件受多向应力作用。对称和波动应力情形在实际中会经常遇到。

	对称应力 ($\sigma_m = 0$)	波动应力 ($\sigma_m \neq 0$)
单向应力	类别 I	类别 II
多向应力	类别 III	类别 IV

图 6-40

四种疲劳设计情形

我们首先考虑最简单的类别 I：单向对称应力。许多教材进一步将这类问题细分为弯曲载荷、轴向载荷和扭转载荷，并提供各自不同的方法。我们通过计算 von Mises 等效应力和比较所选材料的修正弯曲疲劳强度将它们合并为一类。这就无须把纯扭转看作特殊情况。

我们随后会考虑单向波动应力（类别 II）。由于应力均值不为 0，情况会相对复杂些。除了（较简单的）S-N 曲线之外，我们还使用修正的古德曼图。同样我们会用 von Mises 等效应力来把纯转矩转换为等效拉伸应力。

最后我们将研究在类别 III 的对称载荷和类别 IV 的波动载荷作用下的多向应力的一般情况，然后给出在一般载荷情况下适于所有类别的"通用"方法。希望这一方法能简化复杂的主题，给学生提供一个适用于在大多数场合的高周疲劳设计的方法。

6.10　单向对称应力设计

最简单的疲劳载荷是类别 I，为单向对称应力，其应力均值为 0（见图 6-6a）。常见案例是受静载的旋转弯曲轴，或者受到对称转矩和大振动惯性载荷的轴，而转矩均值与振动相比几乎为零。这类问题的可通过下面一些通用步骤求解。

单向对称应力设计步骤

1. 确定零件在预期工作寿命内所要经受的应力循环次数 N。

2. 确定交变载荷的幅值，即峰值与 0 之差（见式 6.1）。要注意作用在旋转轴的静载荷会产生变应力。

3. 根据工程实践经验，初步设计一个可承受载荷的零件几何形状（参见第 3、4 章）。

4. 确定零件几何形状存在缺口处的几何应力集中系数 K_t（剪切用 K_{ts}），当然，尽量通过良好的设计减少这些系数（参见 4.15 节）。

5. 暂定一种零件材料，根据你自己的试验数据、文献或本章提供的估算方法确定材料的 S_{ut}、S_y、$S_{e'}$（或工作寿命所要求的 S_f）和 q。

6. 利用缺口敏感系数 q，将几何应力集中系数 K_t（剪切用 K_{ts}）转换为疲劳应力集中系数 K_f。

7. 根据标准应力分析方法（见第 4 章），计算因工作载荷变化在零件关键位置产生的名义应力幅值 σ_a（如果载荷是纯剪切时为 τ_a），必要时可通过适当的疲劳应力集中系数增大（见 4.15 节和 6.7 节）。

8. 计算关键位置的主应力幅值（见第 4 章）。注意要包含应力集中的影响。计算每个所关注位置的 von Mises 等效应力。

9. 按照 6.6 节所述，根据载荷类型、零件尺寸、表面质量等确定适当的疲劳强度修正缩减系数。注意载荷系数 C_{load} 根据载荷是轴向载荷还是弯曲载荷而有所不同（见式 6.7a）。如果载荷是纯扭转，那么计算 von Mises 等效应力将其转换为伪拉应力，C_{load} 应设置为 1。

10. 确定所需循环次数 N 对应的修正疲劳强度 S_f（或者无限寿命对应的修正持久极限 S_e），以及在 $N=10^3$ 次处的"静"强度 S_m（见式 6.9）。构建如图 6-33 所示的 $S{-}N$ 曲线，并且/或者写出所选材料的式（6.10）。

11. 将应力最大处的 von Mises 等效应力幅值与从 $S{-}N$ 曲线得到的在期望寿命 N 处的修正疲劳强度 S_n 做比较（注意如果是无限寿命，且材料具有 $S{-}N$ 曲线的拐点，则 $S_n = S_e$）。

12. 由下式计算设计的安全系数：

$$N_f = \frac{S_n}{\sigma'} \tag{6.14}$$

式中，N_f 是疲劳安全系数；S_n 是用期望循环次数从 $S{-}N$ 图或式（6.10）得到的修正疲劳强度；σ' 是零件所有位置中最大的 von Mises 对称应力，计算包括了所有应力集中影响因素。

13. 注意在上述计算步骤中，材料只是试选，在实际设计中可能要多次重复上述的步骤来满足设计要求。第一次计算时很可能因为最后的安全系数过大或过小而失败。为了得到合适的值，可能需要多次计算（往往总是这样）。要重新核算时，最常见的方法是返回步骤 3 修改零件的尺寸，从而减少应力或应力集中；或者是返回到步骤 5，重新选择一种合适的材料。有时候还可能要返回到步骤 1，考虑更短的、可以接受的零件寿命。

步骤 2 的设计载荷可能会，也可能不会受到设计者控制。但通常是控制不了的，除非载荷是由惯性力引起的。此时若通过增加质量来"提高强度"可能会使情况更糟，因为载荷也因此成比例增大了（见 3.14 节）。相反，设计者可能想在保证强度的前提下减轻零件的重量。不论情况怎样，设计者都要经过几轮设计之后，才能获得合适的方案。方程求解器可以快速重新计算，在这种情况下会很有帮助。

展示这些疲劳设计步骤的最好方法是案例。

例 6-4   设计受到对称循环弯曲的悬臂支架

问题：进料辊组件端部安装在机架上形成悬臂支架，如图 6-41 所示。进料辊受到幅值为 1000 lb 的对称循环载荷，该载荷平均分配给两个支架杆。设计一个寿命为 10^9 次循环、承受幅值为 500 lb 对称弯矩的悬臂支架。悬臂支架的动态挠度不能超过 0.01 in。

已知：载荷-时间函数的曲线如图 6-41a 所示。工作环境是室内空气，最高温度是 120°F。工作空间能容纳最长为 6 in 的悬臂梁，只需要 10 个这样的零件。

假设：支架被夹紧在刚性板之间，或者根部用螺栓固定。法向载荷通过安装在悬臂梁小孔内的杆施加在悬臂梁末端。由于悬臂梁末端的弯矩实际上为 0，小孔带来的应力集中可忽略。由于是小批量生产，首选制造方法用型材。

解：参见图 6-41、表 6-9 和表 6-10。

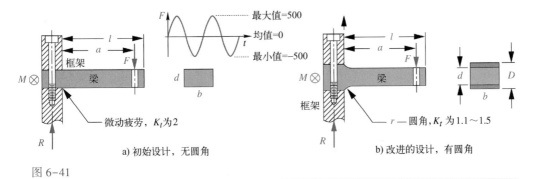

图 6-41

设计受到对称弯矩的悬臂支架

表 6-9　例 6-4 设计受到对称弯矩的悬臂支架

第一次迭代：失败设计（文件 EX06-04A）

输入	变量	输出	单位	备注
500	F		lb	a 点处所受载荷幅值
1	b		in	梁宽度
0.75	d		in	梁伸出部分高度
0.94	D		in	梁在固定部分高度
0.25	r		in	圆角半径
6	l		in	梁长度
5	a		in	载荷 F 到梁固定处距离
6	lx		in	挠度
3×10^7	E		psi	弹性模量
80 000	S_{ut}		psi	拉伸应力极限
1	C_{load}			弯曲载荷系数
	C_{surf}	0.85		表面光洁度
1	C_{temp}			温度
0.753	C_{reliab}			99.9%可靠度系数
	R	500	lb	支承处反作用力
	M	2500	in·lb	支承处反弯矩
	I	0.0352	in⁴	惯性矩
	c	0.38	in	区外结构距离
	$signom$	26667	psi	根部弯曲应力
	$doverd$	1.25		条宽比例，$1.01 < D/d < 2$
	$roverd$	0.33		小尺寸处曲率
	K_t	1.29		理论应力集中系数
	q	0.86		Peterson 缺口敏感度
	K_f	1.25		疲劳应力集中系数
	$sigx$	33343	psi	根部应力集中
	$sigl$	33343	psi	最大主对称应力
	$sigvm$	33343	psi	von Mises 对称应力
	$Seprime$	40000	psi	未修正持久极限
	$A95$	0.04	in²	95%应力面积
	$dequiv$	0.7	in	等效直径
	C_{size}	0.9		尺寸系数（基于95%面积）
	S_e	22907	psi	修正持久极限
	N_{sf}	0.69		预期安全系数
	y	−0.026	in	梁末端挠度

表 6-10　例 6-4 设计受到对称弯矩的悬臂支架

最后一次迭代：成功设计（文件 EX06-04B）

输入	变量	输出	单位	备注
500	F		lb	a 点处所受载荷幅值
1	b		in	梁宽度
0.75	d		in	梁伸出部分高度
0.94	D		in	梁在固定部分高度
0.25	r		in	圆角半径
6	l		in	梁长度
5	a		in	载荷 F 到梁固定处距离
6	lx		in	挠度
$3×10^7$	E		psi	弹性模量
80 000	S_{ut}		psi	拉伸应力极限
1	C_{load}			弯曲载荷系数
	C_{surf}	0.85		表面光洁度
1	C_{temp}			温度
0.753	C_{reliab}			99.9%可靠度系数
	R	500	lb	支承处反作用力
	M	500	in · lb	支承处反弯矩
	I	0.166 7	in^4	惯性矩
	c	0.5	in	区外结构距离
	$signom$	7500	psi	根部弯曲应力
	$doverd$	1.13		条宽比例，$1.01<D/d<2$
	$roverd$	0.50		小尺寸处曲率
	K_t	1.18		理论应力集中系数
	q	0.90		Peterson 缺口敏感度
	K_f	1.16		疲劳应力集中系数
	$sigx$	8688	psi	根部应力集中
	$sigl$	8688	psi	最大主对称应力
	$sigvm$	8688	psi	von Mises 对称应力
	$Seprime$	40 000	psi	未修正持久极限
	$A95$	0.10	in^2	95%应力面积
	$dequiv$	1.14	in	等效直径
	C_{size}	0.86		尺寸系数（基于 95%面积）
	S_e	21 843	psi	修正持久极限
	N_{sf}	2.5		预期安全系数
	y	-0.005	in	梁末端挠度

1. 这是个典型的设计问题。除了所需的设备性能、一些尺寸限制和期望寿命之外，只给出了非常少的数据。我们不得不做一些基本的假设，如零件几何形状、材料以及其他因素等。还需要做一些必要的迭代。

2. 上面建议的前两个步骤：确定载荷幅值和循环次数已经由题意可知，所以我们从第 3 步开始，进行初步的零件几何结构设计。

3. 图 6-41a 所示为初步结构设计。为便于安装和夹紧，截面形状选择矩形。很容易把一根冷轧棒料切至所需长度，并钻出小孔，并夹紧在框架结构内。这种结构简单，只需少量加工。棒料两侧轧制后足以满足要求。但是这种设计有一些缺点。轧制加工不能保证厚度上的尺寸精度要求，因此顶部和底部必须切削或磨削平整来达到精度要求。还有，夹紧区域框架的尖角处存在应力集中，K_t大约为 2，同时支架变形时会引起两部分之间的微小运动，产生微动磨损。这个微动会不断破坏氧化保护层，使新的金属露出并氧化，加速了疲劳失效的过程。即使框架边缘被倒圆，微动仍然是一个问题。

4. 图 6-41b 提供了一个更好的设计，购买的冷轧棒料尺寸比设计尺寸更厚，将夹在框架中的部分从顶部到底部的尺寸加工至 D，而长度为 l 的悬臂部分厚度加工至 d。夹持部位制出半径为 r 的圆角以减小微动疲劳和 K_t。从图 4-36 可知，合理控制阶梯方轴的 r/d 和 D/d 比值可使几何应力集中系数 K_t 小于 1.5。

5. 初步确定 b、d、D、r、a 和 l 的尺寸。这里我们先假设（猜测）$b=1$ in、$d=0.75$ in、$D=0.94$ in、$r=0.25$ in、$a=5.0$ in 和 $l=6.0$ in，这些数值用来进行第一轮计算。这个尺寸使得末端的孔周围有一些材料，而仍然不超出 6 in 的限制。

6. 选定材料。在环境条件允许和可能的情况下，为满足无限寿命、低成本和便于加工等要求，可以选择碳钢。由于工作在可控的室内环境，碳钢满足要求。由于要考虑挠度，因此选择弹性模量 E 大的材料。中低碳韧性钢既有本例要求的无限寿命持久极限拐点，缺口敏感度也低。因此初步选择的材料是 $S_{ut}=80\,000$ psi 的 SAE 1040 正火钢。

7. 支承处的反作用力和反作用弯矩可由例 4-5 中的式（h）求得。截面的惯性矩、外侧纤维的距离和固定端名义交变弯曲应力可根据幅值为 500 lb 的对称载荷计算得到：

$$R = F = 500 \text{ lb}$$

$$M = Rl - F(l-a) = 500(6) \text{ lb·in} - 500(6-5) \text{ lb·in} = 2500 \text{ lb·in} \tag{a}$$

$$I = \frac{bd^3}{12} = \frac{1(0.75)^3}{12} \text{ in}^4 = 0.035\,2 \text{ in}^4 \tag{b}$$

$$c = \frac{d}{2} = \frac{0.75}{2} \text{ in} = 0.375 \text{ in}$$

$$\sigma_{a_{nom}} = \frac{Mc}{I} = \frac{2500(0.375)}{0.035\,2} \text{ psi} = 26\,667 \text{ psi} \tag{c}$$

8. 为了根据图 6-36 得到理论应力集中系数 K_t，必须根据假定的零件的尺寸来求得两个比值：

$$\frac{D}{d} = \frac{0.94}{0.75} = 1.25 \qquad \frac{r}{d} = \frac{0.25}{0.75} = 0.333 \tag{d}$$

插值可得
$$A = 0.9\,658 \qquad b = -0.266 \tag{e}$$

$$K_t = A\left(\frac{r}{d}\right)^b = 0.965\,8(0.333)^{-0.266} = 1.29 \tag{f}$$

9. 所选材料的缺口敏感度 q 可以根据材料的拉伸极限、缺口半径利用（式 6.13）和表 6-6 的 Neuber 常数求得。

当 $S_{ut}=80$ kpsi 时，查表得：

$$\sqrt{a} = 0.08 \tag{g}$$

$$q = \frac{1}{1+\dfrac{\sqrt{a}}{\sqrt{r}}} = \frac{1}{1+\dfrac{0.08}{\sqrt{0.25}}} = 0.862 \tag{h}$$

10. q 和 K_t 用来确定疲劳应力集中系数 K_f，而 K_f 再用来求出缺口处的局部应力幅值 σ_a。由于是处于最简单的单向拉伸应力状态，故最大的主应力 σ_{1a} 等于对称拉伸应力幅值，即 von Mises 应力幅值 σ_a'。由式（4.6）和式（5.7c）有：

$$K_f = 1 + q(K_t - 1) = 1 + 0.862(1.29 - 1) = 1.25 \tag{i}$$

$$\sigma_a = K_f \sigma_{a_{nom}} = 1.25(26\,667) \text{ psi} = 33\,343 \text{ psi} \tag{j}$$

$$\tau_{ab} = \pm\sqrt{\left(\frac{\sigma_x - \sigma_y}{2}\right)^2 + \tau_{xy}^2} = \sqrt{\left(\frac{33\,343 - 0}{2}\right)^2 + 0} \text{ psi} = 16\,672 \text{ psi}$$

$$\sigma_{1a}, \sigma_{3a} = \frac{\sigma_x + \sigma_y}{2} \pm \tau_{ab} = 33\,343 \text{ psi}, 0 \text{ psi} \tag{k}$$

$$\sigma' = \sqrt{\sigma_1^2 - \sigma_1\sigma_2 + \sigma_2^2} = \sqrt{33\,343^2 - 33\,343(0) + 0} \text{ psi} = 33\,343 \text{ psi}$$

11. 未修正的持久极限 $S_{e'}$ 可以由式（6.5a）求得。该矩形零件的尺寸系数可通过计算横截面的大于最大应力 95% 的应力面积求得（见图 6-25c），然后把尺寸系数的值代入式（6.7d）中得到等效的直径，再使用式（6.7b）求得 C_{size}：

$$S_{e'} = 0.5S_{ut} = 0.5(80\,000) \text{ psi} = 40\,000 \text{ psi} \tag{l}$$

$$A_{95} = 0.05db = 0.05(0.75)(1) = 0.04 \text{ in}^2$$

$$d_{equiv} = \sqrt{\frac{A_{95}}{0.0766}} = 0.700 \text{ in} \tag{m}$$

$$C_{size} = 0.869(d_{equiv})^{-0.097} = 0.900$$

12. 计算修正持久极限 S_e 需要计算几个折算系数。载荷系数 C_{load} 由式（6.a）获得。表面质量系数 C_{surf} 从式（6.7e）中获得，温度系数 C_{temp} 从式（6.f）中获得，可靠度系数 C_{reliab} 可以从表 6-4 中根据 99.9% 的可靠度来查得。它们分别为：

对弯曲： $C_{load} = 1$

机加工表面：

$$C_{surf} = A(S_{ut_{kpsi}})^b = 2.7(80)^{-0.265} = 0.845 \tag{n}$$

室温： $C_{temp} = 1$

99.9% 的可靠度： $C_{reliab} = 0.753$

根据式（6.6）来计算修正持久极限为：

$$S_e = C_{load} C_{size} C_{surf} C_{temp} C_{reliab} S_{e'}$$
$$= 1(0.900)(0.845)(1)(0.753)40\,000 \text{ psi} = 22\,907 \text{ psi} \tag{o}$$

注意修正后的 S_e 仅为 S_{ut} 的 29% 左右。

13. 安全系数可以通过式（6.14）计算，而梁的挠度 y 可以用例 4-5 中的式（j）来求得。

$$N_f = \frac{S_n}{\sigma'} = \frac{22\,907}{33\,343} = 0.69 \tag{p}$$

$$y = \frac{F}{6EI}\left[x^3 - 3ax^2 - (x - a)^3\right]$$

$$y_{@ x=l} = \frac{500}{6(3\times10^7)(0.0352)}\left[6^3 - 3(5)(6)^2 - (6 - 5)^3\right] \text{ in} = -0.026 \text{ in} \tag{q}$$

14. 初次计算的所有结果见表 6-9。0.026 in 的挠度不满足设计要求，而且安全系数小于 1，因此这个初始设计是失败的。所以需要多轮设计计算，这在意料之中。我们既可以更改尺寸，也可以替换材料。保持材料不变，但增大梁的截面尺寸和缺口圆角半径，再次计算模型（只花了几分钟），最终获得表 6-10 所示的结果。

15. 最终设计结果为：$b=2$ in、$d=1$ in、$D=1.125$ in、$r=0.50$ in、$a=5.0$ in 和 $l=6.0$ in。安全系数是 2.5，最大挠度为 0.005 in。两者都满足要求。注意疲劳应力集中系数低至 $K_f=1.16$。尺寸 D 故意选为小于轧材尺寸，这是为了便于清理和修整安装表面。此外，本设计可以使用热轧钢（HRS）来代替初选的冷轧钢（CRS）（见图 6-41a）。热轧钢比冷轧钢便宜，通过正火，其残余应力也低，但其粗糙、脱碳的表面必须加工去除，或者通过喷丸强化处理。

16. 在本书的网站上有本例文件 EX06-04。

如果理解了设计原则，上述的对称循环载荷 HCF 设计是不复杂的。如果载荷类型是对称的扭转、旋转弯曲或轴向载荷，设计步骤和上例一样。唯一的区别在于应力方程和强度修正系数的选择，如前面的章节所述。注意在这个简答的例题中，主应力和 von Mises 应力的计算是多余的，因为它们和所作用的应力是相同的。然而，这是为了保持内容连续，因为在复杂应力情况下它们并不相等。在本例和其他设计问题中使用计算机和方程求解器很重要，因为可以花最少的功夫快速地从最初的假设迭代获得最终结果。

6.11　单向波动应力设计

视频：观看有关
Fluctuating_Stresses
的视频
（54:14）⊖

图 6-6b 和图 6-6c 所示的脉动或波动循环应力的应力均值不为 0，这在确定安全系数时必须考虑。图 6-16、图 6-17、图 6-18 和图 6-21 都显示了交变应力均值和幅值一起对失效的影响的试验结果。这种情况在各类机械中是很常见的。

图 6-42 所示为绘制在 σ_m-σ_a 坐标系下的**修正 Goodman 线**、**Gerber 抛物线**、**Soderberg 线**和屈服线。Gerber 抛物线对试验数据拟合得最好，而修正 Goodman 线拟合了图 6-16 中的数据点下限，该图叠加这些线在试验的失效点上。这两条线在 σ_a 轴的截距就是修正持久极限 S_e 或疲劳强度 S_f，在 σ_m 轴的截距为 S_{ut}。连接两个坐标轴上 S_y 的屈服线是对第一次应力循环的限制（如果零件屈服了，它就失效了，不管它是否会疲劳失效）。Soderberg 线把 S_e 或 S_f 和 S_y 连接起来，它是最为保守的疲劳准则，但是它不必超出屈服线。从图 6-16 还可以看到，它也消除了 σ_m 和 σ_a 的组合作用所带来的问题。不管选择哪条线，安全的区域位于这些包络线的左下方。这些失效线定义如下：

Gerber 抛物线：

$$\sigma_a = S_e\left(1 - \frac{\sigma_m^2}{S_{ut}^2}\right) \tag{6.15a}$$

修正的 Goodman 线：

$$\sigma_a = S_e\left(1 - \frac{\sigma_m}{S_{ut}}\right) \tag{6.15b}$$

Soderberg 线：

$$\sigma_a = S_e\left(1 - \frac{\sigma_m}{S_y}\right) \tag{6.15c}$$

尽管 Gerber 抛物线和试验数据拟合较好，可用来分析零件失效；但修正的 Goodman 线却是设计受应力均值加应力幅值作用的零件更保守和常用的失效准则；Soderberg 线过于保守，因此较少使用。我们将详细探讨修正的 Goodman 线的应用。

⊖　http://www.designofmachinery.com/MD/09_Fluctuating_Loads.mp4

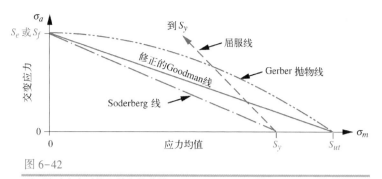

图 6-42

受到波动应力时的几种失效曲线

6

创建修正 Goodman 图

图 6-43a 所示为在 10^6 次循环处具有持久极限拐点的材料的应力幅值 σ_a、应力均值 σ_m 和循环次数 N 之间关系的三维曲面图。如果我们观察图 6-43b 中的 σ_a-σ_m-N 平面，可以看到各条线投影到 σ_a-N 平面形成不同应力均值下的 S-N 图。$\sigma_m = 0$ 对应着最上面的 S-N 线，该线把 S_{ut} 和 S_e 连接了起来，此时的 S-N 线和图 6-2 与图 6-8 的一样。当 σ_m 增大时，σ_a 轴的截距从 $N = 1$ 减小，直到 $\sigma_m = S_{ut}$ 时为 0。

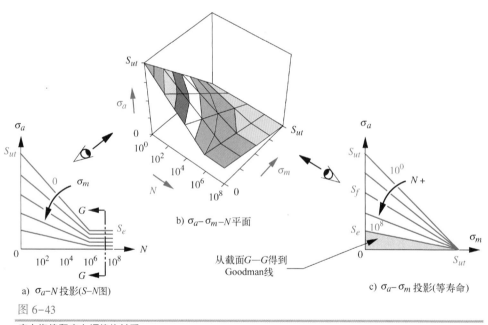

图 6-43

应力均值和应力幅值的关系

图 6-43c 是不同的 N 值在 σ_m-σ_a 平面的投影，它也叫作**等寿命图**，因为它表示的是在某一特定的循环寿命时应力均值和应力幅值的关系。当 $N = 1$ 时，图像是一条夹角为 45°、在两个坐标轴截距都是 S_{ut} 的直线，这是静态失效线。当 N 增大时，在 σ_a 轴的截距减小，并在 10^6 次循环处等于持久极限 S_e。图 6-43c 中连接 σ_a 轴上 S_e 和 σ_m 轴上 S_{ut} 的直线就是**修正 Goodman 线**，即如图 6-43a 所示的从截面 G-G 得到的线。

图 6-44 是应力幅值 σ_a 相对于应力均值 σ_m 的图，称为"扩充"的修正 Goodman 图[⊖]。它是对图 6-16 和图 6-42 中修正 Goodman 线的细化。其中增加了屈服线和压应力区域。图中还标记出来各个失效点。在应力均值轴（σ_m）上，特殊材料的屈服强度 S_y 和极限抗拉强度 S_{ut} 分别位于点 A、E 和 F。在应力幅值轴（σ_a）上，一定循环次数的修正疲劳强度 S_f（或修正持久极限 S_e）和屈服强度 S_y 分别位于点 C 和 G。注意：此图通常代表了从图 6-43 的三维面图中截面 G-G，即修正 Goodman 图通常用于无限寿命问题或很高的循环次数情况（$N > 10^6$）。但是，它也可以沿图 6-43 的 N 轴的任何截面绘制，用于代表较短有限寿命的情况。

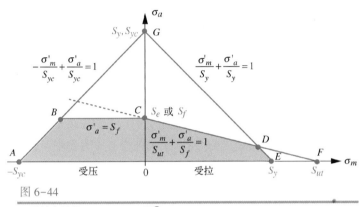

图 6-44

一种扩充的修正 Goodman 图[⊖]

判定失效的界线可以通过连接图中的不同点获得。线 CF 是 Goodman 线，可以扩展到压应力区域（图中的虚线），该线基于图 6-17 中的经验数据获得。然而，常规的做法是绘制更保守的水平线 CB 来代表压应力区域的失效线。这实际上忽略了压应力均值带来的有益影响，并且认为和 6.10 节中的对称应力情况相同[⊖]。

在拉应力区域，线 GE 表示静态屈服，失效的包络区域是由线 CD 和 DE 围成的，该区域排除了可能因疲劳或者屈服所导致的失效情况。如果应力均值的分量很大，且应力幅值分量很小，那么它们的组合区域是 DEF，该区域虽然在 Goodman 线安全区域内，但是零件会在第一次循环就发生屈服。失效包络区域是由 ABCDEA 围成的阴影面积。落在此包络区内（即在阴影区域中）的任何应力均值和应力幅值的组合都是安全的，落在区域边界点上就会开始失效，而在这个范围之外则已经失效。

为了定义任意波动应力的安全系数，我们需要用表达式来表示图 6-44 中的包络线区域。压

⊖　Goodman 的原始图形是把应力均值和交变应力的关系绘制在一系列坐标轴上，它包括了一个假设：疲劳极限的值为 S_{ut} 的 1/3。Goodman 最初的方法现在已经很少使用。J. O. Smith 建议使用如图 6-42 所示的 Goodman 线，该线即为修正 Goodman 线。Smith 的版本并没有给出图 6-44 中描述的抗压区域的屈服线，因此这里用"扩充"这个词来表示图形中增加的信息。我们将用修正的 Goodman 图来指代它，或者为方便起见称之为 MGD。而且，这里所说的"Goodman 线"应该理解为"修正 Goodman 线"的缩写，而不是指 Goodman 原始的图形。

⊖　均匀的材料具有相等的抗拉和抗压强度。不均匀的材料抗压强度大于抗拉强度，因此它必须在 σ_m 轴上把 S_{yc} 的截距左移，而在 σ_a 轴上移。此时 A 和 B 点会左移，但是 BC 线还会保持水平，抗压屈服线同样为 45°。

⊜　应力均值 σ_m 为负的情况应该假设 $\sigma_m = 0$，因此完全对称应力的情况可以用 6.10 节的方法来求解。这是首选的方法，计算负的应力均值的有效 von Mises 应力时会导致过于保守的安全系数，因为对它的计算中有对负应力均值的开方。把负的应力均值假设为 0 仍然保守，因为这样做会忽略它带来的潜在有益效果，如图 6-17 所示。

应力屈服的 *AG* 线表达式是：

$$-\frac{\sigma'_m}{S_{yc}} + \frac{\sigma'_a}{S_{yc}} = 1 \qquad (6.16a)$$

表示压应力均值疲劳失效的 *BC* 线表达式为：

$$\sigma'_a = S_f \qquad (6.16b)$$

表示拉应力均值疲劳失效的 *CF* 线表达式为：

$$\frac{\sigma'_m}{S_{ut}} + \frac{\sigma'_a}{S_f} = 1 \qquad (6.16c)$$

表示拉应力均值疲劳失效的 *GF* 线表达式为：

$$\frac{\sigma'_m}{S_y} + \frac{\sigma'_a}{S_y} = 1 \qquad (6.16d)$$

这几个公式已在图 6-44 中给出。

波动应力的应力集中影响

应力幅值分量 σ_a 的求解和对称应力的一样（见例 6-3）。首先求得几何应力集中系数 K_t，然后确定缺口敏感度 q，接着将其代入式（6.11b）来求得疲劳应力集中系数 K_f，根据式（6.12）来求得 σ_a，再用于 Goodman 图。

根据材料的韧性和脆性，应力均值分量 σ_m 做不同处理。如果材料是韧性的，则要考虑缺口处屈服的可能性。如果材料是脆性的，需要用几何应力集中系数 K_t 的完整值乘以名义应力均值 σ_{mnom}，利用式（4.31）求得缺口处的局部应力均值 σ_m。如果材料是韧性的，Dowling[40] 建议根据最大局部应力与屈服强度的关系选用 Juvinall[41] 提出的 3 种方法之一。

应力均值疲劳集中系数 K_{fm} 是根据应力集中处的应力均值 σ_m 与屈服强度决定的。图 6-45a 是普通的波动应力情况。图 6-45b 所示为发生在应力集中周围的屈服。为便于分析，假设材料具有理想弹塑性应力-应变关系，如图 6-45c 所示。根据 σ_{max} 和材料的屈服强度 S_y 的关系，存在 3 种可能。如果 $\sigma_{max} < S_y$，不会发生屈服（见图 6-45d），且 K_{fm} 等于 K_f 的最大值。

如果 $\sigma_{max} > S_y$，但 $|\sigma_{min}| < S_y$，则在第一次循环就会发生局部屈服（见图 6-45e），之后最大应力不超过 S_y。这时局部应力集中得以缓和，K_{fm} 可以根据图 6-45g 中所示的 K_{fm} 和 σ_{max} 的关系选取一个较小的值。

第三种可能是，应力增量 $\Delta\sigma$ 超过 $2S_y$ 时，引起反向屈服，如图 6-45f 所示。此时最大和最小应力等于 $\pm S_y$，应力均值为 0，则 $K_{fm} = 0$（见式 6.1c）。上述的 3 种情况可总结如下：

如果 $K_f|\sigma_{max_{nom}}| < S_y$，则： $\qquad K_{fm} = K_f$

如果 $K_f|\sigma_{max_{nom}}| > S_y$，则： $\qquad K_{fm} = \dfrac{S_y - K_f\sigma_{a_{nom}}}{|\sigma_{m_{nom}}|}$ $\qquad\qquad (6.17)$

如果 $K_f|\sigma_{max_{nom}} - \sigma_{min_{nom}}| > 2S_y$，则： $\qquad K_{fm} = 0$

上面式子的绝对值是用于考虑压应力或拉应力的情况。用于修正 Goodman 图的局部应力均值 σ_m 可以通过式（6.12）求得（用 K_{fm} 来代替 K_f）。注意，应力集中系数应用于名义施加应力，不管它们是正应力还是剪应力。

局部施加应力（考虑了疲劳应力集中的影响）可用于计算 von Mises 应力幅值和应力均值。应力幅值成分 σ'_a 和应力均值成分 σ'_m 是分别计算的（见式 6.22a 和式 6.22b）。我们将用 von Mises

应力分量来确定安全系数。

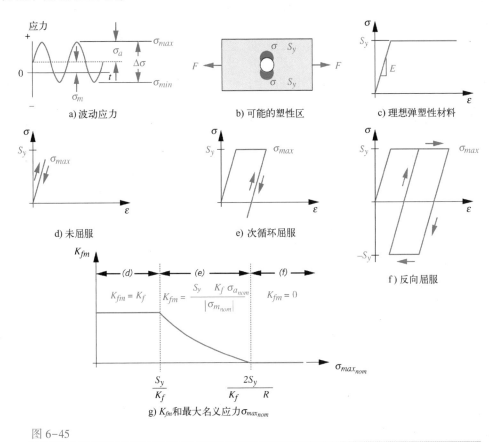

图 6-45

韧性材料在最大应力条件下可能出现局部屈服时的应力集中系数均值的几种情况

摘自：Fig. 10-14, p. 415, N. E. Dowling, Mechanical Behavior of Materials, Prentice-Hall, Englewood Cliffs, N. J., 1993, 获得使用允许

确定波动应力的安全系数

图 6-46 给出了 4 张拉应力一侧的扩充的修正 Goodman 图，Z 点对应零件所受波动应力的 von Mises 应力均值和 von Mises 应力幅值。任何波动应力工况下的安全系数取决于工作时应力均值和应力幅值间的相对变化。这有 4 种可能，如图 6-46 所示。

1. 应力幅值保持基本不变，应力均值增加（见图 6-46a 中的线 YQ）。
2. 应力均值保持基本不变，应力幅值增加（见图 6-46b 中的线 XP）。
3. 应力幅值和应力均值均增加，但应力特征系数比不变（见图 6-46c 中的线 OR）。
4. 应力幅值和应力均值均增加，增量之间没有固定关系（见图 6-46d 中的线 ZS）。

上述不同情况下的安全系数的计算是不同的。注意在下面表达式中，S_f 表示某一循环次数下的修正疲劳强度或修正持久极限。因此，如果所用材料合适，下面的表达式中都用 S_f 来代替 S_e。

情况 1 失效发生在 Q 点，安全系数等于 YQ/YZ 的值。为了用数学公式来表达它，我们用式（6.16d）求出 $\sigma'_{m@Q}$ 的值，然后再除以 $\sigma'_{m@Z}$，有：

$$\sigma'_{m@Q} = \left(1 - \frac{\sigma'_a}{S_y}\right)S_y$$

$$N_f = \frac{\sigma'_{m@Q}}{\sigma'_{m@Z}} = \frac{S_y}{\sigma'_m}\left(1 - \frac{\sigma'_a}{S_y}\right) \tag{6.18a}$$

如果 σ'_a 远大于 σ'_m，则点 Q 就会落在线 CD 上，而不是 DE 上，那么就应该使用式（6.16c）来求 $\sigma'_{a@P}$ 的值。

情况 2 失效发生在 P 点，安全系数是 XP/XZ 的值。为了用数学公式来表达它，我们用式（6.16c）求解 $\sigma'_{a@P}$ 值，然后再除以 $\sigma'_{a@Z}$，有：

$$\sigma'_{a@P} = \left(1 - \frac{\sigma'_m}{S_{ut}}\right)S_f$$

$$N_f = \frac{\sigma'_{a@P}}{\sigma'_{a@Z}} = \frac{S_f}{\sigma'_a}\left(1 - \frac{\sigma'_m}{S_{ut}}\right) \tag{6.18b}$$

如果 σ'_m 远大于 σ'_a，点 P 就会落在线 DE 上，而不是 CD 上，那么就应该使用式（6.16d）来求 $\sigma'_{a@P}$ 的值。

情况 3 失效发生在 R 点，安全系数是 OR/OZ 的值，或者根据相似三角形定理，这也等于 $\sigma'_{m@R}/\sigma'_{m@Z}$ 或 $\sigma'_{a@R}/\sigma'_{a@Z}$ 的值。为了用数学公式来表达它，我们用式（6.16c）和线 OR 的方程来求解 $\sigma'_{m@R}$ 值，然后再除以 $\sigma'_{m@Z}$，有：

从式（6.16c）可得：

$$\sigma'_{a@R} = \left(1 - \frac{\sigma'_{m@R}}{S_{ut}}\right)S_f$$

从线 OR 可得：

$$\sigma'_{a@R} = \left(\frac{\sigma'_{a@Z}}{\sigma'_{m@Z}}\right)\sigma'_{m@R} = \left(\frac{\sigma'_a}{\sigma'_m}\right)\sigma'_{m@R} \tag{6.18c}$$

联立求解上面两个式子可到：

$$\sigma'_{m@R} = \frac{S_f}{\dfrac{\sigma'_a}{\sigma'_m} + \dfrac{S_f}{S_{ut}}} \tag{6.18d}$$

经过替代和整理可以得到：

$$N_f = \frac{\sigma'_{m@R}}{\sigma'_{m@Z}} = \frac{S_f S_{ut}}{\sigma'_a S_{ut} + \sigma'_m S_f} \tag{6.18e}$$

还有一种可能是点 R 落在线 DE 上而不是 CD 上，此时上面的计算中要用式（6.16d）来代替式（6.16c）。

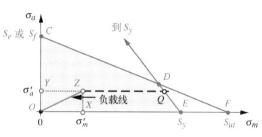

a) 工况1：σ_a 不变，σ_m 变化

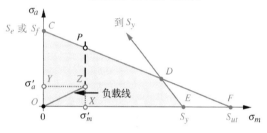

b) 工况2：σ_a 变化，σ_m 不变

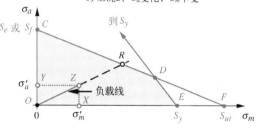

c) 工况3：σ_a/σ_m 不变

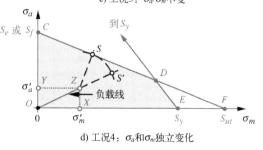

d) 工况4：σ_a 和 σ_m 独立变化

图 6-46

4 种工况下的修正 Goodman 图和安全系数

情况 4 这时应力均值和应力幅值的关系是随机的或未知的，位于失效线上的点 S 最接近点 Z，可用作保守估计的失效点。线 ZS 垂直于 CD，因此可以写出其方程，联合 CD 的方程可求出 S 点坐标和 ZS 的长度，有：

$$\sigma'_{m@S} = \frac{S_{ut}\left(S_f^{\,2} - S_f\sigma'_a + S_{ut}\sigma'_m\right)}{S_f^{\,2} + S_{ut}^{\,2}}$$

$$\sigma'_{a@S} = -\frac{S_f}{S_{ut}}\left(\sigma'_{m@S}\right) + S_f \tag{6.18f}$$

$$ZS = \sqrt{\left(\sigma'_m - \sigma'_{m@S}\right)^2 + \left(\sigma'_a - \sigma'_{a@S}\right)^2}$$

为了创建一个比例式来求安全系数，绕点 Z 摆动点 S，与 OZS' 线交于点 S' 处。安全系数为 OS'/OZ 的值，有：

$$OZ = \sqrt{\left(\sigma'_a\right)^2 + \left(\sigma'_m\right)^2}$$

$$N_f = \frac{OZ + ZS}{OZ} \tag{6.18g}$$

同样，也有一种可能是点 S 落在线 DE 上而不是 CD 上，此时上面的计算中要用式 (6.16d) 来代替式 (6.16c)。

情况 4 的安全系数比情况 3 中的保守得多。这还可以用来求解修正 Goodman 图中左半平面的安全系数。另外，如果把修正 Goodman 图放大绘制，可以粗略地测量图上的比例来得到安全系数。本书中提供的文件 GOODMAN 可以用式 (6.18) 中计算任意 σ'_m 和 σ'_a 时的安全系数，同时绘制了修正 Goodman 图和应力线 OZ 的延长线以求得失效点。

波动应力设计步骤

与对称应力情况类似，波动应力情况的设计步骤如下：

1. 确定零件在期望寿命内要经历的应力循环次数 N。

2. 确定交变载荷的幅值（峰值与均值之差）和载荷均值（见第 3 章和式 6.1）。

3. 根据工程经验，初步构建一个能承受载荷的零件结构和尺寸（见第 3 章和第 4 章）。

4. 确定在零件上的所有缺口处的几何应力集中系数 K_t。当然，尽量通过良好的设计使这些系数最小（见 4.15 节）。

5. 利用材料的 q 把几何应力集中系数 K_t 转换为疲劳应力集中系数 K_f。

6. 根据标准应力分析方法（见第 4 章），计算因工作载荷变化而引起的零件关键位置的名义拉应力幅值 σ_a（见图 6-6c），必要时可通过适当的疲劳应力集中系数增大（见 4.15 节和 6.7 节）。计算相同关键位置名义应力均值，必要时根据式 (6.17) 获得适当的应力均值疲劳集中系数 K_{fm}，增大这些应力均值。

7. 根据所作用的应力状态，计算关键位置的主应力和 von Mises 应力幅值。要分开计算应力均值和应力幅值（见第 4 章和式 6.22）。

8. 试选一种材料，并根据已有的测试数据、文献或本书介绍的估计方法确定它的 S_{ut}、S_y、$S_{e'}$（或者预期寿命对应的 $S_{f'}$）和缺口敏感度 q 等性能参数。

9. 根据载荷类型、零件尺寸、表面质量等确定适当的疲劳强度修正系数，如 6.6 节所述。注意载荷系数 C_{load} 会根据载荷为轴向载荷或弯曲载荷而是不同（见式 6.7a）。如果载荷是纯扭转，那么 von Mises 等效应力计算会将其转换为一个伪拉应力，C_{load} 应设为 1。

10. 确定所需循环次数 N 对应的修正疲劳强度 S_f（如果要求无限寿命则为修正持久极限 S_e）。利用 S-N 曲线，根据期望的循环次数 N 确定对应的修正疲劳强度 S_f，再创建如图 6-44 所示的修正 Goodman 图（注意，如果是具有 S-N 曲线的拐点的无限寿命情况，则 $S_f = S_e$）。写出 Goodman 线和屈服线的方程（式 6.16）。

11. 在修正 Goodman 图上（最高局部应力处）画出 von Mises 应力均值和幅值，并根据式（6.18）所示的某个关系计算此设计的安全系数。

12. 注意材料为试选，在实际设计中可能要重复上述步骤多次来满足设计要求。第一次计算时很可能因为最后的安全系数过大或过小而失败。为了得到合适的值，可能需要多次计算（往往总是这样）。要重新核算时，最常见的方法是返回步骤 3 修改零件的尺寸，从而减少应力或应力集中；或者是返回到步骤 8，重新选择一种合适的材料。有时候还可能要返回到步骤 1，考虑更短的、可以接受的零件寿命。步骤 2 的设计载荷可能会，也可能不会受到设计者控制。但通常是控制不了的，除非载荷是由惯性力引起的。此时通过增加质量来"提高强度"会使情况更糟，因为载荷也因此成比例增大了（见 3.14 节）。相反，设计者可能想在保证强度的前提下减轻零件的重量。不论情况怎样，设计者都要经过几轮设计之后，才能获得合适的方案。方程求解器可以快速重新计算，在这种情况下会很有帮助。如果方程求解器可以回溯求解，允许变量由输入变为输出，那么可以把安全系数作为输入、几何尺寸作为输出来直接求得符合要求的几何尺寸。

展示这些波动应力疲劳设计步骤的最好方法是案例。我们将修改载荷模式，重复上一案例。

例 6-5　设计受到波动弯曲的悬臂支架

问题：进料辊组件端部安装在机架上形成悬臂支架，如图 6-47 所示。进料辊受到最小值为 200 lb、最大值为 2200 lb 的波动载荷作用，该载荷平均分配给两个支架杆。设计一个寿命为 10^9 次循环、承受最小值为 100 lb、最大值为 1100 lb 的波动载荷的悬臂支架。悬臂支架的动态挠度不能超过 0.02 in。

已知：载荷的波形如图 6-47 所示。工作环境的温度是室内空气温度，最高温度是 120℉。工作空间能容纳长度最大为 6 in 的悬臂梁，只需要 10 个这样的零件。

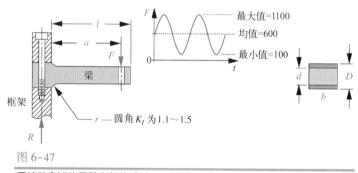

图 6-47

受波动弯矩的悬臂支架的设计

假设：支架被夹紧在刚性板之间，或者根部用螺栓固定。法向载荷通过安装在悬臂梁小孔内的杆施加在悬臂梁末端。由于悬臂梁末端的弯矩实际上为 0，小孔带来的应力集中可忽略。由于是小批量生产，首选制造方法用型材。

解：见图 6-47 以及表 6-11、表 6-12。

表 6-11　受波动弯矩的悬臂支架的设计

例 6-5 的首次迭代（文件 EX06-05A）

输入	变量	输出	单位	备注
2	b		in	梁的宽度
1	d		in	梁伸出部分的高度
1.125	D		in	梁在固定部分的高度
0.5	r		in	圆角半径
5	a		in	载荷 F 到梁固定处的距离
80000	S_{ut}		psi	拉伸应力极限
60000	S_y		psi	屈服强度
'machined	finished			研磨、机加工、热轧或锻造
'bending	laoding			弯矩、轴向力、剪力
99.9	percent			可靠度期望（100%）
1100	Fmax		lb	最大载荷
100	Fmin		lb	最小载荷
	Fa	500	lb	力幅值
	Fm	600	lb	力均值
	K_t	1.18		几何应力集中系数
	q	0.898		Peterson 缺口敏感度
	K_f	1.16		疲劳应力集中系数幅值
	K_{fm}	1.16		疲劳应力集中系数均值
	sigmnon	7500	psi	名义应力幅值
	siga	8711	psi	集中应力幅值
	sigavm	8711	psi	von Mises 应力幅值
	sigmnom	9000	psi	名义应力均值
	sigm	10 454	psi	集中应力均值
	sigmvm	10 454	psi	von Mises 应力均值
	Seprime	40 000	psi	未修正持久极限
	C_{load}	1		弯曲载荷系数
	C_{surf}	0.845		加工光洁度
	C_{size}	0.859		95%面积的尺寸系数
	C_{temp}	1		环境温度
	C_{reliab}	0.753		99.9%可靠度
	S_e	21 883	psi	修正持久极限
	Nsf_1	5.5		sigalt 为常数时 FS 值
	Nsf_2	2.2		sigmean 为常数时 FS 值
	Nsf_3	1.9		sigal 或 sigmean 为常数时 FS 值
	Nsf_4	1.7		最接近失效时的 FS 值

表 6-12　受波动弯矩的悬臂支架的设计

例 6-5 最后迭代（文件 EX06-05B）

输入	变量	输出	单位	备注
2	b		in	梁的宽度
1.2	d		in	梁伸出部分的高度
1.4	D		in	梁在固定部分的高度
0.5	r		in	圆角半径
5	a		in	载荷 F 到梁固定处的距离
80000	S_{ut}		psi	拉伸应力极限
60000	S_y		psi	屈服强度

（续）

输入	变量	输出	单位	备注
'machined	finished			研磨、机加工、热轧或锻造
'bending	loading			弯矩、轴向力、剪力
99.9	percent			可靠度期望（100%）
1100	Fmax		lb	最大载荷
100	Fmin		lb	最小载荷
	Fa	500	lb	力幅值
	Fm	600	lb	力均值
	K_t	1.22		几何应力集中系数
	q	0.898		Peterson 缺口敏感度
	K_f	1.20		疲劳应力集中系数幅值
	K_{fm}	1.20		疲劳应力集中系数均值
	siganon	5208	psi	名义应力幅值
	siga	6230	psi	集中应力幅值
	sigavm	6230	psi	von Mises 应力幅值
	sigmnom	6250	psi	名义应力均值
	sigm	7476	psi	集中应力均值
	sigmvm	7476	psi	von Mises 应力均值
	Seprime	40 000	psi	未修正持久极限
	C_{load}	1		弯曲载荷系数
	C_{surf}	0.85		加工光洁度
	C_{size}	0.85		95%面积的尺寸系数
	C_{temp}	1		环境温度
	C_{reliab}	0.753		99.9%可靠度
	S_e	21 658	psi	修正持久极限
	Nsf_1	8.6		sigalt 为常数时 FS 值
	Nsf_2	3.2		sigmean 为常数时 FS 值
	Nsf_3	2.6		sigal 或 sigmean 为常数时 FS 值
	Nsf_4	2.3		最接近失效时的 FS 值

1. 这是个典型的设计问题。除了所需的设备性能、一些尺寸限制和期望寿命之外，只给出了非常少的数据。我们不得不做一些基本的假设，如零件几何形状、材料以及其他因素等。一些迭代应该是必要的。

2. 图 6-47 所示为与图 6-41b 类似的一种初步设计方案。购买的冷轧棒料尺寸比设计尺寸更厚，夹在框架中的部分从顶部到底部的尺寸加工至 D，而长度为 l 的悬臂部分厚度加工至 d。夹持部位制出半径为 r 的圆角以减小微动疲劳和 K_t（见图 4-37）。从图 4-36 可知，合理控制阶梯方轴的 r/d 和 D/d 比率可使几何应力集中系数 K_t 小于 1.5。

3. 选定材料。在环境条件允许和可能的情况下，为满足无限寿命、低成本和便于加工等要求，可以选择碳钢。由于工作在可控的室内环境，碳钢满足要求。由于要考虑挠度，因此选择弹性模量 E 大的材料。中低碳韧性钢既有本例要求的无限寿命持久极限拐点，缺口敏感度也低。因此初步选择的材料是 $S_{ut}=80$ kpsi，$S_y=60$ kpsi 的 SAE 1040 正火钢。

4. 我们先使用例 6-4 中最终成功设计方案的尺寸，即 b=2 in，d=1 in，D=1.125 in，r=0.5 in，a=5 in，l=6.0 in。a 的尺寸可使末端的孔周围一些材料，并仍然满足 6 in 的限制。

5. 根据给定的载荷最大值和最小值计算出载荷及其反作用力的均值和幅值：

$$F_m = \frac{F_{max} + F_{min}}{2} = \frac{1100 + 100}{2} \text{ lb} = 600 \text{ lb} \tag{a}$$

$$F_a = \frac{F_{max} - F_{min}}{2} = \frac{1100 - 100}{2} \text{ lb} = 500 \text{ lb}$$

$$R_a = F_a = 500 \text{ lb} \qquad R_m = F_m = 600 \text{ lb} \qquad R_{max} = F_{max} = 1100 \text{ lb} \tag{b}$$

6. 因此，作用在悬臂梁根部的弯矩均值、弯矩幅值以及最大弯矩分别为：

$$M_a = R_a l - F_a (l - a) = 500(6) \text{ lb·in} - 500(6-5) \text{ lb·in} = 2500 \text{ lb·in}$$

$$M_m = R_m l - F_m (l - a) = 600(6) \text{ lb·in} - 600(6-5) \text{ lb·in} = 3000 \text{ lb·in} \tag{c}$$

$$M_{max} = R_{max} l - F_{max} (l - a) = 1100(6) \text{ lb·in} - 1100(6-5) \text{ lb·in} = 5500 \text{ lb·in}$$

7. 横截面的惯性矩和惯性矩中心到表面的距离分别为：

$$I = \frac{bd^3}{12} = \frac{2.0(1.0)^3}{12} \text{ in}^4 = 0.1667 \text{ in}^4 \tag{d}$$

$$c = \frac{d}{2} = \frac{1.0}{2} \text{ in} = 0.5 \text{ in}$$

8. 固定端的名义弯曲应力可以由载荷幅值和载荷均值计算获得：

$$\sigma_{a_{nom}} = \frac{M_a c}{I} = \frac{2500(0.5)}{0.1667} \text{ psi} = 7500 \text{ psi} \tag{e}$$

$$\sigma_{m_{nom}} = \frac{M_m c}{I} = \frac{3000(0.5)}{0.1667} \text{ psi} = 9000 \text{ psi}$$

9. 下面计算两个比值，利用图 6-36 确定初步设计的零件结构尺寸对应的几何应力集中系数 K_t：

$$\frac{D}{d} = \frac{1.125}{1.0} = 1.125 \qquad \frac{r}{d} = \frac{0.5}{1.0} = 0.5 \tag{f}$$

由图 4-36 中的表中数据插值可得： $\qquad A = 1.012 \qquad b = -0.221 \tag{g}$

$$K_t = A \left(\frac{r}{d} \right)^b = 1.012(0.5)^{-0.221} = 1.18 \tag{h}$$

10. 缺口敏感度 q 可以根据材料的拉伸极限、缺口半径利用式（6.13）和 Neuber 常数（见表 6-6）得到。q 和 K_t 的值代入式（6.11b）中计算疲劳应力集中系数 K_f。K_{fm} 可由式（6.17）得到。

当 $S_{ut} = 80 \text{ kpsi}$ 时： $\qquad \sqrt{a} = 0.08 \tag{i}$

$$q = \frac{1}{1 + \dfrac{\sqrt{a}}{\sqrt{r}}} = \frac{1}{1 + \dfrac{0.08}{\sqrt{0.5}}} = 0.898 \tag{j}$$

$$K_f = 1 + q(K_t - 1) = 1 + 0.898(1.18 - 1) = 1.16 \tag{k}$$

如果 $K_f |\sigma_{max}| < S_y$，那么： $\qquad K_{fm} = K_f$

$$K_f \left| \frac{M_{max} c}{I} \right| = 1.16 \left| \frac{5500(0.5)}{0.1667} \right| = 19\,113 < 60\,000 \tag{l}$$

$$K_{fm} = 1.16$$

11. 利用这些系数求得缺口处的应力均值和应力幅值：

$$\sigma_a = K_f \sigma_{a_{nom}} = 1.16(7500) \, \text{psi} = 8711 \, \text{psi}$$

$$\sigma_m = K_{fm} \sigma_{m_{nom}} = 1.16(9000) \, \text{psi} = 10\,454 \, \text{psi}$$

(m)

12. 局部应力代入式（6.22b）中可以得到 von Mises 应力幅值和应力均值：

$$\sigma'_a = \sqrt{\sigma_{x_a}^2 + \sigma_{y_a}^2 - \sigma_{x_a}\sigma_{y_a} + 3\tau_{xy_a}^2} = \sqrt{8711^2 + 0 - 8711(0) + 3(0)} = 8711$$

(n)

$$\sigma'_m = \sqrt{\sigma_{x_m}^2 + \sigma_{y_m}^2 - \sigma_{x_m}\sigma_{y_m} + 3\tau_{xy_m}^2} = \sqrt{10\,454^2 + 0 - 10\,454(0) + 3(0)} = 10\,454$$

13. 由式（6.5a）可确定未修正持久极限 $S_{e'}$ 为：

$$S_{e'} = 0.5S_{ut} = 0.5(80\,000) \, \text{psi} = 40\,000 \, \text{psi}$$

(o)

14. 该矩形零件的尺寸系数可通过计算横截面的大于最大应力的 95% 应力面积求得（见图 6-25c），把尺寸系数的值代入式（6.7d）中得到等效直径，再使用式（6.7b）求得 C_{size}：

$$A_{95} = 0.05\,db = 0.05(1.0)(2.0) \, \text{in}^2 = 0.1 \, \text{in}^2$$

$$d_{equiv} = \sqrt{\frac{A_{95}}{0.076\,6}} = \sqrt{\frac{0.1}{0.076\,6}} \, \text{in} = 1.143 \, \text{in}$$

(p)

$$C_{size} = 0.869(d_{equiv})^{-0.097} = 0.859$$

15. 计算修正持久极限 S_e 需要计算所有的修正系数。载荷系数 C_{load} 由式（6.7a）得到。加工表面系数 C_{surf} 由式（6.7e）中得到，温度系数 C_{temp} 由式（6.7f）得到，可靠度系数 C_{reliab} 可以从表 6-4 中根据 99.9% 的可靠度查得：

$$S_e = C_{load} C_{size} C_{surf} C_{temp} C_{reliab} S_{e'}$$

$$= 1(0.859)(0.85)(1)(0.753)40\,000 \, \text{psi} = 21\,883 \, \text{psi}$$

(q)

16. 四种可能的安全系数可由式（6.18）计算得到。可从中选择最小的，或者最合适的安全系数。式（r）所示为情况 3 中的安全系数，它假设在整个零件的寿命期间应力幅值和均值的变化比例是恒定的，有：

$$N_{f_3} = \frac{S_e S_{ut}}{\sigma'_a S_{ut} + \sigma'_m S_e} = \frac{21\,883(80\,000)}{8711(80\,000) + 10\,454(21\,883)} = 1.9$$

(r)

17. 最大的挠度根据施加的最大力 F_{max} 来计算：

$$y_{@x=l} = \frac{F_{max}}{6EI}\left[x^3 - 3ax^2 - (x-a)^3\right]$$

$$= \frac{1100}{6(3\times10^7)(0.1667)}\left[6^3 - 3(5)(6)^2 - (6-5)^3\right] \, \text{in} = -0.012 \, \text{in}$$

(s)

18. 本设计数据如表 6-11 所示。本设计使用与例 6-4 一样的横截面尺寸和载荷幅值，现在在波动载荷作用下的安全系数 $N_{f_3} = 1.9$、最大挠度 $y_{max} = 0.012 \, \text{in}$，而例 6-4 在对称循环载荷作用的情况下，$N_{f_3} = 2.5$、$y_{max} = 0.005 \, \text{in}$。不出所料，在前一应力幅值的基础上增加的应力均值会使安全系数降低、变形量增加。

19. 如表 6-12 所示，少量增大零件的横截面尺寸使得设计更佳。最终尺寸为：$b = 2 \, \text{in}$、$d = 1.2 \, \text{in}$、$D = 1.4 \, \text{in}$、$r = 0.5 \, \text{in}$、$a = 5.0 \, \text{in}$ 和 $l = 6.0 \, \text{in}$。如图 6-48 的 Goodman 曲线所示，$N_{f_3} = 2.6$，最大挠度 $y_{max} = 0.007 \, \text{in}$。这两者都是可以接受的。尺寸 D 故意选为小于轧材尺寸，这是为了便于清理和修整安装表面。

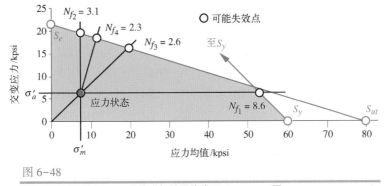

图 6-48

表 6-12 给出的例 6-5 最终求解结果的修正 Goodman 图

20. 本书的网站上有本例文件 EX06-05A 和 EX06-05B。

如果理解了设计原则，上述的波动循环载荷 HCF 设计是不复杂的。如果载荷类型是波动的扭转、旋转弯曲或轴向载荷，设计步骤和上例一样。唯一的区别在于应力方程和强度修正系数的选择。在本例和其他设计问题中使用计算机和方程求解器都很重要，因为可以花最少的功夫快速地从最初的假设迭代获得最终结果。

6.12 多向应力疲劳的设计

前面讨论局限于载荷在零件内产生单向应力的情况。机械中常常会出现受到多种载荷组合作用，在同一点同时产生双向或三向应力的情况。一个常见例子是同时受到静弯矩和转矩作用的转轴。由于轴是旋转的，所以静弯矩产生对称循环正应力，轴外层纤维处正应力最大；同时，转矩产生剪应力，也是外层纤维处剪应力最大。还有很多种可能的载荷组合。转矩可能是恒定的、对称变化的或波动变化的。如果转矩不是恒定的，它可能与弯矩是同步的、异步的、同相的或异相的。这些因素使应力的计算变得复杂。我们在第 5 章探讨了静态载荷下的复合应力，并使用 von Mises 应力将其转换为等效拉伸应力，用于预测静载荷下的失效。类似的方法也可用来处理动载荷产生的组合应力问题。

频率和相位的关系

当存在多个时变载荷时，它们可能是周期性的、随机的，或者两者都有。如果是周期性的，它们可能是互相同步或异步的。如果是同步的，它们之间的相位关系可能是同相、180°反相或者存在任何相位差。组合种类非常多，但是人们只研究了一小部分组合载荷对疲劳失效的影响。Collins[49]认为假设载荷是同步和同相的情况对机械设计来说通常是精确的，而且通常也是（并非总是）保守的。

研究得最多的情况是周期性的、同步和同相位的载荷，所引起的复合应力的主方向不随时间变化。这就是所谓的**简单多向应力**。Sines[42]在 1955 年建立了这种情况的模型。受时变内部压力作用的压力容器或管道内就会出现由单一载荷源产生的同步、同相位的多向拉伸应力。如果转矩不随时间变化，受到转矩和弯矩组合作用的旋转轴也属于这个类别，这是因为交变主应力仅仅由弯矩产生，并且方向不变。如果转矩是时变的，那么交变主应力的方向就不是恒定的了。此外，存在应力集中时，如轴上有横向孔时，应力集中处的局部应力也是双向的。这些主应力方向随时间变化或者应力异步或不同相的情况，被称为复杂多向应力，目前仍在研究之中。根据

SAE 的疲劳设计手册[51]，"总的说来，对这种情况的分析已经超过现有技术的范围。设计过程必须通过近似分析才能进行，而近似分析需要大量试验研究，如模拟材料和几何形状以及加载等"。Kelly[43]、Graud[44]、Brown[45] 和 Langer[48] 等人提出了一些分析方法。其中的一些方法用起来很复杂。参考文献［51］也指出："直接使用这些数据必须谨慎，除非测试的条件符合所分析的对象。"我们将讨论局限在大多数机械设计场合的一些对设计有用的方法，和需要给出近似但是保守的结果的方法。

简单多向对称应力

图 6-15 所示的简单双向应力的试验数据表明，对于韧性材料中的简单多向对称应力来说，如果用式（5.7）来计算 von Mises 应力幅值，则变形能理论适用。对于三维情况有：

$$\sigma'_a = \sqrt{\sigma_{1_a}^2 + \sigma_{2_a}^2 + \sigma_{3_a}^2 - \sigma_{1_a}\sigma_{2_a} - \sigma_{2_a}\sigma_{3_a} - \sigma_{1_a}\sigma_{3_a}} \tag{6.19a}$$

对于二维情况有：

$$\sigma'_a = \sqrt{\sigma_{1_a}^2 - \sigma_{1_a}\sigma_{2_a} + \sigma_{2_a}^2} \tag{6.19b}$$

注意这个形式的 von Mises 表达式包括了主应力幅值，它是利用疲劳应力集中系数增大所施加的多向应力幅值后，通过式（4.4c）来计算三维问题或式（4.6）计算二维问题获得。将该等效应力幅值 σ'_a 用于 S-N 图中，用下式确定安全系数：

$$N_f = \frac{S_n}{\sigma'_a} \tag{6.20}$$

式中，S_n 是材料的期望寿命 N 所对应的疲劳强度；σ'_a 是 von Mises 应力幅值。

简单多向波动应力

Sines 方法 Sines[42] 建立了简单多向波动应力的模型，该模型能根据所施加的应力分量构造等效应力均值和应力幅值。该等效应力幅值实际上就是上面式（6.19a）定义的 von Mises 应力幅值。但是我们换一种形式，直接利用所施加的应力而不是用主应力来表达。对于三向应力状态，有：

$$\sigma'_a = \sqrt{\frac{\left(\sigma_{x_a}-\sigma_{y_a}\right)^2 + \left(\sigma_{y_a}-\sigma_{z_a}\right)^2 + \left(\sigma_{z_a}-\sigma_{x_a}\right)^2 + 6\left(\tau_{xy_a}^2 + \tau_{yz_a}^2 + \tau_{zx_a}^2\right)}{2}}$$

$$\sigma'_m = \sigma_{x_m} + \sigma_{y_m} + \sigma_{z_m} \tag{6.21a}$$

对于二向应力状态：

$$\sigma'_a = \sqrt{\sigma_{x_a}^2 + \sigma_{y_a}^2 - \sigma_{x_a}\sigma_{y_a} + 3\tau_{xy_a}^2}$$

$$\sigma'_m = \sigma_{x_m} + \sigma_{y_m} \tag{6.21b}$$

式（6.21）中所施加应力是通过应力集中系数增大后的局部应力。这两个等效应力将用于前一节所述的修正 Goodman 图中，然后根据式（6.18）计算出相应的安全系数。

虽然式（6.19）和式（6.21）中的局部应力可通过不同的应力集中系数来提高，但在计算组合应力状态下的疲劳强度或持久极限时可能会有一些冲突。例如，弯矩和轴向载荷组合作用的情况可根据式（6.17a）或者式（6.9）来确定载荷系数。不管是否存在弯矩，只要有轴向载荷，就选择轴向载荷系数。

注意式（6.21）的 Sines 等效应力均值 σ'_m 只包含正应力分量（即流体静压应力），而式（6.21）的 von Mises 应力幅值 σ'_a 同时包含了正应力和剪应力。这说明剪应力均值对 Sines 的模型没有贡献。这与光滑、抛光、无缺口的圆棒试件在受到弯矩和转矩组合作用时的试验数据是一致的[46]。但是，在同等载荷作用下的有缺口的试件性能受到切应力均值影响[46]，所以在这种情况下式（6.21）并不保守。

von Mises 方法 其他研究者[47,49]建议在简单多向应力作用下，使用所施加应力幅值和均值的 von Mises 等效应力。可根据 6.10 节所述，对所施加应力的幅值和均值乘上合适的（可能不同的）应力集中系数。然后用下式求三向应力状态下 von Mises 等效应力的幅值和均值：

$$\sigma'_a = \sqrt{\frac{\left(\sigma_{x_a}-\sigma_{y_a}\right)^2 + \left(\sigma_{y_a}-\sigma_{z_a}\right)^2 + \left(\sigma_{z_a}-\sigma_{x_a}\right)^2 + 6\left(\tau_{xy_a}^2+\tau_{yz_a}^2+\tau_{zx_a}^2\right)}{2}}$$

$$\sigma'_m = \sqrt{\frac{\left(\sigma_{x_m}-\sigma_{y_m}\right)^2 + \left(\sigma_{y_m}-\sigma_{z_m}\right)^2 + \left(\sigma_{z_m}-\sigma_{x_m}\right)^2 + 6\left(\tau_{xy_m}^2+\tau_{yz_m}^2+\tau_{zx_m}^2\right)}{2}}$$

(6.22a)

二向应力状态的公式为：

$$\sigma'_a = \sqrt{\sigma_{x_a}^2+\sigma_{y_a}^2-\sigma_{x_a}\sigma_{y_a}+3\tau_{xy_a}^2}$$

$$\sigma'_m = \sqrt{\sigma_{x_m}^2+\sigma_{y_m}^2-\sigma_{x_m}\sigma_{y_m}+3\tau_{xy_m}^2}$$

(6.22b)

再将这些 von Mises 等效应力的幅值和均值用于修正的 Goodman 图中，根据式（6.18）的合适形式确定安全系数。该方法比 Sines 方法更加保守，因此更适合于因缺口而产生应力集中的情况。

复杂多向应力

众多研究者目前仍在研究这个问题。尽管已分析过复杂多向应力状态的许多特例，但还没有获得适用于所有情况的通用设计方法[50]。Nishihara 和 Kawamoto[52]发现两种钢、一种铸铁和一种铝合金在复杂多向应力状态下的疲劳强度不低于任何相位差的同相位疲劳强度。对常见的弯扭组合二向应力状态，譬如出现在轴上的，已经有几种设计方法[50]。其中一种方法叫 SEQA，它基于 ASME 锅炉规范⊖，这里简做介绍。SEQA 是一种当量或等效应力（与 von Mises 等效应力的概念类似），它把正应力、剪应力和相位关系的影响综合起来表示成一个等效应力，这可以比作是修正 Goodman 图上韧性材料的疲劳强度和静态强度的关系。SEQA 的计算公式如下：

$$\text{SEQA} = \frac{\sigma}{\sqrt{2}}\left[1+\frac{3}{4}Q^2+\sqrt{1+\frac{3}{2}Q^2\cos 2\phi+\frac{9}{16}Q^4}\right]^{\frac{1}{2}}$$

(6.23)

式中，σ 是考虑了所有应力集中影响的弯曲应力幅值；$Q=2\dfrac{\tau}{\sigma}$；τ 是考虑了所有应力集中影响的剪应力幅值；ϕ 是弯曲应力和扭转应力的相位差。

SEQA 公式既可用于计算应力均值，也可用于计算应力幅值。

图 6-49 所示为 SEQA 等效应力变化曲线，纵坐标为 SEQA 等效应力与相同弯扭组合作用下的 von Mises 应力的比值，横坐标分别为相位角 ϕ 和应力比 τ/σ 的函数。注意在图 6-49a 中，当弯矩和转矩同相或者反相时，SEQA 等于 von Mises 应力 σ'。当 $\phi=90°$ 时，SEQA 大约是 σ' 的 73%。SEQA 的值还会随着 τ 和 σ 的比值变化而变化，如图 6-49b 所示。当 $\phi=90°$，$\tau/\sigma=0.575$

⊖ 见 ASME Boiler and Pressure Vessel Code, Section Ⅲ, Code Case N-47-12, American Society of Mechanical Engineers, New York, 1980.

（Q=1.15）时，SEQA 下降最大，当 τ/σ 变大或变小时，SEQA 逐渐接近 σ'。该图表示对于任意相位差或 τ/σ 比值，使用 von Mises 应力处理弯扭组合疲劳问题时会得到保守的结果。然而，Garud[44] 发现当局部应高于 0.13% 时，该方法对于反相载荷来说并不保守。因此，不推荐在低周疲劳的情况使用此方法。Tipton 和 Nelson 证明 SEQA 方法用于反相高周疲劳是保守的。实际上，当缺口应力集中系数 K_f 和 K_{fs} 设置为 1 时，SEQA 和类似的方法⊖可以精确地预测 HCF 失效[50]。

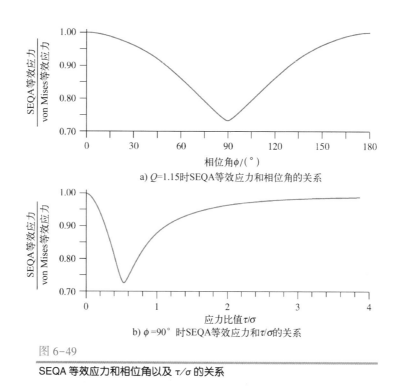

a) Q=1.15时SEQA等效应力和相位角的关系

b) ϕ=90° 时SEQA等效应力和τ/σ的关系

图 6-49

SEQA 等效应力和相位角以及 τ/σ 的关系

　　上述多向复杂疲劳分析假设外载荷是同步的，并且相位关系是可预测的。如果多个载荷是解耦的，并且相位关系是随机的或未知的，那么该方法是不能求解这种问题的。读者应该查阅文献目录给出的文献，获取更多关于多向复杂载荷的信息。应对特殊情况的最好方法是进行试验。

6.13　高周疲劳设计的一般方法

　　前面几节和例子都使用了统一的方法，尽管疲劳载荷类别各不相同（见图 6-40）。甚至在单向应力案例中都计算了 von Mises 应力的幅值和均值。由于 von Mises 应力和所作用的应力是相同的，有人会认为这个步骤是多余的。尽管这会给计算过程带来轻微的额外负担（如果用计算机就无所谓了），但可以使求解过程保持统一。此外，在进行 von Mises 应力的计算之前，可将合适的应力集中系数用于对应的各应力分量。通常，相同零件轮廓受到不同载荷作用时的几何应力集中系数是不同的（轴向载荷与弯矩对应的系数就不同）。

　　⊖　基于最大剪应力理论的类似方法同样在参考文献［50］中定义过。这个方法叫 SALT，相对于图 6-49 的 SEQA 方法，它给出的适用于 HCF 的方法比较类似甚至更加保守。尽管它给出了只适用于 HCF 载荷的警告，但是相对于 SEQA 方法，它在低周循环试验结果和基于应变的多轴疲劳试验中提供了更好的相关性[44]。

不管载荷是单向还是多向、弯矩还是转矩，或者它们的任意组合，这种方法获取安全系数的方式是一样的，即把 von Mises 应力幅值和均值的组合与由材料疲劳强度与静态强度得到的曲线进行对比。这就不需要单独计算扭转疲劳强度。如果采用上一节所介绍的具有应力集中的多向载荷分析计算方法，即同时使用 von Mises 应力均值和幅值，那么单向加载和多向加载就没有区别了。相同的计算方法就可用于图 6-40 所示的 4 个载荷类别了。

至于波动载荷和对称载荷的区别，我们知道对称载荷只是波动载荷的一个特例。我们可以把所有疲劳载荷都视为波动载荷，并统一使用修正 Goodman 图（MGD）疲劳失效标准，而且获得好的设计结果。注意在图 6-43 中，MGD 和 S-N 图只不过是应力均值 σ'_m、应力幅值 σ'_a 和循环次数 N 的三维关系的不同视图。图 6-43c 表示从与这些变量相关的三维图中得到的 Goodman 图。对称应力状态（$\sigma'_a \neq 0$，$\sigma'_m = 0$）可以绘制在 Goodman 图上，当你意识到所获得的数据点位于 σ'_a 轴上时，就很容易计算安全系数了。当 $\sigma'_m = 0$ 时，通过式（6.18b）可求得安全系数，与式（6.14）结果相同。就此而言，静载问题（$\sigma'_m \neq 0$，$\sigma'_a = 0$）也可以绘制在 Goodman 图上，其数据点落在 σ'_m 轴上。可用式（6.18a）来计算安全系数，当 $\sigma'_a = 0$ 时，该式与式（5.8a）是相同的。因此，不管是静态应力、对称疲劳还是波动疲劳状态，修正 Goodman 图为确定安全系数提供了一个通用的工具。

单向或同步多向应力状态的 HCF 设计的通用方法如下：

1. 根据给定材料的抗拉强度构建合适的修正的 Goodman 图。对于任何预期有限寿命或无限寿命，都可以在图 6-43 中沿着 N 轴上不同 N_2 点处截取 Goodman 图。如图 6-33 和式（6.10）所示，构建 Goodman 图可以通过选择在某一循环次数 N_2 对应的 S_f 来自动完成。根据式（6.7）求得合适的强度缩减系数，用于获得修正疲劳强度。

2. 计算零件关键位置的所作用的应力的幅值和均值，并应用合适的应力集中系数修正对应的应力分量（请见例 4-9 和第 4 章小结）。

3. 通过式（6.22）把零件关键位置的所作用的应力幅值和均值转换为 von Mises 等效应力幅值和均值。

4. 把 von Mises 应力幅值和均值绘制在修正 Goodman 图中，根据式（6.18）确定合适的安全系数。

在第 5 章（5.1 节和 5.2 节）的静态失效理论中我们讨论过，von Mises 方法仅适用于韧性材料，因为它能够准确地预测静载屈服，其机理为剪切失效机理。这里我们将其用于略微不同的用途，即把多向应力均值和幅值合成为等效（伪单向）拉应力均值和幅值，然后与修正的 Goodman 图的拉伸疲劳强度和静强度比较。这样，von Mises 方法可以应用于承受高周疲劳载荷的韧性和脆性材料中，因为不论材料是韧性或脆性的，（正确的）假设疲劳失效为拉伸失效。实际上，人们早就认识到韧性材料在长期疲劳载荷作用下会变脆，因为它们的失效表面看上去像脆性材料静态失效表面一样。然而，现在知道这是不正确的。

设计者无论如何在疲劳载荷的情况下，都要慎重使用铸造脆性材料，因为它们的抗拉强度往往比相同密度的锻造材料小，而且在铸造的过程中很可能产生应力集中源。疲劳载荷条件下成功应用铸件的例子有很多，如内燃机曲轴、凸轮轴和连杆。这些零件通常用在割草机等小尺寸、低功率的发动机上。大功率的汽车和货车的发动机通常使用（韧性）锻钢或（韧性）球墨铸铁来制造曲轴和连杆，而不是用（脆性）灰铸铁。

我们现在利用在例 4-9 和例 5-1 中研究过的相同的支架，来解释简单多向疲劳的设计过程。这次载荷是随时间波动的。

例 6-6 多向波动应力

问题：确定图 5-9 中支架管的安全系数。

已知：材料为 2024 - T4 铝、$S_y = 47000\,\text{psi}$、$S_{ut} = 68000\,\text{psi}$。管的长度 $l = 6\,\text{in}$、臂长 $a = 8\,\text{in}$、管的外径 $OD = 2\,\text{in}$、内径 $ID = 1.5\,\text{in}$。载荷按正弦函数规律变化，范围是 $F = 340 \sim -200\,\text{lb}$。

假设：载荷是动载荷，室温下工作。考虑由横向载荷引起的剪应力以及其他应力。预期寿命是 6×10^7 次循环。与墙连接处缺口半径为 $0.25\,\text{in}$，弯曲应力集中系数是 $K_t = 1.7$，剪应力集中系数是 $K_{ts} = 1.7$。

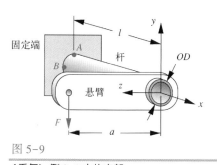

图 5-9

（重复）例 6-6 中的支架

解：见图 5-9（重复），例 4-9 中有对这个问题应力分析更完整的说明。

1. 铝没有持久极限，它在 5×10^8 次循环对应的持久强度可由式（6.5c）估算。由于 S_{ut} 大于 48 kpsi，因此未修正的 $S_{f'@5\times10^8} = 19\,\text{kpsi}$。

2. 修正系数可以由式（6.7）和图 6-25 求得，然后用于计算 5×10^8 次循环的修正持久强度。对弯曲：

$$C_{load} = 1$$

$$C_{size} = 0.869\left(d_{equiv}\right)^{-0.097} = 0.869\left(\sqrt{\frac{0.010\,46\,d^2}{0.0766}}\right)^{-0.097} = 0.869(0.739)^{-0.097} = 0.895$$

$$C_{surf} = 2.7\left(S_{ut}\right)^{-0.265} = 2.7(68)^{-0.265} = 0.883 \tag{a}$$

$$C_{temp} = 1$$

对 99.9% 的可靠度：

$$C_{reliab} = 0.753$$

$$\begin{aligned} S_{f@5\times10^8} &= C_{load}\,C_{size}\,C_{surf}\,C_{temp}\,C_{reliab}\,S_{f'} \\ &= (1)(0.895)(0.883)(1)(0.753)19\,000\,\text{psi} = 11\,299\,\text{psi} \end{aligned} \tag{b}$$

尽管同时存在弯曲和扭转，但是载荷系数 C_{load} 仅使用了弯曲数值。扭转剪应力将通过 von Mises 计算转换为等效拉应力。C_{surf} 利用表 6-3 中的数据根据式（6.7e）算出。此修正疲劳强度仍是循环次数 $N = 5 \times 10^8$ 对应的疲劳强度。

3. 本案例要求预期寿命为 6×10^7，因此必须利用图 6-33b 中的 S-N 曲线获得该寿命对应的强度值。根据式（6.10c）求出系数 a 和指数 b 之后，代入 S-N 曲线的方程就可以求出对应的强度：

$$b = \frac{1}{z}\log\left(\frac{S_m}{S_f}\right) = \frac{1}{-5.699}\log\left[\frac{0.9(68\,000)}{11\,299}\right] = -0.1287$$

$$\log(a) = \log(S_m) - 3b = \log[0.9(68\,000)] - 3(-0.1287): \quad a = 148\,929 \tag{c}$$

$$S_n = aN^b = 148\,929N^{-0.1287} = 148\,929\left(6\times10^7\right)^{-0.1287}\,\text{psi} = 14\,846\,\text{psi}$$

注意 S_m 取为 S_{ut} 的 90%，因为载荷为弯矩而不是轴向载荷（见式 6.9）。z 值根据 $N = 6\times10^7$ 次由表 6-5 查得。这是本例所要求的较短预期疲劳寿命对应的修正疲劳强度，所以比修正的试验值要大些，因为试验值是与较长预期寿命对应的。

4. 计算疲劳应力集中系数必须先找出材料的缺口敏感度。表 6-8 所示为硬铝的 Neuber 常数。通过对表中数据插值可得材料的 S_{ut} 对应的 $\sqrt{a}$ 值是 0.147。通过式 (6.13) 可算出缺口半径为 0.25 in 时的缺口敏感度为：

$$q = \frac{1}{1+\dfrac{\sqrt{a}}{\sqrt{r}}} = \frac{1}{1+\dfrac{0.147}{\sqrt{0.25}}} = 0.773 \qquad (d)$$

5. 把给定的弯曲和扭转的几何应力集中系数代入式 (6.11b)，可以分别求出疲劳应力集中系数：

$$K_f = 1 + q(K_t - 1) = 1 + 0.773(1.7 - 1) = 1.541 \qquad (e)$$

$$K_{fs} = 1 + q(K_{ts} - 1) = 1 + 0.773(1.35 - 1) = 1.270 \qquad (f)$$

6. 支架管同时受到弯曲（作为悬臂梁）和扭转作用。其剪力图、弯矩图和转矩图如图 4-31 所示。所有载荷的最大值都位于与墙壁连接处。施加在墙壁连接处的力、弯矩和转矩的幅值和均值分别为：

$$F_a = \frac{F_{max} - F_{min}}{2} = \frac{340 - (-200)}{2} \text{ lb} = 270 \text{ lb}$$

$$F_m = \frac{F_{max} + F_{min}}{2} = \frac{340 + (-200)}{2} \text{ lb} = 70 \text{ lb} \qquad (g)$$

$$M_a = F_a l = 270(6) \text{ lb·in} = 1620 \text{ lb·in}$$

$$M_m = F_m l = 70(6) \text{ lb·in} = 420 \text{ lb·in} \qquad (h)$$

$$T_a = F_a a = 270(8) \text{ lb·in} = 2160 \text{ lb·in}$$

$$T_m = F_m a = 70(8) \text{ lb·in} = 560 \text{ lb·in} \qquad (i)$$

7. 根据式 (6.17)，应力均值的疲劳应力集中系数取决于缺口处最大 von Mises 应力和屈服强度之间的关系，部分式 (6.17) 在下面给出：

如果 $K_f |\sigma_{max}| < S_y$，那么 $K_{fm} = K_f$，$K_{fsm} = K_{fs}$

$$\sigma_{max} = K_f \left| \frac{M_{max} c}{I} \right| = K_f \left| \frac{F_{max} l c}{I} \right| = 1.541 \left| \frac{340(6)(1)}{0.5369} \right| \text{ psi} = 5855 \text{ psi}$$

$$\tau_{max} = K_{fs} \left| \frac{T_{max} r}{J} \right| = K_{fs} \left| \frac{F_{max} a r}{J} \right| = 1.270 \left| \frac{340(8)(1)}{1.074} \right| \text{ psi} = 3216 \text{ psi} \qquad (j)$$

$$\sigma'_{max} = \sqrt{5855^2 + (3)3216^2} \text{ psi} = 8081 \text{ psi} < 47\,000 \text{ psi}$$

$$K_{fm} = K_f = 1.541, \qquad K_{fsm} = K_{fs} = 1.270$$

所以

本例的应力均值的应力集中系数没有缩减，这是因为缺口处未发生屈服，因此不会减少应力集中。

8. 最大弯曲拉应力位于顶部或底部的外层纤维，即 A 点或 A′点处。最大剪应力出现在圆管的外层表面（更多细节参考例 4-9）。首先在受到组合应力作用的 A 或 A′处取一个微分单元（见图 4-32），分别用式 (4.11b) 和式 (4.23b) 求出 A 点处弯曲正应力和扭转剪应力的幅值和均值：

$$\sigma_a = K_f \frac{M_a c}{I} = 1.541 \frac{1620(1)}{0.5369} \text{ psi} = 4649 \text{ psi} \tag{k}$$

$$\tau_{a_{torsion}} = K_{fs} \frac{T_a r}{J} = 1.270 \frac{2160(1)}{1.074} \text{ psi} = 2556 \text{ psi}$$

$$\sigma_m = K_{fm} \frac{M_m c}{I} = 1.541 \frac{420(1)}{0.5369} \text{ psi} = 1205 \text{ psi} \tag{l}$$

$$\tau_{m_{torsion}} = K_{fsm} \frac{T_m r}{J} = 1.270 \frac{560(1)}{1.074} \text{ psi} = 663 \text{ psi}$$

9. 求出 A 点的 von Mises 应力幅值和均值（见式 6.22b）：

$$
\begin{aligned}
\sigma'_a &= \sqrt{\sigma_{x_a}^2 + \sigma_{y_a}^2 - \sigma_{x_a}\sigma_{y_a} + 3\tau_{xy_a}^2} \\
&= \sqrt{4649^2 + 0^2 - 4649(0) + 3(2556^2)} \text{ psi} = 6419 \text{ psi}
\end{aligned} \tag{m}
$$

$$
\begin{aligned}
\sigma'_m &= \sqrt{\sigma_{x_m}^2 + \sigma_{y_m}^2 - \sigma_{x_m}\sigma_{y_m} + 3\tau_{xy_m}^2} \\
&= \sqrt{1205^2 + 0^2 - 1205(0) + 3(663^2)} \text{ psi} = 1664 \text{ psi}
\end{aligned}
$$

10. 由于弯矩和转矩都是由相同外力引起的，所以它们同步、同相位，变化比率恒定。这属于情况 3，安全系数可以用式（6.18e）确定：

$$N_f = \frac{S_f S_{ut}}{\sigma'_a S_{ut} + \sigma'_m S_f} = \frac{14\,846(68\,000)}{6419(68\,000) + 1664(14\,846)} = 2.2 \tag{n}$$

11. 由于支架圆管是短梁，因此我们需要校核中性轴上的 B 点处横向力产生的剪切，该点扭转产生的剪切也是最大的。由式（4.15d）可以得到空心薄壁圆管中性轴上的最大横向剪应力为：

$$\tau_{a_{transverse}} = K_{fs} \frac{2V_a}{A} = 1.270 \frac{2(270)}{1.374} \text{ psi} = 499 \text{ psi} \tag{o}$$

$$\tau_{m_{transverse}} = K_{fsm} \frac{2V_m}{A} = 1.270 \frac{2(70)}{1.374} \text{ psi} = 129 \text{ psi}$$

B 点只受纯剪切。B 点总的剪应力为横向剪应力和扭转剪应力之和：

$$\tau_{a_{total}} = \tau_{a_{transverse}} + \tau_{a_{torsion}} = 499 \text{ psi} + 2556 \text{ psi} = 3055 \text{ psi} \tag{p}$$

$$\tau_{m_{total}} = \tau_{m_{transverse}} + \tau_{m_{torsion}} = 129 \text{ psi} + 663 \text{ psi} = 792 \text{ psi}$$

12. 求出 B 点处 von Mises 应力幅值和均值（式 6.22b）：

$$\sigma'_a = \sqrt{\sigma_{x_a}^2 + \sigma_{y_a}^2 - \sigma_{x_a}\sigma_{y_a} + 3\tau_{xy_a}^2} = \sqrt{0 + 0 - 0 + 3(3055)^2} \text{ psi} = 5291 \text{ psi} \tag{q}$$

$$\sigma'_m = \sqrt{\sigma_{x_m}^2 + \sigma_{y_m}^2 - \sigma_{x_m}\sigma_{y_m} + 3\tau_{xy_m}^2} = \sqrt{0 + 0 - 0 + 3(792)^2} \text{ psi} = 1372 \text{ psi}$$

13. B 点处的安全系数可由式（6.18e）求得：

$$N_f = \frac{S_f S_{ut}}{\sigma'_a S_{ut} + \sigma'_m S_f} = \frac{14\,846(68\,000)}{5291(68\,000) + 1372(14\,846)} = 2.7 \tag{r}$$

就疲劳失效而言，A 点和 B 点都是安全的。

14. 本书的网站上有本例文件 EX06-06A 和 EX06-06B。

6.14　疲劳设计案例研究

以下案例研究包含 HCF 设计问题的所有要素。它是作者咨询服务中碰到的实际设计问题，能够说明本章中的许多知识点。尽管它的分析过程很长，而且很复杂，但认真研究这个案例对读者大有裨益。它的设计结果是最优的。

案例研究 6　喷水织布机挡板的再次设计

问题：很多喷水织布机的挡板都会出现疲劳失效。企业主为增加产量会提高织布机的速度。初始设计的挡板是涂漆的钢挡板，在低速、三班倒的工作条件下 5 年之内不会失效，但速度提高后，几个月内就失效了。企业主找当地工厂制作了类似的钢挡板替代，但使用 6 个月后就失效了。后来企业主自己设计了铝挡板替换，但是其寿命仅为 3 个月。于是企业主开始寻求技术支持。试分析这三种设计失效的原因，并重新设计该零件，保证能够在高速下工作至少工作 5 年。

已知：挡板的长度为 54 in，由两个相同的 Grashof 曲柄摇杆四杆机构的摇杆带动[⊖]，四杆机构由通过 54 in 长的传动轴连接的轮系同步、同相位驱动。织布机的结构如图 6-50 所示，曲柄连杆机构如图 6-51 所示。织布机的工作过程将在下面讨论。失效设计的截面如图 6-53 所示，照片如图 6-54 所示。要求新设计的挡板宽度不能超过现有设计（2.5 in）。织布机原本的速度为 400 r/min，现在要提高到 500 r/min。新设计的成本与现有设计成本相当（批量为 50 件时，每件成本约 $300）。

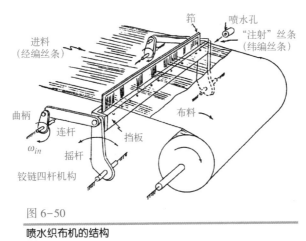

图 6-50

喷水织布机的结构

假设：挡板受到最大的波动载荷是它的惯性力，这是因为自身质量加上安装在它上面的筘的质量会随着曲柄连杆机构的加速和减速而产生惯性力。此外，当筘把最新的丝条推到布料上时，它还会受到一个打纬力。这个力会使挡板受到循环转矩作用，这个转矩可能对失效有（或没有）较大影响。打纬力的大小不能精确测量，它会随着所编织的布料重量的变化而变化。该力沿布料宽度分布密度约为 10 lb/in（总共 540 lb）。工作环境为潮湿、有水环境，失效的样件存在腐蚀迹象。

解：请见图 6-50~图 6-56 和表 6-13。

⊖　请见 3.4 节中对 Grashof 四连杆的定义。

1. 在设计之前，为了更好地理解这个问题，需要补充一些背景知识。织布机是一种很古老的装置，最初是用人力来带动的。工业革命时期人们发明了动力织布机，目前有很多种形式的织布机。图 6-50 所示为我们要讨论的喷水织布机的组成结构。或许手动织布机是我们了解织布机工作原理最好方式，读者可能在博物馆、织布机定制店和私人爱好者那里见到过手动织布机。织布机的基本元件和图 6-50 所示的类似。

一组称为经纱的丝条串在整个织布机上。丝条被一个装置（未示出）抓住，并可将其上下拉动。这些装置由机构驱动，在手工织布机中通常是通过脚踏板驱动。当踩动脚踏板时，一组经纱被抬高，而另外一组被拉低，从布料的一端看过去，好像形成了一个"隧道"。这个隧道被称为梭道。像微型独木舟一样的梭带内有线轴，形成梭道后，纺织者用手投梭，使之穿过梭道。梭拖动一根称为纬编丝条的丝条穿过梭道。然后纺织者拉动挡板，挡板上有一种名为筘的梳形的装置。经编丝条穿过筘的梳齿。筘把纬编丝条推向上一条丝条，然后击打布料，使纬编丝条变得紧实。接下来纺织者切换脚踏板的运动方向，因此原先被抬高的经纱被拉低，被拉低的经纱被抬高，从而形成一个新的梭道。接着梭再次穿过梭道，使筘把新的一根纬编丝条纺织到布料上。

最原始的动力织布机用连杆机构和齿轮来取代人手动作。而投梭的过程也被飞梭取代，它是用棍子敲击梭，使之飞穿过梭道，然后在另外一边被接住。飞梭运动是限制织布机速度的因素。飞梭织布机的最高速度只能达到 100 投（梭）/min。因此人们做了很多关于如何提高织布机速度的研究，其中大多数研究都涉及通过去除梭来提高速度，因为梭的重量限制了速度提升。20世纪，喷水和喷气织布机都被研制出来，它们是用水流或气流来把纬编丝条喷射出去，然后穿过梭道。图 6-50 中也给出了喷出丝条的喷水孔。在各周期的合适时候，活塞泵从喷水孔中喷出水流，表面张力拉动丝条穿过梭道。喷水织布机的速度可以提高到 500 r/min。问题中的织布机的设计速度为 400 r/min，但企业主通过更换齿轮来使之提升到 500 r/min。由于动载荷和速度的平方成正比，提高速度后载荷超出了原有的设计范围，导致失效很快接踵而至。

2. 图 6-50 和图 6-51 中的挡板由两个相同的 Grashof 曲柄摇杆的四杆机构$^\ominus$带动，以弧形轨迹在每个周期的正确时刻推动筘进入布料。挡板两端通过螺栓和摇杆可靠地连接在一起，并可和摇杆一起转动。连杆支点安装有自调心球轴承，因此我们可以把挡板看作是受到均匀分布载荷的简支梁，载荷的大小等于挡板总的质量乘以加速度再加上打纬力。挡板总的质量包括它自身

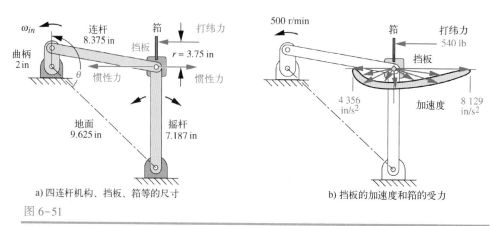

a) 四连杆机构、挡板、筘等的尺寸　　　　b) 挡板的加速度和筘的受力

图 6-51

织布机的四连杆机构示意图和受力分析图

$\ominus$　请见 3.4 节中对 Grashof 曲柄摇杆机构的定义。

的质量以及箱的质量（10 lb）。图 6-51 所示为挡板和曲柄连杆机构的几何外形、尺寸以及挡板质心处的加速度的极坐标矢量图。加速度的切向分量最大，而切向加速度产生了与图中所示的惯性力方向一致的弯矩。图 6-52 所示为一个周期内挡板质心的切向加速度和打纬力的相位与加速度的相位关系图。从图中可以看到加速度和打纬力是同相位的。加速度产生了一个波动弯矩，因打纬力偏离挡板质心 3.75 in，它在挡板上产生了一个脉动的转矩。根据挡板的横截面情况，可知此组合载荷在挡板最大应力处的工况是同步、同相的简单多向应力状态（参见考 6.12 节）。由于载荷大部分是惯性力，因此应该在使强度和刚度最大化的同时，尽量减小挡板的质量。这两个约束是相互冲突的，因此使设计任务更具挑战性。

3. 由于这是受波动载荷作用的案例，因此我们根据 6.11 节所推荐的设计步骤进行设计，第一步是要确定零件预期寿命内的载荷循环次数。企业主要求三班倒的情况下零件能够工作 5 年。设每年一班制的标准工作时间为 2080 h，所以有：

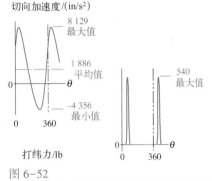

图 6-52

在 500 r/min 时挡板的加速度和载荷与相位的关系

$$N = 500 \frac{\text{循环次数}}{\text{min}} \left(\frac{60 \text{ min}}{\text{h}} \right) \left(\frac{2080 \text{ hr}}{\text{shift-yr}} \right) (3 \text{ shifts})(5 \text{ yr}) = 9.4 \times 10^8 \text{ 次}$$

(a)

很显然这位于 HCF 区，选择具有持久极限的材料。

企业主说更换的钢制挡板寿命为 6 个月，设计的铝制挡板寿命为 3 个月（见图 6-53 和图 6-54）。那么它们的循环次数寿命为：

6 个月： $$N = 500 \frac{\text{循环次数}}{\text{min}} \left(\frac{60 \text{ min}}{\text{h}} \right) \left(\frac{2080 \text{ h}}{\text{年}} \right) (3 \text{ 班次})(0.5 \text{ 年}) = 9.4 \times 10^7 \text{ 次}$$

3 个月： $$N = 500 \frac{\text{循环次数}}{\text{min}} \left(\frac{60 \text{ min}}{\text{h}} \right) \left(\frac{2080 \text{ h}}{\text{年}} \right) (3 \text{ 班次})(0.25 \text{ 年}) = 4.7 \times 10^7 \text{ 次}$$

(b)

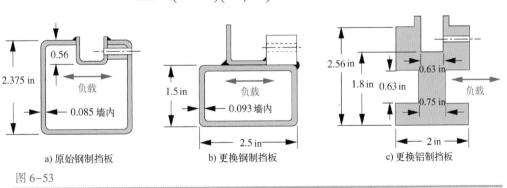

图 6-53

现有的挡板设计，最终都发生了疲劳失效

4. 由于挡板所受弯曲载荷是加速度（已知）和零件质量（依设计而不同）的函数，因此最好用 $F = ma$ 的形式表示弯曲载荷。根据企业主对典型打纬力的估计，假设所有设计中的转矩相同。载荷数据如图 6-52 所示，其均值和幅值分别为：

弯曲力： $$F_{mean} = ma_{mean} = m \frac{a_{max} + a_{min}}{2} = m \frac{8129 + (-4356)}{2} = 1886.5m$$

$$F_{alt} = ma_{alt} = m\frac{a_{max} - a_{min}}{2} = m\frac{8129 - (-4356)}{2} = 6242.5m \qquad (c)$$

转矩：
$$T_{mean} = \left(\frac{F_{max} + F_{min}}{2}\right)r = \left(\frac{540 + 0}{2}\right)3.75\ \text{lb·in} = 1012.5\ \text{lb·in}$$

$$T_{alt} = \left(\frac{F_{max} - F_{min}}{2}\right)r = \left(\frac{540 - 0}{2}\right)3.75\ \text{lb·in} = 1012.5\ \text{lb·in} \qquad (d)$$

a) 更换的钢制挡板（6个月后）　　　　　b) 更换的铝制挡板（3个月后）

图 6-54

挡板失效

5. 我们有幸获得有在实际工况下的典型零件的测试数据，即失效样件的数据。实际上，企业主在无意中进行了一个实际的试验（试验没成果使他非常懊恼），但他确定了引起失效的应力水平。因此，第一步是分析已有的失败设计，从而更多地了解问题。我们知道原来的挡板设计（见图 6-53a）在 400 r/min 的较低速度下有 5 年的寿命。而只是因为提高速度导致惯性力增加才使其失效。

这个问题中涉及很多无法定量的因素。在已失效的零件上还出现了腐蚀的迹象。钢制挡板的表面锈迹斑斑。未阳极化的铝面上也坑坑洼洼。设计者没有用心考虑去减少应力集中，因此可以看到疲劳裂纹已经在应力集中处出现（典型的）。图 6-54b 所示的铝制失效零件显示裂纹从螺纹孔处开始，那里有一个很尖锐的缺口。钢制的失效零件（见图 6-54a）看起来是从连接筘支架的焊缝处开始断裂的。焊缝是众所周知的应力集中源，因为那里总是有残余拉应力。我们必须在新的设计中慎重考虑这些教训，尽量减少这些不利的因素。根据定义，已失效零件的安全系数是 1。因此，我们可以建立零件的载荷、应力和安全系数的模型，并将安全系数设置为 1，回代到方程中，从而确定上述难以量化的系数。

6. 为求解这个问题的方程，需建立其数学模型。输入三个失效设计的数据，根据它们的几何形状与材料的差异对模型进行必要的修正。然后根据图 6-55 所示的新设计来修正同样的模型。最后得到该模型的 8 个版本，本书给出每组结果的数据文件，它们分别被命名为 CASE6-0～CASE6-7。限于篇幅，本书无法对所有这 8 个模型都详细讨论，因此重点介绍其中的两个，而其他模型结果将会在小结中进行对比。初始的失败设计和最终的新设计也会给出。如果需要的话，读者可以用程序打开自己所选择的模型。

7. 初始挡板设计的分析包含在 CASE6-1 中。为了确定弯曲应力，必须先计算横截面的几何参数和梁的质量。

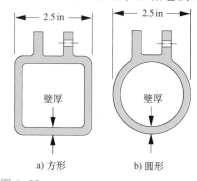

a) 方形　　　b) 圆形

图 6-55

两种新设计的喷水织布机挡板

$$面积 = 2.375^2 \text{ in} - 2.205^2 \text{ in} + 2(0.56)(0.085) \text{ in} = 0.874 \text{ in}^2$$

$$重量 = 面积 \times 长度 \times \gamma = 0.874(54)(0.286) \text{ lb} = 13.5 \text{ lb}$$

$$m = \frac{格条质量 + 筘质量}{386.4} = \frac{13.5 + 10}{386.4} \text{ blobs} = 0.061 \text{ blobs} \tag{e}$$

$$I = \frac{b_{out}h_{out}^3 - b_{in}h_{in}^3}{12} = \frac{2.375^4 - 2.205^4}{12} \text{ in}^4 = 0.68 \text{ in}^4$$

注意面积的计算包括了筘槽两边,因为它们增加了质量,而计算 I 时却忽略了它们,因为它们对惯性矩的影响很小。比重 γ 是用于钢的,质量单位是 blobs 或 $\text{lb} \cdot \text{s}^2/\text{in}$。

8. 现在计算惯性力和弯矩的名义均值与幅值:

$$F_{mean} = 1886.5m = 1886.5(0.061) \text{ lb} = 115 \text{ lb}$$

$$F_{alt} = 6242.5m = 6242.5(0.061) \text{ lb} = 380 \text{ lb}$$

$$M_{mean} = \frac{wl^2}{8} = \frac{(wl)l}{8} = \frac{Fl}{8} = \frac{115(54)}{8} \text{ lb·in} = 775 \text{ lb·in} \tag{f}$$

$$M_{alt} = \frac{wl^2}{8} = \frac{(wl)l}{8} = \frac{Fl}{8} = \frac{380(54)}{8} \text{ lb·in} = 2565 \text{ lb·in}$$

弯矩方程求的是最大弯矩,位于受均布载荷作用的简支梁中间位置(见附录 B 中的图 B-2)。因此名义弯曲应力的均值和幅值为(未包括应力集中):

$$\sigma_{m_{nom}} = \frac{M_{mean}(c)}{I} = \frac{775(1.188)}{0.68} \text{ psi} = 1351 \text{ psi}$$

$$\sigma_{a_{nom}} = \frac{M_{alt}(c)}{I} = \frac{2565(1.188)}{0.68} \text{ psi} = 4470 \text{ psi} \tag{g}$$

9. 空心方形截面内因转矩产生的最大名义剪应力位于四条边的中心处,而那些位置的弯曲应力也最大。剪应力可以通过 $\tau_{max} = T/Q$ 算出(见式 4.26a),该几何形状的 Q 可从表 4-2 中获得:

$$Q = 2t(a-t)^2 = 2(0.085)\left(\frac{2.375}{2} - 0.085\right)^2 \text{ in}^3 = 0.207 \text{ in}^3 \tag{h}$$

式中,t 是壁厚;a 是横截面的一半宽度。因此名义剪应力幅值和均值为:

$$\tau_{m_{nom}} = \frac{T_{mean}}{Q} = \frac{1012.5}{0.207} \text{ psi} = 4900 \text{ psi}$$

$$\tau_{a_{nom}} = \frac{T_{alt}}{Q} = \frac{1012.5}{0.207} \text{ psi} = 4900 \text{ psi} \tag{i}$$

10. 接下来我们必须计算或者估计弯曲和剪切的应力集中系数。Peterson[30] 提供了一个空心方形截面受扭转时的应力集中系数图表,根据该表可以得到 $K_t = 1.08$。目前没有适用于本案例的弯曲应力集中系数的数据。由于腐蚀、点蚀与粗糙焊点的组合影响,应力集中系数 K_t 应该会较大。这里求解它的方法是把安全系数设为 1,同时把其他材料系数和名义应力的值代入公式中去反求 K_t。求得这个失效零件的 $K_t = 4.56$。为了叙述的连续性,这里给出 K_t 值,但是必须明白的是,K_t 的值是在确定其他所有参数后,通过迭代反求模型获得的。局部应力均值和幅值,以及 K_t 的值都是通过代入安全系数 $N_f = 1$ 同时求得的。

11. 材料的缺口敏感度和估计的交变弯曲和剪切的疲劳应力集中系数可根据例 6-3 的步骤,利用式 (6.11b) 和式 (6.13) 获得。使用步骤 10 中的 K_t 值和 $q = 0.8$,可得 $K_f = 3.86$,$K_{fs} = 1.06$。相应的应力均值的疲劳应力集中系数可以通过式 (6.17) 求得,由于本案例弯曲和扭转的局部应力低于屈服极限，因此它们和应力幅值的应力集中系数相等，即：$K_{fm}=K_f$，$K_{fms}=K_{fm}$。

12. 根据疲劳应力集中系数估算局部应力分量如下：

$$\sigma_m = K_{fm}\sigma_{m_{nom}} = 3.86(1351)\,\text{psi} = 5212\,\text{psi}$$
$$\sigma_a = K_f\sigma_{a_{nom}} = 3.86(4470)\,\text{psi} = 17\,247\,\text{psi} \tag{j}$$

$$\tau_m = K_{fsm}\tau_{m_{nom}} = 1.06(4900)\,\text{psi} = 5214\,\text{psi}$$
$$\tau_a = K_{fsm}\tau_{a_{nom}} = 1.06(4900)\,\text{psi} = 5214\,\text{psi} \tag{k}$$

13. 由于本案例既有同步、同相位的双向波动应力，又有应力集中，因此可用通用的 von Mises 等效应力方法来求应力的均值和幅值（见式 6.22b）。求得双向等效应力幅值和均值为：

$$\sigma'_a = \sqrt{\sigma_{x_a}^2 + \sigma_{y_a}^2 - \sigma_{x_a}\sigma_{y_a} + 3\tau_{xy_a}^2}$$
$$= \sqrt{17\,247 + 0 - 0 + 3(5214)}\,\text{psi} = 19\,468\,\text{psi} \tag{l}$$
$$\sigma'_m = \sqrt{\sigma_{x_m}^2 + \sigma_{y_m}^2 - \sigma_{x_m}\sigma_{y_m} + 3\tau_{xy_m}^2}$$
$$= \sqrt{5212 + 0 - 0 + 3(5214)}\,\text{psi} = 10\,428\,\text{psi}$$

14. 现在确定材料的性能。根据实验室对失效零件样品的检测，发现其化学成分与 AISI 1018 冷轧钢一致。根据公开的数据（见附录 A），这种材料的强度数据为 $S_{ut}=64000\,\text{psi}$，$S_y=50000\,\text{psi}$。可由 $S_{ys}=0.577$ 求出剪切屈服强度 $S_y=28850\,\text{psi}$。未修正的持久极限取为 $S_{e'}=0.5S_{ut}=32000\,\text{psi}$。

15. 强度修正系数可由 6.6 节的公式和数据求出。载荷为弯曲和扭转组合。然而，我们已将扭转应力纳入到 von Mises 等效应力中（von Mises 等效应力为正应力），故：

$$C_{load}=1 \tag{m}$$

试件的等效直径可以按95%应力面积用式（6.7c）和式（6.7d）求得。尺寸系数可通过式（6.7b）求出：

$$A_{95} = 0.05bh = 0.05(2.375)^2\,\text{in}^2 = 0.282\,\text{in}^2$$
$$d_{equiv} = \sqrt{\frac{A_{95}}{0.0766}} = 1.92\,\text{in} \tag{n}$$
$$C_{size} = 0.869(d_{equiv})^{-0.097} = 0.869(1.92)^{-0.097} = 0.82$$

机加工或冷拔表面质量系数可由式（6.7e）和表 6-3 获得。初始挡板的材料是经过冷拔，但是发生了腐蚀。腐蚀会降低表面系数，但是在前文中用几何应力集中系数 K_t 来囊括腐蚀带来的影响，因此这里采用机加工表面的表面系数：

$$C_{surf} = A(S_{ut})^b = 2.7(64)^{-0.265} = 0.897 \tag{o}$$

温度系数和可靠度系数都被设定为 1。在回代计算时可靠度取为 50%，这是为了将所有不确定性都置于高度易变的应力集中系数当中。

16. 修正的持久极限根据下式计算：

$$S_e = C_{load}C_{size}C_{surf}C_{temp}C_{reliab}S_{e'}$$
$$S_e = (1)(0.81)(0.90)(1)(1)(32\,000)\,\text{psi} = 23\,258\,\text{psi} \tag{p}$$

17. 安全系数可根据式（6.18e）求出。这里使用情况 3 的安全系数公式，这是由于惯性载荷产生的弯曲应力的均值和幅值同变化的速度的比值保持不变。因为最小打纬力总是 0，不管最大力是多少，这个比值也是不变的：

$$N_f = \frac{S_e S_{ut}}{\sigma'_a S_{ut} + \sigma'_m S_e}$$

$$= \frac{23\,258(64\,000)}{19\,468(64\,000) + 10\,428(23\,258)} = 1.0 \qquad (q)$$

应力幅值和均值可以通过回代求出，然后用它们绘制修正 Goodman 图。由于用安全系数 1 代表零件失效，因此应力点 σ'_α 和 σ'_m 落在 Goodman 线上。

18. 把织布机的操作速度改为初始的设计值 400 r/min，重复上面的计算步骤。使用对失效零件分析的相同应力集系数 4.56，可以得到 400 r/min 时的安全系数为 1.3，这说明了初始设计在原设计速度下不会发生失效（文件 CASE6-0）。

19. 对这个和其他失效零件的分析揭示了这个问题的一些内在约束，同时也为改进设计创造了机会。其中一个会影响新设计的因素是腐蚀环境，这让我们不再倾向于使用钢材，尽管它有无限寿命。涂漆并不能保护钢材不受腐蚀。失效的铝制零件在服役 3 个月后也出现了明显的腐蚀情况。如果使用铝材，必须进行阳极氧化处理以防氧化。

另外一个明显的影响因素是应力集中，本例零件中的应力集中相当高。高应力区的焊点和螺纹孔会促进零件失效。新设计必把连接箝的螺纹孔移到低应力的位置来减小应力集中。要尽可能地避免高应力区域的焊接。要考虑通过喷丸等表面处理方式来引入有益的残余压应力。

尽管估算值不准确，但是扭转应力值非常大，不容忽视。更重的布料会带来更大的扭转应力。因此，新设计的几何外形必须要足以抵抗弯曲应力和扭转应力。最后，新设计挡板不能比已有的设计重太多，因为额外的质量会使惯性力更大，这会传递到其他的零件，可能导致其他零件失效。

20. 因为梁所受载荷的来源主要是惯性力，而且负载不变，所以每个设计都有相应的最优截面。梁的抗弯能力是转动惯量 I 的函数。惯性载荷是面积 A 的反函数。对给定的外形尺寸的梁来说，如果其横截面是实心的，那么这时 I 取得最大值，面积、质量和惯性载荷也达到最大。如果零件壁很薄，那么质量就会很小，I 也将很小。所以在其他因素保持不变的情况下，一定存在某个壁厚能使安全系数达到最大化值。

基于以上所有因素，我们考虑了两种设计方案，如图 6-55 所示：方形截面和圆形截面，并设置有一体式外部支耳支承箝。这两种设计有一些共同特征。轮廓有较大的圆角，以使 K_t 最小化（这方面圆形的截面更好些）。支承箝的支耳带有螺纹孔，布置在弯曲应力较小的中性轴附近，且支耳是位于基本结构之外。如按图示设计采用挤压成型，则不必焊接。两个方案的截面都是封闭的，都能抗扭，圆形截面是抗扭的最佳方案。方形截面的 I 更大，当外形尺寸相同时，其抗弯性能比圆形截面好，但抗扭性能略逊。

选用的材料是低碳钢和铝材（钛的强度重量比（SWR）和持久极限最佳，但成本过高，不予考虑）。铝（阳极氧化处理后）具有更好的水中抗腐蚀性能，而钢的防腐蚀措施做得好的话，则具有较高的持久极限。新设计的总重量必须考虑。高强度铝材的强度重量比比低碳钢要好（高强度钢没有持久极限，但缺口敏感度和价格都高）。铝制一体式支耳可定制挤压成型，成本很低，因此小批量生产在经济上是可行的。而定制生产这种截面的钢制零件的模具成本很高，需要大批量生产才能平摊成本。因此使用钢材的方案限于使用现有型材，支耳必须焊接上去。

21. 图 6-55 所示的每种外形都分别使用铝材和钢材来设计。每个模型的壁厚都从很薄到几乎实心之间变化，以获得最佳的尺寸。最终设计选择了圆形截面，材料是 6061-T6 挤压成型的铝，壁厚是 0.5 in。接下来将详细讨论这个设计，不过这里需要注意的是，这个结果是经过大量的迭代得到的。限于篇幅，迭代过程省略。

22. 前面求得的循环寿命（第 3 步的式 a）、加速度和打纬力（第 4 步的式 c 和 d）仍然适用，截面参数为：

$$面积 = \pi\left(\frac{2.5^2 - 1.5^2}{4}\right) in^2 + 2(0.5)(0.75) in^2 = 3.892 \ in^2$$

$$重量 = 面积 \times 长度 \times \gamma = 3.892(54)(0.10) \ lb = 21 \ lb$$

$$m = \frac{格条质量 + 筘质量}{386} = \frac{21 + 10}{386} \ blobs = 0.080 \ blobs \qquad (r)$$

$$I = \pi\left(\frac{2.5^4 - 1.5^4}{64}\right) in^4 = 1.669 \ in^4$$

注意计算面积时包括了支耳面积，因为它们增加了质量，但计算 I 时则忽略了支耳，因为它们对惯性矩的影响很小。铝的比重 γ 的单位是 lb/in^3，质量的单位是 blobs 或 $lb \cdot s^2/in$。

23. 惯性力和弯矩的均值和幅值分别为：

$$F_{mean} = 1886.5m = 1886.5(0.08) \ lb = 152 \ lb$$

$$F_{alt} = 6242.5m = 6242.5(0.08) \ lb = 502 \ lb$$

$$M_{mean} = \frac{Fl}{8} = \frac{152(54)}{8} \ lb \cdot in = 1023 \ lb \cdot in \qquad (s)$$

$$M_{alt} = \frac{Fl}{8} = \frac{502(54)}{8} \ lb \cdot in = 3386 \ lb \cdot in$$

弯矩方程计算的是受均布载荷的简支梁的最大弯矩，位于其中间位置。名义弯曲应力（未考虑应力集中）的均值与幅值为：

$$\sigma_{m_{nom}} = \frac{M_{mean}(c)}{I} = \frac{1023(1.25)}{1.669} \ psi \cong 766 \ psi \qquad (t)$$

$$\sigma_{a_{nom}} = \frac{M_{alt}(c)}{I} = \frac{3386(1.25)}{1.669} \ psi \cong 2536 \ psi$$

如果把这些结果和原始设计进行比较（见步骤 8），可以发现质量的增加使得力和弯矩都变大了，但应力却变小了，这是因为横截面的 I 变大了。

24. 空心圆截面的最大扭转剪应力位于最外侧纤维处，最大弯曲应力点也是在那里。名义剪应力可以通过 $\tau_{max} = Tr/J$ 算出（式 4.26a），J 可以通过式（4.25b）求得：

$$J = \pi\left(\frac{d_{out}^4 - d_{in}^4}{32}\right) = \pi\left(\frac{2.5^4 - 2.0^4}{32}\right) in^4 = 3.338 \ in^4 \qquad (u)$$

因此名义剪应力幅值和均值分别为：

$$\tau_{m_{nom}} = \frac{T_{mean}(r)}{J} = \frac{1012.5}{3.338} \ psi = 379 \ psi \qquad (v)$$

$$\tau_{a_{nom}} = \frac{T_{alt}(r)}{J} = \frac{1012.5}{3.338} \ psi = 379 \ psi$$

25. 因为圆形截面零件的半径大，且轮廓光滑，因此 K_t 和 K_{ts} 取为 1。支耳根部存在较大应力集中，但是那里的弯曲应力很小，而且这个抗扭最佳结构的剪应力也很低。当 $K_t = 1$ 时，缺口敏感度可以不必考虑，因此 $K_t = 1$，$K_{ts} = 1$。根据以上假设，应力均值的疲劳应力集中系数也为 1。因此局部应力的均值和幅值与式（t）和式（v）求出的名义应力均值和幅值分别相等。

26. 由于这个案例的组合双向波动应力是同步和同相位的，缺口也已经设计好了，因此可以使用 Sines 方法（见式 6.21b）设计。下面计算无缺口双向应力的等效应力幅值和应力均值：

$$\sigma'_a = \sqrt{\sigma_{x_a}^2 + \sigma_{y_a}^2 - \sigma_{x_a}\sigma_{y_a} + 3\tau_{xy_a}^2}$$

$$= \sqrt{2536 + 0 - 0 + 3(379)}\ \text{psi} = 2619\ \text{psi} \tag{w}$$

$$\sigma'_m = \sigma_{x_m} + \sigma_{y_m} = 766\ \text{psi} + 0 = 766\ \text{psi}$$

27. 下面确定材料性能参数。铝没有持久极限，但某些特定循环次数所对应的疲劳强度数据已经公开。查询文献可知：7075 和 5052 铝合金的疲劳强度 S_f 最高。然而，当地并没有可以加工这两种铝合金的挤压机。可以挤压成型的强度最高的铝材型号为 6061—T6，从公开数据可知该铝材在 $N = 5 \times 10^7$ 时，$S_{f'} = 13500\ \text{psi}$，$S_{ut} = 45000\ \text{psi}$，$S_y = 40000\ \text{psi}$。

28. 强度修正系数可从 6.6 节的公式和数据获得。载荷是弯曲和扭转组合，这似乎会与用式（6.7a）选择载荷系数相矛盾。然而，我们已经把扭转应力纳入 Sines 等效正应力中，故 $C_{load} = 1$。非旋转的圆形零件的等效直径可从图 6-25 和式（6.7d）求得，根据式（6.7d）求得尺寸系数为：

$$A_{95} = 0.010\,462\,d^2 = 0.010\,462(2.5)^2\ \text{in}^2 = 0.065\ \text{in}^2$$

$$d_{equiv} = \sqrt{\frac{A_{95}}{0.0766}} = \sqrt{\frac{0.065}{0.0766}}\ \text{in} = 0.924\ \text{in} \tag{x}$$

$$C_{size} = 0.869(d_{equiv})^{-0.097} = 0.869(0.924)^{-0.097} = 0.88$$

机加工或冷拔表面质量系数可由式（6.7e）和表 6-3 获得。腐蚀会降低表面系数，但是零件会被阳极氧化处理来抵抗腐蚀，因此这里采用机加工表面的表面系数：

$$C_{surf} = A S_{ut}^b = 2.7(45)^{-0.265} = 0.98 \tag{y}$$

注意式（6.7e）中 S_{ut} 的单位是 kpsi。因为在室温环境工作，温度系数被设定为 1。由于新设计要求的可靠度为 99.9%，因此根据表 6-4，C_{load} 的值为 0.702。

29. 计算修正疲劳强度：

$$S_n = C_{load} C_{size} C_{surf} C_{temp} C_{reliab} S_{f'}$$

$$S_{n@5\times10^7} = 1(0.88)(0.98)(1)(0.702)(13\,500)\ \text{psi} \cong 8\,173\ \text{psi} \tag{z}$$

30. 修正疲劳强度 $S_{n5\times10^7}$ 是在 $N = 5 \times 10^7$ 时的值。因为要求的寿命是 $N = 9.4 \times 10^8$，因此必须写出 $S-N$ 曲线的方程，从而求得 $N = 9.4 \times 10^8$ 时的 S_n。因此，我们需要根据式（6.9a）求出 10^3 次循环处的 S_n：

$$S_m = 0.9 S_{ut} = 0.9(45\,000)\ \text{psi} = 40\,500\ \text{psi} \tag{aa}$$

根据式（6.10）求出 $S-N$ 曲线的系数和指数。其中数值-4.699 是从表 6-5 中根据相应的循环次数（5×10^7）得到：

$$b = \frac{1}{-4.699} \log\left(\frac{S_m}{S_{n@5\times10^7}}\right) = \frac{1}{-4.699} \log\left(\frac{40\,500}{8\,173}\right) = -0.147\,92 \tag{ab}$$

$$\log(a) = \log(S_m) - 3b = \log(40\,500) - 3(-0.147\,92) = 5.0512; \qquad a = 112\,516$$

$$S_{n@9.4\times10^8} = a N^b = 112\,516(9.4\times10^8)^{-0.14792} \cong 5296\ \text{psi} \tag{ac}$$

这个数值就是预期寿命所对应的修正 S_n。

31. 现在可将等效应力幅值和均值绘制到修正 Goodman 图上，或者根据式（6.18e）求得步骤 17 所述情况 3 的安全系数：

$$N_f = \frac{S_n S_{ut}}{\sigma'_a S_{ut} + \sigma'_m S_n} = \frac{5296(45\,000)}{2536(45\,000) + 766(5296)} = 2.0 \tag{ad}$$

这个安全系数完全可以接受，此外为了更加安全，在阳极氧化之前对零件进行喷丸硬化处理。安全系数随壁厚的变化曲线如图 6-56 所示。安全系数的峰值出现在壁厚为 0.5 in 处，本设计使用该值。绘制所有模型的安全系数和壁厚的关系曲线。和图 6-56 中的类似，都存在一个使安全系数最大的最优壁厚。

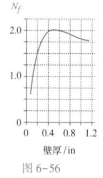

图 6-56

圆形挡板的壁厚和安全系数的函数关系

32. 7 个设计的文件名和有关的数据如表 6-13 所示。初始的方案在转速为 400 r/min 时的数据，以及转速为 500 r/min 时的数据都有提供，前者能正常工作，后者则发生失效。唯一的不同就是安全系数，从 1.4 降到 1。如前文所述，系数 K_t 是根据失效的设计反求出来的，新设计的 K_t 是估计值。选用钢材的设计方案使用了从失效的原始挡板反算出的 K_t 来包容腐蚀和焊接应力集中的影响。由于内角的存在，方形铝材的设计方案的 K_t 有所提高。

表格中还给出了重量系数，它等于新设计中挡板的总重量（含筋）跟原始设计的总重量（含筋）的比值。表格中安全系数达到的最大值的前提是不超过置换后最重挡板的重量系数（1.4），不会对机器中的其他零件带来损害（图 6-53c）。某些被放弃的方案可以获得比表 6-13 中给出的安全系数更大的安全系数，但是超重了。因此，所选择的圆形设计是基于安全系数-重量因素考虑的最佳设计。

表 6-13   几种挡板设计方案的数据

设计方案	示意图	转速/ (r/min)	材料	文件名	壁厚/in	梁高/in	K_t	重量 系数	安全 系数	备注
初始设计	6-53a	400	1018 钢	CASE6-0	0.085	2.38	4.6	1	1.4	额定速度下安全
初始设计	6-53a	500	1018 钢	CASE6-1	0.085	2.38	4.6	1	1	高速下失效
更换钢	6-53b	500	1020 钢	CASE6-2	0.093	2.50	3.2	1	1	6 个月后失效
更换铝	6-53c	500	6061-T6 铝	CASE6-3	实心	2.00	7.2	1.4	1	3 个月后失效
方形钢	6-55a	500	1020 钢	CASE6-4	0.062	2.50	4.6	1.4	0.5	淘汰方案
圆形钢	6-55b	500	1020 钢	CASE6-5	0.10	2.50	4.6	1.4	0.5	淘汰方案
方形铝	6-55a	500	6061-T6 铝	CASE6-6	0.35	2.50	2.0	1.4	1.0	淘汰方案
圆形铝	6-55b	500	6061-T6 铝	CASE6-7	0.50	2.50	1.0	1.4	2.0	采用方案

其他决定采用圆形铝材设计的因素还有：阳极氧化铝具有耐腐蚀性；定制挤压成型加工成本合理，除了末端外无须焊接；圆形截面抗扭性能优异，无应力集中。在 1971—1972 年间，一共制造安装了大约 100 块这样的挡板。它们运行了 7 年后无一失效。机器随后被销售到澳大利亚，因此作者没有它们进一步的信息了。

6.15   小结

机器中的时变载荷更为常见。避免时变载荷失效的设计比避免静载荷失效的设计更有挑战性。尽管还有诸多细节问题需要研究，但目前人们对疲劳失效机理已经有较好的理解了。通常考虑两种载荷区域：低周疲劳（LCF），零件寿命期内所受总应力循环次数小于 1000；高周疲劳

（HCF），总应力循环次数达数百万次或更多。基于应变的分析方法是确定疲劳强度最准确的方法，应作为 LCF 情况分析的首选方法，因为在 LCF 情况下的某些特定周期内，局部应力可能偶尔会超过材料的屈服强度。例如，机身在其寿命期内通常受到低幅应力振荡，但是偶尔也会出现严重过载，如图 6-7 所示。断裂力学是预测有裂纹组件初期失效的有力工具。裂纹扩展可以监测，利用断裂力学理论可计算出失效时间。零件按维修计划更换，以避免它在服役期间发生失效。飞机工业中常采用这种做法。大多数工厂的机械和一些地面运输车辆多会受到幅度均匀的应力振荡。在这些机械期望寿命内，它们要经受数百万次的循环。对于这些情况，更近似且容易应用的方法应该是基于应力的 HCF 分析方法。

经验法和近似法则常用于估计受动载荷作用的材料强度，特别是高周疲劳的情况。这些结果多数偏向保守。如果有所选材料疲劳强度的具体测试数据，则应该优先使用这些数据，而不应采用估算值。如果缺少这样的数据，则可将未修正的疲劳强度估计为极限拉伸强度的百分数。无论哪种情况，考虑实际零件和测试极限强度的试验样件之间的差异，未修正的疲劳强度都要通过式（6.6）定义的一系列的系数和式（6.7）进行折算。然后就可根据材料在 1000 次循环的"静"强度，以及与零件预期寿命对应的更大循环次数的修正疲劳强度，绘制修正古德曼图（见6.11 节）。

6.13 节给出了 HCF 情况的通用设计方法。使用 von Mises 等效应力方程求出零件最高应力处的等效应力均值和幅值。某些情况下应力均值分量可能为 0。计算应力的时候必须适当考虑所有应力集中的影响。将 von Mises 应力幅值和均值绘制在修正古德曼图上，然后根据工作时应力均值和幅值变化规律的假设，计算出安全系数。参见 6.11 节和式（6.18）。

本章使用的重要公式

波动应力的参数（6.4 节）：

$$\Delta\sigma = \sigma_{max} - \sigma_{min} \tag{6.1a}$$

$$\sigma_a = \frac{\sigma_{max} - \sigma_{min}}{2} \tag{6.1b}$$

$$\sigma_m = \frac{\sigma_{max} + \sigma_{min}}{2} \tag{6.1c}$$

$$R = \frac{\sigma_{min}}{\sigma_{max}} \qquad\qquad A = \frac{\sigma_a}{\sigma_m} \tag{6.1d}$$

未修正疲劳强度的估计（6.5 节）：

钢：
$$\begin{cases} S_{e'} \cong 0.5 S_{ut} & \text{for } S_{ut} < 200\ \text{kpsi}\ (1\,400\ \text{MPa}) \\ S_{e'} \cong 100\ \text{kpsi}\ (700\ \text{MPa}) & \text{for } S_{ut} \geqslant 200\ \text{kpsi}\ (1\,400\ \text{MPa}) \end{cases} \tag{6.5a}$$

铁：
$$\begin{cases} S_{e'} \cong 0.4 S_{ut} & \text{for } S_{ut} < 60\ \text{kpsi}\ (400\ \text{MPa}) \\ S_{e'} \cong 24\ \text{kpsi}\ (160\ \text{MPa}) & \text{for } S_{ut} \geqslant 60\ \text{kpsi}\ (400\ \text{MPa}) \end{cases} \tag{6.5b}$$

铝合金：
$$\begin{cases} S_{f'_{@5\times10^8}} \cong 0.4 S_{ut} & \text{for } S_{ut} < 48\ \text{kpsi}\ (330\ \text{MPa}) \\ S_{f'_{@5\times10^8}} \cong 19\ \text{kpsi}\ (130\ \text{MPa}) & \text{for } S_{ut} \geqslant 48\ \text{kpsi}\ (330\ \text{MPa}) \end{cases} \tag{6.5c}$$

铜合金：
$$\begin{cases} S_{f'_{@5\times10^8}} \cong 0.4 S_{ut} & \text{for } S_{ut} < 40\ \text{kpsi}\ (280\ \text{MPa}) \\ S_{f'_{@5\times10^8}} \cong 14\ \text{kpsi}\ (100\ \text{MPa}) & \text{for } S_{ut} \geqslant 40\ \text{kpsi}\ (280\ \text{MPa}) \end{cases} \tag{6.5d}$$

疲劳强度修正系数（6.6节）:

弯矩:
$$C_{load} = 1$$

轴向载荷:
$$C_{load} = 0.70 \tag{6.7a}$$

$d \leqslant 0.3 \, \text{in} \, (8 \, \text{mm})$:
$$C_{size} = 1$$

$0.3 \, \text{in} < d \leqslant 10 \, \text{in}$:
$$C_{size} = 0.869 d^{-0.097} \tag{6.7b}$$

$8 \, \text{mm} < d \leqslant 250 \, \text{mm}$:
$$C_{size} = 1.189 d^{-0.097}$$

$$C_{surf} \cong A \left(S_{ut} \right)^b \qquad 若 \, C_{surf} > 1.0, \, 取 \, C_{surf} = 1.0 \tag{6.7e}$$

$T \leqslant 450°C \, (840°F)$:
$$C_{temp} = 1$$

$450°C < T \leqslant 550°C$:
$$C_{temp} = 1 - 0.0058(T - 450) \tag{6.7f}$$

$840°F < T \leqslant 1\,020°F$:
$$C_{temp} = 1 - 0.0032(T - 840)$$

修正疲劳强度的估算（6.6节）:

$$S_e = C_{load} \, C_{size} \, C_{surf} \, C_{temp} \, C_{reliab} \, S_{e'}$$
$$S_f = C_{load} \, C_{size} \, C_{surf} \, C_{temp} \, C_{reliab} \, S_{f'} \tag{6.6}$$

循环次数为1000次的近似强度（6.6节）:

弯矩:
$$S_m = 0.9 S_{ut}$$

轴向载荷:
$$S_m = 0.75 S_{ut} \tag{6.9}$$

S-N图（6.6节）:

$$\log S(N) = \log a + b \log N \tag{6.10b}$$

$$b = \frac{1}{z} \log \left(\frac{S_m}{S_e} \right) \quad 其中 : z = \log N_1 - \log N_2$$

$$\log(a) = \log(S_m) - b \log(N_1) = \log(S_m) - 3b \tag{6.10c}$$

缺口敏感度（6.7节）:

$$q = \frac{1}{1 + \dfrac{\sqrt{a}}{\sqrt{r}}} \tag{6.13}$$

疲劳应力集中系数（6.7节和6.11节）:

$$K_f = 1 + q \left(K_t - 1 \right) \tag{6.11b}$$

如果 $K_f \left| \sigma_{max_{nom}} \right| < S_y$ 则
$$K_{fm} = K_f$$

如果 $K_f \left| \sigma_{max_{nom}} \right| > S_y$ 则
$$K_{fm} = \frac{S_y - K_f \sigma_{a_{nom}}}{\left| \sigma_{m_{nom}} \right|} \tag{6.17}$$

如果 $K_f \left| \sigma_{max_{nom}} - \sigma_{min_{nom}} \right| > 2 S_y$ 则
$$K_{fm} = 0$$

安全系数-对称应力（6.10节）:

$$N_f = \frac{S_n}{\sigma'} \tag{6.14}$$

修正的古德曼图（6.11节）:

$$-\frac{\sigma'_m}{S_{yc}} + \frac{\sigma'_a}{S_{yc}} = 1 \tag{6.16a}$$

$$\sigma'_a = S_f \tag{6.16b}$$

$$\frac{\sigma'_m}{S_{ut}} + \frac{\sigma'_a}{S_f} = 1 \qquad (6.16\mathrm{c})$$

$$\frac{\sigma'_m}{S_y} + \frac{\sigma'_a}{S_y} = 1 \qquad (6.16\mathrm{d})$$

安全系数-波动应力（6.11节）：

情况1

$$N_f = \frac{\sigma'_{m@Q}}{\sigma'_{m@Z}} = \frac{S_y}{\sigma'_m}\left(1 - \frac{\sigma'_a}{S_y}\right) \qquad (6.18\mathrm{a})$$

情况2

$$N_f = \frac{\sigma'_{a@P}}{\sigma'_{a@Z}} = \frac{S_f}{\sigma'_a}\left(1 - \frac{\sigma'_m}{S_{ut}}\right) \qquad (6.18\mathrm{b})$$

情况3

$$N_f = \frac{\sigma'_{m@R}}{\sigma'_{m@Z}} = \frac{S_f S_{ut}}{\sigma'_a S_{ut} + \sigma'_m S_f} \qquad (6.18\mathrm{e})$$

情况4

$$ZS = \sqrt{\left(\sigma'_m - \sigma'_{m@S}\right)^2 + \left(\sigma'_a - \sigma'_{a@S}\right)^2} \qquad (6.18\mathrm{f})$$

$$OZ = \sqrt{\left(\sigma'_a\right)^2 + \left(\sigma'_m\right)^2}$$

$$N_f = \frac{OZ + ZS}{OZ} \qquad (6.18\mathrm{g})$$

多向疲劳应力的 Sines 方法-三维（6.12节）：

$$\sigma'_a = \sqrt{\frac{\left(\sigma_{x_a} - \sigma_{y_a}\right)^2 + \left(\sigma_{y_a} - \sigma_{z_a}\right)^2 + \left(\sigma_{z_a} - \sigma_{x_a}\right)^2 + 6\left(\tau_{xy_a}^2 + \tau_{yz_a}^2 + \tau_{zx_a}^2\right)}{2}} \qquad (6.21\mathrm{a})$$

$$\sigma'_m = \sigma_{x_m} + \sigma_{y_m} + \sigma_{z_m}$$

多向疲劳应力的 Sines 方法——二维（6.12节）：

$$\sigma'_a = \sqrt{\sigma_{x_a}^2 + \sigma_{y_a}^2 - \sigma_{x_a}\sigma_{y_a} + 3\tau_{xy_a}^2} \qquad (6.21\mathrm{b})$$

$$\sigma'_m = \sigma_{x_m} + \sigma_{y_m}$$

多向疲劳应力的通用方法——三维（6.12节）：

$$\sigma'_a = \sqrt{\frac{\left(\sigma_{x_a} - \sigma_{y_a}\right)^2 + \left(\sigma_{y_a} - \sigma_{z_a}\right)^2 + \left(\sigma_{z_a} - \sigma_{x_a}\right)^2 + 6\left(\tau_{xy_a}^2 + \tau_{yz_a}^2 + \tau_{zx_a}^2\right)}{2}}$$

$$\sigma'_m = \sqrt{\frac{\left(\sigma_{x_m} - \sigma_{y_m}\right)^2 + \left(\sigma_{y_m} - \sigma_{z_m}\right)^2 + \left(\sigma_{z_m} - \sigma_{x_m}\right)^2 + 6\left(\tau_{xy_m}^2 + \tau_{yz_m}^2 + \tau_{zx_m}^2\right)}{2}} \qquad (6.22\mathrm{a})$$

多向疲劳应力的通用方法——二维（6.12节）：

$$\sigma'_a = \sqrt{\sigma_{x_a}^2 + \sigma_{y_a}^2 - \sigma_{x_a}\sigma_{y_a} + 3\tau_{xy_a}^2}$$

$$\sigma'_m = \sqrt{\sigma_{x_m}^2 + \sigma_{y_m}^2 - \sigma_{x_m}\sigma_{y_m} + 3\tau_{xy_m}^2} \qquad (6.22\mathrm{b})$$

复杂多向疲劳应力的 SEQA 方法（6.12 节）：

$$SEQA = \frac{\sigma}{\sqrt{2}}\left[1+\frac{3}{4}Q^2+\sqrt{1+\frac{3}{2}Q^2\cos 2\phi+\frac{9}{16}Q^4}\right]^{\frac{1}{2}} \qquad (6.23)$$

断裂力学的疲劳相关公式（6.5 节）

$$\Delta K = \beta\sigma_{max}\sqrt{\pi a} - \beta\sigma_{min}\sqrt{\pi a}$$
$$=\beta\sqrt{\pi a}\left(\sigma_{max}-\sigma_{min}\right) \qquad (6.3b)$$

$$\frac{\mathrm{d}a}{\mathrm{d}N} = A\left(\Delta K\right)^n \qquad (6.4a)$$

6

6.16　参考文献

1. **R. P. Reed, J. H Smith, and B. W. Christ**, *The economic Effects of Facture in the United States: Part I.* Special Pub. 647-1, U. S. Dept. of Commerce, National Burea of Standards, Washington, D. C. , 1983.

2. **N. E. Dowling**, *Mechanical Behavior of Materials.* Prentice-Hall: Englewood Cliffs, N. J. , p. 340, 1993.

3. **J. W. Fischer and B. T. Yen**, *Design, Structural Details, and Discontinuities in Stee, Safety and Reliability of Metal Structures*, ASCE, Nov. 2, 1972.

4. **N. E. Dowling**, *Mechanical Behavior of Materials.* Prentice-Hall: Englewood Cliffs, N. J. , p. 355, 1993.

5. **D. Broek**, *The Practical Use of Fracture Mechanics.* Kluwer Academic Publishers: Dordrecht, The Netherlands, p. 10, 1988.

6. **N. E. Dowling**, *Mechanical Behavior of Materials.* Prentice-Hall: Englewood Cliffs, N. J. , p. 347, 1993.

7. **R. C. Juvinall**, *Engineering Considerations of Stress, Strain and Strength.* McGraw Hill: New York, p. 280, 1967

8. **J. E. Shigley and C. R. Mischke**, *Mechanical Engineering Design.* 5th ed. McGraw Hill: New York, p. 278, 1989

9. **A. F. Madayag**, *Metal Fatigue: Theory and Design.* John Wiley & Sons: New York, p. 117, 1969

10. **N. E. Dowling**, *Mechanical Behavior of Materials.* Prentice-Hall: Englewood Cliffs, N. J. , p. 418, 1993.

11. **R. C. Juvinall**, *Engineering Considerations of Stress, Strain and Strength.* McGraw Hill: New York, p. 231, 1967.

12. **J. A. Bannantine, J. J. Comer, and J. L. Handrock**, *Fundamentals of Metal Fatigue.* Prentice-Hall: Englewood Cliffs, N. J. , p. 13, 1990.

13. **P. C. Paris and F. Erdogan**, *A Critical Analysis of Crack Propagation Laws.* Trans. ASME, J. Basic Eng. , 85(4): p. 528, 1963.

14. **J. M. Barsom**, *Fatigue-Crack Propagation in Steels of Various Yield Strengths.* Trans. ASME, J. Eng. Ind. , Series B(4): p. 1190, 1971.

15. **H. O. Fuchs and R. I. Stephens**, *Metal Fatigue in Engineering.* John Wiley & Sons: New York, p. 88, 1980.

16. **J. A. Bannantine, J. J. Comer, and J. L. Handrock**, *Fundamentals of Metal Fatigue.* Prentice-Hall: Englewood Cliffs, N. J. , p. 106, 1990.

17. **J. M. Barsom and S. T. Rolfe**, *Fracture and Fatigue Control in Structures*, 2nd ed. Prentice-Hall: Englewood Cliffs, N. J. , p. 256, 1987.

18. **H. O. Fuchs and R. I. Stephens**, *Metal Fatigue in Engineering.* John Wiley & Sons: New York, p. 89, 1980.

19. **J. M. Barsom and S. T. Rolfe**, *Fracture and Fatigue Control in Structures.* 2nd. ed. Prentice-Hall: Englewood

Cliffs, N. J. , p. 285, 1987.

20. **P. G. Forrest**, *Fatigue of Metals*. Pergamon Press: London, 1962.

21. **J. E. Shigley and L. D. Mitchell**, *Mechanical Engineering Design*. 4th ed. McGraw Hill: New York, p. 293, 1983.

22. **R. Kuguel**, *A Relation Between Theoretical Stress-Concentration Factor and Fatigue Notch Factor Deduced from the Concept of Highly Stressed Volume*. Proc. ASTM, 61: pp. 732-748, 1961.

23. **R. C. Juvinall**, *Engineering Considerations of Stress, Strain and Strength*. McGraw-Hill: New York, p. 233, 1967.

24. **Ibid.** , p. 234.

25. **R. C. Johnson**, *Machine Design*, vol. 45, p. 108, 1973.

26. **J. E. Shigley and L. D. Mitchell**, *Mechanical Engineering Design*. 4th ed. McGraw - Hill: New York, p. 300, 1983.

27. **E. B. Haugen and P. H. Wirsching**, *"Probabilistic Design."* *Machine Design*, vol. 47, pp. 10-14, 1975.

28. **R. C. Juvinall and K. M. Marshek**, *Fundamentals of Machine Component Design*. 2nd ed. John Wiley & Sons: New York, p. 270, 1967.

29. **Ibid.** , p. 267.

30. **R. E. Peterson**, *Stress-Concentration Factors*. John Wiley & Sons: New York, 1974.

31. **R. J. Roark and W. C. Young**, *Formulas for Stress and Strain*. 5th ed. McGraw-Hill: New York, 1975.

32. **H. Neuber**, *Theory of Notch Stresses*. J. W. Edwards Publisher Inc. : Ann Arbor Mich. , 1946.

33. **P. Kuhn and H. F. Hardrath**, *An Engineering Method for Estimating Notch-size Effect in Fatigue Tests on Steel*. Technical Note 2805, NACA, Washington, D. C. , Oct. 1952.

34. **R. B. Heywood**, *Designing Against Fatigue*. Chapman & Hall Ltd. : London, 1962.

35. **R. C. Juvinall**, *Engineering Considerations of Stress, Strain and Strength*. McGraw-Hill: New York, p. 280, 1967.

36. **V. M. Faires**, *Design of Machine Elements*. 4th ed. Macmillan: London, p. 162, 1965.

37. **R. B. Heywood**, *Designing Against Fatigue of Metals*. Reinhold: New York, p. 272, 1962.

38. **H. O. Fuchs and R. I. Stephens**, *Metal Fatigue in Engineering*. John Wiley & Sons: New York, p. 130, 1980.

39. **J. E. Shigley and C. R. Mischke**, *Mechanical Engineering Design*. 5th ed. McGraw - Hill: New York, p. 283, 1989.

40. **N. E. Dowling**, *Mechanical Behavior of Materials*. Prentice-Hall: Englewood Cliffs, N J. , p. 416, 1993.

41. **R. C. Juvinall**, *Engineering Considerations of Stress, Strain and Strength*. McGraw-Hill: New York, p. 280, 1967.

42. **G. Sines**, *Failure of Materials under Combined Repeated Stresses Superimposed with Static Stresses*, Technical Note 3495, NACA, 1955.

43. **F. S. Kelly**, *A General Fatigue Evaluation Method*, Paper 79-PVP-77, ASME, New York, 1979.

44. **Y. S. Garud**, *A New Approach to the Evaluation of Fatigue Under Multiaxial Loadings*, in Methods for Predicting Material Life in Fatigue, W. J. Ostergren and J. R. Whitehead, ed. ASME: New York. pp. 249-263, 1979.

45. **M. W. Brown and K. J. Miller**, *A Theory for Fatigue Failure under Multiaxial Stress - Strain Conditions*. Proc. Inst. Mech. Eng. , 187(65): pp. 745-755, 1973.

46. **J. O. Smith**, *The Effect of Range of Stress on the Fatigue Strength of Metals*. Univ. of Ill. , Eng. Exp. Sta. Bull. , (334), 1942.

47. **J. E. Shigley and L. D. Mitchell**, *Mechanical Engineering Design*. 4th ed. McGraw - Hill: New York, p. 333, 1983.

48. **B. F. Langer**, *Design of Vessels Involving Fatigue*, in Pressure Vessel Engineering, R. W. Nichols, ed. Elsevier: Amsterdam. pp. 59-100, 1971.

6

49. **J. A. Collins**, *Failure of Materials in Mechanical Design*. 2nd ed. J. Wiley & Sons：New York，pp. 238-254，1993.

50. **S. M. Tipton and D. V. Nelson**, *Fatigue Life Predictions for a Notched Shaft in Combined Bending and Torsion*, *in Multiaxial Fatigue*，K. J. Miller and M. W. Brown，Editors. ASTM：Philadelphia，PA. pp. 514-550，1985.

51. **R. C. Rice**, ed. *Fatigue Design Handbook*. 2nd ed. Soc. of Automotive Engineers：Warrendale，PA. p. 260，1988.

52. **T. Nishihara and M. Kawamoto**, *The Strength of Metals under Combined Alternating Bending and Torsion with Phase Difference*. Memoirs College of Engineering，Kyoto Univ. ，Japan，11(85)，1945.

53. *Shot Peening of Gears*. American Gear Manufacturers Association AGMA 938-A05，2005.

6. 17　参考书目

要了解更多关于疲劳设计的内容，请参考：

J. A. Bannantine，J. J. Comer，and J. L. Handrock，*Fundamentals of Metal Fatigue*. Prentice-Hall：Englewood Cliffs，N. J. ，1990.

H. E. Boyer，ed. ，*Atlas of Fatigue Curves*. Amer. Soc. for Metals：Metals Park，Ohio. 1986.

H. O. Fuchs and R. I. Stephens，*Metal Fatigue in Engineering*. John Wiley & Sons：New York，1980.

R. C. Juvinall，*Engineering Considerations of Stress*，*Strain and Strength*.

A. J. McEvily，ed. *Atlas of Stress-Corrosion and Corrosion Fatigue Curves*. Amer. Soc.

for Metals：*Metals Park*，Ohio. 1990. McGraw-Hill：New York，1967.

要了解更多关于应变-寿命方法在低周疲劳设计的应用，请参考：

N. E. Dowling，*Mechanical Behavior of Materials*. Prentice-Hall：Englewood Cliffs，N. J. ，1993.

R. C. Rice，ed. *Fatigue Design Handbook*. 2nd ed. Soc. of Automotive Engineers：Warrendale，PA. 1988.

要了解更多关于断裂力学方法在疲劳设计中的应用，请参考：

J. M. Barsom and S. T. Rolfe，*Fracture and Fatigue Control in Structures*. 2nd ed. Prentice-Hall：Englewood Cliffs，N. J. ，1987.

D. Broek，*The Practical Use of Fracture Mechanics*. Kluwer Academic Publishers：Dordrecht，The Netherlands，1988.

要了解更多关于残余应力的信息，请参考：

J. O. Almen and P. H. Black，*Residual Stresses and Fatigue in Metals*. McGraw-Hill：New York，1963.

要了解更多关于疲劳设计中多向应力的信息，请参考：

A. Fatemi and D. F. Socie，*A Critical Plane Approach to Multiaxial Fatigue Damage Including Out-of-Phase Loading*. Fatigue and Fracture of Engineering Materials and Structures，11（3）：pp. 149-165，1988.

Y. S. Garud，*Multiaxial Fatigue：A Survey of the State of the Art*. J. Test. Eval. ，9（3），1981.

K. F. Kussmaul，D. L. McDiarmid and D. F. Socie，eds. *Fatigue Under Biaxial and Multiaxial Loading*. Mechanical Engineering Publications Ltd. ：London. 1991.

G. E. Leese and D. Socie，eds. *Multiaxial Fatigue：Analysis and Experiments*. Soc. Of Automotive Engineers：Warrendale，Pa. ，1989.

K. J. Miller and M. W. Brown，eds. *Multiaxial Fatigue*. Vol. STP 853. ASTM：Philadelphia，Pa. ，1985.

G. Sines，*Behavior of Metals Under Complex Static and Alternating Stresses*，in Metal Fatigue，G. Sines and J. L. Waisman，eds. McGraw-Hill：New York. 1959.

R. M. Wetzel，ed. ，*Fatigue Under Complex Loading：Analyses and Experiments*. SAE Pub. No. AE-6，Soc. Of Automotive Engineers：Warrendale，Pa. ，1977.

6.18　习题

表 P6-0[⊖]　习题清单

6.4 疲劳载荷	6-1
6.5 断裂力学	6-51、6-52、6-53、6-72、6-73、6-74、6-82、6-83
6.6 S–N 图	6-2、6-4、6-5、6-54、6-55、6-56、6-57、6-75、6-84、6-88、6-92
6.7 应力集中	6-15、6-58、6-59、6-60、6-63~6-66、6-76、6-77、6-78、6-85、6-89、6-93
6.10 对称循环应力	**6-6**、*6-7*、*6-8*、6-20、6-26、6-29、**6-33**、**6-35**、**6-37**、**6-46**、**6-48**、6-49、6-50、6-86、6-87、6-90
6.11 波动应力	**6-3**、**6-9**、6-10、**6-11**、6-12、**6-13**、*6-14*、**6-16**、**6-17**、**6-18**、*6-19*、6-21、**6-22**、6-23、6-24、6-25、*6-27*、*6-28*、6-30、6-31、6-32、**6-34**、**6-36**、6-38、**6-40**、**6-43**、**6-44**、**6-45**、6-70、6-79、6-80、6-81、6-91
6.12 多向应力	6-39、**6-41**、**6-42**、6-61、6-62、6-67、6-68、6-69

*6-1⊖　计算表 P6-1 中各行数据中的应力增量、应力幅值分量、应力均值分量、应力特征系数比和幅值比。

6-2　根据表 P6-2 中每行的钢材强度数据，计算其未修正持久极限并绘制 S–N 图。

*6-3　如图 P6-1 所示的自行车踏板组件，假设骑车者在每个周期内对踏板施加的力范围为 0~1500 N，踏板臂的直径为 15 mm，求施加在踏板臂上的应力幅值。假如 S_{ut} = 500 MPa，求疲劳安全系数。

6-4　根据表 P6-2 中每行的铝材强度数据，计算在 $5×10^8$ 次循环的修正疲劳强度，并绘制 S–N 图。

表 P6-1　习题 6-1 的数据

行	σ_{max}	σ_{min}
a	1000	0
b	1000	−1000
c	1500	500
d	1500	−500
e	500	−1000
f	2500	−1200
g	0	−4500
h	2500	1500

表 P6-2　习题 6-2、6-4 的数据

行	S_{ut}/psi	材料
a	90000	钢
b	250000	钢
c	120000	钢
d	150000	钢
e	25000	铝
f	70000	铝
g	40000	铝
h	35000	铝

⊖　题号为粗体的习题是前面章节相同题号的类似习题的扩展，题号为斜体的习题是设计类问题。

⊜　附录 D 给出了带 * 号习题的答案，斜体编号的习题是设计类问题，编号加粗的习题是前面章节相同题号的类似习题的扩展。

表 P6-3　习题 6-5 的数据

行	材料	S/kpsi	外形	尺寸/in	加工方法	载荷类型	温度/°F	可靠度
a	钢	110	圆形	22	研磨	扭矩	室温	99.9
b	钢	90	方形	4	机加工	轴向力	600	99.0
c	钢	80	工字梁	16×18	热轧	弯矩	室温	99.99
d	钢	200	圆形	5	铸造	转矩	−50	99.999
e	钢	150	方形	7	冷轧	轴向力	900	50
f	铝	70	圆形	9	机加工	弯矩	室温	90
g	铝	50	方形	9	研磨	转矩	室温	99.9
h	铝	85	工字梁	24×36	冷轧	轴向力	室温	99.0
i	铝	60	圆形	4	研磨	弯矩	室温	99.99
j	铝	40	方形	6	锻造	转矩	室温	99.999
k	球墨铸铁	70	圆形	5	铸造	轴向力	室温	50
l	球墨铸铁	90	方形	7	铸造	弯矩	室温	90
m	青铜	60	圆形	9	锻造	转矩	50	90
n	青铜	80	方形	6	铸造	轴向力	212	99.999

6-5　根据表 P6-3 中每行的数据，求出修正疲劳强度（或持久极限），求出 S-N 线的方程，并绘制 S-N 图。

*6-6　求出习题 3-6 中拖车故障问题中各个模式的无限寿命疲劳安全系数（请参考图 6-2 和图 1-5）。假设拖车和球的水平冲击力是交变的，钢的 $S_{ut}=600\,\text{MPa}$，$S_y=450\,\text{MPa}$。

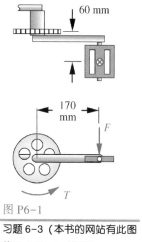

图 P6-1

习题 6-3（本书的网站有此图的 SolidWorks 模型）

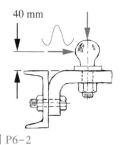

图 P6-2

习题 6-6（本书的网站有此图的 SolidWorks 模型）

*6-7　设计习题 3-7 中的活塞销。要求无限寿命，安全系数为 1.5，加速度大小为 2500 g，而且是交变的，$S_{ut}=130\,\text{kpsi}$。

*6-8　卷纸机生产密度为 984 kg/m³ 的卷纸。纸的外形尺寸是 1.50 m×0.22 m×3.23 m（外径 OD×内径 ID×长度）。卷纸被穿过它中心的空心钢轴支承起来，钢的 $S_{ut}=400\,\text{MPa}$。已知钢轴的外径 OD 是 22 cm，纸卷的转速为 50 r/min，每天工作 8 h，三班倒，要求安全系数为 2，工作寿命为 10 年，求

钢轴的内径 ID。

6-9　图 P6-3 是 ViseGrip 的钳扳手的等比例图，它的受力分析在习题 3-9 中，应力分析在习题 4-9 中。求每个销的安全系数。假设图中所示位置的夹紧力 $P = 4000$ N，钢制销的直径是 8 mm，$S_y = 400$ MPa，$S_{ut} = 520$ MPa，每个销都受到双剪力，期望的寿命为 5×10^4 次循环。

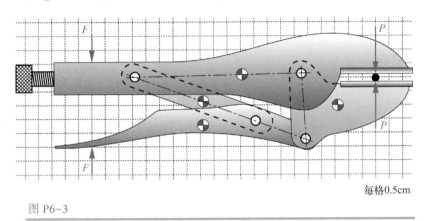

每格0.5cm

图 P6-3

习题 6-9（本书的网站有此图的 SolidWorks 模型）

*6-10　图 P6-4a 是悬臂跳水板。一个 100 kg 的人站在自由端。假设跳水板的横截面尺寸是 305 mm× 32 mm，其材料是脆性的玻璃纤维，在 $N = 5 \times 10^8$ 时纵向的 $S_f = 39$ MPa，$S_{ut} = 130$ MPa，求疲劳安全系数。

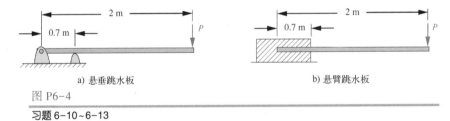

a) 悬垂跳水板　　　　　　　　　　　b) 悬臂跳水板

图 P6-4

习题 6-10~6-13

*6-11　仍然是习题 6-10 中的跳水板，假设 100 kg 的人跳起来 25 cm 再落到板上，板的重量是 29 kg，人站在上面时变形量为 13.1 cm。如果其材料是脆性的玻璃纤维，在 $N = 5 \times 10^8$ 时纵向的 $S_f = 39$ MPa，$S_{ut} = 130$ MPa，求疲劳安全系数。

6-12　如果跳水板的结构是图 P6-4b，求习题 6-10 中的疲劳安全系数。

6-13　如果跳水板的结构是图 P6-4b，求习题 6-11 中的疲劳安全系数。这里假设板的重量是 19 kg，人站在上面时变形量为 8.5 cm。

6-14　图 P6-5 是一种叫高跷棒的儿童玩具。儿童站在两个平板上，每个平板承受一般的重量。她先从地面跳起来，而平板一直和她的脚接触，接着下落时冲击弹簧缓冲垫，压缩弹簧并储存能量，以帮助她下一次起跳。假设这个儿童的重量是 60 lb，弹簧刚度是 100 lb/in，高跷棒重 5 lb。儿童每次起跳的高度为 2 in，设计铝制悬臂梁横截面的形状和尺寸。要求安全系数为 2，寿命为 5×10^4 次循环。

图 P6-5

习题 6-14

*6-15　表 P6-4 每行都是一组零件的数据，已知缺口半径为 r，几何应力集中系数 K_t，材料强度 S_{ut}。求 Neuber 系数 a、缺口敏感度 q 和疲劳应力集中系数 K_f。

表 P6-4 习题 6-15

行	S_{ut}/kpsi	K_t	R/in	材料	载荷类型
a	100	3.3	0.25	钢	弯矩
b	90	2.5	0.55	钢	扭矩
c	150	1.8	0.75	钢	弯矩
d	200	2.8	1.22	钢	扭矩
e	20	3.1	0.25	软铝	弯矩
f	35	2.5	0.28	软铝	弯矩
g	45	1.8	0.50	软铝	弯矩
h	50	2.8	0.75	硬铝	弯矩
i	30	3.5	1.25	硬铝	弯矩
j	90	2.5	0.25	硬铝	弯矩

6

6-16 图 P6-6 由两根圆棒组成的保龄球导轨。两根圆棒之间的夹角很小。保龄球沿着圆棒滚动，直到它们掉落到另外一组导轨中。每根圆棒长 30 in，其夹角为 3.2°。保龄球的直径是 4.5 in，重 2.5 lb。圆棒直径为 1 in，其较窄一段的中心距为 4.2 in。圆棒的材料是 SAE1010 冷轧钢棒，要求无限寿命，求它的安全系数。

　　（a）假设圆棒是双简支梁。

　　（b）假设圆棒两端被固定。

* **6-17** 图 P6-7 是一把冰钳。冰重量是 50 lb，夹在钳子的地方宽 10 in。两边的把手间距是 4 in。钢制的冰钳平均半径是 6 in，它的横截面是矩形，尺寸为 0.750 in×0.312 in。假设 S_{ut} = 50 kpsi，期望寿命为 $5×10^5$ 次，求冰钳的安全系数。

6-18 假如冰钳用 40 级灰铸铁制成，求习题 6-17 中的安全系数。

* **6-19** 如图 P6-8 所示的羊角销受力范围为 0 到 130000 lb，要求无限寿命，求销的尺寸。同时，羊角的两端法兰厚 2.5 in，求两端法兰不会因断裂或压溃失效时的半径。已知安全系数为 3，销的 S_{ut} = 140 kpsi，羊角的 S_{ut} = 80 kpsi。

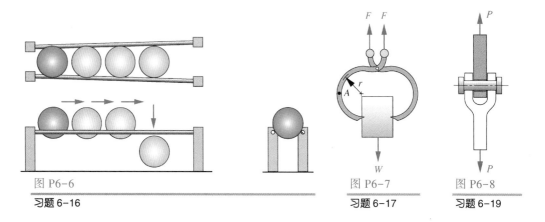

图 P6-6　　　　　　　　　　　　　　　　　　图 P6-7　　图 P6-8

习题 6-16　　　　　　　　　　　　　　　　　　习题 6-17　　习题 6-19

6-20 已知一条 1 m 长的实心圆柱形钢制轴受到 ±100 N·m 的扭矩，最大的扭转角为 2°，疲劳安全系数为 2，要求无限寿命，为轴选择一种合适的合金钢并求它的半径。

6-21 图 P6-9 是汽车的测量以及两种不同的扳钳，图 P6-9a 中的是单把手的扳钳，图 6-9b 中的是双把手的扳钳。点 A 到点 B 的距离是 1 ft，把手直径都是 0.625 in。假设拧紧扳钳的转矩是 100 ft·lb，材料的 S_{ut} =60 kpsi，求经过多少次应力循环会疲劳失效。

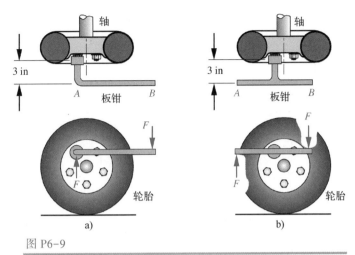

图 P6-9

习题 6-21

6

6-22 图 P6-10 是一种一字形轮滑鞋。聚氨酯制成的轮子直径 75 mm，中心矩为 104 mm。轮滑鞋的重量是 2 kg，人和轮滑鞋组成的系统总刚度为 600 N/m，轮子的销轴受到双剪力，其材料是钢，$S_{ut}=550$ MPa。假设人重量是 100 kg，跳起 0.5 m 高再落地，求销的疲劳安全系数，要求无限寿命。

(a) 假设 4 个轮子同时着地。

(b) 假设着地时轮子全部吸收了落地的冲击力。

图 P6-10

习题 6-22

6-23 图 P6-11a 中所示的梁受到一个正弦力，其方程为 $F_{max}=F$ N，$F_{min}=F/2$。这里的 F 和其他数据如表 P6-5 中每一行所示。求梁受到载荷后的应力状态，同时选择一种可以满足安全系数为 3、寿命 $N=5\times10^8$ 的材料。

6-24 图 P6-11b 中所示的梁受到一个正弦力，其方程为 $F_{max}=F$（单位：N），$F_{min}=F/2$。这里的 F 和其他数据如表 P6-5 中每一行所示。求梁受到载荷后的应力状态，同时选择一种可以满足安全系数为 1.5、寿命 $N=5\times10^8$ 的材料。

6-25 图 P6-11c 中所示的梁受到一个正弦力，其方程为 $F_{max}=F$（单位：N），$F_{min}=F/2$。这里的 F 和其他数据如表 P6-5 中每一行所示。求梁受到载荷后的应力状态，同时选择一种可以满足安全系数为 2.5、寿命 $N=5\times10^8$ 的材料。

6-26 图 P6-11d 中所示的梁受到一个正弦力，其方程为 $F_{max}=F$（单位：N），$F_{min}=F/2$。这里的 F 和其他数据如表 P6-5 中每一行所示。求梁受到载荷后的应力状态，同时选择一种可以满足安全系数为 6、寿命 $N=5\times10^8$ 的材料。

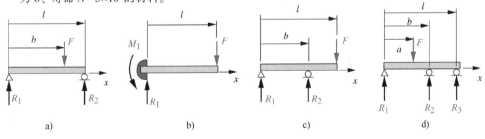

图 P6-11

习题 6-23~6-26 的梁以及载荷，设计数据见表 P6-5

表 P6-5　习题 6-23～6-26 的数据

请只对某一习题使用相对应的数据，长度单位为 m，力单位为 N，I 的单位为 m^4

行	l	a	b	F	I	c	E
a	1.00	0.40	0.60	500	2.85×10^{-8}	2.00×10^{-2}	钢
b	0.70	0.20	0.40	850	1.70×10^{-8}	1.00×10^{-2}	钢
c	0.30	0.10	0.20	450	4.70×10^{-9}	1.25×10^{-2}	钢
d	0.80	0.50	0.60	250	4.90×10^{-9}	1.10×10^{-2}	钢
e	0.85	0.35	0.50	750	1.80×10^{-8}	9.00×10^{-3}	钢
f	0.50	0.18	0.40	950	1.17×10^{-8}	1.00×10^{-2}	钢
g	0.60	0.28	0.50	250	3.20×10^{-9}	7.50×10^{-3}	钢
h	0.20	0.10	0.13	500	4.00×10^{-9}	5.00×10^{-3}	铝
i	0.40	0.15	0.30	200	2.75×10^{-9}	5.00×10^{-3}	铝
j	0.20	0.10	0.15	80	6.50×10^{-10}	5.50×10^{-3}	铝
k	0.40	0.16	0.30	880	4.30×10^{-8}	1.45×10^{-2}	铝
l	0.90	0.25	0.80	600	4.20×10^{-8}	7.50×10^{-3}	铝
m	0.70	0.10	0.60	500	2.10×10^{-8}	6.50×10^{-3}	铝
n	0.85	0.15	0.70	120	7.90×10^{-9}	1.00×10^{-2}	铝

*6-27　如图 P6-12 所示，一个储物机架被专门设计来支承习题 6-8 中的纸卷。求下面两种情况下 a 的尺寸大小。已知要求无限寿命、安全系数为 2，$b = 100\,\mathrm{mm}$，且芯棒是实心的，它插入纸卷的一半长度中。

（a）假如芯棒是韧性材料，$S_{ut} = 600\,\mathrm{MPa}$。

（b）假如芯棒是铸造脆性材料，$S_{ut} = 300\,\mathrm{MPa}$。

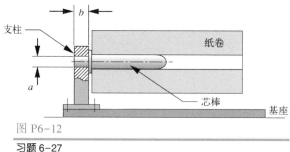

图 P6-12

习题 6-27

6-28　图 P6-13 是叉车要爬山 15° 的斜坡，从而到达 4ft 高的装载台。叉车重 5000lb，轴距为 42 in。设计两个宽 1ft 的斜面（每边的轮子一个斜面），要求安全系数为 2，无限寿命，同时还要使斜面的重量最小，材料可以选择钢或铝合金。

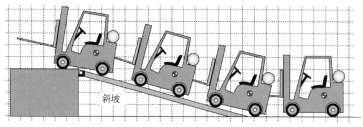

图 P6-13

习题 6-28

*6-29 一个横截面为 22 mm×30 mm 的棒受到 $F(t) = \pm 8$ kN 的轴向拉力。在 30 mm 一边的面有一个 10 mm 的通孔。已知 $S_{ut} = 500$ MPa，要求无限寿命，求它的安全系数。

6-30 假设 $F_{min} = 0$，$F_{max} = 16$ kN，求习题 6-29 中的安全系数。

*6-31 假设 $F_{min} = 8$，$F_{max} = 24$ kN，求习题 6-29 中的安全系数。

6-32 假设 $F_{min} = -4$，$F_{max} = 12$ kN，求习题 6-29 中的安全系数。

*6-33 如图 P6-14 所示的支架受到 $F_{min} = F$ 和 $F_{max} = -F$ 的正弦力，这里 F 和其他数据如表 P6-6 各行中所示。求点 A 和 B 由于交变载荷引起的应力，并选择一种韧性的材料例如钢或者铝，以满足安全系数为 2、无限寿命或者寿命为 $N = 5 \times 10^8$（铝）的要求。已知弯矩的几何应力集中系数为 2.5，扭矩的几何应力集中系数为 2.8。

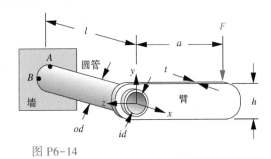

图 P6-14

习题 6-33 ~ 习题 6-36（本书的网站有此图的 SolidWorks 模型）

*6-34 如图 P6-14 所示的支架受到 $F_{min} = F$ 和 $F_{max} = -F$ 的正弦力，这里 F 和其他数据如表 P6-6 各行中所示。求点 A 和 B 由于交变载荷引起的应力，并选择一种韧性的材料例如钢或者铝，以满足安全系数为 2、无限寿命或者寿命为 $N = 5 \times 10^8$（铝）的要求。已知弯矩的几何应力集中系数为 2.8，扭矩的几何应力集中系数为 3.2。

6-35 如果使用铸铁，求习题 6-33 中的应力状态以及选择一种合适的材料。

6-36 如果使用铸铁，求习题 6-34 中的应力状态以及选择一种合适的材料。

表 P6-6　习题 6-33~ 习题 6-36 的数据

请只对某一习题使用相对应的数据，长度单位为 m，力单位为 N

行	l	a	f	h	F	od	id	E
a	100	400	10	20	50	20	14	钢
b	70	200	6	80	85	20	6	钢
c	300	100	4	50	95	25	17	钢
d	800	500	6	65	160	46	22	铝
e	85	350	5	96	900	55	24	铝
f	50	180	4	45	950	50	30	铝
g	160	280	5	25	850	45	19	钢
h	200	100	2	10	800	40	24	钢
i	400	150	3	50	950	65	37	钢
j	200	100	3	10	600	45	32	铝
k	120	180	3	70	880	60	47	铝
l	150	250	8	90	750	52	28	铝
m	70	100	6	80	500	36	30	钢
n	85	150	7	60	820	40	15	钢

* **6-37** 如图 P6-15 所示的半圆形梁 $OD = 150\,\text{mm}$，$ID = 100\,\text{mm}$，$t = 25\,\text{mm}$。成对的载荷 $F = \pm 3\,\text{kN}$ 沿着直径的方向施加在梁山，求下面两种条件下内径和外径处的疲劳安全系数：

（a）梁的材料是钢，$S_{ut} = 700\,\text{MPa}$。

（b）梁的材料是铸铁，$S_{ut} = 420\,\text{MPa}$。

6-38 一根直径 $42\,\text{mm}$ 的轴，有一个 $19\,\text{mm}$ 的横向通孔，它受到 $\sigma = \pm 100\,\text{MPa}$ 的正弦弯曲应力和大小为 $110\,\text{MPa}$ 的不变扭转应力。要求无限寿命，$S_{ut} = 1\,\text{GPa}$，求轴的安全系数。

* **6-39** 一根直径 $42\,\text{mm}$ 的轴，有一个 $19\,\text{mm}$ 的横向通孔，它受到 $\sigma = \pm 100\,\text{MPa}$ 弯曲应力和 $\sigma = \pm 110\,\text{MPa}$ 的交变扭转应力的联合作用，其相位角为 $90°$。要求无限寿命，$S_{ut} = 1\,\text{GPa}$，求轴的安全系数。

6-40 像图 P6-16 一样重新设计习题 6-8 中的芯棒。这里芯棒仅插入纸卷 10% 的长度。要求无限寿命，安全系数为 2，求下面两种情况下的尺寸 a 和 b。

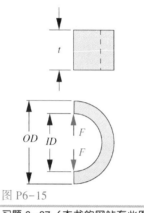

图 P6-15

习题 6-37（本书的网站有此图的 SolidWorks 模型）

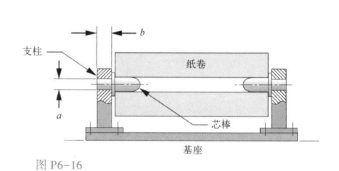

图 P6-16

习题 6-40（本书的网站有此图的 SolidWorks 模型）

（a）芯棒的材料是钢，$S_{ut} = 600\,\text{MPa}$。

（b）芯棒的材料是铸铁，$S_{ut} = 300\,\text{MPa}$。

* **6-41** 内径 ID 为 $10\,\text{mm}$ 的管，里面有最大压力为 $7\,\text{MPa}$ 的液体。液体的压力从 0 到最大值周期性地变化。管是钢制的，$S_{ut} = 400\,\text{MPa}$，要求无限寿命，求下面两种情况下的疲劳安全系数。

（a）管的壁厚为 $1\,\text{mm}$。

（b）管的壁厚为 $5\,\text{mm}$。

6-42 一个圆柱形的水桶，末端是一个半球形的，要求在室温的空气环境中承受 150psi 的压力，压力从 0 到最大值之间周期性变化。钢的 $S_{ut} = 400\,\text{MPa}$，假设水桶直径 0.5m，壁厚 $1\,\text{mm}$，长度 $1\,\text{m}$，要求无限寿命，求疲劳安全系数。

6-43 如图 P6-17 中所示的纸卷尺寸为 $0.9\,\text{m}$（外径）$\times 0.22\,\text{m}$（内径）$\times 3.23\,\text{m}$（长），密度为 $984\,\text{kg/m}$。纸卷在卸载站用 V 铰链传送到叉车上，V 铰链在气缸的驱动下旋转 $90°$，从而使纸卷滚到叉车上。叉车的叉架厚 $38\,\text{mm}$，宽度 $100\,\text{mm}$，长度 $1.2\,\text{m}$，和水平线的夹角为 $3°$，材料的 $S_{ut} = 600\,\text{MPa}$。假设叉车有两个叉架，要求无限寿命，求下面两种情况下的疲劳安全系数。

（a）两个叉架的末端都是无支承而自由的。

（b）两个叉架和卸载台在点 A 接触。

6-44 如果图 P6-17 中 V 铰链末端任意位置的最大变形量为 $1\,\text{mm}$，求它的厚度。如果要求无限寿命，在满足变形的要求下求它的疲劳安全系数。已知同时有两个 V 铰链驱动纸卷，它们对纸卷的作用点在纸卷的 1/4 和 3/4 长度处，每个 V 铰链宽度是 $10\,\text{cm}$，长度是 $1\,\text{m}$，材料的 $S_{ut} = 600\,\text{MPa}$。

6-45 如图 P6-17 所示，确定要求无限寿命时受到拉伸载荷的气缸做动杆的疲劳安全系数。已知做动杆受到的拉伸载荷从 0 到最大值循环（低于临界屈服应力的压缩载荷不会影响疲劳寿命）。曲柄长度是 0.3 m。做动杆的最大长度是 0.5 m，直径 25 mm，实心的，材料是钢，$S_{ut}=600\,\text{MPa}$。要求求解过程中要写明所有的假设条件。

6-46 图 P6-17 中的曲柄通过一根直径 60 mm、长度 3.23 m 的轴来驱动 V 铰链转动。如果要求无限寿命，轴的 $S_{ut}=600\,\text{MPa}$，求其疲劳安全系数以及施加在轴上面的最大扭矩。其余已知条件请参见习题 6-43。

*6-47 求图 P6-17 中施加在气缸末端的销上最大力，同时要求销无限寿命时它的疲劳安全系数。已知销的直径为 30 mm，只受到单个剪切力，$S_{ut}=600\,\text{MPa}$。其余已知条件请参见习题 6-43。

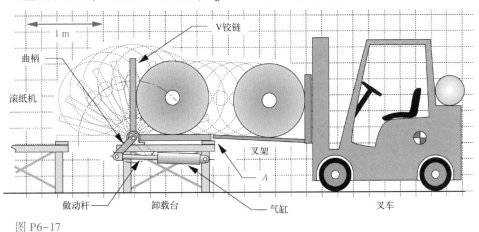

图 P6-17

习题 6-43~6-47

6-48 图 P6-18 是一个 100 kg 重的赛跑轮椅。轮椅的直径是 65 cm，两个轮子之间距离为 75 cm。两个在轴承上自由转动的滚棍支承着后轮。轮椅的横向运动受到法兰的限制。设计一个 1 m 长的空心铝制（选择铝合金）滚棍，使之高度最小，且变形小于 1 mm，同时确定与轴承同轴连接、支承滚棍的钢制轴的尺寸。如果期望寿命是 $N=5\times10^8$ 次循环，求滚棍的疲劳安全系数。

6-49 图 P6-19 是机加工过的销轴，它和零件 A 紧配，和零件 B 松配。如果 $F=100\,\text{lb}$，$l=2\,\text{in}$，$d=0.5\,\text{in}$，销轴的材料是冷轧 SAE 1020 钢，求它的疲劳安全系数。已知载荷是交变载荷，要求的可靠度是 90%，销轴在邻近 A 右边的截面的弯矩应力集中系数 $K_t=1.8$。

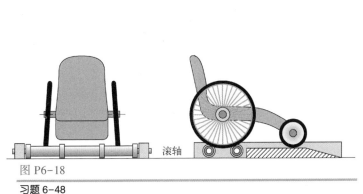

图 P6-18

习题 6-48

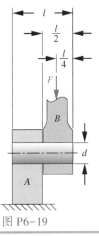

图 P6-19

习题 6-49 和 6-50

6-50　图 P6-19 是机加工过的销轴，它和零件 A 紧配，和零件 B 松配。如果 $F = 100\,N$，$l = 50\,mm$，$d = 16\,mm$，销轴的材料是 50 级铸铁，求它的疲劳安全系数。已知载荷是交变载荷，要求的可靠度是 90%，销轴在邻近 A 右边的截面的弯矩应力集中系数 $K_t = 1.8$。

6-51　一个由 7075-T651 铝制成的网格状大组件，其材料的断裂韧性 $K_c = 24.2\,MPa \cdot m^{0.5}$，拉伸屈服强度为 495 MPa。假设该组件受到大小从 0 到一半屈服强度的名义应力幅值，而且初始裂纹长度为 1.2 mm，求这个组件的期望寿命。已知式（6.4）中的系数和指数分别为 $A = 5 \times 10^{-11}$，$n = 4$。

*6-52　一个由 SAE 4340 钢制成的薄板组件，其材料的断裂韧性 $K_c = 98.9\,MPa \cdot m^{0.5}$。该组件在制造后进行缺陷检测，然而检测仪器无法检测到小于 5 mm 的裂纹。假设该组件的宽度是 400 mm，有 20~170 kN 的交变载荷作用于垂直于裂纹的方向，期望寿命为 10^6 次循环，求这个组件的最小厚度。已知式（6.4）中的系数和指数分别为 $A = 5 \times 10^{-11}$，$n = 4$。

6-53　一个封闭的薄壁圆柱由铝合金制成，其疲劳韧性为 38 MPa · m$^{0.5}$，尺寸为：长度 = 200 mm，外径 $OD = 84\,mm$，内径 $ID = 70\,mm$。在内圆远离两端的位置有一个深 2.8 mm 的半圆形裂纹，其方向平行于圆柱的轴线。如果圆柱受到大小从 0~75 MPa 的交变压力，请问它可以承受住多少次压力循环？已知式（6.4）中的系数和指数分别为 $A = 5 \times 10^{-12}$（mm/次），$n = 4$。（提示：半圆表面裂纹的几何系数是 $\beta = 2/\pi$，裂纹沿着半径方向扩展。）

6-54　一个热轧非旋转的槽钢梁，其尺寸为 $h = 64\,mm$，$b = 127\,mm$。受对称弯矩作用。如果它的工作温度低于 450°，拉伸强度极限为 320 MPa，要求的可靠度为 90%，求梁的修正疲劳强度。

6-55　一个机加工的非旋转钢制圆棒直径 $d = 50\,mm$。它受到交变轴向力。如果它的工作温度低于 450°，拉伸强度极限为 480 MPa，要求的可靠度为 90%，求梁的修正疲劳强度。

6-56　一个冷拔的非旋转钢制圆棒直径 $d = 76\,mm$。它受到交变转矩。如果它的工作温度低于 500°，拉伸强度极限为 855 MPa，要求的可靠度为 99%，求梁的修正疲劳强度。

6-57　一个研磨非旋转的方形钢梁，其尺寸为 $h = 60\,mm$，$b = 40\,mm$。它受到对称弯矩。如果它的工作温度低于 450°，拉伸强度极限为 1550 MPa，要求的可靠度为 99.9%，求梁的修正疲劳强度。

6-58　类似于图 C-5（附录 C）中有槽的钢轴，它即将受到弯矩的作用，其尺寸为：$D = 57\,mm$，$d = 38\,mm$，$r = 3\,mm$。如果材料的 $S_{ut} = 1550\,MPa$，求它的疲劳应力集中系数。

6-59　类似于图 C-8（附录 C）中有横向孔的钢轴，它即将受到弯矩的作用，其尺寸为：$D = 32\,mm$，$d = 3\,m$。如果材料的 $S_{ut} = 808\,MPa$，求它的疲劳应力集中系数。

6-60　类似于图 C-9（附录 C）中有圆角的扁钢由硬化铝制成，它即将受到轴向载荷。其尺寸为：$D = 1.2\,in$，$d = 1.00\,in$。如果材料的 $S_{ut} = 76\,kpsi$，求它的疲劳应力集中系数。

6-61　如图 P6-20 所示，一根装配有滚动轴承的轴，其 $S_{ut} = 76\,kpsi$ 轴肩有圆角，且轴肩顶住轴承内圈。轴承有轻微的偏心，从而使轴旋转时受到交变的弯矩。根据测量，由弯矩产生的应力幅值 $\sigma_a = 57\,MPa$。作用在轴上面的扭矩在 12 N · m 到 90 N · m 的范围内周期性变化，且和弯矩同相。轴经过研磨，其尺寸为：$D = 23\,mm$，$d = 19\,mm$，$r = 1.6\,mm$。轴的材料是 SAE 1040 冷轧钢。要求无限寿命，可靠度为 99%，求轴的疲劳安全系数。

6-62　机器中一个受拉应力的有圆角的零件如图 P6-21 所示。由于制造缺陷，该零件受到一个偏心的交变力，从而产生了交变弯矩。经过测量，弯矩的最大值是 16.4 MPa，最小值为 4.1 MPa。偏心的力大小范围是 0.90~3.6 kN，拉力和弯矩是同相的。零件被机加工过，其尺寸为：$D = 33\,mm$，$d = 25\,mm$，$h = 3\,mm$，$r = 3\,mm$，材料是 SAE 1020 冷轧钢，要求 90% 的可靠度，求它的疲劳安全系数。

6-63　类似于图 C-9（附录 C）中有圆角的扁材，它受到拉力的作用，其数据如表 P6-7 每行所示，请求出每组数据中经过合适的应力集中系数修正后的轴向应力的幅值和均值。

6-64　类似于图 C-10（附录 C）中有圆角的扁材，它受到弯矩的作用，其数据如表 P6-7 每行所示，请求出每组数据中经过合适的应力集中系数修正后的弯曲应力的幅值和均值。

6-65　类似于图 C-1（附录 C）中轴肩有圆角的轴，它受到拉力的作用，其数据如表 P6-7 每行所示，请求出每组数据中经过合适的应力集中系数修正后的轴向应力的幅值和均值。

6-66 类似于图 C-2（附录 C）中轴肩有圆角的轴，它受到弯矩的作用，其数据如表 P6-7 每行所示，请求出每组数据中经过合适的应力集中系数修正后的弯曲应力的幅值和均值。

6-67 一个零件受到单向简单应力幅值。修正非零应力范围为：$\sigma_{x\,min} = 50\,MPa$，$\sigma_{x\,max} = 200\,MPa$，$\sigma_{y\,min} = 80\,MPa$，$\sigma_{y\,max} = 320\,MPa$，$\tau_{xz\,min} = 120\,MPa$，$\tau_{xy\,max} = 480\,MPa$。材料属性为：$S_{ut} = 1200\,MPa$，$S_e = 525\,MPa$。要求无限寿命，根据情况 3 分别用 Sines 方法以及 von Mises 方法计算安全系数，并进行对比。

6-68 有一个圆柱形的油箱，其两端是半球形。它是用 $S_{ut} = 380\,MPa$ 的热轧钢制成。油箱外径是 300 mm，壁厚 20 mm。油箱受到从 0 到最大值的压力作用，其压力最大值未知。要求无限寿命，可靠度为 99.99%，安全系数为 4，求油箱受到的最大压力。

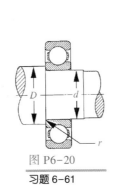

图 P6-20

习题 6-61

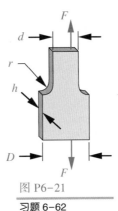

图 P6-21

习题 6-62

表 P6-7　习题 6-63 到习题 6-66 的数据

请只对某一习题使用相对应的数据，长度单位为 m，力单位为 N，弯矩的单位为 N·m

行	D	d	r	h	m_{min}	m_{max}	P_{min}	P_{max}	材料
a	40	20	4	10	80	320	8000	32000	SAE1020 CR
b	26	20	1	12	100	500	9500	47500	SAE1040 CR
c	36	30	1.5	8	60	180	6500	19500	SAE1020 CR
d	33	30	1	8	75	300	7200	28800	SAE1040 CR
e	21	20	1	10	50	150	5500	16500	SAE1050 CR
f	51	50	1.5	7	80	320	8000	32000	SAE1040 CR
g	101	100	5	8	400	800	15000	60000	SAE1050 CR

6-69 一根旋转轴由 SAE 1040 HR 钢制成，它由空心管加工出来，空心管的外径为 60 mm，壁厚 5 mm。经过测量，这根轴的重要位置受到最大值为 68 MPa 的交变轴向应力和范围为 12 MPa 到 52 MPa 的交变扭转应力，两种载荷是同相的。要求无限寿命，可靠度为 99%，求这根轴的安全系数。

6-70 表 P6-8 每行都是不同的应力均值和应力幅值的组合（单位是 MPa）。假设 $S_{ut} = 200\,MPa$，$S_e = 100\,MPa$，$S_y = 100\,MPa$，请根据修正 Goodman 图，确定每行中的数据所对应的四种载荷情况之一，然后求安全系数。

6-71 类似于图 C-3（附录 C）中轴肩有圆角的轴，它受到扭矩的作用，其材料是 SAE 1020 CR 钢，尺寸为：$D = 40\,mm$，$d = 20\,mm$，$r = 4\,mm$。轴经过研磨加工，它受到大小为 ±80 N·m 的交变扭矩，要求无限寿命，可靠度为 99.9%，求它的安全系数。

6-72 常规检查中，一架通勤飞机的机身面板上发现了 1.6 mm 长的重要裂纹。机身的材料和习题 6-51 中的一样。这架飞机每天起降 32 次（每次起降都会产生一次应力循环），每年工作 260 天。在地面时机身不会有应力。飞行时最大的拉伸应力为 300 MPa。假设下一次的检查是在 6 个月以后，估计到第二次检查时裂纹的长度。

6-73   一个钢制的薄板宽 400 mm、长 2000 mm、厚 2 mm，它由习题 6-52 中的材料制成，检查时同样用习题 6-52 中相同的设备进行检测。如果该薄板不断受到从 50～500 kN 变化的横向拉力的作用，请使用断裂力学准则来求它最小的循环次数。

6-74   假设习题 6-53 中的圆柱尺寸为：长度 = 180 mm，外径 OD = 80 mm，内径 ID = 72 mm，半圆形裂纹的深度为 2.4 mm，受到的压力从 0～70 MPa 之间周期性变化，其他条件一样，请问它可以承受住多少次压力循环？

6-75   一根非旋转的热轧工字钢梁的尺寸为：h = 200 mm，b = 200 mm，t = 25 mm。它受到对称的弯矩。假设工字钢梁的工作温度低于 450℃，抗拉强度极限为 365 MPa，要求可靠度为 95%，求它的修正疲劳强度。

6-76   类似于图 C-3（附录 C）中轴肩有圆角的轴，它受到扭矩的作用，尺寸为：D = 52 mm，d = 39 mm，r = 4 mm。如果轴的材料 S_{ut} = 1330 MPa，求它的疲劳应力集中系数。

6-77   类似于图 C-4（附录 C）中有槽的钢制轴受到轴向拉力。它的尺寸为：D = 60 mm，d = 40 mm，r = 5 mm。如果轴的材料 S_{ut} = 1200 MPa，求它的疲劳应力集中系数。

6-78   类似于图 C-6（附录 C）中有槽的钢制轴受到轴向拉力。它的尺寸为：D = 48 mm，d = 40 mm，r = 2 mm。如果轴的材料 S_{ut} = 1450 MPa，求它的疲劳应力集中系数。

6-79   有一个圆柱形的油箱，其两端是半球形。它是用 S_{ut} = 450 MPa 的冷轧钢制成。油箱外径是 350 mm，壁厚 25 mm。油箱受到从 0～15 MPa 的交变压力作用，要求可靠度为 99.9%，无限寿命，求它的疲劳安全系数。

6-80   有一个圆柱形的油箱，其两端是半球形。它是用 S_{ut} = 550 MPa 的冷轧钢制成。油箱外径是 250 mm。油箱受到从 0～15 MPa 的交变压力作用，要求可靠度为 99.9%，安全系数为 2，无限寿命，求它的最小壁厚。

6-81   经过研磨的轴肩有圆角的钢制轴，其尺寸为：D = 30 mm，d = 25 mm，r = 2 mm。它受到范围为 σ = 50～180 MPa 的交变弯曲应力和范围为 τ = 10～50 MPa 的扭转应力的联合作用，两种载荷同相。如果轴的材料 S_{ut} = 965 MPa，要求无限寿命，可靠度为 95%，求它的安全系数。

表 P6-8   习题 6-70 的数据

行	$\sigma_{m'}$	$\sigma_{a'}$
a	50	30
b	70	30
c	100	10
d	20	60
e	80	40
f	40	40
g	120	50
h	80	50

6-82   用 2024-T351 铝材制造大型板状零件。假设名义应力变化范围的最小值为 0，最大值为屈服强度的 60%，初始裂纹总长 1 mm，试估算零件所能承受的应力循环变化次数。式（6.4）中和材料有关的系数 A = 4.8×10^{-11}（mm/周期），n = 3.5。

6-83   某机械零件用 2024-T351 铝板制造。在机器的每次工作循环当中，该零件承受的拉应力变化范围的最小值为 0，最大值为材料拉伸屈服强度的 50%。机器每分钟完成 20 次工作循环，每天工作 24

小时，每年工作 365 天。最后一次检查机器发现该零件中间有一条 1.7 mm 长的裂纹。机器每 6 个月检查 1 次。试估算下次检查时裂纹的长度。式（6.4）中和材料有关的系数 $A = 4.8 \times 10^{-11}$（mm/周期），$n = 3.5$。

6-84 一根热轧的非旋转 SAE 1010 钢梁的截面形状为矩形，截面高度 $h = 80$ mm，宽度 $b = 40$ mm。该梁受到循环弯曲的作用，中性轴沿长度方向。试确定其修正疲劳强度，可靠度为 95%，工作环境温度低于 450℃。

6-85 一根用硬化铝制造的、有缺口的、形状和图 C-11（附录 C）所示结构类似的扁平杆受到轴向载荷作用。它的尺寸为：$D = 1.625$ in，$d = 1.250$ in，$r = 0.125$ in。假设该材料的 $S_{ut} = 55$ kpsi，试确定该扁平杆的疲劳应力集中系数。

6-86 一根具有轴肩圆角的旋转轴与滚动轴承内圈装配，轴承侧面靠在轴肩上，如图 P6-20 所示。轴承有轻微偏心，导致转动时受到对称循环弯矩的作用。测量发现轴肩处受到的对称循环弯矩大小为 $4.3 \times 10^3 d$ N·m，其中 d 的单位为 mm。试设计一个钢制轴，无限疲劳寿命，安全系数要求为 2。轴承系列的内径尺寸范围为 10~100 mm，级差为 2 mm。为可靠安装轴承，圆角半径最大值 $r_{max} = d \times 0.05$，轴肩处最大直径 $D_{max} = d + (4 \times r_{max})$。

6-87 一根具有轴肩圆角的、形状和图 C-2（附录 C）所示结构类似的旋转钢轴受到弯矩作用。圆角半径和轴肩处直径分别为 $r = d \times 0.05$，$D = d + (4 \times r)$。圆角处对称循环弯矩为 $880 d$ lb·in，d 的单位为 in，材料的 $S_{ut} = 100$ kpsi，要求无限寿命，试计算和绘制安全系数关于直径 d 的函数曲线。

6-88 一根用 SAE 1040 钢材制造的非旋转冷轧钢棒截面为正方形，高度 $h = 50$ mm。钢棒受到波动轴向载荷作用。试确定其修正疲劳强度，可靠度为 99%，工作环境温度低于 450℃。

6-89 一根退火铝材制造的、具有一个横向的通孔、形状和图 C-14（附录 C）所示结构类似的扁平杆受到弯矩作用。它的尺寸为：$W = 1.625$ in，$d = 0.125$ in，$h = 0.125$ in。假设该材料的 $S_{ut} = 34$ kpsi，试确定该扁平杆的疲劳应力集中系数。

6-90 一根具有轴肩圆角的旋转轴与滚动轴承内圈装配，轴承侧面靠在轴肩上，如图 P6-20 所示。轴承有轻微偏心，导致转动时受到对称循环弯矩的作用。测量发现轴肩处受到的对称循环弯矩大小为 $880 d$ lb·in，d 的单位为 in。试设计一个钢制轴，无限疲劳寿命，安全系数要求为 2。轴承系列的内径尺寸范围为 0.5~5.0 in，级差为 0.125 in。为可靠安装轴承，圆角半径最大值 $r_{max} = d \times 0.05$，轴肩处最大直径 $D_{max} = d + (4 \times r_{max})$。

6-91 一根用 SAE 1050HR 钢材制成的直径为 1.625 in 的轴上有直径为 1.250 in 的沟槽，并且受到弯扭组合作用，弯曲应力 $\sigma = \pm 8$ kpsi，扭转剪应力的变化范围为 -2~6 kpsi，两者的相位差为 45°。试确定其安全系数，要求无限寿命，可靠度为 99%，工作温度为室温。沟槽处过渡圆角半径为 0.125 in。

6-92 试确定习题 6-54 中零件的修正持久强度（或极限），构建 S-N 曲线的方程，画出 S-N 曲线图，并确定 10^5 次循环对应的疲劳强度。

6-93 一根钢材制造的、具有一个横向的通孔、形状和图 C-13（附录 C）所示结构类似的扁平杆受到弯矩作用。它的尺寸为：$W = 1.625$ in，$d = 0.125$ in。假设该材料的 $S_{ut} = 127$ kpsi，试确定该扁平杆的疲劳应力集中系数。

表面失效

用完它，用尽它；
要么使用它，要么不用它。
新英格兰格言

7.0 引言

常用机械系统和零部件只有在三种情况下会失效：老化、断裂或磨损。我的旧电脑虽然仍能正常工作，但已经过时，对我来说已经没有什么用处。碎了的花瓶，虽然是我妻子最爱，但它已经不能复原了。然而，我那行驶了123000 mile 的汽车尽管出现了一些磨损的迹象，但仍有价值，可以继续使用。大多数的机械系统都可能存在这三种类型的失效。老化失效是不容易界定的（现在我孙子还在很好地使用那台旧电脑）。断裂失效常常是突发性的，而且可能是永久的。磨损失效通常是一个渐变的过程，有时是可修复的。任何机械系统若没有因老化和断裂失效，必然会在足够长的服役中因磨损而失效。磨损是不可避免的最终失效形式。因此，我们应该意识到，我们没有办法通过设计去完全避免磨损，只能推迟磨损失效的到来。

前面的章节已经论述了零部件的变形（屈服）和断裂（破裂）失效。**磨损**是一个包含很多失效形式的广义概念，所有失效形式都涉及零件表面状态的改变。一些所谓的磨损机理尚未完全弄清楚，而且在一些情况下还存在不同和具有争议的观点。大多数专家将磨损分为五大类：**黏着磨损、磨粒磨损、侵蚀、腐蚀磨损和表面疲劳**。下面的章节将详细讨论这些类型。此外，还有一些表面失效类型并不属于这五种磨损类型中的一种，或者同时包含上述五种磨损类型的多种形式。如**微动腐蚀**和**腐蚀疲劳**就具有两种磨损类型特点。为了简单起见，我们将这种具有多种失效形式的磨损放入上述五种基本失效形式中进行讨论。

磨损失效通常含有系统固体零件表面材料的损失。我们感兴趣的磨损运动主要是指滑动、滚动或两者的组合。磨损给国民经济带来巨大的损失$^\ominus$。很小体积的材料损失就会导致整个系统无法运作。Rabinowicz[1]做过统计，一台重 4000 lb 的汽车，当完全"磨损"时，其工作表面只有几盎司的金属丢失。而且，如果不拆卸这些设备，这些磨损表面很难观察到。因此，在失效发生前，很难监测和预测到磨损的影响。

　　表 7-0 列出了本章的公式、表格或在各节中使用和引用的变量。在本章的最后，给出了一个总结，概述了本章中所有重要的公式，以便参考和区分其他章节的公式，并在那些章节中找到相应的公式。有关 7.1~7.13 节的主题内容视频可浏览随书网站上的 12 讲。

表 7-0　本章中所用到的变量

变量符号	变量名	英制单位	国际单位	详见
a	接触面半宽	in	m	7.8~7.10 节
A_a	名义接触面积	in^2	m^2	7.2 节
A_r	实际接触面积	in^2	m^2	式 (7.1)
B	结构因素	1/in	1/m	式 (7.9b)
b	接触面半长	in	m	7.8~7.10 节
d	磨损深度	in	m	式 (7.7)
E	弹性模量	psi	Pa	全部
F, P	力或载荷	lb	N	全部
f	摩擦力	lb	N	式 (7.2)
f_{max}	最大切向力	lb	N	式 (7.22f)
K	磨损系数	/	/	式 (7.7)
l	线性接触长度	in	m	式 (7.7)
L	圆柱接触长度	in	m	式 (7.14)
m_1, m_2	材料常数	1/psi	m^2/N	式 (7.9a)
H	压入硬度	psi	kg/mm	式 (7.7)
N	循环次数	/	/	式 (7.26)
N_f	表面疲劳安全系数	/	/	例 7-5
p	接触面压力	psi	N/m^2	7.8~7.10 节
p_{avg}	接触面平均压力	psi	N/m^2	7.8~7.10 节
p_{max}	接触面最大压力	psi	N/m^2	7.8~7.10 节
R, R	曲率半径	in	m	式 (7.9b)
S_{us}	抗剪强度	psi	Pa	7.3 节
S_{ut}	抗拉强度	psi	Pa	7.3 节
S_y	屈服强度	psi	Pa	7.3 节
S_{yc}	受压屈服强度	psi	Pa	7.3 节
V	体积	in^3	m^3	7.3 节
x, y, z	广义长度变量	in	m	全部
μ	摩擦系数	/	/	式 (7.2)~式 (7.6)
ν	泊松比	/	/	全部

$\ominus$　被 ASME 资助的一项研究表明替换由于磨损而导致设备失效所需经济效应相对应的能源消耗占美国总能源消耗的 1.3%。也就是说，每年由于磨损消耗的能量相当于每年多使用了 160 百万桶原油。参看 O. Pinkus and D. F. Wilcock, *Strategy for Energy Conservation through Tribology*, ASME, New York, 1977, p. 93.

（续）

变量符号	变 量 名	英制单位	国际单位	详 见
σ	法向应力	psi	Pa	全部
σ_1	主应力	psi	Pa	7.11 节
σ_2	主应力	psi	Pa	7.11 节
σ_3	主应力	psi	Pa	7.11 节
τ	剪应力	psi	Pa	全部
τ_{13}	最大剪应力	psi	Pa	7.11 节
τ_{21}	主剪应力	psi	Pa	7.11 节
τ_{32}	主剪应力	psi	Pa	7.11 节

7.1　表面结构

第 12 讲视频
（52:25）[⊖]

在详细讨论磨损机制类型之前，需要定义工程表面的特征参数，这些特征参数与成型这些表面的工艺有关（材料的强度和硬度也是磨损的因素）。在机械系统中，大部分固体表面是在机械加工或磨削加工过程中经历磨损，虽然也有些表面是通过铸造或锻造成型的。无论如何，机械加工过程都会在表面形成一定的粗糙度。这些零件表面的粗糙和光滑程度会影响其所受的磨损类型和磨损程度。

即使一个肉眼观察非常光滑的表面在显微镜下观察都会发现有很多不规则形状。这可以被很多测试方法所证实。轮廓仪通过轻载，将坚硬（如金刚石）的探针以一定（低）的速度在待测表面划过时记录其起伏。探针尖端的半径非常小（大约 0.5 μm），实际上起到一个类似于低通道滤波器的作用，只有大于其半径的轮廓才能被探针检测到。然而，它提供一个合理、准确的表面轮廓图，具有 0.125 μm 或更好的分辨率。图 7-1 给出了研磨和机械加工淬火钢凸轮的表面轮廓曲线和 100 倍的 SEM[⊖] 照片。表面轮廓曲线是通过 Hommel T-20 轮廓仪在一定长度（这里是2.5 mm）的样品表面上采集 8000 个数据点绘制成的。表面上的显微"山峰"就称为**微凸体**。

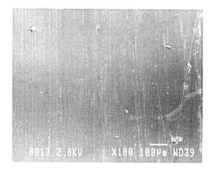

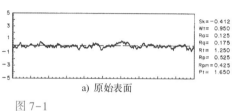

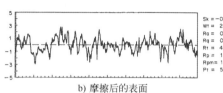

a) 原始表面　　　　　　　　　　b) 摩擦后的表面

图 7-1

扫描电子显微表面复本图片（100 倍）和凸轮表面扫描轮廓图

⊖　http://www.designe of machinery.com/MD_12_Wear_and_Surface_Fatigue.mp4

⊖　Scanning Electron Microscope，即扫描电子显微镜。

通过这些轮廓线可计算很多的统计度量。ISO 定义了至少 19 种统计度量参数。在图 7-2 中列出了其中的一些参数及其数学定义。或许最常用的参数是测量点的绝对值平均值 R_a，或它们的平均值均方根 R_q。这些参数在数值和物理意义上都十分相似。许多工程师会指定两个参数中的一个，遗憾的是，它们中的任何一个都不足以呈现表面特征。例如，图 7-3a、b 给出了具有相同 R_a 和 R_q 值的两个表面，但实质上这两个表面完全不同。一个主要是尖锐的山峰，另一个主要是尖锐的山谷。在不同表面上滑动或滚动时，所得到的结果完全不同。

R_a (CLA) (AA) DIN 4768 DIN 4762 ISO 4287/1	算术平均粗糙度	粗糙轮廓算术平均值取决于取样长度 l_m 内轮廓偏距绝对值 $$R_a = \frac{1}{l_m} \int_{x=0}^{x=l_m} |y| \, dx$$

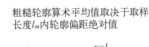

l_m = Evaluation length

R_q (RMS) DIN 4762 ISO 4287/1	均方根粗糙度	RMS 是取样长度 l_m 内轮廓偏距的均方根值 $$R_q = \sqrt{\frac{1}{l_m} \int_0^{l_m} y^2(x) \, dx}$$

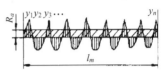

R_{pm} DIN 4762	平均轮廓波峰高度	平均线上 5 个最高峰 $(R_{p1} \sim R_{p5})$ 的算术平均值，类似于 DIN 4768 定义的 R_z(DIN)。5 个最高峰是通过一个取样长度 l_e 内粗糙轮廓中心线定义 $$R_{pm} = \frac{1}{5} \cdot (R_{p1} + R_{p2} + \cdots + R_{p5})$$

R_p DIN 4762 ISO 4287/1	水平线上的最高峰	通过 R_{pm} 获得的轮廓曲线的中心线上的最高峰值

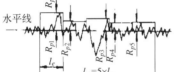

$l_m = 5 \times l_e$

S_k	轮廓偏斜度	测量通过粗糙轮廓获得的振幅分布曲线的形状或对称性。一个负的偏斜度表示好的承载能力 $$S_k = \frac{1}{R_q^3} \cdot \frac{1}{n} \sum_{i=1}^{i=n} (y_i - \bar{y})^3$$

振幅分布曲线
DIN 4762
ISO 4287/1

一个频率 (%) 的轮廓振幅曲线图

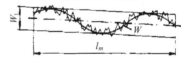

幅值分布曲线

R_t (R_h) (R_d) DIN 4762 (1960) 1978 年后改为 R_{max}	最大峰-谷高度	在测量长度 l_m 内轮廓的最大峰-谷高度，与取样长度 l_e 无关

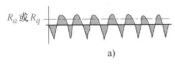

W_t DIN 4774	波纹深度	在测量长度 l_m 内波纹曲线(排除粗糙度)的最大峰-谷高度

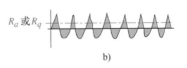

图 7-2

DIN 和 ISO 表面粗糙度，波纹度和偏斜度参数的定义

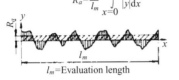
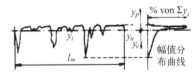
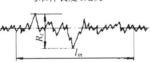

a)　　　　　b)

图 7-3

具有相同 R_a 或 R_q 值的不同表面轮廓线

为了区分这些具有相同 R_a 和 R_q 值的表面，应该计算另一些参数。轮廓偏斜度 S_k，是表面轮廓一阶导数的平均值。S_k 为负值表示表面具有尖锐的山谷（见图 7-3a），S_k 为正值表明具有尖锐的山峰（见图 7-3b）。许多其他参数也可以通过计算得到（见图 7-2）。例如，R_t 定义为取样长度内最大的峰谷距，R_p 是平均线上最大的峰高值，R_{pm} 是 5 个最高峰值的平均值。所有的粗糙度测量是通过电子滤波设备将表面较小的波动清零后获得的。平均线是通过测量全部峰/谷后计算获得的。除了这些粗糙度（用 R 表示）测量，也可以计算表面波纹度 W_t。W_t 计算是在过滤掉高频轮廓后，保留未加工表面的长周期波动。请注意，如果你想完整地表征表面的状态，只使用 R_a 或 R_q 是不够的。

7.2   表面配副

当两个表面在外加载荷下相互接触时，其表观接触面积 A_a 很容易通过几何学计算，但它们的实际接触面积 A_r 受到各自表面微凸体的影响而更难精确地确定。图 7-4 是两个相互接触的零件。最初两个接触表面在微凸体尖部分接触，初始接触面积非常小。因此，在表面微凸体尖上产生的应力非常大，很容易超出材料的屈服强度。随着接触力的增加，表面微凸体尖将发生屈服和变形，直到它们的结合面积足以将平均压力降低到不在屈服的水平，也就是说，降低到配对表面较弱材料的*抗压穿透强度*以下。

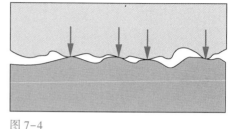

图 7-4

两表面间的实际接触部分仅为其微凸体部分

我们可以通过传统的硬度测试（布氏硬度、洛氏硬度等）法测量一种材料的抗压穿透强度，即将一个很光滑的锥头压入材料里面，使得材料变形（屈服）成锥头的形状（如 2.4 节）。穿透强度 S_p 很容易通过这些测试数据计算得到，对于大多数材料，S_p 约为屈服强度 S_{yc} 的 3 倍[2]。

实际接触面积可以通过下式计算：

$$A_r \cong \frac{F}{S_p} \cong \frac{F}{3S_{yc}} \tag{7.1}$$

式中，F 表示施加在接触表面与其垂直的法向力；强度按照上文定义，应选择接触表面较弱的材料。值得注意的是，对一特定强度的材料，当其受到的载荷一定时，其实际接触面积是一样的，与配对表面的表观接触面积大小无关。

7.3   摩擦

需要注意：实际接触面积 A_r（见式 7.1）与表观接触面积 A_a 无关，A_a 是由配合零件的几何结构定义的。这也是为什么两个固体表面的库伦摩擦力与其表观接触面积 A_a 无关的原因。库伦滑动摩擦公式如下：

$$f = \mu F \tag{7.2a}$$

式中，f 表示摩擦力；μ 表示动态摩擦系数；F 表示法向载荷。

法向载荷将两个表面压到一起，并使接触表面的微凸体尖端产生弹性形变和粘着（见第 8 章）。我们可以将动态库伦摩擦力定义为：为了使接触表面继续向前滑动，而需剪切发生粘着和弹性变形的接触微凸体所需的力。这个剪切力等于较弱材料的剪切强度与实际接触面积 A_r 的乘积再加上一个"犁沟力" P：

$$f = S_{us}A_r + P \tag{7.2b}$$

犁沟力 P 是由离散的颗粒嵌入表面产生的，相对于剪切力可以忽略不计[⊖]。重写式（7.1）如下：

$$A_r \cong \frac{F}{3S_{yc}} \tag{7.2c}$$

把式（7.2c）代入式（7.2b）（忽略 P）可得：

$$f \cong F\frac{S_{us}}{3S_{yc}} \tag{7.2d}$$

结合式（7.2a）和式（7.2d）可得：

$$\mu = \frac{f}{F} \cong \frac{S_{us}}{3S_{yc}} \tag{7.3}$$

这表明摩擦系数 μ 只与两相互接触表面材料中较弱材料的强度存在一定的比例关系。

极限抗剪强度可由材料的极限抗拉强度计算得到：

钢铁：　　　　　　　　　　　$S_{us} \cong 0.8S_{ut}$

其他韧性金属：　　　　　　　$S_{us} \cong 0.75S_{ut}$ $\tag{7.4}$

压缩屈服强度与极限抗拉强度的比例随着材料和合金的种类不同，会在一定范围内变化，一般而言：

$$0.5S_{ut} < S_{yc} < 0.9S_{ut} \tag{7.5}$$

把式（7.4）和式（7.5）代入式（7.3）可得：

$$\frac{0.75S_{ut}}{3(0.9S_{ut})} < \mu < \frac{0.8S_{ut}}{3(0.5S_{ut})} \tag{7.6}$$

$$0.28 < \mu < 0.53$$

这是干燥金属在空气中常见的 μ 值范围。值得注意的是，如果金属非常洁净，它们的 μ 值将是这些值的两倍。在真空中，由于接触表面会发生冷焊，清洁表面的 μ 值可以接近无穷大。在受到不同污染程度和其他因素的影响时，摩擦系数会有较大的变化。因此，工程师应该根据实际使用的材料和在不同的使用环境中完善测试数据。这些测试相对比较简单。

表面粗糙度对摩擦的影响

有人可能认为表面粗糙度对摩擦系数有较大的影响。然而，试验表明两者的关系微弱。在 $R_a < 10~\mu m$ 的非常光滑表面上，摩擦系数 μ 由于实际接触面积的增加仅增加两倍。在 $R_a > 50~\mu m$ 的非常粗糙的表面上，由于需要能量克服表面微凸体粘着（犁沟）以及剪切它们粘着部分，摩擦系数 μ 会稍微增加。

速度对摩擦的影响

通常情况下，动态下库仑摩擦模型建立在不依赖于滑动速度 V 的条件下；除了在滑动速度 $V=0$ 的情况下，摩擦系数不连续，会得到一个较大的库仑静摩擦系数。实际上，随着 V 的增加，μ 是连续的，但随速度非线性下降。有时，以摩擦系数 μ 对 $\log V$ 作图时，它们的关系近似为一条直线，它的负斜率是百分之十几[7]。一般认为，这种情况是由于更高的滑动速度导致接触界面的温度增加降低了如式（7.3）中的材料剪切屈服强度所致。

滚动摩擦

当一个零件在另外一个零件上发生无滑动的滚动时，摩擦系数 μ 非常低，在 $0.005 \sim 0.00005$ 范围内。摩擦力随载荷变化而变化（幂指数从 $1.2 \sim 2.4$），这种变化与滚动件的曲率

⊖　这仅在两个材料都有相同硬度时成立。若其中一种材料比另一种更硬、更粗糙，犁沟力就不可以忽略不计。

半径相反。表面粗糙度对滚动摩擦有影响，大部分摩擦接合面由于滚压而被压平，从而降低了表面粗糙度。通常人们用高硬度的材料作为滚压副使对偶表面做硬和压平。滚动摩擦几乎不随速度变化[7]。

润滑剂对摩擦的影响

在滑动界面添加润滑剂对摩擦系数有多种有利的影响。润滑剂可以是液体或固体，但均具有低剪切强度和高抗压强度的特性。液体润滑剂，如石油润滑油，在轴承中受到一定范围压应力时基本不可压缩，但它容易发生剪切。因此，它成为在界面中最弱的材料；如式（7.3），其低的剪切强度可降低摩擦系数。润滑剂作为金属表面的污染物，以单分子层形式吸附在金属表面，这样可以阻止金属甚至于兼容性很好的金属间的黏着（见7.4节）。许多商业用的润滑油含有各种润滑添加剂，这些添加剂可以与金属表面发生反应形成单分子层化合物。所谓的极压润滑剂（EP）是把脂肪酸或其他成分添加到基础润滑油中，这些组分可以与金属表面发生化学反应形成润滑污染层，这些污染润滑层即使在当润滑油被高压挤出界面时也可以起到保护和降低摩擦的作用。润滑剂，尤其是液体润滑剂，也可以将接触面的热量带走。较低的温度可以降低表面间的相互作用和磨损。润滑剂和润滑现象将会在第11章做更详细的介绍。表7-1列出了一些常用的配对金属副的典型摩擦系数值。

表7-1　一些材料摩擦副的摩擦系数

材料1	材料2	静态		动态	
		干燥	润滑	干燥	润滑
低碳钢	低碳钢	0.74		0.57	0.09
低碳钢	铸铁		0.183	0.23	0.133
低碳钢	铝	0.61		0.47	
低碳钢	黄铜	0.51		0.44	
硬钢	硬钢	0.78	0.11~0.23	0.42	0.03~0.19
硬钢	巴氏合金	0.42~0.70	0.08~0.25	0.34	0.06~0.16
聚四氟乙烯	聚四氟乙烯	0.04			0.04
钢	聚四氟乙烯	0.04			0.04
铸铁	铸铁	1.10		0.15	0.07
铸铁	青铜			0.22	0.077
铝	铝	1.05		1.4	

摘自：*Mark's Mechanical Engineers' Handbook*, T. Baumeister, ed., McGraw-Hill, New York.

7.4 黏着磨损

当一些（洁净的）表面，如图7-1所示，在载荷下彼此受压时，由于两种材料表面原子间的吸引力，一些接触微凸体会发生相互黏着[3]。当这些接触表面发生相对滑动时，这些黏着部位要么沿着原来的界面破坏，要么沿着与轮廓凸起峰位置的新平面破坏。如果沿新平面破坏，零件A就会有小部分材料转移到零件B上，引起表面的破裂与损坏。有时，一些材料颗粒会脱落下来变成碎片存在于摩擦表面间，这些碎片会在两个表面上造成刮痕与犁沟。这种破坏有时被称为表面划痕或刮擦⊖。图7-5是

⊖　刮擦通常是与齿轮齿有关，通常包含滚动和滑动的混合作用。见第11章。

在润滑不足情况下轴因粘着磨损而失效的一个例子[6]。

最初的黏着理论是假设所有的微凸体接触会因应力过大而导致屈服与黏着。目前认为，在大多数接触的情况下，特别是在反复刮擦下，只有一少部分接触微凸体发生屈服和黏着；微凸体的弹性变形对接触界面牵引力（摩擦力）起着同样重要的作用。

相容性　配对材料的冶金相容性是影响黏着的一个重要因素。两种金属的冶金相容性可以定义为高的相容性或者形成金属间化合物[4]。不相容意味着金属可以在另一块金属上滑行时只产生轻微的划痕，Davies 定义了下面两个**冶金不相容**的条件[5]。

1. 金属间不能互容，既不能互相溶解，也不能形成合金。

2. 至少有一种材料来自 B 族元素，即这个元素是来自元素周期表 Ni-Pd-Pt 列的右边。

相容性一词会给人们带来困惑，因为相容性这个词通常意味着协同工作的能力，但在这里，这个词表示它们不能在一起工作（滑动）。金属间的冶金相容性是指金属会黏着在一起，这种黏着妨碍滑动，导致**摩擦不相容**。

Rabinowicz[33] 根据以上标准按金属相容性程度对配副材料进行了分组，分为完全相容、部分相容、部分不相容和不相容四大类别。同种与完全冶金相容的金属不应该在无润滑的滑动接触中工作。而不相容和部分不相容的金属可以组合在一起工作。图 7-6 是根据他的标准所绘的常用金属的相容性图。C 表示具有**冶金相容性**的金属组合（即不适合滑动接触）。pc 表示**部分相容**的组合，pi 表示**部分不相容**的组合。部分不相容比部分相容更适用于滑动接触。X 表示冶金不相容，可以预期它们是所有组合中耐黏着磨损最好的。对轴承而言，X 是好的，C 是差的；相对于 pc 配副，pi 配副使轴承性能更好。同类金属配副往往性能较差。

图 7-5

轴的黏着磨损

摘自 D. J. Wulpi, *Understanding How Components Fail*, 3ed, B. Miller, Ed., ASM International, Materials Park, OH, 2013.

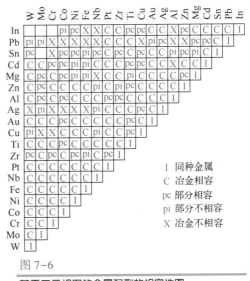

图 7-6

基于二元相图的金属配副的相容性图

数据摘自文献 [33]

污染物　只有在洁净、无污染的材料表面才会发生微凸体的黏着。污染物可以是氧化物、人手接触残留的油脂，也可以是空气中的水汽等。在本文中，污染物还包括有意引入摩擦界面的物料，如涂料或润滑剂。事实上，润滑剂的主要功能之一就是防止黏着，从而降低摩擦力和表面损伤。润滑膜能够有效地隔离两种材料，甚至可以阻止黏着，特别是同种材料之间的黏着。

表面粗糙度　不一定非是粗糙表面才会发生黏着磨损。如图 7-1a 所示，经过研磨的零件表面也有很多微凸体。如图 7-1b 所示的粗糙表面那样，这些微凸体足以产生黏着磨损。

冷焊　如果相互配对金属材料具有冶金相容性且表面非常结净，那么它们黏着力就会很大，并在滑动摩擦时产生足够的局部高温使得轮廓微凸体焊接在一起。如果将洁净金属表面打磨到具有很小的表面粗糙度（例如：抛光），当彼此发生摩擦时（在足够压力下），它们会发生冷焊，而黏着在一起，如同形成同一金属那样。如果在真空中，这种黏着会更强，因为没有空气形成金属表面的氧化物。这种**滚-黏**过程，即在空气中，将两种相容的金属在一定压力下通过滚压和铸造产生冷焊的方法，在商业上常用于制作恒温器用的双金属条和我们口袋中的 10 美分和 25 美分的硬币。

擦伤　擦伤描述的是一种不完全的冷焊。因为某些原因（通常是表面有污物），零件没完全冷焊在一起。但部分表面确实发生了黏着，并导致材料从一个表面转移到另一个表面，形成明显的擦伤条纹。通常，擦伤一旦出现，就会损害表面。

以上因素对机械师和经验丰富的工程师来说是常识，它解释了*为什么通常同种材料不能与其自身一起配对工作*。也有一些例外，典型的例子是淬火钢与淬火钢配对；而其他组合，如铝与铝的配对则必须避免。

黏着磨损系数

一般来说，磨损程度与材料硬度成反比。磨损率可通过销-盘摩擦实验，在给定荷载与润滑条件下运行一定距离从而测量其体积损失得到。磨损体积与滑动速度无关，可以表示如下：

$$V = K\frac{Fl}{H} \tag{7.7a}$$

式中，V 表示两种摩擦对材料中较软材料的磨损体积；F 表示法向荷载；l 表示滑动的长度；H 表示压痕硬度，单位是 kgf/mm^2 或者 psi，H 可以表示为布氏硬度（HBW）、维氏硬度（HV），或其他绝对硬度单位。洛氏硬度转换为其他硬度单位也可以应用于上式（详见表 2-3）；K 是黏着磨损系数，它是一个无量纲单位，K 是一个与材料使用以及润滑方面有关的函数。

由于磨损深度 d 比磨损量在工程上更引人关注，式（7.7a）可以表达成关于磨损深度 d 的表达式：

$$d = K\frac{Fl}{HA_a} \tag{7.7b}$$

式中，A_a 表示表观接触面积。

即使在相同条件、同种材料时，不同测试测得的 K 值仍有约 2 倍的差异。这种变化也出现在摩擦系数的测量中，通常摩擦系数会有 ±20% 的标准偏差。这些变化的原因还没完全弄清，但一般把这些变化归因于在不同测试条件下很难重建相同的表面条件[33]。尽管测试值存在较大变化幅度，但有测试数据总比没有数据好，比如当无法对实际情况测试时，可以用已测数据估算其大致的磨损率。

不同材料在不同润滑条件下所得经验数据表在文献［33］中可以查到。在使用这些数据时，虽然可以发现一些材料组合的黏着磨损系数与实际工况条件相似，但缺少的数据表明：某些设计工况没有合适的数据可用。图 7-7 给出了黏着磨损系数 K 随着润滑条件及 Rabinowicz 的金属相容性变化的广义点线图。在任何设计工况下其 K 值可近似从图中获得。应当认识

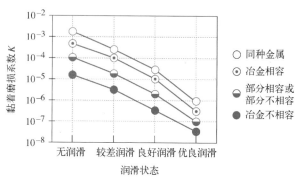

图 7-7

随着金属配副相容性及润滑条件变化的黏着磨损系数 K

上图改编自 Figure 11，p. 495，E. Rabinowicz，"*Wear Coeffi-cients—Metals*," in Wear Control Handbook，M. B. Peterson and W. O. Winer，ed.，ASME，New York，1980.

到，对一个设计的工况，只有通过测试才可以得到合理准确的磨损寿命数据。注意，图 7-7 中数据是基于与材料损失有关的黏着磨损系数的。材料也会在滑动过程中通过黏着从一个表面转移到另一个表面。黏着转移的磨损系数是一般材料损失磨损的 3 倍[33]。

7.5　磨粒磨损

磨粒磨损有两种形式：二体和三体磨粒磨损。**二体磨粒磨损**指 *粗糙硬材料相对较软材料滑动发生的磨损*。硬表面嵌入软表面并从软表面带走材料，例如用锉刀去加工金属表面。**三体磨粒磨损**指 *硬质颗粒进入了两个相对滑动的表面，且至少其中一个表面硬度比硬颗粒小*。硬质颗粒刮擦一个或两个表面材料，研磨和抛光即属于此类型。**磨粒磨损**是 *去除材料的过程，在这个过程中，被刮擦表面在可控或不可控的速率下损失材料*。磨粒磨损同样遵循磨损式(7.7)[⊖]。图 7-8 给出了磨粒磨损的磨损系数值。表 7-2 也列出了一些典型的磨粒磨损的磨损系数值。

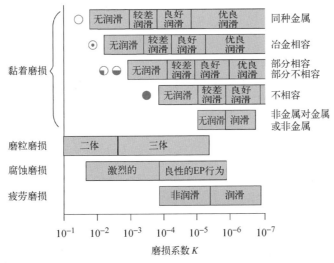

图 7-8

各种滑动情况的磨损系数

摘自：E. Rabinowicz, Wear Coefficients – Metals, *in Wear Control Handbook*, M. B. Peterson and W. O. Winer, ed. , ASME, New York, 1980.

表 7-2　磨粒磨损系数 *K*

	锉　刀	新砂纸	松磨粒	粗抛光
干表面	5×10^{-2}	1×10^{-2}	1×10^{-3}	1×10^{-4}
润滑表面	1×10^{-1}	2×10^{-2}	2×10^{-3}	2×10^{-4}

摘自：E. Rabinowicz, *Wear Coefficients – Metals*, in Wear Control Handbook, M. B. Peterson and W. O. Winer, ed., ASME, New York, 1980.

⊖ 在使用式(7.7)时，黏着磨损的 *H*（硬度）是硬材料的，磨粒磨损的 *H*（硬度）是软材料的。

不可控磨粒磨损 挖土设备，如挖掘机、推土机和采矿设备，在一个相对不可控的三体磨粒磨损形式中工作，由于被掘出的土壤或矿物通常包含比设备钢表面更硬的材料。硅（沙）是地表上最丰富的固体材料，且具有比大部分金属更高的硬度（其绝对硬度达到 800 kg/mm²）。软钢（低碳钢）的绝对硬度只有 200 kg/mm² 左右，但硬化工具钢的绝对硬度能达到 1000 kg/mm²，因而能在这些环境中使用。硬化钢锉刀能用来磨削软金属、非金属，甚至是玻璃（硅的一种形式）。许多机械设计应用都涉及大量材料发生磨粒磨损的过程。混凝土泥浆泵吸、岩石破碎、土地挖掘以及陶瓷件的运输都是会出现磨粒磨损的例子。图 7-9 给出了不可控磨粒磨损对挖土机可换铲齿的影响，包括一个新零件与使用后受到磨损的零件背面以及正面的对比。零件正面是由 8640 中碳钢制成，而背面是由 1010 软钢制成[6]。

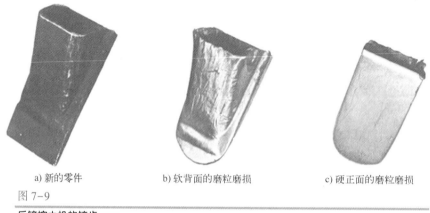

a) 新的零件   b) 软背面的磨粒磨损   c) 硬正面的磨粒磨损

图 7-9

反铲挖土机的铲齿

摘自：Fig. 7, P. 173, D. J. Wulpi, *Understanding How Components Fail*, 3ed, B. Miller, ed., ASM International, Materials Park, OH, 2013.

对于那些在较洁净环境下工作的机械零件，可以通过合理选择材料和精加工来减少或消除磨粒磨损。在二体接触中，光滑的硬质材料不会刮伤软材料。如 7.4 节中提到，滑动轴承和轴通常是由合适的材料制成，表面通常被精磨加工至很低的表面粗糙度。一开始，光滑的精加工表面会减少磨粒磨损，并将一直维持这种状况，除非后来有硬质颗粒杂质进入摩擦界面中。用软材料制备滑动轴承（与硬轴配对）是为了使硬质颗粒可以嵌入软轴承材料中。嵌入软材料中的硬质颗粒对轴的潜在危害会降到最低。进入轴承的颗粒要么来自润滑剂中的外来杂质，要么来自轴承内生成的氧化产物。氧化铁比生成它们的钢的硬度要大，因此在工作过程会引起轴的刮擦。若使用静压润滑（润滑剂会主动循环，参见第 11 章），为了去除润滑剂所含的颗粒，必须对进入润滑系统的润滑剂进行过滤。如果有足够和清洁的润滑剂，一个合理设计的静压润滑轴承应该不存在磨粒磨损。

可控磨粒磨损 除了通过系统的设计来避免磨粒磨损之外，工程师还应该懂得通过设计获得可控磨粒磨损。可控磨粒磨损在制造过程中被广泛应用。二体磨粒磨损或许是最常见的例子，通过使用磨粒介质如碳化硅（金刚砂）摩擦高速滑动的零件表面达到去除材料、控制零件尺寸和精加工的目的。通常使用冷却剂来保护材料不受加工过程中过量热量的影响，并可以改善磨粒加工过程。相对于干摩擦来说，湿摩擦可以将磨损效率提高 15%。砂纸和砂布的应用可以让复杂的曲面进行磨粒磨损加工。喷丸是侵蚀二体磨损的例子，其主体是沙丸，而另一体是被磨或侵蚀的表面。

制造过程中一个常见三体磨损的例子是滚磨处理，即将零件与一些磨粒放入一个圆筒中，然后一起翻转。零件在滚筒中弹性滚动而被磨粒反复摩擦。零件的毛刺和锐变被去除，外表面被抛光。另一个例子是表面抛光处理，将非常细的硬质颗粒引入到相对较软，且适应性好的材料（例如布料）表面，对其进行抛光。该加工过程通常速度高，且含有水分。

颗粒尺寸　颗粒尺寸对磨粒磨损过程效率有一定的影响。任何一种情况下，都有对应的颗粒临界尺寸值。高于临界尺寸时，磨损将持续加剧。低于临界尺寸时，磨损率减少。有人认为，当从工件上脱落的颗粒和磨粒尺寸一样大小时，或者大于磨粒尺寸的时候，磨损率将下降。在这种情况下，脱落颗粒会阻止磨粒嵌入工件中。

磨粒磨损材料

对磨粒的两个要求分别是：硬度和锐度。磨粒硬度必须高于被加工材料。超过工件硬度150%时不会增加磨损率，但能延长磨粒的有效"锐度寿命"，磨粒自身也会随着时间推移而丧失其磨削能力。锐度是将脆性材料碎裂加工制成锐边磨粒而实现的。最符合这两个标准的材料是陶瓷和硬质非金属材料。表7-3 给出了一些常见的磨粒材料及它们的硬度。氧化铝（刚石）和碳化硅（金刚砂）因其相对高硬度和低价格而被广泛使用。碳化硼和金刚石用于要求最硬材料的应用中，但是两者都比较昂贵。

表 7-3　用于磨粒的材料

材料	组分	硬度/(kg/mm^2)
金刚石	C	8000
碳化硼	B_4C	2750
金刚砂（碳化硅）	SiC	2500
碳化钛	TiC	2450
刚玉（氧化铝）	Al_2O_3	2100
碳化锆	ZrC	2100
碳化钨	WC	1900
石榴石	$Al_2O_3 \cdot 3FeO \cdot 3SiO_2$	1350
氧化锆	ZrO_2	150
石英，二氧化硅，沙	SiO_2	800
玻璃	硅酸盐	$\cong 500$

摘自：E. Rabinowicz, *Friction and Wear of Materials*, 1965, reprinted by permission of John Wiley & Sons, Inc., NewYork.

抗磨损材料

一些不是特别硬的工程材料有时比那些具有很高硬度的材料更适合于磨粒磨损应用。硬度高通常伴随脆性大，因此它们耐冲击和疲劳载荷能力会低于最佳值。表7-4 给出了一些适用于磨粒磨损材料的硬度值。

表 7-4　抗磨粒磨损材料

材料	硬度/(kg/mm^2)	相对磨损
碳化钨（烧结）	1400~1800	0.5~5
高铬白铸铁		5~10
工具钢	700~1000	20~30
轴承钢	700~950	
铬（电镀）	900	
渗碳钢	900	20~30
渗氮钢	900~1250	20~30
珠光体白铁		25~50
奥氏体锰钢		30~50
珠光体低合金（0.7%C）钢	480	30~60
珠光体非合金（0.7%C）钢	300	50~70
轧制正火低碳（0.2%C）钢		100

摘自：Table Ⅲ, p.289, T. E. Norman. Abrasive Wear of matals, in *Handbook of Mechanical Wear*, C. Lipson, Ed., U. Mich. Press, 1961.

涂层　一些陶瓷材料可以通过等离子喷射方法喷涂到金属基体上，为其提供一个具有耐腐蚀性和耐化学性的高硬度表面。由于这些等离子喷涂涂层的表面粗糙度较大，限制它们的应用（像去皮橙子那样），因此必须通过金刚石研磨得到一个适合滑动连接的精加工表面。如果机械应力或热应力过大，这些涂层会很脆，并可能从基体上剥落。

注意，氧化铝可以通过对铝基体进行可控的阳极氧化获得，具有与基体一样的光整表面。所

谓的硬质阳极氧化仅指为了防腐得到的厚阳极氧化涂层，通常在磨粒磨损环境下，该涂层可保护铝基材零件表面。（见 2.5 节）

7.6 腐蚀磨损

腐蚀 几乎所有的物质（除了一些贵金属，如金、铂等）都会在正常的环境中发生腐蚀。最常见的腐蚀是氧化。多数物质都会与空气或水中的氧发生反应从而形成氧化物。有些材料，比如铝，只要它的氧化表层不被破坏，氧化就会被阻止。铝在空气中形成氧化层，氧化层逐渐增加到 0.02 μm 的厚度。这时候，氧化反应会终止，因为致密无孔的氧化铝薄膜会将铝基体密封，阻止其与空气中的氧接触（这就是阳极氧化的原理，使得铝材在服役前，就在表面上生成了一层均匀、可控厚度的氧化铝层）。但对于铁的合金，却会形成不连续的、多孔的氧化层，并且氧化层极易自我剥落导致新的基体材料暴露出来。所以氧化反应会一直进行，直到所有的铁转变成氧化物。另外，高温会大大加快所有化学反应的速率。

腐蚀磨损 是指处于化学腐蚀的环境下，由于两个摩擦副间的滑动或者滚动接触引起的表层的机械破坏。这种表面接触会破坏氧化膜（或者其他腐蚀膜），从而使新基体暴露在活性元素中，加快腐蚀速率。如果化学反应的产物（比如氧化物）又硬又脆，产物的剥落物就会成为摩擦界面间的离散颗粒，形成其他形式的磨损，比如擦伤。图 7-8 给出了腐蚀磨损的磨损系数。

有些金属的反应产物如金属氯化物、磷酸盐、硫化物，它们比金属基体软，也不脆。这些腐蚀产物能作为有益的杂质，通过阻碍金属粗糙表面的黏附起到减少黏着磨损的作用。这就是在极压油中添加包含氯、硫或其他反应元素的复合物的原因。这种方法可以使一些金属表面由原来容易发生极快、破坏性的黏着磨损转变为比较慢的腐蚀磨损，比如轮齿和凸轮，因为它们高副的几何结构润滑条件下呈现较差的状态。

腐蚀疲劳

第 6 章已详细讨论了机械断裂和疲劳失效的机理，并简略和多次提到了腐蚀疲劳或应力腐蚀现象。腐蚀疲劳的机理尚未完全明确，但是它产生的后果的实际证据却是很明确的。当某零件在腐蚀环境中受到压应力时，相比于单一的应力作用或腐蚀过程，腐蚀会加快，失效也会加速。

静态应力的存在足以加速腐蚀过程。应力和腐蚀联合作用下会产生一种协同效应，材料有应力的腐蚀比无应力的腐蚀会更迅速。这种静应力和腐蚀复合作用的状态称为**应力腐蚀**。如果某零件处于*腐蚀环境下*，还受到周期性应力作用，零件中的裂纹生长会比单一条件下更快，这就称作**腐蚀疲劳**。应力循环的频率（相对于循环次数）在无腐蚀环境下对裂纹的生长没有不利的影响，但是在腐蚀环境下却有影响。当在拉伸应力作用下，较低循环频率会使腐蚀介质花较长时间才能作用到应力集中的裂纹尖端，并持续增加裂纹扩展率。在图 6-30～图 6-32 和第 6 章中，我们对这种现象做了更详细的讨论。

微动腐蚀

当两金属表面在空气中紧密接触，如压合或咬合，我们认为在界面上不会发生严重的腐蚀。然而，这些种类的接触会受到被称为**"微动腐蚀"**（或微动磨损）现象的影响，微动腐蚀显著消耗接触界面的材料。在这种状态下，即使没有很明显地滑动发生，但仅轻微的变形（仅千万分之一英寸）都足以引发微动磨损。振动是导致微动磨损的另一来源。

微动磨损机理被认为是磨粒磨损、黏着磨损和腐蚀磨损的共同作用。自由表面会在空气中氧化，但当表面上形成的氧化层逐渐将基体和空气隔离的时候，氧化速度就会变慢。如上所述，只要氧化层不破坏，有些金属实际上会自我阻止氧化。振动和反复的机械变形会破坏氧化层，并将氧化层从基体上剥离，导致新的金属基体暴露到含氧环境中。这会促使配副的"洁净"金属表面间的微凸体黏着，并为三体磨损提供磨粒介质，这种磨粒介质以硬质氧化物颗粒形式存在于三体磨损界面间。这些磨损的综合作用会慢慢消耗材料固体体积，并产生刮擦下来或氧化后的磨屑。随着这一过程的进行，界面上会发生明显的零件尺寸损失。在其他情况下，结果可能只是界面轻微变形或如同刮擦一下的轻微黏着。所有的微动磨损的发生并未被预先想到，可能它被设计者认为是非常苛刻和难以琢磨。当然，没有什么东西是无法预料或苛刻的，微动磨损正是微观运动就足以引起磨损的证据。图 7-10 给出了轮轴被压配轮毂造成的微动磨损的照片。图 7-8 给出了微动磨损的磨损系数。

一些被证明可减少微动磨损的技术实际是减少了变形（比如紧密的装配和加紧的夹具）；并将固体或流体润滑剂加到连接部位，这些润滑剂可作为氧气隔离物和减磨剂。引入垫圈，尤其是具有强弹性的垫圈（如橡胶垫圈），可吸收振动，从而起到减少磨损的作用。金属零件若具有坚硬和平滑表面会提高它的抗磨能力，并能减少微动磨损的损伤。有时会使用抗腐蚀镀层，如镀铬。最好的方法是在真空和惰性气体中操作，以排除氧气（多数场合下不一定适用）。

图 7-10
与轮毂压配下的轴上的微动磨损
摘自：Fig. 11, p. 178, D. J. Wulpi, *Understanding How Components Fail*, 3ed. B. Miller, Ed., ASM International, Materials Park, OH, 2013.

7.7　表面疲劳

以上讨论的所有表面失效情形都是应用于界面间存在相对运动的情况下，这种相对运动本质是纯滑动。当两界面处于纯**滚动接触**，或者是基本滚动加上少量滑动情况时，会产生一种不同的表面失效机理，它叫作**表面疲劳**。这种情况在实际应用中有很多，如球轴承、滚子轴承、凸轮和滚子从动件、轧辊、直齿和斜齿接触。所有这些情况，除了轮齿和轧辊外，其他基本上是纯滚动，最多有不超过 1% 的滑动。正如我们所看到的，轮齿在它们的部分轮齿面上有明显的滑动，与纯滚动的情形相比，滑动会明显地改变应力分布状态。在其他形式的齿轮的界面上，如螺旋锥齿轮、准双曲面齿轮、蜗杆涡轮，基本上是纯滑动，因此它们包含上面讨论的一种或者多种磨损机理。轧辊（例如用于轧制钢板的辊）则根据它的使用目的，可能有滑动，也可能没有。

滚动界面接触材料的应力状态取决于接触面的几何形状、载荷以及材料性质。通常，每个接触构件上都允许任何三维几何形状，其应力计算会很复杂。有两种特殊几何形状，既具有实际应用价值，也会使分析稍微容易。它们是*球面-球面*，以及*圆柱面-圆柱面*。在所有情形下，配合表面的曲率半径将是关键的因素。通过改变配合面的曲率半径，这些接触能变为：球面-平面、球面-杯面、圆柱面-平面和圆柱面-凹槽面四种不同的子情形。只需将一个配合面的曲率半径设为无限大，就可使其成为平面；负曲率半径表明了凹形杯面或凹槽面。例如，一些球轴承可用球面-平面为模型来表示；一些滚子轴承可用圆柱面配合凹槽面模型表示。

当一个球经过另一个表面时，理论上所接触面积是尺寸为 0 的点。一个滚子与柱面或平面接触，理论上是沿着一条没有宽度的线接触。既然在这些接触方式中它们的理论接触面积为零，那么施加任何非零载荷都会产生无限大的应力。我们知道这一定是不对的，因为材料并没有瞬间破坏。事实上，材料一定会变形，从而产生足够大的接触面积来支承载荷，使其处于有限应力作用的范围之内。这种形变会在接触区域上产生半椭圆形的应力分布。通常，接触区域是椭圆形的，如图 7-11a 所示。球体会产生一个圆形的接触区。而圆柱会产生一个矩形的接触区，如图 7-11b 所示。

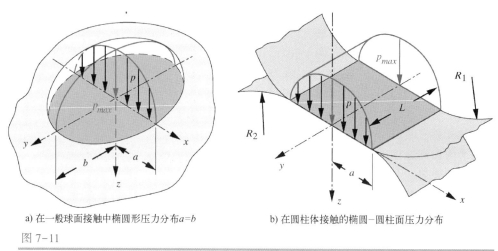

a) 在一般球面接触中椭圆形压力分布 $a=b$

b) 在圆柱体接触的椭圆-圆柱面压力分布

图 7-11

球面、柱面以及一般赫兹接触下的接触区和压力分布状态

考虑情形如下：在恒定法向载荷作用下，一个圆球沿直线在一个平面滚动，且没有滑动。如果载荷对材料产生的应力低于材料的屈服点，那么在接触区的形变是弹性的。当载荷经过接触区后，变形表面会回复至它原始的曲面几何形状。在每次连续的运行中，球上的同一点将会再次与表面接触。在接触区产生的这种应力叫作**接触应力或者赫兹应力**。在球面上这块小体积上的接触应力将随着球旋转的频率而不断重复。这就产生了疲劳载荷的条件，最终会导致**表面疲劳失效**。

这种重复的加载与拉应力疲劳加载的情形（见图 6-1b）很相似。而这种情形下明显的不同是，在接触面中心区的主接触应力是完全受压的，而不是拉应力。回顾第 6 章中所述，疲劳失效被认为是由剪切应力引发，而由拉应力发展到失效。同样地，这里也存在一种与受压的接触应力有关的剪切应力，这种剪切应力被认为是足够次数的应力循环后，裂纹形成的原因。裂纹生长最终因为**点蚀**（小片表面物质断裂、脱落）而失效。一旦表面出现点蚀，它的表面就会受损，同时它会迅速地发展成**剥落**失效，即表面上大片的损失⊖。图 7-12 展示一些了点蚀和大片剥落的实例。

如果一个球或者滚动轴承没有工作，而是经受来自邻近机械的振动，点蚀会在球或滚子

⊖ 根据 Ding 与 Gear 的文献 [36]，目前还没有统一区分点蚀和剥落的理论。许多文献已使用了点蚀和剥落，或有时微点蚀；有些文献采用点蚀、微点蚀和剥落描述表面接触疲劳程度的不同水平。Tallian 认为剥落为宏观接触疲劳，它由裂纹扩展和存在的点蚀引起，而表面损伤的来源则不是裂纹扩展。造成认识混乱的原因之一可能是由于对点蚀和剥落的物理原因尚不了解。为了探讨一个一致的定义，Ding 定义的点蚀和剥落如下：点蚀（是）为浅坑［≤10 μm］，主要由表面缺陷的发展形成；而剥落（是）被认为是深腔，主要由表面缺陷形成。

a) 轮齿的轻微点蚀

b) 轮齿的严重点蚀、剥落和瓦解

图 7-12

表面疲劳产生点蚀和剥落而导致表面失效的实例

摘自：J. D. Graham, *Pitting of Gear Teeth*, in *Handbook of Mechanical Wear*, C. Lipson, ed., U. Mich. Press, 1961, pp. 138, 143.

滚道上产生。这种情况称为**摩擦腐蚀压痕**，因为它与材料布氏硬度测试所产生的凹痕具有相似的外观，因此有时候又称为假性布氏压痕。当轴承开始工作时，这种缺陷通常会导致快速剥落。

　　接下来，我们会研究以球面-球面这种相对简单形状滚动接触时的接触面几何形状、压力分布、应力和形变，然后讨论圆柱面-圆柱面的情形，最后讨论一般情形。这些情形的方程源于更加复杂的弹性力学的方程组。静载下两物体中心线上的接触面积、形变、压力分布和接触应力的方程最早是由赫兹在 1881 年推导出的。参考文献 [14] 上有其推导的英译本。之后还有许多其他学者进一步拓展了对这个问题的认识[15-18]。

7.8　球面接触

　　双球面接触的横截面如图 7-13 所示。图中虚线表示另一接触面（或者是平面或者是凹面）。不同之处是曲率半径的大小和符号（凸为+，凹为-）。图 7-11a 为在接触区上通常的半椭球体形的压力分布。对于球面-球面的情况，压力分布是半球体，并有一个圆形接触区（$a=b$）。

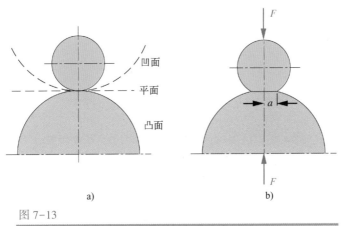

a)

b)

图 7-13

两球或两圆柱接触的接触区域

球面接触压力和接触区

接触压力在中心处最大，记为 p_{max}，在边沿上为零。在接触区上加载载荷 F 等于半球的体积：

$$F = \frac{2}{3} \pi a^2 p_{max} \tag{7.8a}$$

式中，a 为接触区的半宽（半径）。可解出最大压力 p_{max}：

$$p_{max} = \frac{3}{2} \frac{F}{\pi a^2} \tag{7.8b}$$

在接触区的平均压力，即为总载荷除以其接触面积，为：

$$p_{avg} = \frac{F}{area} = \frac{F}{\pi a^2} \tag{7.8c}$$

将式（7.8c）代入式（7.8b）可得：

$$p_{max} = \frac{3}{2} p_{avg} \tag{7.8d}$$

我们定义两球的材料常数为：

$$m_1 = \frac{1-\nu_1^2}{E_1} \qquad\qquad m_2 = \frac{1-\nu_2^2}{E_2} \tag{7.9a}$$

式中，E_1、E_2 和 ν_1、ν_2 是球 1 和球 2 各自材料的弹性模量和泊松比。

由于相比于物体的曲率半径，接触区域的尺寸很小。因此，虽然接触区上有微小的形变，但可认定在接触区的曲率半径是常数。我们可定义一个几何常数，它仅与两个球的半径 R_1 和 R_2 相关：

$$B = \frac{1}{2} \left(\frac{1}{R_1} + \frac{1}{R_2} \right) \tag{7.9b}$$

如果考虑球体对平面的情形，R_2 设为无限大，则 $1/R_2$ 为零。若物体 2 为凹形体，R_2 为负值（见图 7-13）。若物体 2 是凸球体，R_2 为有限的正值。R_1 的符号选取也采用同样的方法。

接触区半径 a 由下式得出：

$$a = \frac{\pi}{4} p_{max} \frac{m_1 + m_2}{B} \tag{7.9c}$$

将式（7.8b）代入式（7.9c），有：

$$a = \frac{\pi}{4} \left(\frac{3}{2} \frac{F}{\pi a^2} \right) \frac{m_1 + m_2}{B}$$

$$a = 3 \sqrt{0.375 \frac{m_1 + m_2}{B} F} \tag{7.9d}$$

半球内的压力分布为：

$$p = p_{max} \sqrt{1 - \frac{x^2}{a^2} - \frac{y^2}{a^2}} \tag{7.10}$$

将压力 p 换算至 p_{avg} 的大小，将接触区域的 x 和 y 尺寸换算成接触半径 a，然后就能画出覆盖整个区域的压力分布图，类似于椭圆形，如图 7-14 所示。

球面接触的静态应力分布

接触区压力在材料上形成了一个三维的应力状态。三个应力 σ_x，

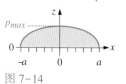

图 7-14

横穿接触区的压力分布

σ_y 和 σ_z 都是压应力，且在球面上的接触中心处达到最大。随着深度增加和远离接触区的中心线，它们快速、非线性地减小。为纪念它们的发现者，这些应力被称为**赫兹应力**。参考文献［19］中有完整推导过程。注意，在这种情况下，x，y 和 z 方向上的应力都是主应力。如果我们观察这些应力随 z 轴变化（随 z 轴深入物体内），会发现：

$$\sigma_z = p_{max}\left[-1+\frac{z^3}{\left(a^2+z^2\right)^{3/2}}\right] \tag{7.11a}$$

$$\sigma_x = \sigma_y = \frac{p_{max}}{2}\left[-\left(1+2\nu\right)+2\left(1+\nu\right)\left(\frac{z}{\sqrt{a^2+z^2}}\right)-\left(\frac{z}{\sqrt{a^2+z^2}}\right)^3\right] \tag{7.11b}$$

在上面的计算中，泊松比与球本身材料性质相关。当 $z=0$ 时，这些正（或主）应力在表面处为最大：

$$\sigma_{z_{max}} = -p_{max} \tag{7.11c}$$

$$\sigma_{x_{max}} = \sigma_{y_{max}} = -\frac{1+2\nu}{2}p_{max} \tag{7.11d}$$

这些主应力也会产生一个主剪应力：

$$\tau_{13} = \frac{p_{max}}{2}\left[\frac{\left(1-2\nu\right)}{2}+\left(1+\nu\right)\left(\frac{z}{\sqrt{a^2+z^2}}\right)-\frac{3}{2}\left(\frac{z}{\sqrt{a^2+z^2}}\right)^3\right] \tag{7.12a}$$

这个剪切应力不是在表面上最大，而是在距表面下方有小段距离的表层 $z_{@\tau max}$ 处最大：

$$\tau_{13_{max}} = \frac{p_{max}}{2}\left[\frac{\left(1-2\nu\right)}{2}+\frac{2}{9}\left(1+\nu\right)\sqrt{2\left(1+\nu\right)}\right] \tag{7.12b}$$

$$z_{@\tau_{max}} = a\sqrt{\frac{2+2\nu}{7-2\nu}} \tag{7.12c}$$

图 7-15 给出了沿着球体半径向下，主应力和最大剪切应力随深度 z 变化的曲线图。应力用最大压力 p_{max} 做了归一化处理，深度用接触区的半宽 a 做了归一化处理。这是一个在接触球面中心线上无量纲应力分布的图片。注意到，当 $z=5a$ 时，所有的应力都减小到小于 p_{max} 的 10%。表面之下最大剪切应力的位置也能清楚看到。如果所有材质都是钢，最大剪切应力的位置是在大约 $0.63a$ 的深度处，其大小约为 $0.34p_{max}$。而 z 轴表面上的剪切应力为 $0.11p_{max}$。

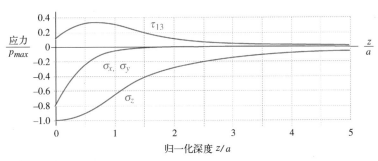

图 7-15

在静态球面接触下沿 z 轴法向应力分布——xyz 上应力都为主应力

表面下最大剪切应力处的位置被认为是影响表面疲劳失效的重要因素。该理论认为，从表面下开始的裂纹最终会扩展到这个位置，而裂纹之上的材料就会破裂形成点蚀（见图7-12）。但其他的证据也表明裂纹有时也从表面开始产生。

图7-16给出了一个凸轮处在一个滚子从动件作用下的接触应力的光弹模型[20]。光弹应力实验分析是用来分析零件应力的物理模型，该零件由透明弹性材料（如聚碳酸酯）制作而成。当加载后在偏振光下观察，这种材料可以显示恒定的应力幅条纹。能清楚地看到最大剪切应力位置，它在从动件下，距凸轮表面有一段距离。当接触面是圆柱面，而不是球面时，它们沿着中心线的应力分布情况相似，我们将在下一节看到。

当远离球表面接触区的中心线时，应力会减小。接触区边缘处，径向应力 $\sigma_z = 0$，但是有一个纯剪切应力的条件，其大小为：

$$\tau_{xy} = \frac{1-2\nu}{3}p_{max} \qquad (7.13a)$$

绘制纯剪切情形的莫尔圆图。那两个非零主应力将会成为 $\pm\tau_{xy}$。这就意味着在接触区边缘处存在拉应力：

$$\sigma_{1_{edge}} = \frac{1-2\nu}{3}p_{max} \qquad (7.13b)$$

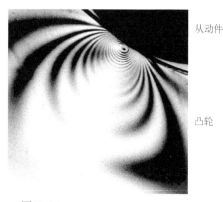

图 7-16

凸轮从动件接触应力的光弹分析

摘自：V. S. Makhijani, *Study of Contact Stresses as Developed on a Radial Cam Using Photoelastic Model and Finite Element Analysis*. M. S. Thesis, Worcester Polytechnic Institute, 1984.

从动件

凸轮

例 7-1　推力球轴承上的应力

问题：一个有7个球的推力球轴承在其轨道上运动，并承受轴向载荷。试求：轨道上的接触面积有多大？球上和轨道产生的应力有多大？球上最大剪切应力的深度是多少？

条件：7个圆球直径10mm（0.394in），轨道是平面。所有材质都是硬质钢，轴向的载荷为每个球151lb或21.5lb。

假设：7个球均匀承载。旋转速度足够慢，可以认为是静态载荷问题。

解：

1. 首先需要求出接触区域的大小，为此，我们需要由式（7.9a）和式（7.9b）得出几何常数和材料常数：

$$B = \frac{1}{2}\left(\frac{1}{R_1}+\frac{1}{R_2}\right) = \frac{1}{2}\left(\frac{1}{0.197}+\frac{1}{\infty}\right) = 2.54 \qquad (a)$$

注意到曲率半径 R_2 是无限大：

$$m_1 = m_2 = \frac{1-\nu_1^2}{E_1} = \frac{1-0.28^2}{3\times10^7} = 3.072\times10^{-8} \qquad (b)$$

注意到此例中所有材料都相同。材料常数和几何常数可直接代入到式（7.9d）中：

$$a = \sqrt[3]{\frac{3}{8}\frac{m_1+m_2}{B}F} = \sqrt[3]{0.375\frac{2(3.072\times10^{-8})}{2.54}21.5}\ \text{in} = 0.0058\ \text{in} \qquad (c)$$

式中，a 是接触区的半宽（半径）。圆形接触区的面积就为：

$$area = \pi a^2 = \pi(0.0058^2)\ \text{in}^2 = 1.057\times10^{-4}\ \text{in}^2 \qquad (d)$$

2. 平均接触压力和最大接触压力就可由式（7.8c）和式（7.8d）得出：

$$p_{avg} = \frac{F}{area} = \frac{21.5}{1.057\times10^{-4}} \text{ psi} = 203\,587 \text{ psi} \qquad (\text{e})$$

$$p_{max} = \frac{3}{2}P_{avg} = \frac{3}{2}(203\,587) \text{ psi} = 305\,381 \text{ psi} \qquad (\text{f})$$

3. 然后，表面上接触中心处的最大一般应力就可由式（7.11c）和式（7.11d）求出：

$$\sigma_{z_{max}} = -p_{max} = -305\,381 \text{ psi} \qquad (\text{g})$$

$$\sigma_{x_{max}} = \sigma_{y_{max}} = -\frac{1+2\nu}{2}p_{max} = -\frac{1+2(0.28)}{2}(305\,381) \text{ psi} = -238\,197 \text{ psi} \qquad (\text{h})$$

4. 通过式（7.12b）和式（7.12c），最大剪切应力和它在表面下的位置也可解得：

$$\begin{aligned}
\tau_{yz_{max}} &= \frac{p_{max}}{2}\left[\frac{(1-2\nu)}{2} + \frac{2}{9}(1+\nu)\sqrt{2(1+\nu)}\right] \\
&= \frac{305\,381}{2}\left[\frac{(1-2(0.28))}{2} + \frac{2}{9}(1+0.28)\sqrt{2(1+0.28)}\right] \text{ psi} = 103\,083 \text{ psi}
\end{aligned} \qquad (\text{i})$$

$$z_{@\,\tau_{max}} = a\sqrt{\frac{2+2\nu}{7-2\nu}} = 0.0058\sqrt{\frac{2+2(0.28)}{7-2(0.28)}} \text{ in} = 0.0037 \text{ in} \qquad (\text{j})$$

5. 到此为止，接触区中心线上的所有应力都已解出。在表面接触区边缘上存在有一个剪切应力为：

$$\tau_{xy} = \frac{1-2\nu}{3}p_{max} = \frac{1-2(0.28)}{3}(305\,381) \text{ psi} = 44\,789 \text{ psi} \qquad (\text{k})$$

同时，有一个同样大小的拉伸应力。

6. 既然两个零件材质相同，全部的这些应力适用于这两个零件。

7. 在本书的网址的文档 EX07-01 可找到。

7.9　圆柱面接触

圆柱面接触在机械中很普遍。在滚压或压延工艺中，接触滚子通常用来拉引片材，如纸张通过机械装置或通过滚压方式改变材料的厚度。滚子轴承则是另一应用例子。圆柱可以都是凸的，也可一凸一凹（圆柱滚子在滚道中）；在一些限定下，还可以是圆柱–平面的情形。在这些接触下，界面上滑动和滚动都有可能发生。相比于纯滚动，切向滑动力的存在对于应力有显著影响。我们首先考虑两个圆柱的纯滚动情况，稍后的讨论再引入滑动分量。

平行柱面接触的接触压力和接触区域

两圆柱一起滚动，它们的接触区域是个矩形，如图 7-11b 所示。其压力分布是半宽为 a 的半椭圆柱。接触区域类似于图 7-13。如图 7-14 所示，最大接触压力 p_{max} 出现在中心处，边缘处的接触压力为零。接触区上外加载荷 F 等于半椭圆柱的体积，即：

$$F = \frac{1}{2}\pi a L p_{max} \qquad (7.14\text{a})$$

式中，F 为总外加载荷；L 是沿圆柱轴线的接触长度。可解出最大压力为：

$$p_{max} = \frac{2F}{\pi a L} \qquad (7.14\text{b})$$

平均压力为总的外加载荷除以接触区面积：

$$p_{avg} = \frac{F}{area} = \frac{F}{2aL} \tag{7.14c}$$

将式（7.14c）代入式（7.14b），可得：

$$p_{max} = \frac{4}{\pi} P_{avg} \cong 1.273 P_{avg} \tag{7.14d}$$

我们现在定义圆柱面的几何常数，它取决于两个圆柱的半径 R_1 和 R_2（注意：这与球面情形的式（7.9b）一样）：

$$B = \frac{1}{2}\left(\frac{1}{R_1} + \frac{1}{R_2}\right) \tag{7.15a}$$

为考虑圆柱面对平面的情形，设 R_2 为无限大，则 $1/R_2$ 为零。对于圆柱对凹形槽的情形，则 R_2 为负值。若圆柱是凸的，R_2 为有限正值。R_1 也一样。然后可求得接触区的半宽 a：

$$a = \sqrt{\frac{2}{\pi}\frac{m_1 + m_2}{B}\frac{F}{L}} \tag{7.15b}$$

式中，m_1 和 m_2 是式（7.9a）中定义的材料常数。

半椭圆柱内的压力分布为：

$$p = p_{max}\sqrt{1 - \frac{x^2}{a^2}} \tag{7.16}$$

它可由如图 7-11 所示的半椭圆柱体表示。

平行柱面接触上的静态应力分布

赫兹应力分析是应用于静载荷的，但也适用于纯滚动接触。材料内的应力分布与图 7-15 中球-球的情形下的应力分布相似。对两平行圆柱接触，有两种可能的情形：其一是*平面应力状态*，这种情况下圆柱在轴向上很短，如一些凸轮-滚子从动件的机构；其二是*平面应变状态*，这种情况下圆柱在轴向上很长，比如压辊滚子。对平面应力状态，其中一个主应力为零。对于平面应变状态，三个主应力可能全都非零。

图 7-17 给出了两静态或者纯滚动接触的圆柱，沿 z 轴（它们在 z 轴上最大）和横穿表面接触宽度的主应力、最大剪切力和 von Mises 等效应力的分布。所有正应力都是压应力，且在表面上最大。它们随着材料深度增加而迅速减小，同样随着远离中心线而减小，如图 7-17 所示。

在表面中心线上，最大正应力为：

$$\sigma_x = \sigma_z = -p_{max}$$
$$\sigma_y = -2\nu p_{max} \tag{7.17a}$$

因为这些面上没有剪切应力存在，这些应力都是主应力。z 轴上的最大剪切应力 τ_{13} 来自于莫尔圆面上的应力组合，与球面接触的情形一样，最大剪切应力处于表面之下。对于两个静接触的钢制圆柱，最大剪切应力的峰值和位置为[19]：

$$\tau_{13_{max}} = 0.304 p_{max}$$
$$z_{@\,\tau_{max}} = 0.786a \tag{7.17b}$$

然而，注意图 7-17 中 z 轴上，表面最大剪切应力不是 0，而是 $0.22p_{max}$，而且在 $0 < z < 2a$ 的深度范围内，变化不大。图 7-18 给出了在圆柱接触时，表面下的正应力和剪应力的三维分布图[35]。

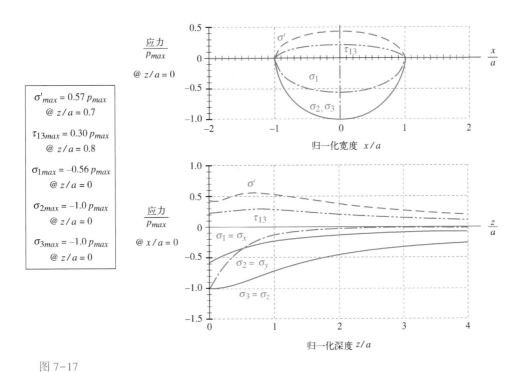

图 7-17

钢质圆柱静态载荷或纯滚动下的主应力、最大剪切应力以及等效应力的分布状态

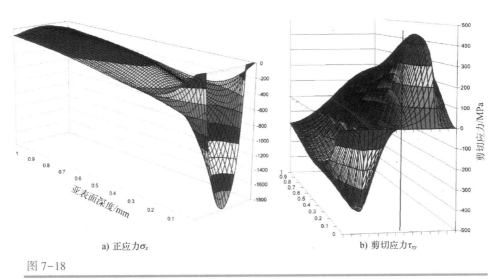

a) 正应力σ_x b) 剪切应力τ_{xy}

图 7-18

圆柱面接触的亚表面应力分布

摘自：G. Hoffman and W. Jandeska，Effects on Rolling Contact Fatigue Performance，*Gear Technology*，Jan/Feb2007，pp. 42-52. 使用的软件由英国牛津大学 D. A. Hills 提供.

例 7-2　柱面接触下的应力

问题：一个高架吊车轮在钢轨上缓慢运动。试求：轮与轨道间的接触区尺寸是多少？各种应力有多大？最大剪切应力的深度？

条件：轮的直径为 12 in，厚度为 0.875 in。平轨。所有零件为钢制。径向载荷为 5000 lb。

假设：车轮转动的速度足够缓慢，因而可看成静态载荷问题。

解：

1. 首先确定接触区的尺寸。为此，可由式（7.15a）和式（7.9a）求出几何常数和材料常数：

$$B = \frac{1}{2}\left(\frac{1}{R_1} + \frac{1}{R_2}\right) = \frac{1}{2}\left(\frac{1}{6} + 0\right) = 0.083 \tag{a}$$

注意到 R_2 的曲率半径是无穷大：

$$m_1 = m_2 = \frac{1-\nu_1^2}{E_1} = \frac{1-0.28^2}{3\times10^7} = 3.072\times10^{-8} \tag{b}$$

注意到此例中所有材料材质相同。那么材料常数和几何常数就可用于式（7.15b）中，有：

$$a = \sqrt{\frac{2}{\pi}\frac{m_1+m_2}{B}\frac{F}{L}} = \sqrt{\left(\frac{2}{\pi}\right)\frac{2(3.072\times10^{-8})}{0.083}\left(\frac{5000}{0.875}\right)}\ \text{in} = 0.0518\ \text{in} \tag{c}$$

式中，a 是接触区的半宽。矩形的接触区面积为：

$$area = 2aL = 2(0.0518)(0.875)\ \text{in}^2 = 0.091\ \text{in}^2 \tag{d}$$

2. 平均接触压力和最大接触压力可由式（7.14b）和式（7.14c）解出：

$$p_{avg} = \frac{F}{area} = \frac{5000}{0.090\,63}\ \text{psi} = 55\,169\ \text{psi} \tag{e}$$

$$p_{max} = \frac{2F}{\pi aL} = \frac{2(5000)}{\pi(0.051\,789)(0.875)}\ \text{psi} = 70\,243\ \text{psi} \tag{f}$$

3. 表面接触区中心上的最大正应力可由式（7.17a）算出：

$$\sigma_{z_{max}} = \sigma_{x_{max}} = -p_{max} = -70\,243\ \text{psi} \tag{g}$$

$$\sigma_{y_{max}} = -2\nu p_{max} = -2(0.28)(70\,243)\ \text{psi} = -39\,336\ \text{psi} \tag{h}$$

4. 最大剪切应力以及其位置（深度）可由式（7.17b）求出：

$$\tau_{13_{max}} = 0.304 p_{max} = 0.304(70\,243)\ \text{psi} = 21\,354\ \text{psi}$$

$$z_{@\tau_{max}} = 0.786a = 0.786(0.0518)\ \text{in} = 0.041\ \text{in} \tag{i}$$

5. 到此，z 轴上所有应力都已得出，而且全部正应力都是主应力。因轮和轨都是钢制的，所有应力对两者均适用。

6. 从本书网站上可找到 EX07-02 文件。

7.10 一般接触

当两个接触体的几何形状可以是任何一般曲面时，接触区是一个椭圆，压力分布是一个半椭球体，如图 7-11a 所示。用曲率半径和一个小的夹角可以相当准确地表示出即使是最一般的曲面。在实际应用中，大多数材料接触尺寸是很小的，所以这种近似表示是合理的。这样，每个物体的复合曲面可由接触点上两个相互正交的曲率半径表示。

一般接触中的接触压力和接触区域

在中心处的接触压力最大，为 p_{max}，在边缘处的接触压力为 0。接触区域上总的外加载荷等于半椭球体的体积，为：

$$F = \frac{2}{3}\pi ab p_{max} \tag{7.18a}$$

式中，a 是椭圆接触区的长轴半宽；b 是其短轴半宽。这就可解出最大压力：

$$p_{max} = \frac{3}{2}\frac{F}{\pi ab} \tag{7.18b}$$

接触区上的平均压力为总的外加载荷除以接触区的面积：

$$p_{avg} = \frac{F}{area} = \frac{F}{\pi ab} \tag{7.18c}$$

将式（7.18c）代入式（7.18b），得：

$$p_{max} = \frac{3}{2}P_{avg} \tag{7.18d}$$

我们需要定义三个依赖于两个物体曲率半径的几何常量，为：

$$A = \frac{1}{2}\left(\frac{1}{R_1} + \frac{1}{R_1{}'} + \frac{1}{R_2} + \frac{1}{R_2{}'}\right) \tag{7.19a}$$

$$B = \frac{1}{2}\left[\left(\frac{1}{R_1} - \frac{1}{R_1{}'}\right)^2 + \left(\frac{1}{R_2} - \frac{1}{R_2{}'}\right)^2 + 2\left(\frac{1}{R_1} - \frac{1}{R_1{}'}\right)\left(\frac{1}{R_2} - \frac{1}{R_2{}'}\right)\cos 2\theta\right]^{\frac{1}{2}} \tag{7.19b}$$

$$\phi = \arccos\left(\frac{B}{A}\right) \tag{7.19c}$$

式中，R_1 和 R_1' 是物体 1 的两个相互垂直方向上曲率半径$^\ominus$；R_2 和 R_2' 是物体 2 的两个曲率半径$^\ominus$；θ 是包含有 R_1 和 R_2 的平面之间的夹角。

然后可得出接触区尺寸相关的 a 和 b：

$$a = k_a\sqrt[3]{\frac{3F(m_1+m_2)}{4A}} \qquad b = k_b\sqrt[3]{\frac{3F(m_1+m_2)}{4A}} \tag{7.19d}$$

式中，m_1 和 m_2 是式（7.9a）中定义的材料常数；k_a 和 k_b 的值来自表 7-5 中的赫兹原始数据，它们对应于式（7.19c）中 ϕ 值。

对于更加精确的估计，可以从表中数据采用插值法获得。表 7-5 中的数据已经拟合成了函数，它们可用于任何角度 ϕ（度）值下的 k_a 和 k_b 值的计算：

$$k_a = 50.192\phi^{-0.86215} \qquad (R=0.99927)$$

$$k_b = 0.005333 + 0.043581\phi - 0.0017292\phi^2 + 3.7374\times10^{-5}\phi^3 \tag{7.19e}$$
$$-3.7418\times10^{-7}\phi^4 + 1.4207\times10^{-9}\phi^5 \qquad (R=0.99949)$$

半椭球体内的压力分布为：

$$p = p_{max}\sqrt{1 - \frac{x^2}{a^2} - \frac{y^2}{b^2}} \tag{7.20}$$

它是如图 7-11 所示的椭圆形。

表 7-5 用于式（7.19d）的系数

ϕ	0	10	20	30	35	40	45	50	55	60	65	70	75	80	85	90
k_a	∞	6.612	3.778	2.731	2.397	2.136	1.926	1.754	1.611	1.486	1.378	1.284	1.202	1.128	1.061	1
k_b	0	0.319	0.408	0.493	0.530	0.567	0.604	0.641	0.678	0.717	0.759	0.802	0.846	0.893	0.944	1

摘自：H. Hertz, Contact of Elastic Solids, in Miscellaneous Papers, P. Lenard, ed. Macmillan & Co. Ltd.: London, 1896, pp. 146-162. H. L. Whitemore and S. N. Petrenko, Natl. Bur. Std. Tech. Paper201, 1921.

一般接触下的应力分布

材料内的应力分布与图 7-17 所示的圆柱对圆柱情形下的应力分布相似。正应力全部是压应

$\ominus$ 在相互垂直的平面上测量。

力，且在表面处最大。随着深入材料内部和远离中心线，应力迅速减小。在表面中心线上，最大的正应力为：

$$\sigma_x = -\left[2v + (1-2v)\frac{b}{a+b}\right]p_{max}$$

$$\sigma_y = -\left[2v + (1-2v)\frac{a}{a+b}\right]p_{max} \tag{7.21a}$$

$$\sigma_z = -p_{max}$$

$$k_3 = \frac{b}{a} \qquad\qquad k_4 = \frac{1}{a}\sqrt{a^2-b^2} \tag{7.21b}$$

这些应力也全是主应力。与这些应力相关的表面上最大剪切应力可由式（4.5）得到。最大剪切应力出现在表面下很浅处，具体深度与椭圆接触区的半轴比值相关。若 $b/a = 1.0$，最大剪切应力在 $z = 0.63a$ 处，若 $b/a = 0.34$，则在 $z = 0.24a$ 处。它的峰值近似为 $0.34\,p_{max}^{[19]}$。

在椭圆接触区长轴末端处，表面上的剪切应力为：

$$\tau_{xz} = (1-2v)\frac{k_3}{k_4^2}\left(\frac{1}{k_4}\operatorname{arctanh} k_4 - 1\right)p_{max} \tag{7.21c}$$

在椭圆接触区短轴末端处，表面上的剪切应力为：

$$\tau_{xz} = (1-2v)\frac{k_3}{k_4^2}\left[1 - \frac{k_3}{k_4}\arctan\left(\frac{k_4}{k_3}\right)\right]p_{max} \tag{7.21d}$$

最大表面剪切应力的位置随着椭圆率 k_3 而变化。对于有些情形，如式（7.21c）所示；而在其他情形下，最大表面剪切应力位置会向椭圆形中心移动，这可以将从式（7.21a）计算的主应力，代入式（4.5）计算得出。

例 7-3 鼓形凸轮从动件上的应力

问题：鼓形凸轮滚子从动件在垂直于其滚动方向上有一个平缓的半径，这可以免去精确校准凸轮轴线的需要。凸轮曲率半径和动态载荷在圆周上有变化。试求：凸轮和从动件间的接触区尺寸有多大？最坏情况下的应力是怎样的？

已知：滚子的半径为 1 in（最小），在其垂直方向上有一个 20 in（最大）的鼓形半径。最大载荷点上的凸轮曲率半径为 3.46 in，而凸轮在轴向上是平的。凸轮和滚子的转轴相互平行，所以两物体之间的夹角为 0。载荷等于 250 lb，且垂直于接触面。

假设：所有材料都为钢，相对运动形式为滚动，仅有不到 1% 的滑动。

解：

1. 由式（7.9a）求出材料常数为：

$$m_1 = m_2 = \frac{1-v_1^2}{E_1} = \frac{1-0.28^2}{3\times10^7} = 3.072\times10^{-8} \tag{a}$$

2. 两个几何常数由式（7.19a）和式（7.19b）得出：

$$A = \frac{1}{2}\left(\frac{1}{R_1} + \frac{1}{R_1'} + \frac{1}{R_2} + \frac{1}{R_2'}\right) = \frac{1}{2}\left(\frac{1}{1} + \frac{1}{20} + \frac{1}{3.46} + \frac{1}{\infty}\right) = 0.6695 \tag{b}$$

$$B = \frac{1}{2}\left[\left(\frac{1}{R_1} - \frac{1}{R_1'}\right)^2 + \left(\frac{1}{R_2} - \frac{1}{R_2'}\right)^2 + 2\left(\frac{1}{R_1} - \frac{1}{R_1'}\right)\left(\frac{1}{R_2} - \frac{1}{R_2'}\right)\cos 2\theta\right]^{\frac{1}{2}} \tag{c}$$

$$B = \frac{1}{2}\left[\left(\frac{1}{1} - \frac{1}{20}\right)^2 + \left(\frac{1}{3.46} - \frac{1}{\infty}\right)^2 + 2\left(\frac{1}{1} - \frac{1}{20}\right)\left(\frac{1}{3.46} - \frac{1}{\infty}\right)\cos 2(0)\right]^{\frac{1}{2}} = 0.6195$$

ϕ 值可由 A、B 的比值得出（见式 7.19c）：

$$\phi = \arccos\left(\frac{B}{A}\right) = \arccos\left(\frac{0.6195}{0.6695}\right) = 22.284° \tag{d}$$

然后将 ϕ 代入式（7.19e），以得到系数 k_a 和 k_b。

$$k_a = 50.192\phi^{-0.86215} = 50.192(22.284)^{-0.86215} = 3.455$$

$$k_b = 0.0045333 + 0.043581(22.284) - 0.0017292(22.284)^2 + 3.7374 \times 10^{-5}(22.284)^3 \tag{e}$$

$$-3.7418 \times 10^{-7}(22.284)^4 + 1.4207 \times 10^{-9}(22.284)^5 = 0.415$$

3. 将材料常数和几何常数代入式（7.19d），有：

$$a = k_a \sqrt[3]{\frac{3F(m_1 + m_2)}{4A}} = 3.455\sqrt[3]{\frac{3(250)2(3.072 \times 10^{-8})}{4(0.6695)}} = 0.0892$$

$$\tag{f}$$

$$b = k_b \sqrt[3]{\frac{3F(m_1 + m_2)}{4A}} = 0.415\sqrt[3]{\frac{3(250)2(3.072 \times 10^{-8})}{4(0.6695)}} = 0.0107$$

式中，a 是接触区的长轴半宽（半径）；b 是短轴半宽。接触区的面积就为：

$$area = \pi ab = \pi(0.0892)(0.0107) \text{ in}^2 = 0.0030 \text{ in}^2 \tag{g}$$

4. 平均接触压力和最大接触压力能由式（7.18b）、式（7.18c）解得：

$$p_{avg} = \frac{F}{area} = \frac{250}{0.003} \text{ psi} = 83281 \text{ psi} \tag{h}$$

$$p_{max} = \frac{3}{2}p_{avg} = \frac{3}{2}(83281) \text{ psi} = 124921 \text{ psi} \tag{i}$$

5. 表面接触区中心上的最大正应力就能用式（7.21a）算出。

$$\sigma_x = -\left[2\nu + (1 - 2\nu)\frac{b}{a+b}\right]p_{max}$$

$$= -\left[2(.28) + (1 - 2(.28))\frac{0.0107}{0.0892 + 0.0107}\right]124921 \text{ psi} = -75849 \text{ psi}$$

$$\sigma_y = -\left[2\nu + (1 - 2\nu)\frac{a}{a+b}\right]p_{max} \tag{j}$$

$$= -\left[2(.28) + (1 - 2(.28))\frac{0.0892}{0.0892 + 0.0107}\right]124921 \text{ psi} = -119028 \text{ psi}$$

$$\sigma_z = -p_{max} = -124921 \text{ psi}$$

这些应力都是主应力：$\sigma_1 = \sigma_x$，$\sigma_2 = \sigma_y$，$\sigma_3 = \sigma_z$。和这些表面上的应力相关联的最大剪切应力就会是（见式 4.5）：

$$\tau_{13} = \left|\frac{\sigma_1 - \sigma_3}{2}\right| = \left|\frac{-75849 + 124921}{2}\right| \text{ psi} = 24536 \text{ psi （表面上）} \tag{k}$$

6. 表面下 z 轴上的最大剪切应力大约为：

$$\tau_{13} \cong 0.34 p_{max} = 0.34(124921) \text{ psi} \cong 42168 \text{ psi （表面下）} \tag{l}$$

7. 至此，接触区中心线上存在的所有应力都已求得。在表面接触区边缘，也将会有一个剪切应力。为计算它，先经式（7.21b）得到的两个常数

$$k_3 = \frac{b}{a} = \frac{0.0107}{0.0892} = 0.120$$

$$k_4 = \frac{1}{a}\sqrt{a^2 - b^2} = \frac{1}{0.0892}\sqrt{0.0892^2 - 0.0107^2} = 0.993 \tag{m}$$

这两个常数用于式（7.21c）、式（7.21d），以计算出长轴和短轴末端上表面的剪切应力。

$$\tau_{xz} = (1-2\nu)\frac{k_3}{k_4^2}\left(\frac{1}{k_4}\operatorname{arctanh} k_4 - 1\right)p_{max}$$

$$= (1-0.56)\frac{0.120}{(0.993)^2}\left(\frac{1}{0.993}\operatorname{arctanh} 0.993 - 1\right)124\,921\ \text{psi} = 12\,253\ \text{psi} \tag{n}$$

$$\tau_{xz} = (1-2\nu)\frac{k_3}{k_4^2}\left[1 - \frac{k_3}{k_4}\arctan\left(\frac{k_4}{k_3}\right)\right]p_{max}$$

$$= (1-0.56)\frac{0.120}{(0.993)^2}\left[1 - \frac{0.120}{0.993}\arctan\left(\frac{0.993}{0.120}\right)\right]124\,921\ \text{psi} = 5522\ \text{psi} \tag{o}$$

8. 在本书的网站上可找到相关的 EX07-03 文档。

7.11 动态接触应力

上面提到的接触应力公式中假定载荷是纯滚动的。当滚动和滑动同时存在时，应力场由于受到切向载荷发生畸变。图 7-19 所示的是一个凸轮-从动件配副机构在静态载荷和动态滑动下的光弹性研究结果[20]。从图 7-19b 可以看到由于滑动运动产生的畸变应力场。这是滚动接触与相对低速的滑动接触共同作用的结果。随着滑动增加，应力场畸变更严重。

从动件

凸轮

a) 静态载荷　　　　　　　　　　　　　　　　　　b) 动态载荷

图 7-19

两个接触的圆柱面在静态和动态纯滚动载荷下的光弹性应力研究

摘自：V. S. Makhijani, *Study of Contact Stresses as Developed on a Radial Cam Using Photoelastic Model and Finite Element Analysis*, M. S. Thesis, WPI, 1984.

滑移对接触应力的影响

Smith 和 Lui 分析了平行滚子中既存在滚动又包含滑动的情况，并建立了接触点下的应力分布方程[18]。滑动（摩擦）载荷对应力场产生了显著的影响。应力可以表示为两个独立的分量，一个是基于滚子上的法向载荷（用下标 n 表示），另一个基于切向摩擦力（用下标 t 表示）。这两组力的组合就是完整的应力情况。一个非常短的滚子的应力场是二维的，如薄板凸轮或薄齿轮，可以假设为平面应力状态。如果滚子轴向很长，那么远离端部的区域可以认为是平面应变状态，从而是三维应力状态。

它们的接触几何形状如图7-11b所示，其中 x 轴与运动方向一致，z 轴是滚子的径向方向，y 轴是滚子的轴向方向。那么由法向载荷 p_{max} 引起的应力为：

$$\sigma_{x_n} = -\frac{z}{\pi}\left[\frac{a^2 + 2x^2 + 2z^2}{a}\beta - \frac{2\pi}{a} - 3x\alpha\right]p_{max}$$

$$\sigma_{z_n} = -\frac{z}{\pi}\left[a\beta - x\alpha\right]p_{max} \tag{7.22a}$$

$$\tau_{xz_n} = -\frac{1}{\pi}z^2\alpha p_{max}$$

由单位摩擦力 f_{max} 引起的应力为：

$$\sigma_{x_t} = -\frac{1}{\pi}\left[\left(2x^2 - 2a^2 - 3z^2\right)\alpha + 2\pi\frac{x}{a} + 2\left(a^2 - x^2 - z^2\right)\frac{x}{a}\beta\right]f_{max}$$

$$\sigma_{z_t} = -\frac{1}{\pi}z^2\alpha f_{max} \tag{7.22b}$$

$$\tau_{xz_t} = -\frac{1}{\pi}\left[\left(a^2 + 2x^2 + 2z^2\right)\frac{z}{a}\beta - 2\pi\frac{z}{a} - 3xz\alpha\right]f_{max}$$

式中，系数 α 和 β 由下式给出：

$$\alpha = \frac{\pi}{k_1}\frac{1 - \sqrt{\dfrac{k_2}{k_1}}}{\sqrt{\dfrac{k_2}{k_1}}\sqrt{2\sqrt{\dfrac{k_2}{k_1}} + \left(\dfrac{k_1 + k_2 - 4a^2}{k_1}\right)}} \tag{7.22c}$$

$$\beta = \frac{\pi}{k_1}\frac{1 + \sqrt{\dfrac{k_2}{k_1}}}{\sqrt{\dfrac{k_2}{k_1}}\sqrt{2\sqrt{\dfrac{k_2}{k_1}} + \left(\dfrac{k_1 + k_2 - 4a^2}{k_1}\right)}} \tag{7.22d}$$

$$k_1 = (a+x)^2 + z^2 \qquad\qquad k_2 = (a-x)^2 + z^2 \tag{7.22e}$$

单位切向力 f_{max} 可以通过法向载荷和摩擦系数 μ 得到：

$$f_{max} = \mu p_{max} \tag{7.22f}$$

这些公式中的独立变量是相对于接触点滚子横截面的坐标 x 和 z、接触面半宽 a 和接触点处的最大法向载荷 p_{max}。

式（7.22）定义了表层下的应力函数，但是当 $z=0$ 时，系数 α 和 β 趋于无穷大，这些公式不再成立。因此需要用其他形式的方程来解释接触区表面的应力：

当 $z=0$ 时： 如果 $|x| \leqslant a$，则 $\sigma_{x_n} = -p_{max}\sqrt{1 - \dfrac{x^2}{a^2}}$ 否则 $\sigma_{x_n} = 0$

$$\sigma_{z_n} = \sigma_{x_n}$$
$$\tau_{xz_n} = 0 \tag{7.23a}$$

如果 $x \geqslant a$，则 $\sigma_{x_t} = -2f_{max}\left(\dfrac{x}{a} - \sqrt{\dfrac{x^2}{a^2} - 1}\right)$

如果 $x \leqslant -a$，则 $\sigma_{x_t} = -2f_{max}\left(\dfrac{x}{a} + \sqrt{\dfrac{x^2}{a^2} - 1}\right)$ \hfill (7.23b)

如果 $|x| \leqslant a$，则 $\sigma_{x_t} = -2f_{max}\dfrac{x}{a}$

$$\sigma_{z_t} = 0 \qquad (7.23c)$$

如果 $|x| \leqslant a$，则 $\tau_{xz_t} = -f_{max}\sqrt{1-\dfrac{x^2}{a^2}}$ 否则 $\tau_{xz_t}=0$

每一个笛卡尔平面上的总应力可以通过法向和切向载荷分量的叠加得到：

$$\sigma_x = \sigma_{x_n} + \sigma_{x_t}$$
$$\sigma_z = \sigma_{z_n} + \sigma_{z_t} \qquad (7.24a)$$
$$\tau_{xz} = \tau_{xz_n} + \tau_{xz_t}$$

对于短滚子的平面应力状态，σ_y 等于零，但是如果滚子轴向很长，那么远离端部的区域为平面应变状态，这时 y 方向的应力为：

$$\sigma_y = \nu\left(\sigma_x + \sigma_z\right) \qquad (7.24b)$$

式中，ν 为泊松比。

这些应力在表层最大，并随着深度的增加而减小。除了当切向应力与法向应力比例很小时（大约<1/9），其他情况的最大的剪切应力也发生在表层，这不同于纯滚动的情况[18,21]。对于表面上的情况，可以写出计算机程序计算式（7.22）和式（7.23），并把它们绘制出来。应力都用最大法向载荷 p_{max} 归一化，距离用接触区半宽 a 归一化。以摩擦系数为 0.33 和泊松比 $\nu=0.28$ 的钢滚子为例，其应力分布的大小和形状是这些参数的函数。

图 7-20a 给出了由法向和切向载荷引起的表面 x 轴方向的应力，并给出了根据式（7.24a）第一式得到的总应力。注意，由切向力引起的应力分量 σ_{xt} 在从接触点到超过接触区的尾端的部分是拉应力。这并不奇怪，正如可以想象，切向力是试图把材料堆积到接触点前面，然后把它伸展到接触点后面，就像你尝试滑过地毯会把在前面所有的东西卷成一团。由法向力引起的应力分量 σ_{xn} 在每个地方都是压应力。然而，这两个 σ_x 分量的合力有一个明显的归一化拉应力值，即两倍于摩擦系数（这里为 0.66 p_{max}），且压应力峰值大约为 $-1.2\,p_{max}$。图 7-20b 给出了接触区表面上在 x、y 和 z 方向上的所有应力。需要注意的是，当切向力存在时，表面上应力场将延伸至接触区外，这不同于滚动情况下的表面应力只在接触区内（见图 7-17）。

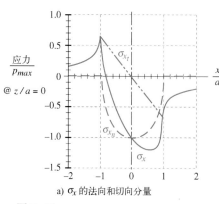

a) σ_x 的法向和切向分量

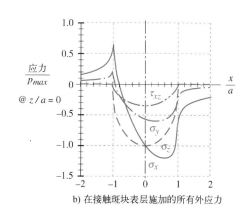

b) 在接触斑块表层施加的所有外应力

图 7-20

在既有滚动又有滑动时圆柱体表面的切向应力、法向应力和剪切应力，摩擦系数 $\mu = 0.33$

　　图 7-21 所示的是平面应变的主应力、最大剪切应力和 von Mises 等效应力，应力形状如图 7-20 所示。需要注意的是，在接触区的边缘部分，最大主压应力约为 1.38 p_{max}，最大主拉应力为 0.66 p_{max}。在这个例子中，切向剪应力使压应力的峰值比纯滚动情况下增加了40%，并引起了材料的拉应力。在 $x/a = 0.4$ 时，主剪切应力达到峰值为 0.40 p_{max}。图 7-19 和图 7-20 中的所有应力都作用在滚子表面。

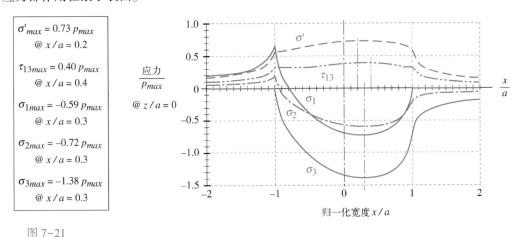

$$\sigma'_{max} = 0.73\, p_{max}$$
$$@\ x/a = 0.2$$

$$\tau_{13max} = 0.40\, p_{max}$$
$$@\ x/a = 0.4$$

$$\sigma_{1max} = -0.59\, p_{max}$$
$$@\ x/a = 0.3$$

$$\sigma_{2max} = -0.72\, p_{max}$$
$$@\ x/a = 0.3$$

$$\sigma_{3max} = -1.38\, p_{max}$$
$$@\ x/a = 0.3$$

图 7-21

在既有滚动又有滑动且摩擦系数 $\mu = 0.33$ 时，圆柱体表面接触区的主应力和等效应力

　　在表层下方，由于法向载荷引起的压应力逐渐减小。而法向载荷引起的剪切应力 τ_{xzn} 随着深度的增加先增后减，在表面下方 $z = 0.5a$ 时达到最大值，如图 7-22 所示。注意，在接触区域的中点，它的符号相反。当穿过接触区域时，对称循环剪切应力分量作用在材料的每个不同微元上。在 xz 平面上的这对完全相反的剪应力的峰与峰之间的范围在幅值上大于最大剪切应力的范围，这被认为是引起亚表面点蚀失效的原因[17]。

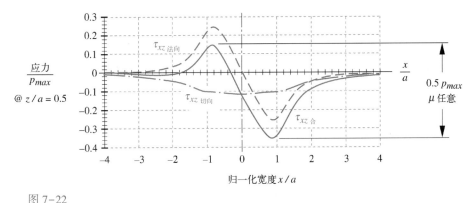

图 7-22

既有滚动又有滑动且摩擦系数 $\mu = 0.33$ 时，圆柱体表层下 $z/a = 0.5$ 处的剪切应力曲线

　　图 7-23 给出了在 $x/a = 0.3$ 平面（主应力最大的平面，如图 7-21 所示）的主应力、最大剪切应力和 von Mises 等效应力（$\mu = 0.33$ 和平面应变情况）与归一化深度 z/a 的关系曲线。所有的应力都在表面取最大值。主应力随着深度的增加迅速减小，而剪切应力和 von Mises 等效应力在超过第一个 $1a$ 的深度后几乎保持不变。

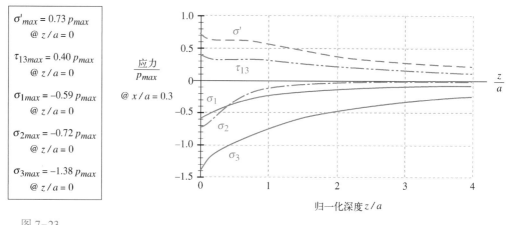

图 7-23

既有滚动又有滑动且摩擦系数 $\mu = 0.33$ 时，圆柱体表层下 $x/a = 0.3$ 处的主应力和等效应力曲线

如图 7-21 所示，当 $\mu = 0.33$ 时，在表面上最大的剪应力在整个接触面宽度上是相对均匀的，在 $x/a = 0.4$ 处它的峰值为 0.4。随着深度的增加，τ_{max} 的峰值位置向接触区中心线方向移动，但其大小随着深度的增加只有轻微的变化。图 7-24 绘制出了发生在接触区任何 x 值处的剪应力的最大峰值 τ_{13}，它是每个 z 平面上剪应力峰值的复合曲线。当 $0 < \mu < 0.5$ 时，在第一个 a 深度内，它的峰值为最大值的 $60\% \sim 80\%$，在 $z/a = 2.0$ 时，其峰值仍有最大峰值的 $58\% \sim 70\%$。随着摩擦系数增大到 0.5 或者更大时，归一化最大剪应力值相当于 μ，并在整个接触区表面保持不变。

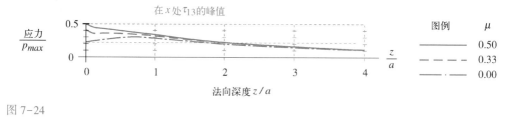

图 7-24

既有滚动又有滑动情况下，摩擦系数 $0 \leqslant \mu \leqslant 0.5$ 的圆柱体在 x/a 的所有值处的最大剪切应力峰值

在较小的轴向深度 z 内，τ_{max} 的变化有限，或许这可以解释：为什么一些点蚀失效从表面及其下方开始出现。由于在整个近表面区域的最大剪切应力大小相对均匀，该区域中材料的任何夹杂物都会产生应力集中，并成为裂纹萌生点。其实这与出现最大剪切应力峰值的横向位置随着在接触区深度的不同而稍有变化无关，因为滚子每转一圈，最大应力将会穿过夹杂物所在位置的深度，因此夹杂物总是会处在最大剪切应力峰值作用的范围内。

本书网站上提供的程序 SURFCYLZ 和 SURFCYLX 可以针对用户指定的滚子几何形状、材料、载荷，以及摩擦系数，绘制出任意指定位置和范围的表层及其下方，由式（7.22）~式（7.24）所得到的曲线。

例 7-4　既有滚动又有滑动的圆柱体应力

问题：一对同时存在滚动和滑动摩擦的压延轧辊一起运行，找出轧辊的最大拉应力，压应力和剪切应力。

已知：轧辊半径为 1.25 in 和 2.5 in，长度都为 24 in。载荷的大小为 5000 lb，方向垂直于接触面。

假设：两种材料都是钢。摩擦系数为 0.33。

解：

1. 用与例 7-2 一样的方法找到接触面的几何形状。通过式（7.9a）得到材料常数，为：

$$m_1 = m_2 = \frac{1 - v_1^2}{E_1} = \frac{1 - 0.28^2}{3 \times 10^7} = 3.072 \times 10^{-8} \qquad (a)$$

通过式（7.15a）得到几何常数为：

$$B = \frac{1}{2}\left(\frac{1}{R_1} + \frac{1}{R_2}\right) = \frac{1}{2}\left(\frac{1}{1.25} + \frac{1}{2.5}\right) = 0.600 \qquad (b)$$

接触区半宽可以从式（7.15b）得到：

$$a = \sqrt{\frac{2}{\pi}\frac{m_1 + m_2}{B}\frac{F}{L}} = \sqrt{\left(\frac{2}{\pi}\right)\frac{2\left(3.072 \times 10^{-8}\right)}{0.600}\left(\frac{5000}{24}\right)}\ \text{in} = 0.003\,685\ \text{in} \qquad (c)$$

式中，a 是接触区半宽。则矩形接触区域的面积为：

$$area = 2aL = 2\left(0.003\,685\right)\left(24\right)\text{in}^2 = 0.1769\ \text{in}^2 \qquad (d)$$

2. 现在可以从式（7.14b）和式（7.14c）得到平均接触压力和最大接触压力：

$$p_{avg} = \frac{F}{area} = \frac{5000}{0.1769}\ \text{psi} = 28\,266\ \text{psi} \qquad (e)$$

$$p_{max} = \frac{2F}{\pi aL} = \frac{2\left(5000\right)}{\pi\left(0.0037\right)24}\ \text{psi} = 35\,989\ \text{psi} \qquad (f)$$

切向压力可以通过式（7.22f）得到：

$$f_{max} = \mu p_{max} = 0.33\left(35\,989\right)\ \text{psi} = 11\,876\ \text{psi} \qquad (g)$$

3. 当 $\mu = 0.33$ 时，接触区表层（$z = 0$）的主应力最大值出现在距离中心线 $x = 0.3a$ 处，如图 7-20 和图 7-22 所示。应力的法向分量可以从式（7.23a）得到，切向分量可以从式（7.23b）得到：

$$\sigma_{x_n} = -p_{max}\sqrt{1 - \frac{x^2}{a^2}} = -35\,989\sqrt{1 - 0.3^2}\ \text{psi} = -34\,331\ \text{psi} \qquad (h)$$

$$\sigma_{x_t} = -2f_{max}\frac{x}{a} = -2\left(11\,876\right)\left(0.3\right)\ \text{psi} = -7126\ \text{psi}$$

$$\sigma_{z_n} = -p_{max}\sqrt{1 - \frac{x^2}{a^2}} = -35\,989\sqrt{1 - 0.3^2}\ \text{psi} = -34\,331\ \text{psi} \qquad (i)$$

$$\sigma_{z_t} = 0 \qquad\qquad \tau_{xz_n} = 0$$

$$\tau_{xz_t} = -f_{max}\sqrt{1 - \frac{x^2}{a^2}} = -11\,876\sqrt{1 - 0.3^2}\ \text{psi} = -11\,329\ \text{psi} \qquad (j)$$

4. 式（7.24a）和式（7.24b）可以用来计算沿着 x、y 和 z 轴总的应力：

$$\sigma_x = \sigma_{x_n} + \sigma_{x_t} = -34\,331\ \text{psi} - 7126\ \text{psi} = -41\,457\ \text{psi} \qquad (k)$$

$$\sigma_z = \sigma_{z_n} + \sigma_{z_t} = -34\,331\ \text{psi} + 0 = -34\,331\ \text{psi} \qquad (l)$$

$$\tau_{xz} = \tau_{xz_n} + \tau_{xz_t} = 0 - 11\,329\ \text{psi} = -11\,329\ \text{psi} \qquad (m)$$

5. 由于轧辊的轴很长，我们假设为平面应变状态。第三维的应力可以用式（7.24b）得到：

$$\sigma_y = \nu\left(\sigma_x + \sigma_z\right) = 0.28\left(-41\,457 + 34\,331\right) \text{psi} = -21\,221 \text{ psi} \qquad (\text{n})$$

6. 与纯滚动的情况不同，这些由于存在剪切应力，所以这些正应力并不是主应力。主应力可以通过式（4.4）用立方根求解法得到（见本书网站的程序 MOHR 或者文件 STRESS3D），为：

$$\sigma_1 = -21\,221 \text{ psi}$$
$$\sigma_2 = -26\,018 \text{ psi}$$
$$\sigma_3 = -49\,771 \text{ psi}$$

利用式（4.5）从主应力中得到最大剪切应力为：

$$\tau_{13} = \frac{|\sigma_1 - \sigma_3|}{2} = \frac{|-21\,221 + 49\,771|}{2} \text{ psi} = 14\,275 \text{ psi}$$

7. 如图 7-20 和图 7-22 所示，主应力最大值出现在表层上。

8. 文件 EX07-04 可以在本书的网站上找到。

7.12　表面疲劳失效模型——动态接触

学者们对引起点蚀和表面剥落实际的失效机理仍然存在一些争议。最大剪切应力存在于亚表层（在纯滚动中）的可能性使一些人推断点蚀从该位置或该位置附近开始。另一些人推断点蚀从表面开始。在这些情况下，有可能这两种机理都起作用，因为初始失效通常从一个缺陷开始，这个缺陷可能在表面处或者在表面下方。图 7-25 所示的是渗碳钢轧辊在受到很重的滚动载荷时表面和亚表层出现裂纹[22]。

1935 年 Way 做了在滚动载荷下有关点蚀的大量试验研究[23]。他做了超过 80 次的接触、纯滚动、不同材料平行滚子、不同润滑剂和不同载荷下的测试，运行超过 1800 万次周期循环，大部分样品在循环了 50 万～150 万次后失效了。结果表明：当这些样品在外观上被检测到有微小表面裂纹后，在润滑剂存在的条件下，点蚀失效在之后的 10 万个循环周期内一定会出现。

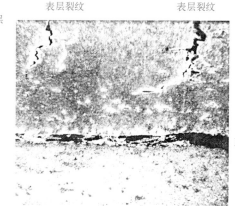

表层　表层裂纹　表层裂纹

亚表层裂纹

图 7-25

渗碳硬质轧辊（52～58 HRC）受到重型滚动载荷时，其表层和亚表层裂纹的显微照片（100x）

摘自：J. D. Graham, Pitting of Gear Teeth, in C. Lipson, *Handbook of Mechanical Wear*, U. Mich. Press, 1961, p. 137.

坚硬且光滑的表面可以更好地抵抗点蚀失效。高度抛光的样品工作超过 1200 万个周期都不会失效。具有表面硬、芯部韧的渗氮轧辊具有比其他测试材料更长的寿命。**在没有润滑剂存在的情况下，没有任何样品发生点蚀**，尽管在无润滑条件下干转产生了表面裂纹。有裂纹的零件仍然可以继续干转高达 500 万个周期而不发生失效，直到加入润滑剂。之后表面裂纹将迅速扩展，再经过不到 10 万个周期后转变成一个箭头形状的凹坑。

对于润滑剂引入后产生不利影响的解释是：一旦适当取向的表面裂缝形成后，它们在接近轧辊结合处被充满润滑油，而在轧辊接触区润滑油被压入且裂纹封闭，加压使流体困在裂缝中。

流体压力在裂纹尖端产生拉伸应力，导致裂纹快速扩展，随后产生一个个凹坑而从中溢出。高黏度的润滑剂虽然不能消除金属-金属的接触，但可以延缓点蚀发生，这表明流体必须很容易进入裂缝才能造成损坏。

Way 得到了一些关于如何设计轧辊以延缓表面疲劳失效的结论如下[23]：

1. 不使用润滑油（但他很快指出这不是一个实际解决方案，因为没有润滑会加速其他类型磨损的发生，如前面的章节中所讨论的那样）。

2. 增加润滑油的黏度。

3. 抛光表面（但这很昂贵）。

4. 增加表面硬度（最好轴芯软而韧）。

关于表面上的初始裂纹开始发生的原因没有确定的结论。虽然纯滚动接触的剪切应力的最大值不是在表面，但是它们的确在表面的值并不等于零（见图 7-12 和图 7-17）。

Littmann 和 Widner 于 1996 年对接触疲劳进行了大量的分析和实验研究[24]，并描述了滚动接触中五种不同的失效模型，这些被列在表 7-6 中，并列出了促使失效发生的一些因素。一些描述裂纹产生和裂纹扩展观点的模式，我们将按照顺序逐个简要讨论。

表 7-6　表面失效模型及其原因

失效模型	促进失效发生的因素
夹杂物起源	氧化物或其他硬质杂质物的频率和严重程度
几何应力集中	接触终端的几何形状。错位和变形。润滑薄膜厚度因素
点-面源（PSO）	较低的润滑剂黏度。弹流润滑膜厚度与接触表面粗糙度比值。切向力和/或滑动合力
剥落（表面点蚀）	较低的润滑剂黏度。抛光表面上大部分表面微凸体尺寸超过弹流润滑膜的厚度。因侧漏或接触表面的划痕导致的弹流润滑膜压力的损失
亚表层疲劳（在渗碳零件中）	芯部的低硬度。接触区零件厚度与其曲率半径关系

摘自：W. E. Littmann and R. L. Widner, Propagation of Contact Fatigue from Surface and Subsurface Origins, *J. Basic Eng. Trans. ASME*, vol. 88, pp. 624-636, 1966.

夹杂物起源　描述了初始裂纹产生的机理，它的机理与 6.1 节中讨论的疲劳失效类似。它是假设裂纹起源于含有"外来"夹杂物的亚表层的或表面的剪应力场。最常见的夹杂物是材料的氧化物，它们是在加工过程形成，并嵌入到基材内部的。这些夹杂物通常硬度很高、形状不规则，容易引起应力集中。一些学者发表了亚表层裂纹起始于氧化物杂质的显微照片（或以其他方式确认）[25-27]。"这些氧化物夹杂物通常以桁条或细长颗粒团聚物的形式出现…，这为在应力作用下，在不利位置产生高应力集中点提供了更大的可能"[28]。从夹杂物开始的裂纹扩展可能保持在亚表层，也可能扩展到表面。如上所述，在后面一种情况下，它提供了液压扩展源点。在这两种情况下，最终导致点蚀或剥落。

几何应力集中（GSC）　在第 4 章中已经讨论。例如，当一个接触零件在轴向比另一个零件短的时候（常见的有凸轮-从动件连接和滚动轴承），这种机理可以在表面发生作用。在对压的滚子中，短滚子的端部产生线接触应力集中，如图 7-26a 所示，点蚀或剥落可能会发生在该位置。这是使用鼓形滚子的一个原因，鼓形滚子除了在 xz 平面具有滚子的半径外，还在 yz 平面具有大的凸面曲率半径。如果接触载荷可以预测，如图 7-26 所示，由于滚子的变形，鼓形滚子半径可以调整到在接触区轴线方向产生更均匀的应力分布。然而，在轻载荷时，接触面积会减小，因此，高应力将出现在中心；而当载荷高于设计值时，在两端应力集中将会再现。所以，可以将表面设计成部分凸面，但这会导致从直线到凸面的过渡处产生一些应力集中。Reusner[29] 已经表明，凸面上曲率形状在不同载荷下会产生更均匀的应力分布，如图 7-26d 所示。一些滚子轴承制造商已经在它们的轴承滚子中采用了这种曲率形状。

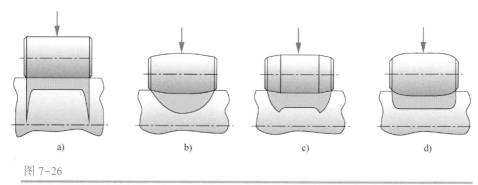

图 7-26

不同形状滚子下的应力集中

点-面源（PSO）   这是在上述讨论中 Way 描述的一种现象。Littmann 等人[24]认为 PSO 是描述裂纹扩展比描述裂纹萌生更好的模型，并提出在表面或亚表层的夹杂物可能是裂纹产生的原因。加工过程产生的划痕或凹痕也会成为表面裂纹产生的起源点。这些源点一旦出现，如果它们指向适合的方向能俘获润滑油进入，裂纹会迅速扩展而导致失效。一旦开始剥落，碎片会产生新的缺口，作为另外的裂纹源点。

剥落   剥落指的是疲劳裂纹发生在表面浅处，并会大面积扩展导致表面从基体上剥落的一种情况。如果表面粗糙度高于形成的润滑膜厚度，粗糙的表面会加剧剥落。

亚表层疲劳   亚表层疲劳也被称为表面碎裂情况，只发生在表面硬化零件中。通常，如果零件很薄，亚表层的应力会扩展到更软和更弱的芯材处。疲劳裂纹从表面下方开始，并最终导致零件要么亚表层塌陷而进入芯材出现失效，要么破裂成凹面或剥落。Talbourdet 发现[34]：这种失效的深度至少应该是最大剪切应力点深度的两倍，并认为对于单位载荷很大时，表面深度应该在0.060~0.070 in 之间。

无论引起裂纹开始的原因是什么，裂纹一旦产生，其结果可想而知。因此，设计者需要采取一切可能的预防措施来提高零件的耐点蚀性能和耐其他磨损性能。为此，本章的总结部分将尝试提供一些参考指南。

7.13   表面疲劳强度

再次强调，相对于承受静载荷来说，在交变载荷作用下，较低的应力就能使零件失效。在第6 章中，已经对弯曲疲劳强度和轴向疲劳强度进行了系统讨论。**表面疲劳强度**与它们类似，但有一个明显的不同之处。当钢或其他材料在承受弯曲和轴向载荷时会出现疲劳极限，而没有材料在承受表面载荷时出现这种特性。也就是说，尽管我们精心设计的机器可承受各方面的疲劳失效，但是我们应该能预想到：这些机器最终还是会在承受载荷循环足够次数后发生表面疲劳失效⊖。

⊖   注意：钢制造技术的最近进展可以生产所谓的"静"钢，这种钢几乎不含有其他杂质以至于它们在受表面疲劳时几乎可以无限循环下去而不破坏。[T. A. Harris, Rolling Bearing Analysis. John Wiley & Sons：New York, pp. 872-888, 1991.]

Morrison[30] 和 Cram[31] 分别介绍了关于材料表面疲劳强度的实验研究, 该实验是由 G. Talbourdet 于 1932 年~1956 年在 USM 公司完成的。他用四台机磨损测试机以 1000 r/min 的速率, **每天 24 h 不间断运转了 24 年**, 最后收集到了有关铸铁、钢、青铜、铝和非金属材料的表面疲劳强度数据。这些测试包括滚子的纯滚动, 以及滚动加上不同比例由牵引导致的滑动, 滑动比例不超过 75%。因为要模拟直齿和斜齿的一般情形, 大部分滚/滑动数据都含有 9% 的滑动。滑动数值为接触面的节线速度与滚子和轮齿之间相对速度的比值。

前面的章节已经表明了存在于配对圆柱体、球体或者其他形体接触区的表面和亚表面的为复杂应力状态。上文对裂纹产生机理的讨论表明: 如果材料中的夹杂物是随意分布的, 裂纹萌生的位置是不确定的。因此, 要预测接触区可能成为失效点的应力情况要比设计一个悬臂梁还困难。为了解决这一难题, 人们通过计算接触区应力作为*基准*来与材料强度比较。一些人选择的是最大负 (压缩) 主接触应力。在纯滚动的情况下, 它的大小与最大接触压力 p_{max} 相当。但如果存在滑动, 最大负主接触应力的值将大于最大接触压力。

为了找到合理的表面疲劳强度, 对材料在一定的载荷条件下循环一定周期后的失效的数据进行记录, 并分析失效与其加载系数 (比如滑动百分率、润滑情况、材料几何形状) 的关系。将这一 “虚拟强度” 用来与其他具有类似载荷系数的压缩应力的应力峰值作比较。因此, 所报道的表面疲劳强度与试验样品或受类似载荷零件的实际应力只存在间接关系。理论上, 赫兹应力公式仅适用于静载, Talbourdet 发现: 大量测试得到的压应力几乎与赫兹公式预测的压应力结果一致[34]。

对于圆柱体接触, 法向和压缩赫兹静态应力可通过联立式 (7.14b) 和式 (7.17) 得到:

$$\sigma_z = -p_{max} = \frac{2F}{\pi a L} \tag{7.25a}$$

用式 (7.15b) 替换式 (7.15a), 并在两边取平方后, 可简化为:

$$\sigma_z^2 = \frac{2}{\pi} \frac{F}{L} \frac{B}{(m_1 + m_2)} \tag{7.25b}$$

重新整理求载荷 F:

$$F = \sigma_z^2 \frac{\pi L (m_1 + m_2)}{2B} \tag{7.25c}$$

取一综合系数 K 后, 上式写为:

$$F = \frac{KL}{2B} \tag{7.25d}$$

式中,

$$K = \pi (m_1 + m_2) \sigma_z^2 \tag{7.25e}$$

系数 K 被称为一个实验载荷系数, 并用来确定在指定循环次数时, 材料所能承受的安全载荷 F 或者是在给定载荷下的材料失效前能经受的循环次数。

表 7-7 给出了一些材料与自身配副或与工具钢配副的疲劳试验所得到的载荷系数 K、表面疲劳强度 S_c 和强度因子 λ, ζ[30]。因为篇幅所限, 这里省略了一些材料的数据, 完整的数据列表可查看原始参考文献。纯滚动和滚动加 9% 的滑动两种不同载荷模式在表中被单独列出来。表中第一列是材料类型。在每个部分, 接下来的两列分别给出了 K 值和经过 1×10^8 的周期后测得的疲劳强度。接下来的两列是强度因子 λ 和 ζ, 这两个数据代表了通过大量实验数据所绘制的关于材料疲劳强度的 S-N 图的斜率和截距 (对数坐标)。这些因子可用于下面的动态拟合 S-N 曲线方程中, 计算出在一定加载应力水平下预期的循环次数 N:

$$\log_{10} K = \frac{\zeta - \log_{10} N}{\lambda} \tag{7.26}$$

表 7-7 中的 K 值可直接用于式（7.25d）中，求得所选材料在经过 1×10^8 次循环后所能承受的 F。对于其他所需循环次数，要根据前面章节中定义的相应公式首先计算出径向的最大负应力（压缩应力）。然后用式（7.25e）计算 K 值，并用它与表 7-7 中的 λ 和 ζ 的值代入式（7.26）来计算 N 值。由于没有表面疲劳载荷的持久极限值，我们可以预测，在包含 K 值后的名义应力水平下，材料会在大概经过 N 次循环后出现疲劳点蚀。

表 7-7　各种材料的表面疲劳强度数据

	纯滚动				滚动和 9% 滑动			
材料类型	K/（psi）	S_c @ 1×10^8 cycles/psi	λ	ζ	K/（psi）	S_c @ 1×10^8 cycles/psi	λ	ζ
1　1020 钢，渗碳，最小深度 0.045 in 50~60 HRC	12 700	256 000	7.39	38.33	10 400	99 000	13.20	61.06
2　1020 钢，130~150 HBW	–	–	–	–	1720	94 000	4.78	23.45
3　1117 钢，130~15 HBW	1500	89 000	4.21	21.41	1150	77 000	3.63	19.12
4　X1340 钢，淬火硬化，最小深度 0.045 in 45~58 HRC	10 000	227 000	6.56	34.24	8200	206 000	8.51	41.31
5　4150 钢，h-t，270~300 HBW，闪镀铬	6060	177 000	11.18	50.29		– –		
6　4150 钢，h-t，270~300 HBW，磷酸盐涂层	9000	216 000	8.80	42.81	6260	180 000	11.56	51.92
7　4150 铸钢，h-t，270~300 HBW	–	–	–	–	2850	121 000	17.86	69.72
8　4340 钢，淬火硬化，最小深度 0.045 in HRC50-58	13 000	259 000	14.15	66.22	9000	216 000	14.02	63.44
9　4340 钢，h-t，270~300 HBW	–	–	–	–	5500	169 000	18.05	75.55
10　6150 钢，300~320 HBW	1170	78 000	3.10	17.51	–	–	–	–
11　6150 钢，270~300 HBW	–	–	–	–	1820	97 000	8.30	35.06
12　18%Ni 马氏体工具钢，空气硬化，48~50 HRC	–	–	–	–	4300	146 000	3.90	22.18
13　灰铸铁，Cl 20，140~160 HBW	790	49 000	3.83	19.09	740	47 000	4.09	19.72
14　灰铸铁，Cl 30，200~220 HBW	1120	63 000	4.24	20.92	–	–	–	–
15　灰铸铁，Cl 30，h-t（等温处理）255~300 HBW，磷酸盐涂层	2920	102 000	5.52	27.11	2510	94 000	6.01	28.44
16　灰铸铁，Cl 35，225~255 HBW	2000	86 000	11.62	46.35	1900	84 000	8.39	35.51
17　灰铸铁，Cl 45，220~240 HBW	1070	65 000	3.77	19.41				
18　球墨铸铁，Gr 80-60-03，h-t 207~241 HBW	2100	96 000	10.09	41.53	1960	93 000	5.56	26.31
19　球墨铸铁，Gr 100-70-03，h-t 240~260 HBW	–	–	–	–	3570	122 000	13.04	54.33
20　镍青铜，80~90 HBW	1390	73 000	6.01	26.89	–	–	–	–
21　SAE65 磷青铜砂型铸造，75~80 HBW	730	52 000	2.84	16.13	350	36 000	2.39	14.08
22　SAE660 连续铸造青铜，75~80 HBW	–	–	–	–	320	33 000	1.94	12.87
23　铝青铜	2500	98 000	5.87	27.97	–	–	–	–
24　压铸锌，70 HBW	250	28 000	3.07	15.35	220	26 000	3.11	15.29
25　缩醛树脂	620	–	–	–	580	–	–	–
26　聚氨酯橡胶	240							

第一部分：材料与硬度为 60~62 HRC 的刀具钢对磨

（续）

第二部分：相同材料配副对磨								
材料类型	纯滚动				滚动和9%滑动			
	$K/$(psi)	S_c@ 1×10^8 cycles/psi	λ	ζ	$K/$(psi)	S_c@ 1×10^8 cycles/psi	λ	ζ
27 1020钢，HB130-170，其一有磷酸盐涂层	2900	122 000	7.84	35.17	1450	87 000	6.38	28.23
28 1144钢，CD钢，HB 260-290，（应力保护）	–	–	–	–	2290	109 000	4.10	21.79
29 4150钢，h-t，HB 270-300，其一有磷酸盐涂层	6770	187 000	10.46	48.09	2320	110 000	9.58	40.24
30 4150含铅钢，磷酸盐涂层，h-t，HB 270-300	–	–	–	–	3050	125 000	6.63	31.1
31 4340钢，h-t，HB 320-340，其一有磷酸盐涂层	10 300	230 000	18.13	80.74	5200	164 000	26.19	105.31
32 灰铸铁，Cl 20，HB 130-180	960	45 000	3.05	17.10	920	43 900	3.55	18.52
33 灰铸铁，Cl 30，h-t（等温处理）HB 270-290	3800	102 000	7.25	33.97	3500	97 000	7.87	35.90
34 球墨铸铁，Gr 80-60-03，h-t，HB 207-241	3500	117 000	4.69	24.65	1750	82 000	4.18	21.56
35 米汉纳铸铁，HB 190-240	1600	80 000	4.77	23.27	1450	76 500	4.94	23.64
36 6061-T6铝，硬质氧化涂层	350	–	10.27	34.15	260	–	5.02	20.12
37 HK31XA-T6镁，HAE涂层	175	–	6.46	22.53	275	–	11.07	35.02

摘自：R. A. Morrison，Load/Life Curves for Gear and Cam Materials，*Machine Design*，vol. 40，pp. 102-108，Aug. 1，1968.

另外，对已选择材料，循环次数 N 和许用设计应力 σ_z 也可以通过式（7.25e）和式（7.26）计算得到。安全系数也可通过以下两种方式实现：一是选择能承受比实际应用所需更长应力循环寿命的材料；二是改变零件尺寸，使其承受应力水平小于其在一次循环次数条件下计算出许用应力水平。

表7-7中的强度值是在使用滚子接触方式，用100℉时，在280-320 SSU 的一种轻矿物润滑油润滑条件下得到的数据。研究报道指出："随着滑动摩擦比例增加，会发生从疲劳点蚀到磨粒磨损的有序过渡"。一些铸铁材料疲劳点蚀可以在其承受300%的滑动情况下观察到，而高应力下硬质钢的磨粒磨损在只有9%的滑动下就能观察到。研究还表明：氧化膜、极压润滑剂或者引入合金元素都可以降低切向应力水平，从而提高疲劳强度或者增加许用滑动的百分比。在材料表面加磷酸盐涂层可降低润滑剂的燃点和闪点，这也可以降低摩擦系数和提高疲劳寿命。观察到点蚀开始于承受高百分比滑动的材料表面和承受纯滚动或者低百分比滑动的材料亚表层。增加滑动百分比会降低材料疲劳寿命，但它们的关系不是线性关系。图7-27给出了三种材料承受不同百分比滑动的 S-N 曲线。

应力循环速度只会影响非金属材料，其产生的摩擦热会使材料起泡或产生屈服。然而，材料的刚性也是影响疲劳寿命的一个原因，较低模量的材料因其较大的变形可增加接触区面积从而减小接触应力。铸铁对铸铁接触比铸铁对铸钢的寿命长。在接触条件下，使用铸铁是一个好的选择，因为铸铁中含有石墨，石墨可作为干润滑剂防止黏附。尽管如此，由于低级别铸铁的强度很低，不能在这种情况下有效使用。鉴于这样的原因，硬度更高的球墨铸铁可能是一个更好的选择。材料的硬度还没有被证实与表面疲劳强度有密切的关系。一些较软的钢材会比硬度高的钢材更耐用。

7

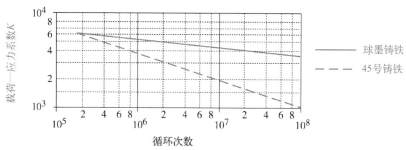

a) 100−70−30球墨铸铁(240~260 HBW)及45号灰铸铁(220~240 HBW)的测试
这两种材料都是与碳工具钢(60~62 HRC)配副的

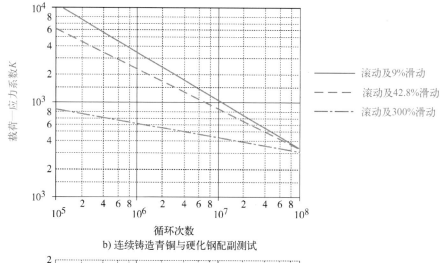

b) 连续铸造青铜与硬化钢配副测试

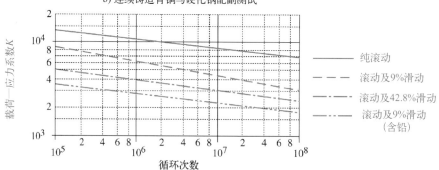

c) 热处理4150钢与其材料相同但含磷酸盐涂层配副测试
在所有图表中，9%的滑动速度为54r/min；42.8%滑动速度为221r/min

图 7−27

包含滚动与滑动的一些材料配副的载荷-寿命曲线

摘自：R. A. Morrison, Load/Life Curves for Gear and Cam Materials, *Machine Design*, vol. 40, pp. 102−108, Aug. 1, 1968, A Penton Publication, Cleveland, Ohio.

　　Hoffman 和 Jandeska 在 2007 年报道了更多的表面疲劳数据[35]。他们对常用于汽车变速器的几种硬质合金钢和粉末冶金材料，在控制载荷、润滑和滑动百分比的情况下进行圆柱滚动接触试验。用电涡流检测裂纹的萌生和生长速率。他们发现在各种测试下，材料裂纹都始于材料表面或表面下的亚表层。由于润滑不良或含有杂质，表面裂纹始于微点蚀凹坑，然后在剪应力作用下按 30°角方向向材料内部延伸。表层裂纹通常在应力最大的区域形成，在向表面延伸和形成凹坑前，都会先平行于表面扩展。观察到的第三种疲劳形式是：因热处理不充分，导致材料内部开裂或者在较软材料内部出现亚表面疲劳。图 7-28 显示了两表面硬质合金钢具有分散的 $S-N$ 曲线带。需要指出：尽管在拐点后负斜率较小，但曲线永远不是水平的。这进一步证明材料在表面疲劳后缺乏真实的耐久极限。

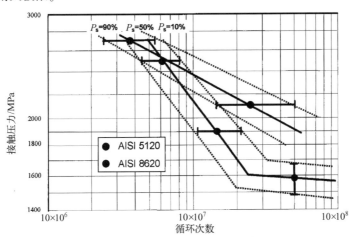

图 7-28

两淬火钢的表面疲劳 $S-N$ 曲线

摘自：G. Hoffman and W. Jandeska, Effects on Rolling Contact Fatigue Performance, *Gear Technology*, Jan/Feb 2007, pp. 42-52.

例 7-5 求表面疲劳的安全系数

问题：选择合适的材料使例 7-4 中的轧辊能有 10 年的使用寿命。

已知：轧辊半径分别为 1.25 in 和 2.5 in，长度均为 24 in，主应力如例 7-4 中所示，小轧辊转速为 4000 r/min。

假设：轧辊运行中含滚动和 9% 的滑动，两轧辊都是由钢材制成，三班制工作，每年工作 345 天。

解：

1. 从给定数据求出循环寿命：

$$循环次数 = 4000\,\frac{r}{min}\cdot 60\,\frac{min}{h}\cdot 24\,\frac{h}{天}\cdot 345\,\frac{天}{年}\cdot 10\,年 = 2.0\times 10^{10} \qquad (a)$$

2. 在例 7-4 计算的最大正应力为 49771 psi 的压应力，K 系数可以从式（7.25d）计算得到，先要计算的材料常数 m_1 和 m_2：

$$m_1 = m_2 = \frac{1-v_1^2}{E_1} = \frac{1-0.28^2}{3\times 10^7} = 3.072\times 10^{-8} \qquad (b)$$

$$K = \pi\left(m_1 + m_2\right)\sigma_z^2 = 2\pi\left(3.072\times 10^{-8}\right)\left(49\,771\right)^2 = 478 \qquad (c)$$

3. 实验材料应由表 7-7 中选出。因为 K 值非常低，几乎任何钢材都能使用。因为是使用同样材料来配副，我们尝试使用 130~170 HBW 的 SAE1020 磷酸盐涂层钢板（表中第二部分的 27 号）。这种钢材在含 9% 滑动的滚动下的斜率和截距是：

$$\lambda = 6.38 \qquad\qquad \zeta = 28.23 \qquad (d)$$

4. 用这些参数和式（c）得到的参数 K 代入式（7.26），可计算在这一载荷下发生疲劳点蚀时的循环次数为：

$$\log_{10} K = \frac{\zeta - \log_{10} N_{life}}{\lambda}$$

$$\log_{10} N_{life} = \zeta - \lambda \log_{10} K = 28.23 - 6.38 \log_{10}(478) \tag{e}$$

$$N_{life} = 10^{\left(28.23 - 6.38 \log_{10}(478)\right)} = 1.4 \times 10^{11}$$

5. 对点蚀的安全系数可以从得到循环次数与预期循环寿命的比率求出：

$$N_f = \frac{N_{life}}{\text{循环次数}} = \frac{1.4 \times 10^{11}}{2.0 \times 10^{10}} = 6.9 \tag{f}$$

6. 文件 EX07-05 可以在本书的网站中查到。

7.14 小结

本章简单和广泛地介绍了关于表面磨损的内容。磨损通常被划分成 5 类：*粘着磨损、磨粒磨损、侵蚀、腐蚀磨损和表面疲劳*。其他磨损机制，如腐蚀疲劳和微动磨损由包含上面所述的多种磨损机理组合而成。

磨损通常需要在两个表面存在相对运动。**黏着磨损**是指配副材料表面微凸体发生相互黏附，并在发生相对滑动时，材料从一个表面迁移到另一个表面或迁移到摩擦体系外。**磨粒磨损**是指一个硬粗糙表面与一个较软材料表面上对磨或者是一些硬质颗粒引入到两个摩擦表面之间对表面产生的刮擦磨损。

腐蚀磨损是当材料处于腐蚀环境（如氧气）下，滑动作用造成材料表面的氧化物或污染物分离的磨损现象。这会使新材料表面暴露在腐蚀环境中，同时也会使腐蚀硬质产物转变为磨粒。腐蚀疲劳是由腐蚀环境和循环应力共同作用的。这种共同作用对材料的危害很大，会大大缩短材料的疲劳寿命。微动腐蚀常常发生在零件的紧密结合部，在这种结合处没有明显的表观移动。这种微小的振动足以引起腐蚀磨损，所以称之为微动磨损，长时间的微动磨损会显著损耗材料。

表面疲劳发生在纯滚动或者滚动和滑动混合的接触中，但是在纯滑动时不会发生。在成千上万次应力循环作用下，由于微小接触面积而产生的高接触应力使材料发生疲劳失效。点蚀是材料表面小片材料的去除而留下的凹坑。凹坑会发展成大面积表面材料剥离，这被称为剥落。点蚀形成后常会听到异常声响，如果没有足够重视或干预，点蚀就会发展到破坏整个机械部件。

受接触应力的材料要求具备高强度和光滑表面。**没有一种材料可以永远抵抗表面疲劳失效**，即使所有的材料能够承受足够大的接触应力，当循环足够多的次数后，它最终会以这种形式失效。

避免表面失效的设计

这一章告诉设计者可以采用许多预防措施来减少各种疲劳磨损的发生。

1. 选择合适的材料：必须考虑到材料的相容性。仔细注意材料的表面粗糙度、硬度和强度是减少磨粒磨损和增加表面疲劳寿命所必须要做的。在腐蚀环境中，应选用特殊材料。在有些情况下，需要使用涂层来保护材料表面。有接触应力时，需要使用同质材料。在高应力表面疲劳情况下，需要使用昂贵的精加工工艺使材料表面均匀、细致，且材料内不含杂质，从而具有很好的服役寿命，从长远来看，这种精加工是值得的。总体来说，更高的表面硬度会降低黏着磨损、磨粒磨损和表面疲劳失效。

2. 合适的润滑剂：在重载时，零件极少采用干摩擦（除非有其他首要的因素，比如担心流失的润滑剂会污染产品）。在通常情况下，会尽量使用流体动压润滑和流体静压润滑。虽然边界润滑并不理想，但往往必须使用。当使用边界润滑时，常常会以腐蚀磨损为代价来降低磨粒磨损，即使用极压添加剂。详见第 11 章对润滑的具体介绍。

3. 洁净：采取合理的措施保证没有外来或环境污染物进入轴承或结合处。应尽量提供密封或者其他保护措施。如果实在不能避免某些污染物（在很脏的环境中），那就选择软质材料作为轴承，使得进入的颗粒嵌入软材料内部而避免划伤。

4. 应力：避免或者尽量减少应力集中，尤其是在疲劳-过载的部位。可以考虑使用不太坚硬的材料，以增大接触面积从而降低表面疲劳接触应力。在任何疲劳失效的情形中（不只是表面疲劳失效）都要警惕腐蚀环境和疲劳失效共同作用，因为腐蚀失效是个非常严重的问题。由于尚没有足够的数据，在这种情况下应做必要的测试。

5. 微动磨损：如果压合和接缝部位有振动或反复变形时，就要考虑存在微动磨损失效的可能性。

本章使用的重要公式

请参考对应章节，获得正确使用这些方程的信息。

接触真实面积（7.3 节）

$$A_r \cong \frac{F}{S_p} \cong \frac{F}{3S_{yc}} \tag{7.1}$$

摩擦系数（7.3 节）：

$$\mu = \frac{f}{F} \cong \frac{S_{us}}{3S_{yc}} \tag{7.3}$$

磨损体积（7.4 节）：

$$V = K\frac{Fl}{H} \tag{7.7a}$$

球面接触最大压力（7.8 节）：

$$p_{max} = \frac{3}{2}\frac{F}{\pi a^2} \tag{7.8b}$$

材料常数（7.8 节）：

$$m_1 = \frac{1-v_1^2}{E_1} \qquad m_2 = \frac{1-v_2^2}{E_2} \tag{7.9a}$$

球和圆形接触几何常数（7.8 节）：

$$B = \frac{1}{2}\left(\frac{1}{R_1}+\frac{1}{R_2}\right) \tag{7.9b}$$

球面接触区半径（7.8 节）：

$$a = \sqrt[3]{0.375\frac{m_1+m_2}{B}F} \tag{7.9d}$$

球面接触的最大应力（7.8 节）：

$$\sigma_{z_{max}} = -p_{max} \tag{7.11c}$$

$$\sigma_{x_{max}} = \sigma_{y_{max}} = -\frac{1+2v}{2}p_{max} \tag{7.11d}$$

$$\tau_{13_{max}} = \frac{p_{max}}{2}\left[\frac{(1-2v)}{2} + \frac{2}{9}(1+v)\sqrt{2(1+v)}\right] \tag{7.12b}$$

$$z_{@\,\tau_{max}} = a\sqrt{\frac{2+2v}{7-2v}} \tag{7.12c}$$

圆柱接触最大压力（7.9 节）：

$$p_{max} = \frac{2F}{\pi a L} \tag{7.14b}$$

圆柱接触区半宽（7.9 节）：

$$a = \sqrt{\frac{2}{\pi}\frac{m_1+m_2}{B}\frac{F}{L}} \tag{7.15b}$$

圆柱接触最大接触应力（7.9 节）：

$$\begin{aligned} \sigma_x = \sigma_z &= -p_{max} \\ \sigma_y &= -2v\,p_{max} \end{aligned} \tag{7.17a}$$

$$\begin{aligned} \tau_{13_{max}} &= 0.304\,p_{max} \\ z_{@\,\tau_{max}} &= 0.786a \end{aligned} \tag{7.17b}$$

一般接触最大接触压力（7.10 节）：

$$p_{max} = \frac{3}{2}\frac{F}{\pi ab} \tag{7.18b}$$

椭圆接触区半轴宽（7.10 节，见表 7-5 中 K_a 和 K_b）：

$$a = k_a\sqrt[3]{\frac{3F(m_1+m_2)}{4A}} \qquad\qquad b = k_b\sqrt[3]{\frac{3F(m_1+m_2)}{4A}} \tag{7.19d}$$

$$A = \frac{1}{2}\left(\frac{1}{R_1} + \frac{1}{R_1{}'} + \frac{1}{R_2} + \frac{1}{R_2{}'}\right) \tag{7.19a}$$

一般接触最大接触应力（7.10 节）：

$$\begin{aligned} \sigma_x &= -\left[2v + (1-2v)\frac{b}{a+b}\right]p_{max} \\ \sigma_y &= -\left[2v + (1-2v)\frac{a}{a+b}\right]p_{max} \end{aligned} \tag{7.21a}$$

$$\sigma_z = -p_{max}$$

平行圆柱滚动与滑动时单位摩擦力（7.11 节）：

$$f_{max} = \mu p_{max} \tag{7.22f}$$

平行圆柱滚动与滑动最大应力（7.11 节）：

当 $z=0$ 时：如果 $|x|\leqslant a$ 则：$\sigma_{x_n} = -p_{max}\sqrt{1-\dfrac{x^2}{a^2}}$ 否则 $\sigma_{x_n}=0$

$$\begin{aligned} \sigma_{z_n} &= \sigma_{x_n} \\ \tau_{xz_n} &= 0 \end{aligned} \tag{7.23a}$$

如果 $x\geqslant a$，则：

$$\sigma_{x_t} = -2f_{max}\left(\frac{x}{a} - \sqrt{\frac{x^2}{a^2}-1}\right)$$

如果 $x\leqslant -a$，则：

$$\sigma_{x_t} = -2f_{max}\left(\frac{x}{a} + \sqrt{\frac{x^2}{a^2}-1}\right) \tag{7.23b}$$

如果 $|x| \leqslant a$，则：
$$\sigma_{x_t} = -2f_{max}\frac{x}{a}$$
$$\sigma_{z_t} = 0$$

如果 $|x| \leqslant a$，则：
$$\tau_{xz_t} = -f_{max}\sqrt{1 - \frac{x^2}{a^2}} \text{ else } \tau_{xz_t} = 0$$
$$\sigma_x = \sigma_{x_n} + \sigma_{x_t}$$
$$\sigma_z = \sigma_{z_n} + \sigma_{z_t}$$
$$\tau_{xz} = \tau_{xz_n} + \tau_{xz_t} \tag{7.24a}$$
$$\sigma_y = \nu\left(\sigma_x + \sigma_z\right)$$
$$K = \pi\left(m_1 + m_2\right)\sigma_z^2 \tag{7.24b}$$

材料表面疲劳强度系数（7.12 节）：
$$K = \pi\left(m_1 + m_2\right)\sigma_z^2 \tag{7.25e}$$

表面疲劳强度 S-N 曲线方程（7.12 节，见表7-7 中 λ 和 ζ）：
$$\log_{10} K = \frac{\zeta - \log_{10} N}{\lambda} \tag{7.26}$$

7.15　参考文献

1. **E. Rabinowicz**, *Friction and Wear of Materials*. John Wiley & Sons：New York，p. 110，1965.

2. *Ibid.* ，pp. 21，33.

3. *Ibid.* ，p. 125.

4. *Ibid.* ，p. 30.

5. **R. Davies**，Compatibility of Metal Pairs，in *Handbook of Mechanical Wear*，C. Lipson，ed. Univ. of Mich. Press：Ann Arbor，p. 7，1961.

6. **D. J. Wulpi**，*Understanding How Components Fail*. American Society for Metals：Metals Park，OH，1990.

7. **E. Rabinowicz**，*Friction and Wear of Materials*. John Wiley & Sons：New York，p. 60，1965.

8. *Ibid.* ，p. 85.

9. **J. T. Burwell**，Survey of Possible Wear Mechanisms. *Wear*，**1**：pp. 119-141，1957.

10. **E. Rabinowicz**，*Friction and Wear of Materials*. John Wiley & Sons：New York，pp. 179，1965.

11. *Ibid.* ，p. 180.

12. **J. R. McDowell**，Fretting and Fretting Corrosion，in *Handbook of Mechanical Wear*，C. Lipson and L. V. Colwell，ed. Univ. of Mich. Press：Ann Arbor，pp. 236-251，1961.

13. **H. Hertz**，On the Contact of Elastic Solids. *J. Math.* ，92：pp. 156-171，1881（in German）.

14. **H. Hertz**，Contact of Elastic Solids，in *Miscellaneous Papers*，P. Lenard，ed. Macmillan & Co. Ltd. ：London，pp. 146-162，1896.

15. **H. L. Whittemore and S. N. Petrenko**，*Friction and Carrying Capacity of Ball and Roller Bearings*，Technical Paper 201，National Bureau of Standards，Washington，D. C. ，1921.

16. **H. R. Thomas and V. A. Hoersch**，*Stresses Due to the Pressure of One Elastic Solid upon Another*，Bulletin 212，U. Illinois Engineering Experiment Station，Champaign，Ill. ，July 15，1930.

17. **E. I. Radzimovsky**，*Stress Distribution and Strength Condition of Two Rolling Cylinders*，Bulletin 408，U. Illinois Engineering Experiment Station，Champaign，Ill. ，Feb 1953.

18. **J. O. Smith and C. K. Lui**，Stresses Due to Tangential and Normal Loads on an Elastic Solid with Application to

Some Contact Stress Problems. *J. Appl. Mech. Trans. ASME*, 75: pp. 157-166, 1953.

19. **S. P. Timoshenko and J. N. Goodier**, *Theory of Elasticity*, 3rd ed. , McGraw - Hill: New York, pp. 403 - 419, 1970.

20. **V. S. Mahkijani**, *Study of Contact Stresses as Developed on a Radial Cam Using Photoelastic Model and Finite Element Analysis*. M. S. Thesis, Worcester Polytechnic Institute, 1984.

21. **J. Poritsky**, Stress and Deformations due to Tangential and Normal Loads on an Elastic Solid with Applications to Contact of Gears and Locomotive Wheels, *J. Appl. Mech.* Trans ASME, 72: p. 191, 1950.

22. **E. Buckingham and G. J. Talbourdet**, *Recent Roll Tests on Endurance Limits of Materials*. in Mechanical Wear Symposium. ASM: 1950.

23. **S. Way**, Pitting Due to Rolling Contact. *J. Appl. Mech. Trans. ASME*, 57: pp. A49-58 1935.

24. **W. E. Littmann and R. L. Widner**, Propagation of Contact Fatigue from Surface and Subsurface Origins, *J. Basic Eng. Trans. ASME*, 88: pp. 624-636, 1966.

25. **H. Styri**, *Fatigue Strength of Ball Bearing Races and Heat-Treated* 52100 *Steel Specimens*. Proceedings ASTM, 51: p. 682, 1951.

26. **T. L. Carter, et al.**, Investigation of Factors Governing Fatigue Life with the Rolling Contact Fatigue Spin Rig, *Trans. ASLE*, 1: p. 23, 1958.

27. **H. Hubbell and P. K. Pearson**, *Nonmetallic Inclusions and Fatigue under Very High Stress Conditions*, *in Quality Requirements of Super Duty Steels*. AIME Interscience Publishers: p. 143, 1959.

28. **W. E. Littmann and R. L. Widner**, Propagation of Contact Fatigue from Surface and Subsurface Origins, *J. Basic Eng. Trans. ASME*, 88: p. 626, 1966.

29. **H. Reusner**, The Logarithmic Roller Profile - the Key to Superior Performance of Cylindrical and Tapered Roller Bearings, *Ball Bearing Journal*, SKF, 230, June 1987.

30. **R. A. Morrison**, " Load/Life Curves for Gear and Cam Materials. " *Machine Design*, v. 40 pp. 102 - 108, Aug. 1, 1968.

31. **W. D. Cram**, Experimental Load-Stress Factors, in *Handbook of Mechanical Wear*, C. Lipson and L. V. Colwell, eds. , Univ. of Mich. Press: Ann Arbor, pp. 56-91, 1961.

32. **J. F. Archard**, " Wear Theory and Mechanisms, " in *Wear Control Handbook*, M. B. Peterson and W. O. Winer, eds. , McGraw-Hill: New York, pp. 35-80, 1980.

33. **E. Rabinowicz**, " Wear Coefficients—Metals, " in *Wear Control Handbook*, M. B. Peterson and W. O. Winer, eds. , McGraw-Hill: New York, pp. 475-506, 1980.

34. **G. J. Talbourdet**, " Surface Endurance Limits of Various USMC Engineering Materials, " Research Division of United Shoe Machinery Corporation, Beverly, MA, 1957.

35. **G. Hoffman and W. Jandeska**, " Effects on Rolling Contact Fatigue Performance, " *Gear Technology*, Jan/Feb 2007, pp. 42-52.

36. **Y. Ding and J. A. Gear**, " Spalling Depth Prediction Model, " *Wear* 267 (2009), pp. 1181-1190.

7. 16   习题

表 P7. 0[⊖]   习题清单

7. 2 配副表面
7-1, 7-25, 7-27, 7-35, 7-37

⊖ 题号是黑体的习题为前面的章节有相同横线后编号的相同习题的扩展。

（续）

7.3 摩擦
7-2，7-26，7-28，7-36，7-38，7-50

7.4 黏着磨损
7-12，7-15，7-29，7-39，7-51，7-52，7-55

7.5 磨粒磨损
7-3，**7-14，** 7-30，7-46，7-47，7-53，7-56

7.8 球面接触
7-4，**7-5**，**7-6**，7-16，7-17，7-40，7-57

7.9 圆柱面接触
7-7，7-8，**7-9**，**7-10**，**7-11**，7-18，7-19

7.10 一般接触
7-20，7-21，**7-22**，7-41，7-43，7-44，7-58

7.11 动态接触
7-23，7-31，7-32，7-42，7-45，7-54，7-59

7.13 疲劳强度
7-3，7-24，7-33，7-34，7-48，7-49，7-60

*7-1[㊀] 两个加工后表面粗糙度为 $R_a=0.6\ \mu m$，尺寸为 3×5 cm 的钢板在 400 N 的法向载荷下对磨，如果它们的 $S_y=400\ MPa$，求它们的真实接触面积。

*7-2 题 7-1 中，如果 $S_{ut}=600\ MPa$，求它们的干摩擦系数。

***7-3**[㊁] 图 P7-1 是自行车踏板臂组件，假设骑车的人施加在踏板的力在每个周期从 0~400N 变化，试计算链轮齿-链条滚子接触面的最大应力。假设一个链轮齿承受了所有的扭矩，链条滚子的直径是 8 mm，链轮具有 100 mm 的公称直径，并且链轮齿在接触点是水平的。链条滚子和链轮是由 SAE1340 钢制作，经过感应淬火处理硬度为 HRC45-58。链条滚子和链轮的接触长度超过 8 mm。假设滚动并有 9%的滑动，计算该特定滚子的疲劳循环周期。

***7-4** 对于习题 3-4 的拖车连接装置（见图 P7-2 和图 1-5），试计算球和球杯（未标识）的接触应力。假设球的直径为 2 in，不完全合配的球杯内表面直径比球的直径大 10%。

图 P7-1

习题 7-3 图

图 P7-2

习题 7-4~7-6 图

㊀ 带 * 号的习题答案在附录 D 给出。

㊁ 题号黑体的习题是前面各章中习题横线后编号相同的习题的扩展。

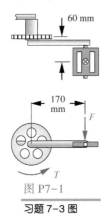

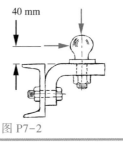

7-5   对于习题 3-5 的拖车连接装置（图 P7-2 和图 1-5），试计算球和球杯（未标识）的接触应力。假设球的直径 2 in，不完全合配的球杯内表面直径比球直径大 10%。

7-6   对于习题 3-6 的拖车连接装置（图 P7-2 和图 1-5），试计算球和球杯（未标识）的接触应力。假设球的直径 2 in，不完全合配的球杯内表面直径比球直径大 10%。

7-7   对于习题 3-7 的 12 mm 直径的钢活塞销，如果将它以 2500 g 的对称循环加速度，试计算最大接触应力。与活塞销配合的铝活塞孔，孔直径比销大 2%，接合长度是 2 cm。

*7-8   一个造纸机械过程中卷纸轴密度为 984 kg/m³，尺寸为 1.50 m×0.22 m×3.23 m（外径×内径×长）。压缩的有效弹性模量为 14 MPa，且 $v = 0.3$。当卷纸轴在钢板表面下方时，试计算其由于自重引起的接触区半宽。

7-9   图 P7-3 是 ViseGrip® 钳型扳手按比例绘制的图形，习题 3-9 已经对其受力进行了分析。如果通过两边 2 mm 直径的铝销挤压 5 mm 宽的钳口，需要多大钳力能制出 0.25 mm 宽的平面。

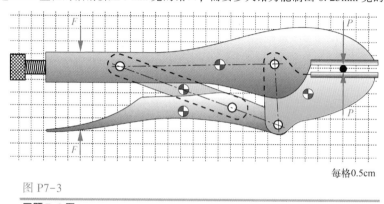

每格0.5cm

图 P7-3

习题 7-9 图

*7-10   图 P7-4 给出了一个悬臂式跳水板，一个 100 kg 的人站在自由端，板下支点是半径为 5 mm 的铝制圆柱。假设板材是玻璃钢，$E = 10.3$ GPa，$v = 0.3$，求板和铝支点间的接触面积大小？

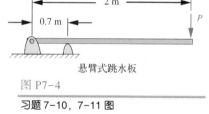

悬臂式跳水板

图 P7-4

习题 7-10，7-11 图

7-11   重复题 7-10，假设 100 kg 的人跳起 250 mm 再落到板上，板的重量是 29 kg，人静止在板上时板挠度为 131 mm。假设板材是玻璃钢，$E = 10.3$ GPa，$v = 0.3$，求板和铝支点间的接触面积大小？

7-12   直径为 40 mm 的 270 HBW 钢轴以 250 r/min 在普通青铜衬套中三班制转动工作（每班 8 h），工作寿命十年（设每年工作 360 天），假设横向载荷为 1000 N，计算下面条件下其粘着磨损体积。
(a) 润滑不良。
(b) 良好润滑。

*7-13   在载荷为 100 N，冲程为 10 cm，频率为 60 冲/min 条件下，机械师需多久才能把 2 cm³ 的 150 HBW 钢板冲压成 1 mm 厚的薄片。
(a) 无润滑。
(b) 润滑。

7-14   图 P7-5 是一个小孩玩的弹簧高跷。小孩站在踏板上，其重量平分到两边踏板上。他跳离地面，保持踏板不离开脚，弹起后，弹簧缓冲冲击和储存能量保持下一次的重复回弹。假设孩子重 60 lb，弹簧刚度为 100 lb/in。弹簧高跷自身重 5 lb。试计算高跷与地面接触端部的磨粒磨损率，假设地面是干且松散的沙粒。假设 $S_{ut} = 50$ kpsi，试分析经过多少次跳跃，1 in 直径的铝制下端会磨损掉 0.02 in。

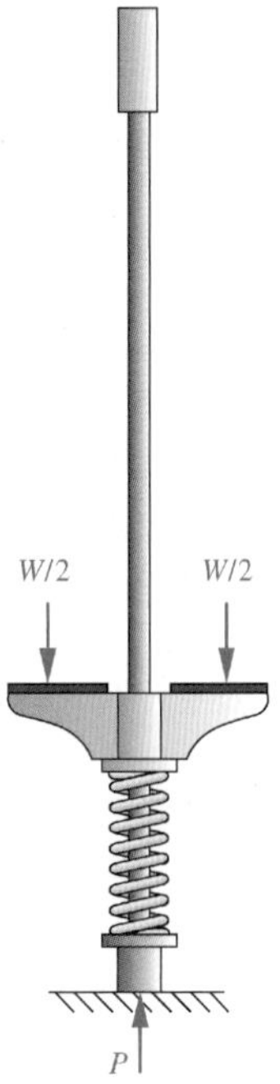

7-15　根据冶金相容性，创建一个表格来描述哪些材料可以与钢制轴进行对磨，并对它们的适应性进行排序。

*7-16　一直径为 20 mm 的钢球与一平铝板发生相对滚动，压力为 1 kN，试计算接触面和最大接触应力。

7-17　一直径为 20 mm 的钢球与一直径为 30 mm 的铝球发生相对滚动，压力为 800 N，确定接触面和最大接触应力。

*7-18　一直径为 40 mm，长为 25 cm 的钢柱与一平面铝板发生相对滚动，压力为 4 kN，试计算接触面和最大接触应力。

7-19　一直径 40 mm 长 25 cm 的钢柱与一直径为 50 mm 的钢柱发生平行滚动，法向压力为 10 kN，试计算接触面和最大接触应力。

*7-20　一个直径 20 mm 的钢球与一直径 40 mm，长 25 cm 的钢柱发生相对滚动，载荷为 10 kN，试计算其接触面和最大接触应力。

7-21　一个凸轮从动件机构的动载荷为 0~2 kN，凸轮是具有最小曲率半径为 20 mm 的圆柱形，滚子从动件是鼓形，在一个方向的半径是 15 mm，另一方向是 120 mm。假设从动件是 300 HBW 的 4150 钢，$S_{fc'} = 1500$ MPa。凸轮是 HB 207 的球墨铸铁。机构在润滑条件下运行，少于 1% 的滑动，求其接触应力和安全系数[○]。

*7-22　图 P7-6 为"四轮一排"的旱冰鞋。聚氨酯轮子直径 72 mm，厚 12 mm，鼓形半径 6 mm，轮间距 104 mm。整个鞋自重 2 kg。整个人-鞋系统的有效弹簧刚度为 6000 N/m。假设一个 100 kg 的人穿着它跳起 0.5 m 后单脚落到混凝土上，轮子 $E = 600$ MPa，$v = 0.4$，混凝土 $E = 21 \times 10^3$ MPa，$v = 0.2$。求轮子承受的接触应力。

（a）假设四个轮子同时落地。

（b）假设一个轮子先落地并承受所有的力。

*7-23　一对直径 12 in 的圆柱钢辊以 9% 的滑动相对运行，假设它们的径向力为 1000 lb/ in，求它们的接触应力。

7-24　试计算习题 7-23 中钢辊的循环寿命，假设它们由 30 级的灰铸铁制成，等温淬火后硬度为 270 HBW。

7-25　一个平面尾端直径为 12 mm 的 30 级灰铸铁板，被一个由 SAE 4340 钢制成的钢板支承，钢板经过 800°F 的淬火和回火。作用在平板铸铁上的力为 3.8 kN，试计算实际接触面积及实际面积与表观接触面积的比值。

7-26　试计算习题 7-25 中两材料的干摩擦系数，假设铸铁的剪切强度 $S_{us} = 310$ MPa。将计算数据与表 7-1 中数据对比会怎样？

7-27　两块 0.5×1 in 的 1040 热轧钢板以 900 lb 的压力相互接触，计算实际接触面积及实际面积与表观接触面积的比值。

7-28　试计算习题 7-27 中的两材料的干摩擦系数，将计算数据与表 7-1 中数据对比会怎样？

7-29　两材料以 10 mm² 接触面积发生相对运动以测定其黏着磨损的磨损量。表 P7-1 给出了测试参数和 350 次测试后的平均磨损深度。假设所测试材料中较软材料的布氏硬度为 HB 277，求它们平均磨损系数。

$W/2$　　$W/2$

P

图 P7-5

习题 7-14 图

图 P7-6

习题 7-22 图

───────────────

○　对这些问题的材料强度数据见表 7-7。

7-30 一块 280 HBW 的软钢在砂轮上打磨后厚度变薄，砂轮和钢材宽度都是 20 mm。经过砂轮一次，钢材厚度减少 0.1 mm。如果在这个操作过程中磨粒磨损系数是 5E-1，求砂轮承受的法向力约为多少？

表 P7-1　习题 7-29 中的数据

F/N	l/m	d/mm	测试参数
100	5000	0.180	100
200	5000	0.372	75
200	7500	0.550	75
400	10000	1.470	100

7-31 两配合钢齿轮以渐开线齿廓啮合。齿轮之间的接触线可以模拟为两个圆柱体相互接触。当接触部位离开节点时，它们相对运动既有滚动又有滑动。如果齿轮载荷为 500 lb，摩擦系数为 0.15，$R_1 = 2.0 in$，$R_2 = 6.0 in$，两个齿轮齿厚（接触面宽度）都为 0.5 in，试计算并绘制这两齿轮齿表面的动态接触主应力。同时求出主应力达到极限值时的 x/a 值。

7-32 两配合钢齿轮以渐开线齿廓啮合。齿轮之间的接触线可以模拟为两个圆柱体相互接触。当接触部位离开节点时，它们相对运动即有滚动又有滑动。如果齿轮载荷为 1500 lb，摩擦系数为 0.33，$R_1 = 2.5 in$，$R_2 = 5.0 in$，两个齿轮齿厚（接触面宽度）均为 0.625 in，试计算这两齿轮轮齿表面的动态接触主应力。

7-33 以 SAE 1144 冷轧钢制成的两个接触轧辊在机器上运转，运行时包含滚动和 9% 滑动。径向载荷为 1200 N，摩擦系数为 0.33。两个辊直径相等，长度都为 10 mm。假设设计寿命为 8×10^8 次循环，试计算轧辊的合理半径。

7-34 以高强度铸铁制成的两个接触轧辊在机器上运转，运行时包含滚动和 9% 滑动。径向载荷为 1200 N，摩擦系数为 0.33。两个轧辊直径相等为 30 mm，长度都为 45 mm。假设设计寿命为 1×10^8 次循环，试计算加在轧辊上合理的载荷范围。

7-35 一个平面端部是直径为 25 mm 圆柱的 20 级灰铸铁板，被一个由 SAE 4140 钢钢棒制成的宽为 30 mm 平面支承，钢棒经过 800°F 的调质和回火。作用在铸铁板上的力为 2800 N，确定实际接触面积及实际面积与表观接触面积的比值。

7-36 确定习题 7-35 中两材料的干摩擦系数，假设铸铁的剪切强度 $S_{us} = 310 MPa$。将计算数据与表 7-1 中数据对比会怎样？

7-37 两尺寸为 25 mm×40 mm 的 SAE 1020 的热轧钢板在载荷为 9 kN 条件相互接触。试计算实际接触面积和实际面积与表观面积的比值。

7-38 试计算习题 7-37 中的两个材料的干摩擦系数。将结果与表 7-1 中数据进行对比会怎样？

*7-39 一直径为 25 mm，硬度 420 HBW 的钢轴在长 40 mm 的青铜衬套中以 700 r/min 速度旋转，并承受平均径向载荷为 500 N。假设润滑突然消失和衬套磨损均匀，试计算衬套发生粘着磨损时被磨去 0.05 mm 所需要的时间。

7-40 一台机器由三脚架底座支承。三脚架低端由直径为 15 mm 的尼龙 11 球支承，三脚架靠在平板钢上。360 N 重的机器平分到三脚架的三个腿上。试确定尼龙球的接触面积和接触应力，假设尼龙的泊松比为 0.25。

7-41 一个球接触滚珠轴承由若干个钢球（由保持架分开）和两个滚道钢圈组成，如图 P7-7 所示。滚道圈有复合曲率。在包含轴承轴线的平面，其曲率是凹面，并且与球半径相对应。在垂直于轴承轴线的平面，其曲率是凸面，并与轴内径尺寸相关。试确定球和内圈的接触面积和最大接触应力。已知轴承受径向载荷 5200 N，球直径为 8 mm，凹面的轨道半径为 4.05 mm，凸面的轨道半径为 13 mm。

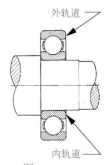

外轨道

内轨道

图 P7-7

习题 7-41 图

*7-42 制造过程中使用的一对钢辊在运行时即有滚动又有滑动。一个钢辊的直径为 75 mm，另一个钢辊直径为 50 mm，长度都是 200 mm。垂直于接触面的应力为 18500 N，假设两钢辊之间的摩擦系数为 0.33，试确定钢辊承受的最大拉伸、压缩和剪切应力。

7-43 重复习题 7-41，试确定球和外圈的接触面积和最大接触应力。已知外圈凹面轨道半径为 4.05 mm，外圈凸面轨道半径为 17.02 mm。

7-44　一台机器有两个鼓形圆柱辊，在动态载荷为 0~3.5 kN 条件下相互滚动。第一个辊的主半径为 14 mm，鼓形半径为 80 mm。第二个辊的主半径为 75 mm，鼓形半径为 100 mm。两个辊的滚动轴线为 30° 的角。假设两个辊都是钢质，试求它们的接触应力。

7-45　一个凸轮机构系统，其运动形式是滚动和滑动的组合运动。圆柱形凸轮的最小曲率半径为 80 mm。从动滚轮也是圆柱形且半径为 14 mm。它们的长都为 18 mm。垂直接触面的最大应力为 3200 N，凸轮和从动轮都是由硬化钢制成的。假设它们之间的摩擦系数是 0.33，试确定凸轮的最大拉伸、压缩和剪切应力。

7-46　一块表面积为 5000 mm² 的 HBW 110 钢板，用行程为 400 mm，载荷为 80 N，频率为 120 冲/min 的抛光机抛光，试计算要去除 2 μm 的材料需要多长时间。
(a) 无润滑。
(b) 润滑。

7-47　离散的磨粒误入扁平青铜止推轴承的润滑系统，该青铜硬度为 60 HBW，表面积为 500 mm²。假设硬化钢零件以 200 冲/min 的速度振动旋转，经过轴承时对轴承施加的力为 50 N，冲程路径为 30 mm，经过 8 h 连续运行后，试计算轴承的划痕深度。

7-48　两接触轧辊以包含滚动和 9% 滑动的方式运行，并在接触面产生最大压缩主应力为 15500 psi。两个轧辊都由 6061-T6 硬质阳极氧化铝制成。轧辊的设计寿命是以 200 r/min 转速，在两班倒的方式下工作 4 年（每年 260 天）。求这对轧辊不发生点蚀的安全系数。

7-49　两接触轧辊以纯滚动形式运行。两轧辊都由 20 级灰铸铁制成，硬度为 130~180 HBW。一个轧辊的直径为 2.75 in，另一个为 3.25 in，两轧辊长度都为 10 in。载荷为 5500 lb，设计寿命为 1×10⁸，求这对轧辊不发生点蚀疲劳的安全系数。

7-50　一平的黄铜刹车片与一平的 SAE 1040 热轧钢棒相互滚动。假设黄铜压缩屈服强度 S_{yc} = 120 MPa，极限抗拉强度 S_{ut} = 275 MPa，试计算两种材料间的干摩擦系数。与表 7-1 数据对比，结果如何？

7-51　盘式制动器由一个钢盘和两个反方向的青铜板组成。钢盘的硬度是 HB 540，铜板是圆形的，直径为 32 mm。当制动器制动时，铜板中心在钢盘半径为 110 mm 处，每次对钢板施加载荷为 500 N。制动器要求一秒钟能停止所有的转动。假设转动速度为 680 r/min，铜板的极限磨损深度是 4 mm，试计算在更换铜板前，制动器可使用的制动次数。

7-52　一直径为 30 mm、硬度为 HBW 560 的钢轴，以转速 1000 r/min 在长 5 mm 的平面无润滑的青铜衬套中旋转，平均径向载荷为 200 N。假设钢轴持续旋转 1 天，试计算青铜衬套由于粘着导致的磨损深度。

7-53　一磨粒打磨机用来减薄一尺寸为 10 mm×200 mm（宽×长）的钢材，钢材硬度为 220 HBW。砂轮宽度与被打磨零件一样。假设砂轮和钢材的磨粒磨损系数为 2×10⁻²，法向力为 20 kN，试确定钢板在经过一个打磨行程能去除的厚度。

7-54　与习题 7-31 相同，假设齿轮的接触力是 2 kN。一个软钢小齿轮驱动一变形性好的球墨铸铁齿轮，R_1 = 40 mm（小齿轮）和 R_2 = 120 mm（大齿轮）。两个齿轮的厚度（面对面宽度）为 15 mm，润滑良好。试计算并绘制这两齿轮的齿牙表面的动态接触主应力。同时求出主应力达到极限值时的 x/a 比值。

7-55　一直径为 50 mm、硬度为 HBW 350 的钢轴在铸铁衬套中运行。它的磨损量尤为重要，不得超过 500 mm³。该轴在 450 N 的负载下以 200 r/min 的速度连续转动。假设运行过程中保持良好的润滑，试计算新轴和衬套达到粘着磨损临界体积所需的时间。

7-56　一位同学想通过使用一些附着在平垫上的金刚砂布来打磨软钢棒（HBW 84），使之变薄。在每次击打时，她始终向打击垫施加 15 磅的力。棒的宽度为 1×6 in，砂布的磨损系数为 5×10⁻²。假设她保持每分钟 40 次的速度，试计算她在 20 min 内去除的材料深度。

7-57　计算并绘制习题 7-40 中尼龙球中的主要剪切应力，该应力是从表面开始的深度的函数。

7-58　钢球止动器用于将圆柱形零件定位在机器球墨铸铁底座的适当位置。组装时，球与圆形槽配合。球的直径是 0.125 in。凹槽在两个轴上都是凹的。它在垂直于圆柱部分轴线的平面上的直径为 1.750 in，球周围的凹槽半径为 0.063 in。滚珠上有一个 80 磅的力。当圆柱形零件就位时，试确定凹槽中的最大接触应力。

7-59　计算并绘制题 7-23 的滚柱在 $-4a \leqslant x \leqslant 4a$ 范围内 $z = 0.5a$ 时表面下的总剪切应力。

7-60　两个接触辊在纯轧时一起运行。两者的直径均为 4 in，长度均为 10 in，均由相同材料制成。施加的载荷为 4500 磅。如果设计寿命为 5×10^8 个循环，且抗点蚀安全系数至少为 2，试确定合适的滚柱材料。

7

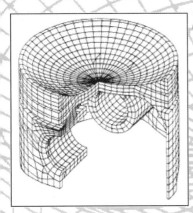

8
有限元分析

如果你把垃圾输进电脑，只能出来垃圾。
但这垃圾经过了一个非常昂贵的机器，
所以在某种意义上它是珍贵的垃圾，
而没人敢批评它。

匿名者

观看第 8 讲
有限元分析视频
（52:28）⊖

8.0 引言

在前面的章节中所涉及的应力和变形分析的例子已经通过传统的封闭形式的分析技术得到求解，这是本书的重点。但是，这些技术主要适用于具有简单几何形状的零件，如圆柱、方梁等。然而，实际的许多机械零件具有复杂的几何形状，很难或无法用这些传统技术精确计算应力和变形。

例如，如图 2-14 所示的发动机曲轴就具有复杂形状。为了分析这类复杂几何形状零件的应力和变形，可以将其划分为一组连续的有限体积单元，离散单元并求解一系列（大量的）联立方程组，每一方程适用于一个单元和连接单元的节点。图 8-1 给出了发动机曲轴、活塞和连杆的有限元模型。

线性有限元分析（FEA）的概念很简单，但实现这一计算并不容易。有限元分析的数学理论超出了本书的范围，可以参考其他书籍，如在本章后面的文献。这里，我们的目的是向读者介绍该技术，指出它的一些要求和难点，并提供其使用的实例。以其为主题的主讲课程视频放在了本章的网站上，作为讲座 21。

由于有很多商业分析软件，因此有限元分析已经变得相对很容易了，其中还有不少提供了与实体建模 CAD 软件包的接口。在 21 世纪，工程师进入行业时会发现他们的公司大都拥有并使用实体建模和有限元分析软件设计他们的产品和进行机械设计。使用商用有限元软件，并获得合理的有限元分析结果看起来很容易，但是如果用户不知道如何正确使用这些工具，也可能会犯严重的错误。这里建议：机械设计的学生选修有限元理论和应用方面的课程。大多数工程课程都提供了这些内容。

⊖ 本章首页图片版权所有© 2018 Robert L. Norton：保留所有所有权利。

⊖ http://www.designof machinery.com/MD/21_Finite_Element_Analysis. mp4.

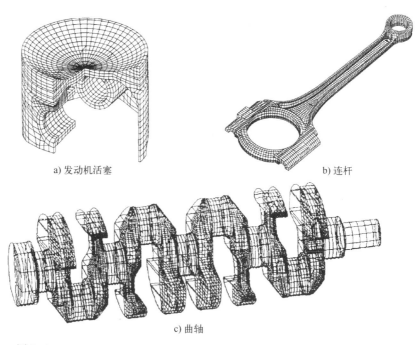

a) 发动机活塞　　　　　　　　　　　b) 连杆

c) 曲轴

图 8-1　　　　　　　　　　　　　　　版权所有© 2018 Robert L. Norton：保留所有权利

发动机有限元模型

应力和应变计算

应力在零件的连续介质中变化。通过将零件划分为有限数量单元，将节点连接在一起（称为网格）。对于任何一个给定结构，将边界条件和载荷分解到各个节点上，就可以得到零件内部应力和应变的近似解[⊖]。更准确的近似解可以通过采用更小尺寸单元得到，但是计算时间会相应增加。现有计算机的速度（在未来还会持续增长）已经大大减少了分析的时间[⊜]。分析师的部分问题是选择合适的单元类型、数量和分布，以权衡精度和计算时间。在应力梯度（斜率）变化缓慢的区域上可以采用较大的单元。而在应力梯度变化迅速的区域上，如附近有应力集中、施加载荷和边界条件处，则应当采用精细的网格。注意：在图 8-1c 中靠近曲轴的端部，因为直径是不变的，所以那里的单元要比圈毂和曲轴处的网格单元大。

有限元分析并不局限于结构分析。它可以用于流体力学、传热学、声学、电磁场计算，以及求解其他专门问题。这里，我们只讨论线性结构力学问题。所有商用有限元分析软件都可以处理这类问题。有些商用软件也可以处理非线性系统的问题，如变形超过线性静态分析假定的限制、材料特性是非线性的或表面接触建模等问题。有限元分析会给出应力、应变、变形、固有频率和振型（特征值和特征矢量）、冲击和结构的瞬态或稳态振动等信息。

自 1956 年有限元法首次提出，并由 Turner 等人命名以来，人们提出了多种数学公式求解有限元问题[1]。在许多商用有限元软件包中，结构分析采用的是直接刚度法（DSM），它通过施加的外载和给定边界条件，利用单元刚度计算节点位移和内力。再借助胡克定律，利用位移和应力

⊖　对于这一问题，用经典闭合形式的方法得到的应力也只是为了解决问题必须做出简化假设后对应的近似解。

⊜　虽然，随着计算机速度的提高，工程师可以分析更复杂的有限元问题，但是，即便使用了高速计算机，这些复杂问题（特别是非线性问题）仍然会导致计算时间很长。

求解应变。

8.1 有限元方法

我们这里仅给出最简单的有限元分析直接刚度法求解问题的数学过程。因为它的形式简单，读者容易了解它的过程。在数学上实现这一过程比这里的描述更复杂、计算量很大，因为需要求解大量的矩阵。许多书籍都有关于其数学原理和有限元分析实现的详细说明。

更多信息请见参考书目。图 8-2a 给出了一个最简单的受力有限元结构图——一维线性弹簧。它的刚度特性（弹簧刚度）为 $k_h = f/\Delta u$，所以一旦存在位移将产生节点力。假设在节点 i 和 j 上的位移分别为 u_i 和 u_j，则产生的节点力为：

$$f_{ih} = k_h u_i - k_h u_j$$
$$f_{jh} = -k_h u_i + k_h u_j \tag{8.1a}$$

以矩阵形式表达（式 8.1a），有：

$$\begin{bmatrix} k_h & -k_h \\ -k_h & k_h \end{bmatrix} \begin{Bmatrix} u_i \\ u_j \end{Bmatrix} = \begin{Bmatrix} f_{ih} \\ f_{jh} \end{Bmatrix} \tag{8.1b}$$

这里也可以采用下面的矩阵符号表达：

$$[k]\{u\} = \{f\} \tag{8.1c}$$

式中，k 为刚度矩阵；u 为单元节点位移矢量；f 为单元内力矢量。

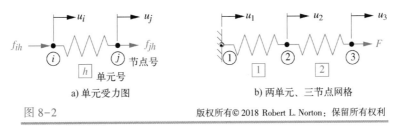

a) 单元受力图　　　　b) 两单元、三节点网格

图 8-2　版权所有 © 2018 Robert L. Norton：保留所有权利

弹簧元件简单模型

图 8-2b 表明两个简单单元连接成一个有限元网格。单元 1 固定在地面上，构成了一个约束，即边界条件；在单元 2 上有一个外力施加在节点 3 上。代入式（8.1a），这些单元须满足下面的力学方程：

$$\begin{bmatrix} k_1 & -k_1 \\ -k_1 & k_1 \end{bmatrix} \begin{Bmatrix} u_1 \\ u_2 \end{Bmatrix} = \begin{Bmatrix} f_{11} \\ f_{21} \end{Bmatrix} \tag{8.2a}$$

$$\begin{bmatrix} k_2 & -k_2 \\ -k_2 & k_2 \end{bmatrix} \begin{Bmatrix} u_2 \\ u_3 \end{Bmatrix} = \begin{Bmatrix} f_{22} \\ f_{32} \end{Bmatrix} \tag{8.2b}$$

在式（8.2）中，单元内力作用于节点上。为了平衡，节点力之和应等于施加在节点上的外力。设 F_i 为节点 i 上的外载，每个节点的总载荷为：

对节点 1　　　　　　$f_{11} = F_1$

对节点 2　　　　　　$f_{21} + f_{22} = F_2$ $\tag{8.3}$

对节点 3　　　　　　$f_{32} = F_3$

将式（8.2）的内部节点力代入式（8.3），有：

$$
\begin{aligned}
k_1 u_1 \quad\quad -k_1 u_2 \quad\quad &= F_1\\
-k_1 u_1 + \left(k_1 + k_2\right) u_2 - k_2 u_3 &= F_2\\
-k_2 u_2 + k_2 u_3 &= F_3
\end{aligned}
\tag{8.4a}
$$

上式的矩阵形式为：

$$
\begin{bmatrix} k_1 & -k_1 & \\ -k_1 & k_1 + k_2 & -k_2 \\ & -k_2 & k_2 \end{bmatrix}
\begin{Bmatrix} u_1 \\ u_2 \\ u_3 \end{Bmatrix} =
\begin{Bmatrix} F_1 \\ F_2 \\ F_3 \end{Bmatrix}
\tag{8.4b}
$$

或

$$
[K]\{U\} = \{F\}
\tag{8.4c}
$$

所施加的力和刚度都是已知的。要求的是节点位移，只需要在等式两端同时左乘 $[K]$ 的逆[⊖]。但是，这个矩阵 $[K]$ 是奇异的，因此问题没有唯一的解。这是因为式（8.4）表示的系统是具有一个自由度（DOF）的运动（刚体），所以它可以在一维空间的任何位置平衡。事实上，这是因为我们还没有考虑与地面刚性连接的节点 1。为求解静态有限元问题，我们必须使用适当的边界条件消除问题中的所有运动自由度。我们可以通过利用节点 1 位移（u_1）为零的边界条件，固定该系统。这使得刚度矩阵的第一列为零，从而得到了 3 个方程和 2 个未知量。如果反作用力 F_1 是未知的，我们可以消除第一个方程，剩下待求解的是两个节点上未知的位移。同时，图 8-2b 显示在节点 2 上没有外力，即 $F_2 = 0$。将其代入式(8.4b)，有：

$$
\begin{bmatrix} k_1 + k_2 & -k_2 \\ -k_2 & k_2 \end{bmatrix}
\begin{Bmatrix} u_2 \\ u_3 \end{Bmatrix} =
\begin{Bmatrix} 0 \\ F \end{Bmatrix}
\tag{8.5}
$$

上面的 k-矩阵称为缩减刚度矩阵，它是非奇异的，因此有逆，所以这个方程可以用来求解未知位移。当求得位移后，每个单元的内力可以通过式（8.2）计算得到。含有未知的反作用力的方程缩减后，矩阵方程就可以用来求解反力了。该应变可以通过对位移求导得到，应力则可以利用应变和材料特性求出。大多数的解是计算给出主应力和 von Mises 应力，以及对应的应变和位移。

上述例子包含了有限元求解的基本步骤。在一个实际的问题中，常常使用有多个自由度节点的更复杂的单元，而且单元数量也非常巨大，甚至可能是非线性"弹簧"函数。

8.2　单元类型

单元可以是一维、两维或是三维的，也称为线、面、体单元[⊖]。它们也可以有不同的"秩"，秩是指给出的单元位移分布函数的阶数（通常是多项式）。图 8-3 显示了一些常用的单元，图中是根据维数和秩分组的。在一般情况下，人们常愿意选择最简单的单元，因为虽然多维或高阶单元具有更大的信息量，但是计算时间会很长。

单元维数与自由度（DOF）

图 8-3 给出的内容分为一、二和三维组，分别标记 1D、2D 和 3D。在图中，说明了单元每

⊖　实际计算机求解时，并不真正生成和左乘逆矩阵，因为这样计算量太大。实际上还有更有效的数值方法求解矩阵方程组，会得到相同的结果。

⊖　也有零维元，其内容包括：弹簧元件，刚体单元，集中质量和其他特殊类型。

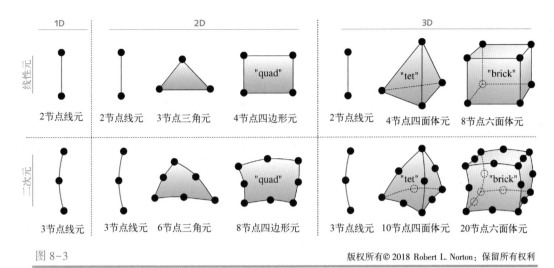

图 8-3

常用的有限元单元

个节点具有的自由度数[⊖]。注意：每组中都有线单元。线元件适用于桁架构件和等截面梁结构的建模，每个节点可以有 1、2、3 或 6 个自由度。一维线单元的每个节点共有 2 个自由度。实际上，这就是一个桁架单元，通过节点连接与相邻的单元连接。它只能传递沿其长度方向上（一维）的力，它的节点不能承受转矩。二维线元每节点有 3 个自由度，可以表示一个二维梁，它的节点可以承受转矩和两个方向上的线力。三维线元件每个节点具有 6 个自由度，它代表一个三维轴或梁，它的每个节点可以承受三个方向的线力、力矩和扭矩。对更复杂的几何形状的单元，如三角形、四边形、四面体和六面体（砖）单元，它们的节点具有更多的自由度。

请注意，一个一维线元就可以对一个轴向拉伸的桁架件给出很好的结果，但如果受的是轴向压力，则它不能正确预测屈曲。如 4.16 节所述，屈曲必须使用适当的 Eular、Johnson 或正割公式单独检查。一些有限元软件包提供了单独计算屈曲的方法。

如果三维结构的构件几何形状和受力属于平面应力或平面应变情况的话，可以采用二维单元来模拟，这时第三维上的力或变形为零。例如，长梁的弯曲或在宽度上受轴向对称载荷作用时，可用二维元分析。但是，如果载荷是偏置的，那么就需要用三维元。在梁弯曲问题中，因为梁的所有纵向平面仍保持原来的平面，所以二维分析是有效的。

如果薄壁零件是轴对称的，且载荷均匀分布，例如管道或压力容器在内压作用下，则可以用二维表面（壳）元进行分析。这里假设：沿壁厚方向的应力梯度小到足以忽略。非轴对称结构可以用壳单元，其壁厚比表面积小。

许多机械零件受载和几何图形需要使用三维元。如果它们的几何形状简单，则可以通过传统的闭合形式方法求解。如图 8-1 所示的几何很复杂的例子，使用传统方法就有可能得不到合理的精度，这时需要采用三维连续元进行有限元分析。

单元的阶

高阶单元具有曲线边界，而线性单元的边界必须是直的。高阶元更适合复杂零件的几何轮廓，也可处理陡峭的压力梯度。但是，单元的阶数越高，计算的时间也就越长，因此许多分析师首先会尝试用线性单元对零件建模。

⊖ 图 8-3 的"维组群"指的是模型的几何维数。

应变是单元位移变化率的函数（即位移梯度），可以通过对单元的位移的求导计算得到。对于一个线性三角元或四面体（tet）元，位移在单元上是一条直线，所以应变为常数。这使得应变看上去不光滑。

应力由弹性应变与材料的弹性模量计算得到。因此，对线性三角元和四面体元来说，它们的应力也是常数。对二次三角元、四面体元和六面体元来说，位移函数是抛物线，因此应变（应力）的分布在单元上是线性的，所以这样的应力要比线性元的好得多。

通常，专家不建议采用平面三角形或 4 节点四面体单元，因为它们得到的应力和刚度不准确。为了得到更好的应力，应采用具有线性应变的 4 节点四边形元（quad）或 8 节点六面体元（brick）。但是，对不对称零件来说，四边形元和六面体元的网格化分比三角形或四面体更难。另一种方法是增加三角形或四面体单元的数量来提高应力的精度。高阶元，如 6 节点三角元和 10 节点四面体元可以得到比低阶元更好的应力解，人们已证明它们的精度与线性 4 节点四边形元或 8 节点六面体元的精度一样高。

由于与相邻单元（任意顺序）共享节点，每个单元都有一个与它相邻不同的应力，也就是每个节点至少可能有两个应力值，因此，对于连续的零件来说，通过有限元分析计算得到的应力场呈现不连续的阶跃变化，而不是实际零件应有的连续应力场。大多数有限元处理器会对每个单元的应力取平均，然后经平滑显示光滑的应力等值线图。

h 元与 p 元

有限元求解器常使用两种不同类型的单元，它们分别称为 h 单元和 p 单元。h 单元是最常用的，它们的阶次通常仅限于二次。必须通过增加单元个数对网格细化（见下文），并须减少高应力梯度地区附近的 h 元尺寸。p 单元允许在单元边缘用多项式（插值）增加其阶数到 9 或更高，以在需要的地方获取局部应力的变化情况。因此，p 单元的个数相对来说比同样的问题 h 单元的个数少很多。p 单元因为具有高阶边缘插值的功能，因此能够更好地满足边界形状复杂的零件求解问题。

单元纵横比

单元的纵横比是通过划分单元的长边和短边长度比得到的[2]。p 单元可以处理的纵横比约大于 20:1，但是对纵横比小于 5:1 的问题，首选 h 单元[3]。如果单元的形状过分偏离其基本形状，将会引起较大误差。图 8-4 展示了好的和不好的纵横比单元的例子。歪斜、扭曲和锥形单元在一定程度上对准确性会产生影响，见参考文献 [4]。

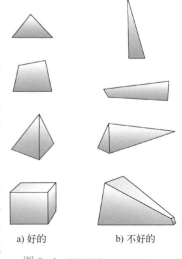

a) 好的   b) 不好的

图 8-4   版权所有© 2018 Robert
L. Norton：保留所有权利

好的和不好的单元纵横比

8.3   网格划分

在有限元分析的早期，划分零件网格需要巨大的工作量。现在，在有限元分析软件包内都含有网格自动划分器和预处理器，从而使这项任务变得很容易。许多软件包可以输入由 CAD 程序实体建模生成的零件几何形状，并对零件进行网格自动划分。在大多数网格自动划分时，对二维网格默认采用线性四边形或二次四边形元，如果零件的部分区域形状需要时，可以增加三角形元。许多网格自动划分器对三维模型只能采用四面体元网格（tets）。人们已证明线性四面体元的应力结果并不理想，但是高阶四面体元的结果是可以接受的。有的有限元软件包带有预处理器，允许根据需求手动进行零件网格划分。在三维问题中，利用 8 节点六面体元和 6 节点楔块元混合划分网格或通过增加四面体元的阶数都可以得到较好的解，但这会增加计算时间。随着计算机速度的提高，计算时间已经不是大问题了。例如，在本章中的一些研究案例中应用了十六阶的四面体元。分析师通过人工划分网格比自动划分网格需要更多精力和技巧，可能会获得更好的解。在设计新零件时，虽然精度上会受到一定限制，但是为了加快速度常采用自动划分网格。这时尽管绝对数字可能不准确，但是我们可以利用自动划分网格比较不同有限元分析结果。在设计过程的早期，为了确定设计方案是否可行，又不想花大量的时间的话，就可以通过自动划分网格快速得到信息，即便它不很准确。当设计方案一旦确定，就可以花更多的时间生成一个更好的网格和得到更准确的最终设计。

网格密度

对大零件来说，粗网格可以减少计算时间。在零件的应力梯度较小的区域上采用粗网格一般可以提供足够准确的解。但是，在应力梯度很大的区域上，如接近应力集中、施加载荷或边界条件处，必须采用细的 h 元网格（或相同密度的高阶 p 单元网格）求解应力变化。例如，图 4-34 所示的光弹应力分布中的应力集中区周围，以及图 7-19 所示的加载点。

因此，我们可能需要不同的网格密度的模型，这一过程称为网格细化。基于对力流概念的理解（见图 4-37 和图 4-38）和应力集中（4.15 节），在某些工程上可以判断是否需要这样做。

网格细化

在初次分析上，零件可采用粗网格划分，但设计师或分析师必须根据受载零件应力分布的理解，利用工程知识判断和决定什么区域需要较细网格来划分。图 8-5 为一个二维模型的网格细化例子。注意，在孔和钳口受力的四周采用了较小单元。从零件应力云图（见图 8-5b）可知应力集中的位置。进行网格细化是非常必要的，特别是在高应力集中区域。

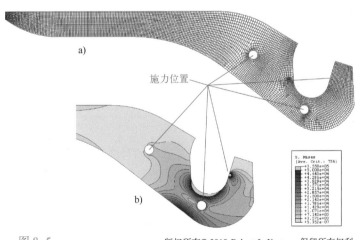

图 8-5　　　　　版权所有© 2018 Robert L. Norton：保留所有权利

案例研究 2B：夹具有限元分析网格与应力分布

收敛性

怎样确定网格已足够细化？通常的方法是进行收敛性检验计算。以某一尺寸的网格求解模型的应力。随后在预期可能出现应力梯度较大的区域上修改单元的大小，对模型再次求解。对采用不同网格密度所求得的结果，比较在特定位置的应力值。如果这两种结果存在明显差异，则表明：该区域上的网格还太粗，可能需要进一步细化。最终，对于不断进行网格细化计算得到的应力值的差异越来越小，表明计算结果正收敛于真解。如果对一系列不同网格细化求解结果，选取特定位置的应力值作图，将得到如图 8-6 所示的曲线。曲线呈指数趋于渐近线，即是真实应力值[⊖]。

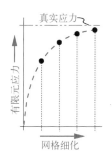

图 8-6   Robert L. Norton：保留所有权利
有限元细化结果

例 8-1   含有缺口的悬臂梁有限元分析

问题：一个含有缺口的矩形截面悬臂梁，末端施加一个对称循环横向载荷。试确定合理的有限元网格求解最大应力，以及在梁端的距离 l、d 和缺口 a 处的变形量，并与封闭解比较。

已知：图 8-7a 所示梁的尺寸为：$a = 4$，$d = 7.5$，$l = 10$，$b = 0.1$，$h = 1$ 和 $r = 0.167$。载荷 $F = 25$ lb，材料是钢。

假设：支承壁可认为比梁的刚度大很多。梁的重量相比载荷可忽略不计。尽管由于缺口使梁截面减少，但对整个梁挠度影响较小，而对局部应力有明显的影响。采用平面应力假设，用二维有限元模型就可满足要求。

解：

1. 首先用封闭解来确定悬臂梁应力和挠度的理论值。图 8-7b 所示为该悬臂梁的自由体受力图、剪力和弯矩图。

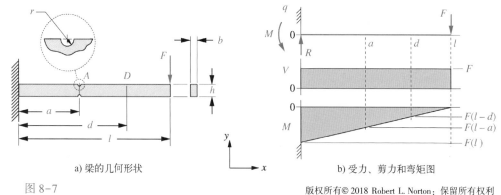

a) 梁的几何形状   b) 受力、剪力和弯矩图

图 8-7
例 8-1 的悬臂梁

我们感兴趣的 3 个位置是：在支承墙处和 D 处梁的外表面和存在应力集中的缺口 A 根部。在墙壁处弯矩的大小是 $Fl = 250$ in·lb，外表面上弯曲应力为：

$$\sigma = \frac{Mc}{I} = \frac{250(0.5)}{\dfrac{0.1(1)^3}{12}} = \frac{125}{0.0083} \text{ psi} = 15\ 000 \text{ psi} \tag{a}$$

⊖   有些有限元求解器采用方法使得收敛从上趋于最佳效果而不是从下趋近于真实值，如图 8-6 所示。无论采用什么样的策略，最终的结果应该是相似的。

点 D 可提供应力检验[⊖]，它远离任何的应力集中，距墙壁的距离为 d，所受到的弯矩大小为 $F(l-d) = 25(10-7.5) = 62.5\,\mathrm{in}\cdot\mathrm{lb}$，$D$ 处外层纤维的弯曲应力为：

$$\sigma = \frac{Mc}{I} = \frac{62.5(0.5)}{0.1(1)^3/12}\,\mathrm{psi} = 3750\,\mathrm{psi} \tag{b}$$

可从附录 C 的图 C-12 中查得缺口 A 处的应力集中系数：

$$K_t = A\left(\frac{r}{d}\right)^b = 0.98315\left(\frac{0.167}{1-2(0.167)}\right)^{-0.33395} = 1.56 \tag{c}$$

该点的弯矩大小为 $F(l-a) = 25(10-4) = 150\,\mathrm{in}\cdot\mathrm{lb}$，因此局部弯曲应力为：

$$\sigma = K_t\frac{Mc}{I} = 1.56\frac{150(0.5-0.167)}{\dfrac{0.1\left[1-2(0.167)^3\right]}{12}}\,\mathrm{psi} = 1.56\frac{49.950}{0.00246}\,\mathrm{psi} = 31676\,\mathrm{psi} \tag{d}$$

2. 从附录 D 的图 D-1 方程中查得受弯曲悬臂梁的最大挠度为：

$$y_{max} = -\frac{Fl^3}{3EI} = \frac{25(10)^3}{3(30\times10^6)(0.0083)}\,\mathrm{in} = -0.0335\,\mathrm{in} \tag{e}$$

3. 由于四边形单元相比三角形更适合本例，因此采用四边形分析。图 8-8 所示为 4 种不同网格条件下的划分情况。表 8-1 所列为 D 点和缺口 A 处在 4 种网格下所计算的应力。图 8-9 所示的为不同网格数目下，缺口处的应力。相比缺口处，D 处的计算应力更快地收敛于封闭解，因为在缺口处出现应力集中[⊖]。在图 8-8d 中为了在缺口能够很好地收敛，采用了必要的"非常细"网格划分。在 D 点处，不同的网格数有限元应力和封闭解之间的差异是由于理论分析应力是在零件的外表面，但有限元计算得到的应力则是每个单元 4 个积分点的平均值；所以差异与单元尺寸有关。其他有限

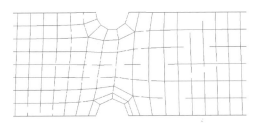

a) 粗网格(535单元)

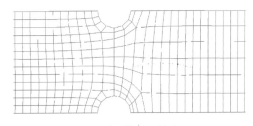

b) 中网格(1146单元)

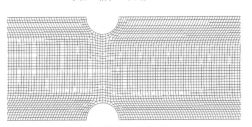

c) 细网格(15 688单元)

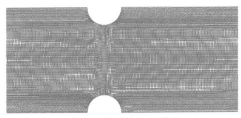

d) 超细的网格(97 797单元)

图 8-8

例 8-1 中梁的网格细化（只显示局部区域）

⊖ 根据圣维南原理，在离受载力较远处，力所作用的接触面积对其应力影响可不计。

⊖ 注意：正如这里处理的，不必在整个零件进行网格细化。在缺口周围应力集中出现的地方网格已经足够细。在这个例子中，整个网格细化是为了显示远离缺口的 D 点，以及缺口的影响。

元应力的选择可以是某个节点或积分点的值，因此四边形元可以有 4 种应力值。

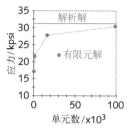

图 8-9　Robert L. Norton：保留所有权利

例 8-1 中缺口处不同网格数的收敛情况

表 8-1　例 8-1 有限元应力与网格
尺寸的关系

单元数	应力/psi	
	在点 D 处	在缺口处
535	3158	17 128
1146	3167	21 710
15 688	3653	27 801
97 797	3713	30 363
解析解	3750	31 676

4. 表 8-2 表明中性轴上悬臂梁端部不同网格有限元分析的挠度和封闭解挠度的比较。可知：虽然网格数目相差很大，但其结果差异却很小，表明：为了得到准确的变形和局部应力，细网格并不是必要的。还有，有限元分析的变形均大于封闭解。这是因为有限元的解考虑了横向剪切变形的影响，而这在弯曲挠度方程（e）中是不考虑的，如果梁较短，这种现象会更加明显。在本例中，这会导致弯曲挠度增加 10%。

表 8-2　例 8-1 挠度随网格数的变化

单 元 数	挠度/in	单 元 数	挠度/in
535	0.0359	97 797	0.0369
1146	0.0364	解析解	0.0335
15 688	0.0368		

5. 图 8-10 给出通过有限元计算的梁的 von Mises 应力分布。它包括横向剪切应力。由图可知：应力集中出现在缺口底部（点 A）和在梁端上表面施加载荷处（点 L）。封闭解不会自行计算这些应力集中。我们必须意识到，要计算缺口处的应力就需要得到应力集中系数。在施加载荷处，除非我们也这样处理，否则我们将看不到该处应力会增大。图中不易看清在梁根（R）同样也有应力集中，这是因为墙壁边界条件导致的局部应力增加。有限元分析（二维或更高单元）具有自动分析应力集中的优点，无论是由于局部形状改变或是局部受力和边界条件。但是，需要确保的是：有一个适当的、收敛的网格，特别是在可能出现应力集中的周围，否则结果可能会有较大的误差，如表 8-1 和图 8-9 所示。

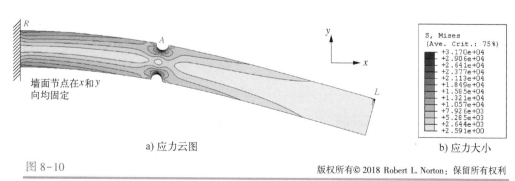

a) 应力云图　　　　　　　　　　　　　　　　b) 应力大小

图 8-10

例 8-1 的有限元分析的 von Mises 应力

8.4　边界条件

给定的边界条件（BC）要能真实地反映一个具体零件所受的约束条件，这并不是一项简单的工作，它决定了所求得的问题的解是合理的还是荒谬的。在 8.2 节中曾指出：一个单元的每个节点都有一定数量的自由度。二维平面四节点，每个节点各具有两个平移自由度，而三维砖体单元的节点有 3 个平移自由度。壳元或线元在节点还有转动自由度。外部约束作用在模型的节点上。至少，必须有足够多的约束条件限制零件的运动自由度，使它处在静平衡状态。此外，在装配中，模拟零件与它相邻体的物理连接时必须尽可能地接近实际。边界条件既不应限制，也不允许出现在实际中没有的变形发生处。一个实际物理约束刚度不会是无限大的，但在有限元模型中，可以指定节点不能移动，这就将其固定，从而使其刚度变得无限大。这种处理夸大了实际物理约束的影响。如果采用的边界条件过少，该系统将可能未完全受到约束，从而使计算失败。如果采用的边界条件过多，系统因为过约束而变得过于刚性。

例如，考虑两个滑动轴承支承矩形梁受横向载荷，如图 8-11a 所示[⊖]。轴承静止固定在机架上，同时机架固定在地面上。地面为建筑的一部分，坐落于地球上。如果想确定承受载荷的梁的应力和挠度，需要多少约束条件来建立模型呢？我们是仅仅对梁建模，还是需要对包括轴承、机架、地面和建筑地基的全部建模？毫无疑问，可以得出这样的结论：在这种情况下，我们可以安全地忽略地球、建筑和机架的变形，认为它们具有无限大的刚性，除非恰巧有个非常大的载荷使整个建筑都产生非常大的滑动。

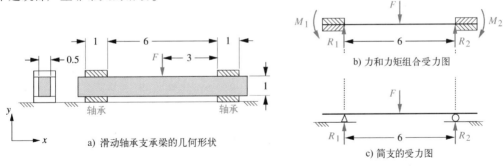

图 8-11　　　　　　　　　　　　　　　　　　　版权所有© 2018 Robert L. Norton；保留所有权利

滑动轴承支承梁的两种支承受力图

在这一假设下，我们需要明确的是：滑动轴承是如何约束轴颈而起到支承载荷作用。轴承沿其长度与轴颈接触，但显然有部分长度不起支承作用。轴承给出了哪几种类型的约束呢？如果轴承可以防止轴颈相对其长度方向上发生倾斜，那么就可将其视为固支。如果不是，实际上轴承只提供了"简支"。

图 8-11b、c 所示为在不同假设情况下梁的受力图，哪种是"正确的"？也许都不正确。这两种假设是在力学问题中常用的解析分析的理想化模型。固支梁模型是假设支承处（这里的轴承）弯曲的刚性是无限大的，轴与轴承为整体，使其在弯曲平面内没有相对运动。为了实现这一点就必须使轴颈和轴承间的间隙为零，这样轴移动有点困难。简支梁模型假定轴颈在轴承的

⊖　注意：这个"滑动轴承支承的梁"模型可以看作是轴承支承的旋转轴模型的替代，通过相关知识的学习可知，
　　边界条件的选择对其挠度的影响是一样的。然而，轴模型需要三维有限元分析。但是滑动轴承支承梁模型可以
　　在二维有限元进行分析而不失一般性。

一端受到刀口的无摩擦支承。即使采用这一假设，我们要知道刀口和轴颈所放置的位置是在轴承的中心，还是在它的边缘，以及哪一边？有些人认为：如果轴承座是刚性的，且如果轴的中部向下弯曲，轴颈将与轴承的内边缘接触，如图 8-11c 所示。下面让我们用解析法和有限元法分别分析这些模型，看会发生什么情况。

例 8-2　滑动轴承支承的梁边界条件

问题：一个矩形截面梁支在滑动轴承上，在 x 处的固定位置上受一横向载荷，如图 8-11a 所示。确定合理的边界条件，用封闭解比较它们挠度的不同。

已知：梁的尺寸如图 8-11a 所示。载荷 $F = 250\,lb$，材料为钢。

假设：支承轴承的刚度比梁强。相对载荷来说，梁的重量可以忽略不计。该轴承与梁截面之间有 0.001 in 的间隙允许滑动。

解：

1. 在图 8-11b、c 的情况下，封闭解的梁挠度曲线如图 8-12 所示。对于固支梁模型中最大挠度为-0.00036 in，在简支梁模型为-0.000 90 in。固支端的假设使总挠度降低至简支梁模型的 1/3。这是因为末端弯矩的约束使梁在轴承处的弯曲斜率为零，从而有效地增强了其刚度。

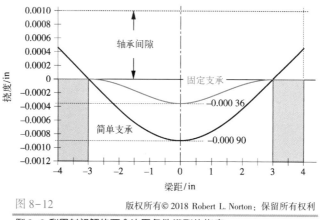

图 8-12　　　　版权所有© 2018 Robert L. Norton：保留所有权利

例 8-2 利用封闭解的两个边界条件模型的挠度

2. 首先，尽管这是一个三维问题，但是我们可以使用二维四边形平面应力有限元模型简化分析。因为有限元分析是基于位移，模型的变形提供了很好的方法来检验所采取的约束条件是否合理。如果能够分别验证变形可信和网格收敛，那才可以对结果充分相信。例如在这个例子中，在梁的中心施加载荷。

3. 图 8-13a 所示为在两端固支情况下的网格，在每个轴承处，与轴承接触的所有单元节点在 x 和 y 方向做了固定，模拟固支梁问题。图 8-13b 所示为通过有限元分析得到梁的变形和最大挠度，其值为-0.000 32 in，与步骤 1 的计算值接近。可知：应力集中出现在载荷作用处、滑动轴承边缘接触的 A 点和 B 点。表明边界条件对局部应力的影响。

4. 图 8-14a 给出了与图 8-13a 相同的网格划分模型，但边界条件改成两端简支。在左端轴承的内边缘（圆圈点 A）节点设置为在 x 和 y 方向固定，代表一个固定铰链。而在右端轴承（圆圈 B 点）的内边缘，节点只是在 y 轴上被约束，代表活动铰链。通过有限元分析得到的简支梁变形形状如图 8-14b 所示，最大挠度为-0.00099 in，与步骤 1 的计算值接近。注意：应力集中出现在施加载荷作用点处和滑动轴承内边缘接触点 A′和 B′处，这表明了边界条件对局部应力的影响。另外，梁的顶部边缘并未与轴承接触，这与封闭解计算是一致的（见图 8-12）。

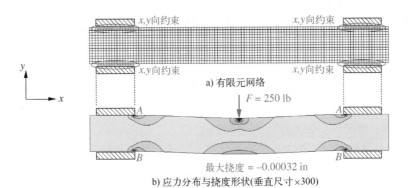

a) 有限元网络

F = 250 lb

最大挠度 = -0.00032 in

b) 应力分布与挠度形状(垂直尺寸×300)

图 8-13　　　　　　　　　版权所有© 2018 Robert L. Norton：保留所有权利

例 8-2 固支边界条件的梁有限元模型

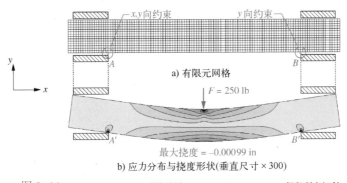

a) 有限元网格

F = 250 lb

最大挠度 = -0.00099 in

b) 应力分布与挠度形状(垂直尺寸×300)

图 8-14　　　　　　　　　版权所有© 2018 Robert L. Norton：保留所有权利

例 8-2 简支边界条件的梁有限元模型

那么，哪一种的边界条件模型更好呢？轴承限制了轴颈绕 z 轴的任何旋转，这样的假设是否是合理的？如果轴颈在轴承上是可移动的，轴承之间的间隙是必要的。假设总的间隙大小为 0.001 in。在轴承长度内轴颈可以有多大角度转动？从简单的计算可知为 0.057°。在简支梁模型中是 0.035°。由于在轴承内这个角度比间隙角小，所以在加载后轴颈可以达到这一斜率。开始轴承不对轴颈起作用，直至间隙被消除，轴颈的上端和下端分别与对应的轴承边缘接触。在这种情况下，它可视为简支模型，如图 8-12 所示，在轴承外边缘约有 0.00052 in 间隙。因此，我们得出这样的结论：在这种特殊情况下，简支梁模型比固支模型更接近实际。

但是，这是我们能做的最好处理吗？轴颈和轴承只是在一个节点上接触，这样的假设是合理的吗？一个节点是零维的，那么应力就会无限大。如果载荷增加，轴承间隙填满后将发生怎样的变化？一个更好的边界条件模型是要考虑零件在轴承表面顶部和底部之间的接触点面积的可能性。一些有限元代码提供接触的限制，允许只在某一方向传递力。如果力改变符号，那它们将分开。在前面的实例中，若轴颈和轴承的边界条件是在滑动轴承界面长度上所有节点采用这样的接触约束，那会是一种更好的方法。无载荷情况下，底部的所有节点相互接触，类似于固定的模型。当施加载荷后，轴承底部的部分单元将会分离，允许梁如简支梁模型那样变形。当载荷足够大时，梁在末端将与轴承的上表面接触，从而有效地改变边界条件。唯一的缺点是，接触约束是非线性的，需要非线性有限元方法求解，这增加了计算时间。下面让我们使用这样的接触约束有限元模型重做例 8-2。

例 8-3　接触约束边界条件的有限元分析

问题：如例 8-2 中矩形截面梁支承在滑动轴承上，在固定位置 x 处，受横向弯曲载荷，如图 8-11a 所示。建立采用接触约束边界条件的有限元模型进行计算，得到的结果与例 8-2 的结果进行比较。

已知：梁的材料为钢，尺寸大小如图 8-11a 所示。考虑两种载荷情况，情况一：载荷为 $F=250\,\text{lb}$，如例 8-2；情况二：更大载荷 $F=1000\,\text{lb}$。

假设：支承轴承的刚性比梁大；与载荷相比，梁的重量可忽略不计。轴承处间隙为 0.001 in，梁可绕其截面转动。

解：

1. 如图 8-15 所示，将有限元网格中接触约束（边界条件）应用在 A 和 B 点。这些约束施加在轴承上，而不是梁上。梁不允许进入轴承内，但是允许其节点在轴承表面发生位移。因此，节点可以承受梁和轴承的压缩载荷，但不能承受拉伸载荷。当载荷施加到梁上时，将发生变形，节点的接触将沿轴承长度方向发生变化，就像是实际系统发生的一样。C 点是设在梁的中性轴上 x 方向上的必要的固定约束。通过在梁的中心设置的 x 向的约束，梁的两端允许在轴承中沿 x 方向滑动，与实际系统一样。在有限元分析模型中，轴承在边缘上设计为圆角，避免在梁发生变形时，轴承的两端出现点接触而产生无限大应力。

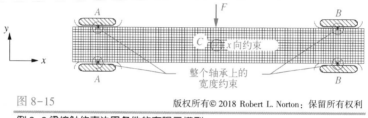

图 8-15　　版权所有© 2018 Robert L. Norton：保留所有权利

例 8-3 梁接触约束边界条件的有限元模型

2. 图 8-16a 为当横向载荷 $F=250\,\text{lb}$ 作用在梁的中心时的应力和变形图。注意：这与简支梁受相同载荷时相似，如图 8-14 所示。梁与轴承在其底部的角点（A 点和 B 点）接触，可以看到出现了应力集中。梁的上表面与轴承的顶面 A' 和 B' 不接触。因为间隙为 0.517 in，与图 8-12 所示一样。用这一模型计算所得到的最大挠度为 $-0.00099\,\text{in}$，与例 8-2 相同。

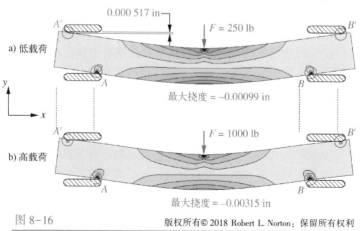

图 8-16　　版权所有© 2018 Robert L. Norton：保留所有权利

例 8-3 接触约束边界条件下的应力和梁挠度

3. 图 8-16b 为横向载荷等于 1000 lb 时作用在梁的中心的应力和挠度图。增加的载荷使得梁的变形足够大，使顶端端与上部轴承表面 A' 和 B' 点接触，可以观察到应力集中。此时，梁的力学行为表现得更像例 8-2 中的固支模型。注意：在载荷为 1000 lb 下，最大挠度仅是在载荷 250 lb 下的 3.18 倍。如果这两种情况都是简支梁，则在载荷 1000 lb 下预期的挠度应比在载荷 250 lb 下大 4 倍，因为变形与载荷成正比。但是由于边界条件的变化，变形成了载荷的非线性函数。

4. 图 8-17 给出了在两种情况下，梁的挠度与最大载荷比的关系曲线，可认为当载荷从零缓慢地增加到最大值时，所对应梁的挠度的变化。在载荷 250 lb 的情况下，挠度与载荷是呈（负）线性变化的。在载荷 1000 lb 的情况下，初始阶段变形是线性增加，直到梁两端与轴承接触，在这时（A 点），由于梁的刚度增加，梁变形的斜率突然改变。在 A 点以后，由于形变导致接触点发生了变化，曲线变成非线性。这表明：轴承间隙变化改变了边界条件，引起了梁对载荷的非线性响应[注]。

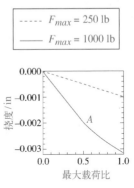

图 8-17　Robert L. Norton：保留所有权利

例 8-3 两种载荷下的挠度变化

考虑一个稍微不同的例子。如图 8-11 所示，假设梁不能滑动，两端由无间隙铰链连接并支承。在例 8-2 中我们在步骤 3 做了相应的假设。由此产生的网格边界条件与有限元分析结果如图 8-13 所示。有限元计算的最大挠度 -0.00032 in，这与封闭解的 -0.00036 in 相差无几。在图 8-13 中，边界条件是在 x 和 y 方向上固定了所有节点。这是模拟这样的边界条件：梁被紧紧夹紧，假设梁和支承之间不允许有相对滑动，甚至微量都不行。梁的夹紧状态是可实现的。然而，还有另一个可能性是：即使在没有任何间隙下，设置禁止 y 方向的任何运动，但允许在 x 方向的微小运动。这种情况下，可以在有限元分析模拟通过设置一系列不同的边界条件实现，如图 8-18a 所示。在这里，支承处的所有节点在 y 方向固定，而在 x 方向不固定。x 方向上自由度的消除是通过如例 8-3 那样固定梁中性轴中心位置一个节点来实现的。图 8-18b 显示了计算结果的应力分布和变形。由图可知：此时最大挠度是 -0.00042 in，大于图 8-13 所示的固支有限元模型和图 8-12 所示的封闭

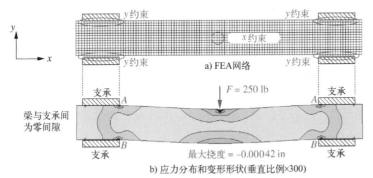

图 8-18　　　版权所有© 2018 Robert L. Norton：保留所有权利

图 8-11 中的梁有限元模型，在 y 方向固定，而在 x 方向只有一个节点受到约束

[注] 这种现象通常被用于如在汽车气门机构中使用速率可变气门弹簧来获得所需的结果。一些弹簧线圈缠绕在一起比其他部位的更紧密（见图 14-2a），当在使用中弹簧线圈变形时，间距小的线圈靠近接触成为固体。在中途变形中弹簧刚度可以改变，有助于减少弹簧振动。汽车悬架系统也是使用类似的理念，当悬架行程超过一定的高度，或者出现超载的车辆或碰到大的颠陂，如果间隙消失时，通过较强的辅助刚性弹簧起作用，悬架刚度突然增大，从而限制变形。

解的固支模型（假设：在支承位 x 和 y 方向上固定，如图 8-13a 所示）。

　　上述分析表明：边界条件的选择对有限元分析结果的影响很大。接下来的讨论将加强这一概念。这里所涉及的都与轴（或销轴）及其轴承或螺栓与孔之间的边界约束有关。

　　我们将用另一个例子来分析这一内容。图 8-19 表示一个水平连杆机构的杠杆。我们对它进行建模，来确定在给定载荷下其应力和挠度，从而像梁那样得到它的弹性刚度。它有两个铰链支承，销轴绕青铜轴承的轴心旋转。这两个销轴和轴承均具有弹性。销轴材料是普通钢，轴承材料为青铜或其他较软的轴承材料，如巴氏合金滑动轴承（见第 11 章），其硬度小于钢。但是，青铜或巴氏合金通常是很薄的，镶在钢上。因此，轴承通常可以被认为与周围材料的硬度相等，在本例中就认为与钢一样。

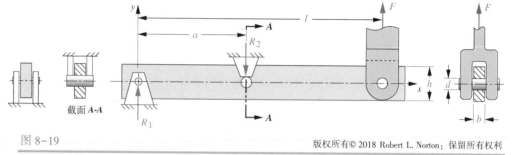

图 8-19

版权所有© 2018 Robert L. Norton：保留所有权利

例 8-3 悬挑梁

　　在这个例子中，零件上的载荷是垂直施加的；没有水平方向上的作用力。用封闭理论求解，可假定力作用在孔中心，但在有限元模型中显然孔内是没有任何单元的。

　　如果在孔内的销轴是过盈配合的，那么它们就会沿孔圆周上接触产生分布载荷。若存在径向间隙，如果两个销轴和轴承的刚性无限大，就会在某一位置上形成线接触。在二维模型中，可以通过约束孔的顶部或底部节点进行模拟。这两种情况下的应力和挠度显然会非常不同：一种是提供反弯矩连接；另一种是简支。可以设想，实际情况是介于这两个极端情况之间。

　　如 7.9 节所述，在载荷下，两个零件都会发生局部变形，并形成接触区。这会使接触在轴承的底部（或顶部）沿着在理论上线接触向两侧延伸。边界条件需要考虑到这点。这些接触条件的变化使得接触位置改变，从而影响梁的挠度和应力，就如在前面讨论的那样。边界条件的变化同样也会影响接触区局部应力集中的计算。

　　一种可选方案是：可以将在每个支承处孔圆周上的所有单元固定。然而，与实际情况是在孔内销轴提供约束相比较，这对零件做了过度约束。问题是：如果我们必须约束孔圆周上的节点，应该约束哪些部分？

　　如果所用的有限元分析软件包提供有"刚体"单元的选择，那么这个难题能够很容易地解决。方法是：在孔的中心设置一个节点，它与孔的圆周上的所有节点连接形成刚性体。这些看起来像自行车车轮的钢条。然后就可在中心节点以适当的方式约束。在这个例子中，两个孔的中心将在 x 和 y 方向上被限制，它来代表销轴。载荷 F 可以以相同的方式作用在孔中心节点上，该节点与孔圆周上连接成刚体单元。下面的例子将分析在销轴上这两种的边界条件，并与梁理论的封闭解做对比。

例 8-4　销轴和孔之间的边界条件

　　问题：一个悬挑梁由两个在轴承内的销轴支承。确定合适的边界条件，分析与计算最大挠度、最大应力和载荷点的弹簧刚度。

已知：在图 8-19 中梁的尺寸：$a=8$，$l=20$，$b=0.75$，$h=2$，$d=0.5$。载荷 $F=100\,\text{lb}$。横梁和销轴的材料为钢、轴承是青铜-钢。除了在销轴孔处，梁截面在其长度方向上恒定，销轴孔的直径为 0.5 in。

假设：载荷和支座共面。销轴的刚度比梁大得多。

解：

1. 首先，如例 4-6 所示用传统封闭解求梁的问题。在附录 B 的图 B-3 中的 a 部分可查得相应的悬臂梁挠度计算公式。

最大应力将出现在图 8-19 右边的支承处，该处的弯矩最大，为：$M=F(l-a)=1200\,\text{lb}\cdot\text{in}$。在 $x=a$ 外层纤维上，弯曲应力为：

$$\sigma=\frac{Mc}{I}=\frac{1200(1)}{\dfrac{0.75\left(2^3-0.5^3\right)}{12}}\,\text{psi}=\frac{1200}{0.4922}\,\text{psi}=2438\,\text{psi} \tag{a}$$

注意：由于孔的影响，在 $x=a$ 处的截面模量 I 减小。

2. 梁的最大挠度将在梁的右端。在附录 B 中的图 B-3 中 a 部分查得计算方程，当 $x=20$，$a=8$，$l=20$，截面非中空 $I=0.50$，梁的最大挠度为：

$$y=\frac{F}{6aEI}\left[(a-l)x^3-a\langle x-l\rangle^3+l\langle x-a\rangle^3+l\left(-l^2+3al-2a^2\right)x\right] \tag{b}$$

$$=-0.0064\,\text{in}$$

3. 第一次尝试所用的约束条件为：在每个孔的圆周上所有节点在 x 和 y 方向固定。图 8-20 所示为在一个梁孔周围的网格和边界条件，以及未变形和变形的网格。注意：在孔周围的节点没有任何的运动。

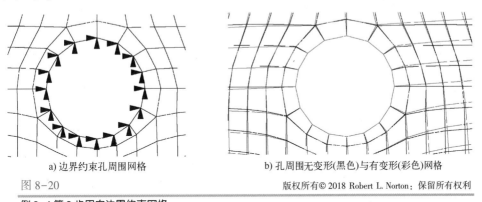

a) 边界约束孔周围网格　　　　　　b) 孔周围无变形(黑色)与有变形(彩色)网格

图 8-20　　　　　　　　

例 8-4 第 3 步周向边界约束网格

4. 第二次尝试：在孔中心设置一个节点，它和孔周围的节点用刚性单元体连接，也称作"动力学耦合"。该技术有效地约束圆周上节点沿着径向方向运动，却可让它们沿着孔中心自由旋转[○]。如图 8-21a 所示，在孔周围设置了约束网格。包括孔中心的所有节点在 x 和 y 方向上均为固定的，因为销轴在梁的中性轴上，当梁发生偏移时，它的长度不变。图 8-21b 所示为未变形和变形的网格。注意：当梁弯曲时，孔周围的节点可旋转，即允许零件绕着"销"转动。

○　如果你的有限元分析软件包不提供刚体单元，可以通过在孔中心设置一个圆柱坐标系，然后约束节点的沿着径向方向上的移动而在角度上没有约束，从而达到同样的效果。

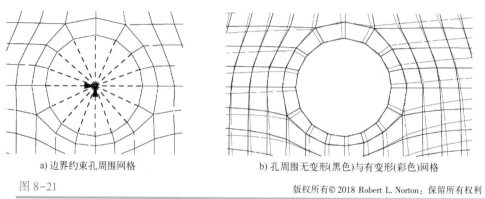

a) 边界约束孔周围网格　　　　b) 孔周围无变形(黑色)与有变形(彩色)网格

图 8-21   版权所有© 2018 Robert L. Norton：保留所有权利

例 8-4 第 4 步运动学耦合边界约束网格

5. 图 8-22 所示为弯曲变形和在两种边界模型上梁的最大挠度和 von Mises 应力分布。通过"运动耦合"方法计算的变形挠度为 0.0066 in，非常接近在步骤 2 中的梁理论解。

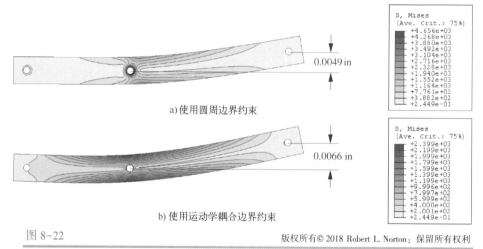

a) 使用圆周边界约束

b) 使用运动学耦合边界约束

图 8-22   版权所有© 2018 Robert L. Norton：保留所有权利

例 8-4 两种边界条件的挠度与应力分布

6. 在"周向固定"边界条件下，有限元分析计算的挠度为 0.0049 in，有 23% 的误差。约束整个孔使梁刚度更大。

7. 对于梁的弹性系数，很容易由位移和载荷之比计算得到：$K=F/y=100/0.0066\,\mathrm{lb/in}=15/152\,\mathrm{lb/in}$。

8.5   施加载荷

对模型正确施加载荷与设置边界条件一样重要。在封闭解中，我们经常将载荷作用在一个点上[⊖]。在有限元分析中，载荷同样可以这样处理，即载荷可以作用在一个节点上。但是实际上，载荷分布在零件有限区域上。假如我们真的将载荷作用在一个点上，局部应力会变得无限大。大多数的有限元分析软件提供有各种加载模式。在具体模型中，你可以根据选择的功能模式，将指定大小和方向的载荷分布在某一位置处。加载功能在长度或面积上可以是均匀的或按自定义函数分布。可以有压力作用于表面。在动力学系统中，可以施加大小和方向任意的加速度

⊖　根据圣维南原理，在距加载力或支反力较远处，力所作用的接触面积对其应力影响可不计。

代表重力或惯性力。如果所采用的单元只有平移自由度，那么施加弯矩就有些困难。一个常用的方法是在垂直弯矩轴的两端设置两个等长的刚性单元，并在它们的末端施加一力偶。另外，需要好好检查模型，根据载荷可以计算得到反作用力和反力矩。如果它们符合平衡条件 $\Sigma F = 0$ 和 $\Sigma M = 0$，表明你设置的计算模型正确施加了载荷。

当给出施加载荷时，必须非常小心它们的单位。大多数 CAD 系统都只默认一个单位，而这可能不是你想要的。在一个系统中所有单元和力的单位必须一致，这是最重要的。在动态分析或使用加速度载荷时，需要注意：实体建模默认的密度和质量单位。美国使用 lb_m 作为默认的质量单位。真正的质量单位在数值上并不等于 lb_f，必须用它除以 g 才能得到相应的质量单位。正确使用单位可参见 1.9 节。在工程上，相比于其他原因，很有可能是由于单位问题导致错误。即便是火箭科学家也难免出现单位错误$^\ominus$。

8.6 测试模型（验证）

前面讨论的例子选择的都是十分简单的几何形状和加载，从而至少有一个封闭解，允许执行检查所举的例子。用有限元分析的实际问题很少是几何形状足够简单，又能够得到封闭解的。如果有的话，通常用封闭解法就很快得到结果。虽然如此，在解决一个复杂的问题前，通过简化问题，建立模型，从而求出封闭解仍然是非常好的。

然后，将封闭解和简化模型的有限元分析结果相比较。这就要不断修改边界条件，使其达到一个合理的状态，这也有助于网格细化。

一旦封闭解和有限元分析结果相符合，就可以恢复成原来复杂的几何形状，基于你的经验和对问题的理解，得到简化的初试模型，并采用已证明的边界约束条件进行分析。

例 8-4 是较复杂的几何形状和加载的实际问题的简化，它没有封闭解。建立简化模型是为了给出关于实际问题适当的边界条件。接下来的例子提出的问题将是真实的。

例 8-5 凸轮从动臂分析

问题：一梁由两个小间隙的轴承销轴所支承。计算在施加载荷点处的最大挠度和弹簧刚度。

已知：在图 8-23 中梁尺寸为：$a = 8\ in$、$l = 20\ in$、$b = 0.75\ in$、$h = 2\ in$、$d = 0.5\ in$、$e = 0.375\ in$、$f = 0.438\ in$ 和 $g = 0.375\ in$。销孔的直径均为 0.5 in。载荷为 $F = 100\ lb$，梁和销轴材料为钢，轴承为钢-青铜。梁截面呈锥形变化以减小其质量。其他基本几何参数见例 8-4。

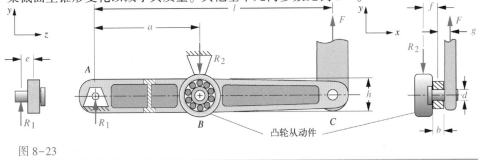

图 8-23

例 8-5 悬挑梁

假设：载荷与支座反力平行但不在同一平面。销轴刚性比梁更大。

解：

1. 例 8-4 分析的是该梁的简化模型：梁的载荷和反作用力假定是共面，梁的横截面几何形状沿其长度方向是恒定的，不是锥形。这些简化使得能够采用梁理论进行封闭求解，从而与二维有限元结果进行比较。在有限元分析中，这是重要的一个步骤，因为它提供了一种对所选网格尺寸和边界条件检验的有效性。一旦这些问题得到解决，就可准备分析几何形状更加复杂的实际零件，对所得的结果的正确性就可以充满信心。

2. 图 8-24 给出了一个采用三维 8 节点六面体元网格，线性（砖）元应用于图 8-23 中的锥形梁。虽然在这个例子中我们对其变形感兴趣，而不是网格细化，但在进行应力的精确计算时，网格细化还是必要的。

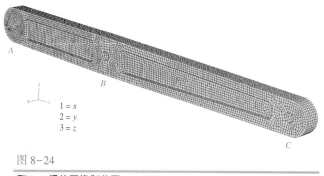

图 8-24　例 8-5 梁的网格划分图

3. 因为施加的载荷和反作用力不在梁的中间平面，而是在 z 方向的两边，故边界条件和载荷必须设置在这些位置的节点上。图 8-25 给出了这些边界条件：采用刚性单元"运动约束"和一个偏置节点，从而以适当距离将"销轴"中心与梁的物理节点相互连接起来。这里采用了与例 8-4（见图 8-21）步骤 4 一样的技术。但注意：在 z 方向上设置连接，形成了一组刚性"锥"单元，将边界条件（或载荷）的单节点与销孔内所有节点连接在一起。这种方法可以有效地创建刚性"销轴"，所设置节点刚性地与销孔连接，并允许零件绕销轴转动。

4. 在 A 处的约束是：在 x、y 和 z 方向上没有位移，同时不能绕 x 和 y 轴旋转。在 B 处的约束条件是：在 y 方向没有位移。但是 B 点的 x 和 z 方向对位移无约束，这是由于凸轮滚子允许在这些方向上运动。载荷 100 lb 沿着 y 的正方向施加，如图 8-25 所示。

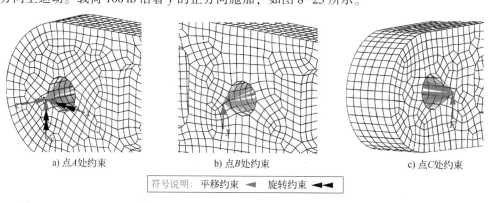

a) 点 A 处约束　　　　b) 点 B 处约束　　　　c) 点 C 处约束

符号说明：　平移约束　◄　旋转约束　◄◄

图 8-25　例 8-5 的边界条件和梁的载荷

5. 图 8-26 给出了梁的变形（放大了 10 倍）和 Mises 应力分布。由于网格未细化以得到准确解，所以没有显示应力值。应力等值线图显示了在这一情况下应力中的"热点"。如果这一应力计算显示有任何危险的高等值线（本例中没有），则需要在细网格模型下来完成。然而，需要注意的是：由于偏载，除了弯曲挠度，梁还明显地存在扭转变形。鉴于外力是在结构平面外，故对此不必惊讶。在施加载荷的 C 点处，y 方向的变形为 0.0193 in。

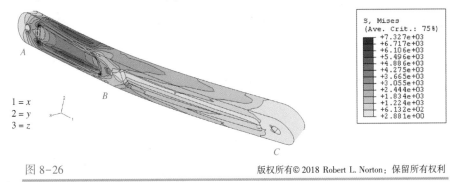

图 8-26

例 8-5 有型腔梁的挠度和应力分布

6. 用几何形状和共面载荷作用下的简化二维模型计算，同样的梁的变形为 0.0066 in，是本例变形的 1/3 左右。正如预想的：这个三维模型之所以有较大的弯曲是由于：梁是呈楔形的，因为去除了部分成形材料（降低质量为了获得更好的动态特性），以及由于载荷导致弯曲变形和扭转变形的叠加。记住，在例 8-4 中梁的简单模型中，为了初始创建，采用了最适合该模型的边界条件。因为我们需要一个足够简单、可以由其封闭解来检验的模型。这样做，我们可以进行更复杂的模型分析，并对所得到的结果更有信心。

7. 这一实例（这是一个实际的凸轮从动臂）的变形量为 0.0193 in（0.5 mm），过大。因此，需要进行重新设计。由于扭转变形与弯曲变形是在同一量级上的，梁模型进行了重新设计，去除型腔，以增加其抗扭刚度[⊖]。这个重新设计梁的网格如图 8-27 所示。边界约束和载荷施加与步骤 4 和图 8-25 相同。

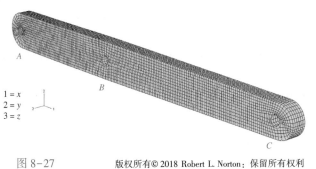

图 8-27

例 8-5 对于重新设计的无型腔梁的网格

8. 图 8-28 所示为重新设计的无型腔梁的变形（放大 10 倍）和 Mises 应力分布。在载荷施加处的变形量为 0.0099 in，大约是有型腔梁的一半。这被认为是可以接受的。

9. 在弯曲中梁的刚度通过施加力和弯曲变形之比很容易计算得到：$K = F/y = 100/0.0099 \text{ lb/in} = 10\ 101 \text{ lb/in}$。

⊖ 参考例 4-8 可知为什么像工字梁中的型腔在受扭转载荷情况下是一个槽糕的选择。

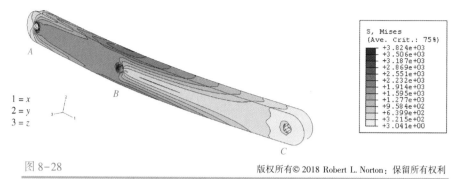

图 8-28　　　　　　　　　　　　　　　　　　版权所有© 2018 Robert L. Norton：保留所有权利

例 8-5 重新设计梁、变形和重新设计的应力分布

8.7　模态分析

到目前为止，所有的例子涉及的只是静态分析。有限元分析也能进行模态分析，从而确定结构的动态属性。结构的自然频率和模态形状（特征值和特征矢量）可以由有限元分析计算得到。在静态分析中，关于合适的单元类型、网格收敛和边界约束选择等大多数的注意事项在这里仍然适用，但是它们中的某些内容在模态分析中不像在应力分析中那么重要。例如，一个结构的特征值和特征矢量可以用粗网格得到合理计算，但是在应力和变形分析中可能就不适合。同时，在几何形状上，局部网格细化对模态特性并不太重要，因为模态特性是整体的，而不是局部的。然而，假如在与时间有关的加载条件下，当模态分析需要计算动态应力时，就需要网格细化，像静态应力分析问题一样。

例 8-6　凸轮从动臂的模态分析

问题：确定例 8-5 中零件的特征值（固有频率）和特征矢量（模态），假如它的销轴在所安装处受随机载荷激励。

已知：梁的几何形状由例 8-5 和图 8-23 中给出。

假设：载荷和支承力平行，但不在同一平面上。销轴的刚度比梁明显更强。梁可以随机振动。

解：

1. 同例 8-5 中梁的静态分析。在静态分析中，网格和运动耦合边界约束也可用于模型的模态分析。

2. 图 8-29 所示为例 8-5 中型腔梁和完整梁的第 1 振型。有型腔梁的第 1 阶固有频率是 49.48 Hz。无型腔梁的固有频率是它的 2 倍多，达到 104.44 Hz。

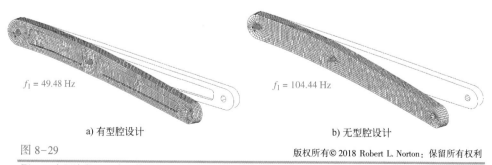

$f_1 = 49.48$ Hz　　　　　　　　　　　　　　　　$f_1 = 104.44$ Hz

a) 有型腔设计　　　　　　　　　　　　　　　　　b) 无型腔设计

图 8-29　　　　　　　　　　　　　　　　　　版权所有© 2018 Robert L. Norton：保留所有权利

例 8-6 有型腔和无型腔两种梁的第 1 阶模态（变形量放大）

3. 图 8-30 所示为两种梁的 2 阶振型。有型腔梁的第 2 阶固有频率是 219.98 Hz，而无型腔梁的第 2 阶固有频率增加至 455.63 Hz。

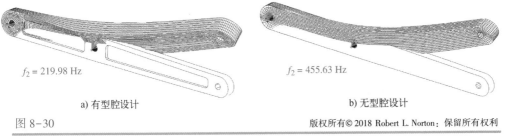

$f_2 = 219.98$ Hz

a) 有型腔设计

$f_2 = 455.63$ Hz

b) 无型腔设计

图 8-30

例 8-6 有型腔和无型腔两种梁的第 2 阶模态（变形量放大）

4. 图 8-31 显示了两个梁设计第 3 阶振型。有型腔梁的第 3 阶固有频率是 298.29 Hz，而无型腔梁的第 3 阶固有频率增加至 620.38 Hz。

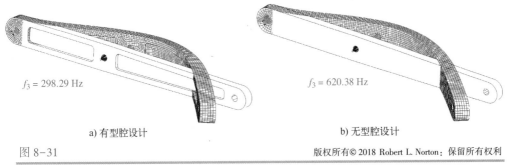

$f_3 = 298.29$ Hz

a) 有型腔设计

$f_3 = 620.38$ Hz

b) 无型腔设计

图 8-31

例 8-6 有型腔和无型腔两个梁第 3 阶模态（变形量放大）

5. 从本研究中可以清楚地看到：型腔的弊端多于益处。这一结构使得静挠度增大 2 倍，自然频率也减少了一半以上。尽管型腔可去除部分材料，使得质量降低，然而这是以刚度变小为代价的，有时不值得这样做。在没有有限元的帮助下，得出这样的结论是很困难的，而且需要很多的时间。

8.8　案例研究

下面将本章所确立的有限元分析原则应用于几何形状更为复杂的问题中。

案例研究 1D　自行车刹车杆的有限元分析

问题：如案例研究 1B 用封闭解和简化模型对自行车刹车杆进行了应力分析和挠度计算。下面用有限元分析这个装置，并将得到结果与前面得到的结果进行对比。

已知：问题的几何形状和加载可以从案例研究 1A 中获得，在案例研究 1B 中已用传统解析法求解得到了应力。普通人可以在杠杆处施加一个约 267 N（60 lb）的握力，如图 8-32 所示。

假设：由于是在低频率下循环加载，可以用静态分析。

解：如图 8-32 和图 8-33 所示。

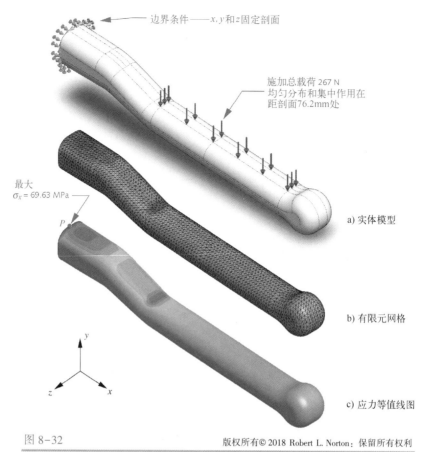

边界条件——x,y 和 z 固定剖面

施加总载荷 267 N
均匀分布和集中作用在
距剖面76.2mm处

最大
$\sigma_x = 69.63$ MPa

P

a) 实体模型

b) 有限元网格

c) 应力等值线图

图 8-32

案例研究 1D 的截断梁实体模型、有限元网格和应力分布

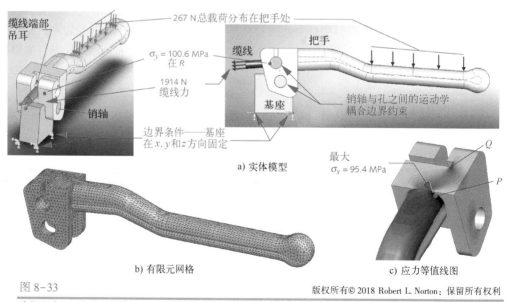

缆线端部
吊耳

267 N总载荷分布在把手处

$\sigma_y = 100.6$ MPa
在 R

1914 N
缆线力

销轴

缆线

把手

销轴与孔之间的运动学
耦合边界约束

基座

边界条件——基座
在 x，y 和 z 方向固定

a) 实体模型

最大
$\sigma_x = 95.4$ MPa

Q

P

b) 有限元网格

c) 应力等值线图

图 8-33

案例研究 1D 的完整实体模型、有限元网格、加载与应力分布

1. 图 3-26⊖所示的制动装置结构图，以及图 4-48 所示制动手柄几何形状、载荷和求解的约束条件已在案例研究 1B 中用传统方法做了模型简化，忽略手柄的复杂几何形状，去除或截断手柄和轴块相连地方，建立一个水平悬臂梁。用 CAD 可以很容易地创建该固体模型，可以准确确定它的几何尺寸，然后再运用有限元进行分析。

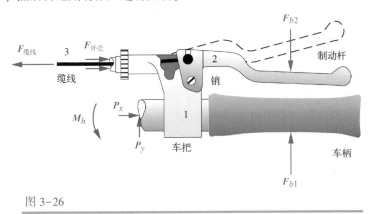

图 3-26

（重复）自行车制动装置结构图

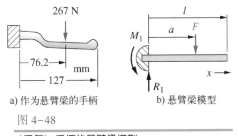

a) 作为悬臂梁的手柄　　　b) 悬臂梁模型

图 4-48

（重复）手柄的悬臂梁模型

2. 作为第一步，在前面的研究中创建了如图 4-48a 所示的截断梁模型，且它有真实的几何尺寸。图 8-32a 所示为悬臂梁固体模型和它的载荷与边界条件。图 8-32b 给出了划分的网格，图 8-32c 显示了它的应力等值线图。网格采用的是 16 阶四面体单元，其中每个面上有 16 个节点。最大应力为 69.63 MPa，在图中点标记的 P 处。在有限元模型中手柄具有椭圆截面，而在截面为圆形的传统分析中，最大应力为 70.9 MPa。它们之间的数值差在 2% 以内，所给出的是简单模型的传统解。但是在这种情况下，有限元解比传统解包含更多的内容。由于用解析法很难对复杂几何形状的零件建模，对此通常不会用封闭解来分析。采用传统方法得到的变形量为 0.54 mm，而用有限元模型的为 0.69 mm，这主要是由于梁的实际形状的刚度较小，如图 4-48b 所示。

3. 由于具有模拟几何模型的能力，我们可以创建复杂的有限元分析模型，包括在图 4-48 中截断模型中所忽略的零件：手柄末端的连接块、轴销和缆线。图 8-33 展示了包括这些细节的模型。

4. 图 8-33a 显示了完整的手柄，安装在一个任意形状的基座上，在手柄的第一个孔内，销轴与基座为运动学耦合约束。缆线末端有一个圆柱吊耳，它安装在手柄的开口槽内，与手柄相互

⊖　原书中文字为图 3-1，但是给出的是图 3-26，疑是笔误。译者注。

作用。吊耳与孔表面同样给出的是运动耦合约束，从而可承受缆线的载荷。手施加载荷在手柄上，与缆线上的反作用力相互平衡，在基座底部给出的是固定边界条件。这样的模拟十分接近实际受载的手柄。

5. 图 8-33b 所示为单一手柄的网格模型。作为有限元分析的装配体，基座和缆线末端也进行网格划分。可采用最细的网格单元分析，单元都是 16 阶四面体。图 8-33c 显示吊耳和手柄的应力分布，以及最大的应力出现处。最大的拉伸应力在手柄和销轴交界处（标记 P），应力集中的拐角处的应力值达到 98.12 MPa。它是在简化截断模型中最大应力 69.63 MPa 的 1.4 倍，这意味着：在该处的应力集中系数 $K_c = 1.4$。由于在截断模型中没有尖锐的拐角存在，它不能给出应力集中的信息。在这个意义上，复杂模型具有很大优越性，但它需要花更多的时间和精力。作为可选择项，传统解可以估算一个拐角处的应力集中系数，估计应力的时间和精力比有限元分析求解更少。在拐角的点 Q 也有急剧升高的应力。为了改进，可将槽端部重新设计为圆角。在传统解析模型中，在 R 处的应力约为 91.9 MPa，而在更精确的有限元模型中为 100.6 MPa。在完整的模型中，手柄端部弯曲为 0.98 mm。在本书网站上的 CASE 1-D 文件夹中有本案例研究的 Solid-Works 模型。

案例研究 2D　压线钳的有限元分析

问题：在案例 2B 中已经用传统解析方法和几何简化方法分析了压线钳的应力和挠度。用有限元法分析这一组件，结果同前面研究相比较。

已知：几何形状和加载情况可由案例研究 2A 得知。连接柄 1 的厚度为 0.313 in、连杆 2 和 3 厚度为 0.125 in、连杆 4 为 0.187 in。所有的材料是 AISI 1095 钢。

假设：由于在低频率下循环加载，可采用静态分析。

解：如图 8-34 和图 8-35 所示。

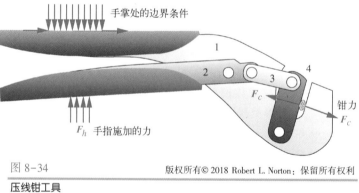

图 8-34　　　　　　　　　　　　　版权所有© 2018 Robert L. Norton：保留所有权利

压线钳工具

1. 图 8-34 所示为案例研究 2B 中施加到压线钳组件的载荷和约束。该工具上端手柄由手掌支承（约束），通过手指在底部的手柄施加力（$F_c = 2000$ lb），该力的大小足以让钳口处的零件卷曲。几何尺寸已在案例研究 2A 中给出。

2. 图 8-35 所示为采用四边形单元划分装配体、边界约束和载荷的有限元网格。模型中，连杆之间通过销轴连接。上杆的上表面一部分节点在 x 和 y 方向上做了约束，代表手掌的约束。所需的指力 F_h 作用在底部手柄上。

3. 图 8-35 所示为零件在卷曲下边界条件和载荷为 2000 lb 时的应力分布。这两种方法的结

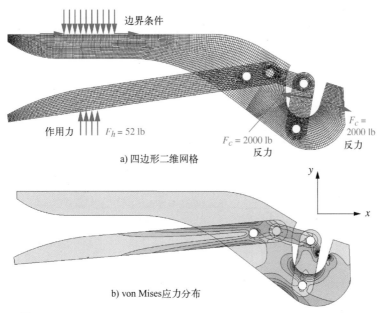

a) 四边形二维网格

b) von Mises应力分布

图 8-35

压线工具的有限元网格、边界条件和应力分布

果的比较在表 8-3 中给出。表 8-4 所示为两种方法销轴计算应力的结果比较[○]。

表 8-3 封闭解（CF）与有限元分析的主应力结果		
连杆	应力/kpsi	
	CF	FEA
1	74.00	81.2
2	N. A.	45.5
3	-50.0	-40.0
4	31.0	26.9

表 8-4 封闭解（CF）与有限元分析的销轴力结果		
力	数值/lb	
	CF	FEA
F_{12}	1560	1574
F_{14}	452	456
F_{23}	1548	1545
F_{43}	1548	1545

4. 在案例研究 2B 中，模型对连杆 1 的右端做了几何简化，使其与弯曲梁的封闭解相适应。现在我们不必做任何这样的几何简化，因为网格可以适应实际几何形状。封闭解中在 P 点最大应力为 74 kpsi，有限元分析则表明在 P 点最大应力为 81 kpsi，二者之间的差异可能是由于前面研究分析的几何简化所引起的。

案例研究 4D　自行车制动臂的有限元分析

问题：在案例研究 4B 中已经用传统解析方法和几何简化分析了自行车制动臂的应力和挠度。试用有限元分析这个组件，并同前面研究结果相比较。

已知：几何形状和加载情况可从案例研究 4A 得知，制动臂受缆线力 1046 N 作用，位置如图 8-36 所示。

○ 注：在进行封闭解应力分析中由于应力方程上需要销轴力，必须先要计算销轴力。另一方面，有限元计算需要施加的载荷和边界条件来计算应力。反作用力是可以从应力逆求解的。这是一个好想法：通过检查从有限元分析结果得到的反作用力，与使用 $\Sigma F = 0$ 和 $\Sigma M = 0$ 的静力分析结果相比较，如果它们相符合，可证明有限元模型是合理的。

8

假设：可以忽略加速度。第一类受载模型是适合的，可进行静态分析。制动块和车轮的摩擦系数经测量在室温下为 0.45；在 150°F 时为 0.401。

解：见图 8-36 和图 8-37。

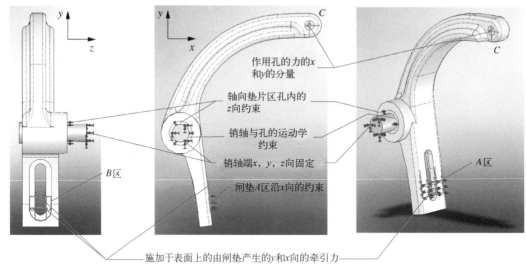

作用孔的力的 x
和 y 的分量

轴向垫片区孔内的
z 向约束

销轴与孔的运动学
约束

销轴端 x，y，z 向固定

闸垫 A 区沿 x 向的约束

施加于表面上的由闸垫产生的 y 和 x 向的牵引力

图 8-36

自行车制动臂有限元模型的边界条件、约束和载荷

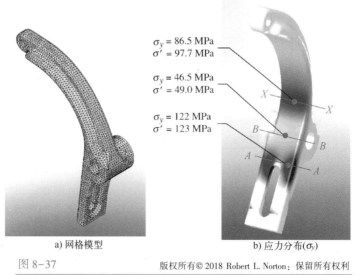

$\sigma_y = 86.5$ MPa
$\sigma' = 97.7$ MPa

$\sigma_y = 46.5$ MPa
$\sigma' = 49.0$ MPa

$\sigma_y = 122$ MPa
$\sigma' = 123$ MPa

a) 网格模型　　　　b) 应力分布(σ_y)

图 8-37

自行车制动臂有限元模型网格与应力分布

1. 图 3-34⊖所示为制动臂装配图。在案例研究 4B 中，因为结构的对称性，可以仅对其一半进行分析，这里我们同样采取这种方法处理。对于传统解析求解，它被分成两个悬臂梁，这里没有必要这样处理。它将作为一个由制动臂、装配销轴和代表的车轮约束组成的装配体来分析。在传统解析和弯曲梁理论中，截面形状被笼统地视为矩形组成的 T 状结构，并用曲梁理论分析弯曲应力。在有限元模型中，可以使用实际几何形状分析应力。我们可以预想到在这两个模型的结果之间必定有些差异。

⊖　原书中文字为图 3-9，但是给出的是图 3-34，疑是笔误。译者注。

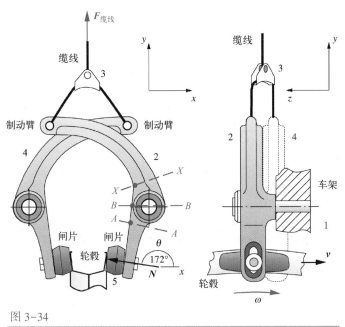

图 3-34

（重复）中心牵引自行车制动臂组件

2. 图 8-36 所示为实体模型装配图。制动臂由销轴支承，销轴的一端在 x、y 和 z 方向上固定在车架上，制动臂与销轴之间为运动学约束，即允许孔表面绕销轴转动，但在 x 或 y 方向无法移动。制动臂在 z 方向通过"闸片"约束，轮毂面与"闸片"接触区约束了制动臂的 z 向运动。可绕销轴 z 转动的制动臂被部分槽面的 A 区限制了沿 x 方向的运动。这表明：闸片是接触的，即闸片压贴在轮毂上。制动轮上的转矩与闸片的摩擦力作为模型中的牵引力作用在 y 和 z 方向的正面区域 A 和背面区域 B 上。这些牵制力以箭头形式标记在制动臂垫片侧面和螺栓上连接垫片处的凹槽表面上。最后，缆线力施加在孔 C 上，具有 x 和 y 两个分量。

3. 在案例研究 4B 中，对这一零件的传统应力分析是选择了几处预期应力较大的位置进行的。这包括：在图 3-34[○]中标记通过曲梁截面附近的底端的平面 X-X、通过枢轴孔的平面 B-B 和一个接近包含安装制动片槽的矩形悬臂根部平面 A-A。在这三个平面上，最大拉伸应力用色点标示在图 3-34[○]的内表面上。

4. 图 8-37a 所示为制动臂的网格，采用 16 阶四面体单元，总共 54 432 个；图 8-37b 显示了制动臂内表面应力等值线，同时也表示出在案例研究 4B 所计算的部位处的拉伸正应力 σ_y，在截面 A-A、B-B 和 X-X 的内表面上的应力值。显然，高应力出现在 A-A 和 X-X，而不是在 B-B。这是因为 B-B 处的应力小于其他地方。同样也显示了 von Mises 应力值接近 σ_y，这是因为 σ_y 在这些点起重要作用。

5. 表 8-5 给出了采用封闭解分析和有限元分析三个位置上内表层纤维在 y 方向上的拉伸应力结果的比较。表 8-6 为对 X-X 截面外层纤维上，采用封闭解和有限元分析求解的应力的比较。在截面 A-A 和 X-X 截面上，FEA 应力比传统解析应力小。这最有可能是由于封闭解忽略了制动臂外轮廓圆角使截面厚度变大这一事实，并假设制动臂从底部到两边的厚度不变。好消息是：在这两个位置传统的分析给出的是保守的估计。然而，在 B-B 截面上有限元计算是解析计算应力的 2 倍左右。在这种情况下的有限元分析提供了一个更好的应力估计。

———
[○] 原书中文字为图 3-9，但是给出的是图 3-34，疑是笔误。译者注。

表 8-5　在内表层纤维拉伸应力 σ_y 的传统分析（CA）与有限元分析结果

位置	应力/MPa	
	CF	FEA
A–A	142.2	122.0
B–B	25.4	46.5
X–X	162.0	86.5

表 8-6　在外表面压应力 σ_y 的传统分析（CA）与有限元分析结果

位置	应力/MPa	
	CF	FEA
X–X	−190.0	−79.3

6. 在这种情况下，有限元分析均给出了更精确的结果；而由于复杂的几何形状，在传统解析分析中不得不进行简化。在本书的网站上的案例 4-D 文件夹中有该零件的 SolidWorks 模型。

案例研究 7　拖车挂接装置的有限元分析

问题：拖车挂接装置组件和支架尺寸如图 8-38 所示，施加载荷如图 8-39 所示。用有限元法分析该组件确定其应力。

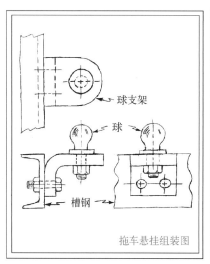

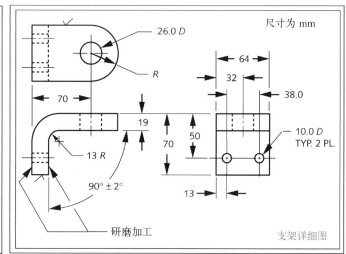

图 8-38

拖车挂接组件和细节

已知：伸出片受 998 N 垂直向下的载荷作用和 4905 N 水平拉力作用。所有的材料是钢。

假设：悬挂装置由螺栓固定在支架上，支架的刚性比悬挂组件强。螺栓贴合紧密，没有预紧力。

解：见图 8-38～图 8-41。

1. 如果需要获取在孔周围的应力集中的信息，零件的几何形状就要使用三维有限元分析模型。图 8-40a 所示的零件采用 8 节点线性六面体"砖"单元网格划分。注意：在孔周围用细网格划分。如在例 8-1 所做的一系列网格细化那样，该网格细化直至应力收敛到结果值变化很小为止。

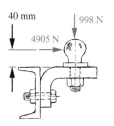

图 8-39

悬挂装置受载情况

2. 图 8-40b 所示为施加的边界约束条件。在 A 和 B 处，如前面例子中使用的同样的"运动约束"类型模拟孔与孔中的销轴或圆紧固件（这里为螺栓）的连接。在悬挂件与支架（未显示）接触背面，在孔中心设置了一个节点。连接中心节点和孔内表面的所有节点形成刚性单元。A 和 B 处的中心节点在 x、y 和 z 方向上固定。

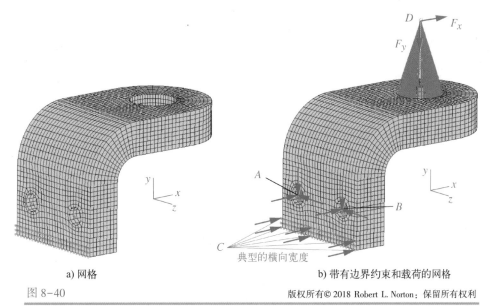

图 8-40
a) 网格　　　b) 带有边界约束和载荷的网格

案例研究 7：拖车挂接支架网格和边界约束

3. 在图 8-40 中，在侧面底部标记 C 的面上有两排节点均在 x 方向上固定，表示它们与支架相互接触，防止刚体绕 z 轴转动。注意，用这种方法可为侧面上所有节点提供与支架的接触约束。这是考虑到有可能反向载荷会将底部节点从支架上分离。使用接触约束需要非线性有限元分析，这将会极大地增加计算时间。这里所使用的方法可允许采用线性有限元计算。注意，因为该零件是关于中心平面对称的，载荷加载在该平面上，在不考虑孔时，零件的二维分析也会给出较好的（但不完全）的信息，而且计算时间更短。

4. 另一个节点放置在 D 点处，它位于承受拖车球的孔中心线上距表面 40 mm 处。用刚性单元将此节点与直径 26 mm 孔的内表面节点相连接。外力作用于这偏移节点上表示挂球中心所受的载荷。这种方法已经使用了假设：球比悬挂件刚度更强（即基本上是刚性的）。如果我们研究球的应力和变形，那么就要在模型中也包括它，其代价就是增加建模工作量和计算时间。

5. 图 8-41 显示了整个悬挂件的 Mises 应力分布，其范围在 11～274 MPa 之间。注意：在孔的周围存在应力集中。被夹在支架的侧表面和外半径之间的切线上点 A 的主应力最大为 75 MPa。如附录 D 给出，用传统的悬臂梁理论求解习题 4-4e 时，在同一点计算的值为 72.8 MPa。两者结果非常相近。注意零件的表面应力比内部应力更高，特别是在孔周围应力集中的位置上。

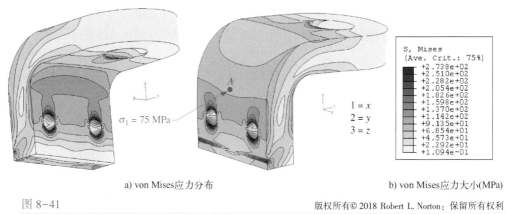

| a) von Mises应力分布 | b) von Mises应力大小(MPa) |

图 8-41

案例研究 7：拖车挂接支架的应力分布

8.9　小结

有限元分析是一种非常强大的工具，并且在工程领域上广泛应用。它可以求解几何形状复杂、无法用封闭解的应力和变形分析的问题。但是，像任何工具一样，它需要一些技巧来正确使用，一旦误用，结果可能是灾难性的。充分理解有限元分析的数学基础理论，从而意识到它的局限性是非常重要的。同样重要的是：要通过封闭解或者实验数据来检验和验证有限元模型，而不是仅单一采纳有限元分析模型计算结果。

本章只是简要介绍有限元方法，并指出在构建有限元模型时的一些陷阱。首先选择一种最适合的几何形状和施加载荷的单元类型。然后检查网格合理的收敛情况，以得到可靠的结果。然而在有限元建模中最为困难的是建立真实的边界条件，在所建立的物理模型中，能如实地反映实际边界条件。本章的几个例子表明：如果不能很好地重视这些细节，将会产生很大的误差。

学生可以通过该内容的课程，学习或阅读现有的文献，在有限元法的理论和实践上掌握更深的知识或指令，从而能够更专业地使用有限元分析。可以根据在本章的参考文献中列出的书目，确定合理的开始，从而达到最终的目的。这些参考书目会引导你更加深入地进入有限元分析的世界中。同样在网络中也有丰富的有限元分析信息，以及完整的教程。这里列出了一些网站和专题网页搜索，以供发现其他大量的信息。

8.10　参考文献

1. M. J. Turner, R. W. Clough, H. C. Martin, and L. J. Topp, "Stiffness and Deflection Analysis of Complex Structures," *J. Aero. Sci.*, 23, pp. 805–824, 1956.

2. http://www.iti-cae.com/caelabs/user_guide/plasticslab/plasticslab-291.html

3. V. Adamsand A. Askenazi, *Building Better Products with Finite Element Analysis*. Onword Press; Santa Fe, N. M., p. 246, 1998.

4. D. L. Logan, *A First Course in the Finite Element Method*. 2ed. PWS Kent; Boston, p. 408, 1992.

8.11 参考书目

V. Adams and A. Askenazi，*Building Better Products with Finite Element Analysis*. Onword Press：Santa Fe，N. M.，1998.

K. J. Bathe，*Finite Element Procedures in Engineering Analysis*. Prentice-Hall：Englewood Cliffs，N. J.，1982.

D. L. Logan，*A First Course in the Finite Element Method*. 2ed. PWS Kent：Boston，1992.

I. H. Shames and C. L. Dym，*Energy and Finite Element Methods in Structural Mechanics*. Hemisphere Publishing：New York，1985.

E. Zahavi，*The Finite Element Method in Machine Design*. Prentice-Hall：Englewood Cliffs，N. J.，1992.

8.12 网上资料

http：//www. youtube. com/watch？ v＝NYiZQszx9cQ

http：//www. adina. com/finite-element-analysis. shtml

http：//www. feainformation. com/

http：//www. colorado. edu/engineering/cas/courses. d/IFEM. d/

http：//www. math. umn. edu/~sayas002/anIntro2FEM. pdf

http：//www. finiteelement. com/feawhite1. html

http：//www. cs. ox. ac. uk/kathryn. gillow/femtutorial. pdf

http：//www. asme. org/kb/news---articles/articles/finite-element-analysis/fea-only-asgood- as-operator

http：//www. sv. vt. edu/classes/MSE2094_NoteBook/97ClassProj/num/widas/history. html

http：//classes. engineering. wustl. edu/2009/fall/mase5510/Chapters_12. pdf

http：//www. youtube. com/watch？ v＝1VIaJRv4NSs

http：//www. engr. uvic. ca/~mech410/lectures/FEA_Theory. pdf

http：//www. DermotMonaghan. com/

8.13 习题⊖

8-1 利用有限元分析习题 4-10。

8-2 利用有限元分析习题 4-11。

8-3 利用有限元分析习题 4-12。

8-4 利用有限元分析习题 4-13。

8-5 利用有限元分析习题 4-17。

8-6 利用有限元分析习题 4-19。

8-7 利用有限元分析每行给定数据的习题 4-23。

8-8 利用有限元分析每行给定数据的习题 4-24。

8-9 利用有限元分析每行给定数据的习题 4-25。

8-10 利用有限元分析每行给定数据的习题 4-26。

⊖ 部分前面章节的习题在附录 D 中有答案。对没有答案的习题，你的教师可能会为你提供原问题的封闭形式的解答，请与有限元分析结果进行核对。如果没有答案，你可以自己利用经典方法求解，并检查。

†8-11⊖ 利用有限元分析每行给定数据的习题 4–33。

†8-12 利用有限元分析给定数据的习题 4–34。

8-13 利用有限元分析习题 4–37。

8-14 利用有限元分析习题 4–59。

8-15 利用有限元分析习题 4–60。

8-16 利用有限元分析习题 4–62。

8-17 利用有限元分析习题 4–63。

8-18 利用有限元分析习题 4–66。

†8-19 利用有限元分析每行给定数据的习题 9–4。

†8-20 利用有限元分析每行给定数据的习题 9–5。

†8-21 利用有限元分析习题 4–3。

†8-22 利用有限元分析习题 4–9。

†8-23 利用有限元分析习题 4–33。

†8-24 利用有限元分析习题 4–34。

†8-25 利用有限元分析习题 4–35。

†8-26 利用有限元分析习题 4–40。

†8-27 利用有限元分析习题 4–57。

†8-28 利用有限元分析习题 4–59。

†8-29 利用有限元分析习题 4–60。

†8-30 利用有限元分析习题 4–61。

†8-31 利用有限元分析习题 4–69。

†8-32 利用有限元分析习题 4–70。

†8-33 利用有限元分析习题 4–71。

†8-34 利用有限元分析习题 4–72。

⊖ 带 † 号的习题的实体几何模型可以在本网站查到。

第 2 篇
机械设计篇

9

设计案例研究

经历塑造人生。
John Locke

9.0 引言

本章介绍了比前面章节的习题更为复杂的设计案例研究。这些案例将贯穿整本书，并用来说明每个设计问题在各方面设计过程中的应用。后面的章节将研究机械中不同类型的常用零件，如轴、齿轮、弹簧等。虽然不能十分详尽地介绍这些零件，但会进一步说明本书第一部分阐述的各个原理是如何应用到实际设计问题中的。本书机械零件的选取标准一是常用性，二是能够展现在本书第一部分所讨论的设计和失效准则。表9-0列出了本章使用的变量，以及引用这些变量的设计案例。就其本质而言，设计是一个迭代的过程。当提出一个设计问题后，先要给出一些必要的简化假设，才能开始进行设计。而当设计完成后，设计者需要重新审视前面的假设，并加以修正，使后续的设计结果适应新的工况条件。一个简单的例子就是安装于轴上的齿轮副的设计。不论是从设计轴，还是齿轮开始（如轴），当需要确定第二个零件（如齿轮）的设计时，齿轮的要求将会改变已经完成的轴的设计的某些假设。最终，将会产生一个能满足所有约束条件的折中设计，但这总是需要经过几次对已完成部分的重新设计的迭代过程。

因为需要迭代，你不得不花费大量的时间数次重新设计各零件和解决问题，所以使用计算机化的工具，如电子表格软件或者方程求解器将会得到回报，CAD 实体模型软件也是一个很有价值的设计工具。如果没有基于计算机的模型，那么每次计算都将需要从头开始，这将令人很不愉快。因此在接下来的案例中，我们会广泛使用计算机辅助设计工具。

表 9-0　本章所用变量

变量符号	变量名	英制单位	国际单位	详见
A	面积	in^2	m^2	案例 8A
a	加速度	in/s^2	m/s^2	案例 9A
c	阻尼常数	$lb \cdot s/in$	$N \cdot s/m$	案例 9A，10A
C_f	波动系数	–	–	案例 10A
d	直径	in	m	案例 8A
E	能量	$in \cdot lb$	J	案例 10A
F	力或载荷	lb	N	所有案例
g	重力加速度	in/s^2	m/s^2	案例 9A
k	气体定律指数	–	–	案例 8A
k	弹簧系数	lb/in	N/m	案例 9A，10A
l	长度	in	m	案例 8A
m	质量	$lb \cdot s^2/in$	kg	所有案例
P	功率	hp	W	案例 9A
p	压力	psi	Pa	案例 8A
r	半径	in	m	案例 8A
T	转矩	$lb \cdot in$	$N \cdot m$	所有案例
v	体积	in^3	m^3	案例 8A
v	线速度	in/s	m/s	案例 9A
W	重量	lb	N	案例 9A
y	位移	in	m	所有案例
ω	角速度	rad/s	rad/s	所有案例
ω_n	固有频率	rad/s	rad/s	案例 10A
ζ	阻尼比	–	–	案例 10A

9.1　案例 8　便携式空气压缩机[⊖]

　　某一建筑承包商需要建造一个小型汽油发动机驱动的空气压缩机，以便驱动远程工作站的空气锤。初步的设计方案如图 9-1 所示。带有飞轮的单缸二冲程发动机通过离合器（可以分离来起动发动机）连接齿轮副，齿轮副用来降低转速和增加转矩。这对齿轮副的传动比是确定的。2.5hp 的汽油发动机的输出转速是 3800r/min。齿轮副与输出轴通过键连接，并驱动单缸 Schramm（锥阀）活塞式压缩机的曲轴。一些初步的热力学计算（见文件 CASE8-A）表明：在平均有效压力 26psig 下，可以利用转速为 1500r/min、每行程输出 25in³ 容积的压缩机得到所需的流量 9cfm。

　　从图 9-1 可以看出：安装在地基（可能是轮子支承）上的发动机的输出轴通过离合器和齿轮箱的输入轴连接。齿轮箱中齿轮副是用来将发动机的高转速降低到一个适合压缩机的低转速。

⊖　迄今为止，学生们在他们的学习生涯中很可能还没接触过这些大规模的问题。尽管如此，即使认为这些案例中的一些细节晦涩难懂也不应感到失望，你们肯定会在其他课程、以后的实践或者自学中遇到这方面更详尽的解释。设计工程很有趣的地方是它的广度。我们必须不断学习新的知识才能更好地解决实际工程问题。工程教育从进入学校开始，在毕业时也远未完成。在职业生涯中，我们应乐于接受探索新课题的挑战。

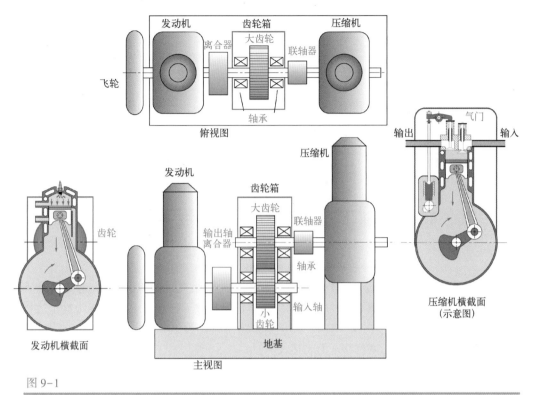

图 9-1

初步设计示意图：汽油发动机驱动的便携式空气压缩机、齿轮箱、联轴器、传动轴和轴承

需要的齿轮传动比是 1500:3800，即 0.39:1。齿轮箱的输出轴通过联轴器和压缩机的曲轴连接。齿轮轴通过合适的轴承与箱体连接。从压缩机的横截面图可以看出：排气阀是主动件，由凸轮推杆和摇臂系统驱动。进气阀是被动件，通过压力差和软弹簧来开启和关闭。排气阀上的阀弹簧需要有足够的强度来保持从动件和凸轮的接触。

接下来将探讨这个装置的几个设计。假设汽油发动机是整体购置的。压缩机决定了施加在各零件、发动机和其自身上的载荷，所以需要一些关于压缩机的加载时间特性的信息。轴、联轴器、轴承和齿轮将功率从发动机传送到压缩机，是本案例设计的重要零件。压缩机的一些组成零件，比如螺栓和气门弹簧，是研究失效设计的很好的例子。压缩机的其他组成零件有活塞、连杆和曲轴，因为这些零件复杂的几何形状更适合使用有限元分析（FEA）方法，所以并不在此案例中研究（见第8章）。

案例研究 8A　压缩机驱动系统初步设计

问题：确定压缩机在任何一个周期中气缸的力-时间函数和输入轴的转矩-时间函数。

已知：压缩机的转速为 1500 r/min。压缩机有一个 3.125 in 的孔，3.26 in 的冲程，连杆曲柄行程比为 3.5。入口压力是大气压（14.7 psia），缸内压力峰值为 132 psig，平均有效压力（MEP）为 26 psig。在平均有效压力时流量是 8.9 cfm，输出功率为 1.6 hp。

假设：活塞的重量是 1 lb。连杆的重量为 2 lb，它的质心在从大端开始的 1/3 处。曲轴的重量为 5.4 lb，包括为抵消冲击载荷而优化得到的平衡配重。气体定律方程的指数 $k = 1.13$。

解：见图 9-1~图 9-3 和案例 8A。

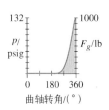

图 9-2

一个周期中气缸内的压力和力分布

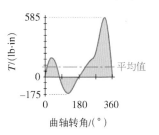

图 9-3

曲柄轴以恒定角速度 ω 运动时，曲轴总转矩-时间（转角）函数曲线图

1. 气缸的力-时间函数取决于压缩气体的压力，而这又取决于曲柄滑块机构的几何结构和气体定律：

$$p_1 v_1^k = p_2 v_2^k \tag{a}$$

式中，p_1 是大气压力（lb/in^2）；v_1 是在下止点（BDC）的膨胀气缸体积；p_2 和 v_2 分别是在上止点（TDC）或其他位置时压缩气体的压力和体积。气体定律指数 k 一般是 1.13，因为这个过程既不是等温（$k=1$）的，也非绝热（$k=1.4$）的。典型的压缩比为 10.9∶1。以下止点（假设曲轴角速度 ω 是常数）为参考的活塞位移 y 的表达式为：

$$y = \left(r\cos\theta + l\sqrt{1 - \left(\frac{r}{l}\sin\theta\right)^2} \right) - l + r \tag{b}$$

式中，r 为曲柄半径；l 为连杆长度；θ 为曲柄转角。此表达式的推导见参考文献 [1]。

2. 将给定的压力范围、气体定律指数与这些函数联立求解，就可得到气缸压力 p 的近似函数。在本案例所用数据下，p 为曲柄转角的函数。

如果 $\pi \leqslant \theta \leqslant 2\pi$，则

$$p \cong 924 \left(\frac{\theta-\pi}{\pi}\right)^6 - 792 \left(\frac{\theta-\pi}{\pi}\right)^7 \tag{c}$$

其他情况下

$$p \cong 0$$

这个函数如图 9-2$^{\ominus}$ 所示。由气体压力导致的活塞和缸盖上的力 F_g 为：

$$F_g = pA_p = \frac{\pi}{4}pd_p^2 \tag{d}$$

式中，A_p 是活塞面积；d_p 是活塞直径。这与图 9-2 所示的函数相同，只是乘以了一个常数。图中第二个纵坐标给出了该问题中的气体力 F_g。

3. 驱动压缩机曲轴所需的转矩由两部分组成：一个是气体力 F_g，另一个是由加速度产生的惯性力 F_i[1]：

$$T = T_g + T_i$$

式中，

$$T_g \cong F_g r \sin\theta \left(1 + \frac{r}{l}\cos\theta\right) \tag{e}$$

$\ominus$ 图 9-2 和图 9-3 通过 LinkagEs 程序中的工程模块得到。此程序的链接可在本书所在的网站找到。

以及

$$T_i \cong \frac{1}{2} mr^2 \omega^2 \left(\frac{r}{2l}\sin\theta - \sin 2\theta - \frac{3r}{2l}\sin 3\theta \right)$$

质量 m 可看作是活塞和作用在活塞上的活塞销和部分连杆（大约 1/3）质量之和[1]。当把对应数据代入式（e），得到的转矩-时间函数如图 9-3 所示。⊖

假设曲轴的角速度恒定，力-时间函数和转矩-时间函数如图 9-2 和图 9-3 所示。这个假设在稳态条件下是合理的，因为控制它的发动机的速度是恒定的，而且有一个飞轮来减缓它自身的波动。力和转矩函数决定了作用在轴、联轴器和齿轮上的时变载荷，因此是着手设计它们的出发点。因为载荷的时变性，所有零件都将受到疲劳载荷的影响，因此必须依照第 6 章和第 7 章中的理论来设计。

9.2　案例 9　干草捆卷扬机

在美国佛蒙特州的 Bellows Falls 的奶牛场需要一个小的卷扬机来将干草捆运进谷仓的阁楼上。初步设计方案如图 9-4 所示。电动机与蜗杆副连接以降低速度和提高转矩。需要确定该蜗杆副的最佳传动比。蜗杆箱的输出轴与绞车卷盘连接，它们都安装在轴承上转动，设计时两组轴承都需要选择。卷盘缠绕一条尾端有锻造钩的绳子。整个组装的卷扬机最终将悬挂于谷仓阁楼中央地板开口上方的屋梁上。干草捆将在地上手动装在钩子上，并会在谷仓阁楼上手动放下。由于电动机可以反转，因此蜗杆副必须设计成可以自锁的，以便在电动机断电时悬吊物保持不动。

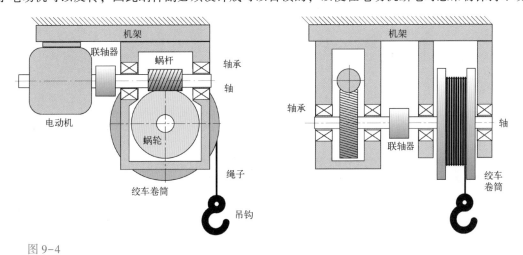

图 9-4

电动机驱动的提升机构，包含蜗杆传动，轴、轴承和联轴器

上述问题的陈述比较随意，因为并没有给出任何关于干草捆尺寸、重量和一次需运多少捆以达到最好的工作效率等信息。这些因素与卷盘直径的选择都将决定对驱动系统中转矩的要求。当绳子开始绷紧和开始提升载荷时，冲击载荷很可能导致启动载荷明显高于稳态时的提升载荷。启动时的动态载荷将用微分方程模型求解。

案例研究 9A　卷扬机初步设计

问题：确定升降绳的力-时间函数、必需的卷盘直径和任意一个循环中作用在卷扬机卷盘轴

⊖　图 9-2 和图 9-3 是通过 LinkagEs 程序中的工程模块得到。此程序的链接可在本书所在的网站找到。

上的转矩-时间函数。给出蜗杆副传动比、电动机的转矩和功率要求。

已知：一捆干草的重量取决于其水分含量，但可以假定平均约 60 lb。卡车里有 100 捆干草，农夫想在 30 min 内装载好它们。需提升的高度是 24 ft。

假设：直径 3/4 in 的尼龙绳的最小断裂强度约 8000 lb，每英尺长度的轴向拉伸弹簧系数约 50 000 lb/ in。

解：解决方案见图 9-4~图 9-6 和案例 9A 文件。

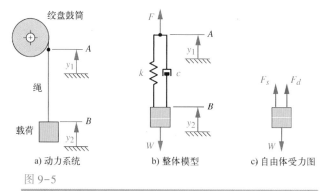

图 9-5

吊绳的动力系统、整体模型和自由体受力示意图

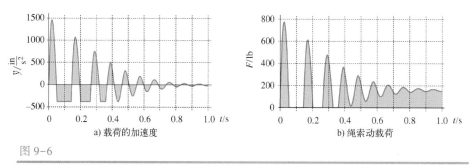

图 9-6

起动阶段变化的加速度和绳索力

1. 名义载荷取决于每次需拉升的干草捆的数量和用于捆包干草所用结构的重量。在 30 min 内从卡车上卸载 100 捆干草，需要平均 100/30 = 3.3 捆/min，或每 18 s 卸一捆。由于这一时间的一部分必须用于将空的卷扬机返回地面，所以不能将整个 18 s 都用来提升干草。我们必须留出时间在地面和阁楼上手动装卸干草捆。称各个工作部分占总时间的比例为工况系数。假设 1/3 的时间用于装载/卸载、1/3 的时间用于提升、1/3 的时间用于下降。也就是说，如果每次运输一捆干草，每捆干草的提升时间为 6 s。那么，卷扬机的平均速度为 24 ft/6s = 4 ft/ s。一个更好的安排是每次运两捆干草。这样运输周期将加倍为 36 s，上升的时间也将加倍为 12 s，平均速度将减半为 2 ft/ s，同时仍然保持相同的工况系数。

2. 升降机上的两捆干草的有效载荷是 120 lb。固定载荷则包括绳、钩子和所有用于支承的平台或结构。由于这个结构还没有设计出来，所以它的重量是未知的。我们可以假设将固定载荷控制在 50 lb 以下。所以，上升阶段总的名义载荷为 170 lb，下降阶段为 50 lb。

3. 稳定状态下绳索所受的载荷应为上述各项之和。然而，在起动时，由于需要加速至稳定速度状态，而且系统中存在弹簧-质量模型，这都会使载荷有明显增加。动力系统中的弹簧-质量模型使得振动的质量块动能转变成弹簧的势能，反之亦然。绳子可看作是一个弹簧。当松弛的绳子突然因载荷的重量绷紧时，绳子将伸展储存势能。当伸展的绳子有足够的力移动载荷，它将使质量块加速上升，提升速度将弹簧的势能转化成质量块的动能。如果质量块的加速度足够大，绳子将再次松弛。当质量块下降，绳子将再次紧绷，这样的循环将再次重复。因此，起动时，绳子上的力将从 0 增加至的载荷比稳态名义载荷值要大很多。为了计算这一动态载荷，需要编写和求解系统的运动微分方程。

4. 图 9-5a 是包含质量块和钢丝绳弹簧的动态系统的简化示意图。图 9-5b 是由弹簧和阻尼器支承集成的质量块系统模型。图 9-5c 是受到自身重量 W、弹簧力 F_s 和阻尼力 F_d 作用的质量块的自由体（FBD）示意图。这个自由体的牛顿第二定律表达式如下。

由 $\sum F = ma$，可得：

$$F_s + F_d - W = \frac{W}{g}\ddot{y}_2 \tag{a}$$

式中，

$$\begin{aligned} F_s &= k(y_1 - y_2) \\ F_d &= c(\dot{y}_1 - \dot{y}_2) \end{aligned} \tag{b}$$

代入初始条件：

$$t=0 \qquad y_1(0) = 0, \qquad \dot{y}_1(0) = v_0, \qquad y_2(0) = 0, \qquad \dot{y}_2(0) = 0 \tag{c}$$

并从下面的条件：

$$F_s(0) = 0, \qquad\qquad F_d(0) = 0 \tag{d}$$

可得

$$m\ddot{y}_2 = k(y_1 - y_2) + c(\dot{y}_1 - \dot{y}_2) - W$$

$$\ddot{y}_2 = \frac{1}{m}\Big[k(y_1 - y_2) + c(\dot{y}_1 - \dot{y}_2) - W\Big]$$

令 $\dot{y}_1 = v$，$\quad y_1 = vt$，则有：

$$\ddot{y}_2 = \left[\frac{k}{m}(vt - y_2) + \frac{c}{m}(v - \dot{y}_2) - g\right] \tag{e}$$

5. 上面方程的常数按以下算式确定：

$$v = 24\,\frac{\text{in}}{\text{s}}$$

$$W = 170\text{ lb}, \qquad m = \frac{W}{g} = \frac{170}{386} = 0.44\;\frac{\text{lb·s}^2}{\text{in}} \tag{f}$$

$$k = 50\,000\;\frac{\text{lb/in}}{\text{ft}}\Big/24\,\text{ft} = 2083\text{ lb/in}$$

很容易从已知的质量及弹簧系数计算出临界阻尼 c_c。这个系统唯一的弱阻尼是绳子内部的摩擦。我们假设它的实际阻尼与临界阻尼的比值 z 约为 10%（0.1），由此可以计算出式（e）中的阻尼值为：

$$c_c = 2m\sqrt{\frac{k}{m}} = 2(0.44)\sqrt{\frac{2083}{0.44}} = 61\;\frac{\text{lb·s}}{\text{in}}$$

$$c = \zeta c_c = 0.10(61) = 6.1\;\frac{\text{lb·s}}{\text{in}} \tag{g}$$

$$\frac{c}{m} = \frac{6.1}{0.44} = 14$$

6. 微分方程式（e）可以用 MathCAD 或 MATLAB 求解。在第一和第二个阶段载荷的加速度如图 9-6a 所示。向下的加速度（重力）符号为负。需注意的是，在负加速度阶段（极限值为 $-g$），载荷来自自由落体运动，绳子是松弛的，没有拉伸。在第一和第二个阶段，绳子中的力如图 9-6b 所示。在第一个振荡周期中，张力上升到超过 4 倍的名义载荷，然后在绳子松弛时，下降到零，这是因为绳子不能承受压力。这样重复了 3 次，在绳子绷紧时，阻尼降低了振荡幅度。10 个周期后，力将稳定在名义载荷值附近。

7. 驱动卷盘轴所需的转矩取决于刚才计算的动态载荷和待选择的卷盘直径。直径太小会导致较大的应力和绳子的磨损。过大的直径将增加所需的转矩和封装尺寸。直径为 3/4 in 的绳子可以缠绕在直径 20 in 的轮子上。由于 $T=Fr$，轴所受的转矩将是绳子所受拉力（lb）的 10 倍，且与拉力具有相同的时间变化规律，如图 9-6b 所示。

8. 所需的平均功率可以很容易地从势能转换所需的时间中求得。在 12 s 内将 170 lb 的物体提升 24 ft，需要的功率是：

$$P = \frac{170 \text{ lb } (24 \text{ ft})}{12 \text{ s}} = 340 \frac{\text{ft·lb}}{\text{s}} = 0.62 \text{ hp} \tag{h}$$

由于蜗杆驱动和卷扬机会存在效率损失，我们需要的输入功率比该值要大，因此初选 1 hp。最好是等于或低于该水平的功率，因为大功率的电动机需要超过 110 V 的电压。

这个平均功率是基于名义载荷得到的。起动时的最大载荷需要更大的功率。不改变电动机的大小，以适应瞬时起动载荷的一种方法是：在系统中充分利用飞轮效应，以提供瞬态脉冲能度过启动阶段。假设卷扬机在绳子第一次绷紧前达到指定速度，卷盘和蜗轮的转动惯量可以提供足够的飞轮效应。

9. 卷盘的平均角速度由绳子所需的平均线速度 2 ft/s 决定。当卷盘半径为 10 in 时，它等于：

$$\omega = \frac{v}{r} = \frac{24 \text{ in/s}}{10 \text{ in}} = 2.4 \text{ rad/s} \cong 23 \text{ r/min} \tag{i}$$

10. 60 Hz 的交流电动机只有几个标准的转速，最常见的是 1725 r/min 和 3450 r/min。这些速度是从工频同步转速 1800 r/min 和 3600 r/min 减去一些异步电动机的滑动得到的。为了尽量减少蜗杆副的传动比，我们应该从两个标准速度中选择较慢的 1725 转（r）。因此，所需的传动比为 23:1725 或 1:75。一级蜗杆副可以得到这个传动比，因此是可行的。

11. 总结初步设计中确定的参数：我们拟设计一个 1 hp、1725 r/min、110 V 的交流电动机驱动、传动比为 1:75 的蜗杆副，它驱动一个转速为 23 r/min、直径为 20 in 的卷扬机卷盘的系统。直径 3/4 in 的绳子缠绕在卷盘上，绳子加上其上的钩子和与其相连的平台重量不超过 50 lb 平台可以稳定支承每捆重达 60 lb 的两捆干草。这些构成了我们设计的一组具体任务。

这个之前非结构的问题现在已经有了一些架构，这可以作为各个零部件详细设计的出发点。本案例中提出的一些零件（如轴、蜗杆副、轴承等）的设计问题将在随后的相关章节中给出。注意：就像所有机械装置一样，尽管本装置中的载荷随着时间相对稳定，但是在每个循环操作起动时的振荡表现为疲劳设计问题。零件将受疲劳载荷的影响，因此必须根据第 6 章和第 7 章的理论来设计。

9.3 案例 10 凸轮试验机

需要一个可以测量凸轮动态特性的机器。这个机器自身必须是非动态的、变形要小，且当凸轮的转矩载荷变化时，可以提供几乎恒定和可调的转速。该机器将用来测量凸轮从动件的动载荷和加速度。试验机的标配设计是 1 in 升程的实验凸轮。可以确定凸轮的轮廓线。转速应在保证不使从动件跳离的条件下尽可能要高。试验机必须可以很容易地快速更换凸轮。试验机中还必须含有可润滑凸轮的油槽。

这也是没有给出具体结构的问题说明，从而设计者有很大的自由空间确定解决方案。我们现在试图结合假设和初步计算为这个问题制定进一步更加详细的设计方案。

图 9-7

四休止段凸轮

案例研究 10A 凸轮动态测试夹具 （CDTF） 初步设计

问题： 给出可以满足上述问题一般性约束条件的初步设计方案。确定任何一个周期中作用在从动件上的力-时间函数，以及凸轮轴上的转矩-时间函数。给出试验机的传动比、电动机所需的转矩和功率。

已知： 有四休止段凸轮的最小直径为 6 in，最大直径为 8 in。升程为 1 in。从动件的滚子直径是 2 in。凸轮的转速是 180 r/min。凸轮的形状如图 9-7 所示。

假设： 由于滚动轴承会带来很多噪声，本案例只能采用滑动轴承，并使用可以调节速度的直流电动机。

解： 解决方案见图 9-7~图 9-13。

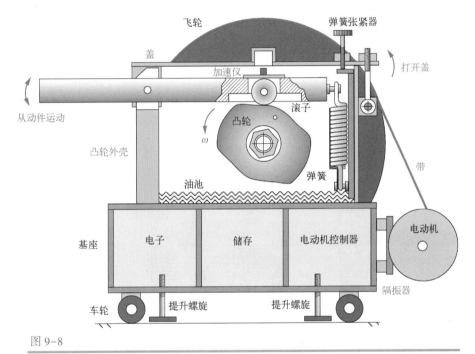

图 9-8

凸轮机构动态测试机总体设计图

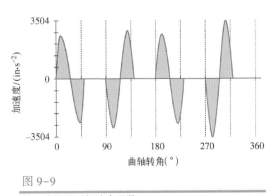

图 9-9

第一个循环时加速度函数

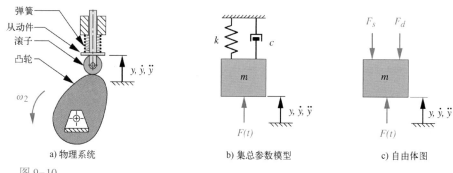

a) 物理系统　　　　b) 集总参数模型　　　　c) 自由体图

图 9-10

凸轮从动件系统线性化

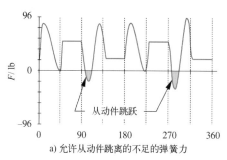 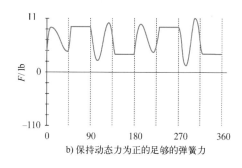

a) 允许从动件跳离的不足的弹簧力　　　　b) 保持动态力为正的足够的弹簧力

图 9-11

凸轮和凸轮从动件之间动态力

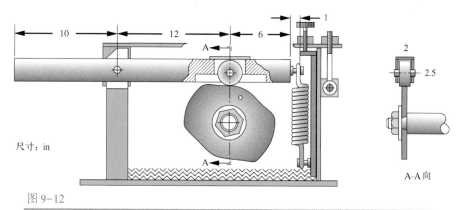

图 9-12

凸轮从动臂的尺寸

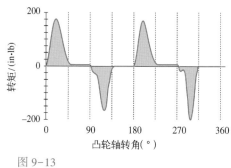

图 9-13

无飞轮的凸轮轴转矩

1. 初步设计如图 9-8 所示。凸轮轴是锥形的，以便与凸轮的锥形孔相匹配。这避免了使用键槽，因为键和键槽会在转矩反向驱动时引起振动和噪声。凸轮的轴向要与轴夹紧以保证同心。在半径较大的地方，设置了一个销将凸轮和轮轴定位。这样更换凸轮时能实现快速拆装。

2. 飞轮和凸轮轴相连以便在转矩变化时调节速度波动。飞轮同时也作为平带大带轮与电动机主动小带轮连接，从而适当降低凸轮轴转速。

3. 摆动从动臂绕距离凸轮轴 12 in 铰支的滑动轴承转动，从动臂与凸轮接触处为商用滚子轴承。这里采用螺旋拉伸弹簧使从动臂滚子始终与凸轮保持接触。该弹簧在替换凸轮时可松开，并可移除，然后在更换新的凸轮后再拉紧。与从动臂共同铰支的箱盖可以给弹簧施加拉力，当箱盖关闭时可提供拉力，而在它打开时放松弹簧。

4. 加速度传感器和力传感器安装在滚子轴和从动臂之间用来测量所需参数。

5. 整个装置安装在箱体结构的底座上，以提供刚性支承，其中包含一个开放式油池为凸轮供油。箱体的底座可以由供移动的脚轮或提供稳定性的顶腿支承。电动机安装在底座上的橡胶隔振器上。电动机控制和仪表的电子设备放置在底座箱内。

6. 凸轮的设计和它的转速决定了从动臂加速度的大小和形状。从动件的加速度函数由程序 DYNACAM 生成，如图 9-9 所示。程序 DYNACAM 可在本书网站的本案例的运动学和动力学计算文件 CASE10A.cam 中找到。加速度函数与从动件有效质量相乘等于计算应力时所需的力的一个部分。凸轮与从动件的动力学系统可以看成图 9-10 所示的线性的、单自由度质点系统模型。旋转的从动臂上的滚子中心线的运动实际上是沿着一个圆弧，但在本设计中由于臂的半径长度圆弧很平缓。所以，在短冲程时假设滚子为直线运动带来的误差很小。运动的从动件的质量一部分被认为是集中在滚子上，因此可以进行动态等效。根据牛顿第二定律，图 9-10 中系统的微分方程为[2]：

$$\sum F = ma$$
$$F(t) - F_d - F_s = m\ddot{y}$$

即

$$F_d = c\dot{y}, \qquad F_s = ky + F_{pl} \tag{a}$$

弹簧力 F_s 由两部分组成：分别为弹簧系数 k 乘以位移 y 和安装弹簧时的预载荷产生的初始力 F_{pl}。阻尼力 F_d 与速度和阻尼系数 c 的乘积成正比。

7. 因为我们需要维持一个恒定的角速度，而且位移(y)、速度($\dot{y}$)和加速度($\ddot{y}$)只是时间的函数，所以式（a）可以通过动态静力分析求解。m 的值将取决于对从动臂和附属于它的移动质量的设计，如滚子。阻尼因子 c 的值很难预测，通常的估值方法是确定预期的阻尼系统的阻尼比 ζ，并通过下式计算：

$$c = 2\zeta m\omega_n \tag{b}$$

式中，

$$\omega_n = \sqrt{\frac{k}{m}}$$

Koster[3] 发现凸轮从动件系统的 ζ 的典型值为 0.06~0.15。ω_n 是系统的无阻尼固有频率。

弹簧系数 k 值由设计者通过弹簧预载荷 F_{pl} 控制。稍后我们将为这个系统设计一个合适的弹簧为这些变量提供适当的值。注意：除非我们对各个运动部件初步设计确定了它们的质量，否则我们无法计算系统的动态载荷。因此，我们需要先确定所需的弹簧系数 k 和 F_{pl}，然后尝试设计一个可行的弹簧来传递这些力。

8. 如果给定了质量、阻尼比和加速度函数，k 和 F_{pl} 的选择将决定从动件是否会在下降时跳离凸轮。图 9-11a 给出了 k 和 F_{pl} 过小组合时的动载荷 $F(t)$。阴影部分用来突出动载为负时的部分。这时，凸轮从动件不能传递负（拉）力，就像之前案例的绳子不能承受压力一样。因此，弹簧刚度和预载荷的组合必须增加直到使整个循环中的动态力始终为正，如图 9-11b 所示。

9. 对于本案例，我们确定从动臂的几何形状如图 9-12 所示。它是一个实心的 2 in×2.5 in 矩形截面的铝杆，而且内部有一个围绕从动件的间隙。从支点到从动件滚子中心的距离是 12 in，并通过外伸出支点 10 in 的杆臂来保持平衡。从动臂另一端伸出滚子 6 in，并与弹簧相连。从动臂的等效质量在滚子中心，加上滚子和销轴，从动臂的单位长度质量为 0.02 lb·s²/in。使用此值再加上在臂端的弹簧系数 $k = 25$ lb/in 和弹簧预载荷 $F_{pl} = 25$ lb（换算到从动件上的有效值为 $k = 56.25$ 和 $F_{pl} = 37.5$lb），以及阻尼系数 $\zeta = 0.08$，我们就可以获得图 9-11b 所示的动载函数。凸轮从动件上的动载荷峰值为 110 lb，最小值为 13 lb。弹簧的变形为 1.5 in。

10. 凸轮轴的转矩为[4]：

$$T(t) = \frac{F(t)\dot{y}}{\omega} \tag{c}$$

结合以上数值，可以得到图 9-13 所示的转矩函数。最大转矩为 176 in·lb，最小转矩是 −204 in·lb。平均转矩为 7 in·lb。

11. 飞轮为直径 24 in、厚 1.88 in 的实心钢制成。它的质量惯性矩 $I = 44$ blob·in²。飞轮的波动系数 C_f 可以通过对图 9-13 的转矩-时间函数一个个脉冲的积分得到，从而找到一个周期内的最大能量波动 E。通过程序 DYNACAM 求解这个积分，得到了一个周期的能量波动 $E = 3980$ in·lb。然后可以得到波动系数[5]：

$$C_f = \frac{E}{I\omega^2} = \frac{3980}{44(18.85)^2} = 0.25 \tag{d}$$

尽管这个飞轮有相对很大的尺寸和重量（220 lb），但是因为它的角速度很低，所以只将峰值转矩减少 75%。飞轮在高速或非常大的质量下才有效。该飞轮将最大转矩降低到 47 in·lb，所以最小转矩变为−48 in·lb。平均转矩不变，为 7 in·lb。虽然转矩函数峰值减小，但形状不变，如图 9-13 所示。

12. 虽然所需的平均功率很低（约 0.02 hp），但要处理峰值转矩以维持所需的恒定速度，如果没有飞轮就需要大、小两个电动机。通过有飞轮的峰值转矩值和凸轮轴转速可得出最小的功率水平为：

$$P_{peak} = T_{peak}\omega = 47 \text{ lb·in}\left(18.9\frac{\text{rad}}{\text{s}}\right) = 888\frac{\text{in·lb}}{\text{s}} = 74\frac{\text{ft·lb}}{\text{s}} = 0.14 \text{ hp} \tag{e}$$

由于本案例中摩擦损失只是粗略估计，且其他凸轮可能需要工作在更高的速度下，所以选择 1/2 hp 的速度控制直流电动机来驱动凸轮轴。这里采用 110V 交流电源来实现电动机的整流/速度控制。

13. 我们需要为连接电动机和飞轮的带传动选择传动比。因为电动机的速度控制在 0~1800 r/min 的范围，所以我们可以选择一个比这个凸轮需要的 180 r/min 更宽的速度范围。0~400 r/min 是合理的，因为本凸轮所需的转速处于中间，这样其他凸轮的转速可以更快或更慢。因此，这时的带主动轮的直径为：

$$d_{in} = d_{out}\frac{\omega_{out}}{\omega_{in}} = 24\frac{400}{1800} \text{ in} = 5.33 \text{ in} \tag{f}$$

14. 在本书所在网站上本案例的文件被命名为 CASE10x。

完整的设计仍然需要确定许多细节，但这些初步计算表明：该设计是可行的。更多、更详细的关于本案例研究的凸轮机构的动力学建模可见参考文献［1］中的第 8 章和第 15 章。本书随后的章节将继续对本案例中的各个方面进行研究，如轴承和弹簧设计。

9.4　小结

本章介绍了一些相对简单的机器案例，以及它们的初步设计计算分析。目的是将这些案例与随后介绍的各种机械中常见零件的章节相结合。由于篇幅的限制，不能完整地处理任何一个案例中的所有设计细节，但是希望这些陈述能使同学们认识到设计是通过将很多各种各样，而且很可能相冲突的要求结合起来，寻找一个可行的产品方案的过程。

一些开放的设计项目在本章结尾处列出。这些可以作为个人或小组的长期项目任务。或者，这些建议设计项目的一部分内容可以作为多周的设计作业。

9.5　参考文献

1. R. L. Norton, *Design of Machinery*, 5ed. McGraw-Hill：New York, pp. 667-684, 2012.

2. *Ibid.*, p. 763.

3. M. P. Koster, *Vibrations of Cam Mechanisms*. Macmillan：London, 1974.

4. R. L. Norton, *Design of Machinery*, 5ed. McGraw-Hill：New York, p. 771, 2012.

5. *Ibid.*, pp. 609-611.

9.6　设计项目

我们将这些大型的实际工程设计问题有意做了非结构化处理。事实上，它们中的大多数是实际问题。它们有许多可行的解决方案。虽然有些项目是为了这一章"创造"出来的，但大多数是从作者的咨询经验或分配给在 Worcester Polytechnic Institute 的学生并完成了的高级项目。在第二种情况中，项目一般是由一个 2~4 人的学生团队经过 3~4 个学期（21~28 周）完成的，而且往往会做出解决方案的原型机。这些高级项目在本文中做了简化或者删节，以便它们可以由学生团队在一个学期的课程中完成。被咨询的问题也同样做了删节以适应一般的初级和高级设计课程的知识结构和时间安排。所列的一些项目已经被作者成功用于一学期的教学中，这也是本书的目的。

9-1　完成案例 8A 的便携式空气压缩机的设计。注意：这个设计中的一些零件在后面章节中做了讨论。

9-2　完成案例 9A 的卷扬机的设计。注意：这个设计中的一些零件在后面章节中做了讨论。

9-3　完成案例 10A 的凸轮试验机的设计。注意：这个设计中的一些零件在后面章节中做了讨论。

9-4　第 3 章中的案例 5A 和 5B 描述了四连杆演示机的设计。基于这些案例提供的信息，完成它们的细节设计。没有确定的方面有：用于降低电动机转速的齿轮副的尺寸、轴承、转矩联轴器、飞轮和应力。

9-5　设计一个具有以下特点的安全圆木劈木机：
能够在公路行驶速度下在正常尺寸的卡车后面牵引。
- 8 hp 的汽油发动机驱动的二级液压泵通过加压液压缸劈裂圆木。
- 可以容纳 2 ft 长的圆木。
- 对放置在圆木上的固定劈木楔，产生 15 t 的劈力。

- 具有将工作中的圆木、楔和缸体包围的安全装置，以防止对操作人员造成伤害。该装置在装载/卸载时可（手动）移除，而且有互锁功能，且在液压缸移动前必须就位。

9-6　设计一个可以降低到 5000 ft 下深油井的检测胶囊。这个胶囊须能放进一个直径 6 in 的孔中，且至少有10% 的径向间隙，可以与下降电缆适当连接，而且在侧壁上有一个直径为 1.5 in 的石英透镜。直径0.5 in 的电力和通信电缆通过气缸的顶端。一些需要关注的是：在该深度下的流体静压力、井壁岩石的磨损特性、透镜接口和电缆周围的液压密封的完整性。该胶囊内部充有干燥的氮气，压力为 800 psig。该胶囊的寿命应至少能从井中下降或上升 10000 次。

9-7　设计一个由蓄电池供电的、可以承载 200 lb 的人和 50 lb 货物的、供超市使用的电动购物车。它的容积至少应为传统手动购物车的一半。购物车应有速度限制和安全的抗侧翻装置，而且它的控制器上有固定压力以控制行走（比如一个安全开关）。断电时，自动刹车应在 1 ft 内将购物车停止。目标用户是年老体弱的购物者。电池供电时长应至少有 1 h。

9-8　图 P9-1 显示了一个流行的越野摩托车的后轮悬架系统的几何形状和尺寸。车轮安装在四杆机构 1-2-3-4 中杆 4 的底端。1 是车架，2 是三角摇臂，3 是连接 2 和 4 的双重耦合器。减振支柱 5 随杆 2 转动，并且与冲击缸 6 相连。冲击缸 6 铰支在车架 1。后轴总的垂直距离约 12 in。

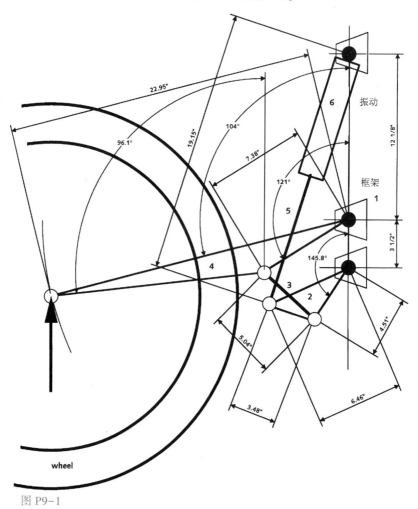

图 P9-1

一个越野摩托车的后轮悬架几何系统

图 P9-2 是一个 250 lb 的摩托车和一个 200 lb 的骑手在速度 18 mile/h 时跳离地面 3 ft 然后落地的动态仿真结果[○]。图 P9-2 中的图片显示了后轴和杆 4 支处点的总的动载荷。根据给定的载荷和几何形状，设计后悬架系统。设计需要注意的是：减振支柱为一压杆；枢轴销受剪切；连杆除了受弯曲，有时会存在拉伸或压缩。查阅相似的摩托车悬架系统的附加信息，将为本设计提供帮助。

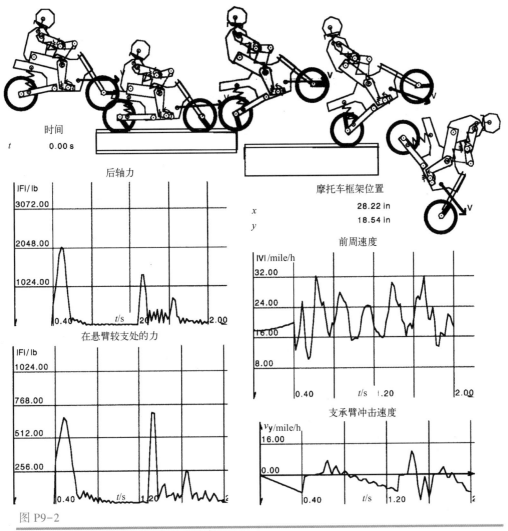

图 P9-2

摩托车跃起和用后轮落地时产生的力的仿真

9-9　越野摩托车通常使用链条和链轮将变速器输出轴的运动传递到后轮。一些公路自行车使用封闭传动轴和齿轮传动代替链和链轮来驱动。链传动的优点是重量轻，但是因为在野外骑行中会暴露在灰尘和泥土中，从而降低了它们的可靠性。封闭的轴驱动器则有效地解决了这个问题。为图 P9-1 和图 P9-2 的越野摩托车设计一个轻量级的轴驱动系统。假设电动机是 60 hp，转速为 9000 r/min。传动系统中的低速齿轮的传动比是 1:4，从变速器输出轴到后轮的最终传动比大约为 1:3.5。为了实现悬浮运动，驱动轴至少需要一个万向节。也许会需要一些直齿轮（或斜齿轮）和锥齿轮。需要确定合适的轴承、外壳和密封件。查阅相似的摩托车轴驱动系统信息将为本设计提供帮助。

9-10 军队需要测试战斗靴的耐久性试验机。该机应尽可能地效仿一个典型的战士穿着的战斗靴的几何形状和受力情况，如图 P9-3 所示。该试验机应无限制地循环重复这个动作直到靴子的皮革损坏。靴子将被安装到一个连接到试验机的假脚上。该试验机应按无限次寿命设计。

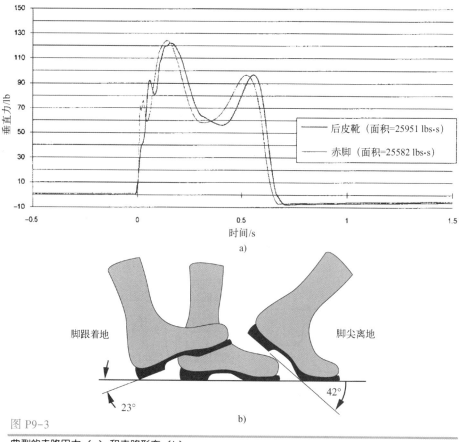

图 P9-3

典型的走路用力（a）和走路形态（b）

9-11 生产氨基甲酸乙酯的模塑减振器的一个公司需要设计一台能重复撞击减振器的试验机来测试它们耐用性，如图 P9-4 所示。某一尺寸的减振器的静力-变形特性如图 P9-5 所示。建议的设计方案是用一个落锤撞击减振器。一个复位机构将用来重复提升和降落重锤。需要做动态分析来确定充分撞击指定减振器所需的重锤的大小和高度。

图 P9-4

汽车悬架系统使用的氨基甲酸乙酯减振器的两种尺寸

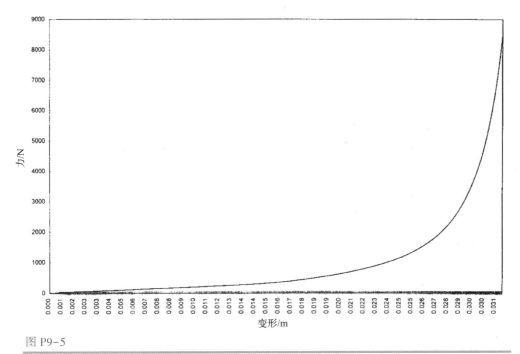

图 P9-5

某一尺寸的氨基甲酸乙酯减振器的静力–变形曲线

9-12 如图 P9-6 所示的压接工具是用来将金属接头压接（屈服）到电线上。电线是插入接头上的（图中未显示），然后将它们放在压接工具的钳口，并用手柄挤压。在案例研究 2 中，分析了一个略有不同的相似工具的受力、应力和安全系数。图 P9-7 是图 P9-6 所示的工具压接最大电线时测量的一系列数据。手柄处需要的力相当大。手柄间的距离是在 4.56 in 半径下测量得到的。在需要这么大的力下频繁手动使用工具，会导致操作者患上如腕管综合征等疾病。因此制造商希望能在现有压接工具的手柄处，设计一个产生所需机械力的装置来代替手动用力，从而避免类似的疾病。该设备的一些约束条件如下：

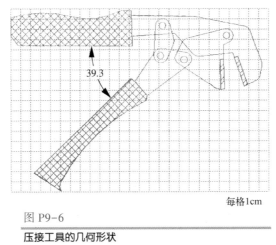

39.3

每格1cm

图 P9-6

压接工具的几何形状

（a）尺寸不大于 12 in×4 in×6 in。

（b）自我供能，包含一个便携式的电源。

（c）重量不超过 10 lb。

（d）只需要一个人单手或双手操作。

（e）能在 10 s 内完成压接。

（f）手柄的最大张开角为 40°，最大手柄张口距离为 7 in。

两臂夹角/(°)	转矩/ lb$_f$·in	两臂距离/in	力/ lb$_f$
39.3	0	2.89	0
24.4	49.17	1.89	11.84
22.3	73.27	1.74	17.36
20.9	97.53	1.63	22.89
19.7	122.01	1.54	28.42
18.7	146.62	1.46	33.95
17.8	171.38	1.40	39.47
16.5	220.91	1.30	50.52
15.1	271.10	1.19	61.57
13.7	321.77	1.08	72.63
12.6	372.41	1.00	83.68
11.2	423.77	0.89	94.73
9.5	475.78	0.75	105.79
8.0	502.66	0.64	111.32
7.6	528.12	0.60	116.84
5.5	580.52	0.43	127.89
4.8	606.27	0.39	133.42
0.8	653.34	0.06	143.29

图 P9-7

压接工具的力和扭曲-位移数据

9-13 需要设计一个图 P9-8 所示的机动的、可滚动的便携式 X 射线机。X 射线机头部重 65 lb，尺寸为 10 in×8 in×16 in。头部悬挂在 18 in 长的悬臂上。用于测量的头部必须能用电动机在从地面起的 41~82 in 的垂直范围内调整，并悬挂在 18 in 悬臂端部。头部必须在 20 s 内垂直移动最大距离，而且在指定位置的 0.5 in 范围内停止。在头部垂直位置的两端必须有限位开关能自动关闭电动机。该机必须能穿过一个标准的 3 ft×7 ft 的医院室内的门，并能在 15 A 和 110 V 的交流电下操作。一些美国保险商实验室（UL）的规格也必须满足，比如：

● UL 27.4-A：在最低位置头部倾斜 10°时不倾倒。

● UL 27.4-B：在最高位置头部倾斜 5°时不倾倒。

● UL 27.4-C：头部倾斜 0°时，当一个相当于自身重量 25% 的力施加在运送手柄上时不倾倒。

图 P9-8

机动化的、便携式的、可旋转的 X 射线架

9-14 设计一个卸货装置来改造现有的正常尺寸的小型卡车。这个装置应该使卡车的改造最小，而且能从驾驶室远程控制。它应能提升和卸载重达 3/4 t 的货物。该装置的动力由货车发动机提供。设计的装置可以是电驱动、机械驱动、液压驱动或者它们的组合。

9-15 设计一个在住宅车库中操作轮椅升降的装置。车库地板比房子地面低 1 m。该装置应能通过垂直距离差，安全地升高或降低轮椅和其上的 100 kg 的乘客。

9-16 设计一个装置来安全移动一个 100 kg 的截瘫病人从床到轮椅上，反之亦然。病人有良好的上肢力量，但无法控制下肢。你的设计应便于病人操作，且最好不需要其他人的协助。安全是最重要的原则。

9-17 设计一个与问题 6-48 讲述的轮椅运动器类似的室内自行车训练器。设计方案是用两个滚轮来支承后轮，单滚轮支承前轮。后滚轮将附在运动学机构上（需要设计），并与一个直流发电机连接。发电机的输出通过电气负载分流，不同的运动者可以调节负载来选择动态阻力。以无限次寿命准则设计所有零部件的几何形状和材料。

9-18 为越野摩托车设计一个服务站，使之能把车悬挂在一个方便工作的高度，并能通过旋转进入所有可用的服务系统中。在所有的旋转位置和局部拆卸的各种状态下，稳定性是特别重要的。

9-19 荧光灯必须在加热时向内部喷涂氧化锡。在金属链输送带上长 46 in 的直玻璃管以每小时 5500 个的恒定速度传送至烤炉。传送带上灯管间的距离为 2 in。当灯管离开 550°C 烤炉时，一个装有两个喷头的机械装置与两个灯管一起运动一小段距离，加速以达到灯管的恒定速度，并在 3/4 s 内向热的灯管中喷涂氧化锡。两个喷头安装在一个 6 in×10 in 的由直线轴承支承的矩形台上。用螺栓连接在台上的喷射装置重 10 lb。所有暴露在氧化锡喷嘴的零件都必须使用不锈钢，以避免与喷射过程中与副产品盐酸发生化学反应。

用凸轮驱动工作台使其与传输带的速度匹配，并及时使它返回，然后加速追赶接下来的两个灯管。已经设计了一个盘形凸轮来完成这个动作，具体见本书网站上的文件 SPRAY.CAM。这个文件可以输入到程序 DYNACAM（也在网站上）中来获得设计需要的动态数据。凸轮是由传输带的分度圆直径为 8.931 in 的链轮驱动。

现在需要的是喷头台的详细设计，它的轴承和安装硬件按无限寿命设计。凸轮和从动件上的动载荷很大程度上取决于移动装置的质量。一旦初步设计中动态质量可以估算，就可以使用程序 DYNACAM 快速计算出凸轮和从动件接触表面的动载荷。然后可以根据载荷计算得出装置中各个零件的应力。参考文献 [2] 有程序 DYNACAM 的使用指导信息。

9-20 在直轴驱动的生产机械中，由于各种凸轮随时间变化的转矩产生的凸轮轴的扭转变形和振动将导致机器各部件间同时出现问题。我们需要设计一个测试机，用来测量施加在凸轮轴上的动态转矩对扭转振动的影响。测试机将安装两个凸轮，每一个都将在 300 r/min 的转速下驱动各自的弹簧加载的滚轮直动从动件的滑块机构。

施加给两个凸轮的为大致相反的随时间变化的转矩。这样它们可以单独或者成对使用来研究转矩平衡凸轮驱动虚载荷的生产机器的有效性。凸轮可分别在无须拆卸的轴上安装和拆卸。本书网站的 Excel 文件 P09-20 提供了主凸轮的转矩-时间函数和从动件-力-时间函数。辅助凸轮是主凸轮的镜像，以近似平衡转矩。

这个测试机的凸轮轴的扭转变形必须设计得足够大，以通过安装在凸轮轴两端的计数为 5000 r/min 的光学轴编码器测量，但变形也不能大到致使轴疲劳失效。同时，我们希望凸轮轴的抗弯刚度很大，且其固有弯曲频率至少是自身固有扭转频率的 10 倍，以减少任何弯扭耦合效应。也就是说：轴的直径应该选多少才能有足够的能在设计载荷条件下可测量的扭转变形，但又不产生不希望的弯曲变形或者振动？

应使用滑动轴承以避免滚动轴承可能带来的振动。试验机将用可调的永磁直流电动机驱动一个通过待设计的齿轮减速装置带动。电动机将由你选择。

需要凸轮轴扭转振动试验机的详细设计结果包括：凸轮轴、键、从动件系统、轴承、联轴器、齿轮箱、壳体和安装硬件。装置需要无限寿命设计。

9-21 我们制造业的客户（世界 500 强企业）的产品有非常大的产量。这些产品包括模制塑料零件和组件，其中有一些由两次成型的注塑机制造。两次成型零件需要一个旋转模具，并且每个零件的模具都需要两组模腔。完成零件的第一个部分是由材料 A 在模具位于位置 1 时注塑。然后打开模具，并在成模零件仍在腔中时，将其中一半模具旋转 180°到位置 2。将模具再次关闭，将零件的 I 部分靠第二个模腔放置。然后将材料 B 注塑到部分 I 中，完成零件的 II 部分。再次将模具打开，就得到了完整的组件。

我们的任务是设计固定在成型机上的模具旋转装置，它可用螺栓安装任意数量的不同的模具。可容纳的最大模沿其水平旋转轴高 910 mm、宽 790 mm、长 326 mm。假设模具是一块实心钢。模具用螺栓将安装在你设计的圆形转盘上，由伺服电动机驱动来完成所要求的旋转。圆形转盘须在 0.8 s 内旋转 180°，然后在一段可变的时间（0.5~2 s，取决于零件的成型周期）内保持静止。之后它将再次在 0.8 s 内旋转 180°。然后这个循环将再次重复。成型机将一天运行 24 h，一周 7 天，一年 50 周。这个装置至少在 10 年内不得失效。

当模具悬挂在转盘上时，它在模具表面任一点的不论是垂直还是轴向的偏差都不得超过 0.001 in（0.025 mm）。模具在停止时，振动要尽量小，以避免合模的延迟。轴向的组件长度应在可行条件下尽可能短。模具的开合运动最大距离是 25 mm。轴向运动由液压缸提供。

旋转运动由伺服电动机通过你设计的齿轮减速装置带动。滑动或者滚动轴承都可以使用。电动机的转矩/功率规格由你挑选。液压缸在指定时间获得轴向运动所需的大小和功率规格也由你确定。动态转矩将取决于系统的惯性和由伺服电动机控制器加载的加速度曲线的质量矩。假设合理的加速度曲线是基于很好的凸轮设计实现的。

需要一个模具旋转机的详细设计，包括转台、轴、键、齿轮、轴承、联轴器、机架和安装硬件（紧固件）。

9-22　需要一个电动机驱动、可测量的轮系试验台来做演示和实验。该装置包括由电动机驱动的齿轮副，它还受制动器施载。这是为了刻意将故障引入轮齿上，从而产生可测量的振动。该装置可测量振动，并可根据测量的振动数据进行故障检测和诊断。

设计输入功率不超过 1 hp、体积不大于 3 ft³ 的该装置。传动比为 1:2 的一对齿轮副由轴承支承，齿轮由调速电动机驱动，电动机与齿轮副之间需要隔振。

9-23　需要一个电动机驱动、可测量的滚动轴承（球轴承）试验台来做演示和实验。该装置包括一个电动机驱动轴，它还受制动器施载。这是为了刻意将故障引入滚动轴承，从而产生可测量的振动。该装置可测量振动，并可根据测量的数据进行故障检测和诊断。

设计输入功率不超过 1 hp、体积不大于 3 ft³ 的该装置。将使用普通大小的单列球轴承。所有其他轴承必须是滑动轴承，以免引入干扰噪声。该设备由调速电动机驱动，电动机与轴承需要隔振。

9-24　某剃须刀生产商需要测试从 1.5 m 高摔到如浴室瓷砖地板的坚硬地面的剃须刀的损伤情况。剃须刀包括头部和手柄两部分，共重 20 g。剃须刀摔下落地时的朝向是随机的。某些朝向的损害比其他朝向要严重。因为很难通过手动实验重复剃须刀掉落到地面上的过程。所以，生产商希望用一个机器来模拟剃须刀从 1.5 m 高摔到坚硬地面，且同时使得每次实验时剃须刀受到撞击时的朝向相同的试验。这不能过分限制剃须刀撞击，必须在尽可能地复制"自由"边界条件下完成。但是落地的朝向必须是可控的，以模拟不同朝向时的情况。各轴的调整在±40°左右就足够了。设计该装置使剃须刀与在实际掉落中有相同的冲击能量，且使它弹离冲击面，但只受一次撞击。该仪器需要保证整个撞击事件过程都由一个高速摄像机拍摄记录。

9-25　一个机器使用了大量的伺服电动机，电动机与机器的机床板通过螺栓连接，如图 P9-9 所示。机床板下表面离地面 30 in，24 in 长的电动机安装在从机床板下，表面上伸出的轴长为 2 in。电动机重 300 lb，直径 12 in。设计一个装置，可以通过一段平坦的地面将电动机从仓库运送到该机器处，将电动机放在机器的机床板下，提升并保持在适当的位置直到机械师将它用螺栓固定好。电动机上的一个直径 6 in 的定心凸缘必须进入机床板上对应的孔里，同时定位销也必须插入机床板上对应的孔中。定心凸缘和它对应的孔之间的间隙为 0.002 in，定位销和它对应的孔之间的间隙为 0.001 in，所以设计的装置在提升电动机时必须使其精确地对准相应孔。在电动机的重心处有 4 块垫片，其上攻有螺纹孔可用来将电动机连接到该装置。

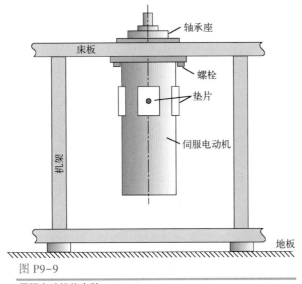

图 P9-9

伺服电动机的安装

9-26　设计一个曲柄滑块机构，曲柄速度为恒定 12000 r/min、滑块（活塞）的直径为 30 mm、其行程为 10 mm。连杆的长度至少是行程的 3 倍。在唯一载荷是惯性力下，按无限次寿命设计连杆、销和轴承。提示：因为高速，所以要求连杆质量小，但它们必须有足够的强度来承受惯性载荷。同时，润滑也是一个问题。

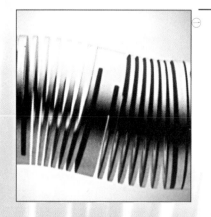

轴、键与联轴器

我们学到的知识越多，
认识到的无知就越多。

John F. Kennedy

10.0 引言

每一台转动的机器实际上都用到了传动轴，或者说轴，来传递转动和转矩。因此，机器的设计者要经常面对轴的设计任务。本章讨论在轴设计中遇到的一些常见问题。表 10-0 列出了本章用到的变量，并注明了这些变量出现的公式或小节。包含本章主题的两个主要讲座——讲座 10 和讲座 11 都提供了视频的访问链接。

表 10-0 本章所用的变量

变量符号	变量名	英制单位	国际单位	详 见
A	面积	in^2	m^2	多处
c	距外侧纤维的距离	in	m	10.6 节
C_f	波动系数	无	无	式（10.19）
d	直径	in	m	多处
e	轴或圆盘偏心距	in	m	式（10.26）
E	弹性模量	psi	Pa	多处
E_k, E_p	动能，势能	in·lb	J	式（10.25）
F	力或载荷	lb	N	多处
F_l	波动（速度）	rad/s	rad/s	式（10.19）
f_n	固有频率	Hz	Hz	式（10.24）
g	重力加速度	in/s^2	m/s^2	10.13 节，10.14 节

⊖ 本照片摘自：Helical Products Co. Inc., Santa Maria, Calif. 93456.

（续）

变量符号	变量名	英制单位	国际单位	详见
G	剪切模量，刚性模量	psi	Pa	多处
I, J	二次矩，面积的极二次矩	in^4	m^4	10.6 节，10.14 节
I_m, I_s	对轴的质量惯性矩	$lb \cdot in \cdot s^2$	$N \cdot m \cdot s^2$	10.13 节
k	弹簧比率，弹簧刚度常数	lb/in	N/m	10.14 节
K_f, K_{fm}	疲劳应力集中系数	无	无	10.6 节，10.10 节
K_t, K_{ts}	几何应力集中系数	无	无	10.10 节
l	长度	in	in	多处
m	质量	$lb \cdot s^2/in$	kg	10.13 节，10.14 节
M	力矩，力矩函数	$lb \cdot in$	$N \cdot m$	多处
N_f	疲劳安全系数	无	无	式（10.5）~ 式（10.8）
N_y	屈服安全系数	无	无	式（10.7）
P	功率	hp	W	式（10.1）
p	压强	psi	Pa	10.12 节
r	半径	in	m	多处
S_e, S_f	修正的疲劳极限，疲劳强度	psi	Pa	式（10.5）~ 式（10.8）
S_{ut}, S_y	极限抗拉强度，屈服强度	psi	Pa	式（10.5）~ 式（10.8）
T	转矩	$lb \cdot in$	$N \cdot m$	式（10.1）
W	重量	lb	N	多处
α	角加速度	rad/s^2	rad/s^2	式（10.18）
δ	挠度	in	m	多处
ν	泊松比	无	无	多处
θ	偏转角	rad	rad	多处
γ	重量密度	lb/in^3	N/m^3	式（10.23）
σ	正应力（可加不同下标）	psi	Pa	多处
σ'	Mises 应力（可加不同下标）	psi	Pa	多处
τ	剪应力	psi	Pa	多处
ω	角速度	rad/s	rad/s	式（10.1）
ω_n	固有频率	rad/s	rad/s	10.14 节
ζ	阻尼比	无	无	10.14 节

至少，轴常常将转矩从驱动装置（电动机或发动机）传给机器。有时，轴上装有齿轮、带轮（滑轮）或链轮，这些转动的轮通过啮合轮齿、带或链在轴之间传递旋转运动。轴可以是驱动装置的组成部分，如电动机轴或发动机曲轴，也可以是通过另行设计的联轴器与相邻轴相连的独立轴。自动化生产机床常装有直轴，其长度甚至超过机器长度（10 m 或更长），这些轴可将动力传给所有工作站。轴要用轴承支承，支承方式可以是简支梁、悬臂梁或者外伸梁，这取决于机器的结构。本章也将对这些安装和连接方式的利弊进行讨论。

10.1　轴上载荷

传动转轴所受载荷主要是以下两种之一：传递转矩所引起的扭转，或者作用在齿轮、带轮和链轮上的横向载荷引起的弯曲。这些载荷经常组合出现，譬如传递转

视频：第 10 讲
轴的设计○
（44:44）

○　http://www.designofmachinery.com/MD/10_Shaft_Design_I.mp4.

矩同时可能伴随着轴上齿轮或者链轮受力。转矩和弯曲载荷的性质可以是恒定（不变）的，也可能随时间变化。恒定和时变的转矩和弯曲载荷也可能以任意组合方式作用在同一根轴上。

如果轴是静止的（不转动），而带轮或者齿轮（装在轴承上）相对其转动，且所作用的载荷不随时间变化，那么它就是承受静载荷的轴。然而，这样不转动的轴不是传动轴，因为它不传递任何转矩。它仅仅是一根轴，或者说是圆形的梁，它可以按梁设计。本章讨论的是转动的传动轴及其疲劳强度设计。

注意：在稳定不变的横向弯曲载荷作用下，转轴会经历图 10-1a 所示的对称循环应力状态。随着轴的旋转，在每个周期内，轴表面的应力会由拉应力变为压应力。因此，即使弯曲载荷不变，转轴都必须按疲劳失效设计。如果转矩与横向载荷其中至少一个随时间变化，应力变化的规律就更加复杂，但疲劳设计的原则还是一样的，这在第 6 章已经介绍过了。譬如，转矩可以按图 10-1b 和图 10-1c 所示的弯曲载荷那样按脉动或波动循环规律变化。

我们主要讨论一般情况，即考虑弯曲和扭转载荷中既可能含有恒定的，又可能含有时变的分量。如果在给定的条件下，任一种载荷都不包含恒定的，或者时变的分量，那么只需将通用方程中的某个条件置零，从而简化计算。

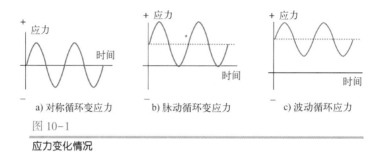

a) 对称循环变应力   b) 脉动循环变应力   c) 波动循环应力

图 10-1

应力变化情况

10.2 轴上零件与应力集中

尽管有时会设计在轴的全长上截面直径不变的传动轴，但更常见的轴是直径有变化的，轴上有台阶或轴肩用来给轴承、链轮、齿轮等零件定位，如图 10-2 所示，图中还给出了用来固定或定位轴上零件的常用方法。要给轴上安装的零件提供精确、持续的轴向定位，并选择合适的直径与轴承等标准件配合，就必须使用台阶或轴肩。

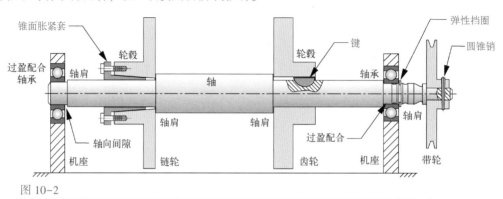

图 10-2

轴上安装旋转零件的多种方法

键、挡圈或销常用于周向固定轴上零件以传递转矩或者实现轴向固定。键联接需要在轴上和零件上都开出键槽，还可能需要紧固螺钉来防止轴向移动。挡圈必须卡在轴上的槽里面，销则需在轴上开一个销孔。轴的这些形状上的变化都会导致应力集中，在进行轴的疲劳应力计算时都必须将这些因素考虑进去。采用尽可能大的圆角半径，使用图 4-37、图 4-38，以及图 10-2（在带轮和挡圈处）中的技术来降低应力集中的影响。

通过摩擦力将零件（齿轮、链轮）紧固在轴上可避免使用键和销。许多设计使用**胀紧套**（无键联接[⊖]），通过用很大的压力挤压轴的外表面来将零件紧固在轴上，图 10-2 和图 10-34 中的链轮轮毂就是这样安装的。轮毂中有小锥度的内孔，通过拧紧螺钉，与之相配合的胀紧套外锥面就被压入轮毂与轴之间的空间。胀紧套上的轴向缝隙使它能够改变直径而抱紧轴，从而产生足够的摩擦力来传递转矩。另一种类型的夹紧衬套叫作**开口衬套**，它通过螺钉缩小径向缝隙来将衬套夹紧在轴上。**挤压与收缩配合**也可用于此目的，这在本章后面部分会讨论。但是，我们会看到，这些摩擦连接也会导致轴产生应力集中，从而造成如 7.6 节所述的微动磨损。

标准圆锥销有时用来将零件与轴相连，如图 10-2 中的带轮。销孔铰制加工之后与标准的圆锥销配合，购买的圆锥销要通过外力敲入到位。圆锥面通过摩擦力实现自锁。拆卸时需将圆锥销敲出。在有大弯矩的部位使用这种连接方式要谨慎，因为它会削弱轴的强度，也会产生应力集中。

图 10-2 所示的滚动轴承的内圈和外圈要通过过盈配合分别与轴和轴承座孔连接。这要求轴外径的加工公差较小，也需要一个轴肩作为过盈配合的轴向定位的止点。因此，轴的毛坯直径必须比轴承的内圈直径（ID）要大，并将轴加工至能与所选轴承的标准直径相配合（公制）。挡圈有时用来确保轴和轴承之间不会发生轴向相对移动，如图 10-2 中装带轮的那一端。在市场上可以购买到多种类型的挡圈，使用时要求在轴上加工一个小公差的特定尺寸的小槽。注意：图 10-2 中轴的轴向定位仅仅是将一个轴承（右端的轴承）做轴向固定。左端的另一个轴承与轴肩之间存在轴向间隙。这样做是为了防止两个轴承之间的轴受热膨胀而产生轴向应力。

因此这样看来我们无法避免实际机械中的应力集中问题。就轴而言，我们必须利用轴肩、挡圈或其他方式来使零件在轴上精确定位，我们也要在轴上安装键、销或者采用过盈配合来传递转矩。

每一种安装零件的方法都有其优点和缺点。键安装容易，而且尺寸相对轴径也已标准化。键具有周向定位准确[⊖]、拆卸维护方便等优点。但键无法限制轴向位移，且由于键与键槽间存在少量间隙，它并不总能提供真正紧密的转矩传递。当转矩反向时会产生轻微冲击。

圆锥销能真正紧密地传递转矩，并能同时在轴向和周向实现定位，但会削弱轴的强度。圆锥销的拆卸比键略微困难。夹紧衬套安装容易，但不能重复周向定位。这对在系统中轴之间的转动需要同步的情况是不利的。如果需要的话，夹紧衬套可以很容易地进行周向位置调整（尽管不准确）。过盈配合是几乎不可拆的连接，需要特殊设备进行拆卸。过盈配合不能重复周向定位。

10.3　轴的材料

为了使挠度最小，轴的材料优先选择钢，因为钢的弹性模量高，但有时也使用铸铁或球墨铸

⊖　见 ANSI/AGMA 标准 9003-A91，柔性连接-无键配合。

⊖　周向指轴与轴上零件的相对角位置。

铁，尤其是当齿轮或其他零件与轴整体铸成时。在海洋或其他腐蚀性环境下，轴的材料有时选用青铜或不锈钢。当轴也用作轴颈，在滑动轴承运转时，则还需考虑硬度问题。在这些情况下可以选择淬透钢或表面硬化钢。关于轴和轴承所需的相对硬度和材料组合的讨论可参见第 11 章。滚动轴承无须硬化的轴颈。

大部分机器的轴都是用冷轧或热轧的低碳钢或中碳钢制成的；在需要更高强度的时候，可使用合金钢。冷轧钢更常用于小尺寸的轴（直径小于 3 in），热轧钢则更适合大尺寸的轴。由于冷作硬化原因，同样的合金冷轧可获得比热轧更高的机械性能，但冷轧会使表面产生残余的拉应力。加工键槽、凹槽或者轴肩释放了局部的残余应力，但可能会导致发生翘曲。热轧的钢棒必须全面加工以去除表面的碳化层，而冷轧钢棒的部分表面可以不需加工，只有在诸如必须得到某一尺寸与轴承装配等情况下才需加工。小尺寸的预硬化钢（30 HRC）和精磨（直）钢轴可购买，并可用硬质合金刀具加工。淬透磨削精密轴（60 HRC）也可购买，但不能机械加工。

10.4   轴的功率

轴所传递的功率是设计轴时首先要解决的问题。在旋转系统中，瞬时功率等于转矩和角速度的乘积：

$$P = T\omega \tag{10.1a}$$

式中，ω 的单位必须是弧度每单位时间。不管计算的基本单位是什么，功率单位在英制系统中通常转换成马力（hp），在公制系统中通常转换成千瓦（kW）（见表 1-5 所示的转换系数）。尽管许多旋转的机器设计成大部分时间都以恒定的或者近似恒定的速度工作，但是转矩和角速度是可以随时间变化的。在这些情况下，转矩也经常会随时间变化。平均功率可用下式计算：

$$P_{avg} = T_{avg}\omega_{avg} \tag{10.1b}$$

10.5   轴的载荷

轴最常见的受载情况是受到波动循环转矩和波动循环弯矩的联合作用。如果轴线是竖直的，或者轴上安装有能产生轴向分力的斜齿轮或者蜗轮，则轴还要受到轴向载荷的作用（轴设计时应尽可能在靠近轴向载荷起源位置安装合适的推力轴承来将轴向载荷传递给机架，从而使承受轴向载荷的轴段的长度最小）。转矩和弯矩都可以随时间变化，包含均值和幅值分量，如图 10-1 所示。

弯矩和转矩联合作用在转动的轴上会产生多向应力。这与 6.12 节所讨论的多向应力疲劳的内容是密切相关的。如果这些载荷是不同步的、随机的、不同相位的，这就是复杂多向应力状态。但即使弯矩和转矩是同相的（或者 180° 反相），这还可能是一种复杂多向应力状态。决定是简单还是复杂多向应力的关键因素是作用在给定轴上的主要交变应力的方向。如果它的方向是恒定不变的，那这种情况可认为是简单多向应力状态。如果它的方向随时间变化，那这种情况就是复杂多向应力状态。大多数受到弯曲和扭转载荷作用的转轴都是处于复杂多向应力状态。虽然交变的弯曲应力的方向一般是不变的，但是扭转剪应力的方向却是随着零件绕轴转动而变化的。将它们组合的结果在 Mohr 圆上显示，表明交变主应力的方向是变化的。其中一个例外是：一个恒定的转矩叠加一个时变的弯矩。由于恒定的转矩不会改变主应力方向，所以这是一个简单多向应力状态。然而，如果轴上有孔，或者键槽，则会产生应力集中，这个特例就不成立了，因为这会导致局部双向应力状态，需要进行复杂多向应力疲劳分析。

　　假设轴全部长度上的弯矩的方程是已知的或可根据给定数据计算得出，弯矩的均值为 M_m，幅值为 M_a。同理，假设轴上的转矩方程已知或可根据给定数据求出，转矩的均值和变化幅值分别为 T_m 和 T_a。那么通常可根据 6.11 节给出的表格的**波动循环应力的设计步骤**，同时结合 6.12 节所述的多向应力的内容进行计算。轴的长度方向上出现大弯矩和（或）大转矩的部位（特别是存在应力集中的地方）需要进行校核，以防止可能出现应力失效，并且对截面尺寸或者材料性能进行相应的调整。

10.6　轴的应力

　　我们知道：在使用以下公式对轴上多个点进行计算，并且考虑它们组合的多向效应之前，必须首先找出所有感兴趣点处作用的应力。最大弯曲应力幅值和均值出现在轴的外表面，可用下式计算：

$$\sigma_a = K_f \frac{M_a c}{I} \qquad\qquad \sigma_m = K_{fm} \frac{M_m c}{I} \tag{10.2a}$$

式中，K_f 和 K_{fm} 分别表示幅值和均值的弯曲疲劳应力集中系数（参见式 6.11 和式 6.17）。因为一般的轴是圆形截面的实心轴，我们可用以下公式替换 c 和 I：

$$c = r = \frac{d}{2} \qquad\qquad I = \frac{\pi d^4}{64} \tag{10.2b}$$

可得

$$\sigma_a = K_f \frac{32 M_a}{\pi d^3} \qquad\qquad \sigma_m = K_{fm} \frac{32 M_m}{\pi d^3} \tag{10.2c}$$

式中，d 为感兴趣截面处轴的直径。

　　剪应力的幅值和均值可根据下式计算：

$$\tau_a = K_{fs} \frac{T_a r}{J} \qquad\qquad \tau_m = K_{fsm} \frac{T_m r}{J} \tag{10.3a}$$

式中，K_{fs} 和 K_{fsm} 分别表示幅值和均值的扭转疲劳应力集中系数（K_{fs} 可参见式 6.11，K_{fsm} 可通过式 6.17 利用工作剪应力和剪切屈服强度求得）。对圆截面的实心轴[⊖]，我们可用以下公式替换 r 和 J：

$$r = \frac{d}{2} \qquad\qquad J = \frac{\pi d^4}{32} \tag{10.3b}$$

可得：

$$\tau_a = K_{fs} \frac{16 T_a}{\pi d^3} \qquad\qquad \tau_m = K_{fsm} \frac{16 T_m}{\pi d^3} \tag{10.3c}$$

　　如果有轴向拉伸载荷 F_z，通常它只有均值部分（譬如零部件的重量），可根据下式计算：

$$\sigma_{m_{axial}} = K_{fm} \frac{F_z}{A} = K_{fm} \frac{4 F_z}{\pi d^2} \tag{10.4}$$

10.7　组合载荷作用下轴的失效

　　早在 20 世纪 30 年代，英国的 Davies[3]、Gough 和 Pollard[5] 就开始对塑性钢和脆性铸铁在弯

　　⊖　若为空心轴，换成相应的公式求 I 和 J。

扭组合作用下的疲劳失效进行了广泛的研究。早期的研究结果如图 10-3 所示，它是根据图中标注的几份参考文献绘制的。后来的研究数据也包含在这些图中[2,4]。塑性钢在弯扭组合作用下的疲劳特性通常符合图中方程所表示的椭圆曲线。研究发现脆性铸铁材料（图中未示出）在最大主应力作用下失效。这些结果与图 6-15 所示的在对称循环的弯扭组合应力作用下的情况类似。

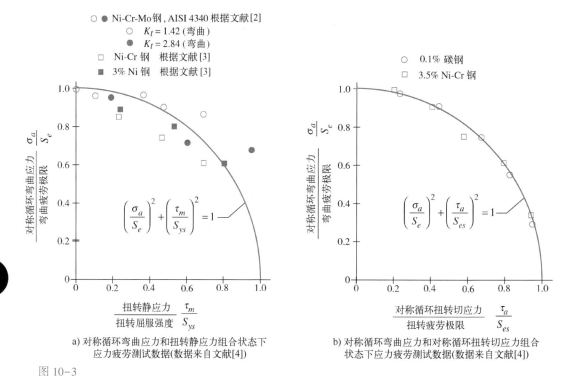

图 10-3

弯扭组合作用下不同钢材的疲劳测试结果

摘自：S H Loewenthal. NASA 技术报告 TM-78927 疲劳载荷作用下传动轴的推荐设计程序，1978

10.8   轴的设计

轴的设计既要考虑应力的情况，也要考虑变形。变形往往是关键因素，因为过大的变形会导致轴承的快速磨损。轴的变形也会导致轴所驱动的齿轮、带或链产生位置误差。注意：轴长度上各处不同点所受的应力可根据已知的载荷和假定的截面参数计算得出，但变形的计算则需要整根轴的几何参数确定之后才可进行。因此，进行初步设计时通常是先考虑轴的应力情况，在轴的几何参数完全确定之后，再进行变形的计算。轴的固有频率（扭转和弯曲）与力、转矩关于时间函数的频率成分之间的关系也很重要。如果外力的作用频率与轴的固有频率接近的话，共振会导致颤动、高应力和大变形。

总体考虑

轴的设计要遵循的一些通用的经验规则如下：

1. 为减少变形和应力，轴的长度要尽可能短，外伸部分长度也要尽可能短。

2. 在同样长度、载荷和截面的情况下，悬臂梁比简支梁（跨坐式）产生的弯曲变形更大，因此尽量选择简支梁的形式，除非设计约束限制只能使用悬臂梁（图 10-2 所示为保证可维护性而使用外伸式或悬挂式结构的情况。轴右端的带轮上安装有环形的 V 带，如果带轮安装在轴承中间的话，那么更换 V 带的时候就不得不拆卸轴系组件，这是不可取的。在这些情况下，悬臂式的轴可减少装配上的麻烦）。

3. 空心轴的刚度和强度不如实心轴，但具有更高的刚度/质量比（比刚度）和更高的固有频率，而且制造成本高，直径更大。

4. 轴上弯矩大的区域应尽可能避开应力集中源，并且设计较大的过渡圆角半径和卸载的结构以减少应力集中的影响。

5. 如果减小挠度是主要考虑的问题，那么低碳钢可能是最佳的材料，因为它的刚度和更昂贵的钢材是一样的，而且小挠度的轴所受的应力往往也比较小。

6. 轴上齿轮处的挠度应不超过 0.005 in（0.13 mm），齿轮轴线间的相对偏转角应小于 0.03°[1]。

7. 若使用（径向）滑动轴承，则在轴承长度上轴段的弯曲变形量应小于轴承内部润滑油膜的厚度[1]。

8. 若使用非调心滚动轴承，则装轴承处轴的偏转角应小于 0.04°[1]。

9. 如果存在轴向推力载荷的话，每个方向的载荷都应通过一个简单推力轴承传递至机架。不要将轴向载荷分配给多个推力轴承承担，因为轴受热膨胀会使轴承过载。

10. 轴的第一阶固有频率应至少为工作时所受外力最高频率的 3 倍，越高越好（最好是 10 倍或者更高，但这通常在机械系统中很难实现。）。

受对称循环弯曲和恒定转矩作用的轴设计

这种情况是波动循环弯矩和波动循环转矩组合作用的一个特例，由于不存在变化的扭转应力分量，这种情况可被看作是简单多向疲劳状况（但局部应力集中会导致产生复杂多向应力）。人们已经对这种简单的受载情况进行了实验研究，在这种情况下，与零件失效的有关数据如图 10-3 所示。ASME 规范中已经对这种载荷状况下轴的设计方法进行了规定。

ANSI/ASME 方法　ANSI/ASME 发布的传动轴设计标准为 B106.1M—1985。该标准对限定情况下轴的设计提出了一种简化的方法。ASME 规定的设计方法假定：轴受到对称循环弯曲应力（均值为零）和所产生剪应力低于材料扭转屈服强度的恒定转矩（幅值为零）的作用。该标准原本用于设计发电厂中平稳转动的涡轮机驱动载荷恒定的发电机所用的传动轴。该方法不适用一般的动力源和载荷中包含时变转矩的情况。该标准采用了图 10-3 所示的，通过分别将 σ_a 与弯曲疲劳强度之比、σ_m 与拉伸屈服强度之比作为失效点两坐标拟合得到的椭圆曲线。利用 von Mises 方程（见式 5.9），将拉伸屈服强度替换为扭转屈服强度。以下为 ASME 轴的设计公式的推导过程。

首先根据图 10-3a 给出的失效曲线关系：

$$\left(\frac{\sigma_a}{S_e}\right)^2 + \left(\frac{\tau_m}{S_{ys}}\right)^2 = 1 \tag{10.5a}$$

引入安全系数 N_f，得：

$$\left(N_f\frac{\sigma_a}{S_e}\right)^2 + \left(N_f\frac{\tau_m}{S_{ys}}\right)^2 = 1 \tag{10.5b}$$

根据式（5.9）表示的 Mises 关系，有：

$$S_{ys} = S_y/\sqrt{3} \tag{10.5c}$$

将上式代入式（10.5b），得

$$\left(N_f \frac{\sigma_a}{S_e} \right)^2 + \left(N_f \sqrt{3}\, \frac{\tau_m}{S_y} \right)^2 = 1 \tag{10.5d}$$

相应代入式（10.2c）和式（10.3c）的 σ_a 和 τ_m 的表达式，有：

$$\left[\left(K_f \frac{32 M_a}{\pi d^3} \right)\left(\frac{N_f}{S_e} \right) \right]^2 + \left[\left(K_{fsm} \frac{16 T_m}{\pi d^3} \right)\left(\frac{N_f \sqrt{3}}{S_y} \right) \right]^2 = 1 \tag{10.5e}$$

重新整理后可得轴径设计公式：

$$d = \left\{ \frac{32 N_f}{\pi} \left[\left(K_f \frac{M_a}{S_f} \right)^2 + \frac{3}{4}\left(K_{fsm} \frac{T_m}{S_y} \right)^2 \right]^{\frac{1}{2}} \right\}^{\frac{1}{3}} \tag{10.6a}$$

为了与本书上下文的符号保持一致，式（10.6）中的符号与 ANSI/ASME 标准所用符号有少许差别。ANSI/ASME 标准通过引入疲劳应力集中系数 k_f 的方法来降低疲劳强度 S_f，而不是像本书中采用 k_f 作为应力增加系数的方法。在大多数情况下（包括在这里）结果都是一样的[⊖]。ASME 标准也假设在所有情况下，应力均值的应力集中系数 K_{fsm} 都为 1，有：

$$d = \left\{ \frac{32 N_f}{\pi} \left[\left(K_f \frac{M_a}{S_f} \right)^2 + \frac{3}{4}\left(\frac{T_m}{S_y} \right)^2 \right]^{\frac{1}{2}} \right\}^{\frac{1}{3}} \tag{10.6b}$$

ASME 已经弃用这个轴的设计标准，此标准目前只有历史参考价值。如果使用该方法的话（我们不建议那样做），式（10.6）仅仅适用于载荷与假设的情况一致，即受恒定转矩和对称循环弯曲作用的情况。如果在特定情况下，假设为零的加载分量，实际上并非为零，那 ASME 方法得到的结果就值得商榷了。我们建议轴的设计采用式（10.8）（见下文）所示的更加通用的方法，因为它适合各种载荷情况。

图 10-4 给出了图 10-3 中的 Gough 椭圆失效曲线与 Gerber、Soderberg 和修正的 Goodman 等曲线重叠的情况。注意：椭圆曲线在左端与 Gerber 曲线重叠很好，然后两者分开，并与椭圆曲线应力均值坐标轴相交于不同的屈服强度点。椭圆曲线具有无须引入包括屈服线等其他约束就能解释可能的屈服失效的优点。虽然 Gough 椭圆曲线能很好地与失效数据吻合，但与 Goodman 线和屈服线组合相比，它得到的失效区域却没那么安全。

受波动循环弯曲应力和波动循环转矩的轴设计

当转矩不恒定的时候，其幅值会使轴工作在复杂多向应力状态下。那么可使用 6.12 节所述的利用式（6.22）计算 Mises 应力幅值和均值的方法。受弯扭组合作用的转轴工作在双向应力状态下，这就可以使用式（6.22b）的二维形式：

$$\sigma'_a = \sqrt{\sigma_a^2 + 3\tau_a^2}$$
$$\sigma'_m = \sqrt{\left(\sigma_m + \sigma_{m_{axial}} \right)^2 + 3\tau_m^2} \tag{10.7a}$$

⊖ 注意：最好的做法是使用应力集中系数增加局部应力，而不是减小材料的强度，因为这可以将适当的（和不同的）应力集中系数应用到拉伸和剪切应力分量上，从而获得更精确的结果。

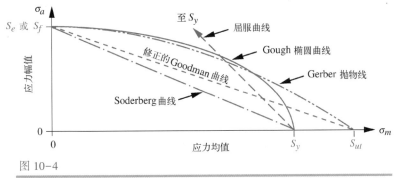

图 10-4

基于屈服强度的椭圆失效曲线和波动循环应力作用下的其他失效曲线

这些 Mises 应力点可代入给定材料的修正 Goodman 曲线图来确定安全系数，或者直接利用式（6.18）计算安全系数，而无须画修正 Goodman 曲线。

在载荷已知、材料特性选定的情况下，式（10.2）、式（10.3）和式（10.6）需要进行迭代以得到轴所需直径的值。如果使用诸如 TK Solver 或者 MathCAD 等具有迭代功能的方程求解器的话，这将不会太困难。计算尺求解这类方程的话是非常烦琐的。如果能假定修正 Goodman 曲线的一种特殊的失效模式的话，那么这些方程可通过简化处理，得到一个类似于式（10.6）的所求截面处轴径 d 的设计方程。如果失效模式采用的是 6.11 节中的模式 3 的话，即假设载荷均值和幅值之比保持恒定[⊖]，失效将会在图 6-46c 中 R 点发生。那么式（6.18e）中所定义的安全系数要满足：

$$\frac{1}{N_f} = \frac{\sigma'_a}{S_f} + \frac{\sigma'_m}{S_{ut}} \qquad (10.7b)$$

式中，N_f 为安全系数；S_f 为根据选定的疲劳寿命（根据式 6.10）修正的疲劳强度；S_{ut} 为材料的拉伸强度极限。

如果假设轴所受的轴向载荷也为零，将式（10.2c）、式（10.3c）和式（10.7a）代入式（10.7b），可得：

$$d = \left\{ \frac{32N_f}{\pi} \left[\frac{\sqrt{\left(K_f M_a\right)^2 + \frac{3}{4}\left(K_{fs} T_a\right)^2}}{S_f} + \frac{\sqrt{\left(K_{fm} M_m\right)^2 + \frac{3}{4}\left(K_{fsm} T_m\right)^2}}{S_{ut}} \right] \right\}^{\frac{1}{3}} \qquad (10.8)$$

该式可作为在上述轴向载荷为零、变载荷的均值和幅值之比保持恒定的情况下，受弯扭组合作用的轴径设计公式。

例 10-1 受恒定转矩和对称弯曲作用的轴的设计

问题：设计一根能支承图 10-5 中所有零件的轴，设计安全系数至少要为 2.5。

已知：轴的初步结构设计如图 10-5 所示。轴必须在转速为 1725 r/min 的情况下能传递 2 hp 功率。齿轮所受的转矩和外力都是恒定不变的。

假设：无轴向载荷作用。选用钢材，无限疲劳寿命。假设轴肩过渡圆角处的弯曲应力集中系数为 3.5，扭转应力集中系数为 2，键槽处应力集中系数为 4[⊖]。由于转矩恒定，受对称循环弯曲

⊖ 这个假设也适用于 ASME 方法方程（见式 10-6）。

⊖ 参见 R. E. Peterson, Stress Concentration Factors, John Wiley, 1974, Figures 72, 79, and 183, 这些数字作为尺寸和载荷的近似值。由于我们在这个阶段进行的是初步设计，还没有详细定义的轴的几何形状，无法准确确定这些参数，而只是初步的尝试。这可以通过以后的设计加以改进。

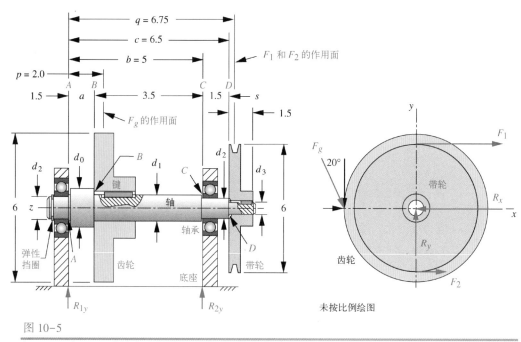

图 10-5

例 10-1 至例 10-3 中轴的初步结构设计

应力，故可用式（10.6）所示的 ASME 方法，并与式（10.8）所示的通用方法进行比较。

解：参见图 10-5~图 10-8。

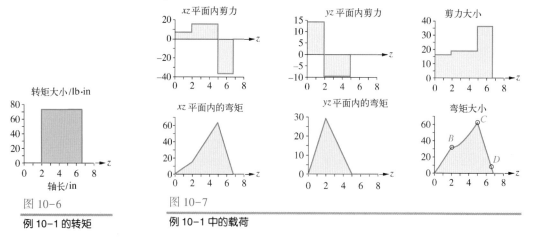

图 10-6

例 10-1 的转矩

图 10-7

例 10-1 中的载荷

---

1. 首先根据给定的功率和角速度利用式（10.1）确定传递的转矩：

$$T = \frac{P}{\omega} = \frac{2 \text{ hp} \left(6600 \dfrac{\text{in} \cdot \text{lb/s}}{\text{hp}} \right)}{1725 \text{ r/min} \left(\dfrac{2\pi}{60} \dfrac{\text{rad/s}}{\text{r/min}} \right)} = 73.1 \text{ lb} \cdot \text{in} \tag{a}$$

此转矩只作用于带轮和齿轮之间的轴段，并且大小保持不变，如图 10-6 所示。

2. 带轮和齿轮所受的切向力可根据转矩除以它们各自的半径求得。V 带的两边都受到拉力作用，紧边拉力 F_1 和松边拉力 F_2 之比通常假设大约为 5。与驱动转矩对应的有效拉力为 $F_n = F_1 -$
F_2，但使轴弯曲的压轴力为 $F_s = F_1 + F_2$。权衡这些关系，假定 $F_s = 1.5 F_n$。在带轮处：

$$F_n = \frac{T}{r} = \frac{73.1 \text{ lb·in}}{3 \text{ in}} = 24.36 \, \hat{\boldsymbol{i}} \text{ lb} \tag{b}$$

$$F_s = 1.5 F_n = 36.54 \, \hat{\boldsymbol{i}} \text{ lb}$$

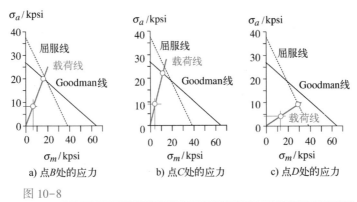

图 10-8

例 10-1 中轴上 3 点的修正 Goodman 曲线

3. 斜齿轮轮齿所受的切向力为：

$$F_{g_{tangential}} = \frac{T}{r} = \frac{73.1 \text{ lb·in}}{3 \text{ in}} = -24.36 \, \hat{\boldsymbol{j}} \text{ lb} \tag{c}$$

如图所示斜齿轮压力角为 20°，则轮齿所受的力的径向分力为：

$$F_{g_{radial}} = F_{g_{tangential}} \tan(20°) = 8.87 \, \hat{\boldsymbol{i}} \text{ lb} \tag{d}$$

4. 我们假设齿轮和带轮所受的力集中作用在它们的中心位置。根据 $\sum F_x = 0$，$\sum M_x = 0$ 和
$\sum F_y = 0$，$\sum M_y = 0$ 以及设计的梁结构尺寸 $a = 1.5$，$b = 5$，$c = 6.5$，求得的 $p = 2$，$q = 6.75$ 就可计算
出在 xz 和 yz 平面内的约束反力为：

$$\sum M_A = R_2 b + F_g p + F_s q = 0$$
$$R_2 = -\frac{1}{b}(F_g p + F_s q) = -\frac{1}{5}(2 F_g + 6.75 F_s) = -0.40 F_g - 1.35 F_s \tag{e}$$

$$\sum F = R_1 + F_g + F_s + R_2 = 0$$
$$R_1 = -F_g - F_s - R_2 = -F_g - F_s - (-0.40 F_g - 1.35 F_s) = -0.60 F_g + 0.35 F_s \tag{f}$$

利用载荷 F_g 和 F_s 在两个平面内的分力，可以根据式（e）和式（f）求出约束反力 R_1 和 R_2 在这两
个平面内的分力为：

$$R_{1_x} = -0.60 F_{g_x} + 0.35 F_{s_x} = -0.60(8.87) + 0.35(36.54) = 7.47 \text{ lb}$$
$$R_{1_y} = -0.60 F_{g_y} + 0.35 F_{s_y} = -0.60(-24.36) + 0.35(0) = 14.61 \text{ lb}$$
$$\tag{g}$$
$$R_{2_x} = -0.40 F_{g_x} - 1.35 F_{s_x} = -0.40(8.87) - 1.35(36.54) = -52.87 \text{ lb}$$
$$R_{2_y} = -0.40 F_{g_y} - 1.35 F_{s_y} = -0.40(-24.36) - 1.35(0) = 9.74 \text{ lb}$$

5. 现在可以求作用在轴上的剪力和弯矩了。使用奇异函数写出载荷集度 q 的方程，积分可
得剪力 V 的方程，再次积分可得到弯矩 M 的方程：

$$q = R_1 \langle z - 0 \rangle^{-1} + F_g \langle z - 2 \rangle^{-1} + R_2 \langle z - 5 \rangle^{-1} + F_s \langle z - 6.75 \rangle^{-1} \tag{h}$$

$$V = R_1 \langle z-0 \rangle^0 + F_g \langle z-2 \rangle^0 + R_2 \langle z-5 \rangle^0 + F_s \langle z-6.75 \rangle^0 \tag{i}$$

$$M = R_1 \langle z-0 \rangle^1 + F_g \langle z-2 \rangle^1 + R_2 \langle z-5 \rangle^1 + F_s \langle z-6.75 \rangle^1 \tag{j}$$

如前所述，当方程计入约束反力的时候积分常数 C_1 和 C_2 为零。

6. 将各坐标方向的载荷和约束反力的值代入式（h）、式（i）和式（j）进行计算，分析它们沿轴向关于 z 的变化情况。然后将 xz 和 yz 平面内的弯矩分量合成（根据勾股定理）以找出弯矩方程的最大值。

剪力和弯矩沿轴长度方向的分布情况如图 10-7 所示。在点 B 和点 D 之间的轴段所受的转矩是恒定不变的，如图 10-6 所示。在那段轴上有 3 处受弯矩作用又存在应力集中的可能危险位置：安装齿轮的点 B 处有轴肩和键槽（$M_B = \pm 33 \, \text{lb} \cdot \text{in}$），在右轴承处的点 C 有带小过渡圆角的轴肩（$M_C = \pm 63 \, \text{lb} \cdot \text{in}$），以及在安装带轮处点 D 有轴肩（$M_D = \pm 9 \, \text{lb} \cdot \text{in}$）。注意：由于可能存在较大的应力集中情况，用于轴向定位的弹性挡圈槽被设置在不受弯矩和转矩作用的轴末端。

7. 计算时必须先试选材料。我们先试选廉价的低碳冷轧钢 SAE1020，$S_{ut} = 65 \, \text{kpsi}$，$S_y = 38 \, \text{kpsi}$。尽管这种材料强度不是很高，但它对沟痕的敏感性低，这对存在较大应力集中的轴来说是有利的。用式（6.5）计算材料疲劳持久强度为：

$$S_{e'} = 0.5 S_{ut} = 0.5(65\,000) = 32\,500 \, \text{psi} \tag{k}$$

考虑零件与材料试件之间的差异，引入多个系数将疲劳强度减小为：

$$S_e = C_{load} \, C_{size} \, C_{surf} \, C_{temp} \, C_{reliab} \, S_{e'}$$
$$S_e = (1)(1)(0.84)(1)(1)(32\,500) = 27\,300 \, \text{psi} \tag{l}$$

载荷为弯曲和扭转，因此 C_{load} 为 1。由于零件尺寸未知，暂时先假定 $C_{size} = 1$，在后面再调整。C_{surf} 为表面加工质量系数，根据图 6-26 或者式（6.7e）确定。不考虑温度影响，故 $C_{temp} = 1$，初步设计阶段假设可靠度为 50%，$C_{reliab} = 1$。

8. 材料对沟痕的敏感度可根据式（6.13）或者图 6-36 确定，弯曲时 $q = 0.5$，扭转时 $q = 0.57$，假设沟痕半径为 0.01 in。

9. 使用前面假设的几何形状应力集中系数，根据式（6.11b）可求得疲劳应力集中系数。C 点轴肩处的应力集中系数为

$$K_f = 1 + q(K_t - 1) = 1 + 0.5(3.5 - 1) = 2.25 \tag{m}$$

轴肩受扭转时的应力集中系数要小于受弯曲时的应力集中系数，即：

$$K_{fs} = 1 + q(K_{ts} - 1) = 1 + 0.57(2 - 1) = 1.57 \tag{n}$$

从式（6.17）可知在这种情况下，此应力集中系数同样适用于扭转应力的均值：

$$K_{fsm} = K_{fs} = 1.57 \tag{o}$$

10. C 点处的轴径可利用该点弯矩大小 $63.9 \, \text{in} \cdot \text{lb}$ 等数据代入式（10.6）求得：

$$d_2 = \left\{ \frac{32 N_f}{\pi} \left[\left(K_f \frac{M_a}{S_f} \right)^2 + \frac{3}{4} \left(K_{fsm} \frac{T_m}{S_y} \right)^2 \right]^{\frac{1}{2}} \right\}^{\frac{1}{3}} \tag{p}$$

$$= \left\{ \frac{32(2.5)}{\pi} \left[\left(2.25 \frac{63.9}{27\,300} \right)^2 + \frac{3}{4} \left(1.57 \frac{73.1}{38\,000} \right)^2 \right]^{\frac{1}{2}} \right\}^{\frac{1}{3}} \text{in} = 0.531 \, \text{in}$$

若按 ASME 建议 k_{fsm} 取 1，则式（10.6）求得的直径 $d = 0.520\,\mathrm{in}$。若使用更通用的式（10.8）计算，结果为 $d = 0.557\,\mathrm{in}$。可以看到 ASME 方法没有式（10.8）安全，因为在同样的安全系数的情况下，ASME 方法求得的轴径更小。此应力成分对应的修正的 Goodman 曲线如图 10-8b 所示，它能预测疲劳失效。

11. 在点 B 处的齿轮位置，弯矩变小了，但应力集中系数 k_f 和 k_{fs} 变大，也应该计算：

$$K_f = 1 + q(K_t - 1) = 1 + 0.5(4 - 1) = 2.50$$

$$K_{fs} = 1 + q(K_t - 1) = 1 + 0.57(4 - 1) = 2.70 \tag{q}$$

12. 根据式（10.6），在点 B 处所允许的最小直径为：

$$d_1 = \left\{ \frac{32 N_f}{\pi} \left[\left(K_f \frac{M_a}{S_f} \right)^2 + \frac{3}{4} \left(K_{fsm} \frac{T_m}{S_y} \right)^2 \right]^{\frac{1}{2}} \right\}^{\frac{1}{3}} \tag{r}$$

$$= \left\{ \frac{32(2.5)}{\pi} \left[\left(2.50 \frac{32.8}{27\,300} \right)^2 + \frac{3}{4} \left(2.71 \frac{73.1}{38\,000} \right)^2 \right]^{\frac{1}{2}} \right\}^{\frac{1}{3}} \mathrm{in} = 0.517\,\mathrm{in}$$

若按 ASME 建议 k_{fsm} 取 1，则式（10.6）求得的直径 $d_1 = 0.444\,\mathrm{in}$。若使用更通用的式（10.8）计算，结果为 $d_1 = 0.524\,\mathrm{in}$。可以看到 ASME 方法没有式（10.8）安全。此应力成分对应的修正的 Goodman 曲线如图 10-8a 所示，它能预测疲劳失效。

13. 另一个可能失效的部位是 D 点处，带轮定位所靠的轴肩。该处的弯矩约为 $9.1\,\mathrm{lb \cdot in}$，比 C 点处要小（见图 10-7）。但 D 点处轴径变小，有和 C 点同样级别的应力集中情况（带轮键槽位于零弯矩区域，应力集中忽略不计）。将 D 点处的数据代入式（10.6），得：

$$d_3 = \left\{ \frac{32 N_f}{\pi} \left[\left(K_f \frac{M_a}{S_f} \right)^2 + \frac{3}{4} \left(K_{fsm} \frac{T_m}{S_y} \right)^2 \right]^{\frac{1}{2}} \right\}^{\frac{1}{3}} \tag{s}$$

$$= \left\{ \frac{32(2.5)}{\pi} \left[\left(2.25 \frac{9.1}{27\,300} \right)^2 + \frac{3}{4} \left(1.57 \frac{73.1}{38\,000} \right)^2 \right]^{\frac{1}{2}} \right\}^{\frac{1}{3}} \mathrm{in} = 0.411\,\mathrm{in}$$

若按 ASME 建议 k_{fsm} 取 1，则式（10.6）求得的直径 $d_3 = 0.360\,\mathrm{in}$。若使用更通用的式（10.8）计算，结果为 $d_3 = 0.387\,\mathrm{in}$。此应力成分对应的修正的 Goodman 曲线如图 10-8c 所示，它能预测屈服失效。

14. 根据这些初步计算，我们确定了图 10-5 中 4 处轴肩直径 d_0、d_1、d_2 和 d_3 的合理尺寸。比计算所得的 C 点处轴径 $d_2 = 0.531\,\mathrm{in}$ 更大并且最接近的滚动轴承标准直径为 15 mm（或 0.591 in）。将 d_2 选定为 0.591 in，从而确定 $d_3 = 0.50\,\mathrm{in}$，$d_1 = 0.625\,\mathrm{in}$。毛坯棒料尺寸 $d_0 = 0.75\,\mathrm{in}$，齿轮轮毂附近的轴外表面保持冷轧状态。这些尺寸所导致的安全系数可能符合，也可能超出规范要求。所有这 3 点处的应力和安全系数都应使用基于最终尺寸得到的更准确的强度折算系数（如

C_{size}）和应力集中系数重新计算。文档 EX10-01a、EX10-01b、EX10-01c 和 EX10-01d 可在本书网站中获取。

例 10-2 受脉动转矩和弯矩作用的轴的设计

问题：设计一根能支承图 10-5 中所有零件的轴，设计安全系数至少要为 2.5。

已知：轴所受的转矩和弯矩都随时间做脉动循环变化，幅值和均值大小相同。转矩的均值和幅值均为 73 lb·in，这使得转矩峰值为例 10-1 的转矩均值的 2 倍。弯矩的均值和幅值大小也相等。由于均值不为零，图 10-9 所示的弯矩峰值和转矩峰值均为图 10-5 和例 10-1 对应的量的 2 倍。

假设：无轴向载荷作用。选用钢材，无限疲劳寿命。假设轴肩过渡圆角处的弯曲应力集中系数为 3.5，扭转应力集中系数为 2，键槽处应力集中系数为 4。由于转矩不是恒定的，弯矩也不是对称循环变化的，故不可使用式（10.6）所示的 ASME 方法。

解：参见图 10-5、图 10-9、图 10-10 和表 10-1。

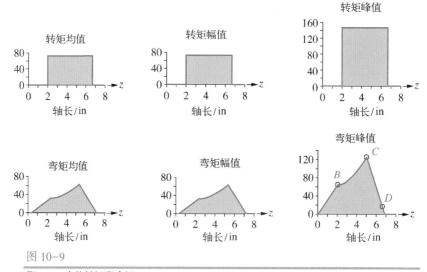

图 10-9

例 10-2 中的转矩和弯矩

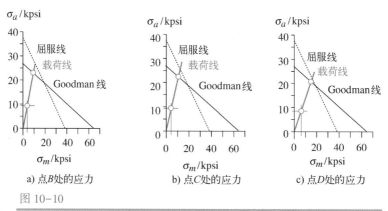

a) 点B处的应力   b) 点C处的应力   c) 点D处的应力

图 10-10

例 10-1 中轴上 3 点的修正 Goodman 曲线

表 10-1　例 10-1 和例 10-2 轴设计结果对比（$N_f = 2.5$ 时各点处的最小轴径）

例题	转矩幅值最大值	转矩均值最大值	弯矩幅值最大值	弯矩均值最大值	d_0/in 公称值	d_1/in 最小/公称值	d_2/in 最小/公称值	d_3/in 最小/公称值	C 点处 S_f
例 10-1	0	73.1	63.9	0	0.750	0.517/0.625	0.557/0.591	0.411/0.500	2.5/3.0
例 10-2	73.1	73.1	63.9	63.9	0.875	0.632/0.750	0.614/0.669	0.512/0.531	2.5/3.8

1. 出于比较的目的，除载荷作用情况不同之外，所有系数都与上一例题相同。选用同样的低碳冷轧钢 SAE1020，$S_{ut} = 65$ kpsi，$S_y = 38$ kpsi。修正后的疲劳强度 $S_e = 27.3$ kpsi，其沟痕敏感系数为 0.5。

2. 图 10-5 中有 3 个关键位置，标记为 B、C 和 D。假设 C 点和 D 点处的疲劳应力集中系数相同，点 B 处的更大些。疲劳应力集中系数的计算过程请见例 10-1。

3. 根据式（10.8）可求出 C 点处所需轴径：

$$d_2 = \left\{ \frac{32N_f}{\pi} \left[\frac{\sqrt{\left(K_f M_a\right)^2 + \frac{3}{4}\left(K_{fs} T_a\right)^2}}{S_f} + \frac{\sqrt{\left(K_{fm} M_m\right)^2 + \frac{3}{4}\left(K_{fsm} T_m\right)^2}}{S_{ut}} \right] \right\}^{\frac{1}{3}}$$

$$= \left\{ \frac{32(2.5)}{\pi} \left[\frac{\sqrt{\left[2.25(64)\right]^2 + \frac{3}{4}\left[1.57(73.1)\right]^2}}{27\,300} + \frac{\sqrt{\left[2.25(64)\right]^2 + \frac{3}{4}\left[1.57(73.1)\right]^2}}{65\,000} \right] \right\}^{\frac{1}{3}} \tag{a}$$

$$d_2 = 0.614$$

请将此结果与前一例题中载荷稳定情况下用相同公式求出的结果 0.557 进行比较。

4. 根据式（10.8）可求出点 B 处所需轴径：

$$d_1 = \left\{ \frac{32(2.5)}{\pi} \left[\frac{\sqrt{\left[2.5(32.8)\right]^2 + \frac{3}{4}\left[2.71(73.1)\right]^2}}{27\,300} + \frac{\sqrt{\left[2.5(32.8)\right]^2 + \frac{3}{4}\left[2.71(73.1)\right]^2}}{65\,000} \right] \right\}^{\frac{1}{3}} \tag{b}$$

$$d_1 = 0.632$$

请将此结果与前一例题中载荷稳定情况下用相同公式求出的结果 0.517 进行比较。

5. 求 D 点处轴径：

$$d_3 = \left\{ \frac{32(2.5)}{\pi} \left[\frac{\sqrt{\left[2.25(9.1)\right]^2 + \frac{3}{4}\left[1.57(73.1)\right]^2}}{27\,300} + \frac{\sqrt{\left[2.25(9.1)\right]^2 + \frac{3}{4}\left[1.57(73.1)\right]^2}}{65\,000} \right] \right\}^{\frac{1}{3}} \tag{c}$$

$$d_3 = 0.512$$

请将此结果与前一例题中载荷稳定情况下用相同公式求出的结果 $d_3 = 0.411$ 进行比较。

6. 要保持相同的安全系数，脉动循环应力要求轴径更大。我们选用比 C 点处轴径更大并且最接近的标准滚动轴承内径为 17mm（0.669 in）。将 d_2 选定为 0.669 in，我们取 $d_3 = 0.531$ in，这是一个更小的英制标准尺寸。取 $d_1 = 0.750$ in，这是一个更大的英制尺寸。毛坯棒料尺寸为 0.875 in，齿轮轮毂附近的轴外表面保持冷轧状态。这些尺寸所导致的安全系数可能符合、也可能超出图 10-10 所示的修正的 Goodman 曲线的规范要求。所有这 3 点处的应力和安全系数都应使用根据最终尺寸得到的更准确的强度折算系数和应力集中系数重新计算。

7. 表 10-1 对例 10-1 和例 10-2 所得的结果进行了对比，给出了载荷稳定和载荷波动的情况下轴径的差异。注意：例 10-1 的载荷峰值是例 10-2 的载荷峰值的一半。最终的安全系数比设计允许值要大，这是因为需要增大轴径来和标准轴承尺寸配合。文档 EX10-02a、EX10-02b、EX10-02c 和 EX10-02d 可在本书网站上获取。

10.9　轴的变形

轴是会发生横向弯曲的梁，也是会发生扭转变形的杆。这两种变形方式都需要进行分析。变形分析的原理请参考第 4 章，这里就不再赘述了。4.10 节提出了利用奇异函数计算梁的弯曲变形的方法，4.12 节讨论了扭转变形的计算。

请观看教学视频：讲座 11 轴的设计（47:24）

梁

轴作为梁可直接使用 4.10 节的方法设计。唯一复杂的因素是轴上通常存在轴肩，这会改变沿轴长度方向的横截面性质。由于 I 和 M 都是轴长度方向位置参数的函数，M/EI 函数的积分就困难多了。我们将使用如 Simpson 法或梯形法等对 M/EI 函数进行数值积分，求得偏转角和挠度的方程，而不是使用 4.10 节的解析法积分。这个方法会在例题中解释。如果横向载荷和弯矩随时间变化，那就应该使用最大绝对值去计算挠度。弯曲挠度的方程取决于载荷情况以及梁的边界条件，譬如简支梁、悬臂梁或者外伸梁。

扭杆

轴作为扭杆可直接使用 4.12 节的方法设计，由于唯一实用的轴的横截面为圆形，故可使用式 (4.24)。设轴段长度为 l、材料剪切模量为 G、极惯性矩为 J、转矩为 T，则扭转角 θ 为（弧度单位）：

$$\theta = \frac{Tl}{GJ} \tag{10.9a}$$

根据上式可得扭转弹簧刚度的表达式为：

$$k_t = \frac{T}{\theta} = \frac{GJ}{l} \tag{10.9b}$$

如果轴上有轴肩，截面尺寸的变化导致极惯性矩 J 发生变化，这会使扭转变形和扭转弹簧刚度的计算更复杂。

相互连接的不同轴径的轴段可以看作是一系列串联起来的弹簧，这是因为它们的变形可以累加，传递的转矩也不变。为便于找出相邻轴段末端之间的相对变形，可计算等效扭转弹簧刚度或者等效极惯性矩 J。对一段包含 3 个不同截面轴段的轴，各轴段截面的极惯性矩分别为 J_1、J_2 和 J_3，对应的长度分别为 l_1、l_2 和 l_3，总的扭转变形即为各轴段在相同转矩作用下的扭转变形之和。假设材料是连续的。

$$\theta = \theta_1 + \theta_2 + \theta_3 = \frac{T}{G}\left(\frac{l_1}{J_1} + \frac{l_2}{J_2} + \frac{l_3}{J_3}\right) \tag{10.9c}$$

○　http://www.designofmachinery.com/MD/11_shaft_Design_II.mp4

包含 3 段阶梯轴的等效扭转弹簧刚度为:

$$\frac{1}{k_{t_{eff}}} = \frac{1}{k_{t_1}} + \frac{1}{k_{t_2}} + \frac{1}{k_{t_3}}$$ (10.9d)

这些公式可以扩展到具有任意段的阶梯轴。

例 10-3　设计一根变形最小的阶梯轴

问题: 设计和例 10-2 一样的轴, 最大弯曲变形量为 0.002 in, 带轮和齿轮之间的最大扭转角为 0.5°。

已知: 载荷与例 10-2 一样。转矩峰值为 146 lb·in。图 10-9 显示了弯矩峰值在轴长度方向的分布情况。在点 B 点的弯矩为 65.6 lb·in, 在点 C 处的弯矩为 127.9 lb·in, 在点 D 处的弯矩为 18.3 lb·in。

假设: 各轴段长度与前一例题相同, 但轴径可以根据轴的刚度需要修改。所用材料与例 10-2 相同。

解: 参见图 10-5、图 10-11、图 10-12 和图 10-13。

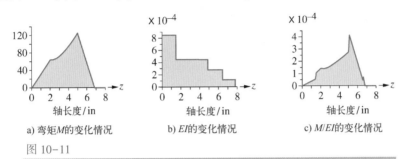

a) 弯矩M的变化情况　　b) EI的变化情况　　c) M/EI的变化情况

图 10-11

例 10-3 弯矩 M 与 M/EI 在轴长度方向的变化情况

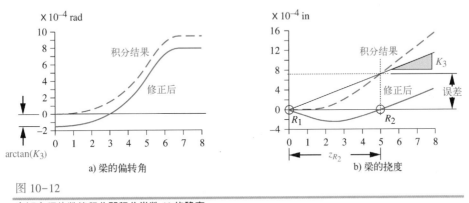

a) 梁的偏转角　　b) 梁的挠度

图 10-12

弯矩方程的数值积分即积分常数 K_3 的确定

1. 根据式 (10.9) 计算扭转变形。各轴段长度 (见图 10-5) 分别为 $AB = 1.5$ in, $BC = 3.5$ in, $CD = 1.5$ in。首先计算不同直径轴段的极惯性矩。

AB 段:

$$J = \frac{\pi d_{AB}^4}{32} = \frac{\pi (0.875\ \text{in})^4}{32} = 0.0575\ \text{in}^4$$

BC 段:

$$J = \frac{\pi d_{BC}^4}{32} = \frac{\pi (0.750\ \text{in})^4}{32} = 0.0311\ \text{in}^4$$ (a)

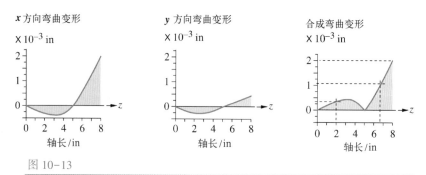

图 10-13

例 10-3 的弯曲变形方程曲线

CD 段：

$$J = \frac{\pi d_{CD}^4}{32} = \frac{\pi\left(0.669 \text{ in}\right)^4}{32} = 0.0197 \text{ in}^4$$

代入式（10.9c），得：

$$\theta = \frac{T}{G}\left(\frac{l_1}{J_1} + \frac{l_2}{J_2} + \frac{l_3}{J_3}\right)$$

$$= \frac{146}{1.2\times10^7}\left(\frac{1.5}{0.0575} + \frac{3.5}{0.0311} + \frac{1.5}{0.0197}\right) = 0.15° \tag{b}$$

变形量在设计要求范围内。

2. 轴的弯矩方程可根据例 10-1 中式（j）的奇异方程得到。此处必须除以轴上各点处弹性模量 E 和面积惯性矩 I 的乘积。E 为常数，但 I 的值随着阶梯轴各处轴径的变化而改变，得：

$$\frac{M}{EI} = \frac{1}{EI}\left[R_1\left\langle z-0\right\rangle^1 + F_g\left\langle z-1.5\right\rangle^1 + R_2\left\langle z-5\right\rangle^1 + F_s\left\langle z-6.5\right\rangle^1\right] \tag{c}$$

图 10-11a 所示为前一例题的弯矩情况，图 10-11b 所示为 EI 随前一例题中确定的轴径的变化而变化情况，图 10-11c 所示为 M/EI 的变化情况。

3. 弯曲变形可通过将弯矩方程积分两次得到，为：

$$\theta = \int \frac{M}{EI}\text{d}z + K_3 \tag{d}$$

$$\delta = \iint \frac{M}{EI}\text{d}z + K_3 z + K_4 \tag{e}$$

式中，$K_3 = C_3/EI$，$K_4 = C_4/EI$，因为它们的单位要与实际偏转角和挠度的单位一致（例 4-4 ~ 例 4-7 中积分常数 C_3 和 C_4 的单位分别为 lb·in² 和 lb·in³，在以上方程中需除以 EI）。

4. 式（c）中，对 M/EI 的第一次积分可求得梁的偏转角方程，第二次积分可求得梁的挠度方程。在前面关于梁变形的讨论中（见 4.10 节和例 4-4），梁截面参数 I 在梁的全长上是不变的。在阶梯轴上，I 是梁长度的函数。这使得要得到 M/EI 方程的解析解要困难得多。较简单的方法是使用梯形法则或 Simpson 法等对方程进行两次数值积分。必须沿各个坐标轴方向进行数值积分以得到变形的 x 和 y 分量。然后通过矢量合成得到在整个轴长度上的挠度大小和相位角。

5. 由于在 $z=0$，$K_4=0$ 处轴的变形为零。另一积分常数便可计算出来。图 10-12a 所示为利用梯形法积分得到的梁在 y 方向上的偏转角，同时也显示了修正后的偏转角方程曲线。积分常数 K_3 将结果上移了一段距离。但我们不知该方程的零点在哪里，因此无法根据梁的转角方程求出 K_3。

6. 图 10-12b 所示的挠度积分结果在第二个支点处不为零。由于该支点处的挠度实际为零，故可利用积分公式的误差来确定积分常数 K_3。图 10-12b 画有一条直线连接原点与积分曲线上 $z = 5$ 处（函数值本应为零处）的点。该直线的斜率即为 y 方向上的积分常数 K_3，可根据下式计算：

$$K_{3_y} = \frac{error_y}{z_{R2}} = \frac{0.0007}{5.0} = 0.00014 \text{ in/in} \tag{f}$$

x 方向上的积分常数可通过类似方法确定。偏转角的方程可通过减小 $\arctan (K_3)$ 弧度重新计算，挠度方程也可通过减小 $K_3 z$ 重新计算。

7. 根据例题 10-2 的轴径数据 $d_0 = 0.875$、$d_1 = 0.750$、$d_0 = 0.669$ 和 $d_3 = 0.531$，修正后的弯曲变形方程曲线如图 10-13 所示。装齿轮处的弯曲挠度为 0.0003 in，远小于给定值。带轮处的挠度为 0.001 in，也未超出设计要求。轴最右端的挠度为 0.002 in。文档 EX10-03a、EX10-03b 可在本书网站上获取。

10.10 键和键槽

ASME 将键定义为 "一种可拆卸的机械零件，装入键槽后，可在轴和轮毂之间的传递转矩。"键有几种类型，形状和尺寸已经标准化[⊖]。**平键**的截面形状是正方形或矩形，高度和宽度在全部键长上保持不变（见图 10-14a）。**楔键**的宽度恒定，但高度按每英尺 1/8 线性锥度变化，它需通过外力装入轮毂上的楔形键槽，直至自锁。有的楔键无钩头，有的楔键有**钩头**以便于拆卸（见图 10-14b）。半圆键的截面形状为半圆，宽度恒定。**半圆键**可装入轴上用标准盘状铣刀铣出的半圆形键槽（见图 10-14c）。楔键可将轮毂轴向固定在轴上，而平键、半圆键则需其他方式实现轮毂轴向固定。譬如可用挡圈或者胀紧衬套将轮毂轴向固定。

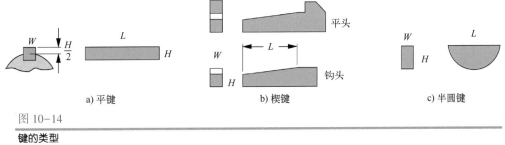

a) 平键   b) 楔键   c) 半圆键

图 10-14

键的类型

平键

平键是应用最广的键。ANSI 和 ISO 标准都将键的横截面尺寸和键槽深度定义为键槽处轴径的函数。表 10-2 所示为标准的部分内容，给出了小尺寸轴径范围内键的有关参数。大尺寸轴用键的参数可查阅相应的标准。美标中轴径不超过 6.5 in，ISO 标准中轴径不超过 25 mm 的轴，推荐使用正方形截面的平键，大轴径的轴则使用矩形截面的平键。安装平键时应使其一半高度位于轴内，另一半高度位于轮毂中，如图 10-14a 所示。

⊖ 参见 ANSI standard B17. 1-1967，键与键槽和 B17. 2-1967，半圆键与键槽，来自 the American Society of Mechanical Engineers, 345 East 47th St., New York, N.Y. 10017.

表 10-2　英制轴径和公制轴径的键及固定螺钉标准

轴径/in	额定键宽/in	固定螺钉直径/in	轴径/mm	键宽×键高/mm
0.312<d≤0.437	0.093	#10	8<d≤10	3×3
0.437<d≤0.562	0.125	#10	10<d≤12	4×4
0.562<d≤0.875	0.187	0.250	12<d≤17	5×5
0.875<d≤1.250	0.250	0.312	17<d≤22	6×6
1.250<d≤1.375	1.312	0.375	22<d≤30	8×7
1.375<d≤1.750	1.375	0.375	30<d≤38	10×8
1.750<d≤2.250	0.500	0.500	38<d≤44	12×8
2.250<d≤2.750	0.625	0.500	44<d≤50	14×9
2.750<d≤3.250	0.750	0.625	50<d≤58	16×10
3.250<d≤3.750	0.875	0.750	58<d≤65	18×11
3.750<d≤3.500	1.000	0.750	65<d≤75	20×12
4.500<d≤5.500	1.250	0.875	75<d≤85	22×14
5.500<d≤6.500	1.500	1.000	85<d≤95	25×14

一般情况下，平键用标准的冷轧棒材制成，冷轧棒材通常是"负公差"，也就是说它不会比公称尺寸大，只会小。例如，公称尺寸为 1/4 in 的方钢的宽和高的偏差都为 +0.000~-0.002 in。因此，键槽可用标准的 1/4 in 铣刀加工，用棒料制作的键与其配合可得到少量间隙。也有特殊的正偏差的键棒材（例如：0.25 in +0.002~-0.000 in）。当键和键槽之间需要更紧的配合的时候可使用，键棒材可以通过加工以得到最终尺寸。

当转矩在每个周期内会改变方向时，就必须考虑键的配合问题。当转矩改变方向时，键和键槽之间的间隙将导致产生冲击和高应力。这个间隙叫作**侧隙**。在轮毂中与键垂直方向上拧入固定螺钉既可以轴向固定轮毂，也可以固定键而稳定侧隙。ANSI 标准也对各个尺寸键所使用的固定螺钉尺寸做了规定，如图 10-2 所示。键的长度应小于轴径的 1.5 倍，以避免因轴的弯曲变形给键带来过大的扭曲。如果需要增加键长的话，可使用两个键，譬如在 90° 位置和 180° 位置设置。

楔键

对给定的轴径而言，楔键的宽度和平键的宽度是一样的，如表 10-2 所示。标准对楔键的斜度和钩头的尺寸都有规定。楔键可自锁，这意味着表面间的静摩擦力可使楔键轴向固定。钩头是可选择的，当楔键的小端无法触及时，通过钩头可将楔键撬出。因为楔键将径向间隙挤向一边，所以较容易使轮毂和轴之间产生偏心。

半圆键

半圆键用于较细的轴。半圆键能自动对中，更适用于锥形轴段。半圆键在轮毂上的键槽深度和方形平键键槽深度一样，即键高的一半。半圆键在轴上需要更深的键槽，这可防止键滚动，但与方形平键键槽和楔键键槽相比，半圆键键槽削弱了轴的强度。半圆键的宽度是轴径的函数，基本上与表 10-2 所示的方形平键的键宽相等。ANSI 标准对半圆键的其他尺寸都有规定，与这些尺寸对应的键槽铣刀也很容易得到。表 10-3 所示为从该标准中复制出来的一部分键的尺寸规范。每个尺寸的键都有一个键号，用来对尺寸编码。ANSI 标准规定："键号的后两位数字表示键的公称直径是 1/8 in 的倍数，右数第 3 位数字表示键宽是 1/32 in 倍数"。例如，键号 808 定义的键的尺寸为 8/32×8/8，即宽×直径 = 1/4 in×1 in。请查阅文献 ［6］ 获取键的完整尺寸信息。

键应力

键有两种失效形式：剪断和压溃。剪断失效是指键在轴与轮毂接触处沿键宽方向被剪断。压溃失效是指键的侧面受挤压被压坏。

剪断失效　在剪力作用下产生的平均应力的计算公式由式（4.9）给出，这里再次列出：

$$\tau_{xy} = \frac{F}{A_{shear}} \qquad (10.10)$$

式中，F 为剪力；A_{shear} 为受剪切的面积，A_{shear} 等于键宽与键长的乘积。键所受剪力等于轴所受转矩除以轴半径。如果轴的转矩恒定的话，则剪力也恒定，安全系数可根据工作剪应力与材料的剪切屈服强度比较确定。如果轴的转矩随时间变化，则键可能发生剪切疲劳失效。那么就要计算剪应力的均值和幅值并将它们用于计算 Mises 应力的均值和幅值。这些数据用于在修正的 Goodman 线图中找出 6.13 节所述的安全系数。

压溃失效　平均挤压应力可根据下式计算：

$$\sigma_x = \frac{F}{A_{bearing}} \qquad (10.11)$$

表 10-3　ANSI 标准中部分半圆键的尺寸（请查看标准获取完整信息）

键　号	公称尺寸宽度 $W\times$长度 L	高度 H
202	0.062×0.250	0.106
303	0.093×0.375	0.170
404	0.125×0.500	0.200
605	0.187×0.625	0.250
806	0.250×0.750	0.312
707	0.218×0.875	0.375
608	0.187×1.000	0.437
808	0.250×1.000	0.437
1208	0.375×1.000	0.437
610	0.187×1.250	0.545
810	0.250×1.250	0.545
1210	0.187×1.250	0.545
812	0.250×1.500	0.592
1212	0.375×1.500	0.592

10

式中，F 为挤压力；$A_{bearing}$ 为键的侧面与轴或者轮毂接触的面积。对于方键，这个接触面积等于键高的一半乘以长度。半圆键与轮毂挤压面积和轴的不一样，轮毂内半圆键的挤压面积小很多，容易先失效。不管挤压力是恒定的还是时变的，计算挤压应力时，都应使用其最大值。由于挤压应力不导致疲劳失效，它可以看作是静应力。安全系数可根据最大挤压应力与材料的挤压屈服强度比较确定。

键材料

因为键受剪切，所以使用塑性材料制造。键通常采用塑性好的低碳钢，在腐蚀性环境下工作则使用黄铜或不锈钢材料。方键或矩形键通常用冷轧棒材制造，仅需对长度进行加工。当键和键槽间需更小间隙的配合时，则可使用前面提到的特殊棒材。楔键和半圆键通常也是采用塑性好的冷轧钢制造。

键设计

键设计只需确定少数几个设计变量。键槽处的轴径决定了键的宽度。键高（或者轮毂键槽深度）由键宽决定。设计变量就只剩下键的长度和每个轮毂上键的数量了。平键或楔键的长度可以达到轮毂所允许的长度。对于给定的键宽，半圆键的直径有一系列值，从而有效地确定它与轮毂的接触长度。当然，半圆键直径增大，键槽就越深，对轴的强度就削弱得越多。如果一个键无法在承受合理应力的情况下抗衡转矩，则需在相对于第一个键转过90°的位置增加一个键。

通常键的尺寸确定要使在过载的情况下，键要在键槽或轴上其他部分出现失效之前先发生失效。这时，键起到了像电动机外部的安全销的过载保护作用，可以防止更贵重的零件遭到破坏。键的价格低廉，如果键槽未遭破坏的话，键容易更换。这就是键应选用较软的塑性材料的一个原因，这类材料的强度低于轴材料的强度，从而当系统承受超出设计要求的过大载荷时，压溃失效只会影响键，而不会影响键槽。

键的应力集中

　　键有相对尖锐的拐角（半径小于 0.02 in），键槽也是如此。这会导致明显的应力集中。轮毂上的键槽是拉削加工出来的，贯穿整个轮毂，但轴上的键槽是铣削出来的，有一个或两个末端。如果采用端铣加工的话，键槽的形状如图 10-15a 所示，从侧视图看，键槽的一个末端有或两个末端都有尖锐的拐角，键的各侧面也是一样有尖锐的拐角。如果键槽改用盘铣加工的话，末端就没有尖锐拐角，应力集中也就降低了，如图 10-15c 所示。从侧视图看，轴上的半圆键键槽也有较大的半径，但它（每一个的键槽）的两个侧面都有尖角。

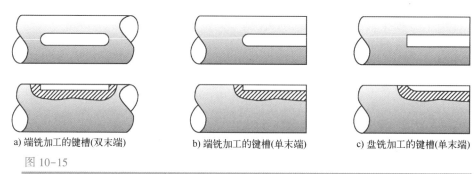

a) 端铣加工的键槽(双末端)　　　　b) 端铣加工的键槽(单末端)　　　　c) 盘铣加工的键槽(单末端)

图 10-15

轴上键槽的类型

　　Peterson[7] 提供了通过实验得到的在弯曲或扭转载荷作用下端铣加工的键槽的应力集中曲线。图 10-16 所示为该应力集中曲线图。应力集中系数根据拐角半径与轴径的比值在 2~4 之间变化。图 10-16 进行了曲线拟合，从而得到这些曲线的方程，这样在进行轴的设计计算时就可以实时地确定应力集中系数。有关算例可参见文档 SHFTDES。应像例 10-1 和例 10-2 一样，将这些应力集中系数应用于键槽处轴的弯曲和剪应力的计算。

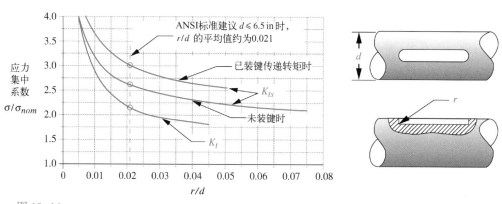

图 10-16

端铣加工的键槽的弯曲应力集中系数（K_t）和扭转应力集中系数（K_{ts}）

摘自：R. E. Peterson，Stress Concentration Factors，1974，Figures 182 and 183，pp. 266~267，获 John Wiley & Sons，Inc. 授权复制.

例 10-4　设计轴上的键

问题：为例 10-2 和例 10-3 中的轴设计键，根据前面例题中初步设计的尺寸，结合修正的应力集中系数，对轴估算的安全系数进行修正。

已知：载荷与例 10-2 相同。最大扭矩为 146 lb·in。图 10-9 显示了弯矩峰值沿轴长的分布情况。点 B 处的弯矩峰值为 65.6 lb·in，点 D 处的弯矩峰值为 18.3 lb·in。初步估算点 B 装键处的轴径为 $d_1 = 0.750$ in，D 点装键处的轴径为 $d_3 = 0.531$ in。有关符号的含义请参见图 10-5。

假设：采用正方形截面的平键，键槽端铣加工。轴的材料和例 10-3 一样。键的材料用低碳钢 SAE1010。$S_{ut} = 53$ kpsi，$S_y = 44$ kpsi。计算得出 S_e 为 22990 psi。应力集中系数查图 10-16。

解：参考图 10-5。

1. 轴上有两处需要安装键，即点 B 和点 D 处。例 10-3 中这两处设计的直径为 B 处 $d_1 = 0.750$ in，D 处 $d_3 = 0.531$ in。表 10-2 显示 d_1 对应的标准键宽为 0.187 in，d_3 对应的标准键宽为 0.125 in。两个键的长度可以根据各自位置调整。

2. 在点 B 处，键所受力的均值和幅值可分别用转矩的均值和幅值除以该点处轴的半径得到：

$$F_a = \frac{T_a}{r} = \frac{73.1}{0.375} \text{ lb} = 194.67 \text{ lb}$$

$$F_m = \frac{T_m}{r} = \frac{73.1}{0.375} \text{ lb} = 194.67 \text{ lb} \tag{a}$$

3. 假设键的长度为 0.5 in，可根据下式计算剪应力的幅值和均值为：

$$\tau_a = \frac{F_a}{A_{shear}} = \frac{194.67}{0.187(0.500)} \text{ psi} = 2082 \text{ psi}$$

$$\tau_m = \frac{F_m}{A_{shear}} = \frac{194.67}{0.187(0.500)} \text{ psi} = 2082 \text{ psi} \tag{b}$$

4. 要求出键剪切疲劳安全系数，须先根据式 (5.7d) 计算幅值和均值的 Mises 当量应力：

$$\sigma'_a = \sqrt{\sigma_x^2 + \sigma_y^2 - \sigma_x \sigma_y + 3\tau_{xy}^2} = \sqrt{3(2082)^2} \text{ psi} = 3606 \text{ psi}$$

$$\sigma'_m = \sqrt{\sigma_x^2 + \sigma_y^2 - \sigma_x \sigma_y + 3\tau_{xy}^2} = \sqrt{3(2082)^2} \text{ psi} = 3606 \text{ psi} \tag{c}$$

再代入式 (6.18e)，计算疲劳安全系数：

$$N_f = \frac{1}{\dfrac{\sigma'_a}{S_e} + \dfrac{\sigma'_m}{S_{ut}}} = \frac{1}{\dfrac{3606}{22\,990} + \dfrac{3606}{53\,000}} = 4.4 \tag{d}$$

5. 键接触面所受的挤压应力可看作是静应力。用最大挤压力计算挤压应力为：

$$\sigma_{max} = \frac{F_m + F_a}{A_{bearing}} = \frac{194.67 + 194.67}{0.093\,5(0.500)} \text{ psi} = 8328 \text{ psi} \tag{e}$$

6. 根据下式计算挤压失效安全系数，有：

$$N_s = \frac{S_y}{\sigma_{max}} = \frac{44\,000}{4164} = 5.3 \tag{f}$$

7. 在点 D 处，键所受力的均值和幅值分别为：

$$F_a = \frac{T_a}{r} = \frac{73.1}{0.266} \text{ lb} = 275 \text{ lb}$$

$$F_m = \frac{T_m}{r} = \frac{73.1}{0.266} \text{ lb} = 275 \text{ lb} \tag{g}$$

8. 假设键的长度为 0.5 in，可根据下式计算剪应力的幅值和均值：

$$\tau_a = \frac{F_a}{A_{shear}} = \frac{275}{0.125(0.50)} \text{ psi} = 4400 \text{ psi}$$

$$\tau_m = \frac{F_m}{A_{shear}} = \frac{275}{0.125(0.50)} \text{ psi} = 4400 \text{ psi}$$

(h)

9. 根据式（5.7d）计算幅值和均值的 Mises 当量应力：

$$\sigma'_a = \sqrt{\sigma_x^2 + \sigma_y^2 - \sigma_x \sigma_y + 3\tau_{xy}^2} = \sqrt{3(4400)^2} \text{ psi} = 7620 \text{ psi}$$

$$\sigma'_m = \sqrt{\sigma_x^2 + \sigma_y^2 - \sigma_x \sigma_y + 3\tau_{xy}^2} = \sqrt{3(4400)^2} \text{ psi} = 7620 \text{ psi}$$

(i)

再代入式（6.18e）计算疲劳安全系数：

$$N_f = \frac{1}{\dfrac{\sigma'_a}{S_e} + \dfrac{\sigma'_m}{S_{ut}}} = \frac{1}{\dfrac{7620}{22\,990} + \dfrac{7620}{53\,000}} = 2.1$$

(j)

10. 键接触面所受的挤压应力用最大挤压力计算得：

$$\sigma_{max} = \frac{F_m + F_a}{A_{bearing}} = \frac{275 + 275}{0.0625(0.50)} \text{ psi} = 17\,600 \text{ psi}$$

(k)

11. 根据下式计算键的挤压失效安全系数：

$$N_s = \frac{S_y}{\sigma_{max}} = \frac{44\,000}{17\,600} = 2.5$$

(l)

12. 现在可以在考虑实际轴径和拐角半径的情况下，使用应力集中系数重新计算轴上这些部位的安全系数。我们前面在例 10-2 中设计计算时，假设这些值处在最不利的情况。图 10-16 给出了端铣加工的键槽在弯曲和扭转作用下应力集中的情况。要使用这些图表，我们必须先计算端铣圆角半径与轴径的比值 r/d。假设端铣圆角半径为 0.010 in。在这两点处，r/d 比值为：

在点 B 处：
$$\frac{r}{d} = \frac{0.010}{0.750} = 0.0133$$

在点 D 处：
$$\frac{r}{d} = \frac{0.010}{0.531} = 0.0188$$

(m)

根据图 10-16 查出相应的应力集中系数为：

在点 B 处：　　　　　　　　$K_t = 2.5$　　　　$K_{ts} = 2.9$

在点 D 处：　　　　　　　　$K_t = 2.2$　　　　$K_{ts} = 2.7$

(n)

将这些系数代入例 10-1 的式（m）、式（n）和式（o）可求出疲劳应力集中系数，对于切口灵敏度 $q = 0.5$ 的材料，疲劳应力集中系数为：

在 B 点处：　　　　　　　　$K_f = 1.75$　　　　$K_{fs} = 2.09$

在 D 点处：　　　　　　　　$K_f = 1.60$　　　　$K_{fs} = 1.97$

在这两点处：　　　　　　　　$K_{fm} = K_f$　　　　$K_{fsm} = K_{fs}$

(o)

13. 新的安全系数可根据例 10-2 中的式（b）和式（c），以及轴径的设计值和以上的应力集中系数，利用式（10.8）求出。

在点 B 处：

$$0.75 = \left\{ \frac{32(N_f)}{\pi} \left[\frac{\sqrt{\left[1.75(32.8)\right]^2 + \dfrac{3}{4}\left[2.09(73.1)\right]^2}}{27\,300} + \frac{\sqrt{\left[1.75(32.8)\right]^2 + \dfrac{3}{4}\left[2.09(73.1)\right]^2}}{65\,000} \right] \right\}^{\frac{1}{3}}$$

(p)

$$N_f = 5.5$$

在点 D 处:

$$0.531 = \left\{ \frac{32(N_f)}{\pi} \left[\frac{\sqrt{\left[1.60(9.1)\right]^2 + \frac{3}{4}\left[1.97(73.1)\right]^2}}{27\,100} + \frac{\sqrt{\left[1.60(9.1)\right]^2 + \frac{3}{4}\left[1.97(73.1)\right]^2}}{65\,000} \right] \right\}^{\frac{1}{3}} \quad (q)$$

$$N_f = 2.2$$

在点 B 处的安全系数比给定值 2.5 要大。点 D 处的安全系数小于给定值。增加 D 处的直径至 0.562 in 可得到安全系数 2.7。键失效的安全系数（在点 B 为 4.4，在点 D 为 2.1）比轴失效安全系数要小，这是我们希望看到的，因为在过载的情况下，键会早于轴失效。目前该设计方案是切实可行，可以接受的[○]。

10.11　花键

当要传递比普通键所能传递的更大的转矩时，可选用花键。花键实际上是"一体键"，它是通过将轴的外表面和轮毂内表面的齿状结构组合在一起形成的。早期的花键的齿形是矩形的，现已被渐开线花键取代，如图 10-17 所示。渐开线齿形广泛应用在齿轮上，渐开线花键是用同样的切削加工技术制造的。除了加工优势外，渐开线花键比矩形花键的应力集中要小，故强度更高。美国汽车工程师学会（SAE）制定了矩形及渐开线花键齿形的标准，美国国家标准学会（ANSI）制定了渐开线花键齿形的标准[○]。标准的渐开线花键压力角为 30°，齿高为标准齿轮的一半。键齿的大小用一个分数表示，其分子是径节（diametral pitch 用来确定齿宽，更多相关信息请见第 12 章），分母表示齿高（通常是分子的两倍）。标准的径节系列有 2.5、3、4、5、6、8、10、12、16、20、24、32、40 和 48。标准渐开线花键一般有 6~50 个齿。渐开线花键按齿根的形状可分为平齿根花键和圆角齿根花键，这两种形状都在图 10-17 示出。请参见文献 [8] 获取标准花键的全部尺寸信息。

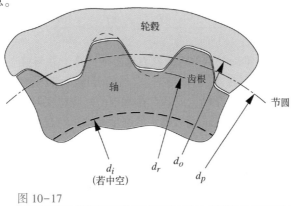

图 10-17

渐开线花键形状

○　文档 EX10-04A，EX10-04B、EX10-04C 和 EX10-04D 可在本书网站上获取。

○　参见 ANSI Standard B92. 1 and B92. 2M，American National Standards Institute，11 West 42nd St.，New York，N. Y. 10036.

渐开线花键优点有：齿根处强度很高，使用标准齿轮刀具及工艺（滚齿）加工，可得到较高的齿形精度和良好的表面质量，省去了研磨工序。渐开线花键与平键相比，主要的一个优点是渐开线花键能在允许轴和轮毂之间有较大的轴向相对移动（具有适当的间隙）的同时传递转矩。渐开线花键常用在汽车或货车上连接输出轴与驱动轴，在那些位置处悬架的运动会导致各部件之间产生轴向相对移动。渐开线花键亦常用在手动挡货车变速箱中，负责连接动齿轮与齿轮轴。此外，发动机输出转矩常通过花键传递，花键与发动机离合器连接，同时连接变速箱输入轴，因花键可做轴向移动，从而可使离合器与飞轮分离。

不论是静载荷还是动载荷，花键通常只受到纯扭转载荷。当可能受到弯矩时，可通过合理布置轴承，或者使花键悬臂部分尽量短等设计，使它受到的弯矩尽可能小。与平键类似，花键的主要失效形式是压溃或剪断。但通常在极端情况下才会出现剪断失效。与平键不同，花键有多个齿，可在一定程度上分担载荷。理论上来说，花键长度 l 只需保证花键的剪切强度与轴本身的扭转剪切强度相等即可。如果花键加工得很精密，在各个齿上没有任何齿厚和间隙的差异，则每个齿平均分担工作载荷。然而实际制造过程是有误差的，这种理想状态是不存在的。SAE 指出"通过实践过程发现：由于间隙和齿形的误差，约有 25% 的齿面相接触，所以花键轴长度的合理近似公式为"：

$$l \cong \frac{d_r^3\left(1-d_i^4/d_r^4\right)}{d_p^2} \tag{10.12}$$

式中，d_r 是外花键齿根直径；d_i 是空心轴（如果是的话）的内径；d_p 是花键的分度圆直径，大约在齿的中间。变量 l 代表了花键齿的实际啮合长度，并应被视为使等效轴径处键齿满足强度要求的最小长度。

计算花键分度圆直径处的剪应力，其剪切面积为：

$$A_{shear} = \frac{\pi d_p l}{2} \tag{10.13a}$$

根据 SAE 假设，任一时刻只有约 25% 的齿在分担剪切载荷，即只有 1/4 的剪切面积承受剪切载荷，则剪应力为：

$$\tau \cong \frac{4F}{A_{shear}} = \frac{4T}{r_p A_{shear}} = \frac{8T}{d_p A_{shear}} = \frac{16T}{\pi d_p^2 l} \tag{10.13b}$$

式中，T 为轴受到的转矩。花键上受到的弯曲应力也必须计算，并与剪应力进行合理的合成。如果只受纯扭转，且是静载荷，则将式（10.13b）求出的剪应力与花键材料的剪切屈服强度比较就可求得安全系数。如果转矩是变化的，或者存在弯矩，则应将实际的应力转化为 Mises 等效拉伸应力，并将其与使用修正的 Goodman 曲线确定的强度标准进行比较。

10.12　过盈配合

另一种常见连接轴与轮毂的方法，是利用**压力法**或**热胀冷缩法配合**，也称为**过盈配合**。压力法是通过在轮毂上加工出一个比轴径略小的孔，如图 10-18 所示。两个零件在外力作用下缓慢地装配在一起，应当在连接处添加润滑油。轴与轮毂的弹性变形使它们之间产生较大的法向和摩擦力。这个摩擦力可将轴的转矩传递给轮毂，并且阻止轴向移动。美国齿轮制造协会（AGMA）发布了 AGMA 9003-A91 柔性连接——无键配合标准，其中给出了过盈配合的计算公式。

只有相对较小的零件才在能不超出车间压力机工作能力的情况下进行压力法装配。对于较大型的零件，一般使用热胀冷缩法，通过加热轮毂使孔径**热胀**而扩大和/或冷却轴使轴径**冷缩**而减小。加热或冷却后的工件便可用较小的轴向力使两者结合，待其温度与室温相同时，工件的尺寸会发生改变，从而产生摩擦力所需的过盈量。另一种方法是液压法，利用高压油流经轴或轮毂的油道使轮毂尺寸变大再进行装配。这种方法也可用来拆卸轮毂。

产生过盈配合所需的过盈量取决于轴径。过盈量一般为轴径的 $0.001 \sim 0.002$ 倍（千分之一准则），较大的轴使用较小的倍数。例如，轴径为 2 in 时，过盈量约为 0.004 in，但轴径为 8 in 时，过盈量仅需大约 $0.009 \sim 0.010$ in。另一种（更简单的）经验公式为：在轴径不超过 1 in 时，过盈量为 0.001 in；轴径为 $1 \sim 4$ in 时过盈量为 0.002 in。

过盈配合的应力

过盈配合在轴外表面产生的应力状态与轴表面受到均匀外力作用的情况一样。轮毂所受应力与厚壁圆筒内表面受压产生应力一样。厚壁圆筒的应力计算公式见 4.17 节，它取决于所作用的压力和圆筒半径。压入法所产生的压力 p 可根据材料由于过盈配合而产生的变形来确定：

$$p = \frac{0.5\delta}{\dfrac{r}{E_o}\left(\dfrac{r_o^2 + r^2}{r_o^2 - r^2} + v_o\right) + \dfrac{r}{E_i}\left(\dfrac{r^2 + r_i^2}{r^2 - r_i^2} - v_i\right)} \tag{10.14a}$$

式中，δ 为两个零件之间径向的过盈量，$\delta = 2\Delta r$；r 是配合处的公称半径；r_i 是中空轴（如果是的话）的内孔半径，r_o 为轮毂外圆柱半径，如图 10-18 所示；E 和 v 分别是两个零件的弹性模量和泊松比。

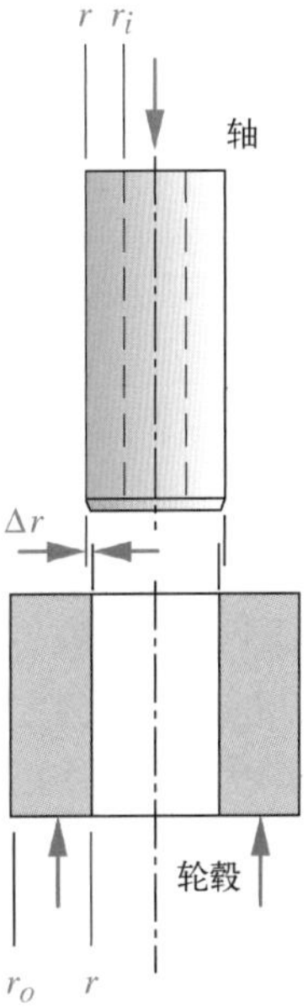

过盈配合所能传递的转矩可根据表面的压力 p 来计算，表面压力使得轴表面产生静摩擦力。转矩计算公式为：

$$T = 2\pi r^2 \mu p l \tag{10.14b}$$

式中，l 为轮毂配合长度；r 是轴半径；μ 是轴与轮毂间之的摩擦系数。AGMA 建议使用液压法装配时，$0.12 < \mu < 0.15$；使用压入法或热胀冷缩法装配时，$0.15 < \mu < 0.20$。AGMA 假设（并建议）研磨两配合表面至 32 μin rms (1.6μm Ra)。结合式 (10.14a) 及式 (10.14b)，可根据零件的几何形状、摩擦系数和变形量确定可传递的转矩为：

$$T = \frac{\pi l r \mu \delta}{\dfrac{1}{E_o}\left(\dfrac{r_o^2 + r^2}{r_o^2 - r^2} + v_o\right) + \dfrac{1}{E_i}\left(\dfrac{r^2 + r_i^2}{r^2 - r_i^2} - v_i\right)} \tag{10.14c}$$

利用式 (4.47)，根据压力 p 可求出每个零件受到的径向与切向应力。对于轴，有：

$$\sigma_{t_{shaft}} = -p\frac{r^2 + r_i^2}{r^2 - r_i^2} \tag{10.15a}$$

$$\sigma_{r_{shaft}} = -p \tag{10.15b}$$

式中，r_i 是空心轴的内孔半径，若为实心轴，则 r_i 等于 0。

对于轮毂，有：

$$\sigma_{t_{hub}} = p\frac{r_o^2 + r^2}{r_o^2 - r^2} \tag{10.16a}$$

$$\sigma_{r_{hub}} = -p \tag{10.16b}$$

图 10-18

过盈配合

10

为保证配合要求，以上应力均应小于材料的屈服强度。若材料发生屈服，连接将会松动。

过盈配合的应力集中

即使压入法装配的轴上轴肩或键槽处的表面光滑，不会发生断裂，但在过盈配合中，轴在轮毂末端处的材料仍然存在从承受压力到不受压的突变。图 10-19a 所示是采用压入法装配的轴毂的光弹分析图像。干涉条纹显示了边缘处的应力集中情况。图 10-19b 所示为在靠近轴处的轮毂外表面加工一条环形减压槽，可以减小应力集中。这些槽使得轮毂边缘的材料更柔顺，能够向远离轴的方向变形，从而减小局部应力集中。这个方法与图 4-38 所示的减小应力集中的方法类似。

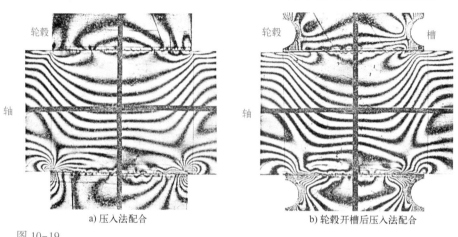

a) 压入法配合   b) 轮毂开槽后压入法配合

图 10-19

光弹性分析

摘自：R. E. Peterson and A. M. Wahl，"Fatigue of Shafts at Fitted Members, with a Related Photoelastic Analysis," ASME J. App. Mech.，vol. 57，p. A1，1935.

图 10-20 所示为根据图 10-19 的光弹图像得到的轴毂之间过盈配合的应力集中系数曲线。图中横坐标为轮毂长度与轴径之比。这些几何尺寸应力集中系数的用途与前面类似。对静载荷而言，这些应力集中系数可用来确定局部屈服是否会影响到过盈配合；对于动载荷，则可将材料的沟痕敏感系数修正后得到疲劳应力集中系数，然后用于式（10.8）进行轴的设计。

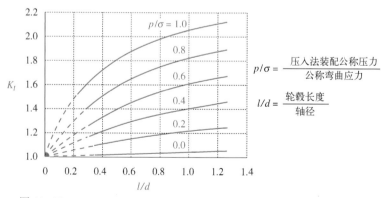

图 10-20

压入法装配或热胀冷缩法装配轴上轮毂的应力集中系数

摘自：Peterson and Wahl，"Fatigue of Shafts at Fitted Members, with a Related Photoelastic Analysis," ASME J. App. Mech.，v. 57，p. A73，1935.

微动腐蚀

第 7 章已讨论过此类问题。过盈配合是微动腐蚀的主要受害者。虽然微动腐蚀的机理仍未十分清晰，但已有一些预防措施可以降低其危害。详见 7.6 节。

例 10-5　设计过盈配合

问题：重新设计图 10-5 中齿轮装配在轴上的方式，将其设计为过盈配合连接，而不是键连接。确定压入法装配时轴和齿轮上通孔的尺寸和公差。

已知：载荷与例 10-2 中的载荷相同。转矩峰值（在点 B 处）为 146 lb · in。轴的公称直径 $d_0 = 0.875$ in，$d_1 = 0.750$ in。标号含义请见图 10-5。齿轮轮毂直径 3 in，长 1.5 in。

假设：轴的材料与例 10-2 所用材料相同。齿轮材料为 40 级灰铸铁。$S_{ut} = 42$ kpsi，$E = 14$ Mpsi。应力集中系数查图 10-20。轴的公称直径由 0.750 in 略增至 0.780 in，以便使用压力法装配时齿轮可以顺利通过轴上其余部分。

解：请参考图 10-5 及表 10-4。

表 10-4　例 10-5 中不同过盈量对应的安全系数

过盈量/in	压力/psi	p/σ	K_t	$N_{s 轴}$	$N_{s 毂}$
0.0008	8154	5.8	2.3	2.0	1.9
0.0009	9173	6.5	2.4	1.8	1.7
0.0010	10192	7.2	2.4	1.6	1.5
0.0011	11212	8.0	2.4	1.4	1.4
0.0012	12231	8.7	2.4	1.3	1.3
0.0013	13250	9.4	2.4	1.2	1.2
0.0014	14269	10.1	2.4	1.1	1.1
0.0015	15288	10.9	2.4	1.0	1.0

1. 安装齿轮处的轴的公称直径为 0.780 in，根据千分之一规则，合理的直径过盈量为 0.0015 in。因此，压入法装配完之后产生的挤压力可根据式（10.14）求得：

$$p = \frac{0.5\delta}{\dfrac{r}{E_o}\left(\dfrac{r_o^2 + r^2}{r_o^2 - r^2} + v_o\right) + \dfrac{r}{E_i}\left(\dfrac{r^2 + r_i^2}{r^2 - r_i^2} - v_i\right)}$$

$$= \frac{0.5(0.0015)}{\dfrac{0.390}{1.4 \times 10^7}\left(\dfrac{1.5^2 + 0.390^2}{1.5^2 - 0.390^2} + 0.28\right) + \dfrac{0.390}{3.0 \times 10^7}\left(\dfrac{0.390^2 + 0}{0.390^2 - 0} - 0.28\right)} \tag{a}$$

$$p = 15\,288 \text{ psi}$$

2. 轴受到的应力根据式（10.15）求出：

$$\sigma_{t_{shaft}} = -p\frac{r^2 + r_i^2}{r^2 - r_i^2} = -15\,288\frac{0.390^2 + 0}{0.390^2 - 0} \text{ psi} = -15\,288 \text{ psi} \tag{b}$$

$$\sigma_{r_{shaft}} = -p = -15\,288 \text{ psi} \tag{c}$$

3. 轮毂受到的应力根据式（10.16）求出：

$$\sigma_{t_{hub}} = p\frac{r_o^2 + r^2}{r_o^2 - r^2} = 15\,288\frac{1.5^2 + 0.390^2}{1.5^2 - 0.390^2} \text{ psi} = 17\,505 \text{ psi} \tag{d}$$

$$\sigma_{r_{hub}} = -p = -15\,288 \text{ psi} \tag{e}$$

4. 要确定应力集中系数需计算轮毂长度与轴径之比 l/d：

$$\frac{l}{d} = \frac{1.500}{0.780} = 1.923 \tag{f}$$

以及装配压力与名义弯曲应力之比计算如下：

$$\sigma = \frac{Mc}{I} = \frac{65.6(0.390)64}{\pi(0.780^4)} \text{ psi} = 1408 \text{ psi} \tag{g}$$

$$\frac{p}{\sigma} = \frac{15\,288}{1408} = 10.9 \tag{h}$$

5. 根据以上数据查图 10-20，超出图表范围，故假设应力集中系数近似值为：

$$K_t \cong 2.4 \tag{i}$$

6. 压入法装配的安全系数为：

$$N_{s_{shaft}} = \frac{S_y}{K_t \sigma_{t_{shaft}}} = \frac{-38\,000}{2.4(-15\,288)} = 1.0 \tag{j}$$

$$N_{s_{hub}} = \frac{S_{ut}}{K_t \sigma_{t_{hub}}} = \frac{42\,000}{2.4(17\,505)} = 1.0 \tag{k}$$

7. 两个零件在上面给出的过盈量下都会失效。在过盈量为 0.0008 ~ 0.0015 in 范围内，重复上述计算过程，计算结果见表 10-4。所得的安全系数在 1.0 ~ 2.0 之间。

8. 在大批量生产中，我们希望每个零件的公差至少有 0.0002 in，或者过盈量的变化范围大小至少有 0.0004 in。所以选择过盈量变化范围从 0.0008 ~ 0.0013in，变化范围大小为 0.0005 in。

9. 零件的尺寸如下：

$$\text{轮毂孔径} = 0.7799 \text{ in} +0.0003/-0.0000 \text{ in} = \frac{0.7802}{0.7799} \text{ in}$$

$$\text{轴径} = 0.7812 \text{ in} +0.0000/-0.0002 \text{ in} = \frac{0.7812}{0.7810} \text{ in} \tag{l}$$

过盈量变化范围为：

$$\text{最小过盈量} = 0.7810 \text{ in} - 0.7802 \text{ in} = 0.0008 \text{ in}$$

$$\text{最大过盈量} = 0.7812 \text{ in} - 0.7799 \text{ in} = 0.0013 \text{ in} \tag{m}$$

10. 假设 $\mu = 0.15$，当处于最小过盈时，该连接能传递多大的转矩？根据式（10.14c）有：

$$T = \frac{\pi l r \mu \delta}{\frac{1}{E_o}\left(\frac{r_o^2 + r^2}{r_o^2 - r^2} + v_o\right) + \frac{1}{E_i}\left(\frac{r^2 + r_i^2}{r^2 - r_i^2} - v_i\right)}$$

$$T = \frac{\pi(1.5)(0.375)(0.15)(0.0008)}{\frac{0.375}{1.4 \times 10^7}\left(\frac{1.5^2 + 0.390^2}{1.5^2 - 0.390^2} + 0.28\right) + \frac{0.375}{3.0 \times 10^7}\left(\frac{0.390^2 + 0}{0.390^2 - 0} - 0.28\right)} \tag{n}$$

$$T = 1753 \text{ in·lb}$$

这个值远远超过工作转矩的峰值 146 in · lb，所以此配合能正常工作[⊖]。

10.13 飞轮设计

飞轮用于减小由于转矩波动带来的轴转速变化。许多机器的加载模式会导致转矩随时间做

⊖　文件 EX10-05 可在本书网站上查到。

周期性变化。如活塞式压缩机、冲床、碎石机等机器的载荷都是随时间变化的。原动件也有可能带来转矩波动，并传递给传动轴。单缸或双缸内燃机就是其中一个例子。有些机器可能转矩输出恒定，载荷也平稳，譬如蒸汽涡轮发电机。这些工作平稳的设备并不需要安装飞轮。但如果驱动转矩或载荷转矩是波动的话，则通常需要安装飞轮。

飞轮是一种能量储存装置。当转速加快时，飞轮将动能吸收并储存起来，当需要的时候，飞轮可通过减速将能量释放回系统。转动系统的动能 E_k 为：

$$E_k = \frac{1}{2} I_m \omega^2 \tag{10.17a}$$

式中，I_m 为轴上所有转动质量关于转轴的转动惯量；ω 是转动的角速度。I_m 包含了飞轮、电动机转子及与轴一起转动的其他零件的转动惯量。

飞轮可以是一个简单的实心圆盘，或者是轮辐式结构。后一种结构形式的材料利用率更高，特别适用于大飞轮，因为它将大部分质量集中在轮缘位置，也就是半径最大的位置。由于飞轮的转动惯量 I_m 与 mr^2 成正比，所以质量在半径越大处，转动惯量就越大。假设圆盘内圆和外圆半径分别是 r_i 和 r_o，则圆盘的转动惯量为：

$$I_m = \frac{m}{2}\left(r_o^2 + r_i^2\right) \tag{10.17b}$$

厚度为 t、中间有通孔的圆盘质量为：

$$m = \frac{W}{g} = \pi \frac{\gamma}{g}\left(r_o^2 - r_i^2\right)t \tag{10.17c}$$

代入式（10.17b），可得圆盘转动惯量 I_m 的计算公式：

$$I_m = \frac{\pi}{2} \frac{\gamma}{g}\left(r_o^4 - r_i^4\right)t \tag{10.17d}$$

式中，γ 是圆盘材料重量密度；g 是重力加速度。

飞轮设计有两个步骤。首先确定需要减小速度波动的程度和随之应该吸收动能的大小，求出飞轮的转动惯量。然后，确定飞轮的几何尺寸，以合理的结构形式确保所需的转动惯量，并保证在设计转速下安全而不会失效。

转动系统中的能量变化

图 10-21 所示为圆盘状飞轮，与电动机轴连接。电动机输出转矩大小为 T_m，假设它是恒定的，即大小等于平均转矩 T_{avg}。假设飞轮另一侧的载荷所需的转矩为 T_l，并随时间变化，如图 10-22 所示。载荷转矩的变化使得轴的转速会按照驱动电动机的转矩-转速特性而发生变化。所以要确定应增加的飞轮的 I_m 到底为多大，才能将轴的速度波动减少至可接受的水平。对图 10-21 中的物体做受力分析：

$$\sum T = I_m \alpha$$
$$T_l - T_m = I_m \alpha \tag{10.18a}$$

假设 $T_m = T_{avg}$，故有：

$$T_l - T_{avg} = I_m \alpha \tag{10.18b}$$

将 $\alpha = \dfrac{d\omega}{dt} = \dfrac{d\omega}{dt}\left(\dfrac{d\theta}{d\theta}\right) = \omega \dfrac{d\omega}{d\theta}$ 代入，得：

图 10-21
安装在转动轴上的飞轮

$$T_l - T_{avg} = I_m \omega \frac{\mathrm{d}\omega}{\mathrm{d}\theta}$$

$$\left(T_l - T_{avg}\right)\mathrm{d}\theta = I_m \omega \, \mathrm{d}\omega$$

(10.18c)

对上式积分，得：

$$\int_{\theta@\omega_{min}}^{\theta@\omega_{max}} \left(T_l - T_{avg}\right)\mathrm{d}\theta = \int_{\omega_{min}}^{\omega_{max}} I_m \omega \mathrm{d}\omega$$

$$\int_{\theta@\omega_{min}}^{\theta@\omega_{max}} \left(T_l - T_{avg}\right)\mathrm{d}\theta = \frac{1}{2} I_m \left(\omega_{max}^2 - \omega_{min}^2\right)$$

(10.18d)

公式的左侧表示动能 E_k 在轴的最高和最低转速间的变化量，其值等于图 10-22 中转矩-时间曲线在 ω 的极值之间包围的面积。式（10.18c）右侧表示飞轮所储存动能的变化量。式（10.17a）表明将飞轮的动能释放出来的唯一方法是让其减速。动能的增加会使飞轮转速增加。在载荷所需能量发生变化的情况下，保持轴转速恒定是不可能的。我们要做的是尽可能增大飞轮的转动惯量 I_m，从而减小转速的变化量 $(\omega_{max} - \omega_{min})$。

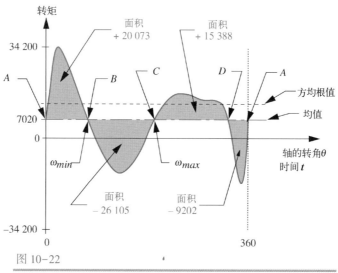

图 10-22

转矩-时间函数曲线在均值上方和下方的积分

例 10-6 根据转矩-时间函数确定能量变化

问题：根据转矩-时间函数确定每一周期内需由飞轮吸收的能量变化量。

已知：转矩在一个周期内随时间变化的曲线如图 10-22 所示。在 360° 的周期内，转矩在其均值上下波动。

假设：图示为稳定工作状态下一个周期内转矩变化的情况。从驱动源传递到载荷的能量为正；从载荷返回驱动源的能量为负。

解：

1. 利用数值积分求一个周期内转矩的平均值。求得此例的均值为 7020 lb·in（注意：在某些情况下均值可能为 0）。

2. 注意到式（10.18c）左边的积分是相对于转矩均值，而不是对 θ 轴的（从均值定义来看，平均线上方的正面积之和应该等于平均线下方的负面积之和）。式（10.18）中积分的上、下限分别是：在轴角速度 ω 达到最小和最大时，所对应的轴转过的角度 θ。

3. 当最大正值能量从电动机传递到载荷时，转速 ω 最小，即在该点处的正能量总和（面积）为最大正值。

4. 当最大负值能量返回给载荷时，转速 ω 最大，即该点处的能量总和（面积）为最大负值。

5. 为了找出与 ω 最大值与最小值相应的 θ 位置，从而确定需要由飞轮来储存的能量，需要对转矩函数曲线与均值线包围的面积根据交点进行分段积分。交点分别为标记为 A、B、C 和 D，如图 10-22 所示。

6. 接下来从任一交点（本例为点 A）开始累加各部分的面积，重复至完成一个周期。过程及结果见表 10-5。

表 10-5　转矩-时间曲线对应的能量累积

由	$\Delta\mathrm{Area} = \Delta E$	累积值 $= E$	ω 最小值与最大值
A 到 B	+20073	+20073	$\omega_{min} @ B$
B 到 C	−26105	−6032	$\omega_{max} @ C$
C 到 D	+15388	+9356	
D 到 A	−9202	+154	

总能量变化 $\Delta E = E@\,\omega_{max} - E@\,\omega_{min}$
$= (-6032) - (+20073) = -26105\ \mathrm{in \cdot lb}$

7. 表 10-5 中，轴的最小转速出现在最大的累积正值能量（+20073 in·lb）从驱动轴传递给系统之后。这使得电动机减速。轴的最大转速出现在最大的累积负值能量（−6032 in·lb）从载荷返回给驱动轴之后。储存能量的返还会使电动机加速。总的能量变化是两个最值的代数差，本例为 −26105 in·lb。来自载荷的能量需要由飞轮吸收，然后在每个周期返还给系统以减小速度的波动。例 10-6 的计算过程也可见文档 EX10-07a 和 EX10-07b。

确定飞轮惯量

现在必须确定飞轮需要多大才能吸收这些能量，以使速度波动在允许的范围内。一个周期内速度的变化量称为波动，用 Fl 表示：

$$Fl = \omega_{max} - \omega_{min} \tag{10.19a}$$

将 Fl 除以轴的平均转速得到的归一化比值称为波动系数，用 C_f 表示，为：

$$C_f = \frac{\left(\omega_{max} - \omega_{min}\right)}{\omega_{avg}} \tag{10.19b}$$

波动系数由设计者选定。精密机械的波动系数一般取为 0.01 ~ 0.05，对应轴的转速有 1% ~ 5% 的波动；破碎机或锻造机的波动系数最高可取 0.2。波动系数取值越小，飞轮就必须越大。设计时要全面考虑。大飞轮会使系统的成本和重量增加，这些因素在设计时应结合速度波动的要求综合考虑。

将转矩曲线积分可得到动能的变化量：

$$\int_{\theta@\,\omega_{min}}^{\theta@\,\omega_{max}} \left(T_l - T_{avg}\right)\mathrm{d}\theta = E_k \tag{10.20a}$$

令它等于式（10.18c）的右端，有：

$$E_k = \frac{1}{2}I_m\left(\omega_{max}^2 - \omega_{min}^2\right) \tag{10.20b}$$

10

将上式写成：

$$E_k = \frac{1}{2} I_m \left(\omega_{max} + \omega_{min} \right) \left(\omega_{max} - \omega_{min} \right) \tag{10.20c}$$

如果转矩曲线是纯谐波，则其平均值就等于：

$$\omega_{avg} = \frac{\left(\omega_{max} + \omega_{min} \right)}{2} \tag{10.21}$$

实际的转矩函数很少是纯谐波的，但是利用上式计算近似的均值所带来的误差是可以接受的。为了得到选定的波动系数，将式（10.19b）和式（10.21）代入式（10.20c），可推导出整个旋转系统所需的转动惯量 I_s 的表达式为：

$$E_k = \frac{1}{2} I_s \left(2\omega_{avg} \right) \left(C_f \, \omega_{avg} \right)$$

$$I_s = \frac{E_k}{C_f \omega_{avg}^2} \tag{10.22}$$

当已选定波动系数 C_f、对转矩曲线积分求得 E_k，并已知轴的平均转速 ω_{avg} 的话，利用式（10.22）可求出系统所需的总转动惯量 I_s。一般情况下，可令飞轮的转动惯量 I_m 等于系统的总转动惯量 I_s；但如果同一转轴上其他旋转零件（如电机）的转动惯量已知的话，所需飞轮转动惯量 I_m 应减去该惯量。

为了用最少的材料得到最大的转动惯量 I_m，最有效的设计方案是将质量集中在轮缘，使用辐条支承轮毂，就像车轮。这样便可在给定转动惯量 I_m 的情况下，将大部分质量分布在半径最大处，从而将重量减少至最小。即使选择实心圆盘飞轮的形式，无论是为了加工方便，还是需要实现某些其他功能（如汽车离合器），在设计时都要考虑减轻重量，从而降低成本。一般来说，由 $I_m = m \, r^2$ 可知：要得到相同的转动惯量，薄的大直径圆盘比厚的小直圆盘所需材料更少。显然，应选用密度较高的材料如铸铁、钢来制造飞轮。铝则很少被选用。虽然许多金属（如铅、金、银、铂）的密度比铸铁和钢更高，但因为价格昂贵，很少用来制作飞轮。

图 10-23 所示为加装能保证速度波动系数不超过 0.05 的飞轮之后图 10-22 转矩曲线的变化情况。转矩相对于平均值的变动在 5% 的范围内，比没装飞轮时大大减小。注意：现在转矩峰值只有 87 lb·in，而不是 372 lb·in。因为飞轮可以在每个周期吸收载荷返还的能量，所以可以选用一个功率较小的电动机。

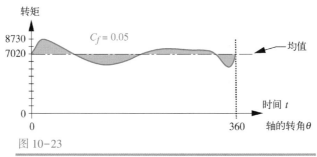

图 10-23

安装飞轮后，$C_f = 0.05$ 时的转矩-时间函数曲线

飞轮中的应力

飞轮旋转时，作用在其分布质量上的离心力可能会使飞轮分裂。这个离心力与圆筒的内压

力类似。因此，旋转的飞轮的应力状态与在内部压力作用下的厚壁圆筒类似（见 4.17 节）。实心盘状飞轮在半径 r 处所受的切向应力为：

$$\sigma_t = \frac{\gamma}{g}\omega^2\left(\frac{3+\nu}{8}\right)\left(r_i^2 + r_o^2 + \frac{r_i^2 r_o^2}{r^2} - \frac{1+3\nu}{3+\nu}r^2\right) \tag{10.23a}$$

径向应力为：

$$\sigma_r = \frac{\gamma}{g}\omega^2\left(\frac{3+\nu}{8}\right)\left(r_i^2 + r_o^2 - \frac{r_i^2 r_o^2}{r^2} - r^2\right) \tag{10.23b}$$

式中，γ 是材料的重量密度；ω 是角速度（rad/s）；ν 为泊松比；r_i 和 r_o 分别是飞轮的内径和外径。

图 10-24 所示为应力沿飞轮径向的分布情况。内径处切向应力最大。内径和外径处的径向应力为 0，其峰值出现在飞轮内部，但任一点的径向应力均小于切向应力。应注意飞轮内径处。该处受到的切向拉应力往往是飞轮失效的原因，当该处发生断裂，飞轮会爆裂产生极其严重的后果。因为飞轮的转速会影响应力的大小，总存在某个转速会使飞轮失效。必须通过计算确定飞轮的最高安全工作速度，同时采取一些措施避免飞轮高速运转，譬如安装速度控制器。可将导致屈服的转速与工作转速之比定义为预防超速安全系数，即 $N_{os} = \omega_{yield}/\omega$。

失效准则

如果飞轮基本上是在恒定速度下工作，可认为它受的是静载荷，并用屈服强度为失效准则。工作过程中，起动-停机的循环次数的多少决定是否应以疲劳加载进行考虑。每次从静止加速到工作速度，以及从工作速度降至零时，都会造成应力的周期性波动。若起动-停机的循环次数在系统的预期寿命内很多的话，就应采用疲劳失效准则。在低周疲劳区，则须进行应变疲劳分析，而不是应力疲劳分析，尤其是当出现瞬间过载时，应力集中处的局部应力可能会超过屈服极限。

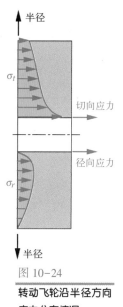

图 10-24
转动飞轮沿半径方向应力分布情况

例 10-7 设计盘状实心飞轮

问题：为例 10-6 中的系统设计一个合适的飞轮。要求超速安全系数至少为 2。

已知：输入转矩-时间函数曲线在一个周期内的变化情况如图 10-22 所示。在 360° 的周期内转矩在均值上下变化，每周期内的能量变化为 260105 in·lb，如表 10-5 所示。轴转速 $\omega = 800$ rad/s。

假设：图示为稳定状态下的周期性的转矩变化图。要求波动系数为 0.05。系统连续工作，极少起动-停机。选用屈服强度为 62 kpsi 的钢材。为减小应力集中，不使用键槽。采用锥面锁紧，轮毂通过摩擦力与转轴连接，飞轮通过螺栓与轮毂连接。

解：参见图 10-25 及表 10-6。

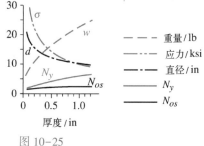

图 10-25
例 10-7 中飞轮重量、应力、安全系数和直径等参数随厚度的变化趋势

表 10-6　例 10-7 中 $I_m = 0.816\,\mathrm{lb}\cdot\mathrm{in}\cdot\mathrm{s}^2$ 时的计算数据

厚度/in	直径/in	r/t	重量/lb	应力/psi	屈服安全系数	超速安全系数
0.125	17.40	69.6	8.20	28896	2.1	1.5
0.250	14.63	29.3	11.60	20459	3.0	1.7
0.375	13.22	17.6	14.10	16722	3.7	1.9
0.500	12.31	12.3	16.20	14494	4.3	2.1
0.625	11.64	9.3	18.10	12974	4.8	2.2
0.750	11.12	7.4	19.70	11852	5.2	2.3
0.875	10.70	6.1	21.30	10980	5.6	2.4
1.000	10.35	5.2	22.70	10277	6.0	2.5
1.125	10.05	4.5	24.00	9695	6.4	2.5
1.250	9.79	3.9	25.20	9202	6.7	2.6

1. 由例 10-6 的转矩-时间曲线可知所需的能量，并已确定轴的转速 ω 和波动系数。将这些数据代入式 (10.22) 求出所需的系统转动惯量 I_s：

$$I_s = \frac{E}{C_f \omega_{avg}^2} = \frac{26\,105}{0.05(800)^2} = 0.816\ \mathrm{lb\cdot in\cdot s}^2 \tag{a}$$

如果需要计入诸如电动机转子等其他旋转零件的转动惯量的话，飞轮只提供了上述转动惯量中的一部分。但在此例中，假设飞轮提供全部所需的转动惯量，即 $I_m = I_s$。

2. 根据式 (10.17d)，由飞轮的转动惯量可确定其尺寸。假设材料密度 $\gamma = 0.28\ \mathrm{lb/in}^3$，飞轮内径 $r_i = 1\ \mathrm{in}$。有：

$$I_m = \frac{\pi}{2}\frac{\gamma}{g}\left(r_o^4 - r_i^4\right)t = 0.816$$

$$0.816 = \frac{\pi}{2}\left(\frac{0.28}{386}\right)\left(r_o^4 - 1^4\right)t \tag{b}$$

$$716.14 = \left(r_o^4 - 1\right)t$$

由上式可知：要得到所需的 I_m、飞轮外径 r_o 和厚度 t 可以有多种组合情况。

3. 式 (b) 的最优解要能够平衡飞轮的尺寸、重量、应力、安全系数等互相矛盾的参数。有两种设计方案：一种是厚度 t 较小；另一种是厚度 t 较大。较薄的飞轮直径较大，但比较厚的飞轮轻。但随着 r_o 增加，应力也增加，这是因为半径更大处的质量会产生更大的离心力。

4. 为求出与所需安全系数一致的 r_o 值，可根据 $\sigma_t = S_y/N_y$、r_i、材料的泊松比 ν 和密度 γ 等给定的参数，利用切向应力的计算式 (10.23a) 反求 r_o：

$$\sigma_t = \frac{\gamma}{g}\omega^2\left(\frac{3+\nu}{8}\right)\left(r_i^2 + r_o^2 + \frac{r_i^2 r_o^2}{r^2} - \frac{1+3\nu}{3+\nu}r^2\right) = \frac{S_y}{N_y}$$

$$\frac{62\,000}{N_y} = \frac{0.28}{386}(800)^2\left(\frac{3+0.28}{8}\right)\left(1 + r_o^2 + \frac{r_o^2}{1} - \frac{1+3(0.28)}{3+0.28}(1)\right) \tag{c}$$

$$r_o^2 = \frac{162.9}{N_y} - 0.535$$

将 r_o 的值代入式 (b) 即可求出飞轮厚度。取屈服安全系数为 2.5，求得 $r_o = 8.06\ \mathrm{in}$，$t = 0.172\ \mathrm{in}$。

5. 确定飞轮尺寸后，将材料的屈服强度代入式 (10.17d) 并整理后，可求出发生屈服的

转速：

$$\sigma_t = S_y = \frac{\gamma}{g}\omega^2\left(\frac{3+v}{8}\right)\left(r_i^2 + r_o^2 + \frac{r_i^2 r_o^2}{r^2} - \frac{1+3v}{3+v}r^2\right)$$

$$62\,000 = \frac{0.28}{g}\omega_{yield}^2\left(\frac{3+0.28}{8}\right)\left(1 + 8.06^2 + \frac{8.06^2}{1} - \frac{1+3(0.28)}{3+0.28}(1)\right) \qquad (d)$$

$$\omega_{yield} = 1265 \text{ rad/s}$$

该转速会导致失效，故超速安全系数可通过下式求出：

$$N_{os} = \frac{\omega_{yield}}{\omega} = \frac{1265 \text{ rad/s}}{800 \text{ rad/s}} = 1.6 \qquad (e)$$

6. 为显示飞轮几何参数的变化情况，将飞轮厚度 t 在合理的设计范围内的 $0.125\sim1.25$ in 之间取值，求解上述方程组。表 10-6 所示为计算的结果，图 10-25 显示了各参数的变化趋势。注意：当外径减小和厚度增加时，重量增加。当 r_o 减小时，内径处的最大切向应力减小，屈服安全系数从 2.1 增加至 6.7，超速安全系数从 1.5 增加至 2.6。

7. 最终选定 $t = 0.438$ in，$r_o = 6.36$ in，因为此方案各项参数（尺寸、重量）都比较合理，且超速安全系数 $N_{os} = 2$。也就是说，飞轮能以两倍的工作转速运转仍不至于屈服。而屈服安全系数为 4，在低转速时会更高。从图 10-25 可以看出，选用更大的安全系数会增加重量。例 10-6 的计算过程也可见文件 EX10-07a 及 EX10-07b。

10.14 轴的临界转速

具有储能零件的系统都拥有一系列固有频率，在固有频率下，系统将发生振幅很大的振动。我们知道，运动的质量具有动能，弹簧可储存弹性势能。所有机械零件都是由弹性材料制成的，因此起到类似于弹簧的储能作用。所有零件都具有质量，当它们以一定的速度运动时就会具有动能。当一个动态系统发生振动时，系统内的动能与势能就会反复相互转化。轴类零件能以一定的速度旋转，在扭矩和弯矩作用下会发生变形，故符合上述条件。

如果一根轴或其上零件受到随时间变化的载荷的作用，它会发生振动。即使只受到一个瞬态载荷，譬如敲击，它都将在其固有频率下发生振动，就像敲钟发出声音一样。这就是所谓的自由振动。但是，由于系统中存在阻尼，这种瞬态或自由振动将最终消失。如果时变载荷是持续的，譬如按正弦规律变化，那么轴或其他零件将以驱动力的频率发生强迫振动。如果强迫振动频率刚好是零件的某个固有频率，那么该零件的响应振幅将会比驱动力的振幅大得多。我们称它发生了共振。

图 10-26a 显示了强迫振动的振幅响应和驱动频率与系统的固有频率之比——频率比 ω_f/ω_n 的关系，图 10-26b 显示了自激振动的振幅响应与频率比 ω_f/ω_n 的关系。当频率比为 1 时，系统发生共振，如果系统不存在阻尼，其响应振幅将趋于无穷大。图 10-26 中的振幅响应以输出振幅与输入振幅的无量纲比值表示。所有的阻尼都能减小共振时振幅比，在图中以阻尼系数 ζ 表示。固有频率也称为**临界频率**或**临界速度**。我们应该避免让系统在它的临界频率（共振频率）附近工作，因为过大的变形通常会产生过大的应力导致系统零件失效。

可以认为一个由离散质量块通过离散的弹性元件组成的系统的固有频率的数目是有限的，等于其运动的自由度。而像梁或轴这样连续的系统拥有无数的质点，其中每一个质点相对于其邻近的质点都会发生弹性运动。因此，一个连续的系统拥有无限个固有频率。在这两种情况下，

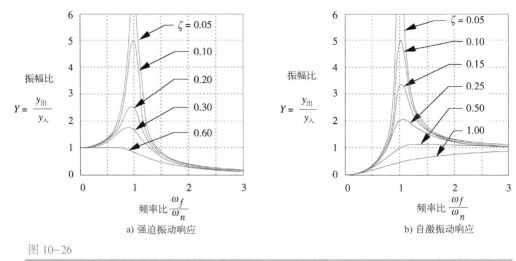

图 10-26

单自由度系统在变化的外力或自激力作用下的响应

最低的或最基础的固有频率通常都是最重要的。

系统的固有振动频率可以用圆频率 ω_n 表示，单位为 rad/s 或 r/min，也可以用线性频率 f_n 表示，单位为 Hz（赫兹）。它们是同一个频率在不同单位下的表示形式。基频的一般表达式为：

$$\omega_n = \sqrt{\frac{k}{m}} \quad \text{rad/s} \tag{10.24a}$$

$$f_n = \frac{1}{2\pi}\sqrt{\frac{k}{m}} \quad \text{Hz} \tag{10.24b}$$

式中，k 为系统的弹性系数；m 为系统的质量。系统的固有频率是它的物理特性，一旦系统建立起来，它的固有频率在使用寿命期间基本保持不变，除非系统的质量或刚度发生变化。式（10.24）定义的是无阻尼固有频率。有阻尼时固有频率会稍微低一点。轴、梁和大多数机械零件往往有轻微的阻尼，所以使用无阻尼固有频率会有少量误差。

通常在设计时会将所有的激振力频率或自激频率保持在低于第一阶临界频率一定程度的范围内。离第一阶临界频率越远越好，频率比取值至少为 3 或 4。这样就能使振幅响应比趋于 0 或 1，如图 10-26a 和图 10-26b 所示。在某些情况下，转轴系统的基频会比所需的旋转频率低。如果系统能够在共振振幅增大之前，迅速加速通过共振区域的话，那么系统就可以在高于共振频率的情况下高速运行。固定的发电设备就属于这种情况。质量巨大的涡轮机和发电机的基频较低（见式 10.24），但它们必须高速运行以产生适当频率的交流电。因此，它们工作在图 10-26b 中谐振峰值的右边，即在较高的频率比 ω_f/ω_n 下得到趋近于 1 的振幅响应比。它们的起动和停机并不频繁，但必须迅速完成这一过程，以便在发生过度变形而损坏前越过谐振峰值对应的频率。同时，除了供应加速旋转的能量外，还必须有足够的驱动功率为共振提供能量。如果驱动功率不足的话，那么系统将发生共振而导致失速，无法提速而面临极大的破坏危险。这就是 Sommerfeld 效应[9]。

以下是三种重要的轴振动：

（1）横向振动。

（2）轴谐振。

（3）扭转振动。

前两个与轴的弯曲变形有关，最后一个与轴的扭转变形有关。

轴和梁的横向振动的 Rayleigh 分析法

完整地分析轴或梁的固有频率是一件复杂的事情，特别是当它们的几何形状较为复杂时，而借助有限元分析软件能够很好地解决这个问题。有限元模型可以用来进行**模态分析**，即使几何形状十分复杂，并且能够在三维空间里算出基频及以上的多个固有频率。这一方法经常用来详细分析一个已完成的设计。然而，在设计的前期阶段，零件的几何形状还没有完全确定，能够简单而快速地找到至少一个近似的基频对设计本身来说是非常有帮助的。借助 **Rayleigh 法**就能实现此目的。它是一个能量方法，得到的固有频率 ω_n 与真值只有几个百分点的误差。它可以应用于连续的系统或系统的集中参数模型。为求简化，Rayleigh 法往往用得更多。

Rayleigh 法认为系统中的势能和动能是可以等价互换的。势能以应变能的形式存在于发生变形的轴内，变形量最大时势能也最大。当振动的轴以最大的速度通过变形量为零的位置时其具有的动能达到最大。该方法假定轴的横向振动是在某个外部激励作用下发生的，并且按正弦运动规律发生振动，如图 10-26a 所示。

为了介绍 Rayleigh 法的应用，我们假设简支轴上面有三个盘状零件（齿轮、带轮等），如图 10-27所示。我们将模型看成由安装在没有质量的轴上的 3 个质量已知的独立质量块组成。轴的几何形状决定了它的弯曲弹性系数，我们认为轴上的所有部分都具有"弹性"。变形量最大时的总势能是每个质量块的势能之和：

$$E_p = \frac{g}{2}\left(m_1\delta_1 + m_2\delta_2 + m_3\delta_3\right) \tag{10.25a}$$

变形量 δ 总是取正值，即与挠度曲线的局部形状无关，因为应变能是不受外部坐标系影响的。同时，轴变形时具有的势能因为远小于圆盘的势能而被忽略。

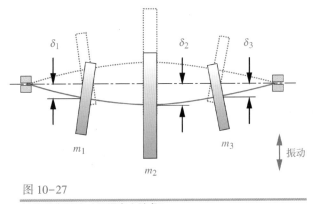

图 10-27

轴的横向振动（振幅夸大较多）

总动能是各部分动能的总和：

$$E_k = \frac{\omega_n^2}{2}\left(m_1\delta_1^2 + m_2\delta_2^2 + m_3\delta_3^2\right) \tag{10.25b}$$

式中，速率取正值，即 ω_n 为正。

令上两式相等，得：

$$\omega_n = \sqrt{g\frac{\sum_{i=1}^n m_i\delta_i}{\sum_{i=1}^n m_i\delta_i^2}} = \sqrt{g\frac{\sum_{i=1}^n (W_i/g)\delta_i}{\sum_{i=1}^n (W_i/g)\delta_i^2}} = \sqrt{g\frac{\sum_{i=1}^n W_i\delta_i}{\sum_{i=1}^n W_i\delta_i^2}} \tag{10.25c}$$

第二个等号后面是把等式 $m = W/g$ 代入后的结果。式中，W_i 是系统中各离散质量块的重力；

δ_i是各部分重量在振动系统中的动态位移量。重力及其对应的变形量均取正值以表示最大存储能量。

问题是我们通常不能事先知道系统的动态变形量。Rayleigh给出了挠度曲线的近似曲线，只要它能够合理地表示实际挠曲线的最大挠度和边界条件，都可以用于分析。由各质量块重量（包括轴的重量或根据设计忽略轴的重量）所产生的静态挠度曲线是很合适的近似曲线。注意：除了重力外，任何外部载荷都不包含在这个挠度计算过程中。不管假设挠度曲线形状如何，所得到的近似固有频率ω_n总是会比基频的真值高几个百分点。如果试验了多条近似挠度曲线，那么应该使用对应固有频率ω_n最低的那条，因为它最接近真值。

通过将复杂系统分成许多质量块，式（10.25c）可以应用于任何复杂的系统。如果轴上有齿轮、带轮等，它们自然就是质量块了。如果轴质量比较大或占主导地位，可以沿着长度方向把它分为多个独立单元，所有单元质量总和即为轴的质量。

Rayleigh法理论上可用于寻找高于基频的频率，但如果没有准确估计高阶变形曲线的形状的话，就会很困难。事实上，有一些更准确逼近基频和更高频率的方法，但实现过程也更为复杂。Ritz对Rayleigh法进行了改进（Rayleigh-Ritz法），使得运算时允许迭代至更高频率。Holzer法更为准确，并且可以得到多重频率。更多有关信息请见参考文献 [10]。

轴的谐振

轴谐振是所有轴都会发生的一种自激振动现象。虽然我们希望让机器里所有旋转的零件都能实现动态平衡（特别是高速旋转的零件），但是只有在偶然的情况下才能实现精确的动态平衡（参考文献 [12] 中有关动平衡的讨论）。转动部分的任何残余的不平衡量都会使它真正的质心偏离轴的旋转中心。偏心质点旋转时会产生离心力，使得轴沿偏心的方向发生变形，从而进一步增加了离心力。而唯一能抵抗离心力的就是轴的弹性刚度，如图10-28所示。轴的初始偏心量记为e，动态挠度记为δ，根据受力分析可得

$$k\delta = m(\delta+e)\omega^2 \qquad (10.26a)$$

$$\delta = \frac{e\omega^2}{(k/m)-\omega^2} \qquad (10.26b)$$

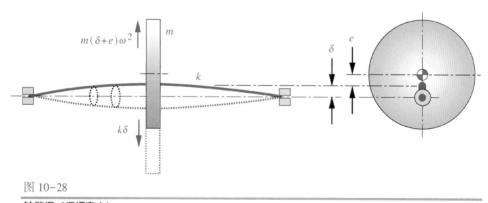

图 10-28

轴谐振（振幅夸大）

离心力使轴产生的动态变形导致轴围绕其旋转轴线发生回转，使得轴上的中心点围绕其旋转轴线画圈。注意：式（10.26b）中，当$\omega^2=k/m$时，轴的挠度（变形量）将趋于无穷大。当转轴的转速接近横向振动的基本固有转速（即临界转速）时，转轴将发生类似于共振的横向振

动。式（10.26b）中，当 $\omega^2 = k/m$ 时，$\delta = \infty$。式（10.26b）可以归一化为无量纲的形式，这样可以清晰地显示各参量的关系：

$$\frac{\delta}{e} = \frac{(\omega/\omega_n)^2}{1 - (\omega/\omega_n)^2} \tag{10.26c}$$

式（10.26c）和图 10-29 显示了归一化的轴偏转振幅和原始偏心量之比（δ/e）与转动频率和临界频率之比 ω/ω_n 的关系。注意：当 $\omega/\omega_n = 0$ 时，系统无响应，它与前一节介绍的强迫振动不同。因为这时轴的转速为零，不存在离心力。随着转速增加，轴的挠度也迅速增加。如果没有阻尼（即 $\xi = 0$），当 $\omega/\omega_n = 0.707$ 时，轴的挠度等于偏心量，而且在共振（$\omega/\omega_n = 1$）时，它的挠度理论上可以达到无穷大。当然，系统总会存在阻尼，但如果阻尼 ζ 很小，共振时的变形量将会非常大，产生的内应力将足以使轴失效。

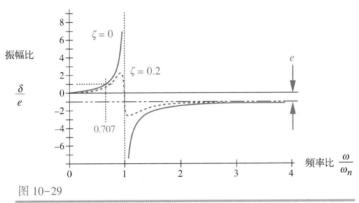

图 10-29

自激轴谐振系统的振幅响应与频率比的关系

注意：观察轴转速跨越临界转速 ω_n 时的情形。$180°$ 的相位突变意味着在共振点处变形改变了方向。当频率比 ω/ω_n 较高时，轴的挠度 δ 接近 $-e$，这意味着系统将围绕偏心质量的质心旋转，即转轴的旋转中心线发生偏离。能量守恒让系统趋向于围绕它真正的质心旋转。这在转动元件偏离轴心且其质量比转轴大的系统中较为常见。也许你已经注意到旋转吊扇在围绕电动机中心旋转的同时，电动机中心还会环绕着一根轴线运动。其实，扇叶组装通常不是理想均衡的，组装后的旋转中心是组装后扇叶组件的质心而不是电动机或转轴的中心线。

应该明确，旋转系统应该严格避免在或接近其临界频率工作。转轴的轴谐振临界频率与其横向振动的临界频率是相等的，故可以利用 Rayleigh 法或其他合适的方法得到。因为轴谐振的振幅比是从 0 开始而不是从 1 开始（如强迫振动），所以它的驱动频率可以比横向振动更接近于临界频率。将系统工作速率保持在轴谐振临界频率的一半以下时通常可以很好地工作，但初始偏心量过大的情况除外（不允许这种情况发生）。

注意：轴的横向振动与轴谐振的区别。横向振动属于受迫振动，它需要外部的能量供应，例如借助机器其他部分的振动来供能，使得转轴在一个或多个平面内发生振动，而不管转轴是否在旋转。轴谐振是由于偏心质量的旋转而引起的一种自激振动，并且只要有偏心质量做旋转运动就会产生轴谐振。假定了轴的挠曲形状后，其绕轴心的旋转运动就像孩子们玩跳绳时的跳绳一样。

扭转振动

正如转轴可以横向振动，它也可以在扭转方向振动，具有一个或多个扭转固有频率。用于描述横向振动的方程同样可用于描述扭转振动。它们的形式是一样的，只不过是把力换成力矩，质量换成转动惯量，线性弹性系数换成扭转弹性系数。固有圆频率的计算式（10.24）就可适用于单自由度的旋转系统：

$$\omega_n = \sqrt{\frac{k_t}{I_m}} \quad \text{rad/s} \tag{10.27a}$$

实心圆轴的扭转弹性系数 k_t 为：

$$k_t = \frac{GJ}{l} \quad \text{lb·in/rad 或 N·m/rad} \tag{10.27b}$$

式中，G 是材料的弹性模量；l 是轴的长度。实心圆轴截面的极惯性矩 J 为

$$J = \frac{\pi d^4}{32} \quad \text{in}^4 \quad \text{或 m}^4 \tag{10.27c}$$

如果是阶梯轴，那么其等价截面极惯性矩 J_{eff} 为：

$$J_{eff} = \frac{l}{\sum_{i=1}^{n} \dfrac{l_i}{J_i}} \tag{10.27d}$$

式中，l 为轴的总长度；J_i 和 l_i 分别为不同直径轴段的截面极惯性矩和长度。

实心圆盘关于其旋转轴转动惯量为：

$$I_m = \frac{mr^2}{2} \quad \text{in·lb·sec}^2 \text{ 或 kg·m}^2 \tag{10.27e}$$

式中，r 为圆盘的半径；m 为圆盘的质量。

上述方程足以找出固定轴上的单圆盘系统的临界频率，如图 10-30 所示。

两个圆盘安装在同一根轴上的情况

　　一个更有意思的问题是有两个（或更多的）圆盘安装在同一根轴上的情况，如图 10-31 所示。两个圆盘将在相同的固有频率下发生扭转振动，但是它们的振动相位相差 180°。轴上某处将会出现一个不发生扭转变形的位置，称为节点。发生扭转振动时，在节点两侧的点将以相反的方向旋转。这样系统可以看作是由两个独立的单质量系统在静止节点处耦合而成的，其中一个系统的转动惯量为 I_1，弹性系数为 k_1，另一个系统对应的参数分别为 i_z 和 k_z。它们共同的固有频率则为：

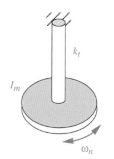

图 10-30

扭转振动时转轴上的圆盘

$$\omega_n = \sqrt{\frac{k_1}{I_1}} = \sqrt{\frac{k_2}{I_2}} \tag{10.28a}$$

　　假设节点两边的转动惯量 J 是恒定的，那么各轴段的弹性系数可以通过 $k_t = JG/l$ 得到，从而有：

$$\sqrt{\frac{JG}{l_1 I_1}} = \sqrt{\frac{JG}{l_2 I_2}}$$

得

$$l_1 I_1 = l_2 I_2 = I_2 (l - l_1)$$

故

$$l_1 = \frac{I_2 l}{I_1 + I_2} \tag{10.28b}$$

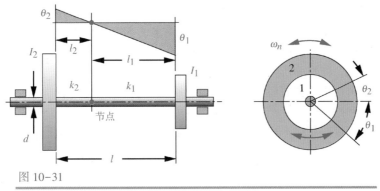

图 10-31

同一根轴上有两个圆盘时的扭转振动

通过式（10.28b）能够找到节点的位置，将其代入式（10.28a）得到：

$$\omega_n = \sqrt{\frac{k_1}{I_1}} = \sqrt{\frac{JG}{l_1 I_1}} = \sqrt{\frac{JG}{l}\frac{I_1 + I_2}{I_1 I_2}}$$

$$\omega_n = \sqrt{k_t \frac{I_1 + I_2}{I_1 I_2}} \qquad \omega_n^2 = k_t \frac{I_1 + I_2}{I_1 I_2}$$

（10.28c）

已知两个圆盘的转动惯量和轴的整体弹性系数就能算出系统扭转振动的临界转速。

轴上的作用力的频率应避免为临界频率，以防止出现扭转共振而使转轴过载。安装在轴上的装置（如活塞式发动机和活塞泵），它们的扭矩函数的频率等于其对应的动作脉冲数乘以转动频率。例如，四冲程发动机组件的强迫振动频率是其转速的四倍。如果这四倍频刚好等于轴的临界频率，就造成很大的问题。因此，在设计轴时，必须同时考虑安装在轴上的主动旋转装置和从动旋转装置的频率特性和它们的基本转动频率。

多个圆盘安装在同一根轴上的情况

两圆盘的轴有一个节点和一个扭转固有频率。三圆盘的轴有两个节点和两个扭转固有频率。假设圆盘质量远大于轴质量而忽略轴质量，那么这个结论适用于有任意数量圆盘的情况。N 个圆盘的轴有 $N-1$ 个节点和 $N-1$ 个扭转固有频率。如果把变量看成 ω_n^2 而不是 ω_n，那么固有频率的方程式也将是 $N-1$ 次方程。注意：对应 2 个质量的式（10.28c）在这一假设下就是一次方程。同理，当有 3 个质量时对应为 ω_n^2 的二次方程，4 个质量时对应为 ω_n^2 的三次方程。

在有 3 个质量的情况下，固有频率平方 ω_n^2 为下式的两个根：

$$I_1 I_2 I_3 \left(\omega_n^2\right)^2 - \left[k_2\left(I_1 I_2 + I_1 I_3\right) + k_1\left(I_2 I_3 + I_1 I_3\right)\right]\omega_n^2 + k_1 k_2\left(I_1 + I_2 + I_3\right) = 0 \qquad (10.29)$$

高阶多项式由附加质量推导得出，利用迭代求根法可以得到这些固有频率。

近似的方法也可用来求解任意质量数的扭转固有频率。这样就可以根据需要，将轴的质量分解成离散的部分来计算出它的固有频率。Holzer 法通常既可用于求解轴的横向振动问题，也可用来求解扭转振动问题。请参考文献［10］或其他振动方面文章中有关上述方法的推导和讨论。由于篇幅有限，在此就无法详细说明了。

扭转振动的控制

当轴较长并且（或者）沿其长度方向有多个质量分布时，避免扭转振动将是设计时要重点考虑的问题。内燃机的曲轴就是一个例子。曲轴曲拐的几何结构大大降低了自身的扭转刚度，使得它的固有频率较低。较低的固有频率，加上来自汽缸爆燃产生的扭矩的高次谐波作用，会使得曲轴扭转疲劳而过早失效。在 20 世纪三四十年代流行的直列八缸发动机没有直列六缸发动机那么成功，在某种程度上是因为前者的曲轴较长，包含 8 个曲拐，产生了较严重的扭转振动问题。V-8 发动机的曲轴长度更短，刚度更高，具有 4 个曲拐，已经完全取代了直列八缸发动机。即使是长度较小的发动机，曲轴的扭转振动仍是需要认真考虑的问题。

有多种方法能可防止驱动力频率与系统固有频率一致时带来的负面后果。第一道防线是重新设计系统的质量和刚度特性，使得临界频率尽可能远高于外力的最高频率。这通常需要在减轻质量的同时提高刚度，往往不容易做到。这就需要合理地设计几何形状，争取用最少的材料获得最大的刚度。**刚度比**是指物体的刚度与质量之比。我们希望尽可能增大刚度比以提高固有频率。有限元分析可以非常有效地改进设计的几何结构以改变其固有频率，这是因为在分析的过程中能够获得很详细的数据信息。

另一种方法是在系统中添加一个**可调式减振器**。可调式减振器是质量-弹簧组合，添加到系统时会改变系统的固有频率，使其远离任何起主要作用的驱动力频率。系统因此可以有效地调整其固有频率，使其远离不希望出现的频率。这种方法在某些情况下是非常有效的，常应用于直线运动系统和扭转系统。

扭转阻尼器通常安装在发动机曲轴末端以减少其振动幅度。为纪念其发明者，扭转阻尼器也称为 Lanchester 阻尼器，它是一个通过能量吸收介质（如橡胶或油）连接到转轴上的圆盘。油能提供黏滞阻尼，橡胶则具有显著的内部迟滞阻尼特性。扭转阻尼器能够减小共振时的峰值振幅，这从图 10-26 中阻尼系数 ζ 较大时的曲线可以看出。读者可以参考文献［11］以获得这些方法的详细信息。

例 10-8 确定轴的临界频率

问题：确定例 10-2 中轴的谐振和扭转临界频率，并与它的强迫振动频率相比较。

已知：钢轴的各段尺寸分别为 $\phi 0.875$ in 长 1.5 in，$\phi 0.750$ in 长 3.5 in，$\phi 0.669$ in 长 1.5 in，$\phi 0.531$ in 长 1.5 in。轴的转速为 1725 r/min。轴总长为 8 in，在 0 in 和 5 in 处有支承。钢齿轮重 10 lb，重力作用位置 $z = 2$ in。钢齿轮的转动惯量为 0.23 lb·in·s²。铝带轮重 3 lb，重力作用位置 $z = 6.75$ in，铝带轮的转动惯量为 0.07 lb·in·s²。

假设：由齿轮和带轮的重力引起的轴的静态挠度将用作 Rayleigh 法的估计值，此时齿轮和带轮的重力将作用在最大的静挠度方向。忽略轴的重力。

解：参见图 10-5 和图 10-32。

1. 阶梯轴的变形可通过例 10-3 介绍的方法确定。本例认为载荷仅为两个圆盘的重力。但是，我们假设齿轮重力向下而带轮重力向上，因为这样能更好地描述出在由轴心向外的惯性力作用下动态变形的情况。如果我们认为重力都是向下的，那么我们将得到一个较小的最大挠度和不同于动态挠度曲线的静挠度曲线。图 10-32 所示为轴所受重力情况及其挠度曲线，其中，齿轮处的挠度为 6.0×10^{-5} in，带轮处的挠度为 1.25×10^{-4} in。上述挠度值将用于式（10.25c）。

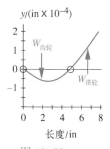

图 10-32

轴上圆盘重力引起的类似动态挠度形状的静挠度曲线

2. 根据式（10.25c）计算轴谐振的临界频率：

$$\omega_n = \sqrt{g \frac{\sum_{i=1}^{n} W_i \delta_i}{\sum_{i=1}^{n} W_i \delta_i^2}} = \sqrt{386 \frac{10(6.0 \times 10^{-5}) + 3(1.25 \times 10^{-4})}{10(6.0 \times 10^{-5})^2 + 3(1.25 \times 10^{-4})^2}} = 2131 \text{ rad/s} \quad (a)$$

注意：重力大小和相应的变形量都取正值，这与它们的静挠度的矢量方向无关。

3. 临界谐振频率与驱动力频率的比值为：

$$\frac{\omega_n}{\omega_f} = \frac{30/\pi(2131 \text{ rad/s})}{1725 \text{ r/min}} = \frac{20\ 350 \text{ r/min}}{1725 \text{ r/min}} = 11.8 \tag{b}$$

该频率比裕量非常充足。本例中，如果在计算挠度和临界频率时考虑轴的重量，则其临界频率变为 20849 r/min，为驱动力频率的 12.1 倍。即使轴上圆盘的质量相对较轻，也不会因为忽略了轴的重量而产生较大的误差。利用 Rayleigh 法得到的这两个临界频率都高于实际的固有频率。读者可以通过简单地将轴的密度由 0.28 lb/in³（钢）改为零来消除轴重量对计算过程的影响，从而比较它们之间的差异。模型考虑轴的重量时，可将轴沿其长度方向分成 50 等分。

4. 要得到阶梯轴的扭转临界频率，就需要知道各阶梯轴段组合在一起的有效弹性系数。其中起主要作用的是齿轮和带轮之间的轴段。任一部分的弹性系数为：

$$k_t = \frac{GJ}{l} = \frac{G\pi d^4}{32l} \text{ lb·in/rad}$$

$$k_{t_1} = \pi \frac{11.5 \times 10^6 (0.75)^4}{32(3.5)} = 102\ 065 \text{ lb·in/rad} \tag{c}$$

$$k_{t_2} = \pi \frac{11.5 \times 10^6 (0.669)^4}{32(1.5)} = 150\ 769 \text{ lb·in/rad}$$

各轴段承受相同的转矩，但扭转变形量不同（总扭转变形量等于各轴段变形量之和，如式 10.9b 所示），就像串联的弹簧一样。两个转矩载荷之间的阶梯轴段的有效弹性系数 $k_{t_{eff}}$ 可根据式 10.9d 求得：

$$\frac{1}{k_{t_{eff}}} = \frac{1}{k_{t_1}} + \frac{1}{k_{t_2}} = \frac{1}{102\ 065} + \frac{1}{150\ 769} \tag{d}$$

$$k_{t_{eff}} = 60\ 863 \text{ lb·in/rad}$$

5. 根据式（10.28c）可得临界扭转频率为：

$$\omega_n = \sqrt{k_{t_{eff}} \frac{I_1 + I_2}{I_1 I_2}} = \sqrt{60\ 863 \frac{0.23 + 0.07}{(0.23)(0.07)}} = 1065 \text{ rad/s} \tag{e}$$

6. 临界扭转频率与驱动频率的比值为：

$$\frac{\omega_n}{\omega_f} = \frac{30/\pi(1\ 065 \text{ rad/s})}{1725 \text{ r/min}} = \frac{10\ 170 \text{ r/min}}{1725 \text{ r/min}} = 5.9 \tag{f}$$

该值在可接受范围内。

7. 文档 EX10-8 可在本书网站获得。

10.15 联轴器

市场上有各种各样的联轴器可供选用，范围从简单的键联接刚性联轴器到利用齿轮、弹性体或者液体将转矩从一根轴传递到存在各种错位偏差的另一根轴或其他设备的复杂联轴器。联轴器可以大致分为两类：刚性联轴器和挠性联轴器。这里的挠性意味着联轴器可以补偿两根轴之间的部分位置偏差，刚性意味着要连接的轴之间不允许存在偏差。

刚性联轴器

刚性联轴器将两根轴锁紧在一起，使得它们之间没有相对运动，尽管装配时可以调整一些轴向位置。刚性联轴器用在需要准确传输转矩的场合，例如需要精确保持驱动装置和从动装置之间的相位关系的情况。直长轴驱动的自动化生产机械的各轴之间经常使用刚性联轴器连接就是因为这个原因。伺服机构的驱动链也要求零侧隙连接。装配时，被连接的轴的轴线必须精确地调整对齐，以避免在连接处产生较大侧向力和力矩。

图 10-33 所示为市场有售的一些刚性联轴器。常见的有三种类型：螺钉固定联轴器、键联接联轴器和夹壳联轴器。

图 10-33

各种类型的刚性联轴器

感谢 Ruland Manufacturing Co., Inc., Marlborough, Mass.

螺钉固定联轴器将坚硬的螺钉拧紧在轴上以传递扭矩和轴向载荷。螺钉固定联轴器适用于轻载的情况。振动会使螺纹连接松动，此时不建议选用此类型的联轴器。

键联接联轴器使用前面章节介绍的标准键，可以传递较大转矩。固定螺钉经常与键一起使用，螺钉与键之间通常要错开 90°角。为了在振动时连接可靠，可使用圆端止动螺钉拧紧。为安全起见，应在轴上固定螺钉的下方钻一个浅孔，以提供机械作用来防止轴向滑移，而不是依靠摩擦力。

夹壳联轴器有几种结构形式，最常见的是整体式或剖分式的开槽结构，它夹在两根轴上，通过摩擦力传递转矩，如图 10-33 所示。锥面夹紧联轴器利用开槽的锥套受到轴和锥形联轴器外壳之间的挤压来夹紧轴，如图 10-34 所示。

挠性联轴器

作为刚体，一根轴相对于另一根轴有六个自由度。然而，由于对称性，只有四个自由度是有意义的。它们分别对应轴向错位、角度错位、平行错位和扭转错位，如图 10-35 所示。它们会单独出现，也会组合在一起出现，可能是装配失误所致，也可能是工作时两根轴间的相对运动引起的。在汽车动力传动系统的末端，传动轴之间有相对运动。驱动端安装在车架上，从动端位于公路上。车架与公路之间被汽车悬架所隔离，因此，在汽车驶过凹凸不平的路面时传动轴联轴器必须能够同时吸收角度错位和轴向错位。

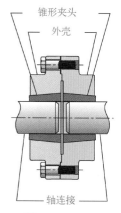

图 10-34

锥度夹紧联轴器

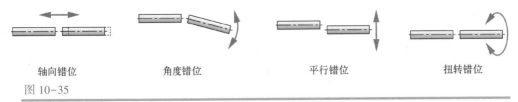

图 10-35

轴位置偏差的类型

（图中标注：轴向错位　角度错位　平行错位　扭转错位）

除非是刻意对齐两相邻轴，否则任何机器里都存在轴向错位、角度错位和平行错位。扭转失调发生在从动载荷超前或滞后于驱动力的情况。如果联轴器上有扭转间隙，那么在转矩反向时就会产生反向冲击。这在需要准确的相位关系的情况下是不允许发生的，譬如在伺服机构中。当需要将大冲击载荷或扭转振动与驱动机构隔离开时，联轴器必须具有扭转挠性。

有多种类型的挠性联轴器已设计制造出来，不同联轴器可补偿不同的位置偏差。设计者通常都可以在市面上找到适用的联轴器。挠性联轴器大致可以分为几个子类别，表 10-7 对其进行了罗列并介绍了相应的特点。表中没有给出转矩值，因为它与尺寸大小和材料有关。各种型号的联轴器能传递的功率范围可以从小数级别的功率到数以千计的功率。

表 10-7　各种类型联轴器的特点

类　　型	可允许的错位				备　注
	轴向	角度	平行	扭转	
刚性	大	无	无	无	需精确对中
爪式	轻微	轻微（<2°）	轻微（3%d）	中等	能吸收振动，侧隙大
齿轮	大	轻微（<5°）	轻微（<0.5%d）	无	少量侧隙，传动能力强
花键	大	无	无	无	少量侧隙，传动能力强
螺旋	轻微	大（20°）	轻微（<1%d）	无	整体式，结构紧凑，无侧隙
波纹管	轻微	轻微（2~6°）	轻微（0.004~0.05d）	无	扭转刚度高
柔性盘	轻微	轻微（3°）	轻微（2%d）	轻微或无	能吸收振动，无侧隙
连杆	无	轻微（5°）	大（200%d）	无	无侧隙，轴上无侧向载荷
胡克	无	大	大（成对使用）	无	少量侧隙，成对使用才等速
球笼式	无	大	无	无	等速

爪式联轴器　有两个具有爪形凸起的轮毂（通常是相同的），如图 10-36 所示。轮毂通过嵌入的橡胶或软金属材料来实现轴向的接合与扭转方向的互锁。轮毂间的间隙允许轴向错位、角度错位和平行错位的存在，但某些设计可能会允许一些不希望的侧隙，其他的则是零间隙，如图 10-36 所示。

图 10-36

零冲击爪式联轴器的爆炸视图

感谢 Ruland Manufacturing Co., Inc., Marlborough, Mass.

柔性盘联轴器 类似于爪式联轴器，它的两个轮毂也是通过具有挠性的弹性体（盘）或弹性金属材料实现连接的，如图 10-37 所示。这使得柔性盘联轴器允许存在轴向错位、角度错位和平行错位，但不允许冲击或仅能承受很小冲击。

齿式和花键联轴器 借助齿型为直齿或曲齿的内外齿间的啮合实现连接，如图 10-38 所示。它允许轴与轴间较大的轴向相对移动，并且根据齿型与间隙的不同，也能吸收较少的角度错位和平行度偏差。由于有多齿参与啮合，这类联轴器传递转矩的能力很强。

图 10-37

柔性盘联轴器

图 10-38

齿轮联轴器

感谢 Ameridrives International LLC，Erie，Pa. 16502

螺旋和波纹管联轴器 是一体化设计，它们利用自身的弹性变形来吸收轴向错位、角度错位、平行错位，不允许或允许少量冲击。螺旋联轴器（见图 10-39 和第 10 章标题页照片）是在实心金属圆柱体上切出螺旋状狭缝制成的，这样可增加其挠性。金属波纹管联轴器（见图 10-40）是用薄金属板制成的，具体可通过把一系列杯形垫片焊接在一起，或用液压将管材压制成形，或在芯棒上电镀一层厚涂层制成。这种联轴器传递转矩的能力较弱，但其侧隙为零，扭转刚度很高，能同时吸收轴向错位、角度错位和平行度偏差。

图 10-39

螺旋联轴器

感谢 Helical Products Co.，Inc.，Santa Maria，Calif. 93456

图 10-40

金属波纹管联轴器

感谢 Senior Operations LLC，Metal Bellows Division，Sharon，Mass. 02067

连杆联轴器 又称为施密特（Schmidt）联轴器（见图 10-41），它通过多根连杆连接两根轴，在较大的平行度偏差下不会产生侧向载荷或造成转矩损失，也不存在侧隙。部分设计还允许少量的角度错位和轴向错位。该联轴器通常用于平行位置调整较大或两轴间需要动态移动的情况。

万向节联轴器 有两种常见类型：不等速的 Hooke 万向节（见图 10-42）和等速的球笼式万向节。Hooke 万向节通常成对使用以消除它们的速度误差。这两种类型都可适用于角度错位非常大的情况，成对使用时也可实现较大平行位置偏移量。万向节常用于汽车的驱动轴，后轮驱动的驱动轴使用了一对 Hooke 万向节，前轮驱动的汽车使用了一对球笼式万向节。

图 10-41

施密特偏移联轴器

感谢 Zero-Max/Helland Co., Minneapolis, Minn. 55441

图 10-42

Hooke 万向节

可用联轴器的种类众多，这使得设计者必须从制造商那里获取更多关于联轴器性能的详细信息，同时制造商也愿意帮助他们选择合适类型的联轴器。制造商通常会提供他们特有联轴器的载荷和位移补偿性能方面的测试数据。

10.16 案例研究

现在，我们讨论第 9 章定义的一个案例研究组件中轴的设计。

便携式空气压缩机传动轴的设计

该装置的初步设计如图 9-1 所示。该装置有输入轴和输出轴两根轴。本例中输出轴受到的转矩更大，这是因为输出轴转速较低，为 1500 r/min。前面第 9 章案例研究 8A 中已经确定了轴所受的转

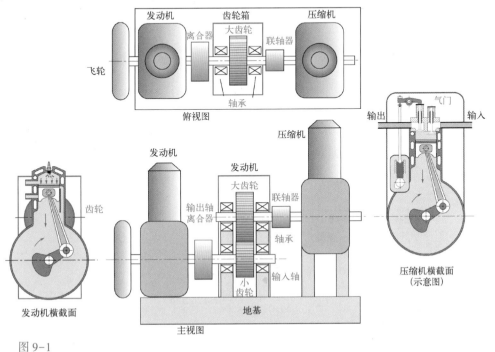

图 9-1

汽油发动机驱动的便携式空气压缩机、齿轮箱、联轴器、轴和轴承的设计示意图（重复）

矩，并用图 9-3 表示出来。由于转矩随时间变化，必须对轴进行疲劳强度设计。轴除了受转矩作用之外，来自齿轮的横向载荷会产生弯矩，这使轴工作在弯扭组合状态下。注意：图 9-1 中的轴较短，长度仅足够安装齿轮和轴承。这样设计是为了最大限度地减少齿轮受力产生的弯矩。

由于齿轮尚未设计，我们必须对齿轮的直径和厚度做一些假设才能够完成对轴的初步设计。后面选用轴承也可能会改变我们所做的轴设计。这是典型的设计问题，因为所有的零件是相互影响的。需要对各零件反复修改设计才能够完成任务。

案例研究 8B 压缩机驱动轴的初步设计

问题：根据案例研究 8A 中确定的载荷，设计图 9-1 中齿轮箱输入、输出轴的合理尺寸，并选择合适的连接方式。

已知：输出轴的转矩-时间函数曲线如图 9-3 所示，传动比为 2.5:1，实现从输入到输出轴的减速。

假设：设输入齿轮（小齿轮）的直径为 4 in，输出齿轮的直径为 10 in；二者厚度都为 2 in，压力角均为 20°，所有轴都使用标准直径的球轴承。

解：参见图 9-1（重复）、图 9-3（重复）和图 10-43。

1. 图 9-3 中定义了作用在输出轴上随时间变化的转矩，大小在 $-175 \sim 585$ lb·in 之间；从这些数据和假定的齿轮直径，我们可以确定由齿轮啮合而作用在轴上的力。齿轮组的受力如图 10-43 所示。由于存在齿轮压力角 ϕ，齿轮啮合处受力可分解为径向分力和切向分力。切向分力可由已知的转矩和假设的齿轮半径求出：

$$F_{t_{max}} = \frac{T_{max}}{r_g} = \frac{585 \text{ lb·in}}{5 \text{ in}} = 117 \text{ lb}$$

$$F_{t_{min}} = \frac{T_{min}}{r_g} = \frac{-175 \text{ lb·in}}{5 \text{ in}} = -35 \text{ lb}$$

(a)

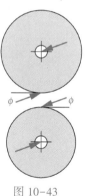

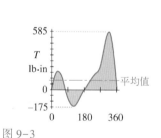

图 9-3

曲柄轴以恒定角速度 ω 运动时，总转矩-时间函数曲线图（重复）

图 10-43

作用在齿轮组上的力

2. 可得合力的最大值与最小值为：

$$F_{max} = \frac{F_{t_{max}}}{\cos\phi} = \frac{117 \text{ lb}}{\cos 20°} = 124.5 \text{ lb}$$

$$F_{min} = \frac{F_{t_{min}}}{\cos\phi} = \frac{-35 \text{ lb}}{\cos 20°} = -37.25 \text{ lb}$$

(b)

注意：这些力同样会作用在输入轴上，由于齿数比为 1:2.5，输入轴的转矩为输出轴转矩的

0.4 倍。

3. 现在可求作用在轴上的最大和最小弯矩。假定齿轮位于设定为相距 4 in 的两个简单支承轴承的中间位置。轴承约束反力等于齿轮受力的一半,并且在中心位置的弯矩峰值为

$$M_{max} = F_{max} \frac{l}{4} = 124.5 \frac{4}{4} \text{ lb·in} = 124.5 \text{ lb·in}$$

$$M_{min} = F_{min} \frac{l}{4} = -37.25 \frac{4}{4} \text{ lb·in} = -37.25 \text{ lb·in}$$

(c)

4. 轴上必须设置轴肩来给两端的轴承定位,也必须利用轴肩或弹性挡圈对齿轮进行轴向定位。在这个设计阶段,我们先假设轴是等直径的,以求得转矩和弯矩载荷的近似值。

由于轴上安装齿轮处可能需要键槽,假设轴上弯矩与转矩都为最大的危险位置的弯曲和扭转的应力集中系数均为 3 (见图 10-16)。完成了齿轮的设计和轴承的选用之后,我们可以改进设计,包括设置轴肩以及使用更精确的应力集中系数。

5. 传动轴上的载荷为同步波动循环弯矩与波动循环转矩,应力计算需要用到弯矩和转矩的平均值和幅值。

$$M_m = \frac{M_{max} + M_{min}}{2} = \frac{124.5 - 37.25}{2} \text{ lb·in} = 43.6 \text{ lb·in}$$

$$M_a \doteq \frac{M_{max} - M_{min}}{2} = \frac{124.5 + 37.25}{2} \text{ lb·in} = 80.9 \text{ lb·in}$$

(d)

$$T_m = \frac{T_{max} + T_{min}}{2} = \frac{585 - 175}{2} \text{ lb·in} = 205 \text{ lb·in}$$

$$T_a = \frac{T_{max} - T_{min}}{2} = \frac{585 + 175}{2} \text{ lb·in} = 380 \text{ lb·in}$$

(e)

6. 计算时需要试选材料。首先尝试选择一种廉价的低碳冷轧钢 SAE1018, $S_{ut} = 64$ kpsi, $S_y = 54$ kpsi。虽然强度不是很高,但这种材料具有较低的沟痕敏感性,在应力集中方面是一个优势。用式 (6.5) 计算未修正疲劳强度:

$$S_{e'} = 0.5 S_{ut} = 0.5(64\,000) \text{ psi} = 32\,000 \text{ psi}$$

(f)

考虑零件和试件之间的差异,引入不同的因子来减小疲劳强度。

$$S_e = C_{load} C_{size} C_{surf} C_{temp} C_{reliab} S_{e'}$$

$$S_e = (1)(1)(0.84)(1)(1)(32\,000) \text{ psi} \cong 27\,000 \text{ psi}$$

(g)

载荷为弯矩和转矩,所以 $C_{load} = 1$。因为我们仍未知零件的尺寸,故先假定 $C_{size} = 1$,之后再调整。C_{surf} 是表面加工质量系数,根据图 6-26 或者式 (6.7e) 选取。由于温度没有升高,$C_{temp} = 1$,并且假设可靠度为 50%。

7. 材料的沟痕敏感系数由式 (6.13) 或图 6-36 可得,假设沟痕半径 0.01 in,则对于弯曲,$q = 0.50$,对于扭转 $q = 0.57$。

8. 使用假定的几何应力集中系数,由式 (6.11b) 可得弯曲疲劳应力集中系数。
键槽处的弯曲应力集中系数为:

$$K_f = 1 + q(K_t - 1) = 1 + 0.50(3.0 - 1) = 2.00$$

(h)

键槽处的扭转应力集中系数为

$$K_f = 1 + q(K_t - 1) = 1 + 0.57(3.0 - 1) = 2.15$$

(i)

9. 从式 (6.17) 可知,在这种情况下,应力均值应使用相同的应力集中系数:

$$K_{fm} = K_f = 2.00$$

$$K_{fsm} = K_{fs} = 2.15$$

(j)

10. 考虑初步设计的不确定性，假定其安全系数为 3，根据式（10.8）可求得轴的直径。注意：因为假定转矩恒定，故不能使用 ASME 的转轴设计方程式。必须使用式（10.8）所示的更通用的、修正的 Goodman 曲线方法。有：

$$d_{output} = \left\{ \frac{32N_{sf}}{\pi} \left[\frac{\sqrt{\left(K_f M_a\right)^2 + \frac{3}{4}\left(K_{fs}T_a\right)^2}}{S_f} + \frac{\sqrt{\left(K_{fm}M_m\right)^2 + \frac{3}{4}\left(K_{fsm}T_m\right)^2}}{S_{ut}} \right] \right\}^{\frac{1}{3}}$$

$$= \left\{ \frac{32(3)}{\pi} \left[\frac{\sqrt{\left[2.00(80.9)\right]^2 + \frac{3}{4}\left[2.15(380)\right]^2}}{27\,000} + \frac{\sqrt{\left[2.00(43.6)\right]^2 + \frac{3}{4}\left[2.15(205)\right]^2}}{64\,000} \right] \right\}^{\frac{1}{3}} \quad (k)$$

$$d_{output} = 1.00 \text{ in}$$

因此看来对于输出轴来说，1 in 的公称轴径是可以接受的。

11. 虽然输入轴与输出轴具有相同的弯矩均值和弯矩幅值，但是输入轴的转矩值只有输出轴的 40%。输入轴的转矩均值与转矩幅值分别为 82 lb·in 和 152 lb·in。其他系数与输出轴相同，代入式（10.8），得到较小轴的轴径。有：

$$d_{input} = \left\{ \frac{32(3)}{\pi} \left[\frac{\sqrt{\left[2.00(80.9)\right]^2 + \frac{3}{4}\left[2.15(152)\right]^2}}{27\,000} + \frac{\sqrt{\left[2.00(43.6)\right]^2 + \frac{3}{4}\left[2.15(82)\right]^2}}{64\,000} \right] \right\}^{\frac{1}{3}} \text{in} \quad (1)$$

$$= 0.768 \text{ in}$$

输入轴的公称直径可取为 0.781 in，这是一个棒料尺寸。

12. 由于发动机、齿轮箱、压缩机的三个组件之间存在一定的安装误差，发动机和输入轴之间，以及输出轴与压缩机之间的联轴器必须能够适应一定的角度和平行度偏差。从图 9-3 可以看到，联轴器的扭转柔性有助于吸收转矩反向产生的振动。

在受到这些限制的情况下，这两个联轴器都选择含有弹性体的爪式联轴器是合适的。在本应用中，由于三个组件同步运作的要求不高，因此联轴器之间固有的侧隙对机器影响不大。亦可选用膜片联轴器。刚性联轴器则对各组件间安装精度要求更高。联轴器的特性请见表 10-7。

13. 文件 CASE8B-1 和 CASE8B-2 都位于本书的网站上。

10.17　小结

轴应用于所有旋转的机械中。为了得到高刚度、小变形量，轴的材料一般选用钢材。轴的材料可用较软的低碳钢，为得到更高的强度，或者为得到较高的硬度以提高耐磨性，则可用中高碳钢。轴上通常有轴肩来为轴上零件，如轴承、齿轮、链轮（槽轮）等进行轴向定位。在应力分析时必须考虑轴肩带来的应力集中。键槽和过盈配合也会产生应力集中。

作用在轴上的载荷通常为扭转和弯曲的组合，并且扭转和弯曲都可能是时变的。对于波动循环转矩和波动循环弯矩组合作用的一般情况，需要采用修正的 Goodman 曲线方法进行疲劳失效分析。对于这种转矩与弯矩通过共同的作用力相互关联的情况，式（10.8）中应用了修正的 Goodman 曲线方法，它提供了一种利用已知的波动循环载荷、应力集中系数、材料强度与选定的安全系数来确定转轴直径的设计工具。ASME 转轴设计方程式（10.6）仅适用于转矩恒定，弯矩因轴转动而按对称循环规律周期性变化的情况。式（10.6）仅可用于满足这种载荷限制条件的情况。如果弯矩与转矩都是波动循环的话，最好使用通用设计式（10.8）。

通常可以用好几种技术或装置来将零件安装在轴上，譬如键、花键、过盈配合等。键根据轴径已经标准化。请参考 ANSI 标准或者参考文献［3］查找本章中没有列出的键的尺寸数据。花键承受转矩的能力强于键。过盈配合可通过直接压入法装配得到，也可以通过加热膨胀、冷却收缩其中一个或者两个零件来实现。应用这些技术方法的时候会产生非常高的应力，可能在装配时使零件失效。

平顺转矩或者速度波动的时候要用到飞轮。为了得到期望的波动速度系数，必须设计合适的飞轮，然后再校核运转速度下的应力情况。飞轮上最大应力出现在内径位置。由于应力与转速的平方成正比，必须确定最大安全转速。如果飞轮在旋转过程中失效，通常会碎裂飞离，并可能导致严重的人身伤害。

所有转轴都有临界频率，当频率达到临界频率，将会引起共振而发生大的变形，从而导致失效。基本横向频率和扭转频率是不同的，在运转时必须通过保持转速远低于该轴的最低临界频率来避免共振。

在市面上可以购买到各种各样的联轴器。本章简要讨论了一些联轴器的类型及其特点。请咨询制造商以获取更完整和准确的信息。

本章使用的重要公式

请参见相关章节了解这些公式的用法。

功率与转矩的关系（10.4 节）：

$$P = T\omega \tag{10.1a}$$

ASME 的转轴设计公式（10.8 节）：

$$d = \left\{ \frac{32N_f}{\pi} \left[\left(K_f \frac{M_a}{S_f} \right)^2 + \frac{3}{4} \left(\frac{T_m}{S_y} \right)^2 \right]^{\frac{1}{2}} \right\}^{\frac{1}{3}} \tag{10.6b}$$

通用的转轴设计公式（10.8 节）：

$$d = \left\{ \frac{32N_f}{\pi} \left[\frac{\sqrt{\left(K_f M_a\right)^2 + \frac{3}{4}\left(K_{fs}T_a\right)^2}}{S_f} + \frac{\sqrt{\left(K_{fm}M_m\right)^2 + \frac{3}{4}\left(K_{fsm}T_m\right)^2}}{S_{ut}} \right] \right\}^{\frac{1}{3}} \tag{10.8}$$

轴的扭转变形计算公式（10.9 节）：

$$\theta = \frac{Tl}{GJ} \tag{10.9a}$$

过盈配合产生的压力计算公式（10.11 节）：

$$p = \frac{0.5\delta}{\frac{r}{E_o}\left(\frac{r_o^2 + r^2}{r_o^2 - r^2} + \nu_o\right) + \frac{r}{E_i}\left(\frac{r^2 + r_i^2}{r^2 - r_i^2} - \nu_i\right)} \tag{10.14a}$$

过盈配合的轴和轮毂上的切向应力计算公式（10.11 节）：

$$\sigma_{t_{shaft}} = -p\frac{r^2+r_i^2}{r^2-r_i^2} \tag{10.15a}$$

$$\sigma_{t_{hub}} = p\frac{r_o^2+r^2}{r_o^2-r^2} \tag{10.16a}$$

旋转飞轮储存的能量计算公式（10.13 节）：

$$E_k = \frac{1}{2}I_m\omega^2 \tag{10.17a}$$

实心盘状飞轮的转动惯量计算公式（10.13 节）：

$$I_m = \frac{\pi}{2}\frac{\gamma}{g}\left(r_o^4-r_i^4\right)t \tag{10.17d}$$

给定波动系数所需的飞轮转动惯量计算公式（10.13 节）：

$$E_k = \frac{1}{2}I_s\left(2\omega_{avg}\right)\left(C_f\omega_{avg}\right)$$

$$I_s = \frac{E_k}{C_f\omega_{avg}^2} \tag{10.22}$$

旋转飞轮上的切向应力计算公式（10.13 节）：

$$\sigma_t = \frac{\gamma}{g}\omega^2\left(\frac{3+v}{8}\right)\left(r_i^2+r_o^2+\frac{r_i^2r_o^2}{r^2}-\frac{1+3v}{3+v}r^2\right) \tag{10.23a}$$

单自由度系统的固有频率计算公式（10.14 节）：

$$\omega_n = \sqrt{\frac{k}{m}} \quad \text{rad/s} \tag{10.24a}$$

$$f_n = \frac{1}{2\pi}\sqrt{\frac{k}{m}} \quad \text{Hz} \tag{10.24b}$$

第一阶横向临界频率（近似）计算公式（10.14 节）：

$$\omega_n = \sqrt{g\frac{\sum_{i=1}^n m_i\delta_i}{\sum_{i=1}^n m_i\delta_i^2}} = \sqrt{g\frac{\sum_{i=1}^n \left(W_i/g\right)\delta_i}{\sum_{i=1}^n \left(W_i/g\right)\delta_i^2}} = \sqrt{g\frac{\sum_{i=1}^n W_i\delta_i}{\sum_{i=1}^n W_i\delta_i^2}} \tag{10.25c}$$

无重量轴上两质量的第一阶扭转临界频率计算公式（10.14 节）：

$$\omega_n = \sqrt{k_t\frac{I_1+I_2}{I_1I_2}} \quad \text{或} \quad \omega_n^2 = k_t\frac{I_1+I_2}{I_1I_2} \tag{10.28c}$$

10.18 参考文献

1. R. C. Juvinall and K. M. Marshek, *Fundamentals of Machine Component Design*, 2ed. John Wiley & Sons：New York，p. 656，1991.

2. D. B. Kececioglu and V. R. Lalli, "Reliability Approach to Rotating Component Design," *Technical Note TN D-7846*，NASA，1975.

3. V. C. Davies, H. J. Gough, and H. V. Pollard, "Discussion to The Strength of Metals Under Combined Alternating Stresses," *Proc. of the Inst. Mech Eng.* ，131(3)：pp. 66-69，1935.

4. S. H. Loewenthal, Proposed Design Procedure for Transmission Shafting Under Fatigue Loading, *Technical Note TM-78927*，NASA，1978.

5. H. J. Gough and H. V. Pollard, The Strength of Metals Under Combined Alternating Stresses. *Proc. of the Inst. Mech*

Eng. ,131(3):pp. 3-103,1935.

6. E. Oberg and F. D. Jones, eds. *Machinery's Handbook* , 17th ed. , Industrial Press Inc. : New York, pp. 867 - 883,1966.

7. R. C. Peterson, *Stress-concentration factors.* John Wiley & Sons:New York,pp. 266-267,1974.

8. E. Oberg et al, *Machinery's Handbook* ,25th ed. ,Industrial Press Inc. : New York,pp. 2042-2070,1996.

9. M. Dimentberg et al. ,"Passage Through Critical Speed with Limited Power by Switching System Stiffness," AMD-Vol. 192/DE-Vol. 78, *Nonlinear and Stochastic Dynamics* ,ASME 1994.

10. C. R. Mischke, *Elements of Mechanical Analysis.* Addison Wesley:Reading,Mass. ,pp. 317-320,1963.

11. R. M. Phelan, *Dynamics of Machinery.* McGraw-Hill:New York,pp. 178-196,1967.

12. R. L. Norton, *Design of Machinery.* 5ed,McGraw-Hill:New York,p. 630,2012.

表 10-8　习题清单

10.4　轴的功率	
10-15, 10-16, 10-41, 10-42	
10.8　轴的设计	
10-1 , *10-2* , *10-3* , **10-8** , 10-31, 10-32, 10-33, 10-34, 10-35, 10-50	
10.9　轴的变形	
10-4, 10-5, 10-17b, 10-18, 10-21, 10-47, 10-51, 10-54	
10.10　键与键槽	
10-6, 10-7, 10-8, *10-9* , *10-10* , 10-17a, *10-19* , *10-20* , 10-28, 10-29, 10-30, *10-36*	
10.12　过盈配合	
10-11 , *10-37* , *10-40* , 10-43, 10-44, 10-48, 10-52, 10-55	
10.13　飞轮设计	
10-12, *10-38* , *10-39* , 10-45, *10-46* , *10-49* , *10-53*	
10.14　临界转速	
10-13, 10-14, 10-17c, 10-22, 10-23, 10-24, 10-25, 10-26, 10-27	

10.19　习题

*†*10-1*　一个简单支承的轴如图 P10-1 所示。大小恒定的横向载荷 P 作用在轴上，转矩随时间在 T_{min} 到 T_{max} 之间变化。如果轴用钢材的 S_{ut} = 108 kpsi、S_y = 62 kpsi，请根据表 P10-1 选定的一行（或多行）设计数据，求解轴的直径，以使得在疲劳载荷作用下轴的安全系数为 2。长度单位为 in，力的单位为 lb，转矩的单位为 lb · in。并假设转轴上不存在应力集中。

表 P10-1　设计数据

根据需要选择单位（英寸、磅、英寸磅或厘米、N、N · m）

行数	l	a	b	P 或 p	T_{min}	T_{max}
a	20	16	18	1000	0	2000
b	12	2	7	500	−100	600
c	14	4	12	750	−200	400
d	8	4	8	1000	0	2000
e	17	6	12	1500	−200	500
f	24	16	22	750	1000	2000

注：此表用于习题 10-2、10-4~10-7、10-9~10-19、10-31~10-34、10-40、10-47、10-51 和 10-54。

⊖　有 * 号习题的答案见附录 D。

　　题号为斜体的是设计类习题，题号为粗体的为前面章节类似习题的扩展。

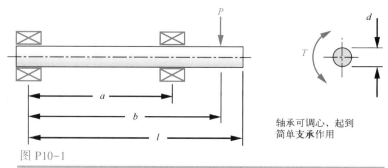

图 P10-1

习题 10-1、10-4 和 10-15 要求设计的轴的示意图

---

*10-2   如图 P10-2 所示简支轴，大小恒定的单位载荷 P 均匀分布作用于旋转轴上，并且转矩在 T_{min} 至 T_{max} 之间随时间变化。如果轴用钢材的 $S_{ut} = 745\,MPa$、$S_y = 627\,MPa$，请根据表 P10-1 选定的一行（或多行）设计数据，求解轴的直径，以使得在疲劳载荷作用下轴的安全系数为 2。长度单位为 cm，分布力的单位 N/cm，转矩的单位为 N·cm，并假设不存在应力集中。

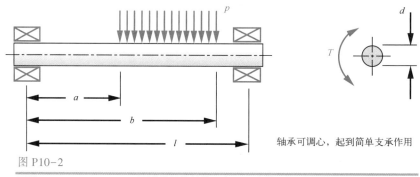

图 P10-2

习题 10-2、10-5、10-16 要求设计的轴的示意图（本书网站上有 SolidWorks 模型）

---

*10-3   对于图 P6-1 所示的自行车踏板臂组件，假设骑车人在每一个踏板上每个踩踏周期内施加力的变化范围为 0~1500 N。设计一根合适的轴连接两个踏板臂，并通过轴肩定位链轮。疲劳安全系数为 2，材料 $S_{ut} = 500\,MPa$；该轴的两端均为方形结构，能够插入踏板臂固定。

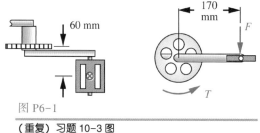

图 P6-1

（重复）习题 10-3 图

---

*10-4   由表 P10-1 选定一行（或多行）作为设计数据，确定图 P10-1 中轴的最大扭转角与最大弯曲挠度，假设轴的直径为 1.75 in。

*10-5   由表 P10-1 选定一行（或多行）作为设计数据，确定图 P10-2 中轴的最大扭转角与最大弯曲挠度，假设轴的直径为 4 cm。

*10-6   如图 P10-3 所示，使用表 P10-1 中选定的一行（或多行）的设计数据；选择合适尺寸的键，使得安全系数需至少为 2，以确保键不发生剪切与挤压失效。假设轴的直径为 1.75 in。轴用钢材，$S_{ut} = 108\,kpsi$、$S_y = 62\,kpsi$。键用钢材，$S_{ut} = 88\,kpsi$、$S_y = 52\,kpsi$。

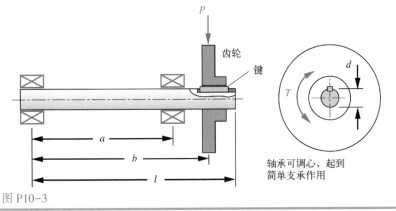

图 P10-3

习题 10-6、10-9、10-11 和 10-12 轴的示意图（本书网站上有 SolidWorks 模型）

10-7　如图 P10-4 所示，使用表 P10-1 中选定的一行（或多行）设计数据，选择合适尺寸的键，使得不发生剪切与挤压失效的安全系数都不小于 2。假设轴的直径为 4 cm。轴用钢材的 $S_{ut} = 745\,\text{MPa}$、$S_y = 627\,\text{MPa}$。键用钢材的 $S_{ut} = 600\,\text{MPa}$、$S_y = 360\,\text{MPa}$。

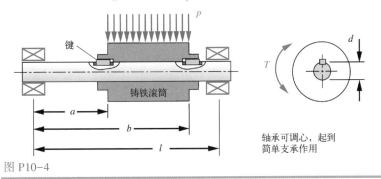

图 P10-4

习题 10-7、10-10、10-14 轴的示意图（本书网站上有 SolidWorks 模型）

*10-8　一造纸机加工密度为 984 kg/m³ 的纸筒，纸筒外径为 1.50 m、内径为 22 cm，长 3.23 m，安装在一根简单支承的、中空的、钢轴上，钢轴的 $S_{ut} = 400\,\text{MPa}$。确定轴的内径，使得动态安全系数为 2，工作寿命为 10 年。假设轴的外径为 22 cm，滚筒以 1.2 hp 的功率、50 r/min 的转速运转。

*10-9　如图 P10-3 所示，将键槽的应力集中情况考虑在内，重新计算习题 10-1。

10-10　如图 P10-4 所示，将键槽的应力集中情况考虑在内，重新计算习题 10-2。

*10-11　图 P10-3 中，轴的直径为 1.75 in，试确定径向的过盈量，要求能够为直径为 6 in、宽度为 1 in 的齿轮提供合适的过盈配合，使得当从表 P10-1 指定一行（或多行）作为过盈配合所传递的转矩值时，作用在轮毂和轴的应力在安全范围内。假设 $S_{ut} = 108\,\text{kpsi}$、$S_y = 62\,\text{kpsi}$。

10-12　假设图 P10-3 中通过键安装在轴上的装置为铸铁飞轮（等级 50），外径为 20 in，厚度 1 in。轮毂直径为 4 in，厚度 3 in。确定在安全系数为 2 的情况下，轴所能运行的最大转速。使用习题 10-6 中由表 P10-1 所选定的设计数据确定的尺寸与其他数据。此题中假设横向力 P 为零。

*10-13　使用表 P10-1 中指定行（或多行）的尺寸数据，确定图 P10-3 所示组件中转轴的临界频率，轴径为 2 in，飞轮尺寸与习题 10-12 一致。

10-14　根据表 P10-1 指定行（或多行）的尺寸以及钢轴直径 4cm，确定图 P10-4 所示组件中旋转轴的临界频率。铸铁滚筒直径为轴径的 3 倍。

*10-15　根据表 P10-1 指定行（或多行）的数据，计算轴转速为 750 r/min 时，图 P10-1 中轴所能传递

功率的最大值、最小值和平均值分别是多少？

* 10-16 根据表 P10-1 指定行（或多行）的数据，计算轴转速为 50 r/min 时，图 P10-2 中轴所能传递功率的最大值、最小值和平均值分别是多少？

* 10-17 图 P10-5 所示为齿轮驱动的滚筒组件。滚筒全长超过长度 a 的 80%，且位于其中心位置。滚筒占据轴承之间轴长的 95%。轴的材料为 $S_y = 427$ MPa、$S_{ut} = 745$ MPa 的钢材。根据表 P10-1 选定的一行（或多行）设计数据，求：

（a）轴径为 40 mm 时，不发生疲劳失效的安全系数；

（b）齿轮和滚筒之间的最大扭转变形；

（c）轴的扭转振动固有频率。

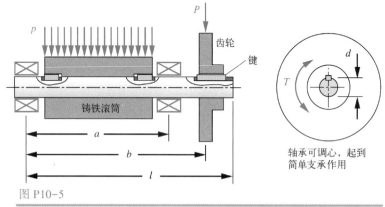

图 P10-5

习题 10-17、10-18 轴的示意图（本书网站上有 SolidWorks 模型）

* 10-18 图 P10-5 所示为齿轮驱动的滚筒组件。滚筒全长超过长度 a 的 80%，且位于其中心位置。滚筒占据轴承之间轴长的 95%。根据表 P10-1 选定的一行（或多行）设计数据，求轴径为 40 mm 时，最大的弯曲变形是多少。

* 10-19 图 P10-6 中同一轴上装有两个齿轮。假设恒值径向力 P_1 为 P_2 的 40%。根据表 P10-1 选定的一行（或多行）设计数据，确定轴的直径，使得疲劳载荷作用下安全系数为 2，轴选用强度 $S_{ut} = 108$ kpsi、$S_y = 62$ kpsi 的钢材。长度单位为 in，力单位为 lb，转矩单位为 lb·in。

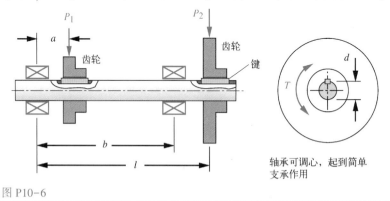

图 P10-6

习题 10-19，10-41 至 10-44 和 10-47 轴的示意图（本书网站上有 SolidWorks 模型）

* 10-20 一根 300 mm 长的实心直轴两端用调心轴承支承。一个齿轮通过一个 10 mm 的方形键安装在轴的中间。键槽的几何应力集中系数为 2.5，其圆角半径为 0.5 mm。齿轮驱动的载荷是变化的，使得在每个周期内弯矩在 +10 ~ +100 N·m 之间变化，转矩在 -35 ~ +170 N·m 之间变化。选用冷拔钢 4140，淬火和回火到洛氏硬度 C45（S_{ut} = 1250MPa）。安全系数为 1.5，寿命为无限疲劳寿命，设计轴并确定轴径。

10-21　图 P10-7 所示为转盘组件。转盘为直径 500 mm、厚 16 mm 的实心钢材，通过螺栓固定在轴的顶部法兰上。轴径为 70 mm 的轴段长度为 L_1，轴径为 40 mm 的轴段长度为 L_2，轴用圆锥滚子轴承支承。轴上所有圆角半径为 0.5 mm。功率为 5 kW 的电动机通过减速比为 20∶1 的减速器与一个波纹管联轴器驱动转轴。电动机的最大额定转矩为 17.75 N·m，堵转转矩为额定转矩的 3 倍。试求在转盘锁定与电动机堵转情况下轴上的最大应力与角位移。

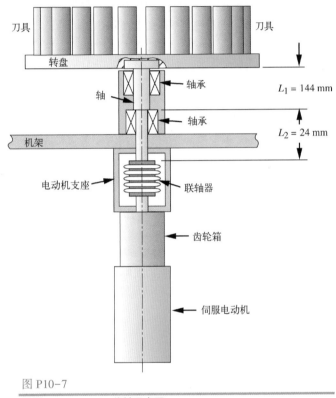

图 P10-7

习题 10-21~10-28 的轴示意图

10-22　对于习题 10-21 中图 10-7 所示的转盘组件，求连接在转轴-转盘组件上电动机轴的第一阶扭转固有频率。齿轮箱的扭转刚度为 $1.56×10^5$ N·m/rad，联轴器的扭转刚度为 $5.1×10^5$ N·m/rad。假设转盘未装刀具，地基支承为刚体。

10-23　重复计算习题 10-22，此时转盘上表面装有螺栓固定的 20 套刀具，螺栓均布在直径为 416 mm 的圆上。每套刀具组件的重 75.62 N。假设所有机架支承为刚体。

10-24　重复计算习题 10-22。此时转盘组件上电机的扭转刚度为 $2.44×10^5$ N·m/rad。

10-25　习题 10-21 与图 P10-7 中，转盘组件上的刀具对于转盘作用有一个时变转矩，其大小在电动机额定转矩 30% 的峰值到 0 之间变化，每个旋转周期变化内 20 次。假定电动机转速 600 r/min，求轴在最坏情况下的应力-时间及挠度-时间函数。选择轴的材料安全系数至少为 3，以防失效。不计系统受迫振动响应。

10-26　结合习题 10-23 与 10-25 中的数据（a）求转盘组件的扭转受迫频率与一阶扭转固有频率之间的比值。（b）使用（a）部分中求得的频率比值，考虑该系统的受迫振动响应的情况，阻尼比 ζ = 0.20，重复计算习题 10-25。

10-27 重复计算习题 10-25。此时一 500N 的冲击载荷沿切线方向作用于转盘边缘，每转作用 20 次，间隔时间相同。

10-28 对于习题 10-21 与图 P10-7 中的转盘组件，设计连接 40 mm 轴径的转盘轴与联轴器之间的方键。

10-29 根据习题 10-25 的载荷情况，重复计算习题 10-28。

10-30 根据习题 10-27 的载荷情况，重复计算习题 10-28。

†10-31 如图 P10-1 所示，简单支承轴的外伸段受载荷作用。大小不变的横向力 P 作用在旋转轴上。轴还受到恒定转矩 T_{max} 的作用。根据表 P10-1 选定一行（或多行）数据（忽略 T_{min}），轴选用 $S_{ut} = 118$ kpsi、$S_y = 102$ kpsi 的钢材，疲劳载荷下的安全系数为 2.5，确定轴的直径。长度单位为 in，力的单位为 lb，转矩为单位 lb·in。假设轴上不存在应力集中，轴需机加工，可靠度为 90%，工作环境为室温。

10-32 考虑图 P10-3 中键槽的应力集中情况，重复计算习题 10-31。

10-33 如图 P10-2 所示简支轴，一大小不变的分布式单位载荷 p 作用在旋转轴上。该轴上同时受到一恒定转矩 T_{max} 作用。根据表 P10-1 选定一行（或多行）数据（忽略 T_{min}），轴选用 $S_{ut} = 814$ MPa、$S_y = 703$ MPa 的钢材，疲劳载荷下的安全系数为 2.5，确定轴的直径。长度单位为 cm，力的单位为 N/cm，转矩单位为 N·m。假设轴上不存在应力集中，轴需机加工，可靠度为 90%，工作环境为室温。

10-34 如图 P10-4 所示，考虑键槽位置的应力集中情况，重复计算习题 10-33。

10-35 图 P10-8 所示为双输出齿轮箱的输出端。齿轮与轴为一体。轴由两个调心球轴承支承。轴的两端与曲柄臂相连。作用在曲柄上的载荷，在轴两端产生相同变化的横向力与相同变化的转矩。转矩通过曲柄和轴上端铣加工的键槽和平键来传递。曲柄通过轴肩轴向定位，轴肩与横向力作用面的距离为 $L = 50$ mm。圆角半径与轴径比值为 $r/d = 0.05$，轴肩处两轴径之比为 $D/d = 1.2$。轴、齿轮的材料为 SAE 4130 steel Q&T@ 1200F。横向力在 8~16.5 kN 之间变化，转矩在 1.1~2.2 kN·m 之间变化。无限疲劳寿命安全系数为 2.5，试确定转轴轴径 d。

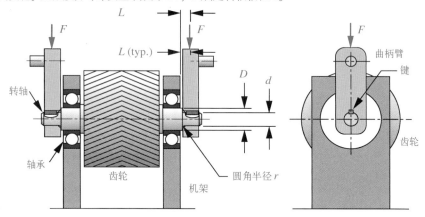

图 P10-8

习题 10-35~10-37 的图

10-36 试确定习题 10-35 中连接曲柄与轴的键的规格。要求剪切与挤压失效的安全系数都至少为 2。假设轴径为 58 mm，键的材料为 SAE 1040 Cr 钢。

*10-37 作为习题 10-35 中键连接的替换方案，试确定图 P10-8 中轴径为 58 mm 时，曲柄臂与轴过盈配合的径向过盈量，使得轮毂与轴上的应力在许用范围之内，且过盈配合能够传递给出的最大扭矩。曲柄臂的材料与转轴一致，轴向长度为 64 mm。有效外径为 150 mm。

*10-38 电动机驱动的转轴平均转速为 1600 r/min，其载荷转矩是波动循环。轴每转一圈，轴上载荷转矩按正弦规律变化一次，转矩峰值为 29500 lb·in。轴径为 2 in。为该系统设计合适的飞轮，使得其波动系数为 0.05，超速安全系数至少为 4。飞轮为厚度恒定的实心圆盘，用 SAE 1020 Cr 钢制造。

10-39 重复计算习题 10-38，转矩峰值为 40500 lb·in，转矩相对轴的转角的函数关系为：$T_l = T_{peak}$ $(\sin\theta + \sin2\theta)$。

10-40 作为习题 10-6 中键联接的替换方案，根据习题 10-6 与表 P10-1 中选定的数据，试确定图 P10-3 中齿轮过盈配合所需的径向过盈量。齿轮轮毂直径为 3.50 in，轴向长度为 2.00 in，并具有与轴相同性能的材料。

10-41 图 P10-6 所示转轴的转速为 400 r/min，轴上安装有两个齿轮。右边的齿轮（2）受载荷转矩作用，左边齿轮（1）受到大小相等方向相反的输入转矩作用。转矩变化范围为：2.2~6.2 kN·m。求转轴传递的最小、最大与平均功率。

10-42 图 P10-6 所示转轴的转速为 750 r/min，轴上安装有两个齿轮。右边的齿轮（2）受载荷转矩作用，左边齿轮（1）受到大小相等方向相反的输入转矩作用。作用在齿轮分度圆上的力有一个径向分量（图中 P）与一个切向分量（图中未标出）。设齿轮 1 分度圆直径为 250 mm，切向力的变化范围为 15~60 kN。求转轴传递的最小、最大与平均功率。

10-43 确定图 P10-6 中齿轮与轴过盈配合连接（替换图中的键连接）所需的径向过盈量，齿轮（1）直径为 5 in，宽度 1.5 in，轴径 1.5 in，使得轮毂与轴上的应力在许用范围之内，且该过盈配合需能够传递 1500 lbf·in 的输入转矩。两个零件的材料均为 SAE 4130 钢，1650℉ 正火。

10-44 确定图 P10-6 中齿轮与轴过盈配合连接（替换图中的键连接）所需的径向过盈量，齿轮（1）直径为 125 mm，宽度 75 mm，轴径 80 mm，使得轮毂与轴上的应力在许用范围之内，且该过盈配合需能够传递 170 N·m 的输入转矩。两个零件的材料均为 SAE 4140 钢，1650℉ 正火。

10-45 表 P10-2 所示为传递给旋转系统的能量（正值）、从旋转系统返还的能量（负值）以及转矩函数曲线与其均值线相交时轴的转角情况。根据这些数据，确定转轴出现最大与最小转速时轴的转角，以及转轴从最大转速位置到最小转速位置总能量的变化值。

表 P10-2　习题 10-45 数据

轴的转角	能量增量/N·m
0°~75°	-1040
75°~195°	+2260
195°~330°	-2950
330°~360°	+1740

10-46 电动机驱动的转轴平均转速为 1950 r/min，其载荷转矩是波动循环。传递给旋转系统的能量（正值）、从旋转系统返还的能量（负值）如表 P10-2 所示。轴径为 50 mm。为该系统设计一个合适的飞轮，要求速度波动系数为 0.05，超速安全系数不小于 5。飞轮为一个厚度恒定的中空圆盘，用 SAE 1040 CR 钢制造。

10-47 由表 P10-1 选定一行或多行数据作为设计数据，确定图 P10-6 中所示钢轴的最大扭转角和弯曲挠度，假设轴的直径是 30 mm，恒值径向力 P_1 是 P_2 的 60%。

10-48 试确定图 P10-5 中齿轮与轴过盈配合连接（替换图中的键连接）所需的径向过盈量，齿轮直径 100 mm，宽度 75 mm，轴径 50 mm，使得轮毂与轴上的应力在许用范围之内，且该过盈配合需能够传递 120 N·m 的输入转矩。两个零件的材料均为 SAE 4130 钢，1650℉ 正火。

10-49 电机驱动的轴平均转速为 1500 r/min，其载荷转矩是波动循环的。轴每转一圈，载荷转矩按正弦规律变化一次，转矩峰值为 3300 N·m。轴径为 50 mm。为该系统设计一个合适的飞轮，要求速度波动系数为 0.05，超速安全系数不小于 4。飞轮为一个厚度恒定的中空圆盘，由 SAE 1040 CR 钢制成。

10-50 如图 P10-3 所示简支轴，轴旋转时，齿轮施加恒定大小的横向力 P。该轴上同时受到一恒定转矩 T_{max} 作用。根据表 P10-1 选定一行（或多行）数据（忽略 T_{min}），轴选用 SAE 1095 钢材，在 600℉ 下淬火和回火，疲劳载荷下安全系数为 2，确定所需的轴直径。假设轴上不存在应力集中，轴需机加工，可靠度为 95%，工作环境为室温。

10-51　由表 P10-1 选定一行或多行数据作为设计数据，确定图 P10-9 中所示钢轴的最大扭转角和弯曲挠度，假设轴的直径为 50 mm。

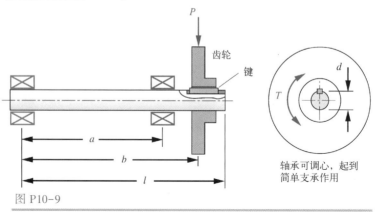

图 P10-9

习题 10-51 和 10-55 的轴示意图

10-52　试确定图 P10-6 中齿轮与轴过盈配合连接（替换图中的键连接）所需的径向过盈量，齿轮（2）直径为 150 mm，宽度为 90 mm，轴径为 70 mm，使得轮毂与轴上的应力在许用范围之内，且该过盈配合需能够传递 200 N·m 的输入转矩。两个零件的材料均为 SAE 1050 冷轧钢。

10-53　电动机驱动的轴平均转速为 1600 r/min，其载荷转矩是波动循环的。传递给旋转系统的能量（正值）和从旋转系统返还的能量（负值）如表 P10-2 所示。轴径为 70 mm，为该系统设计一个合适的飞轮，要求速度波动系数为 0.05，超速安全系数不小于 6。飞轮为一个厚度恒定的中空圆盘，用 SAE 1050 CR 钢制造。

10-54　由表 P10-1 选定一行或多行作为设计数据，确定图 P10-10 所示钢轴的最大扭转角和弯曲挠度，假设轴的直径为 50 mm。

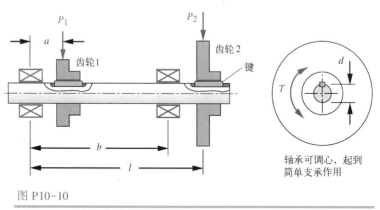

图 P10-10

习题 10-54 的轴示意图

10-55　试确定图 P10-9 中齿轮与轴过盈配合连接（替换图中键连接）所需的径向过盈量，齿轮直径为 120 mm，宽度为 80 mm，轴径为 60 mm，使得轮毂与轴上的应力在许用范围之内，且该过盈配合需能够传递 180 N·m 的输入转矩。两个零件的材料均为 SAE 4140 钢，1450°F 正火。

10-56　电动机驱动的轴平均转速为 3600 r/min，传递给旋转系统的能量（正值）和从旋转系统返还的能量（负值）如表 P10-2 所示。轴径为 80 mm，为该轴设计的钢制实心圆盘飞轮外径为 300 mm，厚度为 60 mm。试确定这些条件下飞轮的速度波动系数。

11

轴承与润滑

人的知识如水，或降自上天，
或涌自地底。
Francis Bacon

11.0 引言

我们此处使用的术语**轴承**一词是从它最一般的意义上来讲的。无论其形状或结构如何，任何存在相对运动的两个零件均构成轴承。通常，任何轴承均需通过润滑来减摩和降温。轴承可以是转动的，也可以是滑动的，或者两种运动形式并存。

滑动轴承由两种材料作相互摩擦构成，如：轴套包围住轴颈或滑块与下方的平面。在滑动轴承中，为了达到所需的强度和硬度，其中的一个运动件常采用钢、铸铁或其他结构材料来加工。例如，传动轴、连杆、销轴等所用材料即属此类。而相对于它们运动的零件则通常采用"轴承"材料来制造，如铜、巴氏合金、非金属聚合物等。径向轴承可沿轴向剖分以便与轴装配；也可呈完整的环状，称为**轴瓦**。**止推轴承**用来承受轴向载荷。

另一类轴承是滚动轴承。为减少摩擦，滚动轴承在其经过硬化的钢制滚道间装有硬化的钢球或滚子。滑动轴承常需针对具体应用单独设计，但滚动轴承则只需从制造商的产品目录中选用，以满足具体应用对载荷、转速及预期寿命的要求。取决于具体设计，滚动轴承既可承受径向载荷，也可承受轴向载荷，或同时承受两种载荷的组合。

本章将讨论通用轴承，包括滑动轴承和滚动轴承。同时，还将讨论这两类轴承要用到的润滑理论。表 11-0 列出了本章用到的变量，并说明了它们首次出现的公式或章节号。本书网站上的第 17、18 讲覆盖了本章的主题，见相关链接。其中，第 18 讲包含了一部名为"Types of Bearings"的短视频，展示了

⊖ 标题页照片由 Boston Gear LLC，an Altra Industrial Motion company 提供。

各种滚动轴承类型。

表 11-0　本章所用变量

变量符号	变量名	英制单位	国际单位	详见
A	面积	in^2	m^2	11.5 节
a，b	半宽，接触区域长度	in	m	式（11.18）
C	额定动载荷	lb	N	11.10 节
C_0	额定静载荷	lb	N	11.10 节
c_d，c_r	轴向与径向间隙	in	m	11.5 节
d	直径	in	m	多处
E'	弹性模量	psi	Pa	式（11.16）
F	力（可带各种下标）	lb	N	式（11.22）
f	摩擦力	lb	N	式（11.11）
h	润滑油膜厚度	in	m	11.5 节
K_e	无量纲参数	无	无	11.5 节
l	长度	in	m	11.5 节
L	滚动轴承疲劳寿命	10^6转（r）	10^6转（r）	式（11.19）
n'	角速度	转/s（rps）	转/s（r/s）	11.5 节
O_N	Ocvirk 数	无	无	式（11.12）
P	力或载荷	lb	N	11.5 节
p	压强	psi	N/m^2	11.5 节
r	半径	in	m	11.5 节
R'	等效半径	in	m	式（11.16）
S	Sommerfeld 数	无	无	11.5 节
T	力矩	lb·in	N·m	11.5 节
U	线速度	in/s	m/s	11.5 节
X，Y	径向和轴向载荷系数	无	无	式（11.22）
α	压强-黏度指数	in^2/lb	m^2/N	式（11.15）
ε	离心率	无	无	式（11.3）
ε_x	实验性离心率	无	无	式（11.13）
φ	合成压力角	弧度（rad）	弧度（rad）	11.5 节
Φ	能量	hp	W	式（11.10）
η	绝对黏度	reyn	cP	式（11.1）
Λ	膜厚比	无	无	式（11.14）
μ	摩擦系数	无	无	式（11.11）
ν	泊松率	无	无	式（11.17）
θ_{max}	最大压力角	弧度（rad）	弧度（rad）	11.5 节
ρ	质量密度	$blob/in^3$	kg/mm^3	式（11.1）
τ	剪切应力（可带各种下标）	psi	Pa	11.5 节
υ	运动学黏度	in^2/s	cP	式（11.1）
ω	角速度	rad/s	rad/s	式（11.10）

A. G. M. Michell——轴承理论与设计的先驱，可倾瓦轴承的发明者之一，曾经对轴承做出如下评价：

对机械设计者而言，轴承当然只是迫不得已的选择，因为它对产品或设备的功能并没有任何贡献；它们的优点也只体现在负面，就是能耗尽量少、磨损尽可能慢、所需空间尽量小、成本尽可能低[1]。

附加说明

相对运动表面的润滑理论在数学上十分复杂。对描述润滑机理的偏微分方程的求解是建立在简化和假设的基础上的，只能得到近似解。本章并不打算完整地讨论或解释动压润滑的所有复杂现象，那将远远超出本书的范围；而是针对机械设计中的部分常见情形进行简要讨论，包括边界润滑、流体静压润滑、流体动压润滑、弹流润滑。同时，由于篇幅所限，对后两种润滑工况的理论加以讨论，但不完整地推导控制方程。

本章将不涉及挤压膜理论、油膜振荡、轴承供油、轴承散热等主题，因为这些问题贯穿全书，读者可参考相关章节了解更全面的信息。绝大多数参考文献中均包含了对控制方程的推导过程。文献［2］对润滑理论做了非常准确的介绍，用到的数学知识极少。而文献［3］对这一主题的处理则是全面的、最新的，并且在数学上是严谨的。

本章给出了一种简单、合理，且具有足够精度的短滑动轴承设计方法，可满足大多数常见机械的载荷和速度的设计要求。我们也分析了高副接触面的润滑，如齿轮轮齿和凸轮-挺杆。最后，讨论如何利用制造商提供的信息对滚动轴承进行选型。滚动轴承的设计与滑动轴承一样复杂，本书对此也做了阐述。读者可参考文献［3，4］了解最新和全面的滚动轴承及其润滑理论。本章的参考文献也给出了轴承设计及润滑方面的一些附加阅读材料。此处我们仅对这一复杂主题"点到为止"，希望这会刺激那些想要进一步深入这一主题的读者们的"胃口"。

11.1 润滑剂

观看第 11 讲 轴承和润滑（50:07）

润滑剂对降低滑动表面的摩擦系数具有非常有益的作用。润滑剂可以是气态、液态或固态的。液态、固态润滑剂均具有低抗剪强度、高抗压强度的性能。液态润滑剂，如矿物油，在轴承中那样的压力下，基本上是不可压的，但它很容易受剪切。因此，它成为界面中最弱的材料，它的低抗剪强度减少了摩擦系数（见式 7.3）。润滑剂也能够像污染物那样以单层分子的形式覆盖在金属表面上，从而防止金属间的相互粘连——即便是相容的金属间。

液体润滑剂最为常用，其中又以矿物油最为常见。润滑脂则是在润滑油中加入皂剂，形成更浓密黏稠的润滑剂，用于润滑液不便添加或不容易留存的表面。固体润滑剂用于液体润滑剂不便加入或会丧失其特性（如要求耐高温）的场合。气体润滑剂用于特殊场合，如空气轴承，以获得极低的摩擦。润滑剂，尤其是液体的，会带走界面的热量，较低的轴承温度能减少表面的相互作用和磨损。

液体润滑剂 液体润滑剂主要为石油基或合成的润滑油，在有水的环境下，有时也用水润滑。在许多商用润滑油中，加入了各种添加剂，以便在与金属表面相互作用时能够形成单层污染物。所谓的 EP（Extreme Pressure，极压）润滑剂是指在油中添加了脂肪酸或其他化合物，它们与金属发生化学反应，并形成污染层，从而，即使在油膜被高接触载荷从界面挤出时也能起到保护和减少摩擦的作用。润滑油按照黏度以及是否加入了极压用途的添加剂进行分类。表 11-1 列出了常见的液体润滑剂、它们的特性和典型应用。特殊应用需求应当咨询润滑剂制造商。

固体膜润滑剂 固体膜润滑剂分两类：具有低抗剪强度的材料，如可添加到摩擦表面上的石墨、二硫化钼；以及涂层，如磷酸盐、氧化物、硫化物在界面形成固体膜。石墨与二硫化钼常制成粉末，混入润滑脂或其他材料中被带入摩擦界面。这些干性润滑剂具有摩擦系数低、耐高温的优点，虽然能携带二硫化钼的混合剂有限。涂层，如磷酸盐或氧化物，可采用化学或电化学沉积法做成。这些涂层很薄，容易在短期内被磨掉。一些润滑油中的极压添加剂可持续性地生成硫

⊖ http://www.designofmachinery. com/MD/17_Bearings_and_Lubrication. mp4.

化物或其他化学反应膜。表 11-2 给出了一些常见的固体膜润滑剂，以及它们的特性和典型的应用。

表 11-1　液体润滑剂种类[7]

类型	特性	典型应用
石油类润滑油（矿物油）	基本润滑性能一般，但添加剂可使其大大改善。高温润滑性能差	非常广泛、通用
聚二醇油	润滑性能非常好，不会因氧化而形成沉淀	制动液
硅类油	润滑能力差，尤其是作用于钢。热稳定性良好	橡胶密封件。机械减震器
氯氟烃	润滑性能良好，热稳定性好	氧气压缩机，化工过程装备
聚苯醚	具有非常宽的液态范围。优秀的热稳定性。润滑性能一般	在高温下工作的滑动系统
磷酸盐酯	润滑性能良好——具有极压能力	液压油+润滑剂
高沸点溶剂（二价酸酯）	良好的润滑性。比矿物油更耐高温	喷气飞机发动机

表 11-2　固体膜润滑剂种类[7]

类型	特性	典型应用
石墨和/或二硫化钼+黏合剂	最佳的通用润滑剂。摩擦系数低（0.12~0.06），具有较长寿命（10^4~10^6 个循环周期）	锁或其他间歇结构
聚四氟乙烯+黏合剂	寿命没上述类型的润滑剂那么长，但对某些液体的耐受性会较好	同上
石墨粉或二硫化钼薄膜	摩擦系数非常低（0.10~0.04），但寿命非常短（10^2~10^4 个循环周期）	深拉等金属加工
软金属（铅，铟，镉）	摩擦系数较高（0.30~0.15），寿命不如树脂黏合剂类	磨合保护（临时）
硅酸盐，阳极电镀膜。其他化学覆盖物	摩擦系数高（$\cong 0.2$），会留下"海绵"状的表面层	树脂膜底涂层

11.2　黏度

　　黏度是流体抗剪切的一种度量。黏度的变化与温度成反比、与压力成正比，且均是非线性的。黏度可表达为**绝对黏度** η 或**运动黏度** υ。这两者间的关系为：

$$\eta = \upsilon\rho \tag{11.1}$$

式中，ρ 为流体的质量密度。绝对黏度 η 的单位可为英制的 lb·s/in² （reyn）或国际单位制的 Pa·s。为适合量级，一般常采用 μreyn 或 mPa·s。1 厘泊（cP）就是 1 mPa·s。在 20℃（68℉）下，空气的绝对黏度典型值为 0.0179 cP（0.0026 μreyn），水为 1 cP（0.145 μreyn），SAE 30 机油为 393 cP（57 μreyn）。热轴承中润滑油的典型黏度范围为 1~5 μreyn。这里没指明的"黏度"就是指绝对黏度。

　　运动黏度　它通过旋转式或毛细管式黏度计测得。毛细管黏度计是在特定温度（典型为 40 或 100℃）下测量流体通过毛细管的流量。在测试温度下，在旋转式黏度计筒内环面间加入待测流体，然后测量安放在轴承上、与该环面同心的垂直旋转轴面或锥面的转矩和转速。运动黏度的国际单位是 cm²/s（斯），英制单位为 in²/s。斯的量级相当大，所以经常使用 cSt （厘斯）。

　　绝对黏度　它在计算轴承内的润滑油压力及流量时需要用到。可由测得的运动黏度及流体在测试温度下的密度算出。图 11-1 给出了大量常用石油类润滑剂的绝对黏度随温度变化的情况，并且标出了各种发动机油和齿轮油对应的 ISO 牌号及 SAE 牌号。

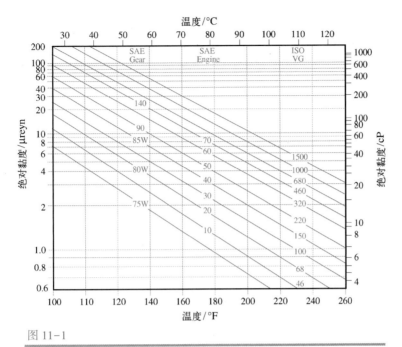

图 11-1

石油类润滑油的绝对黏度随温度的变化

摘自：engineeringtoolbox.com

11.3　润滑的类型

通常在轴承中会出现三种润滑类型：**全膜润滑**、**混合膜润滑**和**边界润滑**。全膜润滑是轴承表面被润滑油膜完全分离的状态，从而消除任何接触。全膜润滑可以是**流体静压润滑**、**流体动压润滑**或**弹性流体动压润滑**，下面将对它们分别讨论。边界润滑是由于几何形状、表面粗糙度、过大载荷或缺乏足够的润滑油而形成的润滑状态，这时的轴承表面有物理接触，且可能发生粘着或磨粒磨损。混合膜润滑表述的是部分润滑膜加上表面微凸体接触的混合状态。

图 11-2 给出的曲线描绘了轴承中摩擦和相对滑动速度的关系。低速时，发生的是边界润滑，摩擦较大。当滑动速度增大到超过 A 点后，流体动压油膜开始形成，此时在混合油膜区，粗糙峰的接触和摩擦都在减少。速度更高时，在 B 点形成全膜，此时两个表面完全被隔开，有较低的摩擦。（这与汽车轮胎在潮湿路面上打滑的现象相同。若轮胎与湿滑路面的相对速度超过一定值，在接触面间，轮胎的运动促使水膜形成，将轮胎抬离地面。因此轮胎的摩擦系数大幅降低，此时牵引力会突然丧失，而导致车辆发生危险的侧滑。）在更高的速度下，由于受剪切作用的润滑剂导致的黏性损失加大而增大了摩擦。

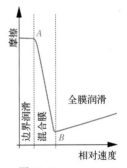

图 11-2

滑动轴承中摩擦随相对速度的变化

在工作的径向滑动轴承（套筒）中，从起动到停止会经历所有这三个润滑阶段。当轴颈开始转动时，出现的是边界润滑。如果轴颈的最高速度足够高，就会从混合油膜区过渡到所期望的全膜润滑区。此时，只要润滑油洁净、不存在过热问题，磨损几乎减少为 0。我们将简要探讨决定这些润滑状态的条件，并对其中的某些状态做更详细的讨论。

全膜润滑

有三种机理可以产生全膜润滑：**流体静压、流体动压**以及**弹性流体动压**润滑。

流体静压润滑　这是指不断向滑动界面供应高压（$\approx 10^2 \sim 10^4$ psi）润滑剂（一般为润滑油）。这要求有储油用的油池、提供压力的油泵，以及输油管道。如果处理得当，这种方法可以形成一定的轴承间隙，从而消除滑动界面上的金属与金属之间的接触。表面会被一层润滑油膜分离开；如果油液洁净、无杂质，磨损率几乎会降为 0。若相对速度为 0，摩擦基本上也为 0。当存在相对速度时，流体静压润滑界面的摩擦系数约为 0.002~0.010。所谓的空气轴承也遵循类似原理；它用在"空气台"上，将台面所受的载荷抬（推）起来，这样只需用很小的力就可使之侧向移动。丹佛 Hovercraf 体育场有 21 000 个座位的正面看台在静压水膜上滑动，可以将场馆从棒球场变成足球场[5]。流体静压润滑止推轴承比径向轴承更常用。

流体动压润滑　它指的是向滑动界面供以充足的润滑剂（通常是润滑油），这样，两表面间的相对运动将润滑剂带入间隙内，形成流体动压油膜，将表面分离开。这种技术在滑动轴承中非常有效。轴颈和轴承之间存在着间隙，该间隙构成薄的环面，将润滑油围住。轴的转动将带动润滑油沿着环面流动。油会从两端泄漏，因此，供油必须连续不断，以补偿漏油损耗。供油可借助重力或压力。内燃机中的曲轴和凸轮轴轴承就是采用这样的系统进行润滑的。油液过滤后以相对小的压力泵入轴承，以补充从端部泄漏的部分。但轴承内部的工作状态为动压润滑，会产生很高的压力支承轴承的载荷。

当流体动压轴承静止时，轴或轴颈落在轴承的底部，与其接触，如图 11-3a 所示，这是边界润滑。当轴颈开始转动时，轴颈中心在轴承中发生偏心移动。此时，轴颈将产生泵吸作用，使吸附在它表面上的油膜随它一起转动，如图 11-3b 所示，从而润滑状态过渡到如图 11-2 所示的混合油膜区域（油膜"外侧"黏附在固定轴承上）。在这极薄的油膜内会建立起流动。在足够高的相对转速下，轴颈"爬升"至楔形油隙上方，金属与金属之间的接触完全消除，如图 11-3c 所示。现在的轴颈在图 11-2 中给出的流体动压润滑区内。

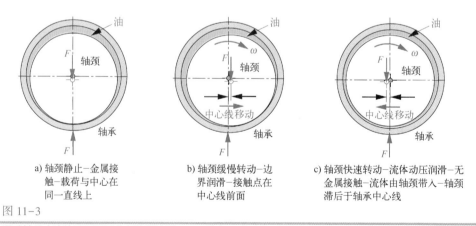

a) 轴颈静止—金属接触—载荷与中心在同一直线上　　b) 轴颈缓慢转动—边界润滑—接触点在中心线前面　　c) 轴颈快速转动—流体动压润滑—无金属接触—流体由轴颈带入—轴颈滞后于轴承中心线

图 11-3

滑动轴承中流体动压润滑的条件和边界——间隙与运动过程

因此，流体动压润滑轴承仅在静止或转速低于其"滑水板速度"（aquaplane speed）时，才会出现表面接触。这意味着，黏着磨损仅存在于起动和停车这两个暂态过程中。只要油液供给充足、清洁、转速足够高，使轴颈能被动压抬离轴承，基本上就不会有黏着磨损。这将使磨损寿命大幅增加，远超表面持续接触的情形。如同流体静压润滑一样，油液必须保持清洁、无杂质，以防止其他形式的磨损，如磨粒磨损。流体动压润滑界面上的摩擦系数约为 0.002~0.010。

　　弹性流体动压润滑　当接触面为高副时，如图 11-4 所示齿轮轮齿或凸轮与从动件，很难形成全膜流体动压润滑膜，因为高副表面会挤出流体而不是锁住流体。在低速时，这些运动副将处于边界润滑状态，磨损率较高可能导致产生刮伤和划痕。正如第 7 章所讨论过的，载荷的作用会使表面发生弹性形变，产生一个小的接触面。当相对滑动速度足够高时（见图 11-2），这一微小的接触面所造成的平面区域足以形成流体动压油膜。这一工况称为**弹性流体动压润滑（弹流润滑）**，因为它依赖表面的弹性形变，且接触区的高压（100~500 kpsi）大大增加了流体的黏度（相反，低副轴承中的油膜压力只有几 kpsi，油压导致的黏度变化小到可以忽略不计）。

齿轮

小齿轮

　　图 11-2 所示的三种工况中的任何一种都可能出现在轮齿的工作过程中。在起动或停止操作时会出现边界润滑，并且如果该过程被延长，将导致严重的磨损。凸轮副也会经历图 11-2 中的所有的润滑状态，但是在凸轮轮廓上曲率半径较小的地方，更可能出现边界润滑。同样，在滚动轴承中也可以出现这三种之一的润滑状态。

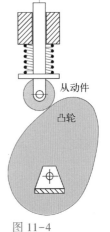

从动件

凸轮

　　在高副接触时，决定何种润滑情况出现的最重要的参数是油膜厚度对表面粗糙度的比值。为实现全膜润滑，避免粗糙峰接触，表面粗糙度的方均根值（R_q）不得超过油膜厚度的约 1/2~1/3。正常情况下，弹流润滑全膜厚度在 1 μm 量级。载荷非常重或速度非常低时，弹流润滑的油膜厚度可能变得非常小而无法将表面上的粗糙峰分隔开，润滑重新回到混合润滑或边界润滑状态。对形成弹流润滑影响最大的因素是提高相对速度、增加润滑油黏度，以及增大接触曲率半径。减小单位载荷、降低材料硬度几乎没有影响[6]。

图 11-4

开放式运动副，可处于弹流、混合或边界润滑

边界润滑

　　边界润滑是指由界面几何形状、重载水平、低的相对速度或供油量不足等因素破坏了形成流体动压润滑条件后形成的润滑状态。这时，接触表面特性、润滑特性而不是流体黏度决定了边界润滑的摩擦和磨损。这里润滑油的黏度并非影响因素。注意：如图 11-2 所示，在边界润滑中，摩擦与速度无关。这和 7.3 节的库仑摩擦定律是一致的。参见表 7-1。

　　边界润滑意味着摩擦面间总存在一些金属与金属间的接触。如果油膜厚度不足以"覆盖"界面上的轮廓峰，情况将确实如此。在表面比较粗糙时会导致这种情况。如果动压润滑界面的相对速度降低或润滑油供应量减少，会重新转入边界润滑状态。对于像齿轮轮齿或凸轮副界面这类彼此不相互包络的表面（见图 11-4），当弹流润滑条件不满足时，也会出现边界润滑状态。若转速和载荷的组合不满足弹流润滑条件，球轴承、滚子轴承也会进入边界润滑状态。

　　相比前述其他几种润滑类型，边界润滑是不期望出现的，因为这会让表面轮廓的粗糙峰直接接触，从而很快磨损。但有时这种润滑状态很难避免，比如前面提到的凸轮、齿轮、滚动轴承。前述的极压润滑剂正是为此类边界润滑应用所开发的，尤其适用于工作在高速重载工况的准双曲面齿轮。边界润滑界面的摩擦系数取决于所用材料以及润滑油，范围约为 0.05~0.15，典型值为 0.10。

11.4 滑动轴承材料组合

图 7-6 给出了各种材料组合及基于材料不互溶等因素对它们做出的滑动能力的预测。本节将讨论一些材料组合，它们在轴承和滑块等工程应用中已经被证明有成功的，也有不成功的。

对轴承材料所要求的部分特性为：较软（以吸收外部颗粒）、具有一定强度、可切削性（以保持公差）、润滑性、耐温和耐蚀性，另外在某些情况下，具有多孔组织（以存储润滑油）。轴承材料的硬度不应超过它所相对运动材料硬度的 1/3，以提供磨粒嵌入性[7]。此外，还需要考虑 7.4 节中讨论过的对黏着磨损的兼容性问题，而这还依赖于配对材料。有几种不同种类的材料适合于制造轴承，通常是那些铅基、锡基或铜基材料。铝不宜单独用作轴承材料，但是可作为合金元素用在某些轴承材料中。

巴氏合金 铅基、锡基整个合金族作为轴承材料时效果都非常好，尤其是作为薄层材料电镀到强度更高的基底，如钢的表面上。巴氏合金或许是这类合金中最为常见的例子，经常用在内燃机曲轴轴承和凸轮轴轴承中。其柔软性允许颗粒嵌入，并且可被精加工得粗糙度很低。薄层巴氏合金电镀轴承衬的抗疲劳性要优于厚的巴氏合金轴瓦，但是这样会丧失嵌入硬质颗粒的能力。巴氏合金必须在良好的动压润滑或弹流润滑状态下工作，因为它的熔点低，在边界润滑下会很快失效。与巴氏合金轴承相配合的轴颈硬度至少应达到 150~200 HBW，表面粗糙度[⊖]应达到 $Ra = 0.25~0.30\ \mu m$ （10~12 μin）[8]。

青铜 铜合金家族，尤其是青铜，在与钢或铸铁配对运行时表现卓越。青铜比铁柔软，但强度高、加工性能好、耐腐蚀，且润滑良好时与铁合金配对运行表现良好。轴承中使用的铜合金有五种：铜铅合金、含铅青铜、锡青铜、铝青铜、铍铜。它们的硬度分布在从巴氏合金硬度到接近钢的硬度这一范围内[8]。青铜轴瓦可以经受边界润滑，并且能承受高温和重载。市面上有各类尺寸的、包括实体的和烧结成型的青铜轴瓦及平面止推瓦销售（见下文）。

灰铸铁和钢 当相对转速较低时，灰铸铁和钢可作为合理的轴承材料。铸铁中所含的自由态石墨增加了材料的润滑性，但仍需使用液体润滑剂进行润滑。两个相对运动的零件也可以都是钢制件，但它们必须经过硬化，并且需要润滑。这在滚动轴承的滚动接触中非常普遍。实际上，只要润滑得当，淬火钢可与任何材料配对使用。通常，硬度被认为有利于防止表面黏着。

粉末冶金材料 由金属粉末压制成型，经热处理后，材料内部会留下细小的孔洞。这种多孔性使得它们可以因毛细管作用吸入并储存相当多的润滑油在内部组织中。受热后，这些润滑油被释放到润滑表面。青铜粉末冶金材料广泛用于与钢、铸铁材料配对运行的场合。

非金属材料 有些非金属材料的润滑性足够好，因此可以干态运行，如石墨。有些塑料如尼龙、缩醛，以及填充聚四氟乙烯，与任何金属间的摩擦系数 μ 都很低，但其自身强度和熔点也低，再加上其热传导能力差，严重制约了它们能够承受的载荷和速度。聚四氟乙烯摩擦系数 μ 非常低（接近滚动摩擦系数），但需要通过填料提高强度，以达到可用水准。无机填料，如滑石粉或玻璃纤维，能大幅增加热塑性塑料的强度和刚度，代价是 μ 会更高，磨损也会增加。石墨和二硫化钼粉也可用作填料。它们不仅能改善润滑性，还可提高强度和耐高温性。一些聚合物可混合

⊖ 请参阅第 7.1 节和图 7-2 对表面粗糙度以及 Ra 定义的讨论。

使用,如缩醛与聚四氟乙烯。热塑性塑料轴承通常只能用在载荷和温度较低的场合。实际有用的轴和轴承的材料组合其实很有限。表 11-3 给出了一些可用的金属轴承材料组合,并且标出了它们相对于典型轴用钢材的硬度比值[9]。

表 11-3 相对于钢或铸铁滑动时推荐的轴承材料

轴承材料	硬度/(kg/mm^2)	轴硬度的最小值/(kg/mm^2)	硬度比值
铅基巴氏合金	15~20	150	8
锡基巴氏合金	20~30	150	6
碱硬铅	22~26	200~250	9
铜铅合金	20~23	300	14
银(电镀)	25~50	300	8
镉基合金	30~40	200~250	6
铝合金	45~50	300	6
铅青铜	40~80	300	5
锡青铜	60~80	300~400	5

11.5 流体动压润滑理论

考虑图 11-3 中的径向滑动轴承。图 11-5a 给出了一对类似的轴颈和轴承,只是现在二者同心,且轴线是垂直的。轴颈和轴承之间的径向间隙 c_d 非常小,通常约为直径的千分之一大小。因为间隙 h 相比曲率半径很小,我们可用两个平板模型来近似,如图 11-5b 所示。如果板与板相互平行,那么油膜将无法承受横向载荷。对于同轴布置的轴颈和轴承也是一样。水平并同轴布置的轴颈会因为轴的重力而出现偏心,如图 11-3 所示。可如果轴是垂直放置的,因为不存在横向重力,轴颈会与轴承保持同心转动,如图 11-5a 所示。

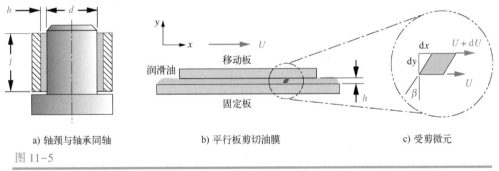

a) 轴颈与轴承同轴　　　　b) 平行板剪切油膜　　　　c) 受剪微元

图 11-5

两平行表面之间受剪油膜不能支承横向载荷(间隙被放得很大)

无载荷 Petroff 转矩方程

如果我们固定住图 11-5b 中的下板,同时使上板以速度 U 向右边移动,那么板间流体将以图 11-5a 同样的同心间隙受剪。流体浸润两块板,并对它们产生黏附作用。在固定板处,流体速度为 0,而在动板处为 U。图 11-5c 给出了间隙中的一个流体微元。速度梯度导致的角变形量为 β。它的微分式为 $\beta = dx/dy$。作用在流体微元上的剪切应力 τ_x 与剪切率成正比,为:

$$\tau_x = \eta \frac{d\beta}{dt} = \eta \frac{d}{dt}\frac{dx}{dy} = \eta \frac{d}{dy}\frac{dx}{dt} = \eta \frac{du}{dy} \qquad (11.2a)$$

这里的比例常数即为黏度 η。在具有恒定厚度 h 的薄膜中，速度梯度 $\mathrm{d}u/\mathrm{d}y = U/h$ 也是恒定的。整个薄膜受到的剪切力为：

$$F = A\tau_x = \eta A \frac{U}{h} \tag{11.2b}$$

式中，A 是板的面积。

对于图 11-5a 所示的同轴轴颈和轴承，令间距 $h = c_d/2$，其中 c_d 是径向间隙。速度 $U = \pi \mathrm{d}n'$，n' 是每秒转数，剪切面积 $A = \pi \mathrm{d}l$。剪切薄膜所需的转矩 T_0 为：

$$T_0 = \frac{\mathrm{d}}{2}F = \frac{\mathrm{d}}{2}\eta A \frac{U}{h} = \frac{\mathrm{d}}{2}\eta\pi\mathrm{d}l\frac{\pi\mathrm{d}n'}{c_d/2}$$

$$T_0 = \eta\frac{\pi^2 \mathrm{d}^3 l\, n'}{c_d} \tag{11.2c}$$

这就是流体膜中无载荷的 Petroff 转矩方程。

偏心径向滑动轴承的 Reynolds 方程

为承受横向载荷，图 11-5b 中的板不能相互平行。如果我们逆时针稍稍旋转图 11-5b 中的下板，同时将上板以与速度 U 向右边移动，板之间的流体将被带入逐渐缩小的间隙中，如图 11-6a 所示。这会产生压力来支承横向载荷 P。两板之间的角度类似于图 11-6b 中由于轴颈和轴承偏心距 e 导致的不等间隙$^{\ominus}$。当横向载荷作用到轴颈上时，轴颈必须相对于轴承有一定的偏心，这样才能形成变化的间隙，从而在油膜中产生压力去支承载荷$^{\ominus}$。

图 11-6b 给出了滑动轴承中被放大了的偏心距 e 和间隙 h。偏心距 e 是从轴承中心 O_b 到轴颈的中心 O_j 来测量的。如图 11-6b 所示，沿着直线 O_bO_j 为独立变量偏位角 θ 建立了 $0-\pi$ 轴。e 的最大可能值为 $c_r = c_d/2$，其中 c_r 是径向间隙。偏心距可以转化为无量纲的偏心率 ε：

$$\varepsilon = \frac{e}{c_r} \tag{11.3}$$

偏心率的变化是从没有载荷时的 0 值变化到当轴颈与轴承接触时的最大值 1。油膜厚度 h 作为偏位角 θ 的函数可近似表达为：

$$h = c_r\left(1 + \varepsilon\cos\theta\right) \tag{11.4a}$$

$\theta = 0$ 时，膜厚 h 最大；$\theta = \pi$ 时，h 最小，即：

$$h_{min} = c_r\left(1 - \varepsilon\right) \qquad\qquad h_{max} = c_r\left(1 + \varepsilon\right) \tag{11.4b}$$

考虑图 11-7 所示的径向滑动轴承。在下面的分析中，间隙由式（11.4a）给出。我们可以把 xy 坐标系的原点设在轴承圆周上的任何一点，如 O 点。x 轴与轴承相切，y 轴通过轴承中心 O_b，z 轴（未给出）与轴承的轴线平行。一般情况下，轴承是固定的，只有轴颈转动。但在某些

$\ominus$　产生支持力所需的角度其实小得惊人。例如，在直径约为 32 mm、周长为 100 mm 的轴承中，典型的入口间隙 h_{max} 大概是 25 μm（0.0010 in），出口间隙 h_{min} 为 12.5 μm（0.0005 in）。那么斜率为 0.0125/100 或约 7/1000°（26″）。这相当于 100 码（91 m）长的足球场整体上倾了约 1 cm。

$\ominus$　在 19 世纪 80 年代，英国人 Beauchamp Tower 通过实验研究了用于铁路工业的流体动压润滑轴承的摩擦问题（尽管术语流体动压及其理论那时都还没有被提出）。他的研究结果显示，摩擦系数比预期值要低得多。他在轴承上沿着径向钻出一个通孔，打算在轴承运行时通过它添加润滑油。但他惊讶地发现，当轴转动的时候，润滑油会流出孔。他用软木塞塞住孔，但软木塞被冲开了。他用木头插入孔，木头也弹了出去。当他把一个压力表放入孔中，他量到的压力远高于根据负载/面积计算出的平均压力。然后，他绘制了轴承压力沿 180° 范围的分布图，发现了我们现在熟知的压力分布规律（见图 11-8），其平均值为载荷/面积。Osborne Reynolds 在了解了这一发现之后，开始研究它的数学解释理论，结果发布在 1886 年[12]。

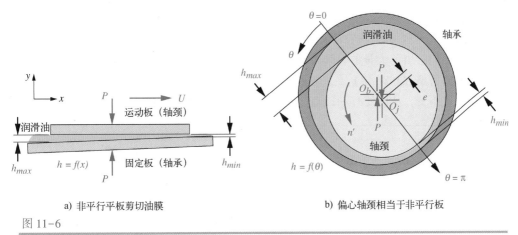

a) 非平行平板剪切油膜　　　　　　　　　b) 偏心轴颈相当于非平行板

图 11-6

非平行表面之间的剪切油膜可以支承横向载荷

情况下，也可能相反，或者两者均旋转，如周转轮系中的行星轴。因此，我们给出轴承的切向速度 U_1，以及轴颈的切向速度 T_2。注意，由于偏心，它们的方向（角度）是不一样的。轴颈的切向速度 T_2 可以分解成 x 和 y 方向的分量 U_2 和 V_2。T_2 和 U_2 之间的角度非常小，其余弦值接近于 1。因此我们可以认为 $U_2 \cong T_2$。y 方向分量 V_2 产生于旋转过程中间隙 h 的收敛（或发散），可表达为 $V_2 = U_2 \partial h / \partial x$。

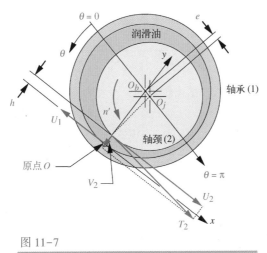

图 11-7

偏心滑动轴承中的速度分量

基于上述假设，我们可以用 Reynolds 方程⊖来描述间隙厚度 h、轴颈和轴承相对速度 V_2 和 $U_1 - U_2$、流体压力 p 与坐标 x、z 之间的函数关系，假定轴颈和轴承平行于方向 z，且黏度 η 是常量，有：

$$\frac{1}{6\eta}\left[\frac{\partial}{\partial x}\left(h^3\frac{\partial p}{\partial x}\right)+\frac{\partial}{\partial z}\left(h^3\frac{\partial p}{\partial z}\right)\right]=(U_1-U_2)\frac{\partial h}{\partial x}+2V_2$$

$$=(U_1-U_2)\frac{\partial h}{\partial x}+2U_2\frac{\partial h}{\partial x}=(U_1+U_2)\frac{\partial h}{\partial x}=U\frac{\partial h}{\partial x} \tag{11.5a}$$

⊖　对于 Reynolds 方程的推导，参见文献 [2-4，10]。

式中，$U = U_1 + U_2$。

长轴承解 式（11.5a）没有解析解[注]，但可用数值方式求解。Raimondi 和 Boyd 在 1958 年就是这么做的，他们给出了大量的设计图表，用于有限长轴承的应用设计[11]。Reynolds 给出了用级数法简化的解析解（1886 年）[12]，他假设轴承在 z 方向是无限长的，流量为 0，并且压力在该方向的分布恒定不变，从而使 $\partial p / \partial z = 0$。经过这一简化，Reynolds 方程变为：

$$\frac{\partial}{\partial x}\left(h^3 \frac{\partial p}{\partial x}\right) = 6\eta U \frac{\partial h}{\partial x} \tag{11.5b}$$

1904 年，A. Sommerfeld 求出了无限长轴承方程（11.5b）的一个解析解：

$$p = \frac{\eta U r}{c_r^2}\left[\frac{6\varepsilon(\sin\theta)(2 + \varepsilon\cos\theta)}{(2 + \varepsilon^2)(1 + \varepsilon\cos\theta)^2}\right] + p_0 \tag{11.6a}$$

该解给出了润滑油膜压力 p 与环绕轴承角度 θ 之间的函数关系，该轴承具有的特征尺寸是轴颈半径 r、半径方向间隙 c_r、偏心率 ε、表面速度 U，以及黏度 η。p_0 是对应 $\theta = 0$ 处的供油压力，如果没有供油压力则为 0。式（11.6a）被称为 Sommerfeld 解或*长轴承解*。

用这个方程计算 $\theta = 0 \sim 2\pi$ 范围内的 p 值时，在 $\theta = \pi \sim 2\pi$ 上会得出负压，其绝对值大小与在 $0 \sim \pi$ 区间算出的正压力值相等。由于流体在无汽蚀时不能承受较大的负压，通常只用式（11.6a）计算 $0 \sim \pi$ 之间的结果，而另一半圆周范围内的压力则假定为 p_0。这称为半 Sommerfeld 解。

Sommerfeld 还求得一个方程确定长轴承上的总载荷 P：

$$P = \frac{\eta U l r^2}{c_r^2} \frac{12\pi\varepsilon}{(2 + \varepsilon^2)(1 + \varepsilon^2)^{1/2}} \tag{11.6b}$$

该方程可以改写成无量纲形式，给出轴承的一个特性参数，称为 Sommerfeld 数 S。首先，整理表达式：

$$\frac{(2 + \varepsilon^2)(1 + \varepsilon^2)^{1/2}}{12\pi\varepsilon} = \eta \frac{Ul}{P}\left(\frac{r}{c_r}\right)^2 \tag{11.6c}$$

因为，轴承上的平均压力 p_{avg} 为：

$$p_{avg} = \frac{P}{A} = \frac{P}{ld} \tag{11.6d}$$

将速度 $U = \pi d n'$（其中 n' 是每秒转数）和 $c_r = c_d / 2$ 代入，最终得：

$$\frac{(2 + \varepsilon^2)(1 + \varepsilon^2)^{1/2}}{12\pi\varepsilon} = \eta \frac{(\pi d n')l}{d l p_{avg}}\left(\frac{d}{c_d}\right)^2 = \eta\left(\frac{\pi n'}{p_{avg}}\right)\left(\frac{d}{c_d}\right)^2 = S \tag{11.6e}$$

注意：S 只是偏心率 ε 的函数，但也可用几何量、压力、速度和黏度来表达。

短轴承解 有几个原因导致长轴承在现代机械设计中较少采用。在长轴承中，轴的微小变形或错位会导致径向间隙减少到 0，另外基于安装空间方面的考虑也往往要求轴承要短些。现代轴承典型的 l/d 比在 $1/4 \sim 2$ 的范围内。长轴承（Sommerfeld）解假定端部没有润滑油的泄漏，但这些小的 l/d 比值、端部泄漏可能成为重要的影响因素。Ocvirk 和 DuBois[13-16] 给出了考虑端部

⊖ 原书直译为封闭形式的解，按封闭解的定义，应为解的条件不够而无法求解，因此不够准确。按文意这里应当指的是解析解。下同。译者注。

泄漏的 Reynolds 方程解的形式：

$$\frac{\partial}{\partial z}\left(h^3\frac{\partial p}{\partial z}\right)=6\eta U\frac{\partial h}{\partial x} \tag{11.7a}$$

这一方程是考虑到沿轴承圆周方向的流量与沿 z 方向的流量相比很小，因此可以忽略不计。对式（11.7a）积分，得出油膜中的压力与变量 θ 和 z 之间的关系：

$$p=\frac{\eta U}{rc_r^2}\left(\frac{l^2}{4}-z^2\right)\frac{3\varepsilon\sin\theta}{\left(1+\varepsilon\cos\theta\right)^3} \tag{11.7b}$$

式（11.7b）被称为 Ocvirk 解或短轴承解。一般只对 $\theta=0\sim\pi$ 的范围进行计算，并假定另一半圆周上的压力为零。

图 11-8 给出了压力随 θ 和 z 的典型分布。$\theta=0$ 的位置取自 $h=h_{max}$，并且 θ 轴通过 O_b 和 O_j。压力 p 相对于 z 的分布为抛物线，其峰值在对应轴承长度 l 的中心处，而在 $z=\pm l/2$ 处为 0。压力 p 随 θ 的变化是非线性的，峰值出现在第二象限。p_{max} 处的 θ_{max} 值可由下式得出：

$$\theta_{max}=\arccos\left(\frac{1-\sqrt{1+24\varepsilon^2}}{4\varepsilon}\right) \tag{11.7c}$$

将 $z=0$ 和 $\theta=\theta_{max}$ 代入式（11.7b）中，可得出 p_{max} 的值。

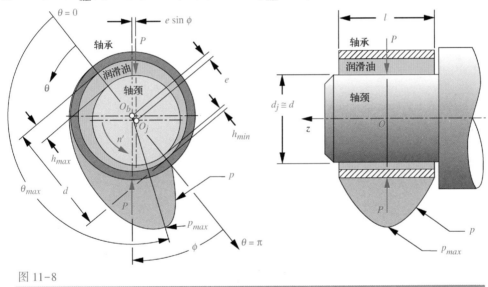

图 11-8

短滑动轴承中压力-油膜厚度被放得很大

图 11-9 比较了 Sommerfeld 长轴承解（取它的最大压力对压力分布进行归一化处理）和 Ocvirk 短轴承解油膜压力 p 在 $\theta=0\sim\pi$ 范围内的变化，其中短轴承解中几个 l/d 的比值分布在 $1/4\sim1$ 的范围内。注意，如果长轴承解用于比值<1，会出现较大的误差。在 $l/d=1$ 时，两种方法的结果相近，只是 Ocvirk 解得到的压力峰比 Sommerfeld 解稍高。DuBois 和 Ocvirk 在试验中发现[13,14]：短轴承解得到的结果与 l/d 在 $1/4\sim1$ 范围间的实验测量结果非常接近；若计算时将 l/d 固定为 1，结果与直到 $l/d=2$ 的实验数据吻合，只不过试验的 l/d 为 $1\sim2$ 间的实际比值。因为大多数现代轴承的 l/d 比值在 $1/4\sim2$ 之间，Ocvirk 解基本上满足了对精度的实际要求，同时计算也方便。Sommerfeld 解为 l/d 比值高于 4 的情形提供了准确的结果。Boyd 和 Raimondi 的方法[11]则为中等大小的 l/d 给出了更精确的结果，但使用起来比较麻烦。

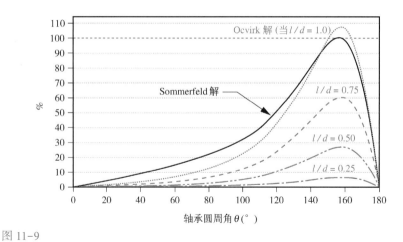

图 11-9

0~180°范围内，各种 l/d 比值的 Ocvirk 短轴承近似解与 Sommerfeld 长轴承近似解的比较

注意在图 11-8 中，峰值压力出现在式（11.7c）所给出的角度 θ_{max} 处。这个角度从 $\theta=0$ 的轴线位置开始测量，而该轴线与轴承和轴颈的中心的连线共线。但中心 O_b 与 O_j 之间偏心线的角度又如何确定呢？通常，作用在轴颈上的力 P 的作用线取决于外部因素。图中，载荷 P 是垂直的，与 $\theta=\pi$ 的轴线之间的角度为 ϕ。（这里用角度 ϕ，而不是从 $\theta=0$ 测得的角度 θ_P，因为 ϕ 永远是锐角。）角度 ϕ 可以用下式计算：

$$\phi = \arctan\left(\frac{\pi\sqrt{1-\varepsilon^2}}{4\varepsilon}\right) \qquad (11.8a)$$

合力 P 的大小与轴承参数有关：

$$P = K_\varepsilon \frac{\eta U l^3}{c_r^2} \qquad (11.8b)$$

式中，K_ε 为尺寸参数，它是偏心率 ε 的函数：

$$K_\varepsilon = \frac{\varepsilon\left[\pi^2\left(1-\varepsilon^2\right)+16\varepsilon^2\right]^{\frac{1}{2}}}{4\left(1-\varepsilon^2\right)^2} \qquad (11.8c)$$

线速度 U 可表达为：

$$U = \pi d n' \qquad (11.8d)$$

将 $c_r = c_d/2$ 代入式（11.8b），得

$$P = K_\varepsilon \frac{\eta U l^3}{c_r^2} = K_\varepsilon \frac{4\pi\eta d n' l^3}{c_d^2} \qquad (11.8e)$$

径向滑动轴承中的转矩和功率损失

图 11-8 给出了轴颈与轴承之间受剪的流体膜。作用在这两个部件上的剪切力产生方向相反的力矩，即旋转轴颈上的 T_r 和固定轴承上的 T_s。然而因为有偏心存在，转矩 T_r 和 T_s 并不相等。图 11-8 中的两个 P 组成一个力偶，其中一个力作用在轴颈中心 O_j 上，另一个作用在轴承中心 O_b 上，将形成力矩 $Pe\sin\phi$ 与固定轴承上的转矩相加，得到旋转力矩：

$$T_r = T_s + P e \sin\phi \qquad (11.9a)$$

固定转矩 T_s 可计算为：

$$T_s = \eta \frac{d^2 l (U_2 - U_1)}{c_d} \frac{\pi}{\left(1 - \varepsilon^2\right)^{1/2}} \tag{11.9b}$$

把式 (11.8d) 代入式 (11.9b)，得到用轴颈和轴承的转速表达的形式：

$$T_s = \eta \frac{d^3 l (n_2' - n_1')}{c_d} \frac{\pi^2}{\left(1 - \varepsilon^2\right)^{1/2}} \tag{11.9c}$$

注意：在同心、无载荷转矩 T_0 的情况下，式 (11.9c) 与 Petroff 方程 (11.2c) 相似。我们可以计算偏心轴承中固定转矩与无载荷转矩的比率，为：

$$\frac{T_s}{T_0} = \frac{1}{\left(1 - \varepsilon^2\right)^{1/2}} \tag{11.9d}$$

毫不奇怪，这个比值只是偏心率 ε 的函数。类似地，也可得到旋转力矩 T_r 和 Petroff 无载荷转矩的比值。

轴承损失的功率 $\varPhi$ 可从旋转力矩 T_r 和转速 n' 中得到：

$$\varPhi = T_r \omega = 2\pi T_r (n_2' - n_1') \qquad \text{N·m/s 或 in·lb/s} \tag{11.10}$$

根据所用单位制，可以将上式的单位按比例转换成瓦［特］（W）或马力。

摩擦系数 轴承摩擦系数可由切向剪切力和所施加的法向力 P 的比值所确定，为：

$$\mu = \frac{f}{P} = \frac{T_r / r}{P} = \frac{2T_r}{Pd} \tag{11.11}$$

11.6 流体动压轴承的设计

通常，轴承承受的外部载荷 P 和转速 n' 是已知的。轴承的直径或已知或未知，但是它常可通过应力、偏转角，或其他考虑因素确定。对轴的设计就是要寻找合适的轴承直径及（或）长度，并在黏度合适的流体润滑剂下，轴承具有合理的、可制造的间隙；在正常的载荷条件下或可预估到的过载条件下，确保所设计的偏心率不会导致金属与金属的接触。

载荷系数设计——Ocvirk 数

解决这个问题的一个方便的方法是定义一个无量纲载荷系数，各种轴承参数都可以用它进行计算、绘制和比较。式 (11.8e) 就可以被改写为这样一个系数——Ocvirk 数 O_N。对 K_ε 求解式 (11.8e)：

$$K_\varepsilon = \frac{P c_d^2}{4 \eta \pi d n' l^3} \tag{11.12a}$$

若求荷载 P，可将式 (11.6d) 代入上式，引入油膜平均压力 p_{avg}，有：

$$K_\varepsilon = \frac{p_{avg} l d c_d^2}{4 \eta \pi d n' l^3} \frac{d}{d} = \frac{1}{4\pi} \left[\left(\frac{p_{avg}}{\eta n'} \right) \left(\frac{d}{l} \right)^2 \left(\frac{c_d}{d} \right)^2 \right] = \frac{1}{4\pi} O_N \tag{11.12b}$$

方括号内的项就是我们要找的无量纲载荷系数或 Ocvirk 数 O_N：

$$O_N = \left(\frac{p_{avg}}{\eta n'} \right) \left(\frac{d}{l} \right)^2 \left(\frac{c_d}{d} \right)^2 = 4\pi K_\varepsilon \tag{11.12c}$$

设计师可以通过对这一表达式中所包含的参数进行调整，该式表明：产生相同的 Ocvirk 数的各种参数组合都将给出相同的偏心率 ε。由于 $h_{min} = c_r (1 - \varepsilon)$，偏心率反映了油膜接近失效的程度。比较 Ocvirk 数和式（11.6e）的 Sommerfeld 数，二者在概念上是一样的。

图 11-10 给出了偏心率 ε 与 Ocvirk 数的关系曲线，也给出了参考文献［13］在同样参数下得到的实验数据。理论曲线由式（11.12c）和式（11.8c）所联立确定，为：

$$O_N = \frac{\pi\varepsilon\left[\pi^2\left(1-\varepsilon^2\right)+16\varepsilon^2\right]^{\frac{1}{2}}}{\left(1-\varepsilon^2\right)^2} \tag{11.13a}$$

通过数据拟合得出的实验曲线说明理论值低估了偏心率的大小。实验曲线可以被近似为：

$$\varepsilon_x \cong 0.21394 + 0.38517\log O_N - 0.0008\left(O_N-60\right) \tag{11.13b}$$

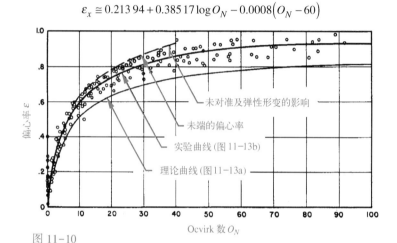

图 11-10

理论分析与实验结果给出的偏心率 ε 和 Ocvirk 数间的关系

摘自：D Dowson, G Higginson, New Roller Bearing Lubrication Formula, Engineering, 192: pp158-159, 1961.

载荷、转矩、油膜中的平均和最大压力值，以及其他轴承参数，可以利用给出的这个经验值 ε 通过式（11.7）~式（11.11）求得，而最小油膜厚度则可从式（11.4b）计算出来。

其他无量纲比值可由式（11.7）~式（11.11）形成，用来辅助设计。图 11-11 分别为 ε 的理论和实验值绘出了 p_{max}/p_{avg} 和 T_s/T_0 与 Ocvirk 数之间的函数关系曲线。图 11-12 给出了角 θ_{max} 和 ϕ 随 Ocvirk 数变化的理论与实验曲线。

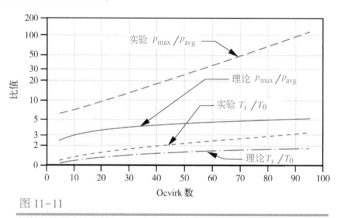

图 11-11

短轴承的压力比和转矩比，它们是 Ocvirk 数的函数

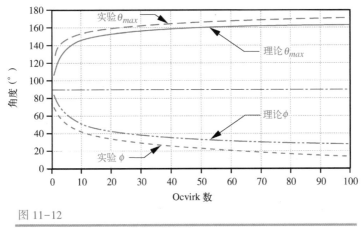

图 11-12

角度 θ_{max} 和 ϕ 与 Ocvirk 数的函数关系

设计流程

载荷和速度通常是已知的。如果通过应力或变形已对轴进行了设计，轴径将成为已知。轴承长度或长径比 l/d 的选择应基于安装考虑。如果其他条件不变，l/d 越大，油膜压力越低。间隙比定义为 c_d/d。间隙比通常在 0.001~0.002 之间，有时可高达 0.003。较大的间隙比将使载荷数 O_N 迅速增大，因为 c_d/d 在式（11.12c）中是平方项。Ocvirk 数越大，偏心率、压力和转矩也越大，这可从图 11-10 和图 11-11 中看出；但是在较大的 Ocvirk 数下，这些因素的增加将变缓。大间隙率的优点是可加速润滑液的流动，从而有利于降低轴承运行温度。大 l/d 值可能要求有更大的间隙比才能适应轴的偏转变形$^{\ominus}$。一旦选好 Ocvirk 数，所需的润滑油黏度可通过式（11.7）~式（11.11）得到。为了得到一个均衡的设计，上述过程通常需要重复多次。

如果轴的尺寸尚未确定，可以先假定一个 Ocvirk 数，再通过对轴承方程的迭代找到轴承的直径和长度。润滑油必须试选，其黏度可以在某个假定的工作温度下，从诸如图 11-1 之类的图表中确定。轴承设计好后，需要进行流体流动和传热分析才能确定其所需的流量及预期的工作温度。虽然这些方面因版面有限而没有涉及，但可以在许多文献中找到，如文献［3］和［10］。

Ocvirk 数的选择对设计有重要的影响。G. B DuBois 给出过一些指导性建议：以载荷数 O_N= 30（ε = 0.82）作为"中等"载荷下的设计上限，O_N = 60（ε = 0.90）作为"重"载上限，而 O_N = 90（ε = 0.93）作为"极重"载荷时的设计上限。在载荷数超过 30 以上时，必须小心地控制制造公差、表面光洁度和变形。对于一般的轴承应用，最好将 O_N 保持在低于 30 的值。用例子最能说明设计过程。

例 11-1　给定轴径的滑动轴承设计

问题：设计径向滑动轴承替换图 10-5 所示的滚动轴承（重新绘制）。轴的设计见例 10-1。

已知：轴上轴承所受的最大横向载荷是，R_1 处为 16 lb，R_2 处为 54 lb。由于 R_2 处的载荷是 R_1 处的 4 倍，可以针对 R_2 设计，再应用于 R_1。R_1 和 R_2 处的轴颈为 0.591 in。轴的转速为 1725 r/min。轴承是固定不动的。

假设：间隙率用 0.0017，l/d 比值为 0.75，Ocvirk 数控制在 30 或更低，优选为 20。

$\ominus$　注意，如果轴承足够短，能够避免因轴的倾斜或变形所导致的轴端金属接触，则可以考虑用简支方式将该轴承装到轴上。

待求：轴承的偏心率，最大压力及其位置，最小油膜厚度，摩擦系数，转矩，轴承的功率损耗。选择适当的润滑油，工作温度为 190℉。

解：见重新绘制的图 10-5。

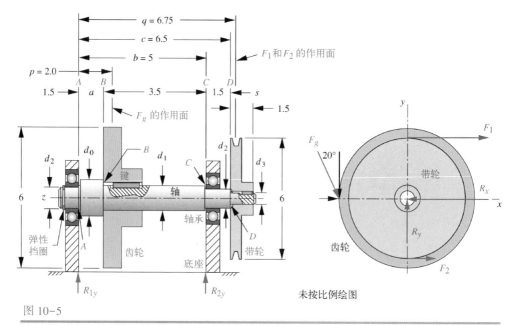

图 10-5

（重复）由例 10-1~10-3 的初始设计结果给出的几何关系

1. 将转速单位由 r/min 转换到 r/s，并求切向速度 U：

$$n' = 1725 \ \frac{\text{r}}{\text{min}} \left(\frac{1 \ \text{min}}{60 \ \text{s}} \right) = 28.75 \ \text{r/s}$$

$$U = \pi \text{d} n' = \pi (0.591)(28.75) = 53.38 \ \text{in/s} \tag{a}$$

2. 从给定的直径和假定的间隙率求出直径和半径径向间隙：

$$c_d = 0.0017(0.591) = 0.0010 \ \text{in}$$

$$c_r = c_d / 2 = 0.0005 \ \text{in} \tag{b}$$

3. 从假定的 l/d 比值 0.75，得到轴承长度：

$$l = 0.75(0.591) = 0.443 \ \text{in} \tag{c}$$

4. 使用推荐值 $O_N = 20$，从式（11.3b）或图 11-10 得出实验性偏心率：

$$\varepsilon_x \cong 0.21394 + 0.38517 \log O_N - 0.0008(O_N - 60)$$

$$\cong 0.21394 + 0.38517 \log 20 - 0.0008(20 - 60) = 0.747 \tag{d}$$

5. 从式（11.12c）得到直径系数 K_ε：

$$K_\varepsilon = \frac{O_N}{4\pi} = \frac{20}{4\pi} = 1.592 \tag{e}$$

6. 重新整理式（11.8b），计算支承设计荷载 P 所需的润滑油黏度 η：

$$\eta = \frac{P c_r^2}{K_\varepsilon U l^3} = \frac{54(0.0005)^2}{1.592(53.38)(0.443)^3} \ \text{reyn} = 1.825 \times 10^{-6} \ \text{reyn} = 1.825 \ \mu\text{reyn} \tag{f}$$

从图 11-1 查到 190℉ 工作温度下 ISO VG100 润滑油，其等同于 SAE 30 W 的机油。

7. 从式（11.6d）得油膜平均压力：

$$p_{avg} = \frac{P}{ld} = \frac{54}{0.443(0.591)}\,\text{psi} = 206\,\text{psi} \tag{g}$$

8. 最大压力角 θ_{max} 既可以从式（11.7c）使用实验值 $\varepsilon = 0.747$ 计算得到：

$$\theta_{max} = \arccos\left(\frac{1 - \sqrt{1 + 24\varepsilon^2}}{4\varepsilon}\right) = \arccos\left(\frac{1 - \sqrt{1 + 24(0.747)^2}}{4(0.747)}\right) = 159.2° \tag{h}$$

也可从图 11-12 中对应的 $O_N = 20$ 实验曲线中查得 θ_{max} 为 159°。

9. 最大压力可以用 $z = 0$ 及求出的 θ_{max} 代入式（11-7b）求得，因为它在轴承最大长度 l 的中点

$$p = \frac{\eta U}{r c_r^2}\left(\frac{l^2}{4} - z^2\right)\frac{3\varepsilon\sin\theta}{(1 + \varepsilon\cos\theta)^3}$$

$$= \frac{(1.825\times10^{-6})(53.38)}{0.296(0.0005)^2}\left(\frac{(0.443)^2}{4} - 0^2\right)\frac{3(0.747)\sin(159.2°)}{(1 + 0.747\cos(159.2°))^3} = 1878\,\text{psi} \tag{i}$$

或者也可以先从图 11-11 的 $O_N = 20$ 实验曲线中查出 p_{max}/p_{avg} 比值为 9.1，乘以式（g）中的 p_{avg}，得到相同的结果。

10. 求角度 ϕ，它是 $\theta = 0 - \pi$ 轴与式（11.8a）求出的载荷 P 之间的夹角。

$$\phi = \arctan\left(\frac{\pi\sqrt{1 - \varepsilon^2}}{4\varepsilon}\right) = \arctan\left(\frac{\pi\sqrt{1 - (0.747)^2}}{4(0.747)}\right) = 34.95° \tag{j}$$

11. 使用角度 ϕ，由式（11.9a）和式（11.9b），可以求出固定和旋转力矩：

$$T_s = \eta\frac{d^3 l(n_2' - n_1')}{c_d}\frac{\pi^2}{(1 - \varepsilon^2)^{1/2}}$$

$$= (1.825\times10^{-6})\frac{(0.591)^3(0.443)(28.75 - 0)}{0.001}\frac{\pi^2}{(1 - (0.747)^2)^{1/2}} = 0.0713\,\text{lb·in} \tag{k}$$

$$T_r = T_s + Pe\sin\phi = 0.0713 + 54(0.000\,37)\sin34.95° = 0.0828\,\text{lb·in} \tag{l}$$

12. 从式（11.10）计算轴承的功率损耗：

$$\Phi = 2\pi T_r(n_2' - n_1') = 2\pi(0.0828)(28.75 - 0) = 14.96\,\frac{\text{in·lb}}{\text{s}} = 0.002\,\text{hp} \tag{m}$$

13. 用式（11.11）计算摩擦系数，它是剪切力比上法向力所得的值：

$$\mu = \frac{2T_r}{Pd} = \frac{2(0.0828)}{54(0.591)} = 0.005 \tag{n}$$

14. 通过式（11.4b）计算最小油膜厚度：

$$h_{min} = c_r(1 - \varepsilon) = 0.0005(1 - 0.747) = 0.000\,126\,\text{in} = 126\,\mu\text{in} \tag{o}$$

这是一个合理的值，因为合成均方根表面粗糙度（式 11.14a）不得超过三分之一到四分之一的最小油膜厚度，这样才能避免表面粗糙峰的接触（见图 11-13）；通过精铣、磨、珩磨等加工方式可以达到 $R_q = 30 \sim 40\,\mu\text{in}$ 或更低的表面粗糙度。

15. 避免表面粗糙峰接触的安全系数可通过反解模型来估计，先设定最小油膜厚度等于预设

的平均表面粗糙度，比如 40 μin，然后确定所需的 Ocvirk 数和荷载 P，使得最小油膜厚度减小到该值。这很容易做到，只需将数学模型中的 h_{min} 和 η 作为输入，而将 P 和 O_N 作为输出，然后给出 O_N 的预测值，通过迭代求解。结果是：

当

$$h_{min} = 40\ \mu in, \qquad O_N = 72.2, \qquad \varepsilon = 0.92, \qquad P = 195\ lb$$

有

$$N = \frac{195\ lb}{54\ lb} = 3.6 \tag{p}$$

该结果对过载有一定的余量，可以接受。

16. 如果安全系数的计算结果显示：很小的过载量就会给轴承造成故障，那么就需要采用更小的 Ocvirk 数对轴承重新设计，这样可得出更大的过载失效余量。把式（11.12c）重新列写在下面的式（q）中，它表明了修改哪些量可减少 O_N。

$$O_N = \left(\frac{p_{avg}}{\eta n'}\right)\left(\frac{d}{l}\right)^2\left(\frac{c_d}{d}\right)^2 \tag{q}$$

这需要调整上面参数的组合，如：降低间隙率，降低 d/l 比，或提高润滑油黏度。假设转速、载荷和轴径保持不变，也可以增加轴承长度、降低径向间隙率，以及增大 η 来改进设计。

17. 例题求解模型 EX11-01A，以及过载安全系数计算模型 EX11-01B 可从本书网站上找到。

11.7　高副接触

高副接触，如齿轮轮齿、凸轮-从动件运动副，以及滚动轴承（球、滚子）可工作于边界润滑、混合润滑或弹流润滑状态。决定哪种润滑状态存在的主要因素，是膜厚比 Λ，它为接触区中心处的最小油膜厚度除以两个表面的合成方均根粗糙度：

$$\Lambda = h_c \Big/ \sqrt{R_{q1}^2 + R_{q2}^2} \tag{11.14a}$$

式中，h_c 是接触区中心处的最小油膜厚度；R_{q1} 和 R_{q2} 为两个接触表面的平均均方根粗糙度。式（11.14a）的分母称为合成表面粗糙度。（见 7.1 节对表面粗糙度的讨论。）接触区中心处的油膜厚度与接触后缘位置的最小油膜厚度 h_{min} 有关，其关系为：

$$h_c \cong \frac{4}{3} h_{min} \tag{11.14b}$$

图 11-13a 给出了通过试验测得的弹流润滑间隙中粗糙面接触频率与膜厚比的关系[28]。当 Λ<1 时，表面处于持续金属-金属接触中，即边界润滑状态。当 Λ>3~4，基本上没有表面粗糙峰的接触。在两者之间，为部分弹流润滑与边界润滑的混合润滑状态。齿轮、凸轮和滚动轴承中的大多数 Hertz 接触均工作在如图 11-2 所示的部分弹流润滑区（混合润滑）[17]。从图 11-13a 可以得到这样的结论：要有部分弹流润滑开始出现，需要 Λ>1[17]；而要形成全膜弹流润滑，需要 Λ>3~4[6,17]。有效的部分弹流润滑状态，大概开始于 Λ=2；而如果 Λ<1.5，则会导致边界润滑，此时会出现明显的表面粗糙峰接触[17]。

图 11-13b 给出了膜厚比对滚动轴承疲劳寿命的影响[29]。纵坐标值为该轴承型号的预期寿命与额定寿命的比值。该图也表明：Λ 应保持为>1.5 才能达到额定寿命。Λ 从 1.5 增加到 2 后，将使得疲劳寿命增加一倍。但进一步增加 Λ 对寿命没有太大影响；如果是使用了高黏度润滑油得到更大的 Λ，由于黏性阻力损失的增加会造成更大的摩擦。

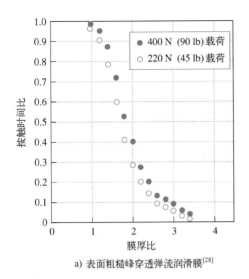

a) 表面粗糙峰穿透弹流润滑膜[28]

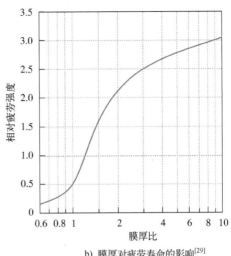

b) 膜厚对疲劳寿命的影响[29]

图 11-13

膜厚比 Λ 对粗糙面接触及疲劳寿命的影响

表面粗糙度很容易测量和控制。润滑油膜厚度却很难预测。第 7 章论述了表面接触区 Hertzian 压力的计算,并且阐明了高副(理论上是点或线)接触的刚性材料在接触区的压力值极高。如果两个接触面均为钢,接触压力通常为 $80 \sim 500\,\text{kpsi}$($0.5 \sim 3\,\text{GPa}$)。人们曾认为,润滑剂不能承受这么高的压力,因此不能分隔金属表面。但现在已经知道,黏度是压力的指数函数,在很高的接触压力下,润滑油可以变得和它要分离的金属一样硬。图 11-14 给出了几种常用润滑剂的黏度与压力的半对数关系曲线。矿物油的曲线可以近似为:

$$\eta = \eta_0 e^{\alpha p} \tag{11.15a}$$

式中,η_0 是大气压下的绝对黏度(单位为 reyn 或 pa·s),p 是压力(单位为 psi 或 Pa)。矿物油的压力-黏度指数 α 可近似表达为(单位为 $v_0 = \text{in}^2/\text{s}$ 或 m^2/s、$\eta_0 = \text{reyn}$ 或 Pa·s 和 $\rho = \text{lb·s}^2/\text{in}^4$ 或 $\text{N·s}^2/\text{m}^4$)[27]:

$$\alpha \cong 7.74 \times 10^{-4} \left(\frac{v_0}{10^4} \right)^{0.163} \cong 7.74 \times 10^{-4} \left(\frac{\eta_0}{\rho \left(10^4 \right)} \right)^{0.163} \tag{11.15b}$$

柱面接触 Dowson 和 Higginson[18,19] 给出了圆柱滚子间弹流润滑接触的最小油膜厚度计算公式:

$$h_{min} = 2.65 R' \left(\alpha E' \right)^{0.54} \left(\frac{\eta_0 U}{E'R'} \right)^{0.7} \left(\frac{P}{lE'R'} \right)^{-0.13} \tag{11.16}$$

式中,P 为横向荷载(单位为 lb 或 N);l 为轴向接触长度(单位为 in 或 m);U 为平均速度,即 $U = (U_1 + U_2)/2$(单位为 in/s 或 m/s);η_0 为在大气压力和常温下的润滑油绝对黏度(单位为 reyn 或 Pa·s);α 为式(11.15b)给出的压力-黏度指数。式(11.16)中括号内的表达式为无量纲比值,只要其中各项的单位制统一为 ips 或国际单位制。所得油膜厚度单位为 in 或 m。

等效半径 R' 定义为

$$\frac{1}{R'} = \frac{1}{R_{1x}} + \frac{1}{R_{2x}} \tag{11.17a}$$

式中,R_{1x} 和 R_{2x} 为两接触表面沿滚动方向的半径。等效弹性模量定义为:

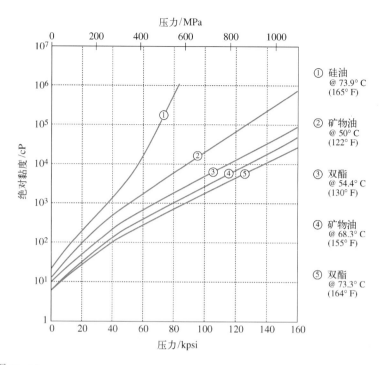

图 11-14

绝对黏度与各种润滑油压力对比

摘自：ASME Research Committee on Lubrication,"Pressure Viscosity Report–Vol. II," 1953.

$$E' = \frac{2}{m_1 + m_2} = \frac{2}{\dfrac{1-\nu_1^2}{E_1} + \dfrac{1-\nu_2^2}{E_2}} \qquad (11.17b)$$

式中，E_1 和 E_2 分别是两表面材料的弹性模量；ν_1 和 ν_2 是它们的泊松比。

一般接触　在一般的点接触中，接触区是一个椭圆，这在第 7 章中已经讨论过了。接触椭圆是由它的主、次半轴所定义的，分别为 a 和 b。两个球体之间的接触，或球体和平面之间的接触，将形成一个圆形的接触面，可视作 $a=b$ 时的特殊的椭圆接触。Hamrock 和 Dowson[21]推导了一般情况下点接触最小油膜厚度方程：

$$h_{min} = 3.63 R' (\alpha E')^{0.49} \left(\frac{\eta_0 U}{E' R'}\right)^{0.68} \left(1 - e^{-0.68\psi}\right) \left[\frac{P}{E' (R')^2}\right]^{-0.073} \qquad (11.18)$$

式中，$\psi = a/b$ 是接触区的椭圆率（见 7.10 节）。

在所有这些方程中，油膜厚度主要取决于速度和润滑剂的黏度，而对载荷相对不敏感。图 11-15 给出了钢制滚子在轻载、重载条件下，矿物油润滑时的弹流润滑接触压力分布与油膜厚度之间的关系曲线[22]。注意：流体压力与干性的赫兹接触压力几乎是一样的，除了在出口附近因膜厚收缩造成的压力峰。除了局部收缩，膜厚在整个接触区基本不变。

式（11.16）~式（11.18）可用来计算齿轮轮齿、凸轮-从动件或滚动轴承等接触运动高副的最小油膜厚度。从式（11.14）得到的特定膜厚将表明接触区存在的究竟是弹流润滑还是边界润滑。如果不是弹流润滑，润滑油中需加入极化添加剂。

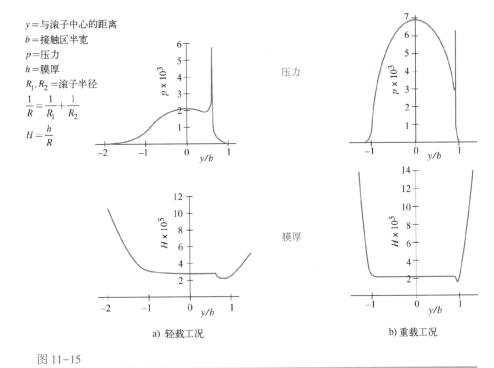

y = 与滚子中心的距离
b = 接触区半宽
p = 压力
h = 膜厚
R_1, R_2 = 滚子半径
$$\frac{1}{R} = \frac{1}{R_1} + \frac{1}{R_2}$$
$$H = \frac{h}{R}$$

压力

膜厚

a) 轻载工况   b) 重载工况

图 11-15

弹流润滑运动副中的压力分布于油膜厚度关系[22]

例 11-2 冠式凸轮-从动件界面润滑

问题：例 7-3 曾对一个凸轮-从动件机构接触区的几何形状及接触应力进行过分析。针对磨削滚子分别与磨削凸轮和铣制凸轮配对运动的两种情况，确定膜厚比及润滑条件。

已知：滚子从动件半径为 1 in，滚子表面，与半径成 90° 的垂直方向上，加工成冠形，它的半径为 20 in，滚子表面粗糙度为 $R_q = 7\ \mu in$。凸轮在旋转方向上的最小曲率半径为 1.72 in，凸轮轴向是扁的。从动件与凸轮的接触区为椭圆形，椭圆的半轴尺寸为 $a = 0.0889$ in，$b = 0.0110$ in。凸轮角速度为 18.85 rad/s，最小曲率半径处的凸轮半径为 3.92 in。润滑油的整体温度为 180℉。磨削凸轮的均方根表面粗糙度为 $R_q = 7\ \mu in$，铣制凸轮的表面粗糙度为 $R_q = 30\ \mu in$。

假设：使用比重为 0.9 的 ISO VG460 润滑油。滚子与凸轮之间有 1% 的滑动率。

待求：对于每个凸轮，根据给定的润滑剂及其黏度，计算膜厚比及润滑条件，以获得有效的部分或完全弹流润滑状态。

解：见图 11-16。

1. 图 11-1 给出了 180℉温度下 ISO VG460 润滑油的黏度约为 6.5 μreyn。

2. 根据所给定润滑油的 SG 比重以及水的重量密度，计算油的质量密度：

$$\rho = SG\frac{\gamma}{g} = 0.9\left(0.036\,11\frac{lb}{in^3}\middle/386\frac{in}{s^2}\right) = 84.2 \times 10^{-6}\ \frac{lb \cdot s^2}{in^4}\ \text{或}\ \frac{blob}{in^3} \qquad (a)$$

3. 从式（11.5b）可求出近似的压力-黏度指数 α：

$$\alpha \cong 7.74 \times 10^{-4}\left(\frac{\eta_0}{\rho\left(10^4\right)}\right)^{0.163} \cong 7.74 \times 10^{-4}\left(\frac{6.5 \times 10^{-6}}{84.2 \times 10^{-6}\left(10^4\right)}\right)^{0.163} = 1.136 \times 10^{-4} \qquad (b)$$

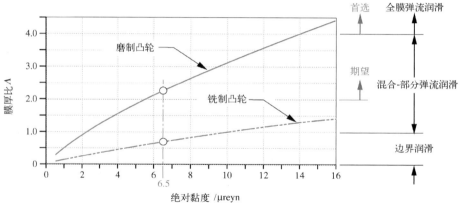

图 11-16

例 11-2 中具体膜厚 Λ 随润滑油黏度 η_0 的变化

4. 由式（11.17a）求等效半径：

$$\frac{1}{R'} = \frac{1}{R_{1_x}} + \frac{1}{R_{2_x}} = \frac{1}{1} + \frac{1}{1.720} \qquad\qquad R' = 0.632 \text{ in} \qquad\qquad (c)$$

5. 由式（11.17b）求等效弹性模量：

$$E' = \frac{2}{\dfrac{1-v_1^2}{E_1} + \dfrac{1-v_2^2}{E_2}} = \frac{2}{\dfrac{1-0.28^2}{3\times10^7} + \dfrac{1-0.28^2}{3\times10^7}} = 3.255\times10^7 \qquad\qquad (d)$$

6. 求平均速度 U。滚子转速为凸轮的 99%。

$$U_2 = r\omega = 3.92 \text{ in }(18.85 \text{ rad/s}) = 73.892 \text{ in/s}$$

$$U_1 = 0.99U_2 = 0.99(73.892) = 73.153 \text{ in/s}$$

$$U = (U_1+U_2)/2 = (73.892+73.153)/2 = 73.523 \text{ in/s} \qquad\qquad (e)$$

7. 求椭圆率，它等于长半轴/短半轴。本例中，短轴为转动方向。

$$\psi = a/b = 0.0889/0.0110 = 8.082 \qquad\qquad (f)$$

8. 由式（11.18）求最小油膜厚度：

$$h_{min} = 3.63R'(\alpha E')^{0.49}\left(\frac{\eta_0 U}{E'R'}\right)^{0.68}\left(1-e^{-0.68\psi}\right)\left[\frac{P}{E'(R')^2}\right]^{-0.073}$$

$$= 3.63(0.632)\left[1.136\times10^{-4}(3.255\times10^7)\right]^{0.49}\left[\frac{(6.5\times10^{-6})(73.523)}{(3.255\times10^7)(0.632)}\right]^{0.68}$$

$$\cdot\left[1-e^{-0.68(8.082)}\right]\left[\frac{250}{3.255\times10^7(0.632)^2}\right]^{-0.073} \text{ in} = 16.6 \text{ μin} \qquad\qquad (g)$$

9. 利用式（11.14b）将出口处的膜厚最小值转化成接触区中心位置处的近似厚度：

$$h_c \cong \frac{4}{3}h_{min} = \frac{4}{3}(16.6 \text{ μin}) = 22.2 \text{ μin} \qquad\qquad (h)$$

10. 用式（11.14a）计算每种凸轮的膜厚比：

磨削凸轮：

$$\Lambda = h_c\Big/\sqrt{R_{q_1}^2 + R_{q_2}^2} = 22.2\Big/\sqrt{7^2+7^2} = 2.24$$

铣制凸轮：

$$\Lambda = h_c \Big/ \sqrt{R_{q_1}^2 + R_{q_2}^2} = 22.2 \Big/ \sqrt{7^2 + 30^2} = 0.72 \tag{i}$$

这表明：在给定的润滑油条件下，铣制凸轮处于边界润滑状态，磨削凸轮处于部分弹流润滑状态。这是采用磨削滚子从动件与磨削和铣制凸轮配合运动时比较常见的两种润滑状态。

11. 为确定什么样的润滑油在 180°F 温度下能使两种配合都进入部分或完全弹流润滑状态，可用黏度在图 11-1 所示的 0.5~16 μreyn 范围内各种不同的 η_0 值去求解问题模型。结果如图 11-16 所示，$\eta_0 \geqslant 14$ μreyn 的润滑油才能使磨削凸轮进入完全弹流润滑状态，而 $\eta_0 \geqslant 10$ μreyn 的润滑油可使铣制凸轮的膜厚比 $\Lambda > 1$，使它处于混合润滑-部分弹流润滑区域的低值端。但是，图 11-1 中没有可以使铣制凸轮的膜厚比 $\Lambda > 4$ 的润滑油，从而使其达到完全膜弹流润滑状态。

12. 文件 EX11-02 可以在本书的网站上找到。

11.8 滚动轴承

观看第 8 讲 Rolling Element Bearing (46:54)⊖

自古以来，滚子就是一种广为人知的重物搬移工具。有证据表明，早在公元前一世纪，推力球轴承就被人类使用。但直到 20 世纪随着材料和制造技术的提高，才使得精密滚动轴承得以制造。航空燃气轮机的发展对轴承提出了更高速、更耐高温的要求。自第二次世界大战以来的大量研究工作，导致高品质、高精度的滚动轴承（REB）可以以相当合理的价格被轻易买到。

有趣的是，从大概在 1900 年最早出现的设计开始，球轴承和滚子轴承就已经被全球标准化为公制尺寸。比如，从 20 世纪 20 年代几乎任何国家生产的古董汽车的车轮总成上拆下一个滚动轴承，可以从当今的轴承制造商的产品目录中找出其替换件。新轴承比原来的轴承在设计、质量、可靠性等方面有很大改善，但它们的外部尺寸是相同的。

材料 大多数现代的球轴承是由 AISI 5210 钢制成的，并且经过高度的硬化处理，有的是整体硬化，有的是表面硬化。这种铬合金钢可整体硬化到 61~65 HRC。滚子轴承通常用表面硬化过的 AISI 3310、4620 和 8620 合金钢制成。钢材制造过程的最新改进使轴承钢的杂质含量进一步降低。由这些"干净"的钢制造出来的轴承表现出显著的寿命和可靠性的改善。虽然滚动轴承一直被认为具有有限的疲劳寿命，对轴承寿命的"标准化"工作也仍然在做，但最近那些由"干净"的钢制成的滚动轴承，已经在表面疲劳中显现出具有无限寿命的疲劳极限[23]。

制造 滚动轴承是由世界范围内所有主要的轴承制造商制造的，具有标准化尺寸，该尺寸由美国抗摩擦轴承制造商协会（AFBMA）和/或国际标准化组织（ISO）所定义，因此它们可以互换。可以保证，选用任何制造商根据这些标准制造的轴承，未来都不会出现装配的不可维修性，即使该制造商退出轴承行业。AFBMA 轴承设计标准已经由美国国家标准研究所（ANSI）采用。本节中的一些信息取自 ANSI/AFBMA 球轴承标准 9-1990[24] 以及滚子轴承标准 11-1990[25]。标准还定义了轴承的公差等级。径向轴承由 ANSI 标准化为 ABEC-1~9 公差等级，级数越大，精度越高。国际标准化组织定义了等级 6~2，精度与级数成反比。精度越高，成本也越高。

滚动轴承与滑动轴承的对比

滚动轴承比起滑动轴承有许多优点，反之亦然。Hamrock[26] 列出了滚动轴承与滑动轴承相比存在如下优点：

⊖ http://www.designofmachinery.com/MD/18_Rolling_Element_Bearings.mp4

1. 起动和运转摩擦低，$\mu_{static} \cong \mu_{dynamic}$，范围在 0.001 ~ 0.005 之间。

2. 能同时承受径向和轴向载荷。

3. 对润滑间断不敏感。

4. 没有自激不稳定性。

5. 良好的低温起动性能。

6. 可以将润滑油密封在轴承中，实现"终身润滑"。

7. 需要的轴向空间通常较小。

以下是滚动轴承与一致性流体动压润滑轴承相比的缺点[26]：

1. 滚动轴承最终会因疲劳失效。

2. 需要更多的径向空间。

3. 减振性能差。

4. 噪声水平高。

5. 有些对装配要求严格。

6. 成本较高。

滚动轴承分类

滚动轴承可分为两大类：球轴承和滚子轴承。每类中又有许多子类。球轴承最适合小型、高速的应用。而对于大型、重载机械，滚子轴承是首选。如果轴和轴承座之间存在偏差，则需要使用调心轴承。在中等速度下，圆锥滚子轴承既可承受径向，也可承受轴向的重载。高速时，如果既有径向、又有轴向重载，最好选用深沟球轴承。表 11-4 给出了各类轴承的摩擦系数。

球轴承 其滚道间装有许多硬化和磨光的钢球。径向轴承的滚道分内圈和外圈，止推轴承则为顶圈和底圈。保持架（也叫笼架或分隔器）用来保持球沿着滚道分布均匀，如图 11-17 所示。球轴承能承受不同程度的径向-轴向载荷的组合，具体取决于它们的设计和结构。图 11-17a 给出了一个深沟或 Conrad 型球轴承，它可同时承受径向载荷和中等大小的轴向载荷。图 11-17b 给出了一个角接触球轴承，这种轴承用来承受一个方向上较大的轴向载荷，它同时也可承受径向载荷。有些球轴承带有防尘盖，可防止异物侵入，并且装有密封件，可以保留原厂润滑剂。球轴承最适于小尺寸、高速、轻载应用。

表 11-4   滚动轴承典型摩擦系数

类型	μ
调心球轴承	0.0010
圆柱滚子轴承	0.0011
推力球轴承	0.0013
深沟球轴承	0.0015
球面滚子轴承	0.0018
圆锥滚子轴承	0.0018
滚针轴承	0.0045

摘自：Palmgren, A., *Ball and Roller Bearing Engineering*, 2ed., S. H. Burbank Co., Phila., 1946。

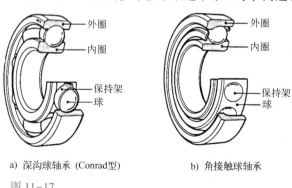

a) 深沟球轴承 (Conrad型)   b) 角接触球轴承

图 11-17

球轴承

由 NTN 公司提供——经许可转载

滚子轴承　如图 11-18 所示，其滚道之间的滚子有直的、锥形的或曲面的。一般情况下，由于滚子轴承是线接触，故能比球轴承承受更大的静载荷和动（冲击）载荷，而且应用在大尺寸、重载中没那么昂贵。除了锥形或曲面形滚子外，普通滚子只能承受单方向的载荷，或者为径向，或者为轴向，具体取决于轴承的设计。

图 11-18a 给出了一个直圆柱形滚子轴承，它只能承受径向载荷。它的摩擦很低，轴向可游动，这在轴较长的情况下是一个优势。因为如果安装不正确的话，轴的热膨胀会使成对安装的球轴承产生轴向载荷，但滚子轴承不会。图 11-18b 给出了一个滚针轴承。这种轴承的滚子直径很小，可没有内圈滚道和保持架。滚针轴承的优点是具有更高的载荷能力，尤其是在没有内圈的情况下，这时滚针是满装的；同时它的径向尺寸又非常紧凑。在这种情况下，与滚子相对转动的轴段必须经硬化和磨削。虽然满装滚针轴承具有更高的载荷能力，但它的磨损率要高于那些滚子数目少、被保持架分开而不会彼此摩擦的轴承。

图 11-18c 给出了圆锥滚子轴承，这类轴承被设计用来支承大的轴向和径向载荷。它们常用作汽车和货车的轮毂轴承。圆锥滚子（和其他）轴承可沿轴向拆分，这使其比球轴承更易于装配，球轴承通常采用永久装配的方式。图 11-18d 给出球面滚子轴承具有自定位能力，不会让轴承受到弯矩的作用。

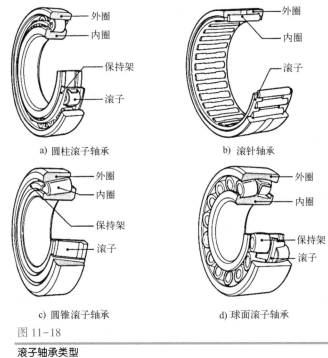

a) 圆柱滚子轴承　　　　b) 滚针轴承

c) 圆锥滚子轴承　　　　d) 球面滚子轴承

图 11-18

滚子轴承类型
由 NTN 公司提供——经许可转载

止推轴承　球轴承和滚子轴承也可以做成只能承受纯轴向载荷的形式，如图 11-19 所示。圆柱滚子止推轴承比球止推轴承的摩擦更大，这是由于滚子和滚道之间会发生滑动（因为滚子接触线上只有一个点能够与滚道半径上变化的线速度相匹配），故其不宜用在高速应用中。

轴承分类　图 11-20 给出了滚子轴承的分类。两个轴承大类，即球轴承和滚子轴承，进一步又分为径向和止推两个子类。在这些类别中，又包含了多种样式。一般都有单列、双列配置，双列的承载能力更高。单向接触或角接触属于另一类，单向接触是指仅承受"纯粹"径向或轴

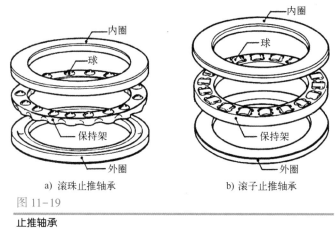

a) 滚珠止推轴承   b) 滚子止推轴承

图 11-19

止推轴承

由 NTN 公司提供——经许可转载

向载荷，角接触是指可承受两者的组合。深沟球轴承既可以承受大的径向载荷，也可承受少量的双向轴向载荷，最为常用。

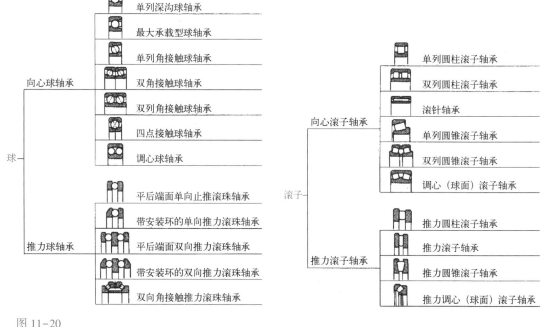

图 11-20

滚动轴承分类

由 NTN 公司提供——经许可转载

角接触球轴承可比深沟球轴承承受更大的轴向载荷，但是它只能单向受力。因此，它们经常成对使用，以承受两个方向的轴向载荷。最大承载量的球轴承有一个装填槽，与装配时需要将滚道偏置的深沟球轴承（Conrad 型）相比，它可容纳更多的钢球，但装填槽限制了它的轴向承载能力。

调心轴承的优点是可容许轴存在一定的角度安装误差，并做成简支轴。它们的摩擦也很低。如果使用非调心轴承，那么安装轴承时必须仔细调整同轴性和偏转角，以免在轴承内产生残余载荷，从而严重缩短使用寿命。

图 11-21 列出了各类轴承的尺寸范围，以及轴承制造商为轴承的使用做出的评估和建议。注意：某些轴承类型有英制尺寸可供选择，但大部分只有公制尺寸。在标记为“性能”的那列

		类型	尺寸范围/in		对轴承平均相对性能的评价				可带附件			尺寸单位	
					承载能力		极限转速	允许的角偏差					
			内径	外径	向心	推力			防尘盖	密封圈	卡环	公制	英制
球	球轴承	康纳型	0.1181～41.7323	0.3750～55.1181	良好	一般 ←→	以Conrad型为比较基准 1.00	±0°8′ 标准径向间隙 ±0°12′ C3间隙	X	X	X	X	X
球	球轴承	最大承载型	0.6693～4.3307	1.5748～8.4646	优秀	较差 ←→	1.00	±0°3′	X		X	X	
球	球轴承	角接触型 15°/40°（15° / 40°）	0.3937～7.4803	1.0236～15.7480	良好	良好(15°) 优秀(40°) ←	1.00 / 0.70	±0°2′				X	
球	球轴承	角接触型 35°	0.3937～4.3307	1.1811～9.4488	优秀	良好 ←	0.70	0°				X	
球	球轴承	调心	0.1969～4.7244	0.7480～9.4488	一般	一般 ←→	1.00	±4°				X	
滚子	圆柱滚子轴承	内圈可分离无固定	0.4724～19.6850	1.2598～28.3465	优秀	0	1.00	±0°4′				X	
滚子	圆柱滚子轴承	内圈可分离单向固定	0.4724～12.5984	1.2598～22.8346	优秀	较差 ←	1.00	±0°4′				X	
滚子	圆柱滚子轴承	自包含式（双向固定）	0.4724～3.9370	1.4567～8.4646	优秀	良好 ←→	1.00	±0°4′				X	
滚子	圆锥滚子轴承	可分离式	0.6205～6.0000	1.5700～10.0000	良好	良好 →	0.60	±0°2′				X	X
滚子	调心滚子轴承	调心	0.9843～12.5984	2.0472～22.8346	良好	一般 ←→	0.50	±4°				X	
滚子	调心滚子轴承	调心	0.9843～35.4331	2.0472～46.4567	优秀	良好 ←→	0.75	±1°				X	
滚子	滚针轴承	完整轴承 可带或不带定位环或油槽	0.2362～14.1732	0.6299～17.3228	良好	0	0.60	±0°2′		X		X	X
滚子	滚针轴承	冲压外圈	0.1575～2.3622	0.3150～2.6772	良好	0	0.30	±0°2′				X	X
滚子	推力轴承	单向深沟球滚道	0.2540～46.4567	0.8130～57.0866	较差	优秀 →	0.30	0°				X	X
滚子	推力轴承	单向圆柱滚子	1.1811～23.6220	1.8504～31.4960	0	优秀 →	0.20	0°				X	
滚子	推力轴承	调心滚子	3.3622～14.1732	4.3307～22.0472	较差	优秀 →	0.50	±3°				X	

图 11-21

滚动轴承的相对性能、尺寸及其可用信息

摘自：Courtesy of FAG Bearings Corp.，Stamford，Conn.

中，给出了轴承承受径向和轴向载荷的相对能力。在*极限速度*列中，将 Conrad 型轴承用作比较标准，因为它的高速性能最佳。对于其他轴承类型和轴承系列，可查询轴承制造商的产品目录，以获取其他附加信息。这里给出的图里面只给出了非常少的部分。

11.9   滚动轴承的失效

如第 7 章所述，如果润滑油供应充足、干净，那么滚动轴承的失效将主要由表面疲劳所引起。只要滚道或滚珠（滚子）上出现了首个麻点，就认为轴承失效已经开始。一般滚道会先失效。轴承出现点蚀失效时，会产生噪声和振动。此时轴承虽然仍可用，但随着表面的进一步恶化，噪声和振动会加剧，最终导致滚动元件出现剥落或断裂，这可能对所连接的其他元件造成干扰和破坏。如果你曾经有过汽车轮毂轴承失效的经历，你会知道出现点蚀或剥落后的滚动轴承*在极端情况下*所发出的尖啸声。

在大量的轴承样本中，轴承个体的寿命会呈现巨大的差异。轴承失效并不符合高斯对称分布形式，而是遵循 Weibull 分布，它是偏态的。轴承通常按其寿命分级。寿命用转数表示（或在设计速度下的运行小时数），定义为：在设计荷载下，90% 以上的任意相同型号的轴承样本可达到或超过预设的转数值。换句话说，同一批轴承中的 10% 在此载荷水平下达不到设计寿命，会提前失效。这就是所谓的 L_{10} 寿命[⊖]。对于重要的应用场合，可预设更小的失效百分比，但大多数制造商已将轴承寿命标准化为 L_{10} 寿命，并用它作为轴承的载荷-寿命特性的表征手段。滚动轴承的选择过程在很大程度上涉及对这个参数的使用，以便在预期的工作载荷或过载条件下，轴承能够达到所预期的寿命。

图 11-22 示出了轴承的失效-幸存百分比与相对疲劳寿命的关系曲线。取 L_{10} 寿命作为参考值。在参考寿命的 5 倍处，失效率为 50%，而该点以下的曲线近乎线性。换句话说，50% 的轴承可达到 5 倍于 10% 轴承失效率处的寿命。这一点之后，曲线的非线性相当明显，其中 80% 的轴承出现失效时的寿命大约是 10% 失效率寿命的 10 倍，而在 L_{10} 寿命的 20 倍处，仍有少量的轴承没有失效，而继续正常运行。

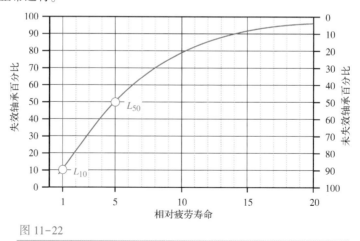

图 11-22

滚动轴承典型的寿命分布

摘自：SKF USA Inc.

⊖ 一些轴承制造商称之为 B90 或 C90 寿命，指的是 90% 的轴承幸存率，而不是 10% 的失效率。

如果要计算的不是标准的 10% 失效率，则计算其他失效百分比的寿命 L 时，只需将 L_{10} 寿命乘以可靠性系数 K_R，这里 K_R 取自于它所遵循的 Weibull 分布曲线：

$$L_P = K_R L_{10} \tag{11.19}$$

式中，L 为疲劳寿命，单位为百万转。表 11-5 列出了各种失效百分比所对应的 Weibull 系数 K_R。

表 11-5　Weibull 分布中的可靠性系数 R 与失效概率 P 的对应关系

P(%)	R(%)	K_R
50	50	5.0
10	90	1.0
5	95	0.62
4	96	0.53
3	97	0.44
2	98	0.33
1	99	0.21

11.10　滚动轴承选型

一旦适合应用的轴承类型参照图 11-21 给出的选型概要及前面所讨论过的考量已经选定，就可以根据轴承所受的静、动载荷的大小，以及所预期的疲劳寿命选择其适合的尺寸。

基本额定动载荷 C

轴承制造厂商在良好的理论基础上所进行过的大量测试结果表明：球轴承的 L_{10} 疲劳寿命与所受载荷的 3 次方成反比；而对于滚子轴承，则与其所受载荷的 10/3 次方成反比。这些关系可表达为：

球轴承：

$$L_{10} = \left(\frac{C}{P}\right)^3 \tag{11.20a}$$

滚子轴承：

$$L_{10} = \left(\frac{C}{P}\right)^{10/3} \tag{11.20b}$$

式中，L_{10} 是疲劳寿命，单位为百万转；P 是施加的恒定负荷[⊖]；C 是特定轴承的基本额定动载荷，每个轴承的 C 由制造商在轴承目录中定义并公布。*基本额定动载荷 C 定义为内圈达到 100 万转时，轴承所能承受的载荷。*一般轴承的基本额定动载荷 C 通常要比实际所承受的载荷要大，因为通常要求的寿命要高于 100 万转。事实上，如果实际载荷等于 C，有些轴承会产生静载失效。C 只是一个参考值，用来预测轴承在任何量级的实际载荷下所能达到的寿命。图 11-23 取自某轴承制造商的产品目录页，其中指明了每个轴承的 C 值，同时给出了每个轴承的最大极限速度。

将式（11.20a）、式（11.20b）与式（11.19）联立，可得到轴承在任意选定的失效率下的寿命：

球轴承：

$$L_P = K_R \left(\frac{C}{P}\right)^3 \tag{11.20c}$$

滚子轴承：

$$L_P = K_R \left(\frac{C}{P}\right)^{10/3} \tag{11.20d}$$

轴承额定寿命修订

ASME 和 ISO 最近采用了新标准（ISO 281/2）计算滚动轴承寿命。式（11.20）仅基于 Hertz

⊖　注意施加到旋转轴承上的恒定外载荷会在轴承元件中产生出动载荷，这与作用在旋转轴上的恒力矩产生变应力的方式相同，因为球、滚子或滚道上任何一点都会在轴承的转动过程中受到载荷作用。

开式	单防扩罩	双防扩罩	单密封圈	双密封圈	密封圈+防护罩	开式、带止动环[2]	向心密封圈+防护罩
后缀	.Z	.2Z	.RS	.2RS	.RSZ	.NR	.RSRZR

此配置形式仅以展示最新的标准化轴承附件，某些轴承已经按此标准做了转变

轴承数[1]	边界尺寸						止动环尺寸			最大圆角半径	近似重量	S_L 极限转速[3]	C 助态负载率	C_0 静态负载率
	内径		外径		宽度		H	S	t					
	mm	in	mm	in	mm	in				in	lb	r/min	lb	lb
6300	10	0.3937	35	1.3780	11	0.4331	0.125	1.562	0.044	0.025	0.13	22000	1400	850
6301	12	0.4724	37	1.4567	12	0.4724	0.125	1.625	0.044	0.040	0.15	20000	1700	1040
6302	15	0.5906	42	1.6535	13	0.5118	0.125	1.821	0.044	0.040	0.20	18000	1930	1200
6303	17	0.6693	47	1.8504	14	0.5512	0.141	2.074	0.044	0.040	0.25	16000	2320	1460
6304	20	0.7874	52	2.0472	15	0.5906	0.141	2.276	0.044	0.040	0.34	14000	3000	1930
6305	25	0.9843	62	2.4409	17	0.6693	0.195	2.665	0.067	0.040	0.58	11000	3800	2550
6306	30	1.1811	72	2.8346	19	0.7480	0.195	3.091	0.067	0.040	0.83	9500	5000	3400
6307	35	1.3780	80	3.1496	21	0.8268	0.195	3.406	0.067	0.060	1.07	8500	5700	4000
6308	40	1.5748	90	3.5433	23	0.9055	0.226	3.799	0.097	0.060	1.41	7500	7350	5300
6309	45	1.7717	100	3.9370	25	0.9843	0.226	4.193	0.097	0.060	1.95	6700	9150	6700
6310	50	1.9685	110	4.3307	27	1.0630	0.226	4.587	0.097	0.080	2.50	6000	10600	8150
6311	55	2.1654	120	4.7244	29	1.1417	0.271	5.104	0.111	0.080	3.30	5300	12900	10000
6312	60	2.3622	130	5.1181	31	1.2205	0.271	5.498	0.111	0.080	3.81	5000	14000	10800
6313	65	2.5591	140	5.5118	33	1.2992	0.304	5.892	0.111	0.080	4.64	4500	16000	12500
6314	70	2.7559	150	5.9055	35	1.3780	0.304	6.286	0.111	0.080	5.68	4300	18000	14000
6315	75	2.9528	160	6.2992	37	1.4567	0.304	6.679	0.111	0.080	6.60	4000	19300	16300
6316	80	3.1496	170	6.6929	39	1.5354	0.346	7.198	0.122	0.080	9.53	3800	21200	18000
6317	85	3.3465	180	7.0866	41	1.6142	0.346	7.593	0.122	0.100	11.00	3400	21600	18600
6318	90	3.5433	190	7.4803	43	1.6929	0.346	7.986	0.122	0.100	11.60	3400	23200	20000
6319	95	3.7402	200	7.8740	45	1.7717	0.346	8.380	0.122	0.100	13.38	3200	24500	22400
6320	100	3.9370	215	8.4646	47	1.8504	—	—	—	0.100	16.34	3000	28500	27000
6321	105	4.1338	225	8.8582	49	1.9291	—	—	—	0.100	17.8	2800	30500	30000
6322	110	4.3307	240	9.4488	50	1.9685	—	—	—	0.100	21.0	2600	32500	32500
6324	120	4.7244	260	10.2362	55	2.1654	—	—	—	0.100	32.3	2400	36000	38000
6326	130	5.1181	280	11.0236	58	2.2835	—	—	—	0.12	40.1	2200	39000	43000
6328	140	5.5118	300	11.8110	62	2.4409	—	—	—	0.12	48.1	2000	44000	50000
6330	150	5.9055	320	12.5984	65	2.5590	—	—	—	0.12	57.8	1900	49000	60000

①表中所列轴承数仅针对开式轴承。对于防护罩、密封圈和止动环，要加上列于轴承图表下方的后缀或前缀。如6300.Z、6300.RS、6300.NR等。若尺寸更大，可查询其可用附件。

②止动环轴承若带防护罩或密封圈，则应加上两个后缀，如6300.ZNR等。

③用于脂润滑轴承、无密封圈。

图 11-23

6300 系列中型、公制、深沟（Conrad 型）球轴承的尺寸及其载荷能力

接触应力。新标准考虑了许多因素的影响，如：压紧时的摩擦、周向应力、润滑状态，以及油液洁净度等。为了考虑包含了由这些因素产生的应力，这一方法采用了 von Mises 应力准则。它还使用了轴承钢表面疲劳强度的最新试验数据。所有这些效应被组合成一个应力-寿命系数 A_{sl}，把它用于式（11.20）中给出的传统的 L_{10}上，有：

$$L_{ASME} = A_{sl} L_{10} \qquad (11.21)$$

试验数据表明，式（11.21）给出的轴承寿命比式（11.20）算出的更精确。系数 A_{sl} 的计算相当复杂，可参考文献 [30]。该文献给出了一个被称为 *ASMELife* 的计算机程序，可用来计算针对任何载荷及环境参数所设计轴承的 L_{ASME} 寿命估计值。虽然文献详细解释了算法的计算过程，但因为版面有限，此处未予列出。此外，该软件用户界面友好、价格低廉，进一步的开发实属不

必。读者可参考 ASME 的出版物了解进一步的信息。对于本章中的例子,我们假定 $A_{sl} = 1.0$。

基本额定静载荷 C_0

由于在很小的接触面上作用着非常高的应力,即使只承受轻载,滚子或滚珠也可能出现永久变形。轴承的静载荷极限定义为:在滚道和滚动体的任意接触点上产生的总永久变形为直径 d 的 0.0001 时轴承所受的载荷。更大的变形会导致振动和噪声的增加,并可能导致过早出现疲劳失效。轴承钢产生 0.0001d 的静变形所需的应力值非常高,滚子轴承中约为 4 GPa(580 kpsi),球轴承约为 4.6 GPa(667 kpsi)。轴承制造商为每个轴承发布了其基本额定静载荷 C_0,它是根据 AFBMA 标准计算的。有时候超过此载荷也不会失效,特别是当转速较低时不会有振动问题。通常,需要 8 倍的 C_0 或更大的载荷才能使轴承破裂。图 11-23 给出了某轴承生产商提供的产品目录页,其中给出了每个轴承的 C_0 值。

例 11-3　为轴的设计选择合适的球轴承

问题:为图 11-5 中的轴选择向心球轴承。轴已设计,见例 10-1。

已知:轴在轴承安装位置处所受最大横向载荷分别为 $R_1 = 16$ lb,$R_2 = 54$ lb。因为载荷 R_2 是 R_1 的 4 倍,所以可以针对 R_2 设计,并将结果应用于 R_1。例 10-1 试选了内径为 15 mm 的轴承,故 R_1,R_2 位置处轴颈都是 0.591 in。轴的转速为 1725 r/min。

假设:轴向载荷可忽略不计。要求失效率不超过 5%。

待求:轴两个位置上轴承的疲劳寿命。

解:

1. 从图 11-23,选择 #6302 轴承,内径 15 mm。其额定动载荷为 $C = 1930$ lb,额定静负荷 $C_0 = 1200$ lb。所施加的 54 lb 静载荷明显远低于轴承的基本额定静载荷。

2. 由表 11-5,选择 5% 失效率的系数,可得:$K_R = 0.62$。

3. 从式(11.20a)和式(11.19)或它们的组合,以及式(11.20c),计算该轴承的预期寿命。注意,本例由于没有轴向载荷,当量载荷就是所施加的径向载荷。对于 R_2 处较大的 54 lb 支反力,有:

$$L_{10} = \left(\frac{C}{P}\right)^3 = \left(\frac{1930}{54}\right)^3 = 45 \times 10^3 \text{ 百万转} = 45 \times 10^9 \text{r}$$

$$L_P = K_R L_{10} = 0.62\left(45 \times 10^9\right)\text{r} = 27.9 \times 10^9 \text{r} \tag{a}$$

4. 对于 $R_1 = 16$ lb 的较小支反力,有:

$$L_{10} = \left(\frac{C}{P}\right)^3 = \left(\frac{1930}{16}\right)^3 = 1.75 \times 10^6 \text{ 百万转} = 1.75 \times 10^{12} \text{r}$$

$$L_P = K_R L_{10} = 0.62\left(1.75 \times 10^{12}\right)\text{r} = 1.09 \times 10^{12} \text{r} \tag{b}$$

这说明载荷和寿命之间是非线性关系。载荷若降低 3.5 倍,疲劳寿命会增加 38 倍。显然,这些轴承都只承受轻载,但它们的尺寸得由轴所受的应力来确定,该应力值决定了轴径的大小。

5. 查图 11-23,得该轴承的极限转速为 18000 r/min,比工作转速 1725 r/min 要高。

径向与轴向载荷组合作用

如果径向和轴向载荷都作用到轴承上,必须计算出式(11.20)使用的当量动载荷。AFBMA 建议使用如下公式:

$$P = XVF_r + YF_a \tag{11.22a}$$

式中,P 为当量动载荷;F_r 为施加的径向恒定载荷;F_a 为施加的轴向恒定载荷;V 为转动系数

（见图 11-24）；X 为径向载荷系数（见图 11-24）；Y 为轴向载荷系数（见图 11-24）。

向心轴承的系数 V, X, Y

轴承类型			相对于载荷，内圈		单列轴承①		双列轴承②				
			转动	不动	$\dfrac{F_a}{VF_r} > e$		$\dfrac{F_a}{VF_r} \leqslant e$		$\dfrac{F_a}{VF_r} > e$		e
			V	V	X	Y	X	Y	X	Y	
径向角接触深沟球轴承③	$\dfrac{F_a}{C_0}$④	$\dfrac{F_a}{i\,Z\,D_w^2}$⑤									
	0.014	25				2.30				2.30	0.19
	0.028	50				1.99				1.99	0.22
	0.056	100				1.71				1.71	0.26
	0.084	150				1.55				1.55	0.28
	0.11	200	1	1.2	0.56	1.45	1	0	0.56	1.45	0.30
	0.17	300				1.31				1.31	0.34
	0.28	500				1.15				1.15	0.38
	0.42	750				1.04				1.04	0.42
	0.56	1000				1.00				1.00	0.44
20°					0.43	1.00		1.09	0.70	1.63	0.57
25°					0.41	0.87		0.92	0.67	1.44	0.68
30°			1	1.2	0.39	0.76	1	0.78	0.63	1.24	0.80
35°					0.37	0.66		0.66	0.60	1.07	0.95
40°					0.35	0.57		0.55	0.57	0.93	1.14
调心滚珠轴承			1	1	0.40	0.4 cot α	1	0.42 cot α	0.65	0.65 cot α	1.5 tan α
调心圆锥滚子轴承			1	1.2	0.40	0.4 cot α	1	0.45 cot α	0.67	0.67 cot α	1.5 tan α

① 对于单列轴承，当 $\dfrac{F_a}{VF_r} \leqslant e$ 时，用 $X = 1$ 和 $Y = 0$。

   若采用两个单列角接触球轴承或滚子轴承"面对面"或"背靠背"安装，使用双列轴承的 X、Y 值。两个或多个单列轴承串行安装，使用单列轴承的 X、Y 值。

② 假定双列轴承是对称的。

③ $\dfrac{F_a}{C_0}$ 是最大允许值取决于轴承的具体设计。

④ C_0 是基本额定静载荷。

⑤ 单位为磅 (lb) 和英寸 (in)。

   对于表中没有给出的那些载荷或接触角，其对应的 X、Y 和 e 的值可通过插值得到。

图 11-24

向心轴承的 V、X、Y 系数

摘自：SKF roller bearings catalogue，2012.

如果轴承内圈旋转，转动系数 $V = 1$。如果外圈旋转，对某些类型的轴承，V 要被提高到 1.2。系数 X 和 Y 随轴承类型不同而不同，它们与该类轴承承受轴向和径向载荷的能力有关。V，X 和 Y 的值均由轴承制造商列表中给出，表的形式如图 11-24 所示。无法承受轴向载荷的轴承类型，如圆柱滚子轴承，不包括在此表中。图 11-24 也指定了各种轴承类型的系数值 e，并规定了轴向和径向力之间的最小比值，低于该比值的轴向力可以在式（11.22b）中被忽略（置为零）。

$$\text{如果} \quad \frac{F_a}{VF_r} \leqslant e \qquad \text{则} \quad X = 1 \text{ 且 } Y = 0 \qquad (11.22b)$$

计算流程

若所施加的载荷或所要求的疲劳寿命已知，式（11.20）和式（11.22）可以放在一起求解。通常，作用于各轴承位置的径向和轴向载荷是已知的，它们可以通过对所设计的对象进行受力分析后得出。轴的应力计算或刚度计算往往会给出轴的近似尺寸。于是可以查出轴承类型，然后可以试选具体的轴承（或轴承对）型号，查出 C、C_0、V、X 和 Y 的值。当量动载荷 P 可以从式（11.22）得到，它和 C 一起代入式（11.20），可求出疲劳寿命 L 的预测值。

或者采用另一种计算方法。因为 V，X 和 Y 仅依赖于轴承类型，而与具体的轴承尺寸型号无关，这些值可以先确定，然后同时求解式（11.20）和式（11.22），得到满足预期寿命 L 的额定动载荷 C。接着可查产品目录，找到具有所需 C 值的尺寸合适的轴承。在这两种情况下，静载荷都应该与额定静载荷 C_0 进行比较，以使所选择的轴承不会产生过多的变形。

例 11-4　同时受径向、轴向载荷作用的球轴承选型

问题：选择深沟球轴承，使之满足给定的载荷条件和要求的寿命。

已知：径向载荷 $F_r = 1686\,\text{lb}$（7500 N），轴向载荷 $F_a = 1012\,\text{lb}$（4500 N）。轴的转速为 2000 r/min。

假设：使用 Conrad 型深沟球轴承，内圈旋转。

待求：给定寿命为 $L_{10} = 5 \times 10^8$ 转，求合适的轴承尺寸。

解：

1. 查图 11-23，试选轴承 #6316，并得其参数为：$C = 21200\,\text{lb}$（94300 N），$C_0 = 18000\,\text{lb}$（80000 N），最大极限转速 3800 r/min。

2. 计算 F_a/C_0 的比值：

$$\frac{F_a}{C_0} = \frac{1012}{18\,000} = 0.056 \tag{a}$$

根据此值查图 11-24，查得径向接触深沟球轴承相应的 $e = 0.26$。

3. 计算比值 $F_a/(VF_r)$，比较它与 e 的大小：

$$\frac{F_a}{VF_r} = \frac{1012}{1(1686)} = 0.6 > e = 0.26 \tag{b}$$

注意，因为内圈转动，$V = 1$。

4. 因为第 3 步中结果 $> e$，从图 11-24 查出系数 X 和 Y，分别是 $X = 0.56$，$Y = 1.71$。代入式（11.22），计算当量动载荷

$$P = XVF_r + YF_a = 0.56(1)(1686) + 1.71(1012) = 2675\,\text{lb} \tag{c}$$

5. 根据式（11.21），由当量动载荷求该轴承的 L_{10} 寿命

$$L_{10} = \left(\frac{C}{P}\right)^3 = \left(\frac{21\,200}{2675}\right)^3 = 5.0 \times 10^2 \text{百万转} = 5.0 \times 10^8\,\text{r} \tag{d}$$

要得出这个结果实际上要求进行某些迭代，在找到具有所要求寿命的轴承型号前，需多次尝试。

6. 本书网站上有名为 EX11-04 的模型。对本例的求解也可换用 MathCAD 模型。

11.11　轴承安装细节

滚动轴承内径和外径的公差做得非常小，这样利于用压装到轴上或轴承座孔中。轴承套圈（环）应与轴和座孔紧密配合，保证只有轴承的内部元件能动。在某些情况下，当存在装拆困难时，可对内外圈同时采用压装。若内圈或外圈不采用压装，则要使用其他锁紧装置将其固定住，同时确保另一个被压紧。内圈通常靠轴肩固定。轴承目录表给出了推荐的轴肩直径。应遵守这些

值，以免与密封圈或防尘盖干涉。制造商还给出了最大许用过渡圆角半径，它与轴承环棱角之间应留有间隙。

图 11-25a 给出了螺母和锁紧垫圈装置，它们可用于将轴承内圈固定到轴上，从而避免采用压装。轴承制造商提供了标准化的专用螺母和垫圈来配合其所生产的轴承。图 11-25b 给出了用于内圈的轴向固定卡环，可以被压扣到轴上。在图 11-25c 中，外圈沿轴向夹紧固定到轴承座中，内圈用套筒定位，套筒位于内圈和轴上的外部辅助法兰之间。

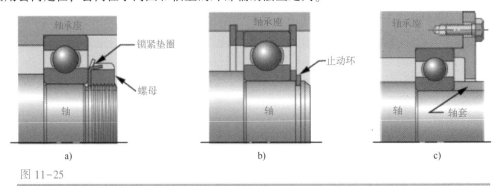

图 11-25

轴承安装方式

摘自：SKF roller bearings catalogue，2012.

同一轴上的轴承通常需要成对安装，以提供支承弯矩。图 11-26 所示为一种可行的安装方式，对零件进行了轴向固定，同时不会因零件的受热膨胀使轴承受到轴向力作用。两个轴承的内圈被左边的螺母及它们之间的轴套沿轴向固定。右边轴承的外圈被轴向固定（夹紧）到轴承座上，但位于左侧的外圈在箱座中是轴向"浮动"的，以补偿热膨胀。沿轴向同时固定住左侧和右侧的轴承看上去很好，但这种做法并不明智。当装配组件较长时，一种较好的实际安装方法是仅在一个位置将零件固定，以避免因膨胀而导致在轴承中产生轴向力，那样会严重缩短轴承的使用寿命。实现这一点的另一种方式是，仅使用一个能承受轴向载荷的轴承（例如球轴承），同时在轴的另一端使用一个不能通过其滚动元件支承轴向载荷的圆柱滚子轴承或其他类型轴承。

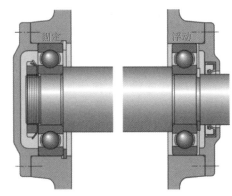

图 11-26

轴承装配到轴上的方式（其中一端轴向固定，另一端轴向浮动）

摘自：SKF roller bearings catalogue，2012.

11.12 特殊轴承

许多其他类型的滚动轴承及其布置方式也是可以的。枕块和法兰单元可将标准的球轴承或滚子轴承封装到铸铁壳体中，这样可以很容易地将轴承固定到水平或垂直面。图 11-27 给出了用枕块和法兰安装的轴承。

a) 枕块式   b) 法兰式

图 11-27

两种轴承安装单元

如图 11-28 所示，凸轮从动件是用球或滚子轴承以及特殊外圈制成的，其外圈可直接在凸轮表面运动。市面上可买到的产品，有些出厂时已集成装配了螺柱，有些仅带有螺纹安装孔，可自行安装到螺杆或螺柱上。杆的末端通常有一个球形珠，装在座槽内，它被设计用来连接到杆件，使连杆机构间有自定位功能和低摩擦连接，如图 11-29 所示。

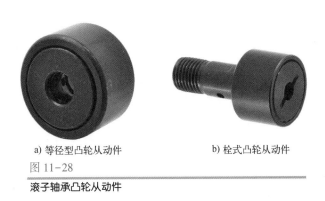

a) 等径型凸轮从动件   b) 栓式凸轮从动件

图 11-28

滚子轴承凸轮从动件

a) 杆端带内螺纹   b) 杆端带外螺纹

图 11-29

球状杆端

11

滑动轴瓦易在直线运动中使用，但会有中度的摩擦。要降低直线运动中的摩擦，可使用如图 11-30 所示的直线运动球轴瓦。这要求对轴进行特殊的硬化和磨削处理，以达到非常相近的公差。平行轴的对准性必须做得非常精确，这样才能发挥直线球轴承低摩擦的优势。不过，它没有滑动轴套那么好的吸收冲击载荷的性能。

图 11-30

线性滚动轴承

Thompson Industries, Inc., Manhasset, N.Y. 提供。

11.13 案例研究

在第 9 章中提出的案例研究 10A，介绍了对凸轮从动件加速度和力的动态测量的夹具设计。因为测量结果的敏感性，要求整个过程中只能使用滑动轴承，因为滚动轴承的振动和噪声会损害测量结果。现在，我们将针对其主要的凸轮轴轴承设计问题继续这一案例研究。

案例研究 10 B   凸轮测试夹具流体动压润滑轴承设计

问题：确定凸轮动态测试夹具（CDTF）中的凸轮轴的轴承流体动压润滑条件。

已知：案例 10A 中的结果给出：在最大 180 r/min （3 r/s）的转速下，凸轮产生峰值为 110 lb 的动态力。飞轮重 220 lb，位于两轴承中间。油温控制在 200℉。凸轮轴直径为 2 in。在初步设计中，允许每个轴承长度达到 2 in。

假设：因为滚动轴承会引入太多噪声，所以必须使用滑动轴承。建议使用多孔青铜作轴衬。选用间隙率为 0.001。试用 SAE30W 矿物油（ISO VG 100）。为每个轴承提供重力油杯。

解：见图 9-8 和图 11-31。

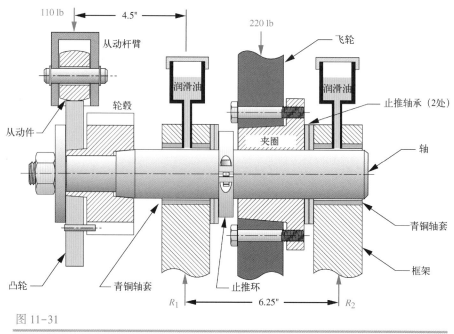

图 11-31

用于案例研究 10 中的凸轮动态测试夹具的凸轮轴剖面

1. 根据外部所施加的力，以及图 11-31 给出的尺寸，求每个轴承所受的支反力。对 R_1 位置计算力矩的矢量和，假定向上的力为正。

$$\sum M = 0 = -110(-4.5) + \left[-220(3.125)\right] + 6.25R_2$$
$$R_2 = 30.8 \text{ lb} \tag{a}$$

$$\sum F = 0 = -110 - 220 + 30.8 + R_1$$
$$R_1 = 299.2 \text{ lb} \tag{b}$$

因为 R_1 处的轴承承受大部分载荷，故我们对该力进行设计。

2. 建议使用 ISO VG100 润滑油。图 11-1 给出了该油在 200℉ 温度下的黏度约为 1.5 μreyn。

3. 设轴承长度为 2 in，该轴承的平均压力为：

$$p_{avg} = \frac{P}{ld} = \frac{299.2}{2(2)} \text{ psi} = 74.8 \text{ psi} \tag{c}$$

4. 根据假定的间隙率，计算轴承的径向间隙：

$$c_d = 0.001(2) \text{ in} = 0.002 \text{ in}$$
$$c_r = c_d/2 = 0.001 \text{ in} \tag{d}$$

5. 计算轴承中轴颈表面的线速度：

$$U = dn = (2)(3) \text{ in/s} = 18.85 \text{ in/s} \tag{e}$$

6. 由于载荷和速度已知，且轴承的尺寸和润滑油的黏度已确定，可通过式（11.8b）得到无量纲参数 K_ε：

$$K_\varepsilon = \frac{Pc_r^2}{\eta U l^3} = \frac{299.2(0.001)^2}{(1.5 \times 10^{-6})(18.85)(2)^3} = 1.323 \tag{f}$$

7. 利用式（11.12c）求出 Ocvirk 数：

$$O_N = 4\pi K_\varepsilon = 4\pi(1.323) = 16.6 \tag{g}$$

上面得出的 Ocvirk 数是可接受的，根据它可以设计出可行的轴承。

8. 从式（11.13b）可求出偏心率，它的实际试验拟合数据比理论方程更贴近，为：

$$\varepsilon \cong 0.213\,94 + 0.385\,17\log O_N - 0.0008(O_N - 60)$$
$$\cong 0.213\,94 + 0.385\,17\log(16.6) - 0.0008(16.6 - 60) = 0.719 \tag{h}$$

9. 根据式（11.4b），可求出最小油膜厚度为：

$$h_{min} = c_r(1 - \varepsilon) = 0.001(1 - 0.719) = 0.000\,281 \text{ in} = 281 \text{ μin} \tag{i}$$

此结果给出的膜厚是足够厚的，即使用在抛光不良的轴承中也没问题，何况本例不是那样。

10. 在本书网站上可找到文件 Case10B。

11.14 小结

流体静压或流体动压润滑滑动轴承或滚动轴承能够使滑动副或转动副内的摩擦很低。每种轴承均有其自己的优点和缺点。

流体静压轴承 利用高压流体源来分离表面，即使表面间不存在相对运动。空气、水或油均可用作流体。空气轴承的摩擦和磨损基本上为零。例如，气垫船就是用"空气轴承"支承的。

流体动压轴承 利用表面的相对运动来泵送介于轴与轴承环面间的润滑剂（通常是油）。设计得当的流体动压轴承能将两个运动零件用油膜隔开，这时除了在起动和停止阶段外，没有金属与金属间的接触。如果油清洁，且供油充分，基本可实现零磨损和非常低的摩擦。两个几何形状"一致"的低副表面，如孔内所安装的轴，能够封住润滑剂，从而容易形成支承油膜。

几何形状不一致的运动高副，如凸轮-从动件接触、齿轮轮齿以及滚动轴承，往往会挤出流体，而非锁住它，使得分离表面的全膜难以实现。**弹流润滑（EHD）** 指的是两个高副表面接触区的弹性形变（类似于轮胎与路面的接触），以及将流体带入两个"挤扁了"的表面间形成至少是部分弹流油膜的一种综合情况。在这些运动副中，通常会是流体膜和金属表面粗糙峰相互接触同时存在的混合形态。因此，这时的磨损比低副的流体动压润滑运动副磨损要严重。表面之间的最小油膜厚度与它们表面合成粗糙度的比值决定了表面粗糙峰接触的程度。当没有足够的润滑剂，或速度不够，或因为几何形状的缘故而不能形成隔离流体膜时，轴承将回到边界润滑状态，出现明显的金属接触和磨损。

滚动轴承　各种结构的滚动轴承都可从市场买到，它是由硬化过的钢制滚道或套圈之间安装有滚珠或滚子组成。由于接触是滚动的，没有或只有很少的滑动，因此无论是它的静摩擦还是动摩擦都很小。滚动轴承起动转矩明显低于流体动压轴承[⊖]（其要求表面间有相对速度，以建立低摩擦的流体膜）。滚动轴承可以承受径向载荷、轴向载荷，或两种载荷的组合。滚动轴承的润滑状态或为流流润滑，或为边界润滑，或两者的某种组合，称为部分弹流润滑。滚动轴承的设计主要是如何从商业产品中选择出轴承的正确型号。厂家给出了轴承的载荷寿命参数，它是指在该载荷下，同一批次的轴承中有90%以上的内圈滚道可以达到或超过100万转后而不损坏。各制造商提供的数据可被用来为具体应用的特定轴承计算在给定的载荷和转速条件下的预期寿命。轴承公司会为各种应用提供轴承的选型帮助。

本章使用的重要公式

绝对黏度与运动黏度（11.2节）

$$\eta = \upsilon\rho \tag{11.1}$$

无载荷转矩的Petroff方程（11.5节）：

$$T_0 = \eta\frac{\pi^2 d^3 l n'}{c_d} \tag{11.2c}$$

偏心率（11.5节）：

$$\varepsilon = \frac{e}{c_r} \tag{11.3}$$

流体动压润滑轴承中的油膜厚度（11.5节）：

$$h = c_r(1+\varepsilon\cos\theta) \tag{11.4a}$$

$$h_{min} = c_r(1-\varepsilon) \qquad h_{max} = c_r(1+\varepsilon) \tag{11.4b}$$

流体动压润滑的平均压力（11.5节）：

$$p_{avg} = \frac{P}{A} = \frac{P}{ld} \tag{11.6d}$$

无限长轴承中求压力和载荷的Sommerfeld方程（11.5节）：

$$p = \frac{\eta U r}{c_r^2}\left[\frac{6\varepsilon(\sin\theta)(2+\varepsilon\cos\theta)}{(2+\varepsilon^2)(1+\varepsilon\cos\theta)^2}\right] + p_0 \tag{11.6a}$$

⊖ 一个多世纪前，当轨道车使用的流体动压润滑滑动轴承还没有换成滚动轴承的时候，长货运列车需要两个发动机来起动它们运动（但运动过程中只需一个发动机保持牵引）。换成滚动轴承后，只需要一个发动机起动运行。

$$P = \frac{\eta U l r^2}{c_r^2} \frac{12\pi\varepsilon}{\left(2+\varepsilon^2\right)\left(1+\varepsilon^2\right)^{1/2}} \tag{11.6b}$$

短轴承中求压力和载荷的 Ocvirk 方程（11.5 节）:

$$p = \frac{\eta U}{r c_r^2}\left(\frac{l^2}{4}-z^2\right)\frac{3\varepsilon\sin\theta}{\left(1+\varepsilon\cos\theta\right)^3} \tag{11.7b}$$

$$P = K_\varepsilon\frac{\eta U l^3}{c_r^2} \tag{11.8b}$$

$$K_\varepsilon = \frac{\varepsilon\left[\pi^2\left(1-\varepsilon^2\right)+16\varepsilon^2\right]^{\frac{1}{2}}}{4\left(1-\varepsilon^2\right)^2} \tag{11.8c}$$

短轴承最大压力的角度位置（11.5 节）:

$$\theta_{max} = \arccos\left(\frac{1-\sqrt{1+24\varepsilon^2}}{4\varepsilon}\right) \tag{11.7c}$$

短轴承合成载荷的角度位置（11.5 节）:

$$\phi = \arctan\left(\frac{\pi\sqrt{1-\varepsilon^2}}{4\varepsilon}\right) \tag{11.8a}$$

流体动压轴承的转矩（11.5 节）:

$$T_s = \eta\frac{\mathrm{d}^3 l\left(n_2'-n_1'\right)}{c_d}\frac{\pi^2}{\left(1-\varepsilon^2\right)^{1/2}} \tag{11.9c}$$

$$T_r = T_s + P\,e\sin\phi \tag{11.9a}$$

流体动压轴承的功率损耗（11.5 节）:

$$\Phi = T_r\omega = 2\pi T_r\left(n_2'-n_1'\right) \qquad \text{N·m/s 或 in·lb/s} \tag{11.10}$$

流体动压轴承的摩擦系数（11.5 节）:

$$\mu = \frac{f}{P} = \frac{T_r/r}{P} = \frac{2T_r}{Pd} \tag{11.11}$$

短的流体动压润滑轴承的 Ocvirk 数（11.6 节）:

$$O_N = \left(\frac{p_{avg}}{\eta n'}\right)\left(\frac{d}{l}\right)^2\left(\frac{c_d}{d}\right)^2 = 4\pi K_\varepsilon \tag{11.12c}$$

Ocvirk 数和偏心率的理论关系式（11.6 节）:

$$O_N = \frac{\pi\varepsilon\left[\pi^2\left(1-\varepsilon^2\right)+16\varepsilon^2\right]^{\frac{1}{2}}}{\left(1-\varepsilon^2\right)^2} \tag{11.13a}$$

Ocvirk 数和偏心率的实证关系（11.6 节）:

$$\varepsilon_x \cong 0.213\,94 + 0.385\,17\log O_N - 0.0008\left(O_N-60\right) \tag{11.13b}$$

膜厚比（11.7 节）:

$$\Lambda = h_c\Big/\sqrt{R_{q_1}^2+R_{q_2}^2} \tag{11.14a}$$

$$h_c \cong \frac{4}{3} h_{min} \tag{11.14b}$$

弹流润滑状态下圆柱接触的最小油膜厚度（11.7 节）：

$$h_{min} = 2.65 R' \left(\alpha E' \right)^{0.54} \left(\frac{\eta_0 U}{E'R'} \right)^{0.7} \left(\frac{P}{lE'R'} \right)^{-0.13} \tag{11.16}$$

$$E' = \frac{2}{m_1 + m_2} = \frac{2}{\dfrac{1 - v_1^2}{E_1} + \dfrac{1 - v_2^2}{E_2}} \tag{11.17b}$$

弹流润滑状态下一般（椭圆）接触的最小油膜厚度（11.7 节）：

$$h_{min} = 3.63 R' \left(\alpha E' \right)^{0.49} \left(\frac{\eta_0 U}{E'R'} \right)^{0.68} \left(1 - e^{-0.68\psi} \right) \left[\frac{P}{E' \left(R' \right)^2} \right]^{-0.073} \tag{11.18}$$

滚动轴承的载荷-寿命关系（11.10 节）：
球轴承：

$$L_{10} = \left(\frac{C}{P} \right)^3 \tag{11.20a}$$

滚子轴承：

$$L_{10} = \left(\frac{C}{P} \right)^{10/3} \tag{11.20b}$$

滚动轴承的当量动载荷（11.10 节）：

$$P = XVF_r + YF_a \tag{11.22a}$$

11.15　参考文献

1. A. G. M. Michell, "Progress of Fluid-Film Lubrication", *Trans. ASME*, 51: pp. 153-163, 1929.

2. A. Cameron, *Basic Lubrication Theory*. John Wiley & Sons: New York, 1976.

3. B. J. Hamrock, *Fundamentals of Fluid Film Lubrication*. McGraw-Hill: New York, 1994.

4. T. A. Harris, *Rolling Bearing Analysis*. John Wiley & Sons: New York, 1991.

5. R. C. Elwell, "Hydrostatic Lubrication," in *Handbook of Lubrication*, E. R. Booser, ed., CRC Press: Boca Raton, Fla., p. 105, 1983.

6. J. L. Radovich, "Gears," in *Handbook of Lubrication*, E. R. Booser, ed., CRC Press: Boca Raton, Fla., p. 544, 1983.

7. E. Rabinowicz, *Friction and Wear of Materials*. John Wiley & Sons: New York, p. 182, 1965.

8. W. Glaeser, "Bushings," in *Wear Control Handbook*, M. B. Peterson and W. O. Winer, Editor. ASME: Wear Control Handbook, p. 598, 1980.

9. D. F. Wilcock and E. R. Booser, *Bearing Design and Application*. McGraw-Hill: New York, 1957.

10. A. H. Burr and J. B. Cheatham, *Mechanical Analysis and Design*, 2nd ed. Prentice-Hall: Englewood Cliffs, N. J., pp. 31-51, 1995.

11. A. A. Raimondi and J. Boyd, "A Solution for the Finite Journal Bearing and its Application to Analysis and Design—Parts I, II, and III," *Trans. Am. Soc. Lubrication Engineers*, 1(1): pp. 159-209, 1958.

12. O. Reynolds, "On the Theory of Lubrication and its Application to Mr. Beauchamp Tower's Experiments". *Phil. Trans. Roy. Soc.* (London), 177: pp. 157-234, 1886.

13. G. B. DuBois and F. W. Ocvirk, "The Short Bearing Approximation for Full Journal Bearings," *Trans. ASME*, 77: pp. 1173–1178, 1955.

14. G. B. DuBois, F. W. Ocvirk, and R. L. Wehe, *Experimental Investigation of Eccentricity Ratio, Friction, and Oil Flow of Long and Short Journal Bearings–With Load Number Charts*, TN3491, NACA, 1955.

15. F. W. Ocvirk, *Short Bearing Approximation for Full Journal Bearings*, TN2808, NACA, 1952.

16. G. B. DuBois and F. W. Ocvirk, *Analytical Derivation and Experimental Evaluation of Short Bearing Approximation for Full Journal Bearings*, TN1157, NACA, 1953.

17. H. S. Cheng, "Elastohydrodynamic Lubrication," in *Handbook of Lubrication*, E. R. Booser, ed., CRC Press: Boca Raton, Fla., pp. 155–160, 1983.

18. D. Dowson and G. Higginson, "A Numerical Solution to the Elastohydrodynamic Problem," *J. Mech. Eng. Sci.*, 1 (1): p. 6, 1959.

19. D. Dowson and G. Higginson, "New Roller Bearing Lubrication Formula," *Engineering*, 192: pp. 158–159, 1961.

20. G. Archard and M. Kirk, "Lubrication at Point Contacts," *Proc. Roy. Soc.* (London) Ser. A261, pp. 532–550, 1961.

21. B. Hamrock and D. Dowson, "Isothermal Elastohydrodynamic Lubrication of Point Contacts—Part III—Fully Flooded Results," *ASME J. Lubr. Technol.*, 99: pp. 264–276, 1977.

22. D. Dowson and G. Higginson, "The Effect of Material Properties on the Lubrication of Elastic Rollers," *J. Mech. Eng. Sci.*, vol 2, no 3: pp. 188–194, 1960.

23. T. A. Harris, *Rolling Bearing Analysis*. John Wiley & Sons: New York, pp. 872–888, 1991.

24. *Load Ratings and Fatigue Life for Ball Bearings*, ANSI/AFBMA Standard 9–1990, American National Standards Institute, New York, 1990.

25. *Load Ratings and Fatigue Life for Roller Bearings*, ANSI/AFBMA Standard 11–1990, American National Standards Institute, New York, 1990.

26. B. J. Hamrock, *Fundamentals of Fluid Film Lubrication*. McGraw-Hill: New York, p. 16, 1994.

27. ASME Research Committee on Lubrication "Pressure-Viscosity Report—Vol. 11," ASME, 1953.

28. T. E. Tallian, "Lubricant Films in Rolling Contact of Rough Surfaces," *ASLE Trans.*, 7(2): pp. 109–126, 1964.

29. E. N. Bamberger, et al., "Life Adjustment Factors for Ball and Roller Bearings," *ASME Engineering Design Guide*, 1971.

30. R. Barnsby, et al., "Life Ratings for Modern Rolling Bearings," *ASME International*, 2003.

表 P11-0 习题清单

11.2 黏度	
11-3、11-4、11-23、11-24、11-46、11-50、11-53	

11.5 润滑理论
11-5、11-6、11-7、11-9、11-10、11-11、**11-12**、11-13、11-14、11-15、11-25、*11-39~11-42*

11.6 流体动压润滑轴承
11-1a、*11-2a*、*11-8*、*11-17a*、*11-19a*、*11-48*、*11-49*、11-51、11-54

11.7 弹流润滑接触状态
11-16、**11-18**、**11-20**、**11-21**、11-43、11-47、11-52

⊖ 用斜体数字的习题为设计题，数字是黑体的习题为前面的章节有相同编号的类似习题的扩展。

（续）

11. 10 滚动接触状态

11-1b, ***11-2b***, ***11-17b***, ***11-19b***, ***11-22***, *11-26*, *11-27*, *11-28*, *11-29*, *11-30*, *11-31*, *11-32*, *11-33*, *11-34*, *11-35*, *11-36*, *11-37*, *11-38*, 11-44, 11-45

11. 16   习题

*11-1[a] 图 P11-1 给出了习题 10-1 中设计的轴。用表 P11-1 给出的数据行（多个），以及问题 10-1 求出的轴径，设计合适的轴承以支承该载荷，要求在 1500 r/min 转速下，至少能工作 7×10^7 个循环。阐明所有的假设条件。

（a）使用青铜滑动轴承，工作于流体动压润滑状态，$O_N = 20$，$l/d = 1.25$，间隙比为 0.0015。

（b）使用深沟球轴承，允许 10% 的失效率。

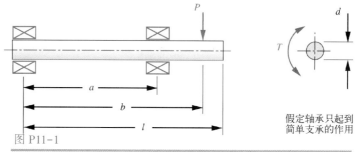

图 P11-1

习题 11-1 中设计的轴

假定轴承只起到简单支承的作用

表 P11-1   习题数据

数据行	l	a	b	P 或 p	T_{min}	T_{max}
a	20	16	18	1000	0	2000
b	12	2	7	500	-100	600
c	14	4	12	750	-200	400
d	8	4	8	1000	0	2000
e	17	6	12	1500	-200	500
f	24	16	22	750	1000	2000

11-2 图 P11-2 给出了习题 10-2 中设计的轴。用表 P11-1 给出的数据行（多个），以及习题 10-2 求出的轴径，设计支承该载荷的合适的轴承，要求在 2500 r/min 转速下，至少能工作 3×10^8 个循环。阐明所有的假设条件。

（a）使用青铜滑动轴承，工作于流体动压润滑状态，$O_N = 30$，$l/d = 1.0$，间隙比为 0.002。

（b）使用深沟球轴承，允许 10% 的失效率。

*11-3 某润滑油的运动黏度为 300 cS。求以 cP 为单位的绝对黏度。假定比重为 0.89。

11-4 某润滑油具有 2 μreyn 的绝对黏度。求以 in^2/s 为单位的运动黏度。假设比重为 0.87。

*11-5 为设计案例 10B 中的滑动轴承计算佩特罗夫空载转矩。

*11-6 求某个长轴承的最小油膜厚度：直径 45 mm，长 200 mm，$\varepsilon = 0.55$，间隙比 = 0.001，2500 r/min，油温 150℉，标号 ISO VG46。

⊖ 带 * 号的习题答案见附录 D，题号斜体的习题是设计类题目，题号加粗的习题是前面各章中习题横线后编号相同习题的扩展。

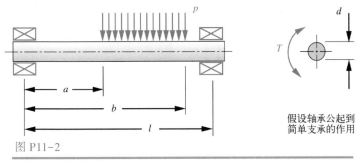

图 P11-2

习题 11-2 设计的轴

*11-7 求习题 11-6 中轴承的转矩及功率损耗。

*11-8 一造纸机加工的纸卷密度为 984 kg/m³。纸卷外径 1.50 m，内径 22 cm，长 3.23 m，被外径 22 cm 的钢轴简单支承。纸卷转动速度为 50 r/min。为轴的两端设计合适的流体动压全膜润滑青铜短轴承，$l/d = 0.75$。指定 180°F 时所需的润滑剂黏度。阐明所有的假设。

11-9 用下面的数据计算长轴承的最小膜厚：直径 30 mm；长 130 mm，间隙比 0.0015，转速 1500 r/min，ISO VG100 油，油温 200°F，支承的载荷 7 kN。

*11-10 使用如下数据，计算轴承的最小油膜厚度：直径 45 mm，长 30 mm，间隙比 0.001，2500 r/min，$O_N = 25$，润滑油 ISO VG46，温度 150°F。

11-11 使用如下数据计算轴承的最小油膜厚度：直径 30 mm，长 25 mm，间隙比 0.0015，1500 r/min，$O_N = 30$，润滑油 ISO VG 220，温度 200°F。

11-12 习题 7-12 分别针对润滑不良和润滑良好这两种工况，估计了某钢制轴的黏着磨损量，钢轴直径 40 mm，转速为 250 r/min，使用普通的青铜轴瓦，带横向载荷 1000 N，工作时间为 10 年。如果轴套 $l/d = 0.5$，间隙比 0.001，求润滑良好时所需的润滑剂黏度（单位：μreyn）。

11-13 求习题 11-9 中轴承的转矩和功率损耗。

*11-14 求习题 11-10 中轴承的转矩和功率损耗。

11-15 求习题 11-11 中轴承的转矩和功率损耗。

11-16 一个直径 0.787 in 的钢球相对于平铝板滚动，接触力为 224.81 lb。习题 7-16 确定了接触区的半宽值为 0.020 in。假设球的滚动速度为 1200 r/min，润滑油用 ISO VG68，工作温度 150°F，确定其润滑条件。假设 $R_q = 16 \mu$in（球），$R_q = 64 \mu$in（板）。

*11-17 图 P11-3 给出了习题 10-17 中设计的轴。基于表 P11-1 给出的数据行（多个），以及习题 10-17 求出的轴径，设计支承该载荷的合适的轴承，要求在 1800 r/min 转速下，至少能工作 1×10^8 个循环。阐明所有的假设条件。

(a) 使用青铜滑动轴承，工作于流体动压润滑状态，$O_N = 15$，$l/d = 0.75$，间隙比 0.001。

(b) 使用深沟球轴承，允许 10% 的失效率。

11-18 一个直径为 1.575 in 的钢制圆柱相对于平铝板滚动，接触力为 900 lb。习题 7-18 确定了接触区的半宽值为 0.0064 in。假设圆柱体的滚动速度为 800 r/min，润滑油为 ISO VG100，工作温度 200°F，确定其润滑状态。假设 $R_q = 64 \mu$in（圆柱），$R_q = 32 \mu$in（板）。

11-19 图 P11-4 给出了习题 10-19 中设计的轴。基于表 P11-1 给出的数据行（多个），以及习题 10-19 求出的轴径，设计支承该载荷的合适的轴承，要求在 1200 r/min 转速下，至少能工作 5×10^8 个循环。阐明所有的假设条件。

(a) 使用青铜滑动轴承，工作于流体动压润滑状态，$O_N = 40$，$l/d = 0.80$，间隙比 0.0025。

(b) 使用深沟球轴承，允许 10% 的失效率。

11

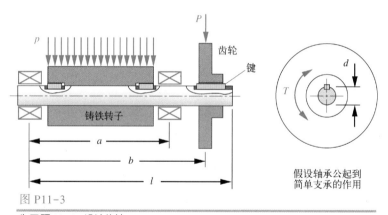

图 P11-3

为习题 11-17 设计的轴

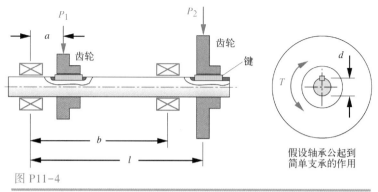

图 P11-4

针对习题 11-19，11-20 设计的轴

*11-20 一个直径为 0.787 in 的钢球相对于直径为 1.575 in 的钢制圆柱体滚动，接触力为 2248 lb。习题 7-20 确定了接触区的半长轴 $a = 0.037$ in，半短轴 $b = 0.028$ in。假设球体的滚动速度为 1800 r/min，润滑油为 ISO VG460，工作温度为 120℉，确定其润滑状态。假设钢球和圆柱的粗糙度均为 $R_q = 32$ μin。

11-21 习题 7-21 确定了一个凸轮-从动件机构在动载荷为 0~450 lb 的范围下，接触区的半长轴 $a = 0.080$ in，半短轴 $b = 0.013$ in。凸轮是圆柱形的，最小曲率半径为 0.787 in。滚子从动件直径为 1 in。其另一端带有半径为 6 in 的冠。假设粗糙度为 $R_q = 8$ μin（从动件），$R_q = 32$ μin（凸轮），凸轮转速为 300 r/min，润滑油为 ISO VG1500，工作温度为 200℉，确定膜厚比及其润滑状态。

_11-22_ 图 P11-4 给出了习题 10-19 中设计的轴。用表 P11-1 给出的数据行（a），以及习题 10-19 求出的轴径，设计支承该载荷的合适的轴承，要求在 1200 r/min 转速下，至少能工作 5×10^8 个循环。除了习题 10-19 中求出的径向载荷，右侧轴承还承受轴向载荷，其值为横向集中载荷 P 的 120%。轴颈为 1.153 in，设计的 L_{10} 寿命为 500×10^6 转，横向集中载荷为 1000 lb。假设轴向载荷系数为 1.2，轴的转动系数为 1.0。同时假定左侧轴承处轴直径可减少，该处力矩为 0。

11-23 设 ISO VG100 油具有 80℃ 的平均温度。求它以厘泊（cP）为单位的绝对黏度，以及以厘斯（cS）为单位的运动黏度。假定比重为 0.91。

11-24 设 ISO VG68 油具有 175℉ 的平均温度。求它以 μreyn 为单位的绝对黏度，以及以 in^2/s 为单位的运动黏度。假定比重为 0.90。

11-25 为某转速为 200 r/min 的轴设计轴颈和轴承。所用润滑油具有 2 μreyn 的黏度，轴承长度等于直径。如果空载功率损耗不超过 2×10^{-4} 马力，径向间隙是直径的 0.004 倍，估计此轴颈可用的最大直径。

11-26 图 P11-5 给出了由两个 6300 系列轴承支承的阶梯轴。两个齿轮由键固定到轴上，它们产生的力矩大小相等方向相反，如图所示。每个齿轮所受的载荷包括一个径向分量和一个切向分量，其作用直径为 D。每个齿轮的径向分量是该齿轮切向分量的 0.466 倍。注意，从齿轮 1 至齿轮 2，齿轮载荷有 90 度的相位差。用表 P11-2 给出的数据行（多个），为轴承 1 选择一个合适的轴承（查图 11-23 上 10% 的失效率）。选择的轴承需具有最小内径，并满足额定载荷的要求。指定轴承数，内径，外径，宽（所有单位均为 mm），以及轴承的基本额定动载荷。忽略表中给出的轴向载荷。

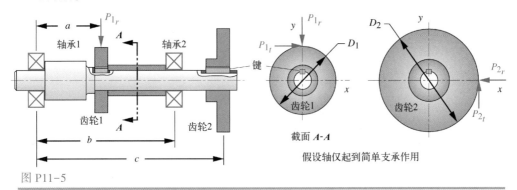

图 P11-5

习题 11-26 到 11-29 中齿轮和轴承的布置方式

11-27 图 P11-5 给出了由两个 6300 系列轴承支撑的阶梯轴。两个齿轮由键固定到轴上，它们产生的力矩大小相等方向相反，如图所示。每个齿轮所受的载荷包括一个径向分量和一个切向分量，其作用直径为 D。每个齿轮的径向分量是该齿轮切向分量的 0.466 倍。注意，从齿轮 1 至齿轮 2，齿轮载荷有 90° 的相位差。用表 P11-2 中给出的数据行（多个），为轴承 2 选择一个合适的轴承（查图 11-23 上 10% 的失效率）。选择的轴承需具有最小内径，并满足额定载荷的要求。指定轴承数，内径，外径，宽（所有单位均为 mm），以及轴承的基本额定动载荷。忽略表中给出的轴向载荷。

表 P11-2　习题 11-26~11-29 所用的数据

行	a /in	b /in	c /in	P_{lt} /lb	D_1 /in	D_2 /in	设计 L_{10} /百万转	F_a /lb
a	4.0	8.0	12.0	2000	2.00	4.00	80	800
b	2.0	6.0	10.0	1800	1.80	2.50	60	900
c	3.0	5.0	8.0	2500	2.25	3.50	75	1200
d	2.0	5.0	10.0	2100	2.00	3.80	70	1000
e	1.5	4.5	7.5	2800	1.50	3.00	65	1200
f	2.5	5.0	8.0	1500	1.75	2.75	50	850

11-28 以表 P10-2 中数据行所给出的轴向力 F_a 作用于齿轮 1，重做习题 11-26。

11-29 以表 P10-2 中数据行所给出的轴向力 F_a 作用于齿轮 2，重做习题 11-27。

11-30 使用 5% 的失效率，重做习题 11-1（b）。

11-31 使用 4% 的失效率，重做习题 11-2（b）。

11-32 使用 3% 的失效率，重做习题 11-17（b）。

11-33 使用 2% 的失效率，重做习题 11-19（b）。

11-34 使用 5% 的失效率，重做习题 11-26。

11-35 使用 4% 的失效率，重做习题 11-27。

11-36 使用 5% 的失效率，重做习题 11-22。

11-37 使用 4% 的失效率，重做习题 11-28。

11-38 使用 3% 的失效率，重做习题 11-29。

11-39 某短滑动轴承具有以下特点：$d=48.6$ mm，$l=50$ mm，直径间隙比 $=0.002$。当运行于某载荷时，其速度 $U=6.36$ m/s，润滑剂黏度 $\eta=2.30$ cP，此时偏心率 $\varepsilon=0.807$。绘制 $z=0$ 时轴承的压力分布与 θ 的函数关系。绘制 $\theta=\theta_{max}$ 时轴承的压力分布与 z 的函数关系。

11-40 某短滑动轴承具有以下特点：$d=40.0$ mm，$l=30$ mm，直径间隙比 $=0.001$。在某负荷下运行时，速度 $U=3.77$ m/s，润滑剂黏度 $\eta=20.66$ cP。偏心率 $\varepsilon=0.703$。绘制 $z=0$ 时轴承的压力分布与 θ 的函数关系。绘制 $\theta=\theta_{max}$ 时轴承的压力分布与 z 的函数关系。

11-41 用习题 11-39 给出的轴承和条件，确定

(a) 中心线相对于所施载荷的方向角 φ。

(b) 无量纲参数，K_ε。

(c) 所施载荷 P 的值。

(d) 旋转转矩 T_r。

11-42 对于习题 11-40 给出的轴承和条件，确定

(a) 中心线相对于所施载荷的方向角 φ。

(b) 无量纲参数，K_ε。

(c) 所施载荷 P 的值。

(d) 旋转转矩 T_r。

11-43 习题 7-32 确定了 1500 lb 的接触力作用下，两个相互啮合的钢制齿轮在接触区的半尺寸，分别为 $a=0.0177$ in 和 $b=0.3125$ in（齿面的半宽）。将齿轮模型化为两个圆柱体，接触半径分别为 2.500 in（驱动轮）和 5.000 in（从动轮）。求两接触轮齿的膜厚比和润滑状态，设选用 ISO VG1000 润滑油，工作温度 120℉。假设两个轮齿粗糙度均为 $R_q=4$ μin。轮齿的切向速度为 55.6 in/s（驱动轮），57.8 in/s（从动轮）。

11-44 为承受 1500 lb 的径向载荷，以及 450 lb 轴向载荷，从图 11-23 选择一个深沟球轴承，轴承外圈旋转。希望 L_5 寿命达到 500 万转。

11-45 为承受 600 lb 的径向载荷，以及 150 lb 轴向载荷，从图 11-23 选择一个深沟球轴承，轴承内圈旋转。希望 L_{10} 寿命达到 180 万转。

11-46 确定图 11-1 中给出的每种 ISO 等级润滑油的绝对黏度，平均油温为 80℃，在图上绘制出结果。

11-47 两个钢制齿轮相互啮合，接触力 1.5 kN。接触区半尺寸为 $a=0.45$ mm，$b=8$ mm（齿面半宽）。齿轮模型化为两个相互接触的圆柱体，半径分别为 60 mm（驱动轮）和 120 mm（从动轮）。求两齿轮轮齿之间的膜厚比和润滑条件，给定润滑油为 ISO VG1500，工作在 60℃。假设两个轮齿粗糙度均为 $R_q=0.1$ μm。轮齿的切向速度分别为 1412 mm/s（驱动）和 1468 mm/s（从动）。

11-48 为一流体动压润滑短轴承确定功率损耗和摩擦系数。轴承处于全膜润滑状态，材料为青铜，$l/d=0.75$，支承直径为 150 mm 的轴，载荷 15 kN，转速为 60 r/min。设间隙比为 0.002，Ocvirk 数为 40。

11-49 根据以 Ocvirk 数为自变量的偏心率函数经验公式，分别为 50、100、150 和 200 μm 的径向间隙，绘制流体动压润滑轴承中，最小油膜厚度与 Ocvirk 数之间的函数关系。

11-50 为图 11-1 所示的各 SAE 引擎级别润滑油确定在 70 级别平均温度下的绝对黏度，单位采用 μ 用对黏度。用二次曲线拟合所得数据，并将数据点及曲线画在同一图中。

11-51 设计一个流体动压润滑短轴承，轴承处于全膜润滑状态，材料为青铜，用于支承直径为 0.750 in 的轴。轴承有 250 lb 的负载，轴的转速为 1150 r/min。指出轴承偏心率、最大压力及其位置、最小油膜厚度、摩擦系数、扭矩，以及工作温度为 180℉时的能量损失。阐明设计时所做的所有

选择及假设。

11-52　习题 7-19 曾为直径为 40 mm 的钢圆柱相对于平行布置的另一直径为 50 mm 的钢圆柱做滚动，并在径向力为 10 kN 时的接触面积尺寸及最大接触应力。现假设较小的圆柱以 800 r/min 的速度滚动，采用 ISO VG 150 机油润滑，试确定其在 180℉，工作温度下的润滑条件。假设两个柱体的 $R_q = 12\,\mu\text{in}$。

11-53　为图 11-1 所示各 SAE 齿轮等级润滑剂确定在 120 级润平均温度下的绝对黏度，单位采用 μ 用温度下。用二次曲线拟合所得数据，将数据点及曲线画在同一图中。

11-54　设计一个流体动压润滑短轴承，轴承处于全膜润滑状态，材料为青铜，用于支承直径为 20 mm 的轴。轴承处有 1000 N 的负载，轴的转速为 1150 r/min。指出轴承偏心率、最大压力及其位置、最小油膜厚度、摩擦系数、扭矩，以及工作温度为 80℉ 出轴时的能量损失。阐明设计时所做的所有选择及假设。

直齿圆柱齿轮

名正则言顺。
中国谚语
据说 Tim 可以用九种语言说出马的
叫法：却无知地买了一头牛骑。
Benjamin Franklin

视频：齿轮
（22:07）

12.0 引言

齿轮的应用非常广泛，常用于传递转矩和转速。齿轮的类型很多，本章介绍最简单的直齿圆柱齿轮，其各轮齿的齿向与齿轮轴线的方向一致，用于平行轴传动。其他类型的齿轮如斜齿轮、锥齿轮和蜗轮蜗杆，可用于非平行轴间的运动传递，这些内容将在下一章介绍。

现在齿轮的轮齿形状和尺寸大都已经高度标准化了。美国齿轮制造商协会（AGMA）支持齿轮的设计、材料和制造等研究，并制定与发布齿轮设计、制造和装配的标准[1-3]。本章介绍齿轮设计的一个简化方法，更全面和复杂的方法可以在很多 AGMA 出版物中找到。

齿轮的历史很长。在圣经时代，古代中国发明的指南针就包含了齿轮，指南针可以在戈壁沙漠中导航。达·芬奇曾绘制了很多齿轮机构图纸。早期的齿轮大都是由木头或一些易于加工的材料加工出来，加工粗糙，轮齿是柱状物，插在一个圆盘或轮中。直到工业革命后，随着机器的需求和制造技术的提高，制造出来的齿轮才变成我们现在知道的那样，用成型或切削制出具有特定齿形的金属盘状结构。

齿轮有大量的专业术语，读者必须熟悉它们。如同上述谚语所说，使用正确的名称是很重要的，但更重要的是要更深入理解它们。本章所用的参数在表 12-0 中给出。本章的内容已在随书网站的 13 讲和 14 讲有所涵盖，网站上还有一个简短的视频 *Gear*，它在 *Demos* 文件夹中，另外还给出了各种不

㊀ 本章题目旁图片由 Boston Gear LLC, an Altra Industrial Motion company 提供。

㊁ http://www.designofmachinery.com/MD/13_Spur_Gear_Design_1. mp4

同类型的齿轮。

表 12-0　本章所用变量

变量符号	变量名	英制单位	国际单位	详见
a	齿顶高	in	m	图 12-8
b	齿根高	in	m	图 12-8
C	中心距	in	m	式 (12.22b)
C_f	表面光洁度系数	无	无	12.8 节
C_H	硬度比系数	无	无	式 (12.26)，式 (12.27)
C_p	弹性系数	无	无	式 (12.23)
d	分度圆直径	in	m	各处
F	齿宽	in	m	式 (12.14)
HB	布氏硬度	无	无	12.8 节
I	AGMA 接触强度几何系数	无	无	式 (12.22a)
J	AGMA 弯曲强度几何系数	无	无	12.8 节
K_a，C_a	使用系数	无	无	12.8 节
K_I	惰轮系数	无	无	式 (12.15)
K_B	轮缘厚度系数	无	无	12.8 节
K_L，C_L	寿命系数	无	无	图 12-24，12-26
K_m，C_m	载荷分配系数	无	无	12.8 节
K_R，C_R	可靠性系数	无	无	表 12-19
K_s，C_s	尺寸系数	无	无	12.8 节
K_T，C_T	温度系数	无	无	式 (12.24a)
K_v，C_v	动载系数	无	无	12.8 节
m	模数	–	mm	式 (12.4c)
M	弯矩	lb·in	N·m	图 12-21
m_A	机械效益	无	无	式 (12.1b)
m_G	齿轮比	无	无	式 (12.1c)
m_p	重合度	无	无	式 (12.7a)
m_V	传动比	无	无	式 (12.1)
N	齿数	无	无	图 12.24
N_b，N_c	弯曲和接触应力安全系数	无	无	各处
p_b	基圆齿距	in	m	式 (12.3b)
p_c	齿距	in	m	式 (12.3a)
p_d	直径齿距（简称径节）	1/in	–	式 (12.4a)
Q_v	齿轮质量指数	无	无	图 12-22
r	分度圆半径	in	m	各处
S_{fb}	修正弯曲强度极限	psi	P	式 (12.24)
$S_{fb'}$	未修正弯曲强度极限	psi	Pa	式 (12.24)
S_{fc}	修正接触强度极限	psi	P	式 (12.25)
$S_{fc'}$	未修正接触强度极限	psi	P	式 (12.25)
T	转矩	lb·in	N·m	式 (12.13a)
V_t	节点线速度	in/s	m/s	式 (12.16)
W	作用轮齿的总反力	lb	N	式 (12.13c)
W_r	作用轮齿的径向力	lb	N	式 (12.13b)
W_t	作用轮齿的圆周力	lb	N	式 (12.13a)
x_1，x_2	齿顶高修正系数	无	无	12.3 节
Y	Lewis 齿形系数	无	无	式 (12.14)
Z	实际啮合线长度	in	m	式 (12.2)
ϕ	压力角	°	°	各处
ρ	曲率半径	in	m	式 (12.22b)
σ_b	弯曲应力	psi	Pa	式 (12.15)

12

（续）

变量符号	变量名	英制单位	国际单位	详见
σ_b	接触应力	psi	Pa	式（12.21）
ω	角速度	rad/s	rad/s	式（12.1a）

12.1 齿轮啮合理论

将一个轴的转动传递给另一个轴的最简单装置是转动圆柱结构，图12-1a显示为一对做外滚动的圆柱机构，而图12-1b为内滚动圆柱机构。如果在滚动表面上的摩擦力足够大，这样的机构可以正常工作。只要传递的转矩需要的摩擦力不大于接触点能提供的最大摩擦力，两滚动圆柱间就没有滑动。

视频：第13讲 齿轮机构（51:31）⊖

滚动圆柱体传动机构的主要缺点是传递的转矩小，易于打滑。另外还有一些驱动器为了定时需要输入轴和输出轴有的绝对的相位对应。这就需要增加轮齿到滚动圆柱体上。从而，滚动圆柱就演变为如图12-2所示的齿轮，它们一起称为齿轮机构。当两个齿轮组合成如图12-2所示的齿轮机构时，通常其中一个较小的称为**小齿轮**，另一个大的称为**大齿轮**。

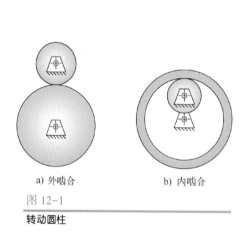

a) 外啮合   b) 内啮合

图12-1

转动圆柱

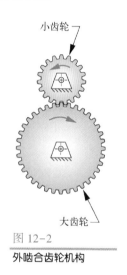

小齿轮

大齿轮

图12-2

外啮合齿轮机构

啮合基本定律

从概念上来讲，任何形状的轮齿都会防止打滑，老式的水力发电和风力发电设备用木制的齿轮，其轮齿是圆木桩，将其卡在圆柱形轮子的边缘。即使忽略这些早期的齿轮机构加工粗糙的因素，也不可能平稳传递速度，这是因为齿"钉"的几何形状不满足**啮合基本定律**，啮合基本定律要求一个齿轮机构的齿轮角传动比必须在整个啮合过程中保持不变。角速度之比即传动比 m_V 等于输入和输出齿轮分度圆半径之比：

$$m_V = \frac{\omega_{out}}{\omega_{in}} = \pm\frac{r_{in}}{r_{out}} \qquad (12.1a)$$

在式（12.1a）中，分度圆半径是指一个假想的滚动圆柱体半径。正号用于内啮合齿轮机

⊖ http://www.designofmachinery.com/MD/13_Spur_Gear_Design_1.mp4

构，负号用于外啮合齿轮机构。外啮合齿轮机构的两轮的传动方向相反，要用负号表示，内啮合齿轮传动机构（带传动机构和链传动机构）两轮的转动方向相同，所以在式（12.1a）中取正号。假象圆柱的表面就是分度圆，它们的直径称为齿轮的分度圆直径。如图 12-3 所示，两圆柱体的接触点位于中心线上，称为节点。

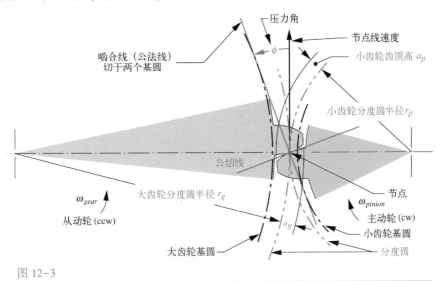

图 12-3

渐开线齿轮相啮合的几何图形和压力角

转矩比或称机械效益 m_A 与齿轮传动比 m_V 成反比：

$$m_A = \frac{1}{m_V} = \frac{\omega_{in}}{\omega_{out}} = \pm\frac{r_{out}}{r_{in}} \qquad (12.1b)$$

因此，齿轮机构是一个因速度而转换转矩或反过来的基本装置。一个齿轮机构常用的作用是通过降低速度而增加转矩以驱动重载，例如汽车中的传动装置。也有一些应用需要是提高速度，那就必须付出降低转矩的代价。无论是哪种应用，齿轮机构转动时，总是希望它们保持恒定的传动比。即使输入稳定，传动比的任何波动都会使输出的速度和转矩出现波动。

为计算方便，**齿轮比** m_G 取为传动比或转矩比绝对值大于 1 的那个，即：

$$m_G = |m_V| \text{ 或 } m_G = |m_A|, \quad m_G \geq 1 \qquad (12.1c)$$

换句话说，不论功率通过齿轮机构流向什么方向，齿轮比总是大于 1 的正数。

为了确保齿轮正确啮合，相啮合的轮齿廓线必须为共轭齿廓。理论上，满足传动基本定律的共轭齿廓有无穷多，但在实际应用的仅有几种齿轮齿廓曲线。在一些手表和钟表中，齿轮齿廓曲线为摆线，而最常用的齿廓曲线是圆的渐开线。

渐开线齿形

如图 12-4 所示，当一直线沿一个圆做纯滚动时，直线上任一点的轨迹就是该圆的渐开线。渐开线具有下列特性：

1. 渐开线上任意一点处的法线必与基圆相切。
2. 渐开线上一点的法线与基圆的切点是渐开线这点的曲率中心。

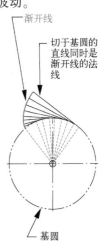

图 12-4

渐开线的形成

3. 渐开线上一点的切线总是垂直于生成渐开线的直线，渐开线上一点的曲率半径等于该点与直线和基圆切点间的长度。

图 12-4 显示了一对相接触或相啮合的渐开线的分离的圆柱。渐开线代表两个轮齿。生成渐开线的圆称为基圆，圆柱代表齿轮。注意：基圆比分度圆要小，两个齿轮的分度圆半径为 r_p 和 r_g。轮齿一定是介于（低于和高于）滚动的圆柱（分度圆），而渐开线只存在于基圆的外面。高出分度圆的轮齿部分称为齿顶，图中的 a_p 和 a_g 分别为小齿轮和大齿轮的齿顶高，对于标准齿轮，它们是相等的。

在两个渐开线齿廓的接触点有一条公切线，它们的公法线与公切线相垂直。注意：实际上，公法线就是两个渐开线的两条生成直线，它们是共线的。因此，无论轮齿在哪里啮合，公法线，也是啮合线，总是通过节点的。两个齿轮在节点上有相等的线速度，称为节点线速度。啮合线与速度矢量之间的角度称为压力角 ϕ。

压力角

一对齿轮的压力角 ϕ 定义为啮合线（公法线）与节点处速度方向的夹角，即啮合线按从动齿轮的旋转方向旋转 ϕ 度将与速度矢量共线，如图 12-4 和图 12-5 所示。齿轮制造商生产的齿轮的压力角一般标准化为几个值。在加工时，压力角用来确定齿轮的标准中心距。这些标准值是：14.5°、20° 和 25°，其中，20° 最常用，14.5° 现在基本上不用。虽然任何自选压力角的齿轮都可以制造，但其费用远超过可供应的标准压力角的齿轮，因此没有必要选用。如果选用非标准压力角，需要特制刀具。相啮合的两个齿轮必须加工成具有相同的名义压力角。

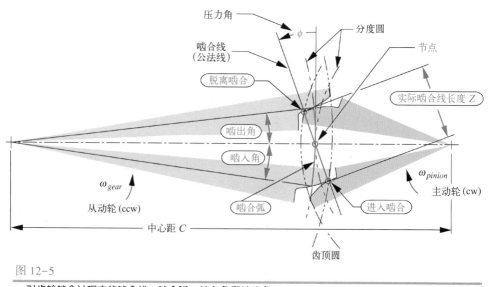

图 12-5

一对齿轮啮合过程中的啮合线、啮合弧、啮入角和啮出角

齿轮啮合的几何形状

图 12-5 显示了一对相啮合的渐开线齿轮起始啮合和终止啮合的两个位置。这两个接触点的公法线均通过同一个节点。正是因为渐开线的这个特性，使渐开线满足齿廓啮合基本定律。当轮齿进入和退出啮合时，主动轮的半径与从动轮的半径之比保持恒定。

通过观察这个渐开线的特性，我们用更正式的方式重述齿廓啮合基本定律：齿廓的公法线，也就是啮合时所有的接触点的连线，必然经过中心线的一个固定点，该点称为节点。齿轮的传动比为常数，它可由齿轮各自中心到节点的半径之比求得。

从齿轮开始接触点到终止接触点称为两个齿轮的啮合。如图 12-5 所示，齿轮的起始啮合点和终止啮合点之间的距离称为**啮合线长度 Z**，它等于该对齿轮的齿顶圆分别与啮合线相交的两个点的距离。在啮合线所对应在分度圆上的圆弧段称为啮合弧，图中由啮合弧的两端，以及它与中心线交点对应的两个夹角分别是为渐近角和渐远角。为了清晰起见，在图 12-5 中仅表示出大齿轮的啮合弧、啮入角和啮出角，小齿轮上同样存在这样的啮合弧、啮入角和啮出角。理论上在两个滚动的圆柱中，大、小齿轮分度圆上的啮合弧必须等长才不会出现滑动。啮合线长度 Z 可以通过齿轮的几何参数计算：

$$Z = \sqrt{\left(r_p + a_p\right)^2 - \left(r_p \cos\phi\right)^2} + \sqrt{\left(r_g + a_g\right)^2 - \left(r_g \cos\phi\right)^2} - C\sin\phi \tag{12.2}$$

式中，r_p 和 r_g 为齿轮分度圆半径；a_p 和 a_g 是齿轮的齿顶高；C 是中心距；ϕ 是压力角。

齿轮与齿条

齿轮机构中，如果其中一个齿轮的基圆直径无限增大，基圆将变为一条直线。当基圆的半径变为无限大后，这时切于基圆的直线就会成为一条直线的渐开线。直线齿轮称为齿条。图 12-6 显示了齿条和齿轮，以及标准、全齿高齿条的几何结构。齿条的齿形为梯形，这确实也是渐开线。这使得我们可以方便地制造出用于加工渐开线圆柱齿轮的刀具，就是通过准确地制造和硬做的齿条去加工其他齿轮。这也是渐开线齿廓曲线的另一个优势。旋转齿轮毛坯，同时沿旋转的齿轮毛坯的轴向往复移动作为刀具的齿条，就可以形成或制成渐开线圆柱齿轮。

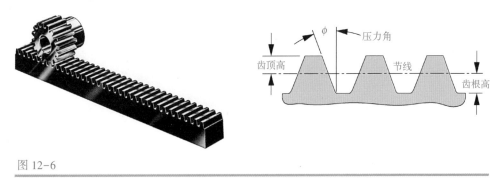

图 12-6

齿轮齿条

摘自：Martin Sprocket and Gear Co.，Arlington，TX

齿轮齿条机构主要用于将旋转运动转化为直线运动或将直线运动转化为转动的场合。齿条可以双向运动，但如果只施加一个载荷，就需要安装一个制动器。它们应用的一个例子是汽车中的齿条-齿轮转向机构。小齿轮安装在与方向盘一起转动的转向杆的底端。齿条与小齿轮啮合，且可以根据方向盘转动的角度自由地左右移动。齿条还与另一个多连杆机构相连，多连杆机构将齿条的直线运动转化为与对应的摇杆的角运动，而摇杆与前轮装置相连，从而可以实现汽车转向。

改变中心距

当在一个圆柱体上切制出一个与某一个基圆相对应的渐开线齿轮时，并不存在分度圆。分度圆只有这个齿轮与另一个齿轮啮合形成**齿轮机构**时才存在。一对齿轮能够相互啮合的中心距可在一定范围变动。但是存在一个理想的中心距，这给了我们设计齿轮时需要的名义分度圆直径。然而，由于制造工艺的局限性，在实际中我们很难精确实现这一理想中心距。更多的是：中心距存在误差，即使这个误差不大。

　　如果轮齿齿廓形状不是渐开线，那么中心距的误差就会使齿轮的输出速度发生变化，或"波动"。输出的角速度与输入角速度之比就不能保证是常数，从而违反了齿轮啮合基本定律。然而，如果轮齿**齿廓形状是渐开线**，*中心距的误差不会影响传动比*。这也是渐开线齿廓较于其他形状齿廓曲线的主要优势，也是几乎都使用渐开线齿轮的原因。图 12-7 显示了当一对渐开线齿轮机构的中心距发生变化时的情况。注意这时，公法线仍通过节点，即它也通过所有啮合点。只有压力角会受中心距变化的影响。

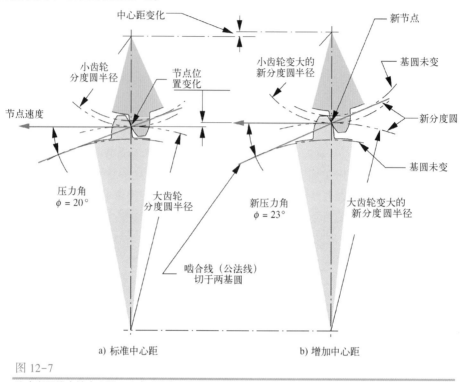

a) 标准中心距　　　　　　　　　　　　b) 增加中心距

图 12-7

改变渐开线齿轮中心距只改变压力角和分度圆半径

　　图 12-7 也显示了两个不同中心距下压力角的变化。当中心距增加，压力角也随之增加，反之亦然。这是在中心距变化时，使用的渐开线齿轮引起的一个改变或者说是误差。注意：在修改中心距后，齿轮啮合基本定律仍然成立。公法线仍与两个基圆相切，且通过节点。节点位置随着中心距和分度圆半径变化成比例变化。尽管轴间的中心距发生了改变，但传动比是不变的。实际上，渐开线齿轮的传动比由两个齿轮的基圆直径所确定，因此一旦齿轮加工出来，基圆不会再改变。

齿侧间隙

　　另一个受中心距 C 变化影响的是齿侧间隙。增加 C，齿侧间隙随之增加，反之亦然。**齿侧间隙**是指*相啮合的两齿轮沿分度圆周向的间隙*。因为所有的轮齿尺寸不能保证完全相同，且在啮合中不能发生干扰，所以制造公差中考虑了齿侧间隙。因此，分度圆上的轮齿的齿厚和齿槽宽有微小的不同（见图 12-8）。如果齿轮是单向传动，齿侧间隙不会影响齿轮传动性能。然而，如果转矩方向发生变化，轮齿的接触面随之发生变化。这时需要先越过齿侧间隙，然后齿面才能接触，从而产生齿间冲击，带有明显的噪声和振动。除了增大应力和加剧磨损外，齿侧间隙的加大在一些应用中还会产生不应有的位置误差。

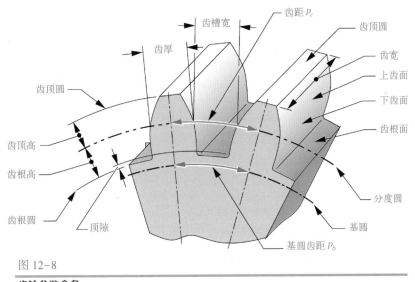

图 12-8

齿轮参数命名

在伺服机构中，常用电动机作为驱动。例如飞机上的控制板，若存在齿侧间隙可能会引起剧烈的、毁灭性的速度偏差。这是因为控制系统无法纠正这些位置误差，而导致机械驱动系统因侧隙而 "报废"。在这些应用中，需要设计**防止齿侧间隙齿轮**，即两个齿轮背靠背地安装在同一根轴上，在安装时，在齿轮之间施加一个微小的转动（如利用弹簧），以抵消齿轮的齿侧间隙。在一些不太重要的场合，例如船上的螺旋桨驱动，转矩反转时的齿侧间隙可以忽略。

相对啮合运动

在节点处，两渐开线齿轮的相对运动是纯滚动。而节点之外，除了滚动还有滑动。正如 7.13 节所述，渐开线齿轮的平均滑动量大约占 9%。在 7.11 节指出：接触应力随着滑动分量的加大而增加。表 7-7 给出了大量的各种材料组合间接触疲劳强度试验数据，对应的工况条件是滚动加 9% 的滑动。

12.2　轮齿的参数命名

图 12-8 显示了一个齿轮上两个轮齿为代表的参数命名。**分度圆**和**基圆**在以前已定义了。相对名义分度圆，轮齿高度由**齿顶**（加上）和**齿根**（减去）决定，**齿顶**和**齿根**两部分根据分度圆所划分而成。齿根高比齿顶高稍高，在一个啮合轮齿的顶部（**齿顶圆**）和另一轮齿槽底部（**齿根圆**）之间留出了一小段**间隙**。轮齿的**工作高度**是两倍的齿顶高，而**全齿高**是齿顶高和齿根高之和。**齿厚**为分度圆上一个轮齿齿廓间两侧的弧线长度，**齿槽宽**略大于齿厚，这两值差为齿侧间隙。**轮齿宽度**沿齿轮轴向测量。齿距是分度圆上相邻两齿同侧齿廓之间的弧线长度。齿距 p_c 表示了轮齿的尺寸，其定义为：

$$p_c = \frac{\pi d}{N} \tag{12.3a}$$

式中，d 为分度圆直径；N 为轮齿个数。齿距也可以沿着基圆圆周测量，这时称为基圆齿距 p_b：

$$p_b = p_c \cos\phi \tag{12.3b}$$

p_c 的单位为 in 或 mm。一个更为方便的定义轮齿尺寸的方法是直接用分度圆直径 d，而不是用弧长。**直径齿距**（简称径节）p_d定义为：

$$p_d = \frac{N}{d} \qquad (12.4a)$$

p_d是以 1/in 为单位，表示每英寸轮齿的个数（这个参数仅在美国使用）。联立式（12.3a）和式（12.4a）可以获得分度圆和径节的关系：

$$p_d = \frac{\pi}{p_c} \qquad (12.4b)$$

在国际单位制中，齿轮采用米制单位，并定义了是一个重要参数：**模数**，其定义为*径节的倒数*，这里分度圆直径用毫米表示：

$$m = \frac{d}{N} \qquad (12.4c)$$

模数单位为 mm。由于米制齿轮和美制齿轮标准不同（见表 12-3），即使都为渐开线齿廓，这两类齿轮是不能互换的。在美国，齿轮轮齿尺寸由径节表示，模数与径节的转化如下：

$$m = \frac{25.4}{p_d} \qquad (12.4d)$$

将式（12.4a）代入式（12.1），因为一对齿轮的径节是相同的，所以一对齿轮的传动比 m_V 可写为更简洁的形式：

$$m_V = \pm \frac{r_{in}}{r_{out}} = \pm \frac{d_{in}}{d_{out}} = \pm \frac{N_{in}}{N_{out}} \qquad (12.5a)$$

这样，**传动比**可以根据两齿轮的齿数计算得到，齿数均为整数。如图 12-1 所示，公式中负号用于外啮合齿轮机构，正号用于内啮合齿轮机构。齿轮比 m_G 可以表示为大齿轮的齿数 N_g 与小齿轮的齿数 N_p 比：

$$m_G = \frac{N_g}{N_p} \qquad (12.5b)$$

标准轮齿　标准齿高轮齿，无论大、小齿轮，都有同样的齿顶高和齿根高。标准齿轮的轮齿尺寸由径节定义。表 12-1 为根据 AGMA[⊖]的由径节表示的标准正常齿轮尺寸，图 12-9 表示了三个标准压力角的齿轮轮齿形状。图 12-10 显示了压力角为 20°，径节从 $p_d = 4$ 到 $p_d = 80$ 范围内的标准正常齿轮轮齿的大小。注意，轮齿的尺寸与 p_d 成反比关系。

表 12-1　AGMA 标准齿高齿轮规格

参数	大齿距（$p_d < 20$）	小齿距（$p_d \geqslant 20$）
压力角 ϕ	20°或 25°	20°
齿顶高 a	$1.000/p_d$	$1.000/p_d$
齿根高 b	$1.250/p_d$	$1.250/p_d$
工作高度	$2.000/p_d$	$2.000/p_d$
齿全高	$2.250/p_d$	$2.200/p_d + 0.002\ \text{in}$
轮齿厚度	$1.571/p_d$	$1.571/p_d$
倒角半径-标准齿条	$0.300/p_d$	未标准化
最小顶隙	$0.250/p_d$	$0.200/p_d + 0.002\ \text{in}$
最小齿顶面宽度	$0.250/p_d$	未标准化
顶隙（剃齿和磨齿）	$0.350/p_d$	$0.350/p_d + 0.002\ \text{in}$

⊖　AGMA 是美国齿轮制造商协会。

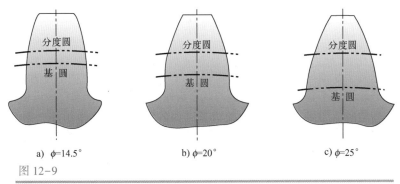

a) $\phi=14.5°$ b) $\phi=20°$ c) $\phi=25°$

图 12-9

AGMA 三个压力角下的标准齿高齿形

图 12-10

不同径节的轮齿实际尺寸大小

12

在理论上,径节取值不受任何限制,考虑到齿轮加工工具,规定了径节和模数的一系列标准值,表 12-2 为用径节表示,表 12-3 中为用模数表示。

表 12-2 标准径节

大齿距 ($p_d>20$)	小齿距 ($p_d\geqslant20$)
1	24
1. 25	32
1. 5	48
1. 75	64
2	72
2. 5	80
3	96
4	120
5	
6	
8	
10	
12	
14	
16	
18	

表 12-3 标准米制模数

模数 /mm	对应的 p_d/in^{-1}
0. 3	84. 67
0. 4	63. 50
0. 5	50. 80
0. 8	31. 75
1	25. 40
1. 25	20. 32
1. 5	16. 93
2	12. 70
3	8. 47
4	6. 35
5	5. 08
6	4. 23
8	3. 18
10	2. 54
12	2. 12
16	1. 59
20	1. 27
25	1. 02

12.3　干涉与根切

渐开线齿形只定义在基圆外面。有时，齿根会大到足以进入到下面的基圆之内。如果这样，在基圆下面的部分轮齿就不是渐开线，且会与啮合齿轮的齿尖发生干涉，该齿尖为渐开线。当用标准插齿机加工齿轮时，如果刀具进入到轮齿基圆内的齿根部分发生干涉，则会切掉干涉的那部分材料。这就导致了轮齿的根切，如图 12-11 所示。根切因切除根部材料而削弱了轮齿厚度。轮齿受力时，类似一个悬臂梁，其齿根部位受最大弯曲应力和最大剪切应力。根切严重时会导致轮齿折断。

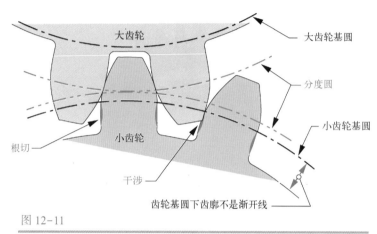

图 12-11

轮齿在基圆内的干涉和根切

增加齿轮齿数可以避免干涉的发生，从而避免根切现象的出现。但小齿轮齿数取得过大，轮齿相对其直径尺寸会变小。齿轮直径不变而齿数减小，轮齿部分会变大。齿根高大于基圆和分度圆之间的径向高度，会发生干涉。标准正常齿不发生根切的最小齿数可以推导出：

$$N_{min} = \frac{2}{\sin^2 \phi} \tag{12.6}$$

表 12-4 显示了齿条刀具加工齿轮时，不同压力角下不发生根切的最小齿数。表 12-5 则显示了的标准齿高小齿轮的最小齿数对应可以选择的标准齿高的大齿轮的最大齿数（压力角为 20°）。相啮合的大齿轮的齿数越少，避免发生干涉的小齿轮的齿数也就越少。

表 12-4　标准齿高齿轮与齿条啮合避免干涉的齿轮最小齿数

压力角/(°)	小齿轮最小齿数
14.5	32
20	18
25	12

表 12-5　20°压力角的标准齿高小齿轮与标准齿高大齿轮啮合避免干涉的最大最小齿数

小齿轮最小齿数	大齿轮最大齿数
17	1309
16	101
15	45
14	26
13	16

变位齿轮

为避免在小齿数齿轮上发生干涉，轮齿的形状可以进行改变，把如图 12-9 所示的齿顶高相同的标准正常齿的渐开线齿形的大、小齿轮，改为小齿轮齿顶高大于大齿轮齿顶高。这样改变的齿轮称为**变位齿轮**。AGMA 引入了变位系数 x_1 和 x_2，x_1 和 x_2 之和总为零，两值是大小相等，符号相反。x_1 取正值，小齿轮的齿顶高增加了，x_2 取负值，大齿轮的齿顶高减少。总的轮齿高度保持不变。变位的效果是将小齿轮的分度圆向基圆缩移，减少了两者间的非渐开线部分。标准的变位系数为 ±0.25 和 ±0.50，它们分别增加/减少了 25% 或 50% 的标准齿顶高。这种方法局限之处是小齿轮轮齿变尖。

变位齿轮还有另一个优点。小齿轮的齿根变厚，因而强度增加。大齿轮的强度相应会减少，但是对标准尺高的齿轮来说，因为大齿轮的轮齿比小齿轮的轮齿更强，所以变位会使得大、小齿轮的强度更加接近。不等齿顶高齿形齿轮的缺点是：在齿顶处，相对滑动速度有所增加。它们齿间的滑动比例高于等高齿轮。如 7.11 节所讨论的那样，这会导致轮齿表面的压力增加。在齿轮啮合中，滑动速度增加也会加大摩擦损耗。Dudley[10] 建议由于会产生不利的高滑动速度，因此直齿和斜齿小齿轮的齿顶高尽量不要超过标准齿轮齿顶高的 25%。图 12-12 给出了变位渐开线齿廓。可以将它们与图 12-9 所示标准齿形相对比。

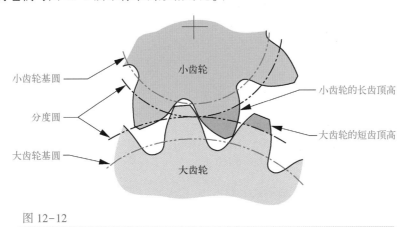

图 12-12
长短齿顶的一对齿轮避免干涉和根切的轮齿形状

12.4　重合度

重合度 m_p 可以表示为同时参与啮合的轮齿对数的平均值，具体计算如下：

$$m_p = \frac{Z}{p_b} \tag{12.7a}$$

式中，Z 是式（12.2）中实际啮合线段长度；p_b 为式（12.3b）中的基圆节距。将式（12.3b）和式（12.4b）代入式（12.7a）中，用径节定义 m_p，有：

$$m_p = \frac{p_d Z}{\pi \cos\phi} \tag{12.7b}$$

当重合度等于 1，表示当一对齿轮正要脱离啮合时，下一对齿轮正要进入啮合。这种情况是不希望发生的，因为如果这样，任何微小的误差就会引起速度波动、振动和噪声。另外，这样的话，在载荷作用在齿顶时，将会产生最大弯矩。如果重合度大于 1，载荷会由其他轮齿分担。对于通常的直齿圆柱齿轮，重合度在 1 和 2 之间；这样仍然存在只有一对轮齿啮合的时候，载荷只能由一对轮齿承担。然而，这时力的作用点将移向啮合的中心区域，而不是在齿顶处。这点称为

单齿啮合的最高点（HPTC）。实现平稳运行可接受的最小重合度是 1.2。一般建议，最小重合度达到 1.4，越大越好。大多数直齿轮的重合度在 1.4～2 之间。式（12.7b）表明：对小轮齿（即大 p_d）和大压力角的齿轮，重合度要更大。

例 12-1 确定轮齿和齿轮啮合参数

问题：求齿轮传动比、分度圆节距、基圆节距、分度圆直径、分度圆半径、中心距、齿顶高、齿根高、齿全高、顶隙、齿顶圆直径和重合度。如果中心距增加 2%，新的压力角是多少？

已知：径节为 6，压力角为 20°，小齿轮齿数为 19，大齿轮齿数为 37。

假设：齿轮为标准的 AGMA 标准齿高的渐开线齿轮。

解：

1. 齿轮比可根据大小两个齿轮的齿数由式（12.5b）得到：

$$m_G = \frac{N_g}{N_p} = \frac{37}{19} = 1.947 \tag{a}$$

2. 分度圆齿距可根据式（12.3a）或式（12.4b）得到：

$$p_c = \frac{\pi}{p_d} = \frac{\pi}{6} \text{ in} = 0.524 \text{ in} \tag{b}$$

3. 基圆上的齿距（根据式 12.3b）为：

$$p_b = p_c \cos\phi = 0.524\cos(20°) = 0.492 \text{ in} \tag{c}$$

4. 大、小齿轮的分度圆直径和半径根据式（12.4a）得到：

$$d_p = \frac{N_p}{p_d} = \frac{19}{6} \text{ in} = 3.167 \text{ in}, \qquad r_p = \frac{d_p}{2} = 1.583 \text{ in} \tag{d}$$

$$d_g = \frac{N_g}{p_d} = \frac{37}{6} \text{ in} = 6.167 \text{ in}, \qquad r_g = \frac{d_g}{2} = 3.083 \text{ in} \tag{e}$$

5. 标准中心距 C 等于两分度圆半径之和：

$$C = r_p + r_g = 4.667 \text{ in} \tag{f}$$

6. 齿顶高和齿根高根据表 12-1 中的公式得到：

$$a = \frac{1.0}{p_d} = \frac{1}{6} \text{ in} = 0.167 \text{ in}, \qquad b = \frac{1.25}{p_d} = \frac{1.25}{6} \text{ in} = 0.208 \text{ in} \tag{g}$$

7. 齿全高等于齿顶高加齿根高。

$$h_t = a + b = 0.167 \text{ in} + 0.208 \text{ in} = 0.375 \text{ in} \tag{h}$$

8. 顶隙等于齿根高减齿根高。

$$c = b - a = 0.208 \text{ in} - 0.167 \text{ in} = 0.042 \text{ in} \tag{i}$$

9. 齿顶圆直径等于分度圆直径加上两倍的齿顶高：

$$D_{o_p} = d_p + 2a = 3.500 \text{ in}, \qquad D_{o_g} = d_g + 2a = 6.500 \text{ in} \tag{j}$$

10. 重合度可根据式（12.2）和式（12.7）计算得到。

$$Z = \sqrt{\left(r_p + a_p\right)^2 - \left(r_p\cos\phi\right)^2} + \sqrt{\left(r_g + a_g\right)^2 - \left(r_g\cos\phi\right)^2} - C\sin\phi$$

$$= \sqrt{\left(1.583 + 0.167\right)^2 - \left(1.583\cos 20\right)^2} \text{ in } +$$

$$\sqrt{\left(3.083 + 0.167\right)^2 - \left(3.083\cos 20\right)^2} \text{ in } - 4.667\sin 20 \text{ in} = 0.798 \text{ in}$$

$$m_p = \frac{Z}{p_b} = \frac{0.798}{0.492} \text{ in} = 1.62 \tag{k}$$

11. 由于装配误差或其他因素，实际中心距大于标准中心距，这时分度圆半径也会按同样的比例相应地增加，压力角也会发生变化，但基圆半径保持不变。如果中心距增加了 2%（用 $1.02\times$）：

$$\phi_{new} = \arccos\left(\frac{r_{\text{base circle}_p}}{1.02 r_p}\right) = \arccos\left(\frac{r_p \cos\phi}{1.02 r_p}\right) = \arccos\left(\frac{\cos 20°}{1.02}\right) = 22.89° \tag{1}$$

12. EX12-01 的文件可以在本书的网站上找到。

12.5　轮系

轮系是由两个及两个以上的齿轮所组成的齿轮集合。一对齿轮是轮系最简单的形式，其最大传动比大约为 *10∶1*。如果传动比超出这一值，而小齿轮的齿数根据表 12-4 和表 12-5 的最小齿数限制来选取，整个齿轮机构的结构尺寸会很大，且难以安装。轮系有**简单**、**复杂**的和**周转**三类，下面简要地介绍轮系的运动学设计。更详细的内容，参见参考文献 4。

简单轮系

简单轮系是一个轴上只装一个齿轮的轮系，最基本的形式是图 12-2 所示的两齿轮轮系。轮系的传动比（也称轮系比）可按式（12.5a）计算。图 12-13 所示的为一个由五个齿轮串联而成的简单轮系。式（12.8）为该轮系的传动比计算公式：

$$m_V = \left(-\frac{N_2}{N_3}\right)\left(-\frac{N_3}{N_4}\right)\left(-\frac{N_4}{N_5}\right)\left(-\frac{N_5}{N_6}\right) = +\frac{N_2}{N_6} \tag{12.8}$$

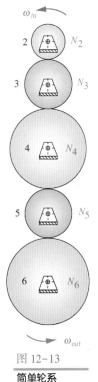

图 12-13

简单轮系

从公式形式上来看，每对齿轮都影响轮系的传动比，但是对于简单串联的轮系，实际影响传动比数值大小的只有首末两轮齿数，其他齿轮齿数均无影响。一个简单轮系的传动比大小总是等于首轮与末轮的齿数之比。中间的各齿轮只影响齿轮转动方向，被称为**惰轮**，因为它们的轴不传递功率。如果轮系中都是外啮合齿轮，且为偶数时，输出的方向与输入的方向相反。如果外啮合齿轮数为奇数时，输出的方向与输入的方向相同。因此，任何尺寸的一个外啮合惰轮虽然不能改变速度大小，但是可以用来改变输出齿轮的方向。

在实际应用中，通常是装入一个惰轮改变方向，安装过多的惰轮是不必要的。因此，如图 12-13 所示的轮系完全是一个不合理的设计。如果需要连接的两个轴间的距离较大，虽然可以使用多齿轮组成的简单轮系，但是成本会比用于同样场合的链传动或带传动大得多。由式（12.8）可知，简单轮系无助于获得一个比一对齿轮机构更大的传动比。

复杂轮系

为了获取比 10∶1 更大的传动比，就需要一个**复杂轮系**来实现（也可采用周转轮系，见下节）。**一个复杂轮系**至少含有一个装有超过一个齿轮的轴。不同于简单齿轮的串行方式，复杂轮系的齿轮是并联或串-并联布置的。图 12-14a 显示了一个包含四个齿轮的复杂轮系，其中的齿轮 3 和齿轮 4 是安放在同一个轴上的，它们有相同的角速度。轮系的传动比为：

$$m_V = \left(-\frac{N_2}{N_3}\right)\left(-\frac{N_4}{N_5}\right) \tag{12.9a}$$

12

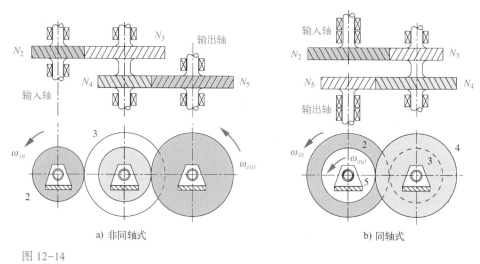

a) 非同轴式　　　　　　　　　　　　　b) 同轴式

图 12-14

二级复杂轮系

复杂轮系传动比的一般表示式为：

$$m_V = \pm \frac{\text{所有主动轮齿数之积}}{\text{所有从动轮齿数之积}} \qquad (12.9b)$$

注意，中间齿轮的传动比不能不计，总传动比等于组成该轮系的各对啮合齿轮传动比的连乘积。因此，尽管受一对齿轮传动传动比有约为 10:1 的限制，但是复杂轮系仍然可以取得大的传动比。式（12.9b）中的正负号由轮系啮合齿轮的对数和齿轮是内啮合还是外啮合的形式决定。按式（12.9a）的形式来计算传动比时要特别注意每对齿轮传动比的符号，它们将最终决定总传动比的计算结果。

同轴式复杂轮系

如图 12-14a 所示的轮系的输入轴和输出轴的位置不同。在实际中是否采用和希望这样的布局完全取决于整个机器设计时的其他安装约束。这样的轮系，它的**输入轴**和**输出轴**不是同轴放置，称为**非同轴式复杂轮系**。在一些场合下，如汽车传动装置，就希望或必要将**输入**和**输出轴**放置在同一中心线上，如图 12-14b 所示。就好比将运动恢复或带回到开始地方。由于加入了两中心距相等的附加约束，因此**同轴式复杂轮系**的设计更为复杂。更多内容请参考文献 [4]。

例 12-2　设计一个复杂轮系

问题：设计一个总传动比为 29:1 的直齿轮构成的复杂轮系。

已知：轮系中所有齿轮压力角为 25°，模数为 3 mm。

假设：任意一对齿轮的最大传动比不超过 10:1，所有小齿轮的齿数不能小于 12（见表 12-4）。

解：

1. 因为要求的传动比大于一级轮系（一个齿轮机构）的最大传动比，所以要用两级轮系满足每级传动比在 10:1 范围内的要求。每对齿轮的传动比可以用总传动的平方根的方法计算，即：$(29)^{0.5} = 5.385$。因此，两对齿轮的传动比均采用 5.385。

2. 因为齿轮的齿数一定是个整数，所以可以由小齿轮所取的可能齿数，按传动比 5.385:1 计算大齿轮齿数，再看哪个计算值更接近整数来选取：

$$12(5.385) = 64.622$$

$$13(5.385)=70.007$$

$$14(5.385)=75.392$$

因为第 2 组的结果最接近整数，圆整后最接近正确的传动比。

3. 两对齿轮机构的小齿轮和大齿轮齿数都分别为 13 齿和 70 齿，轮系的总传动比为：

$$\left(\frac{70}{13}\right)\left(\frac{70}{13}\right)=28.994$$

4. 上述结果如果足够接近实际应用要求的话，解题完毕。只有一种场合下这样的传动比精度不可接受，就是要求它要有计时功能，所以必须具有绝对准确的传动比。

5. 采用两对完全相同的齿轮机构的复杂轮系是可以自动归位的，所以可以采用输出轴和输入轴的布置是同轴式的。

周转轮系或行星轮系

在前面所讨论的轮系的自由度都为 1（1–DOF）。还有一类称为**周转轮系**或**行星轮系**的轮系形式应用也非常广泛。它属于自由度为 2 的机构。为得到预期的运动输出，需要两个输入。但在一些场合，如汽车差速器，只有一个输入运动（驱动轴），并将得到两个预设的耦合输出（两个驱动轮上）。

周转轮系或行星轮系与传统轮系相比具有多个优点，如：大的传动比而结构紧凑，可以正反传动，以及可以将单一和单向的输入转换为同时、同轴的双向输出等。上述特性使这类轮系广泛应用在汽车和货车等自动变速装置中。

图 12-15a 为一个自由度为 1 的传统轮系，其中，连杆 1 固定不动为机架。图 12-15b 为同样的齿轮与连杆 1，但杆 1 可以转动称为**转臂**，它与两齿轮连接。故现在只有小齿轮的转轴为机架，这个系统为 2 个自由度。这是一个**周转轮系**，由**太阳轮**、绕太阳轮转动的**行星轮**和支撑行星轮在轨的**转臂**组成。它需要两个运动输入。通常是分别给转臂和太阳轮输入转向和速度。很多场合中，其中一个输入为 0，即将一个制动器作用在太阳轮或转臂上。注意：当转臂的输入速度为 0 时，周转轮系将变为传统轮系，如图 12-15a 所示。因此，传统的轮系可以看成是更复杂的周转轮系在转臂不动时的一个特例。

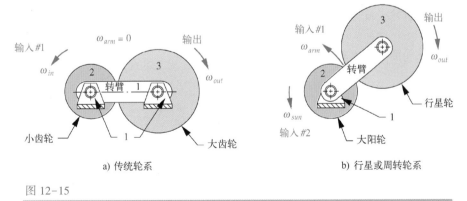

a) 传统轮系　　　　　　　　　　　　b) 行星或周转轮系

图 12-15

传统齿轮机构是行星或周转轮系的一个特例

图 12-15 所示的一个简单的周转轮系例子，太阳轮和转臂为输入，剩下的行星轮为输出。对于既有自转又有公转的行星轮，其作为输出应用有点困难。图 12-16 显示了一个使用性更强的周转轮系结构，是在原来结构基础上增加了一个有内齿的齿圈。这个**齿圈**与行星轮内啮合，与

小齿轮转轴同心，所以把它作为输出比较容易。大多数的行星轮系都会设计一个定轴转动的齿圈，与行星轮啮合传动。注意：因为太阳轮、齿圈和转臂都空套在一个轴上，所以它们的角速度和转矩均可分别作为输入或输出。

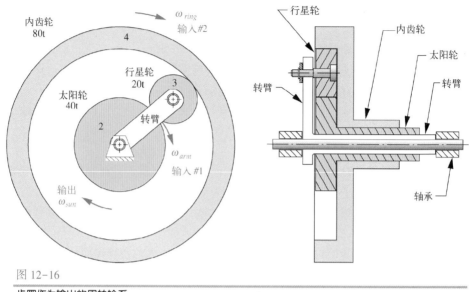

图 12-16

齿圈作为输出的周转轮系

　　虽然通过观察每个齿轮的运动方向，比较容易看出传统轮系的功率流，但是通过观察确定行星轮系的运动表现却很难。我们必须做必要的计算来确定它的表现，往往会惊讶地发现：结果与直觉不一致。由于齿轮相对于转臂旋转，和转臂本身运动，所以必须用下面的速度差方程：

$$\omega_{gear} = \omega_{arm} + \omega_{gear/arm} \qquad (12.10)$$

　　当已知齿轮的齿数和两输入的条件后，要同时用式（12.10）和式（12.5a）计算周转轮系的速度。先将式（12.10）移项计算速度差。然后，以 ω_F 表示轮系首轮的角速度（选其中一端），以 ω_L 表示轮系末轮的角速度（在另一端）。

　　对轮系中的首轮，首轮的相对角速度为：

$$\omega_{F/arm} = \omega_F - \omega_{arm} \qquad (12.11a)$$

　　对末轮，末轮的相对角速度为：

$$\omega_{L/arm} = \omega_L - \omega_{arm} \qquad (12.11b)$$

　　将末轮的相对角速度除以首轮的相对角速度，有：

$$\frac{\omega_{L/arm}}{\omega_{F/arm}} = \frac{\omega_L - \omega_{arm}}{\omega_F - \omega_{arm}} = m_V \qquad (12.11c)$$

　　上面的公式给出了轮系总传动比 m_V 的表达式。式（12.11c）左端项只包含了相对转臂的速度差。它也等于轮系从首轮到末轮各对啮合齿轮中所有从动轮齿数之积与所有主动轮齿数之积的比值（同式12.9b），用其替代式（12.11c）中最左侧的一项，有：

$$\pm \frac{\text{所有主动轮齿数之积}}{\text{所有从动轮齿数之积}} = \frac{\omega_L - \omega_{arm}}{\omega_F - \omega_{arm}} \qquad (12.12)$$

　　对这个自由度为2的轮系中，知道了 ω_L、ω_F 和 ω_{arm} 中的任意两个，可以用式（12.12）求解另外一个的角速度。可以是转臂和一个齿轮的速度已知，也可以是两个齿轮的速度已知。这个方法只限于应用在首轮和末轮是绕固定轴转动的（没有公转），而且这两个轮之间必须存在一条啮合的路径，路径中可以包含行星轮。

例 12-3　周转轮系分析

问题：求解图 12-16 所示周转轮系的太阳轮和转臂传动比。

已知：太阳轮 40 个齿、行星轮 20 个齿、齿圈 80 个齿。转臂作为输入，太阳轮为输出，齿圈静止不动。

假设：太阳轮为轮系的首轮，齿圈为轮系末轮，转臂每分钟的转速为 ω，轮系传动比为太阳轮速度/转臂速度。

解：

1. 式（12.12）给出了一个周转轮系的运动关系：

$$\left(-\frac{N_2}{N_3}\right)\left(+\frac{N_3}{N_4}\right)=\frac{\omega_L-\omega_{arm}}{\omega_F-\omega_{arm}}$$

$$\left(-\frac{40}{20}\right)\left(+\frac{20}{80}\right)=\frac{0-1}{\omega_F-1}$$

$$\omega_F=3$$

轮系传动比为+3。太阳轮的转速是转臂的 3 倍，且它们的转动方向相同。注意传动副的符号。一个是外啮合齿轮机构（-），另一个是内啮合齿轮机构（+）。

2. 文件 EX12-03 可以在本书的网站中找到。

12.6　齿轮制造

齿轮加工方法有很多。可将它们分为两大类，成形法和切削加工法。切削加工法又进一步划分为粗加工和精加工。成形法是指：采用熔融、粉末或加热软化的材料，通过直接浇铸、铸造、拉深或挤压等方法而得到的齿形。粗加工和精加工是在常温下将一个实体毛坯通过切削或磨削等方式去除齿轮齿槽部分的材料而加工成轮齿的形状。粗加工方法是一次加工成形，不需要后续精加工操作，主要用来加工精确度不高的齿轮。尽管名字称为粗加工，实际上，加工出来的齿轮仍可保障轮齿是光滑和精确的。只有当要求高精度和无噪声运转时，才会增加后续的精加工工序，这样成本会增加。

成形法加工齿轮

在所有的成形加工方法中，齿轮轮齿是用已加工好的具有轮齿形状的模或模具而一次成形的。轮齿的精度完全取决于模或模具的质量，这样获取的精度远不如切削加工方法加工出来的齿轮精度高。大部分的成形法需要高成本的工具，因此适合大批量的生产。第 2 章对这些加工工艺做了详细的讨论。

铸造　轮齿可用不同材料通过砂型或钢模铸造而成。它的优点是成本低，因为齿形在模中已经制成。通常铸造后的轮齿不需要再进一步加工。铸造加工的轮齿精度低，仅用在一些不重要的场合，如玩具、小器具或水泥搅拌车的搅拌桶等场合，这些地方，噪声和过大的齿侧间隙不妨碍它们运行。砂型铸造的模具成本低，表面粗糙度和尺寸精度很差，因此，砂型铸造是适合小批量生产中获取精度不高齿轮的一种比较经济方法。钢模铸造比砂型铸造的表面质量和精度要好，但模具成本高，适合大批量的生产。

熔模铸造　熔模铸造也叫失蜡铸造，很多材料可以通过这种铸造方式获取精度适合的齿轮。它的模具用耐火材料制造，可以适用熔点高的材料。熔模铸造的精度取决于用来做熔模的母模精度。

烧结 金属粉末被压进一个齿轮形状的金属模腔成型、脱模，然后进一步加热处理（烧结）以提高材料的强度。粉末冶金法（PM）加工出来的齿轮精度与压力铸造法的相当，但是可通过掺入不同的金属粉末，控制材料的性能。这种方法通常用来加工小尺寸的齿轮。

注塑成型 注塑成型用来加工各种热塑性材料的非金属齿轮，如尼龙和乙缩醛。用这种方法加工的是低精度小尺寸齿轮，它们优点是成本低，在轻载运行时无须润滑剂。

挤压 可以用长棒料挤压成形制作轮齿，然后切成需要的长度，再加工出孔和键槽等。通常用挤压方法加工的材料是有色金属，如铝和铜合金，而非钢材。

冷拉 钢材棒料通过硬化的模具拉拔形成轮齿。冷作可以增加强度，但降低韧性。然后切成需要的长度，再加工出孔和键槽等。

冲压 冲压金属薄板可以制出轮齿形状，在大规模生产时，成本低廉。但是，它们的加工精度低，表面粗糙度和精度差。

切削加工

大部分用于传递动力的金属齿轮是用铸件、锻件或轧制钢材经切削加工制成的。粗加工包括了用成形刀具铣出轮齿或用齿轮、齿条插齿或滚齿加工轮齿。精加工包括了剃齿、挤齿、精研、珩齿或磨齿。下面对每一种方法进行简要介绍。

粗加工过程

铣齿 需要一把如图 12-17（见图 12-17 中的 1）所示的铣刀。铣刀制成与待加工轮齿相同的齿槽形状和齿数，所以加工一种齿轮，就需要一把刀具。旋转的铣刀插入轮坯，每一次铣出一个轮齿。然后，轮坯旋转一个齿距加工下一个轮齿。由于加工不同尺寸的齿轮，就要配备不同形状的刀具，加工成本很高。为了降低成本，通常用一把刀具加工多个尺寸齿轮，这样除了一种齿数的齿轮外，加工出来的其他齿轮就存在齿形误差。这种方法是粗加工中精度最低的。

图 12-17

齿轮加工刀具

1—铣刀 2—齿条刀具 3—插刀 4—滚刀

摘自：*Gleason Corporation*, *Rochester*, *NY*

齿条刀具插齿 齿条型刀具适用于任意渐开线节距，因其轮齿形状是梯形的（见图 12-6）很容易加工制造。将坚硬而锋利的齿条（见图 12-17 中的 2）沿轮坯轴线方向做往复运动，并在绕轮坯旋转时做进给，从而在齿轮上形成了渐开线齿廓。齿条和轮坯必须周期性地复位，以完成整周加工。复位会产生引起齿形误差，这是否是造成该种方法加工精度不高的原因尚有争论。

齿轮刀具插齿　使用一个齿轮形刀具（见图 12-17 中的 3），刀具沿轮坯轴线方向做往复切削运动，同时轮坯绕成形刀具转动，如图 12-18 所示。它是一种真正的用齿轮形刀具在与啮合传动过程中形成与其共轭齿廓曲线的过程，这时，刀具与轮坯在啮合中进行加工。该方法精度好，但是齿形刀具上任意一个轮齿的误差都会影响到被加工齿轮上。内齿轮也可以用这种方法加工。

图 12-18

齿轮插刀加工斜齿轮

摘自：*Gleason Corporation*，*Rochester*，*NY*

滚齿　如图 12-17 中的 4，滚刀类似于螺纹的螺旋。它的齿形与齿槽相匹配，且其上开有纵向槽以便加工表面。滚刀的旋转轴与轮坯旋转轴垂直，当切入旋转的轮坯就可以制作出轮齿。由于不存在轮坯或刀具的复位，而且齿都是多个圈刀齿加工出来的，因此它在粗加工方法中精度最高。滚齿可以加工出优质的表面质量，是目前最广泛应用的加工齿轮方法之一。

精加工过程

如果齿轮精度要求更高，就要在粗加工齿轮的基础上，再进行精加工。齿轮精加工几乎很少切除材料，加工目的主要是改善尺寸精度、表面粗糙度和/或硬度。

剃齿　类似于插齿，是使用精密的剃齿刀去除粗加工齿轮上少量材料，以修正齿轮的几何误差和改善粗糙度。

磨齿　是使用成形砂轮经过被加工的轮齿表面去除少量材料和改善表面粗糙度，这种方法通常是采用计算机控制方法。磨齿通常用于粗加工后硬化过的齿轮，以消除热处理产生的变形，以及前述的其他提高和改善。

挤齿　将已粗加工的齿轮与一个经特别硬做后的齿轮对滚。齿面很大的作用力可导致轮齿表面塑性屈服，以此来改善表面粗糙度和工作硬化，以及产生有益的残余压应力。

精研和珩齿　两种加工都是用磨料浸渍的齿轮或齿形刀具与齿轮一起运转，以对表面进行磨削。在这两种情况下，研磨工具都是通过加速和控制磨合来驱动齿轮，以改善其表面粗糙度和提高精度。

齿轮质量

质量指数 Q_v 用来衡量质量的精度，精度从最低级（3）到最高级（16）。制造方法基本上就决定了齿轮质量指数 Q_v。

成形法加工通常的质量指数只有 3~4，前面提到的粗加工方法通常的 Q_v 为 5~7。如果齿轮用剃削和磨削精加工，Q_v 可达到 8~11，精研和珩齿可以获得更高的质量指数。明显地，齿轮的

成本是 Q_v 的函数。

表 12-6 表示了在一些主要应用场合下推荐的质量指数。另一个选择合适的质量指数的方法是根据齿轮在节点处的线速度，称为节点线速度。这是因为轮齿尺寸精确不高会引起轮齿间的冲击，而线速度越高引起的冲击越大。表 12-7 给出了齿轮啮合的不同节点线速度下的指标 Q_v。由于过大的噪声和振动，直齿轮很少用于线速度超过 10 000 ft/min（50 m/s）的场合。斜齿轮（将在下章介绍）适用于高速的场合。

齿轮质量会对齿轮间载荷的分配有重要的影响。如果齿轮的齿槽是不精确和不相同，相互啮合的轮齿将不会同时接触，这就抵消了大重合度齿轮传动的优点。图 12-19 显示了一对在理论上有很大的重合度，但是精度低的齿轮。实际上，在同一方向上，只有 1 对轮齿在接触和承载。其他啮合的轮齿都没有承载。尽管名义重合度为 5，此刻啮合时的实际重合度仅为 1。

<table>
<tr><th colspan="2">表 12-6　不同应用下的推荐
齿轮质量指数</th></tr>
<tr><th>应用场合</th><th>Q_v</th></tr>
<tr><td>水泥搅拌车</td><td>3~5</td></tr>
<tr><td>水泥窑口</td><td>5~6</td></tr>
<tr><td>轧钢机</td><td>5~6</td></tr>
<tr><td>起重机</td><td>5~7</td></tr>
<tr><td>冲床</td><td>5~7</td></tr>
<tr><td>运输机</td><td>5~7</td></tr>
<tr><td>包装机械</td><td>6~8</td></tr>
<tr><td>机械钻1</td><td>7~9</td></tr>
<tr><td>洗衣机</td><td>8~10</td></tr>
<tr><td>印刷机</td><td>9~11</td></tr>
<tr><td>汽车传动系统</td><td>10~11</td></tr>
<tr><td>海洋传输机</td><td>10~12</td></tr>
<tr><td>航空发动机驱动</td><td>10~13</td></tr>
<tr><td>陀螺仪</td><td>12~14</td></tr>
</table>

<table>
<tr><th colspan="2">表 12-7　根据节点线速度推荐的
齿轮质量指数</th></tr>
<tr><th>节点线速度
/（ft/min）</th><th>Q_v</th></tr>
<tr><td>0~800</td><td>6~8</td></tr>
<tr><td>800~2000</td><td>8~10</td></tr>
<tr><td>2000~4000</td><td>10~12</td></tr>
<tr><td>>4000</td><td>12~14</td></tr>
</table>

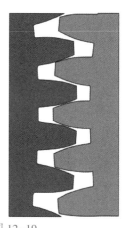

图 12-19

轮齿的不精确导致直齿轮载荷分布不均匀

12.7　直齿圆柱齿轮的载荷

视频：第 14 讲　齿轮设计（47:46）⊖

相啮合齿轮的轮齿受力分析可以采用第 3 章中的式（3.18）或式（3.19）的标准受力分析方法。下面我们只是简单地介绍该方法在轮齿力分析中的应用。图 12-20 表示了一对轮齿，此时轮齿在节点处啮合（接触），为清楚起见，将它们分开表示。小齿轮将转矩 T_p 传递给大齿轮。大、小齿轮均用自由体图表示。在节点处，若忽略摩擦力，唯一的力 W 沿与节点处分度圆切线成一压力角的啮合线方向从一个齿轮传递另一个齿轮。该力可以分解为两个分量：径向力 W_r 和圆周力 W_t。圆周力 W_t 的大小为：

$$W_t = \frac{T_p}{r_p} = \frac{2T_p}{d_p} = \frac{2p_d T_p}{N_p} \tag{12.13a}$$

式中，T_p 是作用在小齿轮轴上的转矩；r_p 为小齿轮分度圆半径；d_p 为小齿轮分度圆直径；N_p 为小齿轮齿数；p_d 小齿轮径节。

⊖　http://www.designofmachinery.com/MD/14_Spur_Gear_Design_Ⅱ.mp4

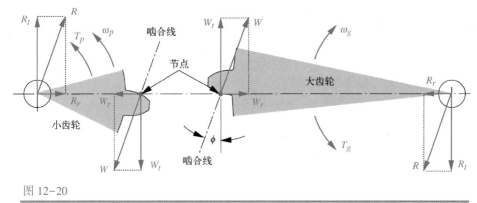

图 12-20

作用在一对齿轮上的力（为了表示清晰，将实际在节点啮合的齿轮分开表示）

径向力 W_r 的大小为

$$W_r = W_t \tan\phi \tag{12.13b}$$

总的作用力 W 的大小为

$$W = \frac{W_t}{\cos\phi} \tag{12.13c}$$

式（12.13a）同样适用于大齿轮，因为力 W 是作用在大、小齿轮上的一对作用力和反作用力。

作用在齿轮轴上的支反力 R 及其两个分力 R_t 和 R_r 与该齿轮所受的力 W 及其分力 W_t 和 W_r 大小相等，方向相反。

轮齿承担的载荷取决于重合度；啮合传动过程中，随着轮齿啮合点从齿顶到齿根附近的变化，轮齿会承担所有或部分载荷。很明显，最坏的受力情况是当 W 作用在齿顶处。可将轮齿看成一个悬臂梁，圆周力 W_t 会产生最大弯矩。由于弯曲引起的弯矩和横向剪力都在齿根处取最大值。如果重合度>1，且齿轮精度足够高以保证多个轮齿同时分担载荷，最大值出现在齿顶下方的单齿啮合区域的最高点（HPSTC）上，且任意一个齿都会经历该最大弯矩。如图 12-19 所示，如果齿轮是低精度的，那么不管重合度为多少，在齿顶处将承受全部载荷 W。

即使转矩 T_p 不随时间变化，在啮合过程中每个轮齿仍受到脉动载荷，因而处于疲劳-载荷作用下。一对齿轮在啮合时受到的弯矩随时间的变化曲线如图 12-21a 所示。图中有弯矩的分量：平均弯矩（M_m）和弯矩幅值（M_a）。要避免齿轮比 m_G 取整数，这样可以防止每 m_G 次啮合时，总是相同的轮齿啮合。非整数的齿数比可以使各接触在所有轮齿间分布更加均匀。

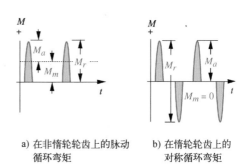

a) 在非惰轮轮齿上的脉动　　b) 在惰轮轮齿上的
　　循环弯矩　　　　　　　　对称循环弯矩

图 12-21

轮齿上所受的时变弯矩

如果在一对大、小齿轮之间增加一个惰轮，则会改变输出齿轮的转动方向；每个惰轮轮齿都将受到图 12-21b 所示的对称循环弯矩的作用，因为啮合时载荷 W 交替作用在惰轮轮齿的相反一侧。作用在惰轮上的弯矩 M_r 值的区间是非惰轮的 2 倍；因此即使惰轮的平均弯矩为 0，它仍承担更大的负荷。图 12-16 所示的行星轮也是如此。

例 12-4　直齿轮系受力分析

问题：一个由小齿轮，惰轮和大齿轮组成的轮系，试确定作用在各齿轮上的转矩和力。求解齿轮的直径和每个齿轮圆周力的平均力和力幅。

已知：小齿轮传动功率为 20hp，转速为 2500r/min。轮系传动比为 3.5：1. 小齿轮齿数为 14，压力角为 25°，$p_d = 6$，惰轮齿数为 17。

假设：小齿轮与惰轮相啮合，惰轮与大齿轮相啮合。

解：

1. 根据已知条件，计算大齿轮的齿数：

$$N_g = m_G N_p = 3.5(14) = 49 \tag{a}$$

2. 根据式（10.1）计算作用在小齿轮上的转矩：

$$T_p = \frac{P}{\omega_p} = \frac{20\,\text{hp}\left(6600\,\dfrac{\text{in·lb}}{\text{s}}\Big/\text{hp}\right)}{2500\text{r/min}(2\pi/60)\dfrac{\text{rad}}{\text{s}}\Big/\text{r/min}} = 504\,\text{lb·in} \tag{b}$$

3. 输出转矩为：

$$T_g = m_G T_p = 3.5(504)\,\text{lb·in} = 1765\,\text{lb·in} \tag{c}$$

4. 分度圆直径为：

$$d_p = \frac{N_p}{p_d} = \frac{14}{6}\,\text{in} = 2.33\,\text{in} \qquad d_i = \frac{17}{6}\,\text{in} = 2.83\,\text{in} \qquad d_g = \frac{49}{6}\,\text{in} = 8.17\,\text{in} \tag{d}$$

5. 作用在三个齿轮上的圆周力是相同的，可根据任意一个齿轮的转矩和半径求得圆周力为：

$$W_t = \frac{T_p}{d_p/2} = \frac{504}{2.33/2}\,\text{lb} = 432\,\text{lb} \tag{e}$$

6. 径向力为：

$$W_r = W_t \tan\phi = 432\tan 25°\,\text{lb} = 202\,\text{lb} \tag{f}$$

7. 总作用力为：

$$W = \frac{W_t}{\cos\phi} = \frac{432}{\cos 25°}\,\text{lb} = 477\,\text{lb} \tag{g}$$

8. 作用在小齿轮或大齿轮上脉动循环力的平均值和幅值：

$$W_{t_{alternating}} = \frac{W_t}{2} = 216\,\text{lb} \qquad W_{t_{mean}} = \frac{W_t}{2} = 216\,\text{lb} \tag{h}$$

9. 作用在惰轮上的对称循环载荷的平均值和幅值：

$$W_{t_{alternating}} = W_t = 432\,\text{lb} \qquad W_{t_{mean}} = 0\,\text{lb} \tag{i}$$

10. 文件 EX12-04 可以在本书的网站中找到。

12.8　直齿圆柱齿轮的应力

齿轮轮齿主要有两种失效形式，一种是由于齿根受到变化的弯曲应力而发生**疲劳折断**；另一种是轮齿表面受到变化的接触应力而发生**接触疲劳**（点蚀）。在设计齿轮时，齿轮的这两种失效形式都要考虑。正如第 6 章所介绍的，防止疲劳折断发生，可以通过恰当的设计使应力处在材料的修正古德曼（Goodman）线之内。因为承受重载齿轮的材料大多数是黑色金属材料，它们具有持久弯曲疲劳极限，一个弯曲载荷可以得到其相对应的无限寿命。但是，如在第 7 章中讨论的，材料不存在脉动循环表面接触应力的持久疲劳极限。因此，无法设计无限寿命的表面失效的齿轮。在正常工作情况下，齿轮的正确设计方法是确保轮齿不会折断（不包括大于设计的过载情况），但还必须考虑第 7 章讨论的因某一磨损机理引发的最终失效。点蚀仍是最常见的失效形式，尽管会发生磨粒或黏着磨损（擦伤或划伤），特别是在齿轮工作时润滑不当。采用 AGMA 推荐的方法，我们依次着重介绍这两种主要失效形式的设计。

弯曲应力

Lewis 公式　最早用于齿轮弯曲应力计算的公式是 W. Lewis 在 1892 年提出的。他认为轮齿可以看成一个悬臂梁，齿根部分为危险截面。基于悬臂梁的弯曲应力公式，Lewis 推导出所熟知的 Lewis 公式：

$$\sigma_b = \frac{W_t p_d}{F Y} \tag{12.14}$$

式中，W_t 是作用在轮齿上的圆周力；p_d 为径节；F 是齿宽；Y 是 Lewis 定义的一个无单位量纲的几何因子，现在称为 Lewis 齿形系数。该系数考虑轮齿齿根过渡圆角的几何形状对强度的影响。Lewis 发布了齿轮不同压力角和齿数所对应的 Y 值[5]。注意：这里忽略了径向力 W_r，因为其在轮齿上产生的压应力只会降低弯曲拉应力，这种保守做法对轮齿设计是安全的，又可以将问题简化。

目前，弯曲应力计算不再使用 Lewis 公式的最初形式，现在的计算公式是将 Lewis 和其他学者的研究工作作为基础。Lewis 公式的基本原理是合理的，但是没有考虑到后来才发现的其他一些失效机理。Lewis 公式中的系数 Y 已经用一个新的几何系数 J 取代，其包含了齿根处应力集中的影响[3]。应力集中问题在 Lewis 时代还未被发现。

弯曲应力公式　以下有关齿轮轮齿及其啮合的几何形状的假设下才是合理的：

1. 重合度在 1~2 之间。

2. 齿轮啮合中不出现齿顶与齿根处过渡圆角的干涉，且轮齿无根切。

3. 轮齿没有变尖。

4. 齿侧间隙非零。

5. 齿根圆角是标准的、光滑的、由滚齿法加工。

6. 忽略摩擦力。

对于第一个假设，尽管理论上重合度可以很高，实际上轮齿载荷的分担受轮齿的精度和刚度等因素的影响，很难预测和确定。对于大重合度的齿轮机构，假设 1 在设计上是安全的。假设 2 限制了齿轮应用的范围，只有满足齿数大于表 12-4 和表 12-5 中的最小齿数的齿轮才能适用。如果考虑到安装空间而减少齿轮的齿数，那么要采用变位齿轮，这样使用公式时要选用一个合适的几何系数 J。假设 3 限制了变位齿轮的使用。假设 4 考虑到齿侧间隙为零时由于过度的摩擦会造成运动不畅。假设 5 考虑到对齿根过渡圆角处的应力集中因素，这一假设是基于 Dolan 和 Broghammer 的研究[6]。假设 6 是通常的做法。内啮合齿轮的几何形状差异很大，因此需要其他的方法计算弯曲应力。

由于美制和 SI 制的齿轮的径节和模数的相互关系不同，因此它们的弯曲应力公式会有所不同。这里分别列出它们的公式，并在需要时分别在方程标号后加上后缀 us 和 si 加以区分：

$$\sigma_b = \frac{W_t p_d}{F J} \frac{K_a K_m}{K_v} K_s K_B K_I \tag{12.15us}$$

$$\sigma_b = \frac{W_t}{FmJ}\frac{K_aK_m}{K_v}K_sK_BK_I \tag{12.15si}$$

公式的核心仍是 Lewis 公式，只是用几何系数 J 替代了原来公式中的齿形系数 Y。W_t、F 和 p_d 与式（12.14）有相同的含义。m 是模数，K 是根据不同实际情况引入的校核系数。下面讨论式（12.15）中的各项系数。

弯曲强度几何系数 J　几何系数 J 可以通过 AGMA 标准 908-B89 提供的一个复杂算法计算出，该标准也提供了压力角分别为 14.5°、20° 和 25° 下的标准齿高齿轮、齿顶高减少 25% 和减少 50% 的变位齿轮的 J 系数查询表格。系数 J 随齿轮齿数而变化，表格给出了服从假设 2 下的大、小齿轮不同齿数配对的 J。齿轮机构大、小齿轮齿数配对中，一些配对齿数会发生干涉，因此要避免。

表 12-8~表 12-15⊖显示了 AGMA 标准中一系列齿轮机构不同齿数下的几何系数 J。在这 8 个表中，涉及了两类轮齿（标准齿高轮齿和高于标准齿顶高 25% 高齿顶轮齿），它们适合两种压力角（20° 和 25°），且适合在齿顶承载或在单齿啮合区距齿根最高点（HPSTC）承载两种情况。其他组合见标准。

表 12-8　AGMA 弯曲几何系数 J（压力角 20°，标准齿高，齿顶受载）

大齿轮齿数	小齿轮齿数															
	12		14		17		21		26		35		55		135	
	P	G	P	G	P	G	P	G	P	G	P	G	P	G	P	G
12	U	U														
14	U	U	U	U												
17	U	U	U	U	U	U										
21	U	U	U	U	U	U	0.24	0.24								
26	U	U	U	U	U	U	0.24	0.25	0.25	0.25						
35	U	U	U	U	U	U	0.24	0.26	0.25	0.26	0.26	0.26				
55	U	U	U	U	U	U	0.24	0.28	0.25	0.28	0.26	0.28	0.28	0.28		
135	U	U	U	U	U	U	0.24	0.29	0.25	0.29	0.26	0.29	0.28	0.29	0.29	0.29

表 12-9　AGMA 弯曲几何系数 J（压力角 20°，标准齿高，HPSTC 受载）

大齿轮齿数	小齿轮齿数															
	12		14		17		21		26		35		55		135	
	P	G	P	G	P	G	P	G	P	G	P	G	P	G	P	G
12	U	U														
14	U	U	U	U												
17	U	U	U	U	U	U										
21	U	U	U	U	U	U	0.33	0.33								
26	U	U	U	U	U	U	0.33	0.35	0.35	0.35						
35	U	U	U	U	U	U	0.34	0.37	0.36	0.38	0.39	0.39				
55	U	U	U	U	U	U	0.34	0.40	0.37	0.41	0.40	0.42	0.43	0.43		
135	U	U	U	U	U	U	0.35	0.43	0.38	0.44	0.41	0.45	0.45	0.47	0.49	0.49

⊖　表 12-8~表 12-15 摘自 AGMA 标准 908-B89：确定直齿、斜齿和人字齿轮的抗点蚀和抗弯强度几何系数，经出版商的许可，American Gear Manufacturers Association, 1001 N. Fairfax St., Suite 500, Alexandria, Va., 22314.

表 12-10　AGMA 弯曲几何系数 J（压力角 20°，高于标准齿高 25%，齿顶受载）

大齿轮齿数	12		14		17		21		26		35		55		135	
	P	G	P	G	P	G	P	G	P	G	P	G	P	G	P	G
12	U	U														
14	U	U	U	U												
17	U	U	U	U	0.27	0.19										
21	U	U	U	U	0.27	0.21	0.27	0.21								
26	U	U	U	U	0.27	0.22	0.27	0.22	0.28	0.22						
35	U	U	U	U	0.27	0.24	0.27	0.24	0.28	0.24	0.28	0.24				
55	U	U	U	U	0.27	0.26	0.27	0.26	0.28	0.26	0.28	0.26	0.29	0.26		
135	U	U	U	U	0.27	0.28	0.27	0.28	0.28	0.28	0.28	0.28	0.29	0.28	0.30	0.28

表 12-11　AGMA 弯曲几何系数 J（压力角 20°，高于标准齿高 25%，HPSTC 受载）

大齿轮齿数	12		14		17		21		26		35		55		135	
	P	G	P	G	P	G	P	G	P	G	P	G	P	G	P	G
12	U	U														
14	U	U	U	U												
17	U	U	U	U	0.36	0.24										
21	U	U	U	U	0.37	0.26	0.39	0.27								
26	U	U	U	U	0.37	0.29	0.39	0.29	0.41	0.30						
35	U	U	U	U	0.37	0.32	0.40	0.32	0.41	0.33	0.43	0.34				
55	U	U	U	U	0.38	0.35	0.40	0.36	0.42	0.36	0.44	0.37	0.47	0.39		
135	U	U	U	U	0.39	0.39	0.41	0.40	0.43	0.41	0.45	0.42	0.48	0.44	0.51	0.46

表 12-12　AGMA 弯曲几何系数 J（压力角 25°，标准齿高，齿顶受载）

大齿轮齿数	12		14		17		21		26		35		55		135	
	P	G	P	G	P	G	P	G	P	G	P	G	P	G	P	G
12	U	U														
14	U	U	0.28	0.28												
17	U	U	0.28	0.30	0.30	0.30										
21	U	U	0.28	0.31	0.30	0.31	0.31	0.31								
26	U	U	0.28	0.33	0.30	0.33	0.31	0.33	0.33	0.33						
35	U	U	0.28	0.34	0.30	0.34	0.31	0.34	0.33	0.34	0.34	0.34				
55	U	U	0.28	0.36	0.30	0.36	0.31	0.36	0.33	0.36	0.34	0.36	0.36	0.36		
135	U	U	0.28	0.38	0.30	0.38	0.31	0.38	0.33	0.38	0.34	0.38	0.36	0.38	0.38	0.38

表 12-13　AGMA 弯曲几何系数 J（压力角 25°，标准齿高，HPSTC 受载）

大齿轮齿数	12		14		17		21		26		35		55		135	
	P	G	P	G	P	G	P	G	P	G	P	G	P	G	P	G
12	U	U														
14	U	U	0.33	0.33												
17	U	U	0.33	0.36	0.36	0.36										

12

（续）

大齿轮齿数	12		14		17		21		26		35		55		135	
小齿轮齿数	P	G	P	G	P	G	P	G	P	G	P	G	P	G	P	G
21	U	U	0.33	0.39	0.36	0.39	0.39	0.39								
26	U	U	0.33	0.41	0.37	0.42	0.40	0.42	0.43	0.43						
35	U	U	0.34	0.44	0.37	0.45	0.40	0.45	0.43	0.46	0.46	0.46				
55	U	U	0.34	0.47	0.38	0.48	0.41	0.49	0.44	0.49	0.47	0.50	0.51	0.51		
135	U	U	0.35	0.51	0.38	0.52	0.42	0.53	0.45	0.53	0.48	0.54	0.53	0.56	0.57	0.57

表 12-14　AGMA 弯曲几何系数 J

（压力角 25°，高于标准齿高 25%，齿顶受载）

大齿轮齿数	12		14		17		21		26		35		55		135	
小齿轮齿数	P	G	P	G	P	G	P	G	P	G	P	G	P	G	P	G
12	0.32	0.20														
14	0.32	0.22	0.33	0.22												
17	0.32	0.25	0.33	0.25	0.34	0.25										
21	0.32	0.27	0.33	0.27	0.34	0.27	0.36	0.27								
26	0.32	0.29	0.33	0.29	0.34	0.29	0.36	0.29	0.36	0.29						
35	0.32	0.31	0.33	0.31	0.34	0.31	0.36	0.31	0.36	0.31	0.37	0.31				
55	0.32	0.34	0.33	0.34	0.34	0.44	0.36	0.34	0.36	0.34	0.37	0.34	0.38	0.34		
135	0.32	0.37	0.33	0.37	0.34	0.37	0.36	0.37	0.36	0.37	0.37	0.37	0.38	0.37	0.39	0.37

表 12-15　AGMA 弯曲几何系数 J

（压力角 25°，高于标准齿高 25%，HPSTC 受载）

大齿轮齿数	12		14		17		21		26		35		55		135	
小齿轮齿数	P	G	P	G	P	G	P	G	P	G	P	G	P	G	P	G
12	0.38	0.22														
14	0.38	0.25	0.40	0.25												
17	0.38	0.29	0.40	0.29	0.43	0.29										
21	0.38	0.32	0.41	0.32	0.43	0.33	0.46	0.33								
26	0.39	0.35	0.41	0.35	0.44	0.36	0.46	0.36	0.48	0.37						
35	0.39	0.38	0.41	0.39	0.44	0.39	0.47	0.40	0.49	0.41	0.51	0.41				
55	0.39	0.42	0.42	0.43	0.44	0.44	0.47	0.44	0.49	0.45	0.52	0.46	0.55	0.47		
135	0.40	0.47	0.42	0.48	0.45	0.49	0.48	0.49	0.50	0.50	0.53	0.51	0.56	0.53	0.59	0.55

注意：表中的系数 J 对于每一啮合组合的小齿轮和大齿轮（分别标注为 P 和 G）是不同的。这就导致小齿轮和大齿轮的弯曲应力不同。表中字母 U 表示了那些在大齿轮齿顶和小齿轮齿根处由于干涉的组合。确定 J 时是选择齿顶承载还是在 HPSTC 承载，要根据齿轮机构的制造精度。如果误差小（高精度齿轮），那么可以认为载荷由几个齿轮分担，则采用 HPSTC 表。否则，只可能由一对齿承载所有载荷，而在齿顶处接触时齿根所受弯曲应力最大，如图 12-19 所示。更多有关为了实现 HPSTC 接触，在基圆上允许有制造变化的信息请参见 AGMA 标准 908-B89。

动载系数 K_v　动载系数 K_v 主要考虑是内部振动载荷，它是由于齿轮的非共轭啮合引起的轮齿间的冲击造成的。这些振动载荷由传动误差引起，在低精度齿轮中较严重。高精度齿轮更接近于理想平滑、定传动比的扭矩传递。在缺少测试数据时，在齿轮设计情况下，需要先给定预期的传动误差等级，设计者可以根据节点线速度 V_t 估算动载系数 K_v：

$$K_v = \left(\frac{A}{A + \sqrt{V_t}} \right)^B \qquad (12.16\text{us})$$

$$K_v = \left(\frac{A}{A + \sqrt{200V_t}} \right)^B \qquad (12.16\text{si})$$

式中，V_t是齿轮啮合时节点线速度，单位为 ft/min（美国）或 m/s（SI）。系数 A 和 B 定义如下：

$$A = 50 + 56(1 - B) \qquad (12.17\text{a})$$

$$B = \frac{(12 - Q_v)^{2/3}}{4}, \quad 6 \leqslant Q_v \leqslant 11 \qquad (12.17\text{b})$$

式中，Q_v是齿轮的质量指数，图 12-22 给出了节点线速度与 Q_v 从 5~11 取值的合理函数关系。只有在这些速度取值范围内，Q_v 值是合理的。

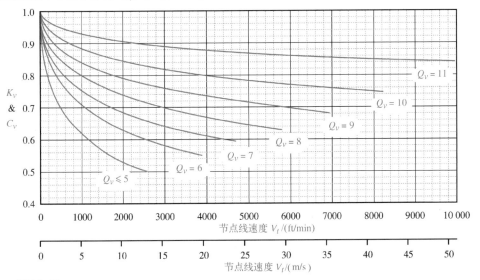

图 12-22

动载系数 K_v 和 C_v

摘自：AGMA 标准 2001-D04：基础评级因素和计算方法

图中每条曲线的坐标值 V_t 可以按下式计算：

$$V_{t_{max}} = \left[A + (Q_v - 3) \right]^2 \quad (\text{ft/min}) \qquad (12.18\text{us})$$

$$V_{t_{max}} = \left[A + (Q_v - 3) \right]^2 \quad (\text{ft/min}) \qquad (12.18\text{si})$$

如果齿轮的 Q_v 小于等于 5，则采用下面公式计算 K_v：

$$K_v = \frac{50}{50 + \sqrt{V_t}} \qquad (12.19\text{us})$$

$$K_v = \frac{50}{50 + \sqrt{200V_t}} \qquad (12.19\text{si})$$

上面公式只有当 $V_t \leqslant 2500$ ft/min（13 m/s）时才有效，这可以从图 12-22 中的 $Q_v \leqslant 5$ 的曲线看出。在此速度以上的更高速度，要用更高 Q_v 的齿轮（见表 12-7）。

Mark[7] 推导了平行轴齿轮的传动误差计算方法，考虑了轴承的对中误差、轴的动载误差、齿槽内振动、齿廓修形和轴承支承结构的刚度。如果因传动误差引起的实际动载荷已知，并通过在圆周力 W_t 中做了考虑，则动载系数 K_v 取 1。

载荷分配系数 K_m 任何轴的变形或偏转角都会造成作用在齿轮上的圆周力 W_t 沿轮齿宽度分布不均。齿轮宽度越大，这种不均匀现象越明显。一种近似和保守的做法是引入一个系数 K_m 考虑轮齿宽度大小对载荷分配不均匀的影响；齿宽越宽，应力增加得越大。建议的 K_m 值见表 12-16。一个值得推荐的方法是限制直齿轮的宽度 F 在 $8/p_d < F < 16/p_d$ 之间，通常取 $12/p_d$。这个比值称为齿宽系数。

使用系数 K_a 在 12.7 节中所讨论的齿轮载荷模型中，假设圆周力 W_t 不随时间变化。正如那节所讨论的，由于轮齿只是在进入啮合到退出啮合受均匀的或平均的载荷而其他时间不受载，因而轮齿承受变化的转矩。又如果原动机或工作机的载荷或转矩是随时间变化的，那么还要考虑除平均载荷以外的附加动载荷。

由于缺少有关原动机和工作机动载荷明确的信息，这里引用一个使用系数 K_a，考虑与轮系相连的"振动"机械而加大轮齿应力。例如，电动机通过轮系联接到离心水泵（电动机和水泵均工作平稳），这时在原有的平均载荷下不需要增加额外的载荷，因此 $K_a = 1$。但是，如果是单缸的内燃机通过轮系驱动碎石机，而因为驱动机和工作机均传递振动载荷给轮系，则 $K_a > 1$。表 12-17 给出了根据假设的原动机和工作机的振动载荷水平，K_a 的推荐值。

<table>
<tr><th colspan="2">表 12-16 载荷分配系数 K_m</th></tr>
<tr><th>齿宽/in （mm）</th><th>K_m</th></tr>
<tr><td><2 （50）</td><td>1.6</td></tr>
<tr><td>6 （150）</td><td>1.7</td></tr>
<tr><td>9 （250）</td><td>1.8</td></tr>
<tr><td>≥20 （500）</td><td>2.0</td></tr>
</table>

表 12-17 使用系数 K_a

原动机	工作机		
	均匀	中等冲击	严重冲击
均匀（电动机，汽轮机）	1.00	1.25	1.75 或更高
轻微冲击（多缸发动机）	1.25	1.50	2.00 或更高
中等冲击（单缸发动机）	1.50	1.75	2.25 或更高

尺寸系数 K_s 是用来考虑尺寸的因素，如同第 6 章针对一般疲劳载荷所采用的尺寸系数一样。用来获取疲劳强度数据的测试样本的尺寸相对来说比较小（直径约 0.3 in）。如果所设计的零件尺寸大于试件的尺寸，那么它的疲劳强度会弱于测试数据。K_s 即是对尺寸大小不一样时对轮齿应力的一个修正。然而，很多齿轮的强度数据来自于实际轮齿的测试，其结果比第 6 章的通用强度数据更接近于实际情况，这种情况下，K_s 可取 1，除非设计者考虑到其他特殊情况，如非常大型的齿轮要增加其强度值。K_s 的保守值取为 1.25~1.5。

轮缘厚度系数 K_B 这个系数是用来考虑大直径齿轮采用有轮缘的腹板式或轮辐式结构，而不是采用实体式结构；这时轮缘厚度要低于轮齿的高度。这样的设计可能会在轮缘径向结构处断裂而导致失效，而不是轮齿的根部。定义**轮缘-轮齿**比 m_B 为：

$$m_B = \frac{t_R}{h_t} \tag{12.20a}$$

式中，t_R 是齿根圆到轮缘内圆的厚度；h_t 是轮齿高（等于齿顶高与齿根高之和），如图 12-23 所示。这个比值用来计算轮缘厚度系数：

$$
\begin{aligned}
K_B &= -2m_B + 3.4 & 0.5 \leqslant m_B \leqslant 1.2 \\
K_B &= 1.0 & m_B > 1.2
\end{aligned} \tag{12.20b}
$$

不推荐使用 $m_B < 0.5$ 的结构。对于实心式结构的齿轮，$K_B = 1$。

图 12-23

轮缘厚度系数 K_B 的参数

摘自：AGMA 标准 2001-D04：基础评级因素和计算方法，允许转载

惰轮系数 K_I　　惰轮相比非惰轮齿轮，在一个周期内其参与啮合的次数更多，且承受的交变载荷的幅值更大。考虑到这一情况，对于惰轮，系数 K_I 取值 1.42，而非惰轮则取值为 1.0。AGMA 是通过采用该系数的倒数来降低惰轮材料强度，但是这种方法与我们前面在公式中引用系数来考虑对零件应力状态的影响应力公式的方法不一致，该方程不影响材料的应力强度，故我们用这一系数来增加弯曲应力，而不是降低强度。

例 12-5　直齿轮系弯曲应力分析

问题：在例题 12-4 所示的三齿轮系中，确定齿轮的齿宽和弯曲应力。

已知：轮齿上的载荷为 432 lb。小齿轮的齿数为 14，压力角为 25°，$p_d = 6$。惰轮的齿数为 17，大齿轮齿数为 49。小齿轮速度为 2500 r/min，其他尺寸信息见例题 12-3。

假设：轮齿均为 AGMA 标准的标准齿高齿形，原动机和工作载荷平稳，采用的齿轮的质量指数为 6。

解：

1. 尽管传递的载荷是相同的，由于轮齿几何形状有所不同，故作用在每个轮齿上的弯曲应力是不同的。通用齿轮弯曲应力计算公式为式（12.15）：

$$\sigma_b = \frac{W_t p_d}{FJ} \frac{K_a K_m}{K_v} K_s K_B K_I \tag{a}$$

所有齿轮的 W_t，p_d，F，K_a，K_m，K_v 和 K_s 值是相同的，每个齿轮的 J，K_B 和 K_I 有可能取不同的值。

2. 首先根据径节估算齿轮宽度，按推荐的齿宽系数范围 $8/p_d < F < 16/p_d$，取中间值进行首轮计算：

$$F \cong \frac{12}{p_d} = \frac{12}{6} = 2 \text{ in} \tag{b}$$

3. 基于原动机和工作机载荷均匀平稳，使用系数 K_a 取 1。

4. 载荷分配系数根据表 12-16，按 $K_m = 1.6$ 进行估算。

5. 动载系数 K_v 根据齿轮质量指数 Q_v 和节点线速度 V_t，用式（12.16）和式（12.17）计算

$$V_t = \frac{d_p}{2} \omega_p = \frac{2.33 \text{ in}}{2(12)} (2500 \text{ r/min})(2\pi) = 1527 \frac{\text{ft}}{\text{min}} \tag{c}$$

$$B = \frac{(12 - Q_v)^{2/3}}{4} = \frac{(12 - 6)^{2/3}}{4} = 0.826 \tag{d}$$

$$A = 50 + 56(1 - B) = 50 + 56(1 - 0.826) = 59.745 \tag{e}$$

$$K_v = \left(\frac{A}{A + \sqrt{V_t}} \right)^B = \left(\frac{59.745}{59.745 + \sqrt{1\,527}} \right)^{0.826} = 0.660 \tag{f}$$

6. 对所有三个齿轮，尺寸系数 $K_s = 1$。

7. 齿轮的尺寸都比较小，不采用有轮缘的结构，故 $K_B = 1$。

8. 大、小两个齿轮的惰轮系数 $K_I = 1$，惰轮的 $K_I = 1.42$。

9. 根据表 12-13，对于压力角为 25°，齿数为 14 的小齿轮，与齿数为 17 的惰轮啮合传动，对于弯曲应力，$J_{pinion} = 0.33$。小齿轮的弯曲应力为：

$$\sigma_{b_p} = \frac{W_t p_d}{FJ} \frac{K_a K_m}{K_v} K_s K_B K_I = \frac{432(6)}{2(0.33)} \frac{1(1.6)}{0.66} (1)(1)(1) \text{ psi} = 9526 \text{ psi} \tag{g}$$

10. 根据表 12-13，对于压力角为 25°，齿数为 17 的惰轮，与齿数为 14 的小齿轮啮合，对于

弯曲几何系数 $J_{idler} = 0.36$，惰轮的弯曲应力为：

$$\sigma_{b_i} = \frac{W_t p_d}{FJ} \frac{K_a K_m}{K_v} K_s K_B K_I = \frac{432(6)}{2(0.36)} \frac{1(1.6)}{0.66}(1)(1)(1.42) \text{ psi} = 12\ 400 \text{ psi} \tag{h}$$

注意在表 12-13 中，惰轮 J 的取值不同；当与小齿轮啮合时，惰轮的 J 是按大齿轮取值（0.36）；当与大齿轮啮合时，惰轮的 J 按小齿轮取值（0.37）。取上述两值中的较小者，因为它得到的应力较大。

11. 根据表 12-13，对于压力角为 25°，齿数为 49 的大齿轮，与齿数为 17 的惰轮啮合传动，对于弯曲几何系数（通过插值） $J_{gear} = 0.46$。则大齿轮的弯曲应力为：

$$\sigma_{b_g} = \frac{W_t p_d}{FJ} \frac{K_a K_m}{K_v} K_s K_B K_I \cong \frac{432(6)}{2(0.46)} \frac{1(1.6)}{0.66}(1)(1)(1) \text{ psi} \cong 6834 \text{ psi} \tag{i}$$

12. 如果所计算出的弯曲应力满足许用应力要求，则齿宽按假设的宽度设计。后面的例题会对这个题目进行再设计。

13. 文件 EX12-05 可以在本书的网站上查阅。

接触应力

相啮合的两个轮齿的运动是滚动和滑动组合。在节点上，它们的相对运动是纯滚动。滑动比例随距节点的距离而增加。有时，占总运动9%的平均滑动被用作表示轮齿间的滚-滑运动的组合[8]。轮齿表面上的应力是动态滚滑组合下的赫兹接触应力，如在 7.11 节中已经介绍。这些应力是三维的，应力的峰值发生在表面上或略低于表面，这取决于滑动与滚动组合所占的比例。根据接触面运动速度、轮齿曲率半径和润滑油黏度，啮合界面存在的可以是全膜或部分弹性流体动压润滑（EHD），或是边界润滑，这些内容在第 11 章中介绍。如果有充足清洁的润滑油和合适的润滑方式，在界面上至少可以形成部分 EHD（膜厚比 $\Lambda > 2$），从而防止表面像第 7 章所描述的黏着、磨粒和腐蚀磨损而失效，这时接触疲劳的最终失效形式是点蚀和剥落。在 7.7 节中讨论了接触疲劳的机理，图 7-12 给出了齿轮表面失效的案例。

Buckingham[9]首先对轮齿上的接触应力做了系统的研究，他认为：当控制了某些必要的变量后，受相同的滚动接触径向载荷作用下的两个在齿轮节点具有相同曲率半径的圆柱体可以用来模拟轮齿的接触。他的研究工作带来了现在所知的轮齿表面接触应力公式，即 Buckingham 公式。它是抗点蚀的基本公式，具体如下：

$$\sigma_c = C_p \sqrt{\frac{W_t}{FId} \frac{C_a C_m}{C_v} C_s C_f} \tag{12.21}$$

式中，W_t 是作用在轮齿上的圆周力；d 是一对啮合齿轮中，较小的分度圆直径；F 为齿宽；I 为抵抗点蚀的一个无量纲的**接触应力几何系数**；C_p 是考虑大、小两个齿轮材料不同引入的弹性系数；系数 C_a、C_m、C_v 和 C_s 分别是对应弯曲应力式（12.15）中的 K_a、K_m、K_v 和 K_s 的含义一样；新的系数 I、C_p 和 C_f 如下。

接触应力几何系数 I 该系数考虑了轮齿的曲率半径和压力角的影响。AGMA 定义 I 的计算公式如下：

$$I = \frac{\cos\phi}{\left(\dfrac{1}{\rho_p} \pm \dfrac{1}{\rho_g}\right)d_p} \tag{12.22a}$$

式中，ρ_p 和 ρ_g 分是小齿轮和大齿轮的曲率半径；ϕ 为压力角；d_p 是小齿轮的分度圆直径；±号分别用于外啮合齿轮和内啮合齿轮，外啮合齿轮用+，内啮合齿轮用-。轮齿的曲率半径计算如下：

$$\rho_p = \sqrt{\left(r_p + \frac{1+x_p}{p_d}\right)^2 - \left(r_p\cos\phi\right)^2} - \frac{\pi}{p_d}\cos\phi$$

$$\rho_g = C\sin\phi \mp \rho_p \tag{12.22b}$$

式中，p_d 是径节；r_p 是小齿轮的分度圆半径；ϕ 为压力角；C 为两个齿轮的中心距；x_p 是小齿轮的齿顶高系数，对于非标准齿高的轮齿，它等于高于标准齿高的百分率的小数。对于标准的标准齿高轮齿，$x_p = 0$。对于高于 25% 的变位齿轮，$x_p = 0.25$，以此类推。注意在式（12.22b）中，外啮合齿轮用上面的 "–" 号，内啮合齿轮用下面的 "+" 号。

弹性系数 C_p　弹性系数考虑大小两齿轮材料的不同，其计算如下：

$$C_p = \sqrt{\dfrac{1}{\pi\left[\left(\dfrac{1-\nu_p^2}{E_p}\right) + \left(\dfrac{1-\nu_g^2}{E_g}\right)\right]}} \tag{12.23}$$

式中，E_p 和 E_g 分别小齿轮和大齿轮的弹性模量，ν_p 和 ν_g 为小齿轮和大齿轮的泊松比。C_p 的单位是（psi）$^{0.5}$或（MPa）$^{0.5}$。

表 12-18 显示了用式（12.23）计算的不同材料的大、小齿轮组合的 C_p，这里，$\nu = 0.3$。

表 12-18　弹性系数 C_p，单位为 $[\text{psi}]^{0.5}$（$[\text{MPa}]^{0.5}$）[a]

小齿轮材料	E_p/psi (MPa)	大齿轮材料					
		钢	可锻铸铁	石墨铸铁	铸铁	铝青铜	锡青铜
钢	30×10^6 (2×10^5)	2300 (191)	2180 (181)	2160 (179)	2100 (174)	1950 (162)	1900 (158)
可锻铸铁	25×10^6 (1.7×10^5)	2180 (181)	2090 (174)	2070 (172)	2020 (168)	1900 (158)	1850 (154)
石墨铸铁	24×10^6 (1.7×10^5)	2160 (179)	2070 (172)	2050 (170)	2000 (166)	1880 (156)	1830 (152)
铸铁	22×10^6 (1.5×10^5)	2100 (174)	2020 (168)	2000 (166)	1960 (163)	1850 (154)	1800 (149)
铝青铜	17.5×10^6 (1.2×10^5)	1950 (162)	1900 (158)	1880 (156)	1850 (154)	1750 (145)	1700 (141)
锡青铜	16×10^6 (1.1×10^5)	1900 (158)	1850 (154)	1830 (152)	1800 (149)	1700 (141)	1650 (137)

注：此表基于 AGMA 标准 2001，渐开线直齿轮和斜齿轮轮齿的基础评级因素和计算方法，美国齿轮制造商协会。

表面光洁度系数 C_F[b]　用来考虑轮齿表面的非正常的粗糙度对轮齿的影响。AGMA 还没有制定表面光洁度的相关标准，如果用传统方法加工的齿轮，推荐 C_F 取值为 1。在表面明显粗糙或者已知有较大的残余应力的情况下，要相应提高 C_F 值。

例 12-6　直齿轮系接触应力分析

问题：在例题 12-4 和 12-5 所示的三齿轮系中，试计算轮齿的接触应力。

已知：轮齿上的载荷为 432 lb，小齿轮的齿数为 14，压力角为 25°，$p_d = 6$。惰轮的齿数为 17，大齿轮齿数为 49。小齿轮速度为 2500 r/min，其他尺寸信息见例题 12-3。

假设：轮齿均为 AGMA 标准的标准齿高齿形，原动机和工作载荷平稳，采用的齿轮的质量

---

[a]　表中 E_p 为近似值，$n = 0.3$ 被用来作近似的所有材料的泊松比。如果有更精确的 E_p 和 n，可用于式（11.23）获得 C_p。

[b]　在国标 GB3505-83、GB1031-83 颁布后，此说法已不再采用。

指数为 6，所有齿轮采用 $\nu = 0.28$ 的钢。

解：

1. 齿轮接触应力式（12.21）：

$$\sigma_c = C_p \sqrt{\frac{W_t}{FId} \frac{C_a C_m}{C_v} C_s C_f} \tag{a}$$

所有齿轮的 W_t、F、C_a、C_m、C_v 和 C_s 取相同值，对不同齿轮 C_p、d、C_f 和 I 可能取不同的值。在一对啮合齿轮中，d 采用较小的值。

2. 首先根据径节估算齿轮宽度，按推荐的齿宽系数范围 $8/p_d < F < 16/p_d$，取中间值进行首轮计算：

$$F \cong \frac{12}{p_d} = \frac{12}{6} \text{in} = 2 \text{ in} \tag{b}$$

3. 基于原动机和工作机载荷均匀平稳，使用系数 C_a 取 1。

4. 载荷分配系数根据表 12-16，按照假设的齿宽得到 $C_m = K_m = 1.6$。

5. 动载系数 C_v 根据齿轮质量指数 Q_v 和节点线速度 V_t 用式（12.16）和式（12.17）计算：

$$V_t = \frac{d_p}{2} \omega_p = \frac{2.33 \text{ in}}{2(12)} (2500 \text{ r/min})(2\pi) = 1527 \frac{\text{ft}}{\text{min}} \tag{c}$$

$$B = \frac{(12 - Q_v)^{2/3}}{4} = \frac{(12 - 6)^{2/3}}{4} = 0.826 \tag{d}$$

$$A = 50 + 56(1 - B) = 50 + 56(1 - 0.826) = 59.745 \tag{e}$$

$$C_v = \left(\frac{A}{A + \sqrt{V_t}}\right)^B = \left(\frac{59.745}{59.745 + \sqrt{1\,527}}\right)^{0.826} = 0.660 \tag{f}$$

6. 对所有齿轮，尺寸系数 $K_s = 1$。

7. 齿轮采用常用的加工方法，确保加工质量良好，取 $C_f = 1$。

8. 弹性系数 C_p 可从式（12.23）计算得到。

$$C_p = \sqrt{\frac{1}{\pi\left[\left(\frac{1 - \nu_p^2}{E_p}\right) + \left(\frac{1 - \nu_g^2}{E_g}\right)\right]}} = \sqrt{\frac{1}{\pi\left[\left(\frac{1 - 0.28^2}{30 \times 10^6}\right) + \left(\frac{1 - 0.28^2}{30 \times 10^6}\right)\right]}} = 2\,276 \tag{g}$$

9. 点蚀的几何尺寸系数 I 通过相啮合的齿轮计算。这里有两对齿轮啮合（小齿轮/惰轮和惰轮/大齿轮），根据式（12.22）计算两对齿轮的 I 值不同。式（12.22）中需要每个齿轮的分度圆直径、分度圆半径。在例题 12-4 中已计算出这些参数值：

$$\begin{array}{lll} d_p = 2.333 & d_i = 2.833 & d_g = 8.167 \\ r_p = 1.167 & r_i = 1.417 & r_g = 4.083 \end{array} \tag{h}$$

10. 对于小齿轮/惰轮啮合，有 $I_{pi} = I$，$d_1 = d_p$，$r_1 = r_p$，$r_2 = r_i$，则

$$\begin{aligned} \rho_1 &= \sqrt{\left(r_1 + \frac{1}{p_d}\right)^2 - (r_1 \cos\phi)^2} - \frac{\pi}{p_d}\cos\phi \\ &= \left[\sqrt{\left(1.167 + \frac{1}{6}\right)^2 - (1.167\cos 25°)^2} - \frac{\pi}{6}\cos 25°\right]\text{in} = 0.338 \text{ in} \end{aligned} \tag{i}$$

$$\rho_2 = C\sin\phi - \rho_1 = (r_1 + r_2)\sin\phi - \rho_1$$

$$= \left(1.167 \text{ in} + 1.417 \text{ in}\right)\sin 25° - 0.338 \text{ in} = 0.754 \text{ in} \tag{j}$$

$$I_{pi} = \frac{\cos\phi}{\left(\dfrac{1}{\rho_1} \pm \dfrac{1}{\rho_2}\right)d_1} = \frac{\cos 25°}{\left(\dfrac{1}{0.338} + \dfrac{1}{0.754}\right)2.33} = 0.091 \tag{k}$$

11. 对于惰轮/大齿轮啮合副，有 $I_{ig} = I$，$d_1 = d_i$，$r_1 = r_i$，$r_2 = r_g$，则

$$\rho_1 = \sqrt{\left(r_1 + \frac{1}{p_d}\right)^2 - \left(r_1\cos\phi\right)^2} - \frac{\pi}{p_d}\cos\phi$$

$$= \sqrt{\left(1.417 + \frac{1}{6}\right)^2 - \left(1.417\cos 25°\right)^2}\ \text{in} - \frac{\pi}{6}\cos 25°\ \text{in} = 0.452 \text{ in} \tag{l}$$

$$\rho_2 = C\sin\phi - \rho_1 = \left(r_1 + r_2\right)\sin\phi - \rho_1$$

$$= \left(1.417 \text{ in} + 4.083 \text{ in}\right)\sin 25° - 0.452 \text{ in} = 1.872 \text{ in} \tag{m}$$

$$I_{ig} = \frac{\cos\phi}{\left(\dfrac{1}{\rho_1} \pm \dfrac{1}{\rho_2}\right)d_1} = \frac{\cos 25°}{\left(\dfrac{1}{0.452} + \dfrac{1}{1.872}\right)2.83} = 0.116 \tag{n}$$

12. 小齿轮-惰轮啮合的接触应力是：

$$\sigma_{c_p} = C_p\sqrt{\frac{W_t}{F I_{pi} d_p}\frac{C_a C_m}{C_v}C_s C_f}$$

$$= 2276\sqrt{\frac{432}{2\left(0.091\right)\left(2.33\right)}\frac{1\left(1.6\right)}{0.66}\left(1\right)\left(1\right)}\ \text{psi} = 113 \text{ kpsi} \tag{o}$$

13. 惰轮-大齿轮啮合的接触应力是：

$$\sigma_{c_i} = C_p\sqrt{\frac{W_t}{F I_{ig} d_i}\frac{C_a C_m}{C_v}C_s C_f}$$

$$= 2276\sqrt{\frac{432}{2\left(0.116\right)\left(2.83\right)}\frac{1\left(1.6\right)}{0.66}\left(1\right)\left(1\right)}\ \text{psi} = 91 \text{ kpsi} \tag{p}$$

14. 文件 EX12-06 可以在本书的网站中找到。

12.9 齿轮材料

只有少数材料和合金适合于传递大功率的齿轮。由表 12-18 可知，齿轮最常用的材料有钢、铸铁、可锻铸铁和球墨铸铁。为了得到足够的强度和耐磨性，（在允许的情况下）可以进行表面渗氮或者硬化。在需要高的耐腐蚀性场合，例如在海洋环境中，通常需要使用青铜。如第 7 章中所述，青铜大齿轮和钢制小齿轮的配对使用具有材料兼容性和一致性方面的优点，因此这样的配对也常用于非海洋环境中。

铸铁 常用于齿轮。灰铸铁（CI）有成本低、易于加工、耐磨性高等优点，此外由于具有内阻尼（由于包裹石墨），它的噪声比钢制齿轮小。但是，由于灰铸铁抗拉强度低，所以需要比钢制齿轮更大的轮齿才能获得足够的弯曲强度。球墨铸铁的抗拉强度比灰铸铁高，且加工性、耐磨性和内阻尼好，但造价高。因此，钢制小齿轮（对高强度预应力构件）和铸铁大齿轮的组合也经常使用。

钢 同样常用于齿轮。钢比铸铁有更优越的抗拉强度，而且低合金钢的造价也很有竞争力。为了提高耐磨损性，钢要通过热处理来提高表面硬度；但是软钢齿轮有时也用于低载、低速或者不太关注长寿命的情况下。中高碳钢（含碳量 0.35% ~ 0.60%）或者合金钢通常需要进行热处理。小齿轮淬透，大齿轮通过火焰或感应淬火硬化以减少变形。低碳钢通过渗碳或者渗氮进行表面硬化。表面硬化后的齿轮外部坚硬，而内部柔韧，但如果硬化层不够深，在硬化层下的软芯材中会出现弯曲疲劳而导致轮齿失效。需要高精度时，通常使用二次加工方法从硬化后的齿轮上去除热处理的变形，例如磨削、研磨和珩磨。

青铜 是齿轮中最常用的有色金属材料。铜合金弹性模量低，可以提供较大的轮齿变形，从而改善轮齿间的载荷分布。青铜和钢具有优良的跑合性，钢制小齿轮和青铜大齿轮的组合经常使用。

非金属齿轮 常由热塑性材料注塑成型制成，例如尼龙和乙缩醛，有时也添加无机物，如玻璃或滑石粉。聚四氟乙烯有时加在尼龙和乙缩醛中来降低摩擦系数。在塑料中加入干性润滑剂，如石墨和二硫化钼，可以使齿轮在无液体润滑条件下运行。增强热固性酚醛的复合材料齿轮的使用已经有很长时间了，它的应用有：在汽油发动机中，钢制小齿轮驱动（定时）复合材料齿轮；复合材料齿轮再驱动凸轮轴转动。非金属齿轮噪声低，但由于材料强度低，所以提供的驱动转矩有限。

材料强度

因为两种齿轮失效形式都是由疲劳载荷引起的，因此需要知道：与弯曲疲劳应力和接触疲劳应力有关的材料疲劳强度数据。第 6 章介绍的疲劳强度估计方法也许能用在齿轮的应用中，因为这些原理是相同的。但是，更好的疲劳强度数据来自齿轮合金方面，因为在过去的一个世纪在它们的应用方面做了大量的工作。AGMA 编写了大量的常用齿轮材料的疲劳强度数据。如本书6.6 节介绍的：

关于一种材料在有限寿命内的疲劳强度或者在无限寿命的持久极限的最可靠信息来自于对设计的实际或原型组件的测量……如果公布的数据是用于材料的疲劳强度 S_f 或持久极限 S_e，它们应该被用于……

因此，如果我们已有更接近正确强度的数据，就不要先假定未经修正的疲劳强度为静态抗拉强度的一部分，而是根据 6.6 节给出的校正因子，通过校正因子对它进行修正。

AGMA 齿轮材料的弯曲疲劳强度

AGMA 公布的弯曲和接触疲劳强度数据是有效的，但它们是部分修正过的疲劳强度，因为它们是由预先设计好的具有相同的几何尺寸和形状的零件、表面光洁度等条件下得到的，如待设计的齿轮。AGMA 称材料强度为许用应力，这与我们通常用应力表示载荷情况、用强度表示材料特性是不一样的。为了保持本教材的一致性，我们将 AGMA 公布的弯曲疲劳强度数据表示为 S'_{fb}，用以区分第 6 章中完全未修正的疲劳强度 S'_f。引用三个校正因子，以在 AGMA 公布的弯曲疲劳强度数据上进一步得到修正的齿轮弯曲疲劳强度表示为 S_{fb}。

AGMA 弯曲疲劳强度数据是在 $1×10^7$ 次脉动应力循环次数下得到的（而不是有时其他材料使用的在 $1×10^6$ 或者 $5×10^8$ 次），且具有 99% 的可靠度（而不是一般的疲劳和静态强度数据通常的50% 的可靠性）。这些强度与由式（12.15）用载荷 W_t 计算出的极限应力 σ_b 相比较。古德曼线图分析已经包含在这种直接比较中了；因为在得到这些强度数据的试验中，包含有与实际齿轮载荷相同的交变应力状态。

齿轮弯曲疲劳强度校正公式为：

$$S_{fb} = \frac{K_L}{K_T K_R} S'_{fb}$$ (12.24)

式中，S'_{fb} 是 AGMA 公布的弯曲疲劳强度；S_{fb} 是修正后的强度；K 是引入用来表示各种状态的系数。接下来讨论这些系数。

寿命系数 K_L   因为这些测试数据的寿命是 1×10^7 次循环次数，更长或者更短的寿命需要根据材料的 S-N 关系来修正弯曲疲劳强度。这里载荷循环次数定义为轮齿受载下啮合接触的次数。图 12-24 给出了钢的弯曲疲劳强度的 S-N 曲线，图中用布氏硬度表示钢的抗拉强度不同。每条曲线的拟合方程也表示出来了，这些方程可用来计算所需载荷循环次数下的寿命系数 K_L。AGMA 建议：

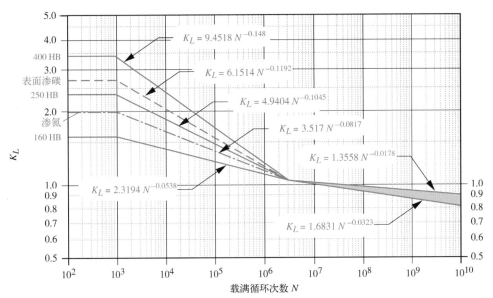

图 12-24

抗弯强度系数 K_L

摘自：AGMA2001-D04 标准，渐开线直齿轮斜齿轮轮齿的基础评级因素和计算方法，已获得发布方美国齿轮制造商协会（1001 N. Fairfax St., Suite 500, Alexandria, VA 22314），允许在本书引用

阴影区的上部可用于商业应用。阴影区的下部可用于临时维修服务，这种应用允许少量点蚀和齿轮磨损，即允许运行平稳基础上的低振动。

但是，相似的数据不适用于钢以外的材料。

温度系数 K_T   润滑油温度是一种测量齿轮温度的合理方法。对于油温不高于 250℉ 的钢材料，K_T 可设置为 1。对于更高的温度，K_T 可由下式计算：

$$K_T = \frac{460 + T_F}{620}$$

式中，T_F 为油温，单位℉。非钢材料没有这样的关系。

可靠性系数 K_R   AGMA 强度数据是基于以 100 个样本里有 1 个失败的统计概率获取的，或者说有 99% 的可靠度。如果符合要求，设置 $K_R = 1$。如果需要更高或者更低的可靠度，K_R 可以设置为表 12-19 中的值，该表是基于 0.08% 的标准偏差[11]。

表 12-19   可靠度系数 K_R

可靠度（%）	K_R
90	0.85
99	1.00
99.9	1.25
99.99	1.50

弯曲疲劳强度数据   表格 12-20 给出了常见齿轮材料的 AGMA 弯曲疲劳强度。AGMA 标准也给出了使用的热处理规范和适用场合。图 12-25 给出了各种钢的

AGMA弯曲疲劳强度的布氏硬度函数。参看 AGMA 对不同等级钢要求的冶金性能参考标准。为了达到表 12-20 和图 12-25 的强度值，材料应该遵守该标准。

表 12-20 不同齿轮材料[⊖]的弯曲疲劳强度 S'_{fb}

材料	等级	材料称号	热处理	最低表面硬度	弯曲疲劳强度	
					psi×10^3	MPa
钢	A1~A5		淬透	≤180 HB	25~33	170~230
			淬透	240 HB	31~41	210~280
			淬透	300 HB	36~47	250~325
			淬透	360 HB	40~52	280~360
			淬透	400 HB	42~56	290~390
			火焰或感应淬火	类型 A 模式 50~54HRC	45~55	310~380
			火焰或感应淬火	类型 B 模式	22	150
			渗碳淬火	55~64HRC	55~75	380~520
		AISI 4140	渗氮	84.6HR15N	34~40	230~310
		AISI 4340	渗氮	83.5HR15N	36~47	250~325
		氮合金 135M	渗氮	90.0HR15N	38~48	260~330
		氮合金 N	渗氮	90.0HR15N	40~50	280~345
		2.5%铬	渗氮	87.5~90.0 15N	55~65	380~450
铸铁	20	等级 20	铸件		5	34
	30	等级 30	铸件	175 HB	8.5	59
	40	等级 40	铸件	200 HB	13	90
球墨铸铁	A-7-a	60-40-18	退火	140 HB	22~33	152~228
	A-7-c	80-55-06	淬火和回火	179 HB	22~33	152~228
	A-7-d	100-70-03	淬火和回火	229 HB	27~40	186~276
	A-7-e	120-90-02	淬火和回火	269 HB	31~44	213~303
可锻铸铁	A-8-c	45007		165 HB	10	70
（珠光体）	A-8-e	50005		180 HB	13	90
	A-8-f	53007		195 HB	16	110
	A-8-i	80002		240 HB	21	145
青铜	青铜 2	AGMA 2C	砂模铸造	40 ksi 最小抗拉强度	5.7	40
	Al/Br 3	ASTM B-148 alloy 954	热处理	90 ksi 最小抗拉强度	23.6	160

注：一些数据摘自：AGMA Standard 2001-D04, Fundamental Rating Factors and Calculation Methods for Involute Spur and Helical Gear Teeth, with the permission of the publisher, American Gear Manufacturers Association, 1001 N. Fairfax St., Suite 500, Alexandria, VA 22314. 已获允许。

AGMA 齿轮材料的接触疲劳强度

本书规定 AGMA 公布的接触疲劳强度为 S'_{fc}。为了得到修正后的齿轮接触疲劳强度 S_{fc}，需要在 AGMA 公布的数据中引入四种校正系数。

$$S_{fc} = \frac{C_L C_H}{C_T C_R} S'_{fc} \qquad (12.25)$$

式中，S'_{fc} 为表 12-21 和图 12-26 中定义的接触疲劳强度；S_{fc} 是修正后的强度；C 是用来表示各种状态的系数。系数 C_T 和 C_R 对应于弯曲疲劳强度的 K_T 和 K_R，含义是相同的，可以按照上一节所描述的方法来选择。寿命系数 C_L 与式（12.24a）中的 K_L 意义相同，但是引用了不同 S-N 线图。C_H 是衡量抗点蚀性能的硬度比系数。下面介绍另外两个系数。

⊖ 采用洛氏硬度 15N 级的表面硬化材料，见 2.4 节。

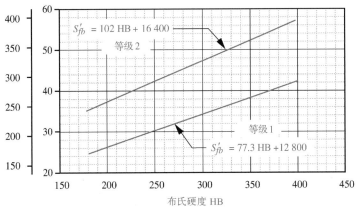

图 12-25

钢的 AGMA 弯曲疲劳强度 S'_{fb}

摘自：AGMA2001-D04 标准，渐开线直齿轮斜齿轮轮齿的基础评级因素和计算方法，已获得发布方美国齿轮制造商协会（1001 N. Fairfax St., Suite 500, Alexandria, VA 22314），允许在本书引用

表 12-21　不同齿轮材料[一]的接触疲劳强度 S'_{fc}

材料	等级	材料称号	热处理	最低表面硬度	接触疲劳强度	
					psi×10³	MPa
钢	A1-A5		淬透	≤180 HB	85~95	590~660
			淬透	240 HB	105~115	720~790
			淬透	300 HB	120~135	830~930
			淬透	360 HB	145~160	1000~1100
			淬透	400 HB	155~170	1100~1200
			火焰或感应淬火	50 HRC	170~190	1200~1300
			火焰或感应淬火	54 HRC	175~195	1200~1300
			渗碳淬火	55~64HRC	180~225	1250~1300
		AISI 4140	渗氮	84.6HR15N[一]	155~180	1100~1250
		AISI 4340	渗氮	83.5HR15N	150~175	1050~1200
		氮合金 135M	渗氮	90.0HR15N	170~195	1170~1350
		氮合金 N	渗氮	90.0HR15N	195~205	1340~1410
		2.5%铬	渗氮	87.5HR15N	155~172	1100~1200
		2.5%铬	渗氮	90.0HR15N	192~216	1300~1500
铸铁	20	等级 20	铸件		50~60	340~410
	30	等级 30	铸件	175 HB	65~75	450~520
	40	等级 40	铸件	200 HB	75~85	520~590
球墨铸铁	A-7-a	60-40-18	退火	140 HB	77~92	530~630
	A-7-c	80-55-06	淬火和回火	180 HB	77~92	530~630
	A-7-d	100-70-03	淬火和回火	230 HB	92~112	630~770
	A-7-e	120-90-02	淬火和回火	230 HB	103~126	710~870

[一]　采用洛氏硬度 15N 级的表面硬化材料，见 2.4 节。

（续）

材料	等级	材料称号	热处理	最低表面硬度	接触疲劳强度	
					psi×10³	MPa
可锻铸铁	A-8-c	45007		160 HB	72	500
（珠光体）	A-8-e	50005		180 HB	78	540
	A-8-f	53007		195 HB	83	570
	A-8-i	80002		240 HB	94	650
青铜	青铜 2	AGMA2C	砂模铸造	40 ksi 最小抗拉强度	30	450
	Al/Br 3	ASTM B-148 alloy 954	热处理	90 ksi 最小抗拉强度	65	450

注：一些数据摘自：AGMA Standard 2001-D04, Fundamental Rating Factors and Calculation Methods for Involute Spur and Helical Gear Teeth, with the permission of the publisher, American Gear Manufacturers Association, 1001 N. Fairfax St., Suite 500, Alexandria, VA 22314. 已获允许。

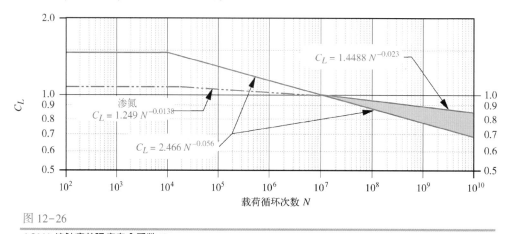

图 12-26

AGMA 接触疲劳强度寿命系数 C_L

摘自：AGMA2001-D04 标准，渐开线直齿轮斜齿轮轮齿的基础评级因素和计算方法，已获得发布方美国齿轮制造商协会（1001 N. Fairfax St., Suite 500, Alexandria, VA 22314）允许在本书引用

寿命系数 C_L 因为接触疲劳测试数据的寿命是 1×10^7 次循环次数，更长或者更短的寿命需要根据材料的 S-N 关系来修正接触疲劳强度。载荷循环的次数定义为轮齿受载下啮合接触的次数。图 12-26 给出了钢的接触疲劳强度的 S-N 曲线，每条 S-N 曲线的拟合方程也给了出来。这些方程可用来计算载荷循环次数 N 下的寿命系数 C_L。阴影区的上部可用于商业应用。阴影区的下部是在临时维修服务应用，这时允许少量点蚀和齿轮磨损，即运行平稳基础上允许有低振动水平。但是，除钢以外的其他齿轮材料还没有类似的数据。

硬度比系数 C_H 该系数是齿轮比和大小齿轮相对硬度的函数。C_H 为式（12.25）的分子，且始终大于 1，它可提高齿轮的表面强度。在小齿轮轮齿比大齿轮轮齿硬度高的情况下，当两齿轮啮合运动时，相当于对大齿轮表面进行硬化加工。C_H 只用于大齿轮轮齿强度，而不用于小齿轮。有两个计算公式可供使用。至于选择哪个要取决于大、小齿轮的相对硬度。

淬透的小齿轮和淬透的大齿轮啮合时，有：

$$C_H = 1 + A(m_G - 1) \tag{12.26a}$$

式中，m_G 为齿轮比；而 A 由以下方法得到：

$$如果\ \frac{HB_p}{HB_g} < 1.2，\ 则\ A=0 \tag{12.26b}$$

$$如果\ 1.2 \leqslant \frac{HB_p}{HB_g} \leqslant 1.7，\ 则\ A = 0.008\,98\,\frac{HB_p}{HB_g} - 0.008\,29 \tag{12.26c}$$

$$如果\ \frac{HB_p}{HB_g} > 1.7，\ 则\ A=0.006\,98 \tag{12.26d}$$

式中，HB_p 和 HB_g 分别是小齿轮和大齿轮的布氏硬度。

对于表面硬化的小齿轮（>48HRC）和淬透的大齿轮配合：

$$C_H = 1 + B\left(450 - HB_g\right) \tag{12.27}$$

$$B = 0.000\,75\,e^{-0.0112R_q} \tag{12.28us}$$

$$B = 0.000\,75\,e^{-0.052R_q} \tag{12.28si}$$

式中，R_q 为小齿轮轮齿方均根粗糙度，单位为 μin（参见 7.1 节）。

表格 12-21 给出了部分常用齿轮材料的 AGMA 接触疲劳强度，也给出了 AGMA 表面硬化钢的热处理标准规范。图 12-27 给出了钢材的 AGMA 接触疲劳强度与布氏硬度函数关系的线图。参阅相关标准可获取 AGMA 的 1、2、3 等级的钢的冶金性能。为了达到表 12-21 和图 12-27 的强度值，应当遵守该标准选择材料。

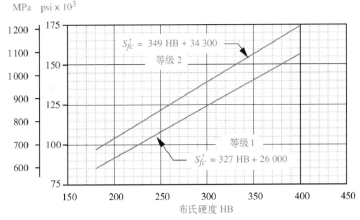

图 12-27

渗碳钢接触疲劳强度 S'_{fc}

摘自：AGMA2001-D04 标准，渐开线直齿轮斜齿轮轮齿的基础评级因素和计算方法，已获得发布方美国齿轮制造商协会（1001 N. Fairfax St.，Suite 500，Alexandria，VA 22314），允许在本书引用

例 12-7　直齿轮材料选择和安全系数

问题：为例 12-4、12-5、12-6 中的三齿轮系选择合适的材料，并计算弯曲应力和接触应力的安全系数。

已知：应力已在例题 12-5、12-6 中计算出。

假设：工作寿命为 5 年，一班制，所有齿轮为钢制，工作温度为 200℉。

解：

1. 由图 12-25 未修正弯曲疲劳强度曲线图中估算一个强度。初选 AGMA 的 2 级钢，热处理硬度达到 250 HB。由图中上方曲线可知未修正的弯曲疲劳强度为：

$$S'_{fb} = 6235 + 174\text{HB} - 0.126\text{HB}^2$$

$$= 6235 + 174(250) - 0.126(250)^2 = 41\,860 \text{ psi} \qquad (a)$$

2. 这一数值需要利用式（12.24），通过系数进行修正。

3. 根据齿轮寿命期内的工作循环次数，从图 12-24 中合适的方程计算寿命系数 K_L。因为小齿轮脉动循环轮齿加载次数多，故计算它的循环次数。首先，根据 5 年寿命和一班制，计算循环次数 N：

$$N = 2500 \text{ r/min} \left(\frac{60 \text{ min}}{\text{h}}\right)\left(\frac{2080 \text{ h}}{\text{shift-yr}}\right)(5 \text{ yr})(1 \text{ shift}) = 1.56 \times 10^9 \qquad (b)$$

从而得到 K_L 的值为：

$$K_L = 1.3558 N^{-0.0178} = 1.3558(1.56 \times 10^9)^{-0.0178} = 0.9302 \qquad (c)$$

4. 在规定的工作温度下，$K_T = 1$。

5. 齿轮材料数据可靠度为 99%，本工况满足这一要求，取 $K_R = 1$。

6. 修正的弯曲疲劳强度为：

$$S_{fb} = \frac{K_L}{K_T K_R} S'_{fb} = \frac{0.9302}{1(1)} 41\,860 = 38\,937 \text{ psi} \qquad (d)$$

7. 由图 12-27 未修正的接触疲劳强度图中估算一个强度。对于 AGMA 的 2 级钢，热处理硬度达到 250 HB，由图上曲线可知未修正接触疲劳应力为：

$$S'_{fc} = 27\,000 + 364\text{HB} = 27\,000 + 364(250) = 118\,000 \text{ psi} \qquad (e)$$

8. 这个值需要用系数通过式（12.25）进行修正。

$$S_{fc} = \frac{C_L C_H}{C_T C_R} S'_{fc} \qquad (f)$$

9. 根据齿轮寿命期内的工作循环次数，用图 12-26 中合适的公式计算寿命系数 C_L 为：

$$C_L = 1.4488 N^{-0.023} = 1.4488(1.56 \times 10^9)^{-0.023} = 0.8904 \qquad (g)$$

10. $C_T = K_T = 1$ 和 $C_R = K_R = 1$

11. 因为大齿轮和小齿轮材料硬度相同，$C_H = 1$。

12. 修正的接触疲劳强度为：

$$S_{fc} = \frac{C_L C_H}{C_T C_R} S'_{fc} = \frac{0.8904(1)}{1(1)} 118\,000 \text{ psi} = 105\,063 \text{ psi} \qquad (h)$$

13. 通过比较齿轮修正弯曲强度和弯曲应力，可以得到每个齿轮弯曲疲劳失效的安全系数：

$$N_{b_{pinion}} = \frac{S_{fb}}{\sigma_{b_{pinion}}} = \frac{38\,937}{9526} = 4.1 \qquad (i)$$

$$N_{b_{idler}} = \frac{S_{fb}}{\sigma_{b_{idler}}} = \frac{38\,937}{12\,400} = 3.1 \qquad (j)$$

$$N_{b_{gear}} = \frac{S_{fb}}{\sigma_{b_{gear}}} = \frac{38\,937}{6834} = 5.7 \qquad (k)$$

上述安全系数值合理。

14. 抗接触疲劳失效的安全系数通过比较实际载荷和材料修正接触强度对应的应力获得的。因为接触应力与载荷平方根成正比关系，因此接触疲劳安全系数等于修正的接触疲劳强度平方除以啮合齿轮上的接触应力的平方，即：

$$N_{c_{pinion-idler}} = \left(\frac{S_{fc}}{\sigma_{c_{pinion}}}\right)^2 = \left(\frac{105\,063}{113\,315}\right)^2 = 0.86 \tag{1}$$

$$N_{c_{idler-gear}} = \left(\frac{S_{fc}}{\sigma_{c_{idler}}}\right)^2 = \left(\frac{105\,063}{90\,696}\right)^2 = 1.34 \tag{m}$$

这里，小齿轮与惰轮啮合传动的接触疲劳安全系数过低。

15. 设计上的简单改变将改善安全系数。将齿宽从目前的 2.0 增加至 2.5（$15/p_d$）可以降低应力，得到新的安全系数为：

$$N_{b_{pinion}} = 5.1 \qquad N_{b_{idler}} = 3.9 \qquad N_{b_{gear}} = 7.1$$
$$N_{c_{pinion-idler}} = 1.1 \qquad N_{c_{idler-gear}} = 1.7 \tag{n}$$

16. 这些齿轮非常安全，不会出现轮齿折断；且基于假设和计算，小齿轮和惰轮在 5 年工作期内不发生点蚀失效的概率为 99%。

17. 文件 EX12-07a 和 EX12-07b 可以在本书网站上查到。

12.10 齿轮传动润滑

除了轻载塑料齿轮，齿轮机构必须润滑，以避免以某种表面失效方式过早失效；这些失效方式在第 7 章中做了讨论，如：胶合或磨损。控制啮合面温度对减少轮齿的刮伤和擦伤是很重要的。润滑油能带走热量，同时也能分隔金属表面减少摩擦和磨损。因此必须提供足够润滑剂将摩擦产生的热量转移到外界环境，避免啮合中的局部温度过高。

通常较好的一个方法是齿轮油浴润滑，其将齿轮封装在箱内，称为齿轮箱。齿轮箱内装有适量的润滑油，确保每对齿轮中的一个轮齿能部分浸没在润滑油内（齿轮箱不能装满润滑油）。齿轮旋转将润滑油带入啮合处，以润滑未浸入的齿轮。润滑油必须保持洁净、没有污染，且需要定期更换。虽然有时不希望那样，但是有些齿轮机构不适合使用齿轮箱进行浸油润滑；这类齿轮机构需要在进行定期检修时向齿轮加入润滑脂。润滑脂即是润滑油悬浮于皂化剂中，脂润滑难以排热，因此建议只在低速、轻载的齿轮中使用。

齿轮润滑油的基础油是石油，黏度的选择取决于其用途。轻质油（10~30 W）被用于齿轮速度足够高或负载足够低的情况，其能实现弹流润滑（见第 11 章）。在重载荷和/或低速的齿轮机构或有大的滑动部件中，常使用极压润滑剂（EP）。它们一般是添加有脂肪酸类添加剂的 80~90W 齿轮润滑油，添加剂能够在边界润滑条件下防止擦伤。更多有关润滑和润滑剂的信息可参见 7.3 节和第 11 章。AGMA 在其标准中提供大量数据可以帮助正确选择齿轮润滑剂。读者可参考该标准或其他资源，比如润滑油供应商，获取更详细的关于润滑剂的信息。

12.11 直齿圆柱齿轮设计

齿轮的设计通常需要反复迭代计算。在问题阐述上，一般条件不足以直接解决问题。许多参数必须假设，并进行试解。许多方法可行。

通常情况下，齿数比，某个轴的功率和速度，或者是转矩和速度是已知的。设定需要参数有：大、小齿轮分度圆直径、径节、齿宽、材料和安全系数。一些设计决策所需的啮合精度、循环次数、压力角、齿形（标准或变位齿轮）、齿轮制造方法（表面光洁度的考虑）、工作温度范围和可靠性等也必须确定。至少在确定这些参数的初步信息后，设计过程才可以开始。

我们最终需要计算出弯曲疲劳和接触疲劳失效的安全系数。二者计算的顺序可以任意，但更好的方法是先计算弯曲应力，因为增加材料的表面硬度对磨损寿命的影响大于对弯曲强度的影响。因此，如果所选的材料在弯曲应力范围内，调整它的硬度以改善其磨损寿命无须改变其他设计参数。另外，增加齿轮尺寸对弯曲强度的影响大于对磨损寿命的影响，并且轮齿尺寸是设计计算中的主要参数。

在做任何应力计算之前，必须先确定载荷。轮齿上的切向载荷，即圆周力，可以通过轴上的已知转矩和事先假定的大、小齿轮分度圆半径求得（见式 12.13）。注意，大分度圆半径可以减少轮齿的载荷，但是增大了节线速度。故必须确定这些参数之间的合理取值。同时，过小的分度圆半径可能会导致小齿轮齿数过少而发生根切，这取决于径节或模数的选择。一旦试选了径节，就可将小齿轮的最小可用直径做初次设计，这将使结构最为紧凑。初次尝试设计应该使用标准齿形以降低成本。如果设计需要比标准齿形还小时，可以考虑使用变位齿轮。

轮齿的弯曲强度直接与轮齿的尺寸有关，如：径节或者模数；一种常用的计算应力方法是首先假设径节或模数，以及齿宽，然后用式（12.15）计算弯曲应力（注意，齿宽也可以大致表示成径节的范围函数（$8F/p_d<F<16/p_d$）。参数 K_m 的确定可见前面章节的讨论。

然后可以试选材料，并通过式（12.24）计算修正弯曲疲劳强度。如果由此计算出的安全系数太大或太小，调整假设值，并重复计算直到收敛于一个可接受的解。

计算接触应力和接触疲劳强度可用式（12.21）和式（12.25）计算，再确定抗磨损安全系数。如有需要，在此环节可以调整材料硬度，或者在整个设计过程可以多次调整齿距或齿宽，或者同时调整齿距和齿宽。

一个有用的方法是使弯曲应力安全系数大于表面接触应力安全系数。弯曲疲劳具有突然性的和灾难性，会导致轮齿折断和机器损坏。表面失效会出现征兆示警，如出现噪声后如果没有更换，齿轮仍可以工作一段时间。因此，表面失效更多的是用来确定齿轮工作寿命。因此，表面失效是齿轮寿命更理想的设计极限。

12.12 案例研究

现在依照第 9 章中所提到的研究案例装置之一来进行直齿圆柱齿轮的设计。

案例研究 8C　压缩机传动机构中直齿圆柱齿轮设计

问题：基于案例 8A 中的载荷条件，为图 9-1 中的压缩机齿轮箱（重复）设计一套直齿圆柱齿轮传动机构，并指明使用的合适材料和热处理方式。

已知：输出轴转矩-时间函数如图 9-3 所示（重复）。输入轴到输出轴的传动比为 2.5∶1。由输入轴转速 3750 r/min 减速至输出轴的 1500 r/min。

假设：齿轮工作寿命为 10 年。使用 AGMA 标准齿高齿轮。数据可根据表 12-6 和表 12-7 查询，设 $Q_v=10$。大、小齿轮均采用淬透钢。

解：见图 9-1 和图 9-3（重复）。

1. 如图 9-3 所示，输出轴转矩随时间的变化范围是-175～585 lb·in。在案例研究 8B 中同一机器的轴已经设计出来，假定小齿轮的分度圆直径为 4 in，压力角为 20°，一个齿轮分度圆直径为 10 in。在初次尝试设计中，我们都将保留齿轮组的这些假设。从这些数据可以确定齿轮啮合力。圆周力可由已知的输出转矩和假设的大齿轮半径求得：

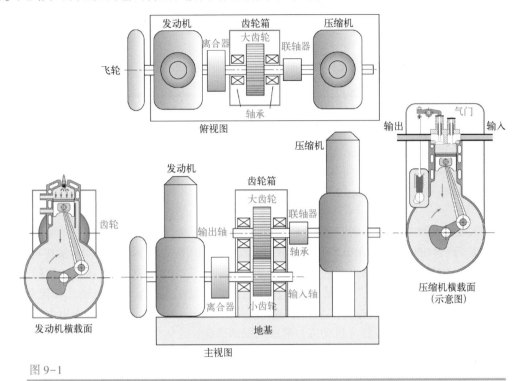

图 9-1

（重复）初步设计示意图：汽油发动机驱动的便携式空气压缩机、齿轮箱、联轴器、传动轴和轴承

$$W_{t_{max}} = \frac{T_{max}}{r_g} = \frac{585\ \text{lb·in}}{5\ \text{in}} = 117\ \text{lb}$$

$$W_{t_{min}} = \frac{T_{min}}{r_g} = \frac{-175\ \text{lb·in}}{5\ \text{in}} = -35\ \text{lb} \tag{a}$$

2. 取正峰值作为齿轮传动载荷，有：$W_t = 117\ \text{lb}$。相反方向载荷的最大峰值为$-35\ \text{lb}$，它是作用在轮齿另一侧面上的力，大、小齿轮所受的载荷情况类似于惰轮的情况。在选取使用系数 K_a 时考虑这种受载情况。

图 9-3

（重复）曲轴以等速 ω 转动下总转矩-时间函数曲线图

3. 假设小齿轮齿数 $N_p = 20$，则大齿轮齿数为 $2.5 \times N_p = 50$，这时的径节为：

$$p_d = \frac{N}{d} = \frac{20}{4} = 5 \tag{b}$$

该值正好为一个标准的径节（见表 12-2）

4. 弯曲几何系数 J 可由表 12-9 对应的单齿啮合区最高点（HPSTC）查得，其值近似为：

$$J_p = 0.34 \qquad J_g = 0.40 \tag{c}$$

5. 动载系数 K_v 可以利用式（12.16）和式（12.17）根据齿轮质量指数 Q_v 和分度圆线速度 V_t 计算出：

$$V_t = \frac{d_p}{2}\omega_p = \frac{4.0\ \text{in}}{2(12)}(3750\ \text{r/min})(2\pi) = 3927\ \frac{\text{ft}}{\text{min}} \tag{d}$$

$$B = \frac{(12 - Q_v)^{2/3}}{4} = \frac{(12 - 10)^{2/3}}{4} = 0.397 \tag{e}$$

$$A = 50 + 56(1-B) = 50 + 56(1-0.397) = 83.77 \tag{f}$$

$$K_v = C_v = \left(\frac{A}{A+\sqrt{V_t}}\right)^B = \left(\frac{83.77}{83.77+\sqrt{3\,927}}\right)^{0.397} = 0.801 \tag{g}$$

6. 需要校核 V_t 是否不超过节线速度的最大值，它可用式（12.18）计算：

$$V_{t_{max}} = \left[A+(Q_v-3)\right]^2 = \left[83.77+(10-3)\right]^2 = 8239 \text{ ft/min} \tag{h}$$

该值大于 V_t，符合要求。

7. 假设齿宽系数为 12，可初算得齿宽为：

$$F \cong \frac{12}{p_d} = \frac{12}{5} = 2.4 \text{ in} \tag{i}$$

8. 根据齿宽，通过插值从表 12-16 中得到 $K_m(C_m)$：

$$K_m = C_m \cong 1.61 \tag{j}$$

9. 引入使用系数 K_a 是考虑到原动机和工作机的振动的影响。本设计中单缸发动机驱动单缸压缩机运动，两者均有振动。在很多的情况下，可以根据平均传输功率求出平均传输扭矩。在本设计中，之前（在案例研究 8A）我们比较准确地计算出压缩机的转矩-时间函数，实际上已经得出系统被驱动部分的"过载"情况。我们使用扭矩的峰值而不是平均转矩来计算传动载荷。因此，我们不再使用表 12-17 推荐的使用系数。而是要考虑到作用在齿轮轮齿作用力为部分交变（见图 9-3），以及与驱动器（发动机）有关的振动载荷，故估计它的 $K_a = C_a = 2$。

10. 对所有这些尺寸小的齿轮，尺寸系数 $K_s(C_s)$ 和的轮缘厚度系数 K_B 均取值为 1。

11. 计算大、小齿轮弯曲应力：

$$\sigma_{b_p} = \frac{W_t\,p_d}{FJ}\frac{K_aK_m}{K_v}K_sK_BK_I = \frac{117(5)}{2.4(0.34)}\frac{1(1.61)}{0.801}(1)(1)(1) \text{ psi} = 2881 \text{ psi} \tag{k}$$

$$\sigma_{b_g} = \frac{W_t\,p_d}{FJ}\frac{K_aK_m}{K_v}K_sK_BK_I = \frac{117(5)}{2.4(0.40)}\frac{1(1.61)}{0.801}(1)(1)(1) \text{ psi} = 2449 \text{ psi} \tag{l}$$

12. 计算接触应力的所需的系数。表 12-18 给出钢对钢的弹性系数近似为 2300。在例 12-6 中，我们计算出更准确弹性系数 $C_p = 2276$。表面光洁度系数 C_f 为 1。

13. 几何形状系数 I 可由式（12.22）计算得到。

$$\begin{aligned}
\rho_1 &= \sqrt{\left(r_p+\frac{1}{p_d}\right)^2 - \left(r_p\cos\phi\right)^2} - \frac{\pi}{p_d}\cos\phi \\
&= \left[\sqrt{\left(2.0+\frac{1}{5}\right)^2 - \left(2.0\cos20°\right)^2} - \frac{\pi}{5}\cos20°\right] \text{ in} = 0.553 \text{ in}
\end{aligned} \tag{m}$$

$$\begin{aligned}
\rho_2 &= C\sin\phi - \rho_1 = \left(r_p+r_g\right)\sin\phi - \rho_1 \\
&= \left[(2.0+5.0)\sin20° - 0.553\right] \text{ in} = 1.841 \text{ in}
\end{aligned} \tag{n}$$

$$I = \frac{\cos\phi}{\left(\dfrac{1}{\rho_p}\pm\dfrac{1}{\rho_g}\right)d_p} = \frac{\cos20°}{\left(\dfrac{1}{0.553}+\dfrac{1}{1.841}\right)2.0} = 0.100 \tag{o}$$

14. 现在可以计算大、小齿轮啮合时的接触应力：

$$\sigma_{c_{pg}} = C_p\sqrt{\frac{W_t}{FId_p}\frac{C_aC_m}{C_v}C_sC_f}$$

$$= 2\,276 \sqrt{\frac{117}{2.4(0.100)(4.0)} \frac{1(1.61)}{0.801}(1)(1)} \; \text{psi} = 50\,393 \; \text{psi} \tag{p}$$

15. 由图 12-25 的曲线估计未修正的弯曲疲劳强度。初选 AGMA 的 1 级钢，淬透后硬度为 250 HB。从图的下方曲线查得未修正弯曲疲劳强度为：

$$S'_{fb} = -274 + 167\text{HB} - 0.152\text{HB}^2$$

$$= [-274 + 167(250) - 0.152(250)^2]\text{psi} = 31\,976 \; \text{psi} \tag{q}$$

16. 上述值需要使用一些系数，采用式（12.24）进行进一步修正。寿命系数 K_L 可以根据齿轮工作循环次数，用图 12-24 中对应的公式计算得到。小齿轮受脉动循环加载次数最多，所以计算小齿轮使用寿命的循环次数。首先，将 10 年的使用寿命转换为以循环次数 N 表示：

$$N = 3750 \, \text{r/min} \left(\frac{60 \, \text{min}}{\text{h}} \right) \left(\frac{2080 \, \text{h}}{\text{shift-yr}} \right) (10 \, \text{yr})(1 \, \text{shift}) = 4.7 \times 10^9 \; \text{cycles} \tag{r}$$

故寿命系数可计算得：

$$K_L = 1.3558 N^{-0.0178} = 1.3558(4.7 \times 10^9)^{-0.0178} = 0.9121 \tag{s}$$

17. 根据工作温度，温度系数 $K_T = 1$。

18. 大齿轮材料数据的可靠度均为 99%。可靠度 99% 满足本设计要求，取 $K_R = 1$。

19. 修正后的弯曲疲劳强度是：

$$S_{fb} = \frac{K_L}{K_T K_R} S'_{fb} = \frac{0.9121}{1(1)} 31\,976 \; \text{psi} = 29\,167 \; \text{psi} \tag{t}$$

20. 由图 12-27 的曲线估计未修正接触疲劳强度。AGMA 的 1 级钢，淬透后硬度为 250 HB。从图的下方曲线中获取接触疲劳强度：

$$S'_{fc} = 26\,000 + 327\text{HB} = 26\,000 \; \text{psi} + 327(250) \; \text{psi} = 107\,750 \; \text{psi} \tag{u}$$

21. 上述值需要使用一些系数，并采用式（12.25）进行进一步修正。寿命系数 C_L 是使用上面提到的齿轮工作循环次数 N 并采用式（12.25）计算得到：

$$C_L = 1.4488 N^{-0.023} = 1.4488(4.7 \times 10^9)^{-0.023} = 0.8681 \tag{v}$$

22. $C_T = K_T = 1$ 和 $C_R = K_R = 1$。

23. 本案例中，大、小齿轮使用相同硬度的材料，$C_H = 1$。

24. 修正后的接触疲劳强度为：

$$S_{fc} = \frac{C_L C_H}{C_T C_R} S'_{fc} = \frac{0.8681(1)}{1(1)} 107\,750 \; \text{psi} = 93\,543 \; \text{psi} \tag{w}$$

25. 比较齿轮修正弯曲强度与弯曲应力，得到每个齿轮啮合时的弯曲应力安全系数为：

$$N_{b_{pinion}} = \frac{S_{fb}}{\sigma_{b_{pinion}}} = \frac{29\,167}{2881} = 10.1$$

$$N_{b_{gear}} = \frac{S_{fb}}{\sigma_{b_{gear}}} = \frac{29\,167}{2449} = 11.9 \tag{x}$$

安全系数过高，导致齿轮体积过大。

26. 接触应力的安全系数通过比较实际载荷和材料修正接触强度引起的应力获得的。因为接触应力与载荷平方根成正比关系，因此接触应力安全系数等于修正的接触疲劳强度平方除以啮合齿轮上的接触应力的平方，即：

12

$$N_{c_{pinion-gear}} = \left(\frac{S_{fc}}{\sigma_{c_{pinion}}}\right)^2 = \left(\frac{93\,543}{50\,393}\right)^2 = 3.4 \qquad (y)$$

27. 安全系数值高于所需值。让当前径节从 5 增加到 8（降低轮齿尺寸）以减少分度圆直径，通过增加应力来降低安全系数。这时，在同样齿宽系数 12 下，齿宽变为 1.5 in。小齿轮齿数增加到 22，大齿轮齿数为 55。重新计算后的结果如表 12-22 所示。新的安全系数如下：

$$N_{b_{pinion}} = 2.8 \qquad N_{b_{gear}} = 3.3 \qquad N_{c_{pinion-gear}} = 1.1 \qquad (z)$$

表 12-22 案例研究 8C——直齿圆柱齿轮最终设计结果

输入	参数	输出	单位	备注
2.50	ratio			传动比
8	P_d		1/in	径节
20	phi		°	压力角
170	W_t		lb	圆周力
22	N_{pinion}			小齿轮齿数
	N_{gear}	55		大齿轮齿数
	d_{pinion}	2.75	in	小齿轮分度圆直径
	d_{gear}	6.88	in	大齿轮分度圆直径
1.50	face		in	齿宽
0.34	J_{pinion}			小齿轮弯曲强度几何系数
0.40	J_{gear}			大齿轮弯曲强度几何系数
	I	0.10		接触强度几何系数
2.0	K_a			使用系数
1.6	K_m			载荷分配系数
2276	C_p			弹性系数
10	Q_v			齿轮质量指标
	V_t	2700	ft/min	分度圆线速度
	$V_{t_{max}}$	8239	ft/min	分度圆最大线速度
	K_v	0.826		动载系数
	$\sigma_{b_{pinion}}$	10 346	psi	小齿轮弯曲应力
	$\sigma_{b_{gear}}$	8794	psi	大齿轮弯曲应力
	$\sigma_{c_{pinion}}$	90 026	psi	小齿轮接触应力
	$S_{fbprime}$	31 976	psi	未修正的弯曲疲劳强度
	S_{fb}	29 167	psi	修正的弯曲疲劳强度
	$S_{fcprime}$	107 750	psi	未修正的接触疲劳强度
	S_{fc}	93 543	psi	修正的接触疲劳强度
	K_R	1.00		可靠性系数
	cycles	4.7×10^9		循环次数
	K_L	0.91		弯曲疲劳的寿命系数
	C_L	0.87		接触疲劳的寿命系数
	N_{bp}	2.8		小齿轮弯曲应力安全系数
	N_{bg}	3.3		大齿轮弯曲应力安全系数
	N_{cp}	1.1		接触应力安全系数

28. 这些齿轮在轮齿折断方面是安全的。基于假设和计算，如果正确地润滑，在 10 年工作寿命期内不发生点蚀的可能性为 99%。

29. 注意齿轮节径的变化比案例研究 8B 的轴设计的假设增加了 45% 轴上齿轮横向载荷。这需要对轴的设计进行另一层的迭代。

30. （初次设计）文件 Case8C-1 和（最终设计）Case8C-2 可在本书的网站查到。

12.13　小结

齿轮有两种主要失效形式：由于弯曲应力的轮齿折断和由于接触应力的点蚀。对两者而言，轮齿折断更具有灾难性，因为它将造成机器无法工作。点蚀失效是逐渐产生的，能给出可听和可视的预警（如果齿轮可以检测）。自点蚀出现至更换齿轮期间，轮齿仍运行一段时间。

齿轮的两种失效形式均为疲劳失效，这是由于每个轮齿交替地参与啮合和不啮合，它所受的是脉动循环应力。因此需要用到失效原理（第 6 章）和修正的 Goodman 分析。然而，作用在所有轮齿上载荷具有的类似性质适合于 Goodman 分析，都在 AGMA 定义的标准方法考虑到了。

适当的渐开线轮齿几何尺寸对齿轮的运行和寿命是很重要的。AGMA 定义了标准轮齿轮廓，以及几个适用特定场合的标准齿廓的修正方法。适合应力计算的几何系数由这些几何尺寸确定。根据齿轮制造厂商几十年的经验，结合在实际的承载条件下的各种测试，我们已经得到了一系列校核公式，用于计算齿轮的弯曲疲劳和接触疲劳的应力以及修正的强度极限。

本章总结了直齿圆柱轮的 AGMA 设计方法，并且给出了大量用于计算的表格和经验公式。读者可以直接查阅 AGMA 标准获取更全面的信息。

本章使用的重要公式

分度圆齿距（12.2 节）：

$$p_c = \frac{\pi d}{N} \tag{12.3a}$$

径节（12.2 节）：

$$p_d = \frac{N}{d} \tag{12.4a}$$

米制模数（12.2 节）：

$$m = \frac{d}{N} \tag{12.4c}$$

齿轮比（12.2 节）：

$$m_G = \frac{N_g}{N_p} \tag{12.5b}$$

重合度（12.4 节）：

$$m_p = \frac{p_d Z}{\pi \cos\phi} \tag{12.7b}$$

$$Z = \sqrt{\left(r_p + a_p\right)^2 - \left(r_p \cos\phi\right)^2} + \sqrt{\left(r_g + a_g\right)^2 - \left(r_g \cos\phi\right)^2} - C\sin\phi \tag{12.2}$$

轮齿上的圆周力（12.5 节）：

$$W_t = \frac{T_p}{r_p} = \frac{2T_p}{d_p} = \frac{2p_d T_p}{N_p} \tag{12.13a}$$

AGMA 弯曲应力公式（12.8 节）：

$$\sigma_b = \frac{W_t p_d}{F J} \frac{K_a K_m}{K_v} K_s K_B K_I \tag{12.15us}$$

$$\sigma_b = \frac{W_t}{F m J} \frac{K_a K_m}{K_v} K_s K_B K_I \tag{12.15si}$$

AGMA 接触应力公式（12.8 节）：

$$\sigma_c = C_p \sqrt{\frac{W_t}{FId} \frac{C_a C_m}{C_v} C_s C_f} \qquad (12.21)$$

AGMA 弯曲疲劳强度公式（12.9 节）：

$$S_{fb} = \frac{K_L}{K_T K_R} S_{fb}' \qquad (12.24a)$$

AGMA 接触疲劳强度公式（12.9 节）：

$$S_{fc} = \frac{C_L C_H}{C_T C_R} S_{fc}' \qquad (12.25)$$

12.14 参考文献

1. AGMA, *Gear Nomenclature, Definitions of Terms with Symbols*. ANSI/AGMA Standard 1012−F90. American Gear Manufacturers Association, 1001 N. Fairfax St. , Suite 500, Alexandria, Va. ,22314,1990.

2. AGMA, *Fundamental Rating Factors and Calculation Methods for Involute Spur and Helical Gear Teeth*. ANSI/AGMA Standard 2001−D04. American Gear Manufacturers Association, 1001 N. Fairfax St. , Suite 500, Alexandria, Va. ,22314,2004.

3. AGMA, *Geometry Factors for Determining the Pitting Resistance and Bending Strength of Spur, Helical, and Herringbone Gear Teeth*. ANSI/AGMA Standard 908−B89. American Gear Manufacturers Association, 1001 N. Fairfax St. , Suite 500, Alexandria, Va. ,22314,1989.

4. R. L. Norton, *Design of Machinery: An Introduction to the Synthesis and Analysis of mechanisms and Machines*, 5ed. McGraw−Hill: New York, pp. 482−531,2012.

5. W. Lewis, "Investigation of the Strength of Gear Teeth, an address to the Engineer's Club of Philadelphia, October 15,1892. " reprinted in *Gear Technology*, vol. 9, no. 6, p. 19, Nov. /Dec. 1992.

6. T. J. Dolan and E. L. Broghammer, *A Photoelastic Study of the Stresses in Gear Tooth Fillets*. Bulletin 335, U. Illinois Engineering Experiment Station, 1942.

7. W. D. Mark, The Generalized Transmission Error of Parallel−Axis Gears. Journal of Mechanisms, Transmissions, and Automation in Design. 111: pp. 414−423,1989.

8. R. A. Morrison "Load/Life Curves for Gear and Cam Materials. " *Machine Design*, pp. 102−108, Aug. 1,1968.

9. E. Buckingham, *Analytical Mechanics of Gears*, McGraw−Hill: New York, 1949.

10. D. W. Dudley, Gear Wear, in *Wear Control Handbook*, M. B. Peterson and W. O. Winer, ed. ASME: New York, p. 764,1980.

11. E. B. Haugen and P. H. Wirsching, "Probabilistic Design. " *Machine Design*, vol. 47, pp. 10−14,1975.

表 P12−0　习题清单⊖

12.1 齿轮轮齿理论
12−5, 12−6, 12−37, 12−38, 12−41, 12−42, **12−59**, **12−65**, 12−69
12.2 几何参数
12−1. 12−2, 12−44, 12−45, *12−60*, *12−66*, 12−70, 12−72, 12−79
12.4 重合度
12−3, 12−4, 12−39, 12−40, 12−61, 12−67, 12−80, 12−81

⊖　用斜体数字的习题为设计题，数字是黑体的习题为前面的章节有相同编号的类似习题的扩展。

（续）

12.5 复合轮系
　12-7, *12-9*, *12-10*, *12-29*, *12-30*, *12-31*, 12-43, *12-46*, *12-47*
12.5 周转轮系
　12-11, 12-12, 12-13, *12-48*, *12-49*, 12-62, 12-68, 12-73, 12-74
12.7 受载
　12-14, 12-15, 12-20, 12-21, 12-22, 12-27, 12-52, 12-55, 12-74
12.8 弯曲应力
　12-16, 12-17, 12-23, *12-24*, 12-50, 12-63, 12-75, 12-77, 12-82
12.8 接触应力
　12-18, 12-19, 12-25, *12-26*, 12-51, 12-64, 12-76, 12-78
12.11 齿轮设计
　12-8, 12-28, *12-29*, *12-30*, *12-31*, ***12-32***, *12-33*, *12-34*, *12-53*, *12-54*, *12-56*, *12-57*, *12-58*

12.15　习题

*12-1[⊖]　一个直齿圆柱齿轮，压力角为 20°，齿数为 27，径节 $p_d = 5$。求分度圆直径，齿顶高，齿根高，齿顶圆直径和齿距。

12-2　一个直齿圆柱齿轮，压力角为 25°，齿数为 43，径节 $p_d = 8$。求分度圆直径，齿顶高，齿根高，齿顶圆直径和齿距。

*12-3　一对直齿圆柱齿轮，小齿轮齿数为 23，大齿轮齿数为 57，径节 $p_d = 6$，压力角为 25°。求重合度。

12-4　一对直齿圆柱齿轮，小齿轮齿数为 27，大齿轮齿数为 78，径节 $p_d = 6$，压力角为 20°。求重合度。

*12-5　如果将习题 12-3 中的中心距增加 5%，那么这时齿轮的压力角是多少？

12-6　如果将习题 12-4 中的中心距增加 7%，那么这时齿轮的压力角是多少？

*12-7　如果将习题 12-3 和习题 12-4 中两对齿轮机构用于图 12-14 所示的复杂轮系中，求轮系的总传动比？

12-8　制纸机中的一个卷纸机构，卷纸滚筒的密度为 984 kg/m³，卷纸的滚筒外径（*OD*）为 1.50 m，内径（*ID*）为 0.22 m，长为 3.23 m，用一个 $S_{ut} = 400$ MPa 的空心轴简单支承。设计一个 2.5:1 的直齿轮减速器驱动卷纸滚筒轴运动，最小动载安全系数为 2，寿命为 10 年，轴的外径为 22 cm，滚筒转速为 50 r/min，所需要的功率为 1.2 hp。

12-9　设计一个两级直齿圆柱齿轮复合轮系，总传动比约为 47:1，确定轮系中每个齿轮的齿数。

12-10　设计一个三级直齿圆柱齿轮复杂轮系，总传动比约为 656:1，确定轮系中每个齿轮的齿数。

*12-11　如图 12-16 所示的一个周转直齿轮系，太阳轮齿数为 33，行星齿轮齿数 21，求齿圈所需的齿数，以及当齿圈静止不动时转臂与太阳轮的传动比。提示：考虑转臂以 1 r/min 转动。

12-12　如图 12-16 所示的一个周转直齿轮系，太阳轮齿数为 23，行星齿轮齿数 31，求齿圈所需的齿数，以及当齿圈静止不动时转臂与太阳轮的传动比。提示：考虑转臂以 1 r/min 转动。

12-13　如图 12-16 所示的一个周转直齿轮系，太阳轮齿数为 23，行星齿轮齿数 31，求齿圈所需的齿数，以及当系杆静止不动时太阳轮与齿圈的传动比。提示：考虑太阳轮以 1 r/min 转动。

*12-14　在习题 12-3 中的齿轮机构，小齿轮传递功率 125 hp，转速为 1000 r/min，求作用在每个轴上的转矩。

12-15　在习题 12-4 中的齿轮机构，小齿轮传递功率 33 kW，转速为 1600 r/min，求作用在每个轴上的

⊖　带 * 号的习题答案见附录 D，题号斜体的习题是设计类题目，题号加粗的习题是前面各章中习题横线后编号相同习题的扩展。

转矩。

*12-16 确定习题 12-14 中直齿轮的尺寸，弯曲应力的安全系数至少等于 2，齿轮的压力角为 25°，标准齿高齿轮，载荷平稳，$Q_v = 9$，小齿轮为 AISI 4140 钢，大齿轮为 40 铸铁。

12-17 确定习题 12-15 中直齿轮的尺寸，弯曲应力的安全系数至少等于 2.5，齿轮的压力角为 20°，标准齿高齿轮，载荷平稳，$Q_v = 11$，小齿轮为 AISI 4340 钢，大齿轮为 A-7-d 球墨铸铁。

*12-18 确定习题 12-14 中直齿轮的尺寸，接触应力的安全系数至少等于 2，齿轮的压力角为 25°，标准齿高齿轮，载荷平稳，$Q_v = 9$，小齿轮为 AISI 4140 钢，大齿轮为 40 铸铁。

12-19 确定习题 12-15 中直齿轮的尺寸，接触失效的安全系数至少等于 1.2，齿轮的压力角为 20°，标准齿高齿轮，载荷平稳，$Q_v = 11$，小齿轮为 AISI 4340 钢，大齿轮为 A-7-d 铸铁。

*12-20 习题 12-11 中的齿轮机构，传递功率 83 kW，系杆转速 1200 r/min，求作用在每个轴上的转矩。

12-21 习题 12-12 中的齿轮机构，传递功率 39 hp，系杆转速 2600 r/min，求作用在每个轴上的转矩。

12-22 习题 12-13 中的齿轮机构，传递功率 23 kW，太阳轮转速 4800 r/min，求作用在每个轴上的转矩。

*12-23 确定习题 12-20 中直齿轮的尺寸，弯曲应力的安全系数至少等于 2.8，齿轮的压力角为 25°，标准齿高齿轮，载荷平稳，$Q_v = 9$，小齿轮为 AISI 4140 钢，大齿轮为 40 铸铁。

12-24 确定习题 12-21 中直齿轮的尺寸，弯曲应力的安全系数至少等于 2.4，齿轮的压力角为 20°，标准齿高齿轮，载荷平稳，$Q_v = 11$，小齿轮为 AISI 4340 钢，大齿轮为 A-7-d 铸铁。

*12-25 确定习题 12-20 中直齿轮的尺寸，接触失效的安全系数至少等于 1.7，齿轮的压力角为 25°，标准齿高齿轮，载荷平稳，$Q_v = 9$，小齿轮为 AISI 4140 钢，大齿轮为 40 铸铁。

12-26 确定习题 12-21 中直齿轮的尺寸，接触失效的安全系数至少等于 1.3，齿轮的压力角为 20°，标准齿高齿轮，载荷平稳，$Q_v = 11$，小齿轮为 AISI 4340 钢，大齿轮为 A-7-d 铸铁。

*12-27 习题 12-20 中的齿轮机构，传递功率 190 kW，小齿轮输入转速 1800 r/min，求作用在每个轴上的转矩。

*12-28 确定习题 12-27 中第一级直齿轮的尺寸，弯曲应力的安全系数至少等于 3.0，接触失效的安全系数至少等于 1.7，齿轮的压力角为 25°，标准齿高齿轮，载荷平稳，$Q_v = 8$，所有齿轮为 AISI 4140 钢。

*12-29 确定习题 12-27 中第二级直齿轮的尺寸，弯曲应力的安全系数至少等于 3.0，接触失效的安全系数至少等于 1.7，齿轮的压力角为 25°，标准齿高齿轮，载荷平稳，$Q_v = 8$，所有齿轮为 AISI 4140 钢。

*12-30 确定习题 12-27 中第三级直齿轮的尺寸，弯曲应力的安全系数至少等于 3.0，接触失效的安全系数至少等于 1.7，齿轮的压力角为 25°，标准齿高齿轮，载荷平稳，$Q_v = 8$，所有齿轮为 AISI 4140 钢。

*12-31 设计一个两级复杂直齿轮系，总传动比约为 78:1，确定轮系中每个齿轮的齿数。

12-32 图 P12-1 显示了同题 6-46 同样的造纸机，在图 P12-1 中，纸的滚筒外径（OD）为 0.9 m，内径（ID）为 0.22 m，长为 3.23 m，纸的密度为 984 kg/m³。滚筒通过气缸驱动卸载站的一个 V 形连杆，连杆转动 90° 将其从传输装置（图中未显示）运送到叉车上，这时纸张卷入到等候的卡车上的叉子上。机器每小时转过 30 卷，2 班制。V 形连杆通过装在一个直径为 60 mm，3.23 m 长的轴上的曲柄带动转动。在曲柄轴和 V 形连杆之间采用一个齿轮机构，传动比为 2:1，这样会减少气缸 50% 的冲击。设计一个这样适合的直齿轮装置，点蚀疲劳失效的寿命为 10 年。未给定参数自己假设。

12-33 设计一个按图 12-14a 布置的一个不同轴复杂轮系传动，总传动比约为 90:1，传递功率为 50 hp，输入轴转速为 1000 r/min。自己设定所有假设。

12-34 设计一个按图 12-14b 布置的一个同轴复杂轮系传动，总传动比约为 80:1，传递功率为 30 hp，输入轴转速为 1500 r/min。自己设定所有假设。

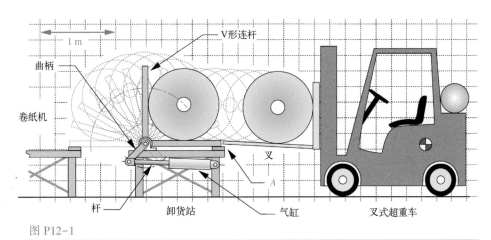

图 P12-1

习题 12-32 图

12-35　在习题 12-3 中的齿轮机构，小齿轮为输入轴，其齿数为 23，求解该对齿轮的传动比、转矩比和齿轮比。

12-36　在习题 12-4 中的齿轮机构，大齿轮为输入轴，齿数为 78，求解这该对齿轮的传动比、转矩比和齿轮比。

12-37　图 P12-2 显示了一个圆上的渐开线，起始点 $A(0, r_b)$，运动到点 $P(x, y)$。ϕ 为从 A 点到 P 点滚过的角度，ϕ 为渐开线压力角。推导出只用基圆半径 r_b 和压力角表示的 P 点的 x 和 y 值，当 $r_b = 2\,\text{in}$，在 $0° < \phi < 40°$ 范围内，绘制渐开线上与 y 和 x 相对应的点。

12-38　用图 12-5 来推导式（12.2）。

12-39　一对直齿轮机构，大齿轮齿数为 39，小齿轮齿数为 18，$p_d = 8$，压力角 25°，求重合度。

12-40　一对直齿轮机构，大齿轮齿数为 79，小齿轮齿数为 20，$p_d = 8$，压力角 20°，求重合度。

12-41　习题 12-39 中的直齿轮机构的中心距提高 6%，这时压力角等于多少？

12-42　习题 12-40 中的直齿轮机构的中心距提高 5%，这时压力角等于多少？

12-43　习题 12-39 和题 12-40 中的齿轮机构如果按图 12-14 所示的方式组合，轮系的总传动比是多少？

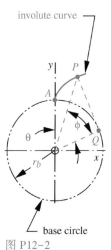

involute curve

base circle

图 P12-2

习题 12-37 图

12-44　一个直齿圆柱齿轮，压力角为 20°，齿数为 23，径节为 6。求分度圆直径，齿顶圆，齿根圆，齿顶圆直径和齿距。

12-45　一个直齿圆柱齿轮，压力角为 25°，齿数为 32，径节为 4。求分度圆直径，齿顶圆，齿根圆，齿顶圆直径和齿距。

12-46　设计一个双级直齿轮复杂轮系，总传动比约为 53∶1，确定轮系中每个齿轮的齿数。

12-47　设计一个三级直齿轮复杂轮系，总传动比约为 592∶1，确定轮系中每个齿轮的齿数。

12-48　设计一个类似于图 12-16 的行星轮系，总传动比确定为 0.2，如果太阳轮为输入，转臂为输出，齿圈是静止不动的，确定轮系中每个齿轮的齿数。

12-49　设计一个类似于图 12-16 的行星轮系，总传动比明确为 4/3，如果太阳轮静止不动，转臂为输入，齿圈是输出，确定轮系中每个齿轮的齿数。

12-50　直齿轮减速器，小齿轮齿数为 21，以 1800 r/min 的速度转动，大齿轮齿数为 33。两个齿轮制造的质量等级为 9，可靠度为 0.9，圆周力为 2800 lb。$K_m = 1.7$，轮齿为压力角 25°，标准齿高，两

12

个齿轮的材料为 AISI 4140 渗氮钢。径节为 6，齿宽为 2.000 in。计算该对齿轮在允许的弯曲应力下的循环次数（采用 AGMA 公式）。

12-51　直齿轮减速器，小齿轮齿数为 21，以 1800 r/min 的速度转动，大齿轮齿数为 33。两个齿轮制造的质量等级为 9，可靠度为 0.9，圆周力为 2800 lb。$K_m = 1.7$，轮齿为压力角为 25°，标准齿高，两个齿轮的材料为 AISI 4140 渗氮钢。径节为 6，齿宽为 2.000 in。计算该对齿轮在允许的接触应力下的循环次数（采用 AGMA 公式）。

*12-52　在习题 12-46 中的齿轮机构，如果传递功率为 7.5 kW，小齿轮的输入速度为 1750 r/min，求作用在每个轴上的转矩。

*12-53　在习题 12-52 中的齿轮机构，齿轮弯曲应力安全系数至少为 2.8，接触应力的安全系数至少为 1.8，假定载荷平稳，压力角为 25°，标准齿高，$Q_v = 9$，所有齿轮采用 AISI 4340 钢，确定第一级直齿轮的尺寸。

12-54　在习题 12-52 中的齿轮机构，齿轮弯曲应力安全系数至少为 2.8，接触应力的安全系数至少为 1.8，假定载荷平稳，压力角为 25°，标准齿高，$Q_v = 9$，所有齿轮采用 AISI 4340 钢，确定第二级直齿轮的尺寸。

12-55　习题 12-47 中的齿轮机构，传递功率为 18.8 kW，小齿轮输入转速为 1184 r/min，求作用在每个轴上的转矩。

12-56　习题 12-55 中的齿轮机构，齿轮弯曲应力安全系数至少为 2.4，接触应力的安全系数至少为 2.0，假定载荷平稳，压力角为 25°，标准齿高，$Q_v = 10$，所有齿轮采用 AISI 4140 钢，确定第一级直齿轮的尺寸。

12-57　习题 12-55 中的齿轮机构，齿轮弯曲应力安全系数至少为 2.4，接触应力的安全系数至少为 2.0，假定载荷平稳，压力角为 25°，标准齿，$Q_v = 10$，所有齿轮采用 AISI 4140 钢，确定第二级直齿轮的尺寸。

12-58　习题 12-55 中的齿轮机构，齿轮弯曲应力安全系数至少为 2.4，接触应力的安全系数至少为 2.0，假定载荷平稳，压力角为 25°，标准齿高，$Q_v = 10$，所有齿轮采用 AISI 4140 钢，确定第三级直齿轮的尺寸。

12-59　一对内啮合齿轮机构，小齿轮的分度圆半径 $r_p = 40$ mm，大齿轮分度圆半径 $r_g = 160$ mm。如果小齿轮为输入，确定传动比、扭矩比和齿轮比。

12-60　齿轮齿条啮合，齿轮齿数 20，径节为 8（in^{-1}），试求齿轮转动一圈，齿条移动多长距离？

12-61　一对标准齿高，小齿轮齿数 24，大齿轮齿数 54，径节为 6。比较当压力角分别为 14.5°、20° 和 25° 时的重合度。

12-62　设计一个类似图 12-16 所示的行星轮系，总传动比约为 5，如果齿圈静止，转臂为输入，太阳轮为输出，确定轮系中每个齿轮的齿数。

12-63　直齿轮减速器，小齿轮齿数为 22，以 1650 r/min 的速度转动，大齿轮齿数 66。两个齿轮制造的质量等级为 10，可靠度为 0.9，圆周力为 5000 lb。$K_m = 1.7$，轮齿压力角为 25°，标准齿高，两个齿轮的材料为 AISI 4340 渗氮钢。径节为 5，齿宽为 2.500 in。计算该对齿轮在允许的弯曲应力下的循环次数（采用 AGMA 公式）。

12-64　直齿轮减速器，小齿轮齿数为 22，以 1650 r/min 的速度转动，大齿轮齿数 66。两个齿轮制造的质量等级为 10，可靠度为 0.9，圆周力为 5000 lb。$K_m = 1.7$，轮齿为压力角为 25°，标准齿高，两个齿轮的材料为 AISI 4340 渗氮钢。径节为 5，齿宽为 2.500 in。计算该对齿轮在允许的接触应力下的循环次数（采用 AGMA 公式）。

12-65　内啮合齿轮传动，小齿轮分度圆半径 $r_p = 30$ mm，大齿轮分度圆半径 $r_g = 150$ mm。如果小齿轮为输入，确定该对齿轮传动比、转矩比和齿轮比。

12-66　齿轮齿条啮合，齿轮齿数 18，径节为 10（in^{-1}），如果齿条移动 1 in，齿轮转动多少度？

12-67　一对压力角为 25°的标准齿高机构，小齿轮齿数为 24，大齿轮齿数为 54，径节为 6，比较中心距在 0.90C~1.10C 范围内的重合度。

12-68　设计一个类似图 12-16 所示的行星轮系，总传动比正好为 1.25，如果太阳轮静止，转臂为输入，齿圈为输出，确定轮系中每个齿轮的齿数。

12-69　一对齿轮机构，齿轮压力角为 20°，模数 $m = 4$。小齿轮齿数为 24，大齿轮齿数为 64。两个齿轮安装在不同轴上，其中心距为 177.50mm，求解这种情况下的压力角。

12-70　在表 12-1 中参数如果用米制标准化齿轮参数代替，p_d 等效 1.25 / m，m 为模数。例如，齿顶高这时为 1.000（m /1.25）mm。采用米制数值，求解一个压力角为 20°，齿数为 28，模数为 4 的直齿轮的齿厚，齿厚见图 12-8 定义。

12-71　一对直齿轮机构，$m = 4$，压力角为 25°，大齿轮齿数为 40，小齿轮齿数为 18，表 12-1 中参数用米制单位参数（见题 12-70 定义），求重合度。

12-72　齿轮齿条啮合，小齿轮齿数为 18，模数 $m = 5$，试求小齿轮转动一圈，齿条移动多长距离？

12-73　一个如图 12-16 的周转直齿轮轮系，太阳轮齿数 30，行星轮齿数 22，齿圈齿数 74。太阳轮固定不动，转臂以 250r/min 逆时针转动，确定齿圈的转动速度和方向。

12-74　在题 12-73 中的齿轮机构，如果传递功率为 30kW，转臂转速为 250r/min，求作用在每个轴上的转矩。

12-75　直齿轮减速器，小齿轮齿数为 21，以 1500r/min 的速度转动，大齿轮齿数为 35。两个齿轮制造的质量等级为 9，可靠度为 0.9，圆周力为 10kN。$K_m = 1.7$，轮齿压力角为 25°，标准齿高，两个齿轮的材料为 AISI 4140 渗氮钢。模数为 4，齿宽为 50mm。计算该对齿轮在允许的弯曲应力下的循环次数（采用 AGMA 公式）。

12-76　齿轮机构和条件如习题 12-75 所示，计算该对齿轮在允许的接触应力下的循环次数（采用 AGMA 公式）。

12-77　直齿轮减速器，小齿轮齿数为 26，以 1800r/min 的匀速速度转动，大齿轮齿数为 55。两个齿轮制造的质量等级为 10，圆周力为 22kN。$K_m = 1.7$，轮齿压力角为 20°，标准齿高，模数为 5，齿宽为 62mm。确定两轮齿在单齿啮合区最高点处啮合时的弯曲应力。

12-78　齿轮机构和条件如题 12-77 所示，确定两轮齿在单齿啮合区最高点处啮合时的接触应力。

12-79　一个齿数为 40，径节为 20，压力角为 20°的直齿圆柱齿轮，求分度圆直径、齿顶高、齿根高、齿全高、齿顶圆直径和节距。

12-80　一对标准齿高齿轮，小齿轮齿数为 24，大齿轮齿数为 54，压力角为 25°。确定这对齿轮的重合度并说明它和径节无关。

12-81　一对压力角为 25°的标准齿高齿轮，齿轮比 $m_C = 4$。计算小齿轮齿数从 20~80 范围变化时的重合度。

12-82　直齿轮减速器，小齿轮齿数为 24，以 1500r/min 的匀速速度转动，大齿轮齿数为 48。两个齿轮制造的质量等级为 9，圆周力为 5000lb。$K_m = 1.7$，轮齿压力角为 25°，标准齿高，径节为 5，齿宽为 2.5in。确定两轮齿在单齿啮合区最高点处啮合时的弯曲应力。

12

13

斜齿轮、锥齿轮和蜗轮蜗杆

均轮本轮，轮中有轮。

John Milton，失乐园

视频：齿轮
（22：07）⊖

13.0 引言

第 12 章主要介绍了直齿圆柱齿轮的一些内容。在一些应用中，还有其他形式的齿轮机构。本章将简要介绍斜齿轮、锥齿轮和蜗轮蜗杆的设计。由于与直齿轮结构相比这些零件的形状更复杂，因此它们的设计也更为复杂。美国齿轮制造协会（AGMA）给出了齿轮设计计算的详细数据和算法。这里，由于篇幅的局限，我们只给出 AGMA 推荐的最基本的、简单的内容，这里不对复杂、完整的设计过程做介绍。读者在实际设计中遇到有关齿轮的问题，可以查询 AGMA 标准获取更多的设计信息。表 13-0 列举了本章中所用到的参数以及其出现的公式。本章的最后，总结并列举了本章中的重要公式。在本书网站上，在本页有一个关于齿轮的视频链接，它演示了各种类型的齿轮。

表 13-0　本章所用变量

变量符号	变量名	英制单位	国际单位	详见
a	齿顶高	in	m	式 (13.18)
b	齿根高	in	m	式 (13.18)
C	中心距	in	m	式 (13.16)
C_f	表面光洁度系数	无	无	式 (13.10)
C_H	硬度比系数	无	无	式 (13.11)
C_{md}	安装系数	无	无	式 (13.11)
C_p	弹性系数	无	无	式 (13.10)
C_R	可靠度系数	无	无	式 (13.11)

⊖　本章首页的图片来自 Rexnord InC.

⊜　http：//www.designofmachinery.com/MD/Gears.mp4

（续）

变量符号	变量名	英制单位	国际单位	详见
C_s	材料系数	无	无	式（13.24）
C_T	温度系数	无	无	式（13.11）
C_{xc}	鼓形系数	无	无	式（13.10）
d	分度圆直径（带有不同的下标）	in	m	多处
e	效率	无	无	式（13.30）
F	齿宽	in	m	式（13.9），（13.19）
I	AGMA 接触强度几何系数	无	无	式（13.10）
J	AGMA 弯曲强度几何系数	无	无	式（13.9）
K_a、C_a	使用系数	无	无	式（13.9）
K_B	轮缘厚度系数	无	无	式（12.15）
K_I	惰轮系数	无	无	式（12.15）
K_m、C_m	载荷分配系数	无	无	式（13.9），（13.10）
K_s、C_s	尺寸系数	无	无	式（13.9），（13.10）
K_v、C_v	动载系数	无	无	式（13.9），（13.26）
K_x	曲率系数	无	无	式（13.9）
L	导程	in	m	式（13.6），（13.7）
m	模数	–	mm	式（13.9）
m_F	轴向重合度	无	无	式（13.5）
m_G	齿轮比	无	无	式（13.15）
m_N	载荷分配比	无	无	式（13.6）
m_p	端面重合度	无	无	式（13.6）
N	齿数	无	无	多处
N_b、N_c	弯曲和接触应力安全系数	无	无	多处
p_c	齿距	in	m	式（13.1c）
p_d	径节	1/in	–	式（13.1c）
p_t	端面齿距	in	m	式（13.1a）
p_x	轴向齿距	in	mm	式（13.1b）
S_{fb}	修正弯曲强度极限	psi	Pa	例 13-2
S_{fc}	修正接触强度极限	psi	Pa	例 13-2
S_{fc}'	未修正接触强度极限	psi	Pa	式（13.11）
T	转矩	lb·in	N·m	多处
V_t	节点线速度	in/s	m/s	式（13.27）
W	作用轮齿的总反力	lb	N	式（13.3）
W_a	作用轮齿的轴向力	lb	N	式（13.3）
W_f	作用轮齿的摩擦力	lb	N	式（13.28）
W_r	作用轮齿的径向力	lb	N	式（13.3）
W_t	作用轮齿的圆周力	lb	N	式（13.3）
α	分度圆锥角	°	°	式（13.7）
ϕ	压力角	°	°	多处
Ψ	螺旋角	°	°	多处
λ	导程角	°	°	式（13.12）
μ	摩擦系数	无	无	式（13.28）
ω	角速度	rad/s	rad/s	例 13-2
ρ	曲率半径	in	m	式（13.6）
Φ	功率	hp	W	式（13.20）
σ_b	弯曲应力	psi	Pa	式（13.9）
σ	接触应力	psi	Pa	式（13.10）

13

13.1 斜齿轮

斜齿轮与直齿圆柱齿轮很相似。它们的齿廓为渐开线。不同的是，斜齿轮轮齿与齿轮轴线有一螺旋夹角 Ψ，称其为螺旋角，如图 13-1 所示。螺旋角通常取 $10° \sim 45°$。如果齿轮在轴向尺寸足够长，那么一个轮齿将会环绕在整个圆周上。轮齿形成的螺旋线有左旋或右旋。图 13-1a 给出了旋向相反的一对平行轴的螺旋斜齿圆柱齿轮。同向斜齿轮也可以啮合传动，这时齿轮的两轴交错，称其为交错轴斜齿轮传动，如图 13-1b 所示。

平行轴斜齿轮 在图 13-1a 所示的啮合传动中，两齿的相对运动为滚动和滑动，轮齿是先由一端进入啮合，啮合逐渐扫过整个齿宽。这样的接触完全不同于圆柱直齿轮，圆柱直齿轮是整个齿宽同时进入啮合，同时退出啮合的。与直齿轮相比，由于斜齿轮轮齿的逐渐啮合，因此它的传动更平稳、振动更小。汽车的传动机构为了传动平稳，几乎都是采用这种斜齿轮。一个例外是在非自动挡汽车中倒车装置采用的是直齿轮，方便齿轮的移动与分离。在这样的传动系统中，当倒车时，可以明显听

| a) 螺旋旋向相反的一对 | b) 螺旋旋向相同的一对 |
| 平行轴斜齿轮啮合 | 交错轴斜齿轮啮合 |

图 13-1

斜齿轮传动

由 Boston Gear LLC，an Altra Industrial Motion company 提供

到齿轮的"呜呜"噪声，这是因为圆柱直齿轮轮齿接触线突然退出啮合引起了共振的原因。前进过程的斜齿轮啮合基本上是无声的。平行轴斜齿轮可以传递大功率。

交错轴斜齿轮传动 在图 13-1b 所示的不同于平行轴斜齿轮啮合传动中，交错轴斜齿轮的轮齿只有滑动没有滚动，而且理论上齿轮啮合是点接触而不像平行轴齿轮是线接触。这将严重地降低它们的承载能力，因此不推荐交错轴斜齿轮用于传递大的力矩或功率。它们经常用在一些轻载场合，如驱动汽车中的分电器和计速器。

斜齿轮几何尺寸

图 13-2 显示了一个标准的螺旋齿条的几何尺寸。轮齿在齿宽上的位置与轴线形成一个螺旋角 Ψ。切制轮齿沿螺旋角方向，所以齿形在**法向**上形成。**法向齿距** p_n 和**法向压力角** ϕ_n 是在法向测量的。**端面齿距** p_t 和**端面压力角** ϕ_t 是在垂直于轴线的**端面**上测量的。端面参数和法向参数之间的关系与螺旋角相关。端面齿距是直角三角形 ABC 的斜边，有：

$$p_t = p_n / \cos \psi \tag{13.1a}$$

轴向齿距 p_x 是直角三角形 BCD 的斜边，有：

$$p_x = p_n / \sin \psi \tag{13.1b}$$

p_t 等价于 p_c，在圆柱齿轮的分度圆上测量。径节通常是用来确定轮齿的大小，径节与齿距的关系为：

$$p_d = \frac{N}{d} = \frac{\pi}{p_c} = \frac{\pi}{p_t} \tag{13.1c}$$

式中，N 为齿轮齿数；d 为分度圆直径。

法向上的径节为：

$$p_{nd} = p_d / \cos \psi \tag{13.1d}$$

端面和法向压力角的关系为：

$$\tan\phi_t = \tan\phi = \tan\phi_n / \cos\psi \tag{13.2}$$

斜齿轮受力分析

图 13-2 为斜齿轮轮齿受力示意图。总作用力 W 的方向由压力角和螺旋角共同决定。啮合点圆周力分力可根据作用在小齿轮或大齿轮上的转矩算出，式（12.13a）为用于小齿轮的计算公式：

$$W_t = \frac{T_p}{r_p} = \frac{2T_p}{d_p} = \frac{2p_d T_p}{N_p} \tag{12.13a}$$

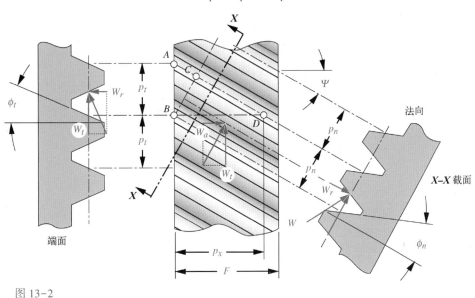

图 13-2

标准齿条法向和端面，以及所受各分力

除了由于压力角而产生的径向力分力 W_r 外，还存在轴向分力 W_a，该力可使齿轮沿轴的方向运动。必须采用推力轴承来抵挡斜齿轮的这个轴向力，除非在同一个轴上安装两个螺旋角大小相等、旋向相反的斜齿轮，这两个轴向力可以抵消。为此，有时会在同一个齿轮毛坯上，其中一部分齿宽上切制为右旋齿，另一部分上为左旋齿，如果在两侧有效齿面之间留有沟槽，称这种齿轮为**双斜齿轮**；如果左右螺旋齿之间没有沟槽，则称为**人字齿轮**。

斜齿轮啮合传动中的各个力为：

$$W_r = W_t \tan\phi \tag{13.3a}$$

$$W_a = W_t \tan\psi \tag{13.3b}$$

$$W = \frac{W_t}{\cos\psi \cos\phi_n} \tag{13.3c}$$

当量齿数

与直齿轮相比，斜齿轮除了传动平稳的优势外，另一个优势是在同样的标准分度圆、径节和齿数下，轮齿强度更高。这一点可以在图 13-2 中看到。传递转矩的有效分力 W_t 作用在端面上，法向上的轮齿尺寸是标准值。对相同的标准分度圆，斜齿轮的端面齿厚是直齿轮齿厚的 $1/\cos\Psi$ 倍。从另一个视角来观察，斜齿轮分度圆直径为 d，而法向横截面是一个椭圆，啮合点处的半径为 $r_e = (d/2)\cos^2\Psi$，由此我们可以做半径为 r_e 的假想圆，并定义一个当量齿数 N_e，它等于该圆的圆周长与法向齿距 p_c 之商：

$$N_e = \frac{2\pi r_e}{p_n} = \frac{\pi d}{p_n \cos^2 \psi} \qquad (13.4a)$$

代入式（13.1a）的 p_n，有：

$$N_e = \frac{\pi d}{p_t \cos^3 \psi} \qquad (13.4b)$$

进一步用式（13.1c）中的 $p_t = d/N$，得到：

$$N_e = \frac{N}{\cos^3 \psi} \qquad (13.4c)$$

这样给出的斜齿轮的**当量齿轮**等同于齿数为 N_e 的直齿轮，所以斜齿轮的弯曲疲劳强度和接触疲劳强度要比同样齿数的直齿轮的都要高。由于当量齿轮齿数较多，从而降低了小齿轮根切的发生，所以斜齿轮的最小根切齿数要比直齿圆柱齿轮的少。

重合度

同直齿轮一样，斜齿轮的端面重合度 m_p 计算公式见式（12.7）。由于螺旋角的存在，将产生轴向重合度 m_F，它可以用齿宽和轴向齿距 p_x 相除得到：

$$m_F = \frac{F}{p_x} = \frac{F p_d \tan \psi}{\pi} \qquad (13.5)$$

上述比值应至少等于 1.15，其值表明了在啮合中**螺旋重合程度**。

端面重合度越大表明越多的轮齿同时啮合来承担载荷，对于一定的螺旋角，如果轮齿的宽度越大，其轴面重合度也越大，同样可以提高承载能力。然而，载荷分配的有效性还受限于齿轮的制造精度（见图 12-19）。注意：齿宽较小的齿轮，通过增加螺旋角也可以增加轴面重合度，但会增加轴向力。

如果保持 m_F 大于 1，这是传统的斜齿轮。如果 $m_F < 1$，则称为**低轴向重合度（LACR）**齿轮，其计算也增加一些步骤。AGMA 标准[1,2,3] 提供了更多有关 LACR 齿轮的设计方法。这里，我们只考虑传统斜齿轮。

斜齿轮上的应力

用于计算直齿轮的弯曲应力和接触应力的 AGMA 公式同样可以用在斜齿轮中。这些公式及其术语已在第 12 章中给出了详细的介绍，这里不再重复。根据第 12 章，弯曲应力为：

$$\sigma_b = \frac{W_t p_d}{F J} \frac{K_a K_m}{K_v} K_s K_B K_I \qquad (12.15us)$$

$$\sigma_b = \frac{W_t}{F m J} \frac{K_a K_m}{K_v} K_s K_B K_I \qquad (12.15si)$$

接触应力为：

$$\sigma_c = C_p \sqrt{\frac{W_t}{F I d} \frac{C_a C_m}{C_v} C_s C_f} \qquad (12.21)$$

唯一与直齿轮不同的是用于斜齿轮的公式中的几何因子 I 和 J 的取值。对不同的螺旋角（10、15、20、25、30°）、压力角（14.5、20、25°）和齿顶高系数（0、0.25、0.5），J 的取值在参考文献 [3] 中给出。表 13-1～表 13-6⊖选取了其中的一些数据。更多相关信息可查询 AGMA 标准获取。

⊖ 摘自 AGMA 908-b89，确定圆柱斜、人字齿轮轮齿抗点蚀和弯曲强度的几何因素，获得 the American Gear Manufacturers Association，1001 N. Fairfax St.，Suite 500，Alexandria，VA 22314 许可。

对传统斜齿轮机构，计算时需要在式（12.22a）中引入一个附加系数 I，为[⊖]：

$$I = \frac{\cos\phi}{\left(\dfrac{1}{\rho_p} \pm \dfrac{1}{\rho_g}\right)d_p m_N} \tag{13.6a}$$

式中，ρ_p 和 ρ_g 分别为小齿轮和大齿轮在接触点的曲率半径；ϕ 为压力角；d_p 是小齿轮的分度圆直径。±号是针对外啮合齿轮和内啮合齿轮的，外啮合齿轮机构取+号。参数 m_N 是载荷分配比，为：

$$m_N = \frac{F}{L_{min}} \tag{13.6b}$$

式中，F 为齿轮的宽度；L_{min} 为最小接触线的长度，其计算需要几个步骤。首先，根据端面重合度 m_p 和轴向重合度 m_F 的残差，可得到下面两个因子：

$$\begin{aligned} n_r &= 端面重合度\ m_p\ 的分数部分 \\ n_a &= 轴向重合度\ m_F\ 的分数部分 \end{aligned} \tag{13.6c}$$

然后，如果 $n_a \leqslant 1 - n_r$，则：

$$L_{min} = \frac{m_p F - n_a n_r p_x}{\cos\psi_b} \tag{13.6d}$$

如果 $n_a > 1 - n_r$，则：

$$L_{min} = \frac{m_p F - \left(1 - n_a\right)\left(1 - n_r\right)p_x}{\cos\psi_b} \tag{13.6e}$$

除了基圆螺旋角外，上述公式中所有的因子均在本节或是在第 12 章中给出了；对基圆螺旋角 ψ_b，有：

$$\psi_b = \arccos\left(\cos\psi\,\frac{\cos\phi_n}{\cos\phi}\right) \tag{13.6f}$$

同样，不同于直齿轮的式（12.22b），在式（13.6a）中的斜齿轮的接触点的曲率半径应按下式计算：

$$\rho_p = \sqrt{\left\{0.5\left[\left(r_p + a_p\right) \pm \left(C - r_g - a_g\right)\right]\right\}^2 - \left(r_p\cos\phi\right)^2} \tag{13.6g}$$

$$\rho_g = C\sin\phi \mp \rho_p$$

式中，(r_p, a_p) 和 (r_g, a_g) 分别是大、小齿轮的（分度圆半径，齿顶高）；C 为实际中心距。

弯曲应力和接触应力可采用表 13-1～表 13-6 的数据，由上述公式计算得到。材料强度可以在第 12 章中查阅，安全系数的计算同直齿轮的方法一样。

表 13-1　**AGMA 弯曲几何系数 J**（压力角 20°、螺旋角 10°、标准齿高、齿顶受载）

大齿轮齿数	小齿轮齿数															
	12		14		17		21		26		35		55		135	
	P	G	P	G	P	G	P	G	P	G	P	G	P	G	P	G
12	U	U														
14	U	U	U	U												
17	U	U	U	U	U	U										
21	U	U	U	U	U	U	0.46	0.46								
26	U	U	U	U	U	U	0.47	0.49	0.49	0.49						

⊖　第二附加项是合成螺旋齿轮所需，但如前所述这些不在这里详述。

（续）

大齿轮齿数	12 P	12 G	14 P	14 G	17 P	17 G	21 P	21 G	26 P	26 G	35 P	35 G	55 P	55 G	135 P	135 G
35	U	U	U	U	U	U	0.48	0.52	0.50	0.53	0.54	0.54				
55	U	U	U	U	U	U	0.49	0.55	0.52	0.56	0.55	0.57	0.59	0.59		
135	U	U	U	U	U	U	0.50	0.60	0.53	0.61	0.57	0.62	0.60	0.63	0.65	0.65

表 13-2　AGMA 弯曲几何系数 J（压力角 20°、螺旋角 20°、标准齿高、齿顶受载）

大齿轮齿数	12 P	12 G	14 P	14 G	17 P	17 G	21 P	21 G	26 P	26 G	35 P	35 G	55 P	55 G	135 P	135 G
12	U	U														
14	U	U	U	U												
17	U	U	U	U	0.44	0.44										
21	U	U	U	U	0.45	0.46	0.47	0.47								
26	U	U	U	U	0.45	0.49	0.48	0.49	0.50	0.50						
35	U	U	U	U	0.46	0.51	0.49	0.52	0.51	0.53	0.54	0.54				
55	U	U	U	U	0.47	0.54	0.50	0.55	0.52	0.56	0.55	0.57	0.58	0.58		
135	U	U	U	U	0.48	0.58	0.51	0.59	0.54	0.60	0.57	0.61	0.60	0.62	0.64	0.64

表 13-3　AGMA 弯曲几何系数 J（压力角 20°、螺旋角 30°、标准齿高、齿顶受载）

大齿轮齿数	12 P	12 G	14 P	14 G	17 P	17 G	21 P	21 G	26 P	26 G	35 P	35 G	55 P	55 G	135 P	135 G
12	U	U														
14	U	U	0.39	0.39												
17	U	U	0.39	0.41	0.41	0.41										
21	U	U	0.40	0.43	0.42	0.43	0.44	0.44								
26	U	U	0.41	0.44	0.43	0.45	0.45	0.46	0.46	0.46						
35	U	U	0.41	0.46	0.43	0.47	0.45	0.48	0.47	0.48	0.49	0.49				
55	U	U	0.42	0.49	0.44	0.49	0.46	0.50	0.48	0.50	0.50	0.51	0.52	0.52		
135	U	U	0.43	0.51	0.45	0.52	0.47	0.53	0.49	0.53	0.51	0.54	0.53	0.55	0.56	0.56

表 13-4　AGMA 弯曲几何系数 J（压力角 25°、螺旋角 10°、标准齿高、齿顶受载）

大齿轮齿数	12 P	12 G	14 P	14 G	17 P	17 G	21 P	21 G	26 P	26 G	35 P	35 G	55 P	55 G	135 P	135 G
12	U	U														
14	U	U	0.47	0.47												
17	U	U	0.48	0.51	0.52	0.52										
21	U	U	0.48	0.55	0.52	0.55	0.56	0.56								
26	U	U	0.49	0.58	0.53	0.58	0.57	0.59	0.60	0.60						
35	U	U	0.50	0.61	0.54	0.62	0.57	0.63	0.61	0.64	0.64	0.64				
55	U	U	0.51	0.65	0.55	0.66	0.58	0.67	0.62	0.68	0.65	0.69	0.70	0.70		
135	U	U	0.52	0.70	0.56	0.71	0.60	0.72	0.64	0.73	0.67	0.74	0.71	0.75	0.76	0.76

13

表 13-5　AGMA 弯曲几何系数 J（压力角 25°、螺旋角 20°、标准齿高、齿顶受载）

大齿轮齿数	小齿轮齿数															
	12		14		17		21		26		35		55		135	
	P	G	P	G	P	G	P	G	P	G	P	G	P	G	P	G
12	0.47	0.47														
14	0.47	0.50	0.50	0.50												
17	0.48	0.53	0.51	0.54	0.54	0.54										
21	0.48	0.56	0.51	0.57	0.55	0.58	0.58	0.58								
26	0.49	0.59	0.52	0.60	0.55	0.60	0.69	0.61	0.62	0.62						
35	0.49	0.62	0.53	0.63	0.56	0.64	0.60	0.64	0.62	0.65	0.66	0.66				
55	0.50	0.66	0.53	0.67	0.57	0.67	0.60	0.68	0.63	0.69	0.67	0.70	0.71	0.71		
135	0.51	0.70	0.54	0.71	0.58	0.72	0.62	0.72	0.65	0.73	0.68	0.74	0.72	0.75	0.76	0.76

表 13-6　AGMA 弯曲几何系数 J（压力角 25°、螺旋角 30°、标准齿高、齿顶受载）

大齿轮齿数	小齿轮齿数															
	12		14		17		21		26		35		55		135	
	P	G	P	G	P	G	P	G	P	G	P	G	P	G	P	G
12	0.46	0.46														
14	0.47	0.49	0.49	0.49												
17	0.47	0.51	0.50	0.52	0.52	0.52										
21	0.48	0.54	0.50	0.54	0.53	0.55	0.55	0.55								
26	0.48	0.56	0.51	0.56	0.53	0.57	0.56	0.57	0.58	0.58						
35	0.49	0.58	0.51	0.59	0.54	0.59	0.56	0.60	0.58	0.60	0.61	0.61				
55	0.49	0.61	0.52	0.61	0.54	0.62	0.57	0.62	0.59	0.63	0.62	0.64	0.64	0.64		
135	0.50	0.64	0.53	0.64	0.55	0.65	0.58	0.66	0.60	0.66	0.62	0.67	0.65	0.68	0.68	0.68

例 13-1　斜齿轮系应力分析

13

问题：用斜齿轮代替直齿轮，重新设计例题 12-4～12-7，并比较两者的安全系数。

已知：根据前面的例题可知：$W_t = 432.17 \text{ lb}$、$N_p = 14$、$N_{idler} = 17$、$N_g = 49$、$\phi = 25°$、$p_d = 6$、$F = 2.667 \text{ in}$，小齿轮转速 = 2500 r/min，功率为 20 hp。速度因子 $K_v = 0.66$。

假设：轮齿为 AGMA 标准齿高齿轮。载荷平稳，齿轮质量指数为 6 级，齿轮均采用 $\nu = 0.28$ 的钢。预期服务寿命为 5 年，1 班工作制。工作温度为 200℉。根据载荷平稳，使用系数 K_a 取为 1，载荷分配系数根据表 12-16，设宽度系数 $K_m = 1.6$，小、大齿轮惰轮系数 $K_I = 1$，惰轮的惰轮系数 $K_I = 1.42$，所有齿轮的尺寸系数 $K_s = 1$。$C_f = 1$、$KB = 1$、ϕ 和 p_d 与前面直齿轮例题一样，螺旋角取 20°。

解：

1. 计算小齿轮弯曲应力。对于小齿轮和惰轮啮合，压力角为 25°、螺旋角为 20°、小齿轮齿数为 14、惰轮齿数为 17，根据表 13-5，得到弯曲几何系数 $J_{pinion} = 0.51$。小齿轮的弯曲应力为：

$$\sigma_{b_p} = \frac{W_t \, p_d}{FJ} \frac{K_a K_m}{K_v} K_s K_B K_I \cong \frac{432.17(6)}{2.667(0.51)} \frac{1(1.6)}{0.66}(1)(1)(1) \text{ psi} \cong 4620 \text{ psi} \tag{a}$$

2. 计算惰轮弯曲应力。对于惰轮和小齿轮啮合，压力角为 25°、螺旋角为 20°、惰轮齿数为 17、小齿轮齿数为 14，并根据表 13-5，得到弯曲几何系数 $J_{idler} = 0.54$。惰轮的弯曲应力为：

$$\sigma_{b_i} = \frac{W_t \, p_d}{FJ} \frac{K_a K_m}{K_v} K_s K_B K_I \cong \frac{432.17(6)}{2.667(0.54)} \frac{1(1.6)}{0.66}(1)(1)(1.42) \text{ psi} \cong 6200 \text{ psi} \tag{b}$$

注意在表 12-13 中，当惰轮与小齿轮啮合时，惰轮应视为大齿轮，其 J 的取值不同。为保证均能满足应力要求，应取上述两值中的较小者。

3. 计算大齿轮弯曲应力。对于大齿轮和惰轮啮合，压力角为 25°、螺旋角为 20°、大齿轮齿数为 49、惰轮齿数为 17，根据表 13-5，得到弯曲几何系数 $J_{gear}=0.66$。大齿轮的弯曲应力为：

$$\sigma_{b_g}=\frac{W_t\,p_d}{FJ}\frac{K_aK_m}{K_v}K_sK_BK_I\cong\frac{432.17(6)}{2.667(0.66)}\frac{1(1.6)}{0.66}(1)(1)(1)\text{psi}\cong3570\ \text{psi} \tag{c}$$

4. 计算每个齿轮的基圆直径。根据例 12-4 的数据，有：

$$
\begin{array}{lll}
d_p=2.333 & d_i=2.833 & d_g=8.167 \\
r_p=1.167 & r_i=1.417 & r_g=4.083
\end{array} \tag{d}
$$

5. 计算齿顶高、齿根高和传动中心距，为：

$$a_p=a_i=a_g=\frac{1.0}{p_d}=\frac{1}{6}\text{in}=0.167\ \text{in}$$

$$C_{pi}=\frac{d_p+d_i}{2}=\frac{2.333+2.833}{2}\text{in}=2.58\ \text{in} \tag{e}$$

$$C_{id}=\frac{d_i+d_g}{2}=\frac{2.833+8.167}{2}\text{in}=5.50\ \text{in}$$

6. 根据式（12.2）求两对啮合齿轮的实际啮合线长度 Z_{pi} 和 Z_{ig}：

$$
\begin{aligned}
Z_{pi}&=\sqrt{(r_p+a_p)^2-(r_p\cos\phi)^2}+\sqrt{(r_i+a_i)^2-(r_i\cos\phi)^2}-C_{pi}\sin\phi \\
&=\sqrt{(1.167+0.167)^2-(1.167\cos25°)^2} \\
&\quad+\sqrt{(1.417+0.167)^2-(1.417\cos25°)^2}-2.58\sin25°=0.647
\end{aligned} \tag{f}
$$

$$
\begin{aligned}
Z_{ig}&=\sqrt{(r_p+a_p)^2-(r_p\cos\phi)^2}+\sqrt{(r_g+a_g)^2-(r_g\cos\phi)^2}-C_{ig}\sin\phi \\
&=\sqrt{(1.167+0.167)^2-(1.167\cos25°)^2} \\
&\quad+\sqrt{(4.083+0.167)^2-(4.083\cos25°)^2}-5.50\sin25°=0.692
\end{aligned}
$$

7. 根据式（12.7b），计算两对啮合齿轮端面重合度。

小齿轮与惰轮啮合传动：
$$m_{p_{pi}}=\frac{p_dZ_{pi}}{\pi\cos\phi}=\frac{6(0.647)}{\pi\cos25}=1.36$$

惰轮与大齿轮啮合传动：
$$m_{p_{ig}}=\frac{p_dZ_{ig}}{\pi\cos\phi}=\frac{6(0.692)}{\pi\cos25}=1.46 \tag{g}$$

8. 根据式（13.5），并由式（13.1a）～式（13.1c）获得的轴向齿距 p_x，可计算轴向重合度 m_F：

$$m_F=\frac{F\,p_d\tan\psi}{\pi}=\frac{2.667(6)\tan20°}{\pi}=1.85$$

$$p_x=p_n/\sin\psi=p_t\cos\psi/\sin\psi=\frac{\pi\cos\psi}{p_d\sin\psi}=\frac{\pi\cos20°}{6\sin20°}\text{in}=1.44\ \text{in} \tag{h}$$

9. 分别根据式（13.2）和式（13.6f），求法向压力角 ϕ_n 和基圆螺旋角 ψ_b 为：

$$\phi_n=\arctan(\cos\psi\tan\phi)=\arctan(\cos20°\tan25°)=23.66°$$

$$\psi_b=\arccos\left(\cos\psi\frac{\cos\phi_n}{\cos\phi}\right)=\arccos\left(\cos20°\frac{\cos23.66°}{\cos25°}\right)=18.25° \tag{i}$$

10. 采用式（13.6c）和（13.6d）或式（13.6e）计算每对啮合齿轮的最小接触线的长度，进而用式（13.6b）计算载荷分配系数 m_N。

$$对于小齿轮和惰轮啮合：n_{r_{pi}} = m_{p_{pi}} \text{ 的分数部分} = 0.36$$
$$对于惰轮和大齿轮啮合：n_{r_{ig}} = m_{p_{ig}} \text{ 的分数部分} = 0.46 \tag{j}$$
$$对于上述两对齿轮啮合：n_a = m_F \text{ 的分数部分} = 0.85$$

对于小齿轮和惰轮啮合（见式 13.6e）：

如果 $n_a > 1 - n_r$，则：

$$L_{min_{pi}} = \frac{m_{p_{pi}} F - (1 - n_a)(1 - n_{r_{pi}}) p_x}{\cos \psi_b}$$

$$L_{min_{pi}} = \frac{1.36(2.667) - (1 - 0.85)(1 - 0.36)(1.44)}{\cos(18.25°)} = 3.674 \tag{k}$$

$$m_{N_{pi}} = \frac{F}{L_{min_{pi}}} = \frac{2.667}{3.674} = 0.726 \tag{l}$$

对于惰轮和齿轮啮合（见式 13.6e）：

如果 $n_a \leq 1 - n_r$，则：

$$L_{min_{ig}} = \frac{m_{p_{ig}} F - (1 - n_a)(1 - n_{r_{ig}}) p_x}{\cos \psi_b}$$

$$L_{min_{ig}} = \frac{1.46(2.667) - (1 - 0.85)(1 - 0.46)(1.44)}{\cos(18.25°)} = 3.977 \tag{m}$$

$$m_{N_{ig}} = \frac{F}{L_{minig}} = \frac{2.667}{3.977} = 0.671 \tag{n}$$

11. 轮齿的曲率半径为：

$$\rho_p = \sqrt{\left\{ 0.5 \left[(r_p + a_p) \pm (C_{pi} - r_i - a_i) \right] \right\}^2 - (r_p \cos \phi)^2}$$
$$= \sqrt{\left\{ 0.5 \left[(1.167 + 0.0167) + (2.58 - 1.417 - 0.0167) \right] \right\}^2 - (1.167 \cos 25°)^2} \text{ in}$$
$$= 0.4931 \text{ in} \tag{o}$$

$$\rho_i = C_{pi} \sin \phi - \rho_p = 2.58 \sin 25° \text{ in} - 0.4931 \text{ in} = 0.5987 \text{ in}$$
$$\rho_g = C_{ig} \sin \phi - \rho_i = 5.5 \sin 25° \text{ in} - 0.5987 \text{ in} = 1.726 \text{ in}$$

12. 由于存在两对齿轮啮合（小齿轮/惰轮和惰轮/大齿轮），用式（13.6）计算时有两个不同的 I 值，每对齿轮啮合针对点蚀失效的几何系数 I，为：

$$I_{pi} = \frac{\cos \phi}{\left(\dfrac{1}{\rho_p} + \dfrac{1}{\rho_i} \right) d_p m_{N_{pi}}} = \frac{\cos 25°}{\left(\dfrac{1}{0.4931} + \dfrac{1}{0.5987} \right)(2.333)(0.726)} = 0.14$$

$$I_{ig} = \frac{\cos \phi}{\left(\dfrac{1}{\rho_i} + \dfrac{1}{\rho_g} \right) d_i m_{N_{ig}}} = \frac{\cos 25°}{\left(\dfrac{1}{0.5987} + \dfrac{1}{1.726} \right)(2.833)(0.671)} = 0.21 \tag{p}$$

13. 根据式（12.23）计算弹性系数 C_p 为 2276，这与前面的计算结果一样。

14. 小齿轮-惰轮啮合的接触应力为：

$$\sigma_{c_p} = C_p \sqrt{\frac{W_t}{F I_{pi} d_p} \frac{C_a C_m}{C_v} C_s C_f}$$

$$\cong 2276 \sqrt{\frac{432.17}{2.667(0.14)(2.33)} \frac{1(1.6)}{0.66} (1)(1)} \text{ kpsi} \cong 79 \text{ kpsi} \qquad (q)$$

15. 惰轮-大齿轮的接触应力为：

$$\sigma_{c_i} = C_p \sqrt{\frac{W_t}{F I_{ig} d_i} \frac{C_a C_m}{C_v} C_s C_f}$$

$$\cong 2276 \sqrt{\frac{432.17}{2.667(0.21)(2.83)} \frac{1(1.6)}{0.66} (1)(1)} \text{ kpsi} \cong 59 \text{ kpsi} \qquad (r)$$

16. 根据例 12-7 可知，修正后的钢的弯曲疲劳强度为 39 kpsi，修正后的接触疲劳强度为 105 kpsi。抗弯安全系数可以通过比较修正的弯曲强度和啮合齿轮上的弯曲应力得到：

$$N_{b_{pinion}} = \frac{S_{fb}}{\sigma_{b_{pinion}}} = \frac{39}{4.6} \cong 8.5 \qquad (s)$$

$$N_{b_{idler}} = \frac{S_{fb}}{\sigma_{b_{idler}}} = \frac{39}{6.2} = 6.3 \qquad (t)$$

$$N_{b_{gear}} = \frac{S_{fb}}{\sigma_{b_{gear}}} = \frac{39}{3.6} = 10.8 \qquad (u)$$

17. 耐点蚀安全系数可以通过比较修正的接触强度和啮合齿轮上的接触应力得到[○]：

$$N_{c_{pinion-idler}} = \left(\frac{S_{fc}}{\sigma_{c_{pinion-idler}}}\right)^2 = \left(\frac{105}{79}\right)^2 \cong 1.8 \qquad (v)$$

$$N_{c_{idler-gear}} = \left(\frac{S_{fc}}{\sigma_{c_{idler-gear}}}\right)^2 = \left(\frac{105}{59}\right)^2 \cong 3.2 \qquad (w)$$

18. 下面的结果与例 12-7 的直齿轮轮系的结果进行比较：相同分度圆下，斜齿轮的安全系数大大提高：

$$N_{b_{pinion}} = 8.5 \qquad\qquad N_{b_{idler}} = 6.3 \qquad\qquad N_{b_{gear}} = 10.8$$
$$N_{c_{pinion-idler}} = 1.8 \qquad\qquad N_{c_{idler-gear}} = 3.2 \qquad\qquad (x)$$

19. 文件 EX13-01 可以在本书的网站上查阅。

13.2 锥齿轮

　　锥齿轮是在啮合圆锥面上加工出轮齿，而不像直齿轮和斜齿轮那样在啮合圆柱面上切制轮齿。一对锥齿轮两轴是非平行的，而是相交于两啮合圆锥的锥顶。两轴的相交角可以是任意的，通常为 90°。如果轮齿加工时平行于锥轴[○]，则为**直齿锥齿轮**，类似于圆柱直齿轮。如果轮齿加工时与锥轴成螺旋角 Ψ，则为**螺旋锥齿轮**，类似于圆柱斜齿轮。直齿锥齿轮和螺旋锥齿轮的关系

○ 耐点蚀安全系数通过实际载荷和与材料修正接触强度相对应的载荷比较获得，因为接触应力与载荷的平方根成正比，抗点蚀安全系数应当按修正接触强度的平方与啮合齿轮的接触应力的平方之商进行计算。

○ 这里的锥轴不是指齿轮轴，而是过锥点的直线。译者注。

类似于直齿轮和斜齿轮，也就是说，相对于直齿锥齿轮，螺旋锥齿轮运行更加平稳安静，并且在相同载荷能力下，尺寸更小。

图 13-3a 所示为一对直齿锥齿轮，图 13-3b 所示为一对螺旋锥齿轮。另外，还有一种螺旋伞齿轮（未画出），这种齿轮的轮齿类似于螺旋锥齿轮，但它的螺旋角却与直齿锥齿轮一样为 0。螺旋伞齿轮具有一些螺旋锥齿轮的性质，如运行平稳、安静。螺旋形齿形是达到平稳、安静运行的基本原则，且其运行速度可达 8000 ft/min（40 m/s），精制齿轮则可以达到更高的速度。直螺旋齿形最高运行速度仅为 1000 ft/min（10 m/s）。螺旋伞齿轮的运行速度则与螺旋锥齿轮相近。与直齿轮和斜齿轮类似，对任意直齿锥齿轮和螺旋锥齿轮，最大减速传动比的推荐值为 10∶1。最小增速传动比的推荐值为 5∶1。小齿轮上的转矩一般作为额定参数。直齿锥齿轮和螺旋锥齿轮最常用的压力角为 $\phi = 20°$，螺旋锥齿轮最常用的螺旋角为 $\Psi = 35°$。通常情况下，锥齿轮不可以相互替换，它们一般是成对制造和替换的。

a) 直齿锥齿轮　　　　　　　　　　　　　　b) 螺旋锥齿轮

图 13-3

锥齿轮

摘自：Martin Sprocket and Gear Co., Arlington, Tex. （图 13-3a）和 Boston Gear LLC, an Altra Industrial Motion company （图 13-3b）

13

锥齿轮的几何尺寸和名称

图 13-4 所示为一对啮合锥齿轮的横截面。小轮和大轮的分度圆锥角分别记为 α_p 和 α_g。锥齿轮分度圆直径定义在大端的背锥上。轮齿的尺寸和形状参数也在背锥上定义，且与圆柱直齿轮类似。锥齿轮同样可以通过增加小齿轮齿顶高来避免干涉和根切。齿宽 F 的大小一般为 $L/3$，L 如图 13-4 所示。由几何关系可以得到：

$$L = \frac{r_p}{\sin\alpha_p} = \frac{d_p}{2\sin\alpha_p} = \frac{d_g}{2\sin\alpha_g} \tag{13.7a}$$

相交轴为 90° 的锥齿轮机构的齿轮比 m_G 可以用节锥角求得：

$$m_G = \frac{\omega_p}{\omega_g} = \frac{N_g}{N_p} = \frac{d_g}{d_p} = \tan\alpha_g = \cot\alpha_p \tag{13.7b}$$

同样可以参见式（12.1a）~式（12.1c）。

锥齿轮安装

跨装（齿轮两端均装有轴承）方式能提供更大的支承力，但对于保证锥齿轮锥顶相交于一点而言则难以实现。通常大齿轮采用跨装方式，而小齿轮采用悬臂式安装，而当小轮内侧具有足够的空间容纳轴承时小轮也可进行跨装。

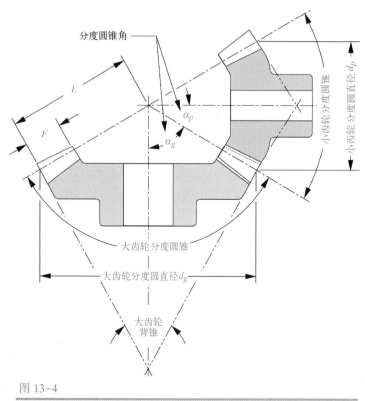

分度圆锥角

α_p

α_g

L

F

小齿轮分度圆锥

小齿轮分度圆直径 d_p

大齿轮分度圆锥

大齿轮分度圆直径 d_g

大齿轮背锥

图 13-4

锥齿轮的几何与命名

摘自：AGMA 标准 2005-D03，锥齿轮设计手册，已获美国齿轮制造协会
（1001 N. Faifax St.，Suite 500，Alexandria，Va. 22314）使用许可

13

锥齿轮受力分析

与斜齿轮类似，作用在锥齿轮上共有三个分力：圆周力、径向力和轴向力。对于直齿锥齿轮：

$$W_a = W_t \tan\phi \sin\alpha$$
$$W_r = W_t \tan\phi \cos\alpha \qquad (13.8a)$$
$$W = W_t / \cos\phi$$

对于螺旋锥齿轮：

$$W_a = \frac{W_t}{\cos\psi}\left(\tan\phi_n \sin\alpha \mp \sin\psi \cos\alpha\right)$$
$$W_r = \frac{W_t}{\cos\psi}\left(\tan\phi_n \cos\alpha \pm \sin\psi \sin\alpha\right) \qquad (13.8b)$$

在上述公式中，符号 $\mp$ 和 $\pm$ 中，上面的 $-$、$+$ 号用于主动小齿轮旋向为右旋且顺时针转动或旋向为左旋且逆时针转动的情况（转动方向从大端看），下面的 $+$、$-$ 号则用于相反的情况。

在式（13.8a）和式（13.8b）中，使用合适的 α_p 和 α_g 替换 α 可求得小齿轮和大齿轮的受力。圆周力 W_t 可以利用锥齿轮上的转矩和齿宽中点处的分度圆直径 d_m 计算得出：

$$W_t = \frac{2T}{d_m} \qquad (13.8c)$$

　　也可用该公式，根据齿轮上的转矩和齿宽中点分度圆直径来计算传递的力[○]。

锥齿轮应力

　　与直齿轮和斜齿轮相比，锥齿轮的应力和寿命计算则更为复杂。AGMA[4,5]标准提供了比本书更完整的资料，这些标准是在实际齿轮设计中必须遵守的。这里只对齿轮设计进行简要的介绍和总结，以便于初学者理解计算中涉及的诸多要素并完成一些练习[○]。

　　锥齿轮的弯曲应力　直齿锥齿轮和螺旋锥齿轮的弯曲应力的计算公式和直齿轮或斜齿轮基本上是相同的，不同之处在于系数 J 的值：

$$\sigma_b = \frac{2T_p}{d}\frac{p_d}{FJ}\frac{K_aK_mK_s}{K_vK_x} \quad \text{psi} \tag{13.9us}$$

$$\sigma_b = \frac{2T_p}{d}\frac{1}{FmJ}\frac{K_aK_mK_s}{K_vK_x} \quad \text{MPa} \tag{13.9si}$$

　　注意：在上述公式中，载荷是用小轮上的转矩 T_p 带入式（13.8c）表示的，而不是像式（12.15）中那样用 W_t 表示。d 代表小齿轮的分度圆直径（SI 中规定长度的标准单位为 mm）。在本书中，认为锥齿轮中系数 K_a、K_m、K_s 和 K_v 与第 12 章中直齿轮的定义相同。但在 AGMA 标准中，对锥齿轮的这些系数定义与直齿轮的有略微的不同，在实际圆锥齿轮的设计中，应查阅这些最准确的公式。对直齿锥齿轮，$K_x = 1$；对螺旋锥齿轮和螺旋伞齿轮，K_x 与刀具半径有关，在下面两个算例中，近似取 $K_x = 1.15$。

　　锥齿轮的接触应力　直齿锥齿轮和螺旋锥齿轮的接触应力的计算方法类似于直齿轮和斜齿轮，只是附加了一些调整系数。同锥齿轮的弯曲应力一样，接触应力用小齿轮的转矩而非圆周力表示。

$$\sigma_c = C_pC_b\sqrt{\frac{2T_D}{FId^2}\left(\frac{T_p}{T_D}\right)^z\frac{C_aC_m}{C_v}C_sC_fC_{xc}} \tag{13.10}$$

　　在本书中，认为系数 C_p、C_a、C_m、C_v、C_s 和 C_f 与第 12 章对其的定义相同。但在 AGMA 标准中对锥齿轮的这些系数的定义同直齿轮有略微的不同[5]，在实际锥齿轮的设计应用中应查阅这些最准确的公式。对比式（12.12），锥齿轮接触应力公式中两个新的系数是 C_b 和 C_{xc}，其中，C_b 为应力调整系数，AGMA 标准规定 $C_b = 0.634$；C_{xc} 为鼓形系数，对于非鼓形齿 $C_{xc} = 1.0$，对于鼓形齿 $C_{xc} = 1.5$[○]。当 $T_p < T_D$ 时，指数 z 取 0.667，否则 z 取 1。

　　下面进行具体说明。T_p 是**小齿轮工作转矩**，它由外加载荷和外加转矩或者动力、速度和时间决定。T_D 是**小齿轮设计转矩**，它是在大齿轮上完全（最优）接触区的最小转矩。在大多数情况下，T_D 为齿面接触应力等于材料的许用接触应力（见表 12-21）所对应的力矩。T_D 可由以下公式估算：

$$T_D = \frac{F}{2}\frac{IC_v}{C_sC_{md}C_fC_aC_{xc}}\left(\frac{S'_{fc}d}{C_pC_b}\frac{0.774C_H}{C_TC_R}\right)^2 \quad \text{lb·in} \tag{13.11us}$$

　　[○]　计算 d_m 的方法可查阅 AGMA 标准 2005-D03，或者可以通过齿轮啮合的设计方法来估计（类似于图 13-4）。例 13-2 的文件中包括了中点分度圆直径的计算。

　　[○]　摘自 AGMA 标准 2005-D03，圆锥齿轮设计手册，和 AGMA 标准 2003-C10，直齿锥齿轮、螺旋伞齿轮和螺旋锥齿轮的耐点蚀性和弯曲强度的评估。已获美国齿轮制造协会（地址：1001 N.Fairfax St.，Suite 500，Alexandria，Va.，22314）使用许可。

　　[○]　鼓形齿的齿面经过修整，在纵长方向（沿齿宽方向）上有一定的弯曲，这使啮合过程中轮齿产生局部接触，从而避免轮齿齿两端的接触。任何齿轮轮齿均可制成鼓形齿。而且采用鼓形齿无须两啮合齿轮的轴线达到精确平行。

$$T_D = \frac{F}{2000} \frac{IC_v}{C_s C_{md} C_f C_a C_{xc}} \left(\frac{S'_{fc}d}{C_p C_b} \frac{0.774 C_H}{C_T C_R} \right)^2 \quad \text{N·m} \tag{13.11si}$$

式中，S'_{fc} 是材料的接触疲劳强度极限（见表 12-21）；系数 C 的定义同前文所述，其中 C_H、C_T、C_R 的定义见第 12 章（见式 12.25）。C_{md} 是齿轮的安装系数，它与齿轮的安装方式有关。对于鼓形齿，两锥齿轮均采用跨装时取 $C_{md} = 1.2$，两锥齿轮均采用悬臂梁式安装时取 $C_{md} = 1.8$，当一个锥齿轮采用跨装，另一个采用悬臂梁式安装时，C_{md} 取 1.2 ~ 1.8 之间的一个值；对于非鼓形齿，C_{md} 取上述相同安装条件下数值的两倍。详细资料参见 AGMA 标准[5]。

几何系数 I 和 J   直齿锥齿轮和螺旋锥齿轮的几何系数与直齿轮或斜齿轮有所不同。AGMA 标准提供了直齿锥齿轮、螺旋锥齿轮和螺旋伞齿轮中关于几何参数的图表，此处摘录部分图表，见图 13-5 ~ 图 13-8[⊖]。

安全系数   为避免弯曲失效和点蚀失效，锥齿轮的安全系数可以按照和第 12 章中相同的方式进行计算。

例 13-2 锥齿轮的应力分析

问题：一直齿锥齿轮的制作钢材、使用条件、使用寿命（5 年）均同例 12-7 一致，试确定该直齿锥齿轮的弯曲应力、接触应力和安全系数。

已知：$N_p = 20$，$N_g = 35$，$\phi = 25°$，$p_d = 8$，转速为 2500 r/min，传动功率为 10 hp。由例题 12-7 可知，修正的弯曲强度极限为 38937 psi，修正的接触强度极限为 105063 psi，未修正的接触强度极限为 118000 psi。

假设：由例 12-7 得，$K_a = C_a = K_s = C_s = C_f = C_H = C_R = C_T = 1$，$K_m = C_m = 1.6$，$K_v = C_v = 0.652$、$C_L = 0.890$ 和 $C_p = 2276$。本设计假设：$C_{xc} = K_x = 1$，$C_b = 0.634$ 及 $C_{md} = 1.5$。

解：

1. 由已知功率和速度确定小轮的转矩：

$$T_p = \frac{P}{\omega_p} = \frac{10 \text{ hp} \left(6600 \frac{\text{in·lb}}{\text{s}} \Big/ \text{hp} \right)}{2500 \text{ r/min} \left(2\pi/60 \right) \frac{\text{rad}}{\text{s}} \Big/ \text{r/min}} = 252.1 \text{ lb·in} \tag{a}$$

2. 计算两锥齿轮的分度圆直径：

$$d_p = \frac{N_p}{p_d} = \frac{20}{8} \text{ in} = 2.50 \text{ in}, \qquad d_g = \frac{35}{8} \text{ in} = 4.375 \text{ in} \tag{b}$$

3. 按照式（13.7b）计算分度圆锥角：

$$\alpha_g = \arctan\left(\frac{N_g}{N_p} \right) = \arctan\left(\frac{35}{20} \right) = 60.26° $$

$$\alpha_p = 90 - \alpha_g = 90 - 60.26 = 29.74° \tag{c}$$

4. 按照式（13.7a）计算节锥距 L：

$$L = \frac{d_p}{2\sin\alpha_p} = \frac{2.50}{2\sin 29.74} \text{ in} = 2.519 \text{ in} \tag{d}$$

⊖ 摘自 AGMA 标准 2005-D03，锥齿轮设计手册，和 AGMA 标准 2003-C10，直齿锥齿轮、螺旋伞齿轮和螺旋锥齿轮的耐点蚀性和弯曲强度的评估，已获得发布方美国齿轮制造商协会（地址：1001 N. Fairfax St., Suite 500, Alexandria, VA 22314）允许在本书引用。

5. 利用节锥距 L 计算合适的齿宽，采用最大推荐值：

$$F = \frac{L}{3} = \frac{2.519}{3} \text{ in} = 0.840 \text{ in} \qquad (\text{e})$$

6. 在图 13-5 中查找弯曲几何系数，得到：$J_p = 0.237$，$J_g = 0.201$。

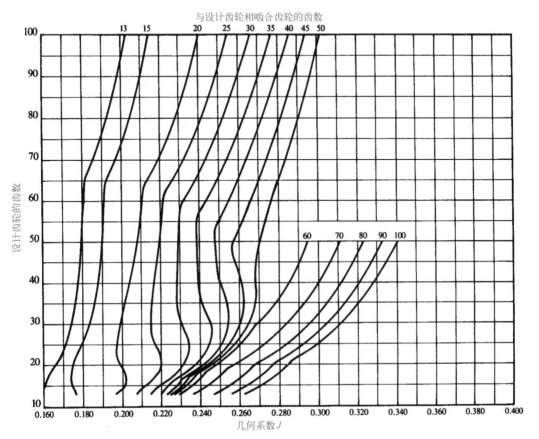

与设计齿轮相啮合齿轮的齿数

图 13-5

$\phi = 20°$，刀刃圆角半径为 $0.120/p_d$ 的直齿锥齿轮的几何系数 J

摘自：AGMA 标准 2003-C10，直齿圆锥、螺旋伞齿轮和螺旋锥齿轮耐点蚀和弯曲的评估，已获得发布方美国齿轮制造协会（地址：1001 N. Faifax St. , Suite 500, Alexandria, Va. 22314）在本书的引用许可

7. 按式（13.9），并根据系数 J_p 计算小齿轮的弯曲应力：

$$\sigma_{b_{pinion}} = \frac{2T_p}{d} \frac{p_d}{FJ} \frac{K_a K_m K_s}{K_v K_x} = \frac{2(252.1)}{2.5} \frac{8}{0.840(0.237)} \frac{1(1.6)(1)}{0.652(1)} \text{ psi} \cong 19\,880 \text{ psi} \qquad (\text{f})$$

8. 按式（13.9），并根据系数 J_g 计算大齿轮的弯曲应力：

$$\sigma_{b_{gear}} = \frac{2T_p}{d} \frac{p_d}{FJ} \frac{K_a K_m K_s}{K_v K_x} = \frac{2(252.1)}{2.5} \frac{8}{0.840(0.201)} \frac{1(1.6)(1)}{0.652(1)} \text{ psi} \cong 23\,440 \text{ psi} \qquad (\text{g})$$

注意：大齿轮轮齿比小齿轮轮齿承受的弯曲应力更大，这是因为小齿轮的齿顶高于大齿轮的齿顶，使小齿轮更强了。

9. 在图 13-6 中查找接触几何系数，得到 $I = 0.076$，按照式（13.11）计算 T_D：

$$T_D = \frac{F}{2}\frac{IC_v}{C_sC_{md}C_fC_aC_{xc}}\left(\frac{S'_{fc}d}{C_pC_b}\frac{0.774C_H}{C_TC_R}\right)^2$$

$$= \frac{0.840}{2}\frac{0.076(0.652)}{1(1.5)(1)(1)(1)}\left(\frac{118\,000(2.5)}{2\,276(0.634)}\frac{0.774(1)}{1(1)}\right)^2 \text{lb·in} \cong 347.5 \text{ lb·in} \tag{h}$$

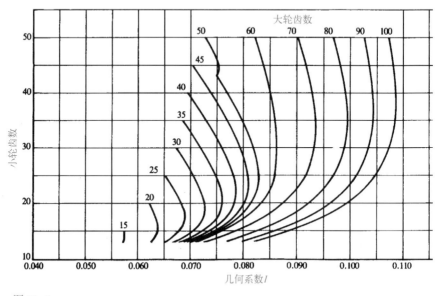

图 13-6

$\phi=20°$，刀刃圆角半径为 0.120/p_d 的直齿锥齿轮的几何系数 I

摘自：AGMA 标准 2003-C10，直齿圆锥、螺旋伞齿轮和螺旋锥齿轮耐点蚀和弯曲的评估，已获得发布方美国齿轮制造协会（地址：1001 N. Faifax St.，Suite 500，Alexandria，Va. 22314）在本书的引用许可

10. 因为 $T_D > T_p$。按照式（13.10）参照此系数计算接触应力：

$$\sigma_c = C_pC_b\sqrt{\frac{2T_D}{FId^2}\left(\frac{T_p}{T_D}\right)^z\frac{C_aC_m}{C_v}C_sC_fC_{xc}}$$

$$= 2276(0.634)\sqrt{\frac{2(347.5)}{0.840(0.076)(2.5)^2}\left(\frac{252.1}{347.5}\right)^{0.667}\frac{1(1.6)}{0.652}(1)(1)(1)} \text{ psi}$$

$$\cong 84\,753 \text{ psi} \tag{i}$$

11. 计算安全系数：

$$N_{b_{pinion}} = \frac{S_{fb}}{\sigma_{b_{pinion}}} = \frac{38\,937}{19\,880} \cong 2.0 \tag{j}$$

$$N_{b_{gear}} = \frac{S_{fb}}{\sigma_{b_{gear}}} = \frac{38\,937}{23\,440} \cong 1.7 \tag{k}$$

$$N_c = \left(\frac{S_{fc}}{\sigma_c}\right)^2 = \left(\frac{105\,063}{84\,753}\right)^2 \cong 1.5 \tag{l}$$

12. 以上结果安全系数符合要求。本例题的文件可在本书网站上找到。

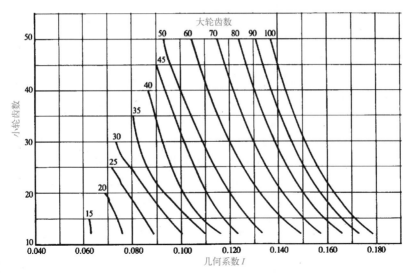

图 13-7

φ=20°，螺旋角 Ψ=35°，刀刃圆角半径为 0.240/p_d 的螺旋锥齿轮的几何系数 I

摘自：AGMA 标准 2003-C10，直齿锥、螺旋伞齿轮和螺旋锥齿轮耐点蚀和弯曲的评估，已获得发布方美国齿轮制造协会（地址：1001 N.Faifax St.，Suite 500，Alexandria，Va.22314）在本书的引用许可

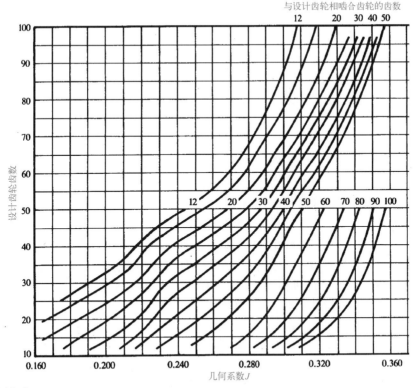

图 13-8

φ=20°，螺旋角 Ψ=35°，刀刃圆角半径为 0.240/p_d 的螺旋锥齿轮的几何系数 J

摘自：AGMA 标准 2003-C10，直齿锥、螺旋伞齿轮和螺旋锥齿轮抗点蚀和弯曲的评估，已获得发布方美国齿轮制造协会（地址：1001 N.Faifax St.，Suite 500，Alexandria，Va.22314）在本书的引用许可

13.3   蜗杆机构

蜗轮蜗杆传动装置比传统齿轮装置更难设计。这里仅仅对这个装置做一个简单的说明。AGMA 标准给出了更多的信息。对于任何实际的应用，建议读者去查询 AGMA 文件。它们囊括一个完整设计所需要的全部数据表格。本书列举出了摘自 AGMA 的绝大多数相关公式，但没提供相关的表格数据。只是提供了计算表格数据的经验公式，这些公式源自于 AGMA 附录[⊖]。

如图 13-9 所示，蜗杆机构由蜗杆和蜗杆齿轮（也称蜗轮）组成。它们为不平行、不相交连接，通常交错角为直角。蜗杆实际上是一个斜齿轮，由于它的螺旋角很大，所以一个轮齿就可以环绕蜗杆的整个圆周。蜗杆类似于螺杆，而蜗轮则类似于螺母。当与之啮合的蜗轮（螺母）一点沿蜗杆同一条螺旋线转一周所移动的轴向距离称为导程 L；L 与周长 πd 之商等于螺旋导程角 λ 的正切，即：

蜗轮

蜗杆

图 13-9

单包络蜗杆机构，由蜗杆和包络蜗轮组成

由 Martin Sprocket and Gear Co., Arlington, Tex. 提供

$$\tan\lambda = \frac{L}{\pi d} \qquad (13.12)$$

蜗杆一般只有单齿（一条螺旋线），因此获得和蜗轮齿数一样大的传动比。结构紧凑，且能获得大传动比是蜗杆传动机构较其他齿轮机构相比的一个主要优点，一对齿轮的传动比最多只能达到 10:1。蜗杆机构传动比范围在 1:1~360:1 之间；常用传动比为 3:1~100:1。传动比大于 30:1，采用单线螺纹蜗杆，传动比小于 30:1，则采用多线螺纹蜗杆。蜗杆上的螺纹数又称为头数。例如，2 头或 3 头的蜗轮可以用于低传动比的蜗杆传动装置。蜗杆的轴向齿距 p_x 等于蜗轮的齿距 p_c，也等于导程 L 除以蜗杆的齿数即头数 N_w：

$$p_x = \frac{L}{N_w} = p_c = \frac{\pi d_g}{N_g} \qquad (13.13)$$

式中，d_g 是蜗轮分度圆直径；N_g 是蜗轮齿数。商业用蜗杆机构的头数一般为 1~10，但较大的蜗杆会用到更多的头数。

蜗杆机构相对于其他齿轮机构的优点还有它的自锁性。如果一个蜗杆机构有自锁性，那么它无法回转，即力矩作用于蜗轮，不会使蜗杆转动。当一个蜗杆机构是自锁的，那么只能由蜗杆带动蜗轮转动。因此，常利用该特性承担大载荷，例如顶起汽车的千斤顶。一个蜗杆机构是否自锁取决于几个因素，包括 $\tan\lambda$ 与摩擦系数 μ 的比值、表面粗糙度、润滑和振动。一般来说，自锁现象出现在导程角小于 6° 的机构中，有时导程角高达 10° 也有可能发生自锁（参见 15.2 节，关于传动螺纹自锁的完整讲解，该原理同样适用于蜗杆传动机构）[8]。

标准的蜗杆机构压力角有：14.5°、17.5°、20°、22.5°、25°、27.5° 和 30°。大的压力角可以提高轮齿的强度，但会使蜗杆摩擦磨损、轴承载荷和弯曲应力更大。在高速大功率的应用中，应该使用小螺距的蜗杆。在高速低转矩的情况下，需要使用大螺距、大直径的蜗杆。

蜗杆和蜗轮的齿形不是渐开线，并在啮合时有较大的滑动速度分量。蜗杆和蜗轮是不可互

⊖ 摘自 AGMA 标准 2005-D03，锥齿轮设计手册，和 AGMA 标准 2003-C10，直齿锥齿轮、螺旋伞齿轮和螺旋锥齿轮的抗点蚀和抗弯曲的评估，已获得发布方美国齿轮制造商协会（地址：1001 N. Fairfax St., Suite 500, Alexandria, VA 22314）在本书引用许可。

换的，但是可以同时制造和更换一组相符的蜗杆副。为了增加轮齿之间的接触面积，可使用单包络或双包络的环面形状的蜗轮、蜗杆。一个单包络蜗杆副（见图 13-9）是指蜗轮的环面轮齿包住部分蜗杆。双包络蜗杆副不仅蜗杆部分包裹住蜗轮，蜗杆形状是沙漏形，而不是圆柱形。这些配置增加了制造的复杂性和成本，但是可以提高承载能力。这两种类型市面上都有销售。

蜗轮蜗杆材料

适合作蜗轮蜗杆的材料较少。蜗杆压力大，需要硬质钢。常用低碳钢如 AISI 1020、1117、8620 和 4320，并经渗碳淬火使硬度达到 58~62HRC。中碳钢如 AISI 4140 或 4150 也常被使用，并经感应淬火或火焰淬火使硬度达到 58~62HRC。这些蜗杆需要磨削或抛光达到表面粗糙度 $Ra =$ 16 μin（0.4 μm）或更高。蜗轮蜗杆传动时相对速度大，蜗轮需要有足够软且柔顺的材料，来顺应与高硬度蜗杆的跑合。砂型铸造、冷铸、离心铸或者锻压青铜是蜗轮加工的常用方法。磷青铜或锡青铜适合于高功率场合，锰青铜适合于低功率低速应用。铸铁、低碳钢和塑料经常用于轻载低速场合。

蜗杆机构润滑

蜗杆传动机构润滑分为边界润滑、不完全液体润滑和完全液体润滑三种状态，如第 11 章所讲，哪种润滑状态则取决于载荷、速度、温度和润滑油黏度。由于蜗杆机构的相对滑动速度大，其润滑情况更像滑动轴承而非滚动轴承。高滑动率使蜗杆机构比传统齿轮机构效率低很多。因此，常常在蜗杆副中的润滑剂中添加极压添加剂（EP）。

蜗杆机构受力分析

蜗轮和蜗杆受的是三维载荷作用。作用在它们上的是圆周力、径向力和轴向力三个分量。由于蜗杆和蜗轮的轴线呈 90°，蜗轮圆周力 W_{tg} 的大小等于蜗杆轴向力 W_{aw} 的大小，反之亦然。这些力可以表示为：

$$W_{tg} = W_{aw} = \frac{2T_g}{d_g} \tag{13.14a}$$

式中，T_g 和 d_g 分别是作用在蜗轮的转矩和蜗轮分度圆直径。蜗轮的轴向力 W_{ag} 和蜗杆的圆周力 W_{tw} 表示为：

$$W_{ag} = W_{tw} = \frac{2T_w}{d} \tag{13.14b}$$

式中，T_w 和 d 是作用在蜗杆的转矩和蜗杆的分度圆半径。蜗轮蜗杆径向力 W_r 大小均为：

$$W_r = \frac{W_{tg} \tan\phi}{\cos\lambda} \tag{13.14c}$$

式中，ϕ 是压力角；λ 是导程角。

蜗杆机构的几何尺寸

齿轮机构的分度圆半径和齿数有唯一的明确关系，而蜗杆副中却没有。一旦蜗杆的头数即齿数 N_w 确定了，蜗轮齿数取决于既定的齿轮比 m_G：

$$N_g = m_G N_w \tag{13.15}$$

但是，蜗杆不同于其他齿轮，它的分度圆直径与齿数无关。对于蜗杆，只要蜗杆轮齿横截面（轴面）与蜗轮齿距相配合，理论上它的直径可以是任何尺寸（这就类似于机器上不同直径的螺纹，可以有同样的齿距，如#6-32、8-32 和 10-32 螺纹）。因此，蜗杆分度圆半径 d 的选择取决于蜗轮的直径 d_g，对于任何给定的 d_g，改变 d 只会改变蜗杆和蜗轮间的中心距，而不会影响传动比。AGMA 推荐的了蜗杆分度圆直径最小值和最大值范围为：

$$\frac{C^{0.875}}{3} \leqslant d \leqslant \frac{C^{0.875}}{1.6} \qquad (13.16a)$$

而 Dudley[9] 推荐使用：

$$d \cong \frac{C^{0.875}}{2.2} \qquad (13.16b)$$

该值大约是 AGMA 推荐范围的中间值。

蜗轮直径 d_g 可以由中心距与蜗杆直径关系得出：

$$d_g = 2C - d \qquad (13.17)$$

轮齿的齿顶高 a 和齿根高 b 分别为：

$$a = 0.3183 p_x \qquad b = 0.3683 p_x \qquad (13.18)$$

蜗轮齿宽受到蜗轮直径的限制。AGMA 推荐的齿宽 F 最大值为：

$$F_{max} \leqslant 0.67d \qquad (13.19)$$

表 13-7 给出了 AGMA 推荐的蜗轮最小齿数与压力角的关系。

表 13-7　AGMA 推荐的蜗轮最小齿数[6]

ϕ	N_{min}
14.5	40
17.5	27
20	21
22.5	17
25	14
27.5	12
30	10

标定方法

不像斜齿轮和锥齿轮可以分别计算轮齿的弯曲应力和接触应力，然后比较材料性能那样，蜗杆机构要评定能够允许的输入功率。实践经验告诉我们，蜗杆传动的主要失效形式是点蚀和磨损，因此 **AGMA 额定功率** 是基于耐点蚀性和耐磨性的。因为蜗轮蜗杆有较高的相对滑动速度，分隔在两齿间的油膜的温度是一个重要因素，AGMA 标准中已使用该系数[6,7]。标准中，给出在均匀载荷下每天连续工作 10 h 的工况系数为 1.0。蜗杆和蜗轮的材料为前面所提及的材料。

蜗杆副的评定可以用许用输入功率 Φ、输出功率 Φ_o 或者在已知速度下输入或输出轴许用转矩 T 来表示，输入轴和输出轴的功率-转矩-速度关系见式（10.1a）。

AGMA 定义了额定输入功率公式：

$$\Phi = \Phi_o + \Phi_l \qquad (13.20)$$

式中，Φ_l 是摩擦损耗的功率，输出功率 Φ_o 定义为：

$$\Phi_o = \frac{n W_{tg} d_g}{126\,000 m_G} \text{ hp} \qquad (13.21\text{us})$$

$$\Phi_o = \frac{n W_{tg} d_g}{1.91 \times 10^7 m_G} \text{ kW} \qquad (13.21\text{si})$$

损耗功率定义为 Φ_l：

$$\Phi_l = \frac{V_t W_f}{33\,000} \text{ hp} \qquad (13.22\text{us})$$

$$\Phi_l = \frac{V_t W_f}{1000} \text{ kW} \qquad (13.22\text{si})$$

上述公式是两个不同单位制的。转动速度 n 单位是 r/min。圆周切向滑动速度 V_t 单位是 ft/min（m/s），而蜗杆直径 d 单位是 in（mm）。载荷 W_{tg} 和 W_f 单位是 lb（N）。功率单位是 hp（kW）。

蜗轮圆周力 W_{tg} lb（N）可以从下式中得到，为：

$$W_{tg} = C_s C_m C_v d_g^{0.8} F \qquad (13.23\text{us})$$

$$W_{tg} = C_s C_m C_v d_g^{0.8} F / 75.948 \qquad (13.23\text{si})$$

式中，C_s 是 AGMA 中冷铸青铜定义的材料系数[○]：

$$
\begin{array}{llll}
\text{如果} & C < 8 \text{ in} & \text{则} & C_s = 1000 \\
\text{如果} & C \geq 8 \text{ in} & \text{则} & C_s = 1411.6518 - 455.8259 \log_{10} d_g
\end{array}
\tag{13.24}
$$

C_m 是 AGMA 中定义的齿轮比校正系数：

$$
\begin{array}{llll}
\text{如果} & 3 < m_G \leq 20 & \text{则} & C_m = 0.0200\sqrt{-m_G^2 + 40m_G - 76} + 0.46 \\
\text{如果} & 20 < m_G \leq 76 & \text{则} & C_m = 0.0107\sqrt{-m_G^2 + 56m_G + 5\,145} \\
\text{如果} & 76 < m_G & \text{则} & C_m = 1.1483 - 0.006\,58m_G
\end{array}
\tag{13.25}
$$

C_v 是 AGMA 中定义的速度系数：

$$
\begin{array}{llll}
\text{如果} & 0 < V_t \leq 700 \text{ ft/min} & \text{则} & C_v = 0.659 e^{-0.0011V_t} \\
\text{如果} & 700 < V_t \leq 3000 \text{ ft/min} & \text{则} & C_v = 13.31 V_t^{-0.571} \\
\text{如果} & 3000 < V_t \text{ ft/min} & \text{则} & C_v = 65.52 V_t^{-0.774}
\end{array}
\tag{13.26}
$$

蜗杆分度圆的切向速度为：

$$
V_t = \frac{\pi n d}{12 \cos \lambda} \text{ ft/min}
\tag{13.27}
$$

作用齿轮上的摩擦力 W_f 为：

$$
W_f = \frac{\mu W_{tg}}{\cos \lambda \cos \phi_n}
\tag{13.28}
$$

蜗轮蜗杆啮合传动时的摩擦系数不是常数，它是速度的函数，AGMA 的推荐公式为：

$$
\begin{array}{lll}
\text{如果} & V_t = 0 \text{ ft/min} & \mu = 0.15 \\
\text{如果} & 0 < V_t \leq 10 \text{ ft/min} & \mu = 0.124 e^{\left(-0.074 V_t^{0.645}\right)} \\
\text{如果} & 10 < V_t \text{ ft/min} & \mu = 0.103 e^{\left(-0.110 V_t^{0.450}\right)} + 0.012
\end{array}
\tag{13.29}
$$

蜗轮蜗杆本身传动效率（不包括轴承、搅油等损耗）为：

$$
\eta = \frac{\Phi_o}{\Phi}
\tag{13.30}
$$

额定输出功率可按式（13.14）和式（13.23）计算：

$$
T_g = W_{tg} \frac{d_g}{2}
\tag{13.31}
$$

蜗杆机构设计

　　通常蜗杆机构设计确定输入（或输出）速度和传动比。一般已知条件是输出的载荷，如力或转矩，或已知所需要的功率，有时也给出机构尺寸限制的信息。（很多可能的之中的）一种设计方法是：首先假定蜗杆的头数，计算蜗杆蜗轮运动参数。然后，初选一个中心距 C，并利用式（13.16）计算蜗杆分度圆直径 d。再根据式（13.19）找出适合的蜗轮齿宽 F。蜗轮的分度圆半径可由式（13.17）计算，然后运用式（13.23）和式（13.28）求出蜗轮蜗杆啮合的圆周力。基于这些数据，由式（13.20）~式（13.22）和式（13.31）可以初步确定蜗杆副的额定（许用）功率和转矩大小。如果功率和转矩的大小可以满足所要求的安全范围，则设计任务完成。如果不满足要求（可能），必须修改最初设定的蜗杆头数、蜗杆直径、中心距等并再计算直到得到满意的结果为止。中心距需要进一步调整，以获取一个能与加工刀具匹配的径节或模数。方程求解器

　　[○] 注意：AGMA 对其他青铜也给出的材料系数。可看该标准 [6，7] 得到更多信息。

可以更快地进行迭代求解方程。

13.4 案例研究

第9章案例研究9A是关于用一个提升装置将干草捆吊起转移到储藏仓的设计问题。提出的方案是采用一个电动机，通过一个75:1的齿轮机构进行减速后带动一个提升机构，要求机构具有自锁功能以承载。在此应用中，蜗杆副是一个合理的方案。下面来说明一下该设计。

案例研究 9B   为一个提升机构设计一个蜗轮蜗杆减速器

问题：图9-4所示的案例9A中（重复），设计提升机构减速器中的蜗杆蜗轮。

已知：前面的案例中已经建立如图9-6b（下面重现）所示的力-时间函数，假设绞车圆筒的半径为10 in，峰值转矩大约7800 lb·in。所需的平均输出功率大约0.6 hp。减速比为75:1。输入蜗杆的速度是1725 r/min。输出速度是23 r/min。

假设：初选一个单头、压力角为20°的蜗杆。蜗杆采用淬透钢硬度达58HRC，蜗轮用冷铸磷青铜，蜗轮蜗杆副具有自锁功能。

解：见图9-4和图9-6（重复）。

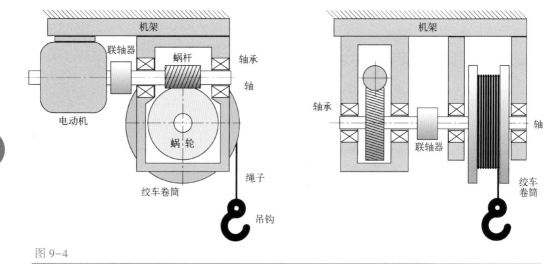

图 9-4

（重复）电动机驱动的提升机构包含齿轮传动，轴、轴承和联轴器

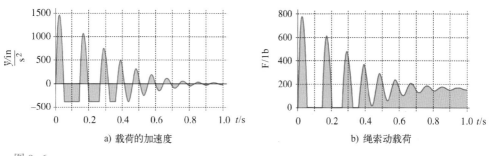

a) 载荷的加速度

b) 绳索动载荷

图 9-6

（重复）起动阶段变化的加速度和绳索力

1. 根据传动比 75∶1，单头蜗杆需要与齿数为 75 的蜗轮匹配。蜗轮齿数满足了表 13-7 推荐的最小齿数要求。

2. 初选中心距为 5.5 in，由式 （13.16b） 计算蜗杆直径为：

$$d \cong \frac{C^{0.875}}{2.2} \cong \frac{5.5^{0.875}}{2.2} \text{in} = 2.02 \text{ in} \tag{a}$$

3. 根据式 （13.17） 计算适合的蜗轮直径为：

$$d_g = 2C - d = 2(5.5) \text{in} - 2.02 \text{in} = 8.98 \text{ in} \tag{b}$$

4. 根据式 （13.13） 确定导程为：

$$L = \pi d_g \frac{N_w}{N_g} = \pi(8.98) \frac{1}{75} \text{in} = 0.376 \text{ in} \tag{c}$$

5. 根据式 （13.12） 计算导程角为：

$$\lambda = \arctan \frac{L}{\pi d} = \arctan \frac{0.376}{\pi(2.02)} = 3.39° \tag{d}$$

由于导程角小于 6°，故蜗杆副具有自锁性。

6. 根据式 （13.19） 确定推荐的最大齿宽为：

$$F_{max} \cong 0.67d = 0.67(2.02) \text{in} = 1.354 \text{ in} \tag{e}$$

7. 因为 C<8 in，由式 （13.24） 确定材料系数 C_s 为：$C_s = 1000$。

8. 由式 （13.25） 确定齿轮比校正系数 C_m。根据 $m_G = 75$，采用方程组的第二条表达式，得：

$$C_m = 0.0107\sqrt{-m_G^2 + 56m_G + 5145} = 0.0107\sqrt{-75^2 + 56(75) + 5145} = 0.653 \tag{f}$$

9. 由式 （13.27） 计算圆周速度 V_t 为：

$$V_t = \frac{\pi nd}{12\cos\lambda} = \frac{\pi(1725)(2.02)}{12\cos(3.392°)} \text{ft/min} = 913.9 \text{ ft/min} \tag{g}$$

10. 根据速度 V_t，由式 （13.26） 确定速度系数。根据速度值，采用方程组的第二个公式，计算速度系数为：

$$C_v = 13.31(913.9)^{-0.571} = 0.271 \tag{h}$$

11. 由式 （13.23） 计算蜗轮圆周力为：

$$W_{tg} = C_s C_m C_v d_g^{0.8} F = 1000(0.653)(0.271)(8.98)^{0.8}(1.354) \text{lb} = 1388 \text{ lb} \tag{i}$$

12. 由方程组 （13.29） 的第三个公式得到摩擦系数为：

$$\mu = 0.103 e^{\left(-0.110 V_t^{0.450}\right)} + 0.012 = 0.103 e^{\left(-0.110[913.9]^{0.450}\right)} + 0.012 = 0.022 \tag{j}$$

13. 由式 （13.28） 计算摩擦力 W_f 为：

$$W_f = \frac{\mu W_{tg}}{\cos\lambda\cos\phi} = \frac{0.022(1388)}{\cos3.392°\cos20°} \text{lb} = 32 \text{ lb} \tag{k}$$

14. 由式 （13.21） 计算额定输出功率为：

$$\Phi_o = \frac{n W_{tg} d_g}{126\,000 m_G} = \frac{1725(1388)(8.98)}{126\,000(75)} \text{hp} = 2.274 \text{ hp} \tag{l}$$

15. 由式 （13.22） 计算啮合损耗功率为：

$$\Phi_l = \frac{V_t W_f}{33\,000} = \frac{913.9(32)}{33\,000} \text{hp} = 0.888 \text{ hp} \tag{m}$$

13

16. 由式（13.20）计算额定输入功率为：

$$\Phi = \Phi_o + \Phi_l = 2.274\ hp + 0.888\ hp = 3.162\ hp \tag{n}$$

17. 蜗轮蜗杆[⊖]传动效率为：

$$\eta = \frac{\Phi_o}{\Phi} = \frac{2.274}{3.162} = 71.9\% \tag{o}$$

18. 由式（13.20）计算额定输出转矩为：

$$T_g = W_{tg}\frac{d_g}{2} = 1388\frac{8.98}{2}\ lb\cdot in = 6220\ lb\cdot in \tag{p}$$

19. 虽然额定功率看似满足了本应用要求，但输出转矩未达到案例9A中要求的最大峰值7800 lb·in 的要求，因此要重新进行设计。

20. 将原来设定的中心距增加到6.531 in，重新计算。微调中心距使径节为一个整数 7 in^{-1}。这可使蜗轮直径增加到10.714 in，输出转矩达到9131 lb·in。重新计算后的输入功率为4.52 hp，效率73.8%，故损耗功率为1.18 hp，输出功率为3.33 hp。新的导程角为3.48°，该蜗杆副依然自锁。

21. 根据载荷计算结果，新的设计方案看似是可行，现在需要对原来的电动机规格进行修订。所需平均净功率估计为0.62 hp，那么在110 V电压下工作，1~1.25 hp的电动机能够满足要求。由于蜗轮蜗杆传动有损耗功率1.18 hp，即使是采用1.25 hp的电动机，也只能提供很小的有用功率用于载荷提升。因此现在看来该设计也不合理。旋转的绞车圆筒起到飞轮的作用，可以通过存储的能力瞬间越过如图9-6所示变载荷中的最大峰值，但不能持续地提供能量确保达到平均以上。所以220 V、功率为2 hp或者2.25 hp的电动机更加符合设计要求。该功率与蜗轮蜗杆副的输入功率相匹配，并不会产生过热问题。

22. 文件CASE9B-1和CASE9B-2分别为本案例第一次设计方案（失败的）和第二次设计方案（成功的），两个案例文件可以在本书网站上查阅。

13.5 小结

除了直齿圆柱齿轮，还有其他几种形式的齿轮机构。本章主要对斜齿轮、锥齿轮和蜗轮蜗杆3种齿轮的应用和设计进行了简要介绍。

斜齿轮 轮齿分布在滚动的圆柱体上，具有和直齿轮相同的基本功能，可用于传递平行轴间的运动，可以用于增减速度和力矩。斜齿轮的轮齿与轴线存在一个螺旋角，螺旋角通常取较小的角度，最大不超过45°。螺旋分为左旋和右旋。一对平行轴斜齿轮啮合时，它们的螺旋角大小相等、旋向相反。对于相同旋向的交错轴齿轮啮合时，它们的轴是倾斜或垂直交错的（不相交），且理论上轮齿间为点接触。与平行轴的斜齿轮机构相比，这限制了它的承载能力；因为平行轴斜齿轮的滚滑啮合运动类似直齿轮，但啮合平稳，啮合作用能够保证经过其齿宽。

斜齿轮相比直齿轮机构的主要优点是运动平稳，相同尺寸具有更高的强度。缺点是成本较高，而且会产生轴向力，因此需要轴承能够承受轴向力。平行轴的斜齿轮机构由于其运动平稳的特性，可以进一步应用在手动或自动变速的运输车辆装置中。

斜齿轮的设计同直齿轮类似，应用相同的弯曲应力和接触应力公式，不同的是几何系数 I 和 J 取值不同，除此之外，还有一些附加的系数引入到公式中。这些系数可在AGMA标准的斜齿轮相关数据表中获取，这些数据表是不同压力角、螺旋角和齿顶高率的系数取值，已在本章中列

⊖ 原文为齿轮副，疑似有误。译者注。

举。查询 AGMA 标准可以获取更完整的信息。斜齿轮选用的材料也与直齿轮相同。由于倾斜的轮齿在受力方向更厚，因此与具有相同节距和直径的直齿轮相比，斜齿轮的应力更低，具有更高的安全系数。

锥齿轮 由滚动锥构成，用于连接相交轴。锥齿轮一般用于在"拐弯处"传递运动和力矩。它们的轮齿随圆锥直径由大到小的变化而逐渐缩小，它们的直径和轮齿大小均以大端为标准值。锥齿轮的轮齿有两种形式：轮齿为直线沿锥轴（类似于直齿轮），称其为**直齿锥齿轮**；轮齿与锥轴有一螺旋角（类似斜齿轮），称其为**螺旋锥齿轮**或螺旋齿轮。就像斜齿轮优于直齿轮的性能一样，螺旋圆锥齿轮也具有优于直齿圆锥齿轮的性能。因为螺旋锥齿轮倾斜的轮齿逐渐啮合，螺旋锥齿轮运行更加平稳、安静，且振动更小。由于螺旋锥齿轮的轮齿在受力方向上较厚，相比具有同样节径和节距的直齿锥齿轮而言强度更高。此外，还有一种齿形为曲线形，但螺旋角为 0° 的锥齿轮，称其为螺旋伞齿轮，这种齿轮具有螺旋齿轮运行平稳的优点，同时可以避免由于螺旋角造成的轮齿的附加载荷。

一对啮合的锥齿轮通常不具有相同的齿顶高。一般小轮的齿顶高更大，小大齿顶高比例可从 1:1 到超过 50% 的大比例。这使得小齿轮的轮齿强度较高，大齿轮的强度较低，以平衡设计，正如在第 12 章讨论的直齿圆柱齿轮那样。

锥齿轮的设计也同直齿轮和斜齿轮相似，弯曲应力和接触应力计算使用直齿轮和斜齿轮相同的公式，只是几何系数 I 和 J 的值不同，同时引入了一些额外系数。这些系数可以在 AGMA 标准中查到，标准中包含直齿锥齿轮和螺旋锥齿轮在不同压力角、螺旋角和齿顶高比例下的 I 和 J 图表。本书摘录了其中部分图表，更详细的资料可查阅 AGMA 标准。此外，制作锥齿轮的材料也与直齿轮或斜齿轮相同。

蜗杆和蜗轮 用于传递不平行、交错轴的运动。蜗杆像是螺纹，其上只有一个或几个齿，有非常大的螺旋角。与蜗杆相啮合的齿轮称为蜗轮，其类似螺母，蜗轮蜗杆传动相当于螺杆螺母传动。蜗轮蜗杆轴线通常互成 90°。因为蜗杆齿数很小，蜗杆副在尺寸紧凑情况下能够达到非常大的传动比（大约 360:1）。如果蜗杆的导程角足够小（<6°），蜗杆副将具有自锁性，也就是说不能由蜗轮驱动蜗杆，用此特性可以承担很大的载荷。相比其他齿轮传动，蜗杆机构的主要缺点是传动效率低。蜗轮蜗杆传动的相对运动主要是滑动而非滚动，因此产生大量的热量。故蜗杆齿轮变速箱散热好坏比齿轮的强度对蜗杆机构寿命的影响更大。为了确保一定寿命，啮合中油的温度要保持在 200°F 以下。

蜗杆机构的设计与其他齿轮机构大不相同。AGMA 标准中给出了计算蜗杆机构的**额定输入功率**公式。公式包含了大量的经验系数，允许蜗杆机构由给定功率或转矩–速度确定其大小。查询 AGMA 标准能得到更完整的信息。蜗杆机构的选材十分有限。蜗杆经常使用硬化到 50HRC 的钢，蜗轮用青铜合金。较软的蜗轮在最开始啮合的几个小时里会适应硬质蜗杆的特有轮廓。如果运行过程中没有过载和过热，适当大小的蜗杆机构可以达到很高的接触疲劳寿命。在蜗杆机构中，轮齿弯曲破坏是很少见的。将蜗杆机构设计为一次或二次包络环面蜗杆机构，可以提高机构的承载能力。一次包络环面蜗杆机构是以一个平面为母面通过相互圆周运动包络出环面蜗杆的齿面。二次包络环面蜗杆机构是在上述一次包络的基础上，再以蜗杆的齿面为母面通过相对运动包络出蜗轮的齿面，以此可以得到更大的接触面。

本章使用的重要公式

斜齿轮几何尺寸（13.1 节）：

$$p_t = p_n / \cos \psi \qquad\qquad (13.1a)$$

13

$$p_x = p_n / \sin\psi \tag{13.1b}$$

$$p_d = \frac{N}{d} = \frac{\pi}{p_c} = \frac{\pi}{p_t} \tag{13.1c}$$

斜齿轮力分析（13.1 节）：

$$W_r = W_t \tan\phi \tag{13.3a}$$

$$W_a = W_t \tan\psi \tag{13.3b}$$

$$W = \frac{W_t}{\cos\psi\cos\phi_n} \tag{13.3c}$$

斜齿轮上应力（13.1 节）：

$$\sigma_b = \frac{W_t p_d}{FJ}\frac{K_a K_m}{K_v}K_s K_B K_I \tag{12.15us}$$

$$\sigma_b = \frac{W_t}{FmJ}\frac{K_a K_m}{K_v}K_s K_B K_I \tag{12.15si}$$

$$\sigma_c = C_p\sqrt{\frac{W_t}{FId}\frac{C_a C_m}{C_v}C_s C_f} \tag{12.21}$$

斜齿轮表面几何系数（13.1 节）：

$$I = \frac{\cos\phi}{\left(\dfrac{1}{\rho_p}\pm\dfrac{1}{\rho_g}\right)d_p m_N} \tag{13.6a}$$

锥齿轮传动齿轮比（13.2 节）：

$$m_G = \frac{\omega_p}{\omega_g} = \frac{N_g}{N_p} = \frac{d_g}{d_p} = \tan\alpha_g = \cot\alpha_p \tag{13.7b}$$

直齿锥齿轮上作用力（13.2 节）：

$$W_a = W_t \tan\phi\sin\alpha$$
$$W_r = W_t \tan\phi\cos\alpha \tag{13.8a}$$
$$W = W_t / \cos\phi$$

锥齿轮应力（13.2 节）：

$$\sigma_b = \frac{2T_p}{d}\frac{p_d}{FJ}\frac{K_a K_m K_s}{K_v K_x} \qquad \text{psi} \tag{13.9us}$$

$$\sigma_b = \frac{2T_p}{d}\frac{1}{FmJ}\frac{K_a K_m K_s}{K_v K_x} \qquad \text{MPa} \tag{13.9si}$$

$$\sigma_c = C_p C_b\sqrt{\frac{2T_D}{FId^2}\left(\frac{T_p}{T_D}\right)^z\frac{C_a C_m}{C_v}C_s C_f C_{xc}} \tag{13.10}$$

锥齿轮计算转矩（13.2 节）：

$$T_D = \frac{F}{2}\frac{IC_v}{C_s C_{md}C_f C_a C_{xc}}\left(\frac{S'_{fc}d}{C_p C_b}\frac{0.774C_H}{C_T C_R}\right)^2 \qquad \text{lb}\cdot\text{in} \tag{13.11us}$$

$$T_D = \frac{F}{2000}\frac{IC_v}{C_s C_{md}C_f C_a C_{xc}}\left(\frac{S'_{fc}d}{C_p C_b}\frac{0.774C_H}{C_T C_R}\right)^2 \qquad \text{N}\cdot\text{m} \tag{13.11si}$$

蜗杆导程和导程角（13.3 节）：

$$\tan \lambda = \frac{L}{\pi d}$$

蜗轮蜗杆上作用力（13.3 节）：

$$W_{tg} = W_{aw} = \frac{2T_g}{d_g} \qquad (13.14a)$$

$$W_{ag} = W_{tw} = \frac{2T_w}{d} \qquad (13.14b)$$

$$W_r = \frac{W_{tg} \tan \phi}{\cos \lambda} \qquad (13.14c)$$

推荐的蜗杆分度圆直径（13.3 节）：

$$d \cong \frac{C^{0.875}}{2.2} \qquad (13.16b)$$

蜗轮分度圆直径（13.3 节）：

$$d_g = 2C - d \qquad (13.17)$$

推荐的蜗轮最大齿宽（13.3 节）：

$$F_{max} \leqslant 0.67d \qquad (13.19)$$

蜗轮蜗杆额定功率（13.3 节）：

$$\Phi_o = \frac{nW_{tg}d_g}{126\,000\,m_G} \quad \text{hp} \qquad (13.21\text{us})$$

$$\Phi_o = \frac{nW_{tg}d_g}{1.91 \times 10^7 m_G} \quad \text{kW} \qquad (13.21\text{si})$$

$$\Phi_l = \frac{V_t W_f}{33\,000} \quad \text{hp} \qquad (13.22\text{us})$$

$$\Phi_l = \frac{V_t W_f}{1000} \quad \text{kW} \qquad (13.22\text{si})$$

$$\Phi = \Phi_o + \Phi_l \qquad (13.20)$$

作用在蜗轮上的圆周力（13.3 节）：

$$W_{tg} = C_s C_m C_v d_g^{0.8} F \qquad (13.23\text{us})$$

$$W_{tg} = C_s C_m C_v d_g^{0.8} F / 75.948 \qquad (13.23\text{si})$$

作用在蜗轮上的摩擦力（13.3 节）：

$$W_f = \frac{\mu W_{tg}}{\cos \lambda \cos \phi_n} \qquad (13.28)$$

蜗轮输出额定转矩（13.3 节）：

$$T_g = W_{tg} \frac{d_g}{2} \qquad (13.31)$$

蜗轮蜗杆效率（13.3 节）：

$$\eta = \frac{\Phi_o}{\Phi} \qquad (13.30)$$

13.6　参考文献

1. AGMA, *Gear Nomenclature, Definitions of Terms with Symbols*. ANSI/AGMA 1012-F90. American Gear Manufacturers Association, 1001 N. Fairfax St., Suite 500, Alexandria, Va. 22314, 1990.

2. AGMA, *Fundamental Rating Factors and Calculation Methods for Involute Spur and Helical Gear Teeth*. ANSI/AG-MA Standard 2001–D04. American Gear Manufacturers Association, 1001 N. Fairfax St. , Suite 500, Alexandria, Va. 22314, 1988.

3. AGMA, *Geometry Factors for Determining the Pitting Resistance and Bending Strength of Spur, Helical, and Herringbone Gear Teeth*. ANSI/AGMA Standard 908–B89. American Gear Manufacturers Association, 1001 N. Fairfax St. , Suite 500, Alexandria, Va. 22314, 1989.

4. AGMA, *Design Manual for Bevel Gears*. ANSI/AGMA Standard 2005–D03. American Gear Manufacturers Association, 1001 N. Fairfax St. , Suite 500, Alexandria, Va. 22314, 1988.

5. AGMA, *Rating the Pitting Resistance and Bending Strength of Generated Straight Bevel, ZEROL_Bevel, and Spiral Bevel Gear Teeth*. ANSI/AGMA Standard 2003–C10. American Gear Manufacturers Association, 1001 N. Fairfax St. , Suite 500, Alexandria, Va. 22314, 1986.

6. AGMA, *Design Manual for Cylindrical Wormgearing*. ANSI/AGMA Standard 6022–C93. American Gear Manufacturers Association, 1001 N. Fairfax St. , Suite 500, Alexandria, Va. 22314, 1993.

7. AGMA, *Practice for Enclosed Cylindrical Wormgear Speed Reducers and Gearmotors*. ANSI/AGMA Standard 6034–B92. American Gear Manufacturers Association, 1001 N. Fairfax St. , Suite 500, lexandria, Va. 22314, 1992.

8. D. W. Dudley, *Handbook of Practical Gear Design*. McGraw–Hill: New York, p. 3. 66, 1984.

9. Ibid. , p. 3. 67.

表 P13-0　习题清单⊖

13.1　斜齿轮
　几何尺寸
　13-1，13-2，13-3，13-4，13-29，13-30，13-31，13-32
　载荷
　13-14，13-15，13-33，13-34，13-55
　设计
　13-8，13-16，13-17，13-18，13-19，13-35，13-36

13.2　锥齿轮
　几何尺寸与载荷
　13-5，13-6，13-7，13-39，13-40，13-41
　设计
　13-20，13-21，13-22，13-23，13-24，13-25，13-49，13-50，13-51

13.3　蜗杆机构
　几何尺寸
　13-9，13-10，13-11，13-42，13-43，13-44，13-47，13-48
　载荷
　13-12，13-13，13-26，13-27，13-28，13-45，13-46
　设计
　13-52，13-53，13-54

13.7　习题

*13-1⊖　压力角为 20°、螺旋角为 30°、齿数为 27 的斜齿轮、径节 $p_d = 5$。求该齿轮的分度圆直径、齿顶高、齿根高、齿顶圆直径、法向齿距、端面齿距和轴向齿距。

⊖　带 * 号的习题答案见附录 D，题号是斜体的习题是设计类题目，题号加粗的习题是前面各章中习题横线后编号相同习题的扩展。

13-2　压力角为 25°、螺旋角为 20°、齿数为 43 的斜齿轮、径节 $p_d = 8$。求该齿轮的分度圆直径、齿顶高、齿根高、齿顶圆直径、法向齿距、端面齿距和轴向齿距。

*13-3　齿数为 57、螺旋角为 10° 的斜齿轮与一个齿数为 23 的小齿轮啮合。$p_d = 6$、压力角为 25°。求端面重合度和轴向重合度。

13-4　齿数为 78、螺旋角为 30° 的斜齿轮与一个齿数为 27 的小齿轮啮合。$p_d = 6$、压力角为 20°。求端面重合度和轴向重合度。

*13-5　一对交角为 90° 的直齿锥齿轮、减速比为 9:1。如果小齿轮的压力角为 25°、齿数为 14、$p_d = 6$、传递的功率为 746 W、小齿轮转速为 1000 r/min。确定分度圆锥角、分度圆直径和齿轮的受力。

13-6　一对交角为 90° 的直齿锥齿轮，减速比为 4.5:1。如果小齿轮的压力角为 20°、齿数为 18、$p_d = 5$、传递的功率为 7460 W、小齿轮转速 800 r/min。确定分度圆锥角、分度圆直径和齿轮的受力。

*13-7　一对交角为 90° 的螺旋锥齿轮，减速比为 5:1。如果小齿轮的压力角为 20°、齿数为 16、$p_d = 7$、传递的功率为 3 hp、小齿轮转速为 600 r/min。确定分度圆锥角、分度圆直径和齿轮的受力。

13-8　制纸机中的一个卷纸机构，卷纸滚筒的密度为 984 kg/m³，卷纸的滚筒外径（*OD*）为 1.50 m，内径（*ID*）为 0.22 m，长为 3.23 m，用一个 $S_{ut} = 400$ MPa 的空心轴简单支撑。设计一个 2.5:1 的斜齿轮减速器驱动卷纸滚筒轴运动，最小动载安全系数为 2，寿命为 10 年，轴的外径为 22 cm，滚筒转速为 50 r/min，所需要的功率为 1.2 hp。

*13-9　蜗轮蜗杆传动，蜗杆头数为 2，$d = 50$ mm，$p_x = 10$ mm，$m_G = 22:1$。求导程、导程角、蜗杆和蜗轮直径、中心距，判断是否会发生自锁。输入速度为 2200 r/min。

13-10　蜗轮蜗杆传动，蜗杆头数为 3，$d = 1.75$ in，$p_x = 0.2$ in，$m_G = 17:1$。求导程、导程角、蜗杆和蜗轮直径、中心距，判断是否会发生自锁。输入速度为 1400 r/min。

*13-11　蜗轮蜗杆传动，蜗杆头数为 1，$d = 40$ mm，$p_x = 5$ mm，$m_G = 82:1$。求导程、导程角、蜗杆和蜗轮直径、中心距，判断是否会发生自锁。输入速度为 4500 r/min。

*13-12　习题 13-9 中，如果蜗杆转速为 1000 r/min，确定蜗轮蜗杆的传动功率、转矩和力。

13-13　习题 13-10 中，如果蜗杆转速为 500 r/min、确定蜗轮蜗杆的传动功率、转矩和力。

*13-14　习题 13-3 中，如果小齿轮的转速为 1000 r/min，功率为 125 hp，求作用在每个轴上的转矩。

13-15　习题 13-4 中，如果小齿轮的转速为 1600 r/min，功率为 33 kW，求作用在每个轴上的转矩。

*13-16　确定习题 13-14 的斜齿轮尺寸，已知：弯曲应力安全系数至少为 2、载荷平稳、压力角 25°、正常齿高齿轮、齿宽系数为 10、$Q_v = 9$、小齿轮为 AISI 4140 钢、大齿轮为等级 40 的铸铁。

13-17　确定习题 13-15 的斜齿轮尺寸，已知：弯曲应力安全系数为 2.5、载荷平稳、压力角 20°、正常齿高齿轮、齿宽系数为 12、$Q_v = 11$、小齿轮为 AISI 4340 钢、大齿轮为 A-7-d 的球墨铸铁。

*13-18　确定习题 13-14 的斜齿轮尺寸，已知：接触应力安全系数至少为 1.6、载荷平稳、压力角 25°、正常齿高齿轮、齿宽系数为 10、$Q_v = 9$、小齿轮为 AISI 4140 钢、大齿轮为等级 40 的铸铁。

13-19　确定习题 13-15 的斜齿轮尺寸，已知：接触应力安全系数为 1.2、载荷平稳、压力角 20°、正常齿高齿轮、齿宽系数为 12、$Q_v = 11$、小齿轮为 AISI 4340 钢、大齿轮为 A-7-d 的球墨铸铁。

*13-20　确定习题 13-5 的锥齿轮尺寸，已知：弯曲应力安全系数为 2、预期寿命 5 年、1 班制工作、载荷平稳、$Q_v = 9$、大小齿轮均为 AISI 4140 钢。

13-21　确定习题 13-6 的锥齿轮尺寸，已知：弯曲应力安全系数为 2.5、预期寿命 15 年、3 班制工作、载荷平稳、$Q_v = 11$、大小齿轮均为 AISI 4340 钢。

13-22　确定习题 13-7 的锥齿轮尺寸，已知：弯曲应力安全系数为 2.2、预期寿命 10 年、3 班制工作、载荷平稳、$Q_v = 8$、大小齿轮均为 AISI 4340 钢。

*13-23　确定习题 13-5 的锥齿轮尺寸，已知：任何一种失效的最小安全系数为 1.4、预期寿命 5 年、1 班制工作、载荷平稳、$Q_v = 9$、大小齿轮均为 AISI 4140 钢。

13-24　确定习题 13-6 的锥齿轮尺寸，已知：接触应力安全系数为 1.3、预期寿命 15 年、3 班制工作、载荷平稳、$Q_v = 11$、大小齿轮均为 AISI 4340 钢。

13-25 确定习题 13-7 的锥齿轮尺寸，已知：接触应力安全系数为 1.4、预期寿命 10 年、3 班制工作、载荷平稳、$Q_v = 8$、大小齿轮均为 AISI 4340 钢。

13-26 求习题 13-9 的蜗轮蜗杆的额定功率和额定输出转矩，已知：输入速度为 2200 r/min。

*13-27 求习题 13-10 的蜗轮蜗杆的额定功率和额定输出转矩，已知：输入速度为 1400 r/min。

13-28 求习题 13-11 的蜗轮蜗杆的额定功率和额定输出转矩，已知：输入速度为 4500 r/min。

13-29 一个斜齿轮的齿数为 23、压力角为 20°、螺旋角为 25°、径节为 5、法向轮齿为标准直齿轮形状。求该齿轮的分度圆直径、齿顶高、齿根高、齿顶圆直径、法面齿距、端面齿距、轴向齿距和端面压力角。

13-30 一个斜齿轮的齿数为 38、压力角为 25°、螺旋角为 30°、径节为 4、法面轮齿为标准直齿轮形状。求该齿轮的分度圆直径、齿顶高、齿根高、齿顶圆直径、法面齿距、端面齿距、轴向齿距和端面压力角。

13-31 一对斜齿轮机构，大齿轮齿数为 39、螺旋角为 0°、小齿轮齿数为 18、径节为 8、压力角为 25°、求解端面重合度和轴向重合度。

13-32 一对斜齿轮机构，大齿轮齿数为 79、螺旋角为 0°、小齿轮齿数为 20、径节为 6、压力角为 20°、求解端面重合度和轴向重合度。

13-33 习题 13-31 中，如果齿轮传动功率为 135 hp、小齿轮转速为 1200 r/min、求作用在每个轴上的转矩。

13-34 习题 13-32 中，如果齿轮传动功率为 30 kW、小齿轮转速为 1200 r/min，求作用在每个轴上的转矩。

13-35 确定习题 13-33 的斜齿轮尺寸，已知：弯曲应力安全系数至少为 2.2、压力角为 25°、载荷平稳、正常齿高齿轮、$Q_v = 9$、小齿轮为 AISI 4140 钢、大齿轮为等级 40 的铸铁。

13-36 确定习题 13-34 的斜齿轮尺寸，已知：弯曲应力安全系数至少为 2.5、压力角为 20°、载荷平稳、正常齿高齿轮、$Q_v = 11$、小齿轮为 AISI 4340 钢、大齿轮为 A-7-d 的球墨铸铁。

13-37 确定习题 13-33 的斜齿轮尺寸，已知：接触应力安全系数至少为 1.6、压力角为 25°、载荷平稳、正常齿高齿轮、$Q_v = 9$、小齿轮为 AISI 4140 钢、大齿轮为等级 40 的铸铁。

13-38 确定习题 13-34 的斜齿轮尺寸，已知：接触应力安全系数至少为 1.2、压力角为 20°、载荷平稳、正常齿高齿轮、$Q_v = 11$、小齿轮为 AISI 4340 钢、大齿轮为 A-7-d 的球墨铸铁。

13-39 一对交角为 90°的直齿锥齿轮，减速比为 3:1。如果小齿轮的压力角为 25°、齿数为 15、$p_d = 4$、传递的功率为 8 hp、小齿轮转速 550 r/min。确定分度圆锥角、分度圆直径和齿轮的受力。

13-40 一对交角为 90°的直齿锥齿轮，减速比为 6:1。如果小齿轮的压力角为 20°、齿数为 20、$p_d = 8$、传递的功率为 3 kW、小齿轮转速 900 r/min。确定分度圆锥角、分度圆直径和齿轮的受力。

13-41 一对交角为 90°的螺旋锥齿轮，减速比为 8:1。如果小齿轮的压力角为 20°、齿数为 21、$p_d = 10$、传递的功率为 2.5 kW、小齿轮转速 1100 r/min。确定分度圆锥角、分度圆直径和齿轮的受力。

13-42 蜗轮蜗杆传动，蜗杆头数为 1、$d = 2.00$ in、$p_x = 0.25$ in、$m_G = 40$。求导程、导程角、蜗杆和蜗轮直径、中心距，判断是否会发生自锁。已知：输入速度为 1100 r/min。

13-43 蜗轮蜗杆传动，蜗杆头数为 2、$d = 2.50$ in、$p_x = 0.30$ in、$m_G = 50$。求导程、导程角、蜗杆和蜗轮直径、中心距，判断是否会发生自锁。已知：输入速度为 1800 r/min。

13-44 蜗轮蜗杆传动，蜗杆头数为 3、$d = 60$ mm、$p_x = 12$ mm、$m_G = 60$。求导程、导程角、蜗杆和蜗轮直径、中心距，判断是否会发生自锁。已知：输入速度为 2500 r/min。

13-45 习题 13-42 中的蜗轮蜗杆，如果蜗杆转速 800 r/min，确定传递的功率、转矩和力。

13-46 习题 13-43 中的蜗轮蜗杆，如果蜗杆转速 1200 r/min，确定传递的功率、转矩和力。

13-47 蜗轮蜗杆传动，蜗杆头数为 2、$L = 2.00$ in、$C = 9.00$ in、$m_G = 20$、两轴的交错角为 90°。求蜗杆和

蜗轮分度圆直径、导程角和轴向齿距。

13-48 蜗轮蜗杆传动，蜗杆头数为 5、$\lambda = 20°$、$C = 2.75$ in、$N_g = 33$、两轴的交错角为 90°。求蜗杆和蜗轮分度圆直径、导程角和轴向齿距。

* 13-49 确定习题 13-40 的锥齿轮尺寸，已知：弯曲应力安全系数至少为 2.5、预期寿命 5 年、2 班制工作、载荷平稳、$Q_v = 8$、大小齿轮均为 AISI 4340 钢。

13-50 确定习题 13-40 的锥齿轮尺寸，已知：任何一种失效的安全系数最小为 1.8、预期寿命 5 年、2 班制工作、载荷平稳、$Q_v = 8$、大小齿轮均为 AISI 4140 钢。

13-51 确定习题 13-41 的螺旋锥齿轮尺寸，已知：弯曲应力安全系数至少为 2.0、预期寿命 7 年、3 班制工作、载荷平稳、$Q_v = 8$、大小齿轮均为 AISI 4340 钢。

13-52 设计一个具有自锁功能的蜗轮蜗杆机构，额定功率 1 kW、输入速度 1800 r/min、输出速度 30 r/min、齿轮的分度圆直径为 150 mm。确定输出转矩和该机构效率。

13-53 设计一个驱动图 9-4 绞车的具有自锁功能的蜗轮蜗杆机构，绞车转速 25 r/min，所需转矩 275 N·m，电动机转速 1800 r/min，求所需要的输入功率。

13-54 设计一个蜗轮蜗杆机构，额定输出功率 0.5 kW，输出转速 15 r/min，齿数比为 20，该机构没有自锁功能，其所占空间在 30 mm×150 mm×200 mm 范围内，确定蜗轮蜗杆所需要的输入功率。

13-55 一个螺旋角为 10°、齿数为 57 的斜齿轮同一个齿数为 23 的小齿轮啮合。$p_d = 6$，两轴交角 $\varphi = 25°$，传递功率为 25 hp，小齿轮转速为 1000 r/min。确定作用在小齿轮轴上的径向载荷和轴向载荷。

13

14

弹簧设计

无知是错误的，但不欲求知
却是更大的错误。

Nigerian Proverb

14.0 引言

事实上由弹性材料制成的任何零件均具备某些"弹簧"的特性。本章中"弹簧"一词指特定结构的零件，在发生明显变形后可提供一定范围的载荷和/或储存势能。弹簧根据用途可分为 4 种类型，包括提供推力、拉力、扭转力（力矩）和主要用于储能。每种类型包括不同结构形式。弹簧可由圆形或方形的金属丝卷绕成线圈形状，或者由板材叠加组合成横梁状。本章封面的图中给出了这些弹簧的结构形式。许多标准弹簧结构形式可从弹簧生产厂家所提供的产品目录中得到。基于产品经济性原因，设计师通常应尽可能采用标准弹簧。然而有时候却需要设计定制弹簧。这些定制弹簧可能起辅助作用，如用作其他零件的定位或安装。无论如何，一名设计师应能掌握弹簧设计理论去挑选和设计弹簧。表 14-0 给出了在本章所要用到的变量和使用这些变量的公式或小节。讲座 15 和 16 涵盖本章主要内容，并已经公布在本书的网站上。同时，在 *Spring in the Demos* 文件夹中，有一段讲解不同类型弹簧的短视频。另外名为 *Spring Mfg* 的视频给出了采用自动化装备进行弹簧制造的生产流程。

表 14-0   本章所用的变量

变量符号	变量名	英制单位	国际单位	详见
A	面积	in^2	m^2	式 (14.8a)
C	弹簧指数	–	–	式 (14.5)
d	钢丝直径	in	m	
D	簧圈平均直径	in	m	
D_i	内圈直径	in	m	

（续）

变量符号	变量名	英制单位	国际单位	详见
D_o	外圈直径	in	m	
E	弹性模量	psi	Pa	
F	力或载荷	lb	N	
F_a	交变载荷	lb	N	式（14.16）
F_i	初始张力-拉伸弹簧	lb	N	式（14.21）
F_m	平均载荷	lb	N	式（14.16）
F_{max}	最大载荷	lb	N	式（14.16）
F_{min}	最小载荷	lb	N	式（14.16）
f_n	固有频率	Hz	Hz	式（14.12）
g	重力加速度	in/s²	m/s²	
G	剪切模量，刚性模量	psi	Pa	
h	锥高	in	m	图 14-36
k	弹簧刚度	lb/in	N/m	式（14.1）
K_b	选择系数	–	–	式（14.24b）
K_c	曲率系数	–	–	式（14.10）
K_s	直接剪切系数	–	–	式（14.8b）
K_{rw}	矩形钢丝剪切系数	–	–	式（14.11a）
K_w	瓦尔系数-扭转	–	–	式（14.9b）
L_b	拉伸弹簧长度	in	m	式（14.20）
L_f	压缩弹簧自由长度	in	m	
L_{max}	扭转弹簧线圈长度	in	m	图 14-5
L_s	压缩弹簧闭合高度	in	m	图 14-6
M	力矩	lb·in	N·m	式（14.25）
N	圈数	–	–	
N_a	有效圈数	–	–	
N_{f_s}	扭转疲劳安全系数	–	–	式（14.17a）
N_{f_b}	弯曲疲劳安全系数	–	–	式（14.35b）
N_t	总圈数	–	–	
N_s	静态屈服安全系数	–	–	式（14.15）
r	半径	in	m	
R	应力比	–	–	
R_d	直径比	–	–	式（14.36b）
R_f	力比	–	–	式（14.16b）
s	弹簧指数 C 的自然对数	–	–	式（14.11a）
S_f, S_e	弯曲疲劳强度-$R=-1$	psi	Pa	式（14.34）
S_{fs}, S_{es}	扭转疲劳强度-$R=-1$	psi	Pa	式（14.17b）
S_{fw}, S_{ew}	钢丝扭转疲劳强度-$R=0$	psi	Pa	式（14.13）
S_{fw_b}, S_{ew_b}	钢丝弯曲疲劳强度-$R=0$	psi	Pa	式（14.34）
S_{ys}, S_y	剪切/拉伸屈服强度	psi	Pa	
S_{ms}	在 1000 个循环周期平均抗扭强度	psi	Pa	式（14.14）
S_{us}	抗剪强度	psi	Pa	式（14.4）
S_{ut}	抗拉强度	psi	Pa	式（14.3）
t	厚度	in	m	式（14.35）
T	力矩	lb·in	N·m	式（14.8a）
W	重量	lb	N	式（14.11b）
y	变形	in	m	
ν	泊松比	–	–	式（14.36）
θ	扭转角	rad	rad	式（14.28）

14

（续）

变量符号	变量名	英制单位	国际单位	详见
γ	重量密度	lb/in³	N/m³	式（14.12）
σ	当量弯曲应力	psi	Pa	式（14.24a）
τ	剪应力	psi	Pa	
ω_n	固有频率	rad/s	rad/s	式（14.12a）

14.1 弹簧刚度

任何结构形式的弹簧都拥有弹性刚度 k，它定义为载荷-变形曲线的斜率。如果此斜率为常数，则为线性弹簧，且 k 表示为：

$$k = \frac{F}{y} \tag{14.1}$$

视频：第 15 讲　压缩弹簧设计（52:20）[注]

式中，F 为作用力；y 为变形。变形函数总是由已知几何形状和载荷确定，表达了作用力和变形的关系，这只需将 k 的表达式（14.1）移项即可得到。

弹簧刚度可能是常量（线性弹簧），也可能随着弹簧变形发生变化（非线性弹簧）。线性弹簧和非线性弹簧均有不同的应用场合，但是我们通常采用线性弹簧控制载荷。大多数弹簧拥有恒定的刚度，少数的弹簧刚度为零（恒载）。

当采用多个弹簧组合时，弹簧刚度取决于组合方式是串联还是并联。当采用串联组合模式时，每根弹簧受力相同，且总变形量等于各弹簧变形量之和，如图 14-1a 所示。当采用并联组合模式时，每根弹簧变形量相同，总作用力被分解，分别作用于每根弹簧，如图 14-1b 所示。并联弹簧的总刚度等于各弹簧刚度之和：

$$k_{total} = k_1 + k_2 + k_3 + \ldots + k_n \tag{14.2a}$$

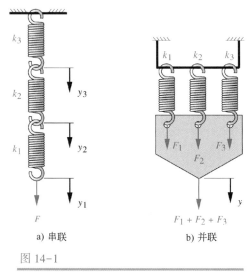

a) 串联　　　　b) 并联

图 14-1

串联弹簧和并联弹簧

[注] http://www.designofmachinery.com/MD/15_Spring_Design_I.mp4

串联弹簧的总刚度等于各弹簧刚度的倒数和：

$$\frac{1}{k_{total}} = \frac{1}{k_1} + \frac{1}{k_2} + \frac{1}{k_3} + ... + \frac{1}{k_n} \tag{14.2b}$$

14.2　弹簧类型

视频：弹簧类型
(20:06)⊖

　　弹簧有多种分类方法。在 14.0 节提到的按照弹簧承载能力分类是其中的一种分类方法。根据弹簧物理结构来进行分类是另外一种方法。本节采用后面一种方法对弹簧进行分类。图 14-2 给出了一组弹簧的结构类型。在参考文献［1］中能找到其他一些例子。螺旋弹簧可分为**螺旋压簧**、**螺旋拉簧**、**螺旋扭簧**和定制型。板簧一般有**悬臂梁**或**简支梁**，还可以有其他许多形状。弹簧垫圈可分为不同类型：**弯曲型**、**波浪形**、**指形**及**碟形**。扁平绕带式弹簧可以是**弹簧马达**（钟表弹簧）、**锥形弹簧**或**恒载弹簧**。下面我们将简单介绍这些弹簧的结构，并详细介绍部分弹簧设计。

　　图 14-2a 给出了 5 种**螺旋压缩弹簧**的类型。它们均能提供推力并承受较大的弹性变形。通常用作机械中各种阀的复位弹簧、模具弹簧等。其标准形式下，卷径、螺距（相邻两簧圈中心的轴向距离）及弹簧刚度均不变。它是应用最广泛的弹簧结构形式，并且拥有许多不同规格和尺寸系列。大部分由圆形钢丝制作而成，但也可采用方形钢丝制造。螺距可以改变而做成**变刚度弹簧**。它们互相接触或"到底"时，低刚度簧圈先闭合，从而增加有效率。

　　锥形弹簧可做成定刚度或渐增刚度型。由于弹簧线圈直径越小其抗弯曲能力越大，而且簧圈直径越大越易变形，因此随着弹簧变形量的增加，弹簧刚度通常呈非线性规律变化。通常采用改变弹簧相邻簧圈间距来得到接近于恒定的弹簧刚度。锥形弹簧主要优点在于弹簧压缩后高度尺寸可变成很小。**桶形**和**沙漏形**弹簧可认为是两个锥形弹簧背靠背固定而成，也拥有非线性的弹簧刚度。桶形和沙漏形弹簧主要用于改变标准弹簧的固有频率。

　　图 14-2b 所示为两端带钩式**螺旋拉伸弹簧**，它能提供拉力并承受较大变形，主要应用于闭门器和配重中。弹簧挂钩由于比簧圈承受更大的应力，因此通常先失效。当拉伸弹簧拉断时，挂钩悬挂的重物将会掉落，因此这种设计存在安全隐患。图 14-2c 所示为**拉杆弹簧**，它用螺旋压缩弹簧构成拉伸工作模式，有效地解决了上述问题。由于其拉杆受力使弹簧压缩，即便弹簧断裂，杆仍可安全支承载荷。图 14-2d 所示为**螺旋扭转弹簧**，其与螺旋拉伸弹簧相似，但用于承受扭矩。一般用于车库门配重、捕鼠器等装置中。可能拥有许多不同的形状和结构的"腿"。

　　图 14-2e 所示为常见的 5 种不同**弹簧垫圈**，它们可提供推力并被广泛用于承受轴向载荷的场合，例如抵消轴承上的端部蹿动。它们一般变形范围很小。除碟形弹簧垫圈外，都只能承受轻载。图 14-2f 所示的**锥形弹簧**可提供推力，但存在明显的摩擦和滞后。

　　图 14-2g 所示为 3 种不同类型的**板簧**。任何板状结构都可用作弹簧使用，最常见的有悬臂型和简支梁型。板簧可制成等宽和梯形结构，如图例所示。沿着长度方向改变板簧的宽度和厚度可用于控制板簧刚度和应力分布。板簧可在很小的变形下承受重载。

　　图 14-2h 所示为一种**动力弹簧**，也称为**弹簧马达**或**钟表弹簧**，主要用于储存能量和提供扭矩。钟表和玩具上的发条就是这种弹簧。图 14-2i 所示为一种**恒载弹簧**，主要用于平衡载荷，如打字机托盘复位弹簧和恒转矩弹簧马达。它们可在近似恒拉力作用下时产生相当大的变形行程（零刚度弹簧）。

⊖　http://www.designofmachinery.com/MD/Springs.mp4

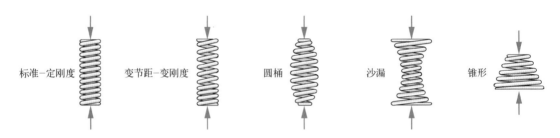

a) 螺旋压缩弹簧。受压−宽载荷和变形范围−圆形或矩形弹簧钢丝。标准型弹簧具备恒定弹簧线圈直径、
　　节距和刚度，圆桶、沙漏和变节距弹簧用于减小共振和颤振。锥形弹簧用于最小化压缩高度，并可制
　　成定刚度和渐增刚度型

b) 螺旋拉伸弹簧。受拉−宽载荷　　　c) 拉杆弹簧。受拉−采用压缩弹　　　d) 螺旋扭转弹簧。扭
　　和变形范围−圆形或矩形弹簧　　　　　簧和拉杆提供拉力，并在弹簧　　　　转−圆形或矩形弹
　　钢丝，定刚度　　　　　　　　　　　失效时提供安全保障，具有正　　　　簧钢丝，定刚度
　　　　　　　　　　　　　　　　　　　向停止

　　碟形　　　　　　波浪形　　　　　　槽形　　　　　指形　　　　　曲面形

e) 弹簧垫圈。受压−碟形可承受大载荷和产生小变形−弹簧刚度可选（恒定、渐增或渐减）。波浪形可在
　　有限的径向空间中承受小载荷和产生小变形。槽形相对于碟形可产生更大变形。指形可用于承担轴承的
　　轴向载荷。曲面形可用于消除轴向窜动

 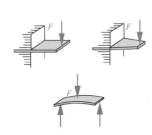 

f) 锥形弹簧。受压−可能具　　g) 板簧。受压或受拉−可承受大载　　h) 储能或驱动弹簧。扭　　i) 恒载弹簧。受拉−
　　备固有的高摩擦阻尼　　　　　荷和产生小变形−矩形或其他形　　　转−拧紧输出扭矩，　　　大变形、低或零
　　　　　　　　　　　　　　　状，悬臂梁或简支梁　　　　　　　放松后保持　　　　　刚度

图 14-2

弹簧配置

摘自：Design Handbook：Engineering Guide to Spring Design，1987，Associated Spring，Barnes Group Inc.，
10 Main St.，Bristol，Conn. 得到使用许可

接下来介绍其中某些类型弹簧的设计，其他未做介绍的，可见参考文献 [1]。

14.3 弹簧材料

适用于制造弹簧的材料或合金数量有限。理想的弹簧材料应当具有极限强度高、屈服极限高和弹性模量低的特性，以便能提供最大程度的能量储存容量（应力-应变曲线弹性区以下的面积）。对于承受动载荷的弹簧，材料的疲劳强度尤为重要。中、高碳钢和合金钢具有高弹性模量，且都具有高强度和高屈服极限特性，故成为广泛采用的弹簧材料。某些不锈钢合金、铜合金也适合制作弹簧，像铍铜和磷青铜。

大多数轻型弹簧采用圆形或方形丝材、细杆材冷拔而成，或采用条形板材冷轧而成。重型弹簧，如车辆悬挂部分，一般采用热轧或锻造成形。为了得到所需的强度，弹簧材料一般需要经过表面硬化处理。小截面材料经冷拔工序可使其表面硬化。大截面材料则一般采用热处理方式。但是即便是小截面零件，成形后也需采用低温热处理（175～510℃），以释放内部残余应力和稳定工件尺寸[1]。因为大型弹簧必须退火后进行成形加工，所以还需要采用高温淬火与回火工艺进行硬化。

弹簧钢丝

目前最常见的弹簧材料就是圆形钢丝。可根据需要选择合适的合金材料，且可供选择尺寸范围大。方形钢丝只有有限尺寸规格。表 14-1 列举了一些按 ASTM 和 SAE 设计标准命名的常见的弹簧钢丝合金及其介绍。表 14-2 列出了目前应用最广泛的弹簧钢丝尺寸，以及按 ASTM 牌号表示的常用合金钢的尺寸范围。虽然其他没有列出的规格尺寸的材料也能用，但是基于经济性和实用性考虑，设计者应该优先选择表 14-2 所列出的规格尺寸。表 14-3 给出了选择普通圆弹簧钢丝材料的相对成本。

表 14-1 通用弹簧钢丝材料[2]

ASTM#	材料	SAE#	描述
A227	冷拉钢丝	1066	最便宜的通用型弹簧钢丝。适用于静载荷，但不适用于疲劳或冲击载荷。温度范围 0～120℃（250℉）
A228	琴用钢丝	1085	韧性好，应用最广泛的小线圈弹簧材料。弹簧钢丝材料中具备最高抗拉强度和疲劳强度。温度范围 0～120℃（250℉）
A229	回火钢丝	1065	通用弹簧钢。和琴用钢丝相比价格更便宜，且可供选择尺寸范围更广。适用于静载荷，但不适用于疲劳或冲击载荷。温度范围 0～180℃（350℉）
A230	回火钢丝	1070	气门弹簧，适合承担疲劳载荷
A232	铬钒钢丝	6150	最通用的合金弹簧钢。高质量气门弹簧适合承担疲劳载荷，也适用于振动和冲击载荷。温度范围 0～220℃（425℉）。可退火
A313（302）	不锈钢	30302	适用于承担疲劳载荷
A401	镀铬硅	9254	具备气门弹簧质量，适合承担疲劳载荷。除了琴用钢丝外拥有第二高的强度，同时能工作在更高温度环境下。工作温度可达 220℃（425℉）
B134，#260	弹簧黄铜	CA-260	低强度，具备良好的耐蚀性
B159	磷铜	CA-510	强度高于黄铜，更好的疲劳强度和耐蚀性。不能热处理或顺着纹理弯曲
B197	铍铜	CA-172	强度高于铜管，更好的疲劳强度和耐蚀性。能热处理或顺着纹理弯曲
–	铬镍铁合金 X-750	–	耐腐蚀

14

表 14-2　推荐弹簧钢丝直径

U. S/in						SI/mm
0. 004	A228					0. 10
0. 005	A228					0. 12
0. 006	A228					0. 16
0. 008	A228					0. 20
0. 010	A228					0. 25
0. 012	A228					0. 30
0. 014	A228					0. 35
0. 016	A228	A229	A227			0. 40
0. 018	A228	A229	A227			0. 45
0. 020	A228	A229	A227			0. 50
0. 022	A228	A229	A227			0. 55
0. 024	A228	A229	A227			0. 60
0. 026	A228	A229	A227			0. 65
0. 028	A228	A229	A227			0. 70
0. 030	A228	A229	A227			0. 80
0. 035	A228	A229	A227	A232		0. 90
0. 038	A228	A229	A227	A232		1. 00
0. 042	A228	A229	A227	A232		1. 10
0. 045	A228	A229	A227	A232		
0. 048	A228	A229	A227	A232		1. 20
0. 051	A228	A229	A227	A232		
0. 055	A228	A229	A227	A232	A401	1. 40
0. 059	A228	A229	A227	A232	A401	
0. 063	A228	A229	A227	A232	A401	1. 60
0. 067	A228	A229	A227	A232	A401	
0. 072	A228	A229	A227	A232	A401	1. 80
0. 076	A228	A229	A227	A232	A401	
0. 081	A228	A229	A227	A232	A401	2. 00
0. 085	A228	A229	A227	A232	A401	2. 20
0. 092	A228	A229	A227	A232	A401	
0. 098	A228	A229	A227	A232	A401	2. 50
0. 105	A228	A229	A227	A232	A401	
0. 112	A228	A229	A227	A232	A401	2. 80
0. 125	A228	A229	A227	A232	A401	3. 00
0. 135	A228	A229	A227	A232	A401	3. 50
0. 148	A228	A229	A227	A232	A401	
0. 162	A228	A229	A227	A232	A401	4. 00
0. 177	A228	A229	A227	A232	A401	4. 50
0. 192	A228	A229	A227	A232	A401	5. 00
0. 207	A228	A229	A227	A232	A401	5. 50
0. 225	A228	A229	A227	A232	A401	6. 00
0. 250	A228	A229	A227	A232	A401	6. 50
0. 281	A228	A229	A227	A232	A401	7. 00
0. 312	A228	A229	A227	A232	A401	8. 00
0. 343		A229	A227	A232	A401	9. 00
0. 362		A229	A227	A232	A401	
0. 375		A229	A227	A232	A401	
0. 406		A229	A227	A232		10. 0
0. 437		A229	A227	A232		11. 0
0. 469		A229	A227	A232		12. 0
0. 500		A229	A227	A232		13. 0
0. 531		A229	A227			14. 0
0. 562		A229	A227			15. 0
0. 625		A229	A227			16. 0

14

表 14-3　通用弹簧钢丝的相对强度[1]

材料	ASTM#	SAE#	最小承压范围/MPa	见表	见图
冷拉钢丝	A227	J113	1.0	–	14-3
琴用钢丝	A228	J178	1.3	14-4	14-3
回火钢丝	A229	J316	2.6	–	14-3
铬钒钢丝	A232	J132	3.1	–	14-4
镀铬硅	A401	J157	4.0	–	14-4
302 不锈钢	A313（302）	J230	7.6	–	–
17-7ph 不锈钢	A313（631）	J217	8.0	–	–
磷铜	B159	J461	11.0	–	–
铍铜	B197	J461	27.0	–	–

表 14-4　琴用钢丝的最小强度

Dia/mm	S_{ut}/MPa	Dia/in	S_{ut}/kpsi
0.10	3000	0.004	444
0.12	2900	0.005	431
0.16	2800	0.006	412
0.18	2750	0.007	405
0.20	2700	0.008	398
0.22	2680	0.009	392
0.25	2650	0.010	384
0.28	2620	0.011	378
0.30	2600	0.012	374
0.35	2550	0.014	365
0.40	2500	0.016	357
0.45	2450	0.018	351
0.50	2400	0.020	345
0.55	2380	0.022	340
0.60	2350	0.024	335
0.65	2320	0.026	331
0.70	2300	0.028	327
0.80	2250	0.030	323
0.90	2200	0.035	315
1.00	2150	0.038	311
1.10	2120	0.042	307
1.20	2100	0.045	303
1.40	2050	0.048	300
1.60	2000	0.051	297
1.80	1980	0.055	294
2.00	1950	0.059	291
2.20	1900	0.063	288
2.50	1850	0.067	285
2.80	1820	0.072	282
3.00	1800	0.076	280
3.50	1750	0.081	277
4.00	1700	0.085	275
4.50	1680	0.092	271
5.00	1650	0.098	269

14

（续）

Dia／mm	S_{ut}／MPa	Dia／in	S_{ut}／kpsi
5.50	1620	0.105	266
6.00	1600	0.112	263
6.50	1530	0.125	259
		0.135	256
		0.148	252
		0.162	248
		0.177	245
		0.192	242
		0.207	239
		0.225	236
		0.250	232

抗拉强度   图 14-3 和图 14-4 列出了弹簧钢丝尺寸与抗拉强度间的关系的一个特例。正如 2.7 节和表 2-8 所讨论的，材料的截面越小，其强度越容易达到原子键连接的理论强度。因此，细钢丝的抗拉强度非常高。同样的钢，直径为 0.3 in（7.4 mm）的样品测试强度约为 200000 psi，而采用冷拔后，直径为 0.010 in（0.25 mm）的弹簧钢丝强度几乎翻倍。冷拔工艺可以提高材料的硬度和强度，同时也将大大降低材料的韧性。

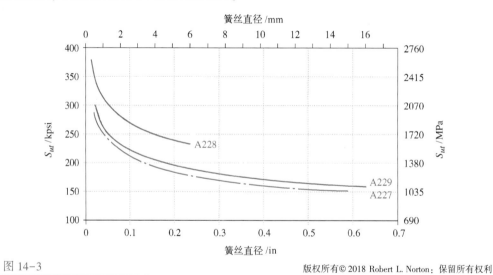

图 14-3

由式（14.3）得出的高碳弹簧钢丝的最小抗拉强度

表 14-4 显示了所有可用直径的 ASTM 228 琴用钢丝的最小强度值[1]。图 14-3 和图 14-4 是使用参考文献 [1] 的数据得出的 A228 和其他几种弹簧材料的最小强度与直径的关系图。图 14-3 和图 14-4 中绘制的材料的最小强度曲线已使用以下形式的指数函数进行了计算：

$$S_{ut} \cong Ad^b \tag{14.3}$$

式中，对于特定范围直径的弹簧钢丝，A 和 b 均在表 14-5 中给出。这些由作者根据公开发布的数据拟合的经验公式为采用计算机程序进行弹簧钢丝的抗拉强度计算提供了方便，并且可采用快速迭代方法达到合适的设计结果。

表 14-5　式（14.3）的系数和指数

ASTM#	材料	范围		指数 b	系数 A		相关系数
		mm	in		MPa	psi	
A227	冷拉	0.5~16	0.020-0.625	-0.1822	1753.3	141040	0.998
A228	琴用钢丝	0.3~6	0.010-0.250	-0.1625	2153.5	184649	0.9997
A229	回火	0.5~16	0.020-0.625	-0.1833	1831.2	146780	0.999
A232	铬钢	0.5~12	0.020-0.500	-0.1453	1909.9	173128	0.998
A401	铬钢	0.8~11	0.031-0.437	-0.0934	2059.2	220779	0.991

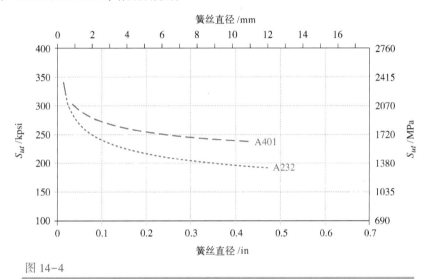

图 14-4

根据式（14-3）和表 14-3 确定的弹簧钢丝最小抗拉强度

剪切强度　大量试验表明大部分弹簧材料的扭转强度极限⊖约为抗拉强度极限的67%[1]⊖。即：

$$S_{us} \cong 0.67 S_{ut} \tag{14.4}$$

板簧材料

中碳钢和高碳钢条材是制作板（梁）簧、锥形弹簧、钟表弹簧、储能弹簧和弹簧垫片等的主要材料。当要求耐腐蚀时，也用 301、302 和 17-7ph 号合金不锈钢，以及铍铜合金和磷青铜制作板簧。

AISI 1050、1065、1075、1095 号冷轧合金钢也是常见的用于制作板簧的合金材料。它们在退火或者回火状态可形成 1/4 硬、1/2 硬、3/4 硬和全硬合金钢。经两次软回火后可以进行成形加工，而硬回火后成形性能较差。全硬钢可成形为微弧面，但不能小角度弯曲。对预先硬化再成

⊖　此处的扭转强度极限和抗拉强度关系不同于畸变能（von Mises）标准的规定 $S_{ys} \cong 0.577 S_y$。

⊖　式（14.4）和式（2.5b）中的比例因子存在差异，其中式（2.5b）扭转强度极限和抗拉强度通用比例因子，而式（14.4）的比例因子是在对采用冷加工拉伸工艺弹簧钢丝材料进行大量测试的基础上获得的。这也可能由于剪切强度存在差异。在任何情况下，公布数字的差异性表明参与评估的材料强度没有在实际载荷条件下进行测试。对某一特定类型元素和材料，在载荷可控的条件下进行大量测试，获得相关试验数据，从而建立式（14.4）。这应该算是这种情况的一个很好的近似。然而式（14.4）不能适用于其他不同的材料或应用。

形的条钢来说，优点是可避免热处理后的成形零件的变形。如果需要弯曲成锐角，必须采用退火材料，且在成形后进行表面硬化处理。

冷轧工序会使金属内部产生类似于（但不明显）木材纹理的纹路。正如将木材沿纹路方向弯曲容易开裂一样，金属材料沿纹路方向小半径弯曲成形后也容易断裂。纹路方向一般沿着轧制的方向，而对于带状板材，则沿着长轴的方向。因此，需要将金属零件弯曲成带锐角的钣金零件，必须垂直于纹路方向进行弯折。若弯成直角，需沿与纹路成45°方向弯曲成形。可用无量纲的弯曲系数 $2r/t$（r 为弯曲率半径，t 为板材厚度）来表征带形材料的相对可成形性。弯曲系数值越小，材料成形性能越好。全硬和 3/4 硬的钢带沿纹路方向弯曲成形将会断裂。

将弹簧钢带制成指定硬度值时，与其抗拉强度有关。AISI 各种含碳量的弹簧钢都可通过硬化处理达到 HRC 28~54 的范围。表 14-6 列出常见板簧材料的强度、硬度和弯曲系数。

表 14-6   回火弹簧合金带状板材的典型性能[1]

材料	S_{ut}/MPa（ksi）	洛氏硬度	伸长率/（%）	弯曲系数	E/GPa（Mpsi）	泊松比
弹簧钢	1700（246）	C50	2	5	207（30）	0.30
不锈钢 301	1300（189）	C40	8	3	193（28）	0.31
不锈钢 302	1300（189）	C40	5	4	193（28）	0.31
蒙奈尔铜镍 400	690（100）	B95	2	5	179（26）	0.32
蒙奈尔铜镍 k500	1200（174）	C34	40	5	17.9（26）	0.29
铬镍铁合金 600	1040（151）	C30	2	2	214（31）	0.29
铬镍铁合金 X-750	1050（152）	C35	20	3	214（31）	0.29
铍铜合金	1300（189）	C40	2	5	128（18.5）	0.33
Ni-Span-C	1400（203）	C42	6	2	186（27）	—
黄铜 CA 260	620（90）	B90	3	3	11（16）	0.33
磷青铜	690（100）	B90	3	2.5	103（15）	0.20
17-7PH RH950	1450（210）	C44	6	flat	203（29.5）	0.34
17-7PH Cond. C	1650（239）	C46	1	2.5	203（29.5）	0.34

14.4   螺旋压缩弹簧

常见的螺旋压缩弹簧是一个具有恒定直径和间距的螺旋压缩线圈，如图 14-2a 所示。我们把这种形式的弹簧称为标准螺旋压缩弹簧（HCS）。此外还有其他形状，如锥形、桶形、沙漏形和可变螺距等。所有的螺旋压缩弹簧都能提供一定推力。根据螺旋旋向，螺旋压缩弹簧分为左旋和右旋。

标准螺旋压缩弹簧的特征和尺寸参数如图 14-5 所示。弹簧**线圈直径**为 d，弹簧**线圈平均直径**为 D，弹簧的**自由长度**为 L_f，**线圈圈数**为 N_t，以及**弹簧节距**为 p，这些都是制造弹簧或计算弹簧几何尺寸的重要参数。弹簧外径 D_o 和内径 D_i 分别用于定义弹簧能安置的最小孔径和能放入的最大销轴径。外径 D_o 为弹簧的平均直径 D 与弹簧钢丝直径 d 之和，而内径 D_i 则为弹簧平均直径 D 与弹簧钢丝直径 d 之差。D_o 相对于孔或 D_i 相对于销之间的间隙可以依据：当 $D<0.5$ in（13 mm）时，最小的推荐径向间隙为 $0.1D$；当 $D>0.5$ in（13 mm）时，最小的推荐径向间隙为 $0.05D$[1]。

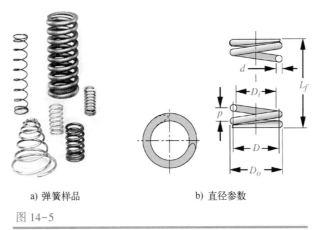

a) 弹簧样品   b) 直径参数

图 14-5

螺旋压缩弹簧

图片由 Associated Spring，Barnes Group Inc.，Bristol CT 提供

弹簧长度

压缩弹簧有几种不同的长度和压缩量，如图 14-6 所示。**自由长度 L_f** 是弹簧在无载荷的状态下的整体长度，即制造长度。**装配长度 L_a** 为安装后有一定初始变形 $y_{initial}$ 后的弹簧长度。初始变形量和弹簧刚度 k 决定了装配时的预紧力。**工作载荷**进一步施加在压缩弹簧上，使它产生了**工作变形 $y_{working}$**。**最小工作长度 L_m** 是压缩弹簧能正常工作时的最小长度。**闭合长度或者固定长度 L_s** 为弹簧压缩至所有簧圈都接触后的弹簧整体长度。一旦弹簧闭合，弹簧可承受更大的"无穷大"载荷，直至簧丝的压缩强度。**碰撞允许值 y_{clash}** 为最小工作长度与闭合长度之间的差值，表示工作偏差的百分比。使用时，该百分比的最小值推荐为 10%~15%，以避免工作的弹簧达到闭合长度而没有容差，或过大变形。

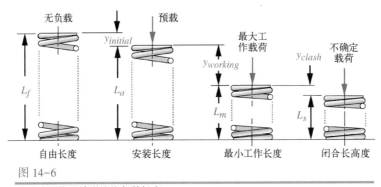

图 14-6

应用中螺旋压缩弹簧的各种长度

端部结构

螺旋压缩弹簧有 4 种不同的端部结构，分别为：*平口、平口端部磨平、并紧和并紧端部磨平*，如图 14-7 所示。平口且不加工端部即直接切断簧圈，使之与簧圈横截面具有相同的形状。这种端部最经济，但是当弹簧受到压力时，不能保证弹簧表面平行度。平口且端部磨平使得弹簧端部与弹簧轴线垂直，提供载荷作用的法向表面。并紧是通过加工压紧末端，从而消除末端节距。这有助于提高弹簧对准性。末端簧圈平面接触弧推荐值为 270°[1]。并紧且端部磨平可使

得端部平面和载荷接触弧段从 270° 到 330°。这种弹簧端部加工方法虽然最昂贵，但是机器上首先推荐采用，除非簧圈直径非常小（小于 0.02 in 即 0.5 mm），只能采用并紧端部不磨平的结构[1]。

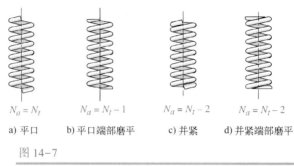

a) 平口　　　b) 平口端部磨平　　c) 并紧　　d) 并紧端部磨平

$N_a = N_t$　　　$N_a = N_t - 1$　　$N_a = N_t - 2$　　$N_a = N_t - 2$

图 14-7

螺旋压缩弹簧端部 4 种结构

有效圈数

簧圈总数为 N_t，但不一定都能产生变形，这取决于端部的处理。有效圈数为 N_a 通常用于弹簧计算。并紧但端部不磨平时，要从有效变形中减去两簧圈。磨平的除去一圈。图 14-7 给出了 4 种弹簧端部总簧圈数 N_t 与有效簧圈数 N_a 之间的关系。弹簧的有效簧圈通常需要圆整到 1/4 圈，因为制造过程的精度不会比此更高⊖。

弹簧指数

弹簧指数 C 是弹簧平均直径 D 与簧丝直径 d 的比值：

$$C = \frac{D}{d} \qquad (14.5)$$

C 的推荐范围为 4~12[1]。当 $C<4$ 时，弹簧制造困难，$C>12$ 时，弹簧会发生屈曲，且在批量生产时，容易缠绕。

弹簧变形

如图 14-8 所示为螺旋压缩弹簧中的一部分受到轴向载荷时的变形情况。注意到在轴向载荷作用下，弹簧线圈产生扭转变形。忽略簧圈的弯曲率，可以将弹簧简化为一个扭力杆模型，如图 4-28 所示。螺旋压缩弹簧实际是将一根扭杆卷绕成一个所占空间更小的螺旋线圈。圆丝螺旋压缩弹簧的变形为：

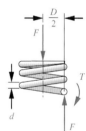

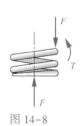

$$y = \frac{8FD^3 N_a}{d^4 G} \qquad (14.6)$$

图 14-8

螺旋压缩弹簧线圈的力和转矩

式中，F 为作用于压缩弹簧的轴向力；D 是弹簧的平均直径；d 是弹簧钢丝直径；N_a 为有效圈数；G 为材料的剪切模量。

弹簧刚度

将弹簧变形方程式移项可得到弹簧刚度公式为：

$$k = \frac{F}{y} = \frac{d^4 G}{8 D^3 N_a} \qquad (14.7)$$

⊖　现代伺服控制的弹簧卷绕设备能达到 1/10 线圈精度。

对于标准恒螺距的压缩弹簧，在大部分工作区间内，其刚度 k 基本呈线性变化。如图 14-9 所示，变形开始阶段和变形结束阶段弹簧刚度不是线性变化的。当弹簧变形并被压缩达到闭合长度 L_s 时，所有簧圈相互接触，此时弹簧刚度为固体簧圈压缩刚度。弹簧刚度取自总变形的 15%~85% 区间的值[1]，工作变形化范围 $L_a - L_m$ 也应保持在此区域内（见图 14-6）。从图 14-2a 可知，齿距或直径变化的弹簧可能具有非常数的弹簧刚度，与变形有关。

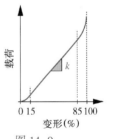

图 14-9

标准螺旋压缩弹簧的载荷-变形曲线[1]

螺旋压缩弹簧线圈应力

如图 14-8 所示，在弹簧线圈的任何一个横截面上都存在两个应力分量：由转矩 T 产生的扭转剪应力和由力 F 产生的直接剪应力。这两个剪应力的应力分布如图 14-10a、b 所示。把两个剪应力直接相加，最大剪应力 τ_{max} 发生在簧圈横截面的内侧纤维处，如图 14-10c 所示。

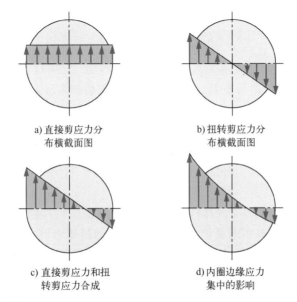

a) 直接剪应力分布横截面图

b) 扭转剪应力分布横截面图

c) 直接剪应力和扭转剪应力合成

d) 内圈边缘应力集中的影响

图 14-10

螺旋压缩弹簧的簧丝截面应力分布

$$\tau_{max} = \frac{Tr}{J} + \frac{F}{A} = \frac{F(D/2)(d/2)}{\pi d^4/32} + \frac{F}{\pi d^2/4}$$

$$= \frac{8FD}{\pi d^3} + \frac{4F}{\pi d^2} \tag{14.8a}$$

我们可以将式（14.5）中的弹簧指数 C 代入式（14.8a）中，于是有：

$$\tau_{max} = \frac{8FC}{\pi d^2} + \frac{4F}{\pi d^2} = \frac{8FC + 4F}{\pi d^2}$$

$$= \frac{8FC}{\pi d^2}\left(1 + \frac{1}{2C}\right) = \frac{8FD}{\pi d^3}\left(1 + \frac{0.5}{C}\right)$$

$$\tau_{max} = K_s \frac{8FD}{\pi d^3}, \qquad 其中 \quad K_s = \left(1 + \frac{0.5}{C}\right) \tag{14.8b}$$

上式将式（14.8a）中的直接剪切项换为**直接剪切系数 K_s**。两个方程计算结果相同，但在使用时优先选用第二式式（14.8b）。

假设弹簧钢丝是直的，且受到如图 14-8 所示的剪切力 F 和转矩 T 作用，那么使用式（14.8）能得到精确解。但是这些弹簧钢丝被弯曲成线圈。我们在 4.9 节知道，曲梁在弯曲方向的内表面存在应力集中。虽然弹簧受力不同于梁受力，但是该原理适用，即在弹簧线圈内表面存在较大的应力。Wahl[3]确定了圆形弹簧钢丝应力集中系数 K_w，K_w 综合考虑了由于曲率造成的直接剪切的影响和应力集中，K_w 对弹簧线圈指数 $C \geqslant 1.2$ 的圆丝弹簧适用[5]：

$$K_w = \frac{4C-1}{4C-4} + \frac{0.615}{C} \tag{14.9a}$$

$$\tau_{max} = K_w \frac{8FD}{\pi d^3} \tag{14.9b}$$

组合应力如图 14-10d 所示。

由于 Wahl 的系数 K_w 考虑了剪切和应力集中的影响，我们也可以分别考虑曲率系数 K_c 和剪切系数 K_s，如：

$$K_w = K_s K_c; \qquad\qquad K_c = \frac{K_w}{K_s} \tag{14.10}$$

如果弹簧受到静载荷，那么屈服强度是主要的失效准则。如果材料局部屈服，则屈服可以缓解因曲率系数 K_c 引起的局部应力集中，且式（14.8b）用剪切系数 K_s 来考虑直接剪切（参见本节后面介绍的**扭转屈服强度**一段的注释，那里对这一通用规则做了修正）。

如果弹簧受到动载荷，那么弹簧的疲劳失效将发生在比屈服强度低得多的应力下，式（14.9b）应该包含直接剪切力和曲率的影响。在疲劳加载下，同时存在平均载荷和交替载荷，式（14.8a）可用来计算平均应力分量，而式（14.9b）则用来计算交替应力分量。

非圆簧丝螺旋弹簧

圆丝是目前最常用作螺旋弹簧的材料。然而，有时候会因为空间有限，或圆形横截面承载能力不能满足要求而采用方形或矩形簧丝。因为对于给定的横截面尺寸，方形横截面具有较大的积惯性模量，即对于相同强度的材料，在相同的应力下，方形横截面的簧丝承受更大载荷。它的缺点是方形或者矩形的簧丝因螺旋曲率引起的应力集中比圆丝更高，且 Wahl 的式（14.9a）也不适用。

弹簧设计手册[6]给出了非圆截面的应力集中系数。Cornwell[5]给出了矩形横截面和任意形状横截面簧圈的应力集中系数计算公式，该系数综合考虑了曲形件受扭矩和直接剪切力的情况。他用有限元分析（FEA）计算了空心和实心矩形、工字形、槽形、Z 形和 T 形横截面的、在 $1.2 \leqslant C \leqslant 10$ 区间的应力集中系数。用这种方法对圆形横截面进行分析的结果与 Wahl 的方程相符，因此验证了该公式。

对于横截面为圆形的簧圈来说，应力最大处在簧圈的内侧，但是对于矩形横截面，却不是如此。如果簧圈是"平面"卷绕，则最大应力集中在内部边缘；但是如果簧圈是"棱边"卷绕，则最大应力集中在截面内部。这也适用于有内角的截面，如 T 形截面。对实心矩形切片进行有限元分析，得到数据并进行曲线拟合，可以得到截面内的最大局部剪应力和名义应力比值：

$$K_{rw} = e^{\left(S_0 - S_1 s + S_2 s^2 - S_3 s^3 + S_4 s^4\right)} \tag{14.11a}$$

式中，$s = \ln(C)$；S_i 可以查表 14-7 得到，其中 b 和 h 是矩形横截面尺寸（h 平行于弹簧轴）。这个公式是参考文献［6］中表格所给数值的再现和扩展。

表 14-7 矩形截面应力集中曲线拟合参数[5]

b/h	S_0	S_1	S_2	S_3	S_4
1/20	1.9128	3.5140	3.1247	1.3315	0.2123
1/10	1.8908	3.4673	3.0834	1.3129	0.2093
1/8	1.8762	3.4879	3.1492	1.3592	0.2192
1/6	1.8555	3.4495	3.1234	1.3517	0.2184
1/4	1.7984	3.4031	3.1335	1.3760	0.2253
1/3.5	1.7812	3.3661	3.1067	1.3684	0.2246
1/3	1.7737	3.2849	2.9623	1.2741	0.2045
1/2.5	1.7340	3.2187	2.9178	1.2607	0.2031
1/2	1.7090	3.1197	2.8074	1.2111	0.1951
1/1.5	1.6862	2.9657	2.6014	1.1029	0.1752
1/1	1.6844	2.8219	2.4577	1.0591	0.1721
1.5/1	1.5381	2.6479	2.2312	0.9670	0.1614
2/1	1.4268	2.3349	1.7867	0.7321	0.1220
2.5/1	1.3610	2.0761	1.3481	0.4480	0.0628
3/1	1.3350	2.0087	1.2315	0.3597	0.0421
3.5/1	1.3053	1.8913	1.0961	0.2831	0.0261
4/1	1.2941	1.8802	1.1094	0.2869	0.0250
6/1	1.3089	2.2639	1.9437	0.8026	0.1240
8/1	1.2465	2.2094	2.1381	0.9873	0.1660
10/1	1.1545	1.8620	1.8344	0.8908	0.1568
20/1	0.7530	-0.2210	-0.8708	-0.4760	-0.0822

矩形横截面螺旋压缩弹簧所受到的应力为：

$$\tau = \frac{K_{rw}K_2FD}{bh^2} \qquad (14.11b)$$

变形为：

$$y = \frac{FD^3N_a}{K_1bh^3G} \qquad (14.11c)$$

弹簧刚度为：

$$k = \frac{F}{y} = K_1\frac{bh^3G}{D^3N_a} \qquad (14.11d)$$

式中，F 为弹簧所受的压力；D 为弹簧线圈平均直径；G 是剪切模量；K_{rw} 来自式（14.11a），K_1 和 K_2 可查表 14-8 得到。

表 14-8 矩形截面弹簧钢丝形状系数

b/h	K_1	K_2
1.00	0.180	2.41
1.50	0.250	2.16
1.75	0.272	2.09
2.00	0.292	2.04
2.50	0.317	1.94
3.00	0.335	1.87
4.00	0.358	1.77
6.00	0.381	1.67

残余应力

当把钢丝卷绕成螺旋弹簧时，弹簧内表面受到拉伸残余应力，弹簧外表面受到压缩残余应力。这些残余应力对弹簧来说都是不利的。可以通过应力缓解（退火）消除它们。

释放处理⊖ 生产商们引入有益的残余应力的过程含糊被称为释放处理。释放处理可以将弹簧承担静载荷的能力提高 45%～65%，同时使得每磅弹簧材料储能能力提高一倍[1]。释放处理通过压缩弹簧至闭合长度，从而产生有益残余应力。回顾 6.8 节，引入有益残余应力的方法是在工作方向上给材料施加过应力（屈服）。"释放处理"的弹簧会失去一定的自由长度，但是获得益处如上所述。为了实现释放处理的优点，初始自由长度必须制造得大于期望（释放处理后）长度，且闭合长度所产生的应力值应超出材料屈服强度的 10%～30%。低于这一过载量将无法产生

⊖ 原文为英文单词 setting，该词多义，其中有"释放"一义较符合此处，故选之。译者注。

14

足够的残余应力。超过 30%，对增加有益残余应力作用有限，并且会增加变形[1]。

“释放处理”后的弹簧的许用应力（即强度）明显高于刚卷绕的弹簧。此外，对于承受静载荷的弹簧释放处理过程中产生的屈服能减少弯曲应力集中，因此进行“释放处理”弹簧的应力计算时选用式（14.8b），且其中的 K_s 取较小值，而不选用式（14.9b），这是因为对于静载荷，“释放处理”过程中屈服变形能减轻曲率引起的应力集中。“释放处理”对受静载作用的弹簧最有意义，但对循环加载也有一定好处。

因为对弹簧进行“释放处理”会增加成本，所以并不是所有的工业用弹簧都需经过“释放处理”工艺。设计人员应该根据需要对弹簧进行“释放处理”，而不要认为这是理所当然的事。有时，“释放处理”工序在安装过程中进行，而不是在弹簧制造过程中进行。如果方便的话，可以在弹簧安装到机器中的最终位置之前或即时，对它精心做一次至闭合长度的循环。

反向载荷　无论对螺旋弹簧进行了“释放处理”与否，螺旋弹簧内部总会存在一定的残余应力。因此，螺旋弹簧一般不用于反向承载。假如残余应力方向已被“释放处理”为有利于预期加载的方向，反向加载显然会加剧残余应力，从而导致早期失效。因此，对于压缩弹簧永不应施加拉伸载荷；同样，对于拉伸弹簧也不应施加压力。我们将看到，对于扭转弹簧也只能施加单向扭矩，以免早期失效。

喷丸处理　喷丸处理是另一种可以使弹簧得到有利残余应力的工艺，它对增加承受循环疲劳载荷十分有效。但是，喷丸处理对受静载的弹簧几乎没有益处。喷丸处理在 6.8 节中已经讨论过。对于线簧，喷丸直径在 0.008（0.2 mm）~0.055 in（1.4 mm）之间。对于直径非常小的簧丝，喷丸处理效果不好，所以喷丸处理的簧丝应尽可能大。同样，对于节距很小的螺旋弹簧（如紧卷绕弹簧），喷丸处理对弹簧线圈的内表面也没有作用。

压缩弹簧屈曲

压缩弹簧如同压杆受载，如果弹簧过于细长，则可能屈曲。第 4 章中定义了实心杆的细长比。由于压缩弹簧与实心杆的几何形状有很大的不同，故这一方法不适用压缩弹簧。这里，我们定义类似于细长比的系数：纵横比，即压缩弹簧自由长度与名义直径之比 L_f/D。如果纵横比大于 4，弹簧可能会屈曲。可以通过把弹簧安装在导向孔内或在弹簧内加导向杆防止弹簧整体屈曲。然而，簧圈与这些导向装置间的摩擦会使部分弹簧作用力通过摩擦力方式传给地面，从而减少弹簧端部传递的载荷。

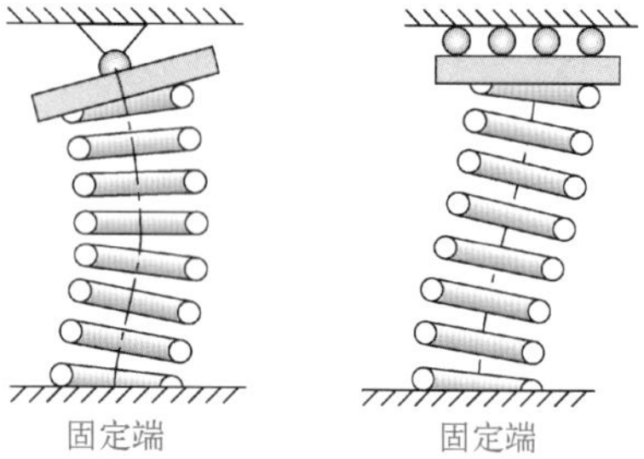

a) 非平行端部　　b) 平行端部

图 14-11

弹簧端部约束决定弹簧临界屈曲情况

和实心杆一样，弹簧端部约束会影响它的屈曲趋势。图 14-11a 所示为弹簧端部从自由状态变为单点固支，这时弹簧屈曲的纵横比如图 14-11b 所示的弹簧两端平行固支的纵横比更小。

弹簧变形与其自由长度比、变形比也对屈曲有影响。图 14-12 中的两条线分别给出了图 14-11 中端部约束情形的稳定性。在纵横比与变形比组成的这些曲线左边区域上，弹簧是稳定的，不会发生屈曲。

压缩弹簧颤振

视频：弹簧颤振（03:46）[⊖]

从第 10 章所讨论的轴振动可知，任何具有重量和弹性的装置都具有一个或多个固有频率。弹簧也不例外，当所受激励接近其固有频率时，弹簧会在

⊖ http://www.designofmachinery.com/MD/Spring_Surge.mp4

轴向和纵向都出现振动。当进入共振时，纵向振动波将引起弹簧线圈之间的相互冲击，称为颤振。过大的弹簧变形和冲击会产生很大的载荷使弹簧失效。为了防止这种情况的发生，一般是避免弹簧在其固有频率附近做循环。理想的弹簧固有频率应当比载荷频率大 13 倍以上。

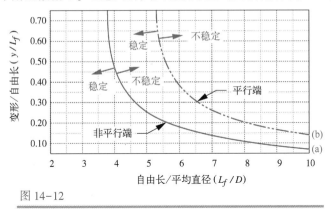

图 14-12

弹簧临界屈曲条件曲线

普通螺旋压缩弹簧的固有频率 ω_n 或 f_n 由其边界条件决定。弹簧两端固定是最常见和希望的布置，因为两端固定弹簧的固有频率 f_n 是一端固定、一端自由的弹簧的固有频率的 2 倍。对于两端固定的弹簧：

$$\omega_n = \pi\sqrt{\frac{kg}{W_a}}\quad \text{rad/s} \qquad\qquad f_n = \frac{1}{2}\sqrt{\frac{kg}{W_a}}\quad \text{Hz} \qquad (14.12a)$$

式中，k 为弹簧刚度；W_a 为弹簧有效圈重量；g 为重力加速度。固有频率可以用角频率或线频率表示。弹簧有效圈的重量可描述为：

$$W_a = \frac{\pi^2 d^2 D N_a \gamma}{4} \qquad (14.12b)$$

式中，γ 为材料的重力密度。计算弹簧总重量时用 N_t 代替 N_a。

将式（14.7）和式（14.12b）代入式（14.12a），有：

$$f_n = \frac{2}{\pi N_a}\frac{d}{D^2}\sqrt{\frac{Gg}{32\gamma}}\quad \text{Hz} \qquad (14.12c)$$

式（14.12c）即为两端固定螺旋压缩弹簧的固有频率。若弹簧是一端固定、一端自由，则其工作长度可以看成像是一个 2 倍长度两端固定的弹簧。这样计算它的固有频率时需要将式（14.12c）中的 N_a 值乘以 2，即为实际弹簧有效圈数的 2 倍。

压缩弹簧许用强度

对承受静载荷和动载荷作用、材料为圆形钢丝的螺旋压缩弹簧，人们已获得了大量的充足失效强度的试验数据。14.3 节中讨论了圆形钢丝直径与抗拉强度的关系。但是在设计弹簧时，还需要有关屈服强度和疲劳强度的更多数据。

扭转屈服强度　弹簧钢丝扭转屈服强度是依赖于弹簧材料和弹簧是否"释放处理"而变化的。表 14-9 推荐了几种常用圆形弹簧钢丝材料的扭转屈服强度极限，它是极限抗拉强度的百分数，用来确定受静载荷作用的螺旋压缩弹簧估算强度[⊖]。

⊖ 表 14-9 中，在未采用"释放"工艺产生有用残余应力时，相关的弹簧制造公司[1]建议使用 Wahl 因子（式 14.9b）计算承受静载荷弹簧的应力。在采用"释放"工艺产生有用残余应力时，使用较低的直接剪切系数（式 14.8b）。这是一对矛盾的规则（最后一段），一般表示忽略在静载荷情况下的应力集中，因为此方法将 Wahl 系数用于未释放，静载荷作用于弹簧。相对于通用规则这一方法显得更为保守，更依赖于弹簧制造经验。

表 14-9　静态应用的螺旋压缩弹簧扭转屈服强度极限 S_{ys}

不包含弯曲或屈曲应力

材　　料	极限抗拉强度最大百分比（%）	
	释放处理前 用于式（14.9b）	释放处理后 用于式（14.8b）
冷拔碳钢（例如：A227，A228）	45	60~70
淬火和回火碳素钢和低合金钢（例如：A229，A230，A232，A401）	50	65~75
奥氏体不锈钢（例如：A313）	35	55~65
有色合金（例如：B134，B159，B197）	35	55~65

扭转疲劳强度　在 $10^3 \leqslant N \leqslant 10^7$ 循环次数范围内，扭转疲劳强度随弹簧材料和是否经过喷丸处理而变化。表 14-10 分别列出了几种弹簧材料经喷丸处理和未经喷丸处理的扭转疲劳强度推荐值，其中 N 分别为 10^5、10^6 和 10^7 循环次数。需要注意，这些扭转疲劳强度是在平均应力和交变应力幅值相同（即应力比为 $R=\tau_{min}/\tau_{max}=0$）的脉动循环条件下测得的。因此这些数值和第 6 章所介绍的在旋转弯曲试样中的对称循环疲劳强度并不能直接进行对比。我们在这里定义 S'_{fw} 表示簧丝的脉动循环疲劳强度，以区别于第 6 章讨论的对称循环疲劳强度。虽然是试验数据，但是这些疲劳强度 S'_{fw} 仍然是非常有用的，因为弹簧的疲劳加载是实际的（典型的）情况，弹簧是产品而不是试样，所以几何形状和尺寸都是真实的。注意：在表 14-10 中，疲劳强度随着循环次数的增加而减少，甚至在循环次数在 10^6 以上时都在减少，而这时的钢却存在一个持久极限。

表 14-10　循环作用下（应力比，$R=0$）圆形簧丝螺旋压缩弹簧的扭转疲劳强度 S'_{fw}

在无腐蚀、无颤振、室内温度环境下得到的测试数据

疲劳寿命（循环次数）	极限抗拉强度的百分比（%）			
	ASTM 228，奥氏体不锈钢 钢和有色金属		ASTM A230 和 A232	
	未喷丸	喷丸	未喷丸	喷丸
10^5	36	42	42	49%
10^6	33	39	40	47
10^7	30	36	38	46

扭转疲劳极限　钢材具有寿命无限时的持久极限。高强度材料增加自己的耐力极限强度。高强度材料在增加极限强度时通常表现出具有上限的"平顶"现象。图 6-9 和图 6-11 给出了该变化趋势；式（6.5a）给出了未修正的拉伸持久极限结果：对 $S_{ut}>200\text{kpsi}$，在对称循环下受弯曲的钢件来说，拉伸持久极限是一个常数，但是弹簧的扭转疲劳极限却仍然继续增加，并超过了该值。由图 14-3 和图 14-4 可知，大部分弹簧钢丝直径小于 10 mm 的弹簧都属于此类极限强度。这就意味着这种弹簧钢丝材料的扭转持久极限与弹簧尺寸和材料中的合金组成无关。其他研究证实了这一点。Zimmerli[4] 的研究报告指出：对于直径小于 10 mm 的弹簧钢丝，当应力比 $R=0$ 时，期望寿命为无穷大的扭转疲劳极限（为了显示与对称循环疲劳极限的区别，我们定义其为 S'_{ew}）为：

$$S'_{ew} \cong 45.0 \text{ kpsi}　(310 \text{ MPa})　适用于未喷丸处理$$
$$S'_{ew} \cong 67.5 \text{ kpsi} (465 \text{ MPa})　适用于喷丸处理$$

(14.13)

由于 S'_{fw} 和 S'_{ew} 系数是用弹簧钢丝材料在真实工作环境中通过试验得到的，故在选择这两个系数时，不需要再考虑弹簧钢丝的表面、尺寸和修正载荷系数。表 14-10 所给出的扭转疲劳强度数值是在室温、无腐蚀环境、无颤振下得到的测试数据。这也和 Zimmerli 的数据相符。

如果弹簧是在高温或有腐蚀的环境下工作，则应如式（6.8），适当降低疲劳强度和疲劳极限。图 6-31 还给出了在腐蚀环境下的相关信息。温度系数 K_{temp} 和可靠度系数 K_{reliab} 仍然适用于式（6.7f）和表 6-4。本节的讨论中，我们用未经修正的 S'_{fw} 代替 S_{fw}，用 S'_{ew} 代替 S_{ew}，并假设工作环境为室温、无腐蚀、可靠度为 50%。

弹簧钢丝扭转剪切 $S-N$ 图

对于一些特殊簧丝材料和尺寸，可通过表 14-4 和表 14-10 的信息，采用 6.6 节介绍的方法建立扭转剪切 $S-N$ 图。高周疲劳下，弹簧的循环次数一般为 $N = 1000 \sim 1 \times 10^7$。循环次数无限的持久极限可由式（14.13）得到。弹簧循环 1000 次，抗拉强度 S_m 通常取循环次数为 1 次（即静载荷）的极限强度 S_{ut} 的 90%。但是由于弹簧承受扭转载荷，由式（14.3）和表 14-5 得到的弹簧钢丝抗拉强度如图 14-3 和图 14-4 所示，必须用式（14.4）进行转换。这样，使循环 1000 次的弹簧扭转强度 S_{ms} 为：

$$S_{ms} \cong 0.9 S_{us} \cong 0.9 \left(0.67 S_{ut} \right) \cong 0.6 S_{ut} \qquad (14.14)$$

例 14-1 构建弹簧钢丝材料的 $S-N$ 图

问题：为一系列不同尺寸的弹簧钢丝创建扭转疲劳 $S-N$ 图。

条件：ASTM A228 琴用钢丝，未喷丸处理。

假设：将使用三种直径：$0.010\,\text{in}$（$0.25\,\text{mm}$），$0.042\,\text{in}$（$1.1\,\text{mm}$），$0.250\,\text{in}$（$6.5\,\text{mm}$）。

解：见图 14-14。

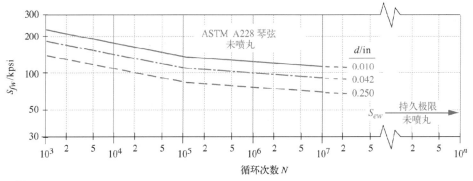

图 14-13

各种直径琴用钢丝的扭转疲劳 $S-N$ 图

1. 每一种尺寸的簧丝抗拉强度可以由式（14.3）和表 14-5 中所列出的系数和指数得到：

$$
\begin{aligned}
S_{ut} &\cong 184\,649\, d^{-0.1625} \\
&= 184\,649 \left(0.010 \right)^{-0.1625} \text{psi} = 390\,239 \text{ psi} \\
&= 184\,649 \left(0.042 \right)^{-0.1625} \text{psi} = 309\,071 \text{ psi} \\
&= 184\,649 \left(0.250 \right)^{-0.1625} \text{psi} = 231\,301 \text{ psi}
\end{aligned}
\qquad (a)
$$

2. 由式（14.14），这些值转换为 1000 个循环次数的剪切强度：

$$
\begin{aligned}
S_{ms} &\cong 0.6 S_{ut} \\
d = 0.010: \qquad & S_{ms} \cong 0.6 \left(390\,239 \right) \text{psi} = 234\,143 \text{ psi} \\
d = 0.042: \qquad & S_{ms} \cong 0.6 \left(309\,071 \right) \text{psi} = 185\,443 \text{ psi} \\
d = 0.250: \qquad & S_{ms} \cong 0.6 \left(231\,301 \right) \text{psi} = 138\,781 \text{ psi}
\end{aligned}
\qquad (b)
$$

3. 三个 N 值下的扭转疲劳强度 S_{fw} 是用表 14-10 所示的未喷丸处理 A228 琴用钢丝抗拉强度的百分比表示：

$$d = 0.010 \ @N = 1 \times 10^5 : S_{fw} \cong 0.36(390\ 239)\text{psi} = 140\ 486\ \text{psi}$$

$$d = 0.010 \ @N = 1 \times 10^6 : S_{fw} \cong 0.33(390\ 239)\text{psi} = 128\ 779\ \text{psi} \qquad (c)$$

$$d = 0.010 \ @N = 1 \times 10^7 : S_{fw} \cong 0.30(390\ 239)\text{psi} = 117\ 072\ \text{psi}$$

这些值和式（14-4）的结果一起画在图上就可以得到 $S-N$ 曲线。

4. 图 14-13 展示了 $S-N$ 曲线，每一条 $S-N$ 曲线包含两个分离的部分：$10^3 \leqslant N \leqslant 10^5$ 区域和 $N \geqslant 10^5$ 区域。可以看出：在期望寿命为无限的情况下，未喷丸处理的琴用钢丝疲劳极限 S_{ew} 是 45000 psi（式 14.13）。

5. 如果需要，任何一条 $S-N$ 曲线用 6.6 节提出的方法可拟合得到一个指数方程（见式 6.10）。分别评价 $S-N$ 曲线两部分的系数和指数，很容易得到任何循环次数下的疲劳强度 S_{fw}。

6. 必须注意，表 14-10 的 S_{fw} 数据是在脉动循环应力状态下得到的，而不是对称循环应力状态，这意味着该 $S-N$ 图的取点是沿图 6-43 的 σ_m 轴。

修正后的簧丝 Goodman 图

可以创建一个改进 Goodman 图用于各种弹簧受力情况的分析。在 6.13 节，我们提出了一种通用的疲劳设计方法：通过找到组合加载情况下的 von Mises 有效应力来简化设计过程。这里需要指出：承受纯扭转载荷的情况也可以用这种方式得到解决，解决的方法是将纯剪应力转化成 von Mises 应力，并与材料抗拉强度进行对比。然而对于螺旋压缩弹簧的设计，采用 von Mises 方法毫无意义，这是因为根据经验得到的簧丝疲劳强度就是用扭转强度表示的。因此，使用抗扭强度来构建 Goodman 图更容易，并且可以直接应用于扭转应力的计算。无论哪种方法，结果都是相同的。

例 14-2　绘制螺旋弹簧的改进 Goodman 图

问题：创建例 14-1 弹簧钢丝 Goodman 线。

已知：要求的循环寿命周期为 $N = 10^6$。弹簧钢丝直径是 0.042 in（1.1 mm）。

假设：Goodman 图采用抗扭强度和扭转剪应力。

解：见图 14-14。

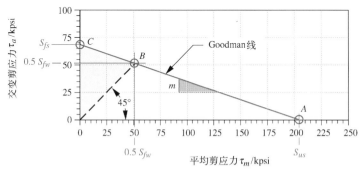

图 14-14

直径为 0.042 in、材料为 ASTM A228、循环次数为 10^6 的钢丝扭转应力的修正 Goodman 图

1. 从图 14-3 或式（14.3）得到材料抗拉强度，用式（14.4）换算成抗扭强度。换算过程中用到表 14-5 的数据。换算完成后得到 Goodman 图中的一个点：

$$S_{ut} \cong 184\,649(0.042)^{-0.1625}\,\text{psi} = 309\,071\,\text{psi} \tag{a}$$

$$S_{us} \cong 0.67S_{ut}$$

$$= 0.67(309\,071)\,\text{psi} = 207\,078\,\text{psi} \tag{b}$$

这个值被绘制为图 14-14 中的 A 点。

2. 对于在纯扭转载荷下的材料/尺寸组合，$S-N$ 图为修正 Goodman 线提供了一个数据点（采用 S_{fw} 或 S_{ew} 取决于弹簧钢丝的期望寿命为有限或无限），弹簧钢丝材料在一定使用情况下的疲劳强度 S_{fw} 可从图 14-15 的 $S-N$ 线得到，或者由表 14-9 的数据计算得到：

$$@N = 1 \times 10^6: \qquad S_{fw} \cong 0.33(309\,071)\,\text{psi} = 101\,993\,\text{psi} \tag{c}$$

该数值对应于 x 和 y 轴的截距均为 $0.5S_{fw} = 50\,996\,\text{psi}$，这被描绘为图 14-14 中的 B 点。需要注意的是，当期望寿命为无限情况下，来自式（14.13）的 S_{ew} 数值将代替 S_{fw}。

3. 注意：在图 14-14 中，用弹簧钢丝疲劳强度 S_{fw} 描绘了 B 点（$\tau_a = \tau_m = 0.5S_{fw}$），对应的是平均和交变应力相等（即应力比为 $R = \tau_{min}/\tau_{max} = 0$）的测试条件。$B$ 点和 A 点连成一条直线，并延长到 C 点，从而完成 Goodman 线的绘制。

4. 图 14-14 中 C 点为对称循环疲劳强度（$R = -1$）的值。此值可以从 Goodman 线上的已知两点——A 点和 B 点建立直线方程式得到：

$$m = -\frac{0.5S_{fw}}{S_{us} - 0.5S_{fw}}$$

$$S_{fs} = -mS_{us}$$

$$S_{fs} = 0.5\frac{S_{fw}S_{us}}{S_{us} - 0.5S_{fw}}$$

$$= 0.5\frac{101\,993(207\,078)}{207\,078 - 0.5(101\,993)}\,\text{psi} = 67\,658\,\text{psi} \tag{d}$$

5. 在应力比 $R \geqslant 0$ 情况下应用 Goodman 线是保守的。同时在这种情况下，它的使用也是合理的，因为作用在弹簧上的载荷方向不发生变化。螺旋压缩弹簧的应力比在 $0 \sim 0.8$ 之间，此时应力值位于图 14-14 中 45°线的右侧，该区域上使用 Goodman 线比 Gerber 线更保守。

6. 这种材料和循环次数，应力比 $R \geqslant 0$ 的任意其他平均应力和交变应力的组合结果都可绘制在图中，用于获得安全系数。

14.5 静载荷作用下螺旋压缩弹簧的设计

弹簧设计的功能需求各不相同，有的可能是要求得到载荷实现某个变形，有的是限制弹簧刚度下实现一定范围的变形。在某些情况下，对弹簧的外径、内径和工作长度有所限制。设计方法需要跟着这些需求而变化。弹簧设计本质上是一个迭代的问题。设计前必须提出一些假设，以得到足够的变量值来计算应力、变形和弹簧刚度。因为弹簧钢丝尺寸在应力和变形计算公式中常以三次方或四次方的形式出现，同时材料强度依赖于弹簧钢丝的尺寸，因此弹簧钢丝尺寸对于设计的安全性非常关键。

弹簧的设计方法有很多，并且为满足某种功能需求可通过不同参数组合来实现，还可对这些参数进行优化，以获得符合功能需求的最优参数，如弹簧重量。为了最大限度地减少重量和成本，弹簧应力水平可能会很高，但是不应该超出工作时的静态屈服极限。

14

首先应设定试选弹簧钢丝直径 d，并且选择合理的弹簧指数 C，然后由式（14.5）计算出弹簧线圈直径 D。试选弹簧材料后，计算弹簧钢丝直径 d 的相关材料强度。弹簧应力计算通常先于弹簧变形计算，这主要由于应力计算涉及弹簧参数 d 和 D，而变形计算仅和参数 N_a 相关。如果确定了载荷 F，则 F 产生的应力可以用式（14.8）或式（14.9）进行计算。如果通过变形值确定了两个最小和最大作用力，那么可以用载荷计算对应的弹簧刚度。

对于承受静载荷弹簧，将弹簧应力与屈服强度对比。在静载荷下的安全系数为：

$$N_s = \frac{S_{ys}}{\tau} \tag{14.15}$$

如果计算得到的应力值相对于材料强度太高，则需要重新选择弹簧钢丝直径、弹簧指数和材料，以改进结果。当应力值相对于材料强度处于合理范围时，则可以试选弹簧线圈数和碰撞允许值，进而应用式（14.6）和式（14.7）来进一步计算弹簧刚度、变形和自由长度。当计算得到的参数不合理时，需要改变假设，重新进行迭代计算。

经过几次迭代计算，通常可得到一组合理的弹簧参数组合。设计完成之前还需进行如下验算，例如，弹簧处于闭合长度的应力计算，D_i、D_o 和装配时弹簧线圈的自由长度。此外，还需校核屈曲的可能性。

如果觉得上述过程太复杂，读者可使用计算机来完成这些烦琐的计算工作。弹簧设计，如同其他任何需要进行迭代计算的过程一样，适用于计算机求解。能自动迭代计算的方程求解器非常适合于处理此类任务，因为它们能同时考虑到问题的各个方面。下面我们给出弹簧设计问题的一些例子，并展示如何采用方程求解器加快计算过程。

例 14-3　承受静载荷作用的螺旋压缩弹簧设计

问题：设计变形已知、静载荷作用的压缩弹簧。

已知：弹簧上最大作用力为 150 lb，最小作用力为 100 lb，弹簧在这两个力作用下变形值之差为 0.75 in。

假设：因为弹簧承受静载荷，因此选用最便宜的、未经喷丸处理的冷拉弹簧钢丝（ASTM A227）。

解：见表 14-11。

表 14-11　例 14-3 静载荷作用下的螺旋压缩弹簧设计

输入	变量	输出	单位	备注
8.0	C			试选弹簧指数
0.192	dia			试选弹簧钢丝直径
0.750	y		in	弹簧变形
15.0	clash		%	冲击变形允许量
'hdrawn	matl			弹簧材料，如冷拉钢丝、琴用钢丝、回火钢丝和铬钒钢丝等
'sqgrnd	end			弹簧两端结构，如平口但不加工端部、平口且磨平端部、并紧但不加工端部和并紧且锻造端部
'unpeen	surface			弹簧表面热处理：喷丸或未喷丸
'set	setflag			释放处理或未释放处理
150	Fmax		lb	最大作用力
100	Fmin		lb	最小作用力
	Fshut	158	lb	闭合长度作用力
	k	67.4	lb/in	弹簧刚度
	Na	8		弹簧有效圈数

（续）

输入	变量	输出	单位	备注
	Ntot	10		弹簧总圈数
	D	1.54	in	弹簧线圈平均直径
	Dout	1.73	in	弹簧线圈外径
	Din	1.34	in	弹簧线圈内径
	Ks	1.06		静态系数-纯剪切-式（14.8）
	Kw	1.18		瓦尔系数-式（14.9）
	tauinit	58716	psi	安装长度的剪应力
	taustat	88074	psi	最大静载荷剪应力
	taushut	92478	psi	闭合长度应力
	Sut	190513	psi	抗拉强度-式（14.9）和表 14-4
	Sus	127644	psi	剪切强度极限-式（14.4）
	Sys	114308	psi	剪切屈服应力-表 14-8
	Ns_static	1.30		安全系数-最大静载荷
	Ns_shut	1.23		安全系数-闭合长度（屈服）
	Lf	4.26	in	自由长度
	Linstal	2.78	in	安装长度
	Lcomp	2.03	in	压缩长度
	Lshut	1.92	in	闭合长度
	yinit	1.48	in	装配产生初始变形
	ymax	2.23	in	最大工作变形
	yclash	0.113	in	弹簧线圈冲击变形允许值
	yshut	2.34	in	闭合长度变形

1. 从表 14-2 的许用尺寸中，试选弹簧钢丝直径为 0.162 in。

2. 试选弹簧指数为 8，处于推荐范围的中间，并由式（14.5）计算平均簧圈直径 D。

$$D = Cd = 8(0.162)\text{in} = 1.30\text{ in} \tag{a}$$

3. 确定直接剪切系数 K_s，并计算最大载荷作用下簧丝的剪应力。

$$K_s = 1 + \frac{0.5}{C} = 1 + \frac{0.5}{8} = 1.06 \tag{b}$$

$$\tau = K_s \frac{8FD}{\pi d^3} = 1.06 \frac{8(150)(1.30)}{\pi(0.162)^3} = 123\,714\text{ psi} \tag{c}$$

4. 从式（14.3）和表 14-5 确定簧丝材料的极限抗拉强度，并用它从表 14-8 来计算扭转屈服强度，同时假定弹簧已经采用释放处理，因此在推荐范围中取较低值。

$$S_{ut} = Ad^b = 141\,040(0.162)^{-0.1822}\text{ psi} = 196\,503\text{ psi} \tag{d}$$

$$S_{ys} = 0.60 S_{ut} = 0.60(196\,503)\text{ psi} = 117\,902\text{ psi} \tag{e}$$

5. 由式（14.15）确定工作变形下抗屈服的安全系数：

$$N_s = \frac{S_{ys}}{\tau} = \frac{117\,902\text{ psi}}{123\,714\text{ psi}} = 0.95 \tag{f}$$

上述计算结果显然是不能接受的，因此需要修改某些参数进行迭代计算。

6. 将弹簧钢丝直径增加到 0.192 in，弹簧指数保持不变。重新计算簧丝直径、应力、强度和安全系数：

$$D = Cd = 8(0.192)\text{in} = 1.54\text{ in} \tag{g}$$

$$\tau = K_s \frac{8FD}{\pi d^3} = 1.06 \frac{8(150)(1.54)}{\pi(0.192)^3}\text{ psi} = 88\,074\text{ psi} \tag{h}$$

14

$$S_{ut} = Ad^b = 141\,040(0.192)^{-0.1822}\ \text{psi} = 190\,513\ \text{psi} \qquad (i)$$

$$S_{ys} = 0.60S_{ut} = 0.60(190\,513)\ \text{psi} = 114\,308\ \text{psi} \qquad (j)$$

$$N_s = \frac{S_{ys}}{\tau} = \frac{114\,308\ \text{psi}}{88\,074\ \text{psi}} = 1.30 \qquad (k)$$

上述结果是可以接受的，所以我们继续进行弹簧的其他参数设计。

7. 弹簧刚度定义为在两给定载荷差与它们作用下变形量之比：

$$k = \frac{\Delta F}{y} = \frac{150 - 100}{0.75}\ \text{lb/in} = 66.7\ \text{lb/in} \qquad (l)$$

8. 为了得到上述弹簧刚度，弹簧有效工作线圈的数量必须满足式（14.7）：

$$k = \frac{d^4 G}{8D^3 N_a} \quad \text{或} \quad N_a = \frac{d^4 G}{8D^3 k} = \frac{(0.192)^4\,11.5\times10^6}{8(1.54)^3\,66.67} = 8.09 \cong 8 \qquad (m)$$

由于制造误差无法达到更高的加工精度，因此计算结果需四舍五入并圆整到 1/4 簧圈。这样计算得到的弹簧刚度为 $k = 67.4\ \text{lb/in}$。

9. 假设弹簧两端为并紧且磨平，从图 14-7 可以得到弹簧总圈数：

$$N_t = N_a + 2 = 8 + 2 = 10 \qquad (n)$$

10. 计算弹簧闭合长度：

$$L_s = dN_t = 0.192(10)\ \text{in} = 1.92\ \text{in} \qquad (o)$$

11. 弹簧初始变形由两个指定载荷的较小值确定：

$$y_{initial} = \frac{F_{initial}}{k} = \frac{100}{67.4}\ \text{in} = 1.48\ \text{in} \qquad (p)$$

12. 设碰撞允许量为工作变形的 15%：

$$y_{clash} = 0.15y = 0.15(0.75)\ \text{in} = 0.113\ \text{in} \qquad (q)$$

13. 自由长度（见图 14-6）由下式计算得到：

$$L_f = L_s + y_{clash} + y_{working} + y_{initial} = (1.92 + 0.113 + 0.75 + 1.48)\ \text{in} = 4.26\ \text{in} \qquad (r)$$

14. 闭合长度的变形值为：

$$y_{shut} = L_f - L_s = (4.26 - 1.92)\ \text{in} = 2.34\ \text{in} \qquad (s)$$

15. 处于闭合长度变形时弹簧承受的载荷为：

$$F_{shut} = k\,y_{shut} = 67.4(2.34)\ \text{lb} = 158\ \text{lb} \qquad (t)$$

16. 闭合长度的应力和安全系数为：

$$\tau_{shut} = K_s \frac{8FD}{\pi d^3} = 1.06 \frac{8(158)(1.54)}{\pi(0.192)^3}\ \text{psi} = 92\,794\ \text{psi} \qquad (u)$$

$$N_{s_{shut}} = \frac{S_{sy}}{\tau_{shut}} = \frac{114\,308\ \text{psi}}{92\,794\ \text{psi}} = 1.2 \qquad (v)$$

上述计算得到的值是可接受的。

17. 需要计算 $\dfrac{L_f}{D}$ 和 $\dfrac{y_{max}}{L_f}$ 两个比值以确定弹簧是否会产生屈曲：

$$\frac{L_f}{D} = \frac{4.26}{1.54} = 2.77$$

$$\frac{y_{max}}{L_f} = \frac{y_{initial} + y_{working}}{L_f} = \frac{1.48 + 0.75}{4.26} = 0.52 \qquad (w)$$

14

将上述计算两值带入图 14-12，可以知道该点坐标值处于安全范围，因此无论弹簧两端采用两种中的任何一种结构，对于屈曲的表面都是稳定的。

18. 弹簧的内、外圈直径分别为：

$$D_o = D + d = (1.54 + 0.192)\,\text{in} = 1.73\,\text{in}$$
$$D_i = D - d = (1.54 - 0.192)\,\text{in} = 1.34\,\text{in}$$

(x)

19. 弹簧可用的最小孔径和最大销轴直径分别为：

$$hole_{min} = D_o + 0.05D = 1.73\,\text{in} + 0.05(1.54)\,\text{in} = 1.81\,\text{in} \cong 1\tfrac{13}{16}\,\text{in}$$
$$pin_{max} = D_i - 0.05D = 1.34\,\text{in} - 0.05(1.54)\,\text{in} = 1.26\,\text{in} \cong 1\tfrac{1}{4}\,\text{in}$$

(y)

20. 弹簧的总重量为：

$$W_t = \frac{\pi^2 d^2 D N_t \rho}{4} = \frac{\pi^2 (0.192)^2 (1.54)(10)(0.28)}{4}\,\text{lb} = 0.40\,\text{lb}$$

(z)

21. A227 钢丝弹簧的完整设计结果如下：

$$d = 0.192\,\text{in} \qquad D_o = 1.73\,\text{in} \qquad N_t = 10 \qquad L_f = 4.26\,\text{in}$$

(aa)

这个例子中其他的弹簧参数计算结果列于表 14-10。

22. 本书网站有这个例子的模型，文件名为 EX14-03。本书网站上还有针对这个例子采用 MathCAD 和 TK 求解器的文件，名为 EX14-03a。

14.6 疲劳载荷作用下螺旋压缩弹簧的设计

当弹簧承受动载荷（时变）时，弹簧出现疲劳应力状态。动载荷作用下弹簧的设计过程基本类似于静载荷作用弹簧，但也存在一些显著的不同。动载荷作用下，弹簧上的作用力介于 F_{min} 和 F_{max} 之间变化。因此可以计算出弹簧上作用力的平均值和交变值分量：

$$F_a = \frac{F_{max} - F_{min}}{2}$$
$$F_m = \frac{F_{max} + F_{min}}{2}$$

(14.16a)

载荷比 R_f 定义为：

$$R_F = \frac{F_{min}}{F_{max}}$$

(14.16b)

对绝大部分承受载弹簧，F_{max} 和 F_{min} 的值均为正数，一般有 $0<R_F<0.8$。正如前面对残余应力的讨论，螺旋弹簧应避免承担双向载荷，因为这容易导致弹簧早期失效。

弹簧的疲劳设计计算流程与前一节中受静载荷作用弹簧基本相同。它仍然是一个迭代问题。设定试选弹簧钢丝直径 d，并选择合理的弹簧指数 C，用式（14.5）计算弹簧线圈直径 D。确定试选弹簧材料，进行相应弹簧钢丝直径的材料强度计算。极限剪切强度、剪切屈服强度和疲劳极限（或某些循环次数的疲劳强度）都是需要进行计算的内容。设计问题的已知条件通常包含足够的信息来估算循环次数。对于承受动载荷弹簧，要分别计算交变应力和平均应力（使用 F_{min} 和 F_{max} 由式（14.16a）计算）。

单向载荷，在第 6 章也被称为脉动载荷或重复载荷，平均应力不为零，因此需要用 Goodman 图进行失效分析。由于弹簧应力主要为扭转剪应力，并且大多数簧丝材料强度的数据来自扭转载荷试验，我们需要采用前面讨论的**扭转 Goodman 图**。建立修正 Goodman 图如图 14-14 和

14

图 14-15 所示，图中给出了簧丝的扭转疲劳强度 S_{fw} 或持久疲劳强度 S_{ew} 定义在以原点为从起点沿水平轴夹角为 45° 的斜线上。此斜线代表了当 $R_f = 0$ 时得到的测试数据。图 14-15 用经喷丸处理的无限寿命簧丝的扭转疲劳极限 S_{ew} 和抗扭强度极限 S_{us} 组合，做出了扭转 Goodman 线。

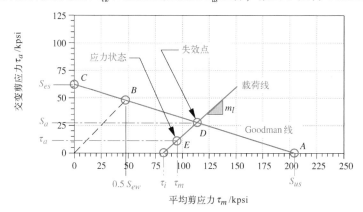

图 14-15

修正 Goodman 图（图中给出了承受动载荷压缩弹簧的载荷线和用于安全系数计算的数据）

在现在情况下，代表所施加应力状态的载荷线在图中不是以原点为起点绘制，而是在 τ_m 轴取一点作为起点，这代表弹簧线圈装配时产生的初始应力 τ_i，如图 14-15 所示。这符合常用工作情况，即假设弹簧装配时需施加预紧力。弹簧承受动载荷情况下应避免出现 $F_{min} = 0$，因为这样会在弹簧线圈上产生冲击载荷（见 3.16 节）。若 $F_{min} = 0$，则载荷线将以原点为起点。扭转疲劳的安全系数 N_{fs} 可以表示为 S_a 和 τ_a 的比值，其中 S_a 为载荷线和 Goodman 线的交点（图中 D 点），τ_a 为交变应力（图中 E 点）。

$$N_{fs} = S_a / \tau_a \qquad (14.17a)$$

N_{fs} 可以从图中的两条线的几何关系中得到。用 x 表示平均应力轴的自变量，m 表示直线斜率，b 为 y 轴的截距。设载荷线上任何一点 y 坐标表示为 y_{load}。载荷线方程为：

$$y_{load} = m_{load} x + b_{load}$$

由几何关系可得：

$$m_{load} = \frac{\tau_a}{\tau_m - \tau_i} \qquad \text{且} \qquad b_{load} = -m_{load}\tau_i$$

$$y_{load} = \frac{\tau_a}{\tau_m - \tau_i}\left(x - \tau_i\right) \qquad (14.17b)$$

设 Goodman 线上点的坐标分别为 x 和 y_{Good}，则：

$$y_{Good} = m_{Good} x + b_{Good}$$

由几何关系可得：

$$m_{Good} = -\frac{S_{es}}{S_{us}} \qquad \text{且} \qquad b_{Good} = S_{es}$$

$$y_{Good} = -\frac{S_{es}}{S_{us}}x + S_{es} = S_{es}\left(1 - \frac{x}{S_{us}}\right) \qquad (14.17c)$$

在失效位置，有 $y_{load} = y_{Good}$ 成立。联立式（14.17b）和式（14.17c），可解得 x 值为：

$$S_{es}\left(1 - \frac{x}{S_{us}}\right) = \frac{\tau_a}{\tau_m - \tau_i}\left(x - \tau_i\right)$$

$$x = \frac{S_{us}\left[S_{es}\left(\tau_i - \tau_m\right) - \tau_a\tau_i\right]}{S_{es}\left(\tau_i - \tau_m\right) - S_{us}\tau_a} \qquad (14.17d)$$

14

将式（14.17c）代入式（14.17a），有：

$$N_{fs} = S_a/\tau_a = y_{Good}/\tau_a = S_{es}\left(1 - \frac{x}{S_{us}}\right)\Big/\tau_a \qquad (14.17e)$$

将式（14.17d）代入式（14.17e），有：

$$N_{fs} = \frac{S_{es}(S_{us} - \tau_i)}{S_{es}(\tau_m - \tau_i) + S_{us}\tau_a} \qquad (14.18a)$$

从例 14-3 可知，对称循环持久极限（图中 C 点）为：

$$S_{es} = 0.5\frac{S_{ew}S_{us}}{S_{us} - 0.5S_{ew}} \qquad (14.18b)$$

该种方法假设弹簧的预紧力在零件的使用寿命内没有明显变化，而且载荷的增加在平均应力和交变应力分量之间维持一个恒定的比例。这和案例 3 的图 6-46 情况相同。如果不符合这种情况，那么应采用 6.11 节的另一案例采用的式（14.17）的方法来确定安全系数。初始预紧力下的应力同样必须计算出来，并且这一应力也可能在使用条件下变化。

如果计算得到的安全系数值太低，可以通过改变弹簧钢丝直径、弹簧指数或者弹簧材料来改善结果。当疲劳安全系数可以接受时，就可以试选弹簧线圈数和碰撞允许值，用式（14.6）和式（14.7）计算弹簧刚度、变形和自由长度。当这些参数不符合要求时，要通过改变假设条件进行迭代计算。

经过若干次迭代计算之后，可以得到符合要求的参数组合。在弹簧设计结束之前，需要对如下数据进行验算：闭合长度应力和屈服应力的比值，满足弹簧安装条件的弹簧线圈直径 D_i、D_o 和自由长度。除此之外，弹簧屈曲的可能性也需要进行校核。在动态加载的情况下，弹簧的固有频率必须与动载荷频率进行比较，以防止出现颤振。

疲劳载荷下的弹簧设计在很大程度上得益于计算机的发展。自动进行迭代计算的方程求解器由于能够同时解决问题的各个方面，因而适合于处理此类型任务。现在我们通过一道例题来讲解疲劳载荷下的弹簧设计。

例 14-4　循环加载的螺旋压缩弹簧设计

问题：设计一个压缩弹簧，弹簧变形已知，且弹簧受动载荷作用。

已知：弹簧受动载荷作用，其中最小载荷为 60 lb，最大载荷为 150 lb，载荷变动范围内的弹簧动态变形量为 1.00 in，载荷变化频率为 1000 r/min，1 班制，期望寿命为 10 年。

假设：采用琴用钢丝（ASTM A228），由于弹簧承受动载荷作用，故采用喷丸处理以获得更高的疲劳强度。

解：见图 14-17，图 14-18 和表 14-12。

表 14-12　例 14-4 承受动载荷的螺旋压缩弹簧

输入	变量	输出	单位	备注
1000	rmp		r/min	激振频率
7	C			试选弹簧指数
0.207	d		in	弹簧钢丝直径
1	y		in	弹簧变形
'music	matl			弹簧材料，琴用钢丝、油浴回火、冷拉钢丝等
'sqgrnd	end			弹簧两端结构，如平口但不加工端部、平口且磨平端部、并紧但不加工端部、并紧且锻造端部
'peen	surface			表面喷丸或未喷丸处理
'set	setflag			释放或未释放处理

（续）

输入	变量	输出	单位	备注
150	Fmax		lb	最大作用力
60	Fmin		lb	最小作用力
	Falt	45	lb	交变作用力
	Fmean	105	lb	平均作用力
	Fshut	164	lb	闭合长度作用力
	k	89	lb/in	圈数为 N_a 的弹簧刚度
	Na	9.75		弹簧有效圈数
	Nt	11.75		弹簧线圈总数
	D	1.45	in	弹簧线圈平均直径
	Dout	1.66	in	弹簧线圈外圈直径
	Din	1.24	in	弹簧线圈内圈直径
	Ks	1.07		静态系数-纯剪切-式（14.8）
	Kw	1.21		Wahl 系数-式（14.9）
	tauinit	26743	psi	安装长度的剪应力
	taushut	72875	psi	闭合长度的剪应力
	taualt	22705	psi	交变剪切疲劳应力
	taumean	46800	psi	平均剪切疲劳应力
	Sut	238507	psi	抗拉强度-式（14.3）和表 14-8
	Sus	159800	psi	剪切强度极限-式（14.4）
	Sys	143104	psi	表 14-8 的剪切屈服
	Sew	67500	psi	弹簧钢丝的疲劳极限-式（14.13）
	Ses	42787	psi	对称循环疲劳极限-式（14.14b）
	Nf	1.3		安全系数-疲劳-式（14.18a）
	Nshut	2.0		安全系数-闭合长度（屈服）
	Lf	4.25	in	自由长度
	Lshut	2.43	in	闭合长度
	yinit	0.67	in	装配时弹簧初始变形
	yshut	1.82	in	闭合长度变形
	nf	142	Hz	固有频率
	FreqFac	8.5		固有频率和激励频率之比

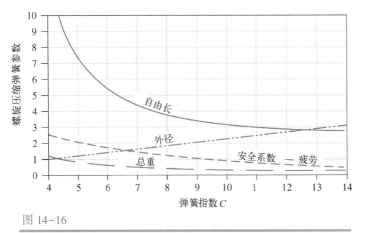

图 14-16

螺旋压缩弹簧各参数随弹簧指数变化图（弹簧钢丝直径为常数）

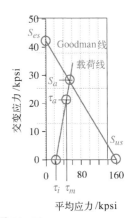

图 14-17

例 14-4 的扭转应力 Goodman 图

1. 计算弹簧在其期望寿命内的循环次数：

$$N_{life} = 1000 \frac{r}{min}\left(\frac{60\ min}{h}\right)\left(\frac{2080\ h}{shift \cdot y}\right)(10\ y) = 1.2 \times 10^9\ 次 \tag{a}$$

这样大的循环次数要求采用无限期望寿命的疲劳极限。

2. 使用式（14.16a）计算平均应力和交变应力。

$$F_a = \frac{F_{max} - F_{min}}{2} = \frac{150-60}{2}\ lb = 45\ lb$$

$$F_m = \frac{F_{max} + F_{min}}{2} = \frac{150+60}{2}\ lb = 105\ lb \tag{b}$$

3. 依据表 14-2 初定弹簧钢丝直径为 0.207 in，选择弹簧指数为 9，采用式（14.5）计算平均直径 D。

$$D = Cd = 9(0.207)\ in = 1.863\ in \tag{c}$$

4. 计算剪切系数 K_s，并用 K_s 来计算在初始变形下的应力 τ_i 和平均应力 τ_m：

$$K_s = 1 + \frac{0.5}{C} = 1 + \frac{0.5}{9} = 1.056 \tag{d}$$

$$\tau_i = K_s \frac{8F_i D}{\pi d^3} = 1.056 \frac{8(60)(1.863)}{\pi(0.207)^3}\ psi = 33\,875\ psi \tag{e}$$

$$\tau_m = K_s \frac{8F_m D}{\pi d^3} = 1.056 \frac{8(105)(1.863)}{\pi(0.207)^3}\ psi = 59\,281\ psi \tag{f}$$

5. 计算 Wahl 系数 K_w，并计算弹簧线圈交变剪应力 τ_a：

$$K_w = \frac{4C-1}{4C-4} + \frac{0.615}{C} = \frac{4(9)-1}{4(9)-4} + \frac{0.615}{9} = 1.162 \tag{g}$$

$$\tau_a = K_w \frac{8F_a D}{\pi d^3} = 1.162 \frac{8(45)(1.863)}{\pi(0.207)^3}\ psi = 27\,970\ psi \tag{h}$$

6. 利用式（14.3）和表 14-5 计算琴用钢丝的极限抗拉强度，并用计算所得的极限抗拉强度和式（14.4）来计算极限剪切强度和使用表 14-8 来计算扭转屈服强度，假设弹簧已经进行释放处理，因此使用推荐的最低范围：

$$S_{ut} = Ad^b = 184\,649(0.207)^{-0.1625}\ psi = 238\,507\ psi$$

$$S_{us} = 0.67 S_{ut} = 159\,800\ psi \tag{i}$$

$$S_{ys} = 0.60 S_{ut} = 0.60(238\,507)\ psi = 143\,104\ psi \tag{j}$$

7. 使用式（14.13）来计算经喷丸处理的弹簧在重复加载情况下的持久疲劳极限，并采用式（14.18b）将其转化为对称循环持久疲劳强度：

$$S_{ew} = 67\,500\ psi \tag{k}$$

$$S_{es} = 0.5 \frac{S_{ew} S_{us}}{S_{us} - 0.5 S_{ew}} = 0.5 \frac{67\,500(159\,800)}{159\,800 - 0.5(67\,500)}\ psi = 42\,787\ psi \tag{l}$$

8. 用式（14.18a）计算安全系数：

$$N_{fs} = \frac{S_{es}(S_{us} - \tau_i)}{S_{es}(\tau_m - \tau_i) + S_{us}\tau_a}$$

$$= \frac{42\,787(159\,800 - 33\,875)}{42\,787(59\,281 - 33\,875) + 159\,800(27\,970)} = 1.0 \tag{m}$$

这显然不符合设计要求。为了得到合理的设计结果，采用的解决方法是在 4～14 的范围内选取更小的弹簧指数 C，其他参数保持不变。弹簧线圈直径、自由长度、弹簧重量和扭转疲劳安全系数如图 14-18 所示。注意到弹簧钢丝直径保持不变，其他参数与弹簧指数的关系如图 14-18 所示。如果其他参数保持不变，例如弹簧线圈平均直径 D 不变，则弹簧自由长度、重量和安全系数等参数将发生变化。

弹簧安全系数增加将导致弹簧指数的减少，因此减少弹簧指数 C 的设定值，将会提高安全系数，即使在弹簧钢丝直径没有发生变化的情况下。然而，需要注意的是，自由长度随着弹簧指数的减少将按指数增加，如果安装尺寸有限，那么为了避免自由长度过长，不易过多地减少弹簧指数。如果弹簧钢丝直径为常数，则弹簧线圈直径和弹簧指数呈线性关系。弹簧的重量随着弹簧指数的增加而缓慢减少。

如果我们将弹簧指数从 9 减少到 7，保持其他的参数不变，在这种情况下，我们将会得到可以接受的弹簧设计结果，其中安全系数 $N_f = 1.3$。表 14-12 列出了该弹簧设计完成后的计算结果。图 14-18 为最终设计的修正 Goodman 图，改变的参数值有：

$$C = 7 \qquad D = 1.45 \text{ in} \qquad K_w = 1.21 \qquad K_s = 1.07$$
$$\tau_i = 26\,743 \text{ psi} \qquad \tau_a = 22\,705 \text{ psi} \qquad \tau_m = 46\,800 \text{ psi} \qquad N_{f_s} = 1.3 \tag{n}$$

9. 弹簧的刚度定义为载荷增量与相对变形量之比，有：
$$k = \frac{\Delta F}{y} = \frac{150-60}{1.0} \text{ lb/in} = 90 \text{ lb} \tag{o}$$

10. 为了得到期望的弹簧刚度，弹簧有效圈数必须满足式（14.7）：
$$k = \frac{d^4 G}{8D^3 N_a} \quad \text{或} \quad N_a = \frac{d^4 G}{8D^3 k} = \frac{(0.207)^4 11.5 \times 10^6}{8(1.45)^3 (90)} = 9.64 \cong 9\frac{3}{4} \tag{p}$$

我们将计算结果圆整到大约为 1/4 圈，这是弹簧制造能达到的最高精度。这时的弹簧刚度为：$k = 89 \text{ lb/in}$。

11. 弹簧端部采用并紧磨平结构，从图 14-9 得到的线圈总数为：
$$N_t = N_a + 2 = 9.75 + 2 = 11.75 \tag{q}$$

12. 弹簧的闭合长度为：
$$L_s = dN_t = 0.207(11.75) = 2.43 \text{ in} \tag{r}$$

13. 弹簧初始变形由两个指定载荷的较小值确定。
$$y_{initial} = \frac{F_{initial}}{k} = \frac{60}{89} \text{ in} = 0.674 \text{ in} \tag{s}$$

14. 假设弹簧碰撞允许值为工作变形的 15%，有：
$$y_{clash} = 0.15y = 0.15(1.0) \text{ in} = 0.15 \text{ in} \tag{t}$$

15. 可以得到弹簧的自由长度（见图 14-7）为：
$$L_f = L_s + y_{clash} + y_{working} + y_{initial} = (1.82 + 0.15 + 1.0 + 0.674) \text{ in} = 4.25 \text{ in} \tag{u}$$

16. 到闭合长度的弹簧变形量为：
$$y_{shut} = L_f - L_s = (4.25 - 2.43) \text{ in} = 1.82 \text{ in} \tag{v}$$

17. 到闭合长度的弹簧作用力为：
$$F_{shut} = k\,y_{shut} = 89(1.82) \text{ lb} = 162 \text{ lb} \tag{w}$$

18. 到闭合长度的应力和安全系数为：

$$\tau_{shut} = K_s \frac{8F_{shut}D}{\pi d^3} = 1.07 \frac{8(162)(1.45)}{\pi (0.207)^3} \text{ psi} = 72\,875 \text{ psi} \tag{x}$$

$$N_{s_{shut}} = \frac{S_{ys}}{\tau_{shut}} = \frac{143\,104 \text{ psi}}{72\,875 \text{ psi}} = 2.0 \tag{y}$$

安全。

19. 校核弹簧屈曲需要计算 $\dfrac{L_f}{D}$ 和 $\dfrac{y_{max}}{L_f}$，有：

$$\frac{L_f}{D} = \frac{4.25}{1.45} = 2.93$$

$$\frac{y_{max}}{L_f} = \frac{y_{initial} + y_{working}}{L_f} = \frac{0.674 + 1.0}{4.25} = 0.39 \tag{z}$$

将计算结果放置于图 14-14 中，图中给出了该值的点坐标处于安全区域内，这说明无论弹簧端部采用哪种结构，均不会发生屈曲。

20. 由式（14.12b）得到的弹簧有效圈的重量为：

$$W_a = \frac{\pi^2 d^2 D N_a \gamma}{4} = \frac{\pi^2 (0.207)^2 (1.45)(9.75)(0.285)}{4} \text{ lb} = 0.426 \text{ lb} \tag{aa}$$

21. 从式（14.12a）计算得到弹簧的固有频率为：

$$f_n = \frac{1}{2} \sqrt{\frac{kg}{W}} = \frac{1}{2} \sqrt{\frac{89(386)}{0.426}} \text{ Hz} = 142 \text{ Hz} = 8521 \text{ 次/min} \tag{ab}$$

固有频率与动载荷频率的比值为：

$$\frac{8521}{1000} = 8.5 \tag{ac}$$

该比值足够高。

22. A228 弹簧的最终设计结果为：

$$d = 0.207 \text{ in} \qquad D_o = 1.66 \text{ in} \qquad N_t = 11.75 \qquad L_f = 4.25 \tag{ad}$$

23. 详细设计结果列于表 14-11。EX14-04 的文件可以在本书的网站上得到。本书网站上还有针对这个例子采用 MathCAD 和 TK 求解器的设计方案，命名为 EX14-04a。

14.7　螺旋拉伸弹簧

视频：第 16 讲
关于张力、扭转
和碟形弹簧设计
（47:46）⊖

螺旋拉伸弹簧类似于螺旋压缩弹簧，但是承受拉伸载荷，如图 14-2b 所示。图 14-18 给出了拉伸弹簧的主要尺寸。端部的钩和环使得拉力的作用得以应用。标准的弹簧钩和环如图 14-18 所示，但是结构可以有相应变化。其他可能的钩和环结构见参考文献［1］。标准端部由最后一个簧圈弯曲成垂直于簧体 90° 而成。钩和环比弹簧线圈受的应力更高，而这可能会对设计安全性带来限制。拉伸弹簧不进行释放处理，且拉伸弹簧线圈表面无法进行喷丸处理，因为拉簧线圈紧紧卷绕，簧圈表面之间被互相遮掩。

拉伸弹簧有效圈数

拉簧的所有簧圈都是有效圈，但是一般计算弹簧体的长度 L_b 时，要在有效圈数的基础上加 1，即：

⊖　http://www.designofmachinery.com/MD/16_Spring_Design_II. mp4

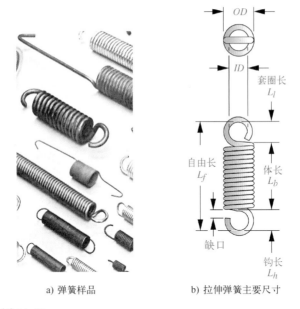

a) 弹簧样品　　　b) 拉伸弹簧主要尺寸

图 14-18

拉伸弹簧

图片由 Associated Spring，Barnes Group Inc.，Bristol CT 提供。

$$N_t = N_a + 1 \tag{14.19}$$
$$L_b = dN_t \tag{14.20}$$

弹簧的自由长度定义为从一端环（或钩）到另外一端环（或钩）的长度，在不改变弹簧圈数的情况下，可改变弹簧两端的结构来调整弹簧的自由长度。

拉伸弹簧弹簧刚度

拉伸弹簧线圈紧密卷绕在一起，同时弹簧丝在卷绕时还被扭转，因此簧圈上存在预载荷，要想分离簧圈就需要克服此预载荷。图 14-19 给出了螺旋拉伸弹簧的典型载荷-变形曲线。弹簧刚度 k 除了初始段外，其余部分都是线性的。将载荷-变形曲线的直线部分延长，该线与载荷轴的交点即为预载荷 F_i。弹簧刚度的表达式为：

$$k = \frac{F - F_i}{y} = \frac{d^4 G}{8 D^3 N_a} \tag{14.21}$$

必须注意：当所施加的力小于弹簧内部的预紧力时，弹簧不会发生变形。

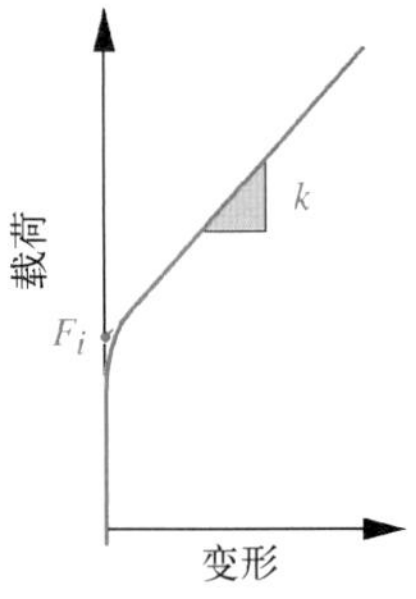

拉伸弹簧弹簧指数

弹簧指数仍然由式（14.5）计算，而且取值范围同样为 4~12，和压缩弹簧推荐值一样。

拉伸弹簧预载荷

预紧力在制造工艺上可以控制在一定的范围之内，而且应将簧圈的初始应力保持在如图 14-20 所示的推荐范围内。这表明簧圈初始应力的期望范围是弹簧指数的函数。虽然超过此范围的预紧力在设计上是允许的，但是在制造上存在困难。应用三次多项式拟合图 14-20 中的曲线，使这些数据能在计算机编程中应用。图中的曲线可近似用三次多项式，为：

图 14-19

螺旋拉伸弹簧的载荷-变形曲线，图中显示弹簧初始张力

$$\tau_i \cong -4.231C^3 + 181.5C^2 - 3387C + 28\,640 \tag{14.22a}$$

$$\tau_i \cong -2.987C^3 + 139.7C^2 - 3427C + 38\,404 \tag{14.22b}$$

式中，τ_i 的单位为 psi。上述表达式的平均值可以用作弹簧线圈的初始应力。

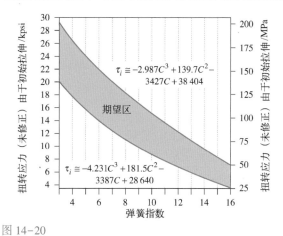

图 14-20

螺旋拉伸弹簧初始应力的期望范围，其为弹簧指数的函数[7]

拉伸弹簧变形

　　簧圈变形的计算公式与压缩弹簧一样，但是需要加上预紧力的修正项，为：

$$y = \frac{8(F - F_i)D^3 N_a}{d^4 G} \tag{14.23}$$

拉伸弹簧线圈应力

　　簧圈应力计算公式与压缩弹簧的一样，见式（14.8）与式（14.9）。系数 K_s 与 K_w 使用也同前。

拉伸弹簧端部应力

　　图 14-21 给出了标准的钩或环有两个高应力位置。最大的扭转应力发生在 B 点，那里的曲率半径最小。由于拉伸弹簧端部可视为承载的曲梁，因此钩或环在 A 点存在弯曲应力。Wahl 在弹簧弯曲处定义了应力集中系数 K_b。

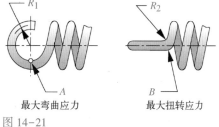

图 14-21

螺旋拉伸弹簧两端钩或挂环最大应力出现的位置

　　A 点的弯曲应力为：

$$\sigma_A = K_b \frac{16DF}{\pi d^3} + \frac{4F}{\pi d^2} \tag{14.24a}$$

式中，

$$K_b = \frac{4C_1^2 - C_1 - 1}{4C_1(C_1 - 1)} \tag{14.24b}$$

且

$$C_1 = \frac{2R_1}{d} \tag{14.24c}$$

R_1 为环的平均半径，如图 14-22 所示。注意，对于标准弹簧端部，环的平均半径等于弹簧线圈的平均半径。

　　B 点的扭转应力为：

$$\tau_B = K_{w_2} \frac{8DF}{\pi d^3} \qquad (14.25a)$$

式中，

$$K_{W_2} = \frac{4C_2 - 1}{4C_2 - 4} \qquad (14.25b)$$

且

$$C_2 = \frac{2R_2}{d} \qquad (14.25c)$$

R_2 为侧弯半径，如图 14-22 所示。C_2 的取值应该大于 4。

拉伸弹簧颤振

两端固定没有偏转角度的螺旋拉伸弹簧的固有频率与压缩螺旋弹簧计算相同（见式 14.12a）：

$$f_n = \frac{2}{\pi N_a} \frac{d}{D^2} \sqrt{\frac{Gg}{32\gamma}} \qquad Hz \qquad (14.26)$$

拉伸弹簧的材料强度

拉伸弹簧用的材料与压缩弹簧相同。一些用于压缩弹簧的强度数据同样适用于拉伸弹簧。表 14-13 列出了簧丝本体的静态屈服强度和端部的抗扭和抗弯强度的推荐值。需要注意的是，在表 14-9 和表 14-10 中拉伸弹簧线圈的抗扭强度与压缩弹簧的一样。表 14-14 给出两种弹簧材料在不同循环寿命内的疲劳强度推荐值。式（14.13）得到的持久极限适用于拉伸弹簧，但是应用式（14.18b）将它们转换为对称循环下的值，以便在 Goodman 线安全系数的式（14.18a）中使用。

表 14-13　静载荷作用的螺旋拉伸弹簧最大扭转强度 S_{ys} 和最大弯曲屈服强度 S_y

未释放处理和采用低温热处理工艺

材料	极限抗拉强度的最大百分比（%）		
	扭转状态下 S_{ys}		弯曲状态下 S_y
	弹簧本体	弹簧两端	弹簧两端
冷拉碳钢（如 A227，A228）	45	40	75
淬火和回火的碳素钢和低合金钢	50	40	75
奥氏体不锈钢和有色合金	35	30	55

表 14-14　动载荷（应力比 $R=0$）作用的螺旋拉伸弹簧扭转疲劳强度 S'_{fw} 和弯曲疲劳强度 S'_{fwb}

弹簧材料为 ASTM A228 和型号为 302 不锈钢无颤振、未喷丸、试验室环境温度、低温热处理

疲劳寿命（循环次数）	极限抗拉强度的最大百分比（%）		
	扭转状态下 S'_{fw}		弯曲状态下 S'_{fwb}
	弹簧本体	弹簧两端	弹簧两端
10^5	36	34	51
10^6	33	30	47
10^7	30	28	45

螺旋拉伸弹簧设计

拉伸弹簧的设计过程与压缩弹簧的设计过程基本上是一样的，只有弹簧端部结构有些复杂，必须设定足够的参数，以便进行设计计算。根据计算结果调整设定值，并反复迭代计算以获得合理设计结果。

与压缩弹簧设计一样，设定弹簧指数与簧丝直径。由式（14.5）计算弹簧平均线圈直径。

运用式（14.21），代入弹簧指数的设定值，可近似得到弹簧线圈初始线圈缠绕应力。由初始应力根据式（14.8）可以计算得到簧圈预紧力。下一步就可计算得到弹簧线圈的应力和两端应力，并且通过适当调整这些参数的数值，可以得到满意的安全系数。

当弹簧其他设计值被设定或求得后，就可以通过式（14.23）得到弹簧变形量或线圈数目。根据设计要求的最大作用力和预载荷，并结合求得或设定的弹簧变形量，由式（14.21）可计算出弹簧刚度。拉伸弹簧不存在屈曲，但是当拉伸弹簧承受动载荷作用时，需要将弹簧固有频率和载荷变化频率进行比较。

通过式（14.14）与式（14.17）可以得到安全系数，但必须小心，选用合适的材料强度以满足弹簧线圈的扭转，以及端部的弯曲或剪切。对于承受周期载荷的弹簧，还需要使用 Goodman 线进行分析，这个分析含在式（14.18）中。弹簧两端以及簧圈需要进行疲劳强度分析。

例 14-5　循环载荷作用的螺旋拉伸弹簧设计

问题：设计动载荷作用下变形已知的拉伸弹簧。

已知：动载荷的最小值为 50 lb，最大值为 85 lb。动载荷作用下弹簧变形量变化幅度为 0.5 in。动载荷频率为 500 r/min。期望寿命为无穷大。

假设：弹簧两端采用标准钩。由于是动载荷，所以选用琴用钢丝（ASTM A228）。对于拉伸弹簧，无法通过释放处理或者是喷丸工艺提高材料疲劳强度。

解：见图 14-23 和表 14-15。

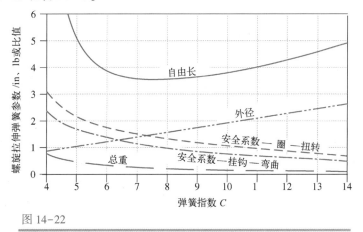

图 14-22

螺旋拉伸弹簧参数-弹簧指数变化图（弹簧钢丝直径为常数）

表 14-15a　例 14-5 循环载荷作用下螺旋拉伸弹簧设计第一部分（共两部分）

输入	变量	输出	单位	备注
500	fn		r/min	激励频率
7.50	C			试选弹簧指数
0.192	d		in	弹簧线圈直径
0.50	y		in	变形
	$ymax$	0.81	in	F_{max} 作用下的最大变形
	$ymin$	0.31	in	F_{min} 作用下的最大变形
'music	$matl$			琴用钢丝、低温回火、冷拉成形
85	$Fmax$		lb	最大载荷
50	$Fmin$		lb	最小载荷

（续）

输入	变量	输出	单位	备注
	F_{init}	28.01	lb	初始张力
	F_{low}	50.00	lb	弹簧最小作用载荷
	F_{alt}	17.50	lb	交变载荷
	F_{mean}	67.50	lb	平均载荷
	k	70.70	lb/in	弹簧刚度-由圆整后 N_a 计算
	N	9.35		有效簧圈数量-精确值
	Na	9.25		有效簧圈数量-圆整到 1/4 圈
	$Ntot$	10.25		弹簧线圈总数
	D	1.44	in	弹簧线圈平均直径
	$Dout$	1.63	in	弹簧线圈外径
	Din	1.25	in	弹簧线圈内径
	Ks	1.07		静态系数-式（14.8）
	Kw	1.20		Wahl 系数-式（14.9）
	tau_{uinit}	15481	psi	初始张力作用下的剪应力
	tau_{umin}	27631	psi	F_{min} 作用下的剪应力
	tau_{umax}	46973	psi	F_{max} 作用下的剪应力
	tau_{ualt}	10856	psi	疲劳交变应力
	tau_{umean}	37302	psi	平均交变应力
	Sut	241441	psi	抗拉强度-式（14.3）和表 14-4
	Sus	161765	psi	剪切强度极限-式（14.4）
	Ssy	108648	psi	表 14-12 中的剪切屈服强度
	$Ssyh$	96576	psi	钩剪切屈服强度-表 14-12
	Sew	45000	psi	簧丝疲劳强度-表 14-13
	Ses	26135	psi	对称循环疲劳极限-表 14-18b
	Sy	181081	psi	弯曲屈服极限
	Se	39008	psi	拉伸疲劳极限

表 14-15b　例 14-5 循环载荷作用下螺旋拉伸弹簧设计第二部分（共两部分）

输入	变量	输出	单位	备注
	N_f	1.8		SF 簧圈-疲劳-式（14.18a）
	N_s	2.3		SF 簧圈-载荷大小为 F_{max}，静载
	N_{fht}	1.7		SF 钩-扭转疲劳
	N_{sht}	1.8		SF 钩-扭转屈服
	N_{fhs}	1.2		SF 钩-弯曲疲劳
	N_{shs}	1.8		SF 钩-弯曲屈服
	L_{body}	1.97	in	弹簧线圈本体长度
	$hook1$	1.25	in	一端钩的长度
	$hook2$	1.25	in	另一端钩的长度
	L_f	4.46	in	弹簧自由长度，不包含两端钩的长度
	W_{total}	0.38	lb	弹簧线圈重量-式（14.12b）
	n_f	140.7	Hz	固有频率-Hz
	c_{rpm}	8436	r/min	固有频率-r/min
	$FreqFac$	16.9		比值-固有频率/动载荷频率
5.00	C_2			>4
	R_2	0.48	in	钩根部弯曲半径
	K_{hook}	1.19		扭转作用下钩的 K 系数
	$t_{maxhook}$	52294	psi	钩的最大扭转应力
	$t_{minhook}$	30761	psi	钩的最小扭转应力
	$t_{althook}$	10766	psi	钩的交变扭转应力
	t_{mnhook}	41528	psi	钩的平均扭转应力
	C_1	7.50		钩的弹簧指数

1. 依据表 14-2 中提供的尺寸，初选弹簧线圈直径为 0.177 in 和弹簧指数 $C = 9$，可由式 (14.5) 计算弹簧平均直径 D：

$$D = Cd = 9(0.177)\,\text{in} = 1.59\,\text{in} \tag{a}$$

2. 利用弹簧指数 C，用式 (14.21) 计算合适的簧丝初始应力值 τ_i：

$$\tau_{i_1} \cong -4.231C^3 + 181.5C^2 - 3387C + 28\,640$$
$$= \left[-4.231(9)^3 + 181.5(9)^2 - 3387(9) + 28\,640\right]\text{psi} = 9774\,\text{psi} \tag{b}$$

$$\tau_{i_2} \cong -2.987C^3 + 139.7C^2 - 3427C + 38\,404$$
$$= \left[-2.987(9)^3 + 139.7(9)^2 - 3427(9) + 38\,404\right] = 16\,699\,\text{psi} \tag{c}$$

$$\tau_i \cong \frac{\tau_{i_1} + \tau_{i_2}}{2} = \frac{9774 + 16\,699}{2}\,\text{psi} = 13\,237\,\text{psi} \tag{d}$$

3. 计算直接剪切系数：

$$K_s = 1 + \frac{0.5}{C} = 1 + \frac{0.5}{9} = 1.06 \tag{e}$$

4. 将由式 (e) 计算得到的 K_s 和作为 τ_{max} 的由式 (d) 计算得到的 τ_i 代入式 (14.8b) 中，计算得到初始簧圈拉力为：

$$F_i = \frac{\pi d^3 \tau_i}{8K_s D} = \frac{\pi(0.177)^3(13\,237)}{8(1.06)(1.59)}\,\text{lb} = 17.1\,\text{lb} \tag{f}$$

验证 F_i 是否小于最小作用力 F_{min}，在本例这一结果成立。任何小于 F_i 的作用力无法使弹簧发生变形。

5. 由式 (14.16a) 计算平均应力和交变应力为：

$$F_a = \frac{F_{max} - F_{min}}{2} = \frac{85 - 50}{2}\,\text{lb} = 17.5\,\text{lb}$$
$$F_m = \frac{F_{max} + F_{min}}{2} = \frac{85 + 50}{2}\,\text{lb} = 67.5\,\text{lb} \tag{g}$$

6. 利用剪切系数和设定参数值计算平均应力 $\tau_m^\ominus$：

$$\tau_m = K_s \frac{8F_m D}{\pi d^3} = 1.06\frac{8(67.5)(1.59)}{\pi(0.177)^3}\,\text{psi} = 52\,122\,\text{psi} \tag{h}$$

7. 确定 Wahl 系数 K_w，并用它来计算簧丝的交变剪应力 τ_a：

$$K_w = \frac{4C-1}{4C-4} + \frac{0.615}{C} = \frac{4(9)-1}{4(9)-4} + \frac{0.615}{9} = 1.16 \tag{i}$$

$$\tau_a = K_w \frac{8F_a D}{\pi d^3} = 1.16\frac{8(17.5)(1.59)}{\pi(0.177)^3}\,\text{psi} = 14\,877\,\text{psi} \tag{j}$$

8. 由式 (14.3) 和表 14-5 计算该琴用钢丝的极限抗拉强度，并应用计算得到的极限抗拉强度和式 (14.4) 计算极限剪应力。设弹簧未进行释放处理，利用表 14-13 计算簧丝的扭转屈服强度。

$$S_{ut} = Ad^b = 184\,649(0.177)^{-0.1625}\,\text{psi} = 244\,633\,\text{psi}$$
$$S_{us} = 0.67S_{ut} = 163\,918\,\text{psi} \tag{k}$$
$$S_{ys} = 0.45S_{ut} = 0.45(244\,633)\,\text{psi} = 110\,094\,\text{psi} \tag{l}$$

⊖ 计算平均应力时采用直接剪切系数 K_s，而不采用 Wahl 系数，这主要是由于平均应力的应力集中系数为 1.0。

9. 用式（14.14）计算弹簧钢丝的持久疲劳强度，并利用式（14.18b）将它转化为对称循环持久强度：

$$S_{ew} = 45\,000 \text{ psi} \tag{m}$$

$$S_{es} = 0.5\frac{S_{ew}S_{us}}{S_{us} - 0.5S_{ew}} = 0.5\frac{45\,000(163\,918)}{163\,918 - 0.5(45\,000)} \text{ psi} = 26\,080 \text{ psi} \tag{n}$$

10. 弹簧线圈的扭转疲劳强度安全系数由式（14.18a）计算得到：

$$N_{f_s} = \frac{S_{es}(S_{us} - \tau_{min})}{S_{es}(\tau_m - \tau_{min}) + S_{us}\tau_a}$$

$$= \frac{26\,080(163\,918 - 38\,609)}{26\,080(52\,122 - 38\,609) + 163\,918(14\,877)} = 1.17 \tag{o}$$

注意到最小应力是由于计算中采用最小作用力 F_{min}，而不是由式（d）计算得到的簧丝弯曲应力。

11. 弹簧端钩的应力同样需要确定。钩的弯曲应力由式（14.24）得到：

$$C_1 = \frac{2R_1}{d} = \frac{2D}{2d} = C = 9$$

$$K_b = \frac{4C_1^2 - C_1 - 1}{4C_1(C_1 - 1)} = \frac{4(9)^2 - (9) - 1}{4(9)(9 - 1)} = 1.09 \tag{p}$$

$$\sigma_a = K_b\frac{16DF_a}{\pi d^3} + \frac{4F_a}{\pi d^2} = 1.09\frac{16(1.59)(17.5)}{\pi(0.177)^3} \text{ psi} + \frac{4(17.5)}{\pi(0.177)^2} \text{ psi} = 28\,626 \text{ psi} \tag{q}$$

$$\sigma_m = K_b\frac{16DF_m}{\pi d^3} + \frac{4F_m}{\pi d^2} = 1.09\frac{16(1.59)(67.5)}{\pi(0.177)^3} \text{ psi} + \frac{4(67.5)}{\pi(0.177)^2} \text{ psi} = 110\,416 \text{ psi}$$

$$\sigma_{min} = K_b\frac{16DF_{min}}{\pi d^3} + \frac{4F_{min}}{\pi d^2} = 1.09\frac{16(1.59)(50)}{\pi(0.177)^3} \text{ psi} + \frac{4(50)}{\pi(0.177)^2} \text{ psi} = 81\,790 \text{ psi} \tag{r}$$

12. 运用式（14.4）将扭转持久强度转化为拉伸持久强度，并且用它和从步骤 8 由式（14.18）得到的极限抗拉强度来计算钩在弯曲条件下的安全系数。

$$S_e = \frac{S_{es}}{0.67} = \frac{26\,080}{0.67} \text{ psi} = 38\,925 \text{ psi}$$

$$N_{f_b} = \frac{S_e(S_{ut} - \sigma_{min})}{S_e(\sigma_{mean} - \sigma_{min}) + S_{ut}\sigma_{alt}}$$

$$= \frac{38\,925(244\,633 - 81\,790)}{38\,925(110\,416 - 81\,790) + 244\,633(28\,626)} = 0.78 \tag{s}$$

13. 钩的扭转应力可由式（14.25）计算得到，设 $C_2 = 5$，有：

$$R_2 = \frac{C_2d}{2} = \frac{5(0.177)}{2} \text{ in} = 0.44 \text{ in}$$

$$K_{w_2} = \frac{4C_2 - 1}{4C_2 - 4} = \frac{4(5) - 1}{4(5) - 4} = 1.19 \tag{t}$$

$$\tau_{B_a} = K_{w_2}\frac{8DF_a}{\pi d^3} = 1.19\frac{8(1.59)17.5}{\pi(0.177)^3} \text{ psi} = 15\,202 \text{ psi}$$

$$\tau_{B_m} = K_{w_2}\frac{8DF_m}{\pi d^3} = 1.19\frac{8(1.59)67.5}{\pi(0.177)^3}\text{ psi} = 58\,637\text{ psi} \tag{u}$$

$$\tau_{B_{min}} = K_{w_2}\frac{8DF_{min}}{\pi d^3} = 1.19\frac{8(1.59)50}{\pi(0.177)^3}\text{ psi} = 43\,435\text{ psi}$$

14. 钩的扭转疲劳安全系数由式（14.18a）得到：

$$N_{f_s} = \frac{S_{es}(S_{us}-\tau_{min})}{S_{es}(\tau_m-\tau_{min})+S_{us}\tau_a}$$

$$= \frac{26\,080(163\,918-43\,435)}{26\,080(58\,637-43\,435)+163\,918(15\,202)} = 1.1 \tag{v}$$

15. 由于上面计算过程中存在安全系数小于 1 的情况，因此该设计方案是不可行的。为得到提高安全系数的设计方案，从弹簧指数取值范围 4～14 中寻求解决方法，而其他参数保持不变。弹簧线圈直径、自由长度、弹簧重量和疲劳安全系数的计算结果绘制在图 14-22 中。

安全系数随着弹簧指数的增大而减小，所以在不改变簧丝直径的条件下，减小初选的弹簧指数 C 可以改进设计结果。然而，需要注意的是，弹簧自由长度的最小值出现在弹簧指数为 7.5 的情况下。簧丝直径随着弹簧指数增加而线性增长。弹簧的重量随着弹簧指数增加而减小。

如果我们将弹簧指数由 9 降低到 7.5，并且将簧丝直径提高到 0.192 in，保持其他的参数不变，我们可以得到可行的设计结果。在该种情况下，钩的弯曲安全系数 $N_f = 1.2$。

16. 表 14-15 列出完整的设计结果。设计总结如下：

$$C = 7.5 \qquad D = 1.44\text{ in} \qquad K_w = 1.20 \qquad K_s = 1.07$$
$$\tau_i = 15\,481\text{ psi} \qquad \tau_{min} = 27\,631\text{ psi} \qquad \tau_a = 10\,856\text{ psi} \qquad \tau_m = 37\,302\text{ psi} \tag{w}$$
$$N_{s_{coil}} = 2.3 \qquad N_{f_{s_{coil}}} = 1.8 \qquad N_{f_{s_{hook}}} = 1.7 \qquad N_{f_{b_{hook}}} = 1.2$$

由步骤 15 得到新的簧丝直径和弹簧指数后，完成该拉伸弹簧的设计。

17. 弹簧刚度定义为弹簧两个工作载荷之差和相对变形的比值：

$$k = \frac{\Delta F}{y} = \frac{85-50}{0.5}\text{ lb/in} = 70\text{ lb/in} \tag{x}$$

18. 为了得到步骤 17 计算的弹簧刚度，弹簧工作线圈的数量必须满足式（14.7）：

$$k = \frac{d^4 G}{8D^3 N_a} \quad \text{或} \quad N_a = \frac{d^4 G}{8D^3 k} = \frac{(0.192)^4\,11.5\times10^6}{8(1.44)^3\,(70)} = 9.35 \cong 9\frac{1}{4} \tag{y}$$

考虑到制造误差，将计算结果圆整为 1/4 的簧圈。这样计算的弹簧刚度 $k = 70.7$ lb/in。

19. 弹簧线圈本体线圈数和长度分别为：

$$N_t = N_a + 1 = 9.25 + 1 = 10.25$$
$$L_b = N_t d = 10.25(0.192)\text{in} = 1.97\text{ in} \tag{z}$$

20. 计算自由长度，标准钩的长度等于簧圈内径，有：

$$L_f = L_b + 2L_{hook} = 1.97\text{ in} + 2(1.25)\text{ in} = 4.46\text{ in} \tag{aa}$$

21. 计算受工作载荷时的弹簧最大变形量，为：

$$y_{max} = \frac{F_{max}-F_{initial}}{k} = \frac{85-28}{70.7}\text{ in} = 0.81\text{ in} \tag{ab}$$

22. 由式（14.26）可以计算得到弹簧固有频率为：

14

$$f_n = \frac{2}{\pi N_a} \frac{d}{D^2} \sqrt{\frac{Gg}{32\gamma}} = \frac{2(0.192)}{\pi(9.25)(1.44)^2} \sqrt{\frac{11.5 \times 10^6 (386)}{32(0.285)}} \text{ Hz} = 140.6 \text{ Hz} = 8436 \text{ r/min} \tag{ac}$$

固有频率和动载荷变化频率的比值为：

$$\frac{8436}{500} = 16.9 \tag{ad}$$

该比值足够高。

23. A228 钢丝弹簧的设计说明。

$$d = 0.192 \text{ in} \qquad D_o = 1.63 \text{ in} \qquad N_t = 10.25 \qquad L_f = 4.46 \text{ in} \tag{ae}$$

24. 详细设计结果列于表 14-15。对应的文件 EX14-05 可以在本书的网站上获得。本书网站上还有针对这个例子采用 MathCAD 和 TK 求解器的设计方案，命名为 EX14-05a。

14.8 圆柱螺旋扭转弹簧

可以承受扭矩，而不是压力或拉力的弹簧称为扭转弹簧，简称扭簧。扭簧的簧圈末端能沿切线方向伸展，并提供杠杆臂以便于施加弯矩载荷，如图 14-23 所示。扭簧的簧圈末端有不同的形状，能满足各种实际应用。扭簧可以像拉伸弹簧一样紧密卷绕，但它不承受初始拉力；也可以和压缩弹簧一样簧圈之间留有间隙，这样可以避免簧圈间的摩擦。然而，大部分的扭簧都是采用紧密卷绕的方式。

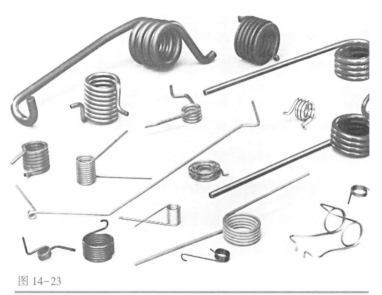

图 14-23

螺旋扭转弹簧端部结构

摘自：Courtesy of Associated Spring, Barnes Group Inc., Bristol, Conn.

如图 14-24 所示，作用在扭簧线圈上的力矩使弹簧钢丝产生弯曲，如同曲梁。外加力矩应当使扭簧线圈闭合，而不是张开。因为簧丝的残余应力对于承受闭合力矩有利。在工作中，外加力矩不能反向。施加给扭簧的动载荷应为对称循环或是应力比 $R \geq 0$ 的脉动循环。

必须在扭簧簧圈的直径上 3 个或更多位置提供径向支承以产生反作用力。这些支承也可以通过在簧圈中间放置支杆来提供。当弹簧受力而紧绕时，为了避免粘合，支杆直径不能大于簧圈最

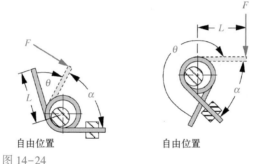

图 14—24

螺旋扭簧载荷和变形的说明

α—两端夹角　F—两端夹角为 α 的载荷　L—力臂　θ—从
自由位置开始的角变形

小内径的 90%。

扭簧的生产规格必须标明图 14-24 所示的参数,同时还应包括弹簧钢丝直径、弹簧线圈外径、弹簧圈数和弹簧刚度。外加载荷应当由两切向端形成的夹角 α 表示,而不应用从自由位置起的变形表示。

因为载荷是弯矩,矩形弹簧钢丝的单位体积刚度更大(相同尺寸有更大的 I)。然而,大多数的螺旋扭簧都由圆形弹簧钢丝加工而成,这主要是由于圆形弹簧钢丝成本低,可供选择的尺寸和材料也更多。

扭转弹簧参数

下述参数对扭转弹簧和螺旋压缩弹簧具有相同的含义:平均簧圈直径 D、簧丝直径 d、弹簧指数 C、外径 D_o、内径 D_i 和有效圈数 N_a。弹簧刚度 k 表示为产生单位角偏移所需的力矩。

扭转弹簧圈数

扭转弹簧有效圈数等于簧圈本体圈数 N_b 加上弹簧两端的等效圈数。对于直线型末端,它的等效圈数 N_e 为:

$$N_e = \frac{L_1 + L_2}{3\pi D} \qquad (14.27a)$$

式中,L_1 和 L_2 分别表示簧圈两端的切线端长度。则有效圈数 N_a 为:

$$N_a = N_b + N_e \qquad (14.27b)$$

式中,N_b 为弹簧线圈本体圈数。

扭转弹簧变形

扭转弹簧簧圈端部的角变形通常用弧度表示,但有时也用旋转圈数表示。下文将用旋转圈数来表示。由于扭转弹簧本质上是一曲梁,因此(角)变形可表示为:

$$\theta_{rev} = \frac{1}{2\pi}\theta_{rad} = \frac{1}{2\pi}\frac{ML_w}{EI} \qquad (14.28a)$$

式中,M 是作用力矩;L_w 是弹簧线圈长度;E 是材料的弹性模量;I 是横截面相对于中轴线的截面惯性矩。

对于圆形簧丝的扭转弹簧,我们能通过近似几何关系得到:

$$\theta_{rev} = \frac{ML_w}{EI} = \frac{1}{2\pi}\frac{M(\pi D N_a)}{E(\pi d^4/64)}$$

$$= \frac{64}{2\pi} \frac{MDN_a}{d^4 E} \tag{14.28b}$$

$$\theta_{rev} \cong 10.2 \frac{MDN_a}{d^4 E}$$

根据 Wahl[3] 由于弹簧线圈之间存在摩擦力，系数 10.2 通常根据经验增加到 10.8，因此可得到如下表达式[1]：

$$\theta_{rev} \cong 10.8 \frac{MDN_a}{d^4 E} \tag{14.28c}$$

扭转弹簧弹簧刚度

扭转弹簧弹簧刚度由变形计算公式得到，为：

$$k = \frac{M}{\theta_{rev}} \cong \frac{d^4 E}{10.8 D N_a} \tag{14.29}$$

簧圈闭合

当作用力矩使扭转弹簧的簧圈闭合时（也应该这样），簧圈直径减少，而长度增加，就像"簧圈被紧绕"。达到最大变形量时，簧圈的最小内径为：

$$D_{i_{min}} = \frac{DN_b}{N_b + \theta_{rev}} - d \tag{14.30}$$

式中，D 是加载前簧圈平均直径。放置于簧圈内的销轴直径应不超过最小内径的 90%。

完全紧绕时簧圈的最大长度为：

$$L_{max} = d\left(N_b + 1 + \theta\right) \tag{14.31}$$

扭转弹簧簧圈应力

直梁外部纤维的应力为 Mc/I，但扭转弹簧是一个曲梁，我们在 4.9 节知道应力集中出现在曲梁的内侧。Wahl[3] 推导出圆形簧丝弯曲状态下簧圈内侧的应力集中系数为：

$$K_{b_i} = \frac{4C^2 - C - 1}{4C(C - 1)} \tag{14.32a}$$

簧圈外侧的应力集中系数为：

$$K_{b_o} = \frac{4C^2 + C - 1}{4C(C + 1)} \tag{14.32b}$$

式中，C 为弹簧指数。

圆形簧丝制作的螺旋扭转弹簧（簧圈在载荷作用下闭合），在内圈直径上的最大弯曲压应力为：

$$\sigma_{i_{max}} = K_{b_i} \frac{M_{max} c}{I} = K_{b_i} \frac{M_{max}(d/2)}{\pi d^4/64} = K_{b_i} \frac{32 M_{max}}{\pi d^3} \tag{14.33a}$$

在外圈直径上的拉伸弯曲应力分量为：

$$\sigma_{o_{min}} = K_{b_o} \frac{32 M_{min}}{\pi d^3}; \qquad \sigma_{o_{max}} = K_{b_o} \frac{32 M_{max}}{\pi d^3} \tag{14.33b}$$

$$\sigma_{o_{mean}} = \frac{\sigma_{o_{max}} + \sigma_{o_{min}}}{2}; \qquad \sigma_{o_{alt}} = \frac{\sigma_{o_{max}} - \sigma_{o_{min}}}{2} \tag{14.33c}$$

注意：扭转弹簧在使簧圈闭合的扭矩作用下，静态失效（屈服）应考虑簧圈内部较大的压应力 $\sigma_{i_{max}}$。但对于疲劳失效，主要是由于拉伸应力引起，所以需要考虑簧圈外部较小的最大拉应力。因此，需计算外圈的交变应力和平均应力。如果弹簧受到使簧圈张开的扭矩（这是不推荐的），则产生的应力会消除弹簧卷绕的残余应力，那么簧圈内部应力应该用作计算疲劳安全系数。

扭转弹簧材料参数

在当前的情况下，需要考虑弯曲屈服强度和持久强度。表 14-16 列出了几种弹簧钢丝材料的屈服强度推荐值，它以极限抗拉强度的百分比表示。注意：某些情况下，有利的残余应力允许使用材料的强度极限作为屈服准则。表 14-17 列出几种弹簧钢丝在喷丸和非喷丸状态下，循环次数为 10^5 和 10^6 时的弯曲疲劳强度百分比。喷丸处理对紧绕的扭转弹簧和拉伸弹簧的效果有限，主要因为簧圈之间的间隙小，使喷丸难以撞击到簧圈的内圈直径。喷丸处理对许多扭转弹簧效果不佳。

表 14-16 静态应用的螺旋扭转弹簧最大弯曲屈服强度推荐值 S_y

材　　料	极限抗拉强度最大百分比（%）	
	消除应力	有利残余应力
冷拉碳钢（例如：A227，A228）	80	100
淬火和回火的碳钢，低合金钢	85	100
奥氏体不锈钢，有色金属合金（例如：A313，B134，B159，B197）	60	80

表 14-17 动态应用（应力比 $R=0$）的螺旋扭转弹簧最大弯曲疲劳强度推荐值 S'_{fw}
消除应力，无颤振-各种情况下可能无法进行喷丸处理

疲劳寿命（循环次数）	极限抗拉强度百分比（%）			
	ASTM A228 或 不锈钢 302		ASTM A230 和 A232	
	未喷丸处理	喷丸处理	未喷丸处理	喷丸处理
10^5	53	62	55	64
10^6	50	60	53	62

式（14.13）给出了螺旋压缩弹簧的扭转持久极限数据。若采用 von Mises 关系式表达扭转和拉伸载荷的关系，则该式同样适用于弯曲作用下的情况：

$$S'_{ew_b} = \frac{S'_{ew}}{0.577} \tag{14.34a}$$

由上式可计算得出：

$$S'_{ew_b} \cong \frac{45.0}{0.577} \text{ kpsi} = 78 \text{ kpsi} \quad (537 \text{ MPa}) \quad \text{适用于未喷丸处理}$$

$$\tag{14.34b}$$

$$S'_{ew_b} \cong \frac{67.5}{0.577} \text{ kpsi} = 117 \text{ kpsi} \quad (806 \text{ MPa}) \quad \text{适用于喷丸处理}$$

扭转弹簧安全系数

弹簧线圈内表面的失效形式是屈服失效，安全系数可从下式得到：

$$N_y = \frac{S_y}{\sigma_{i_{max}}} \tag{14.35a}$$

由于已有的疲劳和持久数据是在脉动循环应力情况下得到的（相等的平均和交变分量），在使用式（14.17）计算簧丝疲劳安全系数之前必须将它转换为对称循环的数值。因为符号稍有不同，所以我们将相应符号代入式（14.17），使其适用于扭转弹簧计算。

$$N_{f_b} = \frac{S_e\left(S_{ut} - \sigma_{o_{min}}\right)}{S_e\left(\sigma_{o_{mean}} - \sigma_{o_{min}}\right) + S_{ut}\sigma_{o_{alt}}} \qquad (14.35b)$$

$$S_e = 0.5\frac{S_{ew_b}S_{ut}}{S_{ut} - 0.5S_{ew_b}} \qquad (14.35c)$$

螺旋扭转弹簧设计

螺旋扭转弹簧的设计过程类似于螺旋压缩弹簧。使用范例是说明其设计过程的最好方法。

例 14-6　承受循环载荷的螺旋扭转弹簧设计

问题：设计在动载荷作用下变形已知的扭转弹簧。

已知：动载荷的最小值为 50 lb·in，最大值为 80 lb·in。动载荷作用下弹簧变化幅度为 0.25 r（90°）。期望寿命为无穷大。

假设：弹簧材料为未喷丸处理的琴用钢丝（ASTM A228），弹簧端部为直线型，长度 2 in。动载荷作用下弹簧闭合。

解：见图 14-25。

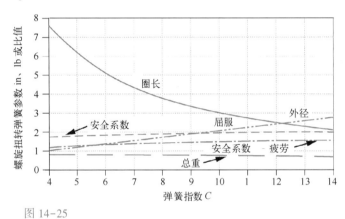

图 14-25

螺旋扭转弹簧参数-弹簧指数关系曲线（弹簧钢丝直径为常量）

1. 由表 14-2 中试选弹簧钢丝直径为 0.192 in。初定弹簧指数 $C=9$。由式（14.5）计算簧圈平均直径 D：

$$D = Cd = 9(0.192)\text{in} = 1.73\ \text{in} \qquad (a)$$

2. 算出平均力矩和交变力矩：

$$M_m = \frac{M_{max} + M_{min}}{2} = \frac{80 + 50}{2}\ \text{lb} = 65\ \text{lb}$$

$$M_a = \frac{M_{max} - M_{min}}{2} = \frac{80 - 50}{2}\ \text{lb} = 15\ \text{lb} \qquad (b)$$

3. 确定弹簧线圈内表面的 Wahl 弯曲系数 K_b，用它计算弹簧线圈内表面的最大压应力：

$$K_{b_i} = \frac{4C^2 - C - 1}{4C(C-1)} = \frac{4(9)^2 - 9 - 1}{4(9)(9-1)} = 1.090 \qquad (c)$$

$$\sigma_{i_{max}} = K_{b_i}\frac{32M_{max}}{\pi d^3} = 1.09\frac{32(80)}{\pi(0.192)^3}\ \text{psi} = 125\ 523\ \text{psi} \qquad (d)$$

4. 确定弹簧线圈外表面的 Wahl 弯曲系数 K_{b_o}，并计算簧圈外表面的最大、最小、交变和平均拉应力：

$$K_{b_o} = \frac{4C^2 + C - 1}{4C(C+1)} = \frac{4(9)^2 + 9 - 1}{4(9)(9+1)} = 0.9222 \tag{e}$$

$$\sigma_{o_{min}} = K_{b_o} \frac{32 M_{min}}{\pi d^3} = 0.9222 \frac{32(50)}{\pi(0.192)^3} \text{ psi} = 66\,359 \text{ psi}$$

$$\sigma_{o_{max}} = K_{b_o} \frac{32 M_{max}}{\pi d^3} = 0.9222 \frac{32(80)}{\pi(0.192)^3} \text{ psi} = 106\,175 \text{ psi} \tag{f}$$

$$\sigma_{o_{mean}} = \frac{\sigma_{o_{max}} + \sigma_{o_{min}}}{2} = \frac{66\,359 + 106\,175}{2} \text{ psi} = 86\,267$$

$$\sigma_{o_{alt}} = \frac{\sigma_{o_{max}} - \sigma_{o_{min}}}{2} = \frac{106\,175 - 66\,359}{2} = 19\,908 \tag{g}$$

5. 由式（14.3）和表 14-5 确定琴用钢线材料的极限抗拉强度，并使用它从表 14-15 确定弹簧线圈本体的弯曲屈服强度，假设材料未经过去应力处理：

$$S_{ut} = Ad^b = 184\,649(0.192)^{-0.1625} \text{ psi} = 241\,441 \text{ psi} \tag{h}$$

$$S_y = 1.0 S_{ut} = 241\,441 \text{ psi} \tag{i}$$

6. 用式（14.34）算出无喷丸处理弹簧钢丝的弯曲持久极限，并用式（14.35b）转换为对称循环弯曲疲劳强度：

$$S_{ew_b}' \cong \frac{45\,000}{0.577} \text{ psi} = 77\,990 \text{ psi} \tag{j}$$

$$S_e = 0.5 \frac{S_{ew_b} S_{ut}}{S_{ut} - 0.5 S_{ew_b}} = 0.5 \frac{77\,990(241\,441)}{241\,441 - 0.5(77\,990)} \text{ psi} = 46\,506 \text{ psi} \tag{k}$$

7. 由式（14.35a）计算出弹簧线圈弯曲时的疲劳安全系数：

$$N_{f_b} = \frac{S_e(S_{ut} - \sigma_{o_{min}})}{S_e(\sigma_{o_{mean}} - \sigma_{o_{min}}) + S_{ut}\sigma_{o_{alt}}}$$
$$= \frac{46\,506(241\,441 - 66\,359)}{46\,506(86\,267 - 66\,359) + 241\,441(19\,908)} = 1.4 \tag{l}$$

8. 抗屈服的静态安全系数为：

$$N_{y_b} = \frac{S_y}{\sigma_{i_{max}}} = \frac{241\,441}{125\,523} = 1.9 \tag{m}$$

上面两个安全系数值都可接受。

9. 弹簧刚度定义为由两个确定力矩使弹簧产生相对变形的比值。

$$k = \frac{\Delta M}{\theta} = \frac{80 - 50}{0.25} \text{ lb·in/r} = 120 \text{ lb·in} \tag{n}$$

10. 为了得到弹簧刚度，弹簧有效圈数必须满足式（14.29）：

$$k = \frac{d^4 E}{10.8 D N_a} \quad 或 \quad N_a = \frac{d^4 E}{10.8 D k} = \frac{(0.192)^4 30 \times 10^6}{10.8(1.73)(120)} = 18.2 \tag{o}$$

弹簧两端的等效有效圈数为：

$$N_e = \frac{L_1 + L_2}{3\pi D} = \frac{2+2}{3\pi(1.73)} = 0.25 \qquad (\text{p})$$

弹簧线圈本体的有效圈数为：

$$N_b = N_a - N_e = 18.2 - 0.25 \cong 18 \qquad (\text{q})$$

11. 由式（14.28c）计算确定扭矩作用下的角变形：

$$\theta_{min} \cong 10.8 \frac{M_{min}DN_a}{d^4 E} = 10.8 \frac{50(1.73)(18.2)}{(0.192)^4(30\times10^6)} \, r = 0.417 \, r = 150° \qquad (\text{r})$$

$$\theta_{max} \cong 10.8 \frac{M_{max}DN_a}{d^4 E} = 10.8 \frac{80(1.73)(18.2)}{(0.192)^4(30\times10^6)} \, r = 0.667 \, r = 240° \qquad (\text{s})$$

12. 文件 EX14-06 能从本书网站找到。

为简单起见，上面的例子只描述一个成功解决方案。然而，就像前面其他许多例子一样，成功解决方案必须经过反复迭代计算得到。图 14-25 给出了簧圈长度、外圈直径、静态安全系数、疲劳安全系数与扭转弹簧的重量等变量与弹簧指数的函数关系。不同于压缩和拉伸弹簧，扭转弹簧的安全系数随着弹簧指数的增加而增加。

14.9 碟形弹簧垫圈[○]

碟形垫圈（Belleville spring），又叫盘形弹簧，由法国人 J. F. Belleville 发明并申请专利，它具有非线性的载荷-变形特性，这使得它在某些场合非常有用。图 14-26 给出了市场上可供选择的碟形垫圈。它们的横截面是圆锥状，材料厚度为 t，圆锥体内高度为 h，如图 14-27 所示。碟形垫圈结构非常紧凑，能承受很大推力，但变形量有限。如果将它们放置在一个平面上，它们的最大变形量为 h，这会使它们变平。而且它们的变形量通常在 h 的 15%~85% 之间。稍后，我们

14

图 14-26

市场上可供选择的碟形垫圈

摘自：Courtesy of Associated Spring, Barnes Group Inc., Bristol, Conn.

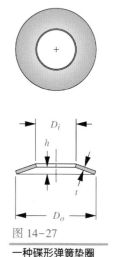

图 14-27

一种碟形弹簧垫圈

○ 更多的碟形垫圈的设计信息可浏览 http://spirol.com。

将展示如何使得变形量超过平面位置，以得到有趣的效果。碟形垫圈适用于大载荷小变形和工作空间紧凑的场合，例如金属成形模具脱模销、火炮反后坐装置等。在零弹簧刚度（恒载）状态下，碟形垫圈用于离合器和密封装置的安装，这时需要对小变形施加均布载荷。

D_o 和 D_i 的比值定义为 R_d，它会对弹簧性能产生影响。大概在 $R_d = 2$ 时，弹簧具有最大的储能能力。弹簧刚度基本与比值 h/t 呈线性关系，但它也可以随着变形的增加而增大或减少，或者在一部分变形过程中保持不变。

图 14-28 表示了碟形弹簧的 h/t 比值从 0.4 到 2.8 范围内的载荷-变形曲线图。这些曲线的坐标轴都根据碟形弹簧被压缩成平面的条件进行了标准化。图 14-28 表示了碟形垫圈处于自由位置时的零变形和载荷的情况。100% 的变形表示碟形弹簧处于压平状态，100% 的载荷表示压平状态时弹簧载荷。载荷和变形的绝对值会随着 h/t 的比值、厚度 t 和材料的不同而变化。

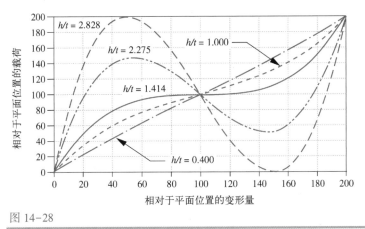

图 14-28

碟形弹簧的 h/t 比值从 0.4 到 2.8 范围内的标准化载荷-变形曲线图

在 $h/t = 0.4$ 时，碟形弹簧刚度接近于线性，这跟螺旋弹簧的曲线相似。在 h/t 大于 0.4 时，碟形弹簧刚度表现为非线性增长；在 $h/t = 1.414$ 时，曲线有一部分接近常数，位于压平位置的中心范围附近。如图 14-29 所示，当 F 偏差在 ±1% 之间时，碟形弹簧变形范围为 80%~120%；当 F 偏差在 ±10% 之间时，碟形弹簧变形范围为 55%~145%。

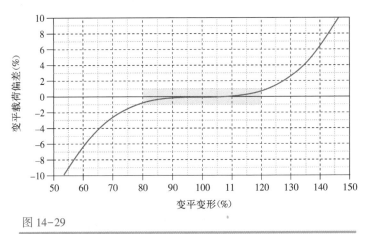

图 14-29

碟形弹簧在其平面位置恒载误差百分比（$R_d = 2.0$，$h/t = 1.414$）

当 h/t 的比值高于 1.414 时，曲线呈现双峰。这时，对给定的作用力，碟形弹簧变形量并不唯一。如果弹簧安装后允许出现超过压平位置的变形，如图 14-30 所示，那么它就是双稳态的，需要有作用方向相反的载荷使弹簧能越过中心位置。图 14-30 的安装技术同样适用于 h/t 比值较小的碟形弹簧，因为它允许高达 2 倍的变形量，并可利用 h/t 比值为 1.414 的碟形弹簧的全部恒载区。

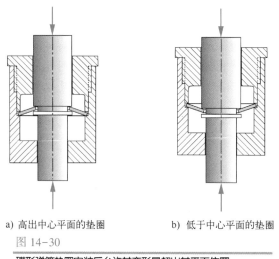

a) 高出中心平面的垫圈   b) 低于中心平面的垫圈

图 14-30

碟形弹簧垫圈安装后允许其变形量超出其平面位置

碟形弹簧垫圈负载挠度函数

碟形弹簧载荷与变形是非线性关系，因此我们不能用弹簧刚度表达，可由下式计算：

$$F = \frac{4Ey}{K_1 D_o^2 \left(1-v^2\right)} \left[(h-y)\left(h-\frac{y}{2}\right)t + t^3 \right] \qquad (14.36a)$$

式中，

$$K_1 = \frac{6}{\pi \ln R_d} \left[\frac{\left(R_d - 1\right)^2}{R_d^2} \right] \qquad 且. \quad R_d = \frac{D_o}{D_i} \qquad (14.36b)$$

碟形弹簧处于压平位置（$y=h$）的载荷为：

$$F_{flat} = \frac{4Eht^3}{K_1 D_o^2 \left(1-v^2\right)} \qquad (14.36c)$$

图 14-20 的曲线由上述这些方程式生成。

碟形弹簧垫圈应力

碟形弹簧垫圈的应力不是均匀分布的，而是集中在内部和外部直径的边缘，如图 14-31 所示。最大应力 σ_c 出现在内半径凸面上，而且是压应力。凹面边缘有拉应力，外边缘应力 σ_{t_o} 通常大于内边缘应力 σ_{t_i}。在图 14-31 上指出的各具体位置上的应力表达式如下：

$$\sigma_c = -\frac{4Ey}{K_1 D_o^2 \left(1-v^2\right)} \left[K_2\left(h-\frac{y}{2}\right) + K_3 t \right] \qquad (14.37a)$$

$$\sigma_{t_i} = \frac{4Ey}{K_1 D_o^2 \left(1-v^2\right)} \left[-K_2\left(h-\frac{y}{2}\right) + K_3 t \right] \qquad (14.37b)$$

$$\sigma_{t_o} = \frac{4Ey}{K_1 D_o^2 \left(1-v^2\right)}\left[K_4\left(h-\frac{y}{2}\right)+K_5 t\right] \qquad (14.37c)$$

式中，

$$K_2 = \frac{6}{\pi \ln R_d}\left(\frac{R_d-1}{\ln R_d}-1\right) \quad 且 \quad R_d = \frac{D_o}{D_i} \qquad (14.37d)$$

$$K_3 = \frac{6}{\pi \ln R_d}\left(\frac{R_d-1}{2}\right) \qquad (14.37e)$$

$$K_4 = \left[\frac{R_d \ln R_d - \left(R_d-1\right)}{\ln R_d}\right]\left[\frac{R_d}{\left(R_d-1\right)^2}\right] \qquad (14.37f)$$

$$K_5 = \frac{R_d}{2\left(R_d-1\right)} \qquad (14.37g)$$

由式（14.36b）可得到 K_1 值。图 14-32 绘出了应力-变形的典型变化曲线。在这个例子中，钢制弹簧尺寸为：$t=0.012$ in、$h=0.017$ in、$h/t=1.414$、$D_o=1$ in、$D_i=0.5$ in。

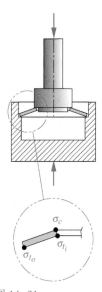

图 14-31

碟形弹簧垫圈最大应力出现位置

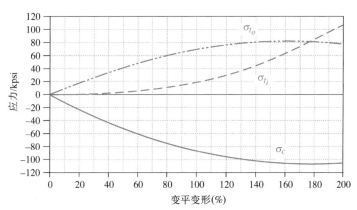

图 14-32

碳钢碟形弹簧的应力（其中弹簧尺寸为 $R_d=2.0$，$h/t=1.414$，$t=0.012$ in，$h=0.017$ in）

碟形弹簧垫圈静载荷

在承受静载荷的碟形弹簧垫圈设计中，压应力 σ_c 通常具有决定作用，但由于应力高度集中在边缘，会出现局部屈服来舒缓应力集中，且使整个弹簧上的应力降低。由于局部 σ_c 大于平均应力，可以将它和极限抗压强度 S_{uc} 相比较，以确定强度是否满足要求。因为双向材料是制作弹簧的典型材料，所以有 $S_{uc}=S_{ut}$。表 14-16 列出了相对于 σ_c，静载荷作用下的 S_{ut} 推荐百分比值。需要指出的是，一般材料无法承受这样的应力水平。这只是一种基于局部应力 σ_c 预测失效的方法。如表 14-18 所示，采用

表 14-18 静态应用的碟形弹簧垫圈
最大压应力推荐值 σ_c

假设 $S_{uc}=S_{ut}$

材　　料	极限抗拉强度最大百分比（%）	
	释放处理前	释放处理后
碳钢或合金钢	120	275
有色金属和奥氏体不锈钢	95	160

14

释放处理能增加有益残余应力，可提高弹簧承载能力。

动载荷

　　如果弹簧受到动载荷作用，在最大变形范围内出现的最大和最小拉应力 σ_{t_i} 和 σ_{t_o} 可由式（14.3）求得，并通过它们计算得到交变应力和平均应力。在得到上述数据后，可进行 Goodman 图分析，并由式（14.35b）求出安全系数。用第 6 章的方法能找到材料的持久极限。喷丸加工能有效提高疲劳寿命。

叠簧

　　碟形弹簧的最大变形量往往很小。为了获得更大的变形，可以将弹簧串联叠放在一起，如图 14-33b 所示，总作用力和单个弹簧的情况是相同的，但是变形会叠加。它们也能并联叠放，如图 14-33a 所示，在这种情况下，总变形量和单个弹簧是一样的，但载荷会叠加。采用串-并联组合也可以。要注意：本质上，串联或串-并联叠放在一起是不稳定的，必须用硬作销轴引导或安装在硬作孔中，这些情况下摩擦力会减小有效载荷。并联叠放产生的板间摩擦较大，这可能导致滞后现象的出现。碟形弹簧推荐的叠放形式和径向间隙可以浏览 http://spirol.com。

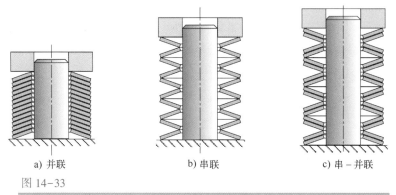

a) 并联　　　　　　　　b) 串联　　　　　　　　c) 串-并联

图 14-33

碟形弹簧垫圈的组合方式——串联、并联、串-并联

14

碟形弹簧设计

　　碟形弹簧的设计需要用到迭代法。设定直径比 R_d 和比值 h/t 为试选值。由期望的载荷-变形曲线类型确定合适的 h/t 比值（见图 14-29）。如果载荷或载荷的范围确定，且设定外部直径和厚度，就能由式（14.35）计算出相应的变形。确定碟形弹簧的厚度需要知道在压平位置的作用力大小。具体公式如下：

$$t = 4\sqrt{\frac{F_{flat}}{19.2 \times 10^7}\frac{D_o^2}{h/t}} \qquad (14.38\text{us})$$

$$t = \frac{1}{10}4\sqrt{\frac{F_{flat}}{132.4}\frac{D_o^2}{h/t}} \qquad (14.38\text{si})$$

　　由式（14.38）可计算得到美制或 SI 单位$^{\ominus}$的厚度值，再结合其他设定值，使用式（14.35）和式（14.36）计算变形和应力。说明设计流程的最好方法是举例说明。

―――――――――

　　$\ominus$　式（14.38us）和式（14.38si）包含的常数需要具体单位。美制用 in 和 lb，SI 用 mm 和 N。

例 14-7 承受静载荷的碟形弹簧设计

问题：变形已知、载荷为常量的碟形弹簧设计。

已知：由于存在与温度变化有关的小幅运动，轴的端部密封需要一个近乎恒定的载荷。弹簧必须施加一个 10 lb（±5%）的名义载荷，得到范围为 ±0.006 in 的名义变形。同时，弹簧要能安装在直径为 1.25 in 的孔中。

假设：直径比 $R_d = 2$，使用未释放处理的碳素弹簧钢，硬度 50HRC。

解：

1. 设弹簧的外径 D_o 为 1.2 in，使弹簧与安装孔间存在一定间隙。

2. 由于要求的弹簧输出力是恒定的，所以 $h/t = 1.414$（见图 14-28）。

3. 为了满足输出载荷变化范围在 ±5% 之间，可从图 14-29 选择一个适当的变形范围进行设计。如果弹簧变形幅度保持在压平变形的 65%～135% 之间，误差就能达到要求。这样一来，弹簧就会在被压平的位置产生名义输出力。此时，弹簧的两边必须都能工作，因此安装方式如图 14-31 所示。

4. 基于上述假设和已知条件给出的名义载荷，由式（14.38 us），可以计算出弹簧的厚度 t 为：

$$t = 4\sqrt{\frac{F_{flat}}{19.2 \times 10^7} \frac{D_o^2}{h/t}} = 4\sqrt{\frac{10}{19.2 \times 10^7} \frac{(1.2)^2}{1.414}} \text{ in} = 0.015 \text{ in} \tag{a}$$

5. 弹簧的高度 h 应为：

$$h = 1.414t = 1.414(0.015) \text{ in} = 0.021 \text{ in} \tag{b}$$

6. 根据上述步骤 3 的选择，可以得出弹簧的最大和最小变形量分别为：

$$y_{min} = 0.65h = 0.65(0.021) \text{ in} = 0.014 \text{ in}$$
$$y_{max} = 1.35h = 1.35(0.021) \text{ in} = 0.029 \text{ in} \tag{c}$$

两者之差要比实际要求的变形范围大，所以输出力的误差符合要求。

7. 图 14-32 表明，最大应力出现在最大变形 y_{max} 处，因此根据式（14.36b）式（14.37）计算得出此位置应力为：

$$K_1 = \frac{6}{\pi \ln R_d}\left[\frac{(R_d-1)^2}{R_d^2}\right] = \frac{6}{\pi \ln 2}\left[\frac{(2-1)^2}{2^2}\right] = 0.689 \tag{d}$$

$$K_2 = \frac{6}{\pi \ln R_d}\left(\frac{R_d-1}{\ln R_d} - 1\right) = \frac{6}{\pi \ln 2}\left(\frac{2-1}{\ln 2} - 1\right) = 1.220 \tag{e}$$

$$K_3 = \frac{6}{\pi \ln R_d}\left(\frac{R_d-1}{2}\right) = \frac{2}{\pi \ln 2}\left(\frac{2-1}{2}\right) = 1.378 \tag{f}$$

$$K_4 = \left[\frac{R_d \ln R_d - (R_d-1)}{\ln R_d}\right]\left[\frac{R_d}{(R_d-1)^2}\right] = \left[\frac{2\ln 2 - (2-1)}{\ln 2}\right]\left[\frac{2}{(2-1)^2}\right] = 1.115 \tag{g}$$

$$K_5 = \frac{R_d}{2(R_d-1)} = \frac{2}{2(2-1)} = 1 \tag{h}$$

14

$$\begin{aligned}
\sigma_c &= -\frac{4Ey}{K_1 D_o^2\left(1-v^2\right)}\left[K_2\left(h-\frac{y}{2}\right)+K_3 t\right] \\
&= -\frac{4\left(30\times 10^6\right)\left(0.029\right)}{0.689\left(1.2\right)^2\left(1-0.3^2\right)}\left[1.220\left(0.021-\frac{0.029}{2}\right)+1.378\left(0.015\right)\right]\text{psi} \\
&= -112\,227\,\text{psi}
\end{aligned} \tag{i}$$

$$\begin{aligned}
\sigma_{t_i} &= \frac{4Ey}{K_1 D_o^2\left(1-v^2\right)}\left[-K_2\left(h-\frac{y}{2}\right)+K_3 t\right] \\
&= \frac{4\left(30\times 10^6\right)\left(0.029\right)}{0.689\left(1.2\right)^2\left(1-0.3^2\right)}\left[-1.220\left(0.021-\frac{0.029}{2}\right)+1.378\left(0.015\right)\right]\text{psi} \\
&= 46\,600\,\text{psi}
\end{aligned} \tag{j}$$

$$\begin{aligned}
\sigma_{t_o} &= \frac{4Ey}{K_1 D_o^2\left(1-v^2\right)}\left[K_4\left(h-\frac{y}{2}\right)+K_5 t\right] \\
&= \frac{4\left(30\times 10^6\right)\left(0.029\right)}{0.689\left(1.2\right)^2\left(1-0.3^2\right)}\left[1.115\left(0.021-\frac{0.029}{2}\right)+\left(1\right)\left(0.015\right)\right]\text{psi} \\
&= 87\,628\,\text{psi}
\end{aligned} \tag{k}$$

8. 表 14-6 给出这种材料的 $S_{ut}=246$ kpsi，表 14-18 指出，对于未释放处理弹簧，该值应为 $1.2 S_{ut}$。因此，静载荷的安全系数为：

$$N_s = \frac{1.2 S_{ut}}{\sigma_c} = \frac{1.2\left(246\,000\right)}{112\,227} = 2.6 \tag{l}$$

这个结果是可以接受的。

9. 综上所述，弹簧的设计参数为：

$$D_o = 1.2\,\text{in} \qquad D_i = 0.6\,\text{in} \qquad t = 0.015\,\text{in} \qquad h = 0.021\,\text{in} \tag{m}$$

10. EX14-07 的文件可以在本书的网站上得到。

14.10 案例分析

我们现在要解决一个弹簧设计问题，此弹簧应用于第 9 章给出的装置。

设计一个用于凸轮试验机的回位弹簧

该装置的初步设计如图 14-34 所示。从动臂用两端带有挂环的拉伸弹簧与凸轮压合。案例 10A 的计算表明，弹簧的弹性系数为 25 lb/in。为确保从动臂的作用力为正值，预紧力大小应为 25 lb，且在设计转速为 180 r/min 时的变化范围为 13 ~ 110 lb。如图 14-34 所示，弹簧的长度应满足装配要求，且与凸轮直径（8 in）处于同一量级上，弹簧与机架固定的一端应该设计为可调节的。

案例研究 10C　凸轮从动臂的回位弹簧设计

问题：图 14-34 中的凸轮从动臂的拉伸弹簧设计，弹簧载荷由案例 10A 定义。

已知：弹簧刚度为 25 lb/in，预紧力为 25 lb，弹簧动态变形量为 1.5 in。

假设：弹簧在温度低于 250℉ 的油池中工作，无限寿命。材料为 ASTM A228 琴丝，两端为标准圆挂环。

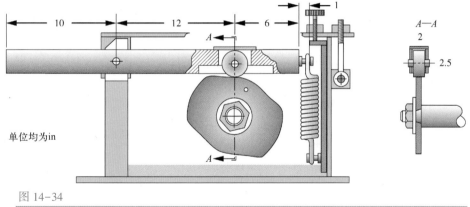

单位均为in

图 14-34

凸轮从动臂上的螺旋拉伸弹簧

解：见图 14-34。

1. 根据表 14-2，试选弹簧钢丝的直径为 0.177 in。设弹簧指数 $C = 8$。由式（14.5）计算弹簧中径 D 为：

$$D = Cd = 8(0.177) \text{in} = 1.416 \text{ in} \tag{a}$$

2. 根据 C 的设定值，由式（14.21）近似计算出弹簧线圈的初始应力 τ_i，τ_i 作为在图 14-20 中包含弹簧预紧力可接受范围的函数的平均值：

$$
\begin{aligned}
\tau_{i_1} &\cong -4.231C^3 + 181.5C^2 - 3387C + 28\,640 \\
&= [-4.231(8)^3 + 181.5(8)^2 - 3387(8) + 28\,640] \text{psi} = 10\,994 \text{ psi}
\end{aligned} \tag{b}
$$

$$
\begin{aligned}
\tau_{i_2} &\cong -2.987C^3 + 139.7C^2 - 3427C + 38\,404 \\
&= [-2.987(8)^3 + 139.7(8)^2 - 3427(8) + 38\,404] \text{psi} = 18\,399 \text{ psi}
\end{aligned} \tag{c}
$$

$$\tau_i \cong \frac{\tau_{i_1} + \tau_{i_2}}{2} = \frac{10\,994 + 18\,399}{2} \text{psi} = 14\,697 \text{ psi} \tag{d}$$

3. 计算直接剪切系数：

$$K_s = 1 + \frac{0.5}{C} = 1 + \frac{0.5}{8} = 1.0625 \tag{e}$$

4. 将 K_s 和以 τ_i 作为 τ_{max} 代入式（14.8b），可以计算出对应的初始拉力 F_i：

$$F_i = \frac{\pi d^3 \tau_i}{8 K_s D} = \frac{\pi (0.177)^3 (14\,697)}{8(1.0625)(1.416)} \text{lb} = 21.272 \text{ lb} \tag{f}$$

可见，$F_i < F_{min} = 25$ lb，当弹簧上作用力小于 F_i 时，弹簧不会发生变形。

5. 由弹簧刚度和变形计算弹簧最大作用力 F_{max}，并由式（14.16a）计算平均载荷和交变载荷：

$$F_{max} = F_{min} + ky = [25 + 25(1.5)] \text{lb} = 62.5 \text{ lb}$$

$$F_a = \frac{F_{max} - F_{min}}{2} = \frac{62.5 - 25}{2} \text{lb} = 18.75 \text{ lb} \tag{g}$$

$$F_m = \frac{F_{max} + F_{min}}{2} = \frac{62.5 + 25}{2} \text{lb} = 43.75 \text{ lb}$$

6. 由 K_s 和其他设定值计算最小应力 τ_{min} 和平均应力 τ_m：

$$\tau_{min} = K_s \frac{8F_{min}D}{\pi d^3} = 1.0625 \frac{8(25)(1.416)}{\pi(0.177)^3} \text{ psi} = 17\ 272 \text{ psi}$$

$$\text{(h)}$$

$$\tau_m = K_s \frac{8F_m D}{\pi d^3} = 1.0625 \frac{8(43.75)(1.416)}{\pi(0.177)^3} \text{ psi} = 30\ 227 \text{ psi}$$

7. 确定 Wahl 系数 K_w，并用于交变剪应力 τ_a 计算：

$$K_w = \frac{4C-1}{4C-4} + \frac{0.615}{C} = \frac{4(8)-1}{4(8)-4} + \frac{0.615}{8} = 1.184$$

$$\text{(i)}$$

$$\tau_a = K_w \frac{8F_a D}{\pi d^3} = 1.184 \frac{8(18.75)(1.416)}{\pi(0.177)^3} \text{psi} = 14\ 436 \text{ psi}$$

$$\text{(j)}$$

8. 假设没有经过释放处理去除残余应力，由式（14.3）和表 14-5，计算琴用钢丝材料的极限拉伸强度，然后代入式（14.4）计算极限剪切强度，再由表 14-12 确定弹簧线圈本体的扭转屈服强度：

$$S_{ut} = Ad^b = 184\ 649(0.177)^{-0.1625} \text{ psi} = 244\ 653 \text{ psi}$$

$$S_{us} = 0.67S_{ut} = 163\ 918 \text{ psi}$$

$$\text{(k)}$$

$$S_{ys} = 0.45S_{ut} = 0.45(244\ 653) \text{psi} = 110\ 094 \text{ psi}$$

$$\text{(l)}$$

9. 由式（14.13）确定未喷丸处理的钢丝的持久极限，然后用式（14.18b）将其转化成对称循环持久强度：

$$S_{ew} = 45\ 000 \text{ psi}$$

$$\text{(m)}$$

$$S_{es} = 0.5 \frac{S_{ew}S_{us}}{S_{us} - 0.5S_{ew}} = 0.5 \frac{45\ 000(163\ 918)}{163\ 918 - 0.5(45\ 000)} \text{ psi} = 26\ 080 \text{ psi}$$

$$\text{(n)}$$

10. 由式（14.18a）计算弹簧簧圈的扭转疲劳安全系数为：

$$N_{f_s} = \frac{S_{es}(S_{us} - \tau_{min})}{S_{es}(\tau_m - \tau_{min}) + S_{us}\tau_a}$$

$$= \frac{26\ 080(163\ 918 - 17\ 272)}{26\ 080(30\ 227 - 17\ 272) + 163\ 918(14\ 436)} = 1.4$$

$$\text{(o)}$$

注意：式中的最小应力是由 F_{min} 计算出来的，而不是式（d）中的弹簧线圈缠绕应力。

11. 计算簧圈两端挂环的应力。如图 14-21（重复）所示，挂环 A 点的弯曲应力可以由式（14.24）计算：

$$C_1 = \frac{2R_1}{d} = \frac{2D}{2d} = C = 8$$

$$K_b = \frac{4C_1^2 - C_1 - 1}{4C_1(C_1 - 1)} = \frac{4(8)^2 - 8 - 1}{4(8)(8-1)} = 1.103$$

$$\text{(p)}$$

$$\sigma_a = K_b \frac{16DF_a}{\pi d^3} + \frac{4F_a}{\pi d^2} = \left[1.103 \frac{16(1.416)(18.75)}{\pi(0.177)^3} + \frac{4(18.75)}{\pi(0.177)^2} \right] \text{psi} = 27\ 650 \text{ psi}$$

$$\text{(q)}$$

$$\sigma_m = K_b \frac{16DF_m}{\pi d^3} + \frac{4F_m}{\pi d^2} = \left[1.103 \frac{16(1.416)(43.75)}{\pi(0.177)^3} + \frac{4(43.75)}{\pi(0.177)^2} \right] \text{psi} = 64\ 517 \text{ psi}$$

$$\sigma_{min} = K_b \frac{16DF_{min}}{\pi d^3} + \frac{4F_{min}}{\pi d^2} = \left[1.103 \frac{16(1.416)(25)}{\pi(0.177)^3} + \frac{4(25)}{\pi(0.177)^2} \right] \text{psi} = 36\ 867 \text{ psi}$$

$$\text{(r)}$$

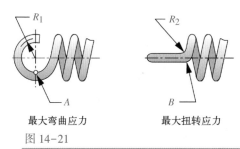

最大弯曲应力　　　　　　　　　最大扭转应力

图 14-21

（重复）螺旋拉伸弹簧两端钩或挂环最大应力点

12. 根据式（14.4），由扭转疲劳强度计算拉伸疲劳强度，再代入式（14.18）算出的极限拉伸强度，计算出挂环弯曲时的疲劳安全系数：

$$S_e = \frac{S_{es}}{0.67} = \frac{26\,080}{0.67}\, \text{psi} = 38\,925\, \text{psi}$$

$$N_{f_b} = \frac{S_e\left(S_{ut} - \sigma_{min}\right)}{S_e\left(\sigma_m - \sigma_{min}\right) + S_{ut}\sigma_a} \tag{s}$$

$$= \frac{38\,925\left(244\,633 - 36\,867\right)}{38\,925\left(64\,517 - 36\,867\right) + 244\,633\left(27\,650\right)} = 1.0$$

13. 由式（14.25），设 $C_2 = 5$，计算图 14-21 中挂钩 B 点的扭转应力：

$$R_2 = \frac{C_2 d}{2} = \frac{5\left(0.177\right)}{2}\, \text{in} = 0.443\, \text{in} \tag{t}$$

$$K_{w_2} = \frac{4C_2 - 1}{4C_2 - 4} = \frac{4\left(5\right) - 1}{4\left(5\right) - 4} = 1.188$$

$$\tau_{B_a} = K_{w_2}\frac{8DF_a}{\pi d^3} = 1.188\frac{8\left(1.416\right)18.75}{\pi\left(0.177\right)^3}\, \text{psi} = 14\,478\, \text{psi}$$

$$\tau_{B_m} = K_{w_2}\frac{8DF_m}{\pi d^3} = 1.188\frac{8\left(1.416\right)43.75}{\pi\left(0.177\right)^3}\, \text{psi} = 33\,783\, \text{psi} \tag{u}$$

$$\tau_{B_{min}} = K_{w_2}\frac{8DF_{min}}{\pi d^3} = 1.188\frac{8\left(1.416\right)25}{\pi\left(0.177\right)^3}\, \text{psi} = 19\,304\, \text{psi}$$

14. 由式（14.18a）计算挂钩处于扭转状态时的疲劳安全系数：

$$N_{f_s} = \frac{S_{es}\left(S_{us} - \tau_{min}\right)}{S_{es}\left(\tau_m - \tau_{min}\right) + S_{us}\tau_a} \tag{v}$$

$$= \frac{26\,080\left(163\,918 - 19\,304\right)}{26\,080\left(33\,783 - 19\,304\right) + 163\,918\left(14\,478\right)} = 1.4$$

上述计算结果是可接受的。挂环处于弯曲状态时安全系数较小，所以安全性低。

15. 要达到设定弹簧刚度，弹簧有效圈数应该满足式（14.7）：

$$k = \frac{d^4 G}{8D^3 N_a} \quad \text{或} \quad N_a = \frac{d^4 G}{8D^3 k} = \frac{\left(0.177\right)^4 11.5 \times 10^6}{8\left(1.416\right)^3\left(25\right)} = 19.88 \cong 20 \tag{w}$$

注意到弹簧有效圈数计算结果圆整到 1/4，这是因为制造工艺只能达到此精度。因此弹簧刚

14

度 $k = 24.8 \, \text{lb/in}$。

16. 弹簧线圈总圈数和长度为：

$$N_t = N_a + 1 = 20 + 1 = 21$$

$$L_b = N_t d = 21(0.177) \, \text{in} = 3.72 \, \text{in} \tag{x}$$

17. 挂环标准长度等于弹簧内径，所以弹簧处于自由状态的长度为：

$$L_f = L_b + 2L_{hook} = 3.72 \, \text{in} + 2(1.24) \, \text{in} = 6.2 \, \text{in} \tag{y}$$

18. 弹簧的最大变形及此时的长度为：

$$y_{max} = \frac{F_{max} - F_{initial}}{k} = \frac{62.5 - 21.27}{25} \, \text{in} = 1.65 \, \text{in} \tag{z}$$

$$L_{max} = L_f + y_{max} = (6.2 + 1.65) \, \text{in} = 7.85 \, \text{in}$$

19. 由式（14.26）计算弹簧的固有频率为：

$$f_n = \frac{2}{\pi N_a} \frac{d}{D^2} \sqrt{\frac{Gg}{32\gamma}} = \frac{2(0.177)}{\pi(20)(1.416)^2} \sqrt{\frac{11.5 \times 10^6 (386)}{32(0.285)}} \, \text{Hz} = 62 \, \text{Hz} = 3720 \, \text{r/min} \tag{aa}$$

弹簧固有频率与动载荷频率的比为：

$$\frac{3720}{180} = 20.7 \tag{ab}$$

结果符合设计要求。

20. A228 钢丝弹簧的设计规格为：

$$d = 0.177 \, \text{in} \qquad D_o = 1.593 \, \text{in} \qquad N_t = 21 \qquad L_f = 6.2 \, \text{in} \tag{ac}$$

21. 这是一种临界设计，因为假设挂环的弯曲疲劳失效发生在循环 100 万次后。如果这一循环次数太少，则需要进行迭代计算以得到改善设计。增大弹簧钢丝直径和弹簧指数可以使弯曲疲劳安全系数和扭转疲劳安全系数同时增大，如将弹簧钢丝直径提高到 0.192 in，弹簧指数为 8.5 时，弹簧挂环的弯曲疲劳安全系数将增大到 1.2。

22. 案例 10C-1 和 10C-2 的模型已放在本书的网站上。模型-1 给出了如上所述的设计过程，模型-2 的区别在于步骤 21 中使用不同的参数对设计进行改进。

14.11 小结

弹簧广泛应用于各类机械中，能提供推力、拉力、扭力或者储存能量。本章讨论了各种弹簧的用途，以及几种常用弹簧的设计，如螺旋压缩弹簧、螺旋拉伸弹簧、螺旋扭转弹簧和碟形弹簧。前三种弹簧是按承受载荷命名，而不是按弹簧应力来命名的。这两个方面容易造成混淆。例如，螺旋压缩或拉伸弹簧线圈受的是扭转应力，而螺旋扭转弹簧线圈受的是拉、压应力。这三种弹簧都是由钢丝通过螺旋旋绕制成，大多数情况下钢丝都为圆柱形的，但也有方形的。碟形弹簧垫圈加工成锥形。螺旋弹簧具有典型的线性载荷-变形关系（弹簧刚度恒定），而碟形弹簧则具有明显的非线性特征，利用碟形弹簧的这一特征，可以得到接近零弹性刚度或者双稳态行为。

通过对弹簧钢丝和板簧强度特性的研究，人们已经得到大量的数据。本章引用了大量相关文献。钢丝材料强度通常随着横截面尺寸的减小而增大，其结果是在静载荷下细丝线具有非常高的破坏强度。静态高强度材料的持久强度在相当高的程度趋于饱和（平顶），而不是静态强度的函数。本章也从文献中引用了各种弹簧材料的疲劳强度估计值。

　　弹簧设计本质上是一个反复迭代的过程，无论弹簧上作用的是静载荷还是动载荷。开始设计计算时，首先要设定若干个参数的初值。通常情况下，第一次的设计结果往往是不合理的，这时需要改变设定的参数值，然后再重新进行计算。在这个过程中，计算机是必不可少的辅助工具。本章提供了许多完整的弹簧设计例题，我们希望读者对这些例题和其附带文件进行认真学习，这些附带文件包含了比本章中表格更多、更详细的信息。

本章使用的重要公式

弹性系数（14.1 节）：

$$k = \frac{F}{y} \tag{14.1}$$

并联弹簧刚度（14.1 节）：

$$k_{total} = k_1 + k_2 + k_3 + \ldots + k_n \tag{14.2a}$$

串联弹簧刚度（14.1 节）：

$$\frac{1}{k_{total}} = \frac{1}{k_1} + \frac{1}{k_2} + \frac{1}{k_3} + \ldots + \frac{1}{k_n} \tag{14.2b}$$

弹簧指数（14.4 节）：

$$C = \frac{D}{d} \tag{14.5}$$

螺旋压缩弹簧的变形（14.4 节）：

$$y = \frac{8FD^3 N_a}{d^4 G} \tag{14.6}$$

螺旋拉伸弹簧的变形（14.7 节）：

$$y = \frac{8(F - F_i) D^3 N_a}{d^4 G} \tag{14.23}$$

弹簧钢丝截面形状为圆形的螺旋扭转弹簧变形（14.8 节）：

$$\theta_{rev} \cong 10.8 \frac{MD N_a}{d^4 E} \tag{14.28c}$$

螺旋压缩弹簧刚度（14.4 节）：

$$k = \frac{F}{y} = \frac{d^4 G}{8 D^3 N_a} \tag{14.7}$$

螺旋拉伸弹簧刚度（14.7 节）：

$$k = \frac{F - F_i}{y} = \frac{d^4 G}{8 D^3 N_a} \tag{14.21}$$

弹簧钢丝截面形状为圆形的螺旋扭转弹簧刚度（14.8 节）：

$$k = \frac{M}{\theta_{rev}} \cong \frac{d^4 E}{10.8 D N_a} \tag{14.29}$$

螺旋压缩和拉伸弹簧的静应力（14.7 节）：

$$\tau_{max} = K_s \frac{8FD}{\pi d^3} \qquad 当 \ K_s = \left(1 + \frac{0.5}{C}\right) \tag{14.8b}$$

螺旋压缩和拉伸弹簧的变应力（14.7 节）：

$$K_w = \frac{4C - 1}{4C - 4} + \frac{0.615}{C} \tag{14.9a}$$

$$\tau_{max} = K_w \frac{8FD}{\pi d^3} \tag{14.9b}$$

螺旋扭转弹簧的内侧应力（14.8 节）：

$$K_{b_i} = \frac{4C^2 - C - 1}{4C(C-1)} \tag{14.32a}$$

$$\sigma_{i_{max}} = K_{b_i} \frac{M_{max} c}{I} = K_{b_i} \frac{M_{max}(d/2)}{\pi d^4 / 64} = K_{b_i} \frac{32 M_{max}}{\pi d^3} \tag{14.33a}$$

螺旋扭转弹簧的外侧应力（14.8 节）：

$$K_{b_o} = \frac{4C^2 + C - 1}{4C(C+1)} \tag{14.32b}$$

$$\sigma_{o_{min}} = K_{b_o} \frac{32 M_{min}}{\pi d^3}; \qquad\qquad \sigma_{o_{max}} = K_{b_o} \frac{32 M_{max}}{\pi d^3} \tag{14.33b}$$

弹簧钢丝极限抗拉强度——公式中的常量由表 14-4 得到（14.4 节）：

$$S_{ut} \cong A d^b \tag{14.3}$$

弹簧钢丝极限剪切强度（14.4 节）：

$$S_{us} \cong 0.67 S_{ut} \tag{14.4}$$

弹簧钢丝应力比 $R = 0$ 时的扭转疲劳极限（14.4 节）：

$$S_{ew'} \cong 45.0 \text{ kpsi (310 MPa)} \qquad \text{适用于未喷丸处理}$$

$$S_{ew'} \cong 67.5 \text{ kpsi (465 MPa)} \qquad \text{适用于喷丸处理} \tag{14.13}$$

弹簧钢丝应力比 $R = -1$ 时的扭转疲劳极限（14.4 节）：

$$S_{es} = 0.5 \frac{S_{ew} S_{us}}{S_{us} - 0.5 S_{ew}} \tag{14.18b}$$

弹簧钢丝应力比 $R = 0$ 时的弯曲疲劳极限（14.4 节）：

$$S_{ew_b'} = \frac{S_{ew'}}{0.577} \tag{14.34a}$$

弹簧钢丝应力比 $R = -1$ 时的弯曲疲劳极限（14.4 节）：

$$S_e = 0.5 \frac{S_{ew_b} S_{ut}}{S_{ut} - 0.5 S_{ew_b}} \tag{14.35c}$$

螺旋拉伸或压缩弹簧的静态安全系数（14.5 节）：

$$N_s = \frac{S_{ys}}{\tau} \tag{14.15}$$

螺旋拉伸或压缩弹簧的动态安全系数（14.5 节）：

$$N_{f_s} = \frac{S_{es}(S_{us} - \tau_i)}{S_{es}(\tau_m - \tau_i) + S_{us} \tau_a} \tag{14.18a}$$

螺旋扭转弹簧的动态安全系数（14.8 节）：

$$N_{f_b} = \frac{S_e(S_{ut} - \sigma_{o_{min}})}{S_e(\sigma_{o_{mean}} - \sigma_{o_{min}}) + S_{ut} \sigma_{o_{alt}}} \tag{14.35b}$$

碟形弹簧垫圈的载荷-变形方程（14.9 节）：

$$F = \frac{4Ey}{K_1 D_o^2 (1 - v^2)} \left[(h - y)\left(h - \frac{y}{2}\right)t + t^3 \right] \tag{14.36a}$$

$$K_1 = \frac{6}{\pi \ln R_d}\left[\frac{\left(R_d-1\right)^2}{R_d^2}\right] \quad \text{且} \quad R_d = \frac{D_o}{D_i} \tag{14.36b}$$

碟形弹簧垫圈的最大压应力（14.9 节）：

$$\sigma_c = -\frac{4Ey}{K_1 D_o^2\left(1-v^2\right)}\left[K_2\left(h-\frac{y}{2}\right)+K_3 t\right] \tag{14.37a}$$

式中，

$$K_2 = \frac{6}{\pi \ln R_d}\left(\frac{R_d-1}{\ln R_d}-1\right) \quad \text{且} \quad R_d = \frac{D_o}{D_i} \tag{14.37d}$$

$$K_3 = \frac{6}{\pi \ln R_d}\left(\frac{R_d-1}{2}\right) \tag{14.37e}$$

在一定力的作用下，要使碟形弹簧能被压平，弹簧厚度应满足（14.9 节）：

$$t = 4\sqrt{\frac{F_{flat}}{19.2\times10^7}\frac{D_o^2}{h/t}} \tag{14.38us}$$

14.12　参考文献

1. Spring Design Manual AE-11. Society of Automotive Engineers. ,1987.
2. H. C. R. Carlson, Selection and Application of Spring Material. *Mechanical Engineering*, 78：pp. 331-334, 1956.
3. A. M. Wahl, *Mechanical Springs*. McGraw-Hill：New York, 1963.
4. F. P. Zimmerli,"Human Failures in Spring Design." *The Mainspring*, *Associated Spring Corp.* , Aug. -Sept. 1957.
5. R. E. Cornwell, "Stress Concentration Factors for the Torsion of Curved Beams of Arbitrary Cross Section." *Proc. Inst. Mechanical Engineers — Part C — Journal of Mechanical Engineering Science*；Dec 2006, Vol. 220 Issue 12, pp. 1709-1726.
6. *Handbook of Spring Design*. Spring Manufacturers Institute, Oak Brook, IL, 2002.
7. Associated Spring, *Design Handbook：Engineering Guide to Spring Design*. Associated Spring, Barnes Group Inc. , Bristol, Conn. , 1987.

14

表 P14-0　习题清单⊖

14.1	弹簧刚度	14-1、**14-8**、**14-10**、**14-12**、14-46、14-47、14-53、14-56
14.3	弹簧材料	14-9、13-33、13-34、13-35、13-36、14-57、14-60、14-63
14.4	压缩弹簧	14-2、13-3、14-4、14-5、14-6、14-7、14-49、14-52、14-61
14.5	静载荷	*14-11*、*14-21*、*14-44*、*14-45*、14-48、14-54、14-58、*14-64*
14.6	疲劳载荷	***14-14***、14-15、**14-16**、14-19、14-20、14-28、14-31、*14-32*
14.7	拉伸弹簧	*14-17*、*14-18*、14-29、*14-37*、*14-38*、14-50、14-59、14-62
14.8	扭转弹簧	
	静态设计	*14-22*、*14-23*、14-39、14-40、14-65
	疲劳设计	*14-24*、*14-25*、14-30、14-41、14-66
14.9	碟形弹簧	
	静态设计	*14-26*、14-42、14-43、14-51、14-67
	疲劳设计	*14-27*、14-55、14-68、14-69、14-70

⊖ 题号是斜体的习题是设计类题目，题号是黑体的习题是前面各章中习题横线后编号相同习题的扩展。

14.13 习题

*14-1○ 已知线性弹簧，作用力为200N时，变形量达到最大值为150mm，作用力为40N时，变形量达到最小值为50mm，计算弹簧刚度。

14-2 已知弹簧钢丝，直径为1.8mm，材料为A229，经过油淬-回火处理。计算其极限抗拉强度、极限剪切强度和扭转屈服强度。

*14-3 已知螺旋压缩弹簧，弹簧钢丝直径为0.105in，材料为A229，未释放处理。计算螺旋压缩弹簧的极限剪切强度和扭转屈服强度。

*14-4 计算习题14-3中弹簧钢丝在$N=5\times10^6$次循环时的扭转疲劳强度。

14-5 画出习题14-3中弹簧钢丝的修正Goodman图。

*14-6 已知压缩弹簧，$d=1$mm，$D=10$mm，弹簧线圈总数为12，端部结构为并紧且锻造。计算其弹簧刚度和弹簧指数。

*14-7 计算例14-6中弹簧的固有频率。

14-8 纸卷制造机生产的纸卷密度为984kg/m³，外径为1.5m，内径为0.22m，长度为3.23m，安装在一个外径为0.22m、内径为0.2m、长为3.23m的空心钢轴上。计算轴弹簧刚度、轴和纸卷装配体的固有频率。

14-9 计算厚度为1mm、硬度为50HRC带钢弹簧的最小允许弯曲半径。

*14-10 如图P14-1a所示为简支梁结构跳板。一个100kg的人站在板的自由端，位于板宽的中心。假设跳板的材料$E=10.3$GPa，横截面尺寸为305mm×32mm。计算跳板的弹簧刚度和人与跳板组成整体的固有频率。

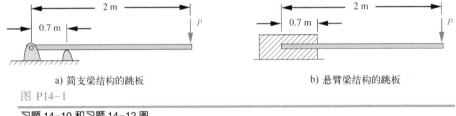

a) 简支梁结构的跳板　　　　　　　b) 悬臂梁结构的跳板

图 P14-1

习题14-10和习题14-12图

*14-11 已知螺旋压缩弹簧，$C=7.5$，当静载荷为45lb时，变形为1.25in。安全系数为2.5。设计制造该弹簧需要的全部参数。

14-12 当跳板设计为如图P14-1b所示的悬臂式时，重新求解习题14-10。

*14-13 已知$d=0.312$in，$y_{working}=0.75$in，碰撞允许值为15%，钢丝材料为非喷丸处理铬-钒合金，端部并紧，$F_{max}=250$lb，$F_{min}=50$lb，计算N_a，D，L_f，L_{shut}，k，$y_{initial}$以及弹簧最小内径。弹簧安全系数取1.4，无限寿命。选择合理弹簧指数。弹簧释放处理。

○ 带*号的习题答案见附录D，题号是斜体的习题是设计类题目，题号加粗的习题是前面各章中习题横线后编号相同习题的扩展。

14-14 图 P14-2 所示的儿童玩具名为弹簧单高跷。小孩站在两块踏板上，将体重平均分布在杆的两侧。小孩用力往下踩踏板，踏板下的弹簧压缩起到缓冲和储存能量作用，然后弹簧回弹使小孩跳起，落地后又重复上述过程。假设小孩体重 60 lb，弹簧刚度为 100 lb/in，弹簧单高跷重 5 lb。设计一个螺旋压缩弹簧使小孩能跳离地面 2 in，要求动态安全系数为 1，寿命不少于 5×10^4 次跳跃。计算小孩与弹簧单高跷整体的固有频率。

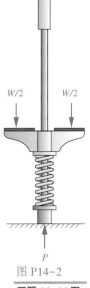

图 P14-2

习题 14-14 图

14-15 已知弹簧的设计参数为 $S_{fw} = 40$ kpsi，$S_{us} = 200$ kpsi，$\tau_a = 12$ kpsi，$\tau_m = 95$ kpsi，$\tau_i = 75$ kpsi。画出其修正 Goodman 图并确定安全系数。

14-16 设计螺旋压缩弹簧。习题 6-16 给出了一个直径为 4.5 in、重量为 2.5 lb 的保龄球轨道。设计了一个弹簧式发射器帮助四肢瘫痪的投球手将保龄球推出。一名助理将发射器柱塞竖起后，所设计的螺旋压缩弹簧储存能量，并带动柱塞将保龄球推出。为完成上述设计需要确定适当约束，提出相关假设包括保龄球轨道尺寸、摩擦损失和撞翻支撑轨道的两根圆棒所需要的能量。

*14-17 设计一个螺旋拉伸弹簧，使其能承受变化范围在 175~225 N 之间的动载荷，且变形量为 0.85 cm。要求弹簧材料为琴用钢丝，弹簧两端采用标准钩，动载荷频率为 1500 r/min，无限寿命，尽量减小安装尺寸。选择合适的疲劳、屈服和冲击安全系数。

14-18 设计一个螺旋拉伸弹簧，使其能承受变化范围在 300~500 lb 之间的动载荷，且变形量为 2 in。要求弹簧材料为铬-钒金属丝，弹簧两端采用标准钩，动载荷频率为 1000 r/min，无限寿命，尽量减小安装尺寸。选择合适的疲劳、屈服和颤振安全系数。

*14-19 设计一个螺旋压缩弹簧，使其能承受变化范围在 780~1000 N 之间的动载荷，且变形量为 22 mm。要求弹簧材料为非喷丸处理琴用钢丝，弹簧两端采用并紧且锻造结构，动载荷频率为 500 r/min，无限寿命，尽量减小安装尺寸。选择合适的疲劳、屈服和颤振安全系数。

14-20 设计一个螺旋压缩弹簧，使其能承受变化范围在 135~220 N 之间的动载荷，且变形量为 32 mm。要求弹簧材料为喷丸处理铬钒钢丝，弹簧两端采用并紧但不加工结构，动载荷频率为 250 r/min，无限寿命，尽量减小安装尺寸。选择合适的疲劳、屈服和颤振安全系数。

*14-21 设计一个螺旋压缩弹簧。弹簧承受静载荷 400 N，变形量为 45 mm，安全系数 2.5，$C = 8$。确定制造该弹簧所需的参数。注明所有假设条件。

*14-22 设计一个螺旋扭转弹簧。弹簧两端为直线型，弹簧承受静载荷为 200 N·m 时，变形量为 45°，安全系数取 1.8。确定制造该弹簧所需的参数。注明所有假设条件。

14-23 设计一个螺旋扭转弹簧。弹簧两端为直线型，弹簧承受静载荷为 300 in·lb 时，变形量为 75°，安全系数取 2。确定制造该弹簧所需的参数。注明所有假设条件。

*14-24 设计一个螺旋扭转弹簧。弹簧两端为直线型，弹簧承受动载荷为 50~105 N·m 时，变形量为 80°，安全系数取 2.5。确定制造该弹簧所需的参数。注明所有假设条件。

14-25 设计一个螺旋扭转弹簧。弹簧两端为直线型，弹簧承受动载荷为 150~350 in·lb 时，变形量为 50°，安全系数取 1.4。确定制造该弹簧所需的参数。注明所有假设条件。

*14-26 设计一个碟形弹簧。碟形弹簧在恒载 400 N 为 ±10% 的作用下，变形量为 1 mm。

14-27 设计一个碟形弹簧。碟形弹簧在载荷范围为 0~50 N 时具备双稳态特性。要求 $h/t = 2.28$。弹簧工作空间为直径 25 mm 的孔中，最大变形量为 $2h$。

14-28 设计一个疲劳载荷作用螺旋压缩弹簧。注明所有假设条件和所有试验数据来源。设：无限寿命。$C = 8.5$，$d = 8$ mm，动载荷频率为 625 r/min，$F_{max} = 450$ N，$F_{min} = 225$ N。工作变形量为 20 mm，允许冲击变形为工作变形的 15%。弹簧材料为未喷丸处理琴用钢丝，弹簧端部并紧，预释放处理。

14

14-29 已知螺旋压缩弹簧，无限寿命。$C=9$，$d=8\,mm$，工作变形量为 $50\,mm$，弹簧材料为未喷丸处理铬硅钢丝，$F_{max}=935\,N$，$F_{min}=665\,N$，$F_{init}=235\,N$，有效圈数为 13.75。试计算此弹簧两端标准钩的疲劳安全系数。注明所有假设条件和所有试验数据来源。

14-30 已知螺旋扭转弹簧，安装后变形量为 $0.25\,r$，工作变形量为 $0.5\,r$，$k=60\,lb\cdot in/r$，$N_a=20$，直径为 $0.192\,in$ 的琴用钢丝，未经喷丸处理。计算弹簧的弹簧指数，未加载时弹簧线圈直径，载荷作用下簧圈最小直径和疲劳安全系数。注明所有假设条件和所有试验数据来源。

14-31 已知螺旋压缩弹簧，弹簧刚度为 $75\,lb/in$，装配时所需的最小压力为 $150\,lb$，工作变形量为 $1\,in$。弹簧工作空间为直径 $2.1\,in$ 的孔，且间隙为 $0.1\,in$。弹簧材料为直径 $0.25\,in$ 非喷丸处理的琴用钢丝，弹簧两端结构为并紧且锻造，允许15%的冲击变形。计算：
(a) 弹簧应力和无限寿命时的疲劳安全系数。
(b) 闭合长度。
(c) 闭合长度的应力和安全系数。
(d) 弹簧的总圈数。
(e) 弹簧自由长度。
(f) 固有频率，单位 Hz。
(g) 画出 Goodman 图，图中标明（a）中的安全系数。

14-32 设计一个螺旋压缩弹簧。要求：弹簧能自由安装在直径为 $1.25\,in$ 的轴上，弹簧承受动载荷作用，动载荷范围为 $100\sim300\,lb$，动载荷作用下变形量为 $1\,in$。弹簧采用冷拔碳钢丝，$S_{ut}=250\,000\,psi$，弹簧指数为6，允许15%的冲击变形，弹簧端部结构为并紧且锻造。

14-33 分别计算直径为 $0.5\,mm$，$1.0\,mm$，$2.0\,mm$，$4.0\,mm$ 和 $6.0\,mm$ 的 ASTM A228 琴用钢丝的极限抗拉强度和极限抗剪强度。

14-34 分别计算直径为 $0.020\,in$，$0.038\,in$，$0.081\,in$，$0.162\,in$ 和 $0.250\,in$ 的 ASTM A228 琴用钢丝的极限抗拉强度和极限抗剪强度。

14-35 计算极限抗拉强度不低于 $180\,kpsi$ 的 ASTM A227 冷拔钢丝的直径。

14-36 计算极限抗拉强度不低于 $1430\,MPa$ 的 ASTM A229 油淬-回火钢丝的直径。

14-37 设计一个螺旋拉伸弹簧。弹簧承受动载荷作用，动载荷范围为 $275\sim325\,N$，动载荷作用下变形量为 $10\,mm$。弹簧材料为铬硅钢丝，弹簧两端为标准挂钩。动载荷频率为 $800\,r/min$，无限寿命，安装尺寸最小。选择合适的疲劳、屈服、颤振安全系数。

14-38 设计一个螺旋拉伸弹簧。弹簧承受动载荷作用，动载荷范围为 $60\sim75\,lb$，动载荷作用下变形量为 $0.5\,in$。弹簧材料为琴用钢丝，弹簧两端为标准挂钩。动载荷频率为 $1200\,r/min$。无限寿命，安装尺寸最小。选择合适的疲劳、屈服、颤振安全系数。

14-39 设计一个螺旋扭转弹簧。端部结构为直线型，静载荷为 $50\,N\cdot m$，变形量为 $60°$，安全系数为2。列出此弹簧加工所需全部参数。注明所有假设条件。

14-40 设计一个螺旋扭转弹簧。端部结构为直线型，静载荷为 $430\,in\cdot lb$，变形量为 $55°$，安全系数为2。列出此弹簧加工所需全部参数。注明所有假设条件。

14-41 已知疲劳载荷作用的螺旋扭转弹簧，装配后变形量为 $0.15\,r$，工作变形量为 $0.35\,r$，$k=10\,N\cdot m/r$，$N_a=25$。材料为直径 $4.5\,mm$ 的油淬-回火钢丝，未经喷丸处理。计算弹簧指数，未加载时弹簧线圈直径，加载后的簧圈最小直径和疲劳安全系数。注明所有假设条件和所有试验数据来源。

*14-42 设计一个碟形弹簧。已知弹簧在约 $2000\,lb$ 的静载荷下的最大变形量为 $0.05\,in$，且弹性刚度接近恒定值。

14-43 设计一个碟形弹簧。已知弹簧在 $400\,lb$ 的静载荷作用下达到压平变形量的50%，在 $200\,lb$ 的静载荷作用下被压平。

*14-44 已知螺旋压缩弹簧在大小为 $60\,lb$ 的静载荷作用下，变形量为 $1.5\,in$，安全系数为2，工作空间为

直径 1.06 in 的孔。列出此弹簧加工所需的全部参数。

14-45 已知螺旋压缩弹簧在大小为 200 N 的静载荷作用下，变形量为 40 mm，安全系数为 1.8，工作空间为直径 25 mm 的孔。列出此弹簧加工所需的全部参数。

14-46 三个弹簧按照图 14-1a 所示的方式串联，其弹性刚度分别为 $k_1 = 50$ N/mm，$k_2 = 150$ N/mm，$k_3 = 500$ N/mm。计算弹簧总刚度和当载荷 $F = 600$ N 时，每个弹簧的变形量，以及整体的变形量。

14-47 三个弹簧按照图 14-1b 所示的方式并联，其弹性刚度分别为 $k_1 = 50$ N/mm，$k_2 = 150$ N/mm，$k_3 = 500$ N/mm。计算弹簧的总刚度和当载荷 $F = 600$ N 时，每个弹簧的变形量，以及整体的变形量。

14-48 已知弹簧端部采用并紧且锻造结构，材料为 ASTM 弹簧钢丝，钢丝直径 $d = 3$ mm，弹簧外径 $D_o = 27$ mm，簧圈总数 $n = 14$，弹簧自由长度 $L_f = 80$ mm，静载荷为 175 N。计算弹簧静态安全系数。

14-49 已知弹簧端部采用并紧且锻造结构，钢丝直径 $d = 4$ mm，弹簧外径 $D_o = 40$ mm，簧圈总数 $n = 18$，弹簧自由长度 $L_f = 140$ mm，初始变形量为 15 mm，工作变形量为 50 mm。计算弹簧最小工作长度、闭合长度、冲击变形允许值、弹簧指数和弹簧刚度。

14-50 已知拉伸弹簧，弹簧钢丝直径 $d = 3$ mm，外径 $D_o = 27$ mm。计算弹簧的理想预紧力。

14-51 为得到更大变形量，碟形弹簧通常采用串联堆叠的设计。此时碟形弹簧内部需要安装导向销轴，如图 14-35b 所示。碟形弹簧中内径最小的为 $D_i = 25$ mm。设计导向销轴的表面质量参数和导向销轴最大直径（注：登录 www.spirol.com，并查找碟形弹簧，堆叠）。

14-52 式（14.9a）给出了一个包含直接剪切和应力集中的系数 k_w，k_w 适用于圆形弹簧钢丝的螺旋弹簧设计。式（14.11）给出了一个类似的系数 k_{rw}，k_{rw} 适用于矩形弹簧钢丝的螺旋弹簧设计。计算弹簧指数范围为 1.2 ~ 10 时，矩形弹簧钢丝的 k_{rw}/k_w 值，并画图表示。

14-53 若将习题 14-6 中的圆形钢丝改为尺寸为 1 mm 的方形钢丝，重新计算。

14-54 已知螺旋压缩弹簧，最小装配压力为 650 N，工作变形量为 25 mm。弹簧刚度为 13 N/mm，弹簧装配在一个直径 53 mm 的孔中，间隙为 3 mm。弹簧采用 6 mm 方形琴用钢丝，端部结构为并紧且锻造，15% 的碰撞允许量。计算：

(a) 处于工作变形时的弹簧应力。

(b) 闭合长度。

(c) 闭合长度处的弹簧应力。

(d) 弹簧线圈总圈数。

(e) 弹簧自由长度。

(f) 弹簧固有频率。

14-55 已知钢制碟形弹簧，双稳态工作，$R_d = 2.0$，$h/t = 2.275$，$t = 0.4$ mm，$D_o = 24$ mm，绘制载荷-挠度曲线图。

14-56 非线性弹簧的力与挠度函数关系为 $F = k[1 - \cos(y/2)]$，其中 $k = 50$ N，y 的单位为 mm。计算当弹簧刚度在恒值附近波动，变化范围为 10% 时，对应的弹簧变形量。

14-57 已知板簧材料为不锈钢 301，厚度为 0.8 mm，硬度为 40HRC。计算其最小允许弯曲半径。

14-58 已知螺旋压缩弹簧材料为 ASTM A227 冷拔钢丝，端部结构为并紧且锻造，弹簧钢丝直径为 $d = 2.8$ mm，外径 $D_o = 30$ mm，弹簧总圈数为 12，弹簧自由长度为 $L_f = 90$ mm。计算静载荷 180 N 时，弹簧的静态安全系数。

14-59 已知钢制螺旋拉伸弹簧，簧圈有效圈数为 11，$d = 4$ mm，$D = 36$ mm，$R_1 = 18$ mm，$R_2 = 10$ mm。弹簧最大作用力为 300 N。计算弹簧两端挂钩的最大弯曲和扭转应力。

14-60 分别计算直径为 0.8 mm，1.2 mm，1.6 mm，2.0 mm，2.5 mm 的 ASTM A227 冷拔钢丝的极限抗拉强度和极限抗剪强度。

14-61 假设习题 14-58 中的弹簧两端固定，计算其固有频率。

14-62 假设习题 14-59 中的弹簧两端固定，计算其固有频率。

14

14-63　确定合适的直径，使 ASTM A232 铬钒合金钢丝的极限抗拉强度接近但不小于 1800 MPa。

14-64　设计一个螺旋压缩弹簧，在 0.875 in 的变形量下承受 30 lb 的静载荷，安全系数为 2。详细说明制造弹簧所需的所有设计选择和参数。

*14-65　设计一个直端螺旋扭转弹簧，在 35° 的扭转变形下承受 170 in·lb 的静载荷，安全系数为 1.8。详细说明制造弹簧所需的所有设计选择和参数。

14-66　设计一个直端螺旋扭转弹簧，在 45° 的扭转变形范围内承受 50~100 in·lb 的动态载荷，安全系数为 2.0。详细说明制造弹簧所需的所有设计选择和参数。

14-67　设计一个碟形弹簧，在 0.018 in 的变形范围内产生 75 lb±1% 的恒力。

14-68　计算并绘制贝氏弹簧钢孔处的拉伸应力与厚度的函数关系，对应于图 14-28 所示 5 种 h/t 比，取 $h/t=0.5$。直径比为 2，外径为 2 in。同时，对应于图 14-28 所示 5 种 h/t 比，计算并绘制将弹簧偏转至 $2h$ 所需的力和厚度的函数。

14-69　设计一个碟形弹簧，使其在 0~2h 的变形范围内在 0~15 lb 之间保持双稳态操作。弹簧工作在直径 2.625 in 的孔中，并且在使用寿命至少为 106 个周期，以及 95% 的可靠度前提下，必须具有至少达到 1.4 的动态安全系数。

14-70　设计一个碟形弹簧，使其在 0~2h 的变形范围内在 0~65 N 之间保持双稳态操作。弹簧工作在直径为 66 mm 的孔中，并且在使用寿命至少为 106 个周期，以及 95% 的可靠度前提下，必须具有至少达到 1.4 的动态安全系数。

14

15

⊖ 螺纹与紧固件

失了一颗钉子丢了蹄铁；
失了一只蹄铁丢了战马；
失了一匹战马丢了骑士。

乔治·赫伯特⊖

15.0 引言

　　一个设计中的"螺钉和螺母"可以说是最无趣的内容之一，但实际上它又是最吸引人的。一个设计成败的关键取决于它的紧固件的正确选择与使用。此外，紧固件的设计与制造是非常大的产业，是国民经济的重要组成部分。供应商提供数以千计、风格各异的紧固件，而成千上万的紧固件应用于如汽车或飞机这样的单个复杂组件。一架波音 747 使用了约 250 万件紧固件，其中有一些紧固件的单件成本甚至需几美元[1]。

　　市面销售的紧固件种类繁多，包括从普通螺母、螺栓到用于快卸钣金的多片式结构装置的紧固件或埋入式紧固件。图 15-1 所示为一个小的应用示例。我们无法在一个章节中阐述所有不同应用的紧固件。有许多介绍紧固件的专著；在本章的参考文献中列出了一些相关专著。这里，我们仅限于讨论在机械设计中遇到重大载荷与应力时，传统紧固件，如螺钉、螺栓、螺母等的设计与选择。

⊖ 本照片来自：Fastbolt Inc. , South Hackensack, N. J. , 07606。

⊖ 本章首页的开篇题词经常被错误地归功于本杰明·富兰克林。事实上，富兰克林只是一个世纪之后他的《琼·理查德年鉴》上作为前缀引用了赫伯特的格言。不论在何种情况下，这条格言的正确性都得到了当代经验的验证。1994 年 10 月 16 日波士顿环球报星期日报道说，在 1994 年夏天，位于新罕布什尔州西布鲁克的核电站有三个放射性燃料组件受损，起因是一个固定在抽水泵上的 1 ft 长、5 lb 重的螺栓由于振动脱落而被扫入冷却水的反应器。停机维修需花费数百万美元来更换。这起事故的起因是紧固件设计不达标。印证了赫伯特的格言：失了一颗螺钉……

图 15-1

种类繁多的市售紧固件样品

　　螺纹紧固件的作用是将物件连接在一起，它也可传递载荷，即所谓的螺旋传动或丝杠。我们将探讨这两种应用。作为紧固件，螺纹紧固件可承受拉伸载荷、剪切载荷或同时承受这两种载荷。我们将探讨螺纹紧固件中预紧力的应用，它能显著改善螺纹紧固件的承载能力。表 15-0 是本章用到的变量，表中列出了使用变量的公式或所在小节编号。两个涵盖了本章主题的讲座视频：讲座 19 和 20，可用手机扫描书中二维码或通过所给出的链接观看。

表 15-0　本章所用的变量

变 量 符 号	变 量 名	英制单位	国际单位	详 见
A	面积（可带不同下标）	in^2	m^2	多处
A_b	螺栓总面积	in^2	m^2	式（15.11a）
A_m	被连接件材料的有效刚度	in^2	m^2	式（15.18）~ 式（15.22）
A_t	螺栓拉伸应力区面积	in^2	m^2	15.1 节
C	连接螺栓的刚度系数	—	—	式（15.13）
C_{load}	载荷系数	—	—	例 15-3
C_{reliab}	可靠度系数	—	—	例 15-3
C_{size}	尺寸系数	—	—	例 15-3
C_{surf}	表面系数	—	—	例 15-3
C_{temp}	温度系数	—	—	例 15-3
d	直径（可带不同下标）	in	m	多处
D	直径（可带不同下标）	in	m	多处
e	效率	—	—	式（15.7）
E	弹性模量	psi	Pa	多处

15

（续）

变量符号	变量名	英制单位	国际单位	详见
F	力（可带不同下标）	lb	N	多处
f	摩擦力	lb	N	式（15.4）
F_b	螺栓的最大应力	lb	N	15.7 节
F_i	预紧力	lb	N	15.7 节
F_m	材料的最小力	lb	N	15.7 节
HRC	洛氏 C 级硬度	—	—	多处
J	横截面积的极惯性矩	in⁴	m⁴	式（15.9）
k	弹簧刚度（可带不同下标）	lb/in	N/m	15.7 节
k_b	螺栓刚度（弹性系数）	lb/in	N/m	15.7 节
k_m	材料刚度（弹性系数）	lb/in	N/m	15.7 节
K_f	疲劳应力集中系数	—	—	式（15.15b）
K_{fm}	平均应力疲劳集中系数	—	—	式（15.15b）
l	长度（可带不同下标）	in	m	多处
L	螺纹导程	in	mm	15.2 节
n	紧固件的数量	—	—	15.10 节
N	单位长度螺纹圈数	—	—	15.2 节
N_f	疲劳安全系数	—	—	式（15.16）
N_{leak}	泄漏安全系数	—	—	案例研究 8D
N_y	静态屈服安全系数	—	—	例 15-2
N_{sep}	分离的安全系数	—	—	式（15.14d）
p	螺距	in	mm	多处
P	载荷（可带不同下标）	lb	N	多处
P_b	受预紧力螺栓的局部受力	lb	N	式（15.13）
P_m	受预紧力材料的局部受力	lb	N	式（15.13）
r	半径	in	m	15.10 节
S_e	修正的疲劳极限	psi	Pa	多处
S_e'	未修正的疲劳极限	psi	Pa	多处
S_p	螺栓极限强度	psi	Pa	15.6 节
S_{us}	抗剪强度	psi	Pa	多处
S_{ut}	抗拉强度	psi	Pa	多处
S_y	屈服强度	psi	Pa	多处
S_{ys}	剪切屈服强度	psi	Pa	例 15-6
T	转矩	lb · in	N · m	式（15.5）
w_i, w_o	螺纹几何系数	—	—	表 15-5
W	功率	in · lb	J	式（15.7）
x, y	广义长度变量	in	m	
α	螺纹的径向角	°	°	式（15.5）
δ	偏差	in	m	15.7 节
λ	导程角	°	°	15.2 节
μ	摩擦系数	—	—	15.2 节
σ	正应力（可带不同下标）	psi	Pa	多处
τ	切应力（可带不同下标）	psi	Pa	15.3 节

15

15.1 标准螺纹形式

视频：第 19 讲
传动螺纹与紧固件
（44:42）⊖

螺纹紧固件的共同特征是有螺纹线。一般而言，螺纹线是一种螺旋结构，它旋转时使螺纹件拧进工件或螺母中。螺纹可以是外螺纹（螺杆），也可以是内螺纹（螺母或螺孔）。螺纹的最初形式在各大主要生产国是不同的，但是二战后的英国、加拿大和美国进行了标准化，形成了现在所称的国家统一标准（the Unified National Standard, UNS）系列，如图 15-2 所示。欧洲标准由 ISO 制定，具有基本相同的螺纹截面形状，但使用米制尺寸单位，所以不能与 UNS 螺纹互换。在美国，UNS 和 ISO 螺纹都得到普遍使用。都使用了 60° 的牙型角，用外螺纹的公称直径（大径）d 定义螺纹尺寸。螺距 p 是相邻两螺纹间的距离。为了减少尖角处的应力集中，螺纹牙的顶部和根部设计成平面。考虑到刀具的磨损，技术指标允许这些平面为圆弧面。通过螺距 p 可以求得螺纹的中径 d_p 和小径 d_r，但它们的比值对于 UNS 和 ISO 螺纹会略有不同。

螺纹的导程 L 是螺母旋转一周时配合的螺纹（螺母）轴向前进的距离。如果是**单螺纹线**，如图 15-2 所示，导程就等于螺距。螺纹也能制成**多线螺纹**，也称为**多头螺纹**。**双头螺纹**（两条螺纹线）有两条平行的槽旋绕圆柱，犹如一对螺旋"铁轨"。在这种情况下，该螺纹的导程等于螺距的两倍。**三头螺纹**（三条螺纹线）的导程等于螺距的三倍，等等。多头螺纹的优势是螺距较小而导程大，用做螺母快速旋进。汽车动力转向器的一些螺栓采用五头螺纹。然而，大多数的螺栓都是单头螺纹（一条螺纹线）。

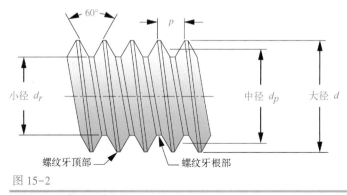

图 15-2

UNS 和 ISO 标准螺纹形式

UNS 螺纹按照螺纹-齿距划分的螺纹类型，共有三个标准系列：粗牙螺纹（UNC）、细牙螺纹（UNF）和超细牙螺纹（UNEF）。ISO 也定义了粗、细牙系列螺纹。**粗牙螺纹**系列是最常见、应用最普遍的一个系列，尤其是在有反复旋进旋出要求或旋入较软材料的场合用的螺纹。粗牙螺纹在旋入时不太容易损坏或剥离软质材料。与粗牙螺纹相比，**细牙螺纹**由于其较小的螺旋角在振动时更不易松动，所以通常用于汽车、飞机，以及一些受振动的场合。**超细牙螺纹**系列在壁厚有限、线程较短的场合具有优势。

为了控制内、外螺纹的配合，UNS 和 ISO 标准均对内、外螺纹的公差范围做了规定。UNS 给出了三类配合公差系列：1 类、2 类、3 类。1 类具有最宽的公差范围，其紧固件的成本低廉，适合家庭等临时使用场合；2 类公差范围较窄，安装时螺纹的配合性较好，适合应用于一般机械设

⊖ http://www.designofmachinery.com/MD/19_Power_Screws_and_Fasteners.mp4

计中；3 类精度最高，可用于指定的要求更紧密配合的场合。配合级别越高其成本也越高。通常用字符 A 代表外螺纹，B 代表内螺纹。

螺纹类别通常用一个代码表示，这个代码规定了它的系列、直径、螺距和配合类别。UNS 螺纹的螺距是指单位英寸上的牙数，而公制（ISO）螺纹的螺距则是两相邻螺纹间距离，且以毫米为单位。例如，UNS 螺纹规格：

$$1/4\text{-}20 \text{ UNC-2A}$$

表示的螺纹为：直径 0.250 in，每英寸 20 条螺纹，粗牙系列，配合公差类别为 2，外螺纹。ISO 螺纹规格：

$$M8 \times 1.25$$

表示的螺纹为：直径 8 mm，螺距 1.25 mm，ISO 粗牙系列。所有标准螺纹均默认为右旋的（RH），而遵守左旋螺纹则要标注 LH 以示区别。⊖

安装右旋螺纹时，旋进螺母（或螺栓），它将远离你，即按顺时针方向旋转。

拉应力区

如图 15-2 所示，如果一个螺纹杆受纯拉伸载荷，可预计其强度受限于其最小截面直径（即小径）d_r。然而，螺纹杆拉伸测试表明其抗拉强度用小径和节径的均值计算较好。即它的拉应力区面积 A_t 为：

$$A_t = \frac{\pi}{4}\left(\frac{d_p + d_r}{2}\right)^2 \tag{15.1a}$$

当螺纹符合 UNS 标准时：

$$d_p = d - 0.649\,519/N \qquad\qquad d_r = d - 1.299\,038/N \tag{15.1b}$$

当螺纹符合 ISO 标准时：

$$d_p = d - 0.649\,519p \qquad\qquad d_r = d - 1.226\,869p \tag{15.1c}$$

式中，d 为外径；N 为每英寸的螺纹数；p 为螺距（mm）。

当螺纹杆受纯轴向拉伸载荷 F 时的应力为：

$$\sigma_t = \frac{F}{A_t} \tag{15.2}$$

标准螺纹尺寸

表 15-1 是 UNS 螺纹的主要规格尺寸，表 15-2 是 ISO 螺纹的主要规格尺寸。UNS 螺纹直径小于 0.25 in 时用整数表示。计算给定编号的螺纹直径时，计算式：$d \approx$ 该编号数×13+60。这一算式的结果与大径近似，误差为千分之一英寸。小径＝大径－螺距。标准螺纹的更详细的尺寸信息和不同类别的配合公差可参见参考文献[2-4]。

表 15-1　UNS 螺纹的主要规格尺寸[3]

数据计算满足式（15.1）

规　　格	大径/in	粗牙螺纹——UNC			细牙螺纹——UNF		
		每英寸螺纹数	小径/in	拉应力区面积/in²	每英寸螺纹数	小径/in	拉应力区面积/in²
0	0.06	—	—	—	80	0.0438	0.0018
1	0.073	64	0.0527	0.0026	72	0.055	0.0028

⊖　符合左手法则螺纹的螺栓通常在螺帽上有圆周槽切，以此确定为左旋（LH）螺栓。

（续）

规　　格	大径/in	粗牙螺纹——UNC				细牙螺纹——UNF		
		每英寸螺纹数	小径/in	拉应力区面积/in²		每英寸螺纹数	小径/in	拉应力区面积/in²
2	0.086	56	0.0628	0.0037		64	0.0657	0.0039
3	0.099	48	0.0719	0.0049		56	0.0758	0.0052
4	0.112	40	0.0795	0.006		48	0.0849	0.0066
5	0.125	40	0.0925	0.008		44	0.0955	0.0083
6	0.138	32	0.0974	0.0091		40	0.1055	0.0101
8	0.164	32	0.1234	0.014		36	0.1279	0.0147
10	0.19	24	0.1359	0.0175		32	0.1494	0.02
12	0.216	24	0.1619	0.0242		28	0.1696	0.0258
1/4	0.25	20	0.185	0.0318		28	0.2036	0.0364
5/16	0.3125	18	0.2403	0.0524		24	0.2584	0.0581
3/8	0.375	16	0.2938	0.0775		24	0.3209	0.0878
7/16	0.4375	14	0.3447	0.1063		20	0.3725	0.1187
1/2	0.5	13	0.4001	0.1419		20	0.435	0.16
9/16	0.5625	12	0.4542	0.1819		18	0.4903	0.203
5/8	0.625	11	0.5069	0.226		18	0.5528	0.256
3/4	0.75	10	0.6201	0.3345		16	0.6688	0.373
7/8	0.875	9	0.7307	0.4617		14	0.7822	0.5095
1	1	8	0.8376	0.6057		12	0.8917	0.663
1 1/8	1.125	7	0.9394	0.7633		12	1.0167	0.8557
1 1/4	1.25	7	1.0644	0.9691		12	1.1417	1.0729
1 3/8	1.375	6	1.1585	1.1549		12	1.2667	1.3147
1 1/2	1.5	6	1.2835	1.4053		12	1.3917	1.581
1 3/4	1.75	5	1.4902	1.8995				
2	2	4.5	1.7113	2.4982				
2 1/4	2.25	4.5	1.9613	3.2477				
2 1/2	2.5	4	2.1752	3.9988				
2 3/4	2.75	4	2.4252	4.934				
3	3	4	2.6752	5.9674				
3 1/4	3.25	4	2.9252	7.0989				
3 1/2	3.5	4	3.1752	8.3286				
3 3/4	3.75	4	3.4252	9.6565				
4	4	4	3.6752	11.0826				

表 15-2　ISO 螺纹的主要规格尺寸[4]

数据计算满足式（15.1）

粗 牙 螺 纹				细 牙 螺 纹		
大径 d/mm	螺距 p/mm	小径 d_r/mm	拉应力区 A_t/mm²	螺距 p/mm	小径 d_r/mm	拉应力区面积 A_t/mm²
3	0.5	2.39	5.03			
3.5	0.6	2.76	6.78			
4	0.7	3.14	8.78			
5	0.8	4.02	14.18			
6	1	4.77	20.12			
7	1	5.77	28.86			
8	1.25	6.47	36.61	1	6.77	39.17

15

（续）

大径	粗 牙 螺 纹				细 牙 螺 纹			
大径 d/mm	螺距 p/mm	小径 d_r/mm	拉应力区 A_t/mm²		螺距 p/mm	小径 d_r/mm	拉应力区面积 A_t/mm²	
10	1.5	8.16	57.99		1.25	8.47	61.2	
12	1.75	9.85	84.27		1.25	10.47	92.07	
14	2	11.55	115.44		1.5	12.16	124.55	
16	2	13.55	156.67		1.5	14.16	167.25	
18	2.5	14.93	192.47		1.5	16.16	216.23	
20	2.5	16.93	244.79		1.5	18.16	271.5	
22	2.5	18.93	303.4		1.5	20.16	333.06	
24	3	20.32	352.5		2	21.55	384.42	
27	3	23.32	459.41		2	24.55	495.74	
30	3.5	25.71	560.59		2	27.55	621.2	
33	3.5	28.71	693.55		2	30.55	760.8	
36	4	31.09	816.72		3	32.32	864.94	
39	4	34.09	975.75		3	35.32	1028.39	

15.2　传动螺旋

　　传动螺旋，也叫丝杠，将旋转运动转变为直线运动，它的应用场合很多，有致动器、机床、千斤顶等。它有非常大的机械增益，能够提升或移动重荷。在这些情况下，需要强度很高的螺纹型式。虽然上面描述的标准螺纹型式非常适用于紧固件，但要应用于传动螺杆，它们的强度不够。其他螺纹牙型也已针对此类应用进行了标准化。

矩形、梯形和锯齿形螺纹

　　图 15-3a 所示的矩形螺纹具有最大的强度和效率，在螺杆和螺母之间也没有任何径向分力。然而，切削加工它的垂直面非常困难。为改善工艺性，修正的矩形螺纹（未给出图示）有 10° 牙型夹角。图 15-3b 所示的梯形螺纹有 29° 的牙型角，从而更易于加工，同时可以与较松的螺母配合而在受到径向挤压时螺杆可以补偿磨损。还有一种可用的梯形细牙螺纹（未给出图示），它的螺纹牙高 0.3p，这不同于标准螺纹牙高 0.5p。它的优点是热处理更均匀。传动螺纹因轴向与径向均受载，故通常选择梯形螺纹。如果螺杆轴向载荷是单向的，可选用如图 15-3c 所示的锯齿形螺纹，以使得螺纹牙根部强度较其他两种更高。表 15-3 列出了标准梯形螺纹的一些主要的规格尺寸。

表 15-3　美标梯形螺纹的主要尺寸[2]

大径/in	每英寸螺纹数	螺距/in	螺纹中径/in	小径/in	拉应力区面积/in²
0.250	16	0.063	0.219	0.188	0.032
0.313	14	0.071	0.277	0.241	0.053
0.375	12	0.083	0.333	0.292	0.077
0.438	12	0.083	0.396	0.354	0.110
0.500	10	0.100	0.450	0.400	0.142
0.625	8	0.125	0.563	0.500	0.222
0.750	6	0.167	0.667	0.583	0.307
0.875	6	0.167	0.792	0.708	0.442

15

（续）

大径/in	每英寸螺纹数	螺距/in	螺纹中径/in	小径/in	拉应力区面积/in²
1.000	5	0.200	0.900	0.800	0.568
1.125	5	0.200	1.025	0.925	0.747
1.250	5	0.200	1.150	1.050	0.950
1.375	4	0.250	1.250	1.125	1.108
1.500	4	0.250	1.375	1.250	1.353
1.750	4	0.250	1.625	1.500	1.918
2.000	4	0.250	1.875	1.750	2.580
2.250	3	0.333	2.083	1.917	3.142
2.500	3	0.333	2.333	2.167	3.976
2.750	3	0.333	2.583	2.417	4.909
3.000	2	0.500	2.750	2.500	5.412
3.500	2	0.500	3.250	3.000	7.670
4.000	2	0.500	3.275	3.500	10.321
4.500	2	0.500	4.250	4.000	13.364
5.000	2	0.500	4.750	4.500	16.800

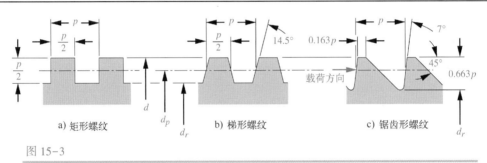

a) 矩形螺纹　　b) 梯形螺纹　　c) 锯齿形螺纹

图 15-3

矩形螺纹、梯形螺纹和锯齿形螺纹

15

螺旋传动应用

图 15-4 是应用于千斤顶提升载荷的传动螺杆的一种传动方案。施加的转矩 T 使螺母转动，转化为向上的大于等于载荷 P 的力，使螺杆做上升运动，或向下的力使螺杆做下降运动。为避免螺杆随螺母转动，加载表面需要一定的摩擦力。一旦施加了载荷 P，这个问题就不需要考虑了。另外，与螺杆和螺母之间的摩擦力相比，螺母和基座之间的摩擦力同样重要，因此需要如图所示的推力轴承。如果采用普通（非滚动）推力轴承，可能导致轴承的摩擦转矩大于螺纹传动中所产生的摩擦转矩，无法正常工作。在这样的应用实例中，通常采用推力球轴承来减少这些摩擦损失。

传动螺纹的应用还有直线致动器，它的运行原理与图 15-4 所示相同，但在应用中是转动螺母驱动螺杆移动，或转动螺杆驱动螺母移动，如图 15-5 所示。这些装置应用广泛，例如，用于机床驱动工作台和工件移动，在机器装配时放置零部件，以及在飞行器中移动控制面板等。如果旋转运动的输入由伺服电动机或步进电动机提供，那么辅以精密丝杠将可获得非常精确的定位。

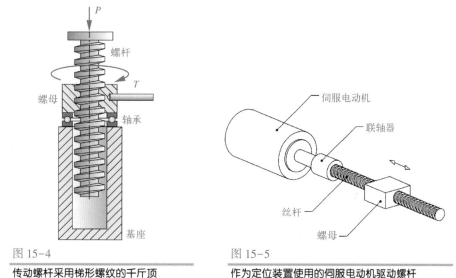

图 15-4

传动螺杆采用梯形螺纹的千斤顶

图 15-5

作为定位装置使用的伺服电动机驱动螺杆

由 Joel Kersberg 提供

传动螺纹的力和转矩分析

　　矩形螺纹　螺纹本质上是一个斜面，它是围绕在一个圆柱体上形成的螺旋结构。如图 15-6a 所示，如果我们展开螺旋结构的一圈，就可以看到如图 15-6a 所示的结构。用一个方块表示一个在矩形螺纹斜面向上滑动的螺母。作用在螺母上的力也在图上画出来（螺母视为一个自由体）。图 15-6b 表示了同一个螺母在平面上向下滑动时的自由体受力图。当然，其摩擦力总是与运动方向相反。斜面的倾斜角被称为导程角 λ。

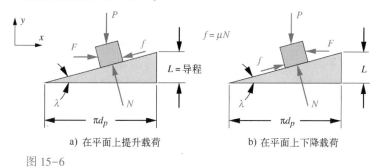

a) 在平面上提升载荷　　　　b) 在平面上下降载荷

图 15-6

在螺杆-螺母接触面上的力学分析

$$\tan \lambda = \frac{L}{\pi d_p} \tag{15.3}$$

　　对于提升载荷的情况如图 15-6a 所示，在 x 和 y 方向对力求和，分别有：

$$\sum F_x = 0 = F - f\cos\lambda - N\sin\lambda = F - \mu N\cos\lambda - N\sin\lambda$$

$$F = N(\mu\cos\lambda + \sin\lambda) \tag{15.4a}$$

$$\sum F_y = 0 = N\cos\lambda - f\sin\lambda - P = N\cos\lambda - \mu N\sin\lambda - P$$

$$N = \frac{P}{(\cos\lambda - \mu\sin\lambda)} \tag{15.4b}$$

式中，μ 是螺纹和螺母之间的摩擦系数，而其他变量在图 15-6 中给出。联立求解这些方程可以

得到力 F 的表达式：

$$F = P\frac{\left(\mu\cos\lambda + \sin\lambda\right)}{\left(\cos\lambda - \mu\sin\lambda\right)} \tag{15.4c}$$

提升载荷所需要的螺杆转矩 T_{su} 为：

$$T_{s_u} = F\frac{d_p}{2} = \frac{Pd_p}{2}\frac{\left(\mu\cos\lambda + \sin\lambda\right)}{\left(\cos\lambda - \mu\sin\lambda\right)} \tag{15.4d}$$

有时，转矩用导程 L 来表达会比导程角 λ 更加方便，把式（15.4d）中的分子和分母除以 $\cos\lambda$，并用式（15.3）代替公式右边的 $\tan\lambda$，得：

$$T_{s_u} = \frac{Pd_p}{2}\frac{\left(\mu\pi d_p + L\right)}{\left(\pi d_p - \mu L\right)} \tag{15.4e}$$

上式只对矩形螺纹的螺纹-螺母接触面做了分析，但是要注意在止推环端面也有一个摩擦转矩，因此必须要加上去。推动止推环所需的转矩是：

$$T_c = \mu_c P\frac{d_c}{2} \tag{15.4f}$$

式中，d_c 是止推环的直径；μ_c 是止推轴承的摩擦系数。注意到克服止推环摩擦所需的转矩可以等于或超过螺纹的转矩，除非在止推环里使用了滚动轴承。使用更小直径的环也可以减少止推环的转矩。

对于矩形螺纹，用于提升负荷的总转矩 T_u 为：

$$T_u = T_{s_u} + T_c = \frac{Pd_p}{2}\frac{\left(\mu\pi d_p + L\right)}{\left(\pi d_p - \mu L\right)} + \mu_c P\frac{d_c}{2} \tag{15.4g}$$

对于下降载荷的情况可以做出同样的分析，如图 15-6b 所示。易知，作用力和摩擦力的符号发生了改变，由此得到下降负荷的转矩 T_d 为：

$$T_d = T_{s_d} + T_c = \frac{Pd_p}{2}\frac{\left(\mu\pi d_p - L\right)}{\left(\pi d_p + \mu L\right)} + \mu_c P\frac{d_c}{2} \tag{15.4h}$$

梯形螺纹　梯形（或其他）螺纹的径向角在转矩公式里面包含了一个额外因数。在螺纹和螺母之间的法向力与两个平面成一定的夹角，如图 15-6 所示的导程角 λ，和图 15-7 所示的梯形螺纹的 $\alpha = 14.5°$ 角。对矩形螺纹转矩公式做类似的推广可以得到梯形螺纹的提升和下降转矩的表达式：

$$T_u = T_{s_u} + T_c = \frac{Pd_p}{2}\frac{\left(\mu\pi d_p + L\cos\alpha\right)}{\left(\pi d_p\cos\alpha - \mu L\right)} + \mu_c P\frac{d_c}{2} \tag{15.5a}$$

$$T_d = T_{s_d} + T_c = \frac{Pd_p}{2}\frac{\left(\mu\pi d_p - L\cos\alpha\right)}{\left(\pi d_p\cos\alpha + \mu L\right)} + \mu_c P\frac{d_c}{2} \tag{15.5b}$$

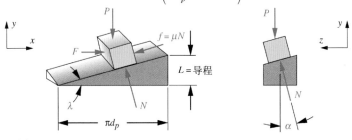

图 15-7

在梯形螺纹的螺纹-螺母接触面的力学分析

当 $\alpha = 0$ 时，这两个公式退化为矩形螺纹所对应的公式。

摩擦系数

试验表明：在有油润滑的螺纹-螺母组合中，摩擦系数大概是 $0.15 \pm 0.05^{[5]}$。在普通（非滚动）止推轴承中，摩擦系数大致与螺纹中的一样。钢-铜或者钢-铸铁是滑动轴承常用的组合。如果滚动轴承被用于止推垫圈，其摩擦系数会是滑动轴承 1/10 的值（即 $0.01 \sim 0.02$）。

传动螺旋的自锁和反向驱动

自锁是指：螺杆不能被任何作用在螺母上的轴向作用力（不是转矩）驱动，无论该作用力有多大。换句话说，处于自锁中的螺杆，将在原来的位置支承载荷，而无须施加任何转矩。自锁情况下不需要制动器来稳定载荷。这是一个非常有用的特性。例如，如果你用一个不会自锁的螺旋千斤顶来顶起你的车辆，一旦你放开千斤顶的把手，那台车就会把千斤顶压转回去。

与自锁相反的情况是螺杆可以被反向驱动，就是说：作用在螺母上的轴向推力会使螺杆旋转。虽然其对于千斤顶来说毫无价值，但在其他情况下这是很有用的。例如，美式螺钉旋具，与刀头相连的圆杆上有高导程螺纹，螺母为手柄。当沿轴推动螺母手柄时，圆杆旋转，驱动刀头上的自攻螺钉拧入。在任何你想要将直线运动变为旋转运动的场合，都可以选择能反向驱动的丝杆。

如果已知螺纹-螺母的摩擦系数，就可以很容易地预测传动螺杆或丝杆是否可以自锁。因为摩擦系数和螺纹导程角的关系决定了它的自锁条件。在下述条件下，螺杆将发生自锁：

$$\mu \geq \frac{L}{\pi d_p} \cos\alpha \qquad \text{或者} \qquad \mu \geq \tan\lambda \cos\alpha \tag{15.6a}$$

对矩形螺纹，$\cos\alpha = 1$，则上式简化为：

$$\mu \geq \frac{L}{\pi d_p} \qquad \text{或者} \qquad \mu \geq \tan\lambda \tag{15.6b}$$

注意：以上这些都是假设在稳定荷载状态下得到的结果。动态荷载或其他来源所产生的振动会造成本来自锁的螺纹连接松脱。任何造成螺纹和螺母相对运动的振动都不可避免会引起螺纹斜面滑脱。

螺旋效率

任何系统的效率均定义为*输出功和输入功之比*。传动螺杆上所做的功等于转矩与角位移（弧度）的乘积，对于旋转一圈的螺杆，它为：

$$W_{in} = 2\pi T \tag{15.7a}$$

螺杆转动一圈，所传递的功等于载荷乘以导程：

$$W_{out} = PL \tag{15.7b}$$

那么效率即为：

$$e = \frac{W_{out}}{W_{in}} = \frac{PL}{2\pi T} \tag{15.7c}$$

将式（15.5a）代入上式（忽略止推环摩擦项）得：

$$e = \frac{L}{\pi d_p} \frac{\pi d_p \cos\alpha - \mu L}{\pi \mu d_p + L\cos\alpha} \tag{15.7d}$$

上式可以代入式（15.3）简化为：

$$e = \frac{\cos\alpha - \mu\tan\lambda}{\cos\alpha + \mu\cot\lambda} \tag{15.7e}$$

注意：效率与螺纹形状和摩擦系数有关。对于矩形螺纹，$\alpha = 0$，则有：

$$e = \frac{1 - \mu \tan\lambda}{1 + \mu \cot\lambda} \quad\quad\quad (15.7f)$$

图 15-8 表示给定摩擦系数下的梯形螺纹效率函数曲线图，其中忽略了止推环的摩擦。显然，摩擦系数越高，传动效率就越低。注意到当导程角 $\lambda = 0$ 时，传动效率为 0，这是因为没有有效功被用于提升载荷，而这时摩擦仍然存在。当导程角很大时，传动效率同样也接近于 0，这是因为转矩只是简单的增加轴向力（并产生摩擦），却没有产生任何有用的分力使得螺母旋转。在考虑止推环摩擦的情况下，总的传动效率会比图 15-8 所示的更低。

图 15-8 呈现了传统传动螺纹的主要缺点：它们的传动效率可能会很低。如表 15-4 所示，标准梯形螺纹的导程角一般在 2°～5° 之间变化。这会使它们处于图 15-8 中曲线的最左端。假定摩擦系数为 0.15，从表 15-4 中可以看到：这时的标准梯形螺纹的传动效率在 18%～36% 之间变化。如果能减少螺纹摩擦，那么将可以看到传动效率会显著地提升。

表 15-4　在摩擦系数为 $\mu = 0.15$ 时，标准梯形螺纹的导程角和效率

型　　号	导程（°）	效率（%）
1/4～16	5.2	36
5/16～14	4.7	34
3/8～12	4.5	34
7/16～12	3.8	30
1/2～10	4.0	31
5/8～8	4.0	31
3/4～6	4.5	34
7/8～6	3.8	30
1～5	4.0	31
1 1/8～5	3.6	28
1 1/4～5	3.2	26
1 3/8～4	3.6	29
1 1/2～4	3.3	27
1 3/4～4	2.8	24
2～4	2.4	21
2 1/4～3	2.9	25
2 1/2～3	2.6	23
2 3/4～3	2.4	21
3～2	3.3	27
3 1/2～2	2.8	24
4～2	2.4	21
4 1/2～2	2.1	19
	1.9	18

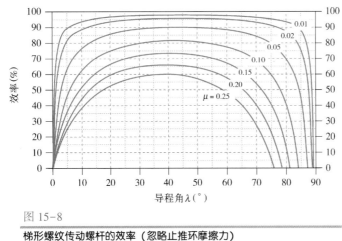

图 15-8

梯形螺纹传动螺杆的效率（忽略止推环摩擦力）

滚动螺旋

通过使用滚动螺旋可以显著减少螺纹的摩擦。如图 15-9 所示，滚动螺旋通过在其螺母内使用一列滚珠与螺纹形成一个近似滚动轴承的接触。螺纹被制作成适合滚珠的形状，通常须经过淬火和打磨来延长寿命。其摩擦系数与传统的滚动球轴承十分相似，使其传动效率处于图 15-8 所示最高两条曲线的范围之内，属于一个相对较高的值。

滚动螺旋的低摩擦使其传动具有可逆性，并且螺母不会自锁。因此，在使用滚动螺旋驱动载

荷时必须使用一个制动器来保持载荷的位置。所以，滚动螺旋可以用于把直线运动转化为旋转运动。滚动螺旋有非常高的载荷传递能力，在相同直径的情况下通常要比传统螺杆的载荷传递能力大。并且在滚动螺旋连接件之间也不存在黏滑问题。

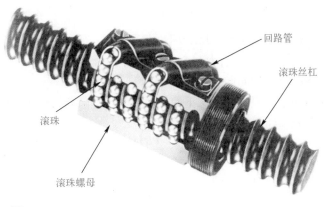

图 15-9

滚动螺旋和滚珠螺母

供应商：Courtesy of Thompson Industries Inc. Wood Dale，IL.

滚动螺旋被用于很多场合，如飞机控制翼板、起落架执行器、机床控制器、汽车转向机构和医院病床等机械装置。许多制造商供应滚动螺旋组件，为了使他们的产品得到正确的应用，使用者应该向他们咨询相关的技术信息。

例 15-1　传动螺杆的转矩和效率

问题：试确定如图 15-4 中所示传动螺杆的提升转矩、下降转矩和传动效率；螺杆和螺母采用梯形螺纹。试问其是否会自锁？与螺纹摩擦相比，止推环摩擦所造成的影响大小如何？其中止推环的摩擦为（a）滑动摩擦（b）滚动摩擦。

已知：螺纹为单线梯形螺纹，规格为 1.25 ~ 5。轴向荷载为 1000 lb。止推环的平均直径为 1.75 in。

假设：螺杆和螺母使用油润滑。滑动摩擦系数 $\mu = 0.15$，滚动摩擦系数 $\mu = 0.02$。

解：

1. 本题涉及几方面问题。我们需要计算在两个情况下的提升转矩和下降转矩，一个是使用滑动摩擦止推环的情况，另一个是使用滚动轴承止推环的情况。在这两种情况下，为了做出对比，我们要分别计算螺纹和止推环对转矩和效率所产生的影响并综合考虑。首先计算滑动止推环的情况。

2. 由于这是单线螺纹，因此导程 L 等于螺距 p，为 $1/N = 0.2$。螺纹中径 d_p 可以在表 15-3 中查得。可由式（15.5a）得到提升载荷的转矩为：

$$T_u = T_{s_u} + T_c = \frac{P d_p}{2}\frac{\left(\mu\pi d_p + L\cos\alpha\right)}{\left(\pi d_p \cos\alpha - \mu L\right)} + \mu_c P\frac{d_c}{2}$$

$$= \frac{1000(1.15)}{2}\frac{\left(0.15\pi(1.15) + 0.2\cos 14.5\right)}{\left(\pi(1.15)\cos 14.5 - 0.15(0.2)\right)}\,\text{lb·in} + 0.15(1000)\frac{1.75}{2}\,\text{lb·in} \tag{a}$$

$$= (122.0 + 131.2)\,\text{lb·in} = 253.2\ \text{lb·in}$$

15

注意：这里止推环的摩擦超过了螺纹摩擦。

3. 由式（15.5b）得到下降载荷的转矩：

$$T_d = T_{s_d} + T_c = \frac{Pd_p}{2}\frac{\left(\mu\pi d_p - L\cos\alpha\right)}{\left(\pi d_p\cos\alpha + \mu L\right)} + \mu_c P\frac{d_c}{2}$$

$$= \frac{1000(1.15)}{2}\frac{\left(0.15\pi(1.15) - 0.2\cos 14.5\right)}{\left(\pi(1.15)\cos 14.5 - 0.15(0.2)\right)}\text{lb·in} + 0.15(1000)\frac{1.75}{2}\text{lb·in} \tag{b}$$

$$= (56.8 + 131.2)\text{lb·in} = 188.0\ \text{lb·in}$$

4. 由式（15.7）可知：提升载荷情况下的传动效率比下降载荷情况下的要小。我们选择式（15.7c）来计算螺纹和止推环两部分的效率：

$$e = \frac{PL}{2\pi T}$$

仅考虑螺纹时的效率：

$$e_{screw} = \frac{1000(0.2)}{2\pi(122.0)} = 0.26 \tag{c}$$

同时考虑螺纹和止推环两部分的效率：

$$e = \frac{1000(0.2)}{2\pi(253.2)} = 0.13$$

5. 现在应用式（15.4f）重新计算当使用推力轴承垫圈时，止推环的转矩和提升载荷的总转矩：

$$T_c = \mu_c P\frac{d_c}{2} = 0.02(1000)\frac{1.75}{2}\text{lb·in} = 17.5\ \text{lb·in} \tag{d}$$

$$T_u = T_{s_u} + T_c = (122.0 + 17.5)\text{lb·in} = 139.5\ \text{lb·in} \tag{e}$$

6. 使用推力轴承垫圈时的传动效率为：

$$e = \frac{PL}{2\pi T} = \frac{1000(0.2)}{2\pi(139.5)} = 0.23 \tag{f}$$

可见，效率提升十分明显，这说明了为什么在传动螺杆上通常只使用滚动轴承作为止推垫圈。

7. 螺纹的自锁性与止推环摩擦没有关系，可以由式（15.6a）得到：

$$\mu \geqslant \frac{L}{\pi d_p}\cos\alpha$$

$$0.15 \geqslant \frac{0.2}{\pi(1.15)}\cos(14.5°) \tag{g}$$

$$0.15 \geqslant 0.06$$

注意：在步骤 3 中，下降转矩为正数，这同样表明螺纹会自锁。而一个负的下降转矩则意味着必须加入一个与提升转矩反向的制动转矩来保持载荷的位置。文件 EX15-01A 和文件 EX15-01B 可以在本书网站找到。

15.3　螺纹上的应力

在啮合的螺纹上存在与齿轮啮合相类似的情况。在 12.4 节中，讨论了对齿轮啮合所期望的能有多个齿相接触（重合度>1），而图 12-19 给出了一对齿轮啮合的情况。尽管应该有较大的重合度，但由于齿距误差，只有一对轮齿承受了全部的荷载。当螺母和螺纹啮合时，理论上所有处于啮合状态的螺纹都应该均分荷载。但实际上，由于螺距的误差，所有的荷载都由第一对螺纹承受。因此，计算螺纹压力的保守方法是：假设全部荷载都由一对螺纹承受这种最坏的情况。另一个极端的情况是假设所有的啮合螺纹均分全部荷载。这两种假设都几乎用作计算螺纹应力，真实的应力会处于这两者之间，但大多数情况下更接近一对螺纹承载的情况。在高荷载作用下的传动螺杆和紧固件，通常由高强度钢制成，并且一般会经过淬火处理。通常，传动螺母同样也由坚硬耐磨的材料制成。在另一方面，紧固件螺母则通常由软质材料制成，因此，它的强度一般会比螺栓低。因此，当拧紧紧固件时，在螺母的螺纹中会产生局部屈服，这可以改善螺纹间的配合程度，并提升螺纹之间的荷载均布程度。而硬螺母通常用于高强度的硬化螺栓上。

轴向应力

传动螺纹可以承受轴向拉伸或压缩载荷，而连接螺纹通常只承受轴向拉伸载荷。螺纹的拉应力区前面已经讨论过，并在式（15.1）和表 15-1～表 15-3 中给出，它们适用于各种类型的螺纹。式（15.2）可用来计算螺栓的轴向拉应力。对于受压的传动螺纹，必须使用 4.16 节中列出的方法研究其发生屈曲的可能性，其中，长细比要用螺钉的内径来计算。

剪应力

螺纹剪切失效的形式之一为螺纹滑扣，要么是螺母的内螺纹，要么是螺杆的外螺纹。取决于螺母和螺杆的材料的相对强度。如果螺母材料强度更低（普遍情况），螺纹可能从其大径处剪断；如果螺杆材料强度更低，螺纹可能从其小径处剪断；如果这两种材料强度相同，二者可能从中径处剪断。对具体情况，我们必须假定螺纹的载荷分布，以便计算应力。一种方法认为螺纹的载荷是均布的，如果彻底失效的话，所有螺纹都会破裂，这诚然不失为一种好方法，只要在螺纹开始屈服变形时，螺栓和螺母都有足够韧性。但是，如果螺栓螺母都是脆性的（例如高硬度钢或铸铁），且螺纹配合不均，我们可以设想某一圈螺纹承受了所有载荷直至断裂，然后由下一圈螺纹依次更替。实际情况应该处于这两个极端情况之间。如果我们用啮合螺纹的数量来计算剪切面积，就可以判断那种载荷分布更合适。

一个导程的螺纹的剪切断裂面的面积 A_s 等于直径为其小径 d_r 构成的圆柱面，即：

$$A_s = \pi d_r w_i p \tag{15.8a}$$

式中，p 为螺距；w_i 定义为在小径上螺纹的占比。各种常见螺纹牙型的 w_i 值见表 15-5。式（15.8a）表示一个螺距的面积，实际使用时，可以进行累加，计算全部螺纹、一段螺纹或者若干条啮合螺纹都可以，这要设计者根据给定的使用场合分析判断。

对于螺母在其大径处的螺纹剥落，一个导程的螺纹的剪切面积为

$$A_s = \pi d w_o p \tag{15.8b}$$

其中，大径处的 w_o 值如表 15-5 所示。

因此，螺纹滑扣的剪应力 τ_s 为

$$\tau_s = \frac{F}{A_s} \tag{15.8c}$$

最小螺母长度

如果螺母足够长，剪断所有螺纹所需的

表 15-5　螺纹滑扣剪切面积系数

螺纹牙型	w_i（小径）	w_o（小径）
UNS/ISO 标准螺纹	0.80	0.88
矩形螺纹	0.50	0.50
梯形螺纹	0.77	0.63
锯齿形螺纹	0.90	0.83

15

载荷将超过螺杆本身所能承受的最大载荷，结合这两种失效形式的方程，可以求解出给出螺杆尺寸下的最小螺母长度。对于 UNS/ISO 标准的螺纹或 $d \leqslant 1\,\text{in}$ 的梯形螺纹，螺母长度 $\geqslant 0.5d$ 的滑扣强度就已经超过螺杆的抗拉强度；而对于直径较大的梯形螺纹，螺母长度 $\geqslant 0.6d$ 的滑扣强度会超过螺杆的拉伸强度。注意：只有螺杆和螺母材料相同时（通常情况下都是），以上结果才成立。

最小螺纹孔配合

若将螺钉拧入螺纹孔而非螺母，那就需要较长的螺纹连接了。对于同种材料的连接，推荐的连接长度至少等于标准螺纹直径 d，对于材料为铸铁、黄铜或青铜的螺纹，推荐用 $1.5d$，对于铝材螺纹，最小螺纹啮合长度 $2d$。

扭转应力

将螺母拧紧在螺栓上时，或通过丝杆的螺母传递扭转力时，螺杆中就会产生转矩，螺杆的转矩由螺杆和螺母之间接触面的摩擦力产生。如果螺杆和螺母之间充分润滑，施加在螺杆上的转矩就会减少，更多的被螺母和夹紧面处所抵消。如果螺母和螺杆之间生锈了，所有施加的转矩将由螺杆承受，这就是松开螺母时，生锈的螺栓容易被拧断的原因。在传动螺纹中，如果止推环的摩擦较低，施加在螺母上的转矩大部分都在螺杆上产生扭转应力。因此，为了考虑高摩擦螺纹最坏的情况，将全部转矩施加在螺杆圆截面上来计算扭转应力（见 4.12 节），有：

$$\tau = \frac{Tr}{J} = \frac{16T}{\pi d_r^3} \tag{15.9}$$

注意：这里计算时应该使用螺纹小径 d_r。

15.4 螺纹紧固件的类型

螺纹零件的种类繁多，其中多种属于专用零件。传统的螺栓和螺母通常使用 15.1 节中给出的标准螺纹。某些螺纹零件可能会在标准螺纹基础上有所变动，特别是自攻螺钉。紧固件可以按不同的方式分类，如：用途、螺纹类型、头部样式、强度。所有类型的紧固件的选材都是多种多样的，包括普通钢、不锈钢、铝、黄铜、青铜和塑料等。

根据用途分类

螺栓和机用螺钉　同一个紧固件在给出不同使用方式下有不同的名称。例如，**螺栓**指的是由头部和螺纹杆组成的紧固件，它与螺母配合使用，用于装配体的夹紧。但当把它旋进螺纹孔而非螺母时，我们称它为**机用螺钉**或者**带帽螺钉**，这只是一个语义上的区别，不需要关注这一细节。ANSI 标准从配合时的旋转主体上对螺栓与螺母的概念进行了区分。螺栓与螺母配合，配合时螺母旋转，螺栓保持固定；螺钉与螺孔（不论是否有螺纹）配合，螺钉被扭转，而螺孔保持固定。

螺柱　螺柱是没有头部的紧固件，两端均有螺纹，被半永久性地旋进装配体的其中一半里，螺柱穿过另一半装配件，并用螺母锁紧。螺柱两端的螺纹的螺距可以相同或不同。有时为了防止当螺母从上端移除后会松动永久旋紧端的螺纹，该端的螺纹配合会有更高的要求。

图 15-10 分别给出了一个螺栓（包含螺母与垫圈）、机用螺钉和螺柱。螺钉与螺栓的另一个区别在于螺栓只有一种连续的圆柱螺纹形式，而螺钉的螺纹则可是多种的，包括锥形的或者不连续的，如图 15-11 所示。这就是为什么有木螺钉，却没有 "木螺栓"（虽然有种*马车螺栓*被用

于紧固木制装配件)。

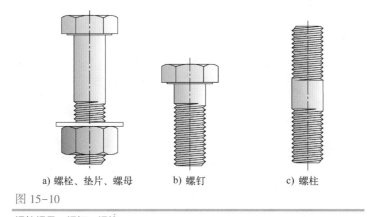

a) 螺栓、垫片、螺母   b) 螺钉   c) 螺柱

图 15-10

螺栓螺母，螺钉，螺柱

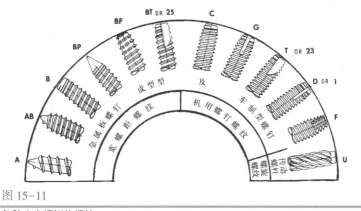

图 15-11

各种自攻螺钉的螺纹

供应商：Courtesy of Cordova Bolt Inc.，Buena Park，CA 90621.

15

根据螺纹类型分类

自攻螺钉 所有靠自身攻钻出螺纹孔或螺纹的紧固件通称为**自攻螺钉**，像*自攻型、成型型、切削型、自钻型*均属此类。图 15-11 给出了多种自攻螺钉螺纹样式。自攻螺钉多应用在有导孔的金属或塑料薄板上，当螺钉旋入小导孔，在孔中攻出内螺纹时，必须给被移除的材料留出空间，因此自攻螺钉的螺纹与标准螺纹虽然样式相近，但通常螺纹相间距离较远（即更大螺距）。切削型螺纹丝攻有标准的螺纹形式，但是留有轴向退刀槽，而且需要有经硬化处理的刃边可在零件上攻制螺纹孔。自钻型螺钉（图中未给出）因需要自己钻出导孔，因此端部呈尖钻形。它们同样是在旋进的过程中完成螺纹成型。

根据头部样式分类

开槽螺钉 螺钉头部有多种不同样式，包括直槽头、十字槽头（也叫 Phillips）、六角头、内六角头等。如图 15-12 所示，螺钉头部的形状可以是圆头的、平头的（沉的）、球面圆柱头的、盘头的等。这些头部式样与直槽或十字槽结合后，通常仅用于小型机器或自攻螺钉中，因为槽所能提供的最大转矩是有限的。如图 15-10 所示的六角头和图 15-13 所示的内六角头更容易提供更大的螺钉所需的转矩。需要大转矩的大型号螺栓与机用螺钉最常使用六角头，但当空间受限时，内六角头螺钉将是更好的选择。

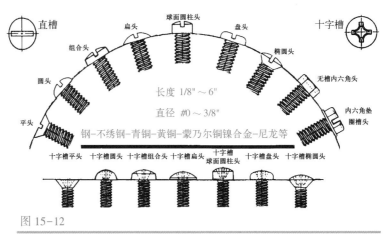

图 15-12

各种小型机螺钉的槽头

供应商：Courtesy of Cordova Bolt Inc.，Buena Park，CA 90621.

内六角头螺钉　如图 15-13 所示，通常由高强度淬火钢、不锈钢或其他金属制成，并广泛应用于各种机械。内六角头凹槽配合具有特殊六角形的 Allen 扳手，能提供足够的转矩。图 15-13a 所示的标准凹头样式，专门用于沉头孔，所以螺钉头将低于表面，沉入机件中。平头内六角头螺钉（见图 15-13b）沉入的螺钉头与表面平齐。带肩螺钉（见图 15-13d）由于它具有公差精密、磨削处理的杆部，所以可用作销轴或用于零件的精确定位。螺钉被拧紧后，螺钉头和螺纹之间留有适当尺寸，允许零件在其上旋转。紧定螺钉（见图 15-13e）用于将套筒或轮毂固定到轴上，如第 10 章所述。

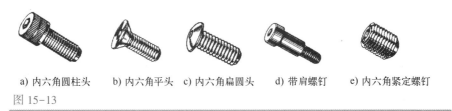

a) 内六角圆柱头　　b) 内六角平头　　c) 内六角扁圆头　　d) 带肩螺钉　　e) 内六角紧定螺钉

图 15-13

各种类型的内六角头螺钉

供应商：Courtesy of Cordova Bolt Inc.，Buena Park，CA 90621.

螺母和垫圈

螺母　图 15-14 给出了各式各样的螺母。防松螺母是标准的薄六角头螺母，与标准螺母配合使用，保证标准螺母被锁定在螺栓上。开槽螺母顶部开有销槽，开口销穿过螺母槽与螺栓尾部孔，以防止螺母松动。盖形螺母用于装饰，翼形螺母无须借助工具便可装拆。

锁紧螺母　螺母由于振动而松脱的问题被广为关注，使用防松螺母，或者配合开口销使用开槽螺母均能有效解决这个问题。制造商们提出了许多其他锁紧螺母的专有设计，其中一部分给出在图 15-15 中。椭圆锁紧螺母制成后，前几圈螺纹将被改为椭圆形，这些螺纹与所配合的螺栓螺纹相互作用，当受外力作用时，会旋紧在螺栓螺纹上，以防松脱。有一种内嵌尼

a) 标准六角头螺母　b) 防松六角头螺母　c) 六角头开槽螺母　d) 盖形螺母　e) 翼形螺母

图 15-14

一些标准螺母类型

供应商：Cordova Bolt Inc.，Buena Park，Calif. 90621.

龙螺母，当该螺母被拧到螺栓上后，尼龙变形并嵌入螺纹间隙，与螺栓紧密结合。还有销锁紧螺母，螺母上的钢销在拧紧时嵌入螺栓螺纹以防松脱。有的螺母的一面被制成锯齿状以防止松脱。

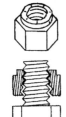

a) 椭圆锁紧螺母　b) 内嵌尼龙螺母　c) 销锁紧螺母　d) 法兰锁紧螺母

图 15-15

一些锁紧螺母样品

供应商：Courtesy of Cordova Bolt Inc.，Buena Park，CA 90621.

垫圈　平垫圈仅是个环形的平面零件，用于增加被连接件与螺栓头或螺母间的接触面积（见图 15-10）。当被连接件承受螺栓载荷所需要的面积比螺栓头或螺母接触面更大时，应选用淬火钢垫圈，因为垫圈太软容易屈服变形，不能有效地分配载荷。所有平垫圈在螺母拧紧时还起到保护零件表面的作用，使其免受失效。当螺栓有绝缘要求时，应当使用非金属垫圈。平垫圈的尺寸依照所配合螺栓的尺寸标准化[2]。如果需要比标准直径更大的垫圈，可以使用 **fender** 垫圈（有更大外径）。有时，用**盘形垫圈**（参见 14.9 节）垫在螺母或螺栓头下，可通过变形来调节轴向力。

锁紧垫圈　锁紧垫圈可与螺母、螺栓或机用螺钉搭配使用，以防止标准螺母（相对于锁紧螺母而言）的自发性松动。图 15-16 部分给出了各种锁紧垫圈。弹簧垫圈使用淬火钢制成，被当

15

a) 弹簧垫圈　b) 内齿锁紧垫圈　c) 外齿锁紧垫圈　d) 内外齿垫圈　e) 埋头孔垫圈

图 15-16

几种锁紧垫圈

供应商：Courtesy of Cordova Bolt Inc.，Buena Park，CA 90621.

作螺母下的弹簧使用，它的锐利尖角也易于嵌入被夹紧表面。除此之外，还有多种样式的带齿垫圈可供选择，它们的上翻齿在被夹紧时受压嵌入螺母和零件表面。在防松效果上，普遍认为锁紧垫圈不及锁紧螺母，因此锁紧螺母更受青睐。

锁紧垫圈组合螺母　锁紧垫圈组合螺母是螺母与被绑定的锁紧垫圈组合而成的，锁紧垫圈无法脱离螺母。组合式有多种样式，图 15-17 为其中的一种。组合式最主要的优势在于锁紧垫圈在装配或拆卸时不会丢失。

图 15-17

锁紧垫圈组合螺母 SEM

供应商：Courtesy of Cordova Bolt Inc.，Buena Park，CA 90621.

15.5　螺纹紧固件的制造

螺纹切削

当前有几种加工技术可用于制造螺纹。内螺纹常用一种叫丝锥的特殊刀具进行切削，丝锥看起来像螺钉，具有相啮合的螺纹。制造丝锥的材料是硬质工具钢，同时丝锥有轴向凹槽，轴向凹槽的作用是切开螺纹，使其有螺纹截面的切削刃。使用时，先用适当大小的螺孔钻钻好导向孔，然后缓慢拧进用攻丝润滑油润滑过的丝锥，以合适的速度拧进孔中。有些特殊螺母因孔太大而不能用攻丝的方法，可以用车床加工，刀具用螺纹牙形的内螺纹镗刀，沿着孔的轴向进给，通过丝杆控制螺距与导程。外螺纹也可以在车床上用螺纹刀具切削出来，或者用**套扣**的方法，相当于把**攻丝**的过程逆过来。另外，用来加工外螺纹的杆材直径要跟螺纹的外径大小相等。专门加工螺纹的机器称为螺丝机，主要用于生产低成本、高质量的螺钉、螺栓和螺母。通过上述方法制备的所有螺纹都归为**切削螺纹**。

螺纹滚压

螺纹滚压是另一种很不错的加工外螺纹的方法，也称为**螺纹成型**，是将具有螺纹外形的淬火钢模具压入待加工杆材的表面，再将材料冷镦成螺纹外型。最终螺纹的外径会比杆的初始直径大，因为材料从根部被挤压到螺纹的牙顶。

相对于切削螺纹，滚压螺纹有以下几个优点。冷作成型工艺除了能够硬化强化材料，加工出根部和顶部半径，还能在螺纹根部留下有益的挤压残余应力。把材料滚压成螺纹形状的过程中，晶体以牙型重新排列，而切削螺纹会切断晶体排列。与切削螺纹相比，这些因素都显著增加了滚压螺纹的强度。除了增加强度，滚压螺纹与切削螺纹相比还减少了浪费，因为它不去除材料。高强度螺纹紧固件主要由淬火钢制成，而且螺纹滚压应尽可能地放在热处理之后，因为热处理会消除残余应力，而产生残余应力正是滚压的主要目的。

如图 15-18 所示的是切削和滚压加工后的螺纹的轮廓和晶体排列。只要紧固件受较高载荷或者有疲劳载荷，就应该使用滚压螺纹。在工作环境不苛刻或只有轻载荷时，可以使用强度相对较低且更廉价的切削螺纹。

头部成形

螺栓和螺钉头部一般是通过冷镦加工成形的，想象一下把一根黏土杆紧握在手上，留下一小段在拳头外面，用另一只手从黏土杆的顶部沿着轴向拍下，杆末端会迅速膨胀成为又短又粗的头部。类似地，将加工螺栓的棒料夹紧在冷镦机上，并在头部模腔内留出适当长度，镦头压下时，材料挤进圆形模腔内形成螺钉头，头部晶体排列也像上述的螺纹滚压一样有所改善。当螺栓直径超过四分之三英寸时，镦锻前必须加热。内六角头和 Phillips 型十字槽的头部是冷镦或热镦

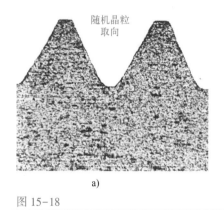

随机晶粒取向

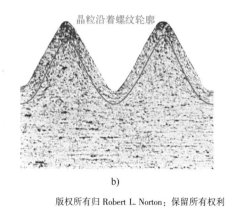

晶粒沿着螺纹轮廓

a)　　　　　　　　　　　　　　b)

图 15-18

切螺纹和滚压螺纹晶粒结构

成形的，六角头螺母或螺钉槽是后期机加工出的。

15.6 标准螺栓和机用螺钉强度

螺栓和螺钉应用于结构件或重载荷场合时，应根据它们在 SAE、ASTM 或 ISO 规范中给出的弹性极限 S_p 进行选择。这些组织规定了螺栓等级，相应给出了螺栓和螺钉的材料、热处理方式和最小屈服强度。弹性极限 S_p 是指使螺栓开始产生永久变形时的应力，接近但低于材料的屈服强度。每个螺栓的等级通过头部的标记（或默认）表示。表 15-6 通过几个 SAE 等级来表示螺栓的强度信息，表 15-7 所示为米制螺栓的类似信息。每个等级的头部标记如图 15-19 和图 15-20 所示，数字越大代表强度越高。

表 15-6 钢制螺栓的 SAE 规格及强度

SAE 级数	外径尺寸范围 /in	最小弹性极限 /kpsi	最小屈服强度 /kpsi	最小抗拉强度 /kpsi	材　料
1	0.25~1.5	33	36	60	低碳或中碳钢
2	0.25~0.75	55	57	74	低碳或中碳钢
2	0.875~1.5	33	36	60	低碳或中碳钢
4	0.25~1.5	65	100	115	中碳钢，冷拔钢
5	0.25~1.0	85	92	120	中碳钢，调质钢[①]
5	1.125~1.5	74	81	105	中碳钢，调质钢
5.2	0.25~1.0	85	92	120	低碳马氏体钢，调质钢
7	0.25~1.5	105	115	133	中碳合金钢，调质钢
8	0.25~1.5	120	130	150	中碳合金钢，调质钢
f	0.25~1.0	120	130	150	低碳马氏体钢，调质钢

① 淬火与回火。

表 15-7 钢制螺栓的公制规格及强度

级　　数	外径尺寸范围 /mm	最小弹性极限 /MPa	最小屈服强度 /MPa	最小抗拉强度 /MPa	材　　料
4.6	M5~M36	225	240	400	低碳或中碳钢
4.8	M1.6~M16	310	340	420	低碳或中碳钢

15

（续）

级　数	外径尺寸范围 /mm	最小弹性极限 /MPa	最小屈服强度 /MPa	最小抗拉强度 /MPa	材　料
5.8	M5~M24	380	420	520	低碳或中碳钢
8.8	M3~M36	600	660	830	中碳钢，调质钢
9.8	M1.6~M16	650	720	900	中碳钢，调质钢
10.9	M5~M36	830	940	1040	低碳马氏体钢，调质钢
12.9	M1.6~M36	970	1100	1220	合金钢，调质钢

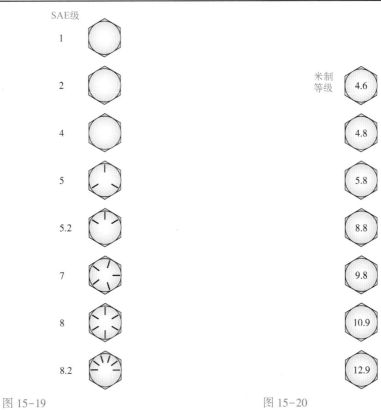

图 15-19

螺栓头部等级—SAE 螺栓

图 15-20

螺栓头部等级—米制螺栓

15.7　拉伸下紧固件的预紧力

视频：预紧力紧固件（48:22）

螺栓和螺母的一个主要应用就是把零件夹紧在一起。这种条件下，载荷使螺栓受拉，如图 15-21 所示。通常，在拧紧转矩作用下，螺栓产生的接近屈服强度的拉伸载荷可作为预紧力。静态加载组件有时会使用高达屈服强度 90% 的螺栓应力作为预紧力，而动态加载组件（疲劳载荷）常采用 75% 或更多。假设螺栓尺寸与施加载荷大小适当，螺栓在预加载过程中未被破坏，那么工作过程中也不太可能失效。造成这种情况的原因是微妙的，需要对拧紧螺栓和施加外部载荷两种情况下螺栓与被连接件之间相互的弹性作用有充分的理解。

螺栓是弹性体，预紧后将受拉伸长；通常螺栓的弹性系数远低于被连接件材料的弹性系数。

⊖　http://www.designofmachinery.com/MD/20_Preloaded_Fasteners.mp4

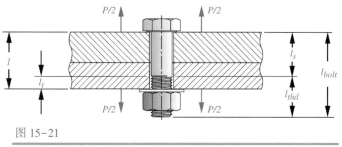

图 15-21

拉伸下的螺栓装配件

当弹性螺栓被拧紧时，被连接件材料受压。在图 15-22 中给出了螺栓夹紧弹簧，它用来放大描述加载过程中螺栓的拉伸量。如图 15-22b 所示，我们用一小块标注有 "stop" 字样的钢块表示被连接件材料，由于螺栓与小块的弹性系数远高于弹簧，可将螺栓与小钢块视为刚性以便讨论。对于这种结构，采用一种特殊的预加载方法。假定我们不见了扳手，只好请 Crusher Casey[一] 抓住螺母，并以 500 N 的力把它向下拉，在图 15-22b 时刚好可插入 stop 块在地面和螺母之间夹紧。拿开拉伸载荷后，螺栓受到 500 N 的拉伸预紧力，stop 块受到 500 N 的压缩预紧力，如图 15-22c 所示的装配关系。压紧的螺母使弹簧产生同样的压缩量，这种情况和图 15-22c 是完全相同的。

图 15-22d 给出了螺栓受到一个新的 400 N 的外载荷的情况。注意到螺栓的预紧力仍然是 500 N，在这种情况下任何小于 500 N 预紧力的外部载荷对螺栓受力情况都无影响。而 stop 块受到的压力为 500 N－400 N＝100 N。所以，如果外力小于预紧力，被连接件材料就会卸载，而不像螺栓受力增加。图 15-22e 给出了当施加载荷超过压紧弹簧预紧力时（即进一步拉伸螺栓）对装配的影响，它失去了螺母和地面之间的连接，并且螺栓受到的拉力等于新加载的外力。如图 15-22e 所示，当螺栓和材料分离时，螺栓承受了全部的外部载荷。stop（材料）块的压力为 0[二]。注意：实际的被连接件材料不是刚性的，所以其内部存在非零压力。图 15-22 揭示了为什么预紧力的存在是有利的，尤其外部载荷随时间而变化时。事实上，一个恰当设计的螺栓连接会保护螺栓免受变载荷的影响。为了充分理解其缘由，我们需要深入地了解非刚性连接在加载下的弹性性能。

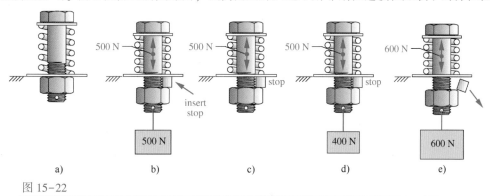

图 15-22

螺栓组件的预装配

图 15-23 给出了一个螺栓夹紧一个已知横截面积和长度的圆筒。我们希望获得螺栓和圆筒在预紧力和外部载荷作用下的受力、变形量和应力状态。螺栓杆的弹性系数可以从螺栓杆的变

形方程中得到：

$$\delta = \frac{Fl}{AE} \tag{15.10a}$$

和

$$k = \frac{F}{\delta} = \frac{AE}{l} \tag{15.10b}$$

被连接件材料一般包括两部分或更多部分，并且它们可能是不同的材料。此外，长螺栓的螺纹仅占其长度的一部分，因此有两个不同的横截面。根据式（14.2b），不同刚度部分可以视作一系列串联的弹簧（这里重复给出）。

$$\frac{1}{k_{total}} = \frac{1}{k_1} + \frac{1}{k_2} + \frac{1}{k_3} + ... + \frac{1}{k_n} \tag{14.2b}$$

如图 15-21 所示六角头螺栓，直径为 d，轴向负荷螺纹长度为 l_t，夹紧部分长度为 l，其理论弹性系数是：

$$\frac{1}{k_b} = \frac{l_t}{A_t E_b} + \frac{l - l_t}{A_b E_b} = \frac{l_t}{A_t E_b} + \frac{l_s}{A_b E_b} \quad 即 \quad k_b = \frac{A_t A_b}{A_b l_t + A_t l_s} E_b \tag{15.11a}$$

式中，A_b 是螺栓横截面的总面积；A_t 是最大拉伸应力区域的横截面积；$l_s = (l - l_t)$ 是不带螺纹的杆长。依据美国标准，螺纹部分的长度为两倍螺栓直径加上 1/4 in（即 6 mm，公制螺栓）到 6 in（150 mm）。螺纹长度另加上 1/4 in 的螺栓适用于长螺栓。短于标准螺纹长度的螺栓，其螺纹要尽可能靠近螺栓头部。

对于图 15-23 中所示圆柱材料的几何形状（忽略法兰），材料的弹性系数可从如下方程得到：

$$\frac{1}{k_m} = \frac{l_1}{A_{m_1} E_1} + \frac{l_2}{A_{m_2} E_2} = \frac{4 l_1}{\pi D_{eff_1}^2 E_1} + \frac{4 l_2}{\pi D_{eff_2}^2 E_2} \tag{15.11b}$$

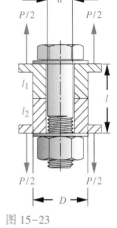

图 15-23

受外载荷螺栓连接圆柱体的预装配

式中，A_m 是被连接件材料的有效横截面积；D_{eff} 是对应相应面积的有效直径。

如果两部分的被连接件材料相同，则：

$$k_m = \frac{A_m E_m}{l} \tag{15.11c}$$

式中，A_m 为被连接件材料有效横截面积（也见 15.8 节），如果将 A_m 定义为直径为 D_{eff} 的实心圆柱体的有效横截面积，式（15.11c）可化为：

$$k_m = \frac{\pi D_{eff}^2}{4} \frac{E_m}{l} \tag{15.11d}$$

静载下的预紧螺栓

图 15-24a 给出了在同一轴向上的螺栓和被连接材料的载荷-变形曲线，其中初始变形为 $\delta = 0$。注意：如果螺栓的载荷-变形曲线的斜率为正，那么螺栓的长度随着力的增加而增加。而被连接件材料的载荷-变形曲线的斜率为负，因此被连接件材料的长度随着力的增加而减少。我们假设被连接件材料和螺栓材质相同，因为被连接件材料的作用面积比螺母的截面更大，所以被连接件材料的刚度更大。只要被连接件材料和螺栓保持接触，它们受到的力大小就相同。通过拧紧螺母加上了预紧力 F_i，螺栓应变 δ_b 和被连接件材料应变 δ_m 受自身刚度的控制，在应力应变曲线上分别达到 A 点和 B 点，如图 15-24a 所示。由于已假设 k_b 和 k_m 的相对大小，因此螺栓的伸长量（δ_b）比被连接件材料的压缩量更大（δ_m）。

如图 15-24b 所示，当外部载荷 P 加到图 15-23 的结合处时，螺栓和被连接件材料会产生附加变形 $\Delta\delta$。螺栓和被连接件材料的变形是相同的，除非加载的这个力大到足以把结合面分开（如图 15-22e 所示，$P_m > F_i$）。如图 15-24b 所示，额外的应变使螺栓和被连接件材料受到的载荷发生变化。被连接件材料的载荷减小了 P_m，沿着应力应变曲线到达 D 点，载荷大小为 F_m。螺栓的载荷增加了 P_b，沿着应力应变曲线到达 C 点，载荷大小为 F_b。注意到载荷 P 分成两个部分，一部分加载到被连接件材料上，一部分加载到螺栓上，即：

$$P = P_m + P_b \tag{15.12a}$$

被连接件材料上的压缩载荷 F_m 现在为：

$$F_m = F_i - P_m , \qquad F_m \geqslant 0^{\ominus} \tag{15.12b}$$

螺栓上的拉力 F_b 为：

$$F_b = F_i + P_b \tag{15.12c}$$

注意：预紧力 F_i 所引起的变化。被连接件材料"弹簧"在预紧力作用下是被"压紧"的。再施加的载荷中的一部分"放松"了弹簧。螺栓和被连接件材料的相对刚度如图 15-24 所示，被连接件材料承担了主要的外载荷，螺栓除了预紧力外只承担了外载荷的一小部分。这是对早先提到的陈述："如果螺栓在预紧力作用下不失效，在外部载荷作用下也不太可能会失效"提供佐证。对这一陈述还有其他方面的理由，我们将在后面的章节中讨论。

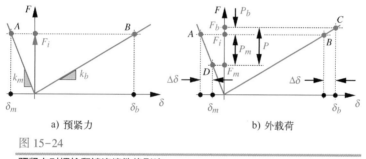

a) 预紧力　　　　　b) 外载荷

图 15-24

预紧力对螺栓和被连接件的影响

然而，我们注意到，如果载荷 P 足够大，使得加在被连接件材料上的分力 P_m 超过预紧力 F_i，接合面就会分离，当载荷大到可以使螺母和被连接件材料分离时，F_m 为 0，螺栓承担全部载荷 P。如果连接处分离，被连接件材料不再能承担载荷，这个就是为什么建议应用一个很大的螺栓预紧力与屈服强度的百分比值来提升螺栓强度的原因。为了充分利用被连接件材料承担载荷的能力，预紧力应该很大。$^{\ominus}$

我们从图 15-24 总结出如下信息，载荷 P 引起的变形 $\Delta\delta$ 为：

$$\Delta\delta = \frac{P_b}{k_b} = \frac{P_m}{k_m} \tag{15.13a}$$

或者是：

$$P_b = \frac{k_b}{k_m} P_m \tag{15.13b}$$

代入式（15.12a）得到：

⊖ 如果 F_m 是负数，则令 $F_m = 0$，因为材料不能承受拉力，会发生分离。

⊖ 此结论似有误，因为螺栓受的载荷一定大于预紧力，不会被连接件分担。预紧力大是为了保证被连接件不分离。译者注。

$$P_b = \frac{k_b}{k_m + k_b}P$$

或者是：

$$P_b = CP \qquad 当\ C = \frac{k_b}{k_m + k_b}\ 时 \qquad (15.13c)$$

式中，C 是综合刚度系数，$C = \dfrac{k_b}{k_m + k_b}$。注意到 $C<1$，如果 $k_b<k_m$，C 会很小。这证明螺栓只承担了载荷 P 很小的一部分。

类似的形式下：

$$P_m = \frac{k_m}{k_b + k_m}P = (1-C)P \qquad (15.13d)$$

将 P_b 和 P_m 的表达式代入式（15.12b）和式（15.12c）中，能够得到用载荷 P 表示的螺栓和被连接件材料的受力：

$$F_m = F_i - (1-C)P \qquad (15.14a)$$
$$F_b = F_i + CP \qquad (15.14b)$$

如果已知综合刚度常数 C，对于给定载荷 P 以及螺栓许用（弹性）载荷 F_b，所需要的预紧力 F_i 可用式（15.14b）求解。

令式（15.14a）中 F_m 为 0，可得分离接合处需要的载荷 P_0 为：

$$P_0 = \frac{F_i}{(1-C)} \qquad (15.14c)$$

避免接合处分离的安全系数为：

$$N_{separation} = \frac{P_0}{P} = \frac{F_i}{P(1-C)} \qquad (15.14d)$$

例 15-2　预加载紧固件的静态加载问题

问题：确定图 15-23（重复）所示被连接件中螺栓的合适尺寸和预紧力。得出其抵抗屈服变形和分离的安全系数。确定最优预紧力占极限强度的百分比为多少时，安全系数最大。

已知：被连接件的尺寸为：$D = 1$ in，$l = 1$ in，施加的载荷为 $P = 2000$ lb。

假设：螺栓和被连接件部分的材料都是钢。忽略法兰盘对连接刚度的影响。初选施加的预紧力大小为螺栓弹性强度的 90%。

解：见图 15-25。

1. 如同大多数设计问题，在一次性求解必要方程时会遇到许多未知变量。必须通过试取值并经过迭代来找到合适的解。实际上我们也是通过多次迭代来解决这个问题的，但为了简化起见，这里只给出两步迭代过程。因此，这里使用的试取值已经是经过处理得到的合理值。

2. 螺栓直径是根据螺栓的系列和类别选取的试取值，螺栓级别决定了螺栓的极限强度。我们选择 5/16-18 UNC-2A 系列 SAE 5.2 型钢制螺栓（这实际上是我们的第三次试取值）。由于被夹物的长度为 2 in，假设螺栓的长度为 2.5 in 以保证给螺母预留足够的伸出量。预紧力按照前面的假设，取弹性强度的 90%。

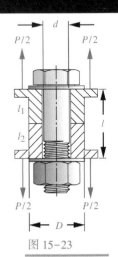

图 15-23

（重复）连接受外载荷圆柱体的螺栓的预装配

3. 由表 15-6 查得该螺栓的极限强度为 8.5 kpsi。从式（15-1a）中可知，最大拉伸应力区域的面积为 0.052431 in²。可得预紧力为：

$$F_i = 0.9 S_p A_t = 0.9(85\,000)(0.052431)\ \text{lb} = 4011\ \text{lb} \tag{a}$$

4. 求出螺栓的螺纹长度 l_{thd} 和螺杆长度 l_s，如图 15-21 所示：

$$l_{thd} = 2d + 0.25 = 2(0.3125)\ \text{in} + 0.25\ \text{in} = 0.875\ \text{in} \tag{b}$$

$$l_s = l_{bolt} - l_{thd} = 2.5\ \text{in} - 0.875\ \text{in} = 1.625\ \text{in}$$

被连接件夹紧区 l_t 的长度：

$$l_t = l - l_s = 2.0\ \text{in} - 1.625\ \text{in} = 0.375\ \text{in} \tag{c}$$

5. 由式（15.11a）可知，螺栓刚度为：

$$\frac{1}{k_b} = \frac{l_t}{A_t E} + \frac{l_s}{A_b E} = \frac{0.375}{0.052431(30\times10^6)} + \frac{1.625(4)}{\pi(0.3125)^2(30\times10^6)} \tag{d}$$

$$k_b = 1.059\times10^6\ \text{lb/in}$$

6. 实例中，由于直径较小，被连接件材料刚度计算公式被简化。假设整个气缸材料受螺栓预紧力压缩作用。由式（15.11d）可知被连接件材料的刚度为：

$$k_m = \frac{\pi(D^2 - d^2)}{4}\frac{E_m}{l} = \frac{\pi(1.0^2 - 0.312^2)}{4}\frac{(30\times10^6)}{2.0}\ \text{lb/in} = 1.063\times10^7\ \text{lb/in} \tag{e}$$

7. 由式（15.13c），可知连接刚度系数为：

$$C = \frac{k_b}{k_m + k_b} = \frac{1.059\times10^6}{1.063\times10^7 + 1.059\times10^6} = 0.090\,56 \tag{f}$$

8. 由式（15.13）可求得载荷 P 施加在螺栓和被连接件材料上的分量分别为：

$$P_b = CP = 0.090\,56(2000)\ \text{lb} = 181\ \text{lb}$$

$$P_m = (1-C)P = (1-0.090\,56)(2000)\ \text{lb} = 1819\ \text{lb} \tag{g}$$

9. 施加载荷 P 后，螺栓和被连接件材料所受的总载荷为：

$$F_b = F_i + P_b = 4011\ \text{lb} + 181\ \text{lb} = 4192\ \text{lb}$$

$$F_m = F_i - P_m = 4011\ \text{lb} - 1819\ \text{lb} = 2192\ \text{lb} \tag{h}$$

注意：外载荷有多小一部分加到螺栓的预紧力上。

10. 螺栓的最大拉应力为：

$$\sigma_b = \frac{F_b}{A_t} = \frac{4192}{0.052\,431}\ \text{psi} = 79\,953\ \text{psi} \tag{i}$$

注意：由于是静载荷，没有集中应力系数。

11. 由于这是单轴向应力状况，故主应力和等效应力与实际拉应力是相等的。此时，屈服安全系数为：

$$N_y = \frac{S_y}{\sigma_b} = \frac{92\,000}{79\,953} = 1.15 \tag{j}$$

屈服强度可由表 15-6 和表 15-7 得到。

12. 由式（15.14c）和式（15.14d）可知，使连接处分离所需的力及防止连接处分离的安全系数为：

$$P_0 = \frac{F_i}{(1-C)} = \frac{4011}{(1-0.090\,56)}\ \text{lb} = 4410\ \text{lb} \tag{k}$$

15

$$N_{separation} = \frac{P_0}{P} = \frac{4410}{2000} = 2.2 \qquad (1)$$

13. 避免分离的安全系数是合理的。屈服安全系数较低，这是预料之中的，因为我们有意给螺栓加上了一个接近于屈服强度的预紧力。

14. 在本模型中，预紧力取值范围为 0~100% 弹性极限强度，在此范围内，绘出了安全系数与加载预紧力百分比之间的关系。求解结果如图 15-25 所示。安全系数随着预加载荷的增大呈线性增长，在预紧力不超过螺栓极限强度的 40% 时，它小于 1。在外加载荷下，至少需要较大的预紧力保持连接处的紧密连接。在低预紧力作用下，屈服安全系数高，但它随着预紧力的增大而降低。当预紧力大约为螺栓屈服强度的 65% 时，屈服安全系数和分离安全系数两线相交于 A 点。对这时的预紧力，防止屈服和分离失效的安全系数值均为 1.6。但是，如果是为了防止连接处发生过载，预紧力大点更好。在 B 点，防止过载的安全系数为 2.2，根据以上计算公式得出：距屈服的发生还有 15% 的余量。

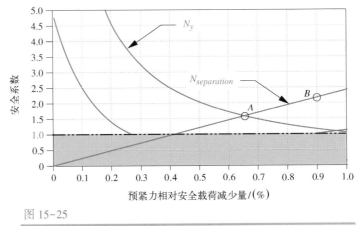

图 15-25

例 15-2 中螺栓静载作用下安全系数与预紧力的关系

15. 因此，建议选取 5/16-18 UNC-2A 系列 5.2 级螺栓，长度为 2.5 in，预加载为极限强度的 90%，预紧力为：

$$F_i = 0.90 S_p A_t = 0.90 (85\,000)(0.052\,431)\,\text{lb} \cong 4011\ \text{lb} \qquad (m)$$

16. 文件 EX15-02 可以从本书网站上找到。

动载下的预紧螺栓

动载下的连接螺栓，其预紧力的值比静载下的大。再看图 15-23 所示的连接，工作载荷 P 是时间函数，在最小值 P_{min} 和最大值 P_{max} 之间变化，且都是正值。一个非常常见的情况是螺栓的工作载荷为脉动循环（$P_{min} = 0$），例如，压力从零到最大压力循环变化的压力容器的连接螺栓。

图 15-26 所示的是螺栓组连接件承受脉动载荷的载荷-变形图。当脉动载荷下降到零时，螺栓载荷图如图 15-26a 所示，即，目前只有静态的预紧力 F_i。当脉动载荷上升到一个最大值时，螺栓载荷图如图 15-26b 所示。P_{max} 被分解给螺栓和被连接件来承受，这与图 15-24 所示的静载荷情况一样。由于预紧力的存在，螺栓仅承受脉动载荷的一部分，而被连接件承受了另外一部分脉动载荷。相对于没有预紧力的螺栓，这大大减少了危险的交变拉伸应力。被连接件中的压缩应力变化对疲劳失效并不重要，因为疲劳失效通常是由拉伸应力引起的。

螺栓所承受的平均力和交变力分别为：

$$F_{alt} = \frac{F_b - F_i}{2}, \qquad F_{mean} = \frac{F_b + F_i}{2} \qquad (15.15a)$$

当 $P = P_{max}$ 时，F_b 可以由式（15.14b）解得。

螺栓的平均应力和交变应力分别为：

$$\sigma_a = K_f \frac{F_{alt}}{A_t}, \qquad \sigma_m = K_{fm} \frac{F_{mean}}{A_t} \qquad (15.15b)$$

式中，A_t 是螺栓的拉伸应力区，它可从表 15-1 或表 15-2 中得到；K_f 是螺栓的疲劳应力集中系数，它可以用经验公式（15.15c）估算[⊖]：

$$K_f = 5.7 + 0.6812d \qquad d \text{ 的单位为 in}$$

或

$$K_f = 5.7 + 0.026\,82d \qquad d \text{ 的单位为 mm} \qquad (15.15c)$$

式中，d 是公称螺纹直径。这个经验公式是基于切制螺纹和滚制螺纹的疲劳试验数据得到的，它表明螺纹中的应力集中随着螺栓直径而变化，从螺纹直径为 0.25 的大约 5.7 变化到螺纹直径为 5 的大约 9[16]。K_{fm} 是平均应力集中系数，它可由式（6.17）得到。注意预紧螺栓的 K_{fm} 通常接近于 1.0。

由预紧力 F_i 产生的应力为：

$$\sigma_i = K_{fm} \frac{F_i}{A_t} \qquad (15.15d)$$

Peterson[6] 指出：大约 15% 的螺栓疲劳发生在螺栓头部的过渡圆角处，20% 发生在螺栓杆的螺纹端部，大约 65% 发生在螺母端面的螺纹上。由于滚制螺纹具有良好的晶粒分布，可以显著地提高疲劳强度[16,17]，因此，高强度螺栓通常采用滚制螺纹。

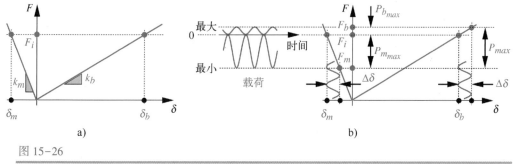

图 15-26

载荷从 0 到最大值 P_{max} 波动时对螺栓和被连接件的影响

由式（15.15）计算得到的应力需要与合适的材料强度参数进行比较，这些参数可以从修正的 Goodman 图上查到，正如在 6.11 节讨论过的那样。疲劳强度可以应用 6.6 节的方法计算，采用滚制或切制精加工螺纹。疲劳安全系数可以用式（14.34b）来计算，采用与本节一致的下标，而不用绘制 Goodman 图标。

$$N_f = \frac{S_e (S_{ut} - \sigma_i)}{S_e (\sigma_m - \sigma_i) + S_{ut} \sigma_a} \qquad (15.16)$$

⊖　应力集中系数经验公式（15.15c）是根据参考文献［16］的数据通过线性回归得到的。该相关系数是 $r^2 = 0.91$。

由上述讨论可知，高预紧力可以明显减少疲劳载荷效应。如果没有预紧力，螺栓所承受的平均和交变的载荷和应力将要增加一个系数 $1/C$，这可能是一个很大的数，因为 C 通常很小并且总是小于 1。

例 15-3　动载下的预紧紧固件

问题：同例 15-2，一个螺栓连接承受脉动载荷。确定合适的螺栓尺寸和连接处的预紧力，如图 15-23（重复）所示。计算螺栓连接不产生疲劳、屈服、分离的安全系数，并确定最佳的预紧力作为屈服强度的百分比，来最大化疲劳、屈服、分离的安全系数。

已知：连接的尺寸为 $D=1\,\text{in}$ 和 $l=2\,\text{in}$，施加的载荷在 $P=0$ 和 $P=1000\,\text{lb}$ 之间波动。

假设：螺栓采用滚制螺纹，两个被连接件的材料都是钢，凸缘对连接刚度的影响可以忽略，以 90% 的螺栓弹性强度的预紧力初试值，可靠度为 99%，工作温度为 300°F。

解：见图 15-27~图 15-29。

1. 同样，在求解过程的方程组中有太多的未知量。试选各个参数值并反复进行迭代以得到一个好的解。实际上这个过程我们重复多次，但这里仅做简单介绍。这里的试选值已经为合理的值。

2. 螺栓直径是一个主要的试选值，它用于选择螺纹系列和确定极限强度的螺栓等级。我们选择 5/16-UNC-2A 钢制螺栓，其 SAE 等级为 5.2，与例 15-2 静载条件下的应用相似。被连接件厚度为 2 in，选定螺栓长度 2.5 in，以保证足够的螺母安装位置。如上所述预紧力取值 90% 屈服强度。

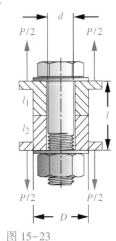

图 15-23

（重复）预紧螺栓连接受外载荷的圆柱体

3. 屈服强度、拉伸应力面积、预紧力、螺栓刚度、被连接件刚度和连接系数都与例 15-2 相同，取 90% 预紧力系数。这些值汇总如下：

$$S_p = 85\ \text{kpsi} \qquad A_t = 0.052431\ \text{in}^2 \qquad F_i = 4011\ \text{lb}$$
$$k_b = 1.059 \times 10^6\ \text{lb/in} \qquad k_m = 1.063 \times 10^7\ \text{lb/in} \qquad C = 0.09056 \tag{a}$$

4. 螺栓和被连接件所承受的脉动载荷幅值 P 的比例，以及工作载荷作用所产生的螺栓和被连接件载荷，都是与上述例子相同的，但是这里的脉动载荷幅值更小：

$$P_b = 91\ \text{lb} \qquad\qquad P_m = 909\ \text{lb}$$
$$F_b = 4102\ \text{lb} \qquad\qquad F_m = 3102\ \text{lb} \tag{b}$$

5. 由于工作载荷是脉动载荷，这里需要计算螺栓所承受的平均和交变应力值，如图 15-27 所示的载荷—变形图就是按上述工作载荷的比例绘制的。初始力 A 线和最大螺栓力 B 线之间的浅正弦波是螺栓所承受的唯一的脉动载荷。平均和交变载荷如下：

$$F_{alt} = \frac{F_b - F_i}{2} = \frac{4102 - 4011}{2}\ \text{lb} = 45.3\ \text{lb}$$
$$F_{mean} = \frac{F_b + F_i}{2} = \frac{4102 + 4011}{2}\ \text{lb} = 4056.2\ \text{lb} \tag{c}$$

注意：螺栓所承受到的 0~1000 lb 的脉波载荷部分是很小的。

6. 螺栓的名义平均应力和交变应力分别为：

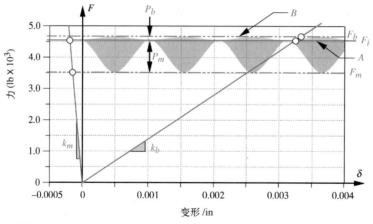

图 15-27

例 15-3，螺栓和被连接件所受动载荷（按比例绘制）

$$\sigma_{a_{nom}} = \frac{F_{alt}}{A_t} = \frac{45.3}{0.052\,431}\,\text{psi} = 864\ \text{psi}$$

$$\text{(d)}$$

$$\sigma_{m_{nom}} = \frac{F_{mean}}{A_t} = \frac{4056.2}{0.052\,431}\,\text{psi} = 77\,364\ \text{psi}$$

7. 由式（15.15c）获得变直径螺纹的疲劳应力集中系数，由式（6.17）获得平均应力集中系数 K_{fm}：

$$K_f = 5.7 + 0.6812d = 5.7 + 0.6812(0.3125) = 5.9$$

如果

$$K_f \left| \sigma_{max_{nom}} \right| > S_y$$

那么

$$K_{fm} = \frac{S_y - K_f \sigma_{a_{nom}}}{\left| \sigma_{m_{nom}} \right|}$$

$$K_f \left| \sigma_{max_{nom}} \right| = K_f \left| \sigma_{a_{nom}} + \sigma_{m_{nom}} \right| = 5.9 \left| 864 + 77\,364 \right|\,\text{psi} = 462\,548\ \text{psi}$$

$$462\,548\ \text{psi} > S_y = 92\,000\ \text{psi}$$

$$\text{(e)}$$

$$K_{fm} = \frac{S_y - K_f \sigma_{a_{nom}}}{\left| \sigma_{m_{nom}} \right|} = \frac{92\,000 - 5.9(864)}{77\,364} = 1.12$$

8. 螺栓的局部平均应力和交变应力为：

$$\sigma_a = K_f \sigma_{a_{nom}} = 5.9(864)\,\text{psi} = 5107\ \text{psi}$$

$$\sigma_m = K_{fm} \sigma_{m_{nom}} = 1.12(77\,364)\,\text{psi} = 86\,893\ \text{psi}$$

$$\text{(f)}$$

9. 初始预紧力下的拉应力为：

$$\sigma_i = K_{fm} \frac{F_i}{A_t} = 1.12 \frac{4011}{0.052\,431}\,\text{psi} = 85\,923\ \text{psi}$$

$$\text{(g)}$$

10. 必须计算被连接件的持久强度。应用 6.6 节的方法，可以看到：

$$S_e' = 0.5 S_{ut} = 0.5(120\,000)\,\text{psi} = 60\,000\ \text{psi}$$

$$\text{(h)}$$

$$S_e = C_{load}\, C_{size}\, C_{surf}\, C_{temp}\, C_{reliab}\, S_e'$$
$$= 0.70(0.995)(0.76)(1)(0.81)(60\,000)\,\text{psi} = 25\,726\ \text{psi}$$

$$\text{(i)}$$

15

这里的强度修正系数由 6.6 节的表格和公式获得，分别考虑轴向载荷影响系数、螺栓尺寸影响系数、机械精加工影响系数、室温和 99% 可靠性的影响系数。

11. 将修正后的持久强度和极限抗拉强度代入式（15.16），由 Goodman 线图可求得安全系数值为：

$$N_f = \frac{S_e(S_{ut} - \sigma_i)}{S_e(\sigma_m - \sigma_i) + S_{ut}\sigma_a}$$

$$= \frac{25\,837(120\,000 - 85\,923)}{25\,726(86\,893 - 85\,923) + 120\,000(5107)} = 1.38 \tag{j}$$

用于这种应力状态的修正 Goodman 线图如图 15-28 所示。

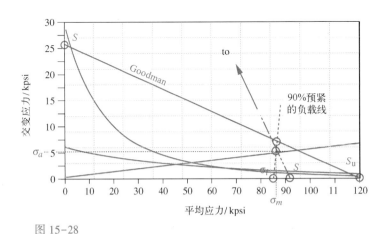

图 15-28

例 15-3 中修正的 Goodman 线图

12. 经过初始的局部屈服后螺栓静应力和屈服安全系数为：

$$\sigma_s = \frac{F_{bolt}}{A_t} = \frac{4102}{0.045\,36}\ \text{psi} = 78\,227\ \text{psi} \qquad N_y = \frac{S_y}{\sigma_b} = \frac{92\,000}{78\,227} = 1.18 \tag{k}$$

13. 在这些安全系数下，所需的预紧力为：

$$F_i = 0.90 S_p A_t = 0.90(85\,000)(0.052\,431)\ \text{lb} \cong 4011\ \text{lb} \tag{l}$$

14. 防止连接处分离的安全系数由式（15.14d）求得，为：

$$N_{separation} = \frac{F_i}{P(1 - C)} = \frac{4011}{1\,000(1 - 0.090\,56)} = 4.4 \tag{m}$$

15. 疲劳和分离的安全系数都是可以接受的。屈服安全系数虽然略小，但仍然可以接受，因为该螺栓所施加的预紧力接近其屈服强度水平。

16. 该模型给出了 0~100% 屈服强度的可能预紧力范围，以及安全系数与预紧力百分比之间的关系曲线，如图 15-29 所示。当预紧力小于 40% 屈服极限时，疲劳和分离的安全系数小于 1，也就是说，该点的预紧力值是螺栓连接保持紧密性的临界点。当预紧力在 40% 屈服强度阈值以上时，疲劳安全系数基本保持恒定。但是，螺栓连接的分离安全系数与预紧力呈线性关系。为了防止螺栓连接可能过载，螺栓紧固时预紧力不应超过屈服强度。本例中，当预紧力为 90% 屈服强度时，过载余量值为 $N_{separation} = 4.4$（A 点），抗屈服余量为 18%（$N_y = 1.18$ 在 C 点），疲劳失效的安全系数为 $N_f = 1.38$（B 点）。

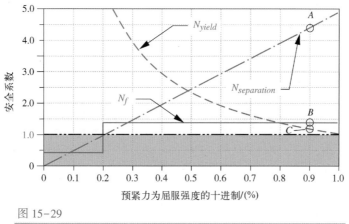

图 15-29

例 15-3 中安全系数与动载螺栓预紧力之间的关系

17. 螺栓推荐 5/16-18 UNC-2A 标准设计，5.2 级，2.5 in 长，预紧力为 90% 螺栓屈服强度达 4011 lb。注意到这样一个小的预紧螺栓将要承受半吨的脉动载荷！文件 EX15-03 可在本书网站上找到。

15.8　连接刚度系数确定

在前面的讨论中，为了简单起见，被连接件的横截面假定是一个小直径的圆柱体，如图 15-23 所示。一个更实际的情况如图 15-21 所示，其中被连接件是一个超出螺栓的影响区域的连续的延伸体。事实上，大多数的螺栓连接都是分布在同一连接平面上的多个螺栓组成的螺栓组连接。（当螺栓连接面为圆形时，其螺栓中心线所在的圆周称为**螺栓圆**）。于是问题就变成：如何计算所需要的被连接件材料的刚度 k_m，然后得到螺栓连接刚性系数 C。

被连接件的应力分布很复杂。许多学者研究了这个问题[7-9]，应力分布的准确计算是十分复杂的，最好应用有限元进行分析。毫无疑问，在被连接件材料中的压缩应力分布中，螺栓正下方处最高，越是远离螺栓中心线（CL）就越低。在距离 CL 很远的某个位置，连接表面的压应力为 0，而超过这个点后的连接面趋于分离，因为再也不能承受拉伸应力。

图 15-30 所示为有限元分析（FEA）研究的应力分布结果，被连接件是如三明治般分布的夹层结构件，采用单个预紧螺栓连接[10,11]。由于它是轴对称结构，因此只分析二分之一夹层结构件。图中的垂直螺栓中心线位于图左手边的左侧。环绕螺栓的应力分布模型有时被模拟成截圆锥体（或圆锥墩）[12]，如图 15-30a 所示。图 15-30b 给出了形变后的几何图形，图中的垂直尺寸被高倍放大，以显示被连接件夹紧区非常小的变形，被连接件右手边的一半连接处出现分离。一些研究表明，$\phi=30°$ 的锥角给出了近似应力值的一个合理分布图[12,13]。螺钉或螺栓的弹性系数可以用同样的方法估算。这些方法只给出近似的结果，这里不用。其他学者[13-15]也做了螺栓连接的 FEA 研究，并提供了更好的螺栓性能评估。这里只给出其中一个学者的研究结果。

Cornwell[15]对包括四个连接参数的 4424 各种组合的螺栓和连接刚度做了大量的 FEA 分析；这四个参数是：螺栓直径、连接厚度、各个单板的厚度以及各种平板材料。该研究还包括螺栓头部偏斜对螺栓刚度的影响，这个影响的量可以比用式（15.11a）计算得到的螺栓刚度预测理论值大得多。考虑螺栓头部偏斜影响的螺栓刚度计算公式应用下式替代式（15.11a）：

15

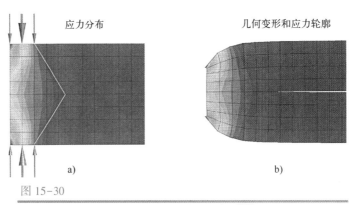

应力分布　　　　　　　　　　　　　几何变形和应力轮廓

a)　　　　　　　　　　　　　　　　　　b)

图 15-30

应力分布的有限元分析和螺栓连接夹紧区的变形[10]

$$k_{b'} = \left(1 + \frac{d}{l}\right)^{-1} k_b \cong \left(1 + \frac{d}{l}\right)^{-1} \frac{A_t A_b}{A_b l_t + A_t l_s} E_b \qquad (15.17)$$

Cornwell 经验公式与其 FEA 分析数据相一致，都是把连接刚度系数 C 作为函数，计算应变量包括螺栓直径 d、连接长度 l、被连接两部分的相对板厚和两个被连接件材料的弹性模量 E。经验公式计算结果与所有模型的 FEA 数据相符，平均误差为 0.6%，相关性系数为 0.9998。这种方法无须估算被连接件夹紧区材料的刚度 k_m 用以确定 C，如上述两个实例中那样做，并且所有的其他方法都可以参照此例进行计算。C 值可直接应用式（15.14）确定螺栓与被连接件所承受的载荷，以及计算防止螺栓连接接合面分离的连接安全系数。Cornwell 经验公式适用于被连接件材料的杨氏模量介于钢和铝之间的任意组合的螺栓连接。

Cornwell 定义了一个连接的径厚比 j，即螺栓直径 d 除以被连接厚度 l：

$$j = \frac{d}{l} \qquad (15.18a)$$

定义被连接件与螺栓的弹性模量比 r 为：

$$r = \frac{E_{material}}{E_{bolt}} \qquad (15.18b)$$

定义了板厚比 t：

$$t = \frac{T_L}{T_L + T_H} \qquad (15.18c)$$

式中，T_L 是弹性模量板的板厚度；T_H 是高弹性模量板的板厚度。

两同材质板材连接

Cornwell 的研究调查表明，连接处的径厚比 j 变化范围是 0.1 ~ 2.0。对于铝板与钢制螺栓，板与螺栓的模量比 r 为 0.35，如果两者都为钢制，模量比则为 1.0。板与螺栓的模量比的变化对连接系数 C 的影响分析如下。利用有限元分析数据，曲线拟合推导出以 r 为变量的 C 的表达式。其中 r 取上述提及的被连接件材料的模量比：

$$C_r = p_3 r^3 + p_2 r^2 + p_1 r + p_0 \qquad (15.19)$$

式中，系数 p_i 是 j 的函数，具体值在表 15-8 中给出。

如果是同种材料相连接，则 $C = C_r$；如果是两种不同的材料连接，系数 C_r 要分开单独计算。C_H 代表在同一连接处完全由高弹性模量的材料连接时的连接系数，则 C_L 完全由低者连接。

表 15-8　式（15.19）的相关参数[15]

j	p_0	p_1	p_2	p_3
0.10	0.4389	−0.9197	0.8901	−0.3187
0.20	0.6118	−1.1715	1.0875	−0.3806
0.30	0.6932	−1.2426	1.1177	−0.3845
0.40	0.7351	−1.2612	1.1111	−0.3779
0.50	0.7580	−1.2632	1.0979	−0.3708
0.60	0.7709	−1.2600	1.0851	−0.3647
0.70	0.7773	−1.2543	1.0735	−0.3595
0.80	0.7800	−1.2503	1.0672	−0.3571
0.90	0.7797	−1.2458	1.0620	−0.3552
1.00	0.7774	−1.2413	1.0577	−0.3537
1.25	0.7667	−1.2333	1.0548	−0.3535
1.50	0.7518	−1.2264	1.0554	−0.3550
1.75	0.7350	−1.2202	1.0581	−0.3574
2.00	0.7175	−1.2133	1.0604	−0.3596

两不同材质板材连接

图 15-31 给出了一个具有代表性的有限元分析的算例，算例给出了连接系数 C 和板厚度比 t 的关系。利用多项式拟合不同径厚比 j 下得到的数据，得到一族拟合曲线。这些曲线的表达式如下：

$$C_t = q_5 t^5 + q_4 t^4 + q_3 t^3 + q_2 t^2 + q_1 t + q_0 \qquad (15.20a)$$

$$C_t = q_3 t^3 + q_2 t^2 + q_1 t + q_0 \qquad (15.20b)$$

这里，式（15.20a）仅应用于连接径厚比 $j = 0.1$ 的时候，而式（15.20b）则应用于其他径厚比 j。不同径厚比 j 对应的参数 q_i 的值如表 15-9 所示。

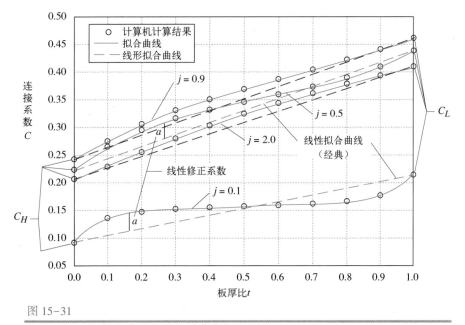

图 15-31

连接系数 C 对板厚比 t 以及径厚比 j 的曲线族

15

表 15-9   式（15.20）的相关参数[15]

j	q_0	q_1	q_2	q_3	q_4	q_5
0.10	0.0079	17.040	-92.832	202.44	-209.38	82.726
0.20	0.1010	8.5465	-24.166	15.497		
0.30	0.0861	8.2344	-22.274	13.963		
0.40	0.0695	8.0297	-20.727	12.646		
0.50	0.0533	7.8676	-19.357	11.457		
0.60	0.0372	7.6705	-17.951	10.262		
0.70	0.0197	7.3030	-16.235	8.9273		
0.80	0.0029	6.9893	-14.737	7.7545		
0.90	-0.0123	6.7006	-13.363	6.6784		
1.00	-0.0265	6.4643	-12.188	5.7481		
1.25	-0.0524	5.7363	-9.3326	3.6348		
1.50	-0.0678	5.0674	-7.0322	2.0107		
1.75	-0.0763	4.5187	-5.1590	0.6861		
2.00	-0.0784	3.9617	-3.5248	-0.3956		

上述都是非线性函数，图 15-31 中关于 j 的曲线族也是非线性的，这一点从图中取不同 j，连接系数 C 与板厚比 t 的关系曲线可看出。为了便于利用数据计算出不同 j 值下的连接系数 C，Cornwell 提出了一个修正系数。修正系数用于修正从 C_H 到 C_L 直线的原曲线形状及其实际连接刚度系数偏差，如图 15-31 所示。修正系数的形状由式（15.20）给出，而它的幅值通过式（15.21）计算得出：

$$a = e^{0.0598(\ln j)^3 + 0.1385(\ln j)^2 - 0.4350(\ln j) - 2.3516} \tag{15.21}$$

在图 15-31 中，只给出了两条（$j = 0.1$ 与 $j = 0.5$）C 与 t 曲线的线性化函数，它们简化了 C 与 t 的关系，以方便数据应用。在图中给出了这两组曲线与直线的关系参数 a，可以看出：a 表示的是两端点之间，曲线与直线之间的最大偏离量。取值为 C_H 与 C_L 的那些端点分别代表接合处完全是高模量材料或者完全是低模量材料的连接系数值。必须有这些值来确定直线斜率和取值范围。C_H 与 C_L 的值可以通过把从式（15.18b）算出的板对螺栓的模量比 r 代入式（15.19）计算得出。

一旦计算得出 C_H、C_L、C_t 和 a 值，连接系数 C 就可以由这些参数以及板厚比 t 得到：

$$C = C_H + (t + aC_t)(C_L - C_H) \tag{15.22}$$

C 值可应用于式（15.14）。被连接件材料刚度 k_m 可以通过把 C 与 k_b 代入式（15.13c）计算得出，k_b 可以通过式（15.17）计算得出。

垫圈连接

当要求压力密封时，接合处常用到垫圈。垫圈的种类繁多，通常可以分为两大类：**承压垫圈**与**非承压垫圈**。图 15-32a 与图 15-32b 表示两种不同的承压垫圈，从俯视图看，垫圈是一个 O 形环。在使用承压垫圈时，两个被连接的硬表面是相互接触的；这时连接性能与没装垫圈近似，因为弹性系数 k_m 几乎没变。可以使用前面介绍的方法估算出承压垫圈的 C 值与 k_m 值。

图 15-32c 表示非承压垫圈，这时相对较软的垫圈把被连接件的配合面完全隔开。垫圈在接合面间起到类似弹簧的作用。垫圈的弹性系数 k_g 可以与配合件弹性系数组合，得到配合后等效弹性系数 k_m，配合件的弹性系数可通过式（14.2b）计算得到。利用等效弹性系数通过式（15.13c）可计算出相应的连接系数 C。表 15-10 给出了几

表 15-10   部分垫圈材料的弹性模量[12]

材　料	弹性模量	
	psi（lb/in²）	MPa
软木	12.5×10^3	86
压缩石棉	70×10^3	480
铜包石棉	13.5×10^6	93×10^3
纯铜	17.5×10^6	121×10^3
普通橡胶	10×10^3	69
螺旋缠绕	41×10^3	280
聚四氟乙烯	35×10^3	240
植物纤维	17×10^3	120

已经得 McGraw-Hill, Inc., New York 许可。

种垫圈材料的弹性模量。

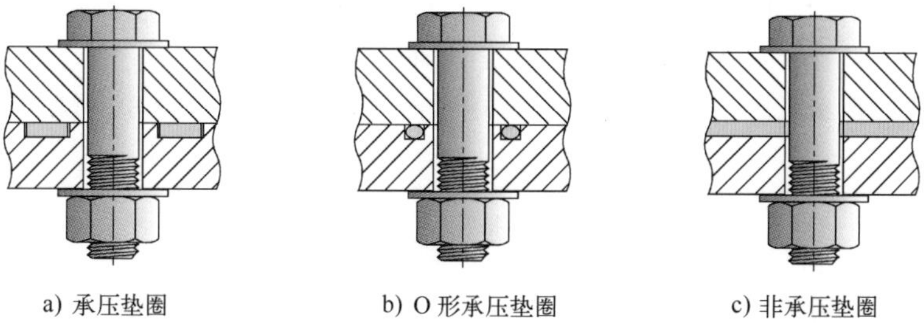

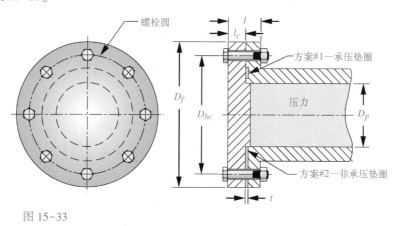

a) 承压垫圈　　　　　　b) O 形承压垫圈　　　　　　c) 非承压垫圈

图 15-32

承压垫圈和非承压垫圈

　　如表 15-10 所示，除去纯铜和铜包石棉两种垫圈材料外，通常垫圈的弹性模量很小，这对式（14.2b）的计算有很大影响，它们基本上直接决定了接合处的刚度值。这时，可不求解式（14.2b），而直接令 k_m 等于 k_g。如果是铜包石棉或者是纯铜垫圈（或者其他刚度高的非承压垫圈），因为垫圈刚度比较高，k_m 值必须通过式（14.2b）计算得出。通常，通过把垫圈材料面积视作与整个连接区大小相等来估算 k_g 值。

例 15-4　计算垫圈刚度与连接系数

　　问题：某压力缸用一配有垫圈的盖子密封，腔盖上有 8 根预紧螺栓连接。如图 15-33 所示，试计算垫圈为承压垫圈与非承压垫圈两种情况下的垫圈刚度与连接系数。同时求出螺栓与被连接件材料的载荷。

　　已知：缸径 $D_p = 4$ in；螺栓圆直径 $D_{bc} = 5.5$ in；法兰外径 $D_f = 7.25$ in。8 根规格为 3/8-16 UNC 的螺栓均布在螺栓圆上。钢制的法兰厚 $l - l_c = 0.75$ in。铝制的盖子厚 $l_c = 1.125$ in。所以接合处连接长度 $l = 1.875$ in。垫圈厚度 $t = 0.125$ in。缸内压力为 1500 psi。

　　假设：垫圈材料为橡胶。

　　解：见图 15-33。

图 15-33

用预紧螺栓连接端盖以保证压力容器密封性

1. 图 15-33 给出了采用两种不同的垫圈的设计示意图，为节省空间都给出在同一个图上。但无论是哪一种设计，垫圈都是关于中心线对称的。注意不要被图中上下结构不同的垫圈困惑，在最终装配中，只选用一种垫圈。这里先对承压垫圈方案进行分析。

2. 每根螺栓的荷载可以通过压力值与缸体的缸径计算获得，假设 8 根螺栓均匀受力。端盖上承受的合力为：

$$P_{total} = pA = p\frac{\pi D_p^2}{4} = 1500\frac{\pi(4)^2}{4}\ lb = 18\,850\ lb \tag{a}$$

每根螺栓受力 P 为：

$$P = \frac{P_{total}}{N_{bolt}} = \frac{18\,850}{8}\ lb = 2356\ lb \tag{b}$$

3. 先分析垫圈为承压垫圈时的情况。承压垫圈允许金属表面互相接触，与没有垫圈差不多。因此分析被连接件材料刚度时，可忽略承压垫圈。

4. 根据式（15.17）计算连接的相关比值。径厚比 j 为：

$$j = \frac{d}{l} = \frac{0.375}{1.875} = 0.200 \tag{c}$$

5. 由于本例是两个不同材料的板被连接，因此我们要用到两种材料与螺栓的弹性模量。我们把 r_H 定义为高模量材料（钢制缸体法兰与螺栓）的模量比，把 r_L 定义为低模量材料的模量（铝制端盖与螺栓）。有：

$$r_H = \frac{E_{material}}{E_{bolt}} = \frac{30\times10^6}{30\times10^6} = 1.0$$
$$\tag{d}$$
$$r_L = \frac{E_{material}}{E_{bolt}} = \frac{10.4\times10^6}{30\times10^6} = 0.347$$

6. 板厚比与不同材料模量被连接件的厚度有关，为：

$$t = \frac{T_L}{T_L + T_H} = \frac{1.125}{1.125 + 0.750} = 0.600 \tag{e}$$

7. 分别把 r_H 和 r_L 以及表 15-8 中的系数 p_i 代入式（15.19）计算 C_H 与 C_L。对 $j = 0.20$，查表 15-8 得：$p_0 = 0.6118$，$p_1 = -1.1715$，$p_2 = 1.0875$，$p_3 = -0.3806$。从而有：

$$C_L = C_r = p_3 r_L{}^3 + p_2 r_L{}^2 + p_1 r_L + p_0$$
$$= -0.381(0.347)^3 + 1.088(0.347)^2 - 1.172(0.347) + 0.612 = 0.321 \tag{f}$$

注意 $r_H = 1$，C_H 的计算如下：

$$C_H = C_r = p_3 r_H{}^3 + p_2 r_H{}^2 + p_1 r_H + p_0$$
$$= -0.381 + 1.088 - 1.172 + 0.612 = 0.147 \tag{g}$$

8. 由于本例中 $j > 0.1$，所以我们需要用到式（15.20b）来计算 C_t。系数 q_i 可从表 15-9 获得：

$$C_t = q_3 t^3 + q_2 t^2 + q_1 t + q_0$$
$$C_t = 15.497(0.60)^3 - 24.166(0.60)^2 + 8.547(0.60) + 0.101 = -0.124 \tag{h}$$

9. 应用式（15.21）计算线性估算修正系数的幅值：

$$a = e^{0.0598(\ln j)^3 + 0.1385(\ln j)^2 - 0.4350(\ln j) - 2.3516} = 0.214 \tag{i}$$

10. 应用式（15.22）计算承压垫圈设计方案的连接刚度因子：

$$C = C_H + (t + aC_t)(C_L - C_H)$$
$$= 0.321 + [0.60 + 0.214(-0.124)](0.321 - 0.147) = 0.247 \tag{j}$$

11. 由螺栓与被连接材料各自承担的荷载可以通过式（15.13）计算获得：

$$P_b = CP = 0.247(2356)\,\text{lb} \cong 581.1\ \text{lb}$$
$$P_m = (1 - C)P = (1 - 0.247)P = 2356\,\text{lb} \cong 1775.1\ \text{lb} \tag{k}$$

12. 我们可以通过式（15.17）估算螺栓刚度 k_b'。由表 15-1 知：螺栓杆横截面积为 $0.110\,\text{in}^2$，螺栓最大拉应力处横截面积为 $0.077\,\text{in}^2$（见表 15-1），然后通过式（15.13c）估算应用承压垫圈时的被连接件材料刚度 k_{m1}，最后代入计算求取 k_b' 和 C。

螺纹长度：　　　　　　$l_{thd} = 2d + 0.25 = 2(0.375)\,\text{in} + 0.25\ \text{in} = 1.0\ \text{in}$

螺栓光杆长度：　　　　$l_s = l_{bolt} - l_{thd} = 2.25\ \text{in} - 1.0\ \text{in} = 1.25\ \text{in}$

被连接件长度：　　　　$l_t = l - l_s = 1.875\ \text{in} - 1.25\ \text{in} = 0.625\ \text{in}$

$$k_{b'} \cong \left(1 + \frac{d}{l}\right)^{-1} \frac{A_t A_b}{A_b l_t + A_t l_s} E_b$$

$$k_{b'} \cong \left(1 + \frac{0.375}{1.875}\right)^{-1} \frac{0.077(0.110)}{0.110(0.625) + 0.077(1.25)} 30 \times 10^6\ \text{lb/in} = 1.290 \times 10^6\ \text{lb/in} \tag{l}$$

$$C = \frac{k_{b'}}{k_{m_1} + k_{b'}} \quad \Rightarrow \quad k_{m_1} = k_{b'} \frac{1 - C}{C} = 1.29 \times 10^6 \left(\frac{1 - 0.247}{0.247}\right) \text{lb/in} = 3.940 \times 10^6\ \text{lb/in}$$

13. 接下来我们讨论非承压垫圈设计方案。这时，虽然螺栓刚度不会受垫圈影响，但是被连接件材料刚度会受影响。这时的接合处类似两个弹簧串联，被连接件材料的刚度 k_m 可通过式（l）获得，垫圈的刚度则通过式（n）得到。将两个刚度代入式（14.2b）可得组合刚度。非承压垫圈受力范围可以看作从法兰外径到压力容器的内径，此外还要减去螺栓孔的面积。垫圈在一个螺栓周围的面积为：

$$A_g = \frac{\pi}{4} \left[\frac{(D_f^2 - D_p^2)}{N_{bolts}} - d^2 \right] = \frac{\pi}{4} \left[\frac{(7.25^2 - 4^2)}{8} - 0.375^2 \right] \text{in}^2 = 3.479\ \text{in}^2 \tag{m}$$

14. 垫圈的刚度可通过式（15.11c）计算获得，为：

$$k_{m_2} = k_g = \frac{A_g E_g}{t} = \frac{3.479(10 \times 10^3)}{0.125}\ \text{lb/in} \cong 2.783 \times 10^5\ \text{lb/in} \tag{n}$$

垫圈材料的弹性模量 E_g 可以从表 15-10 查得。

15. 组合连接刚度可通过式（14.2b）计算获得，为：

$$k_m = \frac{1}{\dfrac{1}{k_{m_1}} + \dfrac{1}{k_{m_2}}} = \frac{1}{\dfrac{1}{3.94 \times 10^6} + \dfrac{1}{2.783 \times 10^5}}\ \text{lb/in} \cong 2.600 \times 10^5\ \text{lb/in} \tag{o}$$

注意：连接刚度基本取决于较软垫圈的刚度，这一点由上式可看出。我们可以用垫圈的刚度 k_g 去取代连接刚度 k_m，这样处理的误差很小。

16. 非承压垫圈的连接系数计算如下：

$$C = \frac{k_{b'}}{k_m + k_{b'}} = \frac{1.290 \times 10^6}{2.600 \times 10^5 + 1.290 \times 10^6} = 0.832 \tag{p}$$

$$(1 - C) = 0.168$$

17. 当接合处是非承压垫圈时，螺栓和被连接材料承受的荷载可以利用式（15.13）计算获得：

$$P_b = CP = 0.832(2356)\,\text{lb} \cong 1961 \ \text{lb}$$

$$P_m = (1-C)P = (1-0.832)(2356)\,\text{lb} \cong 395 \ \text{lb} \tag{q}$$

18. 通过上述计算结果可以清楚地了解非承压软垫圈的连接效果。对比式（j）与式（p）中的 C 值，在没有垫圈或者垫圈为承压垫圈时，螺栓承受的荷载是总外荷载的 25%；而当垫圈为软的非承压垫圈时，螺栓承受的荷载增加到总外荷载的 83%。从效果来讲，软垫圈的使用使螺栓和被连接件材料的承载情况颠倒过来了。不难得出，如果之前例子中，选用的是非承压软垫圈，这将会限制螺栓抗疲劳能力。该例文件 EX 15-04 可以在本书网站找到。

注意：为了在疲劳荷载下保护紧固件，高预紧力是必要的，而这就要求被连接件材料的刚度比螺栓的刚度高。非承压软垫圈相当于减少了被连接件材料的刚度，因此也就降低了预紧的效果。对于重载的情况，非承压垫圈应当用高刚度的材料制成，例如纯铜或者铜包石棉，或者换成承压垫圈。

在例 15-4 用到的一些经验常识：

1. 为了让载荷分布均匀，分布在圆周上的螺栓间距不应超过 6 倍的螺栓直径。
2. 螺栓不能太靠近边缘，至少要留出 1.5~2 倍螺栓直径的距离。

15.9　预紧力控制

显然，预紧力的大小对螺栓的设计来说是一个重要的因素。因此，我们需要一些方法来控制作用在螺栓上的预紧力。最准确的方法是要求螺栓两端是可测量的，这样螺栓伸长量的数值就可以用千分尺或者电子长度计测量得到，再根据式（15.10a）可以计算得到与预紧力相一致的螺栓伸长量。有时用超声波传感器来测量螺栓被拧紧时的螺栓长度变化量，这时仅要求螺栓顶端是可测量的。这些方法不适用于大批量螺栓或现场的测量，因为对时间、精密仪器和技术人员的要求较高。

测量或控制作用于螺母或螺钉头部的转矩是一种更方便，但精度较低的方法。转矩扳手的表盘可以读出所施加转矩的大小。一般认为，转矩扳手读数的预紧力的误差高达 ±30%。如果操作谨慎且螺纹有润滑（无论如何是需要的），则误差可能减半，但误差仍然很大。气动冲击扳手可用于设定一个转矩大小，达到该值后，扳手就停止转动，这样可以得到比手动转矩扳手更好的测量结果。因此，优选气动冲击扳手。

产生设定预紧力所需的转矩可根据式（15.5a）计算得到，它是从传动螺旋中推导得出的。将式（15.3）代入式（14.5a）中，可用导程角 λ 算出转矩为：

$$T_i = F_i \frac{d_p}{2}\frac{(\mu + \tan\lambda\cos\alpha)}{(\cos\alpha - \mu\tan\lambda)} + F_i \frac{d_c}{2}\mu_c \tag{15.23a}$$

因为可以近似认为：（螺纹的）中径 d_p 等于螺栓的直径 d，平均大径 d_c 等于螺栓的直径 d 加上一个标准的螺栓头或螺母直径的 1.5 倍，这样可得：

$$T_i \cong F_i \frac{d}{2}\frac{(\mu + \tan\lambda\cos\alpha)}{(\cos\alpha - \mu\tan\lambda)} + F_i \frac{(1+1.5)d}{4}\mu_c \tag{15.23b}$$

将载荷与螺栓直径提出，就得到：

$$T_i \cong K_i F_i d \tag{15.23c}$$

式中，$K_i \cong \left[0.50\dfrac{(\mu + \tan\lambda\cos\alpha)}{(\cos\alpha - \mu\tan\lambda)} + 0.625\mu_c \right]$（$K_i$ 称为转矩系数）。

注意：螺栓头或螺母与表面之间的摩擦系数 μ_c 以及螺纹摩擦系数 μ 对转矩系数 K_i 都有影响。如果假设这两个摩擦系数都是 0.15，然后计算所有标准 UNC 和 UNF 螺纹的转矩系数 K_i（代入准确的螺纹中径 d_p 计算，而不是像式（15.23b）那样用近似值），会发现：在整个螺纹尺寸范围内，K_i 值几乎没有变化，如表 15-11 所示。因此，在**润滑螺纹中**，达到预设预紧力 F_i 所需的预紧转矩 T_i 近似等于下式（服从上述摩擦假设）：

$$T_i \cong 0.21 F_i d \qquad (15.23d)$$

旋转螺母法

另一种常用的预紧力控制方法称为*旋转螺母法*。由于紧固件的导程是已知的，如果把螺母旋转到指定的圈数，设螺母的所有拧进距离都将促使螺栓的拉伸，将会使螺栓拉伸到一个已知的长度。螺母开始起作用的位置称为紧贴状态，它是指通过冲击扳手的少量冲击次数而获得的紧固度，或者，与用标准扳手手工旋紧螺母一样紧。再用一把更长的扳手将螺母多转动数圈，根据式（15.10a）可算出再转过圈数下螺栓的预期拉伸长度。

定力矩紧固件

高强度螺栓需要精确的预紧力，因此制造商提供了控制预紧力后可脱离的特殊螺栓，如图 15-34 所示。在这种螺栓末端带有花键延伸部分。花键延伸部分设计了当达到合适转矩时发生断裂的剪切面积。如图 15-35 所示，有特殊的座孔用来连接花键，图中还详述了如何使用。这种紧固件通常用于钢结构连接，可提供一致的预紧力，在最小化操作误差方面相较于手工转矩扳手或冲击转矩扳手优势突出，特别适用于大批量的螺栓安装，以确保高层建筑或桥梁屹立不倒。

载荷指示垫片

另一种用于控制螺栓有合适预紧力的辅助手段是，在螺栓头部下端使用特殊的垫片，它既能控制拉伸载荷，又能指示出正确的载荷值。Belleville 弹簧垫片有时就用作这种螺栓预紧力调整。当 Belleville 弹簧被压平时，将会产生所需的螺栓预紧力（见 14.9 节）。就是说，当 Belleville 弹簧被压平后，螺栓自然就紧了。

如图 15-36 所示，载荷指示垫片（也叫直接式预紧力指示器）带有突起部，它们将会被预期的预紧力压垮。如图所示，当垫片高度减小到合适的尺寸时，螺栓就紧了。

表 15-11　当摩擦系数 $\mu = \mu_c = 0.15$ 时 UNS 标准螺纹的转矩系数 K_i

螺栓尺寸	K_i UNC	K_i UNF
0		0.22
1	0.22	0.22
2	0.22	0.22
3	0.22	0.22
4	0.22	0.22
5	0.22	0.22
6	0.22	0.22
8	0.22	0.22
10	0.22	0.21
12	0.22	0.22
1/4	0.22	0.21
5/16	0.22	0.21
3/8	0.22	0.21
7/16	0.21	0.21
1/2	0.21	0.21
9/16	0.21	0.21
5/8	0.21	0.21
3/4	0.21	0.21
7/8	0.21	0.21
1	0.21	0.21
11/8	0.21	0.21
11/4	0.21	0.21
13/8	0.21	0.21
11/2	0.21	0.20
13/4	0.21	
2	0.21	
21/4	0.21	
21/2	0.21	
23/4	0.21	
3	0.21	
31/4	0.21	
31/2	0.21	
33/4	0.21	
4	0.21	

图 15-34

控制张力脱离螺栓

供应商：Courtesy of Cordova Bolt Inc.，Buena Park，CA 90621.

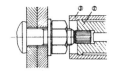
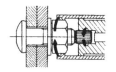
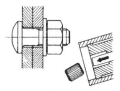

a) 将螺栓放置入孔中，在螺母下加垫圈并用手指拧紧螺母

b) 通过内座孔和花键配合并通过外座孔和螺母配合

c) 转动扳手，外座孔旋转，拧紧螺母直至花键受剪切

d) 从螺母上取下插座套筒并从套筒内弹出延伸部分

图 15-35

控制螺栓的使用说明

供应商：Courtesy of Cordova Bolt Inc.，Buena Park，CA 90621.

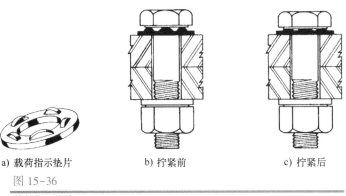

a) 载荷指示垫片   b) 拧紧前   c) 拧紧后

图 15-36

载荷指示垫片

供应商：Courtesy of Cordova Bolt Inc.，Buena Park，CA 90621.

螺栓转矩引起的扭转应力

当向螺栓上的螺母施加转矩使其达到设定预紧力时，将会有一个扭转载荷通过螺纹施加在螺栓上。如果螺纹摩擦很大，那么螺栓上的转矩也将相当大。这就是装配紧固件前先要对螺纹进行润滑的主要原因。如果没有螺纹摩擦，那么螺栓上的扭矩载荷将接近于零。固体润滑剂如石墨和二硫化钼，以及润滑油都可以起到良好润滑作用。

在拧紧螺栓的过程中，扭转应力产生于螺栓杆内，如式 (15.9) 所给出的。扭转应力与螺栓杆内的轴向拉伸应力合成主应力，这个主应力大于实际拉伸应力，如图 15-37a 所示的摩尔圆。如果在螺母被完全旋紧后，再施加一个反方向的转矩，但又不真的松开螺母，则扭转应力会减小。即使在拧紧螺栓后没有刻意采取措施来减小扭转应力，随着时间的推移，螺栓连接还是会松脱，尤其是在有振动的时候。当扭转应力减小或者随着时间的推移而消失的时候，主应力将会减小一部分，设减少量为 $\Delta\sigma_1$，如图 15-37b 所示。如前所述，这就是为什么要对螺栓施加转矩获得一个很大的预紧力（接近其极限强度）的另一个原因。螺栓在其设计内的载荷作用下一般不会失效。

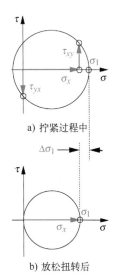

a) 拧紧过程中

b) 放松扭转后

图 15-37

一个预紧螺栓拧紧过程中和拧紧后的莫尔圆图

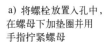

例 15-5　产生螺栓预紧力转矩的确定

问题：求出例 15-3 中螺栓预紧所需的转矩。

已知：A 5/16-18 UNC-2A，5.2 级螺栓，长 2.5，用 4011 lb 的轴向力预紧以达到 90% 的螺栓弹性强度。

假设：螺纹润滑，摩擦系数为 0.15。

解：

1. 由式（15.23d）估算所需预紧转矩为：

$$T_i \cong 0.21 F_i d = 0.21(4011)(0.3125)\,\text{lb·in} = 263\ \text{lb·in} \tag{a}$$

2. 文件 EX15-05 可以在本书网站上找到。

15.10　紧固件的剪切

螺栓也被用来承受剪切载荷，如图 15-38 所示。相比机械设计来说，这种应用更常见于结构设计。钢结构建筑和桥梁往往是用高强度预紧螺栓连接（或者焊接或者铆接）。在这种情况下，拉伸预紧力的目的是在两螺栓连接件表面之间产生足够大的摩擦力，以抵抗剪切载荷。因此，螺栓仍需要受大预紧力的拉伸。如果被连接件上的摩擦力不足以承受剪切载荷，那么螺栓将处于直接受剪切状态。

在机械设计中，零件之间的尺寸关系要求比结构工程有更小的公差范围，所以，一般不使用螺栓或螺钉既承受剪切实现定位，又支承精密机械零件，而是将螺栓或螺钉和定位销组合起来使用。螺钉或螺栓只用于夹紧零件的连接，同时用淬火钢定位销提供精确的横向定位和抵抗剪切力。螺栓的夹紧力会在连接面上产生摩擦力，连接面上的摩擦力加上受直接剪切作用力的定位销应足以承受剪切载荷。实际上不同类型的紧固件承担不同类型的任务。定位销承受剪切载荷但不承受拉伸载荷，而螺栓/螺钉承受拉伸载荷但不承受直接剪切载荷。

使用这种方法有不同的理由，但都是围绕对机械功能零件的精确定位的一般需要。例如，大部分机器中要求在 ±0.005 in（约 0.13 mm）以内或附近。当然也有例外，如机架（它的安装面除外）制造精度要求可能不高，以及不精确的焊接件。

考虑两个零件装配，它们间的剪切载荷如图 15-38 所示。这是一种多螺栓连接模式，将两个零件紧密连接在一起。螺栓和螺钉无须精密的配合公差。因此，螺栓和螺钉的安装孔必须加大尺寸，以便于螺栓/螺钉插入时有足够的间隙。如果在机械螺钉和孔间留有径向间隙，就意味着孔中的螺钉或螺栓的同心度得不到保证，这将出现偏心误差。

上述观点对在任一孔中的任一螺栓/螺钉都是成立的。如图 15-38 所示，显然，当使用一组紧固件时，由于配合零件的中心线之间也存在尺寸公差，所以这时产生的间隙会比只有一个螺栓/螺钉和孔配合的间隙更大。对可靠的和可互换的组件来说，为了容纳所有制造误差可能的浮动范围，孔的尺寸必须明显大于可拆卸紧固件的直径。如图 15-39 所示是夸大了的一对孔和配合件的配合不匹配情况，这说明了为什么孔径要比紧固件直径大的原因。

现在考虑如果我们按图 15-38 中，用 4 个螺栓既承担零件定位，又承受剪切载荷，但没有拉伸预紧的情况。一个零件相对于另一个零件的定位严重受限于所需要的孔间隙和螺栓的直径变化。四个螺栓分担直接剪切荷载的能力同样也受限于配合间隙。最好的情况是两个螺栓将可能承受所有剪切载荷，另外两个螺栓甚至可以不用接触到其对应的零件孔壁，就是没有分担载荷。

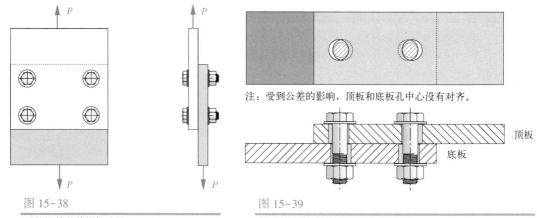

图 15-38

受剪切载荷的螺栓连接

图 15-39

紧固件孔容纳加工误差所需的间隙

注：受到公差的影响，顶板和底板孔中心没有对齐。

顶板

底板

　　因此，如何来解决这个问题呢？更好的设计方案如图 15-40 所示，该设计在四螺栓连接模型基础上增加了两个淬火钢定位销。可以添加更多的定位销，但是最少需要两个定位销来承受一个平面内的力偶，通常两个定位销也已经足够了。在这里我们需要对定位销的合理应用进行简要的解释。

定位销

　　标准型圆柱定位销[⊖]被制成小公差范围（通常直径公差在±0.0001 mm 内变化），它们通常经过淬火并被高精打磨，且非常圆。它们可以用低碳钢、抗腐蚀（铬）钢、黄铜，以及硬度达到 40~48HRC 的淬火合金钢制成，且根据所需长度来购买。它们相对便宜。

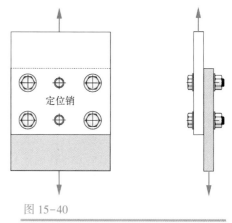

定位销

图 15-40

受剪切载荷的加定位销的螺栓连接

也可用圆锥形定位销。其他可用的定位销类型还有槽型销、滚花销和弹簧销等，这些销不需要与紧密的公差孔压配。我们仅讨论圆柱定位销。

　　定位销通常是通过压入配合到一零件上（"底部"件），且在另一零件（"顶部"件）中被制成紧密的滑动配合。装配前先为已经独立加工出来的螺栓或螺钉做孔，然后用螺栓或螺钉将零件连接固定，当确定了合适位置后，才能钻定位销导孔。销导孔应小于定位销直径，在指定位置上，同时钻通两个被夹零件。在有些情况下，顶部零件的导孔已先钻好，且被当作钻孔模，在装配时用来对底部零件钻孔。

　　一旦两零件都有（完全同心的）导孔，则应在两零件仍然夹紧在一起的状态下，将导孔扩展至适合压配定位销的合适直径。然后两零件分离，这时通过顶部零件的孔径比滑动配合的定位销直径大少许。铰刀随孔铰制，保证了其中心定位的精确度。加工完成后，将定位销压入底部零件，并小心地将顶部零件安装在销的凸出部分上。最后，装上螺钉紧固件，并旋紧至合适的预紧力。

　　现在我们得到了一个可以在被拆卸和重新装配时具有**准确重复定位**的装配；一个在多个淬火销之间**基本消除了径向间隙**的装配；如果需要，销可以分担剪切载荷。因为两个定位销可以承

───────────

⊖　参见 ANSI Standard B18.8.2-1978（R1989），American National Standards Institute，New York，1989.

受剪切平面内的力偶，故若存在偏心载荷也不是问题。如果没有定位销（或者没有足够的压缩预紧力在两板之间产生摩擦力），那么在间隙孔内力偶将会作用在螺栓上，从而造成顶板和底板间的相对运动。

紧固件组质心

当一组螺栓按一定的几何形式排列（形成螺栓组连接），则分析螺栓组受力时需要考虑螺栓组质心的位置。对任意坐标系，质心坐标为：

$$\tilde{x} = \frac{\sum_1^n A_i x_i}{\sum_1^n A_i}, \qquad\qquad \tilde{y} = \frac{\sum_1^n A_i y_i}{\sum_1^n A_i} \qquad (15.24)$$

式中，n 为螺栓的数量；i 为其中一个螺栓；A_i 为螺栓组的横截面积；x_i、y_i 为选定坐标系中螺栓的坐标。

紧固件剪切载荷的确定

如图 15-41a 所示为一个受偏心载荷作用的受剪切螺栓连接。两零件通过 4 个螺栓加 4 个定位销连接。假设 4 个定位销承受所有的剪切载荷，且每一个定位销承受的载荷相等。偏心载荷可以用作用在销组合质心的力 P 和关于质心的力矩 M 来代替，如图 15-41b 所示。通过质心的力将分别在每一个销上产生大小相等、方向相反的反作用力 F_1。此外，由于力矩 M 的作用，每一个销还将受到第二个力 F_2，它垂直于过销质心的半径。

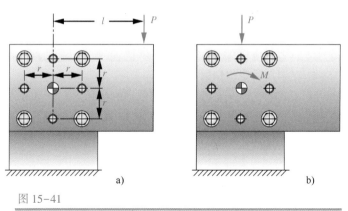

图 15-41

受偏心剪切载荷加定位销的螺栓连接

由通过质心的力 P 的作用，在每一个销上产生的分力 F_1 的大小为：

$$\left| F_{1_i} \right| = \frac{P}{n} \qquad (15.25a)$$

式中，n 为销个数。

为了确定每个销受到的因力矩 M 作用产生的力的大小，假设其中一个零件可以相对另外一个零件绕质心做微小的旋转。任何孔对质心的位移都与其半径成正比。因此，销产生的挤压力正比于该孔位移。在弹性范围内，应力正比于挤压力。在连续剪切部位，力正比于应力。任一销受到由力矩 M 产生的分力大小为：

$$\left| F_{2_i} \right| = \frac{M r_i}{\sum_{j=1}^n r_j^2} = \frac{P l r_i}{\sum_{j=1}^n r_j^2} \qquad (15.25b)$$

每个销上的合力 F_i 等于该销上的两个分力 F_{1i} 和 F_{2i} 的矢量和，如图 15-42 所示。在如图所示的受力情况下，销 B 上受到的合力最大。

销的应力可由求直接剪切应力的式（15.8c）得到。剪切屈服强度可以通过式（5.9b）估算得到：

$$S_{ys} = 0.577S_y \qquad (5.9b)$$

表 15-12 给出了几种常见材料的销的最小剪切屈服强度 S_{ys}。表中的数据适用于直径 ≤0.5 in 的销。由 14.3 节可知，小直径冷拉钢丝由于它的冷作硬化而具有高强度。它们的屈服强度按 ANSI 标准确定[⊖]。按这个标准制定的销，在承受剪切载荷时具有明显的优势。

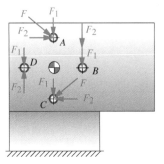

图 15-42

在被连接件受剪切的偏心载荷时销的受力图

表 15-12　受双剪切力的定位销的极限屈服强度

材　　料	S_{ys}/kpsi
低碳钢	50
40~48 硬度的合金钢	117
耐腐蚀钢	82
黄铜	40

例 15-6　定位销尺寸的确定

问题：确定图 15-41 支架上的定位销的尺寸。

已知：在 $l=5$ in 处所受的静力为 $P=1200$ lb。定位销的半径为 $r=1.5$ in。

假设：所有的销所受到的力是一样的，选用硬度为 40-48 的合金钢为销材料。

解：如图 15-41 和图 15-42 所示。

1. 计算作用力产生的力矩：

$$M = Pl = 1200(5) \text{lb·in} = 6000 \text{ lb·in} \qquad (a)$$

2. 计算该作用力矩在每个销上产生的作用力的大小：

$$F_M = \frac{M}{nr} = \frac{6000}{4(1.5)} \text{lb} = 1000 \text{ lb} \qquad (b)$$

3. 求静载荷直接作用在每个销上的力的大小：

$$F_P = \frac{P}{n} = \frac{1200}{4} \text{lb} = 300 \text{ lb} \qquad (c)$$

4. 根据图 15-42 的矢量图，销 B 的受力最大，它所受的合力为：

$$F_B = F_P + F_M = 300 \text{ lb} + 1000 \text{ lb} = 1300 \text{ lb} \qquad (d)$$

5. 假设销的直径为 0.375 in，则可计算出销 B 的直接剪切应力：

$$\tau = \frac{F_B}{A_B} = \frac{1300(4)}{\pi(0.375)^2} \text{psi} = 11\,770 \text{ psi} \qquad (e)$$

6. 从表 15-12 中找出相应材料的抗剪强度，并计算对于静态剪切失效的安全系数：

⊖　参见 ANSI Standard B18. 8. 2-1995，American National Standards Institute，New York，1995.

$$N_s = \frac{S_{ys}}{\tau} = \frac{117\,000}{11\,770} = 10 \tag{f}$$

7. 文件 EX15-06 可以在本书的网站上找到。

15.11　设计案例　设计空气压缩机的头螺栓

该设备的初步设计方案如图 9-1 所示。空气压缩机的气缸和头部的材料为铸铝。头部的螺栓圆上分布有螺纹孔，气缸盖用螺钉固定在气缸体上。气缸内的气体压力对气缸盖产生的作用载荷-时间函数如图 9-2 所示。

设计案例 8D　设计空气压缩机的螺钉

问题：根据设计案例 8A 中给出的力，设计一组气缸盖和气缸体的连接螺钉，如图 9-1 所示。

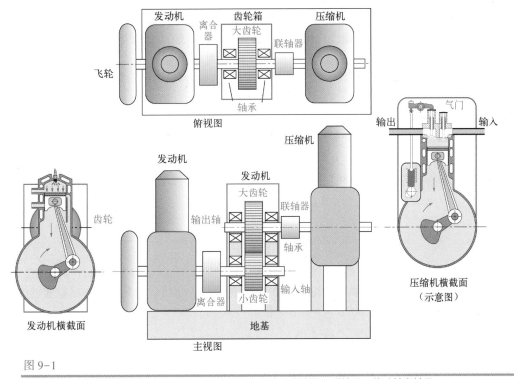

图 9-1

（重复）汽油发动机驱动的便携式空气压缩机的初步设计，齿轮箱、联轴器、传动轴和轴承

已知：压缩机的孔径为 3.125 in。当汽缸压力达到 130 psi 以上时，作用在气缸盖的动载荷的周期性变化范围为 0~1000 lb。用一个厚 0.06 in、无侧隙铜石棉垫片装在整个汽缸盖的接合面。在连接点处，汽缸盖厚度（不包括散热片）为 0.4 in。

假设：螺钉是无限寿命。使用标准的无垫片六角头螺钉。工作温度至少为 350°F。使用的可靠性为 99.9%。

解：如图 9-1 和图 9-2 所示（重复）。

1. 试选螺钉直径 d 为 0.313 in。使用统一标准粗牙螺纹，以避免由于浇铸铝汽缸引起的剥离问题。试选紧固件是按标准 5/16-18 UNC-2A 轧制的抗疲劳螺钉。

2. 根据汽缸内径和任何螺钉到汽缸边缘的距离至少为 $1.5d \sim 2d$ 的经验法则，选择一个螺栓分布圆及其外径。由于需要对汽缸进行密封，本例选择 $2d$ 作为螺钉到汽缸边缘的距离：

$$d_{bc} = 3.125 + 2(2)(0.313) \text{ in} = 4.375 \text{ in} \tag{a}$$

$$d_o = 4.125 + 2(2)(0.313) \text{ in} = 5.625 \text{ in}$$

3. 为了得到推荐的 6 个螺栓直径间距的最大值，我们采用 8 个螺钉均匀分布在螺栓分布圆上。以螺钉直径为单位计算螺钉之间的间隔：

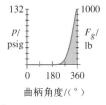

图 9-2

（重复）一个周期内汽缸内的压力和力

$$\Delta b = \frac{\pi D_p}{n_b d} = \frac{\pi(4.375)}{8(0.313)} = 5.5 \text{ 螺钉直径} \tag{b}$$

这个值小于 6 个螺栓直径的最大值，因此是可以接受的。为了检查可能的泄漏问题，稍后我们将计算垫片压力。

4. 假设试选螺钉的长度为 1.25 in。在螺纹孔上有 0.4 in 的汽缸盖厚度，加上 0.1 in 的垫片，将剩下 0.75 in 的螺纹拧进汽缸的螺纹孔内。这个值大于 2 倍的螺钉直径（10 个导程）值，也是所推荐的钢制螺钉在铝制螺纹孔内的最小长度。对于美标螺栓，长 6 in，螺纹长度为 $2d + 0.25 = 0.875 \text{ in}$，满足拧入深度要求[2]。由于整个螺钉都是旋合的，用于刚度计算的试选螺栓的夹紧连接长度为 1.25 in。

5. 试用 SAE 7 级螺栓，预紧力达到其屈服强度的 70%。表 15-6 显示了该螺钉屈服强度为 105 kpsi。由式 (15-1) 可知，拉伸面积为 0.052431 in^2。因此，所需要的预紧力为：

$$F_i = 0.7 S_p A_t = 0.7(105\,000)(0.052\,431) \text{ lb} = 3853.66 \text{ lb} \tag{c}$$

6. 由式 (15.18a) 和式 (15.18b) 可以分别得到被连接件的径厚比和板件与螺钉弹性模量比：

$$j = \frac{d}{l} = \frac{0.313}{1.25} = 0.25$$

$$r = \frac{E_{material}}{E_{bolt}} = \frac{10.4 \times 10^6}{30 \times 10^6} = 0.347 \tag{d}$$

7. 由于整个被连接件的材料都为铝材，应用式 (15.19) 可以计算得到无垫片金属连接件的连接常数 C_{ng}。由表 15-8，应用插值法得到 $j = 0.25$ 时的数据，则可以得到公式中所需要的参数，它们分别是 $p_0 = 0.653$，$p_1 = -1.207$，$p_2 = 1.103$ 和 $p_3 = -0.383$。

$$\begin{aligned} C_{ng} &= p_3 r^3 + p_2 r^2 + p_1 r + p_0 \\ &= -0.383(0.347)^3 + 1.103(0.347)^2 - 1.207(0.347) + 0.653 = 0.351 \end{aligned} \tag{e}$$

8. 由式 (15.17) 可以粗略估算出螺钉刚度 k_b；已知 k_b 和 C_{ng} 后，用式 (15.13c) 估算无垫片的材料刚度 k_m。

螺纹长度：$l_{thd} = 2d + 0.25 = 2(0.313) \text{ in} + 0.25 \text{ in} = 0.875 \text{ in}$

光杆长度：$l_s = l_{bolt} - l_{thd} = 1.25 \text{ in} - 0.875 \text{ in} = 0.375 \text{ in}$

被连接件中的螺纹长度：$l_t = l - l_s = 1.25 \text{ in} - 0.375 \text{ in} = 0.875 \text{ in}$

$$k_{b'} \cong \left(1 + \frac{d}{l}\right)^{-1} \frac{A_t A_b}{A_b l_t + A_t l_s} E_b$$

$$k_{b'} \cong \left(1 + \frac{0.313}{1.25}\right)^{-1} \frac{0.052(0.077)}{0.077(0.875) + 0.052(0.375)} 30 \times 10^6 = 1.112 \times 10^6 \text{ lb/in} \tag{f}$$

$$C_{ng} = \frac{k_{b'}}{k_{m_1} + k_{b'}} \quad \Rightarrow \quad k_{m_1} = k_{b'} \frac{1 - C_{ng}}{C_{ng}} = 1.112 \times 10^6 \left(\frac{1 - 0.351}{0.351}\right) = 2.060 \times 10^6 \text{ lb/in}$$

9. 现在考虑有垫圈的情况。无垫圈情况下承受夹紧力的面积可先假设为一个螺栓的夹紧总面积的有效面积, 即, 从汽缸盖外径到汽缸内孔之间的面积:

$$A_{total} = \frac{\pi}{4}\left(D_o^2 - D_1^2\right) = \frac{\pi}{4}\left(5.625^2 - 3.125^2\right)in^2 \cong 17.18 \ in^2 \tag{g}$$

该面积除以螺栓的数量并减去螺钉孔的面积, 得到在任何一个螺钉的周围的夹紧垫圈的面积:

$$A_g = \frac{A_{total}}{n_b} - \frac{\pi}{4}d^2 = \left(\frac{17.18}{8} - \frac{\pi}{4}0.313^2\right)in^2 = 2.071 \ in^2 \tag{h}$$

10. 该垫圈的刚度为:

$$k_{m_2} = \frac{A_g E_g}{l_g} = \frac{2.071\left(13.5 \times 10^6\right)}{0.06} \ lb/in \cong 4.659E8 \ lb/in \tag{i}$$

垫圈材料的弹性模量由表 15–10 查找。

11. 根据公式 (14.2b), 被连接件材料和垫圈的综合刚度为:

$$k_{m_g} = \frac{1}{\frac{1}{k_{m_1}} + \frac{1}{k_{m_2}}} = \frac{1}{\frac{1}{2.060 \times 10^6} + \frac{1}{4.659 \times 10^8}} \ lb/in \tag{j}$$
$$= 2.051 \times 10^6 \ lb/in$$

注意: 在这种情况下, 综合刚度主要取决于铝材料, 因为铜石棉垫片是很硬的。

12. 用不承压制垫圈时的连接常数为:

$$C = \frac{k_{b'}}{k_{m_g} + k_{b'}} = \frac{1.112 \times 10^6}{2.051 \times 10^6 + 1.112 \times 10^6} \cong 0.352$$

和

$$\left(1 - C\right) = 0.648 \tag{k}$$

13. 假设 1000 lb 的载荷由 8 个螺栓平均分摊, 每个螺栓受力为 125 lb。则每个螺钉和被连接件 (式 15.13) 承受的载荷分别为:

$$P_b = CP = 0.352(125) \ lb \cong 43.95 \ lb$$
$$P_m = \left(1 - C\right)P = 0.614(125) \ lb \cong 81.05 \ lb \tag{l}$$

14. 螺钉和被连接件所承受的载荷峰值分别为:

$$F_b = F_i + P_b = 3853.66 \ lb + 43.95 \ lb = 3897.61 \ lb$$
$$F_m = F_i - P_m = 3853.66 \ lb - 81.05 \ lb = 3772.61 \ lb \tag{m}$$

15. 螺钉所受载荷的幅值和均值分别为:

$$F_{alt} = \frac{F_b - F_i}{2} = \frac{3897.61 - 3853.66}{2} \ lb \cong 21.98 \ lb$$
$$F_{mean} = \frac{F_b + F_i}{2} = \frac{3897.61 + 3853.66}{2} \ lb \cong 3875.63 \ lb \tag{n}$$

16. 螺钉所受的名义应力均值和应力幅值分别为:

$$\sigma_{a_{nom}} = \frac{F_{alt}}{A_t} = \frac{21.98}{0.052\,431} \ psi \cong 419.2 \ psi$$
$$\sigma_{m_{nom}} = \frac{F_{mean}}{A_t} = \frac{3875.63}{0.052\,431} \ psi \cong 73\,919 \ psi \tag{o}$$

15

17. 由式（15.15c）可以得到该直径螺纹的疲劳应力集中系数，并由式（6.17）得到平均应力集中系数 K_{fm}：

$$K_f = 5.7 + 0.6812d = 5.7 + 0.6812(0.313) = 5.9$$

如果

$$K_f \left| \sigma_{max_{nom}} \right| > S_y$$

那么

$$K_{fm} = \frac{S_y - K_f \sigma_{a_{nom}}}{\left| \sigma_{m_{nom}} \right|}$$

$$K_f \left| \sigma_{max_{nom}} \right| = K_f \left| \sigma_{a_{nom}} + \sigma_{m_{nom}} \right| = 5.9 \left| 460.2 + 73\,960 \right| = 440\,039 \text{ psi}$$

$$440\,039 \text{ psi} > S_y = 115\,000 \text{ psi}$$

$$K_{fm} = \frac{S_y - K_f \sigma_{a_{nom}}}{\left| \sigma_{m_{nom}} \right|} = \frac{115\,000 - 5.9(460.2)}{73\,960} = 1.52 \tag{p}$$

18. 螺钉的局部应力均值和应力幅值分别为：

$$\sigma_a = K_f \frac{F_{alt}}{A_t} = 5.9 \frac{21.98}{0.052\,431} \text{ psi} \cong 2478 \text{ psi}$$

$$\sigma_m = K_{fm} \frac{F_{mean}}{A_t} = 1.52 \frac{3875.63}{0.052\,431} \text{ psi} \cong 112\,522 \text{ psi} \tag{q}$$

19. 在初始预紧力和最大螺钉载荷作用下的应力分别为：

$$\sigma_i = K_{fm} \frac{F_i}{A_t} = 1.52 \frac{3853.66}{0.052\,431} \text{ psi} \cong 111\,883 \text{ psi}$$

$$\sigma_b = K_{fm} \frac{F_b}{A_t} = 1.52 \frac{3897.61}{0.052\,431} \text{ psi} = 113\,160 \text{ psi} \tag{r}$$

20. 应用 6.6 节的方法，可得到该螺钉连接材料的持久强度为：

$$S_{e'} = 0.5 S_{ut} = 0.5(133\,000) \text{ psi} = 66\,500 \text{ psi} \tag{s}$$

$$\begin{aligned} S_e &= C_{load} C_{size} C_{surf} C_{temp} C_{reliab} S_{e'} \\ &= 0.70(0.995)(0.739)(1)(0.753)(66\,500) \text{ psi} = 25\,778 \text{ psi} \end{aligned} \tag{t}$$

这里考虑了 6.6 节的表和公式中的各种降低疲劳强度的相关因素的影响，它们分别为：轴向载荷、螺栓尺寸、机加工的表面粗糙度、室温和 99.9% 的可靠度。

21. 把修正后的疲劳强度和抗拉强度代入式（15.16），可以计算得到 Goodman 线的疲劳安全系数，为：

$$\begin{aligned} N_f &= \frac{S_e (S_{ut} - \sigma_i)}{S_e (\sigma_m - \sigma_i) + S_{ut} \sigma_a} \\ &= \frac{25\,778(133\,000 - 111\,883)}{25\,778(112\,522 - 111\,883) + 133\,000(2478)} \cong 1.6 \end{aligned} \tag{u}$$

22. 初始局部屈服后的静螺钉应力和屈服安全系数分别是：

$$\sigma_s = \frac{F_{bolt}}{A_t} = \frac{3897.61}{0.052\,431} \text{ psi} = 74\,338 \text{ psi} \qquad N_y = \frac{S_y}{\sigma_b} = \frac{115\,000}{74\,338} \cong 1.5 \tag{v}$$

23. 由式（15.14d）可得被连接件分离安全系数：

$$N_{separation} = \frac{F_i}{P(1-C)} = \frac{3853.66}{125(1-0.352)} \cong 47 \qquad (\text{w})$$

24. 除非由螺钉夹紧力在垫圈上产生的压力大于汽缸内的压力，否则被连接件就会发生泄漏现象。由垫圈连接件的总面积和最小夹紧力 F_m 可以得到最小夹紧压强：

$$p_{avg} = \frac{F_m}{A_j} = \frac{4F_m}{\pi(D_o^2 - D_i^2) - n_b A_b} = \frac{4(3772.6)}{\pi(5.625^2 - 3.125^2) - 8(0.077)} \text{ psi} \cong 228 \text{ psi} \qquad (\text{x})$$

$$N_{leak} = \frac{p_{avg}}{p_{cyl}} = \frac{228}{130} \cong 1.7$$

由得到的这个夹紧压强与汽缸压强比率可知：螺钉间距可以接受。

25. 在步骤 5 中，获得 3853.66 lb 预紧力所需的转矩为：

$$T_i \cong 0.21 F_i d = 0.21(3853.66)(0.313) \text{ lb·in} \cong 253 \text{ lb·in} \qquad (\text{y})$$

26. 本设计采用 8 个 5/16-18 UNC-2A、7 级、长 1.25 in、预紧力达到极限强度 70%，并均布在直径为 4.375 in 的螺栓分布圆的六角头螺钉。这个设计的防泄漏安全系数达 1.7，疲劳安全系数达 1.6，并且在被连接件分离前能承受 47 倍的工作压力。这些安全因素是可以接受的。该文件 CASE8D 可以在本书的网站上找到。

15.12 小结

本章只是给出了少量的经济适用的紧固件的例子，还有许多不同系列的紧固件没有介绍。对于一种应用场合，总是能找到一种合适的紧固件，如果不能找到合适的（而且要求的数量很多），厂家和供应商会为你设计新的产品。人们已经为紧固件制定了很多标准来规定它们的结构、尺寸、强度和公差。螺纹紧固件是根据这些标准制造的，所以它们有良好的互换性。但是，公制和英制的螺纹不能实现互换，而且在美国两种制式都已经广泛使用。

传动螺杆是一种特殊的螺纹，主要应用于传递载荷或者精确地移动物体。它们的摩擦损失很大，所以工作效率较低。如果应用滚动螺旋就能显著降低摩擦。但是，低摩擦的螺杆失去了它们的一个优点：自锁，即无须功率输入使一个重物固定在原位置的能力（如千斤顶）。能够逆向驱动的螺杆不会自锁，可以应用于直线与旋转运动的转化。

螺纹紧固件（螺栓、螺母和螺钉）是把机器各部分连接在一起的标准零件。它们能承受很大的载荷，尤其在施加预紧力之后。在施加工作载荷之前，预紧力使紧固件受到很大的轴向拉力。紧固件中的轴向拉力会使被连接件间产生挤压，这些挤压力能提升连接的效果。挤压力使结合面贴合紧密，能承受变化的载荷，在结合面处产生的摩擦力又能抵抗剪切应力；被夹紧材料在挤压力作用下能吸收大多数载荷的波动，从而令紧固件不易产生交变应力疲劳；挤压力在螺纹处产生大的摩擦力能防止因振动造成的连接件脱开。

螺纹紧固件也能承受剪切载荷，而且广泛应用于结构上。在机械设计中，通常用配合的销来承受剪切应力，而螺纹紧固件只需提供轴向力使被连接件连接在一起。有兴趣的读者可以继续阅读本章的参考书目，获得紧固件的更多有趣信息。

本章使用的重要公式

从相关章节获得正确使用这些公式的信息。

用传动螺杆提升载荷所需的转矩（15.2 节）：

$$T_u = T_{s_u} + T_c = \frac{Pd_p}{2} \frac{\left(\mu\pi d_p + L\cos\alpha\right)}{\left(\pi d_p \cos\alpha - \mu L\right)} + \mu_c P \frac{d_c}{2} \tag{15.5a}$$

传动螺杆自锁的条件（15.2 节）：

$$\mu \geqslant \frac{L}{\pi d_p}\cos\alpha \qquad \text{或} \qquad \mu \geqslant \tan\lambda\cos\alpha \tag{15.6a}$$

传动螺杆的效率（15.2 节）：

$$e = \frac{W_{out}}{W_{in}} = \frac{PL}{2\pi T} \tag{15.7c}$$

螺纹紧固件的弹性系数（15.7 节）：

$$\frac{1}{k_b} = \frac{l_t}{A_t E_b} + \frac{l - l_t}{A_b E_b} = \frac{l_t}{A_t E_b} + \frac{l_s}{A_b E_b} \quad \text{所以} \quad k_b = \frac{A_t A_b}{A_b l_t + A_t l_s} E_b \tag{15.11a}$$

$$k_{b'} = \left(1 + \frac{d}{l}\right)^{-1} k_b \tag{15.17alt}$$

A_m 已知时被夹紧材料的弹性系数（15.7 节）：

$$k_m = \frac{A_m E_m}{l} \tag{15.11c}$$

被连接件的受载（15.7 节）：

$$P_m = \frac{k_m}{k_b + k_m} P = (1 - C)P \tag{15.13d}$$

C 为固定值时预紧螺栓和结合处的受载：

$$P_b = \frac{k_b}{k_m + k_b} P$$

$$P_b = CP, \; C = \frac{k_b}{k_m + k_b} \tag{15.13c}$$

被连接件的最小载荷和螺栓的最大载荷（15.7 节）：

$$F_m = F_i - (1 - C)P \tag{15.14a}$$

$$F_b = F_i + CP \tag{15.14b}$$

脱开一个预紧力的连接所需要的力（15.7 节）：

$$P_0 = \frac{F_i}{(1 - C)} \tag{15.14c}$$

预紧螺栓所受到的载荷均值和载荷幅值（15.7 节）：

$$F_{alt} = \frac{F_b - F_i}{2}, \qquad F_{mean} = \frac{F_b + F_i}{2} \tag{15.15a}$$

预紧螺栓的应力均值和应力幅值（15.7 节）：

$$\sigma_a = K_f \frac{F_{alt}}{A_t}, \qquad \sigma_m = K_{fm} \frac{F_{mean}}{A_t} \tag{15.15b}$$

螺纹中的疲劳应力集中系数：

$$K_f = 5.7 + 0.6812d \qquad d \text{ 的单位为 in}$$

或者

$$K_f = 5.7 + 0.02682d \qquad d \text{ 的单位为 mm} \tag{15.15c}$$

15

螺栓的预载荷应力（15.7 节）：

$$\sigma_i = K_{fm}\frac{F_i}{A_t} \tag{15.15d}$$

预紧螺栓的疲劳安全系数（15.7 节）：

$$N_f = \frac{S_e\left(S_{ut} - \sigma_i\right)}{S_e\left(\sigma_m - \sigma_i\right) + S_{ut}\sigma_a} \tag{15.16}$$

螺栓预紧力所需要的转矩（近似值）（15.9 节）：

$$T_i \cong 0.21F_i d \tag{15.23d}$$

一组紧固件的几何中心（15.10 节）：

$$\tilde{x} = \frac{\sum_1^n A_i x_i}{\sum_1^n A_i}, \qquad\qquad \tilde{y} = \frac{\sum_1^n A_i y_i}{\sum_1^n A_i} \tag{15.24}$$

剪切力不作用在几何中心时紧固件的受力（15.10 节）：

$$\left|F_{1_i}\right| = \frac{P}{n} \tag{15.25a}$$

$$\left|F_{2_i}\right| = \frac{Mr_i}{\sum_{j=1}^n r_j^2} = \frac{Plr_i}{\sum_{j=1}^n r_j^2} \tag{15.25b}$$

15.13 参考文献

1. Product Engineering, vol. 41, p. 9, Apr. 13, 1970.

2. H. L. Horton, ed. Machinery's Handbook, 21st ed. Industrial Press, Inc.: New York. p. 1256, 1974.

3. ANSI/ASME Standard B1.1-1989, American National Standards Institute, New York, 1989.

4. ANSI/ASME Standard B1.13-1983(R1989), American National Standards Institute, New York, 1989.

5. T. H. Lambert, Effects of Variations in the Screw Thread Coefficient of Friction on Clamping Force of Bolted Connections, J. Mech Eng. Sci., 4: p. 401, 1962.

6. R. E. Peterson, Stress-Concentration Factors. John Wiley & Sons: New York, p. 253, 1974.

7. H. H. Gould and B. B. Mikic, Areas of Contact and Pressure Distribution in Bolted Joints, Trans ASME, J. Eng. for Industry, 94: pp. 864-869, 1972.

8. N. Nabil, Determination of Joint Stiffness in Bolted Connections, Trans. ASME, J. Eng. for Industry, 98: pp. 858-861, 1976.

9. Y. Ito, J. Toyoda and S. Nagata, Interface Pressure Distribution in a Bolt-Flange Assembly, Trans. ASME, J. Mech. Design, 101: pp. 330-337, 1979.

10. J. F. Macklin and J. B. Raymond, Determination of Joint Stiffness in Bolted Connections using FEA, Major Qualifying Project, Worcester Polytechnic Institute, Worcester, Mass., Dec. 31, 1994.

11. B. Houle, An Axisymmetric FEA Model Using Gap Elements to Determine Joint Stiffness, Major Qualifying Project, Worcester Polytechnic Institute, Worcester, Mass., Dec. 31, 1995.

12. J. E. Shigley and C. H. Mischke, Mechanical Engineering Design, 5th ed. McGrawHill: New York, p. 354, 1989.

13. J. Wileman, M. Choudhury, and I. Green, "Computation of Member Stiffness in Bolted Connections," Trans. ASME, J. Mech. Design, 113, pp. 432-437, 1991.

14. T. F. Lehnhoff, K. I. Ko, and M. L. McKay, "Member Stiffness and Contact Pressure Distribution of Bolted Joints," Trans. ASME, J. Mech. Design, 116, pp. 550-557, 1994.

15

15. R. E. Cornwell, "Computation of Load Factors in Bolted Connections," Proc. IMechE, J. Mech. Eng. Sci., 223c, pp. 795-808, 2009.

16. A. R. Kephart, "Fatigue Acceptance Test Limit Criterion for Larger Diameter Rolled Thread Fasteners," ASTM Workshop on Fatigue and Fracture of Fasteners, May 6, 1997, St. Louis, MO.

17. C. Crispell, "New Data on Fastener Fatigue," Machine Design, pp. 71-74, April 22, 1982.

15.14 参考书目

American Institute of Steel Construction Handbook. AISI：New York.

Helpful Hints for Fastener Design and Application. Russell, Burdsall & Ward Corp.：Mentor, Ohio, 1976.

SAE Handbook. Soc. of Automotive Engineers：Warrendale, Pa., 1982.

"Fastening and Joining Reference Issue," Machine Design, vol. 55, Nov. 17, 1983.

J. H. Bickford, An Introduction to the Design and Behavior of Bolted Joints, 2nd ed. Marcel Dekker, New York, 1990.

H. L. Horton, ed., Machinery's Handbook, 21st ed. Industrial Press：New York, 1974.

R. O. Parmley, ed. Standard Handbook of Fastening and Joining. McGraw-Hill：New York. 1977.

H. A. Rothbart, ed., Mechanical Design and Systems Handbook. McGraw-Hill：New York, Sections 20, 21, 26, 1964.

表 P15-0[⊖] 习题清单

15.2 传动螺旋
15-1，15-2，15-3，15-37，15-38
15.3 螺纹中的应力
15-15，*15-16*，15-39，15-47，15-53
15.6 螺栓强度
15-28，15-29，15-40，15-41，15-48
15.8 连接刚度
仅对材料
15-17，15-18，15-19，15-31，15-32，15-33，15-42，15-43
无垫圈静载
15-7，15-8，*15-23*，15-30，15-49
无垫圈动载
15-9，15-10，***15-24***，***15-25***，***15-27***
无承压垫圈
15-26，15-42，15-43，15-44，15-45，15-46
不同材料连接
15-42，15-43，15-44，15-45，15-46
15.9 预紧力控制
仅有转矩
15-11，15-12，15-13，15-14，15-54
无垫圈静载
15-4，***15-5***，***15-6***，15-50，15-56，15-59
无垫圈动载
15-22，*15-51*，*15-52*，*15-57*，*15-60*，*15-62*
无承压垫圈
15-20，15-21，15-55，*15-58*，*15-61*
15.10 受剪紧固件
15-34，15-35，15-36

⊖ 题号是斜体的习题是设计类题目，题号加粗的习题是前面各章中习题横线后编号相同习题的扩展。

15.15 习题

15-1[⊖] 对比同一种材料不同型号螺纹的最大轴向承载力

     5/16-8 UNC 和 5/16-24 UNF   M8 x 1.25 和 M8 x 1 ISO

     并将以上四种分别与 5/16-14 梯形螺纹比较。

*15-2 一个 3/4-6 梯形螺纹提升大小为 2 kN 的载荷。螺纹的中径是 4 cm。计算提升载荷所需要的转矩和使用滚动螺旋下降载荷所需要的转矩。计算两种情况下的效率并讨论是否自锁。

15-3 一个 1 3/8-4 梯形螺纹提升大小为 1t 的载荷。螺纹中径是 2 in，计算提升载荷所需要的转矩和使用滚动螺旋下降载荷所需要的转矩。计算两种情况下的效率以及讨论是否自锁。

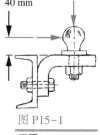

图 P15-1

习题 15-4～

15-6 使用图

*15-4 图 1-1 所示的拖钩受到了如图 P15-1 所示的载荷。重量为 100 kgf 的载荷作用在舌形板上的拉力为水平作用，方向向下，大小为 4905 N。用如图 1-5 所示大小的球形支架，画出其分离体受力图，计算出将支架连接在如图 1-1 所示的管道上的两个螺栓的轴力和剪力。两个螺栓的预紧力安全系数大于 1.7，请给出螺栓的尺寸和型号。

15-5 考虑习题 3-4 中的拖钩，水平方向的 2000 kg 的载荷作用在球体上，而且拖车会在 20 s 内加速到 60 m/s，假设加速度是恒定的。两个螺栓的预紧力安全系数大于 1.7，请给出螺栓的尺寸和型号。

**15-6* 考虑习题 3-4 中的拖钩，一个水平力作用在球体上，在球体和 2000 kg 拖车的舌形板间产生一个冲击，舌形板在冲击下产生 1 mm 的弯曲变形。牵引机的质量为 1000 kg。冲击的速度为 0.3 m/s。两个螺栓的预紧力安全系数大于 1.7，请给出螺栓的尺寸和型号。

*15-7 一个 1/2 in 直径 UNC，7 等级滚压螺纹螺栓，预紧力载荷为其允许强度的 80%，连接 3 in 厚的三层钢板。外部静载荷为 1000 lb，请计算能防止材料发生屈服和连接副脱开的安全系数。

15-8 一个 M14×2，8.8 等级滚压螺纹螺栓，预紧力载荷为其允许强度的 75%。连接 3 cm 厚的三层铝板。外部静载荷为 5 kg，请计算能防止材料发生屈服和连接副脱开的安全系数。

*15-9 一个 7/16 in 直径 UNC，7 等级滚压螺纹螺栓，预紧力载荷为其允许强度的 70%。连接 2.75 in 厚的三层钢板。外部施加的是峰值为 1000 lb 的交变载荷，请计算能防止材料发生疲劳、屈服失效或者连接副脱开的安全系数。

15-10 一个 M12×1.25，9.8 等级滚压螺纹螺栓，预紧力载荷为其允许强度的 85%。连接 5 cm 厚的三层铝板。外部施加的是峰值为 2.5 kg 的交变载荷，请计算能防止材料发生疲劳、屈服失效或者连接副脱开的安全系数。

*15-11 计算习题 15-7 中螺栓的拧紧转矩。

15-12 计算习题 15-8 中螺栓的拧紧转矩。

*15-13 计算习题 15-9 中螺栓的拧紧转矩。

15-14 计算习题 15-10 中螺栓的拧紧转矩。

15-15 一家汽车制造商正在进行一项可行性研究：设计在汽车的前后端使用的电动螺旋千斤顶，能在汽

⊖ 题号带 * 号的习题答案见附录 D，题号是斜体的习题为设计题，题号加粗的习题为前面的章节有相同编号的类似习题的扩展。所有问题中，都假设螺母和垫圈的总厚度等于螺栓的直径；螺栓的长度设计增量为 0.25 in 或 5 mm。

15

车检修时把车身提升一定高度。现在假设汽车重 2 t，前后重量分配是 60/40，设计一个能把汽车前后端都提升起来，自锁的螺旋千斤顶。千斤顶的主体安装在汽车的底盘下，工作时螺杆会向下伸出直到撑住地面。假设可伸缩螺杆在向上方向的安装间隙最小值为 8 in，那么千斤顶必须把底盘多提升 8 in 高。使用滚动推力轴承。计算不发生螺杆屈服失效的最小螺纹尺寸。并计算提升车身时的转矩、效率和所需能量（车身在 45 s 内提升到指定高度）。你对这个可行性研究有什么建议？

15-16　设计一个类似于图 15-4 所示的手动螺旋千斤顶，最大提升重量为 20 t，行程为 10 cm。现假设操作者在把手末端施加 400 N 的力，转动千斤顶螺纹副中的内螺纹或者外螺纹（根据你的设计）。设计一个圆柱形的把手，它必须在千斤顶的螺纹失效之前发生弯曲失效，这样就不会发生强行提升过大的重量导致螺纹副失效的情况。要求使用滚动推力轴承，螺纹和螺杆失效的安全系数是 3。列出你的计算过程。

*15-17　考虑以下几种三层材料在压力载荷下的实际弹性系数。载荷平均加在 10 cm² 的面积上。上层和下层的材料厚度为 10 mm，中间材料厚度为 1 mm，总共构成了 21 mm 厚的三层板。

(1) 铝、铜包石棉、钢

(2) 钢、铜、钢

(3) 钢、橡胶、钢

(4) 钢、橡胶、铝

(5) 钢、铝、钢

每一种组合中，哪种材料对计算结果影响最大。

*15-18　考虑以下几种三层材料在压力载荷下的实际弹性系数。载荷平均加在 1.5 in² 的面积上。上层和下层的材料厚度为 0.4 in，中间材料厚度为 0.04 in，总共构成了 0.84 in 厚的三层板。

(1) 铝、铜包石棉、钢

(2) 钢、铜、钢

(3) 钢、橡胶、钢

(4) 钢、橡胶、铝

(5) 钢、铝、钢

每一种组合中，哪种材料对计算结果影响最大。

15-19　一个类似于图 15-21 所示的预紧力的钢制螺栓把总厚度为 1 cm 的两个凸缘连接在一起。利用表格 P15-1 给出的数据，计算连接刚度系数。

*15-20　一个单缸空气压缩机气缸盖在一个工作周期内受到从 0~18.5 kN 变化的力。汽缸盖是 80 mm 厚的铝，未固定垫圈是 1 mm 厚的聚四氟乙烯，挡块材料是铝。六角头螺栓的螺纹有效长度是 120 mm，活塞直径为 75 mm，气缸外径是 140 mm。根据计算确定气缸盖六角头螺栓合适的数量，种类，预紧力载荷和螺钉分布圆。所有可能的失效情况安全系数最小值都定为 1.2。

表 P15-1　（习题 15-19 的数据）

项目	螺　纹	材　料	/mm
a	m8×1	钢	30
b	m8×1	铝	40
c	m14×2	钢	38
d	m14×2	铝	45
e	m24×3	钢	75
f	m24×3	铝	90

15-21　一个单缸发动机气缸盖在做功冲程内受到从 0~4000 lb 变化的力。汽缸盖是 2.5 in 厚的铸铁，未固定垫圈是 0.125 in 厚的铜包石棉，挡块材料是铸铁。六角头螺栓的螺纹有效长度是 3.125 in，活塞直径为 3 in，气缸外径是 5.5 in。根据计算确定气缸盖六角头螺栓合适的数量，种类，预紧力载荷和螺钉分布圆。所有可能的失效情况安全系数最小值都定为 1.2。

15-22　习题 15-21 中发动机的锻钢连接棒被直径 38 mm 的曲柄销分隔，它的两部分由两组螺钉螺母连接。每个工作周期内两组螺钉的受力范围是 0~8.5 kN。根据无限寿命准则设计螺钉，确定它们的尺寸、种类和预紧力载荷。

*15-23 （习题 4-33）图 P15-2 所示的支架被 4 个六角头螺栓固定在墙上，螺钉分布圆直径为 10 cm，螺钉排布情况如图所示。墙壁材料与支架相同。支架受到一个静力 F，静力 F 和梁的其他数据由表 P15-2 给出。计算加上这个载荷后 4 个六角头螺栓的受力，选择六角头螺栓合适的直径、长度和预紧力载荷，所有可能的失效情况安全系数最小值都定为 2。

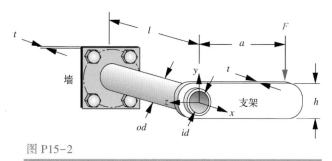

图 P15-2

习题 15-23~15-25

表 P15-2　（习题 15-23~15-25）

a	100	400	10	20	50	10	4	钢
b	70	200	6	80	85	12	6	钢
c	300	100	4	50	95	15	7	钢
d	800	500	6	65	250	25	15	铝
e	85	350	5	96	900	40	30	铝
f	50	180	4	45	950	30	25	铝
g	160	280	5	25	850	45	40	钢
h	200	100	2	10	800	40	35	钢
i	400	150	3	50	950	45	38	钢
j	200	100	3	10	600	30	20	铝
k	120	180	3	70	880	60	55	铝
l	150	250	8	90	750	45	30	铝
m	70	100	6	80	500	20	12	钢
n	85	150	7	60	820	25	15	钢

只用与给出问题相关的数据（长度单位 mm；力单位 N）

*15-24 （与习题 6-33 相同的问题）如图 P15-2 所示的支架被四个六角头螺栓固定在墙上，螺栓分布圆直径为 10 cm，螺钉排布情况如图所示。墙壁材料与支架相同。支架受到一个以正弦规律变化的力，$F_{max} = F$；$F_{min} = -F$，力和横梁的其他数据在表 P15-2 中给出。分别计算四个六角头螺栓在对称循环载荷作用下的受力，并且选取合适的螺纹直径，作用长度和预紧力载荷。可能发生失效的情况安全系数的最小值都定为 1.5，$N = 5 \times 10^8$ 循环。

*15-25 （与习题 6-34 相同的问题）如图 P15-2 所示的支架被四个六角螺栓固定在墙上，螺钉分布圆直径为 10 cm，螺钉排布情况如图所示。墙壁材料与支架相同。支架受到一个以正弦规律变化的力，$F_{max} = F$；$F_{min} = 0$，力和横梁的其他数据在表 P15-2 中给出。分别计算四个六角头螺栓在波动载荷作用下的受力，并且选取合适的螺纹直径，作用长度和预紧力载荷。可能发生失效的情况安全系数的最小值都定为 1.5，$N = 5 \times 10^8$ 循环。

15-26 （与习题 6-42 相同的问题）一个圆柱形的钢制水箱的两端是半球形的，在室温下承受 435 kPa 的压力。压力循环范围是从 0 到最大值。水箱直径为 0.5 m，长度为 1 m。半球形的底盖是由一些螺

15

栓通过水箱两部分配合的法兰盘连接的。法兰之间的非密封垫圈厚度为 0.5 mm，材料是石棉。试确定能满足工况要求一组螺栓，请给出其数量、种类、预紧力载荷和尺寸。要求螺栓分布圆的直径以及法兰的外圆直径满足防止泄漏的要求。防止泄露的安全系数定为 2，按照无限寿命考虑的螺栓防止失效的安全系数定为 1.5。

15-27 改变一个条件：使用 O 形密封垫圈，重新计算习题 15-26 的问题。

15-28 计算表 15-7 列出的各个 SAE 等级的 1/2-13 UNC 螺栓的验证载荷（使拉应力与验证强度相等的载荷）。

15-29 计算表 15-7 列出的各个等级的 M20×2.50 螺栓的验证载荷（使拉应力与验证强度相等的载荷）。

15-30 计算习题 15-7 中螺栓和其余部分的连接刚度系数。

15-31 计算习题 15-8 中螺栓和其余部分的连接刚度系数。

15-32 计算习题 15-9 中螺栓和其余部分的连接刚度系数。

15-33 计算习题 15-10 中螺栓和其余部分的连接刚度系数。

15-34 如图 P15-3 所示，一个螺栓和销连接受到一个偏离中心的剪切载荷。剪切载荷由销承受，它们的数量和尺寸在表 P15-3 中给出。图显示是五个销，但仍然要求按照表 P15-3 不同行给出的数据分别计算。考虑 $a=4\,\text{in}$，$b=4\,\text{in}$，$l=10\,\text{in}$，$P=2500\,\text{lb}$，这一列由表 P15-3 给出的数据，计算每个销所受到剪切力的大小和方向。

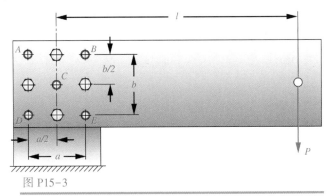

图 P15-3

（习题 15-34~15-36）

表 P15-3　（习题 15-34~15-36 所需数据）直径为 0 的销没有列出

项目	销的数目				
a	5	0.250	0.250	0.250	0.250	0.250
b	4	0.250	0.250	0	0.250	0.250
c	5	0.375	0.375	0.250	0.375	0.250
d	5	0.375	0.375	0.250	0.250	0.250
e	3	0.375	0.375	0	0.375	0
f	3	0.375	0	0	0.375	0.375

15-35 如图 P15-3 所示，一个螺栓和销连接受到一个偏离中心的剪切载荷。剪切载荷由销承受，它们的数量和尺寸在表 P15-3 中给出。图显示是五个销，但仍然要求按照表格 P15-3 不同行给出的数据分别计算。考虑 $a=4\,\text{in}$，$b=4\,\text{in}$，$l=10\,\text{in}$，$P=2500\,\text{lb}$，这一列由表 P15-3 给出的数据，计算每个销所受到剪切力的大小和方向。

15-36 如图 P15-3 所示，一个螺栓和销连接受到一个偏离中心的剪切载荷。剪切载荷由合金钢销承受，它们的数量和尺寸在表 P15-3 中给出。图显示是五个销，但仍然要求按照表 P15-3 不同行给出的数据分别计算。考虑 $a=4\,\text{in}$，$b=4\,\text{in}$，$l=10\,\text{in}$，$P=2500\,\text{lb}$，这一列由表 P15-3 给出的数据，计算每个销不发生剪切屈服的安全系数。强度数据由表 15-12 给出。

15-37　油润滑、单线传动丝杆副的摩擦系数为 0.10。表 15-3 所示的美国标准的梯形螺纹中，哪种螺纹在这种情况下会自锁？哪种螺纹最不可能在动载荷下发生回退？哪种最有可能在动载荷下发生回退？

15-38　油润滑、单线传动丝杆副的摩擦系数为 0.20。表 15-3 所示的美国标准的梯形螺纹中，哪种螺纹效率最高（忽略止推环的摩擦）？

*15-39　确定使啮合螺旋线的非剪切区域是表 15-2 所示细牙螺纹拉应力区域面积的 2 倍时，啮合螺旋线的数量。

15-40　计算表 15-6 列出的各个 SAE 等级的 1/2-13 UNC 螺栓的极限拉伸载荷（使拉应力等于拉伸强度的载荷）。

*15-41　计算表 15-7 列出的各个种类的 M20×2.50 螺栓的极限拉伸载荷（使拉应力等于拉伸强度的载荷）。

15-42　3/8-16 UNC 螺栓和螺母把一块 0.75 in 厚的铝盖板固定在 0.50 in 厚的钢制法兰上。计算每个螺栓的刚度系数。

15-43　M14×2.0 螺栓和螺母把一块 13 mm 厚的铝盖板固定在 12 mm 厚的钢制法兰上。计算每个螺栓的刚度系数。

15-44　M16×2.0 螺栓和螺母把一块 50 mm 厚的铝盖板固定在 30 mm 厚的钢制法兰上。计算每个螺栓的刚度系数。

15-45　5/16-18 UNC 螺栓和螺母把一块 1.625 in 厚的铸铁盖板固定在 1.5 in 厚的钢制法兰上。计算每个螺栓的刚度系数。

15-46　M16×1.5 螺栓和螺母把一块 8 mm 厚的钛盖板固定在 8 mm 厚的不锈钢法兰上。计算每个螺栓的刚度系数。

15-47　一个 M12×1.25 软螺母与一个淬火钢制螺栓装配在一起，螺母的厚度是 11 mm，剪切屈服强度为 120 MPa，假设螺母的螺纹失效在螺栓的失效前发生，计算会使螺母脱离螺栓的轴向力的大小。

15-48　比较表 15-7 列出的每个种类的 M12×1.25 螺栓的屈服载荷（拉应力等于屈服强度）和试验载荷（拉应力等于极限强度）。

15-49　M16×1.50，种类 4.8 切割线螺纹螺栓预紧力载荷为其极限载荷的 85%，连接厚度为 20 mm 的三层钢板。当施加 3 kN 的外部静载荷时，计算防止静力屈服和连接副脱开的安全系数。

15-50　6 组螺栓螺母将一个 15 mm 厚的钢盖固定在 15 mm 厚的钢制法兰上。钢盖上的外部载荷为 30 kN。安全系数最小为 1.5，给出 6 组螺栓的尺寸及其他信息；螺纹处于润滑状态时，计算螺栓达到预紧力载荷所需的转矩。

15-51　与习题 14-50 相同的题设，外载荷改为周期变化的 0~30 kN 的力。安全系数为 1.5，按照无限寿命设计这些螺栓，确定它们的尺寸、等级、预紧力载荷和预紧转矩。

15-52　8 组螺栓螺母将一个 20 mm 厚的铝盖固定在 20 mm 厚的铝制法兰上。铝盖上的外部载荷是从 0~40 kN 周期变化的力。安全系数最小为 1.5，给出 8 组螺栓的尺寸及其他信息；螺纹处于润滑状态时，请计算螺栓达到预紧力载荷所需的转矩。

15-53　一个 M8×1.00 软钢制螺母与一个淬火钢制螺栓装配在一起，螺母的厚度为 8 mm，剪切屈服强度为 140 MPa，假设螺母的螺纹失效在螺栓的失效前发生，请计算会使螺母脱离螺栓的轴向力的大小。

15-54　一个 M8×1.00，等级 9.8 的螺栓预紧力载荷达到它极限强度的 80%，计算这种情形下的预紧转矩。

15-55　一个圆柱形气缸，盖子和主体间的垫圈是非密封的，盖子上的静载荷为 15.5 kN。盖子和气缸法兰的材料都是铝，非密封垫圈是 2 mm 厚的普通橡胶。气缸直径为 80 mm，法兰的外径为 130 mm。六角头螺栓的有效作用长度为 80 mm。用 12 个 M8×1.25、等级为 8.8 的螺钉进行固定，其预紧力载荷为其极限强度的 90%，螺栓分布圆为 110 mm。确定防止六角头螺栓静力屈服的安全系数。

16

焊接[⊖]

发明，需要一个好的想象力和
一堆垃圾。

Thomas A. Edison

16.0 引言

焊接（焊接件）广泛应用于机架、机械零件、建筑结构、桥梁、船舶、汽车、建筑设备以及其他领域。本章主要介绍焊接在机械设计中的应用，而不是在建筑和桥梁中的结构件中的应用，不过焊接设计原则在各领域应用中是相似的。本章也未提及焊接压力容器时出现的高温和可能存在的腐蚀等问题。美国机械工程师协会为焊接在各领域中的应用制定了详细的规范。在半个世纪前，机架通常用灰铸铁制造，因其具有良好的吸振性。如今类似的机架通常都用钢材焊接而成。促成这种改变的一个原因就是钢材具有比灰铸铁更好的刚度（30×10^6 psi 与 15×10^6 psi 比较）。当刚度相当时，焊接机架比铸造机架更轻；当重量相同时，焊接机架比铸造机架具有更好的刚度。

与结构钢在建筑中应用时有相对宽松的尺寸公差不同，机械的机架和零件制造时通常有较精密的尺寸公差要求。但是采用焊接组装时，很难保证较高的尺寸公差，这就要求（如同铸造一样）：任何有精度要求的表面一旦焊接成所设计的形状后，能够像一个组件那样进行加工。而没有精度要求的表面可以保留焊接时的状态。

大多数金属都可以焊接，只是有些金属相对来说更容易焊接。低碳钢比较容易焊接，高碳钢和合金钢就比较难焊接。如果零件在焊接前进行了淬火或者冷轧处理，会使焊接的强度增加，而焊接产生的高温会使零件局部退

⊖ 本照片为一人在用金属电弧焊接，摄影者为 William M. Plate Jr.，USAF（该照片无版权限制）。

⊜ 本章版权所有© 2018 Robert L. Norton；保留所有版权。

火，从而削弱其强度。因此，通常建议限制对低碳钢和低合金钢进行焊接。铝可进行焊接，但是要合理选择焊接工艺过程和技术。机架通常采用钢材制造以保证其强度和刚度。在静态下，质量通常不是一个需要特别关注的因素。运动的机械零件，比如连杆，如果存在很大的加速度，最好还是用铝制造。然而很多连杆由于强度、刚度以及磨损的问题，还是采用钢制造。

读者应该意识到：本章仅仅只是对相当迷人且复杂的焊接技术做一个简单介绍。这个简单介绍并不能让你成为一名焊接专家或者设计师。只是一个起步，能指导你如何在大量的文献和出版物中找到相关的主题[⊖]。一些组织对焊接进行研究，并发布一些规范和要求。其中有：

美国国家高速交通和运输协会（AASHTO）：http://www.transportation.org/

美国钢结构设计协会（AISC）：http://www.aisc.org/

美国石油协会（API）：http://www.api.org/

美国机械工程师协会（ASME）：http://www.asme.org/

美国焊接协会（AWS）：http://www.aws.org/

林肯电弧焊基金：http://www.jflf.org/

焊接研究委员会：http://www.forengineers.org

各组织的相关资料请参考本章末尾的参考文献。

表 16-0 本章所用的变量

变量符号	变量名	英制单位	国际单位	详见
A	振幅比	无	无	式 (6.1d)
A_{shear}	焊缝剪切面积	in^2	mm^2	式 16.4
A_w	焊缝单位长度剪切面积	in	mm	式 16.4
C_f	S_{fr}方程系数	无	无	表 16-4
E_{xx}	焊条最小极限抗拉强度	kpsi	—	表 16-4
f_b	焊缝单位长度弯曲载荷	lb/in	N/mm	式 (16.4)
f_n	焊缝单位长度正向载荷	lb/in	N/mm	式 (16.4)
f_s	焊缝单位长度剪切载荷	lb/in	N/mm	式 (16.4)
f_t	焊缝单位长度扭转载荷	lb/in	N/mm	式 (16.4)
F_r	焊缝单位长度扭转载荷	lb/in	N/mm	式 (16.4)
J_w	焊缝单位长度第二区极矩	in^3	mm^3	式 (16.4)
N	循环次数	无	无	例 16-2
N_f	疲劳应力安全系数	无	无	例 16-4
N_{fr}	疲劳应力幅值安全系数	无	无	式 (16.3)
N_{yield}	静态屈服应力安全系数	无	无	式 (16.3)
R	应力特性系数	无	无	式 (16.1d)
S_{er}	拉应力幅值持久强度	psi	MPa	表 16-4
S_{ers}	剪应力幅值持久强度	psi	MPa	例 16-2
S_{fr}	拉应力幅值疲劳强度	psi	MPa	式 (16.2)
S_{frs}	剪应力幅值疲劳强度	psi	MPa	例 16-4
S_w	焊缝单位长度截面模数	in^2	mm^2	式 (16.4)

16

⊖ Lincoln Electric Company（www.lincolnelectric.com）提供了一个短期课程叫"Blodgett's 焊接设计"，它对焊接工艺及焊件工程设计做了很好的介绍。

（续）

变量符号	变量名	英制单位	国际单位	详 见
t	焊喉尺寸	in	mm	图 16-4
w	焊角尺寸	in	mm	图 16-4
Z	截面模数	in^3	mm^3	式（4.11d）
$\Delta\sigma$	应力增量	psi	MPa	式（6.1a）
σ_x	正应力	psi	MPa	式（4.7）
$\sigma_{1,2,3}$	主应力	psi	MPa	例 16-4
σ_a	应力幅	psi	MPa	式（6.1b）
σ_m	平均应力	psi	MPa	式（6.1c）
σ'	冯·米塞斯有效应力	psi	MPa	例 16-4
σ_{max}	最大正应力	psi	MPa	式（6.1a）
σ_{min}	最小正应力	psi	MPa	式（6.1a）
$\Delta\tau$	剪应力增量	psi	MPa	例 16-2
τ_{xy}	剪切应力	psi	MPa	式（4.9）
τ_{allow}	许用剪切应力	psi	MPa	例 16-1、16-2

16.1　焊接过程

　　电弧焊需要在局部提供足够的热量使母材熔化，同时添加合适的填充金属使两个零件焊在一起。正确应用焊接，可以使焊接件具有同母材一样的强度，但是如果焊接不当，焊接件的强度会很弱。焊接所需的热量通常由电极焊条接近或者接触工件表面所提供，这时在焊条和工件之间形成跳跃的电弧。电焊机在一定的电压下提供直流或者交流电流产生电弧，电弧具有 6000～8000℉的温度，远高于钢材的熔点$^{\ominus}$。焊缝填充金属可以做成焊条，也可以做成单独的焊丝送入电弧中，在焊接过程中消耗。

　　一个好的焊接要求焊缝两侧金属和附加的填充金属熔合在一起，熔合时需要原子级的清洁。在金属熔化温度下，空气中的氧气会使表面金属很快氧化。空气中的氮气也会降低焊缝质量，氮气还会在冷却过程中，使焊缝里夹入气孔，从而削弱焊缝。空气中或金属上的水分会引起氢脆现象，从而削弱焊缝。为了防止加热的金属被污染，要么在熔池冷却的过程用**焊渣**覆盖，要么不断地通入惰性气体以替代空气，如氩气或氦气。如果有焊渣，可以在焊缝冷却后除去。良好的焊接还要求熔融金属能够很好地渗入母材，最终得到的**焊接金属**是*焊剂和母材的融合体*。在焊接区域的边缘还会形成一个热影响区，称为 HAZ，如图 16-1 所示。对于高强度钢（抗拉强度高于50 kpsi），热影响区的强度比母材弱；而对低强度钢，热影响区的强度和硬度都比母材高。材料强度不同会促进裂纹形成。铝材在热影响区的强度会减少 50% 以上。

　　图 16-1 介绍了典型的焊接术语。焊趾位于焊缝和焊缝表面的母材之间的连接处。焊根在焊缝的底部。焊接零件的准备工作，包括焊缝边缘外形修整、留有焊根间隙以便使热量和焊接金属充分熔入。焊根间隙处可能需要一块衬垫来保证熔池在凝固之前处于适当的位置。衬垫的材料可以和母材相同，也可以不同，如果材料相同，衬垫会被焊到接头上，衬垫可以保留下来，也可

　　$\ominus$　氧气乙炔焊一般不用在高强度焊接件中。因效率低，且气体火焰产生较严重的氧化会造成污染，且削弱了焊缝强度。它有时被用于现场修理，但一般不用在新设备中。

以将其磨掉，通常推荐采用不同的材料。如果焊接件承受的是动载荷，则衬垫会产生应力集中。焊缝余高是指焊缝金属超出母材表面的部分，如果焊接件承受静载荷，焊缝余高可以保留下来；如果焊接件承受动载荷，焊缝余高就应该被磨平，以消除焊趾处的应力集中。无论焊接件承受何种载荷，焊缝余高对提高强度都没有任何好处。焊喉尺寸范围决定了应力面积，但不包括零件的厚度和焊缝轮廓范围以外的焊接材料。

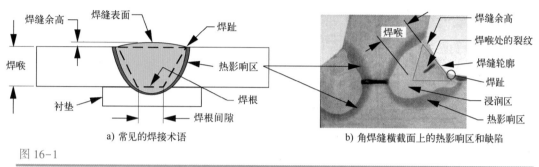

a) 常见的焊接术语　　　　b) 角焊缝横截面上的热影响区和缺陷

图 16-1

焊缝横截面和术语

常用焊接类型

电弧焊（SMAW）：也称为"焊条焊接"，使用一根根的电极焊条（焊条），焊条的外层包裹着一层药皮。随着电弧将焊条熔化，熔化的药皮流向熔池并将其覆盖以避免被空气接触。这种方法通常用于户外或者现场维修，且不存在气流和不会被风吹走的场合。

药芯焊丝电弧焊（FCAW）：采用空心电极焊丝，在中空型芯中填充有焊剂。因焊丝能卷绕，所以可以做得成很长。焊接机器有一焊丝输送机构，焊机头将焊丝源源不断地送进电弧里，焊丝输送速度由焊接工控制，可以达到连续而高效的工艺流程。药芯焊丝电弧焊的焊丝无论是否有惰性气流都可以使用，惰性气流更适合在室内使用，但只要电极焊丝选择得当，不带惰性气体也是可以使用的。

熔化极气体保护电弧焊（GMAW）：也称为 MIG（金属惰性气体）电弧焊，使用没有焊剂的焊丝电极。焊接时，将一种惰性气体通到焊缝取代空气。由于没有焊渣，这使得焊缝很清洁，也不需要进行额外的清理，但是如果风速超过 5 m/h，就不能在室外用此焊接。

钨极氩弧焊（GTAW）：也称为 TIG（钨极惰性气体）或氩电弧焊，采用永久钨电极焊丝。用单独的金属填料条或丝送入熔池中，直接向焊缝中通入惰性气体（如氩气），保护熔池，最初的保护气体是氦气，这就是氦弧焊名称的由来。钨极氩弧焊（GTAW）通常用来焊接铝、钛和镁焊件进行精细修补用。钨极氩弧焊（GTAW）的焊缝很干净，但与熔化极气体保护电弧焊（GMAW）一样，在室外使用时有同样的风速限制。

埋弧焊（SAW）：采用粉末状焊剂，焊剂用量要能够形成厚的焊剂层以覆盖整个焊缝，从而看不到电弧。操作者只需要对眼睛进行普通的防护。粉末状的焊剂由与焊条同心或近似同心的管道送入电弧。在焊缝冷却后，应该刷净或者由真空吸收未熔化的粉末，这样粉末就可以重复利用，然后铲除焊渣将焊缝暴露出来。埋弧焊不能用来焊接零件的上表面，最适合用在车间生产，在车间里，电焊条的运动和行程可以通过机器人自动控制，或用轨道半自动控制。由于无飞溅，埋弧焊的焊缝外观很漂亮。

电阻焊：用来焊接薄金属板，类似于电熔炼法。焊接件被两电极紧紧地压在中间，并且通以高强度电流，电流流经焊点使两焊件同时熔化。如果电极在通电时沿着一定的轨迹移动，就会形成焊缝。也可以用激光来取代电极，为焊接提供所需的热量，在整个焊接过程中都不用添加任何填充金属。电阻焊常用来焊接汽车车身以及薄板附件和其他薄壁零件，不能焊接厚截面焊件。

为什么设计师应该关注焊接过程？

正如设计工程师要知道一个零件怎样才能（或者不能）在车床或磨床上加工出来一样，对焊接过程的基本知识和其局限性有一定的了解，对于一个设计工程师是非常有用的。不过大多数设计工程师不会同时是制造工，更不会是持证的焊接工。因此，正如工程师不会设法告诉一个熟练制造工该怎样去加工一个零件一样，工程师只需要将对焊接过程中的详细要求交给熟练的焊接工，但是工程师必须要对焊接过程的局限性有很清楚的认识。设计工程师的任务就是：根据好的、可行的工程实际，并基于本章所阐述的工艺（或者本章参考文献）设计焊缝尺寸、选择所需的焊接材料强度，并在图纸中详细表达技术要求，从而使焊缝在寿命期内保证安全而不会失效。

16.2　焊接接头和焊缝类型

如图 16-2 所示，焊接接头有五种类型：对接接头、T 形接头、角接接头、搭接接头和端接接头。在一定程度上，焊接接头类型的选择是根据焊接件几何形状决定，一个焊接好的焊接件，可能含有几种不同的接头类型。

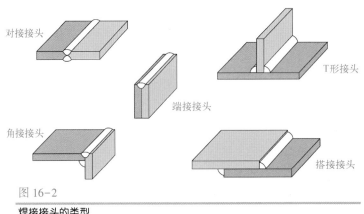

图 16-2

焊接接头的类型

焊缝有三种类型：坡口焊缝、角焊缝和塞焊缝/槽焊缝，如图 16-3 所示。这些焊缝可以用于一种或多种接头类型。坡口焊缝又分为两种：完全熔透和部分熔透。一般建议不采用塞焊缝和槽焊缝，这是因为这两种焊缝的强度要比其他焊缝弱。本章主要介绍两种坡口焊缝和角焊缝。坡口焊缝适用于对接接头、外角接接头，以及焊接件有一定厚度的端接接头。角焊缝适用于 T 形接头、搭接接头和内角接接头。

坡口焊缝可以是**接头完全熔透（CJP）**或**接头部分熔透（PJP）**，如图 16-3 和图 16-4 所示。CJP 坡口对接焊缝在承受静态拉伸时，其强度与两个焊接件中较薄的一个焊接件强度相当。PJP 焊缝的强度取决于焊喉深度，如图 16-4 所示。PJP 焊缝通常用于两个厚截面焊接件侧面的焊接，这种情况下，如果采用 CJP 焊缝会比较大。要注意的是，焊道中任何**焊缝余高**，即超出焊件外表

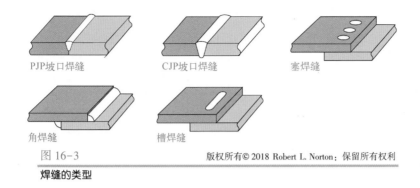

图 16-3 版权所有© 2018 Robert L. Norton；保留所有权利

焊缝的类型

面部分是不计入焊喉尺寸的。如果焊件承受的是疲劳载荷，除非应力幅值很小，否则焊缝余高都应该与平面平齐，这样可以消除焊缝波纹面和焊趾间的应力集中。焊喉总面积是焊喉尺寸与焊缝长度的乘积。熔合区是指焊缝和母材之间的结合区域，如图 16-4 所示。

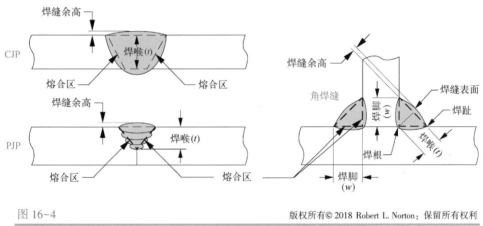

图 16-4 版权所有© 2018 Robert L. Norton；保留所有权利

焊接接头的焊喉尺寸

摘自：Lincoln Arc Welding Co.，Cleveland，OH.

角焊缝由焊缝尺寸 w 来确定，但是其焊接强度却由焊喉尺寸 t 所决定，如图 16-4 所示。典型的角焊缝是两个正交的零件焊接成具有 45°的焊缝，不过角缝焊也可以是其他任何角度的焊接。如果零件是正交的，并且采用45°角焊缝，则焊喉尺寸 t 等于焊缝尺寸 w 乘以 0.707。任何焊缝余高可忽略。角焊缝的总**焊缝面积**等于*焊喉尺寸 t* 与*焊缝长度*的乘积，但熔合区面积决定了焊缝是否会从母材上脱离，其值等于*焊缝尺寸 w* 与*焊缝长度*的乘积。每个角焊缝的熔合区的应力可能相同也可能不同，这由零件承受的载荷决定。

接头坡口准备

对接头妥善准备以使热量和焊缝金属能到达整个焊接区并熔融，将可以得到较好的焊缝。如果焊接界面不是很薄，焊缝接头应当对接头的一侧或两侧进行脱金属的制备。接头形状建议选用 U 形、V 形、J 形，如图 16-5 所示。采用 J 或 U 形接头时，在焊槽的底部留有少量的母材以防止熔化的金属漏出，但其厚度要足够薄，以允许良好的熔透。V 形坡口容易加工，但可能需要在底部留有间隙以得到良好的熔透。间隙可以用一个金属或陶瓷的垫板封闭，以容纳焊缝金属直到冷却。如果垫板材料与被焊接零件相同，垫板也将成为焊接接头，可以将其去除；但是如果保留下来，垫板应该连续覆盖接头的整个长度。如果垫板不是完整的或者没有完全焊接，将会

16

产生很大的应力集中导致失效。目前，长焊缝常用的是分段焊接，而不是在整个焊接长度上设置连续焊道。但是，采用连续焊接整个焊缝往往比较好，因为每个分段焊道都会引起应力集中，尤其是当机械零件承受动载荷时。此外，若想得到相同的强度，如果选用接头长度一半的焊道，焊道的**宽度**必须是焊喉的两倍，即截面积为四倍。采用一个较长、较小截面焊道，将使用更少的焊接金属，因此会更经济。

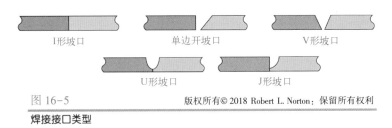

焊接接口类型

在焊接零件前，设计师需要选择和确定焊件坡口的尺寸。根据零件厚度可以在焊接手册和规范中查出坡口推荐值，见参考文献［1-4］。在进行焊件设计时，强烈推荐使用这些手册和规范。如果设计建筑和桥梁，就必须遵循美国钢结构学会（AISC）和美国焊接学会（AWS）的规范。这些规范含有非常具体的条款和步骤，当所设计的结构失效涉及人身安全时，必须遵循这些规范。机械设计师通常不一定遵循这些规范，但遵循这些规范肯定有好结果。

焊接规范

焊缝和接头的制备是在图纸上使用标准的焊接符号标注清楚，如图 16-6a 所示。图纸中至少应该有一条引线和箭头；在箭头的相反端，还可以有可选的尾部标注。箭头指向接头处，焊接符号定义了焊缝类型（角焊缝、CJP 焊缝、PJP 焊缝等），引线上面的符号标注的是与箭头反向那一侧，引线下面的符号标注的是箭头指向的那一侧。箭头可向上或向下，但无论箭头指向何处，符号总是从右到左标注一些可能会用到的焊缝代号，如图 16-6b 所示。详情请参考 AWS A2.4 [3]。

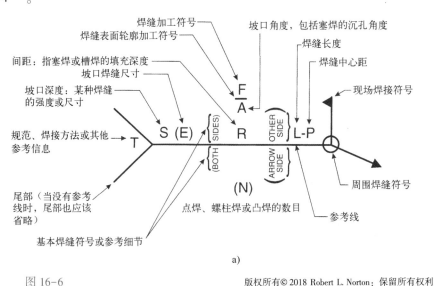

a)

AWS 焊缝符号

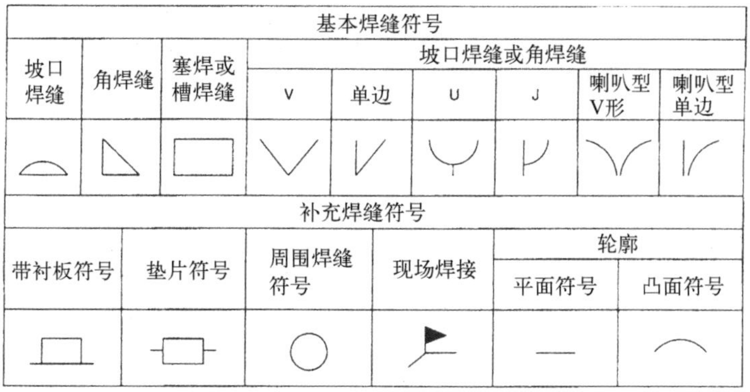

基本焊缝符号								
坡口焊缝	角焊缝	塞焊或槽焊缝	坡口焊缝或角焊缝					
			V	单边	U	J	喇叭型V形	喇叭型单边
⌒	◿	▭	V	V	⋃	⌐	⌣	V

补充焊缝符号					
带衬板符号	垫片符号	周围焊缝符号	现场焊接	轮廓	
				平面符号	凸面符号
▭	⊏▭	○	⚑	—	⌒

b)

图 16-6

AWS 焊缝符号（续）

16.3 焊接接头设计原则

如果想要成功的设计一个焊接件，对焊接件尺寸的考虑就如同对焊接件几何结构设计一样重要。合理的安排焊缝，将载荷经过一个合理和安全的路径引至支承点，也是很重要的。第4章中所引入的"力流"概念适用于这里。

以下这些焊接规则是经焊接设计专家多年实践得到的，更详细的内容可以参考文献[1]。

1. 当把力施加到焊件截面提供一个路径时，截面应与力平行。

2. 力的接地路径应具有最大刚度，最好有相对均匀的刚度，可以使载荷均匀分布在焊件上。

3. 焊接件没有次要部位，实质上焊接是一个整体。但是，焊缝有主焊缝或辅焊缝。主焊缝直接承受了所有载荷，其失效会造成焊接件的失效。辅焊缝只是将零件连接在一起，承受的力很小。

4. 尽可能不让焊缝承受弯曲应力。如果存在弯曲力矩，尽量将焊缝安排在弯曲力矩为0或很小的地方，或安排在承受剪切应力或者轴向拉伸/压缩处。

5. 尽可能不要让母材厚度的横截面上（即"横纹"）承受拉应力，锻造金属在其轧制方向有一个横纹，在垂直于横纹的方向的强度会稍弱于顺着横纹的方向的强度（见14.3节中，关于金属中横纹的讨论）。焊缝的横截面（见图16-10）上承受拉伸载荷可能会使焊缝下面的材料产生"层状撕裂"，所以应使焊接表面承受剪切载荷。

6. 如果焊缝的截面尺寸有变化，可以去除接头周围的材料以改善力流，减少应力集中。

图 16-7 所示为将一个挂钩焊接在横梁上的设计示例。图 16-7a 所示是一种不合理的方案，挂钩焊缝与腹板成90°，这样使梁的凸缘也受到载荷。由于腹板是刚度最大的路径，承受大部分载荷，因此该方案只有腹板处的那一小段焊缝承受了大部分载荷。如果整个焊缝的平均应力与许用应力水平相当，那么由于应力分布不均匀，梁的腹板处的焊缝就会因过载而失效。在凸缘上，越靠近边缘，向腹板传递载荷的能力越弱。观察图中两种方案的力流分布，可知图 16-7b 所示方案显然更合理，其将载荷由焊缝直接转移到

了梁中间层上。

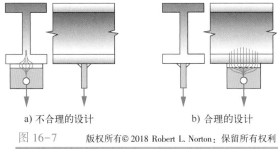

a) 不合理的设计   b) 合理的设计

图 16-7   版权所有© 2018 Robert L. Norton：保留所有权利

接头设计举例

摘自：Lincoln Arc Welding Co. , Cleveland, OH.

图 16-8 所示为一种同图 16-7 相似的设计，这里使用的是空心矩形截面的梁。先看图 16-8a 所示方案，在图 16-7 中可行的解决方案在这里就变得较差了，因为载荷作用在底面中间截面上，力必须要通过底面才能传递到两侧面，作用在梁上，这使得焊缝受到弯曲。图 16-8b 为一种更好的方案，重新设计后将挂钩直接焊接在两侧面上，焊缝承受剪应力，力的方向跟通过挂钩的截面方向平行，注意观察每种方案的力流指向。

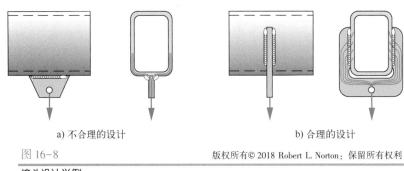

a) 不合理的设计   b) 合理的设计

图 16-8   版权所有© 2018 Robert L. Norton：保留所有权利

接头设计举例

摘自：Lincoln Arc Welding Co. , Cleveland, OH.

16

图 16-9 给出了宽度或厚度不相等的零件的焊接。美国焊接协会（AWS）的焊接规范建议：当受循环载荷作用时，在尺寸不相等的焊接中，应至少设计 2.5:1 （≤22°） 的斜度将零件连接起来。

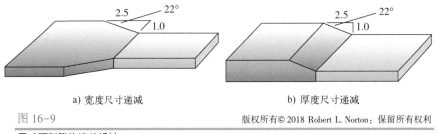

a) 宽度尺寸递减   b) 厚度尺寸递减

图 16-9   版权所有© 2018 Robert L. Norton：保留所有权利

尺寸不对等的接头设计

摘自：Lincoln Arc Welding Co. , Cleveland, OH.

16.4　焊缝的静载荷

与计算几何形状比较复杂的机械零件的受力相比，焊缝受力的计算相对简单很多。如果设计避免焊缝承受弯曲力，则焊缝的受力就是纯拉力/压力或者纯剪切力，无论哪种情况，其受力方程都很简单。受轴向拉力或者压力时，常用的应力方程是：

$$\sigma_x = \frac{P}{A} \tag{4.7}$$

受纯剪切力是焊缝最常见的受力形式，其应力方程是：

$$\tau_{xy} = \frac{P}{A_{shear}} \tag{4.9}$$

在这两个方程中，P 是承受的载荷，A 和 A_{shear} 是焊缝面积。完全熔透坡口对接焊焊缝承受拉力或压力时，焊喉面积等于较小一边的横截面面积；对于部分熔透焊缝承受拉力或压力，或者角焊缝承受拉力、压力或剪切力，其焊缝面积等于焊喉尺寸 t 乘以焊缝长度。图 16-4 标注了各种焊缝的焊喉尺寸。注意：角焊缝 T 形接头无论是受拉力还是剪切力，焊缝都会承受剪应力，可能也会有拉应力。热影响区可能会承受一种或两种类型的应力，这主要取决于载荷。

16.5　焊缝的静强度

在第 5 章中，我们深入探讨了静失效理论，并且得出结论：静失效是由剪应力引起的，畸变能理论能很好地给出利用安全系数得到塑性材料的许用强度。焊接的母材和填充金属都是塑性的，因此这些理论在焊接中也可以使用。在过去的半个世纪里，焊接工业中所进行的大量试验为焊件和焊缝的许用强度提供了大量的优质数据。焊条的零件编号用字母 E 后接 4~5 个数字表示，前面 2~3 个数字表示焊条最小极限抗拉强度（kpsi），剩下的数字表示可以使用的场合和药皮。焊条强度通常标注为 Exx，例如，标注为 E70 的焊条，其最小极限抗拉强度为 $S_{ut} = 70\,\mathrm{kpsi}$，E110 的最小极限抗拉强度为 $S_{ut} = 110\,\mathrm{kpsi}$⊖，实际强度往往会超出其标注值。

在选择焊条时，推荐选择强度和母材大致相当，完全熔透坡口焊则必须要满足这一要求。在焊接高强度钢或者有高抗裂变性能要求时，会出现**低匹配**情况（*填充金属强度低于母材*），**低匹配**通常用在角焊缝中，一般不推荐用**高匹配**（*填充金属强度高于母材*）。

焊缝的残余应力

焊缝普遍存在很大的残余应力，这是由于填充金属熔化时，它将会扩张至其屈服伸长率的 6 倍。当焊缝冷却时，又会以同等的比率收缩，但没有任何硬质金属有 600% 的屈服伸长率，靠近焊缝的硬质母材也不可能移动，这就意味着填充金属收缩时必然会在张力下屈服。在临近的母材上会产生与之相等的压应力，冷却时残余应力的分布如图 16-10 所示。使用低匹配的填充金属时，由于其屈服强度低，能够减小残余应力；高匹配的填充金属建议在任何情况下都不要采用。

⊖　电极焊条的材料通常取 S_{ut} 的 75%。

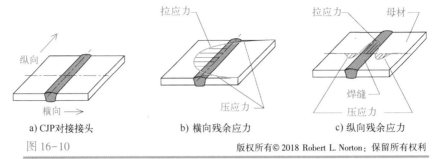

图 16-10

焊缝的残余应力

加载方向

外加载荷相对于焊缝轴线方向，对角焊缝的强度有显著影响。试验表明，在相同的外加载荷作用下，如果载荷方向与焊缝轴线方向垂直（横向），其强度比载荷方向沿着焊缝轴线方向（纵向）高 50%，如图 16-10a 所示。这是因为在两个垂直相交的零件所形成的角焊缝中，受横向载荷时其有效焊喉方向是 67.5°，而受纵向载荷时是 45°。在 67.5°平面上，剪切面积会大 30%。然而，美国焊接协会（AWS）D1.1 项规范指出：无论外加载荷的方向如何，有效焊喉都定义为从焊缝焊根到表面的最短距离。无论如何，在屈服前，承受纵向载荷的焊缝比承受横向载荷的焊缝允许有更大的变形量的优点[9]。由于是塑性材料，但焊接件是按断裂失效设计的，而不是按屈服设计。焊缝的体积与整个零件的体积相比实在太小，以至焊缝屈服和破裂产生的变形小到无法提供任何早期失效的预警。

角焊缝和 PJP 焊缝在静载荷作用下的许用剪切应力

在静载荷作用下，美国焊接协会（AWS）推荐将角焊缝和 PJP 焊缝的剪切应力控制在焊条最小抗拉强度（*Exx*）的 30%以下，即：

$$\tau_{allow} = 0.30 Exx \qquad (16.1)$$

为了防止断裂，这个值有一个固定的最小安全系数，通过采用不同焊接方式并采用强度在E60xx 到 E110xx 之间的不同焊条进行大量试验，得出此安全系数在 2.21~4.06 之间⊖。表 16-1给出了安全系数的选用值，安全系数和式（16.1）是基于美国钢结构学会（AISC）在假设填充金属和母材强度相当的基础上所进行的大量焊接试验得出的⊖。式（16.1）已经收录在 AWSD1.1 结构焊接规范中[3]。**式（16.1）的名义安全系数通常规定为 2.5，这个值也在表 16-1 纵向焊缝安全系数值的范围内。**

表 16-1　式（16.1）中防止静强度失效的安全系数[16]

母　材	焊　条	焊喉截面的应力安全系数等于 0.3 倍的焊条抗拉强度			
		纵向焊缝		横向焊缝	
		平均值	最小值	平均值	最小值
A36	E60xx	2.88	2.67	—	—
A441	E70xx	2.95	2.67	4.62	4.06
A514	E110xx	2.41	2.21	3.48	3.30

摘自：Testing Engineers, Inc. 1968。

⊖　注意：现在认为 E60XX 电极已过时，目前常用最低强度焊条的是 E70XX。

⊖　式（16.1）已广泛用于有限元建模，并给出了很好的估算相关性验证[8]。

式（16.1）有点异常，因为其将外加剪切应力和最小极限抗拉强度的比值作为参考值，而安全系数也似乎是 3.33（0.3 的倒数），而不是标准值 2.5。在方程中，剪切应力和最小极限抗拉强度的混合使用可以很好地解释这一异常。式（2.5b）给出了塑性材料极限剪切强度和极限抗拉强度的近似比例是 0.75~0.8，用 0.75 乘以 3.33 就得到 2.5，并将此作为预防剪切开裂的系数，但是，利用焊条规定的最小极限抗拉强度并在 1/2.5~1/3.33＝0.3 之间调整方程的系数显然更加方便。

AWS D1.1 结构焊接规范规定了不同焊接零件厚度的最小焊缝尺寸，表 16-2 列出了其中的一些数据，最小焊缝尺寸是为了保证能提供充足的热量以获得良好的熔透性。

例 16-1 受静载荷的角焊缝设计

问题：一个 T 形截面的 ASTM36 号热轧钢焊件，两边材料都是厚 0.5 in，宽 4 in，两侧都采用角焊缝，如图 16-11 所示。试计算其所需的焊喉尺寸 t。

已知：T 形焊件腹板承受大小为 $P=16800\,lb$ 的静态拉伸载荷，载荷通过上面的直径为 1 in 的孔加载。ASTM 钢的强度可以查表 16-3。

表 16-2　最小的角焊缝尺寸

母材厚度 T	最小焊缝尺寸
英制尺寸	
$T\leqslant 1/4$	1/8
$1/4<T\leqslant 1/2$	3/16
$1/2<T\leqslant 3/4$	1/4
$3/4<T$	5/16
国际尺寸	
$T\leqslant 6$	3
$6<T\leqslant 12$	5
$12<T\leqslant 20$	6
$20<T$	8

数据来源于 AWS D1.1。

表 16-3　部分 ASTM 结构钢的最小强度

ASTM 编号	S_y kpsi（MPa）	S_{ut} kpsi（MPa）
A36	36 (250)	58~80 (400~500)
A572 Gr42	42 (290)	60 (415)
A572 Gr50	50 (345)	65 (450)
A514	100 (690)	120 (828)

假设：采用强度匹配的焊条材料，焊缝长度贯穿整个宽度方向。焊缝直接承受载荷，剪切失效发生在 45°方向上，即焊喉方向上。

解：

1. 表 16-3 给出了这种材料的抗拉强度是 58~80 kpsi。选择强度与母材强度相当的焊条。焊条的抗拉强度是以 10 kpsi 递增的，最接近的有效值是 E70，其抗拉强度是 70 kpsi（E60 系列的焊条已经被淘汰了）。

2. 根据式（16.1）确定许用剪切应力为焊条最小极限抗拉强度 Exx 值的 30%，即：

$$\tau_{allow}=0.30Exx=0.30(70)\,kpsi=21\,kpsi\quad(a)$$

3. 确定焊喉方向的剪切面积，需要用剪切面积来计算剪切应力，为：

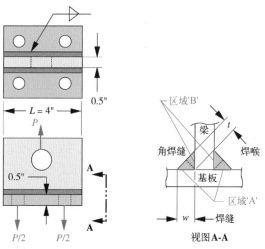

图 16-11　版权所有© 2018 Robert L. Norton：保留所有权利

例 16-1 和例 16-2

$$\tau_{xy} = \tau_{allow} = 21 \text{ kpsi} = \frac{P}{A_{shear}} = \frac{16\,800}{A_{shear}}$$

$$A_{shear} = \frac{16\,800}{21\,000} \text{ in}^2 = 0.8 \text{ in}^2 \tag{b}$$

4. 按两侧焊缝的面积相等确定焊喉尺寸，有：

$$A_{shear} = 2Lt = 2(4)t = 0.8 \text{ in}^2$$

$$t = 0.1 \text{ in} \tag{c}$$

5. 假设 90°T 形接头两侧的焊缝宽度相同，用焊喉尺寸 t 来计算焊缝宽度 w。

$$w = \frac{t}{\cos\left(45°\right)} = \frac{0.1}{0.707} \text{ in} = 0.141 \text{ in} \tag{d}$$

6. 经检查发现，计算结果与该零件厚度推荐最小的焊缝尺寸不符。表 16-2 表明：厚度为 0.5 in 的零件，其最小焊缝尺寸为 3/16 in，因此将其焊缝尺寸增加到 0.187 in。

7. 现在来检查此零件是否会失效。这里需要涉及两个区域，在焊缝和母材之间，标记为 A 的区域，受到的是拉伸力；在焊缝和中间板之间，标注为 B 的区域，承受的是剪切力。由于两块区域的总面积相等，但母材的抗剪强度只有抗拉强度的约一半，所以我们只需要去校核受剪切的区域 B 以防失效。查表 16-3 可知材料的最低屈服强度是 36 kpsi。

$$\tau_{xy} = \frac{P}{A_{fusion}} = \frac{P}{2Lw} = \frac{16\,800}{2(4)(0.187)} \text{ psi} = 11\,230 \text{ psi}$$

$$N_{yield} = \frac{S_{s_y}}{\tau_{xy}} = \frac{36\,000(0.577)}{11\,230} = \frac{20\,772}{11\,230} = 1.85 \tag{e}$$

计算结果是可接受的，主要是因为屈服强度是取最小保证值。

8. 在直径为 1 in 孔的中心线截面上，检查零件的抗拉伸强度。

$$\sigma_x = \frac{P}{A} = \frac{16\,800}{3(0.5)} \text{ psi} = 11\,200 \text{ psi}$$

$$N_{yield} = \frac{S_y}{\sigma_x} = \frac{36\,000}{11\,200} = 3.2 \tag{f}$$

结果表明，零件是安全的，孔能抵抗拉伸屈服并且焊缝不失效，只是有限度的设计。为了完成整个设计，需要检查开孔处的撕断力和承压损坏，预载螺栓需要紧固 T 形基板，这些工作留给读者去完成。

16.6   焊缝的动载荷

就像第 6 章中所描述的，零件在动载荷下失效的应力比在静载荷下失效的应力要小很多。在第 6 章中，讲述了对称循环变应力、脉动循环变应力和非对称循环变应力（见图 6-6），也讲述了平均应力和应力幅，并且要求进行 Goodman、Gerber 或 Soderberg 曲线分析（见图 6-42 ~ 图 6-44）。平均应力 σ_m、应力幅 σ_a、应力增量 $\Delta\sigma$、应力特性系数 R 和振幅比 A 均可由式 (6.1a) ~ 式 (6.1d) 确定，为了应用方便，再次列出如下：

$$\Delta\sigma = \sigma_{max} - \sigma_{min} \tag{6.1a}$$

$$\sigma_a = \frac{\sigma_{max} - \sigma_{min}}{2} \tag{6.1b}$$

$$\sigma_m = \frac{\sigma_{max} + \sigma_{min}}{2} \tag{6.1c}$$

$$R = \frac{\sigma_{min}}{\sigma_{max}} \qquad\qquad A = \frac{\sigma_a}{\sigma_m} \qquad\qquad (6.1d)$$

平均应力对焊件疲劳强度的影响

　　焊接件承受动载荷的状况与非焊接件有很大不同，这使得平均应力与其潜在的疲劳时效完全不相关⊖。图 16-12 显示了非焊接件和焊接件试验试样的疲劳测试数据。非焊接件是承受轴向拉伸/压缩力的矩形截面热轧钢条；焊接件是将同样的钢条切成两段，再用横向完全熔透（CJP）对接头焊接起来，并将其几何形状、材料、表面处理成跟非焊接件一样。试样在轴向载荷下测试，应力特性系数等于：1/4（非对称循环变应力）、0（脉动循环变应力）和 -1（对称循环变应力），前两个平均应力不为 0，后一个变应力平均应力为 0。可以看出平均应力的载荷使非焊接件的强度降低，如图 6-16 所示。但是数据显示，对于焊接件，对称循环变应力数据和平均应力不为零的变应力数据之间并没有明显不同。应力增量（式 6.1a）是承受动载荷焊接件失效的唯一决定因素，这使得承受动载荷的焊接件的计算比非焊接件要简单，不需要进行 Goodman 曲线分析。焊件在循环状态下所展示的应力增量反而被用来同在试验中获得的其能承受的疲劳强度应力增量 S_{fr} 进行比较⊖。

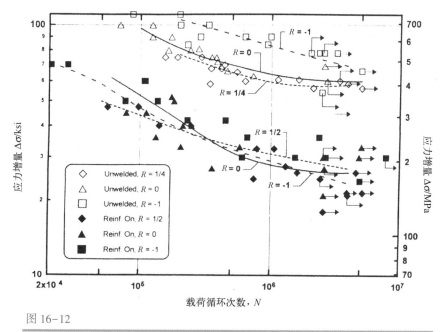

图 16-12

不同应力特性系数下焊接件和非焊接件的疲劳强度数据[4]

⊖　在 2005 AISC 规范的 p.16.1-400 页中说[2]：使用全尺寸的试样经广泛的测试，通过理论的应力计算证实了以下结论…：

　　（1）对焊接工艺和结构，应力增量和缺口严重程度主导了应力变量；

　　（2）其他变量如最小应力、平均应力和最大应力，对设计结果影响不大；

　　（3）对于给定的焊接工艺和以同样的方式制作的结构钢，屈服点在 36～100 kpsi（250～690 MPa）没有明显不同的疲劳强度。

⊖　疲劳裂纹扩展和疲劳寿命是大多数焊件的应力幅值的三次方成正比[10]。

焊件疲劳强度需要修正系数吗？

　　回顾第 6 章所述，钢件的疲劳强度 S_f 不会超过其极限拉应力 S_{ut} 的 50%，并且由于表面质量、尺寸、载荷类型等许多因素和其他因素（式 6.6），S_f 往往会小很多。对具有光滑表面的小直径、旋转梁样品进行测试得出未经修正的疲劳极限 $S_e' = 0.5 S_{ut}$，并记录其平均值。考虑到试样和实际零件之间在尺寸、表面质量等因素上的不同，以及统计可靠性因素，需要将这个未修正值 S_e' 减小，最终获得一个修正过的疲劳极限 S_e。

　　焊件的疲劳强度数据并不是从完美的试验样品中得到，而是从各种结构中的实际焊接组件中获得。并且，这些试验样品很大（考虑建筑和桥梁的尺寸），用表面粗糙的热轧钢材制成，有轧制过程中的残余应力、焊件的应力集中和拉伸残余应力。**因此，我们不需要为这些疲劳试验数据提供修正系数，使其在基本尺寸、表面质量等方面与实际零件相匹配，实际零件在这些方面跟试样是相似的。**

疲劳强度对焊接结构的影响

　　焊件的抗疲劳性也会根据有无变化断续的组件几何形状和焊缝发生变化，这两种情况下都会产生应力集中⊖。因此，试验样品可制成上面所列的所有焊接接头和焊缝，并采用断续焊缝的形式以产生应力集中和增加加强筋进行实验。AISC 定义并试验了很多不同的焊接结构，并基于母材的疲劳强度将将其归为 8 类，按照抵抗动载荷能力递减顺序标记为：A、B、B′、C、D、E、E′ 和 F。类型 A 抵抗疲劳能力最大，类型 E′ 则最小。注意类型 F 是焊缝金属本身的剪切强度，其他类型则是焊缝和母材之间熔合区的抗拉强度。这些结构的草图、各类型之间的关联，以及每种类型在不同循环次数下的疲劳强度都列在了参考文献 [2] 中，图表太大不能全部列在这里，不过我们摘录了一些例子列在图 16-13 中。

　　图 16-13a 所示为类型 A 的零件，该类零件是没有焊缝的，这是最强的类别，是用来与其他类型进行对照的。疲劳强度相对较低的样品（24 kpsi）与同种材料制造的旋转梁样品（30 kpsi）相比，有更大尺寸、粗糙表面、来自热轧工艺的残余应力和火焰切割边缘。图 16-13b 为类型 B 的零件，具有贯穿整个零件长度或宽度方向的连续焊缝。图 16-13c 同图 16-13b 相似，但其增加了加强筋，在应力方向上，加强筋很短（仅仅为连接件的厚度），不过一些应力会通过主体传到加强筋上，形成应力集中，应力使结构降到类型 C。图 16-13d 属于三类中的某一类，取决于母材和焊缝的余高是否与地面齐平。虽然图 16-13e 在几何形状上与图 16-13c 很不一样，但依旧属于类型 C，且是具有附加注释类型 C，适用于腹板大于 0.5 in 的情况。注释类型 C 也在图 16-13e 给出。要注意这些样品类型的细节层次，在 AISC 规范中还有很多⊜。焊缝金属一般属于类型 F，CJP 横向焊缝除外。此时，根据除去强化的方式可将其归类为类型 B 或者 C。

　　美国的公路研究委员会在 1960 年对焊件的各种类型做了广泛的测试[11]。跨度 10 in、深度约 15 in 的 374 个结构试验和具有许多焊接工艺的试验在两所独立的大学实验室进行。两所实验室的数据之间有着密切的统计相关性。图 16-14a 显示类型 A 梁的测试数据，图 16-14b 显示类型 E 梁的测试数据。每个图的三组数据是从拥有不同最小应力，但具有相同应力幅值的载荷中得出。所有试验集中在一起说明：应力幅值是产生应力的唯一因素。在失效情况中，最大应力、平均应力和最小应力都不是影响因素。

⊖　根据 Barsom 和 Rolfe 的结果[10]：最敏感的焊接工艺是在垂直（横向）于循环应力方向角焊缝终点处。在这种情况下，疲劳裂纹从焊趾传播给相邻的母材金属。事实上，在表面引发焊接相关的疲劳失效居多，一般在焊趾处。注意，在本章中的几个例子，都以这种方式加载的角焊缝。

⊜　AISC 钢结构规范可从 www.aisc.org 免费下载。

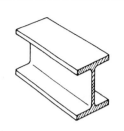

类型A

母材—无附加件—滚压或清洁表面

a)

类型B　　　　　　　　　　(B)

母材—板或形材焊接—连续完全熔透槽接或角焊接—无附加件。注意：不可将其作为角焊接用于疲劳情况传递载荷；否则，按（F）处理

b)

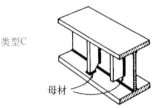

类型C

母材

母材—在焊缝端部加横向加强筋连接梁的腹板和凸缘

c)

母材　　　　焊接材料

母材与焊接材料在全熔透槽焊接—膜厚或宽度变化不超过1 in 2$^{1}/_{2}$（22°）斜率。磨平，并用放射线或超声波监测（B）

类型B

类型B'　用于A514钢(B')

类型C　加强筋不移去。放射线或超声监测（C）

d)

母材

类型C

母材与横向角焊缝连接

$t \leqslant 1/2$ in.(C)
$t > 1/2$ in.(C) 见注释 C

e)

注释C

$$\sigma_{ar} = \sigma_{ar}^{c} \left(\frac{0.71 - 0.65\frac{2a}{t_p} + 0.79\frac{w}{t_p}}{1.10 t_p^{1/6}} \right)$$

对角焊缝 $\frac{2a}{t_p} = 1.0$

$$\sigma_{ar} = \sigma_{ar}^{c} \left(\frac{0.06 + 0.79\frac{w}{t_p}}{1.10 t_p^{1/6}} \right)$$

but $\sigma_{xr} \leqslant \sigma_{xr}^{c}$

σ_{ar} = 该条件应力范围
σ_{ar}^{c} = 类型(C)应力范围
w = 角焊缝焊脚尺寸
$2a$ = 没有穿透进入连接
t_p = 板厚

16

图 16-13

焊接零件承受疲劳载荷时 AISC 强度类别[2]

在双对数坐标中，用回归线拟合数据。方程如图所示。一个斜率为 3.372，另一个斜率为 2.877。平均线上下方的两条线表示±2 标准偏差，两线之间为 95% 的置信度。低频带线作为疲劳强度线。由数据可得出：焊件疲劳强度与循环次数成指数关系。在式（16.2a）设计方程中，类型 A 到类型 E′所有数据的平均斜率接近 1/3。

图 16-14c 为基于这些测试数据的 AISC 焊接类别的 *S-N* 图表。这些 *S-N* 图与第 6 章的 *S-N* 图不一样，纵坐标表示的是应力增量 **Δσ**（标记为疲劳强度范围 S_{fr}），而不是应力幅值 σ_a（标记为疲劳强度 S_f）。另一点不同是，没有给出平均疲劳强度值，而是使用低于平均两个标准偏差的值。虽然不是真正的最小值，但是接近最小值，因为 95% 的情况介于平均值的正负两个标准偏

差之间，就意味着只有 2.5% 不大于这个值。**所以，没有必要去用可靠度因子去进一步减少它们，除非想要比 95% 更高的置信水平**，此时可以应用表 16-4。

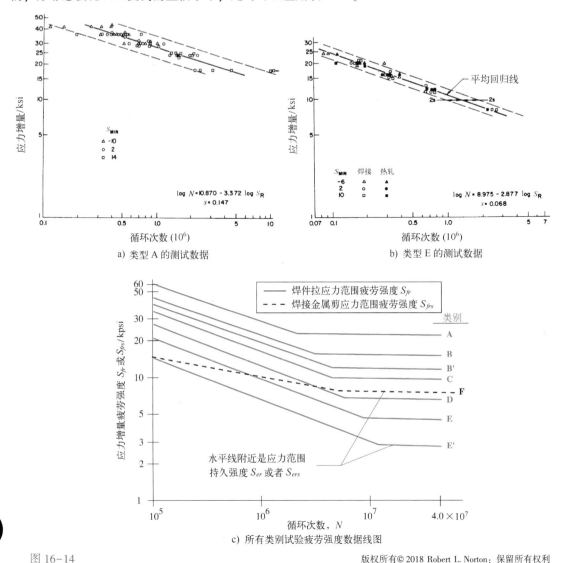

图 16-14

AISC 类别的焊接零件和焊缝金属的试验疲劳强度数据[11]

除了类型 F，所有类别具有相同的斜率 1/3，截距随着类别的升高而减小。类型 F 在焊缝附近是焊缝金属，而不是母材，具有 1/6 的斜率和小截距。需要注意的是，无限寿命开始的拐点也是随类别从 2×10^6 到超过 1×10^7 周期变化。这些曲线在对数-对数图中是按直线上升到拐点，所以属于指数方程。对于除类型 F 的所有类别，允许的疲劳应力幅值 S_{fr} 为

$$S_{fr} = C_{reliab}\left(\frac{C_f}{N}\right)^{\frac{1}{3}} \geqslant S_{er} \tag{16.2a}$$

式中，N 是应力循环次数；C_f 和 S_{er}（拉应力幅值持久强度）如表 16-5a 和表 16-5b 所示，分别采用了 U. S. 和 SI 的单位。

对于热轧钢材，拉伸屈服强度范围值是 36~110 kpsi。

16

表 16-4　$S_d=0.08\mu$ 时 可靠性因子为 95%	
可靠度（%）	$C_{reliable}$
50	1.152
90	1.033
95	1.000
99	0.938
99.9	0.868
99.99	0.809
99.999	0.759

表 16-5a[2]　式（16.2）中 U.S. 系数 C_f 和 S_{er}		
AISC 类型	C_f/ips	S_{er}/kpsi
A	$250×10^8$	24.0
B	$120×10^8$	16.0
B′	$61×10^8$	12.0
C	$44×10^8$	10.0
D	$22×10^8$	10.0
E	$11×10^8$	10.0
E′	$3.9×10^8$	2.6
F	$150×10^{10}$	8.0

表 16-5b[2]　式（16.2）中 SI 系数 C_f 和 S_{er}		
AISC 类型	C_f/SI	S_{er}/MPa
A	$170×10^{10}$	165
B	$83×10^9$	110
B′	$42×10^9$	82
C	$30×10^9$	69
D	$15×10^9$	48
E	$7.6×10^9$	31
E′	$2.7×10^9$	18
F		

对于类型 F，焊接金属中的剪应力，允许的疲劳应力幅值变为：

$$S_{frs} = C_{reliab}\left(\frac{C_f}{N}\right)^{\frac{1}{6}} \geqslant S_{ers} \tag{16.2b}$$

类型 F 的 C_f 和 S_{ers} 如表 16-5a、b 所示。C_{reliab} 如表 16-4 所示⊖。
用于铝时，表 16-5 中的数值可以乘以 1/3 进行折算。使用这些强度数据计算外加应力增量 $\Delta\sigma$ 或者 $\Delta\tau$，然后按下式确定融合区拉力或者焊接金属剪切力的安全系数：

$$N_{fr} = \frac{S_{fr}}{\Delta\sigma} \quad 或 \quad N_{frs} = \frac{S_{frs}}{\Delta\tau} \tag{16.3}$$

焊件是否存在持久极限？

直到最近，人们认为，图 16-14c 中一旦到达曲线拐点处，直线将保持水平直到无穷远，这样的情况适合钢以及其他材料，例如钛。这个值可作为无限寿命的疲劳极限，如第 6 章提及的未焊接好零件。更近的研究表明，焊件的疲劳强度超过拐点后还会继续下降。

图 16-15 所示为钢和铝的样品应力幅值的疲劳曲线，摘自参考文献［12］。这些数据是由焊接研究委员会（WRC）通过各种焊件装配测试所得。WRC 已经定义了分类，如同图 16-3 所示的 AISC 类别。除此之外，WRC 还有许多类别是用数字表示，而不是用字母表示。见参考文献[12]类别的定义。分配给在图 16-15 符号的数字指的是在 WRC 焊接类别中循环 200 万次的强度。钢和铝的拉伸拐点在循环次数为 $1×10^7$ 处，但是剪切疲劳数据（未给出）的拐点在循环次数为 $1×10^8$ 处。这些数据显示：超过曲线拐点后，钢和铝焊件的拉伸应力增量疲劳强度随着应力循环而下降，但斜率不大。超过拐点后，曲线方程的指数变为 1/22。图 16-14 也反映了这一事实，超过拐点后，得到的是负的小斜率直线，我们可以避免使用拐点的值为持久极限，而是用 S_{ers} 作为持久强度。

受压时会疲劳失效吗？

在疲劳方面，非焊接件与焊接件的另一个不同点是，必须去处理焊接过程中的拉伸残余应力。回顾第 6 章，疲劳失效被认为由拉应力波动引起，而压应力的波动则可以忽略不计。事实上在第 15 章中看到，如何利用预紧螺栓夹紧区的残余压应力将受拉螺栓中的部分波动拉应力"隐藏"。可以认为对于非焊接件，压应力在动态加载时是有利的，但对焊接件来说，这就不再是正确的。波动压应力也能引起疲劳裂纹。这怎么可能？

答案是残余拉应力。如前所述和如图 16-10 所示，*在材料的屈服点，焊缝总是存在残余拉应力*。对于一个给定的焊接件，其屈服强度为 50 kpsi 时，考虑两种不同的加载情况：第一种情

⊖　焊接研究委员会建议式（16.2b）的指数应为 1/5 而不是 1/6。

16

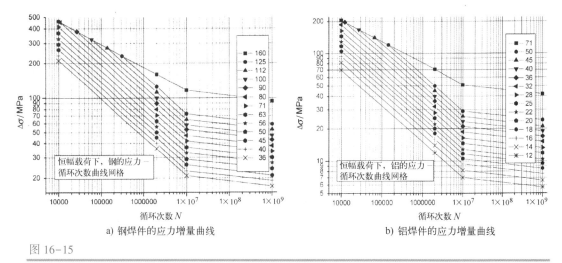

图 16-15

各类焊接研究委员会的焊接零件拉应力增量疲劳强度试验数据[12]

况，有一个变化范围为 0~10 kpsi 的波动拉应力作用在焊接区域。在第一循环中，在焊缝区的应力会超过屈服强度，材料将产生局部屈服而缓解了约为 10 kpsi 残余应力。当载荷回到零时，材料只有 40 kpsi 的残余应力存在。接下来的所有连续循环波动，拉应力从 40~50 kpsi 变化，也就是在 10 kpsi 应力增量内波动。

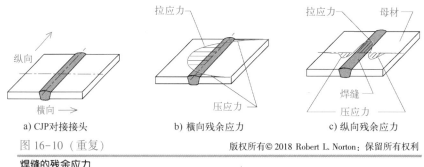

图 16-10 （重复）

版权所有© 2018 Robert L. Norton：保留所有权利

焊缝的残余应力

现有一个焊缝具有相同的 50 kpsi 残余应力的样品，改变外加载荷产生压缩波动，波动范围为 0~-10 kpsi。每个周期焊缝的局部应力从 50 kpsi 变化到 40 kpsi 拉应力。由于应力波动相位没有受到影响，两种情况下具有相同的拉应力波动。将压缩载荷施加到变动的拉应力位置，就会产生焊缝裂纹。这些裂缝只存在于残余拉应力区，不会深入到母材，但会削弱焊缝并引起焊接失效。在第 6 章强调过：疲劳加载零件不允许有残余拉应力。遗憾的是焊缝一定存在很高的拉伸残余应力。这种残余应力可以通过第 6.8 节中讨论过的锤击来减小，但对焊缝喷丸效果较差。

例 16-2　设计动态加载的角焊缝

问题：图 16-11 所示焊接 T 形截面将受到从零到最大值的脉动循环应力动态加载。试确定焊缝可以安全地承受无限寿命的最大脉动拉伸荷载，疲劳安全系数 $N_{frs} = 1.5$。

已知：两个焊缝上的 T 形截面是厚 0.5 in，宽 4 in 的 ASTM A36 热轧钢板，两侧面整个长度上有 3/16 in 角焊缝，这与表 16-2 中规定的最小焊缝尺寸相符。

假设：使用符合强度要求的焊条，设计取决于焊喉的剪应力（见例 16-1）。载荷沿焊缝长度均匀分布。

解：

1. 每个周期，脉动应力增量的变化范围是从零到最大值。根据式（6.1a），剪切应力增量 $\Delta\tau$ 为：

$$\Delta\tau = \tau_{max} - \tau_{min} = \tau_{max} \tag{a}$$

2. 该焊件的几何形状与图 16-13e 相似。图 16-13e 中的类型 C 表明：这一零件是建立在其厚度基础上的类型 C。然而，由于焊缝直接承受荷载，所以必须用疲劳强度按类型 F 判断焊缝金属本身在焊喉处的安全。从表 16-5a 可以得出：确保类型 F 有无限寿命的拉伸应力增量持久强度 S_{ers} 等于 8000 psi。

3. 根据 S_{ers} 和许用安全系数计算许用剪切应力，为：

$$\tau_{allow} = \frac{S_{ers}}{N_{frs}} = \frac{8000}{1.5}\ \text{psi} = 5333\ \text{psi} \tag{b}$$

4. 设计有两个 4 in 长 3/16 in 焊缝的角焊零件。可以计算出焊喉面积 0.707，因为其宽度和焊缝一样大小。能够承受许用剪切应力的载荷从式（4.9）可求出：

$$P_{max} = \tau_{allow} A_{shear} = 5333(2)(4)(0.187)(0.707)\ \text{lb} = 5641\ \text{lb} \tag{c}$$

5. 校核焊缝的熔合区到母体金属是否安全。最有可能失效的点在焊趾部位。这里使用的是焊缝面积而不是焊喉面积。该处的应力为：

$$\sigma_{toe} = \frac{P_{max}}{A_{fusion}} = \frac{5641}{2(4)(0.187)}\ \text{psi} = 3770\ \text{psi} \tag{d}$$

对于类型 C 焊件，由表 16-5a 可得：$S_{er} = 10\ \text{kpsi}$，因此其安全系数为 $10000/3770 = 2.65$。设计取决于焊喉，是一种典型的角焊缝焊接。

6. 最后还需要校核在脉动载荷作用下，保证零件不会静态失效，或在远离焊缝的位置不会疲劳失效。例如，当脉动载荷施加到直径为 1 in 孔的中心线上方时，要对最小面积的拉伸和剪切面积的剪切进行校核，这些应该进行古德曼线分析（见第 6 章）。与基座连接的任何紧固件在施加预紧力情况下，需要进行疲劳失效校核（见第 15 章）。这些工作留给读者。

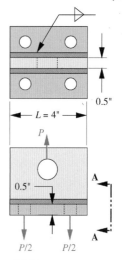

$$0.5"$$

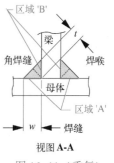

图 16-11（重复）

例 16-1 和例 16-2

16.7　焊缝线处理

设计者通常要求确定承受荷载的焊缝的尺寸（横截面和长度）。一种方法是假设一个焊缝尺寸，计算安全系数，如果不足，改变焊缝尺寸的假设，重新计算，重复此过程直到得到满意的结果。一个更直接方法是：根据单位长度载荷的大小（lb/in 或 N/m），从静载荷方程式（16.1）或动载荷方程式（16.2）求出焊缝的许用应力，这些数值很容易转换成焊缝横截面积。焊缝面积和载荷都是按一个焊缝长度单位作为标准化值。对于静荷载，许用单位载荷系数把角焊缝的焊缝宽度 w 与焊条强度联系起来，如表 16-6 所示。这些都是按 0.707（0.30）Exx 计算，因此可用于 90°角。

表 16-6[5]　角焊缝许用静态单位长度载荷，作为焊缝长度 w 的函数

电极焊条	许用单位力
序号	lb/in
E60	12 730 w
E70	14 850 w
E80	16 970 w
E90	19 090 w
E100	21 210 w
E110	23 330 w
E120	25 450 w

在给定的焊缝处所施加的载荷通常是一种载荷或几种载荷，如拉力或压力、剪力、弯矩和扭矩等。在前面的章节中已经给出了每种载荷所对应的应力。应力方程可以转化为 $f_x = $ 载荷/焊喉长度 t。具体公式如下：

拉应力或者压应力　　　　　　　　　$f_n = \dfrac{P}{A_w}$

剪应力　　　　　　　　　　　　　　$f_s = \dfrac{V}{A_w}$

弯曲应力　　　　　　　　　　　　　$f_b = \dfrac{M}{S_w}$　　　　　　　　　　　　　　(16.4)

扭转应力　　　　　　　　　　　　　$f_t = \dfrac{Tc}{J_w}$

式中，A_w 的单位是 *面积/长度 = 长度*；S_w 的单位是 **截面模量** Z/长度 = 长度^2；J_w 的单位是 **极区转动惯量** J/长度 = 长度^3。这样在任何条件下，f_x = 载荷/焊喉长度 t。

图 16-16 所示焊件的 9 种布局，计算参数 A_w、S_w 和 J_w 的公式。其应用如例题所示。

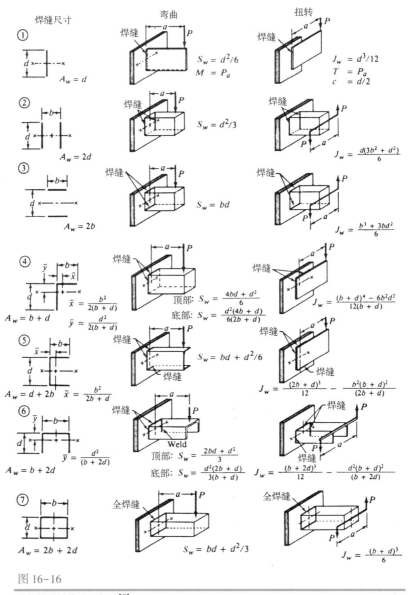

图 16-16

分析焊接线的几何因素[7]

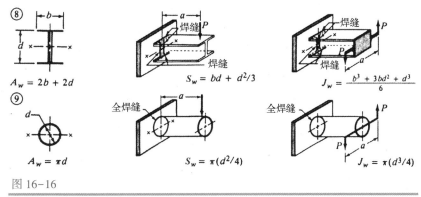

⑧

$$A_w = 2b + 2d$$

$$S_w = bd + d^2/3$$

$$J_w = \frac{b^3 + 3bd^2 + d^3}{6}$$

⑨

$$A_w = \pi d$$

$$S_w = \pi(d^2/4)$$

$$J_w = \pi(d^3/4)$$

图 16-16

分析焊接线的几何因素[7]（续）

例 16-3   一个静态加载的焊件组件的设计

问题：图 16-17 中所示的焊接组件，在金属管和每个侧板之间，周围都有角焊缝，所受的静载荷 $P = 2700\,lb$，确定所需的焊缝尺寸。

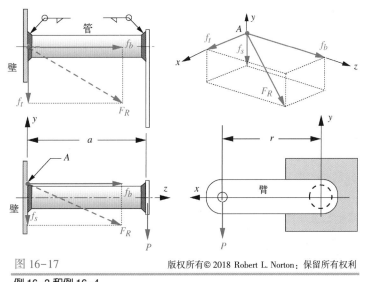

图 16-17

版权所有© 2018 Robert L. Norton：保留所有权利

例 16-3 和例 16-4

已知：材料为 ASTM A36 结构钢，用 E70xx 焊条。管表号 40，外径为 4.5 in，管壁厚 0.24 in。尺寸 $a = 15\,in$，$r = 10\,in$。

假设：焊缝直接承受载荷，由于角焊缝熔合区面积大于其焊喉面积，所以设计取决于焊缝的应力。忽略臂管重量。

解：见图 16-17。

1. 偏载以弯曲、扭转和剪切复合形式作用在管段和焊接点，在悬臂梁的根部位置弯矩和扭矩都最大。假定扭转和剪切沿焊缝均匀分布。最大应力的位置是在管的顶部焊趾处（标记为 A），焊趾处的弯曲应力最大。我们首先需要根据每种加载模式，计算焊缝上的单位载荷，然后找到相应的矢量和。

2. 由图 16-16 所示案例 9 可知，剪切分量系数 $A_w = \pi d$。根据剪力和剪切分量系数，可计算

16

出 A 点的单位剪切载荷 f_s：

$$f_s = \frac{P}{A_w} = \frac{P}{\pi d} = \frac{2700}{4.5\pi} \text{ lb/in} = 191.0 \text{ lb/in} \tag{a}$$

3. 根据弯矩 M 和案例 9 中的弯曲系数 S_w，可计算出 A 点的单位弯曲载荷 f_b：

$$f_b = \frac{M}{S_w} = \frac{Pa}{\pi d^2/4} = \frac{2700(15)}{\pi(4.5^2/4)} \text{ lb/in} = 2546.5 \text{ lb/in} \tag{b}$$

4. 根据扭转力矩和案例 9 中的系数 J_w，可计算 A 点的单位扭转荷载 f_t：

$$f_t = \frac{Tc}{J_w} = \frac{Prd/2}{\pi d^3/4} = \frac{2700(10)(4.5/2)}{\pi(4.5^3/4)} \text{ lb/in} = 848.8 \text{ lb/in} \tag{c}$$

5. 计算在 A 点的合力的大小（最大焊缝载荷）：

$$|F_R| = \sqrt{f_s^2 + f_b^2 + f_t^2} = 2691 \text{ lb/in} \tag{d}$$

6. 这力就是每英寸焊缝的载荷。焊缝的单位英寸的焊喉面积等于焊喉尺寸。所以，如果我们设定焊喉应力等于式（16.1）所得的许用值，用这一单位载荷计算达到许用应力所需的面积，我们就将其定义为所需焊喉面积。从式（16.1）中可以得出，E70 焊条的许用应力为：0.30（70 000）= 21 000 psi。因此其焊喉尺寸为：

$$t = \frac{|F_R|}{\tau_{allow}} = \frac{2691 \text{ lb/in}}{21\,000 \text{ lb/in}^2} = 0.128 \text{ in}^2/\text{in} \tag{e}$$

7. 此处，t 是焊喉尺寸，但是角焊缝用焊缝尺寸表示。假设一个等焊缝的角焊缝以 90° 夹角焊合，则焊缝尺寸是：

$$w = 1.414t = 1.414(0.128)\text{in} = 0.181 \text{ in} \tag{f}$$

8. 根据计算确定为 3/16″角焊缝。这符合表 16-2 中 规定的最小焊缝尺寸，根据式（16.1）取一个约为 2.5 的安全系数。

9. 管和臂之间的焊缝要求比类型 A 焊缝低一个等级，这是因为在悬臂梁的末端弯矩为 0，只有剪力和扭转剪力，这些力产生的应力只有类型 A 的焊缝的 32%。使用 3/16″ 的焊缝可以保证制造的一致性，壁厚也是最小的。

例 16-4   动态加载的焊件组件的设计

问题：如图 16-17 中所示的焊接组件，在金属管和每个侧板之间和周围都有角焊缝，所受的动载荷在 $F_{min} = -80$ lb 和 $F_{max} = 600$ lb 之间变化，无限寿命疲劳安全系数 $N_{fr} = 1.5$，确定所需的焊缝尺寸。

已知：材料为 ASTM A36 结构钢，用 E70xx 焊接焊条。表 80 管，外径为 4.5 in，管壁厚 0.337 in（内径为 3.83 in）。尺寸 a = 15 in，r = 10 in。

假设：焊件是类型 C，但焊缝限制为类型 F。

解：参见图 16-17。

1. 焊件动态载荷的失效只取决于应力幅或最小和最大应力值之间的波动[2]。作用力的范围是 $F_{max} - F_{min} = 600 \text{ lb} - (-80 \text{ lb}) = 680 \text{ lb}$。

2. 由图 16-16 案例 9 可知，剪切分量系数 $A_w = \pi d$。根据剪力和剪切分量系数，可计算出 A 点的单位剪切载荷 f_s：

$$f_s = \frac{P}{A_w} = \frac{P}{\pi d} = \frac{680}{4.5\pi} \text{ lb/in} = 48.1 \text{ lb/in} \tag{a}$$

3. 根据弯矩 M 和案例 9 中的系数 S_w，可计算出 A 点的单位弯曲载荷 f_b：

$$f_b = \frac{M}{S_w} = \frac{Pa}{\pi d^2/4} = \frac{680(15)}{\pi(4.5^2/4)} \text{ lb/in} = 641.3 \text{ lb/in} \tag{b}$$

4. 根据扭转力矩和案例 9 中的系数 J_w，可计算 A 点的单位扭转荷载 f_t：

$$f_t = \frac{Tc}{J_w} = \frac{Pr\,d/2}{\pi d^3/4} = \frac{680(10)(4.5/2)}{\pi(4.5^3/4)} \text{ lb/in} = 213.8 \text{ lb/in} \tag{c}$$

5. 计算在 A 点的合力的大小为：

$$|F_R| = \sqrt{f_s^2 + f_b^2 + f_t^2} = 678 \text{ lb/in} \tag{d}$$

这力就是单位英寸焊缝长度的载荷。

6. 从表 16-5a 可知，类型 F 焊接的剪应力幅值持久强度 $S_{ers} = 8000 \text{ psi}$。根据这个强度的安全系数可得到许用应力为：

$$\tau_{allow} = \frac{S_{ers}}{N_{fr}} = \frac{8000}{1.5} \text{ psi} = 5333 \text{ psi} \tag{e}$$

7. 焊缝的单位英寸的焊喉面积等于焊喉尺寸。所以，如果我们设定焊喉应力等于式 e 所得的许用值，使用该单位载荷，计算达到许用应力所需的面积，将其定义为所需的焊喉尺寸：

$$t = \frac{|F_R|}{\tau_{allow}} = \frac{678 \text{ lb/in}}{5333 \text{ lb/in}^2} = 0.127 \text{ in}^2/\text{in} \tag{f}$$

8. t 是焊喉尺寸，其单位是英寸；但是角焊缝用焊缝尺寸表示。假设是 45° 的角焊缝，则焊缝尺寸是：

$$w = 1.414t = 1.414(0.127) \text{ in} = 0.180 \text{ in} \tag{g}$$

9. 根据计算结果确定为 3/16" 角焊缝（0.187 in），可以取安全系数为 1.5，这符合表 16-2 中规定的最小焊缝尺寸。

10. 管和臂之间的焊缝要求比类型 A 焊缝低一个等级，这是因为在悬臂梁的末端弯矩为 0，只有剪力和扭转剪力，这些力产生的应力只有类型 A 焊缝的 32%。表 16-2 给出了 3/16" 焊缝的最小壁厚，这个壁厚跟类型 A 尺寸一样，从而保证制造的一致性。

11. 我们还需要检查焊缝和管之间熔合区的应力不能超过许用值。注意应力幅值只和焊件有关，取决于力的波动值；从步骤 1 可知道该幅值是 680 lb。根据式（4.11b）和式（4.23b），可以计算出 A 点的弯曲正应力和扭转剪应力，分别表示为：

$$\sigma_x = \frac{Mc}{I} = \frac{(Pa)c}{I} = \frac{680(15)(2.25)}{\pi(4.5^4 - 3.83^4)/64} \text{ psi} = 2388 \text{ psi} \tag{h}$$

$$\tau_{xz} = \frac{Tr}{J} = \frac{(Pr)c}{J} = \frac{680(10)(2.25)}{\pi(4.5^4 - 3.83^4)/32} \text{ psi} = 796 \text{ psi} \tag{i}$$

12. 根据式（4.6）和式（5.7c），可以计算出最大剪应力、主应力以及这些应力合成产生的 Mises 应力等，如下：

$$\sigma_x = \frac{Mc}{I} = \frac{(Pa)c}{I} = \frac{680(15)(2.25)}{\pi(4.5^4 - 3.83^4)/64} \text{ psi} = 2388 \text{ psi} \tag{h}$$

16

$$\tau_{xz} = \frac{Tr}{J} = \frac{(Pr)c}{J} = \frac{680(10)(2.25)}{\pi(4.5^4 - 3.83^4)/32} \text{psi} = 796 \text{ psi} \qquad (\text{i})$$

13. 假设这组件属于 AISC 中的类型 C。从表 16-5a 可知，类型 C 焊件的无限寿命疲劳强度是 10000 psi，故安全系数为：

$$N_f = \frac{S_f}{\sigma'} = \frac{10\,000}{2757} = 3.62 \qquad (\text{l})$$

该设计取决于焊缝材料。

16.8 偏心受载的焊接模式

焊件通常受偏置载荷或偏心载荷，如例 16-3 和例 16-4。还有许多其他常见的布置，如图 16-16 所示。其中有一些要求找出焊缝的质心，如图 16-18 所示。这种方法与 15-10 节中所介绍的相同；在例 15-6 中，采用螺栓和销支承偏心载荷是需要确定质心。图 16-18 的布局是根据图 16-16 案例 5 进行的。案例 5 中给出了确定焊缝几何形状质心位置的方程和单位载荷表达式，那些单位载荷是由剪切和弯曲或是扭转加载不同方式所引起的，而到底是弯曲还是扭转加载方式取决于作用力施加在面内还是在面外。下面将以例题介绍其应用。

例 16-5   一个偏心加载的焊接组件的设计

问题：图 16-18 中所示的焊接组件，具有三面角焊缝焊接。所受的静载荷 $P = 4000$ lb，确定所需的焊缝尺寸。要校核梁的屈服极限。

已知：材料为 ASTM A36 结构钢，用 E70xx 焊接焊条。板材厚为 1/2"，尺寸 $a = 12$ in、$b = 3$ in、$d = 6$ in。

假设：将焊缝做线处理。焊接模式选用图 16-16 的案例 5。设计取决于类型 F 焊缝。

解：参见图 16-18。

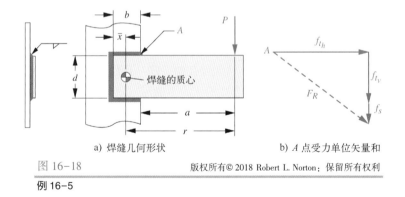

a) 焊缝几何形状   b) A 点受力单位矢量和

图 16-18

例 16-5

1. 根据图 16-16 给出的公式，求出焊缝的质心：

$$\bar{x} = \frac{b^2}{2b+d} = \frac{3^2}{2(3)+6} \text{in} = \frac{9}{12} \text{in} = 0.75 \text{ in} \qquad (\text{a})$$

2. 求出外载荷到质心的力臂：

$$r = a + b - \bar{x} = (12 + 3 - 0.75)\text{in} = 14.25 \text{ in} \qquad (\text{b})$$

3. 焊缝承受剪力和对质心的转矩。求出由剪力产生的焊缝单位剪切载荷：

$$f_s = \frac{P}{A_w} = \frac{P}{2b+d} = \frac{4000}{6+2(3)} \text{ lb/in} = 333.3 \text{ lb/in} \tag{c}$$

4. 对焊缝而言，质心的转矩与外载荷 P 和力臂 r 有关：

$$T = Pr = 4000(14.25) \text{ lb·in} = 57\,000 \text{ lb·in} \tag{d}$$

5. 从图 16-16 可知，焊缝相对质心的转矩截面模量是：

$$J_w = \frac{(2b+d)^3}{12} - \frac{b^2(b+d)^2}{2b+d} = \frac{(12)^3}{12} - \frac{9(9)^2}{12} = 83.25 \text{ in}^3 \tag{e}$$

6. 由转矩产生的最大应力发生在离焊缝质心最远点，如图 16-18 中 A 处所示。最简单的方法是计算出 A 点水平和垂直分量，然后与剪力产生的垂直剪切分量合成单位合力。水平分量到质心的力臂为 $d/2$；垂直分量到质心的力臂是 $r-a$。因此有：

$$f_{t_h} = \frac{Td/2}{J_w} = \frac{57\,000\,(6/2)}{83.25} \text{ lb/in} = 2054.1 \text{ lb/in}$$

$$f_{t_v} = \frac{T(r-a)}{J_w} = \frac{57\,000\,(14.25-12)}{83.25} \text{ lb/in} = 1540.5 \text{ lb/in} \tag{f}$$

$$F_R = \sqrt{f_{t_h}^2 + \left(f_{t_v} + f_s\right)^2} = \sqrt{2054.1^2 + (1540.5+333.3)^2} \text{ lb/in} = 2780 \text{ lb/in}$$

7. 然后求出焊喉的尺寸，为：

$$t = \frac{|F_R|}{\tau_{allow}} = \frac{2780 \text{ lb/in}}{0.30(70\,000) \text{ lb/in}^2} = 0.132 \text{ in}^2/\text{in} \tag{g}$$

根据 E70 焊条的 S_{ut} 和式（16.1）求出焊缝的尺寸为：

$$w = 1.414t = 1.414(0.132) \text{ in} = 0.187 \text{ in} \tag{h}$$

8. 对于 1/2 in 金属板，推荐的最小焊缝尺寸是 3/16″，结果相匹配，故使用 3/16″ 的角焊缝。

16.9　机器中焊件设计注意事项

焊件实际上可以设计成各种形状的组件用于定位和支承机械零件。然而如果没有正确的设计，焊件可能是一个不经济的选择。焊件的成本很大一部分体现在焊接定位时所需夹具和工件的安装上。在某些情况下，用现代数控机床（CNC）加工复杂的实心毛坯零件可能不会太昂贵。CNC 系统可利用实体建模的 CAD 系统很快地加工出复杂零件，加工成本相对较低，并且在编好程序后，无须工人操作，甚至工人去睡觉也可以加工出零件。从 CAD 模块得到的数控刀具路径信息可以直接传送到加工中心，然后通过一步或几步设定，加工出零件，工人只需很少的操作。另一方面焊接装配往往是劳动密集型的工作。因此开始设计焊接时，确定从毛坯到直接加工出零件的价格可能是很重要的工作。

也就是说，为了降低焊件的成本，在设计方面可以做些什么呢？也许可以设计完全或者部分"自定位"的焊接组件。焊接正确定位和对准需要外部夹具固定时，各个焊接零件很容易焊成一个整体，从而会降低成本。显然，减少焊缝的数量和尺寸也会降低成本。

对于承受动载荷的零件，用焊件时需要谨慎。焊缝尽可能布置在应力较低的位置。当波动应力施加到所有焊缝区域时，焊缝的残余拉应力就会构成危险。如果这种情况不能避免，那么应拆卸焊接的加强筋和所有垫板，并且需要把焊缝表面打磨光滑，以减小焊趾和焊接表面的应力集中。锤击焊缝可以减少残余拉应力，从而提高抗疲劳性，但这会显著增加成本。在这种情况下，实心毛坯加工出来的零件通常会比焊件便宜，此时机加工应该代替焊接。如果产量允许，锻造零件具有更好的抗疲劳性，但是模具成本高，对于小批量典型的定制机械零件都不采用锻造方法。

如果焊件需要焊后加工，有必要在机加工之前先消除焊件的热应力。这会消除整体的残余应力，从而提高零件的寿命。否则，在机加工过程中，零件消除加工释放的残余应力时，可能会发生扭曲。

16.10 小结

本文简要介绍焊件的设计，也许给设计者带来的问题与得到的答案一样多。焊接是一门复杂的学科，是建立在大量的研究和试验数据基础上。由于第二次世界大战期间，焊接在造船领域的应用，焊接技术得到了显著的发展。某些不期而遇的问题在第 5 章和第 6 章做了介绍。如果读者需要设计焊接件，强烈建议读者去更深入地钻研本章内容之外的更多主题，阅读所提及的参考文献。

在大量的焊接件疲劳试验中，一个最有趣的结果是：平均应力对焊接件的疲劳失效没有影响，而平均应力对非焊接件疲劳失效是一个很重要的因素。由于不再需要古德曼线分析，这简化了焊件设计者的任务。焊接的线处理大大简化了在不同载荷作用下确定合适的焊缝尺寸。

设计规范使设计师的工作既简单，又复杂。设计规范通过提供设计的规则和设计指南来简化设计，但是也会使设计更加复杂，因为这些规则是非常复杂的，需要设计者花费很大的力气去完全理解和正确使用。对于焊件设计，AISC 提供了设计准则和基于大量试验得出的失效应力数据。认真的设计师应该学习 AISC 和 AWS 的规范。

焊件最好采用低碳热轧钢材料并承受静载荷，这是典型的机架结构。承受高应力和动荷载的零件可能并不适合选用焊件，例如，还没发现发动机的曲轴和连杆使用焊接件。承受高载荷、动态应力零件通常用热锻。

本章使用的重要公式

承受静载荷焊件的许用剪切应力（16.5 节）：

$$\tau_{allow} = 0.30 Exx \tag{16.1}$$

拉应力疲劳强度——类型 A～E（16.6 节）：

$$S_{fr} = C_{reliab}\left(\frac{C_f}{N}\right)^{\frac{1}{3}} \geqslant S_{er} \tag{16.2a}$$

剪应力疲劳强度——类型 F（16.6 节）：

$$S_{frs} = C_{reliab}\left(\frac{C_f}{N}\right)^{\frac{1}{6}} \geqslant S_{ers} \tag{16.2b}$$

C_f、S_{er}、S_{ers} 的值见表 16-5。

焊件疲劳安全系数：

$$N_{fr} = \frac{S_{fr}}{\Delta\sigma} \quad 或 \quad N_{frs} = \frac{S_{frs}}{\Delta\tau} \tag{16.3}$$

16.11　参考文献

1. O. Blodgett, *Design of Weldments*, J. F. Lincoln Foundation, Cleveland, OH, 1963.

2. ANSI/AISC 360-05, *Specification for Structural Steel Buildings*, p. 16-1-400, American Institute of Steel Construction, March 9, 2005.

3. American WeldingSociety, Miami, FL.

4. SAE Fatigue Design Handbook AE-22 3ed., p. 95, Society of Automotive Engineers, Warrandale. PA, 1997.

5. O. Blodgett, "Stress Allowables Affect Welding Design," J. F. Lincoln Foundation, Cleveland, OH, 1998.

6. T. R. Higgins and F. R. Preece, "Proposed Working Stresses for Fillet Welds in Building Construction," *AISC Engineering Journal*, Vol. 6, No. 1, pp. 16-20, 1969.

7. R. L. Mott, *Machine Elements in Mechanical Design*, 4ed., p. 786, Prentice-Hall, Upper Saddle Brook, NJ, 2004.

8. M. A. Weaver, "Determination of Weld Loads and Throat Requirements Using Finite Element Analysis with Shell Element Models—A Comparison with Classical Analysis," *Welding Research Supplement*, pp. 1s-11s, 1999.

9. D. K. Miller, "Consider Direction of Loading When Sizing Fillet Welds," *Welding Innovation*, Vol. XV. No. 2, 1998.

10. J. M. Barsom and S. T. Rolfe, *Fracture and Fatigue Control in Structures*, 3ed., pp. 238, 269, Prentice-Hall, Upper Saddle Brook, NJ, 1999.

11. J. W. Fisher et al., *Effect of Weldments on the Fatigue Strength of Steel beams*, National Cooperative Highway Research Program Report 102, Highway Research Board, National Research Council, 1970.

12. *Recommendations for Fatigue Design of Welded Joints and Components*, WRC Bulletin 520, The Welding Research Council Inc., 2009.

表 P16-0[⊖]　习题清单

16.5　焊缝的静强度
16-1, 16-2, *16-3*, 16-13, *16-17*
16.6　焊缝的动态强度
16-5, *16-7*, *16-9*, 16-14, *16-18*
16.7　线性焊缝
16-6, *16-7*, *16-8*, *16-9*, *16-19*
16.8　偏心受载时的焊接模式
16-4, *16-5*, 16-15, 16-16, *16-20*

16

16.12　习题

*16-1[⊖]　两块 A36 热轧钢板采用埋弧焊接头完全熔透的对接焊缝（CJP）。钢板宽为 10 in、厚度为 0.5 in，使用 E70 焊条。求母材及焊缝都不发生屈服变形时焊件能承受的拉伸载荷。

⊖　带 * 号的习题答案见附录 D，题号斜体的习题是设计类题目。

表 P16-1　习题 16-6 和 16-7 数据，长度单位为英寸，力的单位为千磅

R_{ow}	F	OD	ID	b
a	2.5	3 500	3.068	1/2
b	3.8	4 500	4.026	1/2
c	4.8	5.563	5.047	1/2
d	8.0	6.625	6.065	1/2
e	9.0	8.625	7.981	3/4
f	11.0	10.750	10.020	3/4

16-2　题 16-1 的板两侧采用部分熔透（PJP）焊缝。每个焊喉长 1/4 in，求该焊缝所能承受的最大拉伸载荷。

*16-3　一个类似于图 16-11 的 厚 0.5 in 42 级的 A572 钢焊接 T 形托架，使用 E70 焊条，沿着两侧内角用 3/16 in 角焊缝焊接。在 T 形托架支架处，承受 20 kip 的拉伸载荷。计算托架为全长焊缝时所需的最小长度 L。

16-4　如图 P16-1 所示，一根杆焊接到基座上，使用 E70 焊条，三边用 3/16 in 角焊缝，材料是 50 级热轧钢 A572。求不发生失效的最大静载荷 P。

*16-5　如图 P16-1 所示，一根杆焊接到基座上，使用 E70 焊条，三边用3/16 in 角焊缝，材料是 50 级热轧钢 A572。已知循环次数为 10×10^8，安全系数为 1.6，求最大交变动载荷 P_{max}（动载荷变化范围从零到 P_{max}）。

*16-6　如图 P16-2 所示，一个支架焊接到壁上，使用 E70 焊条，用角焊缝，根据表 16-1 每行数据，求管和壁之间所需的角焊缝尺寸。已知：静载荷 F，$h = 1.2 \times$ 外径，$a = 2 \times$ 外径，$l = 2.5 \times$ 外径，壁和管的材料均为 A36 号钢。

*16-7　如图 P16-2 所示，一个支架焊接到壁上，使用 E70 焊条，用角焊缝，根据表 16-1 每行数据，求管和壁之间所需的角焊缝尺寸。已知：动载荷为 $-0.1 \times F$ 到 $0.2 \times F$，壁和管的材料均为 A36 号钢，$h = 1.2 \times$ 外径，$a = 2 \times$ 外径，$l = 2.5 \times$ 外径，安全系数为 1.5。

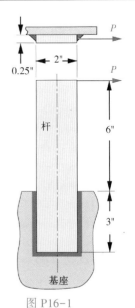

图 P16-1
习题 16-4、16-5、16-15、16-16

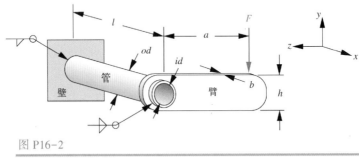

图 P16-2
习题 16-6 和 16-7

16-8　如图 P16-3 所示支架，由厚 12 mm 的 50 级热轧钢 A572 扁钢料制成，支架焊接到壁上，使用 E70 焊条，用角焊缝。求在静载荷 $P = 12$ kN 作用下，支架和壁之间所需的角焊缝尺寸。

*16-9　如图 P16-3 所示支架，由厚 12 mm 的 50 级热轧钢 A572 扁钢料制成，支架焊接到壁上，使用 E70 焊条，用角焊缝。已知：动载荷为 0~3 kN，安全系数为 1.8，求支架和壁之间所需的角焊缝尺寸。

16-10　两个厚 8 mm、宽 50 mm 的 42 级 A572 钢带焊接在一起，接搭处使用 E70 焊条，用角焊缝。钢带承受 45 kN 的拉伸载荷，载荷与焊缝相互垂直（横向），求两个钢带全长焊接的焊缝尺寸。

16-11　两个厚 8 mm、宽 50 mm 的 42 级 A572 钢带焊接在一起，接搭处使用 E70 焊条，用角焊缝。已知：动

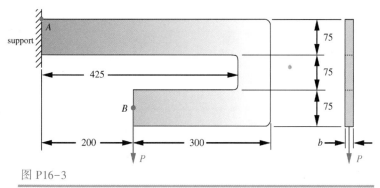

图 P16-3

习题 16-8、16-9 和 16-18

载荷为 0~12 kN，无限寿命安全系数为 1.5，求两个钢带全长焊接的角焊缝尺寸。

16-12　两个厚 12 mm、宽 50 mm 的可焊铝带焊接在一起，接搭处使用铝焊条，用角焊缝。已知：动载荷为 0~5 kN，无限寿命安全系数为 2.0，求两个钢带全长焊接的角焊缝尺寸。

16-13　两个厚 10 mm、宽 60 mm 的热轧 SAE 1050 钢板用 CJP 焊缝对接焊在一起。求焊件在拉伸载荷作用下的焊条型号。

16-14　计算并绘制可靠度为 99%，美国钢结构学会（AISC）规范中的类型 A~E 在循环次数为 10^6 时的应力幅值疲劳强度。使用 SI 单位制。

16-15　如图 P16-1 所示，一根杆焊接到基座上，使用 E70 焊条，三边用 4 mm 角焊缝，材料是 SAE 1035 热轧钢。求在静载荷 $P=5$ kN 作用下，不发生失效的安全系数。

16-16　如图 P16-1 所示，一根杆焊接到基座上，使用 E70 焊条，三边用 4 mm 角焊缝，材料是 SAE 1035 热轧钢。已知：动载荷为 0~2.5 kN，循环次数为 10×10^8，求在该条件下不发生失效的安全系数。

16-17　如图 16-11 所示，T 形支架为厚 0.5 in 的 50 级 A572 钢，沿两侧内角采用角焊缝焊接，支架长度 $L=$ 6 in。如果 T 形支架承受 30 kip 的拉伸载荷，为了使焊缝不发生失效，取最小安全系数为 1.4，确定合适的焊条规格和焊缝尺寸。

16-18　如图 P16-3 所示，支架用厚 16 mm 的 42 级热轧钢 A572 扁钢料制成，采用角焊缝将支架焊接到墙壁上。已知：动载荷为 0~700 lb，安全系数为 1.8，确定支架和墙壁之间所需的角焊缝尺寸。

16-19　如图 16-16 案例 6 所示，使用 E70 焊条通过角焊缝焊接到墙壁上的槽型截面杆。已知：静态弯曲载荷 $P=3200$ lb，$a=6$ in，$b=3$ in，$d=1.410$ in，槽型截面杆和墙壁材料均为 A36 钢，确定槽型截面杆和墙壁之间所需的角焊缝尺寸。

16-20　如图 16-16 案例 6 所示，使用 E70 焊条通过角焊缝焊接到墙壁上的槽型截面杆。已知：静态扭转载荷 $P=3200$ lb，$a=16$ in，$b=3$ in，$d=1.410$ in，槽型截面杆和墙壁材料均为 A36 钢，确定槽型截面杆和墙壁之间所需的角焊缝尺寸。

16

17

离合器与制动器

一大本书是一大麻烦。

Callimachas，公元前 *260*

17.0 引言

离合器和制动器在本质上是同样的装置。两者都为两个元件提供摩擦、电磁、液压或者机械接合方式。如果这两个接合元件都旋转，称为离合器。如果其中一个元件旋转，而另一个元件固定，则称为制动器。离合器可为两个旋转轴提供可分离接合；例如，汽车内燃机曲轴和驱动车轮输出轴的接合方式。制动器可为一个旋转元件和另一不转的固定构件提供可分离接合方式，例如，汽车的车轮与底盘。同样的装置可以根据是否将输出元件固定，或作为离合器或作为制动器使用。

制动器和离合器还广泛应用于各种生产机械，而不仅在车辆中。当车辆需要短暂停车时，它们可以让内燃机继续转动（怠速），使车辆停止。离合器还可以使用功率较小的电动机起动大转动惯量的负载，而不需要直接连接大功率的电动机。离合器通常会对轴维持一个恒定转矩以张紧箔材或丝材。当机器过载或卡住无法工作时，离合器可作为紧急分离装置切断电动机与输出轴的连接。在这种情况下，制动器也要同时进行紧急制动，快速停止输出轴（和机器）的运转。为了尽量减少伤害，许多美国设备制造商要求：在工人拉下"紧急保险杠"后，生产机械的驱动轴在一转以内停止运转；通常保险杠长应超过机器的长度。但是这一点对于多马力电动机驱动的大型设备（10~100 ft）很难实现。于是设备生产厂家采用将离合器–制动器组合在一起的装置应用在这一场合下。输入电源时制动器脱开，同时让离合器接合，使它产生故障保护。通常，多个安全制动器（通过内部弹簧）保持制动的常态；一旦有动力输入，它们就停止制动。如果没有了动力，它们又开始"故障保护"了，同时停止加载。公路卡车和轨道机车的气闸就是这种装置。气压松开了通常闭合的制动器。如果机车或卡车松脱或切断连接到发动机或牵引机车的空气软管，制动器自动刹车。

本章将介绍市场上常见的各种离合器和制动器的类型及其典型应用，并讨论几种特殊类型的摩擦离合器/制动器的理论和设计。表 17-0 给出了在这章所要用到的变量和使用这些变量的公式或小节。

表 17-0　本章所用的变量

变量符号	变量名	英制单位	国际单位	详见
a	长度	in	m	17.6 节
b	长度	in	m	17.6 节
c	长度	in	m	17.6 节
d	直径	in	m	各处
F	力	lb	N	各处
F_a	驱动力	lb	N	17.6 节
F_f	摩擦力	lb	N	17.6 节
F_n	正压力	lb	N	17.6 节
R_x	支反力	lb	N	17.6 节
R_y	支反力	lb	N	17.6 节
K	任意常数	无	无	各处
l	长度	in	m	各处
M	力矩	lb·in	N·m	各处
N	摩擦面个数	无	无	式 (17.2)
P	功率	hp	W	例 17-1
p	压强	psi	N/m²	17.4 节
p_{max}	最大压强	psi	N/m²	17.4 节
r	半径	in	m	各处
r_i	摩擦盘内径	in	m	各处
r_o	摩擦盘外径	in	m	各处
T	转矩	lb·in	N·m	各处
V	线速度	in/s	m/s	式 (17.4)
W	磨损速率	psi·in/s	Pa·m/s	式 (17.4)
w	宽度	in	m	各处
θ	角度	rad (°)	rad (°)	17.6 节
μ	摩擦系数	无	无	式 (17.2)
ω	角速度	1/s	1/s	例 17-1

17

17.1　制动器和离合器分类

制动器和离合器可以按照多种方式进行分类，比如按*驱动方式、能量传输方式、元件相互连接方式*和*接合方式*进行分类。图 17-1 用框图形式来表达上述不同分类方式。驱动方式可以是**机械式的**，比如踩下汽车离合器的**气动或液压**踏板，流体压力驱动活塞对车辆制动器实现机械接合或者脱开；也可以是**电磁式的**，这时通常利用激励磁力线圈；又或是**自动式的**，例如，在防飞车制动器中，通过元件之间的相对运动实现接合。

主动式离合器　又称啮合式离合器，它通过主动机械接触传递能量。如图 17-2 所示，在齿牙或锯齿式离合器中，通过机械干涉进行接合。接合的特点是通过矩形或锯齿形的爪，或者各种形状的齿牙实现机械干涉。因为牙嵌式离合器不能消耗大量的能量，所以它们不能当作制动器使用（除非设备是不动的），另外作为离合器，它们只适合在低相对速度时接合（对爪式离合器大约最大是 60 r/min，对于牙式，最大 300 r/min）。它们的优点是主动接合，并且一旦接合，它们可以传递大转矩而不滑动。啮合式离合器也可以与摩擦式离合器联合使用，在摩擦式离合器拖动两个元件接近相同的速度后，在将爪、齿啮合。这就是在手动挡汽车变速器中使用的同步离合器的工作原理[⊖]。

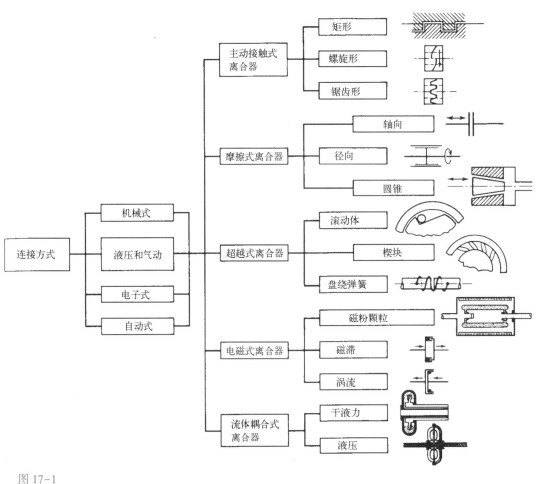

图 17-1

离合器和制动器的分类

摘自：Z. Hinhede, Machine Design Fundamentals：A Practical Approach，Prentice-Hall，1983，已得到使用许可。

摩擦式离合器和制动器　这是最常见的类型。通过正压力将两个或多个表面压合将产生摩擦力矩。摩擦面可以是平面，并垂直于转轴，这时的正压力沿轴向（盘式制动器或离合器），如

⊖　如第 13 章所述，为了工作平稳，汽车变速器通常采用斜齿轮。在手动变速器中，因为斜齿轮有螺旋角的存在，不易进入或脱开啮合时移位。因此，所有齿轮副都按特定的传动比处在啮合状态，而它们与传动轴或者连接或者脱开。每个齿轮是通过同步离合器与传动轴连接的。同步离合器实际上是先由锥面摩擦离合器将两个元件（轴和齿轮）拖至相对转速接近为零，然后再将传动轴和齿轮接合。司机通过变速杆控制同步离合器接合或脱开，而不是控制变速器中的齿轮移动。

图 17-2

版权所有© 2018 Robert L. Norton；保留所有权利

主动式接触离合器

图 17-3 所示；或者摩擦面是鼓形，正压力沿轴向（鼓式制动器或离合器），如图 17-9 和图 17-10 所示；又或者摩擦面是锥面（锥式制动器或离合器）。锥式离合器由于易于接合但难于脱开，现在在美国极少采用，但在欧洲却很普遍[1]。

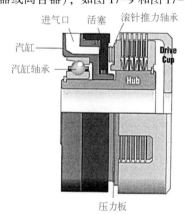

图 17-3

液压驱动多片式摩擦离合器

摘自：Courtesy of Logan Clutch Corporation, Cleveland, Ohio

　　通常，至少其中一个摩擦面是特定的金属（铸铁或钢），而另一个常为高摩阻材料，称为闸衬。如果只有两个元件，就有一个或两个摩擦面传递转矩。圆柱排列式（鼓式制动器或离合器）只有一个摩擦面；而轴向排列式（圆盘式制动器或离合器）可能有一个或两个摩擦面，这取决于盘片是否夹在其他元件的两个摩擦面间。为了能传递较高转矩，盘式离合器或制动器通常由多个盘片组成，以增加摩擦面数量（见图 17-3）。离合器或制动器传递摩擦热的性能往往可能成为它传递能力的限制因素。由于多片式离合器更难以冷却，所以适合在低速重载下使用。对于高速动载荷而言，较少的摩擦面更好[1]。

　　摩擦离合器在干燥或潮湿条件下都可工作，湿式摩擦离合器在油浴中运行。虽然油明显降低摩擦系数，但它大大提高了热传导。典型的离合器/制动器材料的摩擦系数范围是：湿式为 0.05，干式为 0.60。为弥补湿式离合器摩擦系数较低的不足，常采用多片式。汽车和卡车的自动变速器中包含许多湿式离合器和制动器，在油中，可以通过油的循环散热，冷却变速器。越野车辆的手动变速器，如摩托车，采用闭式油浴多片湿式离合器，以防止灰尘、水和沙土的进入。汽车和卡车的手动变速器通常采用单片干式离合器。

　　超越离合器　（又称单向离合器）可根据两个半离合器的相对转速自动动作。超越离合器作用在圆周上，只能够单向传动。如果转动试图反向时，离合器内部几何结构会使它抱紧转轴并锁死。例如，这种*反止*离合器可以用于升降机上，防止轴动力突然中断时载荷落下。这种离合器也可用作分度机构，输入轴可前后摆动，而输出轴只能够单方向间歇转动。超越离合器的另一个常见的应用是在自行车的后轮毂，它允许当车轮转速大于驱动链轮的转速时，车轮仍可继续转动。

17

单向离合器有几种不同的机构类型，如图 17-4a 所示的楔块式单向离合器与滚珠轴承类似，也具有内、外圈。但是，与滚珠轴承不同的是滚道之间填入的是异形楔块，它们在单向上允许内、外圈相对运动，另一方向上则会使得内、外圈卡住，并锁死对方，从而传递转矩。在内、外圈的楔形空间里卡死的滚珠或滚柱也都可以得到同样的结果，所以这种离合器称为滚柱离合器。图 17-4b 所示是另一种类型的单向或超越离合器，称为弹簧离合器，它用弹簧旋绕输入、输出轴。在某一方向转动时，弹簧越绕越紧可传递转矩。反转时，轻微绕松弹簧，允许它发生滑动。

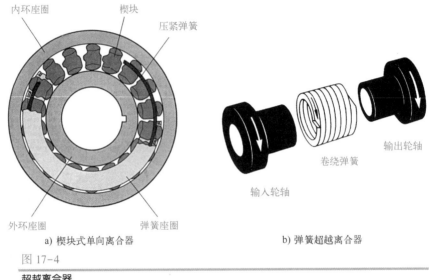

a) 楔块式单向离合器　　　　　　b) 弹簧超越离合器

图 17-4

超越离合器

摘自：Courtesy of Warner Electric，South Beloit，Ill. 61080

离心式离合器　在达到一定转速时会自动接合。当离合器转动时，内部的摩擦元件被径向外抛与鼓形壳体内缘作用，实现联轴器接合。离心式离合器有时用在内燃机与驱动机车的连接中。当内燃机怠速时，它与车轮脱开；而当油门开启时，内燃机提速运转，则离合器自动接合。这种离合器常用在卡丁车中。同样在链锯中也有类似的应用，当链锯卡在木头中时，离心式离合器通过打滑进行过载保护，保持发动机持续运行。

电磁式离合器和制动器　如图 17-5 所示，**摩擦离合器**一般通过电磁铁驱动，具有响应速度快、控制便捷、起动和停止平顺以及上电或断电（失效-保护）等优点。除了有离合器和制动器，也可以组合为离合-制动一体化模块。

磁粉离合器与制动器　这种结构在转盘和壳体之间没有直接的摩擦接触，因此也没有摩擦材料的磨损。在转盘和壳体之间的间隙中充填铁磁粉。当励磁线圈通电后产生磁场，磁粉沿磁力线方向形成磁粉链，从而耦合盘与壳体不发生滑移。通过改变励磁线圈电流大小可以控制离合器所传递的转矩，当

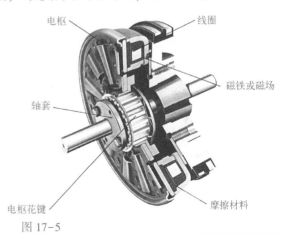

图 17-5

电磁式摩擦离合器

摘自：Courtesy of Warner Electric，South Beloit，Ill. 61080

负载转矩超过线圈电流的设定值时，离合器产生打滑现象，实现恒值牵引。

　　磁滞离合器与制动器　这种结构在旋转元件之间没有任何形式的机械接触，因此脱开时为零摩擦。转子，也称为牵引杯，受电磁铁（或永久磁铁）产生的磁场牵引（或制动）而运动。这种离合器/制动器一般用于类似绕线机等设备的传动轴转矩控制，在卷绕箔材或线材时，必须控制转矩。磁滞离合器转矩的控制与转速无关，除了轴承外，没有其他机械接触，因此其运行顺滑、静音，且寿命长。

　　涡流离合器　（无图示）它在结构上类似于磁滞离合器，转子与磁极之间也没有机械性接触。通过励磁线圈产生涡流，通过电磁力将离合器耦合在一起。由于转子和磁极之间要存在转速差才能感应出涡流以施加耦合力，这种类型的离合器总会有一些滑移，所以涡流制动器无法控制负载达到静止，只能将转速逐步降低。涡流与磁滞装置具有类似的优点，也有着相似的应用，例如应用于箔材或线材等卷绕设备中。

　　液力耦合器　它是通过流体，通常是油，来传递转矩。叶轮叶片由输入轴驱动，并将角动量通过叶片带动传递到周围的油液上。具有相同叶片的涡轮（或转子）安装在输出轴上，并通过高速流动的油液冲击涡轮叶片驱动涡轮转动。它的工作原理类似于将两个电风扇面对面放置，然后起动其中一台电风扇。有源风扇的叶片产生的气流会使对面的无源叶片像风车一样转动，在功率传输时没有任何机械接触。在密闭的腔体中使用不可压缩的油液传递功率要比开放式的两台风扇高效得多，特别是当叶轮和涡轮叶片被制造成最佳形状去泵油。流体耦合使起动非常顺滑，并能够吸收冲击。因为只有当输入轴和输出轴有转差时，油液简单剪切，这样输出的涡轮会逐渐加速（或减速）趋近叶轮转速。总会存在滑移现象⊖，也就是说涡轮不能达到100%的叶轮转速（或0%的滑移），但当涡轮堵转时，叶轮仍可转动（即100%的滑移）。这时叶轮输入的能量将全部被转换为油液剪切摩擦而产生热量。在设计液力耦合器时传热是需要考虑的一个重点因素。通常会在壳体上增加翅状散热片以提高散热性能。液力耦合器可以在任何转速下，甚至在输出轴堵转情况下，将转矩从输入轴传递到输出轴，因此不能像摩擦离合器那样完全脱开。当输入轴转动时，输出轴只能通过外部制动才能使其静止⊖。液力耦合器的功率随其直径的五次方成正比变化。直径每增加15%，液力耦合器的传递功率能力就增大一倍。如果将液力耦合器作为制动器使用，它只能施加液力，降低设备的转速，与测功机类似，而不能完全使负载停止。

　　如图17-6所示，在叶轮和涡轮之间有第三个固定元件：**定子**，又称**导轮**，它由一组曲面叶片组成，可将额外的角动量传递给油液，这种装置此时称为**液力转换器**。液力转换器用于将汽车发动机与自动变速器进行连接。车辆停车时，发动机可以怠速（涡轮堵转，100%转差率）。在涡轮堵转时，叶轮和导轮将提升约2:1的转矩增量，这有助于松开制动器后车辆加速起动和发动机速度增加。随着车辆速度增加（同样涡轮转速增加），涡轮转速逐渐接近叶轮转速，转矩增量将逐渐降低到基本为零，这时只有百分之几的转差率。如果瞬时需要大转矩增量（比如超车时），发动机转速提升，叶轮与涡轮之间的滑移自动增加，从而输出更大的转矩

⊖　这种滑移所产生的速差是采用液力耦合变速器的汽车比同等手动变速器的汽车相同汽油燃料下行驶里程更少的原因。为了应对这种情况，许多汽车的自动变速器都配备了机械锁止离合器，该离合器在高于设定的行驶速度（如30英里/小时）时接合，以将叶轮和输出涡轮锁止在一起。当车速低于设定行驶速度时，离合器自动脱开。

⊖　这就是为什么当你驾驶一辆自动变速器的汽车在等红绿灯时也要把脚踩在刹车上，此时汽车发动机在持续运转并且变速器也挂在"行驶档"。安装在发动机和变速器之间的液力耦合器每刻都在传输转矩，如果不采用外部制动器进行制动，汽车就会向前爬行。

和功率，使车辆加速。

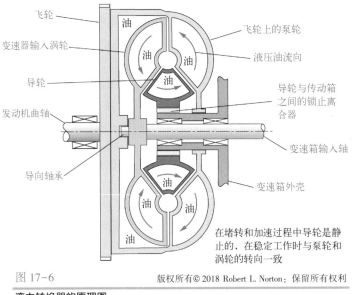

图 17-6
版权所有 © 2018 Robert L. Norton：保留所有权利

液力转换器的原理图

17.2　离合器/制动器的选择和规格

　　上述各种类型的离合器和制动器的生产厂商都会提供包括转矩、功率等参数在内的详细产品目录和技术手册，许多手册都像专题教材一样细致详尽。这些厂商同时也制定了产品挑选与确定的方法，通常还会根据预期转矩和实际功率给出工况系数，以期对不同加载、安装或环境因素等考虑对特定条件下的测试结果存在的差异进行修正。例如，厂商制定的技术标准是以平稳原动机（比如电动机）驱动离合器的工况条件来制定选型标准的，但在实际的工作条件下，若采用相同功率的内燃机作为原动机，将受到冲击载荷，离合器或制动器的功率选型就要比平稳工况条件下较大些。这称为离合器（或制动器）的降额选型，也就是说预期条件下的实际传递能力比所选的额定传递能力要小。

　　工况系数　根据许多离合器生产厂商的反映，离合器故障的常见原因是设计者未能充分考虑实际应用的具体情况选择正确的工况系数[1]。出现这种现象的部分原因可能是对工况系数的定义缺乏标准，比如对同一种特定的应用，一个厂家可能会建议选取 1.5 的工况系数，而另一个厂家可能建议选取 3.0。有可能两者都是正确的，对于不同厂家生产的同一款离合器，一家厂商可能在生产设计时已考虑了安全系数，而另一家则把安全系数归入工况系数的选择中。由于生产厂家通常会经过大量严格的测试结果以制定该产品选型标准和方法，有经验的技术人员一般会严格遵循生产厂商所提供的选型方法进行选型。

　　离合器和负载功率进行匹配时，如果选型小了就会产生打滑和过热现象，但离合器如果选大了同样也不适合，功率越大的离合器转动惯量也会越大，对电动机可能造成过载，因为电动机也要对过大惯量的离合器加速。大多数机器零件的制造商都愿意对应用自己产品的客户提供选择适合尺寸等方面的帮助。机械设计者主要关心的应该是准确确定适合设备的负载和工况条件。

这就需要包括对元件转动惯量等参数进行大量和烦琐的计算。第 3 章所介绍的载荷分析方法可以用于完成这一任务。

离合器安装位置　当一台机器同时具有高速轴和低速轴时（通常这时要用到减速器，如案例研究 7 和 8 所述），那么该系统需要一台离合器；问题马上来了，即离合器应该安装在齿轮减速器的高速轴呢？还是低速轴？有时答案是要由功能决定。例如，把汽车的自动离合器装在减速箱的输出轴上而不是输入轴就毫无意义，因为在这种情况下离合器的主要作用是中断或接合发动机和变速器，因此必须安装在高速轴。另外一些情况下，设备功能并不能决定离合器安装位置，例如在案例 8 中，离合器如果只是用来将发动机与压缩机进行脱开或接合，将离合器安装在任一轴都可以满足要求（见图 9-1）。遇到这类情况时，并没有一个确定的选择，两种选择代表了两种不同的设计理念。

根据齿轮比，低速轴的转矩（冲击载荷）比在高速轴大。本质上，两轴的功率是相等的（忽略齿轮轮系的损失），但是在高速轴上的动能较大，因为动能是按齿轮比的二次方增加的。若装在低速端，为了承受更大的转矩，离合器必须较大（因此更昂贵）。虽然在高速轴端可以使用较小、较便宜的离合器，但这会消耗较大的动能，也容易出现过热。一些制造商建议：在功能允许时，尽量将离合器安装在高速端，这样可以获得较好的初始经济性。但一些制造商则提出：虽然大转矩的低速离合器初始成本较高，但从长远来看，这种高成本将被长期较低的维护成本所抵消。专家的意见似乎倾向于高速轴安装的方法，但同时告诫：每种安装方法都有自己的优缺点[1]。

17.3　离合器与制动器的材料

用于离合器和制动器元件（如摩擦盘或制动鼓）的材料一般采用灰铸铁或钢。摩擦表面的衬层材料通常具有高耐磨性、足够的抗压强度和耐高温等特点。石棉纤维曾是制动器或离合器衬片最常见的组成材料，但在由于其具有致癌危险性，许多场合中已不再使用。衬层可以通过模压、编织、烧结制成，或直接使用固体材料。模制衬层通常使用聚合物树脂黏合各种粉状填料或纤维材料，有时会加入黄铜或锌的粉末以提高摩擦盘和制动鼓的导热性、耐磨性以及减少表面划痕。编织材料通常采用长石棉纤维。相对于模压或编织造材料，烧结金属具有更高的耐热性和抗压强度。有些情况下，软木、木材和铸铁也可作为衬层材料。表 17-1 列出了几种摩擦衬层材料的摩擦系数、最高温度和机械性能。

表 17-1　离合器/制动器衬层常用材料属性

耐磨材料与钢或铸铁组成摩擦面	摩擦系数		最大许用压强		最高温度	
	无润滑	有润滑	psi	kPa	℉	℃
模压材料	0.25~0.45	0.06~0.09	150~300	1030~2070	400~500	204~260
织造材料	0.25~0.45	0.08~0.10	50~100	345~690	400~500	204~260
烧结金属	0.15~0.45	0.05~0.08	150~300	1030~2070	450~1250	232~677
铸铁或硬质钢材	0.15~0.25	0.03~0.06	100~250	690~720	500	260

17.4　圆盘摩擦离合器

最简单的盘式离合器由两个摩擦盘组成，如图 17-7 所示。其中一个表面衬有耐磨材料，工作时，轴向的法向力将两盘挤压在一起，通过法向力产生的摩擦力传递所需的转矩。法向力通常相当大，它可以通过机械、气动、液压或电磁力等方式获得。如果两摩擦盘具有足够的柔性，离合器表面之间的压力可接近均匀分布。在这种情况下，摩擦盘外缘磨损会较为严重，因为磨损量与正压力和相对速度的乘积（pV）成正比，且摩擦盘面上的线速度与半径成正比。但是，随着摩擦盘外缘的磨损，盘面压力分布将变得不均匀，离合器将趋近于 $pV =$ 常数的均匀磨损状态。从而，盘面存在**均匀压力**和**均匀磨损**两种状态。新的柔性离合器一开始可能接近均匀压力状态，在不断使用中逐渐接近均匀磨损状态。刚性离合器会更迅速地接近均匀磨损状态。不同情况下的计算方法是不同的，均匀磨损的假设在离合器选型时更加安全，所以受到一些设计者的青睐。

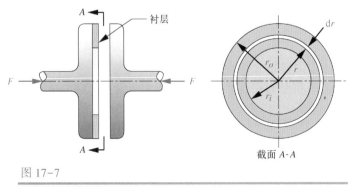

图 17-7

单摩擦面同轴盘离合器

均匀压力

考虑到离合器盘面上宽度为 dr 的环形单元，如图 17-7 所示，作用在环单元上的微分载荷为：

$$dF = p\theta r\, dr \tag{17.1a}$$

式中，r 为半径；θ 是环形弧所对应的角度；p 是环面上的均匀压力。对于图 17-7 中的离合器的整周环形面，θ 角度为 2π。整个离合器所受轴向力 F 的表达式就等于对上式从 r_i 至 r_o 进行积分。

$$F = \int_{r_i}^{r_o} p\theta r\, dr = \frac{p\theta}{2}\left(r_o^2 - r_i^2\right) \tag{17.1b}$$

微圆环上的摩擦转矩为：

$$dT = p\theta\mu r^2\, dr \tag{17.2a}$$

式中，μ 是摩擦系数。离合器上的总转矩为：

$$T = \int_{r_i}^{r_o} p\theta\mu r^2\, dr = \frac{p\theta\mu}{3}\left(r_o^3 - r_i^3\right) \tag{17.2b}$$

对于有 N 个摩擦面的多片式离合器，有：

$$T = \frac{p\theta\mu}{3}\left(r_o^3 - r_i^3\right)N \tag{17.2c}$$

联立式（17.1b）和式（17.2c）可得到轴向力所产生的转矩方程为：

$$T = N\mu F \frac{2}{3} \frac{\left(r_o^3 - r_i^3\right)}{\left(r_o^2 - r_i^2\right)} \tag{17.3}$$

均匀磨损

设磨损率 W 为常数，且它正比于压力 p 和速度 V 的乘积，即：

$$W = pV = \text{constant} \tag{17.4a}$$

摩擦面上任意一点的线速度为：

$$V = r\omega \tag{17.4b}$$

设角速度 ω 恒定，合并上述两式得：

$$pr = \text{constant} = K \tag{17.4c}$$

最大压力 p_{max} 必在最小半径 r_i 处：

$$K = p_{max} r_i \tag{17.4d}$$

合并式（17.4c）和式（17.4d）得到压力为半径的函数表达式：

$$p = p_{max} \frac{r_i}{r} \tag{17.4e}$$

式中，许用最大压力 p_{max} 由衬层的材料强度决定。表 17-1 列出了离合器或制动器衬层常用材料的摩擦系数和许用最大压力。

图 17-7 中，将式（17.1a）所表达的环面微分力进行积分，并将压力 p 的表达式（17.4e）带入，可以得到总的轴向力 F：

$$F = \int_{r_i}^{r_o} p\theta r\, dr = \int_{r_i}^{r_o} \theta\left(p_{max} \frac{r_i}{r}\right) r\, dr = r_i \theta p_{max}\left(r_o - r_i\right) \tag{17.5a}$$

同理，转矩 T 由式（17.2a）进行积分确定：

$$T = \int_{r_i}^{r_o} p\theta \mu r^2\, dr = \frac{\theta}{2}\mu r_i p_{max}\left(r_o^2 - r_i^2\right) \tag{17.5b}$$

联立式（17.2a）和式（17.2b）得到均匀磨损情况下转矩和轴向力的关系式：

$$T = N\mu F \frac{\left(r_o + r_i\right)}{2} \tag{17.6}$$

式中，N 为离合器摩擦面数量。

根据式（17.5a）和式（17.5b）可以得到取任意外半径 r_o 能够获得的最大转矩时内半径 r_i 的表达式为：

$$r_i = \sqrt{1/3}\, r_o = 0.577 r_o \tag{17.7}$$

注意：按照均匀磨损假设计算得到的离合器传递转矩能力要比均匀压力假设所计算出来的要小。较大磨损开始发生在半径较大的外缘部分，然后沿半径不断向产生摩擦力的力矩臂较小的中心移动。离合器通常是基于均匀磨损设计的。这种设计方法选取的离合器在初始使用时有更大的传递功率的能力，但随着磨损，最终会接近设计能力。

例 17-1　盘形摩擦离合器设计

问题：设计一个轴向力驱动的盘形离合器，确定其尺寸和所需轴向力。

已知：离合器在转速 1725 r/min 时，能够传递 7.5 hp 的功率，工况系数为 2。

假设：均匀磨损模型，单摩擦面，无润滑，模压衬层。

解：

1. 工况系数为 2，则离合器必须降额使用，计算功率为 7.5 hp×2 = 15 hp，可以得到以预设转速和传递计算马力时所需转矩为：

$$T = \frac{P}{\omega} = \frac{15\,\text{hp}\left(6600\, \dfrac{\text{in·lb/s}}{\text{hp}}\right)}{1725\,\text{r/min}\left(\dfrac{2\pi}{60}\, \dfrac{\text{rad/s}}{\text{r/min}}\right)} = 548.05\,\text{lb·in} \tag{a}$$

2. 从表 17-1 中查找无润滑模压材料的最大许用压力和摩擦系数的平均值为：$p_{max} = 225\,\text{psi}$

17

和 $\mu = 0.35$。

3. 将式（17.7）中的 r_0 和 r_i 的关系式代入式（17.5b）中得最大转矩的方程（17.5b），有：

$$T = \pi \mu r_i p_{max} \left(r_o^2 - r_i^2 \right) = \pi \mu \left(0.577 r_o \right) p_{max} \left(r_o^2 - \frac{1}{3} r_o^2 \right) = 0.3849 r_o^3 \pi \mu p_{max}$$

$$r_o = \left(\frac{T}{0.3849 \pi \mu p_{max}} \right)^{\frac{1}{3}} = \left(\frac{548.05}{0.3849 \pi \left(0.35 \right) \left(225 \right)} \right)^{\frac{1}{3}} \text{in} = 1.79 \text{ in} \qquad (b)$$

4. 由式（17.7）可得：

$$r_i = 0.577 r_o = 0.577 \left(1.79 \right) \text{in} = 1.03 \text{ in} \qquad (c)$$

5. （由式 17.5a 可得）所需轴向力为：

$$F = 2 \pi r_i p_{max} \left(r_o - r_i \right) = 2 \pi \left(1.034 \right) \left(225 \right) \left(1.792 - 1.034 \right) \text{lb} = 1108 \text{ lb} \qquad (d)$$

6. 则所求单盘离合器的盘面外缘直径为 3.6 in，内缘直径为 2 in，模压衬层摩擦系数 $\mu_{dry} \geqslant$ 0.35，所需轴向力 $F \geqslant 1108$ lb。

7. 文件 EX17-1 可在本书网站上查找。

17.5 盘式制动器

上述圆盘离合器的各公式同样适用于圆盘制动器。但是圆盘制动器的摩擦面很少全部覆盖衬层，因为这样容易导致过热。在式（17.1）中选取适当的制动块夹角 θ 值，并带入式（17.5）来计算圆盘制动器的制动力和力矩。

需要注意：如图 17-8 所示，因为通常制动块都需要成对使用，所以圆盘制动器的摩擦面数量 N 值最小等于 2。离合器通常工作时具有较小的占空比（既接合时间只占总时间的一小部分），而制动器在反复工作中会产生大量热能。汽车上所使用的卡钳盘式制动器，其制动卡钳只施压在摩擦盘圆周的一小部分，其余未接触盘面用于散热。摩擦盘有时会内置风道来提升散热效果。

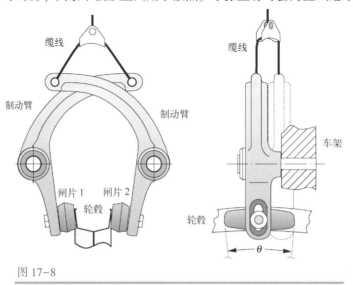

图 17-8

自行车盘式制动器

卡钳通常横跨摩擦盘，并有两个摩擦块，每个摩擦块摩擦一个侧面。这样轴向力被抵消，从而降低了轴承的轴向载荷。图 17-8 所示的普通自行车钳闸就是同样原理，轮辋作为摩擦盘，卡钳只夹住轮辋圆周的一小部分进行制动。盘式制动器目前常用在汽车上，特别是前轮制动，为整车提供一半以上的制动力。相对于鼓式制动器，盘式制动器具有良好的可控性和线性（制动转矩与施加的轴向力成正比）。

17.6　鼓式制动器

鼓式制动器（或离合器）将摩擦材料设计在制动鼓圆筒的内表面或外表面，或两面兼有。这种结构的设备通常用作制动器比离合器更多些。铆接或胶接的摩擦材料称为衬瓦，与衬瓦接触产生摩擦的部分称为制动鼓。在衬瓦上受正压力与制动鼓接触产生摩擦力矩。鼓式制动器中最简单的一类是带式制动器，用挠性钢带作为衬瓦包住大部分的制动鼓外表面，并对鼓挤压。另一类制动器较为刚性，衬瓦（或瓦）可与制动鼓外表面或内表面做成铰支连接。如果衬瓦与制动鼓的接触包角较小，称之为**短瓦制动器**，反之则称为**长瓦制动器**。由于短瓦和长瓦结构不同，需要采用不同的方法分析之间的接触。下面将通过分析外接触式的短、长瓦鼓式制动器来说明它们的差异和各自的特点，特别是与圆盘式制动器相对比。这些分析方法同样适用于内接触鼓式制动器。

短瓦外鼓式制动器

图 17-9a 给出了一个短瓦外鼓式制动器的示意图。如果衬瓦与制动鼓接触包角 θ 较小（小于 45°），可以认为衬瓦与制动鼓之间的压力是均匀分布的，并可用作用在接触区的中心点的集中载荷 F_n 所代替，如图 17-9b 所示。衬层的最大许用压力 p_{max}（见表 17-1）与合力 F_n 可通过下式计算：

$$F_n = r\theta w p_{max} \tag{17.8}$$

式中，w 是衬瓦在 z 方向的宽度；θ 是摩擦接触面所对应的包角；摩擦力 F_f 数值为：

$$F_f = \mu F_n \tag{17.9}$$

式中，μ 是衬层材料的摩擦系数（见表 17-1）。

从而可得制动鼓上的转矩为：

$$T = F_f r = \mu F_n r \tag{17.10}$$

如图 17-9b 所示，对 O 点列出力矩平衡方程，并代入式（17.9）得：

$$\sum M = 0 = aF_a - bF_n + cF_f \tag{17.11a}$$

$$F_a = \frac{bF_n - cF_f}{a} = \frac{bF_n - \mu cF_n}{a} = F_n\frac{b-\mu c}{a} \tag{17.11b}$$

从平衡力系方程式解得支反力大小：

$$R_x = -F_f$$
$$R_y = F_a - F_n \tag{17.12}$$

自增　注意图 17-9b 中制动鼓的转向，这时摩擦力矩 cF_f 会增加驱动力矩 aF_a，称为**自增效应**。一旦施加作用力 F_a，衬瓦所产生的摩擦力将增加制动力矩。然而，如果制动鼓旋转方向与图 17-9a 相反，摩擦力矩方程（17.11a）中 cF_f 的符号变为负值，衬瓦**自行解除**制动。

鼓式制动器的自增功能具有很大的优势，与相同能力的盘式制动器相比，它所需驱动力较小。鼓式制动器通常有两个衬瓦，在正反两个转向上分别有一个衬瓦可产生自增效应，或两个衬

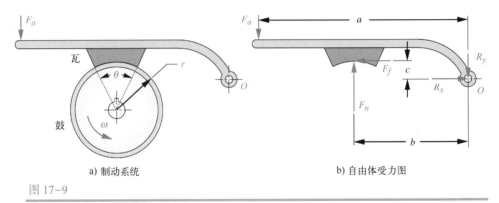

图 17-9

短瓦外鼓式制动器的结构与受力分析

瓦同时在一个方向上自增。在汽车制动器中常用同向自增的衬瓦布局结构，以便于前进时刹车，它是以不辅助后退制动为代价的，因为后退运动速度通常较低。

自锁　在式（17.11）中，如果制动是自增的，且 $\mu_c \geqslant b$，则制动器动作的驱动力 F_a 就会等于零或变为负值。那么，制动器就被称为**自锁**。如果衬瓦与制动鼓相接触，衬瓦将抱死，并锁死制动鼓。通常并不希望制动器自锁，除了在前文所述的具有止回功能的超越离合器中有这样的期望。实际上，具有自锁功能的制动器可以作为超越离合器使用，它不仅可以阻止反向载荷，而且当失去动力时，它还可以防止失控。这种自锁制动器常在升降机中，以保障安全。

例 17-2　短瓦鼓式制动器的设计

　　问题：鼓式制动器结构如图 17-9 中所示，要求当 $F_n/F_a = 2$ 时发生自增效应，试确定这时的 c/r 比例关系，并求解引发自锁效应时 c/r 的比例关系。

　　已知[一]：$a = 6$，$b = 6$，$r = 5$。

　　假设：摩擦系数 $\mu = 0.35$。

　　解：参见图 17-9。

1. 整理式（17.11），变成所求比例关系式：

$$\frac{F_n}{F_a} = \frac{a}{b - \mu c} \tag{a}$$

2. 代入产生自增效应时的比值和已知尺寸，解得 c：

$$\frac{F_n}{F_a} = 2 = \frac{6}{6 - 0.35c} \tag{b}$$

$$c = \frac{-3}{-0.35} = 8.571$$

3. 给定制动结构 $F_n/F_a = 2$ 时，产生自增效应的比值 c/r 为

$$\frac{F_n}{F_a} = 2 = \frac{6}{6 - 0.35c} \tag{c}$$

$$c = \frac{-3}{-0.35} = 8.571$$

4. 要实现自锁，应使 F_a 为零，即 $F_n/F_a = \infty$ 或 $F_a/F_n = 0$。为了避免比例公式中零除，写成第

[一] 此处，因为长度单位，但是题目只需求它们的相对尺寸，所以原书未注出具体单位。

二种表达方式。整理式（17.11），形成所需的比例公式求 c，为：

$$\frac{F_a}{F_n} = \frac{b - \mu c}{a} = \frac{6 - 0.35c}{6} = 0 \tag{d}$$

$$c = 17.143$$

5. 给定的制动结构形成自锁效应所需 c/r 的比值为：

$$\frac{c}{r} = \frac{17.143}{5} = 3.43 \tag{e}$$

6. 需要注意上述的比率都与制动器外形尺寸相关，本例中设置了臂长 a 等于 b，以消除 a/b 的杠杆效应，即 a/b 比值越大所需驱动力 F_a 越小。

长瓦外鼓式制动器

如果图 17-9 中衬瓦和制动鼓接触面包角 θ 超过 45°，则衬瓦表面压力均匀分布的假设就不再准确了。由于大部分鼓式制动器有 90° 以上的接触包角，所以需要建立比分析短瓦更准确的分析方法。因为实际中的衬瓦并非理想刚体，所以变形会影响压力分布。考虑变形影响的分析非常复杂，且这里也没有必要。当衬瓦工作时，它是以图 17-10 中的 O 点为铰支点转动的；这时 B 点因其离 O 点远，所以它的移动距离比 A 点更远。B 点的位移将大于 A 点位移，衬瓦上任一点的压力也正比于距离 O 点的力臂。假设制动鼓匀速转动，衬瓦的磨损将与摩擦力所做的功成正比，即 pV 的乘积。那么，在衬瓦上任意一点的正压力 p 与到 O 点的距离成正比，如图 17-10 中的 C 点所示。则有：

$$p \propto b \sin\theta \propto \sin\theta \tag{17.13a}$$

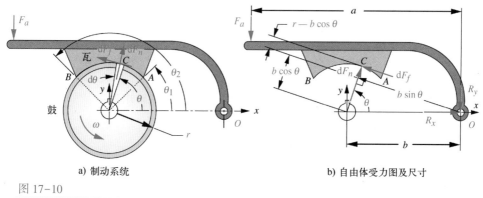

a) 制动系统　　　　　　　　　b) 自由体受力图及尺寸

图 17-10

长瓦外鼓式制动器结构及受力分析

假设距离 b 为常数，衬瓦上任一点的正压力就与 $\sin\theta$ 成正比，其比值称为比例常数 K。有：

$$p = K \sin\theta \tag{17.13b}$$

如果衬层材料的最大许用压应力是 p_{max}（见表 17-1），则可得常数 K 为：

$$K = \frac{p}{\sin\theta} = \frac{p_{max}}{\sin\theta_{max}} \tag{17.13c}$$

式中，θ_{max} 取 θ_2 和 90° 中较小的那个，则有：

$$p = \frac{p_{max}}{\sin\theta_{max}} \sin\theta \tag{17.13d}$$

式（17.13d）给出了衬瓦上任意点上的正压力随 $\sin\theta$ 而变化的关系，由于对于任何制动器

来说 p_{max} 和 θ_2 都是常数。因此摩擦力在 θ 较小时也较小；在 $\theta=90°$ 时最大，当 $\theta>90°$ 时，摩擦力又开始减小；在 $\theta_1<10°$ 或 $\theta_2>120°$ 时，摩擦力变化很小。

为求得衬瓦上的合力，必须将作用在衬瓦包角范围内的压力进行积分。现考虑图 17-9 中的微分元 $d\theta$。两个微分力 dF_n 和 dF_f 对 O 点的力臂分别为 $b\sin$ 和 $r-b\cos\theta$，如图 17-10b 所示。在整个摩擦面上，将正压力对 O 点的矩积分，可得到正压力产生的总力矩为：

$$
\begin{aligned}
M_{F_n} &= \int_{\theta_1}^{\theta_2} pwr\, d\theta\, b\sin\theta = \int_{\theta_1}^{\theta_2} wrb\, p\sin\theta\, d\theta \\
&= \int_{\theta_1}^{\theta_2} wrb\frac{p_{max}}{\sin\theta_{max}}\sin^2\theta\, d\theta
\end{aligned}
\tag{17.14a}
$$

$$
M_{F_n} = wrb\frac{p_{max}}{\sin\theta_{max}}\left[\frac{1}{2}\left(\theta_2-\theta_1\right)-\frac{1}{4}\left(\sin 2\theta_2-\sin 2\theta_1\right)\right]
$$

式中，w 是鼓在 z 方向的宽度，其他各个变量如图 17-10 所示。摩擦力所产生的总力矩为：

$$
\begin{aligned}
M_{F_f} &= \int_{\theta_1}^{\theta_2} \mu pwr\, d\theta\left(r-b\cos\theta\right) \\
&= \int_{\theta_1}^{\theta_2} \mu wr\frac{p_{max}}{\sin\theta_{max}}\sin\theta\left(r-b\cos\theta\right) d\theta
\end{aligned}
\tag{17.14b}
$$

$$
M_{F_f} = \mu wr\frac{p_{max}}{\sin\theta_{max}}\left[-r\left(\cos\theta_2-\cos\theta_1\right)-\frac{b}{2}\left(\sin^2\theta_2-\sin^2\theta_1\right)\right]
$$

对 O 点的全部力矩求和，并除以力臂得载荷：

$$
F_a = \frac{M_{F_n}\mp M_{F_f}}{a}
\tag{17.14c}
$$

式中，-号适用于自增式制动器，+号适用于自释放制动器。自锁效应只能发生在自增式制动器中，且要求 $M_{F_f}>M_{F_n}$。

对摩擦力 F_f 和制动鼓半径 r 的表达式进行积分可得总的制动转矩为：

$$
\begin{aligned}
T &= \int_{\theta_1}^{\theta_2} \mu pwr\, d\theta\, r \\
&= \int_{\theta_1}^{\theta_2} \mu wr^2\frac{p_{max}}{\sin\theta_{max}}\sin\theta\, d\theta
\end{aligned}
\tag{17.15}
$$

$$
T = \mu wr^2\frac{p_{max}}{\sin\theta_{max}}\left(\cos\theta_1-\cos\theta_2\right)
$$

反作用力 R_x 和 R_y 分别可以通过建立 x 和 y 方向的平衡方程得到（见图 17-10b）：

$$
\begin{aligned}
R_x &= \int\cos\theta dF_n+\int\sin\theta dF_f \\
&= \int_{\theta_1}^{\theta_2} wrp\cos\theta d\theta+\mu\int_{\theta_1}^{\theta_2} wrp\sin\theta d\theta \\
&= \int_{\theta_1}^{\theta_2} wr\frac{p_{max}}{\sin\theta_{max}}\sin\theta\cos\theta d\theta+\mu\int_{\theta_1}^{\theta_2} wr\frac{p_{max}}{\sin\theta_{max}}\sin^2\theta d\theta
\end{aligned}
\tag{17.16a}
$$

$$
R_x = wr\frac{p_{max}}{\sin\theta_{max}}\left\{
\begin{aligned}
&-\left(\frac{\sin^2\theta_2}{2}-\frac{\sin^2\theta_1}{2}\right) \\
&+\mu\left[\frac{1}{2}\left(\theta_2-\theta_1\right)-\frac{1}{4}\left(\sin 2\theta_2-\sin 2\theta_1\right)\right]
\end{aligned}
\right\}
$$

$$R_y = \int \cos\theta\, dF_f + \int \sin\theta\, dF_n - F_a$$

$$= \int_{\theta_1}^{\theta_2} \mu wr \frac{p_{max}}{\sin\theta_{max}} \sin\theta\cos\theta\, d\theta + \int_{\theta_1}^{\theta_2} \mu wr \frac{p_{max}}{\sin\theta_{max}} \sin^2\theta\, d\theta - F_a$$

$$R_y = wr\frac{p_{max}}{\sin\theta_{max}} \left\{ -\mu\left(\frac{\sin^2\theta_2}{2} - \frac{\sin^2\theta_1}{2} \right) + \left[\frac{1}{2}(\theta_2 - \theta_1) - \frac{1}{4}(\sin 2\theta_2 - \sin 2\theta_1) \right] \right\} - F_a \qquad (17.16b)$$

例 17-3 长瓦鼓式制动器的设计

问题：鼓式制动器结构如图 17-10 中所示，试确定摩擦转矩 T，驱动力 F_a，反作用力 R_x 和 R_y。

已知：制动器各部分尺寸为：$a = 180\ \text{mm}$，$b = 90\ \text{mm}$，$r = 100\ \text{mm}$，$w = 30\ \text{mm}$，$\theta = 30°$，$\theta_2 = 120°$，$\theta_{max} = 90$。

假设：摩擦系数 $\mu = 0.35$，衬层最大许用压强 $p_{max} = 1.5\ \text{MPa}$，自增式制动。

解：参见图 17-10。

1. 将给定角度 θ_1 和 θ_2 转换为弧度：$\theta_1 = 0.524\ \text{rad}$、$\theta_2 = 2.094\ \text{rad}$。

2. 用式（17.14a）计算出正压力对 O 点的总力矩 M_{F_n}：

$$M_{F_n} = wrb\frac{p_{max}}{\sin\theta_{max}}\left[\frac{1}{2}(\theta_2 - \theta_1) - \frac{1}{4}(\sin 2\theta_2 - \sin 2\theta_1) \right]$$

$$= 30(100)(90)\frac{1.5}{\sin(1.57)}\left[\begin{array}{c} \frac{1}{2}(2.094 - 0.524) \\ -\frac{1}{4}(\sin\{2(2.094)\} - \sin\{2(0.524)\}) \end{array} \right] \text{N}\cdot\text{m} \qquad (a)$$

$$= 493\ \text{N}\cdot\text{m}$$

3. 用式（17.14b）计算出摩擦力对 O 点的总力矩 M_{Ff}：

$$M_{F_f} = \mu wr\frac{p_{max}}{\sin\theta_{max}}\left[-r(\cos\theta_2 - \cos\theta_1) - \frac{b}{2}(\sin^2\theta_2 - \sin^2\theta_1) \right]$$

$$= 0.35(30)(100)\frac{1.5}{\sin(1.57)}\left[\begin{array}{c} -100(\cos\{2.094\} - \cos\{0.524\}) \\ -\frac{90}{2}(\sin^2\{2.094\} - \sin^2\{0.524\}) \end{array} \right] \text{N}\cdot\text{m} \qquad (b)$$

$$= 180\ \text{N}\cdot\text{m}$$

4. 从式（17.14c）求出驱动力：

$$F_a = \frac{M_{F_n} \mp M_{F_f}}{a} = \frac{497 - 181}{0.180}\ \text{N} = 1743\ \text{N} \qquad (c)$$

5. 从式（17.15）求出摩擦转矩：

$$T_f = \mu wr^2\frac{p_{max}}{\sin\theta_{max}}(\cos\theta_1 - \cos\theta_2)$$

$$= 0.35(30)(100)^2\frac{1.5}{\sin(1.57)}(\cos\{2.094\} - \cos\{0.524\})\ \text{N}\cdot\text{m} \qquad (d)$$

$$= 215\ \text{N}\cdot\text{m}$$

6. 从式（17.16）求出反作用力：

$$R_x = wr\frac{p_{max}}{\sin\theta_{max}}\left\{-\left(\frac{\sin^2\theta_2}{2}-\frac{\sin^2\theta_1}{2}\right)+\mu\left[\frac{1}{2}(\theta_2-\theta_1)-\frac{1}{4}(\sin 2\theta_2-\sin 2\theta_1)\right]\right\}$$

$$=30(100)\frac{1.5}{\sin(1.57)}\left\{\left(\frac{\sin^2\{2.094\}}{2}-\frac{\sin^2\{0.524\}}{2}\right)-0.35\left[\frac{1}{2}(2.094-0.524)-\frac{1}{4}(\sin\{2(2.094)\}-\sin\{2(0.524)\})\right]\right\}\,N \qquad (e)$$

$$=794\ N$$

$$R_y = -F_a + wr\frac{p_{max}}{\sin\theta_{max}}\left\{-\mu\left(\frac{\sin^2\theta_2}{2}-\frac{\sin^2\theta_1}{2}\right)+\left[\frac{1}{2}(\theta_2-\theta_1)-\frac{1}{4}(\sin 2\theta_2-\sin 2\theta_1)\right]\right\}$$

$$=-2013+30(100)\frac{1.5}{\sin(1.57)}\left\{-0.35\left(\frac{\sin^2\{2.094\}}{2}-\frac{\sin^2\{0.524\}}{2}\right)+\left[\frac{1}{2}(2.094-0.524)-\frac{1}{4}(\sin\{2(2.094)\}-\sin\{2(0.524)\})\right]\right\}\,N \qquad (f)$$

$$=4134\ N$$

7. 文件 EX17-03 可在本书网站上查找。

长瓦内鼓式制动器

大多数鼓式制动器（和几乎所有的汽车制动器）采用的是内鼓式制动器，衬瓦位于制动轮内侧，向制动鼓的内表面施压。这种制动器通常使用两个衬瓦，底端用调节螺栓铰接，用双头液压缸将衬瓦压紧在制动轮内侧，实施制动。不制动时，轻型弹簧将衬瓦拉离制动鼓，并使液压缸复位。通常一个衬瓦在正转方向自增，另一个在反转方向自增。汽车车轮直接与制动鼓连接。内鼓式制动器的分析方法与外鼓式制动器是一样的。

17.7　小结

离合器和制动器广泛应用于各种机械中。同许多固定运转的设备一样，车辆也需要制动器停止它们的运动。当需要中断原动机（电动机，发动机等）输入功率时，就要用到离合器；它使负载停转（通过制动器）时原动机继续运转。离合器和制动器在本质上是相同的装置，二者主要的区别是：离合器的两端（输入端和输出端）都能够转动，而制动器的输出端则被固定在不能转动的接地"机架"上，虽然机架本身可能有一些其他的运动形式，例如安装在汽车底盘上的情况。

离合器/制动器有很多种类型，最常见的类型是使用摩擦接触的方式将输入端和输出端接合在一起。摩擦表面的进入和退出接合可采用多种方式实现，包括：直接机械、电磁、气动、液压或它们的组合。还有一些方式包括直接磁式（磁粉、磁滞和涡流）离合器，它们在脱开后完全没有机械接触（因而阻力为零）；以及常用于将汽车发动机和自动变速器接合的液力耦合式离合器。

除了如汽车设计这种大批量、专用场合上外，机械设计师很少需要从头开始设计离合器或制动器。对于一般装备的机械设计，通常是从市面上的许多制造商的产品中选用所需的离合器或制动器总成。这样一来设计问题就变成了确定负载转矩，满足速度和功率要求，负载特性平稳或冲击，以及连续或间歇运转等内容。旋转元件的惯性在离合器或制动减速加速中会对所需的设备尺寸产生明显的影响，因此必须仔细计算。系统的传动比将导致折算或有效惯性随传动比按平方变化，所以在计算惯性时也必须仔细考虑这一影响（参阅第 3 章或机械动力学相关文献）。

离合器/制动器厂商的产品目录包含丰富的工程数据，不仅包括每种设备的转矩、传递功率能力，并且给出了冲击载荷和高占空比等工况下推荐的经验修正系数等。一旦确定了载荷类型，就能够使用厂商建议的各种工况下的工况系数选用离合器/制动器。设计师的（事务性的）任务就变成准确确定负载，以及正确使用厂商的标定参数。后面的任务通常可借助制造商提供的工程协助完成，但最终结果必须满足设计要求，如在载荷分析中所允许的精度。本章对几种机械结构的离合器设计做了简要介绍。厂商的产品目录和技术手册可以针对各种离合器/制动器的传递能力，以及限制条件给出更详细的资料。

市面上的摩擦型离合器和制动器大多是单片或多片式结构。汽车制动器通常做成盘式或鼓式结构。盘式结构的摩擦力矩和施加载荷成正比，从控制的角度来看这是一个优点。鼓式结构可以设计成自增形式，这意味着一旦制动器/离合器进入接合，摩擦力会持续提升正压力，进而以正反馈方式非线性地提高摩擦力矩。这在重载制动时具有优势，因为它能够降低制动所需的驱动力，但同时使制动转矩更难控制。在本章中对盘式和鼓式制动器都分别进行了论述。

离合器和制动器在本质上是能量传递或能量耗散的装置，因此在运转时会产生大量的热。它们的设计必须能够吸收或者传递这些热量，以保证不给自身或周围环境造成损坏。通常不是传输转矩的能力，而是传热性能限制了这些装置的能力。离合器和制动器的热传导是设计中要考虑的非常重要的因素，但这超出了本教材的范围，并且局限于章节的篇幅，不做展开。然而设计者必须要考虑到离合器/制动器热传导设计方面的问题。如需更多详细资料，请查阅热传导理论的背景知识，以及本章参考文献或厂商提供的目录手册。

摩擦离合器在干或湿（通常在油中）两种情况下都可以工作。由于润滑剂的存在会使摩擦系数严重下降，因此干摩擦显然更加有效。然而，在润滑油中运行能显著提高传热效果，尤其是将润滑油进行循环冷却。在有润滑剂的状态下，需要更多的摩擦表面（例如，多盘）以达到干摩擦状态下单盘就能传递的摩擦转矩，但由于润滑剂增强了冷却性能，所以在这方面，湿式离合器更具优势。现代车辆的自动变速器大量使用内部离合器和制动器来接合或脱开行星轮系各齿轮，以达到改变齿轮传动比的目的。这些汽车大都使用多片式离合器或带式制动器，并浸入变速器润滑油中运行，变速器油通过车上的散热器不断地进行热交换循环冷却。

本章使用的重要公式

均匀压力下盘式离合器的转矩（17.4 节）：

$$T = N\mu F \frac{2}{3} \frac{\left(r_o^3 - r_i^3\right)}{\left(r_o^2 - r_i^2\right)} \qquad (17.3)$$

均匀磨损下盘式离合器的转矩（17.4 节）：

17

$$T = N\mu F \frac{\left(r_o + r_i\right)}{2} \tag{17.6}$$

短瓦鼓式制动器的受力及转矩（17.6 节）：

$$F_n = r\theta w p_{max} \tag{17.8}$$

$$F_a = \frac{bF_n - cF_f}{a} = \frac{bF_n - \mu cF_n}{a} = F_n \frac{b - \mu c}{a} \tag{17.11b}$$

$$T = F_f r = \mu F_n r \tag{17.10}$$

长瓦鼓式制动器的受力及转矩（17.6 节）：

$$M_{F_n} = wrb \frac{p_{max}}{\sin\theta_{max}} \left[\frac{1}{2}\left(\theta_2 - \theta_1\right) - \frac{1}{4}\left(\sin 2\theta_2 - \sin 2\theta_1\right) \right] \tag{17.14a}$$

$$M_{F_f} = \mu wr \frac{p_{max}}{\sin\theta_{max}} \left[-r\left(\cos\theta_2 - \cos\theta_1\right) - \frac{b}{2}\left(\sin^2\theta_2 - \sin^2\theta_1\right) \right] \tag{17.14b}$$

$$F_a = \frac{M_{F_n} \mp M_{F_f}}{a} \tag{17.14c}$$

$$T = \mu wr^2 \frac{p_{max}}{\sin\theta_{max}} \left(\cos\theta_1 - \cos\theta_2\right) \tag{17.15}$$

$$R_x = wr \frac{p_{max}}{\sin\theta_{max}} \left\{ \begin{array}{l} -\left(\dfrac{\sin^2\theta_2}{2} - \dfrac{\sin^2\theta_1}{2} \right) \\ +\mu\left[\dfrac{1}{2}\left(\theta_2 - \theta_1\right) - \dfrac{1}{4}\left(\sin 2\theta_2 - \sin 2\theta_1\right) \right] \end{array} \right\} \tag{17.16a}$$

$$R_y = wr \frac{p_{max}}{\sin\theta_{max}} \left\{ \begin{array}{l} -\mu\left(\dfrac{\sin^2\theta_2}{2} - \dfrac{\sin^2\theta_1}{2} \right) \\ +\left[\dfrac{1}{2}\left(\theta_2 - \theta_1\right) - \dfrac{1}{4}\left(\sin 2\theta_2 - \sin 2\theta_1\right) \right] \end{array} \right\} - F_a \tag{17.16b}$$

17.8　参考文献

J. Proctor,"Selecting Clutches for Mechanical Drives",Product Engineering,pp. 43-58,June 19,1961.

17.9　参考书目

Mechanical Drives Reference Issue. Penton Publishing：Cleveland，Ohio，

Deltran，Electromagnetic Clutches and Brakes. American Precision Industries：Buffalo，N.Y.，716-631-9800.

Logan，Multiple Disk Clutches and Brakes. Logan Clutch Co.：Cleveland，Ohio，216-431-4040.

Magtrol，Hysteresis Brakes and Clutches. Magtrol：Buffalo，N.Y.，800-828-7844.

MCC，Catalog 18e. Machine Components Corporation：Plainview，NY，516-694-7222.

MTL，Eddy Current Clutch Design. Magnetic Technologies Ltd.：Oxford，Mass.，508-987-3303.

W. C. Orthwein，Clutches and Brakes：Design and Selection. Marcel Dekker：New York，1986.

Placid，Magnetic Particle Clutches and Brakes. Placid Industries Inc.：Lake Placid，N.Y.，518-523-2422.

Warner, Clutches, Brakes, and Controls：Master Catalog. Warner Electric：South Beloit，Ill.，815-

389−2582.

表 P17-0[⊖]　习题清单

17.4 盘式离合器 17-1、17-2、*17-3*、*17-4*、17-5、17-6、*17-27*、*17-28*、17-35
17.5 盘式制动器 17-29、17-30、*17-31*、*17-32*、*17-33*、*17-34*、17-36、17-37、*17-38*
17.6 鼓式制动器
短瓦 17-7、17-8、17-9、17-10、17-11、17-12、17-21、17-22
长瓦 17-13、17-14、17-15、17-16、17-17、17-18、17-19、17-20、17-23、17-24、17-25、17-26

17.10　习题

* **17-1**[⊖]　计算内外衬层直径分别为 70 mm 和 120 mm 的双面干式离合器能够传递多大的转矩？假设其中施加的轴向力为 10 kN，均匀磨损，$\mu = 0.4$。衬层材料能够承受住压力吗？衬层采用什么材料较为适合？

17-2　在均匀压力条件下重新计算习题 17-1。

* *17-3*　设计一个单面模压衬层的盘式离合器，能够承受最大压强 1 MPa，$\mu = 0.25$，在 750 r/min 转速下传递 100 N·m 转矩。假设均匀磨损，摩擦面内半径与外半径比为 $r_i = 0.577 r_o$ 时，传递的功率是多少？

17-4　在均匀压力条件下重新计算习题 17-3。

* **17-5**　设计能承受最大压强 1.8 MPa，$\mu = 0.06$ 的烧结衬层制造的，能够在 1000 r/min 转速下传递 120 N·m 转矩的湿式离合器，需要多少摩擦面？假设均匀磨损，摩擦面外径与内径比为 $r_i = 0.577 r_o$ 时，需要多少片摩擦盘？传递的功率是多少？

17-6　在均匀压力条件下重新计算习题 17-5。

* **17-7**　图 P17-1 所示是一个单短瓦外鼓式制动器。$a = 100$，$b = 70$，$e = 20$，$r = 30$，$w = 50$ mm，$\theta = 35°$。计算它的转矩容量和所需驱动力大小。当 c 为多少时会产生自锁？假设 $p_{max} = 1.3$ MPa，$\mu = 0.3$。

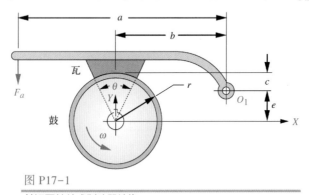

图 P17-1

单短瓦外鼓式制动器结构

17-8　在鼓顺时针旋转条件下重新计算习题 17-7。

17-9　图 P17-1 是一个单短瓦鼓式制动器。$a = 8$，$b = 6$，$e = 4$，$r = 5$，$w = 1.5$ in，$\theta = 30°$。计算它的转矩容量和所需驱动力。当 c 为多少时会产生自锁？假设 $p_{max} = 250$ psi，$\mu = 0.35$。

⊖　带 * 号的习题答案见附录 D，题号为斜体的习题是设计类题目。

17-10   在制动鼓顺时针旋转条件下重新计算习题 17-9。

*17-11   图 P17-2 是一个双短瓦外鼓式制动器。$a = 90$，$b = 80$，$e = 30$，$r = 40$，$w = 60$ mm，$\theta = 25°$。计算它的转矩容量和所需驱动力。当 c 为多少时会产生自锁？假设 $p_{max} = 1.5$ MPa，$\mu = 0.25$。提示：分别计算单瓦情况下的值，然后再叠加起来。

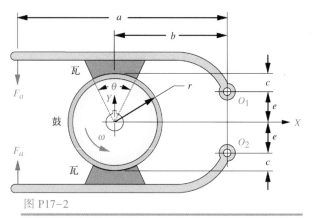

图 P17-2

双短瓦外鼓式制动器结构

17-12   图 P17-2 是一个双短瓦鼓式制动器。$a = 12$，$b = 8$，$e = 3$，$r = 6$ in，$\theta = 25°$。计算它的转矩容量和所需驱动力。当 c 为多少时会产生自锁？假设 $p_{max} = 200$ psi，$w = 2$ in，$\mu = 0.28$。提示：分别计算单瓦情况下的值，然后再叠加起来。

*17-13   图 P17-3 是一个单长瓦外鼓式制动器。$a_X = 100$，$b_X = 70$，$b_Y = 20$，$r = 30$，$w = 50$ mm，$\theta_1 = 25°$，$\theta_2 = 125°$。计算它的转矩容量和所需驱动力。假设 $p_{max} = 1.3$ MPa，$\mu = 0.3$。

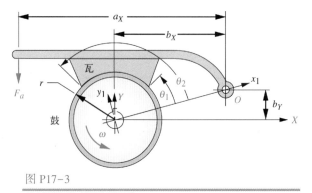

图 P17-3

单长瓦外鼓式制动器结构

17-14   图 P17-3 是一个单长瓦鼓式制动器。$a_X = 8$，$b_X = 6$，$b_Y = 4$，$r = 5$，$w = 1.5$ in，$\theta_1 = 35°$，$\theta_2 = 155°$。计算它的转矩容量和所需驱动力。假设 $p_{max} = 250$ psi，$\mu = 0.35$。

*17-15   图 P17-4 是一个双长瓦外鼓式制动器。$a_X = 90$，$b_X = 80$，$b_Y = 30$，$r = 40$，$w = 30$ mm，$\theta_1 = 30°$，$\theta_2 = 160°$。计算它的转矩容量和所需驱动力。假设 $p_{max} = 1.5$ MPa，$\mu = 0.25$。提示：分别计算单瓦情况下的值，然后再叠加起来。

17-16   图 P17-4 是一个双长瓦鼓式制动器。$a_X = 12$，$b_X = 8$，$b_Y = 3$，$r = 6$，$w = 2$ in，$\theta_1 = 25°$，$\theta_2 = 145°$。计算它的转矩容量和所需驱动力。假设 $p_{max} = 200$ psi，$\mu = 0.28$。提示：分别计算单瓦情况下的值，然后再叠加起来。

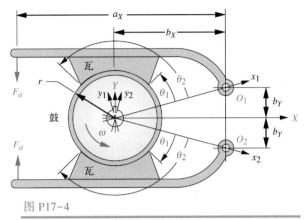

图 P17-4

双长瓦外鼓式制动器结构

*17-17　短瓦的近似计算对夹角在 45° 以内的制动瓦是一种有效的方法。在图 P17-3 所示的制动结构中，用短瓦方法和长瓦方法计算它的转矩容量和所需驱动力并比较两者的结果，条件为：$a_x = 90$，$b_x = 80$，$b_y = 30$，$r = 40$，$w = 30 \, mm$，假设 $p_{max} = 1.5 \, MPa$，$\mu = 0.25$。注意：对短瓦采用的近似方法，$\theta = \theta_2 - \theta_1$。

　　（a）$\theta_1 = 75°$，$\theta_2 = 105°$

　　（b）$\theta_1 = 70°$，$\theta_2 = 110°$

　　（c）$\theta_1 = 65°$，$\theta_2 = 115°$

*17-18　再次用习题 17-17 的条件计算图 P17-4 所示的制动器。

17-19　短瓦的近似计算对夹角在 45° 以内的制动瓦是一种有效的方法。在图 P17-3 所示的制动结构中，用短瓦方法和长瓦方法计算它的转矩容量和所需驱动力并比较两者的结果，条件为：$a_x = 8$，$b_x = 6$，$b_y = 4$，$r = 5$，$w = 2 \, in$，假设 $p_{max} = 250 \, psi$，$\mu = 0.35$。注意：对短瓦采用的近似方法，$\theta = \theta_2 - \theta_1$。

　　（a）$\theta_1 = 75°$，$\theta_2 = 105°$

　　（b）$\theta_1 = 70°$，$\theta_2 = 110°$

　　（c）$\theta_1 = 65°$，$\theta_2 = 115°$

17-20　再次用习题 17-19 的条件计算图 P17-4 所示的制动器。

*17-21　对于习题 17-11 的制动器，在 XY 坐标系中计算力臂回转中心处的支反力。

17-22　对于习题 17-12 的制动器，在 XY 坐标系中计算力臂回转中心处的支反力。

*17-23　对于习题 17-13 的制动器，在 XY 坐标系中计算力臂回转中心处的支反力。

17-24　对于习题 17-14 的制动器，在 XY 坐标系中计算力臂回转中心处的支反力。

*17-25　对于习题 17-15 的制动器，在 XY 坐标系中计算力臂回转中心处的支反力。

17-26　对于习题 17-16 的制动器，在 XY 坐标系中计算力臂回转中心处的支反力。

*17-27　设计一台连接电动机的离合器，能够在 1100 r/min 转速下传递 20 kW 功率。离合器与电动机外端面直接连接，并与电动机外端面具有相同的直径，为 125 mm。电动机外端面直径和离合器摩擦盘之间的最小径向间隙为 5 mm。离合器输出轴与电动机轴直径相同，为 15 mm。设计一个应用于此的多片盘式离合器。列出所有假设和设计的选择，确定离合器的材料，摩擦盘外半径，内半径和所需的驱动力。

17-28　设计一台连接电动机的离合器，能够在 800 r/min 转速下传递 25 hp 功率。离合器与电动机外端面直接连接，并与电动机外端面具有相同的直径，为 5.5 in。电动机外端面直径和离合器摩擦盘之间的最小径向间隙为 0.25 in。离合器输出轴与电动机轴直径相同，为 0.625 in。设计一个应用于

17

此的多片盘式离合器。列出所有假设和设计的选择，确定离合器的材料，摩擦盘外半径，内半径和所需的驱动力。

*17-29 计算一台双钳盘式制动器的制动转矩，其制动块所对应的圆弧角为60°，摩擦盘衬层外直径和内直径分别为160 mm和90 mm，轴向驱动力为3 kN。假设均匀磨损，$\mu = 0.35$。衬层材料能够承受此情况下的压力吗？选取哪种衬层材料比较适合？

17-30 在均匀压力条件下重新计算习题17-29。

*17-31 设计一台双钳盘式制动器，其直径为750 mm，以670 r/min转速旋转的轮子提供240 N制动力，制动点在轮子外围。内外半径比为0.577。假设均匀磨损。列出所有假设和设计的选择。确定离合器的材料，摩擦盘外半径，内半径，制动块圆弧角及所需的驱动力。

17-32 在均匀压力条件下重新计算习题17-31。

17-33 一辆超轻太阳能赛车包含驾驶员在内总重500 lb。它前端配有两个直径20 in的自行车轮，每个轮配有双钳盘式制动器。这些制动器要保证这辆车以45 mph行驶时，在150 in内停止。忽略空气阻力和滚动阻力，设计这辆赛车所采用的双钳盘式制动器。内外半径比为0.577。假设均匀磨损。列出所有假设和设计的选择。确定离合器的材料、摩擦盘外半径、内半径、制动块圆弧角及所需的驱动力。

17-34 在均匀压力条件下重新计算习题17-33。

17-35 计算一台具有4个摩擦面的干式离合器，衬层外径和内径分别为150 mm和80 mm，在施加的轴向驱动力为15 kN的条件下能够传递的转矩。假设均匀磨损，$\mu = 0.35$。衬层材料能够承受此工况下的压力吗？选取何种衬层材料比较适合？

17-36 计算一台双钳盘式制动器的制动转矩，其制动块圆弧角为30°，衬层外径和内径分别为150 mm和120 mm，在施加的轴向驱动力为300 N的条件下能够传递的转矩。假设均匀磨损，$\mu = 0.4$。衬层材料能够承受此工况下的压力吗？选取何种衬层材料比较适合？

17-37 在均匀压力条件下重新计算习题17-36。

17-38 设计一个双钳盘式制动器，制动器轮毂外围直径为30 in，转速为670 r/min，能够提供100 lb的制动力，内外半径比为0.577，假设磨损均匀。列出所有假设和设计的选择。确定制动材料，制动盘半径，内半径，制动块圆弧角及所需的驱动力。

17

附录 A

材料性能

以下表格包含各种规格工程材料的强度和其他参数的近似值，是由各种资料汇编而成的。在一些情况下，数据选取的是推荐中的最小值，而在另外一些情况下，数据仅来源于单一试样。这些数据适用于本书的工程习题，但是对于任何特定的合金或材料，不应认为它们是有效的统计数据。在机械设计和工程应用中，应参考厂商给予的数据或最新的材料强度数据，或对选用的材料进行专门的检测，以确定它适用于何种应用情况。

更多的材料性能信息可在互联网上查找，一些相关网站是：

http：//www. matweb. com

http：//metals. about. com

表　格	描　　述
A-1	一些工程材料的物理性能
A-2	一些锻造铝合金的力学性能
A-3	一些铸造铝合金的力学性能
A-4	一些锻造和铸造铜合金的力学性能
A-5	一些钛合金的力学性能
A-6	一些镁合金的力学性能
A-7	一些铸铁合金的力学性能
A-8	一些不锈钢合金的力学性能
A-9	一些碳钢的力学性能
A-10	一些合金钢和工具钢的力学性能
A-11	一些工程塑料的力学性能

表 A-1　一些工程材料的物理性能

数据来自不同的资料[1]这些特性在本质上对于所有的特殊合金材料是类似的

材　料	弹性模量 E		剪切模量 G		泊松比 ν	质量密度 γ		比　重
	Mpsi	GPa	Mpsi	GPa		lb/in³	Mg/m³	
铝合金	10.4	71.7	3.9	26.8	0.34	0.10	2.8	2.8
铍铜合金	18.5	127.6	7.2	49.4	0.29	0.30	8.3	8.3
黄铜青铜	16.0	110.3	6.0	41.5	0.33	0.31	8.6	8.6
铜	17.5	120.7	6.5	44.7	0.35	0.32	8.9	8.9
铁、铸铁、灰铸铁	15.0	103.4	5.9	40.4	0.28	0.26	7.2	7.2
铁、铸铁、球墨铸铁	24.5	168.9	9.4	65.0	0.30	0.25	6.9	6.9
铁铸铁、可煅铸铁	25.0	172.4	9.6	66.3	0.30	0.26	7.3	7.3
镁合金	6.5	44.8	2.4	16.8	0.33	0.07	1.8	1.8
镍合金	30.0	206.8	11.5	79.6	0.30	0.30	8.3	8.3
碳钢	30.0	206.8	11.7	80.8	0.28	0.28	7.8	7.8
合金钢	30.0	206.8	11.7	80.8	0.28	0.28	7.8	7.8
不锈钢	27.5	189.6	10.7	74.1	0.28	0.28	7.8	7.8
钛合金	16.5	113.8	6.2	42.4	0.34	0.16	4.4	4.4
锌合金	12.0	82.7	4.5	31.1	0.33	0.24	6.6	6.6

[1]　一些金属和合金的性能，International Nickel Co., Inc., N. Y.；Metals Handbook, American Society for Metals, Materials Park, Ohio.

表 A-2　一些锻造铝合金的力学性能

数据来自不同的资料[1]近似值，如需要更精确的信息需要咨询材料制造商

锻铝合金	条　件	拉伸屈服强度（0.2%变形量）		极限抗拉强度		疲劳强度在 5×10^8 周期内		伸长量/2 in	布氏硬度
		kpsi	MPa	kpsi	MPa	kpsi	MPa	%	-HBW
1100	板材退火	5	34	13	90			35	23
	冷轧	22	152	24	165			5	44
2024	板材退火	11	76	26	179			20	—
	热处理	42	290	64	441	20	138	19	—
3003	板材退火	6	41	16	110			30	28
	冷轧	27	186	29	200			4	55
5052	板材退火	13	90	28	193			25	47
	冷轧	37	255	42	290			7	77
6061	板材退火	8	55	18	124			25	30
	热处理	40	276	45	310	14	97	12	95
7075	棒材退火	15	103	33	228			16	60
	热处理	73	503	83	572	14	97	11	150

[1]　一些金属和合金的性能，International Nickel Co., Inc., N. Y.；Metals Handbook, American Society for Metals, Materials Park, Ohio.

A

表 A-3　一些铸造铝合金的力学性能

数据来源于 INCO[①]近似值，如需要更精确的信息需要咨询材料制造商

铝 铸造合金	条　件	拉伸屈服强度 （0.2%变形量）		极限抗拉强度		伸长量 /2 in	布氏硬度
		kpsi	MPa	kpsi	MPa	%	–HBW
43	硬模铸造	9	62	23	159	10	45
195	砂型铸造	24	165	36	248	5	—
220	砂型铸造–热处理	26	179	48	331	16	75
380	压力铸造	24	165	48	331	3	—
A132	硬模铸造–热处理+340°F	43	296	47	324	0.5	125
A142	砂型铸造–热处理+650℉	30	207	32	221	0.5	85

① 一些金属和合金的性能，International Nickel Co., Inc., N.Y.

表 A-4　一些锻造和铸造铜合金的力学性能

数据来源于 INCO[①]近似值，如需要更精确的信息需要咨询材料制造商

铜 合 金	条　件	拉伸屈服强度		极限抗拉强度		伸长量 /2in	布氏或 洛氏硬度
		kpsl	MPa	kpsl	MPa	%	
CA110-纯铜	退火带材	10	69	32	221	45	40HRF
	回火弹簧	50	345	55	379	4	60HRB
CA170-铍铜	退火和时效带材	145	1000	165	1138	7	35HRC
	加硬加时效	170	1172	190	1310	3	40HRC
CA220-商用青铜	退火带材	10	69	37	255	45	53HRF
	回火弹簧	62	427	72	496	3	78HRB
CA230-红色黄铜	退火带材	15	103	40	276	50	50HBW
	硬回火	60	414	75	517	7	135HBW
CA260 弹壳黄铜	退火带材	11	76	44	303	66	54HRF
	回火弹簧	65	448	94	648	3	91HRB
CA270 铜锌合金	退火带材	14	97	46	317	65	58HRF
	回火弹簧	62	427	91	627	30	90HRB
CA510-磷青铜	退火	19	131	47	324	64	73HRF
	回火弹簧	80	552	100	689	4	95HRB
CA614-铝青铜	软	45	310	82	565	40	84HRB
	硬	60	414	89	614	32	87HRN
CA655-高硅青铜	退火	21	145	56	386	63	76HRF
	回火弹簧	62	427	110	758	4	97HRB
CA675-锰青铜	软	30	207	65	448	33	65HRB
	半硬	60	414	84	579	19	90HRB
铅锡青铜	铸造	19	131	34	234	18	60HBW
镍锡青铜	铸造	20	138	50	345	40	85HBW
	铸造和热处理	55	379	85	586	10	180HBW

① 一些金属和合金的性能，International Nickel Co., Inc., N.Y.

A

表 A-5　一些钛合金的力学性能

数据来源于 INCO[1] 近似值，如需要更精确的信息需要咨询材料制造商

钛 合 金	条 件	拉伸屈服强度 (0.2%的变形量)		极限抗拉强度		伸长量 /2 in	布氏或 洛氏硬度
		kpsi	MPa	kpsi	MPa	%	
Ti-35A	退火板材	30	207	40	276	30	135HBW
Ti-50A	退火板材	45	301	55	379	25	215HBW
Ti-75A	退火板材	75	517	85	586	18	245HBW
Ti-0.2Pd Alloy	退火板材	45	310	55	379	25	215HBW
Ti-5 Al-2.5 Sn Alloy	退火	125	862	135	931	13	39HRC
Ti-8 Al-1 Mo-1 V Alloy	退火板材	130	896	140	965	13	39HRC
Ti-8 Al-2 Sn-4 Zr-2 Mo Alloy	退火棒材	130	896	140	965	15	39HRC
Ti-8 Al-6 V-2 Sn Alloy	退火板材	155	1069	165	1138	12	41HRC
Ti-6 Al-4 V Alloy	退火板材	130	896	140	13	2.5	39HRC
Ti-6 Al-4 V Alloy	热处理	165	1138	175	1207	12	—
TI-13 V-11 Cr-3 All Alloy	退火板材	130	896	135	931	13	37HRC
TI-13 V-11 Cr-3 All Alloy	热处理	170	1172	180	1241	6	—

[1] 一些金属和合金的性能，International Nickel Co., Inc., N.Y.

表 A-6　一些镁合金的力学性能

数据来源于 INCO[1] 近似值，如需要更精确的信息需要咨询材料制造商

镁 合 金	条 件	拉伸屈服强度 (0.2%的变形量)		极限抗拉强度		伸长量 /2in	布氏或 洛氏硬度
		kpsi	MPa	kpsi	MPa	%	
AZ 31B	板材退火	22	152	37	255	21	56HBW
AZ 31B	硬化板材	32	221	42	290	15	73HBW
AZ 80A	锻造	33	228	48	331	11	69HBW
AZ 80A	锻造和老化	36	248	50	345	6	72HBW
AZ91A & AZ91B	压力铸造	22	152	33	228	3	63HBW
AZ91C	铸造	14	97	24	165	2.5	60HBW
AZ91C	铸造、溶液处理和老化	19	131	40	276	5	70HBW
AZ92A	铸造	14	97	25	172	2	65HBW
AZ92A	铸造、溶液处理	14	97	40	276	10	63HBW
AZ92A	铸造、溶液处理和老化	22	152	40	276	3	81HBW
EZ33A	铸造和老化	16	110	23	159	3	50HBW
HK31A	应变硬化	29	200	38	255	8	68HBW
HK31A	铸造和热处理	15	103	32	221	8	66HRB
HZ32A	铸造溶液处理和老化	13	90	27	186	4	55HBW
ZK60A	挤压	38	262	49	338	14	75HBW
ZK60A	挤压和老化	44	303	53	365	11	82HBW

[1] 一些金属和合金的性能，International Nickel Co., Inc., N.Y.

表 A-7 一些铸铁合金的力学性能

数据来自不同的途径[1]近似值，如需要更精确的信息需要咨询材料制造商

铸铁合金	条件	拉伸屈服强度 (0.2%的变形量)		极限抗拉强度		压缩强度		布氏硬度
		kpsi	MPa	kpsi	MPa	kpsi	MPa	−HBW
	铸造	—	—	22	152	83	572	156
	铸造	—	—	32	221	109	752	210
	铸造	—	—	42	290	140	965	235
	铸造	—	—	52	359	164	1131	262
	铸造	—	—	62	427	187	1289	302
	退火	47	324	65	448	52	359	160
	退火	48	331	67	462	53	365	174
	退火	53	365	82	565	56	386	228
	Q&T	120	827	140	965	134	924	325

[1] 一些金属和合金的性能，International Nickel Co., Inc., N.Y.; Metals Handbook, American Society for Metals, Materials Park, Ohio.

表 A-8 一些不锈钢合金的力学性能

数据来源于 INCO[1]近似值，如需要更精确的信息需要咨询材料制造商

不锈钢合金	条件	拉伸屈服强度 (0.2%的变形量)		极限抗拉强度		伸长量 /2 in	布氏或 洛氏硬度
		kpsi	MPa	kpsi	MPa	%	
Type 301	带钢退火	40	276	110	758	60	85HRB
	冷轧	165	1138	200	1379	8	41HRC
Type 302	板材退火	40	276	90	621	50	85HRB
	冷轧	165	1138	190	1310	5	40HRC
Type 304	板材退火	35	241	85	586	50	80HRB
	冷轧	160	1103	185	1276	4	40HRC
Type 314	棒材退火	50	345	100	689	45	180HBW
Type 316	棒材退火	40	276	90	621	50	85HRB
Type 330	热轧	55	379	100	689	35	200HBW
	退火	35	241	80	552	50	150HBW
Type 410	板材退火	45	310	70	483	25	80HRB
	热处理	140	965	180	1241	15	39HRC
Type 420	棒材退火	50	345	95	655	25	92HRB
	热处理	195	1344	230	1586	8	500HBW
Type 431	棒材退火	95	655	125	862	25	260HBW
	热处理	150	1034	195	1344	15	400HBW
Type 440C	棒材退火	65	448	110	758	14	230HBW
	Q&T@ 600°	275	1896	285	1965	2	57HRC
17-4 PH（AISI 630）	硬化	185	1276	200	1379	14	44HRC
17-7 PH（AISI 631）	硬化	220	1517	235	1620	6	48HRC

[1] 一些金属和合金的性能，国际镍有限公司，纽约州，美国；

表 A-9　一些碳钢的力学性能

数据来自不同的资料① 近似值，如需要更精确的信息需要咨询材料制造商

SAE/AISI 编号	条　件	拉伸屈服强度 (0.2%的变形量)		极限抗拉强度		伸长量 /2 in	布 氏 硬 度
		kpsi	MPa	kpsi	MPa	%	–HBW
1010	热轧	26	179	47	324	28	95
	冷轧	44	303	53	365	20	105
1020	热轧	30	207	55	379	25	111
	冷轧	57	393	68	469	15	131
1030	热轧	38	259	68	469	20	137
	正火 @ 1650℉	50	345	75	517	32	149
	冷轧	64	441	76	524	12	149
	淬火+回火 @ 1000℉	75	517	97	669	28	255
	淬火+回火 @ 800℉	84	579	106	731	23	302
	淬火+回火 @ 400℉	94	648	123	848	17	495
1035	热轧	40	276	72	496	18	143
	冷轧	67	462	80	552	12	163
1040	热轧	42	290	76	524	18	139
	正火 @ 1650℉	54	372	86	593	28	170
	冷轧	71	490	85	586	12	170
	淬火+回火 @ 1200℉	63	434	92	634	29	192
	淬火+回火 @ 800℉	80	552	110	758	21	241
	淬火+回火 @ 400℉	86	593	113	779	19	262
1045	热轧	45	310	82	565	16	163
	冷轧	77	531	91	627	12	179
1050	热轧	50	345	90	621	15	179
	正火 @ 1650℉	62	427	108	745	20	217
	冷轧	84	579	100	689	10	197
	淬火+回火 @ 1200℉	78	538	104	717	28	235
	淬火+回火 @ 1000℉	115	793	158	1089	13	444
	淬火+回火 @ 800℉	117	807	163	1124	9	514
1060	热轧	54	372	98	676	12	200
	正火 @ 1650℉	61	421	112	772	18	229
	淬火+回火 @ 1200℉	76	524	116	800	23	229
	淬火+回火 @ 800℉	97	669	140	965	17	277
	淬火+回火 @ 600℉	111	765	156	1076	14	311
1095	热轧	66	455	120	827	10	248
	正火 @ 1650℉	72	496	147	1014	9	13
	淬火+回火 @ 1200℉	80	552	130	896	21	269
	淬火+回火 @ 800℉	112	772	176	1213	12	363
	淬火+回火 @ 600℉	118	814	183	1262	10	375

① 一些金属和合金的性能，International Nickel Co.，Inc.，N. Y.；Metals Handbook，American Society for Metals，Materials Park，Ohio.

表 A-10　一些合金钢和工具钢的力学性能
数据来自不同的资料[①]近似值，如需要更精确的信息需要咨询材料制造商

SAE/AISI 编号	条　件	拉伸屈服强度（0.2%的变形量）		极限抗拉强度		伸长量 /2 in	布氏或洛氏硬度
		kpsi	MPa	kpsi	MPa	%	
1340	退火	63	434	102	703	25	204HBW
	淬火+回火	109	752	125	862	21	250HBW
4027	退火	47	324	75	517	30	150HBW
	淬火+回火	113	779	132	910	12	264HBW
4130	退火@1450℉	52	359	81	558	28	156HBW
	正火@1650℉	63	434	97	669	25	197HBW
	淬火+回火@1200℉	102	703	118	814	22	245HBW
	淬火+回火@800℉	173	1193	186	1282	13	380HBW
	淬火+回火@400℉	212	1462	236	1627	10	41HBW
4140	退火@1450℉	61	421	95	655	26	197HBW
	正火@1650℉	95	655	148	1020	18	302HBW
	淬火+回火@1200℉	95	655	110	758	22	230HBW
	淬火+回火@800℉	165	1138	181	1248	13	370HBW
	淬火+回火@400℉	238	1641	257	1772	8	510HBW
4340	淬火+回火@1200℉	124	855	140	965	19	280HBW
	淬火+回火@1000℉	156	1076	170	1172	13	360HBW
	淬火+回火@800℉	198	1365	213	1469	10	430HBW
	淬火+回火@600℉	130	1586	250	1724	10	486HBW
6150	退火	59	407	96	662	23	192HBW
	淬火+回火	148	1020	157	1082	16	314HBW
8740	退火	60	414	95	655	25	190HBW
	淬火+回火	133	917	144	993	18	288HBW
H-11	退火@1600℉	53	365	100	689	25	86HRB
	淬火+回火@1000℉	250	1724	295	2034	9	54HRC
L-2	退火@1425℉	74	510	103	710	25	93HRB
	淬火+回火@400℉	260	1793	290	1999	5	54HRC
L-6	退火@1425℉	55	379	95	655	25	97HRB
	淬火+回火@600℉	260	1793	290	1999	4	52HRC
P-20	退火@1425℉	75	517	100	689	17	96HRB
	淬火+回火@400℉	205	1413	270	1862	10	57HRC
S-1	退火@1475℉	60	414	100	689	24	96HRB
	淬火+回火@400℉	275	1896	300	2068	4	57HRC
S-5	退火@1450℉	64	441	105	724	25	96HRB
	淬火+回火@400℉	280	1031	340	2344	5	59HRC

A

（续）

SAE/AISI 编号	条　件	拉伸屈服强度 (0.2%的变形量)		极限抗拉强度		伸长量 /2 in	布氏或 洛氏硬度
		kpsi	MPa	kpsi	MPa	%	
S-7	退火@ 1525℉	55	379	93	641	25	95HRB
	淬火+回火@ 400℉	210	1448	315	2172	7	58HRC
A-8	退火@ 1550℉	65	448	103	710	24	97HRB
	淬火+回火@ 1050℉	225	1551	265	1827	9	52HRC

① 一些金属和合金的性能，International Nickel Co.，Inc.，N.Y.；Metals Handbook，American Society for Metals，Materials Park，Ohio.

表 A-11　一些工程塑料的力学性能

数据来自不同的资料[1]近似值，如需要更精确的信息需要咨询材料制造商

材　料	近似弹性模量 E		极限抗拉强度		极限抗压强度		伸长量 /2in	最高温度	比　重
	Mpsi	GPa	kpsi	GPa	kpsi	MPa	%	℉	
ABS	0.3	2.1	6.0	41.4	10.0	68.9	5to25	160-200	1.05
20-40%玻璃填充	0.6	4.1	10.0	68.9	12.0	82.7	3	200-230	1.30
Acetal	0.5	3.4	8.8	60.7	18.0	124.1	60	220	1.41
20-30%玻璃填充	1.0	6.9	10.0	68.9	18.0	124.1	7	185-220	1.56
丙烯酸	0.4	2.8	10.0	68.9	15.0	103.4	5	140-190	1.18
氟塑料（聚四氟乙烯）	0.2	1.4	5.0	34.5	6.0	41.4	100	350-330	2.10
尼龙 6/6	0.2	1.4	10.0	68.9	10.0	68.9	60	180-300	1.14
尼龙 11	0.2	1.3	8.0	55.2	8.0	55.2	300	180-300	1.04
20-30%玻璃填充	0.4	2.5	12.8	88.3	12.8	88.3	4	250-340	1.26
聚碳酸酯	1.0	2.4	9.0	62.1	12.0	82.7	100	250	1.20
10-40%玻璃填充	0.1	6.9	17.0	117.2	17.0	117.2	2	275	1.35
高分子量聚乙烯	0.4	0.7	2.5	17.2	—	—	525	—	0.94
聚苯醚	1.1	2.4	9.6	66.2	16.4	113.1	20	212	1.06
20-30%玻璃填充	0.2	7.8	15.5	106.9	17.5	120.7	5	260	1.23
聚丙烯	0.2	1.4	5.0	34.5	7.0	48.3	500	250-320	0.90
20-30%玻璃填充	0.7	4.8	7.5	51.7	6.2	42.7	2	300-320	1.10
冲击聚苯乙烯	0.3	2.1	4.0	27.6	6.0	41.4	2to80	140-175	1.07
20-30%玻璃填充	0.1	0.7	12.0	82.7	16.0	110.3	1	180-200	1.25
聚砜	0.4	2.5	10.2	70.3	13.9	95.8	50	300-345	1.24

① 一些金属和合金的性能，International Nickel Co.，Inc.，N.Y.；Metals Handbook，American Society for Metals，Materials Park，Ohio.

A

附录 B

梁的表格

　　下面各表给出了不同结构梁在各种载荷情况下的剪切、弯矩、转角和挠度函数。包括悬臂梁、简支梁、外伸梁等在任意点集中载荷或是任何跨度均布载荷作用下的计算公式。每种梁都有一组与载荷相对应的方程式。对于一些特殊情况，比如在跨度中间部分承受载荷的情况，在适当选定尺寸后也可近似代入通用公式进行计算。在所有的情况下梁的整个跨度上都使用奇异函数，奇异点也包含在函数表达式中，参见 3.17 节的奇异点函数的讨论。附录中梁的计算方程已编写在 TK 解算器文件中，可参见教材网站。在有些情况下，梁上不同位置多个载荷共同作用时可以重复加载解算器文件，但本附录中梁的计算公式是在单一载荷情况下推导出来的。当梁受有多种类型的载荷时，可用叠加法计算。梁的计算公式更详细的列表可以参见 Roark and Young，Formulas for Stress and Strain，6th ed.，McGraw-Hill，New York，1989。此附录关键图解及相关公式如下。

图　　号	举　　例	文　件　名
B-1a	悬臂梁集中载荷	cantconc
B-1b	悬臂梁均布载荷	cantunif
B-2a	简支梁集中载荷	simpconc
B-2b	简支梁均布载荷	simpunif
B-3a	悬垂梁集中载荷	ovhgconc
B-3b	悬垂梁均布载荷	ovhgunif

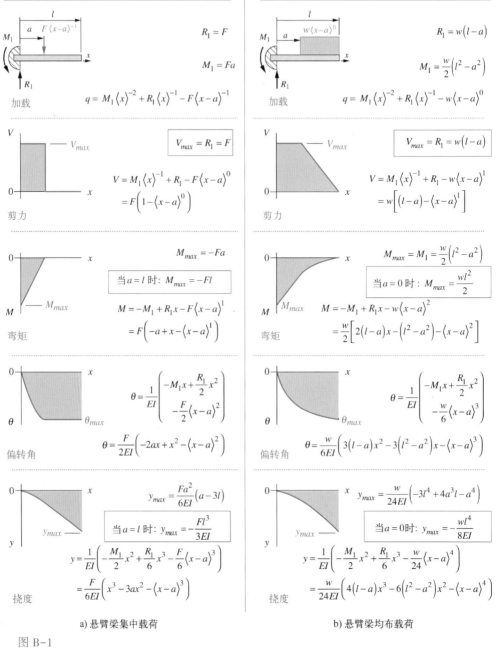

a) 悬臂梁集中载荷　　　　　　　　　　b) 悬臂梁均布载荷

图 B-1

悬臂梁集中或分布式载荷。注：<>表示奇异函数

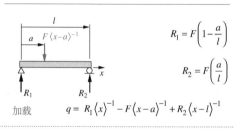

$$R_1 = F\left(1 - \frac{a}{l}\right)$$

$$R_2 = F\left(\frac{a}{l}\right)$$

加载

$$q = R_1\langle x\rangle^{-1} - F\langle x-a\rangle^{-1} + R_2\langle x-l\rangle^{-1}$$

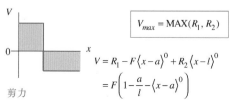

$$\boxed{V_{max} = \mathrm{MAX}(R_1, R_2)}$$

$$V = R_1 - F\langle x-a\rangle^0 + R_2\langle x-l\rangle^0$$

$$= F\left(1 - \frac{a}{l} - \langle x-a\rangle^0\right)$$

剪力

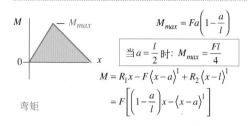

$$M_{max} = Fa\left(1 - \frac{a}{l}\right)$$

$$\boxed{\text{当 } a = \frac{l}{2} \text{ 时：} M_{max} = \frac{Fl}{4}}$$

$$M = R_1 x - F\langle x-a\rangle^1 + R_2\langle x-l\rangle^1$$

$$= F\left[\left(1 - \frac{a}{l}\right)x - \langle x-a\rangle^1\right]$$

弯矩

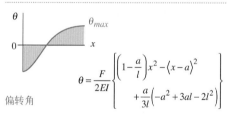

$$\theta = \frac{F}{2EI}\left\{\begin{array}{l}\left(1 - \dfrac{a}{l}\right)x^2 - \langle x-a\rangle^2 \\[2mm] + \dfrac{a}{3l}\left(-a^2 + 3al - 2l^2\right)\end{array}\right\}$$

偏转角

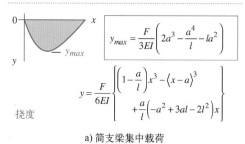

$$\boxed{y_{max} = \frac{F}{3EI}\left(2a^3 - \frac{a^4}{l} - la^2\right)}$$

$$y = \frac{F}{6EI}\left\{\begin{array}{l}\left(1 - \dfrac{a}{l}\right)x^3 - \langle x-a\rangle^3 \\[2mm] + \dfrac{a}{l}\left(-a^2 + 3al - 2l^2\right)x\end{array}\right\}$$

挠度

a) 简支梁集中载荷

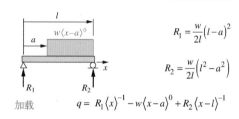

$$R_1 = \frac{w}{2l}(l-a)^2$$

$$R_2 = \frac{w}{2l}\left(l^2 - a^2\right)$$

加载

$$q = R_1\langle x\rangle^{-1} - w\langle x-a\rangle^0 + R_2\langle x-l\rangle^{-1}$$

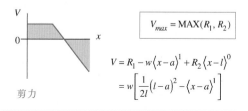

$$\boxed{V_{max} = \mathrm{MAX}(R_1, R_2)}$$

$$V = R_1 - w\langle x-a\rangle^1 + R_2\langle x-l\rangle^0$$

$$= w\left[\frac{1}{2l}(l-a)^2 - \langle x-a\rangle^1\right]$$

剪力

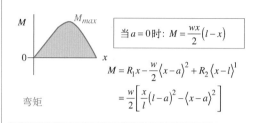

$$\boxed{\text{当 } a = 0 \text{ 时：} M = \frac{wx}{2}(l-x)}$$

$$M = R_1 x - \frac{w}{2}\langle x-a\rangle^2 + R_2\langle x-l\rangle^1$$

$$= \frac{w}{2}\left[\frac{x}{l}(l-a)^2 - \langle x-a\rangle^2\right]$$

弯矩

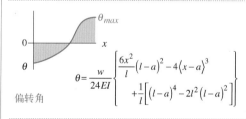

$$\theta = \frac{w}{24EI}\left\{\begin{array}{l}\dfrac{6x^2}{l}(l-a)^2 - 4\langle x-a\rangle^3 \\[2mm] + \dfrac{1}{l}\left[(l-a)^4 - 2l^2(l-a)^2\right]\end{array}\right\}$$

偏转角

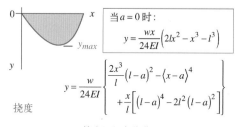

$$\boxed{\begin{array}{l}\text{当 } a = 0 \text{ 时：} \\[1mm] y = \dfrac{wx}{24EI}\left(2lx^2 - x^3 - l^3\right)\end{array}}$$

$$y = \frac{w}{24EI}\left\{\begin{array}{l}\dfrac{2x^3}{l}(l-a)^2 - \langle x-a\rangle^4 \\[2mm] + \dfrac{x}{l}\left[(l-a)^4 - 2l^2(l-a)^2\right]\end{array}\right\}$$

挠度

b) 简支梁均布载荷

图 B-2

简支梁的集中载荷及均布载荷。注：<>表示奇异的函数

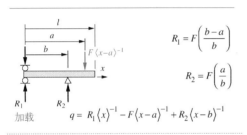

$$R_1 = F\left(\frac{b-a}{b}\right)$$

$$R_2 = F\left(\frac{a}{b}\right)$$

加载　　$q = R_1\langle x\rangle^{-1} - F\langle x-a\rangle^{-1} + R_2\langle x-b\rangle^{-1}$

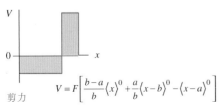

剪力　　$V = F\left[\dfrac{b-a}{b}\langle x\rangle^0 + \dfrac{a}{b}\langle x-b\rangle^0 - \langle x-a\rangle^0\right]$

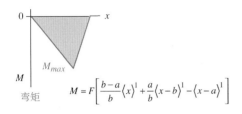

弯矩　　$M = F\left[\dfrac{b-a}{b}\langle x\rangle^1 + \dfrac{a}{b}\langle x-b\rangle^1 - \langle x-a\rangle^1\right]$

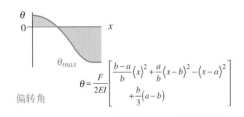

偏转角　　$\theta = \dfrac{F}{2EI}\left[\begin{array}{l}\dfrac{b-a}{b}\langle x\rangle^2 + \dfrac{a}{b}\langle x-b\rangle^2 - \langle x-a\rangle^2 \\[2mm] + \dfrac{b}{3}(a-b)\end{array}\right]$

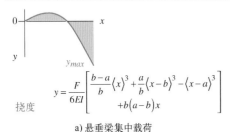

挠度　　$y = \dfrac{F}{6EI}\left[\begin{array}{l}\dfrac{b-a}{b}\langle x\rangle^3 + \dfrac{a}{b}\langle x-b\rangle^3 - \langle x-a\rangle^3 \\[2mm] + b(a-b)x\end{array}\right]$

a) 悬垂梁集中载荷

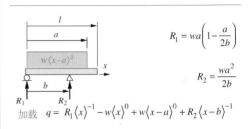

$$R_1 = wa\left(1 - \frac{a}{2b}\right)$$

$$R_2 = \frac{wa^2}{2b}$$

加载　　$q = R_1\langle x\rangle^{-1} - w\langle x\rangle^0 + w\langle x-a\rangle^0 + R_2\langle x-b\rangle^{-1}$

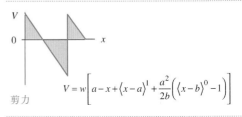

剪力　　$V = w\left[a - x + \langle x-a\rangle^1 + \dfrac{a^2}{2b}\left(\langle x-b\rangle^0 - 1\right)\right]$

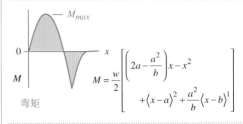

弯矩　　$M = \dfrac{w}{2}\left[\begin{array}{l}\left(2a - \dfrac{a^2}{b}\right)x - x^2 \\[2mm] + \langle x-a\rangle^2 + \dfrac{a^2}{b}\langle x-b\rangle^1\end{array}\right]$

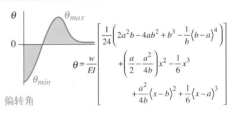

偏转角　　$\theta = \dfrac{w}{EI}\left[\begin{array}{l}\dfrac{1}{24}\left(2a^2b - 4ab^2 + b^3 - \dfrac{1}{b}\langle b-a\rangle^4\right) \\[2mm] + \left(\dfrac{a}{2} - \dfrac{a^2}{4b}\right)x^2 - \dfrac{1}{6}x^3 \\[2mm] + \dfrac{a^2}{4b}\langle x-b\rangle^2 + \dfrac{1}{6}\langle x-a\rangle^3\end{array}\right]$

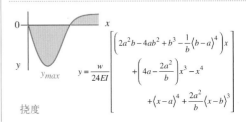

挠度　　$y = \dfrac{w}{24EI}\left[\begin{array}{l}\left(2a^2b - 4ab^2 + b^3 - \dfrac{1}{b}\langle b-a\rangle^4\right)x \\[2mm] + \left(4a - \dfrac{2a^2}{b}\right)x^3 - x^4 \\[2mm] + \langle x-a\rangle^4 + \dfrac{2a^2}{b}\langle x-b\rangle^3\end{array}\right]$

b) 悬垂梁均布载荷

图 B-3

外伸梁的集中载荷与均布载荷

B

附录 C

应力集中系数

本附录中介绍了 14 种常见情况下的应力集中系数（见下表）。所有的曲线取自 R. E. Peterson 所著，"Design Factors for Stress Concentration, Parts 1 to 5," Machine Design, February-July, 1951, Penton Publishing, Cleveland, Ohio. 本书作者手工读取了所有曲线的数据，然后将这些数据输入 Excel 表格并绘制曲线，拟合出其函数的近似方程表达式，所有曲线的 r 平方值均在 0.97 以上（R 平方值是取值范围在 0~1 之间的数值，当拟合曲线的 R 平方值等于 1 或接近 1 时，其可靠度最高，反之则可靠性较低。R 平方值也称为决定系数。）。这些方程表达式用于生成本附录中每个图形的曲线，并在每个图形中定义了方程表达式的参数。这些方程表达式已经编写为计算机化的函数（见下表），可与计算机生成模型结合使用，在计算过程中允许自动生成近似的应力集中系数。

图 号	例 题	文 件 名
C-1	轴向拉伸带轴肩倒角轴	App_C-01
C-2	弯曲带轴肩倒角轴	App_C-02
C-3	扭转带轴肩倒角轴	App_C-03
C-4	轴向拉伸带凹槽轴	App_C-04
C-5	弯曲带凹槽轴	App_C-05
C-6	扭转带凹槽轴	App_C-06
C-7	弯曲带通孔轴	App_C-07
C-8	扭转带通孔轴	App_C-08
C-9	轴向拉伸带倒角平棒	App_C-09
C-10	弯曲带倒角平棒	App_C-10
C-11	轴向拉伸带圆切口平棒	App_C-11
C-12	弯曲带圆切口平棒	App_C-12
C-13	轴向拉伸带通孔平棒	App_C-13
C-14	弯曲带通孔平棒	App_C-14

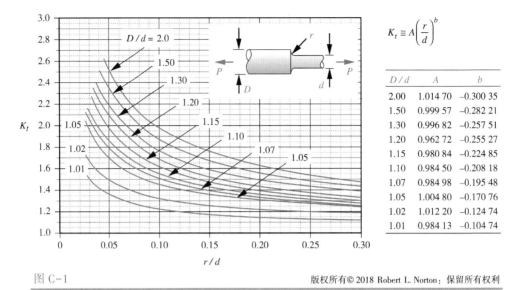

图 C-1

轴向拉伸带轴肩倒角轴的几何应力集中系数 K_t

D/d	A	b
2.00	1.014 70	−0.300 35
1.50	0.999 57	−0.282 21
1.30	0.996 82	−0.257 51
1.20	0.962 72	−0.255 27
1.15	0.980 84	−0.224 85
1.10	0.984 50	−0.208 18
1.07	0.984 98	−0.195 48
1.05	1.004 80	−0.170 76
1.02	1.012 20	−0.124 74
1.01	0.984 13	−0.104 74

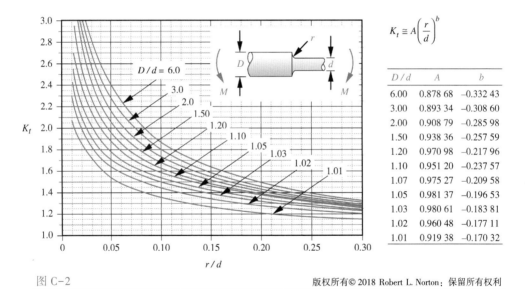

图 C-2

弯曲带轴肩倒角轴的几何应力集中系数 K_t

D/d	A	b
6.00	0.878 68	−0.332 43
3.00	0.893 34	−0.308 60
2.00	0.908 79	−0.285 98
1.50	0.938 36	−0.257 59
1.20	0.970 98	−0.217 96
1.10	0.951 20	−0.237 57
1.07	0.975 27	−0.209 58
1.05	0.981 37	−0.196 53
1.03	0.980 61	−0.183 81
1.02	0.960 48	−0.177 11
1.01	0.919 38	−0.170 32

C

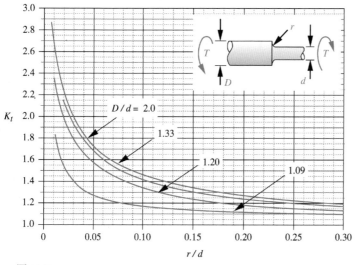

$$K_t \cong A\left(\frac{r}{d}\right)^b$$

D/d	A	b
2.00	0.863 31	−0.238 65
1.33	0.848 97	−0.231 61
1.20	0.834 25	−0.216 49
1.09	0.903 37	−0.126 92

图 C-3

扭转带轴肩轴倒角轴的几何应力集中系数 K_t

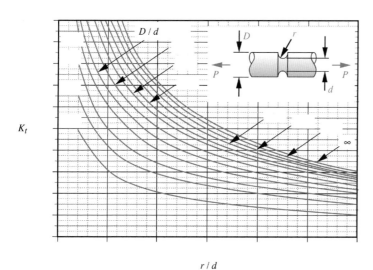

$$K_t \cong A\left(\frac{r}{d}\right)^b$$

D/d	A	b
∞	0.993 72	−0.393 52
2.00	0.993 83	−0.382 31
1.50	0.998 08	−0.369 55
1.30	1.004 90	−0.355 45
1.20	1.010 70	−0.337 65
1.15	1.026 30	−0.316 73
1.10	1.027 20	−0.294 84
1.07	1.023 80	−0.276 18
1.05	1.027 20	−0.252 56
1.03	1.036 70	−0.216 03
1.02	1.037 90	−0.187 55
1.01	1.000 30	−0.156 09

图 C-4

轴向拉伸带凹槽轴的几何应力集中系数 K_t

C

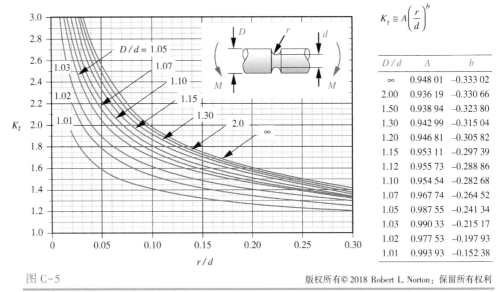

弯曲带凹槽轴的几何应力集中系数 K_t

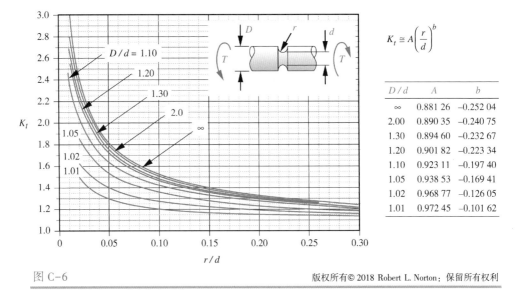

扭转带凹槽轴的几何应力集中系数 K_t

C

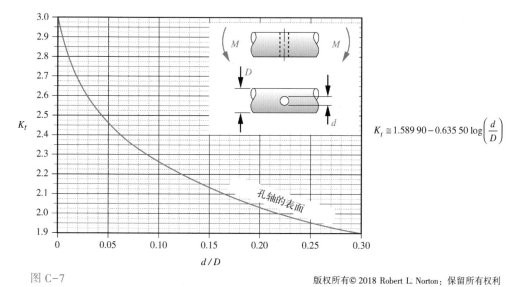

$$K_t \cong 1.589\,90 - 0.635\,50 \log\left(\dfrac{d}{D}\right)$$

图 C-7

弯曲带通孔轴的几何应力集中系数 K_t

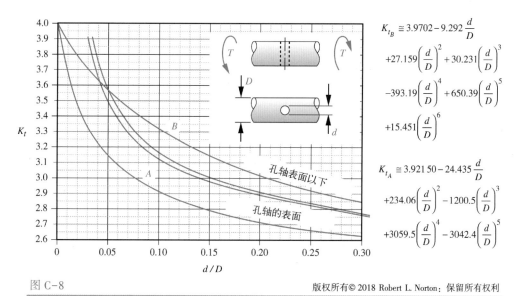

$$K_{t_B} \cong 3.9702 - 9.292\,\dfrac{d}{D}$$
$$+27.159\left(\dfrac{d}{D}\right)^2 + 30.231\left(\dfrac{d}{D}\right)^3$$
$$-393.19\left(\dfrac{d}{D}\right)^4 + 650.39\left(\dfrac{d}{D}\right)^5$$
$$+15.451\left(\dfrac{d}{D}\right)^6$$

$$K_{t_A} \cong 3.921\,50 - 24.435\,\dfrac{d}{D}$$
$$+234.06\left(\dfrac{d}{D}\right)^2 - 1200.5\left(\dfrac{d}{D}\right)^3$$
$$+3059.5\left(\dfrac{d}{D}\right)^4 - 3042.4\left(\dfrac{d}{D}\right)^5$$

图 C-8

扭转带通孔轴的几何应力集中系数 K_t

C

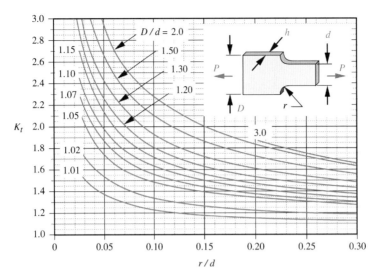

$$K_t \cong A\left(\frac{r}{d}\right)^b$$

D/d	A	b
2.00	1.099 60	−0.320 77
1.50	1.076 90	−0.295 58
1.30	1.054 40	−0.270 21
1.20	1.035 10	−0.250 84
1.15	1.014 20	−0.239 35
1.10	1.013 00	−0.215 35
1.07	1.014 50	−0.193 66
1.05	1.026 10	−0.170 85
1.02	1.025 90	−0.169 78
1.01	0.976 62	−0.106 56

图 C-9

轴向拉伸带倒角平棒的几何应力集中系数 K_t

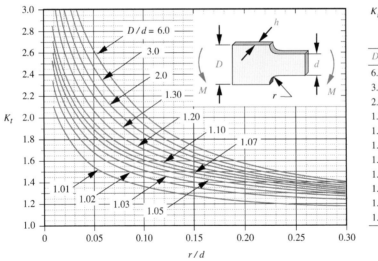

$$K_t \cong A\left(\frac{r}{d}\right)^b$$

D/d	A	b
6.00	0.895 79	−0.358 47
3.00	0.907 20	−0.333 33
2.00	0.932 32	−0.303 04
1.30	0.958 80	−0.272 69
1.20	0.995 90	−0.238 29
1.10	1.016 50	−0.215 48
1.07	1.019 90	−0.203 33
1.05	1.022 60	−0.191 56
1.03	1.016 60	−0.178 02
1.02	0.995 28	−0.170 13
1.01	0.966 89	−0.154 17

图 C-10

弯曲带倒角平棒的几何应力集中系数 K_t

C

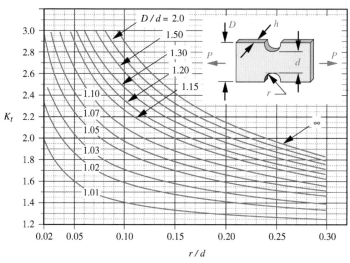

$$K_t \cong A\left(\frac{r}{d}\right)^b$$

D/d	A	b
∞	1.109 50	−0.417 12
3.00	1.113 90	−0.409 23
2.00	1.133 90	−0.385 86
1.50	1.132 60	−0.365 92
1.30	1.158 60	−0.332 60
1.20	1.147 50	−0.315 07
1.15	1.095 20	−0.325 17
1.10	1.085 10	−0.299 97
1.07	1.091 20	−0.268 57
1.05	1.090 60	−0.241 63
1.03	1.051 80	−0.222 16
1.02	1.054 00	−0.188 79
1.01	1.042 60	−0.141 45

图 C–11

轴向拉伸带圆切口平棒的几何应力集中系数 K_t

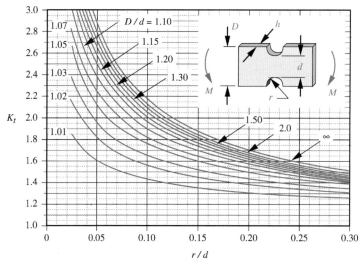

$$K_t \cong A\left(\frac{r}{d}\right)^b$$

D/d	A	b
∞	0.970 79	−0.356 72
3.00	0.971 94	−0.350 47
2.00	0.968 01	−0.349 15
1.50	0.983 15	−0.333 95
1.30	0.982 88	−0.326 06
1.20	0.990 55	−0.313 19
1.15	0.993 04	−0.302 63
1.10	1.007 10	−0.283 79
1.07	1.014 70	−0.261 45
1.05	1.025 00	−0.240 08
1.03	1.029 40	−0.211 61
1.02	1.037 40	−0.184 28
1.01	1.060 50	−0.133 69

图 C–12

弯曲带圆切口平棒的几何应力集中系数 K_t

C

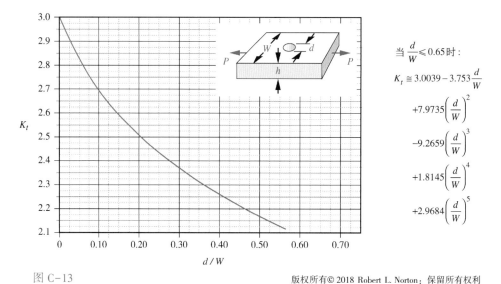

图 C-13

轴向拉伸带通孔平棒的几何应力集中系数 K_t

$$当 \frac{d}{W} \leqslant 0.65 时：$$

$$K_t \cong 3.0039 - 3.753\frac{d}{W}$$

$$+7.9735\left(\frac{d}{W}\right)^2$$

$$-9.2659\left(\frac{d}{W}\right)^3$$

$$+1.8145\left(\frac{d}{W}\right)^4$$

$$+2.9684\left(\frac{d}{W}\right)^5$$

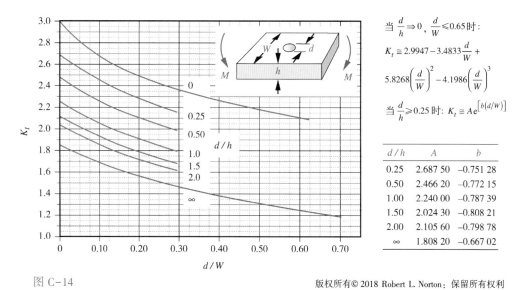

图 C-14

弯曲带通孔平棒的几何应力集中系数 K_t

$$当 \frac{d}{h} \Rightarrow 0，\frac{d}{W} \leqslant 0.65 时：$$

$$K_t \cong 2.9947 - 3.4833\frac{d}{W} +$$

$$5.8268\left(\frac{d}{W}\right)^2 - 4.1986\left(\frac{d}{W}\right)^3$$

$$当 \frac{d}{h} \geqslant 0.25 时：K_t \cong Ae^{\left[b(d/W)\right]}$$

d/h	A	b
0.25	2.687 50	−0.751 28
0.50	2.466 20	−0.772 15
1.00	2.240 00	−0.787 39
1.50	2.024 30	−0.808 21
2.00	2.105 60	−0.798 78
∞	1.808 20	−0.667 02

C

附录 D

部分习题参考答案

此习题解答手册（PDF）和完整的 MathCAD 题目帮助文件（教师专用）可从 http://www.pearsonhighered.com/norton 处下载。习题解答手册用树状结构列出了各个章节的相关题目解答。演示幻灯片和其他材料（采用本书作为教材的教师）可从作者网站下载：http://www.designofmachinery.com/registered/professor.html

第 1 章　有关设计的介绍

1-4　$1000\,lb_f$，$31.081\,slug$，$2.59\,blob$，$453.592\,kg$，$4448.2\,N$。

1-5　$25.9\,lb_f$。

1-6　$220.5\,lb_f$，$220.5\,lb_m$，$6.85\,slug$，$0.571\,blob$，$980.7\,N$。

第 2 章　材料和工艺

2-6　$E=207\,GPa$，$U=2.7\,N\cdot m$，钢。

2-8　$E=45^{\ominus}\,GPa$，$U=1.3\,N\cdot m$，镁。

2-9　$E=16.7\,Mpsi$，$U_{el}=300\,psi$，钛。

2-12　$U_T=82.7\,MPa$，$U_R=0.41\,MPa$。

2-14　$S_{ut}=170\,kpsi$，$359HV$，$36.5HRC$。

2-16　铁和碳，碳 0.95%，能够在不渗碳的情况下硬化或表面硬化。

2-27　$S_y=88.1\,kpsi$，$S_y=607\,MPa$。

2-34　最常用的金属是锌，这种工艺叫作"镀锌"，通过电镀或热浸镀完成。

$\ominus$　英文原书中 $E=207\,GPa$，疑似有误，此处改为 $E=45\,GPa$。译者注。

第 3 章　运动和载荷计算

3-3　链轮上为 $T = 255\,N \cdot m$，臂上 $T = 90\,N \cdot m$，$M = 255\,N \cdot m$。

3-6　55 114 N。

3-7　12 258 N。

3-8　$\omega_n = 31.6\,rad/s$，$\omega_d = 30.1\,rad/s$。

3-10　$R_1 = V = -1821\,N$ @ 0~0.7 m，$R_1 = 2802\,N$，$M = -1275\,N \cdot m$ @ 0.7 m。

3-11　3056 N 动态力和 408 mm 偏转。$V = -5677\,N$ @ 0~0.7 m，$M = -3973\,N \cdot m$ @ 0.7 m，$R_1 = 5676\,N$，$R_2 = 8733\,N$。

3-15　$\mu = 0.025$。

3-18　在速度 18.7 m/h 时开始倾翻，在 14.8~18.3 m/h 时载荷开始下滑。

3-22　（a）897 N，（b）3592 N。

3-23　（a）$R_1 = 264\,N$，$R_2 = 316\,N$，$V = -316\,N$，$M = 126\,N \cdot m$。

3-24　（a）$R_1 = 620\,N$，$M_1 = 584\,N \cdot m$，$V = 620\,N$，$M = -584\,N \cdot m$。

3-25　（a）$R_1 = -353\,N$，$R_2 = 973\,N$，$V = 580\,N$，$M = -216\,N \cdot m$。

3-27　（a）$R_1 = 53\,895\,N$，$V = 53\,895\,N$，$M = -87\,040\,N \cdot m$。

3-34　（a）在 $x = 16 \sim 18$ in 时 $V_{max} = 1000\,lb$，在 $x = 16$ in 时 $M_{max} = 2000\,lb$。

3-48　$\omega_n = 10.1\,Hz$。

第 4 章　应力，应变和挠度

4-1　$\sigma_1 = 1207\,psi$，$\sigma_2 = 0$，$\sigma_3 = -207\,psi$，$\tau_{max} = 707\,psi$。

4-4　（a）$\sigma_1 = 114\,MPa$，$\sigma_2 = 0$，$\sigma_3 = 0\,MPa$，$\tau_{max} = 57\,MPa$。

　　（b）9.93 MPa。

　　（c）4.41 MPa。

　　（d）$\sigma = 53.6\,MPa$，$\tau = 1.73\,MPa$。

　　（e）$\sigma_1 = 72.8\,MPa$，$\sigma_2 = 0$，$\sigma_3 = 0$，$\tau_{max} = 36.4\,MPa$。

4-6　（a）$\sigma_1 = 1277.8\,MPa$，$\sigma_2 = 0$，$\sigma_3 = 0$，$\tau_{max} = 639\,MPa$。

　　（b）111.6 MPa。

　　（c）49.6 MPa。

　　（d）$\sigma = 540\,MPa$，$\tau = 1.7\,MPa$。

　　（e）$\sigma_1 = 636\,MPa$，$\sigma_2 = 0$，$\sigma_3 = 0$，$\tau_{max} = 318\,MPa$。

4-7　$OD = 0.375$ in，$ID = 0.230$ in。

4-8　199 mm。

4-10　主应力 24.5 MPa，偏转 -128 mm。

4-11　压力 76 MPa，偏转 -400 mm。

4-15　4.5 mm 直径销钉。

4-18　力为 13 254 lb 每支杆，总共 132 536 lb，偏转 0.36 in。

4-19　2.125 in 直径销钉，2.375 in 外圆半径。

4-22　（a）5.72 MPa。（b）22.87 MPa。

4-23　Row（a）当 $b \leqslant x \leqslant l$ 时 $R_1 = 264\,N$，$R_2 = 316\,N$，$V = -316\,N$，$M = 126\,N \cdot m$ @ $x = b$，$\theta = 0.33°$，$y = -1.82\,mm$，$\sigma_{max} = 88.7\,MPa$。

4-24　Row（a）$R_1 = 620\,\mathrm{N}$，$M_1 = 584\,\mathrm{N \cdot m}$，$V = 620\,\mathrm{N}$ @ $x = 0$，$M = -584\,\mathrm{N \cdot m}$ @ $x = 0$，$\theta = -2.73°$，$y = -32.2\,\mathrm{mm}$，$\sigma_{max} = 410\,\mathrm{MPa}$。

4-25　Row（a）$R_1 = -353\,\mathrm{N}$，$R_2 = 973\,\mathrm{N}$，$V = 578\,\mathrm{N}$ @ $x = b$，$M = -216\,\mathrm{N \cdot m}$ @ $x = b$，$\theta = -0.82°$，$y = -4.81\,\mathrm{mm}$，$\sigma_{max} = 152\,\mathrm{MPa}$。

4-26　Row（a）$R_1 = 112\,\mathrm{N}$，$R_2 = 559\,\mathrm{N}$，$R_3 = -52\,\mathrm{N}$，$V = -428\,\mathrm{N}$ @ $x = b$，$M = 45\,\mathrm{N \cdot m}$ @ $x = a$，$\theta = 0.06\mathrm{deg}$，$y = -0.02\,\mathrm{mm}$，$\sigma_{max} = 31.5\,\mathrm{MPa}$。

4-29　Row（a）$307.2\,\mathrm{N/mm}$。

4-30　Row（a）$17.7\,\mathrm{N/mm}$。

4-31　Row（a）$110.6\,\mathrm{N/mm}$。

4-32　Row（a）$2844\,\mathrm{N/mm}$。

4-33　Row（a）$\sigma_1 = 21.5\,\mathrm{MPa}$ @ A，$\sigma_1 = 16.1\,\mathrm{MPa}$ @ B。

4-34　Row（a）$y = -1.62\,\mathrm{mm}$。

4-35　Row（a）$k = 31\,\mathrm{N/mm}$。

4-37　$e = 0.84\,\mathrm{mm}$，$\sigma_i = 410\,\mathrm{MPa}$，$\sigma_o = -273\,\mathrm{MPa}$。

4-41　（a）$38.8\,\mathrm{MPa}$，（b）$11.7\,\mathrm{MPa}$。

4-49　Row（a）Johnson—部分：（a）$1.73\,\mathrm{kN}$，（b）$1.86\,\mathrm{kN}$，（c）$1.94\,\mathrm{kN}$，（d）Euler $676\,\mathrm{N}$。

4-50　Row（a）Euler—部分：（a）$5.42\,\mathrm{kN}$，（b）$8.47\,\mathrm{kN}$，（c）$12.8\,\mathrm{kN}$，（d）$1.23\,\mathrm{kN}$。

4-51　Row（a）Johnson—部分：（a）$57.4\,\mathrm{kN}$，（b）$58.3\,\mathrm{kN}$，（c）$58.9\,\mathrm{kN}$，（d）$48.3\,\mathrm{kN}$。

4-52　Row（a）部分：（a）$18.6\,\mathrm{kN}$，（b）$18.7\,\mathrm{kN}$，（c）$18.8\,\mathrm{kN}$，（d）$17.9\,\mathrm{kN}$。

4-69　$\sigma_i = 132\,\mathrm{MPa}$，$\sigma_o = -204\,\mathrm{MPa}$。

4-75　Row（a）$\sigma_{正常} = 40\,\mathrm{MPa}$，$K_t = 1.838$，$\sigma_{max} = 73.5\,\mathrm{MPa}$。

第 5 章　静态失效理论

5-1　Row（a）$\sigma_1 = 1207\,\mathrm{psi}$，$\sigma_2 = 0\,\mathrm{psi}$，$\sigma_3 = -207\,\mathrm{psi}$，$\tau_{13} = 707\,\mathrm{psi}$，$\sigma' = 1323\,\mathrm{psi}$。
Row（h）$\sigma_1 = 1140\,\mathrm{psi}$，$\sigma_3 = 250\,\mathrm{psi}$，$\sigma_3 = 110\,\mathrm{psi}$，$\tau_{13} = 515\,\mathrm{psi}$，$\sigma' = 968\,\mathrm{psi}$。

5-4　（a）$N = 2.6$，（b）$N = 30.2$，（c）$N = 39.3$，（d）$N = 5.6$，（e）$N = 4.1$。

5-6　（a）$N = 0.23$，（b）$N = 2.7$，（c）$N = 3.5$，（d）$N = 0.56$，（e）$N = 0.47$。

5-7　对 $N = 3.5$，$OD = 0.375\,\mathrm{in}$，$ID = 0.281\,\mathrm{in}$。

5-8　$ID = 198\,\mathrm{mm}$。

5-10　$N = 5.3$。

5-11　$N = 1.7$。

5-15　如果定义应力=强度，$N = 1.0$。

5-17　$N = 3.5$。

5-19　$2.250\,\mathrm{in}$ 直径销钉和 $2.250\,\mathrm{in}$ 外圆半径。

5-22　（a）$N = 40.4$（b）$N = 10.1$。

5-23　Row（a）一部分：（a）$N = 3.4$，（b）$N = 1.7$。

5-24　Row（a）一部分：（a）$N = 0.73$，（b）$N = 0.37$。

5-25　Row（a）一部分：（a）$N = 2$，（b）$N = 1$。

5-26　Row（a）一部分：（a）$N = 9.5$，（b）$N = 4.8$。

5-27　（a）$a = 166\,\mathrm{mm}$，$b = 94\,\mathrm{mm}$，$N = 1.5$，（b）$a = 208\,\mathrm{mm}$，$b = 70\,\mathrm{mm}$，$N = 1.5$。

D

5-32 修正的莫尔理论，$N=1.6$。

5-33 Row（a）A 点 $\sigma'=30.2\,MPa$，B 点 $\sigma'=27.9\,MPa$。

5-34 Row（a）畸变能理论：A 点 $N=13.2$，B 点 $N=14.3$，最大剪应力理论：A 点 $N=11.6$，B 点 $N=12.4$，最大正应力理论：A 点 $N=18.6$，B 点 $N=24.8$。

5-35 Row（a）莫尔-库伦理论：A 点 $N=13.4$，B 点 $N=16.1$，修正的莫尔理论：A 点 $N=16.3$，B 点 $N=21.7$。

5-37 （a）内部纤维 $N=1.7$，外部纤维 $N=2.6$；（b）内部纤维 $N=1.0$，外部纤维 $N=4.4$。

5-38 $N=1.5$。

5-39 裂纹半宽 $=0.216\,in$。

5-41 （a）$N=9.4$，（b）$N=24.5$。

5-65 （a）$N_a=1.8$，（b）$N_b=2.6$。

5-68 $d=1.500\,in$。

第 6 章 疲劳失效理论

6-1 Row（a）$-\Delta\sigma=1000$，$\sigma_a=500$，$\sigma_m=500$，$R=0$，$A=1.0$。

Row（c）$-\Delta\sigma=1000$，$\sigma_a=500$，$\sigma_m=1000$，$R=0.33$，$A=0.50$。

Row（e）$-\Delta\sigma=1500$，$\sigma_a=750$，$\sigma_m=-250$，$R=-2.0$，$A=-3.0$。

6-3 $N_f=0.31$。

6-6 （a）0.14，（b）1.17，（c）1.6，（d）0.24，（e）0.25。

6-7 对于 $N_f=1.5$，$OD=0.375\,in$，$ID=0.299\,in$。大约至 $ID=0.281\,in$ 对于 $N_f=1.8$。

6-8 假设可靠性 99%，室温下加工，$ID=190\,mm$。

6-10 $N_f=2.4$。

6-11 $N_f=0.79$。

6-15 Row（a）$a=0.062\,in^{0.5}$，$q=0.89$，$K_f=3.05$。

6-17 假设可靠性 99.99%，室温下锻造，$N_f=2.7$。

6-19 2.750 in 直径销钉和 2.625 in 外圆半径（机械制造，90% 可靠度，100°F）。

6-22 （a）$N_f=21.3$，（b）假设可靠度为 99.999%，室温 37℃下机械加工 $N_f=5.3$。

6-23 Row（a）所用材料 $S_{ut}=468\,MPa$（假设 $C_{temp}=C_{surf}=C_{reliab}=1$）。

6-24 Row（a）所用材料 $S_{ut}=676\,MPa$（假设 $C_{temp}=C_{surf}=C_{reliab}=1$）。

6-25 Row（a）所用材料 $S_{ut}=550\,MPa$（假设 $C_{temp}=C_{surf}=C_{reliab}=1$）。

6-26 Row（a）所用材料 $S_{ut}=447\,MPa$（$C_{temp}=C_{reliab}=1$，$C_{surf}=0.895$）。

6-27 （a）$a=190\,mm$，$b=100\,mm$，$N=2.1$，（b）$a=252\,mm$，$b=100\,mm$，$N=2$（二者都假设可靠度 90%，室温 40℃下加工）。

6-29 假设可靠度 99.999%，室温 37℃下机械加工 $N_f=2.6$。

6-31 假设可靠度 99.999%，室温 37℃下机械加工 $N_f=1.8$。

6-33 Row（a）所用材料 $S_{ut}=362\,MPa$（机械加工，50% 可靠度，和温度 37℃）。

6-34 Row（a）所用材料 $S_{ut}=291$ 对 $N_f=1.5\,MPa$（机械加工，50%可靠度，37°F）。

6-37 （a）$N_f=1.8$，（b）$N_f=0.92$ 假设可靠度 90%，室温 37℃下机械加工。

6-39 $N_f=1.9$ 采用 SEQA 方法并假设地面轴，50%可靠度，室温 37℃。

6-41 （a）$N_f=3.3$，（b）假设可靠度 99.999%，室温 37℃下机械加工 $N_f=8.6$。

6-47　假设可靠度 90%，室温 60℃下机械加工 $N_f = 1.5$。

6-52　$t_{min} = 3.2$ mm。

6-64　Row（a）$\sigma_m = 0.0$ MPa，$\sigma_a = 251.9$ MPa。

第 7 章　表面失效

7-1　$A_r = 0.333$ mm^2。

7-2　$\mu = 0.4$。

7-3　$N = 4.6 \times 10^6$。

7-4　$\sigma_1 = -61$ kpsi，$\sigma_2 = -61$ kpsi，$\sigma_3 = -78$ kpsi。

7-8　总宽 64.4 mm。

7-10　总宽 0.15 mm。

7-13　（a）19.6 min 干燥状态，（b）9.8 min 湿润状态。

7-16　1 mm 直径接触区域，$\sigma_{z\,ball} = -1900$ MPa，$\sigma_{z\,plate} = -1900$ MPa。

7-18　总接触宽度 0.166-mm，$\sigma_{z\,cylinder} = \sigma_{y\,cylinder} = \sigma_{x\,cylinder} = -123$ MPa，$\sigma_{z\,plate} = \sigma_{x\,plate} = -123$ MPa。

7-20　接触区半尺寸：0.933×0.713 mm，$\sigma_1 = -5.39$ GPa，$\sigma_2 = -5.81$ GPa，$\sigma_3 = -7.18$ GPa。

7-22　（a）$\sigma_1 = -66.9$ MPa，$\sigma_2 = -75.2$ MPa，$\sigma_3 = -79.0$ MPa，（b）$\sigma_1 = -106$ MPa，$\sigma_2 = -119$ MPa，$\sigma_3 = -125$ MPa。

7-23　$\sigma_1 = -24\,503$ psi，$\sigma_2 = -30\,043$ psi，$\sigma_3 = -57\,470$ psi。

7-39　$t = 4.7$ min。

7-42　主应力在表面最大．它们是：$\sigma_1 = -276.7$ MPa，$\sigma_2 = -393.3$ MPa，$\sigma_3 = -649.0$ MPa，最大剪应力为 $\tau_{13} = 186.1$ MPa。

第 10 章　轴，键和联轴器

10-1　Row（a）$d = 1.188$ in，假设可靠度 99%，100℉下机械加工。

10-2　Row（a）$d = 48.6$ mm，假设可靠度 99%，30℃下机械加工。

10-4　Row（a）$y = 0.0036$ in，$\theta = 0.216°$。

10-5　Row（a）$y = -5.7$ μm，$\theta = 1.267°$。

10-6　Row（a）3/8-in 方键，0.500 in 长，$N_f = 2.1$，$N_{轴承} = 2.1$。

10-8　轴 $ID = 191$ mm，假设可靠性 99.9%，30℃下机械加工。

10-9　Row（a）$d = 1.188$ in，假设缺口半径 0.015 in，假设可靠度 99%，100℉下机械加工。

10-11　Row（a）$0.0007 \sim 0.0021$ in 超出公差范围。

10-13　Row（a）2102 rad/s 或 20 075 r/min，或 334.5 Hz。

10-15　Row（a）min = 0，avg = 11.9 hp，max = 23.8 hp。

10-16　Row（a）min = 0，avg = 5.2 kW，max = 10.5 kW。

10-17　Row（a）辊右端的键 $N = 0.61$，$\theta = 0.20°$，$f_n = 1928$ Hz。

10-18　Row（a）$y = -30.0 \sim 22.9$ μm。

10-19　Row（a）$d = 1.337$ in，$N_A = 2.0$，$N_B = 3.1$。

10-37　$\delta_{min} = 0.06$ mm，$\delta_{max} = 0.12$ mm。

10-38　$r_i = 1.00$ in，$r_o = 14.66$ in，$t = 0.800$ in。

D

第 11 章 轴承和润滑

11-1 Row（a）—部分（a）$d = 1.188$ in，$l = 1.485$ in，$C_d = 1.8 \times 10^{-3}$ in，$R_L = 125$ lb，$R_R = 1125$ lb，$\eta_L = 0.204$ μreyn，$\eta_R = 1.84$ μreyn，$p_{avgL} = 71$ psi，$p_{avgR} = 638$ psi，$T_{rL} = 0.15$ lb · in，$T_{rR} = 1.38$ lb@ in，$\varPhi_L = 0.004$ hp，$\varPhi_R = 0.033$ hp。

部分（b）左端左边 # 6300 轴承提供 1.4×10^9 次 L_{10} 循环寿命，左端右边 #6306 轴承提供 8.8×10^7 次 L_{10} 循环寿命。

11-3 267 cP。

11-5 0.355 in · lb。

11-6 10.125 μm。

11-7 $T_r = 3.74$ N · m，$T_0 = 2.17$ N · m，$T_s = 2.59$ N · m，$\varPhi = 979$ W。

11-8 $d = 220$ mm，$l = 165$ mm，$C_d = 0.44$ mm，$R_L = R_R = 26.95$ kN，$\eta = 181$ cP，$p_{avg} = 743$ kPa，$T_r = 12.9$ N · m，$\varPhi = 67.7$ W。

11-10 $h_{min} = 4.94$ μm。

11-14 $\eta = 13$ cP，$T_s = 519$ N · mm，$T_0 = 325$ N · mm，$T_r = 699$ N · mm，$\varPhi = 183$ W，$P = 19.222$ kN。

11-17 Row（a）—部分（a）$d = 40$ mm，$l = 30$ mm，$C_d = 0.04$ mm，$R_L = 6275$ N，$R_R = 7525$ N，$\eta_L = 20.7$ cP，$\eta_R = 24.8$ cP，$p_{avgL} = 5229$ kPa，$p_{avgR} = 6271$ kPa，$T_{rL} = 468$ N · m，$T_{rR} = 561$ N · m，$\varPhi_L = 88.2$ W，$\varPhi_R = 106$ W。

部分（b）左端左边#6308 轴承提供 1.41×10^8 次 L_{10} 循环寿命，左端右边#6309 轴承提供 1.58×10^8 次 L_{10} 循环寿命。

11-20 膜厚比 = 0.53—边界润滑。

11-33 Row（a）左边，#6300；右边，#6314。

11-36 Row（a）左边，#6300；右边，#6320。

第 12 章 直齿圆柱齿轮

12-1 $d_p = 5.4$ in，齿顶高 = 0.2 in，齿根高 = 0.25 in，$OD = 5.8$ in，$p_c = 0.628$ in。

12-3 1.491。

12-5 30.33°。

12-7 7.159:1。

12-9 96:14 和 96:14 复合为 47.02:1。

12-11 $N_{ring} = 75$ t，臂轴和太阳轮之间的传动 = 1:3.273。

12-14 小齿轮轴 7878 in · lb，大齿轮轴 19 524 in · lb。

12-16 $p_d = 3$ 和 $F = 4.25$ in，给定 $N_{小齿轮} = 5.4$ 和 $N_{大齿轮} = 2.0$。

12-18 $p_d = 4$，$F = 4.125$ in，给定 $N_{小齿轮} = 3.5$ 和 $N_{大齿轮} = 2.0$。

12-20 太阳轮轴 202 N · m（1786 in · lb），臂轴 660 N · m（5846 in · lb）。

12-23 $p_d = 3$，$F = 3.500$ in，给定 $N_{小齿轮} = 7.7$ 和 $N_{大齿轮} = 2.8$。

12-25 $p_d = 4$，$F = 4.000$ in，给定 $N_{小齿轮} = 4.8$ 和 $N_{大齿轮} = 1.8$。

12-27 $T_1 = 1008$ N · m，$T_2 = 9184$ N · m，$T_3 = 73\ 471$ N · m，$T_4 = 661\ 236$ N · m。

12-28 $p_d = 3$，$F = 4.500$ in。

12-29 $p_d = 1.5$，$F = 9.375$ in。

D

12-30　$p_d = 0.75$, $F = 17\,\text{in}$。

12-31　104:12 和 144:16 混合恰好为 78:1。

12-52　$T_1 = 40.9\,\text{N} \cdot \text{m}$, $T_2 = 295\,\text{N} \cdot \text{m}$, $T_3 = 2172\,\text{N} \cdot \text{m}$。

12-53　$F = 1.250\,\text{in}$, $p_d = 8$。

第 13 章　斜齿、锥齿和蜗杆

13-1　$d_p = 5.4\,\text{in}$, 齿顶高 $= 0.200\,\text{in}$, 齿根高 $= 0.250\,\text{in}$, $OD = 5.8\,\text{in}$, $p_t = 0.628\,\text{in}$, $p_n = 0.544\,\text{in}$, $p_a = 1.088\,\text{in}$。

13-3　$m_p = 1.491$, $m_f = 0.561$。

13-5　$\alpha_g = 83.66°$, $\alpha_p = 6.34°$, $d_g = 21\,\text{in}$, $d_p = 2.33\,\text{in}$, $W_{ag} = W_{rp} = 25\,\text{lb}$, $W_{rg} = W_{ap} = 2.8\,\text{lb}$。

13-7　$\alpha_g = 78.69°$, $\alpha_p = 11.31°$, $d_g = 11.429\,\text{in}$, $d_p = 2.286\,\text{in}$, $W_{ag} = 60.5\,\text{lb}$, $W_{ap} = -169.64\,\text{lb}$, $W_{rp} = 136.28\,\text{lb}$, $W_{rg} = 209.01\,\text{lb}$。

13-9　$l = 20\,\text{mm}$, $\lambda = 7.26°$, $\lambda_{每牙} = 3.63°$, $d_g = 140\,\text{mm}$, $c = 95\,\text{mm}$, 自锁。

13-11　$l = 5\,\text{mm}$, $\lambda = 2.28°$, $\lambda_{每牙} = 2.28°$, $d_g = 130.5\,\text{mm}$, $c = 85.3\,\text{mm}$, 自锁。

13-12　$T_w = 22.4\,\text{N} \cdot \text{m}$, 额定 $T_g = 492\,\text{N} \cdot \text{m}$, $W_t = 7028\,\text{N}$, 摩擦力 $= 215\,\text{N}$, 额定输出功率 $= 2.34\,\text{kW}$, 额定输入功率 $= 2.91\,\text{kW}$。

13-14　小齿轮 $7878\,\text{in} \cdot \text{lb}$, 大齿轮 $19524\,\text{in} \cdot \text{lb}$。

13-16　$p_d = 3$ 和 $F = 3.25\,\text{in}$, $N_{小齿轮} = 5.6$ 和 $N_{大齿轮} = 2.0$。

13-18　$p_d = 4$ 和 $F = 2.75\,\text{in}$, $N_{小齿轮} = 2.8$ 和 $N_{大齿轮} = 1.6$。

13-20　$p_d = 18$ 和 $F = 1\,\text{in}$, $N_{小齿轮} = 2.0$—弯曲, $N_{大齿轮} = 13.6$—弯曲。

13-23　$p_d = 16$ 和 $F = 1\,\text{in}$, $N_{小齿轮} = 1.4$—表面失效, 将限制设计。

13-27　额定输入功率 $= 2.11\,\text{hp}$, 额定输出功率 $= 1.69\,\text{hp}$, 额定输出转矩 $= 1290\,\text{lb} \cdot \text{in}$。

13-49　$F = 1.375\,\text{in}$, $p_d = 10$。

第 14 章　弹簧设计

14-1　$k = 1.6\,\text{N/mm}$。

14-3　$S_{ys} = 110\,931\,\text{psi}$, $S_{us} = 148\,648\,\text{psi}$。

14-4　$S'_{fs} = 85.6\,\text{kpsi}$。

14-6　$C = 10$, $k = 1.01\,\text{N/mm}$。

14-7　$f_n = 363.4\,\text{Hz}$。

14-10　$k = 7614\,\text{N/m}$, $f_n = 1.39\,\text{Hz}$。

14-11　$d = 0.125\,\text{in}$, $D = 0.94\,\text{in}$, $L_f = 3.16\,\text{in}$, $k = 36\,\text{lb/in}$, 洛氏硬度 13.75 coils, 琴弦, 矩形和方形末端, 喷丸处理。

14-13　$N_a = 19.75$, $D = 1.37\,\text{in}$, $L_f = 7.84\,\text{in}$, $L_{shut} = 6.79\,\text{in}$, $k = 266.6\,\text{lb/in}$, $y_{initial} = 0.19\,\text{in}$, 孔 $= 1.75\,\text{in}$。

14-17　$d = 3.5\,\text{mm}$, $D = 28\,\text{mm}$, $L_f = 93.63\,\text{mm}$, $k = 5876\,\text{N/m}$, 洛氏硬度 12.75 coils, 琴弦, 钩子, 标准. $N_y = 2.2$ 时钩子扭转疲劳, 钩子弯曲疲劳 $N_f = 1.7$, $N_{surge} = 5.5$。

14-19　$d = 6.5\,\text{mm}$, $D_o = 65\,\text{mm}$, $L_f = 171\,\text{mm}$, $N_{tot} = 10.75$ coils, $N_y = 1.6$ shut, $N_f = 1.3$, $N_{surge} = 9.3$。

14-21　$d = 5\,\text{mm}$, $D = 40\,\text{mm}$, $L_f = 116.75\,\text{mm}$, $k = 8967\,\text{N/m}$, 洛氏硬度 13 coils, 琴弦, S&G, 喷丸处理。

14-22　$d = 16\,\text{mm}$, $D = 176\,\text{mm}$, $k = 1600\,\text{N} \cdot \text{m/rev}$, 洛氏硬度 4.5 coils, 40 mm 末端, A229 油淬回

D

火钢丝，喷丸处理，时效。

14-24　$d = 15$ mm，$D = 124.5$ mm，$k = 248$ N·m/rev，洛氏硬度 31 coils，40 mm 末端，A229 油淬，喷丸处理，时效。

14-26　$d_o = 39.55$ mm，$d_i = 19.77$ mm，$t = 0.76$ mm，$h = 1.075$ mm，$h/t = 1.414$，1 mm 工作挠度，$S_{ut} = 1700$ MPa，$N_s = 1.11$。

14-42　$D_o = 3.000$ in，$D_i = 1.500$ in，$t = 0.125$ in，$h = 0.050$ in。

14-44　A228 线，$d = 0.125$ in，$D_o = 1.000$ in，$N_t = 15$，$L_f = 3.600$ in。

第 15 章　螺钉和紧固件

15-2　提升力矩 = 42.68 lb·in，下降力矩 = 18.25 lb·in，提升效率 = 27.95%，下降效率 = 65.36%，螺纹自锁。

15-4　两个 M12×1.75 螺栓，ISO 8.8 级，$F_{preload} = 59\%$ 强度，$N_y = 1.7$．$N_{sep} = 2.5$。

15-6　两个 M24×3 螺栓，ISO 12.9 级，$F_{preload} = 55\%$ 强度，$N_y = 1.7$，$N_{sep} = 1.6$。

15-7　$N_y = 1.4$，$N_{sep} = 13.7$。

15-9　$N_f = 1.3$，$N_y = 1.5$，$N_{sep} = 8.9$。

15-11　1252 in·lb。

15-13　718 in·lb。

15-17　(a) $K_{eff} = 5.04\times10^9$ N·m，铝占主导。

　　　(b) $K_{eff} = 9.52\times10^9$ N·m，钢占主导。

　　　(c) $K_{eff} = 2.73\times10^8$ N·m，橡胶占主导。

　　　(d) $K_{eff} = 2.66\times10^8$ N·m，橡胶占主导。

　　　(e) $K_{eff} = 9.04\times10^9$ N·m，没有主导材料。

15-18　(a) $K_{eff} = 2.74\times10^7$ in·lb，铝占主导。

　　　(b) $K_{eff} = 5.18\times10^7$ in·lb，钢占主导。

　　　(c) $K_{eff} = 3.73\times10^5$ in·lb，橡胶占主导。

　　　(d) $K_{eff} = 3.70\times10^5$ in·lb，橡胶占主导。

　　　(e) $K_{eff} = 4.92\times10^7$ in·lb，没有主导材料。

15-20　用 10 个 M12×1.75，ISO 8.8 级螺帽，以直径 107.5 mm 螺旋圆周扭转到弹性极限的 90%，$N_f = 1.3$，$N_{sep} = 34$，$N_y = 1.2$ 动态以及 1.2 静态。

15-23　Row (a) —四个 M5×0.8 mm×20 mm 长度螺帽，4.6 级，$F_{preload} = 1.72$ kN，（极限的 54%），顶部螺栓载荷：1.73 kN，$N_{sep} = 58$，$N_y = 2.0$。

15-24　Row (a) —四个 M4×0.7 mm×20 mm 长度螺帽，4.8 级，$F_{preload} = 2.04$ kN，（极限的 75%），载荷最大时载荷在螺栓顶部，力最小时载荷在螺栓底部：2.05 kN，力最小时载荷在螺栓顶部，力最大时载荷在螺栓底部：2.05 kN，$N_y = 1.5$，$N_{sep} = 69$，$N_f = 10$。

15-25　Row (a) —四个 M4×0.7 mm×20 mm 长度螺帽，4.8 级，$F_{preload} = 2.04$ kN，（极限的 75%），载荷最大时载荷在螺栓顶部，力最小时载荷在螺栓底部：2.05 kN，力最小时载荷在螺栓顶部，力最大时载荷在螺栓底部：2.05 kN，$N_y = 1.5$，$N_{sep} = 69$，$N_f = 10$。

15-39　$d = 8$ mm：螺栓个数 = 4.6。

15-41　4.6 级：$F_{ut} = 98$ kN。

第 16 章　焊件

16-1　一种 CJP 张紧状态的对接焊缝能发挥此部分的全部强度：$P_{max} = 180\,000\,\text{lb}$。

16-3　支架（焊接）长度 $= 3.592\,\text{in}$。

16-5　最大动载荷 $= 525\,\text{lb}$。

16-6a　要求焊缝尺寸 $= 3/16\,\text{in}$。

16-7a　要求焊缝尺寸 $= 1/4\,\text{in}$。

16-9　要求焊缝尺寸 $d = 10\,\text{mm}$。

第 17 章　离合器和制动器

17-1　$T = 380\,\text{N}\cdot\text{m}$，$p_{max} = 1.819\,\text{MPa}$，成型或烧结衬层即可工作。

17-3　$d_o = 140\,\text{mm}$，$d_i = 80\,\text{mm}$，$\varPhi = 7.85\,\text{kW}$。

17-5　$N = 7$，$d_o = 104\,\text{mm}$，$d_i = 60\,\text{mm}$，$\varPhi = 12.6\,\text{kW}$。

17-7　（a）$T = 10.7\,\text{N}\cdot\text{m}$，$F_a = 798\,\text{N}$。
　　　（b）$c = 233\,\text{mm}$ 时自锁。

17-11　（a）$T = 30.5\,\text{N}\cdot\text{m}$（15.7 顶瓦，14.8 底瓦），$F_a = 1353\,\text{N}$。
　　　　（b）$c = 320\,\text{mm}$ 时自锁。

17-13　$T = 26\,\text{N}\cdot\text{m}$，$F_a = 1689\,\text{N}$。

17-15　$T = 56.5\,\text{N}\cdot\text{m}$（32.5 顶瓦，24 底瓦），$F_a = 2194\,\text{N}$。

17-17　（a）短瓦：$T = 11.3\,\text{N}\cdot\text{m}$，$F_a = 806\,\text{N}$，
　　　　长瓦：$T = 11.2\,\text{N}\cdot\text{m}$，$F_a = 750\,\text{N}$。
　　　　（b）短瓦：$T = 15.1\,\text{N}\cdot\text{m}$，$F_a = 1075\,\text{N}$，
　　　　长瓦：$T = 14.8\,\text{N}\cdot\text{m}$，$F_a = 982\,\text{N}$。
　　　　（c）短瓦：$T = 18.8\,\text{N}\cdot\text{m}$，$F_a = 1344\,\text{N}$，
　　　　长瓦：$T = 18.3\,\text{N}\cdot\text{m}$，$F_a = 1197\,\text{N}$。

17-18　（a）短瓦：$T = 21.8\,\text{N}\cdot\text{m}$，$F_a = 806\,\text{N}$，
　　　　长瓦：$T = 19.6\,\text{N}\cdot\text{m}$，$F_a = 750\,\text{N}$。
　　　　（b）短瓦：$T = 29.1\,\text{N}\cdot\text{m}$，$F_a = 1075\,\text{N}$，
　　　　长瓦：$T = 25.8\,\text{N}\cdot\text{m}$，$F_a = 982\,\text{N}$。
　　　　（c）短瓦：$T = 36.3\,\text{N}\cdot\text{m}$，$F_a = 1344\,\text{N}$，
　　　　长瓦：$T = 31.9\,\text{N}\cdot\text{m}$，$F_a = 1197\,\text{N}$。

17-21　顶部回转中心：$R_x = -392.7\,\text{N}$，$R_y = -218.2\,\text{N}$，
　　　　底部回转中心：$R_x = -368.9\,\text{N}$，$R_y = -123.0\,\text{N}$。

17-23　$R_x = 1005\,\text{N}$，$R_y = -808\,\text{N}$。

17-25　顶部回转中心：$R_x = 1694\,\text{N}$，$R_y = -45.3\,\text{N}$，
　　　　底部回转中心：$R_x = 325\,\text{N}$，$R_y = -147.7\,\text{N}$。

17-29　$T = 131\,\text{N}\cdot\text{m}$。

17-31　烧结金属，$m = 0.30$，$r_i = 40\,\text{mm}$，$r_o = 70\,\text{mm}$，$\theta = 90\,°$，$F = 2.83\,\text{kN}$。

D

附录 E

资料下载索引

本书网站包含 400 多个对书中的例题和案例研究的解法进行编码的模型文件。这些文件分别以 MATLAB、MathCAD、Excel 或 TK Solver 程序格式编码，可用于 Windows NT/2000/XP/Vista/7 环境。此外，网站上还有 100 多个梁、弹簧、轴和紧固件的通用 TK Solver 求解文件，以及一组可嵌入到其他文件的 TK Solver 规则、列表和过程函数。

本书网站提供了书中许多案例研究和习题集的 Solidworks CAD 模型，同时提供有案例研究的 Solidworks 有限元分析求解的文件。如果未安装 Solidworks 软件，可用免费的 3D 模型查看器 eDrawings 软件来显示这些文件。索引中提供了免费的 eDrawings 查看器软件的下载网址。

网站上有作者就本书多个章节主题所做的 21 个主要讲座的视频文件。此外，还包括演示弯曲应力、横向和扭转剪切应力、压杆，以及这些应力作用于失效试样的结果等特定主题的视频。还提供了演示轴承、齿轮和弹簧等通用机械零部件的视频，也包括一些实际运行的机械的视频。

网站还提供有运动学、动力学和应力分析的程序。这些名为 DYNACAM、LINKAGES、MATRIX 和 MOHR 的程序可作为可执行文件安装。使用这些程序求解的一些例题和研究案例的数据文件也在相应的程序文件夹中提供。

网站上提供了 MATLAB、Excel、MathCAD 和 TK Solver 的使用教程和示例，但不包含 MATLAB、Excel 和 TK Solder 程序。要先获得运行这些程序的许可，才能打开相应的文件。

采用本书的教师可以直接从出版商处获得本书习题集求解的 MathCAD 编码文件，以及 PDF 格式的解题手册。

视频
见视频内容清单。

使用教程

Excel	路径：Tutorials/Excel Tutorial
Excel Intro. doc	Excel 简介和 10 个示例文件及其详细说明
MathCAD	路径：Tutorials/Mathcad Tutorial
Mathcad Intro. pdf	MathCAD 简介和 6 个示例文件及其详细说明
MATLAB	路径：Tutorials/MATLAB Tutorial
MATLAB Intro. doc	MATLAB 简介和 14 个示例文件及其详细说明
TKSolver	路径：Tutorials/TKSolver Tutorial
TKSolver Intro. pdf	TKSolver 简介和 9 个示例文件及其详细说明

模型文件——例题

例题	路径：Excel Files/Excel Examples/Chap_No
	路径：Mathcad Files/Mathcad Examples/Chap_No
	路径：MATLAB Files/MATLAB Examples/Chap_No
	路径：TKSolver Files/TKSolver Examples/Chap_No
	路径：PDF Files/Examples/Chap_No
EX02-01[⊖]	根据测试数据确定材料弹性模量和屈服强度。
EX03-01A	受轴向拉伸的水平杆受到质量碰撞的示例。在恒定质量比的情况下，观察并绘制碰撞力对杆的长度/直径比的灵敏度曲线（见图 3-18）。
EX03-01B	受轴向拉伸的水平杆受到质量碰撞的示例。在恒定长度/直径比的情况下，观察并绘制碰撞力对质量比的灵敏度曲线（见图 3-18）。
EX03-02	计算简支梁的载荷、剪力和弯矩方程，该梁在其终止于某支点的部分长度上受到均布载荷作用。求该梁所受到的约束反力并绘制梁的各方程曲线（见图 3-22a）。
EX03-03	计算悬臂梁的载荷、剪力和弯矩方程，该梁在长度方向上某处受集中载荷作用。求该梁所受到的约束反力并绘制梁的各方程曲线（见图 3-22b）。
EX03-04	计算外伸梁的载荷、剪力和弯矩方程，该梁在长度方向上某处受力矩作用，同时其起始于某支点的部分长度还受到线性分布载荷作用。求该梁所受到的约束反力并绘制梁的各方程曲线（见图 3-22c）。
EX04-01[⊖]	求解应力的三次多项式，求出给定值的主应力和最大剪切力。与包含此示例数据的 STRESS3D 是相同的程序（见图 4-5）。
EX04-02	求解应力的三次多项式，求出给定值的主应力和最大剪切力。与包含此示例数据的 STRESS3D 是相同的程序（见图 4-6）。

⊖　EX02-01 本例题无 TK Solver 文件。

⊖　EX04-01、EX04-02 和 EX04-03 也用 MOHR 程序求解。相应的文件（EX04-xx. MOH）可在文件夹 PROGRAM FILES/MOHR 中找到。

E

EX04-03	求解应力的三次多项式，求出给定值的主应力和最大剪切力。与包含此示例数据的 STRESS3D 是相同的程序（见图 4-7）。
EX04-04	计算简支梁的剪力、弯矩、偏转角和挠度方程，该梁在其终止于某支点的部分长度上受到均布载荷作用。求该梁所受到的约束反力，绘制梁的各方程曲线，并找出相应的最大值和最小值（见图 4-22a）。
EX04-05	计算悬臂梁的剪力、弯矩、偏转角和挠度方程，该梁在长度方向上某处受集中载荷作用。求该梁所受到的约束反力，绘制梁的各方程曲线，并找出相应的最大值和最小值。与包含此示例数据的 CANTCONC 是相同的程序（见图 4-22b）。
EX04-06	计算外伸梁的剪力、弯矩、偏转角和挠度方程，该梁在长度方向上某处受集中力作用，同时其起始于某支点的部分长度还受到均匀分布载荷作用。求该梁所受到的约束反力，绘制梁的各方程曲线，并找出相应的最大值和最小值（见图 4-22c）。
EX04-07	计算超静定梁的剪力、弯矩、偏转角和挠度方程，该梁在部分长度上受到均匀分布载荷作用。求该梁所受到的约束反力，绘制梁的各方程曲线，并找出相应的最大值和最小值（见图 4-22d）。
EX04-08	用 Castigliano 方法计算超静定梁的剪力、弯矩、偏转角和挠度方程，该梁全长受到均匀分布载荷作用。求该梁所受到的约束反力，绘制梁的各方程曲线，并找出相应的最大值和最小值（见图 4-22e）。
EX04-09	确定受纯扭转作用的中空杆的最佳截面形状（见图 4-29）。
EX04-10	计算在弯曲和扭转组合作用下的应力（见图 4-30）。
EX04-11C[⊖]	使用 Johnson 和 Euler 准则设计承受同心载荷的圆形截面压杆，求出临界载荷、重量和安全系数。与包含此示例数据的 COLMNDES 是相同的程序（见图 4-42）。
EX04-11S	使用 Johnson 和 Euler 准则设计承受同心载荷的方形截面压杆，求出临界载荷、重量和安全系数。与包含此示例数据的 COLMNDES 是相同的程序（见图 4-42）。
EX05-01	计算受弯曲和扭转组合作用的、由韧性材料制成的支架的主应力和 von Mises 应力。根据变形能和最大剪应力理论求出安全系数（见图 5-9）。
EX05-02	计算受弯曲和扭转组合作用的、由脆性材料制成的支架的主应力和 von Mises 应力。根据修正的 Mohr 理论求出安全系数（见图 5-9）。
EX05-03	计算有裂纹零件的断裂力学失效标准。将断裂力学失效应力与屈服失效进行比较（见图 5-19）。
EX06-01	根据提供的有关表面质量、尺寸、强度等数据，计算黑色金属材料的修正持久疲劳强度，并根据提供的应力幅值和应力均值水平大致绘制 S-N 曲线图。与包含此示例数据的 S_NDIAGM 是相同的程序（见图 6-34）。
EX06-02	根据提供的有关表面质量、尺寸、强度等数据，计算有色金属材料的修正持久疲劳强度，并根据提供的应力幅值和应力均值水平大致绘制 S-N 曲线

E

⊖ 本例的 MathCAD 求解模型文件标记为 EX04-10，包含方形截面和圆形截面的求解。

	图。与包含此示例数据的 S_NDIAGM 是相同的程序（见图 6-33）。
EX06-03	求已知材料和几何形状的零件的疲劳应力集中系数（见图 4-36 或图 E-10）。
EX06-04A⊖	受对称循环弯曲应力作用的悬臂支架设计——a 部分：不成功的设计（见图 6-41）。
EX06-04B	受对称循环弯曲应力作用的悬臂支架设计——b 部分：成功的设计（见图 6-41）。
EX06-05A⊖	受波动循环弯曲应力作用的悬臂支架设计——a 部分：不成功的设计（见图 6-47）。
EX06-05B	受波动循环弯曲应力作用的悬臂支架设计——b 部分：成功的设计（见图 6-47）。
EX06-06	悬臂支架的多向应力疲劳设计（见图 5-9）。
EX07-01	计算推力球轴承的应力。使用 SURFSPHR 计算球—面平面接触的表面应力（见图 10-19）。
EX07-02	计算圆柱面接触的应力。使用 SURFCYLZ 计算车轮与轨道接触的表面应力（见图 7-17）。
EX07-03	计算一般接触的应力。使用 SURFGENL 计算冠式凸轮与从动件接触的表面应力（见图 7-11）。
EX07-04	计算既有滚动又有滑动的圆柱面接触应力。使用 SURFCYLX 计算压辊接触的表面应力（见图 7-13）。
EX07-05	计算例题 7-4 中既有滚动又有滑动的圆柱面接触问题的安全系数。使用表 7-8 中的数据（见图 7-13）。
EX08-01	计算悬臂梁的变形。（见图 8-7。）（仅提供 TK Solver 文件）
EX10-01	受恒定扭矩和对称弯曲应力作用的轴设计（a~d 部分）（见图 9-5）。
EX10-02	受脉动转矩和弯矩作用的轴的设计（a~d 部分）（见图 10-5）。
EX10-03	设计一根阶梯轴，使其变形最小（见图 10-5）。
EX10-04	设计安装在轴上的键——a~d 部分（见图 10-5）。
EX10-04A	设计安装在轴上的键——另一方法（见图 10-5）。
EX10-05	设计过盈配合——a 部分和 b 部分（见图 10-18）。
EX10-07	设计圆盘状实心飞轮——a 部分和 b 部分（见图 10-21）。
EX10-08	确定轴的临界频率——a 部分和 b 部分（见图 10-30）。
EX11-01	滑动轴承的设计——a 部分和 b 部分（见图 11-8）。
EX11-02	冠式凸轮与从动件接触的表面的润滑设计（见图 11-4）。
EX11-03	为所设计的轴选择球轴承。
EX11-04	同时承受径向载荷和轴向载荷的球轴承选型。
EX12-01	确定轮齿和齿轮啮合参数（见图 12-8）。
EX12-03	周转轮系传动分析（见图 12-16）。
EX12-04	直齿圆柱齿轮传动的受力分析（见图 12-21）。

⊖　本例的 MathCAD 求解模型文件标记为 EX06-04 和 EX-06-04A。后者提供了一种书中和 TK Solver 文件所示解法的替代解法。

⊖　本例的 MathCAD 求解模型文件标记为 EX06-05。

E

EX12-05　　　　　　　直齿圆柱齿轮传动的弯曲应力分析（见图 12-20）。

EX12-06　　　　　　　直齿圆柱齿轮传动的接触应力分析（见图 12-20）。

EX12-07　　　　　　　直齿圆柱齿轮传动的材料选择和安全系数计算——a 部分和 b 部分（见图 12-20）。

EX13-01　　　　　　　斜齿圆柱齿轮传动的应力分析（见图 13-2）。

EX13-02　　　　　　　圆锥齿轮传动的应力分析（见图 13-4）。

EX14-03⊖　　　　　　承受静载荷作用的螺旋压缩弹簧设计——a 部分和 b 部分（见图 14-7）。

EX14-04　　　　　　　承受循环载荷作用的螺旋压缩弹簧设计——a 部分和 b 部分（见图 14-7）。

EX14-05　　　　　　　承受循环载荷作用的螺旋拉伸弹簧设计——a 部分和 b 部分（见图 14-20）。

EX14-06　　　　　　　承受循环载荷作用的螺旋扭转弹簧设计（见图 14-26）。

EX14-07　　　　　　　承受静载荷作用的蝶形弹簧设计（见图 14-29）。

EX15-01　　　　　　　传动螺杆的扭矩和效率——a 部分和 b 部分（见图 15-4）。

EX15-02　　　　　　　承受静载荷作用的预紧紧固件的设计（见图 15-24）。

EX15-03　　　　　　　承受动载荷作用的预紧紧固件的设计（见图 15-26）。

EX15-04　　　　　　　确定材料刚度和连接系数（见图 15-31）。

EX15-05　　　　　　　确定螺栓预紧所需扭矩（见图 15-31）。

EX15-06　　　　　　　受偏心剪切作用的紧固件设计（见图 15-42）。

EX16-01　　　　　　　受静载荷作用的角焊缝设计。

EX16-02　　　　　　　受动载荷作用的角焊缝设计。

EX16-03　　　　　　　受静载荷作用的焊件组件设计。

EX16-04　　　　　　　受动载荷作用的焊件组件设计。

EX16-05　　　　　　　受偏心载荷作用的焊件组件设计。

EX17-01　　　　　　　盘式离合器的设计（见图 17-6）。

EX17-02　　　　　　　短瓦鼓式离合器的设计（见图 17-8）。

EX17-03　　　　　　　长瓦鼓式离合器的设计（见图 17-9）。

模型文件——案例研究

案例研究　　　　　　　路径：Excel Files/Excel Cases/CaseNo

　　　　　　　　　　　路径：Mathcad Files/Mathcad Cases/CaseNo

　　　　　　　　　　　路径：MATLAB Files/MATLAB Cases/CaseNo

　　　　　　　　　　　路径：TKSolver Files/TKSolver Cases/CaseNo

　　　　　　　　　　　路径：PDF Files/Case Studies/CaseNo

CASE1A⊖　　　　　　自行车制动杆在二维静态载荷作用下的受力分析案例研究。求约束反力。参见第 3 章和图 3-2。

CASE1B　　　　　　　自行车制动杆在二维静态载荷作用下的应力和挠度分析案例研究。确定并绘制梁函数、剪力、力矩和挠度曲线，并求出特定位置的应力。参见第 4 章和图 4-47。

E

⊖　例题 EX14-03 和 EX14-04 的另一解法由 MathCAD 文件 EX14-0xA 提供。

⊖　案例 CASE1A、CASE2A 和 CASE3A 也使用了 MATRIX 程序进行求解。相应的文件（CASExx. mtr）位于文件夹 PROGRAM FILES\MATRIX。

CASE1C　自行车制动杆在二维静态载荷作用下的应力和挠度分析案例研究。确定特定位置的安全系数。参见第 5 章和图 4-47。

CASE2A　手动压接工具在二维静态载荷作用下的受力分析案例研究。求约束反力。参见第 3 章和图 3-4。

CASE2B-x　手动压接工具在二维静态载荷作用下的应力和挠度分析案例研究。确定并绘制梁函数、剪力、力矩和挠度曲线，并求出特定位置的应力。参见第 4 章和图 4-49。

CASE2C-x　手动压接工具在二维静态载荷作用下的失效分析案例研究。求出特定位置的安全系数。参见第 5 章和图 5-22。

CASE3A　剪式千斤顶在二维静态载荷作用下的受力分析案例研究。求约束反力。参见第 3 章和图 3-8。

CASE3B-x　剪式千斤顶在二维静态载荷作用下的应力和挠度分析案例研究。确定并绘制梁函数、剪力、力矩和挠度曲线，并求出特定位置的应力。参见第 4 章和图 4-52。

CASE3C　剪式千斤顶在二维静态载荷作用下的失效分析案例研究。求出特定位置的安全系数。参见第 5 章和图 5-23。

CASE4A　自行车制动杆在三维静态载荷作用下的受力分析案例研究。求约束反力。参见第 3 章和图 3-10。

CASE4B　自行车制动杆在三维静态载荷作用下的应力和挠度分析案例研究。确定并绘制梁函数、剪力、力矩和挠度曲线，并求出特定位置的应力。参见第 4 章和图 4-54。

CASE4C　自行车制动杆在三维静态载荷作用下的失效分析案例研究。求出特定位置的安全系数。参见第 5 章和图 4-54。

CASE5A　铰链四杆机构在二维动态载荷作用下的受力分析案例研究。求约束反力。参见第 3 章和图 3-13。

CASE6-x　受到二维动态载荷作用的已失效的喷水织布机挡板的疲劳分析和再设计，有 8 个文件（从-0~-7）。参见第 6 章和图 6-51。

CASE8A　发动机驱动的空气压缩机的设计。此文件设置了设计问题。参见第 8 章和图 8-1。

CASE8B-x　发动机驱动的空气压缩机的设计。这 3 个文件(-1、-2、-3)设计连接发动机和压缩机的传动轴。参见第 10 章和图 9-1。

CASE8C-x　发动机驱动的空气压缩机的设计。这 2 个文件(-1、-2)设计连接发动机和压缩机的直齿圆柱齿轮。参见第 12 章和图 9-1。

CASE8D　发动机驱动的空气压缩机的设计。这 2 个文件(-1、-2)设计压缩机的顶部螺栓。参见第 14 章和图 9-1。

CASE9A-x　干草捆卷扬机的设计。这两个文件(-1、-2)设置了设计问题。参见第 9 章和图 9-4。

CASE9B-x　干草捆卷扬机的设计。这两个文件(-1,-2)设计了减速器的蜗杆和蜗轮。参见第 13 章和图 9-4。

CASE10B　凸轮试验机的设计。该文件设计了凸轮轴的流体动力润滑轴承。参见第 11

E

	章以及图 9-8 和 11-31。
CASE10C-x	凸轮试验机的设计。这两个文件(-1,-2)设计了凸轮从动件的螺旋弹簧。参见第 14 章和图 14-36。

模型文件——通用

梁	路径：TKSolver Files/TKSolver General/Beams
BEAMFUNC	可加入程序中使用的针对多种载荷和支承形式的梁的参数方程集合。可将载荷叠加作用在约束一致的梁上组合使用（见图 3-22）。
CANTCONC	计算悬臂梁的剪力、弯矩、偏转角和挠度方程，该梁在长度方向上某处受集中载荷作用。求该梁所受到的约束反力，绘制梁的各方程曲线，并找出相应的最大值和最小值（见图 3-22b）。
CANTCONC3	计算悬臂梁的剪力、弯矩、偏转角和挠度方程，该梁在长度方向上 3 个任意位置受集中载荷作用。求该梁所受到的约束反力，绘制梁的各方程曲线，并找出相应的最大值和最小值。
CANTMOMT	计算悬臂梁的剪力、弯矩、偏转角和挠度方程，该梁在长度方向上某处受力矩作用。求该梁所受到的约束反力，绘制梁的各方程曲线，并找出相应的最大值和最小值。
CANTUNIF	计算悬臂梁的剪力、弯矩、偏转角和挠度方程，该梁在长度方向上全部受到均布载荷作用。求该梁所受到的约束反力，绘制梁的各方程曲线，并找出相应的最大值和最小值（见图 3-22a）。
CURVBEAM	计算椭圆、圆形、方形、矩形和梯形等不同截面的曲线梁的中性轴的偏心率和应力（见图 4-16）。
INDTUNIF	计算超静定梁的剪力、弯矩、偏转角和挠度方程，该梁在终止于某支点的一段长度上受到均布载荷作用。求该梁所受到的约束反力，绘制梁的各方程曲线，并找出相应的最大值和最小值（见图 4-22d）。
OVHGCONC	计算外伸梁的剪力、弯矩、偏转角和挠度方程，该梁在长度方向上某处受集中载荷作用。求该梁所受到的约束反力，绘制梁的各方程曲线，并找出相应的最大值和最小值（见图 4-22c）。
OVHGMOMT	计算外伸梁的剪力、弯矩、偏转角和挠度方程，该梁在长度方向上某处受力矩作用。求该梁所受到的约束反力，绘制梁的各方程曲线，并找出相应的最大值和最小值。
OVHGUNIF	计算外伸梁的剪力、弯矩、偏转角和挠度方程，该梁在起始于某支点的一段长度上受到均布载荷作用，同时在长度方向上某处受可选的集中载荷作用。求该梁所受到的约束反力，绘制梁的各方程曲线，并找出相应的最大值和最小值（见图 4-22c）。
SIMPCONC	计算简支梁的剪力、弯矩、偏转角和挠度方程，该梁在长度方向上某处受力矩作用。求该梁所受到的约束反力，绘制梁的各方程曲线，并找出相应的最大值和最小值。
SIMPUNIF	计算简支梁的剪力、弯矩、偏转角和挠度方程，该梁在终止于某支点的一段长度上受到均布载荷作用。求该梁所受到的约束反力，绘制梁的各方程

曲线，并找出相应的最大值和最小值（见图 4-22a）。

轴承	路径：TKSolver Files/TKSolver General/Bearings
BALL6200	用于计算 6200 系列球轴承在指定载荷作用下的 L10 寿命的球轴承选择程序。基于 SKF 轴承目录中的数据（见图 11-17）。
BALL6300	用于计算 6300 系列球轴承在指定载荷作用下的 L10 寿命的球轴承选择程序。基于 SKF 轴承目录中的数据（见图 11-17）。
EHD_ BRNG	用于计算润滑的非协调表面之间接触的弹性流体动压油膜压力，也可计算最小油膜厚度（见图 11-4）。
SLEEVBRG	用于计算流体动压润滑条件下短（Ocvirk）滑动轴承的油膜厚度、偏心率和油压（见图 11-8）。
离合器/制动器	路径：TKSolver Files/TKSolver General/ClchBrak
DISKCLCH	均匀磨损的盘式离合器的设计。可用于单个或多个摩擦盘（见图 17-6）。
LONGDRUM	长瓦鼓式离合器的设计（见图 17-9）。
SHRTDRUM	短瓦鼓式离合器的设计（见图 17-8）。
压杆	路径：TKSolver Files/TKSolver General/Columns
COLMNDES	使用 Johnson 和 Euler 准则设计承受同心载荷的圆形截面压杆，求出临界载荷、重量和安全系数（见图 4-42）。
SECANT	使用割线法、Johnson 和 Euler 准则设计承受偏心载荷的圆形、方形或矩形截面压杆，求出临界载荷和安全系数，并绘制临界载荷曲线（见图 4-44）。
紧固件	路径：TKSolver Files/TKSolver General/Fastener
BLTFATIG	计算承受波动拉伸载荷作用的紧螺栓连接的安全系数。确定所需的拧紧力矩，并绘制载荷分配图、安全系数图和修改后的 Goodman 图（见图 15-26）。
BOLTSTAT	计算承受静拉伸载荷作用的紧螺栓连接的安全系数。确定所需的拧紧力矩，并绘制载荷分配图和安全系数图（见图 15-24）。
PWRSCREW	计算 Acme 传动螺杆的扭矩和效率（见图 15-4）。
疲劳	路径：TKSolver Files/TKSolver General/Fatigue
GDMNPLTR	为所提供的任意应力和强度组合创建和绘制修正的 Goodman 图。无须对数据进行计算（见图 6-44）。
GOODMAN	基于所提供的有关表面质量、尺寸、强度等数据计算修正的持久疲劳强度，并为所提供的应力幅值、应力均值和材料强度绘制修正的 Goodman 图。并计算安全系数（见图 6-46）。
S_NALUM	基于所提供的有关表面质量、尺寸、强度等数据计算修正的持久疲劳强度，并为所提供的有色金属材料的应力幅值、应力均值绘制 S-N 曲线图。绘制 log-log 图和准 log 图。基于文件 S_NDIAGM（见图 6-33）。
S_NDIAGM	基于所提供的有关表面质量、尺寸、强度等数据计算修正的持久疲劳强度，并为提供的所应力幅值和应力均值绘制 S-N 曲线图。绘制 log-log 图和准 log 图（见图 6-33）。
S_NFCTRS	计算材料 S-N 曲线的系数和指数（见图 6-33）。
SESAFTIG	基于 SESA 算法计算并绘制多轴疲劳中应力随相位的变化曲线（见图 6-49）。
飞轮	路径：TKSolver Files/TKSolver General/Flywheel

E

FWDESIGN	寻找飞轮直径和厚度的最佳组合，以平衡飞轮重量与尺寸、应力和安全系数的关系。计算最大应力、外径、重量和安全系数与飞轮厚度关系的函数（见图 10-21）。
FWRATIO	根据飞轮半径与厚度之比，优化飞轮质量，并绘制函数曲线（见图 10-25）。
FWSTDIST	确定飞轮沿其半径方向的应力分布。计算并绘制应力沿飞轮半径方向的分布曲线（见图 10-24）。
断裂力学	路径：TKSolver Files/TKSolver General/Frctmech
STRSINTS	绘制裂纹末端附近的应力强度（见图 5-19）。
传动装置	路径：TKSolver Files/TKSolver General/Gearing
BVLGRDES	直齿圆锥齿轮传动设计。使用 AGMA 方法确定轮齿的弯曲应力和表面应力以及安全系数。需要在 AGMA 表格中手动查找系数 I 和 J（见图 13-4）。
HELGRDES	斜齿轮传动设计。使用 AGMA 方法确定轮齿的弯曲应力和表面应力以及安全系数。需要在 AGMA 表格中手动查找系数 I 和 J（见图 13-2）。
SPRGRDES	根据 AGMA 公式计算单级直齿轮传动（有或无惰轮）的弯曲应力和表面应力，并确定所提供材料强度的安全系数（见图 12-2）。
WORMGEAR	基于 AGMA 公式的设计蜗杆和蜗轮传动（见图 13-9）。
冲击	路径：TKSolver Files/TKSolver General/Impact
IMPCTHRZ	计算受到质量撞击的水平杆的冲击力。（见图 3-18）
IMPCTVRT	计算受到质量撞击的竖直杆的冲击力。（见图 3-18）
连杆机构	路径：TKSolver Files/TKSolver General/Linkages
4BARSTAT	计算静止的铰链四杆机构的关节作用力，该机构受到作用在耦合器上的已知力作用（见图 3-13）。
4BAR_NEW	铰链四杆机构的运动学计算。
DYNAFOUR	铰链四杆机构的运动学和逆动力学计算。绘制各种连杆参数，如加速度、力和转矩的曲线（见图 11-3）。
ENGINE	计算曲柄滑块机构的运动学参数，以及由于曲柄某位置的爆炸压力而产生的气体作用力和转矩。这属于静力分析（见图 13-3）。
ENGNBLNC	计算内燃机的动平衡条件。绘制振动力、转矩和弯矩（见图 13-12）。
FOURBAR	计算铰链四杆机构的运动学和动力学参数，在运动范围内不同点处的位置、速度和加速度（见图 11-3）。
SLIDER	计算偏置曲柄滑块机构在任意位置和任意 omega、alpha 输入的运动学参数。可以添加列表进行多位置分析。无须计算力（见图 7-6）。
轴	路径：TKSolver Files/TKSolver General/Shafts
HOLTZER	使用 Holtzer 方法求具有集中质量的轴的一阶固有频率（见图 10-27）。
SHFTCONC	设计在长度方向上某处受集中载荷作用的简支梁。左支点必须在 $x=0$ 处，右支点可位于任何位置。波动扭矩可施加在轴上。假设弯曲应力是对称循环变化的。计算并绘制剪力、弯矩和挠度的函数曲线（见图 P10-1）。
SHFTDESN	设计受弯扭组合作用的简支梁。波动扭矩和波动弯矩可施加在轴上。同时计算轴上方头平键所受到的应力（见图 P10-3）。
SHFTUNIF	设计在某段长度上受均布载荷作用的简支梁。左支点必须在 $x=0$ 处，右支

E

点位于长度为 R_2x 处。波动转矩可施加在轴上，假设弯曲应力是对称循环变化的。计算并绘制剪力、弯矩和挠度的函数曲线（见图 P10-2）。

STATSHFT	计算只承受恒定转矩，不承受横向载荷或弯矩作用的轴的剪应力（见图 4-28）。
STEPSHFT	设计在某段长度上受均布载荷作用的简支阶梯轴。计算该阶梯轴的挠度（见图 10-5）。
弹簧	路径：TKSolver Files/TKSolver General/Springs
BELLEVIL	计算 Belleville 弹簧的载荷、挠度和弹簧刚度。绘制弹簧系列的非线性力-挠度曲线（见图 14-29）。
COMPRESS	设计承受疲劳或静态载荷的螺旋压缩弹簧。绘制曲线以优化弹簧设计（见图 14-7）。
EXTENSN	设计承受疲劳或静态载荷的螺旋拉伸弹簧。绘制曲线以优化弹簧设计（见图 14-20）。
TORSION	设计承受疲劳或静态载荷的螺旋扭转弹簧。绘制曲线以优化弹簧设计（见图 14-26）。
应力	路径：TKSolver Files/TKSolver General/Stress
COULMOHR	计算脆性、不均匀材料的 Coulomb-Mohr 图系数（见图 5-11）。
ELLIPSE	绘制用于演示的变形能椭圆曲线（见图 5-3）。
MOD_MOHR	用于脆性材料的修正 Mohr 理论计算器。使用 Dowling 方法来确定脆性、不均匀材料受组合载荷作用的等效应力（见图 5-13）。
STRES_2D	计算任意二维应力状态的主应力、最大剪切应力和 Von Mises 应力（见图 4-3）。
STRES_3D	计算任意三维应力状态的主应力、最大剪切应力和 Von Mises 应力。也可绘制应力三次函数曲线（见图 4-1）。
STRSFUNC	包含两个规则函数，一个用于计算二维主应力，另一个用于计算 Von Mises 应力。嵌入到需要这些函数的其他程序中使用。
VONMISES	使用变性能方法来确定韧性、均匀材料受组合静载荷作用的等效应力（见图 5-3）。
应力集中	路径：TKSolver Files/TKSolver General/StrsConc
APP_E-01	计算具有轴肩圆角的轴在轴向拉伸情况下的应力集中系数（参见附录 C，图 C-1）。
APP_E-02	计算具有轴肩圆角的轴在承受弯曲情况下的应力集中系数（参见附录 C，图 C-2）。
APP_E-03	计算具有轴肩圆角的轴在承受扭转情况下的应力集中系数（参见附录 C，图 C-3）。
APP_E-04	计算具有 U 形槽的轴在轴向拉伸情况下的应力集中系数（参见附录 C，图 C-4）。
APP_E-05	计算具有 U 形槽的轴在承受弯曲情况下的应力集中系数（参见附录 C，图 C-5）。
APP_E-06	计算具有 U 形槽的轴在承受扭转情况下的应力集中系数（参见附录 C，图 C-6）。

E

APP_E-07	计算具有横向孔的轴在承受弯曲情况下的应力集中系数（参见附录 C，图 C-7）。
APP_E-08	计算具有横向孔的轴在承受扭转情况下的应力集中系数（参见附录 C，图 C-8）。
APP_E-09	计算具有轴肩圆角的扁杆在轴向拉伸情况下的应力集中系数（参见附录 C，图 C-9）。
APP_E-10	计算具有轴肩圆角的扁杆在承受弯曲情况下的应力集中系数（参见附录 C，图 C-10）。
APP_E-11	计算具有缺口的扁杆在轴向拉伸情况下的应力集中系数（参见附录 C，图 C-11）。
APP_E-12	计算具有缺口的扁杆在承受弯曲情况下的应力集中系数（参见附录 C，图 C-12）。
APP_E-13	计算具有横向孔的扁杆在轴向拉伸情况下的应力集中系数（参见附录 C，图 C-13）。
APP_E-14	计算具有横向孔的扁杆在承受弯曲情况下的应力集中系数（参见附录 C，图 C-14）。
NTCHSENS	绘制钢的缺口敏感曲线（见图 6-36 第 1 部分）。
Q_CALC	计算材料的缺口灵敏度（见图 6-36 第 2 部分）。
SC_HOLE	计算并绘制半无限大板材中椭圆孔处的应力集中（见图 4-35）。
表面应力	路径：TKSolver Files/TKSolver General/SurfStre
ROLLERS	求解平面应变情况下（长圆柱体）与滑动圆柱接触时的亚表面应力。
SURFCYLX	计算具有或不具有滑动元件的两个圆柱体赫兹接触表面应力。绘制宽度为 X、位于表面或深度为任意 Z 位置的亚表面接触区域的应力分布（见图 7-17）。
SURFCYLZ	计算具有或不具有滑动元件的两个圆柱体赫兹接触表面应力。绘制位于表面或深度为 Z 位置，宽度为任意 X 的亚表面接触区域的应力分布（见图 7-17）。
SURFGENL	计算两个一般形状的物体赫兹接触的表面应力（见图 7-11）。
SURFSPHR	计算两个球体、平面上的球体或碗中的球体赫兹接触的表面应力。绘制亚表面应力分布图（见图 7-13）。
THCK_CYL	计算厚壁圆筒压力容器壁面的应力（见图 4-46）。

模型文件——大师级

大师级文件	路径：TKSolver Files/TKSolver Masters
FORMATS	该文件仅包含一个格式表，该格式表可以添加（嵌入）到其他 TK 文件中，但不会影响其他文件内容。该格式表可将变量格式化为任意所需的小数位数。
MDUNITS	除了有 FORMATS 的格式表和 UNITMAST 的单位表外，该文件为空。用于嵌入到其他文件中，以添加单位表和格式表，但不会影响其他文件内容。它是 UNITMAST 文件和 FORMATS 文件的组合。
PROWEBSITEURS	该文件包含大量的规则、列表和过程函数，可用于所提供的许多其他 TK 文件。这些函数可以导入并用于新模型文件。有关文档请参阅函数列表。

E

STUDENT	除了有 FORMATS 的格式表和 UNITMAST 的单位表外，该文件为空。学生将其用作新模型的启动文件，可以向其中添加规则、函数、变量等。使用此文件启动每个模型，无须将 UNITMAST 或 FORMATS 文件添加到模型中，可减少繁琐的步骤。确保使用新名称保存文件，以避免每次使用文件 STUDENT 时都覆盖它。使用文件菜单中的另存为功能保存新文件。
UNITMAST	该文件仅包含一个单位表，该格式表可以添加（嵌入）到其他 TK 文件中，但不会影响其他文件内容。该单位表可实现变量的单位转换。

可执行文件（程序）

路径：Program Files/（Programname）

DYNACAM	计算凸轮 – 从动件系统的运动学和动力学参数。书中提到的数据文件（SPRAY. CAM、CASE10A. CAM）位于文件夹 PROGRAM files/DYNACAM 中。
LINKAGES	求解任何四杆、五杆、六杆或连杆滑块机构的位置、速度、加速度、力和扭矩。计算单缸或任何直列、V 形、对置或 W 形配置的多缸内燃机（或压缩机）的运动学和动力学参数。
MATRIX	求解多达 16 个方程、包含 16 个未知数任何线性系统。文件 CASE1A. MTR、CASE2A. MTR，CASE3A. MTR 和 CASE4A. MTR 也包含在文件夹 PROGRAM Files/MATRIX 中。
MOHR	计算三次应力函数，并绘制任何二维或三维应力状态的 Mohr 圆。文件 EX04-01. MOH、EX04-02. MOH 和 EX04-03. MOH 也包含在文件夹 PROGRAM Files/MOHR 中。

CAD 模型文件

路径：CAD Model Files/Problem Files/Figure_No

这些文件为各种习题提供了 Solidworks 2008 的 CAD 模型。

如果未安装 Solidworks 程序，可从以下位置下载这些模型文件的免费查看器 eDrawings：http://www. edrawingsviewer. com

FIG_P03-01	用于习题 3-3
FIG_P03-02	用于习题 3-4, 3-5, 3-6
FIG_P03-03	用于习题 3-9
FIG_P03-16	用于习题 3-36 和 3-37
FIG_P03-17	用于习题 3-38 和 3-39
FIG_P03-18	用于习题 3-40 和 3-41
FIG_P04-01	用于习题 4-3
FIG_P04-02	用于习题 4-4, 4-5, 4-6
FIG_P04-03	用于习题 4-9
FIG_P04-12	用于习题 4-27
FIG_P04-14	用于习题 4-33~4-36
FIG_P04-15	用于习题 4-37

E

FIG_P04-16　　用于习题 4-40

FIG_P04-20　　用于习题 4-57 和 4-58

FIG_P04-21　　用于习题 4-59

FIG_P04-22　　用于习题 4-60 和 4-61

FIG_P04-26B　用于习题 4-69

FIG_P04-26C　用于习题 4-70

FIG_P04-26D　用于习题 4-71

FIG_P04-26E　用于习题 4-72

FIG_P05-01　　用于习题 5-3

FIG_P05-02　　用于习题 5-4, 5-5, 5-6

FIG_P05-03　　用于习题 5-9

FIG_P05-14　　用于习题 5-33~5-36

FIG_P05-15　　用于习题 5-37

FIG_P05-16　　用于习题 5-40

FIG_P05-20　　用于习题 5-58 和 5-59

FIG_P05-24B　用于习题 5-69

FIG_P05-24C　用于习题 5-70

FIG_P05-24D　用于习题 5-71

FIG_P05-24E　用于习题 5-72

FIG_P06-01　　用于习题 6-3

FIG_P06-02　　用于习题 6-6

FIG_P06-03　　用于习题 6-9

FIG_P06-14　　用于习题 6-33~6-36

FIG_P06-15　　用于习题 6-37

FIG_P06-16　　用于习题 6-40

FIG_P07-01　　用于习题 7-3

FIG_P07-02　　用于习题 7-4, 7-5, 7-6

FIG_P07-03　　用于习题 7-9

FIG_P10-02　　用于习题 10-2, 10-5 和 10-16

FIG_P10-03　　用于习题 10-6, 10-9, 10-11 和 10-12

FIG_P10-04　　用于习题 10-7, 10-10 和 10-14

FIG_P10-05　　用于习题 10-17 和 10-18

FIG_P10-06　　用于习题 10-19

FIG_P15-01　　用于习题 15-4 至 15-6

FIG_P15-02　　用于习题 15-23 至 15-25

FEA 模型文件

路径：FEA Model Files/Case Study Models/Case_No

这些文件提供了各种案例研究的 Solidworks 2008 CAD 和 FEA 模型。

CASE STUDY 1　　自行车制动杆

CASE STUDY 2 压接工具
CASE STUDY 4 自行车制动臂
CASE STUDY 7 拖车挂接装置

方程的推导
路径：Derivations

Fourbar Acceleration Derivation. pdf
Fourbar Position Derivation. pdf
Fourbar Velocity Derivation. pdf
Slider Acceleration Derivation. pdf
Slider Velocity Derivation. pdf